“十三五”国家重点出版物出版规划项目

经济科学译丛

# 应用选择分析

（第二版）

戴维·A. 亨舍（David A. Hensher）
约翰·M. 罗斯（John M. Rose）　著
威廉·H. 格林（William H. Greene）

曹　乾　译

# Applied Choice Analysis

(Second Edition)

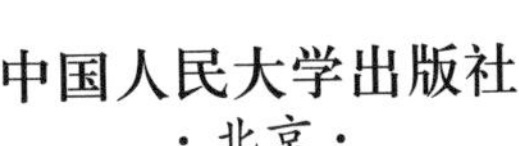

中国人民大学出版社
·北京·

# 《经济科学译丛》


## 编辑委员会

**学术顾问**

高鸿业　王传纶　胡代光　范家骧　朱绍文　吴易风

**主　编**

陈岱孙

**副主编**

梁　晶　海　闻

**编　委**（按姓氏笔画排序）

王一江　王利民　王逸舟　贝多广　平新乔　白重恩
朱　玲　刘　伟　许成钢　李　扬　李晓西　李稻葵
杨小凯　汪丁丁　张宇燕　张维迎　林毅夫　易　纲
金　碚　姚开建　钱颖一　徐　宽　高培勇　盛　洪
梁小民　樊　纲

# 《经济科学译丛》总序

中国是一个文明古国，有着几千年的辉煌历史。近百年来，中国由盛而衰，一度成为世界上最贫穷、落后的国家之一。1949 年中国共产党领导的革命，把中国从饥饿、贫困、被欺侮、被奴役的境地中解放出来。1978 年以来的改革开放，使中国真正走上了通向繁荣富强的道路。

中国改革开放的目标是建立一个有效的社会主义市场经济体制，加速发展经济，提高人民生活水平。但是，要完成这一历史使命绝非易事，我们不仅需要从自己的实践中总结教训，也要从别人的实践中获取经验，还要用理论来指导我们的改革。市场经济虽然对我们这个共和国来说是全新的，但市场经济的运行在发达国家已有几百年的历史，市场经济的理论亦在不断发展完善，并形成了一个现代经济学理论体系。虽然许多经济学名著出自西方学者之手，研究的是西方国家的经济问题，但他们归纳出来的许多经济学理论反映的是人类社会的普遍行为，这些理论是全人类的共同财富。要想迅速稳定地改革和发展我国的经济，我们必须学习和借鉴世界各国包括西方国家在内的先进经济学的理论与知识。

本着这一目的，我们组织翻译了这套经济学教科书系列。这套译丛的特点是：第一，全面系统。除了经济学、宏观经济学、微观经济学等基本原理之外，这套译丛还包括了产业组织理论、国际经济学、发展经济学、货币金融学、财政学、劳动经济学、计量经济学等重要领域。第二，简明通俗。与经济学的经典名著不同，这套丛书都是国外大学通用的经济学教科书，大部分都已发行了几版或十几版。作者尽可能地用简明通俗的语言来阐述深奥的经济学原理，并附有案例与习题，对于初学者来说，更容易理解与掌握。

经济学是一门社会科学，许多基本原理的应用受各种不同的社会、政治或经济体制的影响，许多经济学理论是建立在一定的假设条件上的，假设条件不同，结论也就不一定成立。因此，正确理解和掌握经济分析的方法而不是生搬硬套某些不同条件下产生的结论，才是我们学习当代经济学的正确方法。

本套译丛于 1995 年春由中国人民大学出版社发起筹备并成立了由许多经济学专家学

者组织的编辑委员会。中国留美经济学会的许多学者参与了原著的推荐工作。中国人民大学出版社向所有原著的出版社购买了翻译版权。北京大学、中国人民大学、复旦大学以及中国社会科学院的许多专家教授参与了翻译工作。前任策划编辑梁晶女士为本套译丛的出版作出了重要贡献，在此表示衷心的感谢。在中国经济体制转轨的历史时期，我们把这套译丛献给读者，希望为中国经济的深入改革与发展作出贡献。

**《经济科学译丛》编辑委员会**

# 前　言

**我完全赞同不让傻瓜使用危险武器，比如先让他们离开打字机。**

——弗兰克·劳埃德·赖特（Frank Lloyd Wright，1868—1959）



几乎没有例外，每个人都要（有意识地或者潜意识地）做出选择，包括不选择（即维持现状）。一些选择是习惯的结果，另外一些选择是个人没有遇到过的，此时他们需要使用过去经验和（或）当前信息谨慎地做出选择。

在过去40年里，研究者日益关注如何使用统计方法研究个人做出的选择（以及团体决策）。在理解个人如何决策以及预测个人未来选择的响应问题上，已有大量文献。Louviere et al.（2000）和 Trian（2003，2009）是这个领域的集大成者。然而，尽管这些文献代表着最前沿的成果，但它们在技术上比较高级，这对初学者和研究者都是个挑战。

与同事的讨论让我们知道，目前缺乏能让初学者学习选择分析的教科书，哪怕这些初学者没有多少学术背景。写这样的书，是我们面对的挑战。与介绍知识相比，用简单语言介绍复杂思想更为困难。在这样的背景下，我们于2005年出版了本书第一版，希望它能够满足研究者和学生的需求。

选择分析领域中的大多数书籍没有包含很多主题的讨论，而学生和研究者认为这些主题对他们理解选择模型的构建非常重要。另外，这些书籍一般针对的是成熟的研究者。有鉴于此，我们出版了本书第一版。自2004年以来，选择分析领域出现了很多新文献和新进展，而且第一版的很多读者希望在一些细节问题上获得更多帮助，因此，我们推出本书第二版。与第一版相比，在第二版中我们新增了一些主题并且完全改写了原有的一些主题，包括有序选择、广义混合 logit 模型、潜类别模型、统计检验（包括偏效应和模型结果比较）、团体决策、直觉、属性处理策略、期望效用理论、前景理论的应用以及在模型中纳入非线性参数等。另外，第一版仅使用了一个数据集；第二版使用了一系列案例研究，每个数据集针对一个或多个选择模型。

本书主要面向初学者，然而它对成熟的研究者也有帮助。本书第一版的初稿没有参考任何文献，目的在于保证解释的连贯性。然而，参考他人文献的确能让书写更简洁（小说家能证实这一点）。因此，本书第一版的修改稿和第二版参考了很多文献，然而这不代表我们穷尽了所有值得阅读和学习的文献，我们的目的在于让初学者比较顺利地学习选择分析。

我们将本书献给初学者，然而我们也感谢很多同事，他们影响了我们的思维并且多年来一直与我们合作。我们感谢 Michiel Bliemer，他对第6章做出了重要贡献；感谢 Andrew Collins 和 Chinh Ho，他们提供了使用 NGene 的案例研究。我们还感谢 Waiyan Leong 和 Andrew Collins，他们对第21章有重要贡献。我们特别感谢 Dan McFadden（2000 年诺贝尔经济学奖获奖者）、Ken Train、Chandra Bhat、Jordan Louviere、Andrew Daly、Moshe Ben-Akiva、David Brownstone、Michiel Bliemer、Juan de Dios Ortúzar、Joffre Swait 和 Stephane Hess。悉尼大学的同事和研究生阅读了本书早期版本。特别地，我们感谢 Andrew Collins、Riccardo Scarpa、Sean Puckett、David Layton、Danny Campbell、Matthew Beck、Zheng Li、Waiyan Leong，Chinh Ho、Kwang Kim 和 Louise Knowles。我们还感谢 2004—2013 年选修选择分析的研究生以及选修选择分析和选择实验短期课程的学生，他们分布于悉尼大学以及欧洲、亚洲、美国等地；他们使用了本书第一版。

# 目　录

## 第1部分　入　门

# 第2部分 软件和数据

## 第 3 部分 各种选择模型

## 第 4 部分　高级主题

# 第 *1* 部分

## 入门

# 1 引　言

教育是一个逐渐发现我们自身无知的过程。

——威尔·杜兰特（Will Durant，1885—1991）



## 1.1 选择是一件常见的事

我们为什么选择写这本书而且写了第二版？原因在于满足我们内在的逐利欲望，还是出于个人利益之外的其他目的？对这个问题的回答揭示了我们的目标。这个目标可以为使得我们个人满足（satisfaction）水平最大，也可以是满足某个基于社区的目标（或社会义务）。不管目标是什么，都可能有很多原因促使我们做出这样的选择（写或不写此书），与此同时我们在做这种选择时还必须考虑这样或那样的约束条件。例如，写此书的原因也许为“推动选择分析领域的研究与实践”；约束条件可能是时间要求和财务成本。

读者应该能够回想起过去七天所做的选择。一些选择可能是重复性甚至是习惯性的（例如坐公共汽车而不是坐火车或开车去上班），购买同样的日报（而不是其他报纸）；另外一些选择有可能是一次性的决策（例如到电影院去看最新上映的电影，或者购买这本书）。许多选择情境都涉及不止一个选择（例如选择目的地以及到达目的地的交通工具，或者选择住在哪里以及居住的房屋类型，或者在买一瓶红葡萄酒或白葡萄酒时选择葡萄种类和酿酒厂）。

上面的情形能够说明在研究个人或群体（家庭、游说团体，以及组织机构）选择行为时，我们需要什么信息。为了做出选择，个人必须考虑一系列选项（alternatives）或称备选方案。这些备选方案通常称为选择集（choice set）。在理论上，个人在做选择时应该至少评估两个备选方案（其中一个备选方案可能是“不做选择”或“根本不参与”）。在个人做出选择时，应该存在至少一个实际（或可能的）选择背景（choice setting），例如选择住在哪里，选择投票给谁，或者在各种未来汽车绿色能源中做出选择；但他面临的选择可能不止一个，例如居住的房屋类型，购买还是租赁，以及如果租赁，每个星期付多少房租等。个人可能需要考虑一系列选择，这种情况便是一组相互关联的选择。有些选择背景可能涉及心理量表上的主观响应，例如对健康计划评分，对小区舒适度评分，对一瓶酒评分等；或在最好—最差量表上选择他们最喜欢的（或最好的）选项或属性以及最不喜欢的（或最差的）选项或属性。

确定选择集有多少个备选方案，是选择分析中的一项至关重要的任务。如果这一点出错，那么在接下来的选择模型的构建过程中，我们会遗漏相关信息。我们通常建议分析师在研究特定问题时，将大量时间花在确定可用的选择上。这被称为选择集生成（choice set generation）。在确定有关选择时，我们必须考虑备选方案的范围，并且考虑哪些因素会影响个人选择了其中一个而不是另一个方案。这些影响因素若与备选方案的描述有关，则被称为属性（attributes），例如乘坐公共汽车的出行耗时，酒的生产年份，然而个人的偏爱（或品味）也很重要，它们也会影响个人选择。个人偏爱通常与社会经济特征（socioeconomic characteristics，SECs）有关，常见的社会经济特征有个人收入、年龄、性别和职业等。

举一个具体的例子。交通规划者面临的一个普遍问题是，研究城市居民做出的交通相关选择。个人在交通需求方面需要做出很多决策。一些决策的频率较低（例如在哪里生活和工作），另一些决策的频率较高（例如特定行程的出发时间）。这些例子反映了选择分析的一个重要特点——时间视角。换句话说，我们研究的是什么时间段内的选择？随着时期变长，个人做出的可能选择数（即选择数不是固定不变或预先确定的）有可能增加。因此，如果要研究长期（比如五年）的交通行为，我们就可以假设个人能够做出以下与交通相关的选择，比如居住地和工作地点，以及交通工具和出发时间。也就是说，个人关于交通工具的选择很可能随着他的居住地或工作地点的改变而改变。在短期比如一年内，个人对交通方式的选择可能取决于他住在哪里或在哪里工作，但由于重新找工作需要时间，因此居住地或工作地点在短期内可能不会改变。

上一段内容在于说明，在确定选择集时我们必须深思熟虑，从而保证当决策环境变化时，所有可能的行为响应（由一组选择情境表示）都被包括进来。例如，如果汽油价格上升，开车的成本就会上涨。如果你仅研究个人对交通方式的选择，那么油价上升后，个人将“被迫”修改他在给定的备选方案集（例如公共汽车、轿车和火车）中的选择。然而，他也有可能仍选择开车，但改变出发时间，以避开交通拥挤从而节约燃油。如果我们的分析中没有包括出发时间选择模型，那么经验表明，交通方式选择模型会迫使交通方式之间互相替代，然而实际上，这个替代应该是在同一种交通方式（开车）的不同出发时间之间进行。

给定一个具体问题或者一系列有关问题，我们现在认识到为了研究选择，我们需要一系列选择情景（或结果）、一系列备选方案，以及属于每个备选方案的一系列属性。但是我们如何把这些信息变为研究个人选择行为的有用框架？为了做此事，我们需要设定一些行为规则，使得这些行为规则能够反映个人考虑一系列备选方案和做出选择的过程。这个框架必须非常现实，能解释个人在过去的选择，并且能够预测未来可能的行为反应（坚持使用已有选择还是做出新的选择）。这个框架还必须能够评估目前不可用的备选方案；这些目前不可用的方案可以是市场上新的备选方案，也可以是目前已有但尚不能在某些细分市场使用的备选方案。这些都是建模者必须解决的部分议题，它们构成了本书的核心。

在给出本书章节结构之前，我们先简要回顾和评价选择行为建模的演变，这一领域已有 90 多年的历史。

## 1.2 选择行为建模简史

90 年前，瑟斯顿（Thurstone）在其经典论文《比较性判断的法则》（*law of comparative judgment*，1927）中假设个人对一对选项（$i$ 和 $j$）的反应取决于辨别过程 $v_i = f(\alpha_i) + \varepsilon_i$ 和 $v_j = f(\alpha_j) + \varepsilon_j$。其中，$f(\alpha_i)$ 和 $f(\alpha_j)$ 是未知参数 $\alpha_i$ 和 $\alpha_j$ 的单值函数；$\alpha_i$ 和 $\alpha_j$ 描述了选项 $i$ 和 $j$ 的特征，瑟斯顿将这些参数称为相应选项的“情感值”；$\varepsilon_i$ 和 $\varepsilon_j$ 是特定个人（对选项做出选择者）的辨别过程，这些个人是建模者（项目实施者）随机选择出的；瑟斯顿假设 $\varepsilon_i$ 和 $\varepsilon_j$ 服从正态双变量分布（distribution）函数。差值过程（$v_i - v_j$）服从正态分布，其均值为 $f(\alpha_i) - f(\alpha_j)$，方差（variance）为 $\sigma_{ij}^2 = \sigma_i^2 + \sigma_j^2 + 2\rho_{ij}\sigma_i\sigma_j$，其中 $\rho_{ij}$ 是两个选项的相关系数。假设个人对（$v_i - v_j$）$> 0$ 的判断为 $X_i > X_j$。因此，随机抽样个人做出 $X_i > X_j$ 判断的概率为 $\text{Prob}_{ij} = \Phi\{f(\alpha_i) - f(\alpha_j)/\sigma_{ij}\}$。这个反应函数被称为比较判断法则。McFadden（2001）认为瑟斯顿的贡献在于他提出了一个不

完美辨别模型：在该模型中，选项 $i$ 的真实刺激水平 $V_i$ 被视为伴随正态误差，即 $V_i+\varepsilon_i$；瑟斯顿证明了选项 $i$ 而不是选项 $j$ 被选中的概率 $P_{\{i,j\}}(i)$，具有我们当前叫作二元 probit 的形式。概率型选择行为理论可以归功于 Thurstone（1945）以及另外一个相对不知名的学者 Hull（1943）。

除了上述正态反应函数之外，Terry（1952）和 Luce（1959）提出了另外一种方法，这种方法因在心理学上有合理解释而得到特别关注（Restle，1961；Rock and Jones，1968）。在这种模型下，对于二元组 $\{X_i, X_j\}$，个人将 $X_i$ 排在 $X_j$ 之前的概率为 $\text{Prob}_{ij}=\{\pi_i/(\pi_i+\pi_j)\}$，$i=1,2,\cdots,n; j=1,2,\cdots,n$。$\pi_i$ 和 $\pi_j$ 是描述选项 $X_i$ 和 $X_j$ 特征的正参数。Bradley and Terry（1952）在分母中引入了 $\pi_i+\pi_j$，用来标准化（normalize）$\pi_i$，从而使得 $\text{Prob}_{ij}+\text{Prob}_{ji}=1$。Luce（1959）以精准形式为其提供了理论基础，他将 $\pi_i$ 解释为 $X_i$ 在所有 $n$ 个选项中排在第一位的概率。在选项全集的任何子集，特别地，在任何子集的子集 $\{X_i, X_j\}$ 中，$X_i$ 排在第一位的概率可由 Luce（1959）提出的不相关选项的独立性（independence of irrelevant alternatives，IIA）原理推出，这个假设表明不管既定子集中其他选项是什么，比值 $\pi_i/\pi_j$ 都固定不变。这个假设称为 IIA 规则或固定份额假设。重要的是，通过令 $\pi_i/\pi_j=\exp(\alpha_i-\alpha_j)$，这个模型可以转变为 logistic 反应函数。在心理学文献中，Bradley and Terry（1952）使用极大似然估计量，第一次估计了 logit 反应函数，尽管在生物鉴定法中，logistic 形式早已使用了很多年（关于 Berkson 的贡献，可参见 Ashton（1972）综述）。$\pi_i/\pi_j$ 的自然对数估计可通过使用 logistic 偏差 $y_{ij}=\ln\{\text{prob}_{ij}/(1-\text{prob}_{ij})\}$ 得到。在对参数（稍后，这些参数指效用的代表性或称观测成分）进行指数转换后，Bradley-Terry-Luce（BTL）模型与瑟斯顿第五种情形的模型等价，只不过前者使用 logistic 密度替换了瑟斯顿反应函数的高斯密度。对于所有二元选项（刺激）组，IIA 原理与辨别过程的固定相关系数有完全相同的效应。这意味着个人在任何两个选项之间做出选择的条件概率（给定他们对任何其他两个选项之间的选择）等于非条件概率。Mayberry 红公共汽车/蓝公共汽车例子（该案例原理由 Debreu（1960）提出，Quandt（1970）发扬光大）被学者们频繁使用，用来说明 IIA 在实证上的效度（validity）风险；为了规避这一风险，多个版本的离散选择模型应运而生。

Marschak（1959）将 BTL 模型推广到多个选项上的随机效用最大化（stochastic utility maximization），并最早将其引入经济学领域，这就是所谓的随机效用最大化（RUM）[也可参见 Georgescu-Roegen（1954）]。Marschak 探索了随机偏好最大化的可验证含义，并且证明了对于一组有限个选项，若选择概率满足 IIA 公理，则其符合随机效用最大化（RUM）。由这个结果可建立下列命题：伴随独立误差的 RUM 满足 IIA 公理，当且仅当 $\varepsilon_i$ 与类型 I 极端值分布有相同的分布，$\text{Prob}(\varepsilon_i\leqslant c)=\exp(-e^{-c/\sigma})$，其中 $\sigma$ 为尺度因子，$c$ 为位置参数。Anthony Marley 证明了充分性，Luce and Suppes（1965）报告了这个证明。

20 世纪 60 年代，一些学者认识到互斥的（离散）选项之间的选择不宜使用普通最小二乘（OLS）回归。由于因变量是离散的（通常为（1，0）二元形式），OLS 的使用将导致预测结果违背概率的有界限制。尽管在二元选择背景下，区间［0.3，0.7］中的概率通常满足线性 OLS（或线性概率模型形式），但极端位置上的概率可能大于 1.0 或小于 0。为了避免这种情形，需要进行转换，最常见的转换是 logistic（对某事件发生概率与不发生概率的比值（odds）取对数）转换。20 世纪 60 年代，用于估计二元 logit（或 probit）模型的软件开始出现，这取代了常见的辨别分析法。早期软件有 PROLO（PRObit-LOgit），这是英属哥伦比亚大学 Cragg 教授开发的。20 世纪 60 年代末期和 70 年代初期的很多博士论文使用了这个软件，包括 Charles Lave（1970），Thomas Lisco（1967）以及 David Hensher（1974）等。美国西北大学的 Peter Stopher 教授（现为悉尼大学教授）在 20 世纪 60 年代末期开发了一种允许多个选项的软件，但据我们所知，使用该软件的人很少。20 世纪 60 年代末期以及 70 年代初期，一些研究者开发了多元 logit 软件，包括 McFadden 码，这种编码后来成为 QUAIL（主要由 David Brownstone 开发）的基础；Charles Manski 程序（XLogit），MIT 学生使用了这种程序，例如 BenAkiva；Andrew Daly 的 ALogit；Hensher 和 Johnson 的 BLogit 以及 Daganzo 和 Sheffi 的 TROMP。20 世纪 70 年代，Bill Greene 开发了 Limdep，它一开始使用 Tobit，后转用 Logit。

尽管相关软件得以开发（主要是二项选择软件，也有部分能力有限的多项选择软件），然而直到加州伯克利大学 McFadden 教授与 Charles River Associates（公司名）共同开发联合模式和目标选择模型（McFadden，1968；Domencich and McFadden，1975）时，用来模拟多个离散选择的实用工具研发活动才显著增长。20 世纪 60 年代末期，McFadden 根据 Luce 的选择公理（此公理基于前文介绍的 IIA），构造了一个实证模型。令个人面对选项集 $C$，假设 $C$ 中的选项互斥且对立。令 $P_C(i)$ 表示给定 IIA 性质的前提下，个人从集合 $C$ 中选定 $i$ 的概率。Luce 证明如果他的公理成立，那么我们可以对每个选项指定正的"严格效用"$w_i$，使得 $P_C(i)=w_i/\sum_{k\in C}w_k$。将选项 $i$ 的严格效用取为它的属性 $x_i$ 的参数指数函数 $w_i=\exp(x_i\beta)$，就得到了关于个人选择集的实用统计模型。McFadden 称其为条件 logit 模型，因为在两个选项情形下，它变为 logistic 模型而且有类似条件概率公式的比值形式（McFadden，1968，1974）。McFadden（1968，1974）证明了必要性（充分性已被证明），其证明思想如下：根据 Luce 公理，若其中一个选项的严格效用为 $w_1$，其余 $m$ 个选项的严格效用为 $w_2$，那么这个多项选择类似于下列二项选择：其中一个选项的严格效用为 $w_1$，另外一个选项的严格效用为 $mw_2$。

在 McFadden（2001）中，作者解释说他"最初将条件 logit 模型视为制造官僚主义的决策模型，其中随机元素来自各个官僚的偏好的异质性（heterogeneity）。由此可知，在使用各个决策者数据的实证模型中，效用的随机性既来自个人自身和个人之间的偏好差异，也来自选项的属性差异（决策者知道这些差异，但观察者不知）。"这个思想促使他在 McFadden（1974）条件 logit 模型中引入了离散决策的广延边际（extensive margin），而不使用集约边际（intensive margin），后者在传统上用来描述代表性消费者做出的连续决策。这是经济学家和心理学家在解释随机性上的本质区别。

20 世纪 70 年代，很多学者致力于凝练 McFadden 提出的多项 logit 模型。例如，Charles River Associates 项目（参见 Domencich 和 McFadden（1975）一书）引入了内含值来连接不同水平。这些水平是概率值，在树状水平图中，下一级水平的效用成分加权平均值被视作概率。Ben Akiva 独立发明了精确计算内含值的对数求和公式（Ben Akiva and Lerman，1979）。再例如，McFadden 领导的出行需求预测项目（Travel Demand Forecasting Project，TDFP）使用非总体行为工具来构建交通政策分析的综合架构。TDFP 使用 BART 来检验非总体出行需求模型的能力，以预测新的交通模式。在方法学层面上，TDFP 研发了用于基于选择行为的抽样方法和模拟方法，以及用于估计和检验嵌套（nested）logit 模型的统计方法，这些方法为后续研究提供了基础。嵌套 logit 领域的一些重大思想是由 Marvin Manheim（1973）发现的；Alan Wilson 在构造著名的 SELNEC 交通模型（Wilson et al.，1969）时，提出了联合分布模式分解函数，这种函数就用到了 Marvin Manheim（1973）的思想。

IIA 条件的局限促使学者发展出嵌套 logit 模型（Andrew Daly 称其为树 logit）。在这种模型中，学者将心理学领域四五十年前已出名的异化思想明确用于 RUM 架构，因为他们认识到在选择集中，与随机成分中未观测的影响相伴的方差，可能因选项集不同而不同，但在选项子集之间可能是相似的。对决策树感兴趣的学者认同这种方法。然而，我们必须指出，嵌套结构是一种能允许未观测的效应存在方差差异的方法，但其未必符合决策树构建者的直觉。由于与未观测效应相伴的方差分布可用位置和尺度参数（scale parameter）定义，嵌套 logit 模型找到了识别和参数化这个尺度的方法，这种方法有多个名称，比如复合成本、内含价值、对数加和与期望最大化效用。这个领域的贡献尤其是 RUM 架构下的理论贡献主要来自 Williams（1977）、Daly and Zachary（1978）。McFadden（2001）将这些贡献一般化。需要特别指出，Williams-Daly-Zachary 分析法为人们从社会剩余函数推导 RUM 一致选择模型奠定了基础，同时也将基于 RUM 的模型与项目评价中的支付意愿（willingness to pay，WTP）联系在一起。

自 20 世纪 70 年代中期到 2010 年，多项 logit（MNL）和嵌套 logit（NL）的闭式（closed-form）离散选择模型的理论、计算和实证应用文献呈爆炸式增长。闭式模型最著名的发展源于学者终于认识到嵌套 logit 模型能够允许多个数据集的混合，尤其是显示性和陈述性偏好数据集的混合。Louviere 和 Hensher（1982，1983）以及 Louviere 和 Woodworth（1983）在考察市场出现新选项与/或已有选项暴露新属性情形下的离散选择问题时，已认识到陈述性选择数据集的重要性，但他们未能提出解决方法。提出解决方法的是 Morikawa（参见 Ben Akiva 和 Morikawa（1991）），他构建的方法既允许尺度或方差的差异（在 RUM 背景下，这是选择行为模型必须满足的核心特征），又允许合并数据集。Bradley 和 Daly（1997）（此文发表于 1997 年，但写于 1992 年）以及 Hensher 和 Bradley（1993）说明了在使用嵌套 logit 方法时，如何识别与混合数据集相伴的尺度参数，如何调整参数估计，从而使得所有绝对参数能够进行数据集之间的比较。

尽管学者已基本打通多项选择和多个数据集之间的连接路径，然而仍存在一些重大挑战。这些挑战主要存在于开式模型，例如多项 probit 模型。由于在解析解中需要允许多个整数，因此多项 probit 模型一直难以估计多个选项，这在 20 世纪 80 年代之前是个事实。这个难题的解决之道在于数值积分，然而直到一些与模拟动差（moments）相关的思想取得突破之后（McFadden，1989），允许更复杂的选择模型的大门才被打开，其中包括允许偏好的未观测异质性更宽泛的来源的模型。

开式模型［例如随机参数 logit（也称为混合 logit）以及误差成分 logit 模型］时代的到来，使得学者能够考虑偏好异质性的随机和系统来源，考虑每个抽样个体共有的相关数据结构（尤其是陈述性选择数据集情形），能够更深刻地洞察偏好以及与结构和潜在效应相伴的尺度异质性（与异方差性）对选择的影响。

## 1.3 选择分析的基本规则与本书结构

在下面几节，我们将介绍一些主要规则，它们是理解选择分析方法的起点。我们从最基础的知识开始介绍，循序渐进。在分析专家看来，这似乎有些拖沓，因为很多东西在他们眼里是理所当然的。然而，初学者可不这么认为。在学会跑之前，我们要先学会走。因此，我们坚持我们的“拖沓”做法。

我们在上课时发现，理解选择分析基本结构的最佳方式就是选择一个（些）特定的选择问题，然后自始至终都以这个（些）问题为例。然而，本书第一版的读者要求使用一些数据集来说明选择分析的多样性，例如显示性和陈述性偏好集混合（或单个）背景下的首选（或第一偏好）加标签的选择数据、未加标签的选择、最优—最差属性以及选项设计、有序选择（ordered choices）、涉及多人的选择等。尽管读者可能来自不同学科背景，例如经济学、地理、环境科学、市场营销、保健学、统计学、工程学、交通、物流等，尽管读者可能从事这样或那样的研究，但本书基于若干个案介绍的工具足以说明它们的普适性。

不认同上述观点的读者很可能将自己处于不利地位；他们犯了一个错误，即认为行为决策制定和选择反应存在特殊性。我们再次指出，选择分析框架下发展出来的方法是普遍适用的，这是它们的最大优点。这些方法的可移植性非常惊人。学科壁垒和偏见不利于选择分析的学习。虽然特定学科对选择分析有很大的文献上的贡献，但我们把其视作选择分析在跨学科领域的拓展。

本书选取和使用的数据集有共性，它们都能说明选择分析的下列特征：

1. 存在两个以上的备选方案或称选项。这一点很重要，因为涉及两个以上选项的选择情境会带来一些重要的行为条件，而这些条件在二项选择的情况下不存在。

2. 可以将这些选项集视为两个或两个以上的选择（例如，在公共交通和私人交通方式之间选择，在私人交通方式之间选择，以及在公共交通方式之间选择）。这有助于我们接下来展示如何建立伴随两个或两个以上（且相关的）选择决策的选择问题。

3. 选择反应的一手数据有两种来源。这两种数据分别称为显示性偏好（revealed preference，RP）和陈述性偏好（stated preference，SP）或陈述性选择（SC）数据。RP 数据是指在现实市场条件下做出的选择；相反，SP 数据指考虑假设性条件后做出的选择（SP 数据集中的选项通常就是 RP 数据集中的那些选项，但对于同一个属性，SP 数据集中的值与 RP 数据集中的不同，而且 SP 数据集通常还包含 RP 数据集未能包含的新属性）。对于个体在现有选项和新选项之间的选择，SP 数据尤其有用，因为新选项在 RP 数据中无法观测。

4. 在选择模型中，研究者通常会对选取特定选项的个体进行过抽样（over-sample）和欠抽样（under-sample）。当特定选项占优或者受欢迎时，这样的做法很常见。例如，在一些城市，私家车比公共汽车和火车占优，我们通常对当前选择公共汽车和火车的个体进行过抽样，而对开私家车的个体进行欠抽样。在确定影响选项选择的各种属性的相对重要性时，我们希望通过对数据加权，以修正过抽样和欠抽样方法，从而确保总体选择份额（choice shares）的再现。这些加权选择份额比样本选择份额更有用，尤其当研究者希望估计弹性（elasticity）时。

5. 数据集含有大量描述每个选项的属性，而且含有很多描述每个被抽样个体的社会经济状况的特征，例如个体收入、年龄、是否有车以及职业。这让分析者有充足的空间来考察选项的属性和个人特质对选择行为的影响。

6. 选项定义明确，都有标签描述，例如公共汽车、火车、独自驾车和拼车。选项有标签的数据集通常比没有标签的数据集好。没有标签指未能以标签形式明确定义，例如仅用两个或两个以上的属性来定义的选项，这样的选项比较抽象。有标签的选项能让我们研究各个选项特有的常数项的重要作用。

7. 最后，对于本书选取的案例，大多数分析者都有一定的亲身体验。因此，他们在使用这个数据集时不会感到陌生。

接下来的章节按照逻辑顺序阐述选择分析过程，这一顺序与研究者和实践者从设计研究和收集所有必需的信息，到开展数据收集、分析和报告的顺序是一致的。首先讨论在研究选择时，我们希望理解什么（第2章），也就是个体偏好以及约束条件。如果没有约束条件，那么个体能自由选择他最偏好的选项，但约束条件限制了这种自由。在理解了偏好和约束条件的核心作用后，我们开始建立分析架构。由于研究者对个体偏好信息的了解不如个体决策者自身，我们向这个架构中引入一系列行为规则来帮助研究者理解个体偏好（第3章）。我们使用这些用来连接效用和选择的行为规则，构建正式选择模型。在这个模型中，我们引入个体偏好的来源（即属性）、偏好的约束条件（即个体的特性、周围人的影响、其他环境的影响等）以及选项集。在掌握了效用（偏好的来源）和选择之间的重要关系之后，我们开始介绍一系列选择模型（第4章），例如多项 logit、嵌套 logit、probit、混合 logit（以及日益增多的变种）、潜类别（latent class）、有序 logit 和 probit。我们重点介绍似然函数以及对数似然（LL）函数的含义，说明它们如何表达效用（泛函形式）与选择概率之间的关系。第5章主要介绍估计策略，以此说明如何得到参数（或边际效用）估计值。估计策略主要有各种标准算法以及模拟最大似然法，后者主要用于更复杂的模型（例如混合 logit 模型）。我们还解释了估计的重要特征，例如方差—协方差矩阵（这在选择实验的设计中日趋重要，参见第6章）、海塞（Hessian）矩阵以及如何处理奇异矩阵。

有了选择模型架构和各种具体模型之后，我们引入了一种非常特殊的数据范式，该范式已成为研究选择的极其常见的方法。在选择实验方面，自从本书第一版出版后，文献已取得了很大进展。我们完全重写了陈述性偏好或陈述性选择实验的章节（第6章），引入了一种新软件即 NGene，它能处理现实选择模型的大多数效率设计。

到此，我们已经介绍了选择模型的基本特征以及一些数据议题，并且以简单 MNL 模型为例说明了模型的估计，从而帮助读者理解了选择模型的重要实证性质。第7章引入能帮助我们确定模型“好坏程度”的主要工具。这类工具就是统计推断。统计推断有很多检验法，但我们最常用的有似然比检验、AIC、BIR、Wald 检验、Delta 方法、拉格朗日乘子检验（Lagrange multiplier test）以及 Krinsky-Robb（KR）检验。我们还介绍了 bootstrapping 法，并且说明了如何使用方差函数来得到 WTP 分布的标准误差。到此为止，选择行为建模过程的基本要素介绍（称为本书第1部分）已到了收尾阶段，第8章介绍了通常被忽略的一些议题，以及选择模型的主要行为结果。这些内容包括内生性、随机后悔、边际效应（marginal effects）、弹性（点弹性和弧弹性）以及 WTP。

有了选择模型架构之后，我们开始介绍选择行为建模软件。在本书第2部分，前两章主要介绍 Nlogit 软件，本书始终使用这款软件来说明如何使用各种数据集来估计选择模型。尽管用于模型估计的软件有很多，但我们仍选取了 Nlogit5。原因有二：第一，它是选择模型估计最常用的软件；第二，我们已经熟练掌握并使用这个软件（William Greene 和 David Hensher 是 Nlogit 软件的研发者）。第9章和第10章介绍 Nlogit5 软件的基本程序，分析者只有掌握了它们才能运行选择行为模型。这块内容包括安装软件、读取数据、创建项目文件、编辑数据以及转换数据。

本书第3部分介绍一系列选择行为模型，包括多项 logit 模型（第11章、第13章）、嵌套 logit 模型（第14章）、混合 logit 模型（第15章）、潜类别（第16章）、二元选择（第17章）、有序 logit（第18章）以及数据融合（尤其是 SP-RP），包括假设偏差（hypothetical bias）议题（第19章）。第12章主要讨论如何处理未加标签的数据。混合 logit 章节包括所有模型变种，例如偏好和 WTP 空间中的尺度多项 logit（scaled multinomial logit）、广义混合 logit、误差成分、潜类别模型（该模型单独放在第16章），它是固定或随机参数混合 logit 模型的离散分布解释。

本书第 4 部分（最后三章）是第一版未纳入的新内容。随着模型泛函形式变得越来越复杂，（参数的）非线性估计变得越来越重要。原有的网格搜索法需要替换为联合估计法。第 20 章介绍非线性随机参数模型，并将其作为选择行为分析的边界；在期望效用理论和各种前景理论（例如等级依赖效用理论和累积前景理论）背景下介绍若干非线性模型，然后说明这些新模型形式。第 21 章综述了属性处理（通常统称为过程启发）这一主题日益增长的文献，这些文献认识到响应者通常在一系列行为规则下做出选择，而这些行为规则规定了每个属性或选项是如何处理的。由于这类文献日益重要，这一章很长。在最后一章即第 22 章，我们的视角从单个决策者（选择者）转移到群体选择，因为很多选择是由一群人做出的。我们说明在多人背景下，如何使用标准选择行为建模方法和相应的数据来表达在达成群体选择（可为合作也可为不合作）时，每个决策者的影响（或势力）。

本书增添了很多提示性内容，我们将其放在标题为“题外话”的矩形框中。这样做的好处在于在保证主题阐述的流畅性的同时，增加一些有用的小贴士。最后，用来说明具体选择行为建模方法的数据集未随本书一起提供给读者，读者可以从下列网址得到一部分数据（http://sydney.edu.au/itls/ACA-2015）。

# 2 选择

一旦出现有关行为的意愿、决策、原因或选择问题，人类科学就不知怎么解决。

——诺姆·乔姆斯基（Noam Chomsky，1928—　）



## 2.1 引言

每个人生来都是商人。人们有意地或潜意识地比较选项，并且选取行动，我们将被选中的行动称为选择结果。虽然选择结果对于决策者（做出选择的个体）而言很简单，但对分析者来说并不容易，因为分析者只能通过有限的调查数据来解释这样的选择结果，也就是说，他们无法获得足够的信息来充分解释它们。当我们开始研究决策者总体时，这个挑战更加艰巨，因为个体之间普遍存在差异。

如果全部个体可由一人代表，那么分析师的工作将大为简化，因为不管从此人身上观察到什么选择反应，我们都可以将其推广到整个总体，从而获得选择某个特定选项的人数。遗憾的是，总体所做决策背后的原因森罗万象，存在大量差异，这种差异通常称为异质性，异质性基本上难以观测到。分析师需要找到观察并测量这种差异的方法，尽可能增加已被测量或称被观测到的异质性的数量，并且尽可能减少未被测量或称未被观测到的异质性的数量。分析师的主要任务就是通过数据收集来获取这样的信息，认识到数据未包含的信息（无论是已知但无法测量的信息还是未知信息）仍与个体选择有关，并且在解释个体选择行为时考虑到这些信息。

## 2.2 个体有偏好，偏好很重要

我们需要一个概念架构来识别个体选择行为的潜在影响因素。揭示重要信息的一种有用方法是找到这些影响因素。本书使用的思想（大部分）来自经济学，（少部分）来自心理学和决策科学。我们从偏好（preference）概念入手，认为个体对特定选项（产品或服务）的偏好决定了他的选择。人们在日常生活中也使用“偏好”这个词。我们经常说“我们偏好开车而不是乘坐公共交通工具去上班”，或者“我们偏好恐怖片而不是爱情片”。以第一个论断为例。进一步考察就会发现，人们偏好开车而不是乘坐公共交通工具的原因，与出行耗时、舒适程度、方便程度、安全性，甚至社会地位（取决于开什么车）相关。然而，我们也许还能发现，并不是所有影响因素都促进人们偏好开车，例如在目的地的停车因素（停车位的可得性以及价格）或者社会公益因素（开车造成空气污染；全球变暖；车祸给社会造成实物和精神损失）。

即使我们考虑了这些驱动偏好的潜在因素，也会有许多约束条件，使得人们不能选取他们最偏好的选项。例如，某人可能买不起车（个体和/或家庭的收入约束）。我们（暂时）假设收入约束不是紧的，那么我们就能发现更多关于偏好的信息。这样，给定当前收入约束（不管它是什么样的），如果将来这个约束发生了变化（即变紧或变松），我们就可以发现什么样的备选集最受偏好。为了沿着这个逻辑推演，我们需要考察偏好是如何形成的。

我们从案例入手。假设我们讨论的是某人选择开车还是坐火车去上班。为简单起见，我们讨论仅含有两个选项的情形。一旦我们基本理解了偏好是如何显示的，就很容易将其推广到多个选项的情形。另外，假设我们已与一群上班族进行了充分讨论，找到了他们选择开车或坐火车的原因。原因可能有很多，但我们仅考虑出现次数最多的两个属性：一是出行耗时，二是现金成本。以后你会发现选择这两个属性只是一种简化做法。在严肃的数据收集活动中，我们需要测量很多可能的属性。事实上，出行耗时本身就是个复杂的属性，因为它包括了各种出行耗时——走到火车站、等候火车、火车运行时间、个人在火车上有座位的时间占比、开车时间、停车时间、停车后或下火车后走到工作地的时间、同一路线各次出行耗时差异（或可靠性）。

接下来，我们需要决定如何测量偏好的影响因素，这些因素决定了个人更偏好开车而不是坐火车（或正好反过来）上班。暂时不考虑特定交通工具的形象（尽管它最终可能影响偏好的形成，尤其对新交通工具的偏好），我们已经假设个体在开车和坐火车上班之间的选择是由出行耗时和成本综合比较决定的。但是，时间与成本哪个更重要？这种重要性在每个选项里是否不同？在构建选择分析方法的过程中，我们已找到了一种测量个体偏好的方法，也就是找到"偏好的来源"，这是我们给它起的名字。一旦确定了偏好的来源，我们就需要用单位来测量这些来源。这样一来，给定一个选项，我们就能计算它的各个属性组合的值，从而比较各个选项的值；最后，我们有理由相信个体会偏好那个有最大（正）值的选项。这里还有一个问题：我们能说一个选项比另一个选项好多少（即基数偏好），还是只能说某个选项更受偏好（即序数偏好）？这个问题更具有挑战性，但对于本书来说，我们可以放心地置之不理。

继续考察偏好的测量问题。我们需要认识到，如果影响偏好的唯一属性是出行耗时，这个问题就变得非常简单：比较各个选项的出行耗时，到达既定目的地耗时较短的选项更受偏好。然而，我们在这里有两个属性（通常更多）。因此，在伴随多个属性的环境下，我们如何测量个体偏好？

我们分别考察每种出行模式。以有两个属性（出行耗时和成本）的开车为例。为了揭示个体偏好，我们要求人们评估某个特定行程（出行距离已知）的出行耗时与成本的不同组合。我们需要确保所有组合都有实际意义，虽然我们承认一些组合可能不可及（也就是说，现有技术条件无法提供该组合，例如，使用全球定位系统的车辆自动驾驶；再如法律限制了既定距离的出行耗时，例如限速 100 kph）。为了将时间和成本的组合转换为单位（或度量），从而进行选项之间的比较，我们通常在满意空间或效用空间中定义一个响应空间。我们需要解释一下它的意思，因为这很重要。

要了解个体偏好，首先需要选择一种商品或物品（我们称之为选项）。我们从公共汽车入手，找出个体对出行耗时和成本（即车票费用）的不同组合的偏好。我们先选择一个范围，然后从中选择一些出行耗时和成本。假设该范围为 10～60 分钟和 0.20～5.00 澳元。个体评估出行耗时和成本的组合，给出一个分数（数值分）或排序，这样就能反映个体的偏好。分数代表个体有能力准确量化偏好序，这称为基数测量（cardinal measurement）。排序代表相对关系（包括等价关系），但意味着不可能进行基数测量。因此，排序称为序数测量（ordinal measurement）。虽然学术界对基数测量和序数测量的优劣存在广泛争议，但我们仍大胆地假设能够赋予每个出行耗时与成本的组合一个数值指标。但这个数值指标是什么？在心理学中，它指"满意度"；在经济学中，指"效用水平"。它们在本质上是一回事（尽管经济学家通常用"效用"来表示序数测量）。通常来说，这种测量是相对的。

要采用满意度的说法，我们需要找到某个易于理解的数值维度（即尺度或量表）来测量满意度，从而让我们能够比较出行耗时和成本的各个组合。我们采用 0～100 的量表，100 是最高的满意度。我们进一步假设在该量表中，0 有意义。因此，我们可以使用该量表比较成对的满意度。一对数值构成一个比率，因此它称为比率量表（ratio scale）。* 如果我们假设 0 点无意义，那么对于有相等差值的两个组合（例如，在满意度量表上，20 对 30 与 30 对 40 这两个组合的差值都为 10），我们无法推断这两个差值是否代表相同的满意度。换一种表达，这意味着在固定的间距上，偏好不是线性的。

在比率量表满意度响应情形下，我们诱导个体对出行耗时与成本的每个组合做出响应。虽然理论上，给定出行耗时和成本的范围，我们可以提供无限个组合，但在实际操作中，我们选取的组合数通常是有限的，只要这个组合集足以保证产生各种可能的满意度即可。在这里，我们将出行耗时和成本组合画在满意度空间中，用来显示偏好。

为了说明这个散点图是什么样的，对于一个选项（公共汽车），我们将图 2.1 中的纵轴定义为与出行耗时相伴的满意度，将横轴定义为与车票费用相伴的满意度。假设我们请一个人在满意度打分量表上评估 20 个组合中每个时间与费用的组合，然后将这些响应画在满意度空间中。仔细研究这些点，我们会发现一些组合的满意度是相同的。我们故意将满意度相同的点画出来，以便介绍另一种表示偏好的方法。如果我们把所有伴随相同满意度的点连起来，那么对于同一条线上的点（组合），我们可以断言此人对选择这条线上的哪个点是无差异的。个体在满意度上的无差异情形使我们能够用一组无差异曲线（indifference curves）来描述他的偏好。

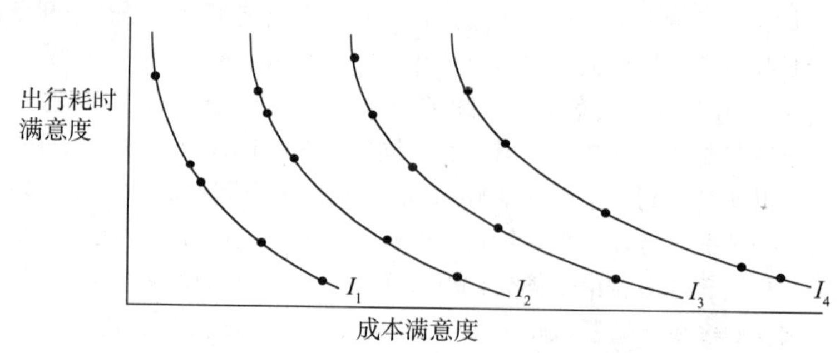


**图 2.1　识别个体对使用公共汽车的偏好**

在图 2.1 的满意度空间中，有成千上万个点（出行耗时与成本的组合），点与点的满意度可能不同，也可能相同。无差异曲线能让我们合理猜测个体的偏好形状。我们可以对每个选项重复这种操作，即画出无差异曲线，这是因为对于不同的选项（出行方式），同样的属性水平的组合可能会产生不同的满意度。例如，假定成本不变，坐 20 分钟公共汽车的满意度与开车 20 分钟的满意度不同。我们由此认识到，个体对选项的偏好（通过满意度反映出来）会随着选项的不同而不同，而且不同个体的偏好也存在差异。

偏好的这种异质性几乎就是选择分析的全部内容：给定选择集，我们试图理解和解释不同个体的偏好。到目前为止，读者应该认识到，为了测量满意度（也称为效用水平），我们实际上已做出了一些（隐含的）假设：

1. 在评估时，除了出行耗时和成本之外，偏好的任何其他影响因素都保持不变。

2. 这些其他影响因素包括：技术状态、个体支付能力（即个体收入）、特定选项的各种属性水平（出行耗时和成本除外）、其他选项的所有属性水平、对其他选项的偏好。

技术状态指市场现有出行方式的属性水平。在做出上述假设之后，我们通常说："维持所有其他影响因素不变"（ceteris paribus），个体对两个属性（出行耗时和成本）的不同水平组合做出选择，并对每个组合指定一个满意水平。这句话意味着，个体选择能带来最大满意度（或效用水平）的组合。个体偏好这个组合，意味着他能最大化自己的满意度。这个行为规则通常称为效用最大化行为。

在其他因素不变的情况下，尽管能提供最高效用水平的属性组合最令人满意，但这个组合也许不能实现。这是因为受个体收入（或预算）的限制，他负担不起这个组合的成本，以及/或者技术状态不能提供这种组合。接下来的任务是识别这些限制条件，在财务预算约束下找到效用最大化组合。

需要对这个例子稍作改变。我们不再讨论单一选项（公共汽车）的两种属性（出行耗时和成本），而是

* 对此，文献中常见的称呼还有"等比量表""定比数据"等。——译者注

引入另一个选项（即轿车），研究个体对公共汽车和轿车的偏好（这个偏好既可用单个属性（例如成本）衡量，也可以用属性的组合（例如出行耗时和成本的组合）衡量）。注意，在评估不同的选项时，如果每个选项有两个或两个以上的属性，那么在二维空间中，我们需要把每个属性加起来。在当前情形下，我们必须把出行耗时转换为货币，然后与公共汽车票价相加，或者与轿车的运营成本相加。这样，我们就得到了出行的广义成本或价格。我们将在介绍支付意愿（WTP）时讨论如何将属性转换为货币单位。目前。我们暂时假设公共汽车和轿车都只有一个属性，即成本。在选项为两个的情形下，我们将预算约束定义为个体收入。在图 2.2 中，我们画出了一条预算线和一组无差异曲线，这样，我们就可以识别偏好能被实现的区域。我们如何描述预算约束？预算约束的定义有三个要素：

1. 在一段时间内可用的总资源（$R$）（例如个体收入），我们通常称之为单位时间可用资源；
2. 轿车出行的单位价格（$P_c$）以及公共汽车出行的单位价格（$P_b$）；
3. 这些单位价格既可能受个体影响（价格制定者），也可能不受个体影响（个体将价格视为给定的，即他们是价格接受者）。

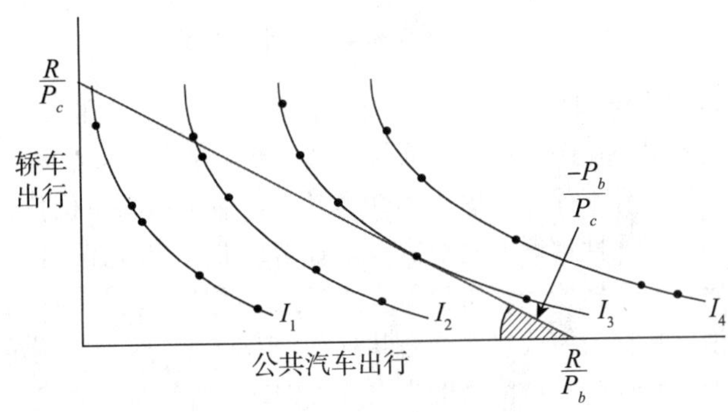


**图 2.2　预算约束**

我们把轿车出行的单位价格定义为 $P_c$（下标 $c$ 为 car 的首字母），把公共汽车出行的价格定义为 $P_b$（下标 $b$ 为 bus 的首字母）。我们还假定个体是价格接受者，因而对这些单位价格没有影响。预算约束的斜率则是两种出行模式的价格比率（$P_b/P_c$）。为了看清这一点，设想个人将其所有预算都花在轿车出行上，那么他可以“消费”的轿车最大出行量等于总资源 $R$ 除以 $P_c$，即等于 $R/P_c$。类似地，他对公共汽车出行的最大“消费”量为 $R/P_b$。由于个体是价格接受者，所以轿车和公共汽车出行的单位价格在任何水平上都保持不变，因而是一条直线。为了说明当价格或资源总量改变时，预算线如何变化，我们在图 2.3 中画出了另外一些预算线。曲线 $A$ 表示原来的预算约束，曲线 $B$ 表示轿车出行价格降低后的预算约束，曲线 $D$ 表示轿车出行价格上升后的预算约束，曲线 $C$ 表示资源总量上升（维持 $P_c$ 和 $P_b$ 不变）后的预算约束。

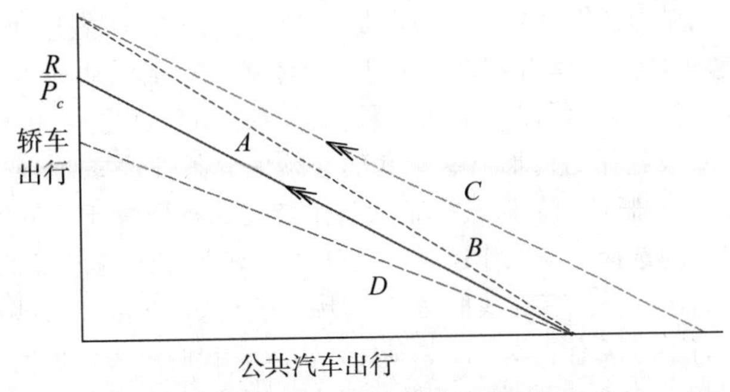


**图 2.3　预算约束的变化**

在图 2.4 中，我们画出预算约束线和无差异曲线，这样就能发现在预算约束下，个体选择什么样的出行模式组合才能使自己的效用最大。这个组合就是 $E$ 点，这个点是无差异曲线与原来的预算约束（即价格为 $P_c$ 和 $P_b$ 且资源总量为 $R$ 时的预算约束）的切点。此时，个体的效用水平无法继续提高，除非资源总量和/或两种出行模式的单位价格改变。图 2.4 还分别画出了以下三种情形下的效用最大化点：一是轿车出行的价格下降（最优点为 $F$），二是个体总收入增加（最优点为 $G$），三是轿车出行的价格上升（最优点为 $H$）。

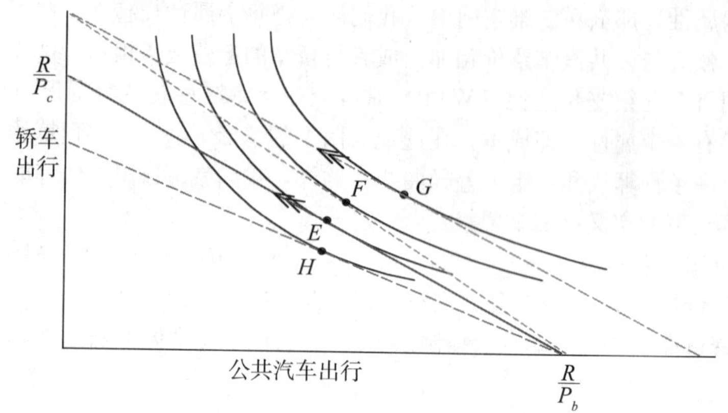


**图 2.4　预算约束下的个人偏好**

前面我们讨论了个体在轿车出行和公共汽车出行之间的权衡。然而，在认识偏好和约束条件作用的过程中，我们通常会选取选项（或商品或服务）的一个属性，然后在给定资源总量的情形下，通过比较个体在与不在该选项上花钱时，估计该属性起什么作用。这个属性通常就是该选项的单位价格（例如公共汽车票价）。然而，根据图 2.1 可知，选项的很多属性都影响满意度（或效用水平），因此在实际应用中我们希望保持选项的多属性状态。我们可将每个属性水平转换为货币价值，然后把这些值加总，得到所谓的广义价格。为了使用二维图，我们将横轴视为个体消费的交通模式（例如公共汽车）消费量，这通常用单位时间（比如一个月）内使用该交通模式的次数衡量；将纵轴视为其他活动的支出（我们称之为结余或在商品 $Y$ 上的支出）。

为了说明如何确定公共汽车出行和其他活动支出的最优（效用最大化）水平，图 2.5 画出了 3 条预算约束线和 3 条无差异曲线。在此图中，个体坐公共汽车出行的次数随着车票价格的变化而变化：票价降低时，出行次数增加；票价升高时，出行次数减少。图 2.5 可以帮助我们确定选择频率和影响该选择的属性之间的关系（维持其他条件不变）。现在我们可以做出重要断言："给定个体的偏好（以无差异曲线的形状表示）、预算约束、选项的单位价格（在本例中，选项为坐公共汽车出行和所有其他活动），并且维持所有其他条件不变，那么根据效用最大化规则，我们可以求出公共汽车出行的单位价格与出行次数的关系。"我们这里得到的是个体的需求函数。

我们之前一直没有使用"需求"这个词，因为我们关注的重点是"选择"。这两个概念相关但又有区别。当我们观察到个体做某件事（例如坐公共汽车出行）时，我们观察到的是一个选择结果，以及能表示个体对该活动（即坐公共汽车）需求的信息。在一段时期内观察到的个体选择结果使我们能测量个体做出特定选择的次数（个体做出的选择可以是习惯性选择，也可以是每次重新评估后再做选择，后面这种情形称为追求多样性）。重要的是，为了能够把所有选择结果的加和视为个体对某特定活动的需求的衡量指标［这里的特定活动可以为购买耐用品（比如汽车），可以为消费某种商品（比如巧克力），也可以为选项（例如坐公共汽车）］，我们必须记录该行为未被选择的情形。这让我们必须区分条件选择（conditional choice）与非条件选择（unconditional choice）这两个概念。条件选择是指某个特定选择取决于另外一些事情。例如，个体上班出行方式的选择取决于他以前的选择——工作还是不工作、在家工作还是外出工作（若工作）。非条件选择指不以其他先前选择为条件的选择。只有在我们考虑了所有先前条件（或在某些情况下，考虑某些但不是全部先前条件）的情况下，我们才能谈论个体的（非条件）需求。我们还需认识到，如果我们打算将个体的选择结果（choice outcome）转换为对个体需求的衡量，那么"不选择任何给出的选项"本身也是一个很重要的选项，是一个有效响应。

在说明了上述两个概念的区别之后，我们可以使用图 2.5 中的信息推导个体对特定选项的需求函数。此事并不难，只要将图 2.6（a）中公共汽车出行的单位价格和次数描在图 2.6（b）中即可，注意图 2.6（b）的纵轴表示价格，横轴表示需求量。

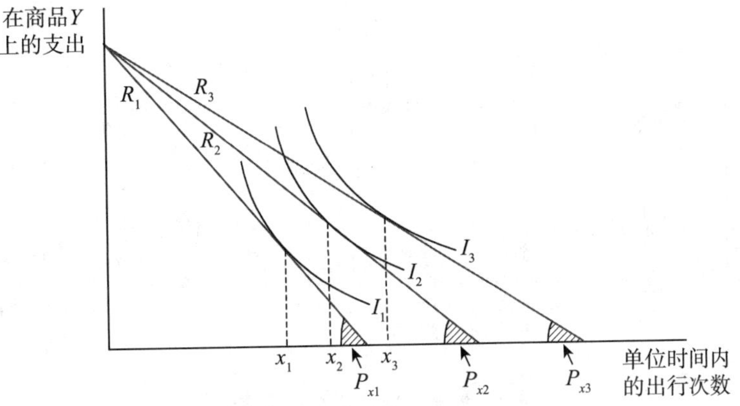

**图 2.5　有预算约束的无差异曲线**

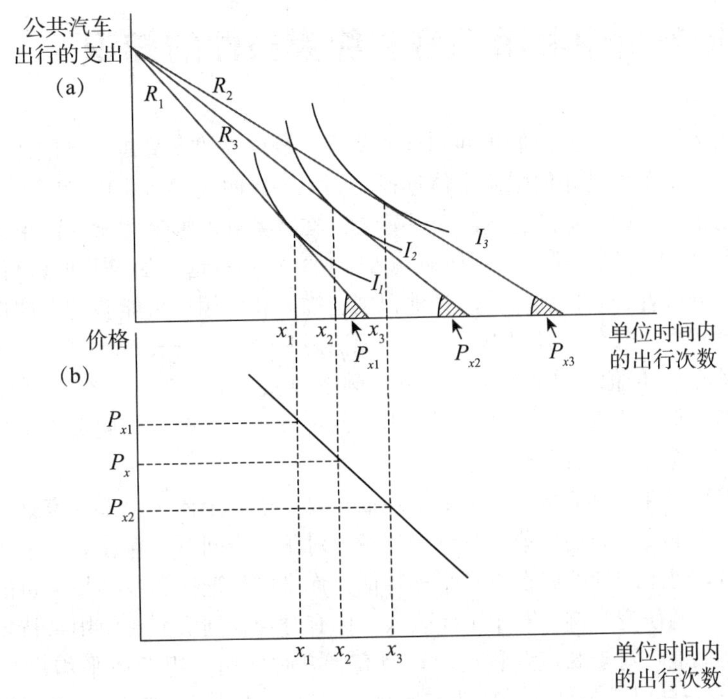

**图 2.6　需求曲线的构建**

根据图 2.6，我们可以画出个体的需求曲线。当车票价格变化（维持所有其他因素不变）时，需求量沿着这条需求曲线移动，我们将这种变化称为需求量变动。然而，由于很多原因，其他影响因素也可能不时发生变化，这样我们就不能说需求量沿着给定需求曲线移动了。也就是说，当除了车票价格外的影响因素发生变化时，我们不能看到需求量沿着给定需求曲线移动。如果个体收入增加，我们就可能预期个体坐公共汽车出行的次数发生变化，因为收入增加后他可能会购买轿车，从而将单位时间（比如一个月）内的某些出行模式改为轿车而不再是公共汽车。这里，我们得到的不仅仅是需求量（公共汽车出行次数）的变化，还有需求水平的变化或简称需求的变化。

也就是说，需求曲线自身将变化，这产生了另外一条需求曲线，后面这条曲线综合考虑了公共汽车出行次数的减少以及轿车出行次数的增加。由于图 2.6 关注的是公共汽车出行，因而我们在图中只能观察到公共汽车出行次数的变化（需求量的变化）。我们需要另外一个图（图 2.7）来描述被轿车替代了的公共汽车的出行次数。需求曲线的移动称为需求的变化（注意，我们在前面说过的需求量的变化是沿着给定的一条需求曲线移动）。我们现在得到了替代效应（substitution effect）和收入效应（income effect）。收入效应源于收入的变化，而替代效应源于单位价格的变化。这两个概念的更多细节请参见 Hensher 和 Brewer

(2001，197-201)。

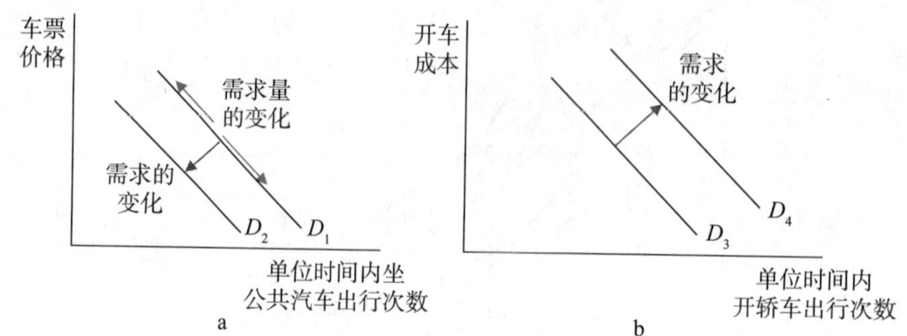


**图 2.7　需求的变化以及需求量的变化**

## 2.3　在选择分析中使用偏好和约束条件的知识

有了上面这些重要的构造之后，我们再回到选择分析。最重要的事情是，要记住我们是如何识别个体对特定选项的偏好，以及约束条件是如何限制个体选择的。无差异曲线的形状可能因人、因选项、因时点不同而不同。确定影响特定偏好的因素对选择分析至关重要。在将偏好的影响因素、约束条件（限制了偏好能被实现的区域），以及行为决策规则（用于处理所有输入信息）放在一起之后，我们就得到了一个选择结果。

在做选择分析时，分析者必须找到一种能让他识别、描述和使用尽可能多的个体信息的方法。信息有很多，分析者只能观察到其中一部分，有相当多的信息无法观察到。尽管分析者要了解个体的选择及其影响因素（这是选择分析的核心），但他的真正任务是解释个体总体做出的选择。当分析者面对的不是一个个体而是一组个体（比如样本或整个普查）时，他遇到了更大的挑战——在解释相同选择结果尤其是解释一些选项为何未被选择时，他如何充分考虑大量个体信息变异。

选择分析需要解释变异性，具体地说，需要解释抽样总体中的个体（个人、家庭、企业、社团等）行为响应上的差异。这一点很重要，我们提前提醒读者注意。对于这个问题，存在着一些相对简单的“解决”方法。比如在收集数据时，对于选项的属性以及个体特征，你可以仅选择那些容易测量的。甚至，你可以将这些属性或特性加总。以交通研究为例。对于个体收入，你有时会看到研究者使用某特定小区个体平均收入而不是个体实际收入。类似地，对于既定路程耗时，研究者有时使用一组个体平均出行耗时而不是个体实际（或最可能感知到的）出行耗时。另外，一些研究者将选择某一选项的个体所占比例作为因变量，这实际上研究的已不是个体选择问题，而是空间聚集个体问题。我们将会发现，通过加总或平均化方法，大量有关个体选择行为的潜在影响因素的变异都被删除了。在这种情况下，我们需要解释的变异性变少了，而且统计方法会对行为响应给出更好的解释。这是个错觉——当差异变少时，解释这些差异就容易得多，统计学模型的拟合度也会更高（例如很高的总体拟合度指标，比如线性模型中的 $R^2$ ）。你感觉很好，但你不应该这样。你很有可能仅仅解释了个体真实行为差异中的一小部分。分析者遗漏了大量未被观测到的差异，而这些差异对解释个体选择很重要。在分析者采用所谓的简单办法来解释选择行为时，这些差异变得更加重要。这类简单方法没有解决问题，而只是忽略（或避免）了这个问题。

下一步，我们将构建一个架构，使得我们能够描述个体决策层面上的行为差异的来源。我们必须认识到：(1) 这些差异的来源最初无法被分析者观测（但决策者确定知道）；(2) 分析者面对的挑战是通过一组被观测的影响因素描述尽可能多的差异，同时设法处理他未观测的影响因素。我们不能忽略后面这些影响因素，因为它们也会影响差异。选择分析的核心问题之一就是如何处理未观测的因素。这个任务称为将选择与效用连接起来，这是第 3 章的重点。

# 3 选择与效用

实验结束之后才找统计学家帮忙，这类似于让他对实验做“尸检”：他也许能够说明实验“死亡”的原因。

——罗纳德·费雪（Ronald Fisher）



## 3.1 引言

正如第 2 章所述，个体在市场既有约束（constraints）条件下的偏好产生了选择。这些选择的加和代表了人们对市场中各种商品和服务的总需求。在模拟需求时，离散选择（discrete choice）模型使用个体层面的数据而不是加总层面的数据或称总量数据。注意，这不意味着对每个人使用不同的离散选择模型，尽管一些研究者的确这么做［例如 Louviere et al.（2008）］。在使用总量需求数据的模型中，变量的每个数据点代表既定时点上的商品销量，而在离散选择模型中，每个数据点代表个体选择，在这种情况下，个体选择之和表示总需求。

另外，需要注意，这里的“需求”允许个体“不做选择”，因为他不消费某些商品。从现在起，我们交叉使用“选择”和“需求”，在本书中它们的意思相同。我们还要指出，在其他文献中，离散选择模型和需求模型存在着区别。需求模型通常着眼于总量经济，而离散选择模型通常应用于部门经济（例如交通或卫生部门）。一些学者［例如 Truong 和 Hensher（2012）］构建了离散选择模型与连续选择模型之间的理论联系，其中离散选择模型强调个体层面的偏好结构，而连续选择模型可以描述这些偏好在产业或部门经济层面（也可推广至整个经济层面）的相互作用。

与使用总量数据相比，使用个体层面数据面对着更多挑战。特别地，个体层面数据要求研究者获得个体在特定环境下的决策数据。（比较一下：对于总量层面数据，研究者通常只要知道商品的（比如）上个月的销量以及上上个月的销量即可。每件商品是在什么环境下购买的并不重要，尽管平均价格等变量可能或早或晚用到。）这样，研究者可能需要获得下列数据：一是与每个被观测到的选择相关的决策环境（例如出行是为了工作还是其他）；二是决策者在做选择时面对的选项（例如公共汽车、火车、轿车、公共汽车和火车的联合等）；三是用来描述上面这些选项的相关变量（例如各种交通模式的耗时和成本），它们可能影响个体选择；四是决策者个体的特型（例如年龄、性别、收入等）。

研究者通常将决策环境用作分块工具：不同决策环境用不同选择模型估计。然而，在一些情形下，研究者可能将多个决策环境下的数据合并在一起，并将决策环境作为其中一个解释变量（自变量）来解释选择模式的差异。选项［也称为剖面（profiles）或处理组合（treatment combinations）］和用来描述它们的变量（当变量与选项关联时，我们使用"属性"一词）构成了所谓的选择情景（也称为选择集、选择任务、选择观测点、剖面组合或者步）。任何关于决策者特征的信息也可能被用作解释变量，以解释抽样总体的选择行为差异。

对建模过程来说，特别重要的是与各个选项（个体已做出选择的那些选项）相关的信息组成的选择情景。（在不知道特定选择环境或决策者信息的情形下，研究者仍能估计选择模型，但有了这些信息，建模结果可能更好。）离散选择模型要求每个选择情景都是一个关于互斥选项的完备有限集。这意味所有相关选项（包括零选项，例如代表维持现状的选项）的数据都可获得，而且选项的数量存在着一些自然限制（这些限制最好不是那么严重）。选项的互斥性意味着决策者在每个选择情景下只能选一个选项。这些要求说明离散选择模型更关注决策者选择了什么而不是选择了多少。

给定关于选择情景的数据以及决策者选定了什么选项，离散选择模型是对一系列回归形式的方程（每个选项一个方程）进行估计。这些方程给出了每个决策者对每个选项指定的（相对）效用的预测值。然后，研究者使用这些预测值（和概率）来估计哪个选项将被选取。离散选择模型以这种方式同时估计一系列方程（方程个数取决于数据中的选项个数）。然而，与线性回归模型不同，这些方程不直接预测被观察到的结果（被观察到的选择）。相反，这些回归形式的方程预测的是每个选项的潜在效用，然后这些潜在效用再被用于预测选择结果。

本章的讨论比较宽泛。我们首先介绍一般意义上的建模，其目的是使用读者熟悉的回归模型架构来说明离散选择模型。然后，我们讨论效用。最后，用模型来解释选项。



## 3.2 一些基础背景

使用统计模型来拟合数据的目标在于确定两个或多个变量之间存在什么关系（若存在）以及这种关系的强度。大多数学生应该熟悉线性回归模型，这类模型通常用于识别一个（或多个）自变量与一个因变量之间的关系。假设我们有 $k$ 个自变量 $x$，并且用 $Y$ 表示自变量，那么线性回归模型可以表达为式（3.1）：

$$Y_n = \beta_0 + \beta_1 x_{1n} + \beta_2 x_{2n} + \cdots + \beta_k x_{kn} + \varepsilon_n \tag{3.1}$$

其中 $\beta_0$ 和 $\beta_k = \beta_1, \beta_2, \cdots, \beta_k$ 为待估计的参数，$\beta_0$ 代表常数项，$\beta_k$ 代表变量 $x_k$ 和 $Y$ 之间的关系。式（3.1）中的下标 $n$ 表示我们有 $n$ 个观测点或数据点；$\varepsilon$ 反映了这种关系的不准确程度，通常称为误差或白噪声，它部分代表了可能影响 $Y$ 的其他因素（$k$ 个自变量之外的因素）。

顾名思义，线性回归模型要求因变量 $Y_n$ 和 $k$ 个自变量 $x_{kn}$ 之间存在线性关系。为了保证这种关系，研究者通常将其中一个或多个变量变形（将因变量和/或自变量转换为其他形式）。常见的转换方法有：对变量取对数，将变量平方，或者加上交互作用项。转换的目的在于维持自变量和因变量之间的线性关系。例如，在图 3.1 中，我们使用模拟数据或称仿真数据（附录 3A 提供了这组数据），画出了 $X$ 和 $Y$ 之间的关系，即图 3.1 中上面那条虚线。容易看出，最优拟合数据线不是线性的。在图 3.1 中，我们还画出了 $X$ 与 $\log(Y)$ 之间的关系，即下面那条虚线。与 $X$ 和 $Y$ 的关系相比，$X$ 与 $\log(Y)$ * 的关系更接近线性，这意味着在使用这组数据估计任何线性回归模时，应该使用 $\log(Y)$ 而不是 $Y$。

尽管我们也许能够通过转换数据形式来保证线性假设，但线性回归模型有个不容易克服的假设，这就是因变量必须连续，例如 $Y_n \in (-\infty, \infty)$。当然，我们仅要求因变量的连续性，不要求自变量的连续性，也就是说，自变量可以不连续。在很多情形下，因变量不连续，而是取有限个离散（discrete）值。第 2 章介绍

* log 指以 e 为底的对数 ln。——译者注

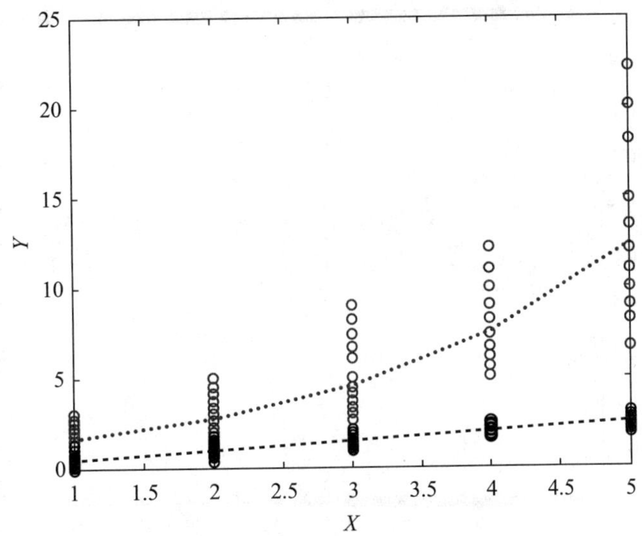


**图 3.1　例子：对数转换与线性关系**

的因变量就是这样的；因变量是离散选择形式的，决策者从一组选项中选取一个。假设如果选项 $n$ 被选中，则 $Y_n$ 取值 1，如果 $n$ 未被选中，则 $Y_n$ 取值 0，也就是说，因变量是个分类变量或二分变量，那么因变量不能视为真正连续的（continuous），比如不能视为 $Y_n \in (0,1)$。然而，需要指出，尽管我们使用“离散选择”一词，比如“离散选择模型”，但本书中的计量经济模型适用于因变量为分类变量的任何数据，而不是仅适用于选择数据。在这个意义上，本书模型的适用性远比表面上灵活，在一些文献中，它们叫作分类因变量模型。

为了理解涉及分类因变量数据的线性回归模型，以及进一步说明本书讨论的方法不局限于个体层面选择数据，我们考虑美国国会议员构成问题。在美国，大约有 700 000 选民，他们分属每个州的不同选区，这些选民投票选举国会议员，议员一般为共和党或民主党人士。假设研究者希望确定少数民族人口（即非白人）比例较大的选区是否更可能选举民主党议员。图 3.2 画出了每个选区（一共 168 个选区）少数民族人口占比与议员党派属性之间的关系。① 正如图 3.2 所示，$Y$ 是个二分变量：$Y$ 取值 0（若议员属于共和党）或 1（若议员属于民主党）。注意，$Y$ 对党派属性的赋值（0 或 1）是任意的，这不反映研究者对党派的任何偏好序。

尽管我们在前文指出因变量需要连续，然而基于这组数据，并且将政党属性作为因变量，将少数民族人口占比作为自变量，我们仍然能够建立线性回归模型。表 3.1 给出了分析结果。模型给出了 $R^2$ 值（0.244）以及在统计意义上显著的参数估计值。少数民族人口占比的参数为正，这意味着随着选区非白人居民占比的增加，民主党人士当选议员的可能性增加。模型使用 Nlogit5.0 软件估计。这个模型以及其他模型的语法可参见附录 3B。本书后面章节将解释这些语法。

**表 3.1**　　**线性回归结果**

| | 系数 | $t$ 值 |
|---|---|---|
| 常数项 | 0.091 | (2.39) |
| 少数民族人口占比 | 1.438 | (11.74) |
| *模型拟合* | | |
| $R^2$ | 0.244 | |

① 资料来源 http://ballotpedia.org/Portal：Congress，2013 年 10 月 17 日数据。由于缺失 5 个当选议员的数据，此图使用 430 个议员数据。

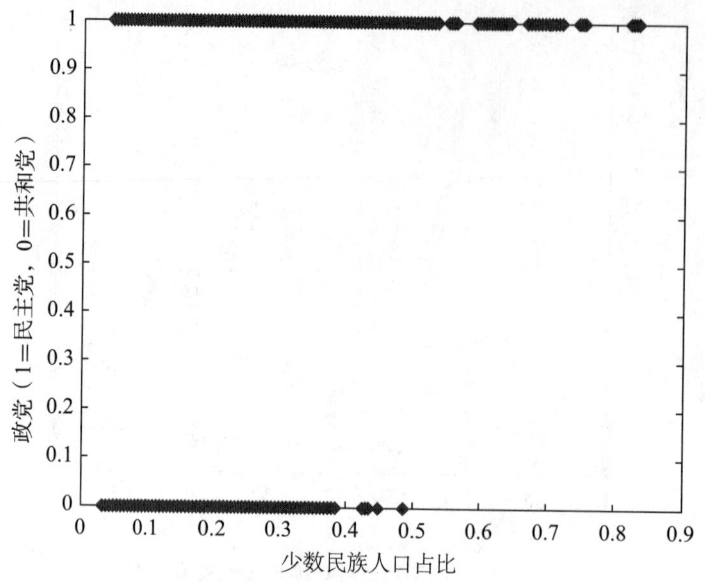


**图 3.2　议员党派与选区少数民族人口占比**

图 3.3 画出了基于这个模型的线性回归线。一些议题到此已显然。首先，在解读线性回归模型结果时，因变量应视为连续变量，因此，这个模型给出的预测结果不是 0—1（即或 0 或 1）形式。例如，当非白人人口占比为 50%时，模型预测议员属于值为 0.810 的政党。尽管有些读者可能忍不住将这个结果视为概率，认为由于结果接近于 1，当选议员更有可能属于民主党而不是共和党。然而，这种解读并不正确，由于回归线是连续的，因此模型给出的结果是议员属于值为 0.810 的政党。伴随分类因变量的线性回归模型的第二个问题也能从图 3.3 看出：模型给出的结果可能位于区间［0，1］之外（至于是否位于该区间之外，这取决于参数估计值和变量 $X$ 的值）。例如，对于少数民族人口占比为 70%的选区（注意，自变量显然可取值 70%），当选议员属于值为 1.097 的政党。这再次说明，前文中的预测结果 0.810 不应视作概率，因为若是，这里的 1.097 显然大于 1，超出了概率取值区间［0，1］。需要指出，尽管一些模型（例如 tobit 回归模型）能保证结果位于下界和上界之间，然而这仍然不能改变下列事实：这种预测结果不能视作概率。

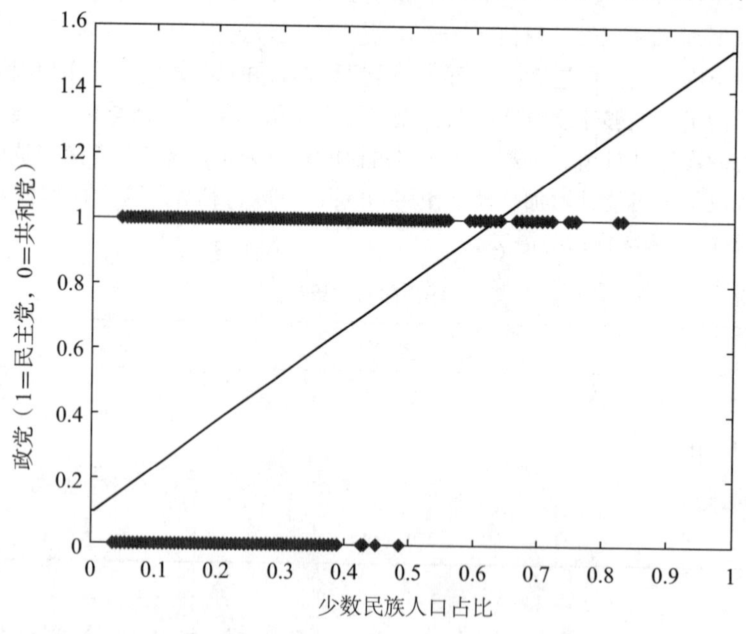


**图 3.3　线性回归模型：议员党派与少数民族人口占比之间的关系**

为了解决上面的问题，我们需要将二分因变量转换为连续变量。正如前文指出的，在使用线性回归模型时，如果因变量在转换后仍为（或变为）连续的，则转换的做法可行。事实上，大量文献使用了转换变形后的因变量。例如，对于上文讨论的例子，常见的转换方法是对因变量取对数，然后用于回归模型，如式（3.2）所示：

$$\log(Y_n) = \beta_0 + \beta_1' x_{1n} + \beta_2' x_{2n} + \cdots + \beta_k' x_{kn} + \varepsilon_n \tag{3.2}$$

其中撇号表示式（3.2）的估计值可能与式（3.1）的估计值不同。

当回归方程使用变形后的因变量时，我们通常不能直接计算自变量对因变量 $Y$ 的影响，因为转换过程扭曲了一些信息。因此，有必要使用数学工具来恢复这种关系。例如，对于上面的例子，考虑 $x_k$ 变化一单位对 $Y$ 的影响。在 $Y$ 变形之后，$x_k$ 变化一单位导致 $Y$ 的变化为 $\exp(\beta_k' x_{kn})$；在变形之前，$x_k$ 变化一单位导致 $Y$ 变化 $\beta_k$。

因变量的转换产生了所谓的联系函数。考虑式（3.3）：

$$f(Y_n) = Y_n^* = \beta_0 + \beta_1 x_{1n} + \beta_2 x_{2n} + \cdots + \beta_k x_{kn} + \varepsilon_n \tag{3.3}$$

其中 $f(Y_n)$ 是 $Y$ 的转换函数，转换后得到 $Y_n^*$。在这里，用于模型估计的是 $Y_n^*$ 而不是 $Y_n$，其中 $f(Y_n)$ 是 $Y_n$ 和 $Y_n^*$ 之间的转换关系。在上面的例子中，$f(Y_n) = \log(Y_n)$。

在因变量为分类变量的情形下，我们有必要找到联系函数，以便将 $Y$ 转换为连续变量，比如 $Y_n \in \{0, 1\}$ 而 $Y_n^* \in (-\infty, \infty)$。遗憾的是，当因变量为二分变量时，线性回归架构内最常见的联系函数通常不可行（例如，$\log(0)$ 没有定义）。

幸运的是，在一些分布假设下，我们能将随机变量的任何实数转换为概率。反方向操作也可行，也就是说，我们能将概率还原为实数。例如，假设分布为正态，计算随机变量的 $Z$ 分数，使得 $Z$ 分数的累积正态分布 $\Phi$ 为 $\Phi(Z) \in (0, 1)$。

假设（连续）随机变量 $Y^*$ 服从正态分布，图 3.4 画出了它的**概率密度函数**（probability density function，PDF）与**累积分布函数**（cumulative distribution function，CDF）。随机变量的概率密度函数（PDF）表示该变量落在特殊值附近的相对可能性。给定随机变量的 PDF，该随机变量落在某个区间的概率等于 PDF 在该区间上的积分（即 PDF 曲线与这个区间围成的面积）。随机变量 $Y^*$ 的累积分布函数（CDF）是 $Y^*$ 落在某个既定值 $Y_n$ 左侧（即小于或等于 $Y_n$）的概率。

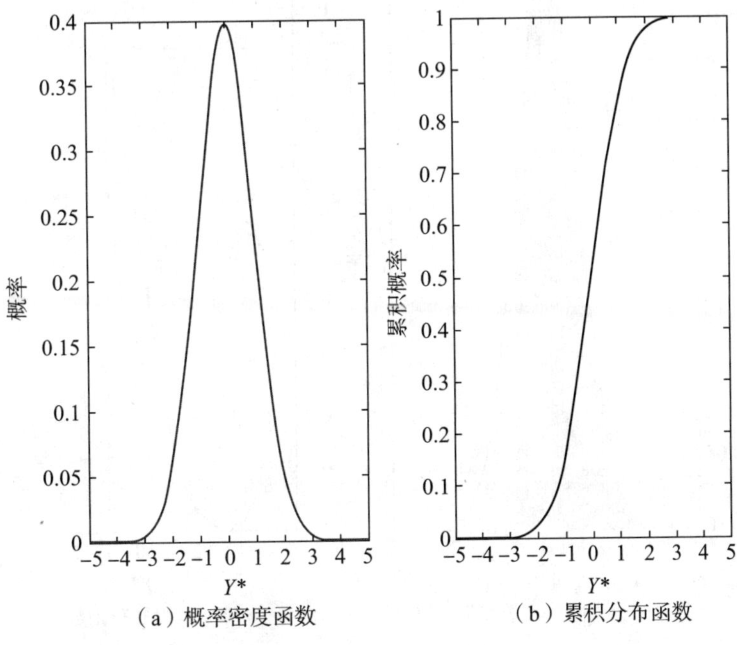


**图 3.4　正态分布的概率密度函数（PDF）与累积分布函数（CDF）**

例如，假设随机变量 $Y^*$ 服从标准正态分布并且研究者希望计算 $Y^*$ 小于或等于 $Y_n^* = -1.0$ 的概率。这个概率等于图 3.5（a）中阴影区域的面积，即它等于 PDF 曲线下方、$Y_n^* = -1.0$ 左侧的面积。这个面积的精确值为 0.158 7，这是按照图 3.5（b）中的 CDF 曲线计算出的。类似地，可以算出 $Y^*$ 小于或等于 1.0 的概率，它等于 0.841 3，如图 3.5′(b) 所示。

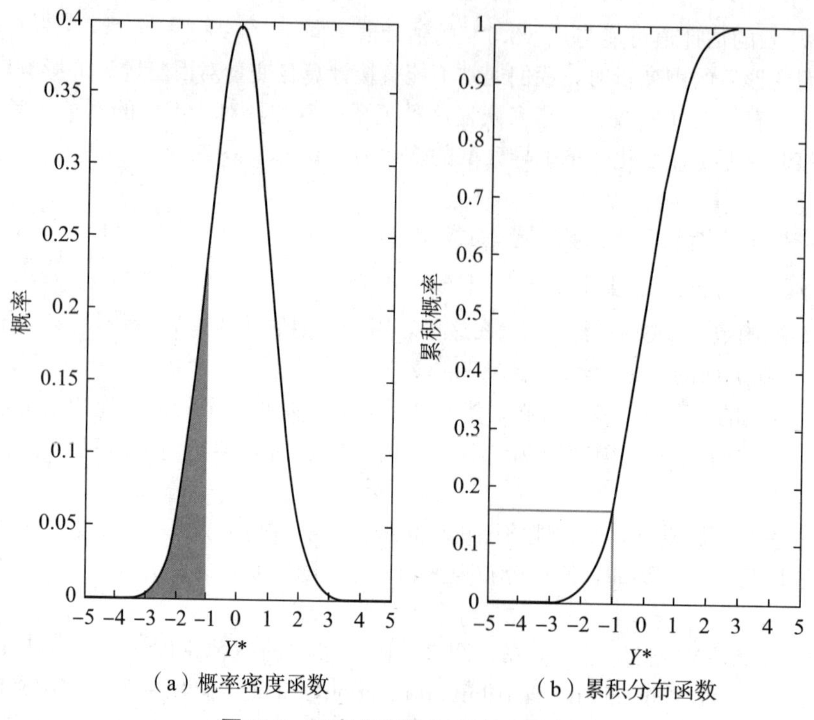

（a）概率密度函数　　（b）累积分布函数

**图 3.5　正态分布的 PDF 与 CDF：2**

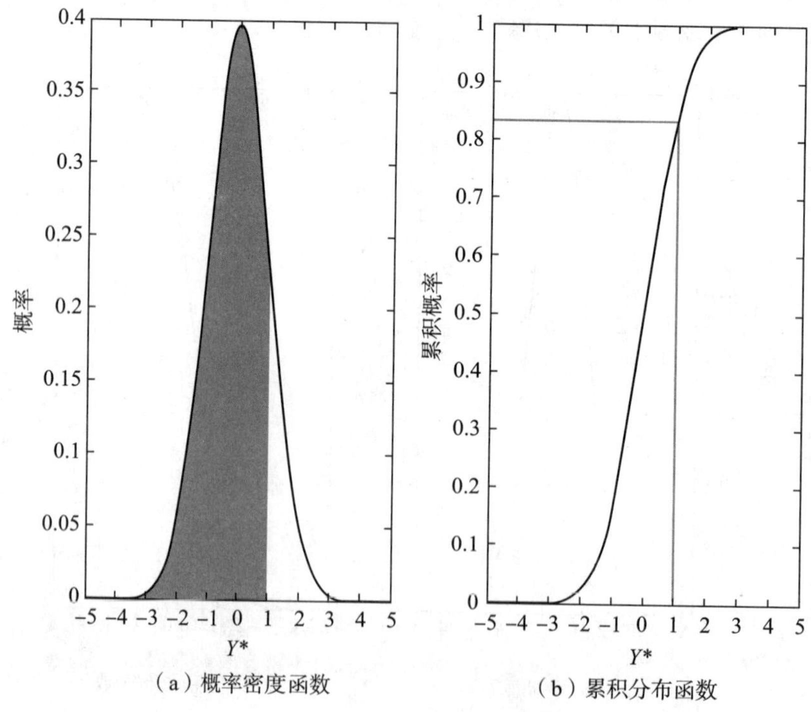

（a）概率密度函数　　（b）累积分布函数

**图 3.5′　正态分布的 PDF 与 CDF：2**

回到主题。假设回归方程的右侧服从正态分布，那么：

$$Y_n = \Phi(\beta_0 + \beta_1 x_{1n} + \beta_2 x_{2n} + \cdots + \beta_k x_{kn} + \varepsilon_n)$$
$$\Phi^{-1}(Y_n) = Y_n^* = \beta_0 + \beta_1 x_{1n} + \beta_2 x_{2n} + \cdots + \beta_k x_{kn} + \varepsilon_n \tag{3.4}$$

其中 $\Phi$ 是希腊字母 $\varphi$（读作 Phi）的大写形式，代表正态分布的 CDF。在式（3.4）中，联系函数为 $f(Y_n)=\Phi^{-1}(Y_n)$。这个函数叫作概率单位联系函数（probability unit link function），后来简称为 probit，相应的模型称为 probit 模型。$Y^*$ 是一个服从正态分布的潜变量。

在二元结果情形下，probit 模型称为二项 probit 模型，式（3.4）的结果被编码为结果 1。使用上文中的数据（议员选举数据），表 3.2 给出了 probit 估计结果。我们将在第 4 章详细讨论 probit 模型；当前，我们只要知道下列事实就够了：我们可以使用类似线性回归模型的方法，计算潜变量 $Y^*$ 的值，以替代因变量的值。

**表 3.2　　probit 模型结果**

| | 系数 | $t$ 值 |
|---|---|---|
| 常数项 | −1.309 | (−9.39) |
| 少数民族人口占比 | 4.926 | (9.25) |
| *模型拟合* | | |
| LL | −235.326 | |
| $R^2$ | 0.207 | |

例如，假设美国某选区 50%的居民属于某个少数民族，那么上例中的 $Y^*$ 将等于 1.899。由于 $Y^*$ 服从正态分布，这个值可以视为 $Z$ 分数。因此，在这个例子中，模型预测上述选区选出的议员时，有 0.88 的概率属于编码为 1 的政党即民主党。由于概率之和为 1，该议员属于共和党的概率为 0.12。类似地，少数民族人口占比为 70%的选区选出的议员属于民主党的概率为 0.98（读者可验证）。

与线性回归模型不同，probit 模型由潜变量 $Y^*$ 得到的结果是概率，因此介于 0 和 1 之间。在二维空间中，probit 概率与变量 $x$ 之间的关系为 S 形曲线，称为 sigmoidal 曲线。图 3.6 画出了我们的模型估计出的 sigmoidal 曲线。正如图 3.6 所示，少数民族人口占比为 50%的选区选出的议员属于编码为 1 的政党（民主党）的概率为 0.88。

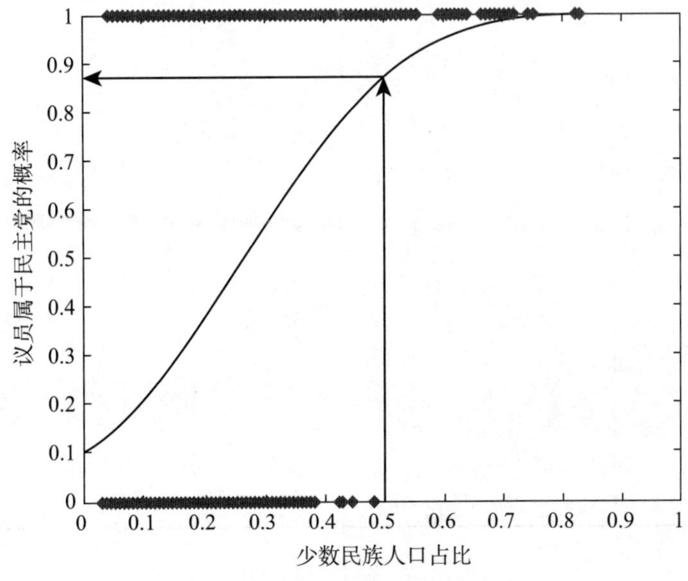


**图 3.6　probit 模型：议员党派与选区少数民族人口占比之间的关系**

Sigmoidal 曲线的形状取决于参数估计值。图 3.7 画出了二项 probit 在各种参数值下的 sigmoidal 曲线。由图 3.7 可知，该曲线的斜率以及该曲线在何处触及上 $x$ 轴与下 $x$ 轴取决于常数项以及自变量的参数估计值。

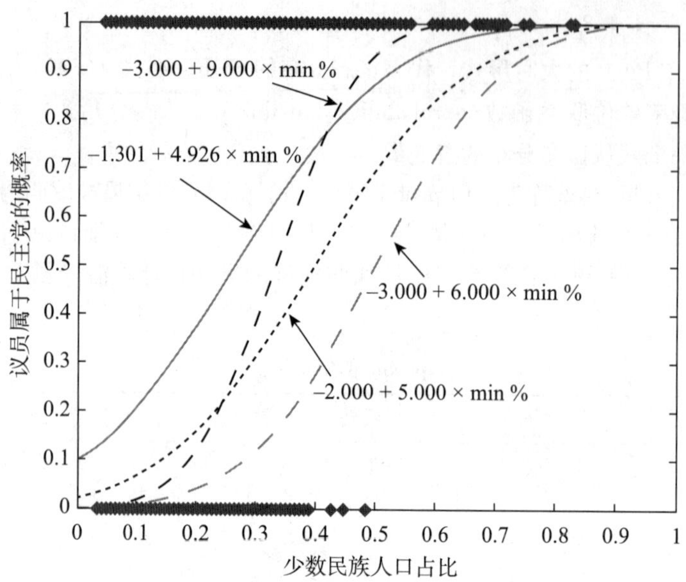


**图 3.7　二项 probit 模型在各种参数估计值下的 sigmoid 曲线**

另外一种模型是 logit 模型。这种模型的详细讨论也放在第 4 章。当前，读者只要知道下列事实就足够了：logit 模型与优势比 * 有关。优势比表示某个结果发生的“相对可能性”。优势比可用式（3.5）计算：

$$Odds(Y)=\frac{p}{1-p} \tag{3.5}$$

其中 $p$ 为结果 $Y=1$ 发生的概率。按式（3.5）计算出的优势比为正值，$Odds(Y)\in(0,\infty)$。然而，对数形式的优势比 $\log(Odds(Y))$ 更常用，它的取值延伸到实直线的两侧，即 $\log(Odds(Y))\in(-\infty,\infty)$。表 3.3 给出了概率的优势比和对数优势比。

**表 3.3　　优势比与对数优势比**

| $p$ | $Odds(Y)$ | $\log(Odds(Y))$ |
|---|---|---|
| 0 | 0 | $-\infty$ |
| 0.1 | 1/9 | −2.197 |
| 0.2 | 1/4 | −1.386 |
| 0.3 | 3/7 | −0.847 |
| 0.4 | 2/3 | −0.405 |
| 0.5 | 1 | 0.000 |
| 0.6 | 3/2 | 0.405 |
| 0.7 | 7/3 | 0.847 |
| 0.8 | 4 | 1.386 |
| 0.9 | 9 | 2.197 |
| 1 | $\infty$ | $\infty$ |

* 优势比（odds ratio）的常见译名有“比值比”“优势比”等。——译者注

对于 logit 模型，联系函数为 $\log(Odds(Y))$。二项结果情形下的 logit 概率可用式（3.6）计算出来。正如前文指出的，我们将在第 4 章详细讨论 logit 模型，到时我们会将其推广到多项情形。我们也将在 3.3 节讨论多项情形。

$$
\begin{aligned}
&\log\left(\frac{p_n}{1-p_n}\right)=Y_n^*=\beta_0+\beta_1x_{1n}+\beta_2x_{2n}+\cdots+\beta_kx_{kn}+\varepsilon_n\\
&\frac{p_n}{1-p_n}=\exp(Y_n^*)\\
&p_n=(1-p_n)\exp(Y_n^*)\\
&p_n=\exp(Y_n^*)-\exp(Y_n^*)p_n\\
&p_n(1+\exp(Y_n^*))=\exp(Y_n^*)\\
&p_n=\frac{\exp(Y_n^*)}{1+\exp(Y_n^*)}
\end{aligned}
\tag{3.6}
$$

使用前文的议员选举数据，表 3.4 给出了 logit 模型估计结果。式（3.6）给出了（二项情形下的）logit 表达式。假设某个选区有 50%的非白人人口，根据模型结果可知，潜变量 $Y^*$ 等于 1.899。与 probit 模型一样，logit 模型预测出了结果发生概率。将 1.899 代入式（3.6）可知，该选区选举的议员有 0.87 的概率属于民主党。

**表 3.4　　logit 模型结果**

| | 系数 | *t* 值 |
|---|---|---|
| 常数项 | −2.165 | (−8.65) |
| 少数民族人口占比 | 8.130 | (8.69) |
| *模型拟合* | | |
| *LL* | −235.868 | |
| $\rho^2$ | 0.205 | |

与 probit 模型情形类似，在 logit 模型下，因变量与自变量之间的关系也是 sigmoidal 曲线。图 3.8 画出了上述 logit 模型的 sigmoidal 曲线，它是一条连续曲线。图 3.8 还画出了表 3.2 中的 probit 模型的 sigmoidal 曲线（图中的虚线）。由图可知，这两个模型产生的结果非常接近，主要差异出现在概率趋近于 0 和趋近于 1 时。

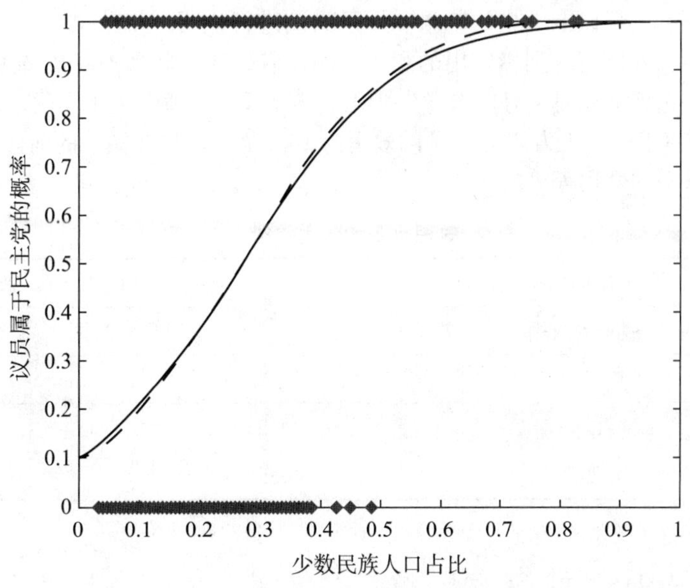


**图 3.8　logit 模型与 probit 模型：议员党派与选区少数民族人口占比之间的关系**

3 选择与效用

第 4 章将详细讨论 probit 模型和 logit 模型。在有了上述背景之后，3.3 节开始讨论效用与选择。

## 3.3 效用简介

3.2 节介绍了联系函数概念，这种函数将二分因变量与潜变量联系在一起。当分类因变量与选择相关时，潜变量（上文记为 $Y^*$ ）称为效用。令 $U_{nsj}$ 表示决策者 $n$ 在选择情景 $s$ 下从消费或占有选项 $j$ 中得到的效用。$U_{nsj}$ 通常分为两部分：一是已观测成分（或称建模成分）$V_{nsj}$；二是剩下的未观测成分（或称非建模成分）$\varepsilon_{nsj}$，即

$$U_{nsj} = V_{nsj} + \varepsilon_{nsj} \tag{3.7}$$

下面几节将详细讨论效用的这两个成分，先讨论已观测或称建模成分，然后讨论非建模成分。然而，在此之前，我们希望再次强调（第 2 章已稍微提及）：经济学家将效用分为两类，即基数（cardinal）效用和序数（ordinal）效用。（在经济学中，还有其他类型的效用，例如期望效用。期望效用主要用于分析伴随风险的选择。这里先忽略这种效用，留在第 20 章讨论。）在基数效用理论下，人们从商品身上得到的效用不仅可测，而且效用值本身也有意义。Bernoulli（1738）首先提出了基础效用理论，Bentham（1978）将其作了拓展。在基数效用理论下，效用的衡量单位称为“尤特尔”（utils）*。它是一种定比量表**，因此，不同选项提供的效用大小可直接比较，这种比较在行为上有意义。例如，假设某人吃苹果得到的效用为 10 个尤特尔，而吃橘子得到的效用为 5 个尤特尔，这种理论认为对于此人来说，橘子的效用正好是苹果效用的一半。序数效用（Pareto，1906）则认为不同选项产生的效用仅具有排序作用，效用值本身没有意义（例如，效用是用定序量表衡量的）。因此，对于上面的例子，每个研究者都会认为那个人偏好苹果而不是橘子，但是，他们不能说苹果的效用比橘子多多少。也就是说，在序数效用理论下，零效用不意味着没有效用。仍用上例说明。如果我们将苹果和橘子的效用都减去 10，那么苹果的效用为 0，而橘子的效用为 −5。但我们仍然只能说此人将苹果排在橘子之前，而不能说他认为苹果无所谓或他不喜欢橘子。因此，在序数效用理论下，效用指相对效用，这是因为效用的绝对值没有意义。在这里，基数效用和序数效用的区分很重要，因为离散选择模型中的效用是序数效用。

离散选择模型中的效用是用定序量表衡量的。这一点非常重要，因为这意味着真正重要的是效用差，而不是绝对值。在继续阐述之前，我们先区分效用水平和效用等级概念。效用水平表示效用的绝对值（即绝对大小）。对于所有 $J$ 个选项产生的效用，如果我们将它们加上或减去同一个数，效用水平将发生变化，但任何两个选项效用的差值不变。仍以上文中的苹果和橘子为例进行说明。将苹果和橘子的效用都减去 10，这不会改变二者的效用差值。效用等级则指效用的相对大小。假设我们将所有 $J$ 个选项的效用都乘以同一个数。在这种情形下，这些选项的相对偏好序未发生变化，然而效用差值发生了变化。例如，将上文中苹果和橘子的效用都乘以 2，则苹果的效用为 20，橘子的效用为 10，苹果仍排在橘子的前面，但现在二者的差值为 10。表 3.5 说明了效用水平和效用等级的区别。

**表 3.5　效用水平和效用等级**

| | 效用水平 | | | | 效用等级 | | |
|---|---|---|---|---|---|---|---|
| | 苹果的效用 | 橘子的效用 | 差值 | | 苹果的效用 | 橘子的效用 | 差值 |
| $U_j^*$ | 10 | 5 | 5 | $U_j^*$ | 10 | 5 | 5 |
| −0.25 | 9.75 | 4.75 | 5 | ×0.25 | 2.5 | 1.25 | 1.25 |
| −0.50 | 9.5 | 4.5 | 5 | ×0.50 | 5 | 2.5 | 2.5 |

* “尤特尔”就是“utility”（效用）前三个字母（util）的音译。——译者注

** 定比量表（也称比率量表）有相等的单位和绝对零点，不妨想象学生使用的直尺。——译者注

续前表

| $U_j^*$ | 效用水平 | | | $U_j^*$ | 效用等级 | | |
|---|---|---|---|---|---|---|---|
| | 苹果的效用 | 橘子的效用 | 差值 | | 苹果的效用 | 橘子的效用 | 差值 |
| −0.75 | 9.25 | 4.25 | 5 | ×0.75 | 7.5 | 3.75 | 3.75 |
| +1.25 | 11.25 | 6.25 | 5 | ×1.25 | 12.5 | 6.25 | 6.25 |
| +1.50 | 11.5 | 6.5 | 5 | ×1.50 | 15 | 7.5 | 7.5 |
| +1.75 | 11.75 | 6.75 | 5 | ×1.75 | 17.5 | 8.75 | 8.75 |
| +2.00 | 12 | 7 | 5 | ×2.00 | 20 | 10 | 10 |

真正重要的是效用之差，这句话在离散选择模型的背景下有多层含义。首先，不同选项的效用存在差异，这是估计参数的前提。这对模型常数和协变量估计有重要影响，我们稍后进行讨论。其次，尽管效用量表不重要，也就是说，将所有选项的效用乘以同一个数不会影响相对偏好序，但它在计量经济学上有重要作用。考虑式（3.8），在该式中，我们将效用乘以某个正数（即乘以 $\lambda>0$）：

$$\lambda U_{nsj}=\lambda(V_{nsj}+\varepsilon_{nsj}) \tag{3.8}$$

由式（3.8）可以看出，效用的已观测成分的量表与未观测成分的量表紧密相连，因为二者都受影响。3.4节将详细讨论未观测成分的影响；然而，在当前，读者只要知道我们假设未观测效应以某个密度随机分布就足够了。给定这个事实，容易说明效用的已观测成分的量表必然影响未观测成分的均值和方差。特别地，$\mathrm{Var}(\lambda\varepsilon_{nsj})=\lambda^2\mathrm{Var}(\varepsilon_{nsj})$。

注意式（3.7）和式（3.8）使用了下标 $j$。这意味着出现在个人选择集中的每个选项 $j$ 都有自己的效用函数。为了将此与3.2节的讨论联系起来，我们有必要指出：尽管3.2节的例子有两个可能的结果即民主党或共和党，但都用一个方程表示。这一点应该能从上面的讨论看出，3.2节中编码为0的潜变量被标准化为0。因此，方程与编码为1的结果相关。在二元结果情形下，有必要将一个选项的效用标准化为0。这是因为能产生相同的相对效用差值的效用函数可能有无限多个。

然而，在很多情形下，互斥的非连续结果可能不止一个。例如，在议员选举的例子中，可能存在着第三个政党。再例如，可供个人选择的交通方式有3种或3种以上。在这些情形下，每个选项将有自己唯一的效用函数，其中一个函数可能能够被标准化为0，也可能不能被标准化为0。本章余下的内容主要讨论如何以及何时将效用标准化，这里主要讨论效用的已观测成分。未观测成分的讨论放在第4章。现在我们准备深入探索已观测效用和未观测效用的来源。

## 3.4 效用的已观测成分

选项 $j$ 的已观测成分 $V_{nsj}$，通常被定义为一个关于 $k$ 个变量 $x_{nsjk}$ 与相应偏好权重的函数：

$$V_{nsj}=f(x_{nsjk},\beta,\lambda) \tag{3.9}$$

其中，$x_{nsjk}$ 是一个向量（vector），它由描述选项 $j$ 的 $k$ 个属性，以及（或者）要么描述决策者（例如年龄、收入），要么描述决策环境（购买目的是为了个人使用还是作为礼物）的协变量组成；$\beta$ 也是一个向量，它的各个分量是待估参数；$\lambda$ 是一个标量，它代表联系 $V_{nsj}$ 与 $\varepsilon_{nsj}$ 的等级参数。对于当前的讨论目的来说，我们假设 $\lambda$ 等于1，因此可以暂时忽略，但读者要知道这个参数的作用是为每个选项的效用定级。我们将在第4章讨论 $\lambda$。

参数代表待估计的未知数，它们反映了决策者对选项每个属性指定的权重，或反映了协变量对该选项效用的影响（3.4.1节将进一步讨论如何准确解读参数估计）。一旦参数被估计出来，它们就取数值形式；将参数与变量结合，就得到了代表决策者对选项持有的整体效用。

已观测效用函数的具体表达形式由研究者定义；这些函数的唯一限制是由用来估计模型的软件以及研究者自身想象力施加的。然而不知为何，离散选择文献最常用的效用函数通常是式（3.10）所示的简单形式，它是选项属性和参数估计值的线性组合。注意，这个函数类似于3.2节使用的函数：

$$V_{nsj}=\sum_{k=1}^{K}\beta_k x_{nsjk} \tag{3.10}$$

当研究者使用形如式（3.10）所示的线性效用函数时，他们把这些参数叫作参数（parameters）、参数估计值、系数（coefficients）、边际效用（marginal utilities）、偏好权重、品味（tastes）或敏感度。（注意，这只是不同研究者对参数的不同叫法。）参数、参数估计值以及系数反映了估计程序的结果，而偏好权重强调这些结果估计值的行为学解读；边际效用反映了模型的经济学解读，其中"边际"一词指小的变化，在当前情形下，指属性的小变化。不管这些参数叫什么名字，它们都是线性形式。我们将在3.4.5节讨论非线性效用函数。给定属性 $k$ 的一单位变化，效用的变化量等于 $\beta_k$。

## □ 3.4.1 通用参数与特定选项参数的估计

行文至此，我们有必要指出，"做出选择"一词意味着决策者面对 $j\geqslant 2$ 个选项（如果仅有一个选项，这不能算选择，因为他没得选），当然其中一个选项可为"不做选择"或"维持现状"。给定选项集，一些属性可能为所有选项共有，或至少为其中若干选项共有（例如，如果选项为公共汽车和轿车，那么交通耗时可能就是它们的共同属性，即使它们的耗时价值不同）。在这种情形下，研究者可能令两个或多个选项的参数相同，这样的参数称为通用参数。在一些情形下，研究者这么做的原因可能在于他们已经发现这些参数在各个选项之间在统计上没有差异（即出于实证原因——"数据让我这么做"）。在一些情形下，这种做法也可能出于理论上的考虑（例如，研究者认为一元钱就是一元钱，这与它花在哪里无关——"理论让我这么做"）。在另外一些情形下，选项自身也可能要求研究者将待估参数视为通用参数（例如，对于未加标签的选择实验，详见第6章）。在式（3.11）中，通用参数估计值有相同的下标 $\beta_k$，这意味着在不同效用函数之间，它们是相同的估计值：

$$\begin{aligned}V_{ns,car}&=\sum_{k=1}^{K}\beta_k x_{ns,car,k}\\V_{ns,bus}&=\sum_{k=1}^{K}\beta_k x_{ns,bus,k}\end{aligned} \tag{3.11}$$

效用函数也可以含有特定选项参数（alternative-specific parameter，ASP）估计值。不同选项的特定选项参数可以不同（即 $\beta_{kj}$ 不需要等于 $\beta_{ki}$；这与通用参数估计情形不一样）。例如式（3.12），在这里，不同效用函数的参数估计值用不同下标表示：

$$\begin{aligned}V_{ns,car}&=\sum_{k=1}^{K}\beta_{k,car} x_{ns,car,k}\\V_{ns,bus}&=\sum_{k=1}^{K}\beta_{k,bus} x_{ns,bus,k}\end{aligned} \tag{3.12}$$

与通用参数情形一样，研究者使用特定选项参数也有一些原因。首先，数据可能表明决策者从特定选项得到的效用量或负效用量*，在各个选项之间不同（例如，同样的一分钟的价值可能因交通工具不同而不同：炎炎夏日，你会认为有空调和音乐的轿车上的一分钟，比人满为患、散发阵阵汗臭味的公共汽车上的一分钟的价值更大）。然而请注意，使用特定选项参数，不意味着估计值在统计上一定不相等。其次，某个属性可能仅属于一个或其中多个选项，因此不属于所有 $J$ 个选项（例如，对于某次特定出行，决策者面对的选项：一是开轿车（涉及汽油费、可能的过路费和停车费），二是乘公共汽车（涉及车票，但不涉及过路费和停车

* 负效用（disutility），简单地说，就是某物（或某个属性）让决策者不舒服，是一种负担。——译者注

费))。在这些情形下，与特定属性相伴的参数对于某些选项可能不为0（尽管在统计上也可能等于0），对于另外一些选项为0，但其原因仅在于这些选项没有这个属性。

在一些情形下，一些参数为通用参数，而另外一些参数为特定选项参数。例如，在式（3.13）中，研究者假设时间（time）为通用参数，而过路费（toll）、停车费（parking costs）和车票（fare）为特定选项参数：

$$\begin{aligned} V_{ns,car} &= \beta_1 time_{ns,car} + \beta_{2,car} toll_{ns,car} + \beta_{3,car} parking\ cost_{ns,car} \\ V_{ns,bus} &= \beta_1 time_{ns,bus} + \beta_{2,bus} fare_{ns,bus} \end{aligned} \tag{3.13}$$

当然，各个效用函数可以使用特定选项参数和通用参数的各种组合，如式（3.14）所示：

$$\begin{aligned} V_{ns,car} &= \beta_{1,car} time_{ns,car} + \beta_{2,car} toll_{ns,car} + \beta_{3,car} parking\ cost_{ns,car} \\ V_{ns,bus} &= \beta_{1,pt} time_{ns,bus} + \beta_{2,bus} fare_{ns,bus} + \beta_{3,bus} waiting\ time_{ns,bus} \\ V_{ns,train} &= \beta_{1,pt} time_{ns,train} + \beta_{2,rail} fare_{ns,train} \\ V_{ns,tram} &= \beta_{1,pt} time_{ns,tram} + \beta_{2,rail} fare_{ns,tram} \end{aligned} \tag{3.14}$$

### □ 3.4.2 特定选项常数

另外一种形式的特定选项参数估计值，称为特定选项常数（alternative-specific constant，ASC），它也能反映选项的效用信息，但这些信息不包含在效用函数列出的属性中。特定选项常数描述的是 $V_{nsj}$ 之外的信息。例如，公共汽车的效用函数中的变量可能与时间和车票有关；然而，如果与方便性和舒适度有关的变量对选择决策过程很重要，但研究者又未衡量或未纳入效用函数，那么这些变量最终归入未观测的效应。模型的特定选项常数反映了未测量变量的平均水平（以及其他效应，例如试验设计或调查偏差的效应，参见第6章），也就是说，它们代表着未观测效应的平均值。

我们将在3.4.5.2节和第4章继续讨论特定选项常数；然而，此处只要知道下列事实就足够了：对于任何选择模型，我们至多只能估计（$J-1$）个特定选项常数。这是因为真正重要的是效用的差值而不是绝对值。给定 $J$ 个选项，能够产生相同效用差值的特定选项常数组合有无穷多个。例如，假设轿车、公共汽车和火车的效用分别为15、10和8。首先，决策者对它们偏好的排序依次为轿车、公共汽车和火车。其次，轿车和公共汽车的效用差值为5，轿车和火车的效用差值为7，公共汽车和火车的效用差值为2。如果我们将每个选项的效用都减去8，那么三种交通方式的效用分别为7、2和0。注意，它们的相对偏好序未发生变化，效用差值也未变。类似地，如果将每个选项的效用都减去100，从而使得它们的效用变为－85、－90和－92，它们的相对偏好序未发生变化，效用差值也未变。因此，在估计模型时，研究者应该设定效用水平：将其中至少一个特定选项常数（ASC）标准化为某个任意数，通常标准化为零。请再次注意，这不意味着此选项的效用为零，因为真正重要的是选项之间的效用差值即相对效用。其次，效用以序数尺度衡量，这意味着令哪个选项的特定选项常数为零是无所谓的，因为我们总可以按相同的差值来调整其他选项的效用水平。例如，假设轿车、公共汽车和火车的特定选项常数分别为2、1和0（此时，火车的特定选项常数被设定为0），现在我们打算将公共汽车的特定选项常数设为0。相应地调整其他选项的特定选项常数，使得调整后轿车、公共汽车和火车的特定选项常数分别为1、0和－1，这样它们的效用之差未变，相对偏好序就被保留下来。

仍以前文例子为例，在式（3.15）中，我们令有轨电车（tram）的特定选项常数为0，轿车、公共汽车和火车的特定选项常数都以其为基准。注意，与其他任何参数一样，特定选项常数可以为通用参数，即两个或多个选项的特定选项参数相同。然而，我们只有在统计上发现这个事实（两个或多个选项的特定选项参数在统计上等价）之后，才能令其为通用参数：

$$\begin{aligned} V_{ns,car} &= \beta_{0,car} + \beta_{1,car} time_{ns,car} + \beta_{2,car} toll_{ns,car} + \beta_{3,car} parking\ cost_{ns,car} \\ V_{ns,bus} &= \beta_{0,bus} + \beta_{1,pt} time_{ns,bus} + \beta_{2,car} fare_{ns,bus} + \beta_{3,bus} waiting\ time_{ns,bus} \\ V_{ns,train} &= \beta_{0,train} + \beta_{1,pt} time_{ns,train} + \beta_{2,rail} fare_{ns,train} \\ V_{ns,tram} &= \beta_{1,pt} time_{ns,tram} + \beta_{2,rail} fare_{ns,tram} \end{aligned} \tag{3.15}$$

3 选择与效用

在式（3.15）中，特定选项常数未与任何变量联系在一起，但这只是一种表达方式，另外一种表达方式是写成 $\beta_{0j}x_{nsjk}$，其中 $x_{nsjk}=1, \forall n,s,j$（符号 $\forall$ 的意思是“对于所有”）。在这种写法中，对于选项 $J$，$x_{nsjk}$ 是一个常数，而特定选项常数是变化的（至少一个特定选项常数标准化为 0）。

## □ 3.4.3 维持现状与“不选”选项

现在，我们有必要考察下列情形：决策者可能选取“不选择”或者“维持现状”选项。这种情形并非罕见。例如，对于附近电影院在合适时间上映的三部备选电影，你可能不感兴趣而宁可待在家中。类似地，当房客的租房协议即将到期时，他可以选择维持当前合同（续约），也可以选择搬走从而另签一份新合同。在存在“不选”（no choice）选项时，标签为“none”的选项没有任何属性水平（例如，没有电影票价，没有在电影院度过的时间，等等）。然而，没有属性不意味着决策者对这个选项无所谓。在前文电影的例子中，如果三部备选电影都是爱情喜剧片，那么待在家中而不去看电影，可能是最好的选择。

尽管名字为“不选”，但这的确是一个选项，因此有效用水平。研究者可以令该选项没有属性和特定选项常数，如式（3.16a）所示：

$$
\begin{aligned}
V_{ns,movieA} &= \beta_{0A} + \beta_1 genre_{nsA} + \beta_2 ticket\ price_{nsA} + \beta_3 movie\ length_{nsA} \\
V_{ns,movieB} &= \beta_{0B} + \beta_1 genre_{nsB} + \beta_2 ticket\ price_{nsB} + \beta_3 movie\ length_{nsB} \\
V_{ns,movieC} &= \beta_{0C} + \beta_1 genre_{nsC} + \beta_2 ticket\ price_{nsC} + \beta_3 movie\ length_{nsC} \\
V_{ns,no\ choice} &= 0
\end{aligned}
\tag{3.16a}
$$

研究者也可以令它的特定常数选项不为 0，如式（3.16b）所示：

$$
\begin{aligned}
V_{ns,movieA} &= \beta_{0A} + \beta_1 genre_{nsA} + \beta_2 ticket\ price_{nsA} + \beta_3 movie\ length_{nsA} \\
V_{ns,movieB} &= \beta_{0B} + \beta_1 genre_{nsB} + \beta_2 ticket\ price_{nsB} + \beta_3 movie\ length_{nsB} \\
V_{ns,movieC} &= \beta_{0C} + \beta_1 genre_{nsC} + \beta_2 ticket\ price_{nsC} + \beta_3 movie\ length_{nsC} \\
V_{ns,no\ choice} &= \beta_{0,no\ choice}
\end{aligned}
\tag{3.16b}
$$

由于效用是序数型的，特定选项常数与哪个选项相伴并不重要。因此，式（3.16a）和式（3.16b）产生的结果在功能上是等价的。

当存在“维持现状”选项时，该选项的属性通常取既定值（例如，对于房客当前居住的公寓，租金为多少，有几个房间，等等）。因此，与“不选”选项不同，“维持现状”选项通常用一组属性描述。与“不选”选项情形类似，在令哪些选项伴随特定选项常数时，研究者可以随意决定，只要这些选项个数不超过 $J-1$。因此，“维持现状”选项可以伴随特定选项常数（如式（3.17a）所示），也可以不伴随特定选项常数（如式（3.17b）所示）。再次注意，令哪些选项伴随特定选项常数是完全任意的：

$$
\begin{aligned}
V_{ns,ApartmentA} &= \beta_{0A} + \beta_1 rent_{nsA} + \beta_2 number\ of\ bedrooms_{nsA} + \beta_3 number\ of\ bathrooms_{nsA} \\
V_{ns,ApartmentB} &= \beta_{0B} + \beta_1 rent_{nsB} + \beta_2 number\ of\ bedrooms_{nsB} + \beta_3 number\ of\ bathrooms_{nsB} \\
V_{ns,ApartmentC} &= \beta_{0C} + \beta_1 rent_{nsA} + \beta_2 number\ of\ bedrooms_{nsC} + \beta_3 number\ of\ bathrooms_{nsC} \\
V_{ns,status\ quo} &= \beta_1 rent_{nsSQ} + \beta_2 number\ of\ bedrooms_{nsSQ} + \beta_3 number\ of\ bathrooms_{nsSQ}
\end{aligned}
\tag{3.17a}
$$

$$
\begin{aligned}
V_{ns,ApartmentA} &= \beta_{0A} + \beta_1 rent_{nsA} + \beta_2 number\ of\ bedrooms_{nsA} + \beta_3 number\ of\ bathrooms_{nsA} \\
V_{ns,ApartmentB} &= \beta_{0B} + \beta_1 rent_{nsB} + \beta_2 number\ of\ bedrooms_{nsB} + \beta_3 number\ of\ bathrooms_{nsB} \\
V_{ns,ApartmentC} &= \beta_1 rent_{nsC} + \beta_2 number\ of\ bedrooms_{nsC} + \beta_3 number\ of\ bathrooms_{nsC} \\
V_{ns,statusquo} &= \beta_{0SQ} + \beta_1 rent_{nsSQ} + \beta_2 number\ of\ bedrooms_{nsSQ} + \beta_3 number\ of\ bathrooms_{nsSQ}
\end{aligned}
\tag{3.17b}
$$

## □ 3.4.4 离散选择模型中用来描述响应者和环境效应的特征变量

与特定选项常数（ASC）情形一样，真正重要的是，效用之差这个事实对于离散选择模型有另外一个重要含义。唯一能被估计出的参数是那些能描述选项差异的参数。那些能描述特定选项独有特征的属性存在着这种差异。然而，在离散选择模型中，除了这些属性之外，那些能描述响应者和其他环境影响的变量也起着重要作用。这些变量通常称为特征变量（characteristics）或协变量（covariates）。这些变量是常数，因此，它们不随选项不同而不同。例如，决策者的性别不会因为他们选择轿车而不是公共汽车而发生变化。为了说明这个问题，令 $v_n$ 为描述选择环境 $s$ 下的决策者 $n$ 的协变量。考虑两个选项的情形，在这种情形下，可以写出离散选择模型的效用函数：

$$
\begin{aligned}
V_{ns1} &= \sum_{k=1}^{K}\beta_k x_{ns1k} + \delta_1 v_n \\
V_{ns2} &= \sum_{k=1}^{K}\beta_k x_{ns2k} + \delta_2 v_n
\end{aligned}
\tag{3.18}
$$

其中，$\delta_j$ 代表与协变量 $v_n$ 相伴的特定选项参数。遗憾的是，这两个选项的 $v_n$ 不存在差别，由于真正重要的是效用差值，因此如果假设 $\delta_1 \neq \delta_2$，那么我们不可能估计出 $\delta_1$ 和 $\delta_2$ 的绝对值，因为能产生相同效用差值的参数取值组合有无穷多个。因此，为了估计参数值，有必要将其中一个参数标准化为某个值。尽管这个值可以任意选取，但通常选 0，即把至少一个选项的与特定协变量相伴的参数标准化为零。

式（3.19）含有决策者的年龄和性别，即这些变量进入了模型的效用函数组。注意，年龄进入了轿车、公共汽车和有轨电车这三个选项，并且有特定选项参数估计值；而代表季节的协变量只进入了火车选项。在这个例子中，决策者的性别变量（是否为女性）进入了火车和有轨电车，是这两个选项的通用参数：

$$
\begin{aligned}
V_{ns,car} &= \beta_{0,car} + \beta_{1,car} time_{ns,car} + \beta_{2,car} toll_{ns,car} + \beta_{3,car} parking\ cost_{ns,car} + \beta_{4,car} age_n \\
V_{ns,bus} &= \beta_{0,bus} + \beta_{1,pt} time_{ns,bus} + \beta_{2,car} fare_{ns,bus} + \beta_{3,bus} waiting\ time_{ns,bus} + \beta_{4,bus} age_n \\
V_{ns,train} &= \beta_{0,train} + \beta_{1,pt} time_{ns,train} + \beta_{2,rail} fare_{ns,train} + \beta_{3,train} season + \beta_{4,rail} female_n \\
V_{ns,tram} &= \beta_{1,pt} time_{ns,tram} + \beta_{2,rail} fare_{ns,tram} + \beta_{3,tram} age_n + \beta_{4,rail} female_n
\end{aligned}
\tag{3.19}
$$

由于效用是序数型的，因此协变量的参数的意义也是相对的，不管是同一选项内还是不同选项之间的参数都应这样解读。也就是说，假设对于轿车，年龄参数为正而且在统计上显著，我们对这个参数的解读应为：维持所有其他变量不变，年龄大者比年龄小者对轿车的评价高。或者，在比较多个效用函数的年龄参数时，我们说：维持所有其他变量不变，相对于火车（其参数已被设定为 0）来说，年龄大者对轿车的评价更高。通用协变量的参数可类似解读。

当存在“不选”或“维持现状”选项时，在协变量的处理问题上，研究者有多种做法。与特定选项常数情形类似，研究者可以让协变量进入所有效用函数（不包括“不选”和“维持现状”的效用函数），然后估计它的通用或特定选项参数值。例如，在式（3.20a）中，年龄进入了除了“不选”选项之外的所有其他选项的效用函数，并且伴随着通用参数。在这种情形下，若 $\beta_4$（相对于“不选”选项）为正，这意味着在其他条件不变时，年龄大者比年龄小者更有可能选择其中一种交通方式而不是“不选”选项；当 $\beta_4$ 为负时，意思正好与上面相反。当然，年龄也可以有特定选项参数估计值，在这种情形下，年龄对决策者对各种交通方式偏好的影响程度（相对于“不选”选项来说）是不同的：

$$
\begin{aligned}
V_{ns,car} &= \beta_{0,car} + \beta_{1,car} time_{ns,car} + \beta_{2,car} toll_{ns,car} + \beta_{3,car} parking\ cost_{ns,car} + \beta_4 age_n \\
V_{ns,bus} &= \beta_{0,bus} + \beta_{1,pt} time_{ns,bus} + \beta_{2,car} fare_{ns,bus} + \beta_{3,bus} waiting\ time_{ns,bus} + \beta_4 age_n \\
V_{ns,train} &= \beta_{0,train} + \beta_{1,pt} time_{ns,train} + \beta_{2,rail} fare_{ns,train} + \beta_4 age_n \\
V_{ns,tram} &= \beta_{1,pt} time_{ns,tram} + \beta_{2,rail} fare_{ns,tram} + \beta_4 age_n \\
V_{ns,no\ choice} &= \beta_{0,no\ choice}
\end{aligned}
\tag{3.20a}
$$

在式（3.20b）中，年龄仅进入了“不选”选项。在这种情形下，在对年龄的参数估计值进行解读时，要以非“不选”选项为参照。若该参数估计值为正，则其意思是，年龄大者偏好“不选”选项胜过其中一种交通方式；若该参数估计值为负，则年龄大者偏好选择其中一种交通方式。注意，式（3.20a）和式（3.20b）在本质上是一回事。事实上，式（3.20a）中的 $\beta_4$ 与式（3.20b）中的 $\beta_{4,no\ choice}$ 相同，只不过符号正好相反。也就是说，$\beta_4 = -\beta_{4,no\ choice}$。然而，这个关系的成立有一个前提，即式（3.20a）中的年龄参数对于所有非“不选”选项是通用参数：

$$
\begin{aligned}
V_{ns,car} &= \beta_{0,car} + \beta_{1,car} time_{ns,car} + \beta_{2,car} toll_{ns,car} + \beta_{3,car} parking\ cost_{ns,car} \\
V_{ns,bus} &= \beta_{0,bus} + \beta_{1,pt} time_{ns,bus} + \beta_{2,car} fare_{ns,bus} + \beta_{3,bus} waiting\ time_{ns,bus} \\
V_{ns,train} &= \beta_{0,train} + \beta_{1,pt} time_{ns,train} + \beta_{2,rail} fare_{ns,train} \\
V_{ns,tram} &= \beta_{1,pt} time_{ns,tram} + \beta_{2,rail} fare_{ns,tram} \\
V_{ns,no\ choice} &= \beta_{0,no\ choice} + \beta_{4,no\ choice} age
\end{aligned} \tag{3.20b}
$$

不管你如何解释协变量的参数，你都需要记住协变量本身不能被视为效用的直接来源。一个选项的效用与该选项的特征或属性有关（Lancaster，1966）。属于某个特定协变量组，这本身不能为特定选项提供更多或更少的效用；然而，选项的一些信息或多或少要借助特定协变量组。因此，离散选择模型中的协变量充当了未被衡量属性的代理变量。因此，例如，如果火车选项的性别参数在统计上显著，那么性别很可能是火车的某个潜在或未观测特征的代理变量，例如这个特征可能为安全性，它对某个性别（男或女）可能更重要。

现在我们开始讨论研究者可以使用的变量和参数变换议题。

### □ 3.4.5 属性转换与非线性属性

研究者如何为数据编码，这在某种程度上有随意性，变量进入离散选择模型的效用函数的方式也具有随意性。首先，研究者可能使用不同衡量单位来代表数值变量。例如，收入可以以十、百、千单位编码。这种任意的编码（coding）不会改变选项之间的相对效用；它只是同时放大或缩小参数估计值，以维持相同的效用值。例如，如果收入变量以十单位衡量，收入参数可能等于－0.5，如果用百单位衡量，该参数可能等于－0.05。

其次，如果研究者认为决策者在评估选项时使用了某些复杂的潜在决策规则，那么为了反映这些规则，他们也会进行变量转换。例如，研究者可能不会认为数据以何种方式收集，相应变量就应该以该方式进入效用函数。研究者可能对其中一个或一些变量进行转换，例如取对数（比如 $\log(x_{nsjk})$）或平方（比如 $x_{nsjk}^2$），然后让它们进入其中一个或多个选项的效用函数。例如，考虑式（3.21），这是轿车和公共汽车选项的效用函数。对于轿车选项，过路费（toll）以 $x_{nsjk}$ 和 $x_{nsjk}^2$ 的形式进入效用函数；时间以原属性的平方形式进入轿车和公共汽车选项。与 Train（1978）类似，公共汽车选项的车票（fare）属性被转换为车票与收入的比值形式，以反映不同收入的决策者从车票属性上得到的不同边际效用。另外，年龄变量以自然对数形式进入公共汽车选项：

$$
\begin{aligned}
V_{ns,car} &= \beta_{0,car} + \beta_{1,car} time_{ns,car}^2 + \beta_{2,car} toll_{ns,car} + \beta_{3,car} toll_{ns,car}^2 + \beta_{4,car} parking\ cost_{ns,car} \\
V_{ns,bus} &= \beta_{1,pt} time_{ns,bus}^2 + \beta_{2,bus} \frac{fare_{ns,bus}}{income_n} + \beta_{3,bus} waiting\ time_{ns,bus} + \beta_{4,bus} \log(age_n)
\end{aligned} \tag{3.21}
$$

另外一个常用的变换称为 Box-Cox 变换。基于 Tukey（1957）的研究，Box 和 Cox（1964）提出了下列幂变换：

$$
x'_{nsjk} = \begin{cases} \dfrac{x_{nsjk}^{\lambda} - 1}{\gamma}, \gamma \neq 0 \\ \log(x_{nsjk}), \gamma = 0 \end{cases} \tag{3.22}
$$

其中，$\gamma$ 为待估参数。

由于当 $\gamma = 0$ 时，这个变换要求对 $x_{nsjk}$ 取对数，因此，这类变换仅适用于取正值的变量。注意，文献还提出了其他类型的幂变换（Manly，1976；John and Draper，1980；Bickel and Doksum，1981），然而，Box-Cox 变换仍为最常用的变换方法。

当变量以非线性转换形式进入效用函数时，若你要解释该变量对总效用的贡献，就需要考虑到这种变换。例如，考虑式（3.21）中的过路费（toll）属性。这个属性对效用的边际贡献现在变为一个关于 *toll* 和 $toll^2$ 的函数，因此，这两种效应应该合并考虑，而不是分开考虑。例如，过路费（toll）变化一单位，轿车选项效用的变化将为（$\beta_{2,car} + \beta_{3,car}$）单位（注意，$toll^2 = 1^2 = 1$）。类似地，在这个例子中，我们不能仅考虑车票（fare）对公共汽车效用的影响，而应该考虑车票与收入比值对该效用的影响。一个常用的技巧是使用 *ceteris paribus* 假设，我们在讨论式（3.19）时提及过这个假设。"*ceteris paribus*" 是一个拉丁短语，它的意思是“其他条件不变”。例如，你可以说，维持收入不变，当车票（fare）变化一单位时，公共汽车的效用将变化 $\beta_{2,bus}$ 单位。类似地，你可以解释维持车票不变时收入对效用的影响。对于使用 Box-Cox 转换法进行转换的变量，你在解释结果时需要考虑参数 $\lambda$ 的值。这是因为每个数据点的值将取决于 $\gamma$ 的值。我们将在 3.4.5.2 节继续讨论如何正确解读非线性变换变量的参数。

#### 3.4.5.1 交互效应

文献中常用的变换方法是在离散选择模型的效用函数中纳入交互项，这涉及两个或多个变量相乘，例如 $x_{nsjk}x_{nsjl}$，其中变量可以是属性、协变量，也可以是二者的结合。当两个变量相乘时，就得到了交互项，这称为双向交互。当三个变量相乘时，三向交互项就产生了；三个以上的变量相乘得到的乘积项可类似命名。为了说明交互项，考虑式（3.23）中的轿车选项，它包括交通耗时与过路费的双向交互，还包括交通耗时、过路费和停车费的三向交互；而公共汽车选项的效用函数纳入了交通耗时和年龄的双向交互：

$$\begin{aligned}V_{ns,car} &= \beta_{0,car} + \beta_1 time_{ns,car} + \beta_{2,car} toll_{ns,car} + \beta_{3,car} parking\ cost_{ns,car} \\ &\quad + \beta_{4,car}(time_{ns,car} \times toll_{ns,car}) \\ &\quad + \beta_{5,car}(time_{ns,car} \times toll_{ns,car} \times parking\ cost_{ns,car}) \\ V_{ns,bus} &= \beta_1 time_{ns,bus} + \beta_{2,bus} fare_{ns,bus} + \beta_{3,bus}(time_{ns,bus} \times age_n)\end{aligned} \tag{3.23}$$

对于离散选择模型中的参数估计值，一些文献也称其为“效应”（effect）。例如，单个变量的参数，通常称为主效应（main effect），而交互项的参数，称为交互效应（interaction effect），或者更具体地称为双向、三向交互效应等。因此，在上例中，$\beta_1$ 表示交通耗时的主效应，而 $\beta_{3,bus}$ 表示公共汽车的交通耗时与年龄的交互项的双向交互效应。

与其他非线性转换情形一样，效用函数中包含交互项时，对模型结果的解读务必谨慎。例如，在上面的例子中，交通耗时属性进入轿车选项效用函数三次，因此，交通耗时变化一单位时，效用变化量是这三项的函数。因此，在解释涉及交互项的模型时，通常使用“其他条件不变”规则。例如，在式（3.23）中，对于轿车选项，维持过路费和停车费不变，交通耗时变化一单位，效用将变化 $\beta_1 + \beta_{4,car} toll_{ns,car} + \beta_{5,car}(toll_{ns,car} \times parking\ cost_{ns,car})$ 单位。

#### 3.4.5.2 虚拟编码、效应编码与正交多项式编码

另外一种常见的数据转换法是所谓的非线性编码方案。考虑式（3.19）中与火车选项相伴的季节属性。假设你生活的地方四季分明，于是夏、秋、冬、春可以分别编码为 1、2、3 和 4（这称为线性编码方案）。给定效用函数表达式，每次将季节改变一单位，在其他条件不变时，火车效用变化量将等于 $\beta_{3,train}$。也就是说，夏天与秋天的效用之差等于秋天与冬天的效用之差。说得更清楚点，这个模型意味着当我们由夏入秋时，效用将变化 $\beta_{3,train}$ 单位，这与我们由秋入冬的结果相同。假设 $\beta_{3,train}$ 为正，图 3.9 说明了这个效应。参数代表曲线的斜率，使得我们从一个（编码）季节移动到另一个季节时，火车效用将等量（线性）增加。

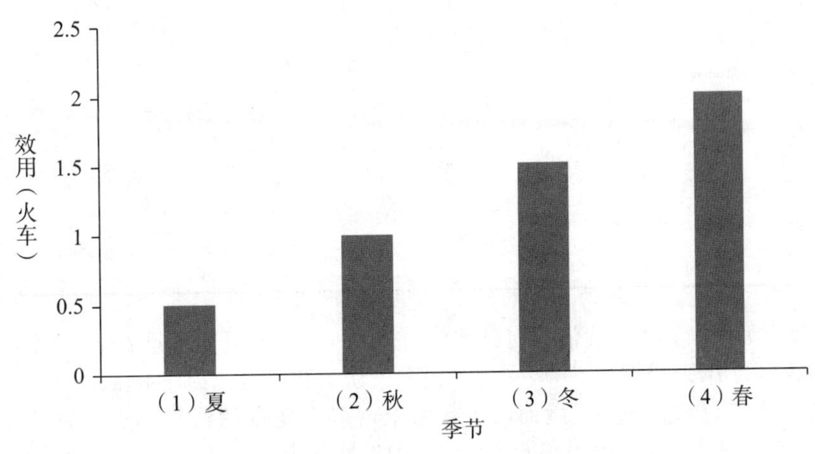


**图 3.9 季节的边际效用（线性编码）**

然而，这样的结果不符合现实。夏天可能特别热，火车上的空调不管用；冬天特别冷，空调可能导致乘客患低体温症。因此，乘客可能偏好在更温和的季节乘坐火车；然而，在线性编码情形下，这种偏好模式不能被模型体现。另外，参数估计值可能取决于变量是如何编码的。例如，如果秋、夏、冬、春的编码分别为1、2、3和4，那么线的斜率，即参数估计值，可能与前面的情形差异很大，从而导致对季节和火车效用之间关系的解释也与前面的情形完全不同。

除了线性编码之外，还有一些非线性编码法；然而，为了简单起见，我们仅讨论三种非线性编码方案：虚拟编码（dummy coding）、效应编码（effects coding）和正交多项式编码（orthogonal polynomial coding）方案。在这三种方案中，属性和效用之间为非线性关系；在每种方案下，研究者都要构建一些重新编码的新变量。对于每种非线性编码方案，研究者构造的新变量个数等于与该属性相伴的水平数 $l_k$ 减去1。例如，对于上文中的例子，季节变量有四个水平（即 $l_k=4$），因此，使用任何非线性编码方案对季节变量重新编码时，新变量的个数均为3（即 $l_k-1=3$）。在使用虚拟编码方案时，每个新构建的变量都对应一个原水平，如果该水平出现在数据中，取值1；否则，取值0。例如，对于上述季节例子，令 $x_{nsjk1}$，$x_{nsjk2}$ 和 $x_{nsjk3}$ 代表新构建的变量。我们假设夏季对应 $x_{nsjk1}$，秋季对应 $x_{nsjk2}$，冬季对应 $x_{nsjk3}$；当然，任何其他映射也是可行的。一方面，如果在数据中，选择行为观测点是在夏季记录的，那么 $x_{nsjk1}$ 取值1，$x_{nsjk2}$ 和 $x_{nsjk3}$ 都取值0。另一方面，如果某个选择行为发生在冬季，那么 $x_{nsjk3}$ 取值1，而 $x_{nsjk1}$ 和 $x_{nsjk2}$ 都取值0。

虚拟编码方案和效应编码方案的唯一区别是，如何对最后一个水平即基准水平进行编码。在虚拟编码方案中，对于每个新构建的虚拟编码变量，基准水平的编码为0。因此，如果行为选择发生在春季（即 $x_{nsjk4}$），那么 $x_{nsjk1}$、$x_{nsjk2}$ 和 $x_{nsjk3}$ 都取值0。然而，在效应编码方案中，对于每个新构建的效应编码变量，基准水平的编码为−1，因此，如果行为选择发生在春季，那么 $x_{nsjk1}$、$x_{nsjk2}$ 和 $x_{nsjk3}$ 都取值−1。表3.6给出了属性水平为7时的两种编码方案，表3.6（a）为虚拟编码方案，表3.6（b）为效应编码方案。

**表 3.6　非线性编码**

| $l_k$ | 2 | 3 | | 4 | | | 5 | | | | 6 | | | | | 7 | | | | | |
|---|---|---|---|---|---|---|---|---|---|---|---|---|---|---|---|---|---|---|---|---|---|
| **(a) 虚拟编码（dummy coding）** | | | | | | | | | | | | | | | | | | | | | |
| | $X_{nsjk1}$ | $X_{nsjk1}$ | $X_{nsjk2}$ | $X_{nsjk1}$ | $X_{nsjk2}$ | $X_{nsjk3}$ | $X_{nsjk1}$ | $X_{nsjk2}$ | $X_{nsjk3}$ | $X_{nsjk4}$ | $X_{nsjk1}$ | $X_{nsjk2}$ | $X_{nsjk3}$ | $X_{nsjk4}$ | $X_{nsjk5}$ | $X_{nsjk1}$ | $X_{nsjk2}$ | $X_{nsjk3}$ | $X_{nsjk4}$ | $X_{nsjk5}$ | $X_{nsjk6}$ |
| 1 | 1 | 1 | 0 | 1 | 0 | 0 | 1 | 0 | 0 | 0 | 1 | 0 | 0 | 0 | 0 | 1 | 0 | 0 | 0 | 0 | 0 |
| 2 | 0 | 0 | 1 | 0 | 1 | 0 | 0 | 1 | 0 | 0 | 0 | 1 | 0 | 0 | 0 | 0 | 1 | 0 | 0 | 0 | 0 |
| 3 | | 0 | 0 | 0 | 0 | 1 | 0 | 0 | 1 | 0 | 0 | 0 | 1 | 0 | 0 | 0 | 0 | 1 | 0 | 0 | 0 |
| 4 | | | | 0 | 0 | 0 | 0 | 0 | 0 | 1 | 0 | 0 | 0 | 1 | 0 | 0 | 0 | 0 | 1 | 0 | 0 |
| 5 | | | | | | | 0 | 0 | 0 | 0 | 0 | 0 | 0 | 0 | 1 | 0 | 0 | 0 | 0 | 1 | 0 |
| 6 | | | | | | | | | | | 0 | 0 | 0 | 0 | 0 | 0 | 0 | 0 | 0 | 0 | 1 |
| 7 | | | | | | | | | | | | | | | | 0 | 0 | 0 | 0 | 0 | 0 |
| **(b) 效应编码（effects coding）** | | | | | | | | | | | | | | | | | | | | | |
| | $X_{nsjk1}$ | $X_{nsjk1}$ | $X_{nsjk2}$ | $X_{nsjk1}$ | $X_{nsjk2}$ | $X_{nsjk3}$ | $X_{nsjk1}$ | $X_{nsjk2}$ | $X_{nsjk3}$ | $X_{nsjk4}$ | $X_{nsjk1}$ | $X_{nsjk2}$ | $X_{nsjk3}$ | $X_{nsjk4}$ | $X_{nsjk5}$ | $X_{nsjk1}$ | $X_{nsjk2}$ | $X_{nsjk3}$ | $X_{nsjk4}$ | $X_{nsjk5}$ | $X_{nsjk6}$ |
| 1 | 1 | 1 | 0 | 1 | 0 | 0 | 1 | 0 | 0 | 0 | 1 | 0 | 0 | 0 | 0 | 1 | 0 | 0 | 0 | 0 | 0 |
| 2 | −1 | 0 | 1 | 0 | 1 | 0 | 0 | 1 | 0 | 0 | 0 | 1 | 0 | 0 | 0 | 0 | 1 | 0 | 0 | 0 | 0 |
| 3 | | −1 | −1 | 0 | 0 | 1 | 0 | 0 | 1 | 0 | 0 | 0 | 1 | 0 | 0 | 0 | 0 | 1 | 0 | 0 | 0 |
| 4 | | | | −1 | −1 | −1 | 0 | 0 | 0 | 1 | 0 | 0 | 0 | 1 | 0 | 0 | 0 | 0 | 1 | 0 | 0 |
| 5 | | | | | | | −1 | −1 | −1 | −1 | 0 | 0 | 0 | 0 | 1 | 0 | 0 | 0 | 0 | 1 | 0 |
| 6 | | | | | | | | | | | −1 | −1 | −1 | −1 | −1 | 0 | 0 | 0 | 0 | 0 | 1 |
| 7 | | | | | | | | | | | | | | | | −1 | −1 | −1 | −1 | −1 | −1 |
| **(c) 正交多项式编码（orthogonal polynomial coding）** | | | | | | | | | | | | | | | | | | | | | |
| 效应 | 线性 | 线性 | 二次 | 线性 | 二次 | 三次 | 线性 | 二次 | 三次 | 四次 | 线性 | 二次 | 三次 | 四次 | 五次 | 线性 | 二次 | 三次 | 四次 | 五次 | 六次 |
| | $X_{nsjk1}$ | $X_{nsjk1}$ | $X_{nsjk2}$ | $X_{nsjk1}$ | $X_{nsjk2}$ | $X_{nsjk3}$ | $X_{nsjk1}$ | $X_{nsjk2}$ | $X_{nsjk3}$ | $X_{nsjk4}$ | $X_{nsjk1}$ | $X_{nsjk2}$ | $X_{nsjk3}$ | $X_{nsjk4}$ | $X_{nsjk5}$ | $X_{nsjk1}$ | $X_{nsjk2}$ | $X_{nsjk3}$ | $X_{nsjk4}$ | $X_{nsjk5}$ | $X_{nsjk6}$ |
| 1 | −1 | −1 | 1 | −3 | 1 | −1 | −2 | 2 | −1 | 1 | −5 | 5 | −5 | 1 | −1 | −3 | 5 | −1 | 3 | −1 | 1 |
| 2 | 1 | 0 | −2 | −1 | −1 | 3 | −1 | −1 | 2 | −4 | −3 | −1 | 7 | −3 | 5 | −2 | 0 | 1 | −7 | 4 | −6 |
| 3 | | 1 | 1 | 1 | −1 | −3 | 0 | −2 | 0 | 6 | −1 | −4 | 4 | 2 | −10 | −1 | −3 | 1 | 1 | −5 | 15 |
| 4 | | | | 3 | 1 | 1 | 1 | −1 | −2 | −4 | 1 | −4 | −4 | 2 | 10 | 0 | −4 | 0 | 6 | 0 | −20 |
| 5 | | | | | | | 2 | 2 | 1 | 1 | 3 | −1 | −7 | −3 | −5 | 1 | −3 | −1 | 1 | 5 | 15 |
| 6 | | | | | | | | | | | 5 | 5 | 5 | 1 | 1 | 2 | 0 | −1 | −7 | −4 | −6 |
| 7 | | | | | | | | | | | | | | | | 3 | 5 | 1 | 3 | 1 | 1 |

在虚拟编码和效应编码方案中，我们为何只需要构建 $l_k-1$ 个变量而不是 $l_k$ 个？原因在于如果我们构建和使用 $l_k$ 个变量，数据会出现共线性。一般来说，很多人认为相关性（correlation）是二元关系，即两个随机变量之间的关系，例如 $\rho(x_{nsjk},x_{nsjl})$。然而，在数学上，多个变量的线性组合之间也存在相关性，例如 $\rho(x_{nsjk},x_{nsjl}+x_{nsjm})$。遗憾的是，虚拟编码和效应编码导致新构建变量出现完全相关性。考虑伴随三个水平的变量，研究者构建了三个虚拟或效应编码变量。为了说明这一点，一方面，如果我们看到对于前两个虚拟编

码或效应编码变量中的一个取值 1，我们立即知道第三个变量必定取值 0。另一方面，如果我们看到前两个变量都不取值 1，那么可以推断，第三个变量必定等于 1。因此，对于虚拟编码和效应编码方案，如果我们知道（$l_k-1$）个变量的值，那么我们将知道最后一个虚拟编码或效应编码变量（即对应于第 $l_k$ 个变量的编码变量）的值。的确，从信息提供角度看，总有一个变量是多余的。

根据式（3.19），现在假设季节变量为虚拟编码或效应编码变量，那么火车（train）选项的效用函数可以写为式（3.24）。注意，在写出这个新效用函数时，为了简单起见，我们去掉了火车的下标：

$$V_{ns}=\beta_0+\beta_1 time_{ns}+\beta_2 fare_{ns}+\beta_{31}x_{summer}+\beta_{32}x_{n,autumn}+\beta_{33}x_{n,winter}+\beta_4 female_n \tag{3.24}$$

在解释虚拟编码或效应编码变量时，我们需要将相应的值代入效用函数表达式。例如，假设选择行为发生在夏季的某个月份，那么变量 $x_{summer}$ 取值 1，而变量 $x_{autumn}$ 和 $x_{winter}$ 都取值 0。假设其他条件不变，季节对火车效用的影响将等于 $\beta_{31}$。另外，假设选择行为发生在冬季，那么变量 $x_{winter}$ 取值 1，而 $x_{summer}$ 和 $x_{autumn}$ 都取值 0；假设其他条件不变，季节对火车效用的影响将等于 $\beta_{33}$。在这种情形下，虚拟编码和效应编码的区别仅在于基准水平的值不同。假设数据用虚拟编码方案，那么春季的基准水平将要求 $x_{summer}$、$x_{autumn}$ 和 $x_{winter}$ 同时取值 0，因此，在其他条件不变时，效用将等于 0。

需要指出，由于效用是按序数尺度衡量的，零效用不意味着决策者对春季无所谓，或者对春季没有偏好。相反，其他参数将根据这个基准虚拟编码水平进行估计。由于选项的特定选项常数（ASC）表示该选项未观测或未被模型化的效应的平均数，因而对于基准水平的零效用事实，一些研究者认为尽管虚拟编码变量基准水平的边际效用未独立测量，但它与该选项的 ASC 一起派生。所以，一些研究者在处理虚拟编码变量时，将 ASC 加在边际效用上。

与虚拟编码变量不同，效应编码变量的基准水平不取 0 值，而取－1。仍以前文季节的例子说明，在效应编码方案下，变量 $x_{summer}$、$x_{autumn}$ 和 $x_{winter}$ 都同时取值－1，所以在维持其他条件不变时，季节对火车效用的影响等于 $-\beta_{31}-\beta_{32}-\beta_{33}$。因此，效应编码变量的基准水平将产生唯一效用值，它不再与选项的特定选项常数（ASC）一起派生。这是很多研究者偏爱效应编码而不是虚拟编码的原因之一。表 3.7 总结了这两种编码在边际效用上的差异。



**表 3.7　虚拟编码和效应编码的边际效用**

| 季节 | 虚拟编码 | | | | 效应编码 | | | |
|---|---|---|---|---|---|---|---|---|
| | $x_{summer}$ | $x_{autumn}$ | $x_{winter}$ | 效应 | $x_{summer}$ | $x_{autumn}$ | $x_{winter}$ | 效应 |
| 夏 | 1 | 0 | 0 | $\beta_{31}$ | 1 | 0 | 0 | $\beta_{31}$ |
| 秋 | 0 | 1 | 0 | $\beta_{32}$ | 0 | 1 | 0 | $\beta_{32}$ |
| 冬 | 0 | 0 | 1 | $\beta_{33}$ | 0 | 0 | 1 | $\beta_{33}$ |
| 春 | 0 | 0 | 0 | 0 | −1 | −1 | −1 | $-\beta_{31}-\beta_{32}-\beta_{33}$ |

效应编码比虚拟编码更受欢迎的第二个原因在于，当两个变量为非线性编码时，效应编码方案下的结果更方便解读。现在假设式（3.24）中季节和女性变量都是虚拟编码（因此，对于性别变量，男性的编码为 0）。正如前文所示，在季节虚拟编码方案中，春季的边际效用被标准化为零；然而，对于性别变量来说，男性也被标准化为零。这两个基准水平被标准化同一个值，而且它们都与模型的特定选项常数一起派生。因此，我们不能判断男性或在春季做出选择，哪个对火车效用的影响更大，因为虚拟编码方案令这两种效应相等。然而，如果季节和性别变量都按效应编码方案编码，那么季节的基准水平将等于 $-\beta_{31}-\beta_{32}-\beta_{33}$，而男性的边际效用将为 $-\beta_4$。因此，在效应编码方案下，这两个变量的基准水平都有唯一值，现在我们可以比较 $-\beta_{31}-\beta_{32}-\beta_{33}$ 和 $-\beta_4$ 的大小，以确定谁对效用有更大影响（见表 3.8）。

表 3.8　效应编码和特定选项常数的关系

| 水平 | 平均效用 | 效应编码 |
| --- | --- | --- |
| 夏 | −0.225 | −0.800 |
| 冬 | 0.875 | 0.300 |
| 秋 | 1.175 | 0.600 |
| 春 | 0.475 | −0.100 |
| 平均 | 0.575 | 0.575 |

**【题外话】**

如果模型中的所有变量都是效应编码，那么选项的特定选项常数（ASC）和效应编码变量有非常具体的解释。为了说明这一点，我们下面说明如何估计这种模型中的效应编码和ASC。考虑表3.8给出的例子。在此表中，每个效应编码变量有四个水平，我们计算出了每个水平带给响应者样本的平均效用（注意，这是一个虚构的例子）。注意，尽管在这个模型中，我们只有三个效应编码，但仍能够计算所有三个水平带给响应者的平均效用，这里的平均是指每个水平在响应者样本上的均值。因此，例如，对于所有 $N$ 个响应者，经计算，夏季水平的平均效用为−0.225，而冬季水平的平均效用为0.875。在计算出季节变量每个水平的平均效用之后，我们就可以计算出季节变量的效用平均值，这称为总均值。* 总均值本身就是这个模型的ASC。效应编码可被解释为对于所有的效应编码变量，该水平下的效用相对于平均效用的平均差异。然而，注意，这种解释仅当模型中的所有变量都为效应编码时才可行。

对于虚拟编码和效应编码方案，选择哪个水平作为基准，这完全是任意的。这是因为效用是用序数尺度衡量的，不管令哪个水平为基准，参数的估计值都是相对于基准来说的相对值。而且，在其他条件不变时，选择用什么编码方案进行编码并不重要，因为它不会改变最终模型结果，不同编码方案的差异仅在于结果应如何解读。这是因为如果将虚拟编码变为效应编码（或将效应编码变为虚拟编码），如果过程无误，那么这相当于参数估计值的重新调整，调整量为 $-\sum_{l}^{L-1}\beta_{kl}$，这样，选项的效用将和原来相同，不会发生变化。为了说明这一点，考虑下面的例子：季节变量为效应编码，夏、秋、冬的参数估计值分别为−0.8、0.3和0.6。与春季相伴的基准水平将为−0.1（即−（−0.8+0.3+0.6））。如果我们打算使用虚拟编码而不是效应编码，那么夏、秋和冬的参数值将重新调整，调整值为−0.1，这样，这三个参数值分别变为−0.7、0.4和0.7。表3.9和图3.10说明了这个重新调整过程。

表 3.9　虚拟编码和效应编码的重新调整

| | 虚拟参数 | 效应参数 |
| --- | --- | --- |
| 夏 | −0.7 | −0.8 |
| 秋 | 0.4 | 0.3 |
| 冬 | 0.7 | 0.6 |
| 春 | 0 | −0.1 |

**【题外话】**

在一种情形下，虚拟编码和效应编码的重新调整不能产生相同的结果。这种情形就是变量的基准水平仅

* 例如在这个例子中，季节效用的总均值为0.575。计算出总均值之后，我们就可以计算出效应编码参数，它等于该水平的平均效用与总均值之差，例如，夏季的效用编码参数等于−0.225减去0.575，即等于−0.800。——译者注

与一个特定选项（通常为维持现状选项）相伴。为了说明这一点，取环境经济学中的例子，假设研究者打算考察旨在改变河流水质的若干政策。其中一个属性为每种政策拯救的鱼数，此时维持现状选项为“什么也不做”，该属性的值为 0。假设每种政策拯救的鱼数为正，那么与每种政策相伴的属性不会取值 0。在这种情形下，很多研究者将把伴随最低值的属性水平定为基准水平，在这个例子中，基准水平为拯救 0 条鱼。为了说明数据是什么样的，请看表 3.10。

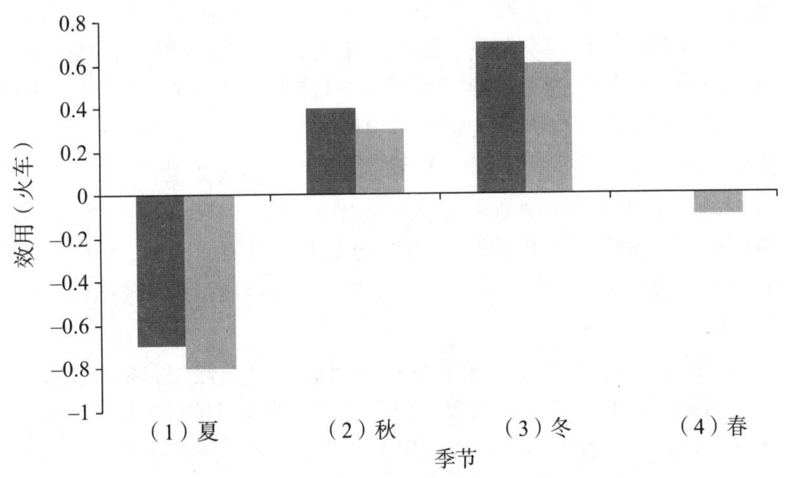


**图 3.10　季节（虚拟编码和效应编码）的边际效用**

**表 3.10　含有维持现状选项时的虚拟编码与效应编码：情形 1**

| 情景 Situation ($s$) | 政策 Policy ($j$) | 被拯救的鱼数 Fish saved | 常数 *Constant* | 虚拟编码 $x_{10}$ | 虚拟编码 $x_{20}$ | 虚拟编码 $x_{30}$ | 效应编码 $x_{10}$ | 效应编码 $x_{20}$ | 效应编码 $x_{30}$ |
|---|---|---|---|---|---|---|---|---|---|
| 1 | A | 10 | 1 | 1 | 0 | 0 | 1 | 0 | 0 |
| 1 | B | 20 | 1 | 0 | 1 | 0 | 0 | 1 | 0 |
| 1 | C | 10 | 1 | 1 | 0 | 0 | 1 | 0 | 0 |
| 1 | 什么也不做 | 0 | 0 | 0 | 0 | 0 | −1 | −1 | −1 |
| 2 | A | 30 | 1 | 0 | 0 | 1 | 0 | 0 | 1 |
| 2 | B | 10 | 1 | 1 | 0 | 0 | 1 | 0 | 0 |
| 2 | C | 20 | 1 | 0 | 1 | 0 | 0 | 1 | 0 |
| 2 | 什么也不做 | 0 | 0 | 0 | 0 | 0 | −1 | −1 | −1 |

在表 3.10 的数据格式中，每行数据代表一个选项，每列数据代表一个变量。各行代表选择行为的观察点。例如，假设决策者面对三个政策选项 A、B 和 C 以及维持现状（什么都不做）选项。于是，每一行代表一个选择行为的观察点。这种特殊数据格式是一些软件（比如 Nlogit）的默认格式，该软件的详细讨论参见第 10 章。这个表给出了选择行为情景包含的四个选项。假设被拯救的鱼数（fish saved）属性有四个水平（0、10、20 和 30），虚拟编码和效应编码都要求创造三个额外变量。注意，表 3.10 中有一列是模型常数（ASC），这种常数可参见式（3.15）下方的讨论。

表中的数据编码为模型的估计带来了一些问题。首先，$x_{10}$、$x_{20}$ 和 $x_{30}$ 完全相关。为了看清原因，给定三个虚拟编码或效应编码变量，考虑其中任意两个。一方面，如果这两列有一列取值 1，那么最后一列必定为 0（即如果 $x_{10}=1$ 或 $x_{20}=1$，那么 $x_{30}$ 必定等于 0）。另一方面，如果这两列都不取值 1，那么最后一列必定等于 1。因此，如果我们知道其中两列的值，就一定知道第三列也就是最后一列的值（类似地，在使用虚拟编码或效应编码时，我们仅需要（$l_k-1$）列）。因此，任何一个虚拟编码或效应编码变量的信息都包含于其他变量中，这样，至少其中一个变量在数学上是多余的。其次，虚拟编码和效应编码变量的基准水平与一个选项完全共生，在本例中该选项为维持现状选项。在前文关于季节的例子中，当我们记录选择行为观察点时，季节不是任何特定选项所特有的；在数据集上，季节可能在某些时点上与每个选项相伴（注意，在这个例子中，我们仅对火车选项使用了季节虚拟编码变量，但这是虚构的情形；在其他观察点上，选择行为可能发生在夏天；在另外的观察点上，选择行为可能发生在冬天，等等）。相关性导致我们仅需要（$l_k-1$）列，这种相关性是由各列的线性组合产生的；然而，现在我们既有列相关，又有行相关。后面这一点意味着虚拟编码或基准编码的基准水平将充当模型的特定选项常数（ASC），即该选项在所有观测点上的常数。因此，我们已不可能估计（$J-1$）个 ASC，因为虚拟编码或效应编码变量的基准水平已不再仅仅代表该变量的基准水平，而是该选项的常数。因此，尽管以前我们在将维持现状选项的 ASC 标准化为零后，能估计政策 A、B 和 C 的 ASC，然而，现在我们只能估计其中两个政策的 ASC，因为第三个 ASC 是与维持现状选项相伴的虚拟编码或效应编码变量的基准水平。另外，由于 ASC 代表该选项的未观测效应的均值，虚拟编码和效应编码方案基准水平的编码的差异不仅适用于该变量（这一点与以前一样），还适应于整个选项。因此，这两种编码方案将产生不同的模型结果！

Cooper et al.（2012）为这种数据提出了一种将虚拟编码和效应编码结合起来的混合编码方案。在这种方案下，与某选项不完全相关的水平（在我们的例子中，这些水平为 10、20 和 30）使用效应编码，而将相关水平的值设为零。注意，在构建这种方案时，仅使用 $l_k-1$ 个不相关水平，如表 3.11 所示。

**表 3.11** 含有维持现状选项时的虚拟编码和效应编码：情形 2

| 情景 Situation（$s$） | 政策 Policy（$j$） | 被拯救的鱼数 Fish saved (00) | 常数 *Constant* | 混合虚拟和效应编码 | |
|---|---|---|---|---|---|
| | | | | $x_{10}$ | $x_{20}$ |
| 1 | A | 10 | 1 | 1 | 0 |
| 1 | B | 20 | 1 | 0 | 1 |
| 1 | C | 10 | 1 | 1 | 0 |
| 1 | 什么也不做 | 0 | 0 | 0 | 0 |
| 2 | A | 30 | 1 | −1 | −1 |
| 2 | B | 10 | 1 | 1 | 0 |
| 2 | C | 20 | 1 | 0 | 1 |
| 2 | 什么也不做 | 0 | 0 | 0 | 0 |

正交多项式编码在以下方面与虚拟编码和效应编码存在重要区别：变量数据如何编码，结果如何解读。与虚拟编码和效应编码类似，研究者在使用正交多项式编码时，构建 $l_k-1$ 个变量；然而，每个新构建的变量，在伴随特定水平的同时，代表着特定的多项式效应。第一个变量是原变量的线性变换（$x_{nsjk}$），第二个变量是原变量的平方（$x^2_{nsjk}$），第三个变量是原变量的立方（$x^3_{nsjk}$），依此类推。以伴随四个属性水平的变量为例，该变量的正交多项式编码的边际效用为

$$V_{nsj}=\beta_{11}x_{nsjk}+\beta_{12}x^2_{nsjk}+\beta_{13}x^3_{nsjk} \tag{3.25}$$

然而，这里的水平是离散的，多项式变换通过变量的编码方式实现。因此，在正交多项式编码方案下，模型结果的解释不要求我们对每个变量进行幂变换，因为这已体现在编码之中。因此，特定水平对选项效用的影响为

$$V_{nsj}=\beta_{11}x_{nsjk1}+\beta_{12}x_{nsjk2}+\beta_{13}x_{nsjk3} \tag{3.26}$$

表 3.12　　虚拟编码、效应编码与正交多项式编码的相关性比较

| 原编码 | (a) 虚拟编码 | | | (b) 效应编码 | | | (c) 正交编码 | | |
|---|---|---|---|---|---|---|---|---|---|
| | $X_{nsjk1}$ | $X_{nsjk2}$ | $X_{nsjk3}$ | $X_{nsjk1}$ | $X_{nsjk2}$ | $X_{nsjk3}$ | $X_{nsjk1}$ | $X_{nsjk2}$ | $X_{nsjk3}$ |
| 1（夏） | 1 | 0 | 0 | 1 | 0 | 0 | −3 | 1 | −1 |
| 2（秋） | 0 | 1 | 0 | 0 | 1 | 0 | −1 | −1 | 3 |
| 3（冬） | 0 | 0 | 1 | 0 | 0 | 1 | 1 | −1 | −3 |
| 4（春） | 0 | 0 | 0 | −1 | −1 | −1 | 3 | 1 | 1 |
| 相关结构 | $X_{nsjk1}$ | $X_{nsjk2}$ | $X_{nsjk3}$ | $X_{nsjk1}$ | $X_{nsjk2}$ | $X_{nsjk3}$ | $X_{nsjk1}$ | $X_{nsjk2}$ | $X_{nsjk3}$ |
| $x_{nsjk1}$ | 1 | | | 1 | | | 1 | | |
| $x_{nsjk2}$ | −0.33 | 1 | | 0.5 | 1 | | 0 | 1 | |
| $x_{nsjk3}$ | −0.33 | −0.33 | 1 | 0.5 | 0.5 | 1 | 0 | 0 | 1 |

继续使用前文关于季节的例子。在构建正交多项式编码方案时，研究者使用 $l_k-1$ 个变量，在此例中为 3 个变量。表 3.11 给出了每个变量的取值；对于季节例子，表 3.12 复制了这些信息。例如，如果季节变量表明观察点在夏天，那么第一个正交多项式编码变量将取值−3，第二个取值−1，第三个取值−1。然而，如果季节为秋季，那么这三个变量分别取值−1、−1 和 3。注意，与虚拟编码或效应编码不同，正交多项式编码方案下，$l_k-1$ 个变量中的每个变量对所有水平都取非零值，因此，在求整体边际效用时，需要使用所有参数估计值。为了说明这一点，并说明正交多项式编码的用处，我们使用四组参数（四个例子）。在例（1）中，$\beta_{31}$、$\beta_{32}$ 和 $\beta_{33}$ 分别为−0.9、0 和 0。在例（2）中，这三个参数分别为 0、0.5 和−0.4。在例（3）中，它们分别为−0.6、0.8 和−0.4。在例（4）也是最后一个例子中，这三个参数分别取值−0.8、0.3 和 0.6。表 3.13 给出了这四个例子（四组参数）在正交多项式编码方案下的效用。

表 3.13　　正交编码方案例子的结果

| | $\beta_{31}$ | $\beta_{32}$ | $\beta_{33}$ | | | | |
|---|---|---|---|---|---|---|---|
| 例（1） | −0.9 | 0 | 0 | | | | |
| 例（2） | 0 | 0.5 | 0 | | | | |
| 例（3） | −0.6 | 0.8 | −0.4 | | | | |
| 例（4） | −0.8 | 0.3 | 0.6 | | | | |
| 原编码 | $X_{nsjk1}$ | $X_{nsjk2}$ | $X_{nsjk3}$ | $V_{nsj}$ (1) | $V_{nsj}$ (2) | $V_{nsj}$ (3) | $V_{nsj}$ (4) |
| 1（夏） | −3 | 1 | −1 | 2.7 | 0.5 | 3 | 2.1 |
| 2（秋） | −1 | −1 | 3 | 0.9 | −0.5 | −1.4 | 2.3 |
| 3（冬） | 1 | −1 | −3 | −0.9 | −0.5 | −0.2 | −2.9 |
| 4（春） | 3 | 1 | 1 | −2.7 | 0.5 | −1.4 | −1.5 |

效用结果图说明了这种编码方案的用处（参见图 3.11）。在例（1）中，$\beta_{32}$ 和 $\beta_{33}$ 在统计上不显著，结果表明每个季节和火车效用之间存在线性关系。在例（2）中，仅有第二个参数在统计上显著异于 0，可以推断季节和效用之间为二次关系。最后两个例子涉及更复杂的关系。

在表 3.12 的下半部分，我们提供了每个非线性编码方案下可以推断出的相关结构。可以看到，在虚拟编码和效应编码下，任何两个新构建变量都相关，而正交多项式编码则不是这样。因此，研究者通常偏爱正交多项式编码［例如 Louviere et al.（2000），p. 269，建议只要有可能，就应尽量使用正交多项式编码］；然

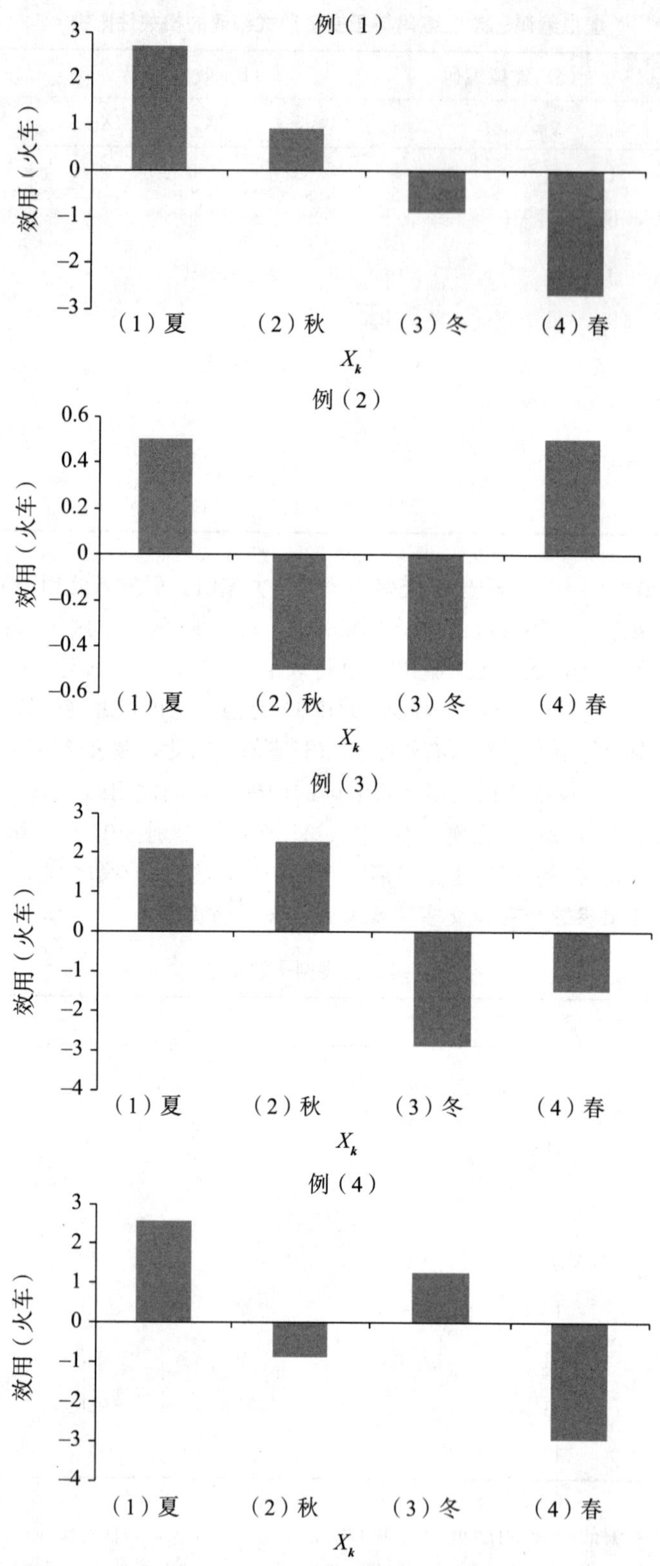


**图 3.11　正交多项式编码例子的结果图**

而，不熟悉这种编码方案的读者，通常很难解释它们的意思。

最后，我们用例子说明在这三种编码方案下，数据是什么样子的。我们使用－999 代表缺失数据(Nlogit5 软件使用的值)。在我们的例子中（见表 3.14)，季节变量仅适用于火车选项，因此，我们使用缺失值编码来代表其他选项（尽管在现实中我们不这么做，因为我们希望季节变量适用于另外一个模型中的另外一个选项）。

**表 3.14　　虚拟编码、效应编码与正交多项式编码的数据：一个例子**

| n | s | 选项（j） | 季节 | 虚拟编码 | | | 效应编码 | | | 正交多项式编码 | | |
|---|---|---|---|---|---|---|---|---|---|---|---|---|
| | | | | $X_{nsjk1}$ | $X_{nsjk2}$ | $X_{nsjk3}$ | $X_{nsjk1}$ | $X_{nsjk2}$ | $X_{nsjk3}$ | $X_{nsjk1}$ | $X_{nsjk2}$ | $X_{nsjk3}$ |
| 1 | 1 | car | 1 | −999 | −999 | −999 | −999 | −999 | −999 | −999 | −999 | −999 |
| 1 | 1 | bus | 1 | −999 | −999 | −999 | −999 | −999 | −999 | −999 | −999 | −999 |
| 1 | 1 | train | 1 | 1 | 0 | 0 | 1 | 0 | 0 | −3 | 1 | −1 |
| 1 | 1 | tram | 1 | −999 | −999 | −999 | −999 | −999 | −999 | −999 | −999 | −999 |
| 1 | 2 | car | 3 | −999 | −999 | −999 | −999 | −999 | −999 | −999 | −999 | −999 |
| 1 | 2 | bus | 3 | −999 | −999 | −999 | −999 | −999 | −999 | −999 | −999 | −999 |
| 1 | 2 | train | 3 | 0 | 0 | 1 | 0 | 0 | 1 | 1 | −1 | −3 |
| 1 | 2 | tram | 3 | −999 | −999 | −999 | −999 | −999 | −999 | −999 | −999 | −999 |
| 2 | 1 | car | 2 | −999 | −999 | −999 | −999 | −999 | −999 | −999 | −999 | −999 |
| 2 | 1 | bus | 2 | −999 | −999 | −999 | −999 | −999 | −999 | −999 | −999 | −999 |
| 2 | 1 | train | 2 | 0 | 1 | 0 | 0 | 1 | 0 | −1 | −1 | 3 |
| 2 | 1 | tram | 2 | −999 | −999 | −999 | −999 | −999 | −999 | −999 | −999 | −999 |
| 2 | 2 | car | 4 | −999 | −999 | −999 | −999 | −999 | −999 | −999 | −999 | −999 |
| 2 | 2 | bus | 4 | −999 | −999 | −999 | −999 | −999 | −999 | −999 | −999 | −999 |
| 2 | 2 | train | 4 | 0 | 0 | 0 | −1 | −1 | −1 | 3 | 1 | 1 |
| 2 | 2 | tram | 4 | −999 | −999 | −999 | −999 | −999 | −999 | −999 | −999 | −999 |

### □ 3.4.6　非线性参数效用设定

离散选择行为模型也适用于非线性参数估计［例如 Fader et al.（1992）］，尽管现实中用得不多。这类模型中的参数估计值可能是其他参数、其他变量的函数。第 20 章将详细说明如何使用 Nlogit5 软件处理此事：

$$\beta_k = G(x_{nsjl}, \beta_l) \tag{3.27}$$

比较常见的非参数效用设定是将整个效用函数或模型中的所有效用函数乘以一个参数（Fiebig et al.，2010；Greene and Hensher，2010b）。例如，在式（3.28）中，所有 $J$ 个选项的效用函数都乘以同一个参数 $\beta_l$：

$$V_{nsj} = \beta_l \sum_{k=1}^{K} \beta_{jk} x_{nsjk} = \sum_{k=1}^{K} \beta_l \beta_{jk} x_{nsjk} \tag{3.28}$$

$x_{nsjk}$ 的变动对效用的边际影响为 $\beta_l\beta_{jk} = \theta_{jk}$，然而，由于 $\beta_l$ 为所有 $\theta_{jk}$ 的共同因子，因此，估计值有可能相关，这种相关不仅可能存在于每个选项中，还可能存在于不同选项之间（Hess and Rose，2012）。

非线性效用模型还被用于风险选择情形（Anderson et al.，2012；Hensher et al.，2011；以及第 20 章）。这里的“风险”通常指在个体做出选择之前，研究者看到的选择结果发生的不确定性。在定义风险时，每个可能的结果被定义为一定概率，研究者假设个体知道可能结果和该结果实际发生的概率。（在现实中，情形稍微复杂一些，因为个体在做出选择时，可能使用主观概率而不是客观概率。客观概率指结果发生的实际概率，而主观概率是个体对概率的解释。这意味着对于某个结果，个体对客观概率的认知即主观概率，通常大于或小于客观概率。）例如，在开车上班之前，个体无法确切知道旅程的耗时，因为他不知道交通拥挤程度、被红灯拦住的次数、天气状况等。然而，根据以前的经验，这个人可能对旅程耗时的上下限有一定预期，他对最可能发生的耗时（可能为平均耗时）也有一定预期。他还可能大致知道每种结果实际的发生概率（例如，最短耗时和最长耗时的发生概率小于平均耗时的发生概率）。对于这种情形，Hensher et al.（2011）的模拟方法是，研究者向个体提供一系列路线，每条路线伴随一定耗时数和概率。令 $p_{nsoj}$ 表示个体 $n$ 在选择情景 $s$ 下走路线 $j$ 耗时 $x_{nsoj}$ 的概率。Hensher et al.（2011）的参数化模型为

$$k_{nsoj}=\beta_l\left[\frac{\left(\sum_{o=1}^{O}\omega(p_{nsoj})x_{nsoj}^{1-\alpha}\right)}{1-\alpha}\right] \tag{3.29}$$

其中 $\omega(p_{nso})=\exp(-\tau(-\ln(p_{nso}))^{\gamma})$，$\beta_l,\alpha,\tau,\gamma$ 为待估参数。注意，$\omega(p_{nso})$ 为非线性加权函数，它表示客观概率 $p_{nso}$ 和做选择时实际使用的主观概率之间的关系。这里给出的加权函数是 Hensher et al.（2011）使用的四个非线性加权函数中的一个。

直到现在，非线性参数效用设定也用得不多。这是因为这样的设定通常要求研究者获得能够支撑这种决策过程的足够数据，而且要求研究者对数据施加复杂限制或标准化，以适应待估参数。另外，现在几乎还没有用来估计非线性参数模型的商用软件，这意味着只有具有很好的编程能力的研究者才能估计这样的模型。然而，随着专业商用软件的出现，这类设定将变得常见。第 20 章将介绍有关文献以及如何使用 Nlogit 软件估计这类模型。

### □ 3.4.7 偏好异质性

我们的讨论一直假设，对于给定变量，参数对于每个响应者（个体）是固定不变的，这意味着所有个体有相同的效用函数。例如，在讨论正交多项式编码时，在第一个例子中，我们假设所有个体 $n$ 的边际效用都为 $\beta_{31}=-0.9$。纳入交互项，可以放松这个假设，从而让不同协变量对既定变量有不同的边际效用。例如，含有项 $\beta_1 x_{nsj1}+\beta_2 x_{nsj1}gender_n$ 的效用函数意味着，当性别为 0 时，边际效用为 $\beta_1$；当性别为 1 时，边际效用为 $\beta_1+\beta_2$。然而，在这里，所有性别为 0 的个体有相同的边际效用（$\beta_1$），所有性别为 1 的个体也有相同的边际效用（$\beta_1+\beta_2$）。尽管为了发现更多的偏好差异信息，我们还可以纳入更复杂的交互项，例如纳入 $\beta_1 x_{nsj1}+\beta_2 x_{nsj1}gender_n+\beta_3 x_{nsj1}gender_n age_n$，然而我们不可能发现偏好差异的所有可能来源。

一些离散选择模型自身能够纳入偏好异质性，而不需要依赖交互项。这些模型允许参数估计值来自某些可能分布；分布可以是连续的，也可以是离散的。在这类模型下，描述响应者的参数 $\beta_k$ 现在变为 $\beta_{kn}$。本书讨论三种这样的模型：probit 模型（第 4 章和第 17 章），混合多项 logit 模型（第 4 章和第 15 章）以及潜类别模型（第 4 章和第 16 章）。

## 3.5 结语

尽管离散选择模型名字中有“选择”二字，但不要认为这个模型和选择行为有关。在本质上，它们就是一些计量经济模型，这些模型以及模型背后的经济学或心理学理论经过适当修改后可以适用于任何离散结果。例如，Jones 和 Hensher（2004）使用离散选择模型来研究公司破产、资不抵债以及收购。类似地，3.2 节的例子涉及选举结果（例如投票），它在总体水平上代表非总体选择，然而它和个体选择仍有不同。尽管本章主要考察效用问题（3.2 节），然而离散选择模型通过联系函数将潜变量与观测结果关联起来，正因为此，当结果为非总体选择时，潜变量称为效用。

本章介绍了关于离散选择模型可观测成分建模的基础知识。本章主要考察当研究者写出离散效用函数时，如何解释选项。本章正文已提供了参考文献。我们已介绍了 probit 模型和 logit 模型、联系函数、选择概率等，下面几章将进一步考察不同计量经济模型及其估计方法。特别地，为了说明各种计量经济模型，我们将在下面几章花大量时间考察离散选择模型的未观测效应，以及不同假设条件对离散选择模型的影响。

## 附录 3A 模拟数据

| X | X contd | X contd | X contd | Y | Y contd | Y contd | Y contd |
|---|---|---|---|---|---|---|---|
| 4 | 1 | 5 | 5 | 8. 2 | 1. 8 | 18. 2 | 10 |
| 1 | 5 | 5 | 2 | 1. 8 | 6. 7 | 18. 2 | 1. 8 |
| 4 | 4 | 1 | 5 | 6. 7 | 10 | 1 | 13. 5 |
| 5 | 2 | 4 | 4 | 13. 5 | 2. 7 | 6 | 6 |
| 4 | 4 | 1 | 4 | 5 | 8. 2 | 3 | 5. 5 |
| 4 | 1 | 1 | 1 | 7. 4 | 3 | 1. 6 | 1. 3 |
| 5 | 4 | 1 | 3 | 12. 2 | 9 | 2. 7 | 3. 3 |
| 3 | 2 | 5 | 1 | 4. 1 | 2. 5 | 9 | 1. 6 |
| 5 | 1 | 1 | 3 | 20. 1 | 2. 5 | 1. 3 | 4. 1 |
| 3 | 5 | 3 | 1 | 5 | 13. 5 | 4. 5 | 1. 1 |
| 3 | 5 | 5 | 3 | 5 | 12. 2 | 10 | 3. 7 |
| 3 | 5 | 1 | 3 | 5 | 8. 2 | 2 | 4. 5 |
| 3 | 1 | 3 | 2 | 3. 7 | 1. 8 | 4. 5 | 2. 5 |
| 2 | 4 | 1 | 4 | 4. 5 | 6. 7 | 1. 6 | 8. 2 |
| 1 | 3 | 3 | 5 | 1. 2 | 4. 1 | 4. 1 | 14. 9 |
| 3 | 4 | 2 | 3 | 3. 7 | 9 | 1. 5 | 4. 1 |
| 3 | 5 | 2 | 3 | 5 | 11 | 2 | 8. 2 |
| 3 | 2 | 3 | 5 | 5 | 3. 7 | 4. 5 | 13. 5 |
| 3 | 4 | 2 | 2 | 5 | 5. 5 | 3. 7 | 2. 2 |
| 5 | 4 | 3 | 1 | 14. 9 | 9 | 5 | 2 |
| 2 | 5 | 5 | 2 | 1. 5 | 11 | 10 | 2 |
| 2 | 1 | 1 | — | 2. 5 | 1. 5 | 1. 2 | — |
| 3 | 3 | 1 | — | 5 | 4. 1 | 1. 6 | — |
| 1 | 1 | 3 | — | 2. 2 | 1. 6 | 3 | — |
| 4 | 1 | 5 | — | 9 | 1. 8 | 9 | — |
| 4 | 4 | 2 | — | 7. 4 | 5. 5 | 3. 3 | — |
| 2 | 5 | 2 | — | 2 | 9 | 4. 1 | — |
| 2 | 3 | 5 | — | 2. 2 | 4. 1 | 14. 9 | — |
| 5 | 2 | 1 | — | 22. 2 | 2. 5 | 2 | — |
| 4 | 2 | 2 | — | 11 | 4. 1 | 4. 1 | — |

续前表

| X | X contd | X contd | X contd | Y | Y contd | Y contd | Y contd |
|---|---|---|---|---|---|---|---|
| 5 | 4 | 5 | — | 11 | 8.2 | 13.5 | — |
| 1 | 3 | 1 | — | 1.8 | 9 | 1.8 | — |
| 2 | 3 | 5 | — | 5 | 2.7 | 12.2 | — |
| 4 | 3 | 5 | — | 12.2 | 6 | 8.2 | — |
| 5 | 2 | 2 | — | 13.5 | 2 | 2.2 | — |
| 1 | 3 | 4 | — | 1.5 | 4.1 | 11 | — |
| 1 | 3 | 1 | — | 1.6 | 7.4 | 1.5 | — |
| 2 | 3 | 1 | — | 3.7 | 3.3 | 1.1 | — |
| 4 | 5 | 2 | — | 5 | 10 | 3.7 | — |
| 3 | 5 | 5 | — | 6.7 | 13.5 | 12.2 | — |
| 2 | 2 | 5 | — | 5 | 3 | 14.9 | — |
| 4 | 1 | 1 | — | 9 | 1.6 | 1.8 | — |
| 2 | 4 | 3 | — | 2.5 | 6 | 5 | — |

## 附录 3B　Nlogit 语法

### 模型 1　线性回归模型

```
REGRESS;Lhs=Party;Rhs=ONE,min$
-----------------------------------------------------------------------------
Ordinary      least squares regression ............
LHS=PARTY     Mean                    =      .46279
              Standard deviation      =      .49919
----------    No. of observations     =         430  DegFreedom   Mean square
Regression    Sum of Squares          =     26.0374           1      26.03737
Residual      Sum of Squares          =     80.8673         428        .18894
Total         Sum of Squares          =     106.905         429        .24919
----------    Standard error of e     =      .43467  Root MSE          .43366
Fit           R-squared               =      .24356  R-bar squared     .24179
Model test    F[  1,    428]          =   137.80596  Prob F > F*       .00000
Model was estimated on Dec 02, 2013 at 05:13:26 PM
-----------+-----------------------------------------------------------------
           |                Standard            Prob.        95% Confidence
      PARTY|  Coefficient     Error       t     |t|>T*          Interval
-----------+-----------------------------------------------------------------
   Constant|     .09081**     .03799    2.39    .0173      .01634     .16528
        MIN|    1.43778***    .12248   11.74    .0000     1.19772    1.67783
-----------+-----------------------------------------------------------------
Note: ***, **, * ==>  Significance at 1%, 5%, 10% level.
-----------------------------------------------------------------------------
```

**模型 2　probit 模型**

```
PROBIT;Lhs=Party;Rhs=ONE,min$
Normal exit:    5 iterations. Status=0, F=     235.3260
---------------------------------------------------------------------------
Binomial Probit Model
Dependent variable                    PARTY
Log likelihood function          -235.32597
Restricted log likelihood        -296.86149
Chi squared [    1 d.f.]          123.07103
Significance level                   .00000
McFadden Pseudo R-squared          .2072870
Estimation based on N =     430, K =     2
Inf.Cr.AIC   =      474.7 AIC/N =     1.104
Model estimated: Dec 02, 2013, 17:13:26
Hosmer-Lemeshow chi-squared =      17.71639
P-value=   .02346 with deg.fr. =          8
-----------+----------------------------------------------------------------
           |                Standard               Prob.       95% Confidence
      PARTY|  Coefficient     Error       z       |z|>Z*          Interval
-----------+----------------------------------------------------------------
           |Index function for probability
   Constant|   -1.30938***    .13944    -9.39    .0000     -1.58267  -1.03608
        MIN|    4.92644***    .53252     9.25    .0000      3.88272   5.97017
-----------+----------------------------------------------------------------
Note: ***, **, * ==>  Significance at 1%, 5%, 10% level.
----------------------------------------------------------------------------
```

**模型 3　logit 模型**

```
LOGIT;Lhs=Party;Rhs=ONE,min$
Normal exit:    6 iterations. Status=0, F=     235.8677
----------------------------------------------------------------------------
Binary Logit Model for Binary Choice
Dependent variable                    PARTY
Log likelihood function          -235.86766
Restricted log likelihood        -296.86149
Chi squared [    1 d.f.]          121.98766
Significance level                   .00000
McFadden Pseudo R-squared          .2054623
Estimation based on N =     430, K =     2
Inf.Cr.AIC   =      475.7 AIC/N =     1.106
Model estimated: Dec 02, 2013, 17:13:26
Hosmer-Lemeshow chi-squared =      17.54945
P-value=   .02487 with deg.fr. =          8
-----------+----------------------------------------------------------------
           |                Standard               Prob.       95% Confidence
      PARTY|  Coefficient     Error       z       |z|>Z*          Interval
-----------+----------------------------------------------------------------
   Constant|   -2.16536***    .24463    -8.85    .0000     -2.64482  -1.68591
        MIN|    8.12953***    .93524     8.69    .0000      6.29649   9.96256
-----------+----------------------------------------------------------------
Note: ***, **, * ==>  Significance at 1%, 5%, 10% level.
```

# 4 各种离散选择模型

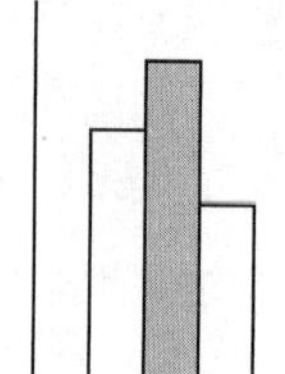

## 4.1 引言

第 3 章的目的在于介绍用来估计分类因变量数据的模型。我们首先说明了一些常见模型（例如线性回归模型）为何不适用这类数据。用来估计离散选择数据的模型必须适合数据真实产生过程。选择行为数据以离散分类形式显示了个体在一组离散选项上的偏好。偏好又表现在潜连续变量（称为效用）上，效用反映了这些偏好的强度。研究者观察到的结果显示的仅是个体对一组选项的相对偏好。如果我们能观察到潜偏好，在理论上，我们就能用回归方法分析它们。相反，如果我们看到的仅是以离散结果表示的相对偏好，我们就需要其他方法。

正如第 3 章介绍的，研究者可为选项设定一组效用函数。每个效用函数包含两部分：一是可观测成分，二是未观测成分。第 3 章主要考察效用模型的可观测成分。根据模型的设定，研究能够控制可观测部分，从而决定哪些变量进入模型以及如何进入。第 3 章讨论了研究者在设定离散选择模型的可观测成分时，可以使用的各种方法，包括设定通用参数和特定选项参数、使用非线性编码以及使用数据和参数的线性和非线性函数。第 3 章还提及了两类计量经济模型，即 probit 模型和 logit 模型，它们都基于随机效用模型中效用函数的随机成分的设定，但设定的假设条件不同。

本章主要考察效用的未观测成分，说明研究者对未观测效应施加的假设如何决定了特定估计模型。由于研究者看不到效用的未观测成分，因此必须对该效用成分在抽样总体上的分布做出一些假设。正是这些假设决定了不同计量经济模型，包括 probit 模型和 logit 模型；它们也决定了计算观测结果的概率的不同方法。本章的目的在于讨论效用的未观测成分的假设条件，以及它们如何决定了相应的计量经济模型。我们将在未观测效应框架内提供各种计量经济模型的理论背景差异，本书后面章节将考察这一点。到时我们将说明如何估计特定模型形式，解释 Nlogit 软件的行为输出。我们将交叉引用这些具体章节。

## 4.2 效用建模

令 $U_{nsj}$ 表示个体 $n$ 在选择环境 $s$ 下认为选项 $j$ 具有的效用。我们假设 $U_{nsj}$ 可以分为两部分：一是效用的可

观测成分 $V_{nsj}$，二是未观测成分 $\varepsilon_{nsj}$：

$$U_{nsj}=V_{nsj}+\varepsilon_{nsj} \tag{4.1}$$

文献通常假设，效用的不可观测成分是关于每个选项 $j$ 的可观测属性水平 $x$ 及其相应权重（参数）$\beta$ 的线性函数：

$$U_{nsj}=\sigma_n\sum_{k=1}^{K}\beta_{nk}x_{nsjk}+\varepsilon_{nsj} \tag{4.2}$$

其中，$\sigma_n$ 为正的尺度因子；$\beta_{nk}$ 是个体 $n$ 对属性 $k$ 的边际效用或参数指定的权重。未观测成分 $\varepsilon_{nsj}$ 通常被假设为独立同分布（IID）的类型Ⅰ极端值（EV1）分布，或放松为正态分布。下文将考察这些分布假设的含义。在现实应用中，式（4.2）中的个体尺度因子通常被标准化为1。（我们将这样的模型称为常方差模型。）另外一种表达式能保留式（4.2）中的偏好序，前提是 $\sigma_n$ 不随选项变化而变化，这种表达式为

$$U_{nsj}^{*}=\sum_{k=1}^{K}\beta_{nk}x_{nsjk}+(\varepsilon_{nsj}/\sigma_n) \tag{4.3}$$

可以看到，$\varepsilon_{nsj}$ 的方差与 $\sigma_n\sum_{k=1}^{K}\beta_{nk}x_{nsjk}$ 逆相关。如果 $\varepsilon_{nsj}$ 服从伴随这个尺度参数的EV1分布，那么 $\mathrm{Var}(\varepsilon_{nsj}/\sigma_n)=\pi^2/6$；如果 $\varepsilon_{nsj}$ 服从正态分布，那么 $\mathrm{Var}(\varepsilon_{nsj}/\sigma_n)=1$。除了属性水平信息之外，式（4.2）中的 $x$ 还可含有至多 $J-1$ 个特定选项常数（ASC），每个特定选项常数描述了该选项的未观测效应残差的均值对该选项选择的影响。对于当前考虑的选项，这个 $x$ 取值1；对于其他选项，取值0。式（4.2）中的效用设定比较灵活，因为它允许不同个体对每个属性有不同的边际效用。在实践中，通常不能估计个体特定参数权重。因此，我们通常估计总体的参数权重，这个权重围绕着均值随机变化：

$$\beta_{nk}=\bar{\beta}_k+\eta_k z_{nk} \tag{4.4}$$

其中，$\bar{\beta}_k$ 表示抽样总体持有的边际效用分布的均值，$\eta_k$ 表示抽样个体的边际效用对均值的离差，$z_{nk}$ 表示每个个体 $n$ 和属性 $k$ 的随机抽取。注意，这里没有假设边际效用在 $n$ 和 $s$ 上分布（若是，这里的 $z$ 应写为 $z_{nsk}$），而仅假设在 $n$ 上分布，从而 $z_{nsk}$ 变为 $z_{nk}$。这种形式的模型假设给定研究者看到个体（$n$）做出的选择（$s$），偏好随个体（$n$）变化而变化，但在个体内部不变化。这个假设适合陈述性选择（stated choice，SC）数据的面板性质（Ortúzar and Willumsen，2011；Revelt and Train，1998；Trian，2009）——这类似于“随机效应”。根据文献，当使用 $z_{ns}$ 时，模型称为截面离散选择模型（cross-sectional discrete choice model）；当使用 $z_n$ 时，模型称为面板离散选择模型（panel discrete choice model），因为它考虑了重复观察的面板性质。

我们现在讨论一些模型，这些模型的一般性程度不同。对于效用模型，研究者关注的一般性程度主要为边际效用和尺度变化的异质性，这意味着不同类型的异方差性。这里讨论的模型尽管能解决尺度异质性和其他性质，但不是这类模型的穷举。例如，这里没有详细讨论异方差极值（heteroskedastic extreme value，HEV）模型，因为文献很少使用这种模型；这里也没详细讨论交叉嵌套 logit（cross-nested logit，CNL）模型，因为它不适用于研究者搜集的典型数据（我们将在14.9节略微讨论CNL模型）。我们的讨论可以视为对当前主要方法的回顾。

## 4.3 效用的未观测成分

对于给定的选择情景，研究者依赖描述个体选项属性的数据、代表个体特征的协方差以及个体决策环境。研究者还要获得个体选择结果，然后他们使用这些数据来构建效用模型，从而揭示他们看到的个体选择结果。然而，研究者不可能看到个体对每个选项的实际效用评价。效用仅为个体（做出选择者）所知，也许是潜意识意义上的所知。另外，研究者也几乎不可能知道决定每个个体每个选项（$j$）效用水平的所有因素，部分原因可能在于研究者未能从个体那里获得所有相关信息，或者个体未能报告全部相关信息。因此，效用 $U_{nsj}$ 不可能等于研究者设定的模型 $V_{nsj}$。为了调和这个矛盾，需要增加一项。这个额外项最早出现在式

(3.7) 中，我们将其复制为式 (4.5)，其中 $U_{nsj}$ 等于 $V_{nsj}+\varepsilon_{nsj}$，这里 $\varepsilon_{nsj}$ 描述那些能够影响效用但不包含于 $V_{nsj}$ 从而不能被研究者直接观测的因素：

$$U_{nsj}=V_{nsj}+\varepsilon_{nsj} \tag{4.5}$$

假设每个个体都追求效用最大化，他们选择能够带来最大效用量的选项。由于对于所有 $n$、$s$ 和 $j$，$\varepsilon_{nsj}$ 的具体值未知，每个个体的总效用 $U_{nsj}$ 也未知。因此，尽管研究者也许能计算出与模型可观测成分相伴的每个选项的效用量，但仍不可能准确计算出每个个体对任何既定选项的效用评价。(也就是说，即使假设 $V_{nsj}$ 是可观测的。典型地，在模型的架构内，$V_{nsj}$ 仍然涉及未知参数，这些参数必须使用已观测的数据进行估计。) 为了说明这一点，假设个体 $n$ 面对着四个选项：轿车 (car)、公共汽车 (bus)、火车 (train) 和有轨电车 (tram)。进一步假设，个体仅依据选项的相对耗时和成本对四个选项进行评价：这四个选项的相对价值 ($V_{nj}$) 分别为 2、3、−2 和 0。式 (4.6) 给出了这个例子的效用函数：

$$\begin{aligned}U_{n,car}&=2+\varepsilon_{n,car}\\U_{n,bus}&=3+\varepsilon_{n,bus}\\U_{n,train}&=-2+\varepsilon_{n,train}\\U_{n,tram}&=0+\varepsilon_{n,tram}\end{aligned} \tag{4.6}$$

给定这个情形，似乎个体应该选择公共汽车；然而，他们是否选择公共汽车取决于 $\varepsilon_{n,car}$、$\varepsilon_{n,bus}$、$\varepsilon_{n,train}$ 以及 $\varepsilon_{n,tram}$ 的值。假设对于四个个体 (决策者) 来说，$\varepsilon_{n,car}=-1$，$\varepsilon_{n,bus}=-3$，$\varepsilon_{n,train}=5$，$\varepsilon_{n,tram}=0$。那么，总效用最高的选项将为火车。尽管所有其他选项提供了更高的建模意义上的效用量 (即可观测的效用量)，个体仍将选择火车。这些人对火车有更强的偏好。也许他们是火车痴迷者，但这个变量未被纳入模型的可观测成分。

为了说明选择行为建模，有必要对效用的可观测成分做出一些假设。最常见的假设是对于每个选项 $j$，$\varepsilon_{nsj}$ 是一个在决策者 $n$ 和选择情景 $s$ 上的随机分布，该分布伴随一定的密度 $f(\varepsilon_{nsj})$。对不可观测效应 $\varepsilon_{nsj}$ 做出的具体密度设定 (例如，假设不可观测效应是从多元 (multivariate) 正态分布抽取出的) 决定了不同的计量经济模型。

假设存在着某个联合密度，使得 $\varepsilon_{ns}=\langle\varepsilon_{ns1},\cdots,\varepsilon_{nsJ}\rangle$ 代表一个关于全选择集的 $J$ 个未观测效应的向量，这样，我们就可以对个体的选择做出概率陈述。具体地说，个体 $n$ 在选择情景 $s$ 下选择选项 $j$ 的概率，是结果 $j$ 有最大效用的概率：

$$\begin{aligned}P_{nsj}&=\text{Prob}(U_{nsj}>U_{nsi},\forall i\neq j)\\&=\text{Prob}(V_{nsj}+\varepsilon_{nsj}>V_{nsi}+\varepsilon_{nsi},\forall i\neq j)\end{aligned} \tag{4.7}$$

也可以写为

$$P_{nsj}=\text{Prob}(\varepsilon_{nsj}-\varepsilon_{nsi}>V_{nsi}-V_{nsj},\forall i\neq j) \tag{4.8}$$

式 (4.8) 说明随机项之差 $\varepsilon_{nsi}-\varepsilon_{nsj}$ 小于效用的可观测成分之差 $V_{nsi}-V_{nsj}$。

离散选择模型在本质上是概率模型，这个事实比较重要，原因如下。式 (4.7) 和式 (4.8) 描述的概率代表分类因变量和潜效用之间的转换。概率的性质为伴随 $j$ 个选项的效用函数提供了自然的联系。尽管表面上，效用设定彼此独立 (它们表面上是独立的回归方程)，然而，对于互斥和穷尽的选项集来说，任何一个选项被选中的概率必定介于 0 和 1 之间，而且所有选项的概率之和必须等于 1；这个事实意味着效用通过它们相应的概率联系在一起。因此，如果其中一个选项的效用增加，在其他条件不变时，该选项被选中的概率将增加，相应地，其他选项被选中的概率将降低，尽管这些其他选项的效用未发生变化。选择概率将各个效用函数联系在一个统一的模型之中。

效用和选择概率之间的关系为非线性的。在第 3 章我们说明了，选择概率与 $x$ 之间的关系不是线性的。给定属性 $x$ 的不同初始值，$x$ 变化一单位，将导致选择概率值的不同变化。为了说明这一点，考虑某个选区，假设该选区人口中少数民族的占比从 0.5 增加到 0.6，当选者属于民主党的概率将怎样变化。根据第 3 章报告的模型结果，这样的比率变化将导致 probit 模型中的潜变量 $Y^*$ 增加 0.493，logit 模型中的潜变量 $Y^*$ 增加 0.813，从而在 2012 年的选举中，当选者属于民主党的概率分别增加 0.074 和 0.068 (即在 probit 模型中，这个概率从 0.876 增加到 0.950；在 logit 模型中，从 0.870 增加到 0.938)。现在假设该选区的人口中少数民族的占比从 0.6 增加到 0.7（注意，增加量仍为 0.1)。probit 模型和 logit 模型的潜变量 $Y^*$ 的变化和上面一样，即分别增加 0.493 和 0.813。然而，现在当选者属于民主党的概率分别从 0.950 增加到 0.984（probit 模型）和从 0.938 增加到 0.971（logit 模型)，仅增加了 0.034，比上面的增加量（0.074 和 0.068）都小。尽管自变量都变化了 0.1，但后者的概率增加量仅为前者的一半左右。

即使效用函数关于参数和属性是线性的，因变量与选择概率之间的关系也不是线性的，这个事实对离散选择模型的估计和解释有重要含义。线性回归模型可以使用最小二乘法（OLS）估计，但这个方法不能估计非线性离散选择模型。(在第 3 章，当给出 probit 模型和 logit 模型的结果时，我们暗示了这一点。）尽管用来估计离散选择模型的方法有多种，但最常用的方法为最大似然估计（maximum likelihood estimation，MLE)。第 5 章将讨论最大似然估计。由于效用函数和选择概率之间的非线性关系，我们使用最大似然估计（MLE）而不是最小二乘法（OLS)。

## 4.4 随机效用模型

在构建选择模型时，对于效用函数的随机成分，研究者使用两类分布。大多数近期文献使用前文讨论过的耿贝尔（Gumbel）分布或类型Ⅰ极端值（EV1）分布。这是离散选择行为文献最早使用的模型，至今仍是选择行为的基本架构。当前研究通常在这个基本模型上向外扩展。另外一种分布是多元正态分布。在模拟个体行为角度上，正态分布更合适，然而由于下文即将讨论的原因，这种分布在实践中用得不多。

### □ 4.4.1 基于多元正态分布的 probit 模型

如果离散选择模型的不可观测效应被假设为服从多元正态分布，那么这样的模型称为 probit 模型。令 $\varepsilon_{ns}=\langle\varepsilon_{ns1},\cdots,\varepsilon_{nsJ}\rangle$ 表示个体 $n$ 在选择环境 $s$ 下的 $J$ 个不可观测效应组成的向量。假设 $\varepsilon_{ns}$ 服从均值为零向量、协方差（covariance）为矩阵 $\Omega_\varepsilon$ 的多元正态分布：

$$\varepsilon_{ns}\sim N[0,\Omega_\varepsilon] \tag{4.9}$$

$\varepsilon_{ns}$ 的密度为

$$\phi(\varepsilon_{ns})=\frac{1}{(2\pi)^{J/2}\,|\Omega|^{1/2}}\exp\left(-\frac{1}{2}\varepsilon'_{ns}\Omega_\varepsilon^{-1}\varepsilon_{ns}\right) \tag{4.10}$$

其中，$|\Omega|$ 为 $\Omega_\varepsilon$ 的行列式。图 4.1 画出了两个选项情景下的多元正态分布。

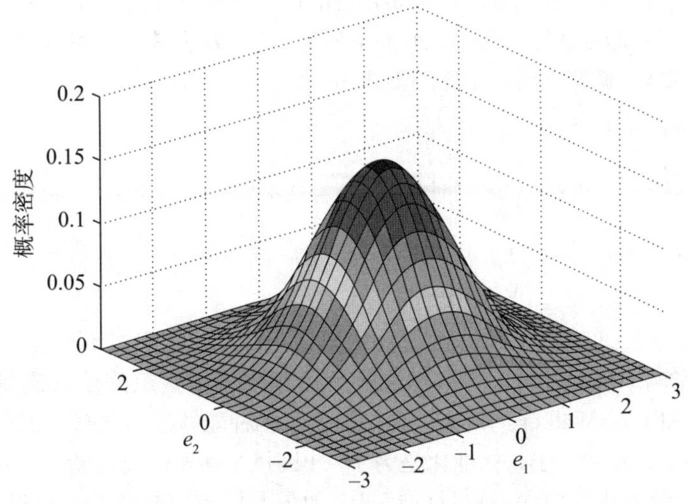


**图 4.1　选项为两个时的多元正态分布**

对称协方差矩阵 $\Omega_\varepsilon$ 含有 $J$ 个方差项（即 $\sigma_{ii},\forall i$），$((J-1)J)/2$ 个元素不重复的协方差项（即 $\sigma_{ij},\forall i\neq j$），这样，$\Omega_\varepsilon$ 一共有 $((J+1)J)/2$ 个不同元素。例如，如果 $J$ 等于 5，那么 $\Omega_\varepsilon$ 有 5 个方差项，10 个元素不重复的协方差项（即 $((5-1)\times 5)/2=10$），这样一共就有 15 个独立项（即 $((5+1)\times 5)/2=15$）。对于五个选项的情形，假设设定能完全识别（但这是不可能的，原因见下文），我们可以将式（4.9）写为

$$\varepsilon_{ns}\sim N\left(\begin{pmatrix}0\\0\\0\\0\\0\end{pmatrix},\begin{pmatrix}\sigma_{11}&\sigma_{12}&\sigma_{13}&\sigma_{14}&\sigma_{15}\\\sigma_{12}&\sigma_{22}&\sigma_{23}&\sigma_{24}&\sigma_{25}\\\sigma_{13}&\sigma_{23}&\sigma_{33}&\sigma_{34}&\sigma_{35}\\\sigma_{14}&\sigma_{24}&\sigma_{34}&\sigma_{44}&\sigma_{45}\\\sigma_{15}&\sigma_{25}&\sigma_{35}&\sigma_{45}&\sigma_{55}\end{pmatrix}\right)\tag{4.11}$$

#### 4.4.1.1 不可观测效应的标准化和对效用可观测成分的影响

根据式（4.8）可知，对于选择决策来说，真正重要的是效用之差。选取其中一个选项作为基准，计算其他选项的效用与该基准选项的效用之差。为了证明在 $J$ 个效用中，$U_j$ 最大，我们需要做 $J-1$ 个比较，因此，我们仅关注 $J-1$ 个随机项即可，这些随机项对应 $J-1$ 个效用与 $U_j$ 之差。选择行为模型的含义在于，我们不可能根据看到的结果推知 $J\times J$ 协方差矩阵 $\Omega$。因此，需要进行标准化。协方差矩阵标准化的方法有很多。其中一种方法是将“其中一个效用函数”标准化；我们选取其中一个效用作为“基准”选项。仍以前文 $J=5$ 的例子为例，如果将最后一个选项作为基准，那么标准化矩阵为

$$\varepsilon_{ns}\sim N\left(\begin{pmatrix}0\\0\\0\\0\\0\end{pmatrix},\begin{pmatrix}\theta_{11}&\theta_{12}&\theta_{13}&\theta_{14}&0\\\theta_{12}&\theta_{22}&\theta_{23}&\theta_{24}&0\\\theta_{13}&\theta_{23}&\theta_{33}&\theta_{34}&0\\\theta_{14}&\theta_{24}&\theta_{34}&\theta_{44}&0\\0&0&0&0&1\end{pmatrix}\right)\tag{4.12}$$

即使做完了标准化，协方差矩阵的设定也还未完成。考虑式（4.1）的标准化随机效用模型：

$$U_{nsj}-U_{nsi}=(V_{nsj}-V_{nsi})+(\varepsilon_{nsj}-\varepsilon_{nsi})\tag{4.13}$$

其中 $\mathrm{Var}(\varepsilon_{nsj}-\varepsilon_{nsi})=\theta_{ji}$。如果这些差值都为正，那么选项 $j$ 最受偏好。现在假设每个效用函数都除以相同的正的尺度 $\tau$。我们的比较将变为

$$(U_{nsj}-U_{nsi})/\tau=(V_{nsj}-V_{nsi})/\tau+(\varepsilon_{nsj}-\varepsilon_{nsi})/\tau\tag{4.14}$$

但这种调整不会影响比较结果。如果调整之前，选项 $j$ 是最受偏好的选项，那么调整之后，它仍是最受偏好的选项。这个事实的实证意义在于，即使我们考虑到了真正重要的仅是相对效用，我们也必须考虑这个尺度问题造成的麻烦。这方面的标准化方法有很多，目的都是修改协方差矩阵，从而使得在可观测信息的意义上，矩阵是“可观测的”（即可估计）。这方面的一种最直接的方法是，再将其中一个方差标准化为 1，从而将整个剩余矩阵进行调整。调整以后，矩阵的形式为

$$\varepsilon_{ns}\sim N\left(\begin{pmatrix}0\\0\\0\\0\\0\end{pmatrix},\begin{pmatrix}\lambda_{11}&\lambda_{12}&\lambda_{13}&\lambda_{14}&0\\\lambda_{12}&\lambda_{22}&\lambda_{23}&\lambda_{24}&0\\\lambda_{13}&\lambda_{23}&\lambda_{33}&\lambda_{34}&0\\\lambda_{14}&\lambda_{24}&\lambda_{34}&1&0\\0&0&0&0&1\end{pmatrix}\right)\tag{4.15}$$

因此，对于整个矩阵，$\lambda_{ii}=\theta_{ii}/\theta_{44}$，$\lambda_{ij}=\theta_{ij}/\sqrt{\theta_{44}}$。也就是说，标准化过程对不可观测效应的影响涉及对 $J$ 个选项的方差和协方差的影响。需要指出，实施标准化从而调整协方差矩阵使其满足需求的方法有很多种。（参见 Moshe Ben-Akiva 和 Joan Walker 的研究，他们提供了多种能够标准化基于正态分布模型的协方差矩阵的方法。）标准化做法的实证意义在于，标准化是为了“识别”。首先，我们希望能够从看到的数据了解 $\Omega$。然而，研究者观测到的选择数据仅包含一定量的信息，如果不做出额外假设，很难发掘出额外信息。$J=5$ 个结果的选择集提供的信息仅能让研究者分析类似于式（4.13）的矩阵或这种矩阵的变换。其次，我们必须

注意到，标准化和尺度调整对效用的确定性部分（可观测部分）和不可观测部分都有影响。为了看清这一点，仍考虑原来的未标准化、未作尺度调整的模型：

$$U_{nsj} = \beta' x_{nsj} + \varepsilon_{nsj}$$

基于上面的讨论，我们现在知道，给定可观测的选择行为数据，我们不能真正了解 $\beta$。由于需要尺度标准化（前文关于 5 个选项的例子），我们能知道的仅是尺度向量 $\beta/\sqrt{\theta_{44}}$。

#### 4.4.1.2 实证例子

第 3 章提供了一个关于选举的实证数据集，用来考察在 2012 年美国大选时，选区少数民族人口占比与当选议员者的党派属性（属于共和党或民主党的可能性）之间的关系。在那里，我们报告了二项 probit 模型的结果。现在，我们考虑一个类似的研究，我们将以前的数据扩展到允许多项结果：当选者为男/女共和党员或者男/女民主党议员。式（4.16）列出了效用函数。这个模型有四个伴随三个特定选项常数（ASC）的效用函数，其中我们将最后一个 ASC（即当选者为男性民主党议员）设定为零。对于与当选者为男或女共和党议员相伴的两个效用函数，我们使用特定选项参数（即选区少数民族人口占比）进行估计。对于与当选者为民主党议员的两个效用函数，我们使用一个虚拟变量，即选票是否（1＝是，0＝否）来自美国 17 个南部州（即亚拉巴马、阿肯色、特拉华、佐治亚、肯塔基、路易斯安那、马里兰、密西西比、密苏里、北卡罗来纳、俄克拉何马、南卡罗来纳、田纳西、得克萨斯、弗吉尼亚、西弗吉尼亚）。对于最后一个效用函数，我们还纳入了一个代表选区女性人口占比的变量：

$$\begin{aligned}
U_{rep,fem} &= \beta_{01} + \beta_{min1}\, minority_n + \varepsilon_{rep,fem} \\
U_{rep,mal} &= \beta_{02} + \beta_{min2}\, minority_n + \varepsilon_{rep,mal} \\
U_{dem,fem} &= \beta_{03} + \beta_{sou3}\, South_n + \varepsilon_{dem,fem} \\
U_{dem,mal} &= \beta_{sou4}\, South_n + \beta_{fem4}\, female + \varepsilon_{dem,mal}
\end{aligned} \tag{4.16}$$

在设定了效用的可观测部分之后，还必须设定模型未观测项的协方差矩阵。参见式（4.17）。在这个关于选举的例子中，在估计前两个效用设定之间的协方差时，我们将所有四个未观测的误差项的**标准差**（standard deviation）都标准化为 1：

$$\Omega_e = \begin{pmatrix} 1 & \rho_{12} & 0 & 0 \\ \rho_{12} & 1 & 0 & 0 \\ 0 & 0 & 1 & 0 \\ 0 & 0 & 0 & 1 \end{pmatrix} \tag{4.17}$$

根据式（4.13）可知，式（4.17）包含的限制条件超过了识别目的所需要的限制。我们的选择集实际上允许我们估计 $\Omega_e$ 中的两个方差和三个协方差。这种设定称为**过度识别**（overidentified）。模型估计结果请参见表 4.1。

#### 4.4.1.3 计算 probit 选择概率

前文介绍的多项 probit 模型在现实应用中存在障碍，这主要是由多元正态概率的计算复杂性引起的，这个障碍一直持续到 20 世纪 90 年代。本节将讨论这个问题及其现代解。回到原来的选择模型——使用伴随四个结果的例子，足以说明计算问题。

$$U_{nj} = V_{nj} + \varepsilon_{nj},\ j = 1, \cdots, 4$$

$$\text{其中，}\begin{pmatrix} \varepsilon_{n1} \\ \varepsilon_{n2} \\ \varepsilon_{n3} \\ \varepsilon_{n4} \end{pmatrix} \sim N\left[\begin{pmatrix} 0 \\ 0 \\ 0 \\ 0 \end{pmatrix}, \begin{pmatrix} \lambda_{11} & \lambda_{21} & \lambda_{31} & 0 \\ \lambda_{21} & \lambda_{22} & \lambda_{32} & 0 \\ \lambda_{31} & \lambda_{32} & 1 & 0 \\ 0 & 0 & 0 & 1 \end{pmatrix}\right] \tag{4.18}$$

考虑个体选择选项 1 的概率。为简单起见，我们暂时去掉观察点下标。这意味着：

$U_1 - U_2 > 0$ 或 $(V_1 + \varepsilon_1) - (V_2 + \varepsilon_2) > 0$ 或 $\varepsilon_1 - \varepsilon_2 > V_2 - V_1$ 或 $w_{12} > A_{12}$

$U_1 - U_3 > 0$ 或 $(V_1 + \varepsilon_1) - (V_3 + \varepsilon_3) > 0$ 或 $\varepsilon_1 - \varepsilon_3 > V_3 - V_1$ 或 $w_{13} > A_{13}$

$$U_1 - U_4 > 0 \text{ 或 } (V_1+\varepsilon_1)-(V_4+\varepsilon_4)>0 \text{ 或 } \varepsilon_1-\varepsilon_4 > V_4 - V_1 \text{ 或 } w_{14} > A_{14}$$

**表 4.1　　选举模型的估计结果**

| | 共和党女 | | 共和党男 | | 民主党女 | | 民主党男 | |
|---|---|---|---|---|---|---|---|---|
| | 参数 | $t$ 值 | 参数 | $t$ 值 | 参数 | $t$ 值 | 参数 | $t$ 值 |
| 效用的可观测部分 | | | | | | | | |
| 常数 | 9.390 | (1.96) | 9.473 | (2.24) | 7.129 | (1.69) | — | — |
| 少数民族人口占比 | −7.787 | (−4.20) | −7.688 | (−7.87) | — | — | — | — |
| 南方州（1=是） | — | — | — | — | −1.894 | (−6.09) | −1.299 | (−5.88) |
| 女性占比 | — | — | — | — | — | — | 15.221 | (1.83) |
| 效用的未观测部分 | | | | | | | | |
| 标准差 | 1.000 | — | 1.000 | — | 1.000 | — | 1.000 | — |
| 未观测效应的相关系数矩阵 | | | | | | | | |
| | 共和党女 | | 共和党男 | | 民主党女 | | 民主党男 | |
| 共和党女 | 1.000 | — | 0.997 | (8.54) | 0.000 | — | 0.000 | — |
| 共和党男 | 0.997 | (8.54) | 1.000 | — | 0.000 | — | 0.000 | — |
| 民主党女 | 0.000 | — | 0.000 | — | 1.000 | — | 0.000 | — |
| 民主党男 | 0.000 | — | 0.000 | — | 0.000 | — | 1.000 | — |
| 模型拟合 | | | | | | | | |
| $LL$ | −383.967 | | | | | | | |
| $\rho^2$ | 0.356 | | | | | | | |

三个随机项（$w_{12}$，$w_{13}$，$w_{14}$）是联合正态分布变量的线性组合，因此，它们也服从联合正态分布。均值显然为（0，0，0）。3×3 协方差矩阵为

$$\Sigma_{[1]} = \begin{pmatrix} 1 & -1 & 0 & 0 \\ 1 & 0 & -1 & 0 \\ 1 & 0 & 0 & -1 \end{pmatrix} \begin{pmatrix} \lambda_{11} & \lambda_{21} & \lambda_{31} & 0 \\ \lambda_{21} & \lambda_{22} & \lambda_{32} & 0 \\ \lambda_{31} & \lambda_{32} & 1 & 0 \\ 0 & 0 & 0 & 1 \end{pmatrix} \begin{pmatrix} 1 & 1 & 1 \\ -1 & 0 & 0 \\ 0 & -1 & 0 \\ 0 & 0 & -1 \end{pmatrix}$$

$$= \begin{pmatrix} \lambda_{11}+\lambda_{22}-2\lambda_{12} & \cdots \\ \cdots & \ddots \end{pmatrix} \tag{4.19}$$

我们需要求三元正态分布概率：

$$\text{Prob（选项 1 被选中）} = \int_{V_2-V_1}^{\infty} \int_{V_3-V_1}^{\infty} \int_{V_4-V_1}^{\infty} \phi_3(w_1, w_2, w_3 \mid \Sigma_{[1]}) dw_3 dw_2 dw_1 \tag{4.20}$$

其中，$\phi_3(\cdots)$ 表示均值为零、协方差矩阵为 $\Sigma_{[1]}$ 的三元正态分布。实践中的计算障碍在于三元正态分布积分的计算没有可以使用的函数。20 世纪 90 年代出现的 GHK 模拟法是一种使用蒙特卡罗模拟法近似计算这些积分的方法。这种计算只是一种近似，即使使用现代技术设备，也非常耗时。第 5 章将详细考察基于模拟的计算以及 GHK 模拟法。

## □ 4.4.2　基于多元极值分布的 logit 模型

logit 模型是最常见的离散选择模型。logit 模型背后的假设是未观测效应服从多元广义极值（generalized

extreme value，GEV）分布。GEV 分布是一个复杂且非常灵活的分布，它用三个参数来描述形状和潜在属性。根据这些参数的取值，GEV 分布可以退化为其他几种分布，例如耿贝尔分布、弗雷歇分布、威布分布（或者分别称为 GEV1 型、GEV2 型、GEV3 型分布）。logit 模型的具体假设为未观测效应是从 GEV1 型分布抽出的，该分布通常简称为 EV1 分布。由于模型基于一组 EV1 变量，因此属于多元极值模型。

尽管 GEV1 型概率密度函数与多元正态分布存在很大区别，但在表面上，这两种分布看起来有些相像。二者的区别在于分布的尾部，即涉及极值的部分。与正态分布不同，GEV1 型是偏态的。标准分布的偏态系数为＋1.139 56，而对称正态分布的偏态系数为零。GEV1 型分布的尾部比正态分布瘦——GEV1 型分布的峰度值为 2.4，而正态分布的峰度值为 3.0。

在详细讨论 GEV1 型分布之前，有必要先讨论 logit 模型的标准化。这是因为 GEV1 型分布的属性是模型标准化过程的函数。logit 模型要求的识别限制条件类型与 probit 模型相同，为了估计参数，必须设定效用的水平和尺度。然而，在如何保证模型的识别方法层面上，logit 模型与 probit 模型不同。

效用函数为

$$U_{nsj}^* = V_{nsj}^* + \varepsilon_{nsj}^* \tag{4.21}$$

令选项 $j$ 的未观测效应的方差为 $\mathrm{Var}(\varepsilon_{nsj}^*) = \sigma_j^2$。对于非标准化的 GEV1 型分布，这个值等于 $\pi^2/(6\lambda_j^2)$，其中 $\lambda_j$ 是 4.2 节介绍过的尺度参数。与以前一样，由于研究者只能看到选项的排序，看不到实际效用，因此有必要将效用函数的大小标准化——我们没有用来估计未知尺度参数的信息。我们的标准化方法是将效用乘以 $\lambda_j$：

$$U_{nsj} = \lambda_j V_{nsj} + \varepsilon_{nsj} \tag{4.22}$$

在式（4.22）中，当标准化 GEV1 型随机变量没有单独的尺度参数（即尺度参数等于 1）时，其方差等于 $\pi^2/6$。因此，$\mathrm{Var}(\lambda_j \varepsilon_{nsj}^*) = \pi^2/6$。比较一下，在标准 probit 模型中，标准随机效应的方差为 $\mathrm{Var}(\varepsilon_{nsj}) = 1$。标准 GEV1 型变量的均值非零，$\mathrm{E}(\varepsilon_{nsj}) = 0.577\,21$（常数 0.577 21 是欧拉-马歇罗尼常数，$\gamma = -\Gamma'(1)$）。

logit 模型通常假设所有选项 $j$ 的未观测效应的方差相同。继续使用前文的符号，其中 $\boldsymbol{\varepsilon}_{ns}^* = \langle \varepsilon_{ns1}^*, \cdots, \varepsilon_{nsJ}^* \rangle$ 表示由未观测效应组成的向量。假设 $J=5$，我们可以将式（4.22）写为式（4.23）：

$$\varepsilon_{nsj} \sim GEV1\left(\begin{pmatrix} 0.577\,21/\lambda_1 \\ 0.577\,21/\lambda_2 \\ 0.577\,21/\lambda_3 \\ 0.577\,21/\lambda_4 \\ 0.577\,21/\lambda_5 \end{pmatrix}, \begin{pmatrix} \sigma_{11} & \sigma_{12} & \sigma_{13} & \sigma_{14} & \sigma_{15} \\ \sigma_{12} & \sigma_{22} & \sigma_{23} & \sigma_{24} & \sigma_{25} \\ \sigma_{13} & \sigma_{23} & \sigma_{33} & \sigma_{34} & \sigma_{35} \\ \sigma_{14} & \sigma_{24} & \sigma_{34} & \sigma_{44} & \sigma_{45} \\ \sigma_{15} & \sigma_{25} & \sigma_{35} & \sigma_{45} & \sigma_{55} \end{pmatrix}\right) \tag{4.23}$$

图 4.2 画出了选项为 2 时的 GEV1 型分布，其中 $\lambda_j = 1, \forall j$。注意，我们现在认识到，在纳入下标 $j$ 时，不同选项有不同的尺度参数。

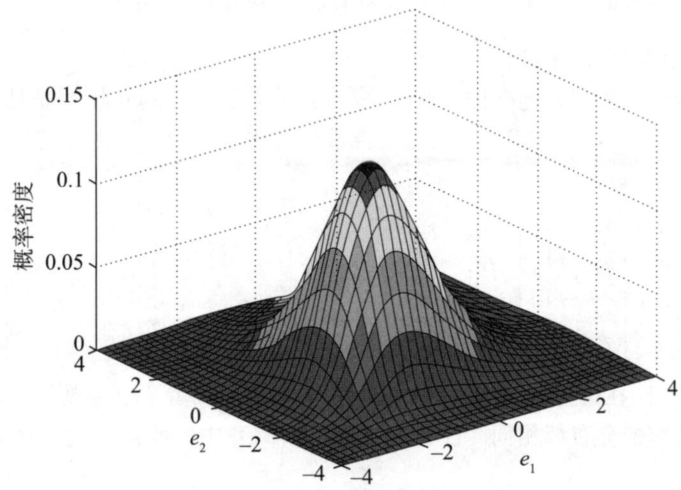


**图 4.2　两个选项时的 GEV 分布**

4　各种离散选择模型

为了估计参数，logit 模型要求对水平和尺度标准化，这些要求与 probit 模型相同。然而，在保证模型的识别角度上，二者的方法不同。尽管 logit 模型有多种（例如多项 logit、嵌套 logit、混合多项 logit），但这些模型都假设所有选项 $j$ 的未观测效应的方差相同。这个假设要求对 $\sigma_j^2$ 进行标准化。

**【题外话】**

由于真正重要的是效用之差（而不是绝对效用值），因此 GEV1 型分布的均值不为零这个事实并不重要。对于任何一对选项 $i$ 和 $j$，假设 $\lambda_j=\lambda_i$，它们的差将为零。然而，正如图 4.3 所示，分布显然取决于尺度参数。图 4.3 画出了三个不同 $\sigma_j^2$ 值情形下的单变量（univariate）EV1 型分布的概率密度函数。

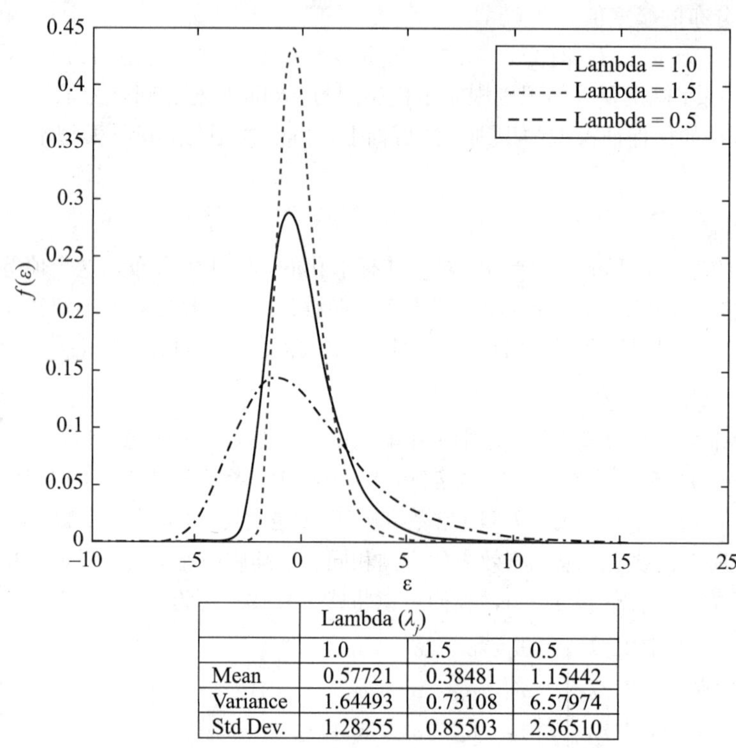


| | Lambda ($\lambda_j$) | | |
|---|---|---|---|
| | 1.0 | 1.5 | 0.5 |
| Mean | 0.57721 | 0.38481 | 1.15442 |
| Variance | 1.64493 | 0.73108 | 6.57974 |
| Std Dev. | 1.28255 | 0.85503 | 2.56510 |

**图 4.3　不同尺度假设下的 EV1 分布**

为了使各个选项的未观测效应的方差相同，还需要进一步标准化。由于 $\text{Var}(\varepsilon_{nsj}^*)=\pi^2/(6\lambda_j^2)$，为了使所有选项的未观测效应的方差相等，还必须使所有选项的 $\lambda_j$ 相等。尽管我们可以为 $\lambda_j$ 选择任何值，但通常令 $\lambda_j=1$ 使得 $\text{Var}(\varepsilon_{nsj})=\frac{\pi^2}{6}=1.644\,9$，这等价于在式（4.23）中 $\sigma_{11}=\sigma_{22}=\cdots=\sigma_{55}$。注意，这意味着未观测效应方差的标准化等价于效用尺度的标准化。

研究者还可以进一步施加限制或标准化，这取决于待估计的具体 logit 模型是什么样的。最简单的 logit 模型即多项 logit（multinomial logit，MNL）模型，要求所有协方差为零，使得式（4.23）变为

$$\varepsilon_{nsj}^* \sim IIDEV1\left(\begin{pmatrix}0.577\,21\\0.577\,21\\0.577\,21\\0.577\,21\\0.577\,21\end{pmatrix},\begin{pmatrix}\pi^2/6&0&0&0&0\\0&\pi^2/6&0&0&0\\0&0&\pi^2/6&0&0\\0&0&0&\pi^2/6&0\\0&0&0&0&\pi^2/6\end{pmatrix}\right) \tag{4.24}$$

IID 指随机变量独立同分布。在这里，“独立”意味着协方差为零或者 $j$ 个未观测效应之间的协相关系数为零，而“同”指未观测效应的分布都相同。注意，在式（4.24）中，我们还使用了术语 EV1 而不是 GEV，这个做法与文献一致。

式（4.20）中多项 probit 概率的计算比较复杂，这要求使用蒙特卡罗模拟法进行近似计算。式（4.10）

涉及的需要使用近似计算法计算的积分是“开放形式”的计算。相反，多项 logit 模型（MNL）的概率比较简单，可以“封闭形式”计算。很多文献［例如 Trian（2009）］说明，对于 MNL 模型：

$$\text{Prob}(\text{选项 } j \text{ 被选中}) = \frac{\exp(V_{nsj})}{\sum_{j=1}^{J}\exp(V_{nsj})}, j = 1, \cdots, J \tag{4.25}$$

假设效用函数本身很简单，式（4.25）中概率的计算也比较简单，直接将相关数值代入公式即可，不涉及近似计算。这是 logit 模型受欢迎的原因之一。然而，需要指出，随着软件更新和计算速度加快，logit 模型的这个优势已不那么明显了。

### □ 4.4.3 probit 与 logit

在估计任何离散选择模型时，由于研究者只能比较效用而且他们无法获知关于效用函数尺度的信息，因此，为了识别模型，需要将效用水平和尺度标准化。（“识别”的意思是说使模型能够用观测数据进行估计。）正如我们已经看到的，logit 模型和 probit 模型的尺度和效用水平的标准化过程及其差异，影响研究者对这两种模型的解释。对于 logit 模型，未观测效应的方差被标准化为 1.0，使得尺度参数等于 $\lambda = \sqrt{\pi^2/6} = \sqrt{1.6449}$。这意味着 logit 模型的可观测成分正好比等价的 probit 模型（其中尺度参数被标准化为 1）大 $\sqrt{\pi^2/6}$。这使得在估计效用函数的“系数”时，它们变得“可见”。一般来说，probit 模型和 logit 模型并不代表它们的效用结构基本不同。由于边际效用仅受尺度影响，一般来说，在大多数场合下，当模型用 probit 模型和 logit 模型估计时，logit 模型的系数大致比 probit 模型的大 1.3～1.5 倍。

## 4.5 基本 logit 模型的扩展

具有常方差和零协方差的 logit（MNL）模型是一种比较受限制的形式。在这方面，probit 模型比较受欢迎。然而，probit 模型形式比较复杂，它的估计也很复杂。因此，对于大多数扩展来说，logit 形式是一个合适的起点。

选择行为分析通常被描述为一种解释个体行为差异的方法。因此，模型发展的一个主要方向在于探索可观测效应和未观测效应的方差或异质性的来源。

近期文献主要集中于探讨不同选择情景下，在识别效用方差时，如何处理尺度。这称为尺度异质性(scale heterogeneity)。尺度异质性是一个古老问题（Hensher et al.，1999；Louviere，2000），但在最近几年，研究者才致力于发展 logit 模型在响应水平上的估计能力。例如，Fiebig et al.（2010）将 Louviere 及其同事（1999，2002，2006，2008）的系列研究形式化，他们发现这种重要的差异来源被忽略了，因为研究者过于强调显示性偏好的异质性（对应于混合 logit 模型）。Breffle 和 Morey（2000）以及 Hess et al.（2010）也做出了贡献。

尽管我们尚不知道尺度在实证研究中的意义，以及偏好和尺度异质性在多大程度上是独立的或成比例的。然而，我们知道在设定模型时，应该考虑到导致可观测属性相关的异质性（包括尺度异质性和偏好异质性）来源（Train and Weeks，2005）。

在考察尺度异质性的可能作用时，我们需要估计能同时容纳偏好异质性（preference heterogeneity）和尺度异质性的模型。这些模型包括基本 MNL 模型、标准混合 logit 模型（伴随随机参数）、能容纳尺度异质性的扩展 MNL 模型、广义混合 logit（generalized mixed logit）模型。在广义混合 logit 模型中，随机参数用于解释偏好异质性，与随机成分相伴的方差条件变化称为尺度异质性。

我们决定不在此处介绍伴随非线性效用函数的混合 logit 模型，而将其放在第 20 章。这种模型与标准线性参数随机效用模型不同。在线性参数随机效用模型中，效用函数定义在个体 $n$ 在选择情景 $s$ 下的 $J_{ns}$ 个选择上：$W(n, s, m) = U(n, s, m) + \varepsilon_{nsm}$，$m = 1, \cdots, J_{ns}$；$s = 1, \cdots, S_i$；$n = 1, \cdots, N$。其中随机项 $\varepsilon_{nsm}$ 服从独立同分布（IID）的 EV1 型分布。对于未知参数为非线性的效用函数，即使参数非随机，也都基于扩展的混合多项 logit（MMNL）结构，本章以及第 15 章将简要介绍。

### □ 4.5.1 异方差性

正如我们在前文指出的，我们无法根据观察数据获知效用函数的尺度。然而，我们可以确定相对尺度。例如式（4.15）。在将其中一个尺度因子标准化为 1 之后，我们可以将 logit 模型设定为

$$\varepsilon_{nsj}^{*} \sim EV1\left(\begin{pmatrix}0.57721\\0.57721\\0.57721\\0.57721\\0.57721\end{pmatrix}, \begin{pmatrix}\theta_1^2\pi^2/6 & 0 & 0 & 0 & 0\\ 0 & \theta_2^2\pi^2/6 & 0 & 0 & 0\\ 0 & 0 & \theta_3^2\pi^2/6 & 0 & 0\\ 0 & 0 & 0 & \theta_4^2\pi^2/6 & 0\\ 0 & 0 & 0 & 0 & \pi^2/6\end{pmatrix}\right) \tag{4.26}$$

注意，我们不再说随机项为独立同分布的（IID）——它们仍然独立，但不是同分布的。这里的标准化为 $\theta_5=1$。式（4.26）中的异方差性的设定是关于效用函数组的。所有个体仍用相同的尺度因子进行特征化。在第 15 章考察的模型中，个体的特征（例如年龄、教育、收入和性别）也会影响效用的尺度。对于当前目的来说，我们的扩展类似式（4.27）：

$$\text{Var}[\varepsilon_{nsj}] = (\theta_j^2\pi^2/6)\exp(\gamma' w_n) \tag{4.27}$$

其中，$\theta_j$ 的含义与式（4.26）中的一样，$w_n$ 代表个体的特征，$\gamma$ 为待估参数。对于式（4.27），我们有两类尺度异质性：效用函数之间的，以及个体之间的。

一些学者使用所谓异质性的 MNL（Heteroskedastic MNL，HMNL）模型来考察与尺度异质性相关的议题（Dellaert et al.，1998；Hensher et al.，1999，2013；Louviere et al.，2000；Swait and Adamowicz，2001a，2001b；Swait and Louviere，1993）。在 HMNL 模型下，效用被设定为

$$U_{nsj} = \left(1+\sum_{q}^{Q}\delta_q w_{nq}\right)\sum_{k=1}^{K}\beta_k x_{nsjk} + \varepsilon_{nsj} \tag{4.28}$$

其中，$\delta_q$ 是一个与协变量 $w_q$（一共有 $Q$ 个协变量）相伴的参数。注意，式（4.28）的括号内有一个 1；如果 $\sum_{q}^{Q}\delta_q w_q$ 以线性形式进入（本式就是如此），那么这个 1 是必需的，因此如果 $\delta_q$ 等于零，我们就返回到了未经尺度调整的模型，而不是返回到零（没有模型）。［参见例如 Dellaert et al.（1998）。］Swait 和 Adamowicz（2001a，2001b）对乘性尺度采用了类似式（4.27）的指数形式，因此可以去掉 1。注意，在式（4.27）中，尺度被限定为正，因为它对 $\sum_{q}^{Q}\delta_q w_q$ 取指数形式，在这种情形下，不再需要 1。

在这个模型中，与每个属性 $x$ 相伴的参数都是固定参数，而尺度参数是可观测变量的函数。Dellaert et al.（1999）将尺度参数视为关于属性水平差异以及属性水平的函数；Swait 和 Adamowicz（2001）将尺度参数视为熵的函数，这是为了模拟任务复杂性以及响应者努力程度的影响。Hensher et al.（2013）将尺度参数视为选项可感知接受性以及个体报告的属性可接受性的门限水平的函数。

Swait 和 Adamowicz（2001a，2001b）注意到 HMNL 模型也有“平移和旋转不变性特征”，这一点与 MNL 模型类似；然而与 MNL 模型不同的是，HMNL 模型没有“不相关选项的独立性（independence of irrelevant alternatives，IIA）性质”，因为尺度参数被视为客观可观测特征的函数。DeShazo 和 Fermo（2002）以及 Hensher et al.（2005）将尺度参数视为选择复杂性的各种衡量以及影响认知努力的其他因素的函数（参见下文以及 14.8 节）。其他方法则使用社会经济特征来模拟方差，这些特征代表个体应对认知努力的能力，例如熟悉市场中的类似选择任务或教育水平［例如，Scarpa et al.（2008）］。

### □ 4.5.2 乘积误差模型

Fosgerau 和 Bierlaire（2009）构建了一种离散选择模型，使得它也能容纳误差方差差异或尺度差异。他

们假设效用的可观测部分和未观测部分不是线性加性关系，而是乘性关系，使得个体 $n$ 在选择情景 $s$ 下对选项 $j$ 的效用变为

$$U_{nsj}=V_{nsj}\varepsilon_{nsj} \tag{4.29}$$

假设 $V_{nsj}$ 和 $\varepsilon_{nsj}$ 都为正，Fosgerau 和 Bierlaire（2009）注意到，可以取 $V_{nsj}$ 和 $\varepsilon_{nsj}$ 的对数而又不影响选择概率，这样变形后的模型等价于加法模型，其中 $V_{nsj}$ 变为 $\ln(V_{nsj})$。假设 $V_{nsj}<0$ 以及 $\varepsilon_{nsj}>0$，式（4.29）可以等价地写为

$$U_{nsj}^{*}=-\ln(-V_{nsj})-\ln\varepsilon_{nsj} \tag{4.30}$$

假设 $-\ln\varepsilon_{nsj}=\xi_{nsj}/\sigma_n$，式（4.30）变为

$$U_{nsj}^{*}=-\ln(-V_{nsj})+\xi_{nsj}/\sigma_n=-\sigma_n\ln(-V_{nsj})+\xi_{nsj} \tag{4.31}$$

假设 $\varepsilon_{nsj}$ 服从极端值分布，那么这个新模型误差项的 CDF 为

$$F(\varepsilon)=\exp(-\sigma\varepsilon) \tag{4.32}$$

这是指数分布的推广。这与 logit 模型假设的 CDF 不同，因此，乘积误差（multiplicative errors，ME）模型不属于 logit 模型族。然而，在估计式（4.29）时，Fosgerau 和 Bierlaire（2009）假设 $\varepsilon_{nsj}$ 服从 EV1 分布。这种形式可以使用 Nlogit 软件中的非线性模型进行估计，参见第 20 章。

## 4.6 嵌套 logit 模型

文献中最常见的能容纳尺度异质性的模型是嵌套 logit（NL）模型。NL 模型通常为层级树状结构，这个结构将享有相同尺度或误差方差的选项联系在一起。模型的每个枝（branch）或嵌套在“大树”中位于基本选项（elemental alternatives）的上方，这些基本选项有自己的效用以及尺度。对于模型的每个层面（经过一定标准化之后），NL 模型允许尺度的（部分）参数化。模型中的尺度参数与和这个枝或嵌套相连的共同选项组的误差方差（协方差）逆相关，而且与这些选项的效用是乘性关系。第 14 章将介绍 NL 模型的估计。

**【题外话】**

从设计目的上看，NL 树状结构能容纳选项（包括选项的退化枝）之间的误差方差（包括相关选项）差异，因此，不应该视为决策树。

在树状结构中，令 $\lambda_b$ 表示最高树枝层面的尺度参数，$\mu_{(j|b)}$ 代表基本选项层面上的尺度。对于嵌套在较低层面树枝 $b$ 的选项，它的效用为

$$U_{nsj}=\mu_{(j|b)}\sum_{k=1}^{K}\beta_k x_{nsjk}+\varepsilon_{nsj} \tag{4.33}$$

其中，$\mu_{(j|b)}=\dfrac{\pi^2}{6\mathrm{Var}(\varepsilon_{nsj|b})}$。

根据式（4.33），尺度和误差方差对效用的影响一目了然。当误差方差增加时，$\mu_{(j|b)}$ 的值降低，因此效用的可观测部分将降低。类似地，当误差方差降低时，$\mu_{(j|b)}$ 的值增加，因此效用的可观测部分将增加。

树状结构上层的效用与嵌套于下层树枝选项的效用连接，使得：

$$\lambda_b\left(\frac{1}{\mu_{(j|b)}}\log\left(\sum\nolimits_{b\in j}\exp(\mu_{(j|b)}V_{nsj|b})\right)\right) \tag{4.34}$$

其中，$\mu_{(j|b)}=\dfrac{\pi^2}{6\mathrm{Var}(\varepsilon_b)}$ 代表上层树枝层面的尺度。

NL 模型通常过度参数化；为了模型的识别，它要求将一个或多个参数标准化。NL 模型通常将一个或多个树枝的 $\mu_{(j|b)}$ 或 $\lambda_b$ 标准化为 1。将 $\mu_{(j|b)}$ 标准化为 1，由此得到的模型称作标准化为随机效用 1 型（RU1）模型，而将 $\lambda_b$ 标准化为 1 得到随机效用 2 型（RU2）模型［例如参见 Carrasco 和 Ortúzar（2002），Hensher 和 Greene（2002）］。在这两种情形下，实际被估计的都是 $\lambda_b$ 或 $\dfrac{1}{\mu_{(j|b)}}$，而不是分别估计 $\mu_{(j|b)}$ 和 $\lambda_b$。被估参数

通常称为内含值（inclusive value）或 IV 型参数。在第 14 章，我们将使用 RU2 型设定，这是因为学者对应将上层还是下层树枝标准化存在争议［参见 Ortúzar 和 Willumsen（2011），241-8］。

NL 模型除了允许各选项子集有不同尺度之外，还导致位于同一树枝的各个选项之间存在相关关系（Ben-Akiva and Lerma，1985）。位于树枝 $b$ 上的选项 $i$ 和选项 $j$ 之间的相关结构为

$$corr(U_{j\mid b},U_{i\mid b})=1-\frac{\lambda_b}{\mu_{(j\mid b)}} \tag{4.35}$$

为了看清各个树枝层面包含的尺度之间的联系，最好考察 NL 模型产生的选择概率。这些概率可用式（4.36）计算：

$$\begin{aligned}P_{nsj}&=P_{nsj\mid b}\cdot P_{nbs}\\&=\frac{\exp(\mu_{(j\mid b)}V_{nsj\mid b})}{\sum_{i\in J_b}(\mu_{(i\mid b)}V_{nsi\mid b})}\cdot\frac{\exp\left(\frac{\lambda_b}{\mu_{(j\mid b)}}\log\left(\sum_{b\in J_b}\exp(\mu_{(j\mid b)}V_{nsj\mid b})\right)\right)}{\sum_{b=1}^{B}\exp\left(\frac{\lambda_b}{\mu_{(i\mid b)}}\log\left(\sum_{i\in J_b}\exp(\mu_{(i\mid b)}V_{nsi\mid b})\right)\right)}\end{aligned} \tag{4.36}$$

其中，$P_{nsj\mid b}$ 是在选项 $j$ 属于树枝 $b$ 的条件下，个体 $n$ 在选择情景 $s$ 下选中选项 $j$ 的条件概率；$P_{nbs}$ 是个体 $n$ 选择树枝 $b$ 的概率。

在估计模型时，$E(P_{nsj})$ 用式（4.36）给出的概率替换。因此，模型没有面板设定等价版本。

### □ 4.6.1 相关与嵌套 logit 模型

如果模型的协方差矩阵没有任何限制，那么模型是不可估计的。然而，我们已经看到，在施加一定限制之后，我们可以扩展基本模型。因此，在式（4.26）中，零协方差以及 $\theta_5$ 标准化为 1 的假设能让我们估计四个相对方差。注意，式（4.26）中的模型被“过度识别”了。有些限制不是必需的。事实上，对于 probit 模型，只要给出效用之间的一些协方差，我们就能估计模型。这也适用于 logit 模型。例如，在式（4.37）的结构中有两个协方差参数，它们允许两组选项相关：

$$\varepsilon_{nsj}^{*}\sim EV1\left(\begin{pmatrix}0.577\,21\\0.577\,21\\0.577\,21\\0.577\,21\\0.577\,21\end{pmatrix},\begin{pmatrix}\sigma^2&\sigma_a&\sigma_a&0&0\\\sigma_a&\sigma^2&\sigma_a&0&0\\\sigma_a&\sigma_a&\sigma^2&0&0\\0&0&0&\sigma^2&\sigma_b\\0&0&0&\sigma_b&\sigma^2\end{pmatrix}\right) \tag{4.37}$$

式（4.37）的结构产生了“嵌套 logit 模型”。举个例子，考虑交通方式的选择问题，有五个选项（公共汽车、火车、轻轨）以及（小汽车且作为乘客、小汽车且作为司机）。这五个选项被分为两组。这个选择过程类似于下列树状结构：

| | | |
|---|---|---|
| 交通方式 | ———— 公共 ———— | 公共汽车<br>火车<br>轻轨 |
| | ———— 私人 ———— | 小汽车/作为乘客<br>小汽车/作为司机 |

类似于式（4.37）的选择模型可能有这样的安排。

### □ 4.6.2 协方差异质 logit 模型

协方差异质 logit（covariance heterogeneity logit，CHL）模型通过允许内含值参数的分解（参见 14.8 节）扩展了 NL 模型。CHL 模型将尺度参数视为协变量的函数，如式（4.38）所示，其中 $\delta_q$ 和 $w_q$ 的定义与式（4.28）相同。

$$\mu^*_{(j\mid b)} = \mu_{(j\mid b)} \times e^{\sum_{q=1}^{Q}\delta_q w_q} \tag{4.38}$$

在 CHL 模型中，式（4.36）中的尺度参数被替换为式（4.38），而取指数 $\sum_{q=1}^{Q}\delta_q w_q$ 保证了尺度仍是正的。

## 4.7 混合（随机参数）logit 模型

混合 logit 模型与多项 logit 模型的区别在于前者假设至少有一些参数是随机的，它们服从一定的概率分布，如式（4.4）所示。这些随机参数被假设为在抽样总体上连续。这种模型形式有多个名字，例如混合 logit、随机参数 logit、核（kernel）logit、混合多项 logit（MMNL）。因此，MMNL 模型的选择概率现在取决于研究者定义的随机参数及其服从的分布。式（4.39）给出了 MMNL 模型的一般形式：

$$\text{Prob}(choice_{ns}=j\mid \boldsymbol{x}_{nsj},\boldsymbol{z}_n,\boldsymbol{v}_n)=\frac{\exp(V_{nsj})}{\sum_{j=1}^{J_n}\exp(V_{nsj})} \tag{4.39}$$

其中，$V_{nsj}=\beta'_n x_{nsj}$；$\beta_n=\beta+\Delta z_n+\Gamma v_n$；$x_{nsj}$=个体 $n$ 在选择情景 $s$ 下面对的选项 $j$ 的 $K$ 个属性；$z_n$=个体 $n$ 的能影响偏好参数均值的 $M$ 个特征；$v_n$=由 $K$ 个随机变量组成的向量，这些变量的均值为零、方差已知（通常为单位方差）、协方差为零。

多项选择模型体现了个体 $n$ 偏好的可观测成分参数的异质性，也体现了未观测成分参数的异质性。可观测异质性反映在项 $\Delta z_n$ 中，而未观测异质性体现在 $\Gamma v_n$ 中。待估结构参数为常向量 $\beta$、参数 $\Delta$ 的 $K\times M$ 矩阵、下三角乔利斯基（Cholesky）矩阵 $\Gamma$ 的非零元素。

一些有趣的特殊情形涉及对模型的简单修正。在 $\Gamma$ 中，具体非随机参数被设定为若干行零元素。如果 $\Delta=0$ 而且 $\Gamma$ 为对角矩阵，我们就得到了纯随机参数 MNL 模型。如果 $\Delta=0$ 而且 $\Gamma=0$，我们就得到了基本多项 logit 模型。①

随机参数分布上的期望概率可以写为

$$E(P_n^*)=\int_\beta P_n^*(\beta)f(\beta\mid\Omega)\mathrm{d}\beta \tag{4.40}$$

其中，$f(\beta\mid\Omega)$ 是给定分布参数 $\theta$ 时，$\beta$ 的概率密度函数。在将 $\beta$ 变换使得多元分布变为半参数之后，我们可以将式（4.40）写为

$$E(P_n^*)=\int_z P_n^*(\beta(z\mid\Omega)\phi(z))dz \tag{4.41}$$

其中，$\beta(z\mid\Omega)$ 是一个关于 $z$ 和参数 $\Omega$ 的函数，$\phi(z)$ 是 $z$ 的多元非参数分布。研究者通常使用几个（独立的）一元分布而不是使用一个多元分布②，将（4.41）改写为

$$E(P_n^*)=\int_{z_1}\cdots\int_{z_k} P_n^*(\beta_1(z_1\mid\theta_1),\cdots,\beta_K(z_K\mid\theta_K))\phi_1(z_1)\cdots\phi_K(z_K)dz_1\cdots dz_K \tag{4.42}$$

对每个参数独立设定一元分布的做法，其好处在于不同分布能够容易地混合。例如，如果 $\beta_1\sim N(\mu,\sigma)$，$\beta_2\sim U(a,b)$，那么 $E(P_n^*)$ 可以写为

$$E(P_n^*)=\int_{z_1}\int_{z_2} P_n^*(\beta_1(z_1\mid\mu,\sigma),\beta_2(z_2\mid a,b))\phi_1(z_1)\phi_2(z_2)dz_1dz_2 \tag{4.43}$$

其中，$\beta_1(z_1\mid\mu,\sigma)=\mu+\sigma z_1$，这里 $z_1\sim N(0,1)$ 服从标准正态分布；$\beta_2(z_2\mid a,b)=a+(b-a)z_2$，这里 $z_2\sim U(0,1)$ 服从标准均匀分布。当然，我们也可以使用其他分布，例如对数正态分布，此时需要使用变换 $\beta(z\mid\mu,\sigma)=e^{\mu}e^{\sigma z}$，其中 $z\sim N(0,1)$。注意，固定不变的参数是随机参数的特殊情形，即使仅有部分参数为

① 然而，凭借与个体具体特征的相互作用项，我们可以纳入确定性的偏好异质性。

② 注意，如果你不喜欢假设若干个独立随机变量，那么你可以直接从多元分布中抽样。在多元正态分布的情形下，这可能通过乔利斯基分解而实现［例如参见 Greene (2002)］。

随机的，所有等式也都成立。对于固定参数 $\beta_k$，我们只要取 $\beta_k(z_k|\mu_k)=\mu_k$，$\phi_k(z)=1$ 即可。

第 15 章将讨论一些分布假设，建立 MMNL 模型，使得这种模型能够容纳随机参数均值的异质性、随机参数的异方差性以及方差的异质性，并且能够识别相关随机参数。

## □ 4.7.1 截面和面板混合多项 logit 模型

MMNL 模型可用截面（cross-section）数据集估计，也可用面板（panel）数据集估计。陈述性选择数据就是一种面板数据（参见第 6 章）：研究者向个体提供一系列选择集，让他从每个选择集中选择一个选项。这种数据通常称为“即时面板”，它导致同一个个体的观测点之间（可能）相关。

截面 MMNL 模型的对数似然（log-likelihood，LL）函数适用的选择观察点独立的假设与 MNL 模型相同。然而，MMNL 模型与 MNL 模型的区别在于，MNL 模型的选择概率应为期望选择概率，参见式（4.40）。使用相同的数学规则推导 MNL 模型的 LL 函数，并且注意由于独立性 $E(P_1P_2)=E(P_1)E(P_2)$，截面 MMNL 模型的 LL 函数可以表示为

$$\log E(L_N)=\sum_{n=1}^{N}\sum_{s\in S_n}\sum_{j\in J_{ns}}y_{nsj}\log E(P_{nsj}) \tag{4.44}$$

面板 MMNL 模型的 LL 函数的推导与截面 MMNL 模型的 LL 函数的推导不同，也与 MNL 模型的 LL 函数的推导不同，因为同一个体的观察点不再被假设为彼此独立（尽管仍要求不同个体的独立性）。在数学上，这意味着 $E(P_1P_2)\neq E(P_1)E(P_2)$，因此 MMNL 模型的 LL 函数可以表示为

$$\log E(L_N)=\sum_{n=1}^{N}\log E\Big(\prod_{s\in S_n}\prod_{j\in J_{ns}}(P_{nsj})^{y_{nsj}}\Big) \tag{4.45}$$

或

$$\log(L_N)=\sum_{n=1}^{N}\log E(P_n^*) \tag{4.46}$$

## □ 4.7.2 误差成分模型

我们也可以估计式（4.4）的选项设定，从而得到效用异方差性解释。这种方法通常称为误差成分（error components，EC）模型（15.8 节将详细讨论）。误差成分模型是一种能考虑选项之间多种替代模式（substitution patterns）的优美方法，在这一点上，它优于广义极值模型，例如前文和第 14 章介绍的嵌套和交叉嵌套 logit 模型（Brownstone and Train，1999）。

给定选项，如果它们的效用有一定的协方差误差成分，这通常是均值为零的随机正态分布，其标准差待估。因此，误差成分的估计要求对于一定的选项子集，$x$ 取值 1；对于其他子集，$x$ 取值 0。也就是说，EC 模型不是使用不同属性或其他类似变量，而是使用一系列虚拟变量把选项子集置入不同“树枝”或“嵌套”。因此，EC 模型的协方差结构要比 NL 模型的协方差结构复杂，因为它在不同选项之间构造了复杂的协方差结构。去掉下标 $s$ 之后，EC 模型变为

$$U_{nsj}=\sum_{k=1}^{K}\beta_k x_{nsjk}\pm\sum_{l=1}^{L}\eta_l z_{lns}d_{lb}+\varepsilon_{nsj} \tag{4.47}$$

其中

$$d_{lb}=\begin{cases}1, & \text{若 } j \text{ 在嵌套 } b \text{ 中}\\ 0, & \text{其他}\end{cases}$$

因此，EC 的解释涉及与它们相伴的特定选项而不是属性，这一点与更传统的随机偏好模型不同。每个待估的 EC 代表那些选项的剩余随机误差方差；通过估计不同选项子集的不同 EC，我们可以估计各种选项的误差方差的复杂的相关结构。事实上，模型的 EC 导致了选项的特殊协方差结构，因此意味着放松了 IID 假设，而大多数 logit 模型通常要求这个假设。

协方差结构如式（4.48）所示：

$$\begin{aligned}\mathrm{Cov}(U_{nsi},U_{nsj}) &= E(\eta_i z_{nsi} d_{bi}+\varepsilon_{nsi})'(\eta_j z_{nsj} d_{bj}+\varepsilon_{nsj})\\ &= \begin{cases} v_b\text{，若选项 } i \text{ 在嵌套 } b \text{ 中}\\ 0\text{，其他}\end{cases}\end{aligned} \tag{4.48}$$

嵌套 $b$ 中的每个选项的方差等于：

$$\mathrm{Var}(U_{nsj}) = E(\eta_j z_{nsj} d_{bj}+\varepsilon_{nsj})^2 = v_b+\pi^2/6\sigma_n^2 \tag{4.49}$$

EC 模型模式可以包含在随机参数 logit 模型中，也可以与固定参数联用。另外，我们也可以考察哪些因素影响与每个误差成分相伴的方差参数的平均估计值（参见 15.8 节）。进一步的讨论可参见 Greene 和 Hensher（2007）。

## 4.8 广义混合 logit

一些文献，例如 Train（2003，2009）、Hensher 和 Greene（2003）、Greene（2007）等，发展了基于混合 logit 模型设定的广义混合 logit 模型；另外一些文献，例如 Fiebig et al.（2010）、Greene 和 Hensher（2010b）提出了“广义多项 logit 模型”。

越来越多的文献报告说，混合 logit 模型和多项选择模型一般不能充分解释尺度异质性（Feibig et al.，2010；Keane，2006）。不同选择之间的尺度异质性容易纳入伴随随机特定选项常数的模型。与以前一样，我们将可观测和未观测的异质性一起纳入模型。

合适的起点是标准混合多项 logit 模型式（4.39），此式可修改为（也可以参见 15.10 节）：

$$\beta_n = \sigma_n[\beta+\Delta z_n]+[\gamma+\sigma_n(1-\gamma)]\Gamma v_n \tag{4.50}$$

其中，$\sigma_n=\exp[\bar{\sigma}+\delta' h_n+\tau w_n]$，这是个体特定误差项的标准差；

$h_n$=个体 $n$ 的 $L$ 个特征组成的集合，它可能与 $z_n$ 重叠；

$\delta$=尺度项中可观测的异质性参数；

$w_n$ = 未观测的异质性，服从标准正态分布；

$\bar{\sigma}$ = 方差均值参数；

$\tau$ = 未观测的尺度异质性系数；

$\gamma$ = 权重参数，它指明剩余偏好异质性的方差如何随着尺度变化而变化，其中 $0\leqslant\gamma\leqslant 1$。

权重参数 $\gamma$ 对于广义模型极其重要。它控制着效用函数整体尺度 $\sigma_n$ 的相对重要性，这里的“相对”指相对于 $\Gamma$ 的对角线元素中的个体偏好权重尺度来说。注意，如果 $\sigma_n$ 等于 1（即 $\tau=0$），那么模型将不含 $\gamma$，这样，式（4.50）还原为式（4.39）中的基本情形随机参数模型。如果 $\sigma_n$ 等于 1，那么非零 $\gamma$ 的估计离不开 $\Gamma$。当 $\sigma_n$ 不等于 1 时，那么 $\gamma$ 将会把随机成分的影响散布在整体尺度和偏好权重尺度之间。除了原混合模型的有用特殊情形之外，这个模型也会出现一些有用的特殊情形。如果 $\gamma=0$，它就变成了尺度混合 logit 模型：

$$\beta_n = \sigma_n[\beta+\Delta z_n+\Gamma v_n] \tag{4.51}$$

在此基础上，如果还有 $\Gamma=0$ 和 $\Delta=0$，那么它进一步变成“尺度多项 logit”（SMNL）模型，如式（4.52）所示。这是一个 MNL 模型（即没有随机参数），而且其尺度可以随着样本变化而变化：

$$\beta_n = \sigma_n\beta \tag{4.52}$$

最完整的模型，也就是未加限制或做出修正的模型，是用最大模拟似然法估计的（参见第 5 章）。在估计模型时，Fiebig et al.（2010）注意到了两个问题。第一个问题是，$\sigma_n$ 中的参数 $\bar{\sigma}$ 不是与模型的其他参数分开识别。我们将假设方差异质性服从标准分布。暂时忽略可观测异质性（即 $\delta' h_n$），根据对数正态变量的期望值（expected value）的一般结果可知 $E[\sigma_n]=\exp(\bar{\sigma}+\tau^2/2)$。也就是说，$\sigma_n=\exp(\bar{\sigma})\exp(\tau w_n)$，其中 $w_n\sim N(0,1)$。因此，

$$E[\sigma_n]=\exp(\bar{\sigma})E[\exp(\tau w_n)]=\exp(\bar{\sigma})\exp\left(E[\tau w_n]+\frac{1}{2}\mathrm{Var}[\tau w_n]\right)=\exp(\bar{\sigma}+\tau^2/2)$$

由此可知，$\bar{\sigma}$ 与 $\tau$ 是一起而不是分开识别的，后者在模型其他地方未出现过，需要做某种形式的标准化。一种自然标准化是令 $\bar{\sigma}=0$。然而，更方便的方法是标准化 $\sigma_n$：令 $\bar{\sigma}=-\tau^2/2$ 而不是等于零，从而使得 $E[\sigma_n^2]=1$。

第二个问题涉及估计过程中 $\sigma_n$ 的变化。$\exp(-\tau^2/2+\tau w_n)$ 蕴含的对数正态分布能够产生极大的抽取，并且导致外溢以及估计量不稳定。因此，在 Nlogit 估计量中，我们将 $w_n$ 的标准正态分布在 $-1.96$ 和 $+1.96$ 处截断。Fiebig 等对随机抽取提出了接受/拒绝法，我们使用的方法与他们不同，我们使用一次抽取法，$w_{nr}=\Phi^{-1}[0.25+0.95U_{nr}]$，其中 $\Phi^{-1}(t)$ 是标准正态 CDF 的逆，$U_{nr}$ 是从标准均匀总体中的随机抽取。这种做法能维持随机抽取过程中估计量的平滑性。为了得到一次可取的抽取，接受/拒绝法平均要求抽取 1/0.95 次抽取，而逆概率法总是要求恰好一次。

最后，为了对 $\gamma$ 施加限制，我们对 $\gamma$ 再次参数化，将其表示为 $\alpha$ 的函数：$\gamma=\exp(\alpha)/[1+\exp(\alpha)]$，其中 $\alpha$ 无限制。类似地，为了保证 $\tau>0$，模型用 $\gamma$ 拟合，其中 $\tau=\exp(\lambda)$，且 $\lambda$ 无限制。在受限（restricted）版本的模型中，令 $\gamma=1$ 或 0 并且/或 $\tau=0$ 是合意的。研究者通常在估计过程中就施加这些限制，而不是像前面的研究一样使用参数的极值。因此，在估计过程中，研究者直接施加限制 $\gamma=0$，而不是令（例如）$\alpha=-10.0$ 或更大的值。参见 15.9 节，我们在那里将估计一些广义混合 logit 模型。

### □ 4.8.1 在支付意愿空间中估计模型

这个广义混合模型也提供了一种将模型再次参数化的直接方法，使得我们能在支付意愿（WTP）空间中估计偏好参数。与直接获得 WTP 的估计值方法相比，这种再参数化的方法近来受到欢迎。当效用函数有重要实证价值时，我们也可以再次设定效用函数，以估计 WTP 的值（Train and Weeks，2005；Fosgerau，2007；Scarpa et al.，2008；Sonnier et al.，2007；Hensher and Greene，2011）。在式（4.50）中，如果 $\gamma=0$，$\Delta=0$ 以及对应于成本变量 $\beta_c$ 的 $\beta$ 的元素被标准化为 1，而且将非零常数提取到括号之外，那么我们就得到了下列模型：

$$\beta_n=\sigma_n\beta_c\begin{bmatrix}1\\ \dfrac{1}{\beta_c}(\beta+\Gamma v_n)\end{bmatrix}=\sigma_n\beta_c\begin{bmatrix}1\\ \theta_c+\Gamma_c v_n\end{bmatrix} \tag{4.53}$$

在简单多项 logit 情形（$\sigma_n=1$，$\Gamma=0$）下，这是原模型参数的一对一变换。尽管参数是随机的，但变换不再那么简单。我们以及 Trian 和 Week（2005）发现，与使用参数之比计算 WTP 的原模型相比，这个转换后的模型对个人 WTP 的估计更合理（Hensher and Greene，2011）。①

假设效用对价格 $c_{nsj}$ 和其他非价格属性 $x_{nsjk}$ 可分，我们可以在 WTP 空间写出式（4.54）：

$$U_{nsj}=\sigma_n\left[c_{nsj}+\frac{1}{\beta_{nc}}\sum_{k=1}^{K}\beta_{nk}x_{nsjk}\right]+\varepsilon_{nsj}=\sigma_n c_{nsj}+\sigma_n\sum_{k=1}^{K}\theta_{nk}x_{nsjk}+\varepsilon_{nsj} \tag{4.54}$$

其中，价格参数已标准化为 1.0，$\theta_{nk}$ 表示对剩下的非价格属性 $x_{nsjk}$ 的 WTP 直接参数化。由式（4.54）可以看出，尺度在模型中也起重要作用。事实上，Scarpa et al.（2008）已指出了这一点，它讨论了尺度和偏好异质性的混杂：

> 如果尺度参数变化而且（偏好参数）固定，那么效用系数完全相关。如果效用系数的相关性小于 1，那么（偏好参数）必然和尺度参数一起变化。最后，即使（尺度参数）不（在个体上）变化……效用系数也可能因为个体对各个属性的偏好相关而相关。

数据的应用表明，特定数据集支持传统偏好空间还是特定 WTP 空间中的效用设定，仍是一个实证问题（Balcombe et al.，2009）。然而，WTP 空间设定能让研究者更容易控制潜在总体的边际 WTP 的分布特征（Thiene and Scarpa，2009）。

## 4.9 潜类别模型

在 MMNL 模型中，随机参数有连续分布；潜类别（LC）模型是 MMNL 模型之外的一种流行模型，在

① 与 Train 和 Weeks（2005）一样，Hensher 和 Greene（2011）发现，使用 WTP 空间架构估计 WTP 分布时，在模型整体拟合度上不如效用空间设定；然而，它在行为上更合理。

潜类别模型中，我们使用离散分布定义偏好的潜在结构，其中偏好用指定给解释变量的类别参数表示。在LC模型中，我们有一系列类别，每个类别描述特定属性的作用，这个作用和个体所属的类别概率有关。如果我们有非常大的类别数（比如，200），那么我们看到属性参数好像服从连续分布，每个水平和类别成员的概率有关。正是这个解释，将LC模型纳入混合logit模型范畴。另外，类别中的固定参数（fixed parameters）也可以进行随机参数化，如16.3节所示。第16章将比较详细地构建固定和随机参数形式的LC模型；在本章，我们主要考察固定参数LC模型，因为我们的目的仅在于说明这种模型形式的主要元素。

LC模型的选择概率和以前模型有所不同。在MNL模型的基础上（大多数LC模型都建构在这个基础上），LC模型有三组概率。首先，考虑抽样个体属于特定LC（记为$c$）的概率。在LC模型中，这个概率通过类别指定模型获得，计算公式为式（4.55）：

$$P_{nc}=\frac{\exp(V_{nc})}{\sum_{c\in C}\exp(V_{nc})} \tag{4.55}$$

其中，$V_{nc}=\delta_c h_n$，表示来自类别指定模型的效用的可观测成分；$h_n$为特定个体协变量，它取决于类别成员身份。

除了类别指定概率之外，还存在着给定类别$c$的成员身份时个体$n$在选择情景$s$下选择选项$j$的概率。计算公式如下：

$$P_{nsj|c}=\frac{\exp(V_{nsj|c})}{\sum_i\exp(V_{nsi|c})} \tag{4.56}$$

其中，$V_{nsj|c}$表示效用的可观测成分。

LC模型既可以在截面数据上估计，也可以在面板数据上估计，这一点和MMNL模型相似。截面数据和面板数据对估计模型有不同含义。从选择观察点独立性假设（截面数据）移动到个体边际效用相关情形（面板数据），对式（4.55）中的参数估计有重要影响。式（4.56）也可以使用LC模型的截面数据形式或面数据形式计算；然而，在面板形式的模型中，我们直接模拟的不是式（4.56）所示的选择任务内的选择概率，而是观察特定选择序列的概率。在数学上，这可以用式（4.56）得到的概率的乘积表示。现在，我们将其表示如下：

$$P_{nj|c}=\prod_s\frac{\exp(V_{nsj|c})}{\sum_i\exp(V_{nsi|c})} \tag{4.57}$$

LC模型的两种形式都计算了以可观测选择为条件的一组概率。对于截面数据情形，这组概率的计算使用了类别指定概率（式（4.55））和选择情景内的选择概率（式（4.56））；对于面板数据情形，这组概率的计算使用了类别指定概率（式（4.55））和选择情景内的选择概率（式（4.57））。对于截面数据情形和面板数据情形，我们将概率的计算分别表示为式（4.58）和式（4.59）：

$$P_{ns|c}=\frac{y_{nsi}P_{nsj|c}\cdot P_{nc}}{\sum_{c\in C}y_{nsi}P_{nsi|c}\cdot P_{nc}},\forall c\in C \tag{4.58}$$

$$P_{ns|c}=\frac{\prod_s y_{nsi}P_{nsj|c}\cdot P_{nc}}{\sum_{c\in C}\prod_s y_{nsi}P_{nsj|c}\cdot P_{nc}},\forall c\in C \tag{4.59}$$

如果每个人的选择任务数等于1，那么式（4.59）将退化为式（4.58）。研究者希望用到的LC模型的其他形式可以参见第16章。

## 4.10 结语

在本章，我们介绍了离散选择模型的发展历史，主要是logit模型（也稍微讨论了一些probit模型），目的是让读者了解现在可用的选择模型：从非常基础的多项logit模型到高级版本的混合多项logit模型。后者纳入了尺度和偏好异质性。

研究者面对的一个挑战是比较各种模型形式：闭式模型（MNL 和嵌套 logit），它们部分放松了 IID 条件；开式模型，例如各种混合多项 logit 模型，它们允许选项属性服从连续分布以及效用的未观测影响的方差异质性（通过尺度和误差成分）。在 LC 模型中，属性服从离散（而不是连续）分布，但允许类别内的参数服从连续分布；这样，LC 模型和开式混合多项 logit 模型联系在一起。

在接下来的几章（尤其第 11～16 章），我们将介绍如何估计本章讨论的各种模型，包括第 7 章讨论的统计检验。

5

# 估计离散选择模型

正确问题的近似解远比近似问题的确切解有价值。

——图基（Tukey），1962



## 5.1 引言

第 3 章和第 4 章介绍了一些新概念和模型，包括 probit 模型和 logit 模型。正如第 4 章讨论的，这两类模型基于不同的误差项假设。probit 模型假设误差项服从多元正态分布，而 logit 模型假设误差项服从多元类型I极端值分布或相应的限制。第 4 章简要指出离散选择模型使用最大似然估计法估计。本章旨在解释离散选择模型背景下的最大似然估计法。与此同时，本章还将简要讨论离散选择模型估计过程中的一些更常用的算法。

除了讨论最大似然估计法之外，本章还将介绍模拟最大似然概念。对于第 4 章介绍的一些模型，当研究者试图计算它们的选择概率时，无法得到解析解。这样的模型称为开式模型，需要对选择概率进行模拟。因此，我们还将讨论估计离散选择模型时的一些常见的模拟方法。

## 5.2 最大似然估计

给定数据，研究者的目标是估计未知参数 $\beta$。尽管估计方法有多种，然而在估计离散选择数据时，最常用的方法是最大似然估计。最大似然估计要求研究者设定目标函数（称为似然函数），在这个函数中，唯一的未知数是那些通过效用设定与数据联系在一起的参数，然后研究者将目标函数最大化。由于参数是仅有的未知数，给定数据，这些参数是最大化似然函数过程中唯一能变化的成分。因此，研究者的任务是得到适合当前研究问题的似然函数，并且识别能与数据最佳拟合的参数。

离散选择模型的似然函数被用于将与选项相伴的选择概率最大化，每个选项都伴随着相应的观测数据。也就是说，定义似然函数的目的在于使得模型预测结果最大化。为了说明这一点，定义 $y_{nsj}$ 如下：如果决策者 $n$ 面对选择情景 $s$ 时选定了选项 $j$，那么 $y_{nsj}$ 等于 1；否则，$y_{nsj}$ 等于 0。换句话说，$y$ 代表研究者在数据中看到的个体选择结果。于是，参数通过把似然函数 $L$（参见式（5.1））最大化进行估计：

$$L_{NS} = \prod_{n=1}^{N} \prod_{s \in S_n} \prod_{j \in J_{ns}} (P_{nsj})^{y_{nsj}} \tag{5.1}$$

其中，$N$ 表示决策者总数，$S_n$ 是决策者 $n$ 面对的选择情景集，$P_{nsj}$ 是个关于数据和未知参数 $\beta$ 的函数。

为了说明式（5.1），考虑一个涉及两个决策者的数据集，他们在两个独立的选择情景下做出自己的选择。假设第一个人在情景 1 下面对三个选项（选项 1、2 和 3），但在情景 2 下只有前两个选项。另外，假设第二个决策者在情景 1 下有两个选项（选项 2 和 3），但在情景 2 下有四个选项（选项 1、2、3 和 4）。假设每个选项有三个属性：$x_1$，$x_2$ 和 $x_3$；而且，模型有泛型参数，无常数项。表 5.1 给出了数据，其中 $y_{nsj}$ 为指示变量，表示在每个选择情景 $s$ 下决策者选定的选项 $j$。

**表 5.1　　似然估计例子：1**

| $N$ | $S$ | $J$ | $y_{nsj}$ | $x_1$ | $x_2$ | $x_3$ | $V_{nsj}$ | $P_{nsj}$ | $P_y$ |
|---|---|---|---|---|---|---|---|---|---|
| 1 | 1 | 1 | 0 | 15 | 4 | 6 | −1.000 | 0.115 | 1.000 |
| 1 | 1 | 2 | 1 | 5 | 2 | 6 | 0.600 | 0.571 | 0.571 |
| 1 | 1 | 3 | 0 | 10 | 6 | 4 | 0.000 | 0.313 | 1.000 |
| 1 | 2 | 1 | 1 | 10 | 4 | 4 | −0.400 | 0.354 | 0.354 |
| 1 | 2 | 2 | 0 | 5 | 2 | 4 | 0.200 | 0.646 | 1.000 |
| 2 | 1 | 2 | 1 | 15 | 6 | 2 | −1.400 | 0.731 | 0.731 |
| 2 | 1 | 3 | 0 | 20 | 4 | 4 | −2.400 | 0.269 | 1.000 |
| 2 | 2 | 1 | 0 | 20 | 6 | 6 | −1.600 | 0.221 | 1.000 |
| 2 | 2 | 2 | 0 | 15 | 4 | 2 | −1.800 | 0.181 | 1.000 |
| 2 | 2 | 3 | 1 | 10 | 2 | 2 | −1.200 | 0.329 | 0.329 |
| 2 | 2 | 4 | 0 | 15 | 4 | 4 | −1.400 | 0.270 | 1.000 |
| | | | | | | | | $L_{NS}$ = | 0.049 |

假设研究者已估计出与 $x_1$，$x_2$ 和 $x_3$ 相伴的参数，它们分别为−0.2，0.2 和 0.2。在 MNL 模型下，这些参数被用来计算每个选项的效用以及选择概率。表 5.1 给出了效用和选择概率。给定选择概率，我们可以使用式（5.1）计算似然函数。注意到，对于 $y_{nsj}=0$，$(P_{nsj})^0=1$，而对于 $y_{nsj}=1$，$(P_{nsj})^1=P_{nsj}$，因此模型的似然函数为 0.049。

现在假设对于这些数据，我们估计的是另外一种模型，与 $x_1$，$x_2$ 和 $x_3$ 相伴的参数分别为−0.301，0.056 和−0.189（实际上这些数字是使得似然函数最大的参数估计值）。给定这些新的参数估计值，我们再次计算出效用和选择概率，参见表 5.2。注意到，当前情形下，模型似然值比前一种情形大得多。另外，注意到在四种选择情景下，有三种情景的被选定选项的选择概率更大，这意味着对于这些选择情景来说，当前模型对结果的模拟更好。这正是式（5.1）的目的所在。通过最大化式（5.1），研究者试图将被选定选项的选择概率最大化。然而，正如下面的例子指出的，研究者可能无法将所有选择情景的选择概率最大化。换句话说，研究者的目标是找到能在整个样本上产生最佳选择概率的参数，而不是仅仅基于单个选择情景水平上的参数。

**表 5.2　　似然估计例子：2**

| $N$ | $S$ | $J$ | $y_{nsj}$ | $x_1$ | $x_2$ | $x_3$ | $V_{nsj}$ | $P_{nsj}$ | $P_y$ |
|---|---|---|---|---|---|---|---|---|---|
| 1 | 1 | 1 | 0 | 15 | 4 | 6 | −5.427 | 0.038 | 1.000 |
| 1 | 1 | 2 | 1 | 5 | 2 | 6 | −2.527 | 0.685 | 0.685 |

续前表

| N | S | J | $y_{nsj}$ | $x_1$ | $x_2$ | $x_3$ | $V_{nsj}$ | $P_{nsj}$ | $P_y$ |
|---|---|---|---|---|---|---|---|---|---|
| 1 | 1 | 3 | 0 | 10 | 6 | 4 | −3.432 | 0.277 | 1.000 |
| 1 | 2 | 1 | 1 | 10 | 4 | 4 | −3.544 | 0.199 | 0.199 |
| 1 | 2 | 2 | 0 | 5 | 2 | 4 | −2.150 | 0.801 | 1.000 |
| 2 | 1 | 2 | 1 | 15 | 6 | 2 | −4.560 | 0.880 | 0.880 |
| 2 | 1 | 3 | 0 | 20 | 4 | 4 | −6.555 | 0.120 | 1.000 |
| 2 | 2 | 1 | 0 | 20 | 6 | 6 | −6.821 | 0.020 | 1.000 |
| 2 | 2 | 2 | 0 | 15 | 4 | 2 | −4.672 | 0.171 | 1.000 |
| 2 | 2 | 3 | 1 | 10 | 2 | 2 | −3.277 | 0.691 | 0.691 |
| 2 | 2 | 4 | 0 | 15 | 4 | 4 | −5.049 | 0.117 | 1.000 |
| | | | | | | | | $L_{NS}$= | 0.083 |

整体模型的似然值提高，但一个或多个选择概率变小，这个事实可以作为一些问题的指示器。首先，研究者可能设定了错误的效用函数。例如，也许正确的效用函数涉及将一个或多个自变量进行某种转化，或者也许模型中应该存在一个或多个交互项，但研究者未考虑到。其次，也许研究者没有将尺度或偏好的异质性纳入模型，或者也许不同的决策者在做出选择时使用不同的心算方法（即属性加工，参见第 21 章），但模型忽略了这一点。最后，可能存在着删失变量，如果将这些变量纳入模型，那么我们得到的解也许能保证当模型似然值提高时，所有被选中选项的选择概率都提高。这些可能性仅当所有被选中选项的选择概率都等于 1 时才能被排除；然而，在这种情形下，决策者的选择将是完全确定的，因为如果你能完美预测所有决策者在所有选择情景下的选择，那么这将不存在误差，而且你完全知晓所有决策者的决策过程。在这种情形下，这里描述的选择模型可能失败，因为选择概率是在数据不存在误差假设条件下得到的，这多少是一个悖论。

暂时不管上面的问题，需要指出，研究者通常将对数形式的似然函数最大化而不是将似然函数本身最大化。这是因为对一系列概率取乘积，通常得到极其小的值，尤其当 $n, s, j$ 增加时。遗憾的是，绝大多数软件都不能处理如此小的数字，迫使研究者不得不做四舍五入处理，这又会影响估计结果。通过取概率的对数形式，在相乘时，大的负值将产生更大的负值。因此，研究者更喜欢**对数似然**（log-likelihood，LL）函数：

$$LL_{NS} = \ln\left[\prod_{n=1}^{N}\prod_{s\in S_n}\prod_{j\in J_{ns}}(P_{nsj})^{y_{nsj}}\right] \tag{5.2}$$

研究者通常还对 LL 函数施加其他假设，从而得到不同的计量经济模型。例如，MNL 模型假设选择行为观察点在决策者之间以及在选择情景之间都是独立的。使用这个假设，并且使用数学性质 $\ln(P_{1sj}P_{2sj})=\ln(P_{1sj})+\ln(P_{2sj})$ 和 $\ln(P_{nsj})^{y_{nsj}}=y_{njs}\ln(P_{nsj})$，然后将这些数学规则应用于选择情景 $s$，可将式（5.2）改写为式（5.3）：

$$LL_{NS} = \sum_{n=1}^{N}\sum_{s\in S_n}\sum_{j\in J_{ns}} y_{nsj}\ln(P_{nsj}) \tag{5.3}$$

这是 MNL 模型的对数似然（LL）函数。对于任何选择情景 $s$，随着 $P_{nsj}$ 的概率增加，$\ln(P_{nsj})\rightarrow 0$，因此对于 $y_{nsj}=1$，$y_{nsj}\ln(P_{nsj})\rightarrow 0$。随着选择情景 $s$ 下的被选中选项的概率趋近于 1，选择情景特定 LL 函数趋近于 0。研究者的目标是找到（样本）总体参数估计值，使得尽可能多的选择情景 LL 函数最大（注意，介于 0 和 1 之间的数的对数为负，因此研究者的任务是最大化而不是最小化）。需要指出，在估计参数时，选择情景特定 LL 函数可能对于某些选择情景增加（这与似然函数情形类似）；然而，研究者希望看到的结果是给定所有选择情景，绝大多数选择情景的 LL 函数变小。

表 5.3 使用原来用于说明似然函数的样本数据，描述了对数似然（LL）函数的计算。注意，使 LL 函数最大化的参数，正好是使似然函数最大化的参数。也就是说，与 $x_1$，$x_2$ 和 $x_3$ 相伴的参数分别为 −0.301、

0.056 和−0.189。然而，请注意，进行最大化的目标函数（即 LL 函数）现在为负（这符合预期）。

**表 5.3　　对数似然估计例子**

| $N$ | $S$ | $J$ | $y_{nsj}$ | $x_1$ | $x_2$ | $x_3$ | $V_{nsj}$ | $P_{nsj}$ | $\ln(P_{nsj})$ | $y_{nsj}\ln(P_{nsj})$ |
|---|---|---|---|---|---|---|---|---|---|---|
| 1 | 1 | 1 | 0 | 15 | 4 | 6 | −5.427 | 0.038 | −3.278 | 0.000 |
| 1 | 1 | 2 | 1 | 5 | 2 | 6 | −2.527 | 0.685 | −0.378 | −0.378 |
| 1 | 1 | 3 | 0 | 10 | 6 | 4 | −3.432 | 0.277 | −1.283 | 0.000 |
| 1 | 2 | 1 | 1 | 10 | 4 | 4 | −3.544 | 0.199 | −1.616 | −1.616 |
| 1 | 2 | 2 | 0 | 5 | 2 | 4 | −2.150 | 0.801 | −0.222 | 0.000 |
| 2 | 1 | 2 | 1 | 15 | 6 | 2 | −4.560 | 0.880 | −0.128 | −0.128 |
| 2 | 1 | 3 | 0 | 20 | 4 | 4 | −6.555 | 0.120 | −2.122 | 0.000 |
| 2 | 2 | 1 | 0 | 20 | 6 | 6 | −6.821 | 0.020 | −3.913 | 0.000 |
| 2 | 2 | 2 | 0 | 15 | 4 | 2 | −4.672 | 0.171 | −1.764 | 0.000 |
| 2 | 2 | 3 | 1 | 10 | 2 | 2 | −3.277 | 0.691 | −0.369 | −0.369 |
| 2 | 2 | 4 | 0 | 15 | 4 | 4 | −5.049 | 0.117 | −2.141 | 0.000 |
| | | | | | | | | | $LL_{NS}=$ | −2.491 |

**【题外话】**

在上面的例子中，我们使用了离散选择数据；然而，这些计算方法也可用于估计其他类型数据的参数，例如，可用于估计计数数据（count data）或比例数据（proportions data）。对于计数数据，决策者可以多次选择每个选项 $j$，也可以一次都不选。也就是说，研究者做出的不是离散选择，而是决定每个选项选择多少次。在使用计数数据时，对数似然（LL）函数中的选择指示器 $y_{nsj}$ 被替换为计数变量 $c_{nsj}$。表 5.4 给出了计数数据情形的例子，这里假设与 $x_1$，$x_2$ 和 $x_3$ 相伴的参数分别为−0.019、−0.208 以及 0.208。

**表 5.4　　对数似然估计：计数数据情形**

| $N$ | $S$ | $J$ | $c_{nsj}$ | $x_1$ | $x_2$ | $x_3$ | $V_{nsj}$ | $P_{nsj}$ | $\ln(P_{nsj})$ | $c_{nsj}\ln(P_{nsj})$ |
|---|---|---|---|---|---|---|---|---|---|---|
| 1 | 1 | 1 | 2 | 15 | 4 | 6 | 0.127 | 0.302 | −1.199 | −2.398 |
| 1 | 1 | 2 | 3 | 5 | 2 | 6 | 0.736 | 0.554 | −0.591 | −1.772 |
| 1 | 1 | 3 | 1 | 10 | 6 | 4 | −0.609 | 0.144 | −1.935 | −1.935 |
| 1 | 2 | 1 | 0 | 10 | 4 | 4 | −0.193 | 0.375 | −0.982 | 0.000 |
| 1 | 2 | 2 | 2 | 5 | 2 | 4 | 0.320 | 0.625 | −0.469 | −0.939 |
| 2 | 1 | 2 | 1 | 15 | 6 | 2 | −1.121 | 0.324 | −1.128 | −1.128 |
| 2 | 1 | 3 | 2 | 20 | 4 | 4 | −0.385 | 0.676 | −0.391 | −0.783 |
| 2 | 2 | 1 | 0 | 20 | 6 | 6 | −0.385 | 0.248 | −1.396 | 0.000 |
| 2 | 2 | 2 | 1 | 15 | 4 | 2 | −0.705 | 0.180 | −1.716 | −1.716 |
| 2 | 2 | 3 | 0 | 10 | 2 | 2 | −0.192 | 0.300 | −1.204 | 0.000 |
| 2 | 2 | 4 | 4 | 15 | 4 | 4 | −0.289 | 0.273 | −1.300 | −5.200 |
| | | | | | | | | | $LL_{NS}=$ | −15.869 |

类似地，在使用比例数据而不是离散选择数据时，研究者也需要调整模型的对数似然（LL）函数。在

这种情形下，选择指示器 $y_{nsj}$ 被替换为选项被选中的次数比例 $\pi_{sj}$ 乘以 10 个决策者在第一个选择情景中做出下列选择的次数：其中 3 人选择选项 1，6 人选择选项 2，1 人选择选项 3 即最后一个选项。这个信息可以转换为选项 1、2 和 3 分别对应着 0.3、0.6 和 0.1。除了这种方法外，研究者还可以使用下列方法：令决策者说出选择每个选项的概率。例如，假设某个决策者在面对第三个选择情景时，说他可能以 0.1 的概率选择选项 2，以 0.9 的概率选择选项 3。假设与 $x_1$，$x_2$ 和 $x_3$ 相伴的参数分别为 −0.024、−0.185 和 0.490，表 5.5 给出了 LL 函数的计算。

**表 5.5　　对数似然估计：比例数据情形**

| $n_s$ | $S$ | $J$ | $\pi_{sj}$ | $x_1$ | $x_2$ | $x_3$ | $V_{nsj}$ | $P_{nsj}$ | $\ln(P_{nsj})$ | $\pi_{sj}n_s\ln(P_{nsj})$ |
|---|---|---|---|---|---|---|---|---|---|---|
| 10 | 1 | 1 | 0.300 | 15 | 4 | 6 | 1.833 | 0.319 | −1.144 | −3.432 |
| 10 | 1 | 2 | 0.600 | 5 | 2 | 6 | 2.446 | 0.588 | −0.531 | −3.185 |
| 10 | 1 | 3 | 0.100 | 10 | 6 | 4 | 0.605 | 0.093 | −2.372 | −2.372 |
| 3 | 2 | 1 | 0.666 | 10 | 4 | 4 | 0.975 | 0.380 | −0.969 | −1.936 |
| 3 | 2 | 2 | 0.333 | 5 | 2 | 4 | 1.467 | 0.620 | −0.477 | −0.477 |
| 1 | 3 | 2 | 0.100 | 15 | 6 | 2 | −0.496 | 0.227 | −1.485 | −0.148 |
| 1 | 3 | 3 | 0.900 | 20 | 4 | 4 | 0.733 | 0.773 | −0.257 | −0.231 |
| 8 | 4 | 1 | 0.250 | 20 | 6 | 6 | 1.342 | 0.450 | −0.798 | −1.597 |
| 8 | 4 | 2 | 0.000 | 15 | 4 | 2 | −0.125 | 0.104 | −2.265 | 0.000 |
| 8 | 4 | 3 | 0.125 | 10 | 2 | 2 | 0.366 | 0.170 | −1.774 | −1.774 |
| 8 | 4 | 4 | 0.375 | 15 | 4 | 4 | 0.854 | 0.276 | −1.286 | −3.858 |
|  |  |  |  |  |  |  |  |  | $LL_{NS}$ = | −19.009 |

暂时将因变量的具体类型放在一边，我们指出在计算对数似然（LL）函数时，存在着无限多个参数估计值组合。通过计算每个参数估计值组合的 LL 函数或相对较大子集的 LL 函数，并且画出每个参数组合的 LL 函数，由此得到的图形代表 LL 函数的表面。理解 LL 函数的表面比较重要，因为它提供了一些关于找到参数估计值的算法思想（5.6 节将讨论这个问题），以及在估计离散选择模型时需要注意到的问题。

为了说明这一点，考虑含有两个选项的离散选择情形，每个选项用 2 个变量和 10 个选择情景描述。表 5.6 给出了所有 10 个选择情景的数据。进一步假设决策者为 100 个，他们面对所有 10 个选择情景，选择每个情景中自己最偏好的选项，因此研究者一共得到 1 000 个选择观察点。

**表 5.6　　二元选择数据例子**

| $s$ | $x_{11}$ | $x_{12}$ | $x_{21}$ | $x_{22}$ |
|---|---|---|---|---|
| 1 | 8 | 4 | 6 | 0 |
| 2 | 9 | 5 | 5 | 0 |
| 3 | 10 | 5 | 4 | 1 |
| 4 | 5 | 2 | 9 | 2 |
| 5 | 8 | 2 | 6 | 4 |
| 6 | 7 | 4 | 7 | 1 |
| 7 | 4 | 0 | 10 | 5 |
| 8 | 8 | 1 | 6 | 3 |
| 9 | 10 | 4 | 4 | 0 |
| 10 | 5 | 3 | 9 | 3 |

现在假设研究者估计的是 MNL 模型。为简单起见，假设模型有泛型参数，没有常数项。式（5.4）给

出了这个模型的效用设定：

$$V_{nsj} = \beta_1 x_{nsj1} + \beta_2 x_{nsj2} \tag{5.4}$$

给定上述信息，我们对 1 000 个选择观察点的效用的模拟方法是，假设 $\beta_1 = -0.5$，$\beta_2 = 0.7$，并且从 EV1 型 IID 分布中随机抽取，以复制样本总体的误差结构（5.5 节将讨论抽取方法）。给定效用信息，假设决策者将选择使得自己效用最大的选项，于是我们可以模拟每个观察点的选择指示器 $y_{nsj}$。给定上面描述的待模拟数据，最容易想到的估计方法是沿用以前的效用设定，将式（5.3）中的对数似然（LL）函数最大化，从而进行输入参数估计。然而，我们采取的方法是在 −1.0 和 1.0 范围内将参数系统地增加 0.1（即 $(\beta_1, \beta_2) = (-1,-1), (-1,-0.9), \cdots, (0,0), \cdots, (1,0.9), (1,1)$），然后计算每组参数的对数似然值。图 5.1（a）画出了这个结果。由此图可知，LL 函数总为负并且逼近它的最大值（当 $\beta_1 = -0.5$，$\beta_2 = 0.7$ 时），这意味着这些估计值最可能产生于这个数据库。

对于线性参数效用设定的 MNL 模型，LL 函数的表面是全局凹的，这意味着存在着一个最大值，这个最大值容易找出。所有其他模型，包括非线性参数效用设定 MNL 模型，可能存在多个（局部）最大值。在这些情形下，全局最大值不太容易找到。为了说明这一点，假设研究者仍使用原来的离散选择数据，但他现在设定的 MNL 模型使用下列非线性参数设定（这可用 Nlogit5 软件估计，参见第 20 章）：

$$V_{nsj} = \beta_1 x_{jns1}^{(1-\exp(\beta_2 x_{jns2}))^{0.5}} \tag{5.5}$$

图 5.1（b）画出了这个新效用设定情形下的 LL 函数表面。注意到，这个 LL 函数表面不再是全局凹的，它有两个最大值：一个是局部最大值（即当 $\beta_1 = 0.9$ 且 $\beta_2 = -0.3$ 时 LL 函数等于 −619.500），一个是全局最大值（即当 $\beta_1 = -1.0$ 且 $\beta_2 = 0.3$ 时 LL 函数等于 −604.008）。尽管这两个 LL 函数的值不同，然而在估计模型时，由于某些原因，研究者得到的是伴随局部最大的估计值，而没有意识到它有全局最大值。这是因为大多数算法未能像我们这样画出 LL 函数的全部表面（如果全部画出，则太费时间，缺乏效率）。所以，算法通常取决于估计模型时的初始参数，因此，一些学者［例如 Liu 和 Mahmassani（2000）］建议在估计任何离散选择模型（线性参数 MNL 模型除外）时，最好使用多个初始值。在后面章节，我们将介绍如何对更高级的模型（例如混合 logit 模型以及广义混合 logit 模型）选择初始值。研究者不应该将初始值设为 0，简单 MNL 模型除外；幸运的是，大多数软件的 MNL 初始值是默认的。

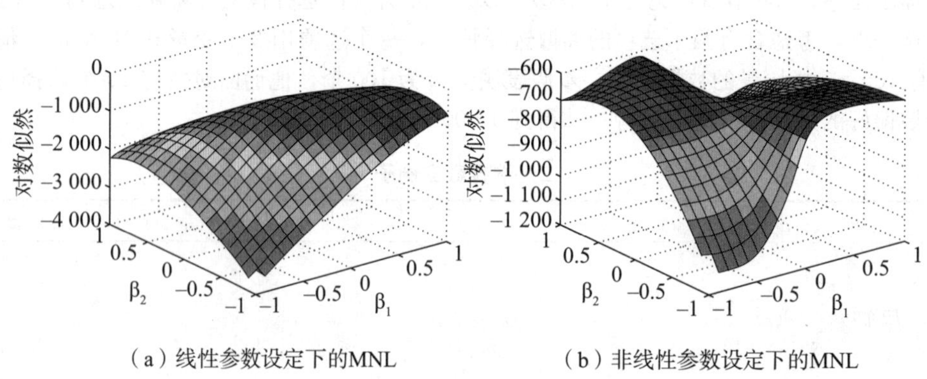


（a）线性参数设定下的MNL　　（b）非线性参数设定下的MNL

**图 5.1　对数似然表面**

## 5.3　模拟最大似然

一些离散选择模型假设（部分）参数在总体上随机分布，此时，研究者通常假设随机参数服从一定的参数概率分布［也有一些模型允许概率分布为非参数或半参数型（Briesch et al.，2010；Fosgerau，2006；Klein and Spady，1993），然而，这些模型不在本书讨论范畴之内］。probit 模型就是这样的模型，在这类模型中，（受限）误差项是待估参数，相应的假设是这些参数在样本总体上服从正态分布。另外，正如第 4 章指出的，probit 模型可以扩展为允许偏好在抽样总体上服从正态分布（和对数正态分布）。类似地，对于 MMNL 模型，在相应的连续假设下，也允许偏好在总体上变化（参见第 15 章）。需要注意下列重要事实：对于这些模型，估计出的参数描述了抽样总体（事前假设的）分布的矩。然而，分布中的特定个体的位置是未知的（即他们的指定是随机的，不与系统性的影响因素相互作用，这些因素能够将个体放置到分布中的特定位置）。所以，对于每个个体，我们必须在总体分布代表的整个实直线上估计选择概率。因此，个体 $n$ 在选择情景 $s$ 下选择选项 $j$ 的概率可以写为

$$L_{nsj}=\int_{\beta}P_{nsj}(\beta)f(\beta|\theta)d\beta \tag{5.6}$$

其中，$f(\beta|\theta)$ 为给定分布参数 $\theta$ 时 $\beta$ 的多元概率密度函数。$P_{nsj}$ 可以为 logit 选择概率，也可以为 probit 选择概率，这取决于模型假设。式（5.6）可以通过对 $\beta$ 转换，使得多元分布可用无参数形式表示的方法进行推广。因此，

$$L_{nsj}=\int_{\beta}P_{nsj}(\beta(z|\theta))\phi(z)dz \tag{5.7}$$

其中，$\beta(z|\theta)$ 是一个关于 $z$ 和参数 $\theta$ 的函数，$\phi(z)$ 是 $z$ 的多元标准分布。涉及多元分布的模型通常假设所有随机参数服从正态分布，而且随机参数通过乔利斯基分解过程而相关（参见 5.5 节）。如果一个或多个参数不服从正态分布，甚至所有参数都不服从正态分布，那么更常见的做法是假设（独立）一元分布，使得式（5.7）可以写为

$$L_{nsj}=\int_{z_1}\cdots\int_{z_K}P_{nsj}(\beta_1(z_1|\theta_1),\cdots,\beta_K(z_K|\theta_K))\phi_1(z_1)\cdots\phi_K(z_K)dz_1\cdots dz_K \tag{5.8}$$

参数之间的独立一元分布假设使得相同模型内的不同随机参数可以以不同分布进行组合。例如，如果我们有一个正态分布 $\beta_1\sim N(\mu,\sigma)$ 和一个均匀分布 $\beta_2\sim U(a,b)$，那么 $L_{nsj}$ 可以写为

$$L_{nsj}=\int_{z_1}\int_{z_2}P_{nsj}(\beta_1(z_1|\mu,\sigma),\beta_2(z_2|a,b))\phi_1(z_1)\phi_2(z_2)dz_1dz_2 \tag{5.9}$$

这里 $\beta_1(z_1|\mu,\sigma)=\mu+\sigma z_1$，其中 $z_1\sim N(0,1)$；$\beta_2(z_2|a,b)=a+(b-a)z_2$，其中 $z_2\sim U(0,1)$。

式（5.6）到式（5.9）中的积分没有闭式解析解，这就是说它们要么用伪蒙特卡罗（pseudo-Monte Carlo，PMC）或拟蒙特卡罗（quasi-Monte Carlo）方法。这些方法涉及参数和选择概率的模拟，涉及对 $K$ 个随机项或参数中的每一个都抽取 $R$ 次，计算每次抽取的选择概率，取各次抽取概率的均值。也就是说，令 $\beta^{(r)}$ 表示一个与抽取 $r=1,\cdots,R$ 相伴的、关于参数的 $K\times1$ 向量，使得 $\beta^{(r)}=[\beta_1^{(r)},\cdots,\beta_K^{(r)}]$，其中相应的随机分布由概率密度函数 $\phi_k(\beta_k|z_k)$ 描述。给定数据 $X$，选择概率的近似值可以形式化为

$$L_{nsj}=E(P_{nsj})\approx\frac{1}{R}f(\beta^{(r)}|X) \tag{5.10}$$

然后，使用式（5.10）中的期望概率计算模拟 LL 函数。也就是说，期望似然函数（或对数形式）在模拟抽取上最大化，其中最大化过程指模拟最大似然。也就是说，模型的 LL 函数变为

$$L(E(L_{NS}))=\ln E\left(\left[\prod_{n=1}^{N}\prod_{s\in S_n}\prod_{j\in J_{ns}}(P_{nsj})^{y_{nsj}}\right]\right) \tag{5.11}$$

假设个体决策者 $n$ 的响应和选择情景 $s$ 是独立的，那么模拟最大似然变为

$$\begin{aligned}L(E(L_{NS}))&=\log E\left(\left[\prod_{n=1}^{N}\prod_{s\in S_n}\prod_{j\in J_{ns}}(P_{nsj})^{y_{nsj}}\right]\right)\\&=\sum_{n=1}^{N}\sum_{s\in S_n}\sum_{j\in J_{ns}}y_{nsj}\log E(P_{nsj})\end{aligned} \tag{5.12}$$

这代表截面形式模型的模拟 LL 函数。

假设个体决策者的响应彼此独立，模拟最大似然变为

$$L(E(L_{NS}))=\log E\left(\left[\prod_{n=1}^{N}\prod_{s\in S_n}\prod_{j\in J_{ns}}(P_{nsj})^{y_{nsj}}\right]\right)$$

$$=\sum_{n=1}^{N}\log E\left(\prod_{s\in S_n}\prod_{j\in J_{ns}}(P_{nsj})^{y_{nsj}}\right) \tag{5.13}$$

为了说明模拟最大似然如何运行，仍以表 5.1 提供的数据为例。令与 $x_1$ 和 $x_2$ 相伴的前两个参数服从随机分布：$\beta_1\sim N(-0.310, 0.100)$，$\beta_2\sim N(0.056, 0.020)$；令第三个参数为常数$-0.189$。表 5.7 说明了选择概率和模型 LL 函数的计算，假设截面 MMNL 模型设定，随机抽取 $R=5$ 次（5.4 节将讨论如何选择具体抽取次数）。对于每次选择情景 $s$，每个随机参数抽取次数不同，使得样本的总抽取数为 $N.S.R=2\times2\times5=20$。由表 5.7 可以看出，对于每次抽取 $\tilde{\beta}^{(r)}$，效用的计算和以前一样，选择概率的计算也和以前一样，它们的计算都基于 logit 选择表达式（5.6 节将讨论 probit 选择概率的计算），也就是：

$$P_{nsi}^{r}=\frac{e^{V_{nsi}^{r}}}{\sum_{j=1}^{J}e^{V_{nsj}^{r}}} \tag{5.14}$$

在每个选择情景后面，我们都给出了被选中选项（以黑体字显示）的平均选择概率和期望选择概率。最后一列计算出了特定选择情景对模型模拟 LL 函数的贡献，以及基于给定参数值的模型模拟对数似然。

**表 5.7　　　　模拟对数似然估计例子（截面模型）**

| $n$ | $s$ | $r$ | $y_{nsj}$ | $x_{11}$ | $x_{12}$ | $x_{13}$ | $x_{21}$ | $x_{22}$ | $x_{23}$ | $x_{31}$ | $x_{32}$ | $x_{33}$ | $x_{41}$ | $x_{42}$ | $x_{43}$ | $\tilde{\beta}_1{}^r$ | $\tilde{\beta}_2{}^r$ | $\beta_3$ | $V_{ns1}^r$ | $V_{ns2}^r$ | $V_{ns3}^r$ | $V_{ns4}^r$ | $P_{ns1}^r$ | $P_{ns2}^r$ | $P_{ns3}^r$ | $P_{ns4}^r$ | $y_{nsj}\ln E(P_{nsj})$ |
|---|---|---|---|---|---|---|---|---|---|---|---|---|---|---|---|---|---|---|---|---|---|---|---|---|---|---|---|
| 1 | 1 | **1** | 2 | 15 | 4 | 6 | 5 | 2 | 6 | 10 | 6 | 4 | – | – | – | −0.301 | 0.047 | −0.189 | −5.461 | −2.545 | −3.484 | – | 0.037 | 0.692 | 0.271 | – | |
| 1 | 1 | **2** | 2 | 15 | 4 | 6 | 5 | 2 | 6 | 10 | 6 | 4 | – | – | – | −0.369 | 0.064 | −0.189 | −6.404 | −2.847 | −4.055 | – | 0.021 | 0.753 | 0.225 | – | |
| 1 | 1 | **3** | 2 | 15 | 4 | 6 | 5 | 2 | 6 | 10 | 6 | 4 | – | – | – | −0.234 | 0.031 | −0.189 | −4.513 | −2.239 | −2.904 | – | 0.064 | 0.618 | 0.318 | – | |
| 1 | 1 | **4** | 2 | 15 | 4 | 6 | 5 | 2 | 6 | 10 | 6 | 4 | – | – | – | −0.416 | 0.053 | −0.189 | −7.164 | −3.108 | −4.599 | – | 0.014 | 0.805 | 0.181 | – | |
| 1 | 1 | **5** | 2 | 15 | 4 | 6 | 5 | 2 | 6 | 10 | 6 | 4 | – | – | – | −0.269 | 0.071 | −0.189 | −4.888 | −2.337 | −3.022 | – | 0.049 | 0.632 | 0.319 | – | |
| | | | | | | | | | | | | | | | | | | *Average:* | *−5.686* | *−2.615* | *−3.613* | | *0.037* | ***0.700*** | *0.263* | | **−0.357** |
| 1 | 2 | **1** | 1 | 10 | 4 | 4 | 5 | 2 | 4 | – | – | – | – | – | – | −0.333 | 0.040 | −0.189 | −3.924 | −2.340 | – | – | 0.170 | 0.830 | – | – | |
| 1 | 2 | **2** | 1 | 10 | 4 | 4 | 5 | 2 | 4 | – | – | – | – | – | – | −0.186 | 0.059 | −0.189 | −2.382 | −1.569 | – | – | 0.307 | 0.693 | – | – | |
| 1 | 2 | **3** | 1 | 10 | 4 | 4 | 5 | 2 | 4 | – | – | – | – | – | – | −0.455 | 0.080 | −0.189 | −4.980 | −2.868 | – | – | 0.108 | 0.892 | – | – | |
| 1 | 2 | **4** | 1 | 10 | 4 | 4 | 5 | 2 | 4 | – | – | – | – | – | – | −0.285 | 0.020 | −0.189 | −3.529 | −2.142 | – | – | 0.200 | 0.800 | – | – | |
| 1 | 2 | **5** | 1 | 10 | 4 | 4 | 5 | 2 | 4 | – | – | – | – | – | – | −0.350 | 0.049 | −0.189 | −4.059 | −2.407 | – | – | 0.161 | 0.839 | – | – | |
| | | | | | | | | | | | | | | | | | | *Average:* | *−3.775* | *−2.265* | – | | ***0.189*** | *0.811* | – | | **−1.665** |
| 2 | 1 | **1** | 2 | – | – | – | 15 | 6 | 2 | 20 | 4 | 4 | – | – | – | −0.212 | 0.066 | −0.189 | – | −3.165 | −4.738 | – | – | 0.828 | 0.172 | – | |
| 2 | 1 | **2** | 2 | – | – | – | 15 | 6 | 2 | 20 | 4 | 4 | – | – | – | −0.390 | 0.035 | −0.189 | – | −6.016 | −8.413 | – | – | 0.917 | 0.083 | – | |
| 2 | 1 | **3** | 2 | – | – | – | 15 | 6 | 2 | 20 | 4 | 4 | – | – | – | −0.252 | 0.055 | −0.189 | – | −3.832 | −5.581 | – | – | 0.852 | 0.148 | – | |
| 2 | 1 | **4** | 2 | – | – | – | 15 | 6 | 2 | 20 | 4 | 4 | – | – | – | −0.317 | 0.074 | −0.189 | – | −4.688 | −6.798 | – | – | 0.892 | 0.108 | – | |
| 2 | 1 | **5** | 2 | – | – | – | 15 | 6 | 2 | 20 | 4 | 4 | – | – | – | −0.148 | 0.043 | −0.189 | – | −2.336 | −3.538 | – | – | 0.769 | 0.231 | – | |
| | | | | | | | | | | | | | | | | | | *Average:* | – | *−4.008* | *−5.814* | – | – | ***0.851*** | *0.149* | | **−0.161** |
| 2 | 2 | **1** | 3 | 20 | 6 | 6 | 15 | 4 | 2 | 10 | 2 | 2 | 15 | 4 | 4 | −0.487 | 0.060 | −0.189 | −10.518 | −7.447 | −5.131 | −7.825 | 0.004 | 0.084 | 0.854 | 0.058 | |
| 2 | 2 | **2** | 3 | 20 | 6 | 6 | 15 | 4 | 2 | 10 | 2 | 2 | 15 | 4 | 4 | −0.293 | 0.085 | −0.189 | −6.491 | −4.438 | −3.141 | −4.816 | 0.023 | 0.183 | 0.669 | 0.125 | |
| 2 | 2 | **3** | 3 | 20 | 6 | 6 | 15 | 4 | 2 | 10 | 2 | 2 | 15 | 4 | 4 | −0.359 | 0.027 | −0.189 | −8.153 | −5.656 | −3.914 | −6.034 | 0.011 | 0.134 | 0.763 | 0.092 | |
| 2 | 2 | **4** | 3 | 20 | 6 | 6 | 15 | 4 | 2 | 10 | 2 | 2 | 15 | 4 | 4 | −0.223 | 0.051 | −0.189 | −5.296 | −3.526 | −2.510 | −3.903 | 0.037 | 0.217 | 0.598 | 0.148 | |
| 2 | 2 | **5** | 3 | 20 | 6 | 6 | 15 | 4 | 2 | 10 | 2 | 2 | 15 | 4 | 4 | −0.402 | 0.069 | −0.189 | −8.764 | −6.135 | −4.262 | −6.513 | 0.009 | 0.121 | 0.787 | 0.083 | |
| | | | | | | | | | | | | | | | | | | *Average:* | *−7.844* | *−5.440* | *−3.792* | *−5.818* | *0.017* | *0.148* | ***0.734*** | *0.101* | **−0.309** |
| | | | | | | | | | | | | | | | | | | | | | | | | *$L(E(L_{NS}))=$* | | | **−2.491** |

在每个选择情景后面，我们还计算出了每个选项的平均模拟效用。然而，这纯粹出于说明目的。事实上，需要强调，在计算模拟 LL 函数时，使用的是平均概率而不是平均模拟效用。这是因为

$$E\left(\frac{e^{V_{nsi}^{r}}}{\sum_{j=1}^{J}e^{V_{nsj}^{r}}}\right)\neq\frac{e^{E(V_{nsi}^{r})}}{\sum_{j=1}^{J}e^{E(V_{nsj}^{r})}}。$$

读者可以验证下列事实：如果使用了平均效用而不是平均概率进行计算，那么四个被选中选项的选择概率将为 0.707、0.181、0.859、0.745，从而导致模拟 LL 函数为$-2.503$，但它的正确值为$-2.249$。尽管在这个例子中，二者差异不大，但随着选择观察点数量增加，这个差异也会增大，从而导致模型结果存在很大差异。

为了说明面板模型的模拟 LL 函数的计算与截面模型的模拟 LL 函数的计算的不同，我们仍使用表 5.1 中的数据，相应的结果显示在表 5.8 中。首先，需要注意的是，在抽取时，这些抽取被用于每个决策者的各个选择情景。例如，对于 $n=1$，$r=1$，第一个随机参数的抽取对于选择情景 1 和 2 为 $-0.301$。类似地，对于相同的决策者，对于相同的参数和选择情景，第二次抽取为 $-0.369$。因此，与截面形式的模型不同，尽管抽取次数相同（在这个例子中 $R=5$），但实际模拟抽取次数要少，它等于 $N \cdot R$ 而不是 $N \cdot R \cdot S$，在这个例子中 $N \cdot R = 2 \times 5 = 10$。其次，需要注意的是，选择概率的计算对应着每个选择情景；然而，模拟 LL 函数的计算是基于决策者的选择概率乘积的期望值，这意味着我们实际模拟的是决策者 $s$ 的一系列选择的概率，因此，（例如）决策者 1 的模拟 LL 函数的计算如下：

$$\begin{aligned}&\ln\left[\frac{0.692\times 0.804+0.753\times 0.847+0.618\times 0.751+0.805\times 0.878+0.632\times 0.769}{5}\right]\\&=\ln(0.130)\\&=-0.2043\end{aligned}\tag{5.15}$$

注意，尽管在上述例子中，对于截面形式和面板形式的 MMNL 模型，我们假设了相同的参数估计，然而在实践中，这两类模型产生的估计值和模拟 LL 函数都存在很大区别。另外，在实践中，在其他条件不变的情形下，面板模型对数似然函数通常比相同模型的截面形式好。遗憾的是，这两类模型的嵌套结构不同，因为它们最大化的似然函数不同（一个为式（5.12），另一个为式（5.13）），因此无法直接比较这两类模型。然而，理论上，短期面板（例如陈述偏好数据）偏好可能符合决策者 $n$ 的各个选择观察点，因此面板模型可能更适合估计这类数据。最后，我们注意到，如果每个决策者在单一选择情景下决策，那么这两类模型必然相同，因为面板模型中 $s$ 的乘积将消失。

**表 5.8　　模拟对数似然估计的例子（面板模型）**

| $n$ | $s$ | $r$ | $y_{nsj}$ | $x_{11}$ | $x_{12}$ | $x_{13}$ | $x_{21}$ | $x_{22}$ | $x_{23}$ | $x_{31}$ | $x_{32}$ | $x_{33}$ | $x_{41}$ | $x_{42}$ | $x_{43}$ | $\tilde{\beta}_1{}^r$ | $\tilde{\beta}_2{}^r$ | $\beta_3$ | $V_{ns1}^r$ | $V_{ns2}^r$ | $V_{ns3}^r$ | $V_{ns4}^r$ | $P_{ns1}^r$ | $P_{ns2}^r$ | $P_{ns3}^r$ | $P_{ns4}^r$ | $\ln\left(E\left(P_{n1j}^{y_{n1j}} \cdot P_{n2j}^{y_{n2j}}\right)\right)$ |
|---|---|---|---|---|---|---|---|---|---|---|---|---|---|---|---|---|---|---|---|---|---|---|---|---|---|---|---|
| 1 | 1 | 1 | 2 | 15 | 4 | 6 | 5 | 2 | 6 | 10 | 6 | 4 | – | – | – | −0.301 | 0.047 | −0.189 | −5.461 | −2.545 | −3.484 | – | 0.037 | 0.692 | 0.271 | – | |
| 1 | 1 | 2 | 2 | 15 | 4 | 6 | 5 | 2 | 6 | 10 | 6 | 4 | – | – | – | −0.369 | 0.064 | −0.189 | −6.404 | −2.847 | −4.055 | – | 0.021 | 0.753 | 0.225 | – | |
| 1 | 1 | 3 | 2 | 15 | 4 | 6 | 5 | 2 | 6 | 10 | 6 | 4 | – | – | – | −0.234 | 0.031 | −0.189 | −4.513 | −2.239 | −2.904 | – | 0.064 | 0.618 | 0.318 | – | |
| 1 | 1 | 4 | 2 | 15 | 4 | 6 | 5 | 2 | 6 | 10 | 6 | 4 | – | – | – | −0.416 | 0.053 | −0.189 | −7.164 | −3.108 | −4.599 | – | 0.014 | 0.805 | 0.181 | – | |
| 1 | 1 | 5 | 2 | 15 | 4 | 6 | 5 | 2 | 6 | 10 | 6 | 4 | – | – | – | −0.269 | 0.071 | −0.189 | −4.888 | −2.337 | −3.022 | – | 0.049 | 0.632 | 0.319 | – | |
| | | | | | | | | | | | | | | | | | | *Average:* | *−5.686* | *−2.615* | *−3.613* | | *0.037* | ***0.700*** | *0.263* | | |
| 1 | 2 | 1 | 1 | 10 | 4 | 4 | 5 | 2 | 4 | – | – | – | – | – | – | −0.301 | 0.047 | −0.189 | −3.578 | −2.167 | – | | 0.196 | 0.804 | – | | |
| 1 | 2 | 2 | 1 | 10 | 4 | 4 | 5 | 2 | 4 | – | – | – | – | – | – | −0.369 | 0.064 | −0.189 | −4.184 | −2.470 | – | | 0.153 | 0.847 | – | | |
| 1 | 2 | 3 | 1 | 10 | 4 | 4 | 5 | 2 | 4 | – | – | – | – | – | – | −0.234 | 0.031 | −0.189 | −2.967 | −1.861 | – | | 0.249 | 0.751 | – | | |
| 1 | 2 | 4 | 1 | 10 | 4 | 4 | 5 | 2 | 4 | – | – | – | – | – | – | −0.416 | 0.053 | −0.189 | −4.705 | −2.730 | – | | 0.122 | 0.878 | – | | |
| 1 | 2 | 5 | 1 | 10 | 4 | 4 | 5 | 2 | 4 | – | – | – | – | – | – | −0.269 | 0.071 | −0.189 | −3.164 | −1.960 | – | | 0.231 | 0.769 | – | | |
| | | | | | | | | | | | | | | | | | | *Average:* | −3.720 | −2.238 | – | | **0.190** | 0.810 | | | **−2.043** |
| 2 | 1 | 1 | 2 | – | – | – | 15 | 6 | 2 | 20 | 4 | 4 | – | – | – | −0.333 | 0.040 | −0.189 | – | −5.130 | −7.253 | – | – | 0.893 | 0.107 | – | |
| 2 | 1 | 2 | 2 | – | – | – | 15 | 6 | 2 | 20 | 4 | 4 | – | – | – | −0.186 | 0.059 | −0.189 | – | −2.818 | −4.243 | – | – | 0.806 | 0.194 | – | |
| 2 | 1 | 3 | 2 | – | – | – | 15 | 6 | 2 | 20 | 4 | 4 | – | – | – | −0.455 | 0.080 | −0.189 | – | −6.715 | −9.525 | – | – | 0.943 | 0.057 | – | |
| 2 | 1 | 4 | 2 | – | – | – | 15 | 6 | 2 | 20 | 4 | 4 | – | – | – | −0.285 | 0.020 | −0.189 | – | −4.538 | −6.383 | – | – | 0.864 | 0.136 | – | |
| 2 | 1 | 5 | 2 | – | – | – | 15 | 6 | 2 | 20 | 4 | 4 | – | – | – | −0.350 | 0.049 | −0.189 | – | −5.333 | −7.559 | – | – | 0.903 | 0.097 | – | |
| | | | | | | | | | | | | | | | | | | *Average:* | – | −4.907 | −6.993 | – | – | **0.882** | 0.118 | | |
| 2 | 2 | 1 | 3 | 20 | 6 | 6 | 15 | 4 | 2 | 10 | 2 | 2 | 15 | 4 | 4 | −0.333 | 0.040 | −0.189 | −7.550 | −5.211 | −3.627 | −5.588 | 0.014 | 0.150 | 0.732 | 0.103 | |
| 2 | 2 | 2 | 3 | 20 | 6 | 6 | 15 | 4 | 2 | 10 | 2 | 2 | 15 | 4 | 4 | −0.186 | 0.059 | −0.189 | −4.504 | −2.935 | −2.121 | −3.313 | 0.050 | 0.241 | 0.544 | 0.165 | |
| 2 | 2 | 3 | 3 | 20 | 6 | 6 | 15 | 4 | 2 | 10 | 2 | 2 | 15 | 4 | 4 | −0.455 | 0.080 | −0.189 | −9.743 | −6.875 | −4.763 | −7.253 | 0.006 | 0.100 | 0.826 | 0.068 | |
| 2 | 2 | 4 | 3 | 20 | 6 | 6 | 15 | 4 | 2 | 10 | 2 | 2 | 15 | 4 | 4 | −0.285 | 0.020 | −0.189 | −6.721 | −4.578 | −3.192 | −4.956 | 0.020 | 0.172 | 0.689 | 0.118 | |
| 2 | 2 | 5 | 3 | 20 | 6 | 6 | 15 | 4 | 2 | 10 | 2 | 2 | 15 | 4 | 4 | −0.350 | 0.049 | −0.189 | −7.838 | −5.431 | −3.779 | −5.809 | 0.013 | 0.143 | 0.746 | 0.098 | |
| | | | | | | | | | | | | | | | | | | *Average:* | −7.271 | −5.006 | −3.496 | −5.384 | 0.021 | 0.161 | **0.707** | 0.111 | **−0.465** |
| | | | | | | | | | | | | | | | | | | | | | | | | | | | $L\left(E(L_{NS})\right)=-2.508$ |

在读者了解了上述讨论之后，我们现在考虑抽取方法，讨论文献中使用的一些方法。

## 5.4　从密度中抽取

在计算选择概率时，一些离散选择模型依赖于模拟，因此，LL 函数被用于估计既定模型的参数。正如

5.3 节讨论的，模拟涉及从密度中重复抽取，计算相应的统计量，并且取各次抽取的均值。对于离散选择模型，相应的统计量为选择概率。在 5.3 节，我们说明了截面形式和面板形式 MMNL 模型的选择概率的模拟计算过程，注意，类似模拟过程被用于计算 probit 模型的选择概率，尽管 probit 选择概率的具体计算与 logit 模型不同（5.6 节将讨论 probit 选择概率的模拟）。本节讨论如何从密度中抽取，暂时不管待估模型。

密度的描述方法通常有两种：一是用概率密度函数（PDF）描述，二是用累积密度函数（CDF）描述。正如 3.2 节讨论的，随机变量的 PDF 表示该变量取特定值的相对可能性，而该变量位于某个区间的概率等于 PDF 曲线下方的面积。伴随一定密度（以 PDF 表示）的随机变量的 CDF 表示该变量取不大于特定值的概率，3.2 节将其定义为 $Y_n^*$。

大多数模拟方法是通过从密度的 CDF 中抽取开始的，然后转换（或翻译）为从相应的 PDF 中抽取（转换原因后文将介绍）。与以前一样，令 $\beta^{(r)}$ 表示一个与抽取 $r=1, \cdots, R$ 相伴的、关于参数的 $K\times 1$ 向量。使用下面介绍的方法，对区间［0，1］上的均匀分布随机数抽取 $R$ 次，令 $u_k^{(r)}$ 表示第 $k$ 个随机参数。给定 $u_k^{(r)}$，第 $k$ 个随机参数的抽取如下计算：

$$\beta_k^{(r)} = \Phi_k^{-1}(u_k^{(r)}) \tag{5.16}$$

其中，$\Phi_k(\beta_k | z_k)$ 表示与概率密度函数 $\phi_k(\beta_k | z_k)$ 相伴的累积分布函数。

为了说明为何首先从 CDF 中抽取，然后转换为从 PDF 中抽取，我们回忆一下从密度中抽取的目的，这是为了估计随机参数分布的总体矩。正如 5.6 节讨论的，离散选择模型的估计涉及迭代过程，在这个过程中，参数估计值系统性地变化，以使得（模拟）LL 函数优化。在估计模型参数估计值时，我们通常不是在任何一次迭代时从多元参数分布的 PDF 中抽取，而是从相应的 CDF 中抽取。通过固定每次模拟抽取的 CDF 的概率，我们保证了以多元参数分布空间范围定义的等价性，因为参数矩会在估计过程中更新。因此，模拟最大似然程序涉及充满 0—1 区间（从而近似概率）的多维有限序列的产生，然后转换为从随机参数密度函数中抽取。

为了说明这个事实，考虑两个不同的 PDF（从而涉及搜寻过程的不同迭代情形）。我们可能无法抽取相同的 $\beta_k^{(r)}$ 值，即使可能，分布密度的变化也意味着抽取的概率质量不同。为了说明这一点，考虑抽取 $\beta_k^{(r)}$ 的值等于 2.0 时的概率质量。现在考虑两个 PDF，它们代表 $\beta_k^{(r)}$ 的不同密度：第一个为标准正态分布，第二个为均值为 $-1.0$、标准差为 0.75 的正态分布。图 5.2 画出了这两个分布的 PDF。对于第一个分布即基于标准正态分布的 PDF，$\beta_k^{(r)}=1.0$ 的概率质量为 0.054，第二个 PDF 的概率质量为 0.000 2，这表示其结果（以实心箭头表示）发生的可能性更小。给定概率质量 0.054，基于第二个 PDF 的 $\beta_k^{(r)}$ 的抽取为 0.198，这明显不同于 2.000。

与直接固定 $\beta_k^{(r)}$ 的抽取值相比，更简单的做法是令取特定抽取组的概率不变。使用 CDF 更为简单，原因在于 CDF 直接描述了具有一定密度（以 PDF 表示）的随机变量取不大于某个既定值的概率。例如，考虑与上述 PDF 相伴的 CDF。图 5.3 画出了这两种情形，这里我们将 $u_k^{(r)}$ 的抽取固定为 0.6，由此得到上述两种不同密度的不同抽取。

为了产生用于模型估计的概率序列，研究者可以使用若干种不同模拟过程。最简单的方法为伪随机抽取（通常称为伪蒙特卡罗（PMC）抽取），其中参数是从分布中随机抽取的。尽管容易实施，但不同随机抽取组可能产生不同的分布空间范围，从而可能导致不同的模型结果，尤其在估计中抽取较少次数时。在从分布中取样时，一些研究者使用更系统的方法来选择点，以说明模拟过程准确度如何才能提高（Bhat，2001，2003；Hess et al.，2006；Sándor and Train，2004）。文献通常将这类技术称为拟蒙特卡罗（quasi-Monte Carlo，QMC）抽取，也称为智能抽取（intelligent draws）；最常用的 QMC 方法使用霍尔顿（Halton）序列（Bhat，2001，2003；Halton，1960；Sándor and Train，2004）或修正的拉丁超立方抽样（modified Latin Hypercube sampling，MLHS）抽取（Hess et al.，2006）。

给定这个背景，我们现在描述几种从密度抽取的常用方法。我们先讨论伪蒙特卡罗（PMC）抽取，然后讨论拟蒙特卡罗（QMC）抽取。

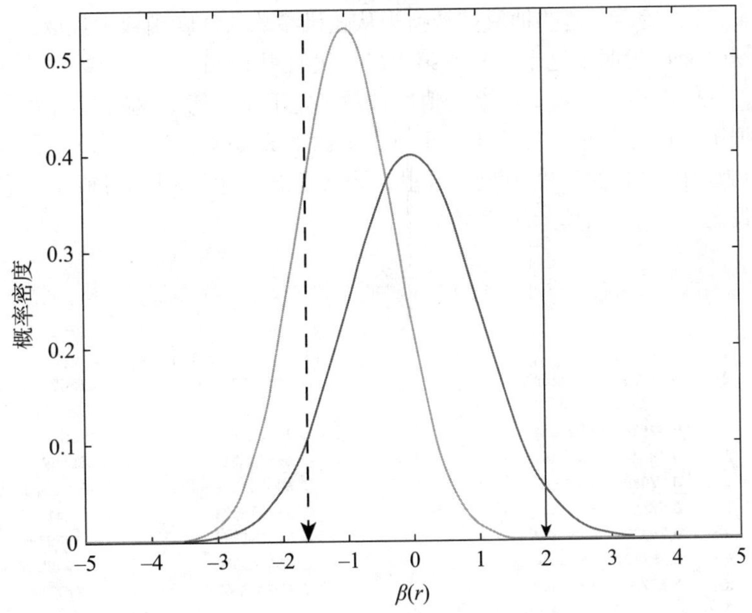


**图 5.2　从两个不同 PDF 中进行抽取的例子**

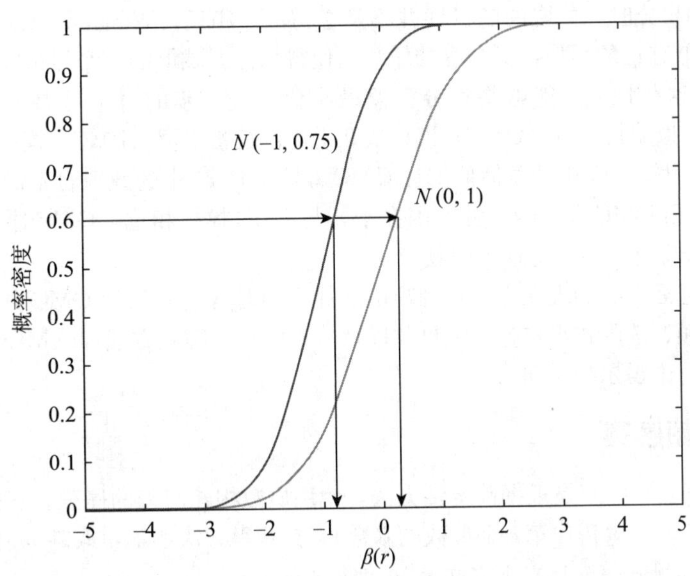


**图 5.3　从两个不同的 CDF 中进行抽取的例子**

### □ 5.4.1　伪随机蒙特卡罗模拟

伪蒙特卡罗模拟方法涉及研究者使用计算机产生随机抽取。遗憾的是，计算机不能产生真正的随机数，因为它产生的任何数都是特定程序编码（用于产生随机数的编码）的函数，这个函数是固定不变的。因此，大多数计算机依赖经常变化的变量（例如时间）来产生随机数，因此，计算机产生的任何随机数都不是严格随机的。也就是说，计算机产生的随机抽取实际上是伪随机抽取。

按照我们对式（5.16）的讨论，以及 5.3 节的讨论，计算机首先产生截面模型的 $N \cdot S \cdot R$ 伪随机数或面板模型的 $N \cdot R$ 伪随机数，它们的值介于 0 和 1 之间。在产生这些值时，研究者可以固定程序的种子，从而重复估计相同的模型，并保证模型收敛到相同结果；研究者也可以不固定程序的种子，在这种情形下，重复模型估计可能产生不同的结果。然而，注意，当抽取次数 $R$ 增加到无穷时，即使研究者使用不同的种子，不同估计运行得到的结果也是相同的。不管研究者是否固定种子，伪随机抽取方法都保留下来，并在不同迭代上一直使用（参见 5.6 节）。然后，这些抽取被转换为从随机参数的密度函数中抽取。

图 5.4 用 Microsoft Excel 说明了这个过程。第 1 步，我们用 rand（ ）函数产生了抽取次数 $R=10$ 时的两个伪随机数序列。尽管图中未显示，但这些值应该被固定下来：拷贝这些值，然后粘贴，将公式转换为值。第 2 步，假设数据服从正态分布，使用 Excel 公式中的 Norminv（<prob>，<mean>，<std dev>）函数将 0—1 抽取转换为随机参数的密度函数。这里，公式的第一个引用针对概率，它代表 0—1 序列。另外，公式要求研究者设定随机参数的均值和标准差。

| | A | B | C | D | E | F | G |
|---|---|---|---|---|---|---|---|
| 1 | | Step 1 | | | | Step 2 | |
| 2 | r | u*1 | u*2 | | r | u*1 | u*2 |
| 3 | 1 | =RAND() | =RAND() | | 1 | =NORMINV(B3,-2.5,0.4) | =NORMINV(C3,1.4,0.25) |
| 4 | 2 | 0.388206 | 0.288864 | | 2 | -2.613598873 | 1.26082374 |
| 5 | 3 | 0.338382 | 0.904622 | | 3 | -2.666753205 | 1.727086627 |
| 6 | 4 | 0.628155 | 0.102044 | | 4 | -2.369212032 | 1.082502358 |
| 7 | 5 | 0.338441 | 0.638461 | | 5 | -2.666688217 | 1.48858722 |
| 8 | 6 | 0.170891 | 0.43212 | | 6 | -2.880259337 | 1.35725522 |
| 9 | 7 | 0.675593 | 0.266131 | | 7 | -2.317835672 | 1.243861146 |
| 10 | 8 | 0.769221 | 0.455223 | | 8 | -2.205486748 | 1.371880796 |
| 11 | 9 | 0.963127 | 0.804354 | | 9 | -1.784725656 | 1.614319567 |
| 12 | 10 | 0.777247 | 0.462837 | | 10 | -2.194828568 | 1.376677488 |

**图 5.4 伪蒙特卡罗抽取的例子**

在近似式（5.6）的积分时，抽取的随机性并不是必需的。相反，Winiarski（2003）认为不同维度抽取之间的相关性可能对近似有正的影响，更合意的做法是使得积分区域上的分布尽可能均匀。因此，选择确切抽取次数使得它们具有这些性质，能够将积分误差最小化［进一步的讨论可参见 Niederreiter（1992）或 Fang 和 Wang（1994）］。拟蒙特卡罗（QMC）模拟法几乎与伪蒙特卡罗（PMC）模拟法相同，只不过它们使用确定序列来产生 $u_k^{(r)} \sim U(0,1)$ 中的总体值。在 QMC 方法中，$u_k^{(r)}$ 中的数取自不同智能拟随机序列（也称为低差异序列）。赞成使用 QMC 方法的一种原因在于，与 PMC 模拟相比，QMC 序列能更快速地收敛到数值积分的真值。5.4.7 节将进一步讨论这个问题。

在进行了上述讨论之后，我们现在考虑估计离散选择模型时常用的几种 QMC 方法。特别地，我们重点讨论霍尔顿、随机霍尔顿、洗牌式霍尔顿、索贝尔以及修正的拉丁超立方抽样（MLHS）方法。我们还将讨论对立抽取。下面首先讨论霍尔顿序列。

## □ 5.4.2 霍尔顿序列

霍尔顿序列（Halton，1960）是根据确定性方法，使用质数构建起来的序列。正式地，霍尔顿序列中的第 $r$ 个元素基于质数 $p_k$（其中 $p_k$ 用作第 $k$ 个参数的基数），其获得方法如下：取基 $p_k$ 中的整数 $r$ 的根逆（radical inverse）［根逆法可参见式（5.18）下方文字］，使得：

$$r = \sum_{l=0}^{L} b_l^{(r)} p_k^l \tag{5.17}$$

其中 $0 \leqslant b_l^{(r)} \leqslant p_{k-1}$ 确定了能够代表 $r$ 的基数 $p_k$ 所使用的数字（即解式（5.17）），$L$ 的取值范围取决于 $p_k^L \leqslant r \leqslant p_k^{L+1}$。于是，抽取为

$$u_k^{(r)} = \sum_{l=0}^{L} b_l^{(r)} p_k^{-l-1} \tag{5.18}$$

换句话说，霍尔顿序列构建过程的第 1 步是列举以 10 为基数（即 10 进制）的整数，从 0 开始一直到 $R$，然后将每个值转化为以 $p_k$ 为基数（即 $p_k$ 进制）的整数。例如，取质数 2（即以 2 作为基数，也就是 2 进制），值 0、1、2、3、4 分别转换为 0、1、10、11 和 100。第 2 步，将新构建的值反转到小数点后，转化为小数。这样，0、1、10、11 和 100 分别变为 0、0.1、0.01、0.11 和 0.001。第 3 步，将这些值转回到以 10 为基数的形式（10 进制），从而得到值 0、0.5、0.25、0.75 和 0.125。

为了更详细地说明这个过程，我们以 $R=20$ 说明以 2～37 之间的质数为基数的整数转换。注意，这代

表 12 个维度（基于一个质数的序列称为一个维度，而 2～37 之间一共有 12 个质数，这可得到 12 个序列）。转换步骤如下。

第 1 步：列举以 10 为基数的整数，从 0 列举到 $R$。大多数读者熟悉由 10 个阿拉伯数字（0～9）组成的数。以这种方式组成的阿拉伯数称为十进制，或基于 10 个单位。在以 10 为基数的情形下，个位数 0～9 为一个数字；每个两位数（即 10～99）都由两个数字组成，每个三位数都由三个数字组成，等等。在二进制或以 2 为基数的情形下，只有两个数字可用，即 0 和 1；在以 3 为基数的情形下，有三个数字可用，即 0、1 和 2。对于以 10 或更大的数为基数的情形，需要 10 个以上的数字。遗憾的是，西方社会采用的计数系统仅有 10 个数字可用。（也许巴比伦人使用以 60 为基数的数学系统是正确的！）因此，对于基数 11，我们要有 11 个数字，然而我们仅有 10 个。所以，通常使用大写字母 A、B、C、D、E 等来代表十进制情形下的数 10、11、12、13 和 14 等。表 5.9 给出了以质数 2～37 为基数的情形。

**表 5.9　　以质数 2～37 为基数的转换**

| 10 进制整数 | 质数 2 | 质数 3 | 质数 5 | 质数 7 | 质数 11 | 质数 13 | 质数 17 | 质数 19 | 质数 23 | 质数 29 | 质数 31 | 质数 37 |
|---|---|---|---|---|---|---|---|---|---|---|---|---|
| 0 | 0 | 0 | 0 | 0 | 0 | 0 | 0 | 0 | 0 | 0 | 0 | 0 |
| 1 | 1 | 1 | 1 | 1 | 1 | 1 | 1 | 1 | 1 | 1 | 1 | 1 |
| 2 | 10 | 2 | 2 | 2 | 2 | 2 | 2 | 2 | 2 | 2 | 2 | 2 |
| 3 | 11 | 10 | 3 | 3 | 3 | 3 | 3 | 3 | 3 | 3 | 3 | 3 |
| 4 | 100 | 11 | 4 | 4 | 4 | 4 | 4 | 4 | 4 | 4 | 4 | 4 |
| 5 | 101 | 12 | 10 | 5 | 5 | 5 | 5 | 5 | 5 | 5 | 5 | 5 |
| 6 | 110 | 20 | 11 | 6 | 6 | 6 | 6 | 6 | 6 | 6 | 6 | 6 |
| 7 | 111 | 21 | 12 | 10 | 7 | 7 | 7 | 7 | 7 | 7 | 7 | 7 |
| 8 | 1000 | 22 | 13 | 11 | 8 | 8 | 8 | 8 | 8 | 8 | 8 | 8 |
| 9 | 1001 | 100 | 14 | 12 | 9 | 9 | 9 | 9 | 9 | 9 | 9 | 9 |
| 10 | 1010 | 101 | 20 | 13 | A | A | A | A | A | A | A | A |
| 11 | 1011 | 102 | 21 | 14 | 10 | B | B | B | B | B | B | B |
| 12 | 1100 | 110 | 22 | 15 | 11 | C | C | C | C | C | C | C |
| 13 | 1101 | 111 | 23 | 16 | 12 | 10 | D | D | D | D | D | D |
| 14 | 1110 | 112 | 24 | 20 | 13 | 11 | E | E | E | E | E | E |
| 15 | 1111 | 120 | 30 | 21 | 14 | 12 | F | F | F | F | F | F |
| 16 | 10000 | 121 | 31 | 22 | 15 | 13 | G | G | G | G | G | G |
| 17 | 10001 | 122 | 32 | 23 | 16 | 14 | 10 | H | H | H | H | H |
| 18 | 10010 | 200 | 33 | 24 | 17 | 15 | 11 | I | I | I | I | I |
| 19 | 10011 | 201 | 34 | 25 | 18 | 16 | 12 | 10 | J | J | J | J |
| 20 | 10100 | 202 | 40 | 26 | 19 | 17 | 13 | 11 | K | K | K | K |

第 2 步：对于表 5.9 中的每个整数，反转数字顺序，并置于小数点之后，从而转换成小数（例如对于整数 100，反转数字顺序后变为 001，置于小数点之后变为 0.001）。我们将字母作为特殊情形，写出其代表的值，并维持不变（即不作上述转换）。表 5.10 给出了转换结果。

第 3 步：对于每个小数，利用式（5.19），转回以 10 为基数的形式：

$$u_k^{(r)} = \sum_{l=1}^{L} b_l^{(r)} / p_k^l \tag{5.19}$$

其中，$p_k$ 是一个质数，被用作第 $k$ 个参数的基数；$b_l^{(r)}$ 是针对抽取 $r$ 的、在小数化之后的第 $l$ 个数字。例如，考虑质数 2 的第 13 个值 0.101 1。根据式（5.19），这个值转换为 $\frac{1}{2^1}+\frac{0}{2^2}+\frac{1}{2^3}+\frac{1}{2^4}=0.687\,5$。类似地，考虑质数 3 的第 20 个抽取，即 0.202。这个数转回以 10 为基数的值为 $\frac{2}{3^1}+\frac{0}{3^2}+\frac{2}{3^3}=0.740\,740\,7$。对于非小数值（即对于那些原来以字母表示的值），转换为以 10 为基数的值的过程比较简单：

$$u_k^{(r)}=b_l^{(r)}/p_k \tag{5.20}$$

因此，考虑（例如）质数 13 产生序列的第 12 个抽取，转换后的值为 $\frac{12}{13}=0.923\,076\,9$。

**表 5.10　　将基数值转换为十进制**

| r | 质数 2 | 质数 3 | 质数 5 | 质数 7 | 质数 11 | 质数 13 | 质数 17 | 质数 19 | 质数 23 | 质数 29 | 质数 31 | 质数 37 |
|---|---|---|---|---|---|---|---|---|---|---|---|---|
| 0 | 0 | 0 | 0 | 0 | 0 | 0 | 0 | 0 | 0 | 0 | 0 | 0 |
| 1 | 0.1 | 0.1 | 0.1 | 0.1 | 0.1 | 0.1 | 0.1 | 0.1 | 0.1 | 0.1 | 0.1 | 0.1 |
| 2 | 0.01 | 0.2 | 0.2 | 0.2 | 0.2 | 0.2 | 0.2 | 0.2 | 0.2 | 0.2 | 0.2 | 0.2 |
| 3 | 0.11 | 0.01 | 0.3 | 0.3 | 0.3 | 0.3 | 0.3 | 0.3 | 0.3 | 0.3 | 0.3 | 0.3 |
| 4 | 0.001 | 0.11 | 0.4 | 0.4 | 0.4 | 0.4 | 0.4 | 0.4 | 0.4 | 0.4 | 0.4 | 0.4 |
| 5 | 0.101 | 0.21 | 0.01 | 0.5 | 0.5 | 0.5 | 0.5 | 0.5 | 0.5 | 0.5 | 0.5 | 0.5 |
| 6 | 0.011 | 0.02 | 0.11 | 0.6 | 0.6 | 0.6 | 0.6 | 0.6 | 0.6 | 0.6 | 0.6 | 0.6 |
| 7 | 0.111 | 0.12 | 0.21 | 0.01 | 0.7 | 0.7 | 0.7 | 0.7 | 0.7 | 0.7 | 0.7 | 0.7 |
| 8 | 0.0001 | 0.22 | 0.31 | 0.11 | 0.8 | 0.8 | 0.8 | 0.8 | 0.8 | 0.8 | 0.8 | 0.8 |
| 9 | 0.1001 | 0.001 | 0.41 | 0.21 | 0.9 | 0.9 | 0.9 | 0.9 | 0.9 | 0.9 | 0.9 | 0.9 |
| 10 | 0.0101 | 0.101 | 0.02 | 0.31 | 10 | 10 | 10 | 10 | 10 | 10 | 10 | 10 |
| 11 | 0.1101 | 0.201 | 0.12 | 0.41 | 0.01 | 11 | 11 | 11 | 11 | 11 | 11 | 11 |
| 12 | 0.0011 | 0.011 | 0.22 | 0.51 | 0.11 | 12 | 12 | 12 | 12 | 12 | 12 | 12 |
| 13 | 0.1011 | 0.111 | 0.32 | 0.61 | 0.21 | 0.01 | 13 | 13 | 13 | 13 | 13 | 13 |
| 14 | 0.0111 | 0.211 | 0.42 | 0.02 | 0.31 | 0.11 | 14 | 14 | 14 | 14 | 14 | 14 |
| 15 | 0.1111 | 0.021 | 0.03 | 0.12 | 0.41 | 0.21 | 15 | 15 | 15 | 15 | 15 | 15 |
| 16 | 0.00001 | 0.121 | 0.13 | 0.22 | 0.51 | 0.31 | 16 | 16 | 16 | 16 | 16 | 16 |
| 17 | 0.10001 | 0.221 | 0.23 | 0.32 | 0.61 | 0.41 | 0.01 | 17 | 17 | 17 | 17 | 17 |
| 18 | 0.01001 | 0.002 | 0.33 | 0.42 | 0.71 | 0.50 | 0.11 | 18 | 18 | 18 | 18 | 18 |
| 19 | 0.11001 | 0.102 | 0.43 | 0.52 | 0.81 | 0.61 | 0.21 | 0.01 | 19 | 19 | 19 | 19 |
| 20 | 0.00101 | 0.202 | 0.04 | 0.62 | 0.91 | 0.71 | 0.31 | 0.11 | 20 | 20 | 20 | 20 |

第 4 步：去掉第一行，即去掉对应于 $r=0$ 的这一行。

使用上面的过程（第 1 步到第 4 步）得到 $R=20$ 的序列，见表 5.11。注意，除了删去序列的第一行即对应于 $r=0$ 的这一行之外，文献通常建议删去对应于 $r=1\sim10$ 的行［参见 Bratley et al.（1992）或 Morokoff 和 Caflisch (1995)］。尽管没有必要，但研究者通常这么做，因为序列可能对研究者选取的起始点敏感。注意，当删除前 $r$ 行（不包括对应于 $r=0$ 的这一行）时，研究者应该构建更长的序列，以便得到足够的抽取数。例如，如果研究者希望使用500个霍尔顿抽取，与此同时，他又删除了前10行，那么他必须构建510个抽取。

**表 5.11　　质数2到37的霍尔顿序列**

| $R$ | 质数 2 | 质数 3 | 质数 5 | 质数 7 | 质数 11 | 质数 13 | 质数 17 | 质数 19 | 质数 23 | 质数 29 | 质数 31 | 质数 37 |
|---|---|---|---|---|---|---|---|---|---|---|---|---|
| 1 | 0.5 | 0.3333333 | 0.2 | 0.1428571 | 0.090909 | 0.0769231 | 0.0588235 | 0.0526316 | 0.0434783 | 0.0344828 | 0.0322581 | 0.027027 |
| 2 | 0.25 | 0.6666667 | 0.4 | 0.2857143 | 0.181818 | 0.1538462 | 0.1176471 | 0.1052632 | 0.0869565 | 0.0689655 | 0.0645161 | 0.0540541 |
| 3 | 0.75 | 0.1111111 | 0.6 | 0.4285714 | 0.272727 | 0.2307692 | 0.1764706 | 0.1578947 | 0.1304348 | 0.1034483 | 0.0967742 | 0.0810811 |
| 4 | 0.125 | 0.4444444 | 0.8 | 0.5714286 | 0.363636 | 0.3076923 | 0.2352941 | 0.2105263 | 0.173913 | 0.137931 | 0.1290323 | 0.1081081 |
| 5 | 0.625 | 0.7777778 | 0.04 | 0.7142857 | 0.454545 | 0.3846154 | 0.2941176 | 0.2631579 | 0.2173913 | 0.1724138 | 0.1612903 | 0.1351351 |
| 6 | 0.375 | 0.2222222 | 0.24 | 0.8571429 | 0.545455 | 0.4615385 | 0.3529412 | 0.3157895 | 0.2608696 | 0.2068966 | 0.1935484 | 0.1621622 |
| 7 | 0.875 | 0.5555556 | 0.44 | 0.0204082 | 0.636364 | 0.5384615 | 0.4117647 | 0.3684211 | 0.3043478 | 0.2413793 | 0.2258065 | 0.1891892 |
| 8 | 0.0625 | 0.8888889 | 0.64 | 0.1632653 | 0.727273 | 0.6153846 | 0.4705882 | 0.4210526 | 0.3478261 | 0.2758621 | 0.2580645 | 0.2162162 |
| 9 | 0.5625 | 0.037037 | 0.84 | 0.3061224 | 0.818182 | 0.6923077 | 0.5294118 | 0.4736842 | 0.3913043 | 0.3103448 | 0.2903226 | 0.2432432 |
| 10 | 0.3125 | 0.3703704 | 0.08 | 0.4489796 | 0.909091 | 0.7692308 | 0.5882353 | 0.5263158 | 0.4347826 | 0.3448276 | 0.3225806 | 0.2702703 |
| 11 | 0.8125 | 0.7037037 | 0.28 | 0.5918367 | 0.008264 | 0.8461538 | 0.6470588 | 0.5789474 | 0.4782609 | 0.3793103 | 0.3548387 | 0.2972973 |
| 12 | 0.1875 | 0.1481481 | 0.48 | 0.7346939 | 0.099174 | 0.9230769 | 0.7058824 | 0.6315789 | 0.5217391 | 0.4137931 | 0.3870968 | 0.3243243 |
| 13 | 0.6875 | 0.4814815 | 0.68 | 0.877551 | 0.190083 | 0.0059172 | 0.7647059 | 0.6842105 | 0.5652174 | 0.4482759 | 0.4193548 | 0.3513514 |
| 14 | 0.4375 | 0.8148148 | 0.88 | 0.0408163 | 0.280992 | 0.0828402 | 0.8235294 | 0.7368421 | 0.6086957 | 0.4827586 | 0.4516129 | 0.3783784 |
| 15 | 0.9375 | 0.2592593 | 0.12 | 0.1836735 | 0.371901 | 0.1597633 | 0.8823529 | 0.7894737 | 0.6521739 | 0.5172414 | 0.483871 | 0.4054054 |
| 16 | 0.03125 | 0.5925926 | 0.32 | 0.3265306 | 0.46281 | 0.2366864 | 0.9411765 | 0.8421053 | 0.6956522 | 0.5517241 | 0.516129 | 0.4324324 |
| 17 | 0.53125 | 0.9259259 | 0.52 | 0.4693878 | 0.553719 | 0.3136095 | 0.0034602 | 0.8947368 | 0.7391304 | 0.5862069 | 0.5483871 | 0.4594595 |
| 18 | 0.28125 | 0.0740741 | 0.72 | 0.6122449 | 0.644628 | 0.3905325 | 0.0622837 | 0.9473684 | 0.7826087 | 0.6206897 | 0.5806452 | 0.4864865 |
| 19 | 0.78125 | 0.4074074 | 0.92 | 0.755102 | 0.735537 | 0.4674556 | 0.1211073 | 0.0027701 | 0.826087 | 0.6551724 | 0.6129032 | 0.5135135 |
| 20 | 0.15625 | 0.7407407 | 0.16 | 0.8979592 | 0.826446 | 0.5443787 | 0.1799308 | 0.0554017 | 0.8695652 | 0.6896552 | 0.6451613 | 0.5405405 |

以上述方式产生的霍尔顿序列将呈现出一定程度的相关性，尤其是较大质数产生的序列之间存在相关性。事实上，当两个较大质数（两个较高维数）产生的序列配对时，样本点位于平行线上，如图5.5所示。在图5.5中，左图画出了$R=1\ 000$时质数2和3产生的霍尔顿序列覆盖的空间；右图画出了$R=1\ 000$时质数61和67（它们分别为第18个和第19个质数，分别对应18维和19维）产生的霍尔顿序列覆盖的空间。如图所示，较高维数的使用导致霍尔顿序列空间的均匀性快速退化；事实上，在仅仅经过五个维度（即质数13及其以后）之后，就已出现明显的退化（Bhat，2001，2003）。

为了破坏这种相关性，研究者提供了几种能让霍尔顿序列随机化的方法。5.2.2节和5.2.3节讨论了其中的两种。然而，使用较高维质数的坏处不仅体现在相关性，还导致了使用更多的抽取。这可以从表5.11看出：通过比较质数2～19（1维到8维）产生的序列以及质数23和更大质数产生的序列，即可看出这一点。

对于第一组序列，霍尔顿序列在再次开始前，覆盖0—1空间至少一次。例如，考察质数19产生的序列，序列从接近于 0 的值开始，在第 18 个抽取时接近于 1；然后，又从接近于 0 的值开始。因此，质数 2～19 产生的序列，在 20 个抽取之内，将在 0 和 1 之间至少完成一次循环。注意，大于 19 的质数产生的序列不会在较少的抽取之内完成循环。事实上，对于质数 37，序列要求 36 个抽取才完成一次循环。因此，较大质数产生的较高维度的霍尔顿序列要求更多的抽取，才能恰当地模拟研究者感兴趣的分布。为了说明这一点，考虑图 5.6，在这里，我们用质数 2 和 3 以及质数 61 和 67 模拟两个多元正态分布，其中 $R=100$。可以看出，尽管这两个图都不能很好地代表多元正态分布，但前一组质数（质数 2 和 3）产生的霍尔顿序列明显比后一组质数（61 和 67）产生的序列表现好。

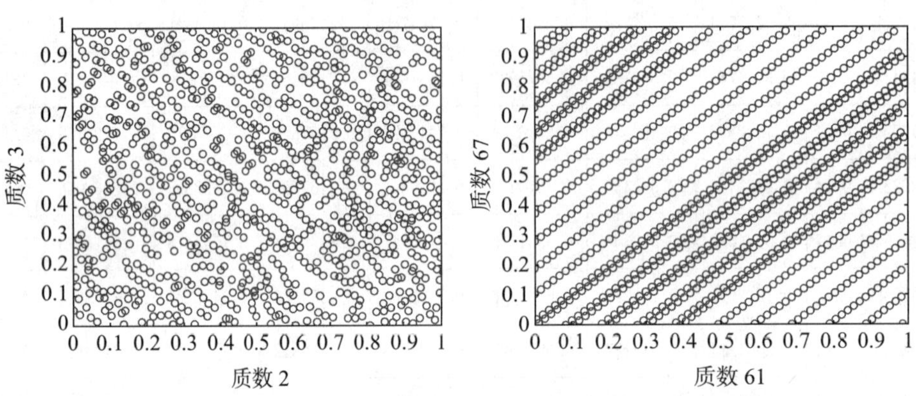


**图 5.5　不同质数产生的霍尔顿序列覆盖的空间（$R$=1 000）**

基于这两组质数，图 5.7 给出了 $R=1\ 000$ 时的两个多元正态分布。由该图可知，在经过 1 000 次抽取后，第一组质数产生的霍尔顿序列的多元正态分布比较接近多元正态分布，而第二组则不然。

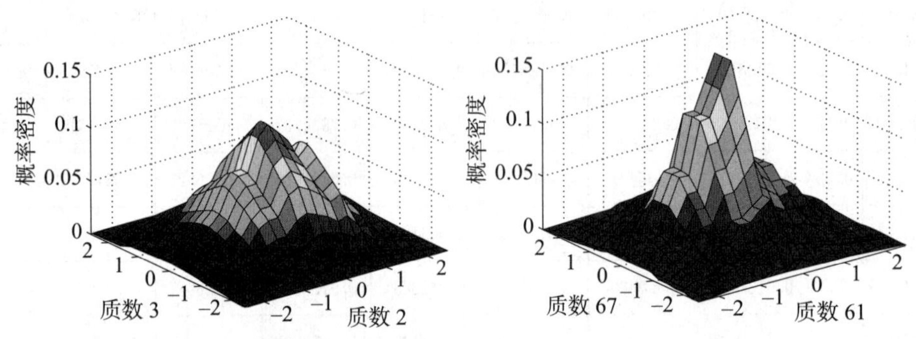


**图 5.6　不同质数产生的霍尔顿序列的多元正态分布（$R$=100）**

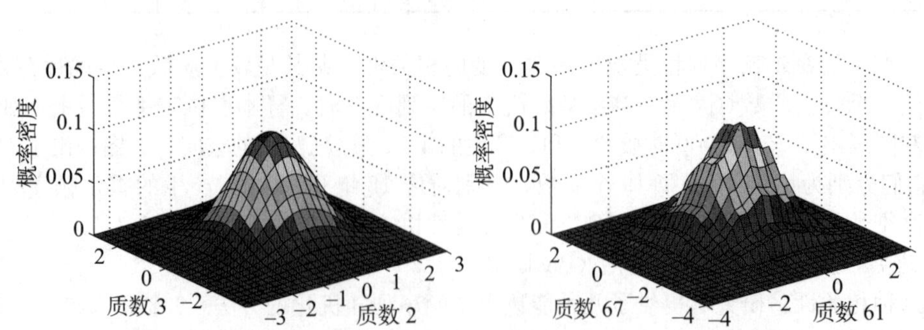


**图 5.7　不同质数产生的霍尔顿序列的多元正态分布（$R$=1 000）**

在使用更大维数的霍尔顿序列时，研究者需要使用更大次数的抽取，为了进一步说明这一点，图 5.8 画出了质数 61 和 63 产生的序列的多元正态分布，其中 $R=5\ 000$。由该图可知，这个抽取次数足以近似多元正态分布，近似效果比 $R=1\ 000$ 时好得多。

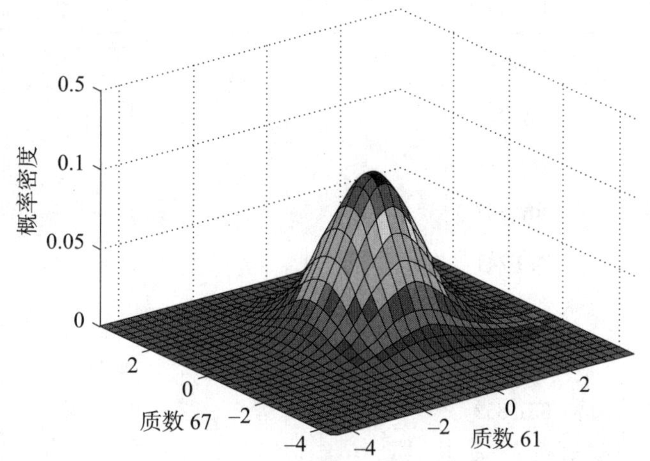


**图 5.8　质数 61 和 67 产生的霍尔顿序列的多元正态分布（$R$=5 000）**

## □ 5.4.3　随机霍尔顿序列

Wang 和 Hickernell（2000）描述了一种将霍尔顿序列随机化的方法。对 $K$ 维中的每一个，产生一个随机数 $Z_k$，$Z_k$ 可以取介于 0 和某个更大数之间的任何整数值。对于每个维度，最后一个序列都是通过删除前 $Z_k$ 次抽取构成的。例如，假设研究者希望模拟两个不同的维度。利用质数 2 和 3，研究者抽取两个随机整数：5 和 8。然后，**随机化**（randomization）过程涉及对质数 2 构建 25 次抽取，对质数 3 构建 28 次抽取。表 5.12 左侧显示了这个构建结果。然后，删除第一个序列中的前 5 次抽取，删除第二个序列中的前 8 次抽取，从而两个序列都正好剩下 20 次抽取。

**表 5.12　　随机化霍尔顿抽取过程：例子**

| $r$ | 质数 2 | 质数 3 | | $r$ | 质数 2 | 质数 3 |
|---|---|---|---|---|---|---|
| 1 | 0.5 | 0.333 333 | | 1 | 0.375 | 0.037 037 |
| 2 | 0.25 | 0.666 667 | | 2 | 0.875 | 0.370 37 |
| 3 | 0.75 | 0.111 111 | | 3 | 0.062 5 | 0.703 704 |
| 4 | 0.125 | 0.444 444 | | 4 | 0.562 5 | 0.148 148 |
| 5 | 0.625 | 0.777 778 | | 5 | 0.312 5 | 0.481 481 |
| 6 | 0.375 | 0.222 222 | | 6 | 0.812 5 | 0.814 815 |
| 7 | 0.875 | 0.555 556 | ➡ | 7 | 0.187 5 | 0.259 259 |
| 8 | 0.062 5 | 0.888 889 | | 8 | 0.687 5 | 0.592 593 |
| 9 | 0.562 5 | 0.037 037 | | 9 | 0.437 5 | 0.925 926 |
| 10 | 0.312 5 | 0.370 37 | | 10 | 0.937 5 | 0.074 074 |
| 11 | 0.812 5 | 0.703 704 | | 11 | 0.031 25 | 0.407 407 |
| 12 | 0.187 5 | 0.148 148 | | 12 | 0.531 25 | 0.740 741 |
| 13 | 0.687 5 | 0.481 481 | | 13 | 0.281 25 | 0.185 185 |
| 14 | 0.437 5 | 0.814 815 | | 14 | 0.781 25 | 0.518 519 |
| 15 | 0.937 5 | 0.259 259 | | 15 | 0.156 25 | 0.851 852 |

续前表

| $r$ | 质数 2 | 质数 3 | $r$ | 质数 2 | 质数 3 |
|---|---|---|---|---|---|
| 16 | 0.031 25 | 0.592 593 | 16 | 0.656 25 | 0.296 296 |
| 17 | 0.531 25 | 0.925 926 | 17 | 0.406 25 | 0.629 63 |
| 18 | 0.281 25 | 0.074 074 | 18 | 0.906 25 | 0.962 963 |
| 19 | 0.781 25 | 0.407 407 | 19 | 0.093 75 | 0.012 346 |
| 20 | 0.156 25 | 0.740 741 | 20 | 0.593 75 | 0.345 679 |
| 21 | 0.656 25 | 0.185 185 | | | |
| 22 | 0.406 25 | 0.518 519 | | | |
| 23 | 0.906 25 | 0.851 852 | | | |
| 24 | 0.093 75 | 0.296 296 | | | |
| 25 | 0.593 75 | 0.629 63 | | | |
| 26 | — | 0.962 963 | | | |
| 27 | — | 0.012 346 | | | |
| 28 | — | 0.345 679 | | | |



注意，使用上述程序将产生序列过程随机化，导致不同序列产生的时间间隔不同，除非随机化过程的种子固定不变。还应该注意，这个随机化过程未必能够破坏相关结构，尤其当研究者用较大质数构建霍尔顿序列时。例如，图 5.9（a）画出了质数 61 和 67 产生的霍尔顿序列覆盖的单位空间，其中 $R=1\ 000$，$Z_{61}=663$，$Z_{67}=931$。从图中可以看出，这里仍出现了以前那种相关结构。图 5.9（b）画出了 $R=1\ 000$ 时的多元正态分布，注意，即使抽取次数为 1 000，近似结果也仍不理想。

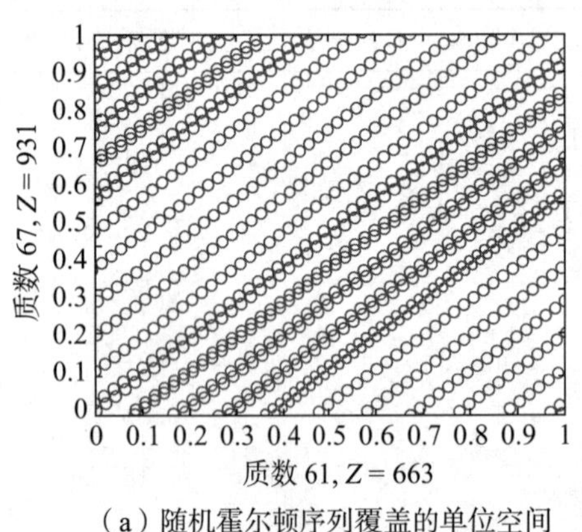


（a）随机霍尔顿序列覆盖的单位空间

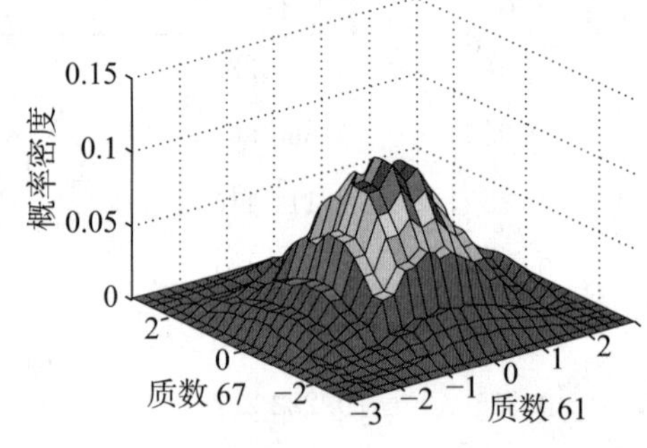


（b）随机霍尔顿序列的多元正态分布

**图 5.9　基于质数 61 和 67 的随机霍尔顿抽取的例子**

## □ 5.4.4　洗牌式霍尔顿序列

本节讨论 Tuffin（1996）提出的洗牌式方法。这种方法的抽取规则为：对维数 $k$ 之内的每个抽取加上一个随机抽取 $\xi_k$；如果这个重构的抽取数位于 0—1 区间之外，则需要再减去 1。也就是：

$$u_k^{(r)'}=\begin{cases}u_k^{(r)}+\xi_k\text{，若 }u_k^{(r)}+\xi_k\leqslant 1\\ u_k^{(r)}+\xi_k-1\text{，其他}\end{cases}\tag{5.21}$$

在以这种方式产生的随机霍尔顿序列中，每个维数的随机抽取是不同的。与随机霍尔顿序列一样，研究者也必须通过设定随机种子来固定随机值，以便比较各次模拟。而且，与随机霍尔顿抽取类似，洗牌式方法未必能解决与高维霍尔顿序列相伴的所有议题。例如，令 $\xi_{61}=0.473\ 28$，$\xi_{67}=0.337\ 09$。图 5.10 和图 5.11 画出了基于质数 61 和 67（18 维和 19 维）、$R=1\ 000$ 和 $R=5\ 000$ 时洗牌式霍尔顿序列覆盖的单位空间，以及相应的多元正态分布。如该图所示，对使用较大质数构建的霍尔顿序列，洗牌式过程似乎不能降低所需的较大抽取次数，也就是说仍需要较大的抽取次数。

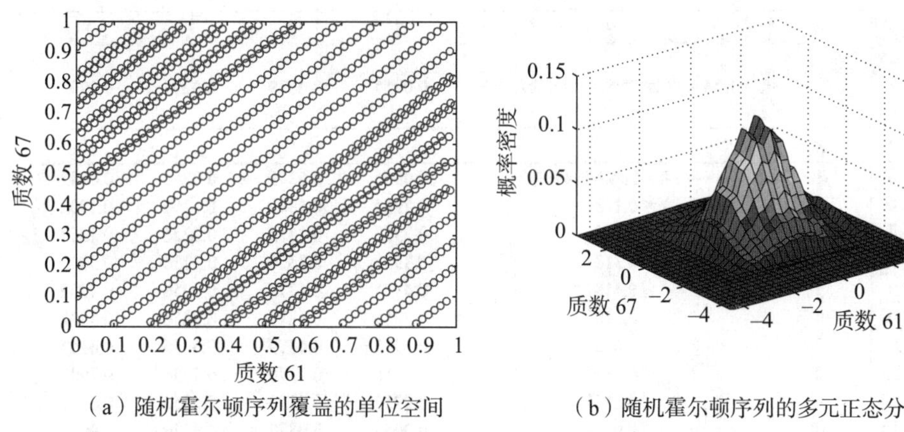

（a）随机霍尔顿序列覆盖的单位空间　　（b）随机霍尔顿序列的多元正态分布

**图 5.10　基于质数 61 和 67 的洗牌式霍尔顿抽取（*R*=1 000）**

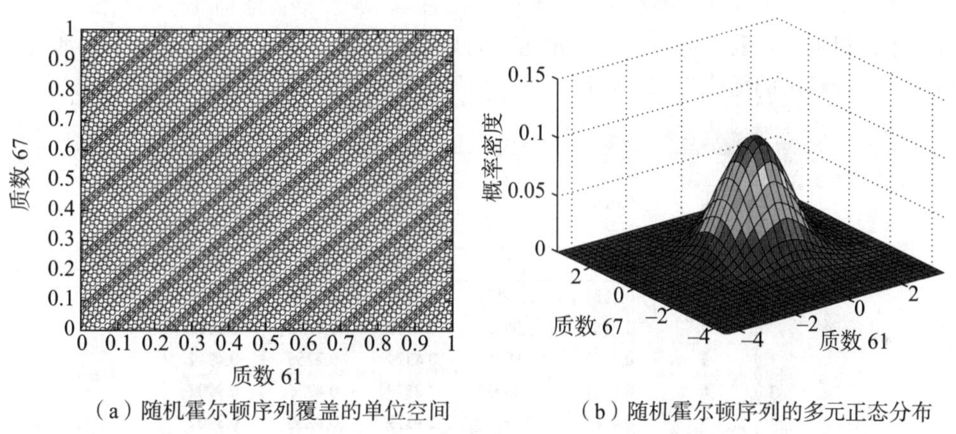

（a）随机霍尔顿序列覆盖的单位空间　　（b）随机霍尔顿序列的多元正态分布

**图 5.11　基于质数 61 和 67 的洗牌式霍尔顿抽取（*R*=5 000）**

## □ 5.4.5　修正的拉丁超立方抽样

Hess et al.（2006）提出的修正的拉丁超立方抽样（MLHS）方法，通过合并随机洗牌式的一维序列（这些序列都由均匀空间点组成）而产生多维序列。正式地，长度为 $R$ 的单个一维序列的构建为

$$u_k^{(r)}=\frac{r-1}{R}+\xi_k,\ r=1,\cdots,R \tag{5.22}$$

其中，$\xi_k$ 是一个介于 0 和 $1/R$ 之间的随机抽取数；这里，对于 $K$ 个维度中的每个维度，都用不同的随机抽取。在由此得到的序列中，相邻抽取之间的距离都等于 $1/R$，满足等距条件。多维序列的构建通过将随机洗牌式一维序列简单组合而成，其中洗牌程序破坏了单个维度之间的相关性。

总结一下 MLHS 方法。这个过程首先列举从 1 到 $R$ 的整数，然后将这些整数都减去 1。例如，假设 $R=5$，我们得到值 0、1、2、3、4（分别由 1、2、3、4、5 减去 1 得到）。然后，将这个序列中的每个值都除以 $R$，由此得到值 0、0.2、0.4、0.6 和 0.8。每个值构成未来每个 MLHS 序列的基数。然后，对每个序列从 0 到 $1/R$ 之间抽取一个不同的随机数，然后加到序列中的每个值上。例如，假设我们抽取的随机值为 0.096，那么序列现在变为 0.096、0.296、0.496、0.696 和 0.896。最后，将序列中的每个随机值随机化。因此，最终的序列可能为0.296、0.896、0.696、0.496和0.096。

我们用 Microsoft Excel 中的 rand 函数说明 MLHS 方法，见图 5.12，该图列出了五个不同序列的 10 个 MLHS 随机抽取。在第 2 行，我们计算 $\xi_k$ 的 rand 抽取：首先计算 $1/R$，然后将这个值乘以每个序列的随机抽取。随机抽取来自基于 Microsoft Excel 的 rand（ ）函数的随机均匀分布。最后，使用式（5.22）计算 MLHS 抽取。

| | A | B | C | D | E | F |
|---|---|---|---|---|---|---|
| 1 | | | | | | |
| 2 | $\xi_k$ | =1/MAX($A$5:$A$14)*RAND() | 0.0955 | 0.0379 | 0.0256 | 0.0902 |
| 3 | | | | | | |
| 4 | R | $u^r{}_1$ | $u^r{}_2$ | $u^r{}_3$ | $u^r{}_4$ | $u^r{}_5$ |
| 5 | 1 | =($A5-1)/$A$14+B$2 | 0.0955 | 0.0379 | 0.0256 | 0.0902 |
| 6 | 2 | 0.1187 | 0.1955 | 0.1379 | 0.1256 | 0.1902 |
| 7 | 3 | 0.2187 | 0.2955 | 0.2379 | 0.2256 | 0.2902 |
| 8 | 4 | 0.3187 | 0.3955 | 0.3379 | 0.3256 | 0.3902 |
| 9 | 5 | 0.4187 | 0.4955 | 0.4379 | 0.4256 | 0.4902 |
| 10 | 6 | 0.5187 | 0.5955 | 0.5379 | 0.5256 | 0.5902 |
| 11 | 7 | 0.6187 | 0.6955 | 0.6379 | 0.6256 | 0.6902 |
| 12 | 8 | 0.7187 | 0.7955 | 0.7379 | 0.7256 | 0.7902 |
| 13 | 9 | 0.8187 | 0.8955 | 0.8379 | 0.8256 | 0.8902 |
| 14 | 10 | 0.9187 | 0.9955 | 0.9379 | 0.9256 | 0.9902 |

**图 5.12 用 Microsoft Excel 演示 MLHS 抽取的产生的例子**

一旦计算出了随机抽取，我们应该固定 $\xi_k$ 的值，否则我们每次在 Excel 中操作时，$\xi_k$ 都会发生变化。最后，研究者应该认定计算出的随机抽取，并且将每一列随机化，如图 5.13 所示。

| | A | B | C | D | E | F |
|---|---|---|---|---|---|---|
| 1 | | | | | | |
| 2 | $\xi_k$ | 0.0187 | 0.0955 | 0.0379 | 0.0256 | 0.0902 |
| 3 | | | | | | |
| 4 | R | $u^r{}_1$ | $u^r{}_2$ | $u^r{}_3$ | $u^r{}_4$ | $u^r{}_5$ |
| 5 | 1 | 0.1187 | 0.7955 | 0.6379 | 0.5256 | 0.1902 |
| 6 | 2 | 0.7187 | 0.9955 | 0.7379 | 0.8256 | 0.5902 |
| 7 | 3 | 0.2187 | 0.6955 | 0.4379 | 0.2256 | 0.4902 |
| 8 | 4 | 0.6187 | 0.0955 | 0.2379 | 0.4256 | 0.9902 |
| 9 | 5 | 0.4187 | 0.1955 | 0.9379 | 0.9256 | 0.3902 |
| 10 | 6 | 0.3187 | 0.8955 | 0.5379 | 0.6256 | 0.0902 |
| 11 | 7 | 0.5187 | 0.5955 | 0.0379 | 0.3256 | 0.7902 |
| 12 | 8 | 0.7187 | 0.3955 | 0.3379 | 0.1256 | 0.8902 |
| 13 | 9 | 0.9187 | 0.2955 | 0.1379 | 0.7256 | 0.2902 |
| 14 | 10 | 0.8187 | 0.4955 | 0.8379 | 0.0256 | 0.6902 |

**图 5.13 用 Microsoft Excel 演示 MLHS 抽取的随机化**

### □ 5.4.6 索贝尔序列

与霍尔顿序列一样，索贝尔序列（Sobol，1967）也是确定型的概率序列。然而，与霍尔顿序列不同，索贝尔序列的所有维度都基于质数 2，但伴随不同的排列。因此，使用小质数作为基，将导致循环长度较短，这通常不会出现在使用较大质数的霍尔顿序列中（循环一次的时间较长）。不同维度的多维索贝尔序列的产生过程使用相同的步骤。此处简要介绍这个过程，对细节感兴趣的读者可参见 Galanti 和 Jung（1997）。这个过程首先产生一组 $r$ 个奇数 $m_r$，使得 $0 < m_r < 2^r$。为了产生这些整数，我们首先获得以 2 为模的本原多项式的系数。系数 $c_q$ 的取值为 0 或 1，它们是我们关注的值。$d$ 次本原多项式为

$$P = x^d + c_1 x^{d-1} + c_2 x^{d-2} + \cdots + c_{d-1} x + 1 \tag{5.23}$$

表 5.13 列出了前五个本原多项式，其中第一维使用第一个本原多项式，第二维使用第二个，依此类推。对于更高维，可能存在多个本原多项式，研究者可从中随机选择一个。

**表 5.13　　本原多项式的例子**

| 次数 | 本原多项式 | |
|---|---|---|
| 0 | 1 | — |
| 1 | $x+1$ | — |
| 2 | $x^2+x+1$ | — |
| 3 | $x^3+x+1$ | $x^3+x^2+1$ |

然后，使用本原多项式的系数和 $r>d$ 的递归关系，找到每个抽取 $r$ 的 $m_r$，使得：

$$m_r = 2c_1m_{r-1} \oplus 2^2c_2m_{r-2} \oplus \cdots \oplus 2^{d-1}c_{d-1}m_{r-d+1} \oplus 2^dc_{r-d}m_{r-d} \tag{5.24}$$

其中，$c_1, c_2, \cdots, c_{d-1}$ 是 $d$ 次本原多项式的系数，$\oplus$为按位异或（exclusive-or，EOR）操作。例如，扩展到基数 2 的 $14 \oplus 8$ 为

$$01110 \oplus 11000 = 10110$$

由于式（5.24）仅对 $r>d$ 产生 $m_r$ 值，因此，前“$d$”个奇数不是研究者构造的而是提供的。研究者可以选择满足条件 $0<m_r<2^r$ 的任何奇数值。然后，研究者需要构造一组方向数：将每个 $m_r$ 值转换为基数 2 系统中的二进制分式，使得：

$$v(r) = (\text{基数 2 系统中的})\,\frac{m_r}{2^r} \tag{5.25}$$

一旦我们计算出了方向数，一组非负整数（$n=0,1,2,\cdots,R-1$）就转化为以 2 为基数的形式。最后，对于 $n=0,1,2,\cdots,R-1$，第 $r$ 个索贝尔数 $\phi(r)$ 可用 Antonov 和 Saleev（1979）递归算法计算：

$$\phi(n+1) = \phi(n) \oplus v(q) \tag{5.26}$$

其中，$\phi(0)=0$，$v(q)$ 是第 $q$ 个方向数，$q$ 是最右侧的零位（基数 2 系统）。例如，$n=9$，在基数 2 系统中为 1001，其最右侧的零值对应 $q=2$。

为了说明这一点，我们用 3 次本原多项式说明如何构建前六个索贝尔抽取：

$$P = x^3 + c_1x^2 + 1 = 1\cdot x^3 + 1\cdot x^2 + 0\cdot x + 1$$

这意味着 $c_1=1$，$c_2=0$。于是，递推关系（式（5.24））变为

$$m_r = 2m_{r-1} \oplus 2^3m_{r-3} \oplus m_{r-3}$$

将 $m_1$、$m_2$ 和 $m_3$ 的值分别任意选为 1、3 和 7，于是，对于 $r=4\sim6$，我们得到了 $m_r$ 和 $v(r)$ 的值，如表 5.14 所示。

**表 5.14　　构建索贝尔抽取的例子**

| | | | | 基数 2 转换 | | | | 基数 10 | 基数 2 | |
|---|---|---|---|---|---|---|---|---|---|---|
| $r$ | $2m_{i-1}$ | $2^3m_{i-3}$ | $2m_{i-3}$ | $2m_{i-1}$ | $2^3m_{i-3}$ | $2m_{i-3}$ | $m_r$ | $v(r)$ | $v(r)$ | $\phi(r)$ |
| 1 | — | — | — | — | — | — | 1 | 1/2 | 0.1 | 0.5 |
| 2 | — | — | — | — | — | — | 3 | 3/4 | 0.11 | 0.25 |
| 3 | — | — | — | — | — | — | 7 | 7/8 | 0.111 | 0.75 |
| 4 | 14 | 8 | 1 | 1110 | 1000 | 1 | 7 | 7/16 | 0.0111 | 0.125 |
| 5 | 14 | 24 | 3 | 1110 | 11000 | 11 | 23 | 23/32 | 0.10111 | 0.625 |
| 6 | 46 | 56 | 7 | 101110 | 111000 | 111 | 17 | 17/64 | 0.010001 | 0.375 |

最后一步涉及实际抽取本身的计算。例如，对于第一次抽取，我们将 $n=0$ 的二进制形式写为 0.0，因

此 $q=1$，这意味着我们对式（5.25）使用 $v(1)$。因此，对于第一次抽取，我们有 $\phi(1)=\phi(0)\oplus v(1)=0.1\oplus 0.1=0.1$，转换为基数 10 的形式，得到值 0.5。对于第二次抽取，假设 $n=1$，它的二进制为 0.01，所以，最右侧的零值对应 $q=2$。因此，对于第二次抽取，我们有 $\phi(2)=\phi(1)\oplus v(2)=0.10\oplus 0.11=0.01$，转换为基数 10 的形式，得到值 0.25。以类似方法，可得到剩下的值。表 5.14 演示了整个过程。

表 5.15 给出了索贝尔序列前 10 维的前 10 个索贝尔抽取。

**表 5.15　　　　索贝尔抽取**

| R | 1 | 2 | 3 | 4 | 5 | 6 | 7 | 8 | 9 | 10 |
|---|---|---|---|---|---|---|---|---|---|---|
| 1 | 0.500 0 | 0.500 0 | 0.500 0 | 0.500 0 | 0.500 0 | 0.500 0 | 0.500 0 | 0.500 0 | 0.500 0 | 0.500 0 |
| 2 | 0.750 0 | 0.250 0 | 0.750 0 | 0.250 0 | 0.750 0 | 0.250 0 | 0.750 0 | 0.2500 | 0.2500 | 0.750 0 |
| 3 | 0.250 0 | 0.750 0 | 0.250 0 | 0.750 0 | 0.250 0 | 0.750 0 | 0.250 0 | 0.750 0 | 0.750 0 | 0.250 0 |
| 4 | 0.375 0 | 0.375 0 | 0.625 0 | 0.125 0 | 0.875 0 | 0.875 0 | 0.125 0 | 0.625 0 | 0.125 0 | 0.875 0 |
| 5 | 0.875 0 | 0.875 0 | 0.125 0 | 0.625 0 | 0.375 0 | 0.375 0 | 0.625 0 | 0.125 0 | 0.625 0 | 0.375 0 |
| 6 | 0.625 0 | 0.125 0 | 0.375 0 | 0.375 0 | 0.125 0 | 0.625 0 | 0.875 0 | 0.875 0 | 0.375 0 | 0.125 0 |
| 7 | 0.125 0 | 0.625 0 | 0.875 0 | 0.875 0 | 0.625 0 | 0.125 0 | 0.375 0 | 0.375 0 | 0.875 0 | 0.625 0 |
| 8 | 0.187 5 | 0.312 5 | 0.312 5 | 0.687 5 | 0.562 5 | 0.187 5 | 0.062 5 | 0.937 5 | 0.187 5 | 0.062 5 |
| 9 | 0.687 5 | 0.812 5 | 0.812 5 | 0.187 5 | 0.062 5 | 0.687 5 | 0.562 5 | 0.437 5 | 0.687 5 | 0.562 5 |
| 10 | 0.937 5 | 0.062 5 | 0.562 5 | 0.937 5 | 0.312 5 | 0.437 5 | 0.812 5 | 0.687 5 | 0.437 5 | 0.812 5 |

图 5.14 画出了基于维数 1 和 2（左图）、维数 19 和 20（右图）的 250 个索贝尔抽取在单位空间中的分布。尽管在高维中，模式变得很难辨认，然而，给定相同的抽取数，它仍比霍尔特序列好。然而，正如图 5.15 所示，抽取数要足够多，以模拟多元分布；在这种情形下，文献对多元正态分布的使用似乎还不够多。

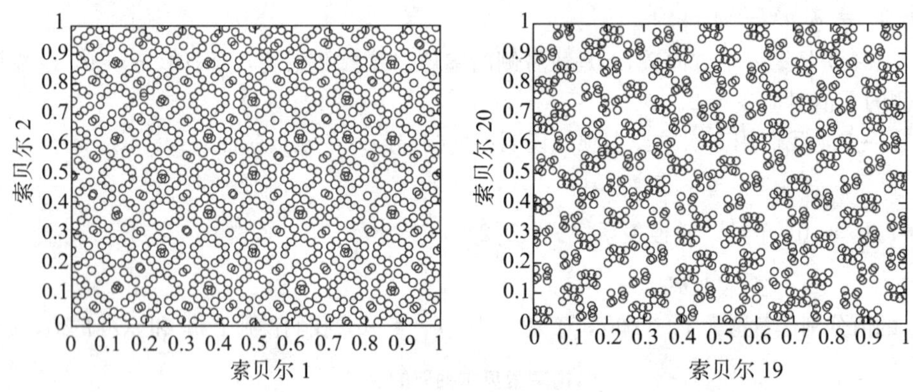


**图 5.14　索贝尔序列的覆盖范围**

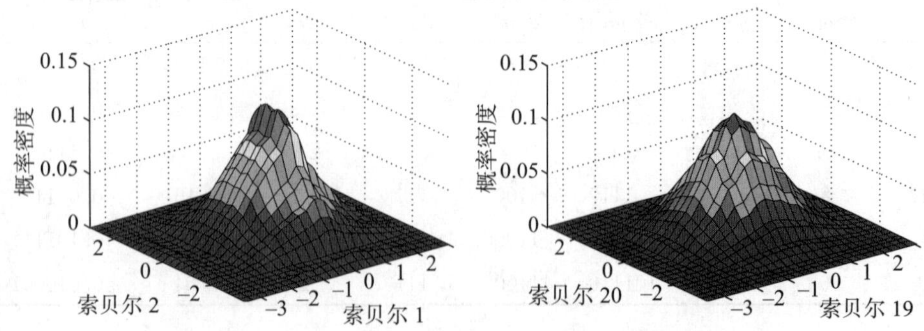


**图 5.15　基于不同维数组的索贝尔序列的多元正态分布（R=250）**

需要指出，索贝尔序列也可以随机化或洗牌化，其方法与霍尔顿序列的随机化或洗牌化相同（参见5.4.2节和5.4.3节），但我们不打算在这里进行这种操作。

### □ 5.4.7 对偶序列

作为一种方法，对偶序列是对任何其他类型的序列做出的系统性的修改，因此适用于伪蒙特卡罗（PMC）或任何拟蒙特卡罗（QMC）方法。但与前面几节描述的其他方法不同，对偶序列的产生首先要求给定其他形式的序列。对偶序列的产生方法为从现有密度中取值，用这些值构建新的抽取——将这些值以原来密度的中点为中心进行反射。例如，假设标准均匀密度以0和1为界点，以0.5为中心，那么，抽样 $d_1$ 的对偶变量可以构建为 $d_2=1-d_1$。

在 $k$ 维问题情形下，对偶抽取的常用方法是，构建原变量和对偶变量的全因子。因此，原序列的每个抽取将导致 $2^k$ 个抽取。例如，考虑伴随三个随机参数的霍尔顿序列。具体地说，考虑与 $r_{11}$ 相伴的抽取：$d_{11}=[d_{11}^1, d_{11}^2, d_{11}^3]=[0.8125, 0.7037, 0.2800]$。由此得到的对偶抽取为

$$\begin{bmatrix} d_{11,1} \\ d_{11,2} \\ d_{11,3} \\ d_{11,4} \\ d_{11,5} \\ d_{11,6} \\ d_{11,7} \\ d_{11,8} \end{bmatrix} = \begin{bmatrix} d_{11}^1 & d_{11}^2 & d_{11}^3 \\ 1-d_{11}^1 & d_{11}^2 & d_{11}^3 \\ d_{11}^1 & 1-d_{11}^2 & d_{11}^3 \\ d_{11}^1 & d_{11}^2 & 1-d_{11}^3 \\ 1-d_{11}^1 & 1-d_{11}^2 & d_{11}^3 \\ 1-d_{11}^1 & d_{11}^2 & 1-d_{11}^3 \\ d_{11}^1 & 1-d_{11}^2 & 1-d_{11}^3 \\ 1-d_{11}^1 & 1-d_{11}^2 & 1-d_{11}^3 \end{bmatrix} = \begin{bmatrix} 0.8125 & 0.7037 & 0.2800 \\ 0.1875 & 0.7037 & 0.2800 \\ 0.8125 & 0.2963 & 0.2800 \\ 0.8125 & 0.7037 & 0.7200 \\ 0.1875 & 0.2963 & 0.2800 \\ 0.1875 & 0.7037 & 0.7200 \\ 0.8125 & 0.2963 & 0.7200 \\ 0.1875 & 0.2963 & 0.7200 \end{bmatrix} \tag{5.27}$$

使用对偶抽取时，研究者需要注意的一个问题是，抽取数为 $2^k$ 的倍数。也就是说，对偶抽取与霍尔顿、索贝尔、修正的拉丁超立方（MLHS）抽取的不同之处在于，对于后面这些抽取法，研究者可以设定任何 $R$ 值，但对于对偶抽取，研究者需要选取既定的 $R$ 值。抽取数必须为 $2^k$ 的倍数，这个限制条件意味着最小抽取数可能存在着下界。因此，与其他抽取方法相比，对偶抽取法的估计耗时可能很长。

### □ 5.4.8 伪蒙特卡罗和拟蒙特卡罗的收敛速度

在实践中，研究者关注模拟需要的计算耗时的缩短以及模拟本身数值误差的减少。这两个问题都与模拟收敛到真实值的速度有关。好几种方法都能够减少模拟误差；然而，最简单的方法就是增加抽取数 $R$。然而，这种做法会导致计算时间增加。另外一种方法是使用更智能的抽取。对于伪蒙特卡罗（PMC），收敛速率为 $O(1/\sqrt{R})$（Niederreiter，1992），而在最优环境中，收敛速率为 $O(1/R)$ 或 $O((\ln(R))^K/R)$，其中 $K$ 为维数的上限［例如，参见 Caflisch（1998）或 Asmussen 和 Glynn（2007）］。由这些公式得到的值代表蒙特卡罗方法（PMC或QMC）的数值积分产生的概率误差界限。注意，PMC模拟法的收敛速度与估计的维数无关，这与QMC法的最优情形类似。然而，在理论上，QMC法的收敛速度一般取决于维数（因为通常达不到最优条件），因此，与PMC法相比，QMC法的收敛速度慢。基于上述讨论，表5.16给出了PMC和QMC模拟法的收敛速度。

**表 5.16　PMC和QMC模拟法的收敛速度**

| | | | QMC | |
|---|---|---|---|---|
| $R$ | $K$ | PMC | $O(1/R)$ | $O((\ln(R))^K/R)$ |
| 50 | 1 | 0.141 42 | 0.020 00 | 0.078 24 |
| 100 | 2 | 0.100 00 | 0.010 00 | 0.212 08 |
| 100 | 5 | 0.100 00 | 0.010 00 | 20.712 30 |

续前表

| QMC | | | | |
|---|---|---|---|---|
| $R$ | $K$ | PMC | $O(1/R)$ | $O((\ln(R))^K/R)$ |
| 1 000 | 1 | 0.031 62 | 0.001 00 | 0.006 91 |
| 1 000 | 2 | 0.031 62 | 0.001 00 | 0.047 72 |
| 1 000 | 5 | 0.031 62 | 0.001 00 | 15.728 41 |
| 5 000 | 1 | 0.014 14 | 0.000 20 | 0.001 70 |
| 5 000 | 2 | 0.014 14 | 0.000 20 | 0.014 51 |
| 5 000 | 5 | 0.014 14 | 0.000 20 | 8.964 22 |
| 5 000 | 10 | 0.014 14 | 0.000 20 | 401 786.164 90 |
| 10 000 | 5 | 0.010 00 | 0.000 10 | 6.627 94 |
| 10 000 | 10 | 0.010 00 | 0.000 10 | 439 295.546 28 |
| 10 000 | 15 | 0.010 00 | 0.000 10 | 29 116 233 957.873 00 |
| 10 000 | 20 | 0.010 00 | 0.000 10 | 1 929 805 769 851 870.000 00 |

注意，QMC的概率误差下界总比PMC的概率误差下界小。一般来说，对于大于5的维数，QMC法的上界小于PMC法的上界；然而，在实践中，QMC法的收敛速度通常比理论上界指示的速度慢得多。因此，研究者通常认为，随着$R$增加，QMC法的准确度增加比PMC法快［进一步的讨论可参见Asmussen和Glynn (2007)］。

上面的讨论大致总结了文献中的一般观点；然而，当模拟对象涉及非线性转换时，上面的讨论可能不成立。当使用离散选择模型时，由于最大似然函数的模拟要求估计模拟选择概率的对数形式，问题就出现了。因此，对于给定的抽取数$R$，尽管模拟概率本身可能对真实概率是无偏的，但概率的对数形式可能不是无偏的。如果事实如此，那么模拟最大似然函数也将有偏。尽管这个偏差将随着$R$增加而减小，但研究者必须考虑选择观察点的个数的影响。Train (2009) 讨论了这些问题，因此，我们在这里不详细讨论，仅给出大致观点。

首先，正如Train (2009) 指出的，如果$R$固定不变，那么随着样本$S$中观察点数量的增加，模拟最大似然函数将不能收敛到真实参数估计值。如果$R$的增速与$S$的增速相同，则模拟最大似然函数将是一致的；然而，估计量将不是渐近正态的，这意味着我们无法估计标准误（参见5.7节）。的确，为了使模拟最大似然函数是一致的、渐近正态的和有效率的，$R$的增速必须大于$\sqrt{s}$，在这种情形下，它等于最大似然估计量。这个事实的推论是，随着样本中观察点数量的增加，抽取数也应该增加。

## 5.5 相关与从密度中抽取

到目前为止，我们的讨论一直隐含地假设随机参数是从一元分布中抽取的。这是因为在前面描述的模拟过程中，每个随机估计，无论它是随机偏好参数还是随机误差项，都被指定给唯一的PMC或QMC序列。在理论上，序列之间彼此不相关，但在实践中并非这样。我们在前文已指出，不同维数的抽取之间的相关性对待估积分的近似有正的影响。在描述各种QMC方法时，我们画出了抽样在0—1空间的覆盖范围，并将这种模式归结为相关性。为了进一步说明这个问题，我们在表5.17中给出了霍尔顿序列前12维的相关结构，其中$R$分别为50、100、500和1 000。正如该表所示，当抽取数$R$较低时，几个序列明显相关。然而，注意，随着抽取数$R$增加，相关程度降低。尽管抽样之间的相关性也许有助于积分估计，然而它对结果的解释也有影响。例如，令：

$$\begin{aligned}\beta_{n1} &= \bar{\beta}_1 \pm \eta_1 z_{n1} \\ &= \bar{\beta}_1 \pm \omega_1 \\ \beta_{n2} &= \bar{\beta}_2 \pm \eta_2 z_{n2} \\ &= \bar{\beta}_2 \pm \omega_2\end{aligned} \tag{5.28}$$

代表两个随机参数，其中 $z_{n1}$ 和 $z_{n2}$ 从两个一元分布（例如标准正态分布）中随机抽出；$\bar{\beta}_k$ 和 $\eta_k$ 是这两个分布的均值和离差参数，其中 $k=1, 2$。令 $\omega_1$ 和 $\omega_2$ 分别表示这两个分布的模拟标准差。给定上述条件，我们注意到如果 $z_{n1}$ 和 $z_{n2}$ 相关，那么根据定义，$\omega_1$ 和 $\omega_2$ 必定相关，$\beta_{n1}$ 和 $\beta_{n2}$ 也必定相关。因此，尽管研究者假设 $\beta_{n1}$ 和 $\beta_{n2}$ 彼此独立，并在此基础上解释模型，但模拟过程导致这两个随机参数相关（或协相关）。

随机项之间存在相关性，这个假设没有多大问题，我们不必担心。事实上，在实践中，决策者对不同属性的一些或所有偏好可能相关。例如，时间和成本之间的权衡可能使得对时间敏感的决策者对成本不怎么敏感，对成本敏感的决策者对时间不怎么敏感。在这种情形下，我们可以预期时间偏好和成本偏好负相关。类似地，probit 模型的灵活性允许随机误差项之间相关。在这两种情形下，随机估计值应从不相关的一元密度中抽出的假设不再成立。问题在于，从上文描述的一元密度中取样，相关程度是模型的输入量，除了使用不同数值和抽样类型外，研究者对检索没有任何控制力，除非进行事后估计模拟。

解决方法在于不从若干一元分布中抽取，而直接从多元分布中抽取。在这样操作时，我们应该能估计随机项的协方差，从而恢复估计值之间的相关程度。遗憾的是，这种方法并不简单，到目前为止只有多元正态分布符合要求。这个过程需要使用乔利斯基因式分解或使用乔利斯基转换。令 $\beta_n$ 是一个由 $K$ 个正态分布元素组成的向量，使得：

$$\beta_n \sim N(\bar{\beta}, \Omega_r) \tag{5.29}$$

其中，$\Omega_r$ 是 $\beta_n$ 的协方差矩阵。注意，$\Omega_r$ 与第 4 章介绍的协方差矩阵 $\Omega_e$ 不同。$\Omega_e$ 是误差项的协方差矩阵，而 $\Omega_r$ 是随机参数估计值的协方差。

在多元情形下，我们的目的是估计 $\Omega_r$ 的所有元素。这包括对非对角线元素的估计，它们表示随机参数估计值之间的协方差（因此是协相关的）。乔利斯基因式分解涉及构建一个下三角矩阵 $C$，使得 $\Omega_r = CC'$，如式（5.30）所示：

$$\begin{pmatrix}\eta_{11} & \eta_{21} & \eta_{31} & \eta_{41} \\ \eta_{21} & \eta_{22} & \eta_{32} & \eta_{42} \\ \eta_{31} & \eta_{32} & \eta_{33} & \eta_{43} \\ \eta_{41} & \eta_{42} & \eta_{43} & \eta_{44}\end{pmatrix} = \begin{pmatrix}s_{11} & 0 & 0 & 0 \\ s_{21} & s_{22} & 0 & 0 \\ s_{31} & s_{32} & s_{33} & 0 \\ s_{41} & s_{42} & s_{43} & s_{44}\end{pmatrix}\begin{pmatrix}s_{11} & s_{21} & s_{31} & s_{41} \\ 0 & s_{22} & s_{32} & s_{42} \\ 0 & 0 & s_{33} & s_{43} \\ 0 & 0 & 0 & s_{44}\end{pmatrix} \tag{5.30}$$

乔利斯基分解矩阵是式（5.30）中第一个等式后面的矩阵，它是一个下三角矩阵，对角线右上方的元素都为零。为了计算给定 $\Omega_r$ 时的乔利斯基分解矩阵，我们使用下列式子：

$$s_{ll} = \sqrt{\eta_{ll} - \sum_{m=1}^{l-1} s_{lm}^2}\text{（对角线元素的计算）} \tag{5.31a}$$

$$s_{kl} = \frac{1}{s_{ll}}\left(\eta_{kl}\sum_{m=1}^{l-1} s_{km}s_{lm}\right)\text{，对于 } k > l \text{（非对角线元素的计算）} \tag{5.31b}$$

一旦计算出这些元素，我们就可以确定 $\omega_k$ 的值：

$$\begin{pmatrix}\omega_1 \\ \omega_2 \\ \omega_3 \\ \omega_4\end{pmatrix} = \left(\begin{pmatrix}s_{11} & 0 & 0 & 0 \\ s_{21} & s_{22} & 0 & 0 \\ s_{31} & s_{32} & s_{33} & 0 \\ s_{41} & s_{42} & s_{43} & s_{44}\end{pmatrix}\right)\begin{pmatrix}z_1 \\ z_2 \\ z_3 \\ z_4\end{pmatrix} \tag{5.32}$$

由此可得：

$$
\begin{aligned}
\omega_1 &= s_{11}z_1 \\
\omega_2 &= s_{21}z_1 + s_{22}z_2 \\
\omega_3 &= s_{31}z_1 + s_{32}z_2 + s_{33}z_3 \\
\omega_4 &= s_{41}z_1 + s_{42}z_2 + s_{43}z_3 + s_{44}z_4
\end{aligned} \tag{5.33}
$$

其中，$s_{kl}$ 为待估参数，$z_k$ 为来自一元标准正态分布的抽样。

**【题外话】**

在实践中，我们不用式（5.31a）～式（5.31b）。正如上面指出的，我们估计的是 $C$ 中的元素而不是 $\Omega_r$ 中的元素。也就是说，在实践中，我们计算的是矩阵 $C$，然后用其确定 $\Omega_r$。式（5.31a）～式（5.31b）假设 $\Omega_r$ 已知，然后用其计算 $C$ 的元素。因此，这些公式的目的仅在于说明这两个矩阵之间的关系（参见附录 5A）。

由式（5.33）可知，乔利斯基分解过程使得基于 $K$ 个独立因子 $z_k$ 的 $K$ 个项变得相关。例如，在式（5.33）中，由于受 $z_1$ 的共同影响，$w_2$ 和 $w_1$ 相关。注意，$w_2$ 和 $w_1$ 不是完全相关，因为 $z_2$ 仅影响 $\omega_2$，不影响 $\omega_1$。对于其他任何一对 $\omega_k$，我们都能得到类似的相关模式。

为了说明这一点，假设下列乔利斯基矩阵来自某个虚构的模型：

$$
C = \begin{pmatrix} 1.361 & 0 & 0 & 0 \\ 0.613 & 0.094 & 0 & 0 \\ -0.072 & -0.037 & 0.219 & 0 \\ 0.106 & 0.109 & -0.095 & 0.039 \end{pmatrix} \tag{5.34}
$$

使得：

$$
\begin{aligned}
\omega_1 &= 1.361z_1 \\
\omega_2 &= 0.613z_1 + 0.094z_2 \\
\omega_3 &= -0.072z_1 - 0.037z_2 + 0.219z_3 \\
\omega_4 &= 0.106z_1 + 0.109z_2 - 0.095z_3 + 0.039z_4
\end{aligned} \tag{5.35}
$$

给定上述估计值，计算随机项 $\Omega_r$ 的协方差矩阵，可得：

$$
\begin{aligned}
\Omega_r &= \begin{pmatrix} 1.361 & 0 & 0 & 0 \\ 0.613 & 0.094 & 0 & 0 \\ -0.072 & -0.037 & 0.219 & 0 \\ 0.106 & 0.109 & -0.095 & 0.039 \end{pmatrix} \begin{pmatrix} 1.361 & 0.613 & -0.072 & 0.106 \\ 0 & 0.094 & -0.037 & 0.109 \\ 0 & 0 & 0.219 & -0.095 \\ 0 & 0 & 0 & 0.039 \end{pmatrix} \\
&= \begin{pmatrix} 1.853 & 0.835 & -0.098 & 0.144 \\ 0.835 & 0.385 & -0.048 & 0.075 \\ -0.098 & -0.048 & 0.055 & -0.033 \\ 0.144 & 0.075 & -0.033 & 0.034 \end{pmatrix}
\end{aligned} \tag{5.36}
$$

注意，当 $s_{kl} = 0, \forall k \neq l$ 时，多元情形将退化为一元情形，即

$$
\begin{pmatrix} \eta_{11} & 0 & 0 & 0 \\ 0 & \eta_{22} & 0 & 0 \\ 0 & 0 & \eta_{33} & 0 \\ 0 & 0 & 0 & \eta_{44} \end{pmatrix} = \begin{pmatrix} s_{11} & 0 & 0 & 0 \\ 0 & s_{22} & 0 & 0 \\ 0 & 0 & s_{33} & 0 \\ 0 & 0 & 0 & s_{44} \end{pmatrix} \begin{pmatrix} s_{11} & 0 & 0 & 0 \\ 0 & s_{22} & 0 & 0 \\ 0 & 0 & s_{33} & 0 \\ 0 & 0 & 0 & s_{44} \end{pmatrix} \tag{5.37}
$$

给定协方差矩阵 $\Omega_r$，随机项之间的相关结构的计算是一个简单过程：

$$
\rho(\eta_k, \eta_l) = \frac{\mathrm{Cov}(\eta_k, \eta_l)}{\sigma_{\eta_k} \times \sigma_{\eta_l}} \tag{5.38}
$$

请读者验证，给定式（5.36）中的协方差矩阵，随机参数之间的相关结构为

$$\rho(\eta_k,\eta_l)=\begin{pmatrix}1.000 & 0.988 & -0.310 & 0.576\\ 0.988 & 1.000 & -0.330 & 0.660\\ -0.310 & -0.330 & 1.000 & -0.759\\ 0.576 & 0.660 & -0.759 & 1.000\end{pmatrix} \tag{5.39}$$

为了说明这个过程，现在假设四个随机项参数的矩分别为 $\beta_1 \sim N(-0.5, 0.1)$，$\beta_2 \sim N(0.25, 0.05)$，$\beta_3 \sim N(-1.00, 0.60)$ 和 $\beta_4 \sim N(0.80, 0.20)$。进一步假设随机参数之间是相关的，其中 $C$ 等于式（5.34）。给定这个信息，计算步骤分四步。

第 1 步：对于每个随机参数 $k$，抽样 $R$ 是在区间［0，1］上独立的均匀分布的随机数。例如，图 5.16 画出了 $K=4$ 个参数时霍尔顿序列产生的前 15 个抽样，其中 $R=100$。

第 2 步：将 $R$ 个独立均匀分布的随机数转换为标准正态分布。图 5.17 说明了使用 Microsoft Excel 公式 normsinv（ ）的转换结果（参见单元格 I22)。正如该图所示，一元标准正态分布有趋近于零的相关结构（见表 5.17)。

| | A | B | C | D | E |
|---|---|---|---|---|---|
| 1 | | **Parameter moments** | | | |
| 2 | | **$R_1$** | **$R_2$** | **$R_3$** | **$R_4$** |
| 3 | mu | -0.5 | 0.25 | -1 | 0.8 |
| 4 | std dev. | 0.1 | 0.05 | 0.6 | 0.2 |
| 5 | | | | | |
| 6 | | **Cholesky matrix** | | | |
| 7 | | **$R_1$** | **$R_2$** | **$R_3$** | **$R_4$** |
| 8 | **$R_1$** | **1.361** | 0.000 | 0.000 | 0.000 |
| 9 | **$R_2$** | 0.613 | **0.094** | 0.000 | 0.000 |
| 10 | **$R_3$** | -0.072 | -0.037 | **0.219** | 0.000 |
| 11 | **$R_4$** | 0.106 | 0.109 | -0.095 | **0.039** |
| 12 | | | | | |
| 13 | | **Correlation matrix of draws** | | | |
| 14 | | **$P_2$** | **$P_3$** | **$P_5$** | **$P_7$** |
| 15 | **$P_2$** | **1.000** | -0.030 | -0.007 | -0.031 |
| 16 | **$P_3$** | -0.030 | **1.000** | -0.020 | -0.031 |
| 17 | **$P_5$** | -0.007 | -0.020 | **1.000** | -0.043 |
| 18 | **$P_7$** | -0.031 | -0.031 | -0.043 | **1.000** |
| 19 | | | | | |
| 20 | | **Halton draws** | | | |
| 21 | r | **$P_2$** | **$P_3$** | **$P_5$** | **$P_7$** |
| 22 | 1 | 0.500 | 0.333 | 0.200 | 0.143 |
| 23 | 2 | 0.250 | 0.667 | 0.400 | 0.286 |
| 24 | 3 | 0.750 | 0.111 | 0.600 | 0.429 |
| 25 | 4 | 0.125 | 0.444 | 0.800 | 0.571 |
| 26 | 5 | 0.625 | 0.778 | 0.040 | 0.714 |
| 27 | 6 | 0.375 | 0.222 | 0.240 | 0.857 |
| 28 | 7 | 0.875 | 0.556 | 0.440 | 0.020 |
| 29 | 8 | 0.063 | 0.889 | 0.640 | 0.163 |
| 30 | 9 | 0.563 | 0.037 | 0.840 | 0.306 |
| 31 | 10 | 0.313 | 0.370 | 0.080 | 0.449 |
| 32 | 11 | 0.813 | 0.704 | 0.280 | 0.592 |
| 33 | 12 | 0.188 | 0.148 | 0.480 | 0.735 |
| 34 | 13 | 0.688 | 0.481 | 0.680 | 0.878 |
| 35 | 14 | 0.438 | 0.815 | 0.880 | 0.041 |
| 36 | 15 | 0.938 | 0.259 | 0.120 | 0.184 |

**图 5.16　在区间［0，1］上抽取 $R$ 个均匀分布的随机数**

| | A | B | C | D | E | F | G | H | I | J | K |
|---|---|---|---|---|---|---|---|---|---|---|---|
| 1 | | Parameter moments | | | | | | | | | |
| 2 | | $R_1$ | $R_2$ | $R_3$ | $R_4$ | | | | | | |
| 3 | mu | -0.5 | 0.25 | -1 | 0.8 | | | | | | |
| 4 | std dev. | 0.1 | 0.05 | 0.6 | 0.2 | | | | | | |
| 5 | | | | | | | | | | | |
| 6 | | Cholesky matrix | | | | | | | | | |
| 7 | | $R_1$ | $R_2$ | $R_3$ | $R_4$ | | | | | | |
| 8 | $R_1$ | 1.361 | 0.000 | 0.000 | 0.000 | | | | | | |
| 9 | $R_2$ | 0.613 | 0.094 | 0.000 | 0.000 | | | | | | |
| 10 | $R_3$ | -0.072 | -0.037 | 0.219 | 0.000 | | | | | | |
| 11 | $R_4$ | 0.106 | 0.109 | -0.095 | 0.039 | | | | | | |
| 12 | | | | | | | | | | | |
| 13 | | Correlation matrix of draws | | | | | | Correlation matrix of standard Normals | | | |
| 14 | | $P_2$ | $P_3$ | $P_5$ | $P_7$ | | | $Z_1$ | $Z_2$ | $Z_3$ | $Z_4$ |
| 15 | $P_2$ | 1.000 | -0.030 | -0.007 | -0.031 | | $Z_1$ | 1.000 | -0.053 | -0.021 | -0.046 |
| 16 | $P_3$ | -0.030 | 1.000 | -0.020 | -0.031 | | $Z_2$ | -0.053 | 1.000 | -0.041 | -0.068 |
| 17 | $P_5$ | -0.007 | -0.020 | 1.000 | -0.043 | | $Z_3$ | -0.021 | -0.041 | 1.000 | -0.071 |
| 18 | $P_7$ | -0.031 | -0.031 | -0.043 | 1.000 | | $Z_4$ | -0.046 | -0.068 | -0.071 | 1.000 |
| 19 | | | | | | | | | | | |
| 20 | | Halton draws | | | | | | Standard Normal draws | | | |
| 21 | r | $P_2$ | $P_3$ | $P_5$ | $P_7$ | | r | $Z_1$ | $Z_2$ | $Z_3$ | $Z_4$ |
| 22 | 1 | 0.500 | 0.333 | 0.200 | 0.143 | | 1 | | =NORMSINV(C22) | 2 | -1.068 |
| 23 | 2 | 0.250 | 0.667 | 0.400 | 0.286 | | 2 | -0.674 | 0.431 | -0.253 | -0.566 |
| 24 | 3 | 0.750 | 0.111 | 0.600 | 0.429 | | 3 | 0.674 | -1.221 | 0.253 | -0.180 |
| 25 | 4 | 0.125 | 0.444 | 0.800 | 0.571 | | 4 | -1.150 | -0.140 | 0.842 | 0.180 |
| 26 | 5 | 0.625 | 0.778 | 0.040 | 0.714 | | 5 | 0.319 | 0.765 | -1.751 | 0.566 |
| 27 | 6 | 0.375 | 0.222 | 0.240 | 0.857 | | 6 | -0.319 | -0.765 | -0.706 | 1.068 |
| 28 | 7 | 0.875 | 0.556 | 0.440 | 0.020 | | 7 | 1.150 | 0.140 | -0.151 | -2.045 |
| 29 | 8 | 0.063 | 0.889 | 0.640 | 0.163 | | 8 | -1.534 | 1.221 | 0.358 | -0.981 |
| 30 | 9 | 0.563 | 0.037 | 0.840 | 0.306 | | 9 | 0.157 | -1.786 | 0.994 | -0.507 |
| 31 | 10 | 0.313 | 0.370 | 0.080 | 0.449 | | 10 | -0.489 | -0.331 | -1.405 | -0.128 |

**图 5.17　将随机抽样转换为标准正态抽样**

第 3 步：将一元标准正态分布与乔利斯基矩阵 $C$ 相乘，这是一个矩阵相乘的过程。在 Microsoft Excel 中，我们使用 sumproduct（即区域乘积的和）公式，将标准正态抽样与乔利斯基矩阵的相关元素相乘。图 5.18 中的单元格 P22 给出了一个例子。正如单元格区域 N15：Q18 给出的相关矩阵，这个新的模拟抽样显示了式（5.39）说明的相关结构。

第 4 步：计算 $\beta_n$ 的抽样，使得 $\beta_{nk}=\bar{\beta}_k+\omega_k$。图 5.19 中的 T 列到 W 列给出了计算结果。

然后将第 4 步得到的相关抽样用于模拟过程。

**表 5.17　霍尔顿序列的相关结构（维数从 1 到 12，抽样数为 50～1 000）**

(a) 50次抽取

| | $p_2$ | $p_3$ | $p_5$ | $p_7$ | $p_{11}$ | $p_{13}$ | $p_{17}$ | $p_{19}$ | $p_{23}$ | $p_{29}$ | $p_{31}$ |
|---|---|---|---|---|---|---|---|---|---|---|---|
| $p_2$ | **1.000** | −0.047 | −0.035 | −0.075 | −0.026 | −0.100 | 0.016 | −0.059 | −0.011 | −0.022 | 0.036 |
| $p_3$ | −0.047 | **1.000** | −0.049 | −0.069 | −0.047 | 0.029 | 0.006 | −0.026 | −0.035 | 0.057 | 0.001 |
| $p_5$ | −0.035 | −0.049 | **1.000** | −0.033 | −0.102 | 0.001 | −0.038 | −0.058 | 0.041 | 0.083 | 0.043 |
| $p_7$ | −0.075 | −0.069 | −0.033 | **1.000** | −0.093 | −0.067 | −0.021 | −0.095 | −0.034 | 0.061 | −0.051 |
| $p_{11}$ | −0.026 | −0.047 | −0.102 | −0.093 | **1.000** | −0.143 | 0.038 | −0.116 | 0.222 | −0.054 | 0.074 |
| $p_{13}$ | −0.100 | 0.029 | 0.001 | −0.067 | −0.143 | **1.000** | −0.014 | 0.149 | −0.101 | 0.123 | −0.003 |
| $p_{17}$ | 0.016 | 0.006 | −0.038 | −0.021 | 0.038 | −0.014 | **1.000** | 0.305 | −0.185 | 0.140 | 0.240 |
| $p_{19}$ | −0.059 | −0.026 | −0.058 | −0.095 | −0.116 | 0.149 | 0.305 | **1.000** | 0.006 | −0.092 | −0.043 |
| $p_{23}$ | −0.011 | −0.035 | 0.041 | −0.034 | 0.222 | −0.101 | −0.185 | 0.006 | **1.000** | 0.053 | −0.051 |
| $p_{29}$ | −0.022 | 0.057 | 0.083 | 0.061 | −0.054 | 0.123 | 0.140 | −0.092 | 0.053 | **1.000** | 0.721 |
| $p_{31}$ | 0.036 | 0.001 | 0.043 | −0.051 | 0.074 | −0.003 | 0.240 | −0.043 | −0.051 | 0.721 | **1.000** |

(b) 100次抽取

| | $p_2$ | $p_3$ | $p_5$ | $p_7$ | $p_{11}$ | $p_{13}$ | $p_{17}$ | $p_{19}$ | $p_{23}$ | $p_{29}$ | $p_{31}$ |
|---|---|---|---|---|---|---|---|---|---|---|---|
| $p_2$ | **1.000** | −0.030 | −0.007 | −0.031 | −0.016 | −0.048 | −0.029 | −0.017 | −0.014 | −0.029 | 0.034 |
| $p_3$ | −0.030 | **1.000** | −0.020 | −0.031 | 0.003 | −0.014 | −0.054 | −0.051 | −0.037 | 0.014 | −0.010 |
| $p_5$ | −0.007 | −0.020 | **1.000** | −0.043 | −0.038 | 0.001 | 0.010 | 0.012 | −0.015 | −0.058 | −0.072 |
| $p_7$ | −0.031 | −0.031 | −0.043 | **1.000** | 0.010 | −0.002 | −0.030 | −0.030 | 0.017 | −0.030 | −0.011 |
| $p_{11}$ | −0.016 | 0.003 | −0.038 | 0.010 | **1.000** | 0.009 | −0.017 | −0.030 | 0.025 | 0.016 | −0.058 |
| $p_{13}$ | −0.048 | −0.014 | 0.001 | −0.002 | 0.009 | **1.000** | −0.043 | −0.005 | 0.010 | −0.070 | 0.011 |
| $p_{17}$ | −0.029 | −0.054 | 0.010 | −0.030 | −0.017 | −0.043 | **1.000** | −0.131 | −0.017 | 0.006 | −0.090 |
| $p_{19}$ | −0.017 | −0.051 | 0.012 | −0.030 | −0.030 | −0.005 | −0.131 | **1.000** | −0.068 | 0.003 | 0.042 |
| $p_{23}$ | −0.014 | −0.037 | −0.015 | 0.017 | 0.025 | 0.010 | −0.017 | −0.068 | **1.000** | −0.086 | 0.121 |
| $p_{29}$ | −0.029 | 0.014 | −0.058 | −0.030 | 0.016 | −0.070 | 0.006 | 0.003 | −0.086 | **1.000** | 0.404 |
| $p_{31}$ | 0.034 | −0.010 | −0.072 | −0.011 | −0.058 | 0.011 | −0.090 | 0.042 | 0.121 | 0.404 | **1.000** |

(c) 500次抽取

| | $p_2$ | $p_3$ | $p_5$ | $p_7$ | $p_{11}$ | $p_{13}$ | $p_{17}$ | $p_{19}$ | $p_{23}$ | $p_{29}$ | $p_{31}$ |
|---|---|---|---|---|---|---|---|---|---|---|---|
| $p_2$ | **1.000** | −0.009 | 0.000 | −0.010 | −0.004 | −0.004 | −0.014 | −0.008 | −0.009 | −0.005 | 0.002 |
| $p_3$ | −0.009 | **1.000** | −0.006 | −0.011 | 0.001 | −0.004 | −0.003 | −0.013 | 0.002 | −0.003 | −0.004 |
| $p_5$ | 0.000 | −0.006 | **1.000** | −0.006 | −0.001 | −0.007 | −0.007 | 0.002 | −0.014 | −0.013 | 0.000 |
| $p_7$ | −0.010 | −0.011 | −0.006 | **1.000** | −0.005 | −0.004 | 0.000 | −0.006 | 0.004 | −0.002 | 0.001 |
| $p_{11}$ | −0.004 | 0.001 | −0.001 | −0.005 | **1.000** | −0.005 | −0.007 | 0.006 | −0.016 | −0.003 | 0.000 |
| $p_{13}$ | −0.004 | −0.004 | −0.007 | −0.004 | −0.005 | **1.000** | 0.008 | 0.012 | −0.014 | 0.004 | 0.007 |
| $p_{17}$ | −0.014 | −0.003 | −0.007 | 0.000 | −0.007 | 0.008 | **1.000** | 0.020 | −0.007 | 0.019 | −0.016 |
| $p_{19}$ | −0.008 | −0.013 | 0.002 | −0.006 | 0.006 | 0.012 | 0.020 | **1.000** | −0.010 | −0.004 | 0.001 |
| $p_{23}$ | −0.009 | 0.002 | −0.014 | 0.004 | −0.016 | −0.014 | −0.007 | −0.010 | **1.000** | −0.014 | −0.025 |
| $p_{29}$ | −0.005 | −0.003 | −0.013 | −0.002 | −0.003 | 0.004 | 0.019 | −0.004 | −0.014 | **1.000** | 0.066 |
| $p_{31}$ | 0.002 | −0.004 | 0.000 | 0.001 | 0.000 | 0.007 | −0.016 | 0.001 | −0.025 | 0.066 | **1.000** |

(d) 1 000次抽取

| | $p_2$ | $p_3$ | $p_5$ | $p_7$ | $p_{11}$ | $p_{13}$ | $p_{17}$ | $p_{19}$ | $p_{23}$ | $p_{29}$ | $p_{31}$ |
|---|---|---|---|---|---|---|---|---|---|---|---|
| $p_2$ | **1.000** | −0.004 | 0.000 | −0.004 | −0.004 | −0.002 | −0.004 | −0.003 | −0.003 | −0.001 | 0.001 |
| $p_3$ | −0.004 | **1.000** | −0.003 | −0.005 | −0.001 | −0.006 | −0.004 | −0.006 | −0.003 | −0.005 | −0.006 |
| $p_5$ | 0.000 | −0.003 | **1.000** | −0.005 | −0.001 | −0.001 | −0.002 | −0.002 | −0.002 | −0.005 | −0.002 |
| $p_7$ | −0.004 | −0.005 | −0.005 | **1.000** | −0.003 | −0.003 | 0.003 | 0.000 | −0.002 | −0.005 | −0.005 |
| $p_{11}$ | −0.004 | −0.001 | −0.001 | −0.003 | **1.000** | −0.003 | 0.002 | 0.003 | −0.006 | 0.000 | −0.013 |
| $p_{13}$ | −0.002 | −0.006 | −0.001 | −0.003 | −0.003 | **1.000** | 0.004 | 0.006 | 0.001 | −0.006 | −0.006 |
| $p_{17}$ | −0.004 | −0.004 | −0.002 | 0.003 | 0.002 | 0.004 | **1.000** | 0.013 | 0.001 | 0.011 | −0.013 |
| $p_{19}$ | −0.003 | −0.006 | −0.002 | 0.000 | 0.003 | 0.006 | 0.013 | **1.000** | 0.008 | −0.006 | −0.002 |
| $p_{23}$ | −0.003 | −0.003 | −0.002 | −0.002 | −0.006 | 0.001 | 0.001 | 0.008 | **1.000** | −0.003 | 0.010 |
| $p_{29}$ | −0.001 | −0.005 | −0.005 | −0.005 | 0.000 | −0.006 | 0.011 | −0.006 | −0.003 | **1.000** | 0.043 |
| $p_{31}$ | 0.001 | −0.006 | −0.002 | −0.005 | −0.013 | −0.006 | −0.013 | −0.002 | 0.010 | 0.043 | **1.000** |

| | A | B | C | D | E | F | G | H | I | J | K | L | M | N | O | P | Q |
|---|---|---|---|---|---|---|---|---|---|---|---|---|---|---|---|---|---|
| 1 | | Parameter moments | | | | | | | | | | | | | | | |
| 2 | | $B_1$ | $B_2$ | $B_3$ | $B_4$ | | | | | | | | | | | | |
| 3 | mu | -0.5 | 0.25 | -1 | 0.8 | | | | | | | | | | | | |
| 4 | std dev. | 0.1 | 0.05 | 0.6 | 0.2 | | | | | | | | | | | | |
| 5 | | | | | | | | | | | | | | | | | |
| 6 | | Cholesky matrix | | | | | | | | | | | | | | | |
| 7 | | $B_1$ | $B_2$ | $B_3$ | $B_4$ | | | | | | | | | | | | |
| 8 | $B_1$ | 1.361 | 0.000 | 0.000 | 0.000 | | | | | | | | | | | | |
| 9 | $B_2$ | 0.613 | 0.094 | 0.000 | 0.000 | | | | | | | | | | | | |
| 10 | $B_3$ | -0.072 | -0.037 | 0.219 | 0.000 | | | | | | | | | | | | |
| 11 | $B_4$ | 0.106 | 0.109 | -0.095 | 0.039 | | | | | | | | | | | | |
| 12 | | | | | | | | | | | | | | | | | |
| 13 | | Correlation matrix of draws | | | | | | Correlation matrix of standard Normals | | | | | | Correlation matrix of correlated draws | | | |
| 14 | | $P_2$ | $P_3$ | $P_5$ | $P_7$ | | | $Z_1$ | $Z_2$ | $Z_3$ | $Z_4$ | | | $\omega_1$ | $\omega_2$ | $\omega_3$ | $\omega_4$ |
| 15 | $P_2$ | 1.000 | -0.030 | -0.007 | -0.031 | | $Z_1$ | 1.000 | -0.053 | -0.021 | -0.046 | | $\omega_1$ | 1.000 | 0.988 | -0.316 | 0.545 |
| 16 | $P_3$ | -0.030 | 1.000 | -0.020 | -0.031 | | $Z_2$ | -0.053 | 1.000 | -0.041 | -0.068 | | $\omega_2$ | 0.988 | 1.000 | -0.342 | 0.632 |
| 17 | $P_5$ | -0.007 | -0.020 | 1.000 | -0.043 | | $Z_3$ | -0.021 | -0.041 | 1.000 | -0.071 | | $\omega_3$ | -0.316 | -0.342 | 1.000 | -0.791 |
| 18 | $P_7$ | -0.031 | -0.031 | -0.043 | 1.000 | | $Z_4$ | -0.046 | -0.068 | -0.071 | 1.000 | | $\omega_4$ | 0.545 | 0.632 | -0.791 | 1.000 |
| 19 | | | | | | | | | | | | | | | | | |
| 20 | | Halton draws | | | | | | Standard Normal draws | | | | | | Correlated draws | | | |
| 21 | r | $P_2$ | $P_3$ | $P_5$ | $P_7$ | | r | $Z_1$ | $Z_2$ | $Z_3$ | $Z_4$ | | r | $\omega_1$ | $\omega_2$ | $\omega_3$ | $\omega_4$ |
| 22 | 1 | 0.500 | 0.333 | 0.200 | 0.143 | | 1 | 0.000 | -0.431 | -0.842 | -1.068 | | 1 | 0.000 | -0.041 | =SUMPRODUCT($B$10:$D$10,H22:J22) | -0.009 |
| 23 | 2 | 0.250 | 0.667 | 0.400 | 0.286 | | 2 | -0.674 | 0.431 | -0.253 | -0.566 | | 2 | -0.918 | -0.373 | -0.023 | -0.022 |
| 24 | 3 | 0.750 | 0.111 | 0.600 | 0.429 | | 3 | 0.674 | -1.221 | 0.253 | -0.180 | | 3 | 0.918 | 0.298 | 0.052 | -0.093 |
| 25 | 4 | 0.125 | 0.444 | 0.800 | 0.571 | | 4 | -1.150 | -0.140 | 0.842 | 0.180 | | 4 | -1.566 | -0.719 | 0.273 | -0.210 |
| 26 | 5 | 0.625 | 0.778 | 0.040 | 0.714 | | 5 | 0.319 | 0.765 | -1.751 | 0.566 | | 5 | 0.434 | 0.268 | -0.435 | 0.806 |
| 27 | 6 | 0.375 | 0.222 | 0.240 | 0.857 | | 6 | -0.319 | -0.765 | -0.706 | 1.068 | | 6 | -0.434 | -0.268 | -0.103 | -0.008 |
| 28 | 7 | 0.875 | 0.556 | 0.440 | 0.020 | | 7 | 1.150 | 0.140 | -0.151 | -2.045 | | 7 | 1.566 | 0.719 | -0.121 | 0.071 |
| 29 | 8 | 0.063 | 0.889 | 0.640 | 0.163 | | 8 | -1.534 | 1.221 | 0.358 | -0.981 | | 8 | -2.088 | -0.826 | 0.144 | -0.101 |

图 5.18　将随机抽样相关化

| | A | B | C | D | E | F | G | H | I | J | K | L | M | N | O | P | Q | R | S | T | U | V | W |
|---|---|---|---|---|---|---|---|---|---|---|---|---|---|---|---|---|---|---|---|---|---|---|---|
| 1 | | Parameter moments | | | | | | | | | | | | | | | | | | | | | |
| 2 | | $B_1$ | $B_2$ | $B_3$ | $B_4$ | | | | | | | | | | | | | | | | | | |
| 3 | mu | -0.5 | 0.25 | -1 | 0.8 | | | | | | | | | | | | | | | | | | |
| 4 | std dev. | 0.1 | 0.05 | 0.6 | 0.2 | | | | | | | | | | | | | | | | | | |
| 5 | | | | | | | | | | | | | | | | | | | | | | | |
| 6 | | Cholesky matrix | | | | | | | | | | | | | | | | | | | | | |
| 7 | | $B_1$ | $B_2$ | $B_3$ | $B_4$ | | | | | | | | | | | | | | | | | | |
| 8 | $B_1$ | 1.361 | 0.000 | 0.000 | 0.000 | | | | | | | | | | | | | | | | | | |
| 9 | $B_2$ | 0.613 | 0.094 | 0.000 | 0.000 | | | | | | | | | | | | | | | | | | |
| 10 | $B_3$ | -0.072 | -0.037 | 0.219 | 0.000 | | | | | | | | | | | | | | | | | | |
| 11 | $B_4$ | 0.106 | 0.109 | -0.095 | 0.039 | | | | | | | | | | | | | | | | | | |
| 12 | | | | | | | | | | | | | | | | | | | | | | | |
| 13 | | Correlation matrix of draws | | | | | | Correlation matrix of standard Normals | | | | | | Correlation matrix of correlated draws | | | | | | | | | |
| 14 | | $P_2$ | $P_3$ | $P_5$ | $P_7$ | | | $Z_1$ | $Z_2$ | $Z_3$ | $Z_4$ | | | $\omega_1$ | $\omega_2$ | $\omega_3$ | $\omega_4$ | | | $B_1$ | $B_2$ | $B_3$ | $B_4$ |
| 15 | $P_2$ | 1.000 | -0.030 | -0.007 | -0.031 | | $Z_1$ | 1.000 | -0.053 | -0.021 | -0.046 | | $\omega_1$ | 1.000 | 0.988 | -0.316 | 0.545 | | $B_1$ | 1.000 | 0.988 | -0.316 | 0.545 |
| 16 | $P_3$ | -0.030 | 1.000 | -0.020 | -0.031 | | $Z_2$ | -0.053 | 1.000 | -0.041 | -0.068 | | $\omega_2$ | 0.988 | 1.000 | -0.342 | 0.632 | | $B_2$ | 0.988 | 1.000 | -0.342 | 0.632 |
| 17 | $P_5$ | -0.007 | -0.020 | 1.000 | -0.043 | | $Z_3$ | -0.021 | -0.041 | 1.000 | -0.071 | | $\omega_3$ | -0.316 | -0.342 | 1.000 | -0.791 | | $B_3$ | -0.316 | -0.342 | 1.000 | -0.791 |
| 18 | $P_7$ | -0.031 | -0.031 | -0.043 | 1.000 | | $Z_4$ | -0.046 | -0.068 | -0.071 | 1.000 | | $\omega_4$ | 0.545 | 0.632 | -0.791 | 1.000 | | $B_4$ | 0.545 | 0.632 | -0.791 | 1.000 |
| 19 | | | | | | | | | | | | | | | | | | | | | | | |
| 20 | | Halton draws | | | | | | Standard Normal draws | | | | | | Correlated draws | | | | | | | | | |
| 21 | r | $P_2$ | $P_3$ | $P_5$ | $P_7$ | | r | $Z_1$ | $Z_2$ | $Z_3$ | $Z_4$ | | r | $\omega_1$ | $\omega_2$ | $\omega_3$ | $\omega_4$ | | r | $B_1$ | $B_2$ | $B_3$ | $B_4$ |
| 22 | 1 | 0.500 | 0.333 | 0.200 | 0.143 | | 1 | 0.000 | -0.431 | -0.842 | -1.068 | | 1 | 0.000 | -0.041 | -0.168 | -0.009 | | 1 | | =C$3+C$4*O22 | | 0.79825 |
| 23 | 2 | 0.250 | 0.667 | 0.400 | 0.286 | | 2 | -0.674 | 0.431 | -0.253 | -0.566 | | 2 | -0.918 | -0.373 | -0.023 | -0.022 | | 2 | -0.59182 | 0.231347 | -1.01366 | 0.795571 |
| 24 | 3 | 0.750 | 0.111 | 0.600 | 0.429 | | 3 | 0.674 | -1.221 | 0.253 | -0.180 | | 3 | 0.918 | 0.298 | 0.052 | -0.093 | | 3 | -0.40818 | 0.264922 | -0.96863 | 0.781351 |
| 25 | 4 | 0.125 | 0.444 | 0.800 | 0.571 | | 4 | -1.150 | -0.140 | 0.842 | 0.180 | | 4 | -1.566 | -0.719 | 0.273 | -0.210 | | 4 | -0.6566 | 0.214058 | -0.83642 | 0.758081 |

图 5.19　相关的随机抽样

尽管乔利斯基分解过程也许能运用于其他多元分布，然而在实践中，我们不应该这么做。也就是说，上面演示的过程仅适用于多元正态分布。为了说明这一点，我们用多元均匀分布说明乔利斯基分解。现在假设：$\beta_1 \sim U(-0.8, -0.1)$，$\beta_2 \sim U(0.1, 0.5)$，$\beta_3 \sim U(-1.00, -0.20)$ 和 $\beta_4 \sim U(1.0, 2.0)$。我们仍然使用原来的乔利斯基矩阵 $C$，使用前文介绍的转换过程来说明乔利斯基转换。

图 5.20 给出了这个过程的结果。由该图可知，模拟抽取也是相关的。然而，问题在于，最后抽样的相关是正确的，但均匀分布的上矩（upper moments）和下矩（lower moments）不再受输入参数的上下界限制。因此，(例如) $\beta_4$ 的区间为 [1，2]；然而，乔利斯基转换产生的区间为 [0.952，1.202]。其他正态分布（例如对数正态分布）情形使用乔利斯基分解，也会出现类似的问题。因此，在实践中，通常使用多元正态分布抽样。

| | A | B | C | D | E | F | G | H | I | J | K | L | M | N | O | P | Q |
|---|---|---|---|---|---|---|---|---|---|---|---|---|---|---|---|---|---|
| 1 | | Parameter moments | | | | | | | | | | | | | | | |
| 2 | | $B_1$ | $B_2$ | $B_3$ | $B_4$ | | | | | | | | | | | | |
| 3 | Lower | -0.8 | 0.1 | -1 | 1 | | | | | | | | | | | | |
| 4 | Upper | -0.1 | 0.5 | -0.2 | 2 | | | | | | | | | | | | |
| 5 | | | | | | | | | | | | | | | | | |
| 6 | | Cholesky matrix | | | | | | | | | | | | | | | |
| 7 | | $B_1$ | $B_2$ | $B_3$ | $B_4$ | | | | | | | | | | | | |
| 8 | $B_1$ | 1.361 | 0.000 | 0.000 | 0.000 | | | | | | | | | | | | |
| 9 | $B_2$ | 0.613 | 0.094 | 0.000 | 0.000 | | | | | | | | | | | | |
| 10 | $B_3$ | -0.072 | -0.037 | 0.219 | 0.000 | | | | | | | | | $B_1$ | $B_2$ | $B_3$ | $B_4$ |
| 11 | $B_4$ | 0.106 | 0.109 | -0.095 | 0.039 | | | | | | | | Min | -0.793 | 0.116 | -1.056 | 0.952 |
| 12 | | | | | | | | | | | | | Max | 0.138 | 0.371 | -0.846 | 1.202 |
| 13 | | Correlation matrix of draws | | | | | | Correlation matrix of correlated draws | | | | | | | | | |
| 14 | | $P_2$ | $P_3$ | $P_5$ | $P_7$ | | | $\omega_1$ | $\omega_2$ | $\omega_3$ | $\omega_4$ | | | $B_1$ | $B_2$ | $B_3$ | $B_4$ |
| 15 | $P_2$ | 1.000 | -0.030 | -0.007 | -0.031 | | $\omega_1$ | 1.000 | 0.988 | -0.309 | 0.557 | | $B_1$ | 1.000 | 0.988 | -0.309 | 0.557 |
| 16 | $P_3$ | -0.030 | 1.000 | -0.020 | -0.031 | | $\omega_2$ | 0.988 | 1.000 | -0.333 | 0.642 | | $B_2$ | 0.988 | 1.000 | -0.333 | 0.642 |
| 17 | $P_5$ | -0.007 | -0.020 | 1.000 | -0.043 | | $\omega_3$ | -0.309 | -0.333 | 1.000 | -0.776 | | $B_3$ | -0.309 | -0.333 | 1.000 | -0.776 |
| 18 | $P_7$ | -0.031 | -0.031 | -0.043 | 1.000 | | $\omega_4$ | 0.557 | 0.642 | -0.776 | 1.000 | | $B_4$ | 0.557 | 0.642 | -0.776 | 1.000 |
| 19 | | | | | | | | | | | | | | | | | |
| 20 | | Halton draws | | | | | | Correlated draws | | | | | | | | | |
| 21 | r | $P_2$ | $P_3$ | $P_5$ | $P_7$ | | r | $\omega_1$ | $\omega_2$ | $\omega_3$ | $\omega_4$ | | r | $B_1$ | $B_2$ | $B_3$ | $B_4$ |
| 22 | 1 | 0.500 | 0.333 | 0.200 | 0.143 | | 1 | =SUMPRODUCT($B$9:$C$9,B22:C22) | | | 0.076 | | 1 | -0.32355 | 0.235278 | -1.00387 | 1.075755 |
| 23 | 2 | 0.250 | 0.667 | 0.400 | 0.286 | | 2 | 0.340 | 0.216 | 0.045 | 0.072 | | 2 | -0.56177 | 0.18653 | -0.96434 | 1.072357 |
| 24 | 3 | 0.750 | 0.111 | 0.600 | 0.429 | | 3 | 1.021 | 0.471 | 0.073 | 0.051 | | 3 | -0.08532 | 0.288223 | -0.94164 | 1.051013 |
| 25 | 4 | 0.125 | 0.444 | 0.800 | 0.571 | | 4 | 0.170 | 0.119 | 0.149 | 0.008 | | 4 | -0.68089 | 0.147463 | -0.88042 | 1.008038 |

图 5.20　相关的均匀抽样

最后，我们指出，尽管我们的讨论以随机参数为例，然而这个过程对 probit 模型误差结构的计算也同样适用，我们现在就来讨论这个问题。

## 5.6 对于不存在封闭分析形式的模型，如何计算选择概率

了解了如何从密度中抽样之后，我们现在可以考察下列问题了：对于不存在封闭分析形式的模型，如何求选择概率？这样的模型有 probit 模型以及任何伴随随机参数估计的 loigt 模型，后者包括混合多项 logit（MMNL）模型和广义多项 logit（GMNL）模型。这些模型要求使用伪蒙特卡罗（PMC）或拟蒙特卡罗（QMC）方法来模拟选择概率。

我们首先讨论如何计算 probit 模型的选择概率。

### □ 5.6.1 probit 选择概率

在 3.2 节，我们简要介绍了如何计算二项 probit 模型。本节将这个讨论扩展到更一般的多项 probit 模型。

多项 probit 模型的选择概率可以写为

$$P_{nsj}=\int I(V_{nsj}+\varepsilon_{nsj}>V_{nsi}+\varepsilon_{nsi},\forall j\neq i)\phi(\varepsilon_n)d\varepsilon_n \tag{5.40}$$

其中，$I(\cdot)$ 是一个指示变量，表示论断是否成立；$\phi(\varepsilon_n)$ 是一个联合正态密度，它的均值为零，协方差矩阵为 $\Omega_e$。

伴随固定参数估计值的多项 probit 模型要求对 $\Omega_e$ 中的误差项进行模拟，以便计算选择概率。伴随随机偏好参数的 probit 模型也需要模拟随机参数。模拟多项 probit 选择概率的方法有多种。我们现在讨论文献中常用的三种方法。

#### 5.6.1.1 接受或拒绝模拟法

模拟 probit 模型选择概率的最简单方法是所谓的接受或拒绝（accept-reject，AR）模拟法。AR 方法由 Manski 和 Lerman（1981）提出，它把抽样数据的选择标签模拟 $R$ 次，然后求其均值。这种方法首先从 $\Omega_e$ 中抽样（若模型伴随随机偏好参数，则从 $\Omega_r$ 中抽样）；给定抽样，计算所有 $J$ 个选项的效用，包括误差项。由于 $\Omega_e$ 的密度服从多元正态分布，而且任何随机参数也被假设服从多元正态分布，因而抽样可能相关，参见 5.5 节。然后，假设对于每个选择情景，决策者将选择效用最高的选项，然后按下列方式构建选择标签：效用最高的选项，赋值 1；所有其他选项，赋值 0。标记每个选项的模拟选择标签 $I_j^r$。使用不同模拟抽样将这个过程重复 $R$ 次。于是，选项 $j$ 的选择概率为 $\frac{1}{R}\sum_{r=1}^{R}I_j^r$。

为了说明这个过程，考虑第 4 章表 4.1 给出的多项 probit 模型结果。我们将模型化的效用因子复制为式（5.41）：

$$\begin{aligned}V_{d1}&=9.390-7.787\%min_d\\V_{d2}&=9.473-7.688\%min_d\\V_{d3}&=7.129-1.894\%south_d\\V_{d4}&=-1.299south_d+15.221\%fem_d\end{aligned} \tag{5.41}$$

其中，下标 $d$ 表示选区（投票区），$d=1\sim430$；$\%min$ 表示选区 $d$ 中少数民族人口占比；$south$ 是一个虚拟变量，若选区属于南方州，则等于 1，否则等于 0；$\%fem$ 表示女性人口占比。

我们用数据库中的选区 $d=1$ 说明 AR 方法。对于选区 $d=1$，$\%min=0.337$，$south=1$，$\%fem=0.485$。令 $V_j$ 表示模型化的效用向量。根据与 $d=1$ 相伴的变量值，式（5.41）给出了参数估计值：$V_j=(6.766, 6.882, 5.235, 6.083)$。

接下来，令 $\varepsilon_n^r$ 表示从均值为 0、协方差为 $\Omega_e$ 的多元正态分布中抽取的 $J$ 维误差向量。给定

$$\rho(e_i, e_j) = \begin{pmatrix} 1.000 & 0.997 & 0 & 0 \\ 0.997 & 1.000 & 0 & 0 \\ 0 & 0 & 1.000 & 0 \\ 0 & 0 & 0 & 1.000 \end{pmatrix} \tag{5.42}$$

我们可计算出 $\Omega_e$ 的乔利斯基转换：

$$C = \begin{pmatrix} 1.000 & 0 & 0 & 0 \\ 0.997 & 0.072 & 0 & 0 \\ 0 & 0 & 1.000 & 0 \\ 0 & 0 & 0 & 1.000 \end{pmatrix} \tag{5.43}$$

它使得 $\varepsilon_n^r$ 中的元素相关，参见 5.5 节的描述。

假设使用霍尔顿序列，对于 $r=1$，我们有 $\varepsilon_n^1=(0.000, -0.031, -0.842, -1.068)$。现在我们可以构建每个选项 $j$ 的效用：$U_{nsj}^1=V_{nsj}+\varepsilon_{nsj}^1$。注意，如果使用随机偏好参数，$V_{nsj}$ 要求其中一个或多个参数来自模拟分布，因此 $V_{nsj}$ 也应该使用上标，从而 $U_{nsj}^1=V_{nsj}^1+\varepsilon_{nsj}^1$。令 $U_n^1$ 表示效用向量。给定上述信息，我们有 $U_n^1=(6.766, 6.851, 4.393, 5.015)$。这种情形下，在四个选项中，我们看到选项 $j=2$ 的效用最高，因此，选择标签为 $I_n^1=(0, 1, 0, 0)$。对 $r=2$ 重复这个过程，我们有 $\varepsilon_n^2=(-0.674, -0.642, -0.253, -0.566)$，从而 $U_n^2=(6.092, 6.240, 4.982, 5.517)$。再一次地，选项 2 的效用最高，从而 $I_n^2=(0, 1, 0, 0)$。将这个过程重复 $R=1\,000$ 次。然后，计算选项 $j$ 的模拟概率：在 $R$ 次抽样中，选项 $j$ 出现的平均次数。读者请验证对于选项 $j=1\sim4$，模拟选择概率分别为 0.041、0.620、0.007、0.262。

AR 模拟法是计算 pobit 模型选择概率的最简单方法（事实上，这个方法适用于任何模型，不限于 probit 模型）。然而，它的缺陷在于过于粗糙，在估计时会产生问题。最主要的问题在于，在抽样时，某个选项被选中的概率为零的情形并不罕见。这为模拟最大似然的估计造成了麻烦，因为我们要取概率的对数。遗憾的是，0 的对数没有定义，因此无法计算模拟最大似然。某个选项被选中概率为 0 的可能性在以下情形下将增加：(a) 给定样本，真正的选择概率较低；(b) 取样数较少；(c) 选项数较多。

另外一个问题在于，模拟概率对于参数不是平滑的。这是一个麻烦，因为大多数估计程序要求模拟最大似然为二次可微的（参见 5.7 节）。因此，我们无法使用常见的估计程序。为了解决这个问题，研究者通常使用更大的步长。

#### 5.6.1.2 平滑 AR 模拟法

平滑 AR 法由 McFadden (1989) 提出，它的模拟选择概率的过程与 AR 法一样。然而，平滑 AR 法不模拟选择标签，而是使用 logit 概率方程。这种方法首先从 $\Omega_e$ 中抽样（若模型伴随随机偏好参数，则从 $\Omega_r$ 中抽样）。

给定抽样，计算所有 $J$ 个选项的效用：$U_{nsj}^r=V_{nsj}^r+\varepsilon_{nsj}^r$。在计算出了这些模拟效用之后，计算 logit 概率：

$$P_{nsj}^r=\frac{e^{\lambda U_{nsi}^r}}{\sum_{j=1}^{J}e^{\lambda U_{nsj}^r}} \tag{5.44}$$

其中，$\lambda>0$ 是由研究者设定的尺度因子。

$\lambda$ 的值决定了平滑程度。当 $\lambda\to0$ 时，$\lambda U_{nsj}^r\to0, \forall j$，以及 $P_{nsj}^r\to\frac{1}{J}, \forall j$。相反，当 $\lambda\to\infty$ 时，$\lambda U_{nsj}^r\to\infty, \forall j$，以及 $P_{nsj}^r\to(0, 1), \forall j$。在后面这种情形下，平滑 AR 法近似 AR 法，这意味着在估计模型时，仍有 AR 法的局限。另外，当 $\lambda U_{nsj}^r\to\infty, \forall j$ 时，若计算 logit 概率，则取幂变得非常困难，常用软件无法求解。因此，研究者的目标在于，选择合适的 $\lambda$ 值，这个值不能太小，否则 $P_{nsj}^r\to\frac{1}{J}, \forall j$；也不能太大，否则平滑 AR 法基本等同于 AR 法，这让研究者难以计算选择概率（参见前文关于 AR 法的介绍）。

将上述过程重复 $R$ 次，$R$ 必须为较大的抽样数，在这个过程中，$\lambda$ 是固定的。然后，求各次抽样的模拟选择概率的均值：$E[P_{nsi}^r]=\frac{1}{R}\sum_{r=1}^{R}P_{nsi}^r$。

我们仍用 5.6.1.1 节的例子来说明平滑 AR 法。对于第一次抽样，我们有 $\varepsilon_n^1=(0.000, -0.031,$

$-0.842$，$-1.068$)，$U_n^1=(6.766, 6.851, 4.393, 5.015)$。假设 $\lambda=60$，将其代入式（5.44）中的模拟效用，可得 $P_n^1=(0.006, 0.994, 0.000, 0.000)$。在这个例子中，我们选取 $\lambda=60$；大于 60 的值将使得效用取幂变得困难；小于 60 的值将导致选择概率与其他方法得到的选择概率差异太大。对于第二次抽样，我们有 $P_n^2=(0.000, 1.000, 0.000, 0.000)$；对于第三次抽样，我们有 $P_n^3=(0.170, 0.830, 0.000, 0.000)$。将这个过程重复 1 000 次，可得 $j=1\sim4$ 的模拟选择概率分别为 0.048、0.615、0.077 和 0.260。

**5.6.1.3 GHK 模拟法**

我们讨论的最后一种 probit 模拟法是由三位作者独立提出的——Geweke（1989，1991），Hajivassiliou（Hajivassiliou and McFadden，1998）和 Keane（1990，1994）。与 AR 和平滑 AR 模拟法相比，GHK 模拟法实施起来更复杂；然而，一些学者指出，这种方法对选择概率的模拟更准确［例如 Borsh-Supan 和 Hajivassiliou (1993)］。

GHK 模拟法使用效用较差，并且假设模型对尺度和水平已标准化。在使用效用之差时，这种方法将 $J$ 选项中的每一个作为基础效用，依次计算基础选项的选择概率。因此，在实践中，GHK 模拟法运行速度很慢，但正如前面指出的，它的优势在于比其他方法更准确。

在这种方法下，我们首先选择其中一个选项作为基础选项。暂时假设以选项 $i$ 作为基础（因此，我们将计算这个选项的选择概率）。使用第 4 章引入的符号，效用之差为

$$\begin{aligned} U_{nsj}-U_{nsi} &= (V_{nsj}-V_{nsi})-(\varepsilon_{nsj}-\varepsilon_{nsi}) \\ \tilde{U}_{nsji} &= \tilde{V}_{nsji}+\tilde{\varepsilon}_{nsji} \end{aligned} \tag{5.45}$$

然后，计算选择概率：

$$P_{nsi}=P(\tilde{U}_{nsji}<0,\ \forall j\neq i) \tag{5.46}$$

在实践中，式（5.45）和式（5.46）的计算过程比较复杂，而且下面这个事实进一步加剧了这种复杂性：在 probit 模型中，误差项可能相关，因此误差项差值也可能相关。我们仍然使用前两节说明 AR 法和平滑 AR 模拟法的例子说明 GHK 模拟法。

GHK 模拟法的第 1 步是选取其中一个选项，计算它的选择概率，然后用其作为计算效用差值的基础，参见式（5.45）。然而，在这样做之前，需要将模型的尺度效应和水平效应标准化。正如 4.4.4.1 节指出的，效用的一个成分的任何标准化都会影响其他成分。因此，未观测效应的标准化也必须实施到效用的可观测成分。因此，我们首先确定 $\tilde{\varepsilon}_{nsji}$，以便理解效用的可观测成分是如何被影响的。在当前的例子中：

$$\Omega_e=\begin{pmatrix} 1 & \rho_{12} & 0 & 0 \\ \rho_{12} & 1 & 0 & 0 \\ 0 & 0 & 1 & 0 \\ 0 & 0 & 0 & 1 \end{pmatrix}=\begin{pmatrix} 1.000 & 0.997 & 0 & 0 \\ 0.997 & 1.000 & 0 & 0 \\ 0 & 0 & 1.000 & 0 \\ 0 & 0 & 0 & 1.000 \end{pmatrix} \tag{5.47}$$

它以相关矩阵表达。将式（5.38）变形，我们可以将其以协方差矩阵表达，在当前这个例子中，两种表达式是一样的。

第 2 步是将式（5.47）用误差差值表达。选取选项 1 作为基础，由误差差值向量组成的矩阵为

$$\tilde{\Omega}_{e1}=\begin{pmatrix} 0.005\,16 & 0.002\,58 & 0.002\,58 \\ 0.002\,58 & 2.000\,00 & 1.000\,00 \\ 0.002\,58 & 1.000\,00 & 2.000\,00 \end{pmatrix} \tag{5.48}$$

它的标准化矩阵为

$$\tilde{\Omega}_{e1}^{*}=\begin{pmatrix} 1.000\,0 & 0.500\,0 & 0.500\,0 \\ 0.500\,0 & 387.596\,9 & 193.798\,4 \\ 0.500\,0 & 193.798\,4 & 387.596\,9 \end{pmatrix} \tag{5.49}$$

式（5.49）是将式（5.48）中 $\tilde{\Omega}_{e1}$ 的每个元素除以第一个元素得到的。正如上面指出的，这个操作也必须对

效用的可观测成分的差值向量实施。与以前一样，$J$ 个选项中的每个选项的模型化或称可观测效用为 $V_j =$ (6.766，6.882，5.235，6.083)。将 $j=1$ 作为基础选项，我们有：

$$\widetilde{V}_{nsj1} = (0.115\,8 \quad -1.531\,4 \quad -0.683\,4) \tag{5.50}$$

将式（5.50）的每个元素除以 $\sqrt{0.005\,16}$（参见 4.4.1 节），我们有：

$$\widetilde{V}^{*}_{nsj1} = (1.611\,9 \quad -21.318\,4 \quad -9.513\,9) \tag{5.51}$$

这是可观测效用差值向量，已对尺度效应和水平效应标准化。

第 2 步要求估计 $\widetilde{\Omega}^{*}_{\varepsilon 1}$ 的乔利斯基分解。我们首先将 $\Omega_{\varepsilon 1}$ 转化为一个相关矩阵，这可通过使用式（5.38）完成。令 $\rho^{*}_{\varepsilon 1}$ 为转化后的相关矩阵：

$$\rho^{*}_{\varepsilon 1} = \begin{pmatrix} 1.000\,0 & 9.843\,7 & 9.843\,7 \\ 9.843\,7 & 1.000\,0 & 75\,115.678\,1 \\ 9.843\,7 & 75\,115.678\,1 & 1.000\,0 \end{pmatrix} \tag{5.52}$$

它的乔利斯基矩阵为

$$C_1 = \begin{pmatrix} 1.000\,0 & 0.000\,0 & 0.000\,0 \\ 0.500\,0 & 19.681\,1 & 0.000\,0 \\ 0.500\,0 & 9.834\,2 & 17.048\,0 \end{pmatrix} \tag{5.53}$$

这个矩阵在符号上对应于：

$$C_1 = \begin{pmatrix} s_{11} & 0 & 0 \\ s_{21} & s_{22} & 0 \\ s_{31} & s_{32} & s_{33} \end{pmatrix} \tag{5.54}$$

给定上述信息，我们可以正式表达式（5.52）中的可观测效用差值，使得它能表示正确的相关程度。也就是说，模型可以写为

$$\begin{aligned} \widetilde{U}_{ns21} &= \widetilde{V}_{ns21} + s_{11}z_1 = 1.611\,9 + z_1 \\ \widetilde{U}_{ns31} &= \widetilde{V}_{ns31} + s_{21}z_1 + s_{22}z_2 = -21.318\,4 + 0.5z_1 + 19.681\,1z_2 \\ \widetilde{U}_{ns41} &= \widetilde{V}_{ns41} + s_{31}z_1 + s_{32}z_2 + s_{33}z_3 = -9.513\,9 + 0.5z_1 + 9.834\,2z_2 + 17.048\,0z_3 \end{aligned} \tag{5.55}$$

其中，$z_j \sim N(0,\ 1), \forall j$。

在以这种方式得到效用函数之后，我们就可以计算基础选项 $i$ 的选择概率了。选择概率的计算是一个递归过程，如式（5.56）所示：

$$\begin{aligned} P_{nsi} &= P(\widetilde{U}_{nsji} < 0, \forall j \neq i) \\ &= P\left(z_1 < \frac{-\widetilde{V}_{ns1i}}{s_{11}}\right) \times P\left(z_2 < \frac{-(\widetilde{V}_{ns2i} + s_{21}z_1)}{s_{22}} \middle| z_1 < \frac{-\widetilde{V}_{ns1i}}{s_{11}}\right) \\ &\quad \times \cdots \\ &\quad \times P\left( z_J < \frac{-(\widetilde{V}_{nsJi} + \sum_{j=1}^{J-1} s_{Jj}z_j)}{s_{JJ}} \middle| \begin{matrix} z_1 < \dfrac{-\widetilde{V}_{ns1i}}{s_{11}}, \cdots, \\ z_{J-1} < \dfrac{-(\widetilde{V}_{nsJ-1i} + \sum_{j=1}^{J-2} s_{J-1j}z_j)}{s_{J-1J-1}} \end{matrix} \right), \forall j \neq i \end{aligned} \tag{5.56}$$

其中，$J$ 是选项的总个数，也就是说，一共有 $J$ 个选项。

对于当前例子，$J=4$ 个选项，式（5.56）变为

$$P_{nsi}=P(\tilde{U}_{nsji}<0,\forall j\neq i)$$

$$=P\Big(z_1<\frac{-\tilde{V}_{ns1i}}{s_{11}}\Big)\times P\Big(z_2<\frac{-(\tilde{V}_{ns2i}+s_{21}z_1)}{s_{22}}\Big|z_1<\frac{-\tilde{V}_{ns1i}}{s_{11}}\Big)$$

$$\times P\Big(z_3<\frac{-(\tilde{V}_{ns3i}+s_{31}z_1+s_{32}z_2)}{s_{33}}\Big|z_1<\frac{-\tilde{V}_{ns1i}}{s_{11}},z_2<\frac{-(\tilde{V}_{ns2i}+s_{21}z_1)}{s_{22}}\Big) \tag{5.57}$$

为了在实践中使用式（5.6)，GHK 法要求首先计算：

$$\tilde{P}^1_{nsi}=P\Big(z_1<\frac{-\tilde{V}_{ns1i}}{s_{11}}\Big)=\Phi\Big(\frac{-\tilde{V}_{ns1i}}{s_{11}}\Big) \tag{5.58}$$

这是一个固定值。然后，从一个截断标准正态分布中抽样。抽样过程如下：首先从标准均匀分布中抽样，使得 $u_1^r\sim U(0,1)$。给定 $u_1^r$，截断标准正态分布的计算为 $z_1^r=\Phi^{-1}(u_1^r\Phi(-\tilde{V}_{ns1i}/s_{11}))$。然后，计算：

$$\tilde{P}^2_{nsi}=P\Big(z_2<\frac{-(\tilde{V}_{ns2i}+s_{21}z_1)}{s_{22}}\mid z_1=z_1^r\Big)=\Phi\Big(\frac{-(\tilde{V}_{ns2i}+s_{21}z_1^r)}{s_{22}}\Big) \tag{5.59}$$

第二次抽样是从截断标准正态分布中抽取：首先从标准均匀分布中抽样 $u_2^r$，使得 $z_2^r=\Phi^{-1}(u_2^r\Phi(-(\tilde{V}_{ns2i}+s_{21}z_1)/s_{22}))$。给定 $z_2^r$，我们接下来计算：

$$\tilde{P}^3_{nsi}=P\Big(z_3<\frac{-(\tilde{V}_{ns3i}+s_{31}z_1+s_{32}z_2)}{s_{33}}\mid z_1=z_1^r,\ z_2=z_2^r\Big)$$

$$=\Phi\Big(\frac{-(\tilde{V}_{ns3i}+s_{31}z_1^r+s_{32}z_2^r)}{s_{33}}\Big) \tag{5.60}$$

对所有选项 $j$（其中 $j\neq i$）重复这个过程，最后，我们有：

$$\tilde{P}^J_{nsi}=P\Big(z_J<\frac{-(\tilde{V}_{nsJi}+\sum_{j=1}^{J-1}s_{Jj}z_j)}{s_{JJ}}\mid z_1=z_1^r,\ \cdots,\ z_{J-1}=z_{J-1}^r\Big)$$

$$=\Phi\Big(\frac{-(\tilde{V}_{nsJi}+\sum_{j=1}^{J-1}s_{Jj}z_j^r)}{s_{JJ}}\Big) \tag{5.61}$$

其中 $z_j^r=\Phi^{-1}(u_j^r\Phi(-(\tilde{V}_{nsJi}+\sum_{j=1}^{J-1}s_{Jj}z_j^r)/s_{JJ}))$，$u_j^r$ 是从标准均匀分布中抽样的。

于是，第 $r$ 次抽样的模拟选择概率为

$$P^r_{nsi}=\tilde{P}^{1r}_{nsi}\times\tilde{P}^{2r}_{nsi}\times\cdots\times\tilde{P}^{Jr}_{nsi} \tag{5.62}$$

对抽样 $r=1,\cdots,R$ 重复这个过程，模拟概率的计算为

$$E(P_{nsi})=\frac{1}{R}\sum_{r=1}^{R}P^r_{nsi} \tag{5.63}$$

式（5.63）提供了选项 $i$ 的模拟概率的计算方法。为了得到选项 $j$（其中 $j\neq i$）的选择概率，我们需要选取新的基础选项，然后重复上述全部过程。

为了使用例子说明（仍用前面几节的例子），我们首先计算式（5.58)。在这个例子中，$\tilde{P}^1_{ns1}=\Phi\Big(\frac{1.611\,9}{1}\Big)=0.053$（在 Microsoft Excel 中，可用公式 normdist（ ）计算）。然后，我们从标准均匀分布中抽样 $u_1^r$，使用索贝尔序列（参见 5.4.5 节）。我们将其记为 $u_1^1$，它取值 0.5。给定 $u_1^1$，我们现在可以计算 $z_1^1=\Phi^{-1}(u_1^1\Phi(-\tilde{V}_{ns11}/s_{11}))=\Phi^{-1}(0.5\Phi(0.053))=-1.931$（使用 Microsoft Excel 的公式 norminv（ ）计算）。

接下来，我们计算 $\tilde{P}^2_{ns1}$。

$$\widetilde{P}_{ns1}^{2}=\Phi\left(\frac{-(\widetilde{V}_{ns21}+s_{21}z_{1}^{1})}{s_{22}}\right)=\Phi\left(\frac{-(-21.3184+0.5\times(-1.931))}{19.6811}\right)=0.871$$

然后，从标准均匀分布中抽样，使用索贝尔序列，可得 $u_2^1=0.5$，$z_2^1=\Phi^{-1}(u_2^1\Phi(-(\widetilde{V}_{ns21}+s_{21}z_1^1)/s_{22}))=\Phi^{-1}(0.5\Phi(-(21.3184+0.5\times0.5)/19.6811))=1.132$。这样，我们就可以计算 $\widetilde{P}_{ns1}^{3}$。$\widetilde{P}_{ns1}^{3}=\Phi\left(\frac{-(-9.5139+0.5\times(-1.931)+9.8342\times(-0.162))}{17.0480}\right)=0.761$。最后，我们终于可以计算 $r=1$ 的概率了。$P_{ns1}^{1}=0.053\times0.871\times0.761=0.0354$。取 1 000 个索贝尔抽样，$E(P_{ns1})=0.035$。类似地，其余三个选项的选择概率分别为 0.632、0.073 和 0.259。

## 5.7 用于估计的算法

文献为离散选择模型的参数估计提供了若干种算法。本节讨论几种广泛使用的算法，需要指出，这些方法仅是离散选择文献使用的众多方法中的几种。我们这里讨论的算法使用了微积分原理，具体地说，在似然（LL）函数关于参数估计值的导数中，使用了这些原理。因此，在详细讨论算法之前，我们先讨论相关的微积分原理。

### □ 5.7.1 梯度、海塞矩阵、信息矩阵

在微积分中，导数是研究函数行为的基本工具，特别地，在找到函数的最大值或最小值时，需要用到导数。我们的目标是找到以未知参数定义的似然（LL）函数的最大值，LL 函数通常事先设定好。因此，最常用的算法使用 LL 函数关于参数的导数，以便找到能最好拟合数据的参数值。LL 函数关于参数估计值的一阶导数是 LL 函数在估计点的切线的斜率，它表明函数在该点处是上升还是下降，以及上升或下降的幅度。二阶导数表明一阶导数是上升还是下降。

寻找最优参数估计值的方法是迭代。使用 Train（2009）引入的符号，令 $\beta^t$ 表示从初始值开始，经过 $t$ 次迭代得到的一个 $K\times1$ 向量。于是，$\beta^t$ 处的梯度是 LL 函数的一阶导数 $LL_{NS}^{t}(\beta)$ 在 $\beta^t$ 处的估计值。对于决策者 $n$ 面对的每个选择情景 $s$，梯度的计算公式为

$$g_{ns}^{t}=\left(\frac{\partial LL_{ns}(\beta)}{\partial\beta}\right)_{\beta^t}=\left(\frac{\partial\ln P_{ns}(\beta)}{\partial\beta}\right)_{\beta^t} \tag{5.64}$$

其中，$g_{ns}$ 为观察点的分数。

模型的梯度 $g_{NS}^{t}$ 是所有观察点的平均分，使得：

$$g_{NS}^{t}=\sum_{n=1}^{N}\sum_{s=1}^{S}\frac{g_{ns}(\beta_t)}{NS}=E\left(\frac{\partial LL_{ns}(\beta)}{\partial\beta}\right)_{\beta^t} \tag{5.65}$$

其中，$LL_{ns}$ 表示特定观察点对模型 LL 的 $LL_{NS}$ 的贡献，$n$ 表示决策者，$s$ 表示选择情景。

模型的梯度取决于具体模型，因为每个模型有自己唯一的 LL 函数。例如，考虑多项 logit 模型（MNL 模型）。将 MNL 模型的似然函数变形，可得：

$$\begin{aligned}LL_{NS}^{t}&=\sum_{n=1}^{N}\sum_{s\in S_n}\sum_{j\in J_{ns}}y_{nsj}\ln(P_{nsj})\\&=\sum_{n=1}^{N}\sum_{s\in S_n}\sum_{j\in J_{ns}}y_{nsj}\ln\left[\frac{e^{V_{nsj}}}{\sum_{i=1}^{J}e^{V_{nsi}}}\right]\\&=\sum_{n=1}^{N}\sum_{s\in S_n}\sum_{j\in J_{ns}}y_{nsj}\left(V_{nsj}-\ln\sum_{i=1}^{J}e^{V_{nsi}}\right)\end{aligned} \tag{5.66}$$

因此，LL 函数的一阶导数为

$$
\begin{aligned}
\frac{\partial LL_{NS}^{t}}{\partial \beta_{k}^{t}} &= \frac{\partial}{\partial \beta_k}\Big(\sum_{n=1}^{N}\sum_{s\in S_n}\sum_{j\in J_{ns}} y_{nsj}\big(V_{nsj}-\ln\sum_{i=1}^{J}\mathrm{e}^{V_{nsi}}\big)\Big)\\
&= \sum_{n=1}^{N}\sum_{s\in S_n}\sum_{j\in J_{ns}} y_{nsj}\Big(\frac{\partial V_{nsj}}{\partial \beta_k}-\frac{\partial}{\partial \beta_k}\ln\sum_{i=1}^{J}\mathrm{e}^{V_{nsi}}\Big)\\
&= \sum_{n=1}^{N}\sum_{s\in S_n}\sum_{j\in J_{ns}} y_{nsj}\left(\frac{\partial V_{nsj}}{\partial \beta_{\beta}^{t}}-\frac{1}{\sum_{i=1}^{J}\mathrm{e}^{V_{nsi}}}\sum_{i=1}^{J}\mathrm{e}^{V_{nsi}}\frac{\partial V_{nsi}}{\partial \beta_{k}^{t}}\right)
\end{aligned} \tag{5.67}
$$

假设函数关于参数为线性的，关于效用设定变量为线性的，那么 $\frac{\partial V_{nsj}}{\partial \beta_{k}^{t}}=x_{nsjk}$，因此：

$$
\begin{aligned}
\frac{\partial LL_{NS}^{t}}{\partial \beta_{k}^{t}} &= \sum_{n=1}^{N}\sum_{s\in S_n}\sum_{j\in J_{ns}} y_{nsj}\left(\frac{\partial V_{nsj}}{\partial \beta_{\beta}^{t}}-\frac{\sum_{i=1}^{J}\mathrm{e}^{V_{nsi}}\frac{\partial V_{nsi}}{\partial \beta_{k}^{t}}}{\sum_{i=1}^{J}\mathrm{e}^{V_{nsi}}}\right)\\
&= \sum_{n=1}^{N}\sum_{s\in S_n}\sum_{j\in J_{ns}} y_{nsj}\left(x_{nsjk}-\sum_{i=1}^{J}\frac{\mathrm{e}^{V_{nsi}}}{\sum_{i=1}^{J}\mathrm{e}^{V_{nsi}}}x_{nsik}\right)\\
&= \sum_{n=1}^{N}\sum_{s\in S_n}\sum_{j\in J_{ns}} y_{nsj}\big(x_{nsjk}-\sum_{i=1}^{J}P_{nsi}x_{nsik}\big)
\end{aligned} \tag{5.68}
$$

其他模型的梯度尽管与 MNL 模型不同，但仍可类似地计算。Daly（1987）提供了嵌套 logit 模型的梯度计算法，Bliemer 和 Rose（2010）提供了面板形式和截面形式的 MMNL 模型的梯度计算法。

当模型的梯度未知或者难以求解析解时，我们可用数值近似法。对此，我们首先计算给定参数估计值的 LL 函数，然后每次对一个参数加上或减去一个较小的值 $\delta_k$（例如 $\beta_k^t+0.000\,001$），再使用新的参数值重新计算 LL 函数值。每个参数估计值的梯度按下列方法计算：首先计算 LL 在参数变化前后的函数值的差，用这个差值除以参数的变化量 $\delta_k$，然后对抽样取平均值。令 $(g_{NS}^{k})^{t}$ 表示第 $k$ 个参数，那么这个过程可以描述为：

1. 计算参数为 $\beta^t$ 时的 LL 函数值，将其记为 $LL_{ns}^{t}(\beta^{t})$。

2. 计算参数为 $\beta_1^t+\delta_1$（即将原参数加上一个较小的值）时的 LL 函数值，计算时需要维持 $\beta^t$ 中所有其他 $k-1$ 个参数的值不变。将这个函数值记为 $LL_{ns}^{1}(\beta_1)$。

3. 于是，第一个参数的梯度为 $(g_{NS}^{1})^{t}=E\Big[\frac{(LL_{ns}^{t}(\beta^{t})-LL_{ns}^{t}(\beta_1))}{\delta_1}\Big]$。

4. 计算参数为 $\beta_2^t+\delta_1$ 时的 LL 函数值，计算时需要维持 $\beta^t$ 中所有其他 $k-1$ 个参数的值不变。将这个函数值记为 $LL_{ns}^{2}(\beta_2)$。

5. 于是，第二个参数的梯度为 $(g_{NS}^{2})^{t}=E\Big[\frac{(LL_{ns}^{t}(\beta^{t})-LL_{ns}^{t}(\beta_2))}{\delta_2}\Big]$。

6. 类似地，计算剩余参数的梯度。

与能得到解析解相比，数值近似解方法增加了模型的灵活性，但其缺陷在于计算工作量大大增加。这是因为在近似方法下，LL 函数需要计算 $k+1$ 次（而在解析法下只需要计算一次），不仅如此，它还需要计算 LL 函数值的变化。

有时，为了提高准确性，研究者使用值 $\pm\delta_k$ 而不是 $+\delta_k$ 或 $-\delta_k$ 重复上次过程。也就是说，每个参数的梯度需要计算两次，一次针对 $+\delta_k$，一次针对 $-\delta_k$。在这种情形下，$(g_{NS}^{k})^{t}$ 是这二者的平均值。这样做虽然能提高梯度计算的准确性，但无疑增加了计算量。

除了梯度之外，这里介绍的算法还涉及使用二阶导数来找到使得离散选择模型的 LL 函数值最大的参数估计值。取 LL 函数关于参数估计值的二阶导数，可得到一个 $K\times K$ 矩阵，即所谓的海塞矩阵：

$$
H_{NS}^{t}=E\Big(\frac{\partial^{2}LL_{ns}(\beta)}{\partial\beta\partial\beta'}\Big)_{\beta^{t}} \tag{5.69}
$$

这个矩阵的负矩阵，称为费雪信息矩阵，或简称为信息矩阵：

$$I_{NS}^{t} = -E\left(\frac{\partial^2 LL_{ns}(\beta)}{\partial\beta\partial\beta'}\right)_{\beta^t} \tag{5.70}$$

在计量经济学中，信息矩阵比较重要，因为信息越多，$I_{NS}$ 包含的值越大，参数估计的能力越强。

与梯度一样，海塞矩阵和信息矩阵都取决于具体模型，这是因为不同离散选择模型是由不同似然（LL）函数定义的。与模型梯度的计算类似，我们有时也能计算出海塞矩阵和信息矩阵的解析解，尽管对于更高级的模型，求解过程变得非常复杂。因此，对于更复杂的模型，更常见的做法是使用其他方法求解。事实上，正是海塞矩阵的计算方式将各种算法（下文即将讨论）区别开来。

在讨论离散选择模型海塞矩阵的常用算法之前，我们首先讨论方向和步长的概念，它们确定了在 $t$ 次迭代以及模型收敛中的最优参数值。

## □ 5.7.2　方向、步长和模型收敛

在 $t+1$ 次迭代时，取似然函数在 $t$ 次迭代处的二阶泰勒级数展开，可得

$$LL_{NS}(\beta^{t+1}) = LL_{NS}(\beta^t) + (\beta^{t+1} - \beta^t)g_{NS}^t + \frac{1}{2}(\beta^{t+1} - \beta^t)'g_{NS}^t H_{NS}^t(\beta^{t+1} - \beta^t) \tag{5.71}$$

取式（5.71）关于 $t+1$ 次迭代中的估计值的导数，并令其等于零，可得

$$\frac{\partial LL_{NS}(\beta^{t+1})}{\beta^{t+1}} = g_{NS}^t + H_{NS}^t(\beta^{t+1} - \beta^t) = 0$$

整理，得

$$H_{NS}^t(\beta^{t+1} - \beta^t) = -g_{NS}^t$$

$$\beta^{t+1} - \beta^t = -(H_{NS}^t)^{-1} g_{NS}^t$$

继续整理，可得

$$\beta^{t+1} = \beta^t - (H_{NS}^t)^{-1} g_{NS}^t \tag{5.72}$$

令 $\Omega_p = -(H_{NS}^t)^{-1}$，则式（5.72）变为

$$\beta^{t+1} = \beta^t + \Omega_p^t g_{NS}^t \tag{5.73}$$

在理论上，$\Omega_p$ 也应该添加下标 $N$；但我们没有这么做，这是为了和后面章节的符号保持一致。式（5.73）说明，$t+1$ 次迭代时的参数等于当前参数值加上 $\Omega_p^t g_{NS}^t$。

与信息矩阵一样，$\Omega_p$ 包含用来估计参数的信息。事实上，由于 $\Omega_p$ 是信息矩阵的逆矩阵，$\Omega_p$ 的元素越小，模型参数的估价能力越强。除了能被用来估计参数之外，矩阵 $\Omega_p$ 在计量经济学上也有重要作用。文献通常将矩阵 $\Omega_p$ 称为方差—协方差矩阵，或简称为协方差矩阵。这个矩阵包含参数估计值的稳健性信息，以及参数之间的关系信息，因此，在实验设计过程以及参数估计本身的统计推断的检验过程中起着重要作用（参见第 7 章）。

尽管 $\Omega_p$ 也叫作协方差矩阵，但需要注意，它与第 4 章定义的误差项的协方差矩阵 $\Omega_e$ 不同。正如第 4 章指出的，误差项的协方差矩阵的元素描述的是模型的未观测效应，在一些情形下（取决于模型是如何估计的以及如何标准化），它们可被视为待估参数。例如，在 4.3.2 节，我们使用 probit 模型，从 $\Omega_e$ 中估计了相关项（它被映射到协方差项）。正如第 6 章和第 7 章指出的，$\Omega_p$ 的元素不是参数，而是为参数提供了信息。因此，所有估计值，无论它们是参数估计值、尺度项或模型化的误差项，都在 $\Omega_p$ 内部得以反映。这一点值得注意，因为尽管我们的讨论以参数估计值的形式展开，但这个讨论适用所有估计值。也就是说，参数估计值向量 $\beta$ 可以被视为不仅包含与具体变量相伴的参数（例如 $\beta_k$），还包含与待估模型相伴的任何其他参数，例如与尺度 $\lambda_j$ 相伴的参数以及与误差项 $\sigma_{ij}$ 相伴的参数。

正如下面几节将说明的，$\Omega_p$ 的计算可能比较困难，耗时较长，因为 $\Omega_p$ 的计算需要多次迭代。为了减少计算量耗时，一些软件将 $\Omega_p^t g_{NS}^t$ 乘以一个标量 $\alpha$，如式（5.74）所示：

$$\beta^{t+1} = \beta^t + \alpha\Omega_p^t g_{NS}^t \tag{5.74}$$

其中，$\Omega_p^t g_{NS}^t$ 称为方向，$\alpha$ 称为步长。

对于 $t$ 次迭代，步长 $\alpha$ 系统性地变化；给定估计值向量 $\beta^{t+1}$，计算 LL 函数，不需要重新计算 $\Omega_p^t$ 或 $g_{NS}^t$。通常来说，我们首先像以前一样计算 LL 和 $\Omega_p^t g_{NS}^t$，此时假设 $\alpha=1.0$。然后将 $\alpha$ 对分（即取值 0.5），并将 $\Omega_p^t g_{NS}^t$ 的值维持在 $\alpha=1.0$ 时的值，接着重新计算 $\beta^{t+1}$。如果 LL 函数大于 $\alpha=1.0$ 时的值，那么 $\alpha$ 继续对分（即取值 0.25），接着将 $\Omega_p^t g_{NS}^t$ 的值维持在 $\alpha=1.0$ 时的值，再次计算 $\beta^{t+1}$。然后，这些新的参数值再次被用于计算 LL 函数值，如果由此得到的 LL 函数值大于 $\alpha=0.5$ 时的 LL 函数值，那么 $\alpha$ 需要再次对分（即取值 0.125），然后重复上述过程。这个过程直到 LL 函数值未提高时为止。如果第一次对分 $\alpha$（即取值 0.5）时，LL 函数值未提高，那么令 $\alpha=2$，然后计算 LL 函数值。如果由此计算出的 LL 函数值大于 $\alpha=1$ 时的 LL 函数值，那么 $\alpha$ 翻倍（取值 4），然后重复上述过程。这个过程直到 LL 函数值未提高时为止。如果当 $\alpha$ 持续对分和翻倍，LL 函数值不再提高时，我们就进入下一次迭代，然后重复上述过程。

在理论上，当梯度向量为零时，LL 函数将达到最大值。在实践中，由于使用计算机计算带来的不准确性（例如四舍五入导致的不准确性），这种情形不可能出现。因此，梯度向量可能趋近于零，但不会为零。因此，研究者构造了一系列准则来判断迭代搜寻过程应在何时终止，这个时点为模型收敛时。最常用的准则使用下列统计量：

$$h_t = g_{NS}^{t\,\prime}\,\Omega_p^t g_{NS}^t \tag{5.75}$$

式（5.75）中的 $h_t$ 是自由度为 $K$ 的标量 $\chi^2$ 分布。因此，我们可以用 $h_t$ 构造一个假设检验：梯度向量元素是否同时等于零。然而，一般来说，为了保证真正的收敛，研究者通常设定很小的 $h$ 值（例如 $h=0.000\,000\,1$），而且迭代过程仅当 $h_t \geqslant h$ 时终止。研究者还提出了另外一些收敛准则，这些准则主要和梯度向量有关。然而，文献最常见的仍是我们这里介绍的准则。关于其他准则的介绍，感兴趣的读者可参考 Train（2009）。

给定上述背景，我们开始介绍用于估计离散选择模型的具体算法。首先介绍牛顿-拉夫森算法。

### □ 5.7.3 牛顿-拉夫森算法

牛顿-拉夫森（Newton-Raphson，NR）算法首先计算用海塞矩阵，然后用式（5.72）来获得模型的参数估计值。也就是说，NR 算法使用 LL 函数关于参数估计值的解析的二阶导数，而不是使用矩阵的近似。例如，仍以多项 logit 模型（MNL）为例：

$$\begin{aligned}\frac{\partial^2 LL_{NS}^t}{\partial\beta_k^t\partial\beta_l^t} &= \frac{\partial}{\partial\beta_l^t}\Big(\sum_{n=1}^{N}\sum_{s\in S_n}\sum_{i\in J_{ns}}\Big(y_{nsj}\frac{\partial V_{nsj}}{\partial\beta_k^t}-\sum_{i=1}^{J}P_{nsi}\frac{\partial V_{nsi}}{\partial\beta_k^t}\Big)\Big)\\ &=-\sum_{n=1}^{N}\sum_{s\in S_n}\sum_{i\in J_{ns}}\Big(\sum_{i=1}^{J}\frac{\partial P_{nsi}}{\partial\beta_l^t}\frac{\partial V_{nsi}}{\partial\beta_k^t}+\sum_{i=1}^{J}\Big(P_{nsi}\frac{\partial^2 V_{nsi}}{\partial\beta_k^t\partial\beta_l^t}\Big)\Big)\\ &=-\sum_{n=1}^{N}\sum_{s\in S_n}\sum_{i\in J_{ns}}P_{nsi}\frac{\partial V_{nsi}}{\partial\beta_k^t}\Big(\frac{\partial V_{nsj}}{\partial\beta_l^t}-\sum_{i=1}^{J}P_{nsi}\frac{\partial V_{nsi}}{\partial\beta_l^t}\Big)\end{aligned} \tag{5.77}$$

其中

$$\frac{\partial^2 V_{nsj}}{\partial\beta_k^t\partial\beta_l^t}=0 \tag{5.77}$$

$$\begin{aligned}\frac{\partial P_{nsj}}{\partial\beta_l^t} &= \frac{\partial}{\partial\beta_l^t}\left(\frac{e^{V_{nsj}}}{\sum_{i=1}^{J}e^{V_{nsi}}}\right)\\ &=\left(\frac{1}{\sum_{i=1}^{J}e^{V_{nsi}}}\right)^2\Big(\frac{\partial}{\partial\beta_l^t}(e^{V_{nsj}})\sum_{i=1}^{J}e^{V_{nsi}}-e^{V_{nsj}}\frac{\partial}{\partial\beta_l^t}\Big(\sum_{i=1}^{J}e^{V_{nsi}}\Big)\Big)\\ &=\left(\frac{e^{V_{nsj}}\frac{\partial V_{nsj}}{\partial\beta_l^t}\sum_{i=1}^{J}e^{V_{nsi}}}{\sum_{i=1}^{J}e^{V_{nsi}}\sum_{i=1}^{J}e^{V_{nsi}}}-\frac{e^{V_{nsj}}}{\sum_{i=1}^{J}e^{V_{nsi}}}\frac{\sum_{i=1}^{J}e^{V_{nsi}}\frac{\partial V_{nsi}}{\partial\beta_l^t}}{\sum_{i=1}^{J}e^{V_{nsi}}}\right)\end{aligned}$$

$$= P_{nsj}\left(\frac{\partial V_{nsj}}{\partial \beta_l^t} - \sum_{i=1}^{J} P_{nsi}\frac{\partial V_{nsi}}{\partial \beta_l^t}\right) \tag{5.78}$$

与梯度一样，如果函数关于参数是线性的，效用设定中的变量是线性的，那么 $\frac{\partial V_{nsj}}{\partial \beta_t^k} = x_{nsjk}$，使得：

$$\frac{\partial^2 LL_{NS}^t}{\partial \beta_k^t \partial \beta_l^t} = -\sum_{n=1}^{N}\sum_{s\in S_n}\sum_{i\in J_{ns}} P_{nsj} x_{nsik}\left(\frac{\partial V_{nsj}}{\partial \beta_l^t} - \sum_{i=1}^{J} P_{nsi}\frac{\partial V_{nsi}}{\partial \beta_l^t}\right) \tag{5.79}$$

将相关数值代入式（5.79），可得到 MNL 模型的海塞矩阵，它的逆矩阵为模型的协方差矩阵。与梯度类似，不同选择模型的海塞矩阵的计算公式不同，因为不同模型的 LL 函数存在较大差异。Daly（1987）和 Bliemer et al.（2009）提供了嵌套 logit 模型的海塞矩阵的计算公式，而 Bliemer 和 Rose（2010）提供了面板形式和截面形式的 MMNL 模型的海塞矩阵的计算公式。

对于无法获得导数或者难以计算导数的模型，我们需要使用其他方法来近似海塞矩阵。下面开始讨论具体的近似方法。

### □ 5.7.4 BHHH 算法

对于很多离散选择模型，我们很难用解析法计算信息矩阵，或者即使能够，计算也过于困难，因此有必要使用一些近似法。BHHH 算法是近似信息矩阵的一种算法，它由 Berndt、Hall、Hall 和 Hausman 四人于 1974 年提出。这种算法使用了下列事实：LL 函数关于参数的导数在观察点上的值就是特定观察点的分数。对于选择情景 $s$，特定观察点的 $K\times K$ 信息矩阵等于观察点的分数的外积：

$$I_{ns}^t = g_{ns}(\beta_t) g_{ns}(\beta_t)' = \begin{pmatrix} g_{ns}^1 g_{ns}^1 & g_{ns}^1 g_{ns}^2 & \cdots & g_{ns}^1 g_{ns}^K \\ g_{ns}^1 g_{ns}^2 & g_{ns}^2 g_{ns}^2 & \cdots & g_{ns}^2 g_{ns}^K \\ \vdots & \vdots & & \vdots \\ g_{ns}^1 g_{ns}^K & g_{ns}^2 g_{ns}^K & \cdots & g_{ns}^K g_{ns}^K \end{pmatrix} \tag{5.80}$$

其中，$g_{ns}^k$ 是 $g_{ns}(\beta_t)$ 的第 $k$ 个元素，注意，为了简便书写起见，我们省略了 $\beta_t$。于是，信息矩阵的元素可以按照如下方法计算：将特定选择的信息矩阵的相关元素相加，即 $I_{NS}^t = \sum_{n=1}^{N}\sum_{s=1}^{S} I_{ns}^t$。

与牛顿-拉夫森（NR）算法相比，BHHH 算法既有优点，也有缺点。BHHH 算法的第一个优点在于耗时较少，因为这种算法仅估计模型梯度，然后用梯度计算信息矩阵，参见式（5.79）。NR 算法还需要计算 LL 函数关于参数估计值的二阶导数，从而导致耗时过长。然而，与 NR 算法相比，为了实现模型收敛，BHHH 算法更慢，而且需要大幅增加迭代次数，尤其当算法离 LL 函数最大值很远时。这是因为当离最大值较远时，BHHH 算法通常产生较小的步长变化，因此需要更多的迭代。BHHH 算法的第二个优点还表现在，作为一种近似信息矩阵的算法，研究者不需要计算 LL 函数的二阶导数。这意味着这种算法适用于任何模型，不管模型多么复杂，因此具有广泛适用性。BHHH 算法的第三个优点是，与 NR 算法不同，在 BHHH 算法下，每次迭代时信息矩阵都是正定的，这意味着我们总可以求矩阵的逆（在求式（5.72）中 $\Omega_p$ 的估计值时，这一步是必需的），而且我们能看到每次迭代时 LL 函数值的变化情况。

BHHH 算法的缺点表现在，正如前文指出的，当我们离 LL 函数的最大值较远时，它对信息矩阵的估计较差。除了这一点之外，它的最大缺点在于，这种算法产生的信息矩阵仅在下列条件下才能向真正的信息矩阵收敛：模型正确设定，且 $NS\rightarrow\infty$。也就是说，在小样本中，BHHH 产生的值与真实值存在很大区别。

### □ 5.7.5 DFP 和 BFGS 算法

计量经济问题（例如选择行为模型）的最常用算法是“变尺度”方法。变尺度方法使用海塞矩阵的逆矩阵的近似，它是一种迭代过程。在这类方法中，两种常见的方法为“秩 2 更新”和“秩 3 更新”，前者由 Davidon、Fletcher 和 Powell（DFP）提出，后者由 Broyden、Fletcher、Goldfarb 和 Shanno（BFGS）提出。这里的“更新”是指海塞矩阵（的逆矩阵）的近似是如何得到的。对于 DFP 算法，递归开始于正定矩阵，通常为单位矩阵：

$$W^{*(0)}=I$$

于是，

$$W^{*(t+1)}=W^{*(t)}+a^{(t+1)}a^{(t+1)\prime}+b^{(t+1)}b^{(t+1)\prime}=W^{*(t+1)}+E^{(t+1)} \tag{5.81}$$

其中$a^{(t+1)}$和$b^{(t+1)}$是两个向量，它们由当前和前一次迭代的梯度 $g^{(t+1)}$ 和 $g^t$ 得出。注意，更新矩阵$E^{(t+1)}$是两个外积之和，所以秩为 2，因此称为“秩 2 更新”。BFGS 算法增添了一项$c^{(t+1)}c^{(t+1)\prime}$，因此称为秩 3 更新。$E^{(t+1)}$的计算可参见 Greene（2012）的附录 E。在充分迭代之后，$W^{*(t)}$将对 LL 函数的二阶导数矩阵的负的逆矩阵提供较好的近似。在一些情下，这个近似被用作系数估计量的渐近协方差矩阵的估计量。作为一般结果，尽管近似结果对于最优化目的来说已足够准确，但它还不足以直接用于计算标准误。在最优化之后（或在最优化过程中），我们需要另外计算最大似然估计（maximum likelihood estimation，MLE）的渐近协方差矩阵的估计量。

## 5.8 结语

本章详细介绍了用于获得选择模型（含有固定参数的模型和含有随机参数的模型）的参数估计值的方法。在这一章，我们完成了离散选择模型的理论和计量经济背景的介绍。在后面章节，我们开始介绍模型的实施和解释，我们使用的软件为 Nlogit5。

在介绍 Nlogit5 软件和各种选择模型之前，我们先讨论三个重要问题。第一个问题（第 6 章）是数据范式问题，即选择实验，因为离散选择建模开始偏爱使用这类数据。第二个问题（第 7 章）介绍假设检验和方差估计用到的统计检验，这在比较模型的整体表现以及比较不同模型的参数估计值和 WTP 分布时非常有用。第三个问题（第 8 章）实际上为一组问题，这组问题尚未得到足够重视，比如内生性问题、随机参数模型的条件参数估计值和非条件参数估计值的关系问题、WTP 的不对称问题等。

## 附录 5A 乔利斯基分解的例子

式（5.34）中的乔利斯基矩阵的计算为

$$s_{11}=\sqrt{\eta_{11}}=\sqrt{1.853}=1.361$$
$$s_{21}=\eta_{21}/s_{11}=0.835/1.361=0.613$$
$$s_{22}=\sqrt{\eta_{22}-s_{21}^2}=\sqrt{0.3852-0.613^2}=0.094$$
$$s_{31}=\eta_{31}/s_{11}=(-0.098)/1.361=-0.072$$
$$s_{32}=[\eta_{32}-s_{31}\times s_{21}]/s_{22}=[(-0.048)-(-0.072\times 0.613)]/0.094=-0.037$$
$$s_{33}=\sqrt{\eta_{33}-s_{32}^2\times s_{31}^2}=\sqrt{(-0.098)-[(-0.037)^2\times(-0.072)^2]}=0.219$$
$$s_{41}=\eta_{41}/s_{11}=0.144/1.361=0.106$$
$$s_{42}=[\eta_{42}-s_{41}\times s_{21}]/s_{22}=[0.075-(0.106\times 0.6136)]/0.094=0.109$$
$$s_{43}=[\eta_{43}-s_{42}\times s_{32}-s_{41}\times s_{31}]/s_{33}=[0.075-0.109\times(-0.037)-0.106\times(-0.072)]/0.219=-0.095$$
$$s_{44}=\sqrt{\eta_{44}-s_{43}^2\times s_{42}^2\times s_{41}^2}=\sqrt{0.034-(-0.095)^2\times(0.109)^2\times(0.106)^2}=0.039$$

其中，对角线元素的计算公式为式（5.31a），非对角线元素的计算公式为式（5.31b）。

# 6 实验设计与选择实验

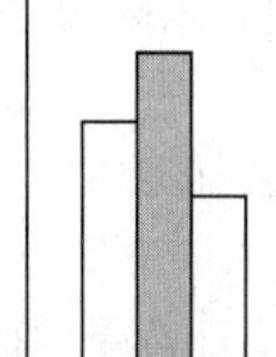

如果数学规则依赖现实，那么它们不可靠；如果数学规则可靠，那么它们不依赖现实。

——爱因斯坦，1921

Michiel Bliemer 和 Andrew Collins 也是本章的作者。



## 6.1 引言

本章稍微偏离了离散选择模型及其估计主题；然而，陈述性选择（SC）数据已很流行，它是在“选择行为实验设计”的架构上发展起来的。鉴于这种流行性，我们需要对其进行介绍和讨论，尽管我们用了一章的篇幅①，但该内容足可以写一本书。本章主要围绕三大主题展开。第一个主题讨论选择行为背景下的实验设计的必要性。第二个主题为实验设计的文献综述，考察实验设计和实施的方法演讲，这个部分主要参考了 Rose 和 Bliemer（2014）。在上述背景下，我们开始介绍一些值得详细讨论的问题，例如样本大小、最佳—最差设计和主元设计问题。这个部分主要参考了 Rose 和 Bliemer（2012，2013）、Rose（2014）、Rose et al.（2008）。我们使用 Ngene（Choice Metrics，2012），这个综合性工具是 Nlogit5 软件的补充，它能设计本章讨论的所有选择实验，并且提供一些设计的语法。对于进一步的细节，读者可以参考 Ngene 手册（www.choice-metrics. com/documentation. html）。

陈述性选择（SC）数据与大多数调查数据不同。对于大多数调查数据来说，因变量和解释变量的信息直接来自响应者；但对于 SC 数据来说，响应者提供的仅是选择响应变量（choice response variable）信息。除了协方差信息（大多数分析通常忽略了这一点）之外，研究者主要关注的变量包括属性（attributes）及其水平。在 SC 研究中，这些变量通常事先设计好，然后以竞争选项的形式提供给响应者。然而，实证证据（Bliemer and Rose，2011；Louviere，Street et al.，2008）和理论证据（Burgess and Street，2005；Sándor and Wedel，2001，2002，2005）表明，研究者提供给响应者的属性水平会影响模型结果的可靠性，尤其当样本较小时。因此，在实验过程中，选项的属性水平通常不是随机指定并显示给响应者，而是使用实验设计理论以某种系统性的方式指定属性水平。

① 本章内容主要来自本书第一版，主体内容主要由 John Rose 和 Michiel Bliemer 完成，其中一些思想来自 David Hensher 和 Andrew Collins 的论文。Andrew Collins 提供了关于如何使用 Ngene 的例子；Chinh Ho 介绍了 BRT 和 LRT 的 Ngene 设计的案例。

本章的目的有两个。首先，尽管不同文献对 SC 实验的处理方法不同，但的确存在着统一的设计理论；而且，这个理论能够容纳文献中出现的各种设计范式。其次，在提供这种理论时，我们指出这个领域中的大多数研究者都依赖该理论（尽管他们很少意识到这一点），但他们依据的假设不同。不同假设对应不同方法，然而在实验设计理论上，它们是统一的。

本章其余内容安排如下。6.2 节考察什么是实验设计，以及它们为什么重要。6.3 节列举了一些决策，这些决策是实验设计的先决条件。6.4 节讨论了与 SC 研究相关的实验设计理论。6.5 节简要回顾了 SC 研究领域中的实验设计理论文献。6.6 节是一个简单总结。我们在这些章节讨论了一些日益受到研究者关注的主题，例如主元设计、最佳—最差设计。在本章最后，我们用案例说明如何使用 Ngene（Choice Metrics, 2012）语法来设计选择实验。关于实验设计更高级的理论内容，感兴趣的读者可以参考 Louviere et al.（2000）、Ngene 手册、Bliemer 和 Rose（2014）以及 Rose 和 Bliemer（2009，2011，2014）。

**【题外话】**

自本书第一版出版以来，选择实验领域出现了很多新的进展，本章提供了这些内容，它们主要来自 Rose 和 Bliemer 的文章。另外，本章还提供了一些案例，用来说明如何使用 Ngene 软件和 Nlogit 软件来设计选择实验。

## 6.2 什么是实验设计

很多 SC 实验的基础是实验设计（experimental design）。实验（experiment）是指操纵一个或多个变量，观察其对响应变量的影响。变量水平的操纵不是以危险方式发生的。相反，我们用统计学工具来确定如何操纵以及何时操纵。因此，我们说操纵源于设计。这正是实验设计这个名字的由来。

很多其他领域也有实验设计，而且文献丰富。然而，遗憾的是，它们缺乏普适性。不同术语的使用让人有点摸不着头脑。例如，上文提及的操纵变量（manipulated variables），也被称为因素（factors）、自变量、解释变量、属性（在描述商品的特征时），尽管它们是一回事。水平，也称为因素水平（factor levels）、属性水平（attribute levels）等。由于在第 3 章区分了属性和社会人口统计特征，故我们选择使用属性和属性水平这两个术语。因此，我们指出本书中的实验设计仅涉及商品和服务的水平操纵。

需要注意，很多文献将单个属性水平称为一个处理（treatment），将多个属性（每个属性仅伴随一个水平）构成的一个组合，称为一个处理组合（treatment combination）。因此，处理组合描述了选择集中的选项。尽管很多文献使用自己的术语——例如市场营销领域将处理组合称为组（profile），我们选择使用术语处理和处理组合。另外，可以预期，实验设计用到的术语和语言将很快变得更复杂。

图 6.1 描述了用于产生陈述性偏好实验的过程。这个过程的起点是问题的凝练，这是为了保证研究者已理解项目的最终目标。

在理解了目标问题之后，研究者进入第二个阶段，他需要识别和凝练用于实验的刺激。在这个阶段，研究者确定选项、属性和属性水平。这种凝练可能促使研究者重新审视目标问题的定义，从而返回到第一阶段。第二阶段，即刺激凝练（stimuli refinement）阶段结束后，研究者必须需要考虑与最终设计相关的统计性质。

**【题外话】**

实验设计的前两个阶段的主要目的在于要求研究者理解决策者的行为问题，从而在他们考虑实验设计的统计性质时，能规范自己的决策过程。然而，统计方面的考虑必须先行。统计上无效率的设计、规模过大的设计、不符合行为要求的设计可能迫使研究者返回到前两个阶段。

假如研究者非常希望继续进行下去，那么实验设计将在第三阶段产生。尽管从第一性原理（first principles）角度，研究者可以这么做，然而这需要他们有足够的专业知识。对于初学者，我们推荐几种能产生简单实验设计的统计软件包，例如 SPSS、SAS 和 Ngene。在产生实验设计之后，在第四阶段，研究者必须将他们在第二阶段选取的属性指定给具体的设计列。再一次地，如果设计属性未能满足先前阶段的要求，研究

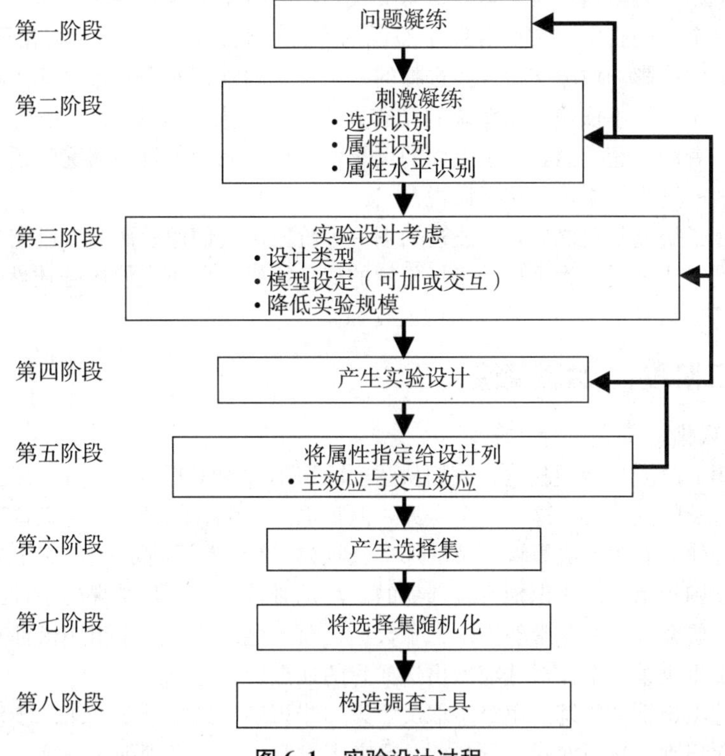


**图 6.1 实验设计过程**

者可能需要返回先前阶段。

在将属性指定给设计中的列之后，在第五阶段，研究者通过操纵设计来产生响应刺激。尽管研究者可用的响应刺激有多种形式，但本书仅使用一种，即选择刺激。因此，在设计过程的第六阶段，研究者将构建选择集，以用于调查工具（例如问卷）。为了避免次序效应可能引起的偏差，这些选择集的出现顺序在每个响应者看到的调查工具中被随机化。因此，对于每个选择实验都需要构造若干个版本。实验设计过程的最后一个阶段是构建调查，将选择集插入不同版本，以及插入任何有必要插入的问题，这里的有必要是指研究者认为这些问题有助于回答原来的目标问题（例如，显示性偏好（RP）数据问题或社会人口统计特征（SEC）问题等）。

本节余下内容将详细介绍实验设计过程的前五个阶段。

### □ 6.2.1 第一阶段：问题凝练

我们使用例子来讨论实验设计过程，这个虚拟的例子将说明专家（或者本书作者）如何对选择实验进行实验设计。假设某个组织委托研究者来研究两个城市之间的交通需求。在构造 SP 选择实验的第一阶段，研究者需要凝练目标问题。研究者可能问自己："为何开展这个项目？"通过明确定义目标问题，研究者可确定真正的问题，避免不相关的问题。

假设委托方希望估计的问题是，在这两个城市之间引入新的选项（交通方式）之后，不同交通方式的份额可能出现的变化。对此，研究者可能会问几个问题。现有的交通方式（选项）有哪些？它们的属性是什么？城际交通需求的决定因素是什么？谁是交通工具的使用者（出行者）？交通模式在时间上具有一致性还是季节性？研究者可能希望询问更多的研究问题（research questions）。通过询问这些问题，研究者可以凝练他们对目标问题的理解。

**【题外话】**

需要指出，在这个阶段，研究者不应该使用任何特定方法来回答待研究的问题。相反，问题凝练过程决定了研究者应该使用的方法。因此，方法不应该决定研究者要询问哪些问题。另外，我们还需指出，由于一个研究问题可能衍生若干研究问题，研究者可能需要使用一些研究方法来解决问题。

构造研究问题的一个好处在于，它们有助于假说的产生。假说的产生甚至促使研究者回答相关人口问题。例如，研究者可能假设影响城际交通方式选择的一个重要因素是两个城市之间的路况。例如，较差的路况可能导致人们更倾向于选择不依赖道路系统的交通方式（例如火车或飞机）。在构建这类假说时，研究者开始设计需要询问出行者的问题类型。对于上面的例子，如果研究者不询问路况问题，不试图获得路况对交通方式的影响信息，那么这个假说永远仅是假说。

研究者只有在凝练了研究问题之后，才能进入下一个阶段。我们假设研究者已充分理解了研究问题。我们再假设出现新的交通方式之后，为了估计市场份额的变化，研究者决定使用陈述性偏好实验（stated preference experiment）。实验设计的下一个阶段是刺激凝练。

## □ 6.2.2 第二阶段：刺激凝练

### 6.2.2.1 凝练选项集

实验设计过程的第二阶段是刺激凝练。我们从选项的识别和凝练开始，它分为两个步骤。第一步，定义当前环境下，决策者可及的选项集，这是一个全集，但是也是一个有限集。在定义选项集时，研究者必须识别每个可能的选项（即使只有少数决策者可及的那些选项），这是为了满足第3章介绍的全局效用最大化规则。回忆一下，这个规则指出，未能识别所有选项的做法是对效用最大化结果的一种约束。

在构建选项集时，研究者需要非常努力。二手数据、深入访谈、焦点小组座谈都有助于选项的识别。研究者还应该考察可能发生决策（个体对选项做出选择）的地点。

研究者是否进入选项识别和凝练的第二步取决于第一步识别的选项数量。第二步涉及筛选选项。尽管这违背了全局效用最大化规则，然而面对大量选项，研究者没有选择，必须筛选选项，以便选项数可控，适合研究。筛选选项的方法有几种。第一种方法是研究者从选项全集中随机抽样，构成子集（然后加上特定决策者选定的选项），指定给每个相应决策者。因此，每个决策者面对着不同子集。因此，尽管研究者最终研究的是选项全集（决策者的数量必须足够多），但每个决策者面对的是子集（在本质上，这是过程探索法（process heuristics），例如忽略某些选项，参见第21章）。与让所有决策者面对相同的子集（即研究者删掉一些选项，将余下的选项提供给每个决策者）相比，这种随机子集方法更合意，但相应的实验设计非常复杂。然而，在独立同分布（IID）条件下（参见第4章），这个过程没有违背全局效用最大化假设。当我们偏离IID时，全局效用最大化假设才被违背。

第二种方法是删除“不重要的”（insignificant）选项。这里的问题在于，研究者对重要与否的判定有一定的主观性。在这种方法下，研究者需要更多地考虑现实而不是理论。第三种方法是使用不伴随具体名称的选项（即研究者定义未加标签的选项）。

如果选项全集较小（通常含有10个选项，尽管我们通常面对含有20个选项的集合），那么研究者可能决定不删除任何选项。最后，我们再次指出，研究者一定需要在研究问题的指引下，决定如何做才是最优的。

### 6.2.2.2 凝练属性和属性水平

在识别了有待研究的选项之后，研究者必须确定这些选项的属性和属性水平。这不是个简单任务。首先，不同选项可能既有相同的属性，又有不同的属性；即使不同选项的属性相似，属性水平也可能不同。例如，在选择出行交通方式的问题上，假设决策者面对两种交通方式：一是火车，二是（自驾）汽车。我们考虑能影响决策者偏好的属性。对于火车选项，决策者可能考虑服务频率、等待时间（可能包含车站等待时间以及走到车站的时间）、费用。自驾出行选项没有这些属性。相反，对于自驾选项，决策者可能考虑的属性有汽油费、过路费和停车费。然而，这两种交通方式的确有一些类似的属性。例如，从家里的出发时间、到达工作地点的时间和舒适度。尽管如此，决策者对二者的属性水平的主观认知可能存在差异。如果决策者选择自驾出行，他们没必要去火车站，从而有可能在家里多待一会才出发（假设交通条件良好）。火车与自驾的舒适水平可能不同。读者可以思考一下，在这种背景下，舒适度是什么意思。事实上，这是个重要议题。它说明属性的定义和属性水平的衡量不是那么明确。

继续考虑舒适属性。这里的问题是，研究者如何向决策者表达属性和属性水平（回忆一下，在陈述性偏好任务中，研究者将属性和属性水平与响应者关联在一起）。“舒适”的真正意思是什么？对于所有决策者来说，意思相同吗？在坐火车出行的情形下，舒适是指座位的柔软程度吗，或者，舒适指火车上的乘客数吗（因为它影响每个乘客的个人空间）？或者，决策者可能认为舒适是上述两个因素的综合；或者，这些都不是决策者认为的舒适，他们所谓的舒适有可能未被研究者观察到，例如车上有座位。类似地，驾车出行的情形下，舒适指的是什么？

**【题外话】**

属性的模糊性造成的后果似乎不那么明显。然而，我们郑重指出，如果研究者对属性的定义比较模糊，那么很有可能导致选项之间的未观测方差变大，而又未增加它们对已观测方差的解释能力。另外，考虑得深远一点，假设研究者在估计模型之后使用了这样的属性。假设属性对火车选项在统计上是显著的，研究者能给出什么建议？他们可能建议相关部门改进火车的舒适度；然而，问题仍存在——相关部门如何改进？改进什么？另外，具体改进措施将导致所有决策者转换交通方式，还是仅导致部分决策者（这些决策者认为舒适度提高了）改变交通方式？如果不能准确定义属性，结果必然导致费时费钱。

我们以前暗示过如何解决属性的模糊性问题，尽管当时我们未明确指出。回到等待时间属性，前文曾指出，交通时间的不同成分可能影响偏好如何形成。对于步行到车站的时间和在车站的等待时间，决策者可能指定不同的重要性权重（importance weight）或边际效用。在去火车站的路上，他们不能喝咖啡、读报纸（除非缓步而行）。在车站等待时，这些活动变得相对简单，尽管等待比步行单调无趣。或者，考虑决策者在下列三种情形下的耗时：一是交通拥挤但仍能缓慢前行；二是交通拥挤，从而导致频繁停车；三是自由流动的交通条件。研究者能对交通耗时下一个统一的定义，使得它能描述上述三种情况下交通耗时的重要性吗？或者，这三种情况需要不同的权重吗？如果我们相信答案为后者，那么研究者需要将交通耗时属性拆分为决策者易懂且明确的构成成分。

在识别用于实验的属性时，研究者必须考虑属性之间的相关（inter-attribute correlation）。尽管这个术语的名字含有“相关”（correlation）一词，但它不是一个统计概念。相反，它指的是决策者对属性的认知。正如我们即将看到的，实验设计可能在统计上不相关［即正交（orthogonal）］，但在属性的概念上相关。例如，考虑决策者经常使用的价格—质量经验法。这种经验法表明决策者认为价格较高的选项通常伴随着较高的质量（无论质量如何定义）。也就是说，价格成为质量的代理。因此，在我们构造的实验设计中，尽管价格和质量的重要性权重是独立的，但决策者仍可能认为这些属性是相关的。尽管我们在估计时可以检验这个问题，然而问题仍然存在：属性之间的相关性导致了认知上无法接受的属性组合。在价格—质量经验法下，决策者对高价格但低质量的选项如何反应？一种可能的结果是，这样的属性组合导致决策者对实验态度不严肃，从而导致结果存在偏差。一些实验设计策略能解决属性之间的相关性问题，例如嵌套设计；然而，初学者很难掌握这样的设计（尽管如此，附录6A仍讨论了属性嵌套）。在这种情形下，我们建议初学者识别出那些可能充当其他属性代理的属性，选择使用最合适的属性进行学习。

在识别了实验所用的属性之后，研究者必须获得属性标签和属性水平标签（attribute level labels）。我们将属性水平定义为研究者指定给属性的水平，它是实验设计过程的组成部分。属性水平用数表示，但它们仅对研究者有意义，对决策者（响应者）无意义。至于属性水平标签，它们是由研究者指定的，但仅在下列意义上才与实验设计有关：属性水平的标签数必须等于特定属性的属性水平数。属性水平标签是研究者指定给属性水平的描述性文字或数据，它们对决策者有意义（如果实验正确设计）。属性水平标签可能为数据（例如，定量属性，比如交通耗时的属性水平标签为10分钟、20分钟等），也可能为文字（例如，定性标签，比如颜色的属性标签水平为绿色、黑色等）。

在实验设计过程中，属性水平和属性水平标签的识别和凝练不是一项简单工作，它要求研究者做出若干重要决策。第一个决策是对于每个属性指定多少个属性水平，注意，每个属性的水平数未必相同。我们考虑单个选项的交通时间属性。对于任何特定决策者，这个属性的不同水平可能伴随着不同的效用量。也就是说，交通耗时为5分钟的效用与交通耗时为10分钟的效用不同。然而，交通耗时为5分钟的效用与交通耗时为5分10秒的效用不同吗？每个“可能的”属性水平都是效用空间中的一个点。用于描述属性的水平越多，我们从效用空间得到的信息就越多（从而可能越准确）。

图 6.2 说明了这一点。图 6.2 画出了某个属性的不同水平对应的效用量。特定属性的水平带来的效用，称为成分效用（part-worth utility）或边际效用（marginal utility）。比较图 6.2 中的四幅图可知，随着水平数增加（从而观察点增加），研究者能够发现更复杂的效用关系。的确，对于图 6.2（a），研究者也许只能认为效用和属性水平之间为线性关系。与图 6.2（a）相比，图 6.2（b）多了一个属性水平，即现在有三个属性水平。这个图表明效用和属性水平之间的关系为非线性的。如果仅有两个属性水平，研究者很难发现这种关系。图 6.2（c）和图 6.2（d）表明，如果仅有三个属性水平，研究者很难知道效用和属性水平之间的真正关系（尽管三个属性水平情形已足以让研究者知道效用和属性水平之间的大致关系）。

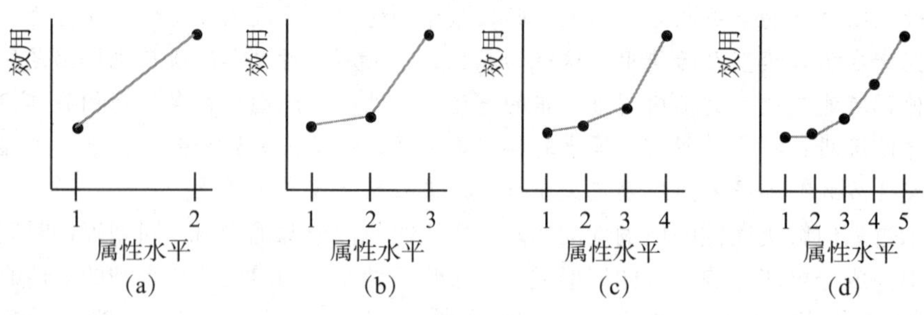


**图 6.2　成分效用**

最后，我们希望考察属性的每个水平产生的效用水平。尽管图 6.2 能提供这方面的信息，然而正如我们看到的，这并非总是可行。因此，研究者可能被迫在属性水平数上做出妥协。使用多少个属性水平，这是一个复杂问题，它与我们希望在效用空间得到的观察点有关。另外一个重要问题是，如何识别实验所用的属性水平的极端值（有时称为端点）。

研究者可以通过考察与决策者属性相关的经验研究来识别属性水平标签。仍以交通时间属性为例说明。通过考察二手数据和使用焦点小组访谈，研究者可能识别出决策者的城际交通时间为 11～15 小时。研究者可能使用这些经验数据来得到实验所用的属性水平标签的极端值。然而，研究者不应该使用这些（已观测的）水平，而应该考虑使用这个区域之外的值，在这个例子中，就是区间［11，15］之外的值。我们都知道，对于数据范围之外的点，统计模型的预测能力很差。假设用于模型估计的交通时间的极端值为 11 小时和 15 小时。如果条件变化使得旅程耗时小于 11 小时或大于 15 小时，那么对于模型对新条件的预测结果，我们应该谨慎对待。

然而，选择经验区域之外的属性水平标签时必须谨慎。这是因为选定的水平必须使得决策者认为它们可行，而且使得研究者能很好把握经验区域之外的效用曲线形状。以自驾车选项为例，如果当前旅程耗时平均为 11～15 个小时，而研究者提供给决策者的属性水平为 8 小时，这有可能导致决策者不认真对待实验。

**【题外话】**

尽管我们以定量属性为例说明属性水平识别时的问题，但它们也适用于定性属性。我们需要区分名义和序数定性属性。名义定性属性（nominal qualitative attribute）情形下，不同水平之间不存在自然次序，例如汽车选项的颜色。在选择使用这样的属性时，研究者需要深入研究什么水平有可能导致偏好变化（例如，研究者应该使用的颜色水平为蓝、红还是绿）。序数定性属性认为属性水平之间存在一定的自然次序。例如，以公共汽车选项为例。司机的举止可能是个重要属性。司机的举止可用非定量连续统（例如从“脾气暴躁”到“非常可亲”）衡量，在这里，“非常可亲”的评分自然比“脾气暴躁”的评分高。对这些极端点之间的点指定属性水平标签是一项烦琐的工作，它要求研究者对极端点之间的很多点指定描述性标签。

最后，我们强调一下“垃圾入，垃圾出”公理。这个公理的意思非常简单。如果研究者向计算机系统输入无效数据，那么结果也是无效的。尽管这个公理源自计算机编程领域，但它同样适用于其他系统，包括决策系统。如果研究者想避免这个问题，那么他应该花大量时间来识别和凝练选项、属性、属性水平和属性水平标签，然后开始正式的实验设计工作。

### □ 6.2.3 第三阶段：实验设计考虑

在识别了选项、属性、属性水平的个数和属性水平标签之后，研究者现在必须考虑实验设计问题了。我们再次强调：如果研究者在考虑实验设计的统计特征时，已经知道行为影响决定了决策过程，这就再好不过了。尽管这代表着最优结果，然而研究者对决策者行为的分析受制于他们能使用什么设计方法。

我们这么说，意味着研究者能用若干种设计方法。这里讨论最常见的一类设计方法，即全因子设计（full factorial design）。我们还将介绍正交设计，然后介绍日益流行的效率设计（efficient design）。所有这些设计都可以在 Ngene 软件中实施。

我们将全因子设计定义为一种设计方法，在这种方法中，所有可能的处理组合都被列举。为了说明这一点，回到前文的例子。假设通过二手数据考察和焦点小组访谈，研究者识别出了两个重要属性：一是舒适度，二是交通耗时。暂时假设只有一个选项。在前期研究中，研究者已获得了属性范围，假设舒适度属性有三个水平。为简单起见，我们将它们定义为低、中、高舒适度。至于交通耗时属性，研究者也得到了三个水平：10 小时、12 小时和 14 小时。根据全因子设计的定义，我们需要列举各个属性组合，参见表 6.1。

**表 6.1** 全因子设计

| 处理组合 | 舒适度 | 交通耗时（小时） |
|---|---|---|
| 1 | 低 | 10 |
| 2 | 低 | 12 |
| 3 | 低 | 14 |
| 4 | 中 | 10 |
| 5 | 中 | 12 |
| 6 | 中 | 14 |
| 7 | 高 | 10 |
| 8 | 高 | 12 |
| 9 | 高 | 14 |

实验设计文献通常不采取表 6.1 这样的列举法，而是使用代码格式来表示各个可能的组合。这种编码格式对每个属性水平指定唯一数字：从 0 开始，然后 1，一直到 $L-1$；其中 $L$ 是该属性的水平个数。因此，三个水平的编码为 0、1 和 2。若某属性有四个水平，则其编码分别为 0、1、2 和 3。使用这种编码法，表 6.1 变为表 6.2。

**表 6.2** 全因子设计编码

| 处理组合 | 舒适度 | 交通耗时（小时） |
|---|---|---|
| 1 | 0 | 0 |
| 2 | 0 | 1 |
| 3 | 0 | 2 |
| 4 | 1 | 0 |
| 5 | 1 | 1 |
| 6 | 1 | 2 |
| 7 | 2 | 0 |
| 8 | 2 | 1 |
| 9 | 2 | 2 |

这种编码方法不是唯一的；事实上，任何编码方法，只要它能将属性水平赋予唯一值，就是可行的。另

外一种有用的编码方法为正交编码（orthogonal coding）。在正交编码方法下，任何给定列（不是行）的编码值的和为零。为了实现这种效果，我们对属性的编码方法如下：当我们对它的一个水平指定一个正值时，对于第二个水平，我们指定该正值的相反数。这种方法在水平数为偶数时才可行。当水平数为奇数时，中间水平的赋值为零。例如，如果某属性有两个水平，我们对这两个水平分别赋值 1 和 −1；如果它有三个水平，那么我们的赋值分别为 −1、0 和 1。

**【题外话】**

在正交编码方法下，我们经常仅用奇数（以及 0）来编码，比如 −3、−1、0、1 和 3 等。在表 6.3 中，我们给出了与设计编码等价的正交编码，其中属性水平的个数为 2～6（即一共有六种情形）。注意，根据惯例，正交编码不用 −5 和 5。

**表 6.3　设计编码与正交编码之间的比较**

| 水平数 | 设计编码 | 正交编码 |
|---|---|---|
| 2 | 0<br>1 | −1<br>1 |
| 3 | 0<br>1<br>2 | −1<br>0<br>1 |
| 4 | 0<br>1<br>2<br>3 | −3<br>−1<br>1<br>3 |
| 5 | 0<br>1<br>2<br>3<br>4 | −3<br>−1<br>0<br>1<br>3 |
| 6 | 0<br>1<br>2<br>3<br>4<br>5 | −7<br>−3<br>−1<br>1<br>3<br>7 |

研究者可能不使用正交编码而用设计编码。通过让决策者对每个处理组合排序，研究者可以实施联合分析（conjoint analysis）。我们主要讨论选择分析而不是联合分析，因为后者需要某种机制来要求决策者做出某种选择。为了继续讨论，注意到，上面给出的处理组合代表单个选项可能采取的乘积形式。为了让选择行为发生，我们还要求能描述其他选项的处理组合（毕竟只有在选项至少为二的情形下，谈论选择才有意义）。

假设选项 2 也有两个重要属性，这样，我们一共有四个属性：每个选项有两个属性。正如前面指出的，每个选项的属性未必相同，即使相同，它们的属性水平也未必相同。为了简单起见，我们假设这两个选项有相同属性。进一步地，对于这两个选项，舒适度属性的水平也相同，但对于选项 2，交通耗时的属性水平分别为 1 小时、1.5 小时和 2 小时（记住，选项 1 的相应水平分别为 10 小时、12 小时和 14 小时）。对这两个选项进行全因子设计，由于每个选项有两个属性，每个属性有三个水平，我们一共有 81 个处理组合。这个数字怎么来的？

对于加标签的选择实验（定义参见 6.2.3.1 节），选择集中一共有 $L^{JH}$ 个处理组合；对于未加标签的实验，一共有 $L^{H}$ 个处理组合。因此，上面的例子产生了 81 个（即 $3^{2\times2}=81$）个处理组合（如果是未加标签的实验，则为 $3^2=9$ 个处理组合）。

**6.2.3.1　加标签的实验和未加标签的实验**

我们可以不让决策者对处理组合评分或排序，而是让他们从给定的选项中做出选择。表 6.4 画出了前文例子中的第一个处理组合。正如我们稍后看到的，表 6.4 中的处理组合就是我们用于实验的选择集。在表 6.4 中，研究者对每个选项使用通用名称，即未加标签。"选项 1"这个名字除了表明这是第一个选项之外，未向决策者传递任何信息。如果实验中使用的选项只有通用名，那么该实验称为未加标签的实验（unlabeled experiments）。相反，研究者也可对实验加标签（例如，小轿车）。表 6.5 给出了这种情形。这样的实验称为加标签的实验（labeled experiments）。

**表 6.4　　选择处理组合**

| 处理组合 | 选项 1 | | 选项 2 | |
|---|---|---|---|---|
| | 舒适度 | 交通耗时 | 舒适度 | 交通耗时 |
| 1 | 低 | 10 小时 | 低 | 1 小时 |

**表 6.5　　加标签的选择实验**

| 处理组合 | 小轿车 | | 飞机 | |
|---|---|---|---|---|
| | 舒适度 | 交通耗时 | 舒适度 | 交通耗时 |
| 1 | 低 | 10 小时 | 低 | 1 小时 |

使用加标签还是未加标签的实验，这是一个重要决策。使用未加标签实验的一个好处是，它们不要求识别和使用选项集中的所有选项。事实上，上文中的选项 1 可用来描述一系列选项，例如小轿车、公共汽车和火车。也就是说，与各种交通方式相伴的属性水平足够广。

使用未加标签的实验还有一个好处。回忆一下，第 4 章引入的独立同分布（IID）假设要求各个选项不相关。与未加标签的实验相比，这个假设条件在加标签的实验中更难实现。为了说明这一点，注意到选项的标签在某种程度上类似于该选项的一个属性（尽管这个属性的水平对于所有处理组合都相同）。这有若干个后果。首先，如果我们承认，选项的名称在加标签的实验中变成了属性（不同选项表示不同属性水平），那么决策者对选项的认知可能与实验所用的属性相关。也就是说，飞机这个选项可能与舒适度和交通耗时属性相关。这违背了 IID 假设。

**【题外话】**

使用加标签的实验的问题源于决策者对每个加标签选项的感性认知。到目前为止，我们的例子都很简单，主要为了便于说明。然而，在现实中，交通方式选择显然取决于多个属性，不仅仅是我们在这里识别的两个属性。决策者可能将选项标签视为这些缺失属性的代理。读者可以返回到第 4 章关于 IID 假设的讨论，考虑一下缺失属性是如何处理的。这些信息的宗旨在于强调研究者应该花尽可能多的时间来识别实验所用的属性、属性水平和属性水平标签。

对于加标签的实验，如果研究者识别出了实验所用的相关属性，那么由决策者对缺失属性的推断造成的问题也被降低到最低限度。另外，IID 假设条件的违背也是可检验的；研究者可以使用更高级的建模技术，例如嵌套 logit 模型（第 14 章和第 15 章），它们要求考虑更多的假设（Bliemer and Rose，2010a；Bliemer et al.，2009）。

上面这些话并不意味着研究者应该避免使用加标签的实验。事实上，某些研究问题要求使用加标签的实验。例如，如果我们希望估计特定选项参数，最好使用加标签的实验。另外，出于现实考虑，研究者也使用加标签的实验。例如，当决策者去超市时，他们面对的不是通用名选项（未加标签的选项），而是一系列品牌商品。让决策者在麦片A或B中进行选择，这不是一个真实任务。另外，对于一部分决策者来说，商品的品牌名可能影响他们的选择。例如，一些决策者可能选择使用澳洲航空公司，他们这么选择时并不考虑该公司或竞争公司的属性水平，仅仅因为该公司大名鼎鼎。决策者对轻轨和快速公交服务的选择也面临类似情况（Hensher et al.，2014）。品牌名代表决策者以前体验的属性水平的效用，因此，对选择有重要影响，这通常会降低当前已观测的（实际或主观）属性水平的作用。

**【题外话】**

一般来说，当研究者的主要目的是预测而不是构建特定属性的支付意愿时，加标签的实验更好。然而，研究者也可以使用未加标签的实验，他们可以用此估计一组参数，即所有属性的通用参数，然后引入特定选项常数作为校准常数（calibration constants）来拟合伴随加标签的选项的模型，以便估计实际市场份额。这些校准常数不是SP估计过程的一部分，而是在应用阶段引入的（参见第13章）。

无论研究者使用加标签还是未加标签的实验，在选择设计时，他们还需要做出更多考虑。在前文的例子中，我们注意到，研究者要求决策者做出81个选择，每个选择对应一个处理组合。研究者可能认为如此多的选择会对响应者造成很大的认知负担（cognitive burden），从而导致响应率降低和（或）响应可靠性降低。研究者可以使用若干策略来减少决策者面对的选择数：一是减少设计使用的水平数；二是使用部分因子设计而不是全因子设计；三是将设计分区；四是综合使用策略二和三。

在讨论这些策略之前，我们先扩展前文的例子。现在假设选项数为四：小轿车、公共汽车、火车和飞机。假设每个选项的属性仍为两个：舒适度和交通耗时。表6.6给出了每个选项的属性水平。在这种情形下，我们一共有6 561个可能的处理组合（回忆$L^{JH}$的意思）。

**表6.6　四个选项的属性水平**

| 属性 \ 选项 | 小轿车 | 公共汽车 | 火车 | 飞机 |
|---|---|---|---|---|
| 舒适度 | 低<br>中<br>高 | 低<br>中<br>高 | 低<br>中<br>高 | 低<br>中<br>高 |
| 交通耗时 | 10小时<br>12小时<br>14小时 | 10小时<br>12小时<br>14小时 | 10小时<br>12小时<br>14小时 | 10小时<br>12小时<br>14小时 |

#### 6.2.3.2　减少水平数

减少实验设计中的水平数将大幅降低设计规模；然而，这种做法是以丧失部分信息为代价的。一种常用的做法是仅使用端点处的属性水平。也就是说，每个属性仅有两个属性水平。这样的设计称为端点设计（这种叫法可参见Louviere et al.（2000），第5章）。对于上文的例子，若使用端点设计，处理组合的个数将减少为256。如果研究者认为边际效用之间的关系是线性的，或者如果研究者将实验作为解释工具，那么端点设计非常有用。

#### 6.2.3.3　降低实验设计规模

研究者可以不使用全部6 561个处理组合，而仅使用其中的一部分。这种设计称为部分因子设计。为了选择实验所用的处理组合，研究者应该从全部处理组合中随机（不放回形式的随机）选取一部分组合。然而，随机抽样可能产生统计上无效率的或次优的设计。研究者需要使用科学方法来选取最优处理组合。图6.3说明了如何得到统计上有效率的部分因子设计。

为了继续设计，研究者必须掌握一些统计概念。我们先介绍正交性。正交性（orthogonality）是一种数学约束，它要求所有属性之间在统计上不相关。严格来说，正交性要求每一对属性水平出现的次数相等。在实践中，正交性被解释为属性之间零相关。因此，正交设计通常被认为设计中的列彼此零相关（注意，属性之间可能在认知上相关，但在统计上不相关。）

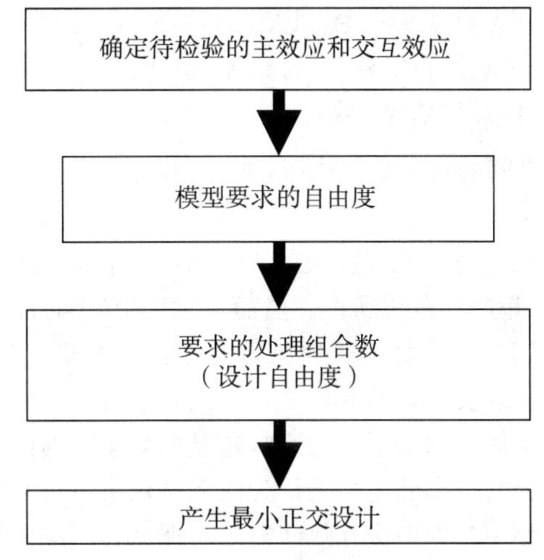


**图 6.3　部分因子设计所需的步骤**

**【题外话】**

行数代表着选项属性水平组合数，对于确定列的正交性非常重要；然而，一旦研究者对给定的行数确定了正交性，我们可以去掉列，而不至于影响正交性。然而，去掉行会影响正交性。在实践中，我们通常让决策者面对其中一些行而不是全部行，这种做法在下列情形下是可行的：当我们汇合分析数据时，我们让每一行的响应者数相等。抽样对正交性至关重要。

在非常严格的假设条件下，非正交设计导致研究者很难确定每个独立属性的贡献，因为这些属性混杂在一起，这类似于多元线性回归的多重共线性（multicollinearity）。在统计上，非正交设计通常导致的后果是，我们估计的每个属性都伴随着大量共同变化（与其他属性一起变化）和少量自身变化。很多学者认为，从非正交设计得到的参数估计值通常不正确，而且在一些情形下，有不正确的符号；然而，我们稍后将指出，这种观点不对，除非实验设计得到非常大的相关系数。

**【题外话】**

在数学上，全因子设计满足正交性，因此，我们之前一直未讨论正交性这个重要概念。

我们考察的第二组概念是主效应（main effect）和交互效应（interaction effect）。我们将效应定义为特定处理对某个响应变量的影响。在选择行为分析情形下，响应变量为选择。因此，效应为特定属性水平对选择的影响。在实验设计背景下，我们将效应定义为处理均值之差。主效应（ME）指每个属性对响应变量（即选择）的直接且独立的影响。因此，主效应指属性的每个水平的均值与整体均值之差。交互效应指两个或多个属性一起对响应变量（即选择）的影响，这种影响在估计单个属性时无法观测。

为了说明这两个概念的区别，考虑式（6.1）。这个式子是第 3 章引入的线性效用函数的例子：

$$V_i = \beta_{0i} + \beta_{1i} f(X_{1i}) + \beta_{2i} f(X_{2i}) + \cdots + \beta_{Ki} f(X_{Ki}) \tag{6.1}$$

其中，$\beta_{1i}$ 是与属性 $X_1$ 和选项 $i$ 相伴的权重（或参数）；$\beta_{0i}$ 是一个非属性参数，称为特定选项常数（ASC），它表示所有未观测效用来源的平均作用。

在式（6.1）中，主效应是每个属性对响应变量（$V_i$）的独立影响，这里的独立指该响应变量与所有其他属性的影响无关。根据式（6.1）可知，任何属性对 $V_i$ 的影响等于与它相伴的权重（参数）；例如，$X_{1i}$ 对 $V_i$ 的影响等于$\beta_{1i}$。因此，$\beta_{ki}$（其中 $k=1, \cdots, K$）代表我们对主效应的估计。对于任何给定的设计，主效应的个数等于属性的个数。

然而，式（6.1）未能呈现交互效应。交互作用表现在，决策者对一个属性（比如属性 1）的水平的偏好取决于另外一个属性（比如属性 2）的水平。一个很好的例子来自化学领域，例如硝酸和甘油，如果单独摆放，两者都不活跃，然而如果将它们混合在一起，就会爆炸。因此，边际效用函数的形式类似于式（6.2）：

$$
\begin{aligned}
V_i = \beta_{0i} &+ \beta_{1i} f(X_{1i}) + \beta_{2i} f(X_{2i}) + \cdots + \beta_{Ki} f(X_{Ki}) \\
&+ \beta_{Li} f(X_{1i} X_{2i}) + \beta_{Mi} f(X_{1i} X_{3i}) + \cdots + \beta_{Oi} f(X_{1i} X_{Ki}) \\
&+ \beta_{Pi} f(X_{2i} X_{3i}) + \cdots + \beta_{Zi} f(X_{1i} X_{2i} \cdots X_{Ki})
\end{aligned} \tag{6.2}
$$

其中，$f(X_{1i}X_{2i})$ 是属性 $X_{1i}$ 和 $X_{2i}$ 之间的双向交互作用，$\beta_{Li}$ 表示交互效应，$f(X_{1i}X_{2i}\cdots X_{Ki})$ 是 $k$ 向交互作用，$\beta_{Zi}$ 表示交互效应。

回到前面的例子，假设研究者认为公共汽车选项的一个重要属性是它的颜色。研究发现，对于 10 小时（含）以内的旅程，决策者对公共汽车的颜色无所谓。然而，对于 10 小时以上的旅程，他们更喜欢浅色而不是深色汽车（研究者猜测可能的原因在于，对于长途旅行，深色汽车更容易变热，从而更不舒服）。因此，决策者对公共汽车颜色的偏好由颜色和交通耗时共同决定，而不仅仅由颜色本身决定。

由于一个属性的水平与另外一个属性的水平共同影响选项的效用，因此研究者不应将这两个变量分开考察，而应该联合考察。也就是说，公共汽车公司不能认为汽车颜色决策与路程决策是独立的，而应该将这两个决策放在一起考察。在我们的模型中，如果交互效应显著，那么我们应该将相应变量放在一起考虑（尽管模型本身没有告诉我们最优组合是什么）。如果交互效应不显著，那么我们应该考察主效应，以便得到最优解。

**【题外话】**

不要混淆概念“交互”和“相关”。变量之间的相关指变量的运动方式彼此相似。例如，当价格上升时，产量也上升，那么价格和产量之间可能正相关。这与上面讨论的“交互”看起来很像，其实并非如此。两个属性之间的交互，指这两个属性协同变化而产生的影响。因此，在前文讨论的例子中，我们对下列问题不感兴趣：当公共汽车颜色由浅变深时，交通耗时是否增加（显然，这是个相关性问题）。相反，我们感兴趣的是，颜色和交通耗时的某些组合可能对乘客产生的影响（即与其他选项（交通方式）相比，是否增加了公共汽车选项的效用）。也就是说，颜色和交通耗时的哪个组合能让公共汽车票卖得更多？简单地说，相关是指两个变量之间的关系，而交互指两个（或多个）变量对第三个变量（即响应变量）的影响。

交互效应和主效应是两个重要概念，研究者必须充分理解它们的意思。使用全因子设计的一个好处是，所有主效应和所有交互效应可分开估计。也就是说，研究者可以估计所有主效应和交互效应，而又不会出现混杂（confoundment）。正如我们稍后指出的，上面的论断主要针对线性模型。由于选择概率取幂，离散选择模型不是线性的，因此前文关于正交的合意性论断只有在非常严格的条件下才成立。遗憾的是，在减少处理组合个数时，部分因子设计使得这些效应混杂起来。有一些方法能将这些混杂性降到最低，从而使得我们感兴趣的效应能和其他效应分开估计。我们将在后面章节讨论这些方法。

令 $J$ 表示选项个数，$S$ 表示选择情景个数，$H$ 表示待估计参数的个数。最后，我们定义自由度（degrees of freedom）。实验设计要求确定自由度。人们通常说，一个自由度代表研究者能得到的一个信息。考虑某个选择任务 $S$。在这个选择任务中，一共需要计算 $J$ 个概率。由于 $J$ 个概率之和必须等于 1，因此给定前 $(J-1)$ 个概率，我们可以计算选项 $J$ 的概率。因此，每个选择情景将有 $(J-1)$ 个独立信息，从而最后一个信息已被固定（不能变化）。由于在估计模型时，研究者需要一定量的信息（自由度），因此他们需要有能力知道实验设计提供了多少信息，以及估计模型需要多少信息。

为了确定部分因子分析所需的最小处理组合数，研究者必须确定模型估计所要求的自由度个数。自由度个数取决于待估模型的参数个数，这又取决于研究者对模型的设定。为了说明这一点，回忆我们的线性效用函数表达式（暂时忽略相互作用项）：

$$
V_i = \beta_{0i} + \beta_{1i} f(X_{1i}) + \beta_{2i} f(X_{2i}) + \cdots + \beta_{Ki} f(X_{Ki}) \tag{6.3}
$$

为了方便说明，假设选项 $i$ 的第一个属性为小轿车的舒适度属性，于是，这个属性通过 $X_{1i}$ 进入效用函数式 (6.3)。在估计模型时，我们将得到这个属性的权重 $\beta_{1i}$。

使用表 6.6 中的编码容易说明变量对效用施加的线性影响。将低舒适度的编码 0 代入 $f(X_{1i})$（注意：在非正交设计中，低舒适度的编码为 0，而在正交实验中，编码为 $-1$），可得到这个舒适度的效用水平（维持其他条件不变）：

$$V_i = \beta_{0i} + \beta_{1i} \times 0 = \alpha_i + 0 \tag{6.4}$$

类似地，中等舒适度的效用为

$$V_i = \beta_{0i} + \beta_{1i} \times 1 = \alpha_i + \beta_{1i} \tag{6.5}$$

高舒适度的效用为

$$V_i = \beta_{0i} + \beta_{1i} \times 2 = \alpha_i + 2\beta_{1i} \tag{6.6}$$

注意，在其他条件不变的情形下，每当我们将舒适度提高一单位，效用水平就增加 $\beta_{1i}$。也就是说，低舒适度的效用与中等舒适度的效用之差等于中等舒适度的效用与高舒适度的效用之差。这很可能不符合现实。以坐飞机旅行为例。这三种舒适度分别对应普通舱、商务舱和头等舱。如果这三种座位你都坐过，那么你应该承认头等舱与商务舱的差异远超过商务舱与普通舱的差异。线性效用函数不符合现实，如何解决这个问题？答案在下面的编码方法之中。

#### 6.2.3.4 虚拟编码与效应编码

虚拟编码允许属性水平对效用的影响为非线性的。第 3 章已介绍过这种编码方法，在此重温一下。这种方法涉及对待编码的每个属性创造一些变量。新变量的个数等于属性水平数减去 1。因此，在上面的例子中，由于我们有 3 个舒适度水平，因此我们需要创造两个变量。为简单起见，我们将两个新变量分别称为舒适度 1 和舒适度 2。我们对舒适度 1 的编码如下：高舒适度时，编码为 1；否则，为 0。类似地，对于舒适度 2，中等舒适度时，编码为 1，否则为 0。由于我们只有两个变量但有三个水平，第三个水平即低舒适度，在舒适度 1 和舒适度 2 变量中都为 0。表 6.7 给出了这种编码：

**表 6.7　　虚拟编码**

| 变量<br>属性水平 | 舒适度 1 | 舒适度 2 |
|---|---|---|
| 高 | 1 | 0 |
| 中 | 0 | 1 |
| 低 | 0 | 0 |

这种编码能允许属性水平的非线性效应。回到式（6.3），现在舒适度 1 对应 $f(X_{1i})$，舒适度 2 对应 $f(X_{2i})$。因此，现在对于每个舒适度属性，我们有两个参数，即 $\beta_{1i}$ 和 $\beta_{2i}$。于是，在其他条件不变的情形下，高舒适度的效用为

$$V_i = \beta_{0i} + \beta_{1i} \times 1 + \beta_{2i} \times 0 = \alpha_i + \beta_{1i} \tag{6.7}$$

中等舒适度的效用为

$$V_i = \beta_{0i} + \beta_{1i} \times 0 + \beta_{2i} \times 1 = \alpha_i + \beta_{2i} \tag{6.8}$$

低舒适度的效用为

$$V_i = \beta_{0i} + \beta_{1i} \times 0 + \beta_{2i} \times 0 = \alpha_i \tag{6.9}$$

现在，与每个属性水平的编码相伴的效用值与前文的式（6.4）至式（6.6）不同。这样，我们就解决了传统编码中的线性效应问题（解释变量对响应变量的影响是线性的）。

注意，在式（6.4）至式（6.9）中，我们特意留下了 $\beta_{0i}$。考察式（6.9）可知，与基准水平相伴的效用总是被默认为等于 $\beta_{0i}$。也就是说，我们根本没有测量与低舒适度相伴的效用，而是把它视为平均整体效用水平。这意味着，在虚拟编码方法下，我们完全将属性的基准水平和整体均值或称总均值（grand mean）混杂在一起。任何属性的基准水平都是这样的。于是，问题产生了：我们测量的是什么？是基准水平的效用还是整体均值的效用？

正是由于上面的原因，我们更喜欢效应编码而不是虚拟编码。与虚拟编码一样，效应编码也允许属性水平的效应为非线性的，不仅如此，它还解决了虚拟编码将基准属性水平与总均值混杂在一起的问题。

我们对效应编码的介绍沿着前文虚拟编码的介绍步骤进行；然而，对于每个新创造的变量，我们对基准

水平的编码不再为 0，而为 −1。因此，对于我们的例子，效应编码结构如表 6.8 所示。

**表 6.8** 效应编码

| 属性水平 \ 变量 | 舒适度 1 | 舒适度 2 |
|---|---|---|
| 高 | 1 | 0 |
| 中 | 0 | 1 |
| 低 | −1 | −1 |

由于我们没有改变高舒适度和中等舒适度的编码，式（6.7）和式（6.8）仍然成立。然而，低舒适度的编码变了，因此它的效用现在变为

$$V_i = \beta_{0i} + \beta_{1i} \times (-1) + \beta_{2i} \times (-1) = \beta_{0i} - (\beta_{1i} + \beta_{2i}) \tag{6.10}$$

我们可以看到，基准水平的效用不再与选项 $i$ 的总均值混杂在一起（即等于 $\beta_{0i}$），而是等于 $\beta_{0i} - (\beta_{1i} + \beta_{2i})$。因此，基准水平的边际影响为 $-\beta_{1i} - \beta_{2i}$。

在表 6.9 中，我们展示了编码系统有五个水平的例子。对于属性水平多于五个的情况，要求分析者增加更多变量。

**表 6.9** 效应编码格式

| | 变量 1 | 变量 2 | 变量 3 | 变量 4 |
|---|---|---|---|---|
| 水平 1 | 1 | | | |
| 水平 2 | −1 | | | |
| 水平 1 | 1 | 0 | | |
| 水平 2 | 0 | 1 | | |
| 水平 3 | −1 | −1 | | |
| 水平 1 | 1 | 0 | 0 | |
| 水平 2 | 0 | 1 | 0 | |
| 水平 3 | 0 | 0 | 1 | |
| 水平 4 | −1 | −1 | −1 | |
| 水平 1 | 1 | 0 | 0 | 0 |
| 水平 2 | 0 | 1 | 0 | 0 |
| 水平 3 | 0 | 0 | 1 | 0 |
| 水平 4 | 0 | 0 | 0 | 1 |
| 水平 5 | −1 | −1 | −1 | −1 |

为了说明选择编码方法（即使用单个（线性）属性还是用一些虚拟或效应编码变量代表单个属性）的重要性，考虑图 6.4。

图 6.4 假设存在某种复杂的边际效用函数（取自图 6.2（d））。给定这个属性的一个参数（即斜率）的估计值，我们得到了图 6.4（a）。在这种情形下，研究者无法建立任何准确程度的效用函数。随着我们使用虚拟或效应编码来估计这个属性的更多参数（斜率），我们对真实效用函数的理解越来越清晰，如图 6.4（b）

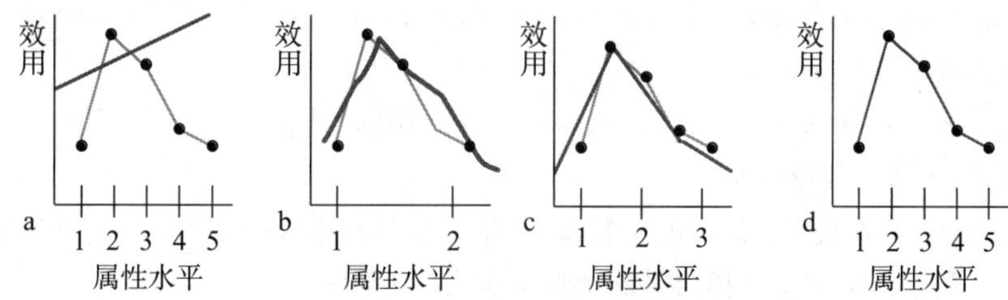


**图 6.4　线性效应与二次型效应估计**

至图 6.4（d）所示。

**【题外话】**

由于属性的唯一参数的估计将产生线性估计（即斜率），因此我们将这样的估计称为线性估计（linear estimates）。如果一个属性伴随两个虚拟（或效应）参数，这样的估计就称为二次型估计（quadratic estimate）。伴随 $L$ 个虚拟（或效应）参数的属性估计，称为 $(L-1)$ 次多项式估计（polynomials estimate）。

上面的讨论意味着，边际效用函数越复杂，我们就越应该使用更复杂的编码结构，以便估计更复杂的非线性关系。当然，在估计模型之前，除了以前经验和从其他研究获得信息之外，研究者对边际效用函数没有更多信息。这意味着研究者通常把情况想得很糟，使用能估计复杂非线性关系的模型。然而，我们将看到，这样做的代价很大，可能远非最优策略。

#### 6.2.3.5　计算实验所需的自由度

回顾一下自由度的定义：实验的自由度为 $S\times(J-1)$，其中 $S$ 为选择情景的个数，$J$ 为每个选择情景下的选项个数。该数（自由度）必须大于或等于模拟过程施加给自变量的（线性）约束个数。自变量（线性）约束为我们估计的 $\beta$ 参数，包括任何常数。

上面的定义意味着我们希望估计的参数越多，估计过程需要的自由度越大。也就是说，我们希望发现的非线性关系越复杂，就需要估计越多的参数，这又要求越大的自由度。正如我们将看到的，大的自由度意味着大的设计。

假设我们仅估计模型的主效应（暂时忽略属性之间的相互作用），在这种情形下，实验设计所需自由度取决于待估计的效应类型以及实验设计是加标签的还是未加标签的。对于我们的例子，每个（加标签的）选项［即小轿车、公共汽车、火车和飞机（此时 $J=4$）］都有两个属性，每个属性都有三个水平。假设我们仅估计线性效应，那么实验所需的自由度为 8（即 4×2）。正如前文指出的，实验设计所需自由度等于所有选项的待估参数个数。考虑每个选项的效用函数，假设边际效用为线性的。待估效用函数将为（暂时忽略常数项）：

$$
\begin{aligned}
V_{car} &= \beta_{1car}\times comfort+\beta_{2car}\times TT\\
V_{bus} &= \beta_{1bus}\times comfort+\beta_{2bus}\times TT\\
V_{train} &= \beta_{1train}\times comfort+\beta_{2train}\times TT\\
V_{plane} &= \beta_{1plane}\times comfort+\beta_{2plane}\times TT
\end{aligned}
$$

其中，$comfort$ 为舒适度属性，$TT$ 为交通耗时属性。

对于这 4 个选项，待估参数为 8 个，因此实验设计需要的最小自由度为 8。实验设计要求 $S\times(J-1)\geqslant 8$。由于 $J=4$，$S\times(4-1)\geqslant 8$ 要求 $S\geqslant 3$（取整数）。因此，实验设计至少需要 3 个选择情景。

假设我们希望估计非线性效应，那么自由度增加为 16（即 (3−1)×4×2）。由于假设每个属性的边际效用为非线性的，效用函数变为

$$
\begin{aligned}
V_{car} =\ &\beta_{1car}\times comfort(low)+\beta_{2car}\times comfort(medium)+\beta_{3car}\times TT(10hours)\\
&+\beta_{4car}\times TT(12hours)\\
V_{bus} =\ &\beta_{1bus}\times comfort(low)+\beta_{2bus}\times comfort(medium)+\beta_{3bus}\times TT(10hours)\\
&+\beta_{4bus}\times TT(12hours)
\end{aligned}
$$

6　实验设计与选择实验

$$V_{train} = \beta_{1train} \times comfort(low) + \beta_{2train} \times comfort(medium) + \beta_{3train} \times TT(10hours) + \beta_{4train} \times TT(12hours)$$

$$V_{plane} = \beta_{1plane} \times comfort(low) + \beta_{2plane} \times comfort(medium) + \beta_{3plane} \times TT(1hour) + \beta_{4plane} \times TT(1.5hours)$$

对此，我们一共要估计 16 个参数（暂时忽略常数项）。给定额外自由度的要求，上述模型设定将要求最小自由度为 16。由于 $S \times (J-1) \geqslant 16$，选择情景的个数至少为 6（取整）。

对于未加标签的实验，自由度要求降低了。实验设计要求的最小自由度可以按表 6.10 中的公式计算。

**表 6.10　　部分因子设计要求的最小处理组合数：仅以主效应为例**

| 效应 \ 实验 | 未加标签 | 加标签 |
| --- | --- | --- |
| 线性<br>非线性<br>（虚拟或效应编码变量） | $S(J-1) \geqslant H$<br>$S(J-1) \geqslant (L-1)H$ | $S(J-1) \geqslant H$<br>$S(J-1) \geqslant (L-1)JH$ |

与主效应情形一样，交互效应要求的自由度取决于模型对交互效应的设定。为了说明这一点，考虑下列三个效用设定：

$$V_i = \beta_{0i} + \beta_{1i} \times comfort + \beta_{2i} \times TT + \beta_{3i} \times comfort \times TT$$

$$V_i = \beta_{0i} + \beta_{1i} \times comfort(low) + \beta_{2i} \times comfort(medium) + \beta_{3i} \times TT(10hours) + \beta_{4i} \times TT(12hours) + \beta_{5i} \times comfort(low) \times TT(10hours) + \beta_{6i} \times comfort(low) \times TT(12hours) + \beta_{7i} \times comfort(medium) \times TT(10hours) + \beta_{8i} \times comfort(medium) \times TT(12hours)$$

$$V_i = \beta_{0i} + \beta_{1i} \times comfort(low) + \beta_{2i} \times comfort(medium) + \beta_{3i} \times TT(10hours) + \beta_{4i} \times TT(12hours) + \beta_{5i} \times comfort \times TT$$

#### 6.2.3.6　分区设计

在回答上述问题之前，我们再介绍一种用来减少任何特定响应者面对处理组合数的方法。这种方法称为分区。分区（blocking）是指研究者在实验设计中引入另一个正交列，并且用属性水平来分割设计。也就是说，如果这个新属性有 3 个水平，那么设计将分为 3 个部分（即 3 个区）。然后，让不同响应者面对不同的区，因此，为了完成整个试验设计，需要 3 个不同的决策者。假设研究者已经按上面的方法做了，那么对于伴随 27 个处理组合的设计，每个决策者将面对 9 个处理组合。如果我们使用一个含有 9 个水平的列，那么 9 个响应者每人面对 3 个处理组合。注意，我们本来也可以将全因子设计分区（尽管分区将不是正交的；全因子设计将所有可能的正交列指定给属性）；然而，正如上文指出的，随着每个分区的处理组合数降低，分区设计的规模将以指数形式增加。

**【题外话】**

设计是正交的，仅当我们使用的是完整设计（部分因子设计或全因子设计）。因此，如果实验设计分为 9 个区，但 3 个决策者中只有两人完成了实验，那么在估计方程时用到的（聚合）设计将不是正交的。必须承认，学界和业界通常忽略了这个事实。我们不禁要问：现实中精心制作的正交设计，在将收集到的数据用于模型估计时，有多少还能保留它们的统计性质？

**【题外话】**

注意，我们说过，分区策略涉及使用一个与其他设计列正交的额外列。通过使用分区正交列，属性参数估计值与指定的分区无关。这在统计上很重要；然而，增加用于分区的额外列而又不增加处理组合数未必总是可行的，因为对于每个设计，可供研究者从中选择的正交列数是有限的。因此，研究者有时使用规模更大的设计，以便找到可用作分区变量的额外列。然而，请注意，除非研究者希望检验分区变量的效应，否则如果存在着可用作分区变量的额外列，那么尽管设计要求的自由度增加了，但我们未必一定需要增加处理组合数。

增加实验设计中的处理组合数是一种容纳额外分区列的方法。然而，更复杂的设计可能使得这个策略不可行。在这种情形下，研究者可以将处理组合随机指定给不同的决策者。尽管这种做法将导致决策者面对的处理组合出现混杂，但这是研究者能用的唯一方法。

### □ 6.2.4 第四阶段：产生实验设计

本节较长，研究者应该熟练掌握本节的议题，以便决定使用什么设计策略。我们先介绍正交设计，然后介绍一类更关注参数估计准确性而不是正交性的设计，这类设计不怎么关注如何避免属性之间和选项之间的相关性，而更关注如何保证设计满足一定的统计有效性（statistical efficiency）标准。这类设计通常称为效率设计或最优设计。Ngene 软件（Choice Metrics，2012）手册详细介绍了很多设计方法，而且可以免费从网站上下载。

不管具体应用在什么领域，试验设计理论都有两个共同的核心目标：（1）能发现多元变量对响应变量的边际效应；（2）提高实验的统计有效性。在很多情形下，这两个目标本身不是无关的，能够发现各个变量对响应变量影响的设计同时也是统计有效设计。正如我们将看到的，SC 实验设计理论似乎能实现这两个目标。

#### 6.2.4.1 产生正交设计

实验设计的产生不是一项简单任务。事实上，与同事和学生的交流让我们相信这是一个很难掌握的概念。在本节，我们将介绍如何使用计算机软件产生简单的实验设计。尽管专家不会用软件产生设计，但如果想介绍他们如何构造实验设计，则需要另外写一本书，因为三言两语说不清。因此，作为例子，我们使用 SPSS（也可以使用 Ngene）来说明如何得到可用的实验设计。我们建议那些希望成为选择行为专家的读者进一步学习高手是如何构造设计的［例如，参见 Kuehl (2000)］。

在构造实验设计时，研究者必须考虑是仅设计主效应还是设计主效应加上一些交互效应。假设研究者仅设计主效应，那么他们对属性的命名应该使得每个列都指定给具体的属性（例如，SPSS 产生的设计列，称为 comfort）。由图 6.1 给出的设计过程可知，如果仅设计主效应，那么设计的产生（第四阶段）和将属性指定给设计列（第五阶段）同时发生。如果研究者希望检验具体的交互效应（例如，对于小轿车选项，舒适度属性和交通耗时属性的双向交互作用），那么第五阶段发生在第四阶段之后：研究者在第四阶段向 SPSS 加入通用属性名，在第五阶段指定设计列。读者稍后就会明白这一点。

**【题外话】**

SPSS 中构造的正交设计也可在 Ngene 中构造。稍后我们将说明如何使用 Ngene 软件来设计大多数选择实验。

回到前面的例子，我们注意到，研究者想要的设计是主效应加上一些（双向）交互效应（即小轿车选项的舒适度属性和交通耗时属性之间的双向交互作用，以及公共汽车选项的舒适度属性和交通耗时属性之间的双向交互作用）。注意，研究者必须在设计产生之前想好自己需要检验哪些交互效应，以及待估效应为线性的还是非线性的（或者线性和非线性的某种组合）。

在 SPSS 中产生实验设计的过程如下。在工具栏选择“Data”选项，然后在下拉菜单中选择“Orthogonal Design”，然后选择“Generate...”。这样，我们就打开了“Generate Orthogonal Design”对话框。图 6.5 给出了这些对话框。

然后，研究者使用“Generate Orthogonal Design”对话框来为属性命名：将属性（因子）名字输入“Factor Name”框，然后点击“Add”按钮。这样，属性名字就会出现在“Add”按钮右侧的框中。注意，SPSS 允许设计最多有 10 个属性（稍后我们将讨论如何产生规模更大的设计）。继续使用前文的例子，研究者开始为每个属性提供通用名。对于这个例子，我们使用名字 A、B、C、D、E、F、G、H 和 I。注意，我们提供了 9 个属性名，而不是 8 个。我们将把其中一个属性（具体为哪一个属性，目前未知）作为分区属性。

接下来，研究者必须设定属性水平的个数。对于仅有主效应的设计，研究者对具体选项提供属性名字。因此，与特定属性相关的属性水平个数必须对应这个特定属性（例如，对于小轿车选项的舒适度属性，我们必须指定 3 个水平）。对于主效应加上一些交互效应的设计，由于使用的是通用名，研究者必须很谨慎地指定实验所需的正确的属性水平个数（例如，如果前两个属性有 2 个水平，接下来的四个属性有 3 个水平，那么对于属性 A 和 B，每个属性将被指定 2 个水平，对于属性 C、D、E 和 F，每个属性将被指定 3 个水平）。回到 SPSS 的例子。我们注意到每个属性名字后出现了一个［?］。这个符号说明，我们还未对它们指定属性水平。指定属性的操纵过程如下：选择属性，点击“Define Values...”按钮。这样，我们就打开了“Generate Design：Define Values”对话框（参见图 6.6）。注意，如果两个（或更多）属性有相同的属性水平数，我们可以一次（同时）选择这两个属性。

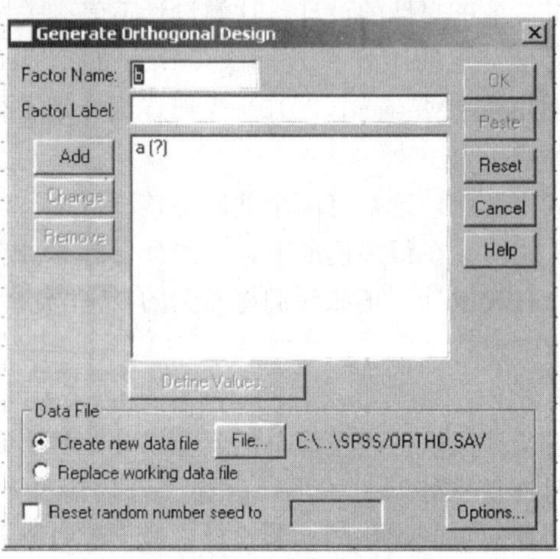


**图 6.5　用 SPSS 产生实验设计**

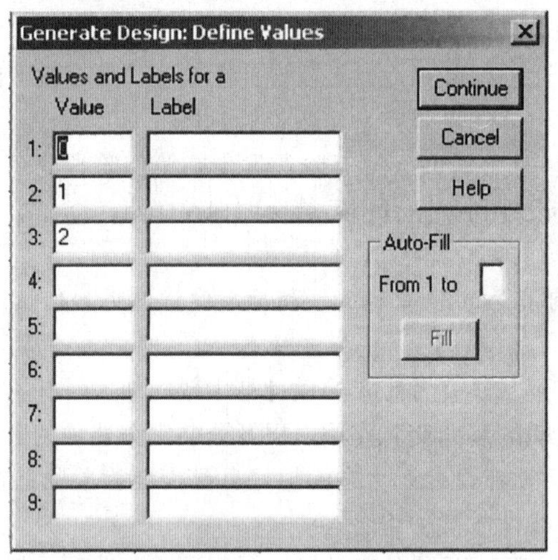


**图 6.6　对每个属性指定属性水平数**

SPSS 允许对每个属性指定最多 9 个属性水平。对于我们的例子，我们希望对每个属性指定 3 个属性水平。对应前文的编码格式，我们将它们分别指定为 0、1 和 2。将这些值输入，如图 6.6 所示。在正确设定了属性水平之后，点击“Continue”按钮。

在回到“Generate Orthogonal Design”对话框之前，研究者应该能注意到属性水平已出现在属性名字旁边。在继续进行之前，研究者必须知道模型估计所需自由度要求的处理组合数。在对属性和属性水平产生设计时，SPSS 将产生能估计非线性效应的最小设计（尽管这未必严格为真，稍后将看到这一点）。正如我们已经看到的，最小（但仍可使用的）实验设计是仅关于主效应的设计。因此，如果模型估计需要更大的自由度，从而需要更大规模的设计（例如，加入交互效应的估计），那么我们需要将这个信息传递给 SPSS。具体操作过程如下：选择“Generate Orthogonal Design”对话框中的“Options”按钮。这样，我们就打开了

“Generate Orthogonal Design：Options”对话框。继续前文的例子，注意到，对于主效应加上 2 个双向交互效应的设计（其中每个属性有 3 个水平），设计所需的最小处理组合数为 24。因此，我们在“Minimum number of cases to generate:”框中输入 25，然后点击“Continue”按钮。（我们使用 25 而不是 24，目的仅在于说明 $S$ 必须大于设计所要求的自由度。事实上，这里可以使用 24。）参见图 6.7。

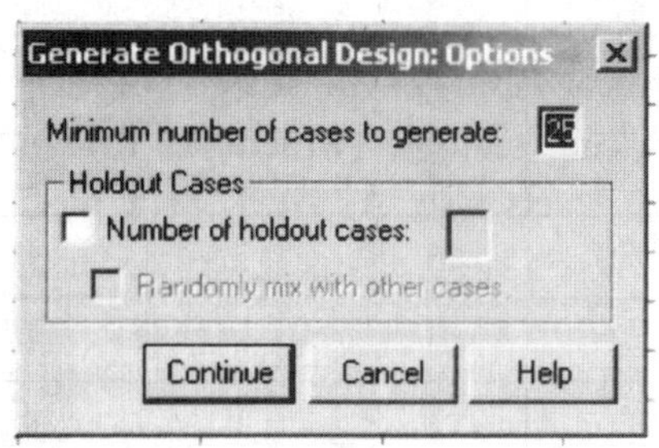


**图 6.7　设定最小处理组合数**

现在，研究者可以准备产生实验设计了。然而，在此之前，他可能希望将产生的设计以文件形式保存在计算机中，或者用设计替换 SPSS 中的活动工作表。这个决策是在“Generate Orthogonal Design”对话框中的“Data File”区完成的（参见图 6.5）。在选择了输出地点之后，点击“OK”按钮。

**【题外话】**

注意，读者最好根据第一性原理而不是使用 SPSS 这样的统计软件包来产生统计设计。为了说明原因，读者可以试着产生下列设计：该设计有 8 个属性，每个属性有 3 个水平；不设定最小处理组合数。操作时，读者应该注意到，这个设计有 27 个处理组合。这肯定不是最小组合。正如前文指出的，对于这个实验设计，为了让它能够估计每个属性的非线性效应，根据第一性原理，我们仅需要 18 个处理组合。尽管 27 个处理组合是可行的，但这说明了使用计算机软件来产生实验设计的做法可能存在的弊端。

**【题外话】**

注意，按照前文描述的过程，对于每一次操作（过程全部完成算一次操作），SPSS 都将产生一个不同的设计。因此，如果读者使用 SPSS 来产生设计，那么即使不改变任何输入信息，两次操作也将得到两个完全不同的设计。因此，读者在复制我们下一节介绍的设计时，得到的设计可能与我们的设计不同。不管你得到什么设计，SPSS 都保证了该设计的正交性。

#### 6.2.4.2　指定分区变量的属性

我们在前文指出，为了减少每个决策者面对的选择组合数，研究者可以使用创造一个分区变量的方法。这个分区变量应该与其他设计属性正交。因此，我们在产生设计时创造分区变量。对于仅伴随主效应的设计，研究者最好以某种方式来给特定变量命名，使得设计列与分区变量能够容易辨别。对于主效应加上一些交互效应的设计，研究者不事先决定将哪个设计列作为分区变量，尽管这个原则并非绝对，即存在例外情形。

考虑前文使用 SPSS 产生 27 个处理组合的例子。如果我们对每个属性指定 3 个水平，那么分区变量（不管使用哪个设计列）也应该有 3 个水平。因此，每个分区将有 9 个处理组合（即分区大小为 9，这是用 27 除以 3 得到的）。然而，如果我们希望每个决策者面对 3 个选择组而不是 9 个，那么我们应该对至少一个属性指定 9 个水平，并且用这个属性作为我们的分区变量（即我们有 9 个分区，每个分区的大小为 3）。

### □ 6.2.5　第五阶段：将属性指定给设计列

前一节指出，如果我们设计的是仅伴随主效应的实验，那么第四阶段和第五阶段将同时发生。在这种情形下，研究者可以直接进入第六阶段。然而，如果研究者关注主效应和一些交互效应，那么将属性指定给设计列就成了一个相对独立的步骤，这就是第五阶段。

为了将属性指定给设计列，研究者需要使用正交编码来为属性水平编码，这与前文一直使用的编码方法不同。表 6.12 给出了 SPSS 产生的设计，其中我们用正交编码法来为属性水平编码。

表 6.12　　部分因子设计下的正交编码

| 处理组合 | A | B | C | D | E | F | G | H | I |
|---|---|---|---|---|---|---|---|---|---|
| 1 | −1 | −1 | 1 | 0 | 0 | −1 | 0 | −1 | 1 |
| 2 | 1 | 0 | 1 | −1 | −1 | 0 | 0 | −1 | −1 |
| 3 | 0 | 0 | 1 | 0 | −1 | −1 | 1 | 0 | 0 |
| 4 | 0 | 0 | 0 | 1 | 0 | −1 | −1 | 0 | −1 |
| 5 | 1 | −1 | 0 | −1 | 1 | 1 | −1 | 0 | 1 |
| 6 | 0 | 1 | 0 | −1 | −1 | 1 | 1 | −1 | −1 |
| 7 | −1 | 1 | 0 | 0 | −1 | 0 | −1 | 0 | 0 |
| 8 | 0 | −1 | 0 | 0 | 1 | 0 | 0 | 1 | −1 |
| 9 | 1 | 0 | 0 | 0 | 0 | 0 | 1 | −1 | 1 |
| 10 | 1 | 1 | 1 | 0 | 1 | −1 | −1 | 1 | −1 |
| 11 | 0 | −1 | −1 | 1 | −1 | 0 | 1 | 1 | 1 |
| 12 | −1 | 0 | −1 | 0 | 1 | 1 | 1 | 1 | −1 |
| 13 | −1 | 1 | −1 | 1 | 0 | 0 | 0 | 0 | −1 |
| 14 | 1 | 1 | −1 | −1 | 0 | −1 | 1 | 1 | 0 |
| 15 | −1 | −1 | 0 | 1 | 1 | −1 | 1 | −1 | 0 |
| 16 | 0 | −1 | 1 | −1 | 0 | 0 | −1 | 1 | 0 |
| 17 | −1 | 0 | 1 | 1 | −1 | 1 | −1 | 1 | 1 |
| 18 | −1 | −1 | −1 | −1 | −1 | −1 | −1 | −1 | −1 |
| 19 | 1 | −1 | −1 | 0 | −1 | 1 | 0 | 0 | 0 |
| 20 | −1 | 1 | 1 | −1 | 1 | 0 | 1 | 0 | 1 |
| 21 | 1 | 0 | −1 | 1 | 1 | 0 | −1 | −1 | 0 |
| 22 | 0 | 1 | −1 | 0 | 0 | 1 | −1 | −1 | 1 |
| 23 | −1 | 0 | 0 | −1 | 0 | 1 | 0 | 1 | 0 |
| 24 | 1 | 1 | 0 | 1 | −1 | −1 | 0 | 1 | 1 |
| 25 | 0 | 1 | 1 | 1 | 1 | 1 | 0 | −1 | 0 |
| 26 | 1 | −1 | 1 | 1 | 0 | 1 | 1 | 0 | −1 |
| 27 | 0 | 0 | −1 | −1 | 1 | −1 | 0 | 0 | 1 |

我们偏爱使用正交编码的原因是这种方法有一些合意属性。最主要的好处是，正交编码能让我们看到交互效应的设计列。为了产生交互列，研究者只要将相应的主效应列相乘即可。例如，A 列和 B 列代表两个属性的主效应（尽管我们此时还不知道是哪两个属性）。为了得到 A 列和 B 列的交互列（即 AB 交互列），研究者将 A 列和 B 列中的每一项相乘。取表 6.12 中的第一个处理组合，AB 交互列等于 1（即（−1）×（−1））。更高次的交互列也可按类似的方法得到。例如，ADEF 交互列是通过将 A、D、E 和 F 列相乘得到的。对于第一个处理组合，ADEF 交互列为 0（即(−1)×0×0×(−1)）。对于前文的例子，我们可以产生双向、三

向、四向……一直到九向交互列（即 ABCDEFGHI 交互列）。

**【题外话】**

研究者应该检验分区对实验的影响，包括检验分区变量与设计列的交互作用。如果我们使用双向、三向……一直到九向交互，那么我们已经把分区变量纳入交互效应。然而，这种做法将要求我们把分区变量纳入模型，这又要求我们把该变量的自由度纳入处理组合数的决策（应该有多少个处理组合数）之中。

在确定将哪些属性指定给哪些设计列时，研究者不必产生所有交互列。作为一种经验规则，研究者希望估计最高次的交互为几向（比如六向），他就产生从二向一直到六向的交互，而不必产生所有交互项（例如前文中的九向）。对于我们的例子，研究者希望检验的最高次交互为双向。因此，他就应该产生所有双向交互列。如果研究者希望检验四向交互（例如，四个选项的交通耗时属性之间的交互），他就应该检验所有双向、三向和四向设计列。对于表 6.12 中的设计，表 6.13 给出了所有主效应和所有双向交互效应的设计列。

**【题外话】**

我们使用 Microsoft Excel 产生了表 6.13，产生过程如图 6.8 所示。在图 6.8 中，K2 单元格到 P2 单元格说明了如何计算双向交互效应，而 K3 单元格到 Q28 单元格给出了剩余行的计算结果。

| | A | B | C | D | E | F | G | H | I | J | K | L | M | N | O | P | Q |
|---|---|---|---|---|---|---|---|---|---|---|---|---|---|---|---|---|---|
| 1 | Treatment Combination | A | B | C | D | E | F | G | H | I | AB | AC | AD | AE | AF | AG | AH |
| 2 | 1 | -1 | -1 | 1 | 0 | 0 | -1 | 0 | -1 | 1 | =$B2*C2 | =$B2*D2 | =$B2*E2 | =$B2*F2 | =$B2*G2 | =$B2*H2 | =$B2*I2 |
| 3 | 2 | 1 | 0 | 1 | -1 | -1 | 0 | 0 | -1 | -1 | 0 | 1 | -1 | -1 | 0 | 0 | -1 |
| 4 | 3 | 0 | 0 | 1 | 0 | -1 | -1 | 1 | 0 | 0 | 0 | 0 | 0 | 0 | 0 | 0 | 0 |
| 5 | 4 | 0 | 0 | 0 | 1 | 0 | -1 | -1 | 0 | -1 | 0 | 0 | 0 | 0 | 0 | 0 | 0 |
| 6 | 5 | 1 | -1 | 0 | -1 | 1 | 1 | -1 | 0 | 1 | -1 | 0 | -1 | 1 | 1 | -1 | 0 |
| 7 | 6 | 0 | 1 | 0 | -1 | -1 | 1 | 1 | -1 | -1 | 0 | 0 | 0 | 0 | 0 | 0 | 0 |
| 8 | 7 | -1 | 1 | 0 | 0 | -1 | 0 | -1 | 0 | 0 | -1 | 0 | 0 | 1 | 0 | 1 | 0 |
| 9 | 8 | 0 | -1 | 0 | 0 | 1 | 0 | 0 | 1 | -1 | 0 | 0 | 0 | 0 | 0 | 0 | 0 |
| 10 | 9 | 1 | 0 | 0 | 0 | 0 | 0 | 1 | -1 | 1 | 0 | 0 | 0 | 0 | 0 | 1 | -1 |
| 11 | 10 | 1 | 1 | 1 | 0 | 1 | -1 | -1 | 1 | -1 | 1 | 1 | 0 | 1 | -1 | -1 | 1 |
| 12 | 11 | 0 | -1 | -1 | 1 | -1 | 0 | 1 | 1 | 1 | 0 | 0 | 0 | 0 | 0 | 0 | 0 |
| 13 | 12 | -1 | 0 | -1 | 0 | 1 | 1 | 1 | 1 | -1 | 0 | 1 | 0 | -1 | -1 | -1 | -1 |
| 14 | 13 | -1 | 1 | -1 | 1 | 0 | 0 | 0 | 0 | -1 | -1 | 1 | -1 | 0 | 0 | 0 | 0 |
| 15 | 14 | 1 | 1 | -1 | -1 | 0 | -1 | 1 | 1 | 0 | 1 | -1 | -1 | 0 | -1 | 1 | 1 |
| 16 | 15 | -1 | -1 | 0 | 1 | 1 | -1 | 1 | -1 | 0 | 1 | 0 | -1 | -1 | 1 | -1 | 1 |
| 17 | 16 | 0 | -1 | 1 | -1 | 0 | 0 | -1 | 1 | 0 | 0 | 0 | 0 | 0 | 0 | 0 | 0 |
| 18 | 17 | -1 | 0 | 1 | 1 | -1 | 1 | -1 | 1 | 1 | 0 | -1 | -1 | 1 | -1 | 1 | -1 |
| 19 | 18 | -1 | -1 | -1 | -1 | -1 | -1 | -1 | -1 | -1 | 1 | 1 | 1 | 1 | 1 | 1 | 1 |
| 20 | 19 | 1 | -1 | -1 | 0 | -1 | 1 | 0 | 0 | 0 | -1 | -1 | 0 | -1 | 1 | 0 | 0 |
| 21 | 20 | -1 | 1 | 1 | -1 | 1 | 0 | 1 | 0 | 1 | -1 | -1 | 1 | -1 | 0 | -1 | 0 |
| 22 | 21 | 1 | 0 | -1 | 1 | 1 | 0 | -1 | -1 | 0 | 0 | -1 | 1 | 1 | 0 | -1 | -1 |
| 23 | 22 | 0 | 1 | -1 | 0 | 0 | 1 | -1 | -1 | 1 | 0 | 0 | 0 | 0 | 0 | 0 | 0 |
| 24 | 23 | -1 | 0 | 0 | -1 | 0 | 1 | 0 | 1 | 0 | 0 | 0 | 1 | 0 | -1 | 0 | -1 |
| 25 | 24 | 1 | 1 | 0 | 1 | -1 | -1 | 0 | 1 | 1 | 1 | 0 | 1 | -1 | -1 | 0 | 1 |
| 26 | 25 | 0 | 1 | 1 | 1 | 1 | 1 | 0 | -1 | 0 | 0 | 0 | 0 | 0 | 0 | 0 | 0 |
| 27 | 26 | 1 | -1 | 1 | 1 | 0 | 1 | 1 | 0 | -1 | -1 | 1 | 1 | 0 | 1 | 1 | 0 |
| 28 | 27 | 0 | 0 | -1 | -1 | 1 | -1 | 0 | 0 | 1 | 0 | 0 | 0 | 0 | 0 | 0 | 0 |

**图 6.8　使用 Excel 计算交互效应**

**表 6.13　　主效应和所有双向交互效应列的正交编码**

| 处理数 | 1 | 2 | 3 | 4 | 5 | 6 | 7 | 8 | 9 | 10 | 11 | 12 | 13 | 14 | 15 | 16 | 17 | 18 | 19 | 20 | 21 | 22 | 23 | 24 | 25 | 26 | 27 |
|---|---|---|---|---|---|---|---|---|---|---|---|---|---|---|---|---|---|---|---|---|---|---|---|---|---|---|---|
| A | −1 | 1 | 0 | 0 | 1 | 0 | −1 | 0 | 1 | 1 | 0 | −1 | −1 | 1 | −1 | 0 | −1 | −1 | 1 | −1 | 1 | 0 | −1 | 1 | 0 | 1 | 0 |
| B | −1 | 0 | 0 | 0 | −1 | 1 | 1 | −1 | 0 | 1 | −1 | 0 | 1 | 1 | −1 | −1 | 0 | −1 | −1 | 1 | 0 | 1 | 0 | 1 | 1 | −1 | 0 |
| C | 1 | 1 | 1 | 0 | 0 | 0 | 0 | 0 | 0 | 1 | −1 | −1 | −1 | −1 | 0 | 1 | 1 | −1 | −1 | 1 | −1 | −1 | 0 | 0 | 1 | 1 | −1 |
| D | 0 | −1 | 0 | 1 | −1 | −1 | 0 | 0 | 0 | 0 | 1 | 0 | 1 | −1 | 1 | −1 | 1 | −1 | 0 | −1 | 1 | 0 | −1 | 1 | 1 | 1 | −1 |
| E | 0 | −1 | −1 | 0 | 1 | −1 | −1 | 1 | 0 | 1 | −1 | 1 | 0 | 0 | 1 | 0 | −1 | −1 | −1 | 1 | 1 | 0 | 0 | −1 | 1 | 0 | 1 |
| F | −1 | 0 | −1 | −1 | 1 | 1 | 0 | 0 | 0 | −1 | 0 | 1 | 0 | −1 | −1 | 0 | 1 | −1 | 1 | 0 | 0 | 1 | 1 | −1 | 1 | 1 | −1 |

续前表

| 处理数 | 1 | 2 | 3 | 4 | 5 | 6 | 7 | 8 | 9 | 10 | 11 | 12 | 13 | 14 | 15 | 16 | 17 | 18 | 19 | 20 | 21 | 22 | 23 | 24 | 25 | 26 | 27 |
|---|---|---|---|---|---|---|---|---|---|---|---|---|---|---|---|---|---|---|---|---|---|---|---|---|---|---|---|
| G | 0 | 0 | 1 | -1 | -1 | 1 | -1 | 0 | 1 | -1 | 1 | 1 | 0 | 1 | 1 | -1 | -1 | -1 | 0 | 1 | -1 | -1 | 0 | 0 | 0 | 1 | 0 |
| H | -1 | -1 | 0 | 0 | 0 | -1 | 0 | 1 | -1 | 1 | 1 | 1 | 0 | 1 | -1 | 1 | 1 | -1 | 0 | 0 | -1 | -1 | 1 | 1 | -1 | 0 | 0 |
| I | 1 | -1 | 0 | -1 | 1 | -1 | 0 | -1 | 1 | -1 | 1 | -1 | -1 | 0 | 0 | 0 | 1 | -1 | 0 | 1 | 0 | 1 | 0 | 1 | 0 | -1 | 1 |
| AB | 1 | 0 | 0 | 0 | -1 | 0 | -1 | 0 | 0 | 1 | 0 | 0 | -1 | 1 | 1 | 0 | 0 | 1 | -1 | -1 | 0 | 0 | 0 | 1 | 0 | -1 | 0 |
| AC | -1 | 1 | 0 | 0 | 0 | 0 | 0 | 0 | 0 | 1 | 0 | 1 | 1 | -1 | 0 | 0 | -1 | 1 | -1 | -1 | -1 | 0 | 0 | 0 | 0 | 1 | 0 |
| AD | 0 | -1 | 0 | 0 | -1 | 0 | 0 | 0 | 0 | 0 | 0 | 0 | -1 | -1 | -1 | 0 | -1 | 1 | 0 | 1 | 1 | 0 | 1 | 1 | 0 | 1 | 0 |
| AE | 0 | -1 | 0 | 0 | 1 | 0 | 1 | 0 | 0 | 1 | 0 | -1 | 0 | 0 | -1 | 0 | 1 | 1 | -1 | -1 | 1 | 0 | 0 | -1 | 0 | 0 | 0 |
| AF | 1 | 0 | 0 | 0 | 1 | 0 | 0 | 0 | 0 | -1 | 0 | -1 | 0 | -1 | 1 | 0 | -1 | 1 | 1 | 0 | 0 | 0 | -1 | -1 | 0 | 1 | 0 |
| AG | 0 | 0 | 0 | 0 | -1 | 0 | 1 | 0 | 1 | -1 | 0 | -1 | 0 | 1 | -1 | 0 | 1 | 1 | 0 | -1 | -1 | 0 | 0 | 0 | 0 | 1 | 0 |
| AH | 1 | -1 | 0 | 0 | 0 | 0 | 0 | 0 | -1 | 1 | 0 | -1 | 0 | 1 | 1 | 0 | -1 | 1 | 0 | 0 | -1 | 0 | -1 | 1 | 0 | 0 | 0 |
| AI | -1 | -1 | 0 | 0 | 1 | 0 | 0 | 0 | 1 | -1 | 0 | 1 | 1 | 0 | 0 | 0 | -1 | 1 | 0 | -1 | 0 | 0 | 0 | 1 | 0 | -1 | 0 |
| BC | -1 | 0 | 0 | 0 | 0 | 0 | 0 | 0 | 0 | 1 | 1 | 0 | -1 | -1 | 0 | -1 | 0 | 1 | 1 | 1 | 0 | -1 | 0 | 0 | 1 | -1 | 0 |
| BD | 0 | 0 | 0 | 0 | 1 | -1 | 0 | 0 | 0 | 0 | -1 | 0 | 1 | -1 | -1 | 1 | 0 | 1 | 0 | -1 | 0 | 0 | 0 | 1 | 1 | -1 | 0 |
| BE | 0 | 0 | 0 | 0 | -1 | -1 | -1 | -1 | 0 | 1 | 1 | 0 | 0 | 0 | -1 | 0 | 0 | 1 | 1 | 1 | 0 | 0 | 0 | -1 | 1 | 0 | 0 |
| BF | 1 | 0 | 0 | 0 | -1 | 1 | 0 | 0 | 0 | -1 | 0 | 0 | -1 | 1 | 0 | 0 | 1 | -1 | 0 | 0 | 1 | 0 | -1 | 1 | -1 | 0 |  |
| BG | 0 | 0 | 0 | 0 | 1 | 1 | -1 | 0 | 0 | -1 | -1 | 0 | 0 | 1 | -1 | 1 | 0 | 1 | 0 | 1 | 0 | -1 | 0 | 0 | 0 | -1 | 0 |
| BH | 1 | 0 | 0 | 0 | 0 | -1 | 0 | -1 | 0 | 1 | -1 | 0 | 0 | 1 | 1 | -1 | 0 | 1 | 0 | 0 | 0 | -1 | 0 | 1 | -1 | 0 | 0 |
| BI | -1 | 0 | 0 | 0 | -1 | -1 | 0 | 1 | 0 | -1 | -1 | 0 | -1 | 0 | 0 | 0 | 0 | 1 | 0 | 1 | 0 | 1 | 0 | 1 | 0 | 1 | 0 |
| CD | 0 | -1 | 0 | 0 | 0 | 0 | 0 | 0 | 0 | 0 | -1 | 0 | -1 | 1 | 0 | -1 | 1 | 1 | 0 | -1 | -1 | 0 | 0 | 0 | 1 | 1 | 1 |
| CE | 0 | -1 | -1 | 0 | 0 | 0 | 0 | 0 | 0 | 1 | 1 | -1 | 0 | 0 | 0 | 0 | -1 | 1 | 1 | 1 | -1 | 0 | 0 | 0 | 1 | 0 | -1 |
| CF | -1 | 0 | -1 | 0 | 0 | 0 | 0 | 0 | 0 | -1 | 0 | -1 | 0 | 1 | 0 | 0 | 1 | 1 | -1 | 0 | 0 | -1 | 0 | 0 | 1 | 1 | 1 |
| CG | 0 | 0 | 1 | 0 | 0 | 0 | 0 | 0 | 0 | -1 | -1 | -1 | 0 | -1 | 0 | -1 | -1 | 1 | 0 | 1 | 1 | 1 | 0 | 0 | 0 | 1 | 0 |
| CH | -1 | -1 | 0 | 0 | 0 | 0 | 0 | 0 | 0 | 1 | -1 | -1 | 0 | -1 | 0 | 1 | 1 | 1 | 0 | 1 | 1 | 0 | 0 | -1 | 0 | 0 |  |
| CI | 1 | -1 | 0 | 0 | 0 | 0 | 0 | 0 | 0 | -1 | -1 | 1 | 1 | 0 | 0 | 0 | 1 | 1 | 0 | 1 | 0 | -1 | 0 | 0 | 0 | -1 | -1 |
| DE | 0 | 1 | 0 | 0 | -1 | 1 | 0 | 0 | 0 | 0 | -1 | 0 | 0 | 0 | 1 | 0 | -1 | 1 | 0 | -1 | 1 | 0 | 0 | -1 | 1 | 0 | -1 |

续前表

| 处理数 | 1 | 2 | 3 | 4 | 5 | 6 | 7 | 8 | 9 | 10 | 11 | 12 | 13 | 14 | 15 | 16 | 17 | 18 | 19 | 20 | 21 | 22 | 23 | 24 | 25 | 26 | 27 |
|---|---|---|---|---|---|---|---|---|---|---|---|---|---|---|---|---|---|---|---|---|---|---|---|---|---|---|---|
| DF | 0 | 0 | 0 | −1 | −1 | −1 | 0 | 0 | 0 | 0 | 0 | 0 | 0 | 1 | −1 | 0 | 1 | 1 | 0 | 0 | 0 | 0 | −1 | −1 | 1 | 1 | 1 |
| DG | 0 | 0 | 0 | −1 | 1 | −1 | 0 | 0 | 0 | 0 | 1 | 0 | 0 | −1 | 1 | 1 | −1 | 1 | 0 | −1 | −1 | 0 | 0 | 0 | 0 | 1 | 0 |
| DH | 0 | 1 | 0 | 0 | 0 | 1 | 0 | 0 | 0 | 0 | 1 | 0 | 0 | −1 | −1 | −1 | 1 | 1 | 0 | 0 | −1 | 0 | −1 | 1 | −1 | 0 | 0 |
| DI | 0 | 1 | 0 | −1 | −1 | 1 | 0 | 0 | 0 | 0 | 1 | 0 | −1 | 0 | 0 | 0 | 1 | 1 | 0 | −1 | 0 | 0 | 0 | 1 | 0 | −1 | −1 |
| EF | 0 | 0 | 1 | 0 | 1 | −1 | 0 | 0 | 0 | −1 | 0 | 1 | 0 | 0 | −1 | 0 | −1 | 1 | −1 | 0 | 0 | 0 | 0 | 1 | 1 | 0 | −1 |
| EG | 0 | 0 | −1 | 0 | −1 | −1 | 1 | 0 | 0 | −1 | −1 | 1 | 0 | 0 | 1 | 0 | 1 | 1 | 0 | 1 | −1 | 0 | 0 | 0 | 0 | 0 | 0 |
| EH | 0 | 1 | 0 | 0 | 1 | 0 | 1 | 0 | 1 | −1 | 1 | 0 | 0 | −1 | 0 | −1 | 1 | 0 | 0 | −1 | 0 | 0 | −1 | −1 | 0 | 0 |  |
| EI | 0 | 1 | 0 | 0 | 1 | 1 | 0 | −1 | 0 | −1 | −1 | −1 | 0 | 0 | 0 | 0 | −1 | 1 | 0 | 1 | 0 | 0 | 0 | −1 | 0 | 0 | 1 |
| FG | 0 | 0 | −1 | 1 | −1 | 1 | 0 | 0 | 0 | 1 | 0 | 1 | 0 | −1 | −1 | 0 | −1 | 1 | 0 | 0 | 0 | −1 | 0 | 0 | 0 | 1 | 0 |
| FH | 1 | 0 | 0 | 0 | 0 | −1 | 0 | 0 | 0 | −1 | 0 | 1 | 0 | −1 | 1 | 0 | 1 | 1 | 0 | 0 | 0 | −1 | 1 | −1 | −1 | 0 | 0 |
| FI | −1 | 0 | 0 | 1 | 1 | −1 | 0 | 0 | 0 | 1 | 0 | −1 | 0 | 0 | 0 | 0 | 1 | 1 | 0 | 0 | 0 | 1 | 0 | −1 | 0 | −1 | −1 |
| GH | 0 | 0 | 0 | 0 | 0 | −1 | 0 | 0 | −1 | −1 | 1 | 1 | 0 | 1 | −1 | −1 | −1 | 1 | 0 | 0 | 1 | 1 | 0 | 0 | 0 | 0 | 0 |
| GI | 0 | 0 | 0 | 1 | −1 | −1 | 0 | 0 | 1 | 1 | 1 | −1 | 0 | 0 | 0 | 0 | −1 | 1 | 0 | 1 | 0 | −1 | 0 | 0 | 0 | −1 | 0 |
| HI | −1 | 1 | 0 | 0 | 0 | 1 | 0 | −1 | −1 | −1 | 1 | −1 | 0 | 0 | 0 | 0 | 1 | 1 | 0 | 0 | 0 | −1 | 0 | 1 | 0 | 0 | 0 |

接下来，我们需要对所有主效应和交互效应产生完整的相关系数矩阵（correlation matrix），参见表 6.14。考察表 6.14 中的相关系数矩阵可知，所有主效应彼此不相关。使用实验设计领域中的术语，我们说主效应彼此不混杂。

**【题外话】**

表 6.14 给出的相关系数矩阵也是由 Microsoft Excel 得到的。过程如下：点击工具栏中的“Tools”选项，然后选择“Data Analysis...”选项，如图 6.9 所示。注意，“Data Analysis”不是自动安装在 Microsoft Excel 中的。如果在“Tools”工具栏的下拉菜单中没有这个选项，那么读者应该通过“Add - Ins...”选项将其加入，如图 6.9 所示。

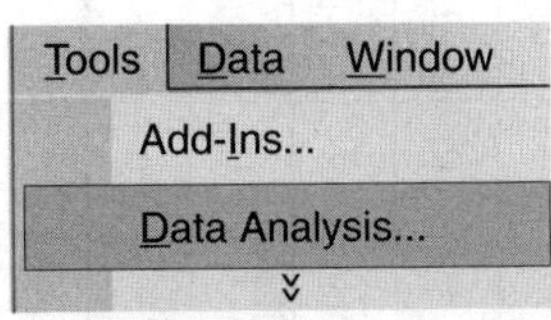


**图 6.9 用来产生相关矩阵的 Microsoft Excel 命令**

从“Tools”下拉菜单中找到“Data Analysis...”，点击，就打开了“Data Analysis”对话框（参见图 6.10），在这个对话框中选择“Correlation”，选好后点击“OK”。这样，我们就打开了“Correlation”对话框，参见图 6.10。

**表 6.14** 相关系数矩阵的设计

| 处理数 | 1 | 2 | 3 | 4 | 5 | 6 | 7 | 8 | 9 | 10 | 11 | 12 | 13 | 14 | 15 | 16 | 17 | 18 | 19 | 20 | 21 | 22 | 23 | 24 | 25 | 26 | 27 |
|---|---|---|---|---|---|---|---|---|---|---|---|---|---|---|---|---|---|---|---|---|---|---|---|---|---|---|---|
| A | −1 | 1 | 0 | 0 | 1 | 0 | −1 | 0 | 1 | 1 | 0 | −1 | −1 | 1 | −1 | 0 | −1 | −1 | 1 | −1 | 1 | 0 | −1 | 1 | 0 | 1 | 0 |
| B | −1 | 0 | 0 | 0 | −1 | 1 | 1 | −1 | 0 | 1 | −1 | 0 | 1 | 1 | −1 | −1 | 0 | −1 | −1 | 1 | 0 | 1 | 0 | 1 | 1 | −1 | 0 |
| C | 1 | 1 | 1 | 0 | 0 | 0 | 0 | 0 | 0 | 1 | −1 | −1 | −1 | −1 | 0 | 1 | 1 | −1 | −1 | 1 | −1 | −1 | 0 | 0 | 1 | 1 | −1 |
| D | 0 | −1 | 0 | 1 | −1 | −1 | 0 | 0 | 0 | 0 | 1 | 0 | 1 | −1 | 1 | −1 | 1 | −1 | 0 | −1 | 1 | 0 | −1 | 1 | 1 | 1 | −1 |
| E | 0 | −1 | −1 | 0 | 1 | −1 | −1 | 1 | 0 | 1 | −1 | 1 | 0 | 0 | 1 | 0 | −1 | −1 | −1 | 1 | 1 | 0 | 0 | −1 | 1 | 0 | 1 |
| F | −1 | 0 | −1 | −1 | 1 | 1 | 0 | 0 | 0 | −1 | 0 | 1 | 0 | −1 | −1 | 0 | 1 | −1 | 1 | 0 | 0 | 1 | 1 | −1 | 1 | 1 | −1 |
| G | 0 | 0 | 1 | −1 | −1 | 1 | −1 | 0 | 1 | −1 | 1 | 1 | 0 | 1 | 1 | −1 | −1 | −1 | 0 | 1 | −1 | −1 | 0 | 0 | 0 | 1 | 0 |
| H | −1 | −1 | 0 | 0 | 0 | −1 | 0 | 1 | −1 | 1 | 1 | 1 | 0 | 1 | −1 | 1 | 1 | −1 | 0 | 0 | −1 | −1 | 1 | 1 | −1 | 0 | 0 |
| I | 1 | −1 | 0 | −1 | 1 | −1 | 0 | −1 | 1 | −1 | 1 | −1 | −1 | 0 | 0 | 0 | 1 | −1 | 0 | 1 | 0 | 1 | 0 | 1 | 0 | −1 | 1 |
| AB | 1 | 0 | 0 | 0 | −1 | 0 | −1 | 0 | 0 | 1 | 0 | 0 | −1 | 1 | 1 | 0 | 0 | 1 | −1 | −1 | 0 | 0 | 0 | 1 | 0 | −1 | 0 |
| AC | −1 | 1 | 0 | 0 | 0 | 0 | 0 | 0 | 0 | 1 | 0 | 1 | 1 | −1 | 0 | 0 | −1 | 1 | −1 | −1 | −1 | 0 | 0 | 0 | 0 | 1 | 0 |
| AD | 0 | −1 | 0 | 0 | −1 | 0 | 0 | 0 | 0 | 0 | 0 | 0 | −1 | −1 | −1 | 0 | −1 | 1 | 0 | 1 | 1 | 0 | 1 | 1 | 0 | 1 | 0 |
| AE | 0 | −1 | 0 | 0 | 1 | 0 | 1 | 0 | 0 | 1 | 0 | −1 | 0 | 0 | −1 | 0 | 1 | 1 | −1 | −1 | 1 | 0 | 0 | −1 | 0 | 0 | 0 |
| AF | 1 | 0 | 0 | 0 | 1 | 0 | 0 | 0 | 0 | −1 | 0 | −1 | 0 | −1 | 1 | 0 | −1 | 1 | 1 | 0 | 0 | 0 | −1 | −1 | 0 | 1 | 0 |
| AG | 0 | 0 | 0 | 0 | −1 | 0 | 1 | 0 | 1 | −1 | 0 | −1 | 0 | 1 | −1 | 0 | 1 | 1 | 0 | −1 | −1 | 0 | 0 | 0 | 0 | 1 | 0 |
| AH | 1 | −1 | 0 | 0 | 0 | 0 | 0 | 0 | −1 | 1 | 0 | −1 | 0 | 1 | 1 | 0 | −1 | 1 | 0 | 0 | −1 | 0 | −1 | 1 | 0 | 0 | 0 |
| AI | −1 | −1 | 0 | 0 | 1 | 0 | 0 | 0 | 1 | −1 | 0 | 1 | 1 | 0 | 0 | 0 | −1 | 1 | 0 | −1 | 0 | 0 | 0 | 1 | 0 | −1 | 0 |
| BC | −1 | 0 | 0 | 0 | 0 | 0 | 0 | 0 | 0 | 1 | 1 | 0 | −1 | −1 | 0 | −1 | 0 | 1 | 1 | 1 | 0 | −1 | 0 | 0 | 1 | −1 | 0 |
| BD | 0 | 0 | 0 | 0 | 1 | −1 | 0 | 0 | 0 | 0 | −1 | 0 | 1 | −1 | −1 | 1 | 0 | 1 | 0 | −1 | 0 | 0 | 0 | 1 | 1 | −1 | 0 |
| BE | 0 | 0 | 0 | 0 | −1 | −1 | −1 | −1 | 0 | 1 | 1 | 0 | 0 | 0 | −1 | 0 | 0 | 1 | 1 | 1 | 0 | 0 | 0 | −1 | 1 | 0 | 0 |
| BF | 1 | 0 | 0 | 0 | −1 | 1 | 0 | 0 | 0 | −1 |  | 0 | 0 | −1 | 1 | 0 | 0 | 1 | −1 | 0 | 0 | 1 | 0 | −1 | 1 | −1 | 0 |
| BG | 0 | 0 | 0 | 0 | 1 | 1 | −1 | 0 | 0 | −1 | −1 | 0 | 0 | 1 | −1 | 1 | 0 | 1 | 0 | 1 | 0 | −1 | 0 | 0 | 0 | −1 | 0 |

续前表

| 处理数 | 1 | 2 | 3 | 4 | 5 | 6 | 7 | 8 | 9 | 10 | 11 | 12 | 13 | 14 | 15 | 16 | 17 | 18 | 19 | 20 | 21 | 22 | 23 | 24 | 25 | 26 | 27 |
|---|---|---|---|---|---|---|---|---|---|---|---|---|---|---|---|---|---|---|---|---|---|---|---|---|---|---|---|
| BH | 1 | 0 | 0 | 0 | 0 | −1 | 0 | −1 | 0 | 1 | −1 | 0 | 0 | 1 | 1 | −1 | 0 | 1 | 0 | 0 | 0 | −1 | 0 | 1 | −1 | 0 | 0 |
| BI | −1 | 0 | 0 | 0 | −1 | −1 | 0 | 1 | 0 | −1 | −1 | 0 | −1 | 0 | 0 | 0 | 0 | 1 | 0 | 1 | 0 | 1 | 0 | 1 | 0 | 1 | 0 |
| CD | 0 | −1 | 0 | 0 | 0 | 0 | 0 | 0 | 0 | 0 | −1 | 0 | −1 | 1 | 0 | −1 | 1 | 1 | 0 | −1 | −1 | 0 | 0 | 0 | 1 | 1 | 1 |
| CE | 0 | −1 | −1 | 0 | 0 | 0 | 0 | 0 | 0 | 1 | 1 | −1 | 0 | 0 | 0 | 0 | −1 | 1 | 1 | 1 | −1 | 0 | 0 | 0 | 1 | 0 | −1 |
| CF | −1 | 0 | −1 | 0 | 0 | 0 | 0 | 0 | 0 | −1 | 0 | −1 | 0 | 1 | 0 | 0 | 1 | 1 | −1 | 0 | 0 | −1 | 0 | 0 | 1 | 1 | 1 |
| CG | 0 | 0 | 1 | 0 | 0 | 0 | 0 | 0 | 0 | −1 | −1 | −1 | 0 | −1 | 0 | −1 | −1 | 1 | 0 | 1 | 1 | 1 | 0 | 0 | 0 | 1 | 0 |
| CH | −1 | −1 | 0 | 0 | 0 | 0 | 0 | 0 | 0 | 1 | −1 | −1 | 0 | −1 | 0 | 1 | 1 | 1 | 0 | 1 |  | 1 | 0 | 0 | −1 | 0 | 0 |
| CI | 1 | −1 | 0 | 0 | 0 | 0 | 0 | 0 | 0 | −1 | −1 | 1 | 1 | 0 | 0 | 0 | 1 | 1 | 0 | 1 | 0 | −1 | 0 | 0 | 0 | −1 | −1 |
| DE | 0 | 1 | 0 | 0 | −1 | 1 | 0 | 0 | 0 | 0 | −1 | 0 | 0 | 0 | 1 | 0 | −1 | 1 | 0 | −1 | 1 | 0 | 0 | −1 | 1 | 0 | −1 |
| DF | 0 | 0 | 0 | −1 | −1 | −1 | 0 | 0 | 0 | 0 | 0 | 0 | 0 | 1 | −1 | 0 | 1 | 1 | 0 | 0 | 0 | 0 | −1 | −1 | 1 | 1 | 1 |
| DG | 0 | 0 | 0 | −1 | 1 | −1 | 0 | 0 | 0 | 0 | 1 | 0 | 0 | −1 | 1 | 1 | −1 | 1 | 0 | −1 | −1 | 0 | 0 | 0 | 0 | 1 | 0 |
| DH | 0 | 1 | 0 | 0 | 0 | 1 | 0 | 0 | 0 | 0 | 1 | 0 | 0 | −1 | −1 | −1 | 1 | 1 | 0 | 0 | −1 | 0 | −1 | 1 | −1 | 0 | 0 |
| DI | 0 | 1 | 0 | −1 | −1 | 1 | 0 | 0 | 0 | 0 | 1 | 0 | −1 | 0 | 0 | 0 | 1 | 1 | 0 | −1 | 0 | 0 | 0 | 1 | 0 | −1 | −1 |
| EF | 0 | 0 | 1 | 0 | 1 | −1 | 0 | 0 | 0 | −1 | 0 | 1 | 0 | 0 | −1 | 0 | −1 | 1 | −1 | 0 | 0 | 0 | 0 | 1 | 1 | 0 | −1 |
| EG | 0 | 0 | −1 | 0 | −1 | −1 | 1 | 0 | 0 | −1 | −1 | 1 | 0 | 0 | 1 | 0 | 1 | 1 | 0 | 1 | −1 | 0 | 0 | 0 | 0 | 0 | 0 |
| EH | 0 | 1 | 0 | 0 |  | 1 | 0 | 1 | 0 | 1 | −1 | 1 | 0 | 0 | −1 | 0 | −1 | 1 | 0 | 0 | −1 | 0 | 0 | −1 | −1 | 0 | 0 |
| EI | 0 | 1 | 0 | 0 | 1 | 1 | 0 | −1 | 0 | −1 | −1 | −1 | 0 | 0 | 0 | 0 | −1 | 1 | 0 | 1 | 0 | 0 | 0 | −1 | 0 | 0 | 1 |
| FG | 0 | 0 | −1 | 1 | −1 | 1 | 0 | 0 | 0 | 1 | 0 | 1 | 0 | −1 | −1 | 0 | −1 | 1 | 0 | 0 | 0 | −1 | 0 | 0 | 0 | 1 | 0 |
| FH | 1 | 0 | 0 | 0 | 0 | −1 | 0 | 0 | 0 | −1 | 0 | 1 | 0 | −1 | 1 | 0 | 1 | 1 | 0 | 0 | 0 | −1 | 1 | −1 | −1 | 0 | 0 |
| FI | −1 | 0 | 0 | 1 | 1 | −1 | 0 | 0 | 0 | 1 | 0 | −1 | 0 | 0 | 0 | 0 | 1 | 1 | 0 | 0 | 0 | 1 | 0 | −1 | 0 | −1 | −1 |
| GH | 0 | 0 | 0 | 0 | 0 | −1 | 0 | 0 | −1 | −1 | 1 | 1 | 0 | 1 | −1 | −1 | −1 | 1 | 0 | 0 | 1 | 1 | 0 | 0 | 0 | 0 | 0 |
| GI | 0 | 0 | 0 | 1 | −1 | −1 | 0 | 0 | 1 | 1 | 1 | −1 | 0 | 0 | 0 | 0 | −1 | 1 | 0 | 1 | 0 | −1 | 0 | 0 | 0 | −1 | 0 |
| HI | −1 | 1 | 0 | 0 | 0 | 1 | 0 | −1 | −1 | −1 | 1 | −1 | 0 | 0 | 0 | 0 | 1 | 1 | 0 | 0 | 0 | −1 | 0 | 1 | 0 | 0 | 0 |

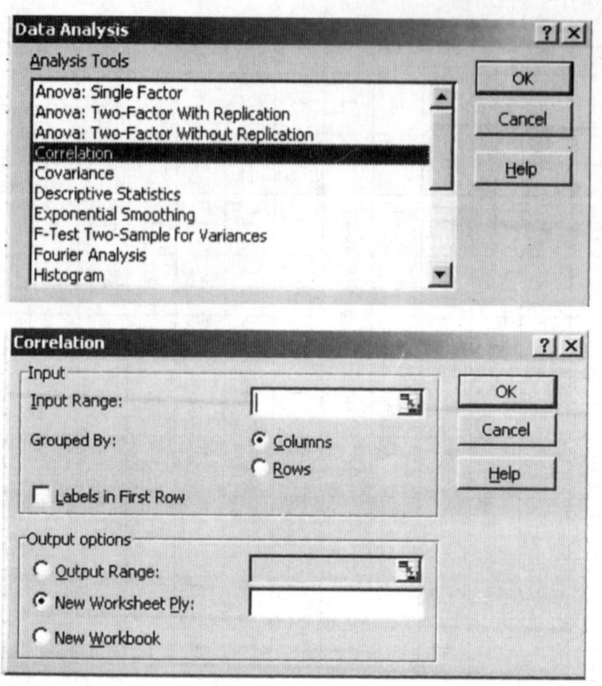


**图 6.10　Microsoft Excel 中的“Data Analysis”对话框和“Correlation”对话框**



**【题外话】**

Microsoft Excel 中的相关系数是皮尔逊积矩相关系数。这个统计量是合适的，仅当我们检验的变量是比率尺度（ratio scaled）类型的变量。这里显然不满足这个条件。伴随交互作用列的完整设计（表 6.13）可以导入 SPSS，然后计算 Spearman rho 相关系数或者 Kendall's tau - b 相关系数。然而，这两种相关系数也不适合我们的数据。比较合适的方法是 J - index；然而，除非研究者使用专业软件，否则这个相关系数需要手工计算。我们不打算介绍它的计算方法，因此，我们使用皮尔逊积矩相关系数，假设它是一种合适的近似。

在“Correlation”对话框中，图 6.10 所示的所有单元格都被选入“Input Range”。通过选择含有列标题的第一行，研究者还应该检查“Labels in First Row”框（参见图 6.10）。这样，Excel 输出相关系数时将含有列标题，否则，Excel 将对相关系数矩阵指定通用列标题。

然而，请注意，主效应和一些交互效应列之间存在着相关性（例如，A 列与 BF 交互列相关），如表 6.14 所示。这是使用部分因子设计导致的不幸结果。由于只使用一部分处理组合，部分因子设计必定导致一些效应混杂。除非设计通过第一性原理产生，否则研究者无法控制哪些效应混杂（这也是严谨的选择分析研究者最好使用第一性原理而不是计算机软件包来产生统计设计的另外一个原因）。

**【题外话】**

经验表明，双向交互可能比三向或更高次交互在统计上更显著。因此，研究者偏爱的设计是下面这样的：所有主效应不与所有双向交互效应混杂。为了说明这一点，回到我们对混杂效应的讨论。混杂效应类似于线性回归模型的多重共线性。也就是说，我们在估计模型时得到的参数估计值可能不正确，标准差也不正确，从而对属性显著性（significance）的任何检验都不正确。以前文的例子（A 列与 BF 列相关）说明。除非研究者检验指定给 B 列和 F 列的属性的统计显著性（我们尚未将属性指定给列），否则，他们永远无法知道指定给 A 列的属性的主效应的参数估计值是否正确。我们指出，A 列也与 CI 列、EG 列、FH 列相关。与 A 列和 BF 列相关的情形类似，这些交互列的显著性也对模型估计造成了麻烦。我们提醒读者注意下列事实：其他主效应也与其他交互效应相关。研究者也检验这些效应了吗？这么做导致研究者需要规模更大的设计，这是自由度的必然要求。因此，继续实验设计的唯一方法是假设这些交互效应在现实中是不显著的。这个假设不理智，研究者可以检验一些交互效应，然后做出这样的假设，从而减少犯错的可能。那么，应该选择检验哪些交互效应？这个问题的回答应发生在设计产生之前。例如，在我们的例子中，研究者相信小轿车和公共汽车的舒适度属性和交通耗时属性之间的交互效应可能显著。这个决策发生在设计产生之前。

接下来，研究者指定那些需要检验交互效应的属性。他们考察相关系数矩阵，识别出与主效应列相关的双向交互列。由表6.14可知，AD列、BC列、BE列、BI列、CD列、CE列、CF列、DF列和EF列双向交互列都与所有主效应列不混杂（但并非与其他双向交互列不混杂）。研究者需要四个设计列（小轿车交互，2列；公共汽车交互，2列）。问题在于，给定主效应与双向交互作用列之间的相关关系，研究者应该使用哪些列？根据上述交互组合的提示，研究者可以指定其中的任何列。也就是说，对于舒适度属性和交通耗时属性之间的交互，研究者可以将舒适度属性指定给A列，将交通耗时属性指定给D列（或者正好相反）。当然，他们也可以使用B列和C列、B列和E列、B列和I列、C列和D列、C列和E列、C列和F列、D列和F列或者E列和F列。研究者还必须将公共汽车的属性指定给这些组合中的一个。

然而，研究者应该使用哪些组合？相关系数矩阵再一次提供了答案。一旦找出哪些交互列与主效应列不混杂，研究者的下一步任务就是考察双向交互列之间的相关性。我们注意到，AD交互作用列与BC、BE、BI、CE和EF交互作用列混杂。因此，如果研究者将小轿车的属性指定给A和D列，将公共汽车的属性指定给上面提到的任何交互列的组合，那么他估计的交互效应将是混杂的。因此，研究者应该将A列和D列用于一个交互效应，其他交互属性应该指定给C列和D列、C列和F列或者D列和F列。注意，我们不能将两个属性指定给D列；因此，接下来的两个属性（研究者希望检验它们之间的交互）必须指定给C列和F列。假设B列和C列已指定给小轿车属性，读者请验证：如果研究者希望得到公共汽车的两个属性之间的交互，那么他可以使用D列和F列或E列和F列。

**【题外话】**

假设研究者使用了A列和D列以及B列和C列，那么这两个双向交互列可以视为与所有主效应不相关，但并非与所有其他双向交互效应不相关。事实上，与主效应和交互效应之间的不相关关系类似，为了进行下去，研究者必须假设BC列、BE列、BI列、CE列和EF列的双向交互效应不显著（而且这仅针对AD交互列）。然而，如果在实践中研究者发现任何其他交互显著，那么使用相关数据估计模型的问题将再次出现。假设这些交互在统计上不显著，这是无奈之举，因为没有办法进行检验。最后，需要注意，我们的讨论未涉及与更高次交互列的混杂问题。

假设研究者将小轿车属性指定给A列和D列，将公共汽车属性指定给C列和F列，那么剩余的属性可以指定给剩余的设计列。它们不涉及交互项，因此，对于剩余的这些属性来说，交互项之间的混杂性不是个问题。注意，对于我们的例子，每个属性都有三个水平，因此，将剩余属性指定给哪些设计列并不重要。如果设计要求其中一个属性有四个水平，那么该属性应该指定给一个伴随四个属性水平的设计列（也可以指定给两个设计列，每列有两个水平）。对于表6.11中的实验设计，我们可以说明如何将属性指定给设计列，表6.15给出了一种情形。注意，在表6.15中，我们将I列作为分区变量。

**【题外话】**

读者应该注意平衡设计（balanced designs）与非平衡设计（unbalanced designs）问题。平衡设计，顾名思义，要求任一属性的水平出现的次数与该属性的所有其他水平出现的次数相同。例如，对于表6.15中的设计，对于每个属性，编码为−1的水平出现了9次，编码为0和编码为1的水平也各出现了9次。在非平衡设计下，给定属性，它的各个水平出现的次数不相同。这个问题值得注意的原因在于，早期的研究经验表明，非平衡设计下的非平衡属性通常在统计上显著，然而这样的显著性的主要原因不在于属性本身显著，而在于调查时该属性引起了研究者的过多关注。

**表6.15　将属性指定给设计列**

| | comf1 (CAR) | ttime1 (CAR) | comf2 (bus) | ttime2 (bus) | comf3 (train) | ttime3 (train) | comf4 (plane) | ttime4 (plane) | block |
|---|---|---|---|---|---|---|---|---|---|
| 设计列 / 处理组合 | A | D | C | F | E | B | G | H | I |
| 1 | −1 | 0 | 1 | −1 | 0 | −1 | 0 | −1 | 1 |

续前表

| 设计列 / 处理组合 | comf1 (CAR) A | ttime1 (CAR) D | comf2 (bus) C | ttime2 (bus) F | comf3 (train) E | ttime3 (train) B | comf4 (plane) G | ttime4 (plane) H | block I |
|---|---|---|---|---|---|---|---|---|---|
| 1 | −1 | 0 | 1 | −1 | 0 | −1 | 0 | −1 | 1 |
| 2 | 1 | −1 | 1 | 0 | −1 | 0 | 0 | −1 | −1 |
| 3 | 0 | 0 | 1 | −1 | −1 | 0 | 1 | 0 | 0 |
| 4 | 0 | 1 | 0 | −1 | 0 | 0 | −1 | 0 | −1 |
| 5 | 1 | −1 | 0 | 1 | 1 | −1 | −1 | 0 | 1 |
| 6 | 0 | −1 | 0 | 1 | −1 | 1 | 1 | −1 | −1 |
| 7 | −1 | 0 | 0 | 0 | −1 | 1 | −1 | 0 | 0 |
| 8 | 0 | 0 | 0 | 0 | 1 | −1 | 0 | 1 | −1 |
| 9 | 1 | 0 | 0 | 0 | 0 | 0 | 1 | −1 | 1 |
| 10 | 1 | 0 | 1 | −1 | 1 | 1 | −1 | 1 | −1 |
| 11 | 0 | 1 | −1 | 0 | −1 | −1 | 1 | 1 | 1 |
| 12 | −1 | 0 | −1 | 1 | 1 | 0 | 1 | 1 | −1 |
| 13 | −1 | 1 | −1 | 0 | 0 | 1 | 0 | 0 | −1 |
| 14 | 1 | −1 | −1 | −1 | 0 | 1 | 1 | 1 | 0 |
| 15 | −1 | 1 | 0 | −1 | 1 | −1 | 1 | −1 | 0 |
| 16 | 0 | −1 | 1 | 0 | 0 | −1 | −1 | 1 | 0 |
| 17 | −1 | 1 | 1 | 1 | −1 | 0 | −1 | 1 | 1 |
| 18 | −1 | −1 | −1 | −1 | −1 | −1 | −1 | −1 | −1 |
| 19 | 1 | 0 | −1 | 1 | −1 | −1 | 0 | 0 | 0 |
| 20 | −1 | −1 | 1 | 0 | 1 | 1 | 1 | 0 | 1 |
| 21 | 1 | 1 | −1 | 0 | 1 | 0 | −1 | −1 | 0 |
| 22 | 0 | 0 | −1 | 1 | 0 | 1 | −1 | −1 | 1 |
| 23 | −1 | −1 | 0 | 1 | 0 | 0 | 0 | 1 | 0 |
| 24 | 1 | 1 | 0 | −1 | −1 | 1 | 0 | 1 | 1 |
| 25 | 0 | 1 | 1 | 1 | 1 | 1 | 0 | −1 | 0 |
| 26 | 1 | 1 | 1 | 1 | 0 | −1 | 1 | 0 | −1 |
| 27 | 0 | −1 | −1 | −1 | 1 | 0 | 0 | 0 | 1 |

**【题外话】**

表 6.10 中的公式用于计算估计合意参数个数所要求的最小自由度。然而，由此计算出的数字可能并不是正交设计要求的真实最小处理组合数，原因在于平衡设计，即每个属性的各个水平出现的次数要相等。例如，令 $M=2$，$A=3$ 和 $L=2$。在加标签的选择实验下，假设边际效用为非线性的，那么最小处理组合数等于 $(2-1)\times 2\times 3+1$，即等于 7。然而，这样的设计不是平衡设计，因为每个属性有两个水平，它们在 6 个选择集上出现的次数必须相等。这代表额外的约束，它要使得最小可能设计的处理组合数等于或大于表 6.10

使用计算公式计算出的数，而且这个数在除以所有 $L$ 时能得到整数。

在进入设计过程的第六阶段之前，研究者可能希望使用分区变量将实验设计分块。这种做法能让研究者清楚地看到哪一块处理组合指定给哪个决策者。考察表 6.16 可知，三个决策者中的第一个面对处理组合 2、4、6、8、10、12、13、18 和 26；第二个决策者面对 3、7、14、15、16、19、21、23 和 25；第三个决策者面对处理组合 1、5、9、11、17、20、22、24 和 27。

对于前文的例子，我们通过产生部分因子设计，将处理组合数从 6 561（全因子设计情形）减少为 27。不仅如此，我们进一步将 27 个处理组合减少为 9 个（以每个决策者面对的处理组合数衡量）。这种做法将导致更高次的交互混杂在一起，我们必须假设它们在统计上不显著。

表 6.16 中的实验设计能够估计所有主效应和两个双向交互，因此是一个可行的设计。然而，我们再次指出，在设计实验时，用来确定处理组合数的自由度要使得每个属性的非线性效应都能得到估计。也就是说，研究者可以选择使用虚拟或效应编码法对每个属性编码，并且估计由此得到的每个虚拟或效应变量的参数。因此，我们有必要看看效用编码的样子（如果用虚拟编码，只要将所有 −1 替换为 0 即可）。使用表 6.15 中 −1 的正交编码来代表基础水平（即在我们的效应编码中取值 −1 的水平），我们可以给出实验设计的样子，参见表 6.17。

注意，我们未对表 6.16 中的 I 列实施效应编码。这是因为这一列代表设计的分区列，在估计选择模型时，我们不估计它的参数（尽管为了确定指定分区的做法是否显著影响选择结果，我们也可以估计它的参数）。对于表 6.17 中的设计，表 6.18 给出了相关系数矩阵。

**表 6.16　用分区变量来确定处理组合的分配**

| | comf1 (CAR) | ttime1 (CAR) | comf2 (bus) | ttime2 (bus) | comf3 (train) | ttime3 (train) | comf4 (plane) | ttime4 (plane) | block |
|---|---|---|---|---|---|---|---|---|---|
| 处理组合 \ 设计列 | A | D | C | F | E | B | G | H | I |
| 2 | 1 | −1 | 1 | 0 | −1 | 0 | 0 | −1 | −1 |
| 4 | 0 | 1 | 0 | −1 | 0 | 0 | −1 | 0 | −1 |
| 6 | 0 | −1 | 0 | 1 | −1 | 1 | 1 | −1 | −1 |
| 8 | 0 | 0 | 0 | 0 | 1 | −1 | 0 | 1 | −1 |
| 10 | 1 | 0 | 1 | −1 | 1 | 1 | −1 | 1 | −1 |
| 12 | −1 | 0 | −1 | 1 | 1 | 0 | 1 | 1 | −1 |
| 13 | −1 | 1 | −1 | 0 | 0 | 1 | 0 | 0 | −1 |
| 18 | −1 | −1 | −1 | −1 | −1 | −1 | −1 | −1 | −1 |
| 26 | 1 | 1 | 1 | 1 | 0 | −1 | 1 | 0 | −1 |
| 3 | 0 | 0 | 1 | −1 | −1 | 0 | 1 | 0 | 0 |
| 7 | −1 | 0 | 0 | 0 | −1 | 1 | −1 | 0 | 0 |
| 14 | 1 | −1 | −1 | −1 | 0 | 1 | 1 | 1 | 0 |
| 15 | −1 | 1 | 0 | −1 | 1 | −1 | 1 | −1 | 0 |
| 16 | 0 | −1 | 1 | 0 | 0 | −1 | −1 | 1 | 0 |
| 19 | 1 | 0 | −1 | 1 | −1 | −1 | 0 | 0 | 0 |
| 21 | 1 | 1 | −1 | 0 | 1 | 0 | −1 | −1 | 0 |

续前表

| 处理组合 \ 设计列 | comf1 (CAR) A | ttime1 (CAR) D | comf2 (bus) C | ttime2 (bus) F | comf3 (train) E | ttime3 (train) B | comf4 (plane) G | ttime4 (plane) H | block I |
|---|---|---|---|---|---|---|---|---|---|
| 23 | −1 | −1 | 0 | 1 | 0 | 0 | 0 | 1 | 0 |
| 25 | 0 | 1 | 1 | 1 | 1 | 1 | 0 | −1 | 0 |
| 1 | −1 | 0 | 1 | −1 | 0 | −1 | 0 | −1 | 1 |
| 5 | 1 | −1 | 0 | 1 | 1 | −1 | −1 | 0 | 1 |
| 9 | 1 | 0 | 0 | 0 | 0 | 0 | 1 | −1 | 1 |
| 11 | 0 | 1 | −1 | 0 | −1 | −1 | 1 | 1 | 1 |
| 17 | −1 | 1 | 1 | 1 | −1 | 0 | −1 | 1 | 1 |
| 20 | −1 | −1 | 1 | 0 | 1 | 1 | 1 | 0 | 1 |
| 22 | 0 | 0 | −1 | 1 | 0 | 1 | −1 | −1 | 1 |
| 24 | 1 | 1 | 0 | −1 | −1 | 1 | 0 | 1 | 1 |
| 27 | 0 | −1 | −1 | −1 | 1 | 0 | 0 | 0 | 1 |

由表 6.18 可知，设计出现了相关性。设计正交性消失了。事实上，设计正交性仅出现在线性主效应设计中。一旦我们使用能估计非线性效应的方法（例如效应或虚拟编码），相关性就被自动引入（读者可以验证，对于上述例子，当我们使用虚拟编码而不是效应编码时，也会出现相关性）。

**表 6.17　　对表 6.15 实施的效应编码设计**

| 处理组合 \ 设计列 | A1 | A2 | D1 | D2 | C1 | C2 | F1 | F2 | E1 | E2 | B1 | B2 | G1 | G2 | H1 | H2 | I |
|---|---|---|---|---|---|---|---|---|---|---|---|---|---|---|---|---|---|
| 2 | 1 | 0 | −1 | −1 | 1 | 0 | 0 | 1 | −1 | −1 | 0 | 1 | 0 | 1 | −1 | −1 | −1 |
| 4 | 0 | 1 | 1 | 0 | 0 | 1 | −1 | −1 | 0 | 1 | 0 | 1 | −1 | −1 | 0 | 1 | −1 |
| 6 | 0 | 1 | −1 | −1 | 0 | 1 | 1 | 0 | −1 | −1 | 1 | 0 | 1 | 0 | −1 | −1 | −1 |
| 8 | 0 | 1 | 0 | 1 | 0 | 1 | 0 | 1 | 1 | 0 | −1 | −1 | 0 | 1 | 1 | 0 | −1 |
| 10 | 1 | 0 | 0 | 1 | 1 | 0 | −1 | −1 | 1 | 0 | 1 | 0 | −1 | −1 | 1 | 0 | −1 |
| 12 | −1 | −1 | 0 | 1 | −1 | −1 | 1 | 0 | 1 | 0 | 0 | 1 | 1 | 0 | 1 | 0 | −1 |
| 13 | −1 | −1 | 1 | 0 | −1 | −1 | 0 | 1 | 0 | 1 | 1 | 0 | 0 | 1 | 0 | 1 | −1 |
| 18 | −1 | −1 | −1 | −1 | −1 | −1 | −1 | −1 | −1 | −1 | −1 | −1 | −1 | −1 | −1 | −1 | −1 |
| 26 | 1 | 0 | 1 | 0 | 1 | 0 | 1 | 0 | 0 | 1 | −1 | −1 | 1 | 0 | 0 | 1 | −1 |
| 3 | 0 | 1 | 0 | 1 | 1 | 0 | −1 | −1 | −1 | −1 | 0 | 1 | 1 | 0 | 0 | 1 | 0 |
| 7 | −1 | −1 | 0 | 1 | 0 | 1 | 0 | 1 | −1 | −1 | 1 | 0 | −1 | −1 | 0 | 1 | 0 |
| 14 | 1 | 0 | −1 | −1 | −1 | −1 | −1 | −1 | 0 | 1 | 1 | 0 | 1 | 0 | 1 | 0 | 0 |
| 15 | −1 | −1 | 1 | 0 | 0 | 1 | −1 | −1 | 1 | 0 | −1 | −1 | 1 | 0 | −1 | −1 | 0 |
| 16 | 0 | 1 | −1 | −1 | 1 | 0 | 0 | 1 | 0 | 1 | −1 | −1 | −1 | −1 | 1 | 0 | 0 |

续前表

| 处理组合 \ 设计列 | A1 | A2 | D1 | D2 | C1 | C2 | F1 | F2 | E1 | E2 | B1 | B2 | G1 | G2 | H1 | H2 | I |
|---|---|---|---|---|---|---|---|---|---|---|---|---|---|---|---|---|---|
| 19 | 1 | 0 | 0 | 1 | −1 | −1 | 1 | 0 | −1 | −1 | −1 | −1 | 0 | 1 | 0 | 1 | 0 |
| 21 | 1 | 0 | 1 | 0 | −1 | −1 | 0 | 1 | 1 | 0 | 0 | 1 | −1 | −1 | −1 | −1 | 0 |
| 23 | −1 | −1 | −1 | −1 | 0 | 1 | 1 | 0 | 0 | 1 | 0 | 1 | 0 | 1 | 1 | 0 | 0 |
| 25 | 0 | 1 | 1 | 0 | 1 | 0 | 1 | 0 | 1 | 0 | 1 | 0 | 0 | 1 | −1 | −1 | 0 |
| 1 | −1 | −1 | 0 | 1 | 1 | 0 | −1 | −1 | 0 | 1 | −1 | −1 | 0 | 1 | −1 | −1 | 1 |
| 5 | 1 | 0 | −1 | −1 | 0 | 1 | 1 | 0 | 1 | 0 | −1 | −1 | −1 | −1 | 0 | 1 | 1 |
| 9 | 1 | 0 | 0 | 1 | 0 | 1 | 0 | 1 | 0 | 1 | 0 | 1 | 1 | 0 | −1 | −1 | 1 |
| 11 | 0 | 1 | 1 | 0 | −1 | −1 | 0 | 1 | −1 | −1 | −1 | −1 | 1 | 0 | 1 | 0 | 1 |
| 17 | −1 | −1 | 1 | 0 | 1 | 0 | 1 | 0 | −1 | −1 | 0 | 1 | −1 | −1 | 1 | 0 | 1 |
| 20 | −1 | −1 | −1 | −1 | 1 | 0 | 0 | 1 | 1 | 0 | 1 | 0 | 1 | 0 | 0 | 1 | 1 |
| 22 | 0 | 1 | 0 | 1 | −1 | −1 | 1 | 0 | 0 | 1 | 1 | 0 | −1 | −1 | −1 | −1 | 1 |
| 24 | 1 | 0 | 1 | 0 | 0 | 1 | −1 | −1 | −1 | −1 | 1 | 0 | 0 | 1 | 1 | 0 | 1 |
| 27 | 0 | 1 | −1 | −1 | −1 | −1 | −1 | −1 | 1 | 0 | 0 | 1 | 0 | 1 | 0 | 1 | 1 |

**表 6.18　效应编码设计的相关系数矩阵**

| $a_1$ | $a_2$ | $d_1$ | $d_2$ | $c_1$ | $c_2$ | $f_1$ | $f_2$ | $E_1$ | $e_2$ | $b_1$ | $b_2$ | $g_1$ | $g_2$ | $h_1$ | $h_2$ | $i$ | |
|---|---|---|---|---|---|---|---|---|---|---|---|---|---|---|---|---|---|
| $a_1$ | 1 | | | | | | | | | | | | | | | | |
| $a_2$ | 0.5 | 1 | | | | | | | | | | | | | | | |
| $d_1$ | 0 | 0 | 1 | | | | | | | | | | | | | | |
| $d_2$ | 0 | 0 | 0.5 | 1 | | | | | | | | | | | | | |
| $c_1$ | 0 | 0 | 0 | 0 | 1 | | | | | | | | | | | | |
| $c_2$ | 0 | 0 | 0 | 0 | 0.5 | 1 | | | | | | | | | | | |
| $f_1$ | 0 | 0 | 0 | 0 | 0 | 0 | 1 | | | | | | | | | | |
| $f_2$ | 0 | 0 | 0 | 0 | 0 | 0 | 0.5 | 1 | | | | | | | | | |
| $e_1$ | 0 | 0 | 0 | 0 | 0 | 0 | 0 | 0 | 1 | | | | | | | | |
| $e_2$ | 0 | 0 | 0 | 0 | 0 | 0 | 0 | 0 | 0.5 | 1 | | | | | | | |
| $b_1$ | 0 | 0 | 0 | 0 | 0 | 0 | 0 | 0 | 0 | 0 | 1 | | | | | | |
| $b_2$ | 0 | 0 | 0 | 0 | 0 | 0 | 0 | 0 | 0 | 0 | 0.5 | 1 | | | | | |
| $g_1$ | 0 | 0 | 0 | 0 | 0 | 0 | 0 | 0 | 0 | 0 | 0 | 0 | 1 | | | | |
| $g_2$ | 0 | 0 | 0 | 0 | 0 | 0 | 0 | 0 | 0 | 0 | 0 | 0 | 0.5 | 1 | | | |
| $h_1$ | 0 | 0 | 0 | 0 | 0 | 0 | 0 | 0 | 0 | 0 | 0 | 0 | 0 | 0 | 1 | | |
| $h_2$ | 0 | 0 | 0 | 0 | 0 | 0 | 0 | 0 | 0 | 0 | 0 | 0 | 0 | 0 | 0.5 | 1 | |
| $i$ | 0 | 0 | 0 | 0 | 0 | 0 | 0 | 0 | 0 | 0 | 0 | 0 | 0 | 0 | 0 | 0 | 1 |

因此，发现非线性效应的能力与引入相关性之间存在着权衡。遗憾的是，一些程序（例如 SPSS）产生

设计的基础仅在于估计非线性效应所要求的自由度，无法权衡相关性。因此，如果研究者关注非线性效应，而且使用一些程序（例如 SPSS 或 Ngene）来产生设计，那么他得到的设计过大。这是我们应该根据第一性原理来产生实验设计的另外一个原因。

暂时不管我们希望发现线性效应还是非线性效应，我们都得承认，我们面临着被批评的危险。这种批评与实验设计过程无关，而是因为我们自己都没留意当初对读者的忠告。敏锐的读者已注意到，我们原来的研究问题是在两个城市之间引入新的交通方式之后，各种交通方式的份额有什么变化。我们产生的设计仅针对当前已有的选项（交通方式）。我们需要针对新选项属性的额外设计列。因此，我们需要产生另外一个（可能更大的）设计。

我们假设这个新选项有两个属性，研究者认为它们能决定该选项是否被选择（也许，为了确定这些属性，他们使用了焦点小组访谈）。每个属性有三个水平。全因子设计将有 59 049 个可能的处理组合（即 $3^{5\times2}$）。因此，研究者可能希望使用部分因子设计来减少处理组合数。遗憾的是，研究者无法使用 SPSS，因为属性总数为 10。研究者要求属性总数为 11 个（10 个属性和 1 个分区变量）。幸运的是，研究者可以使用 SPSS 来产生基础设计，然后使用这个基础设计来产生其他属性列。我们用一个简单（更小）的设计例子说明这一点。对于四个属性且每个属性伴随四个水平的情形，图 6.19 给出了 SPSS 产生的设计。注意，我们使用了正交编码。

**表 6.19　　$3^4$ 部分因子设计**

| 处理组合 | A | B | C | D |
|---|---|---|---|---|
| 1 | −3 | −3 | −3 | −3 |
| 2 | 1 | 1 | −3 | 1 |
| 3 | 3 | 3 | −3 | 3 |
| 4 | −1 | −1 | −3 | −1 |
| 5 | −1 | 3 | 1 | −3 |
| 6 | 3 | 1 | −1 | −3 |
| 7 | 1 | −1 | 3 | −3 |
| 8 | −3 | 3 | 3 | 1 |
| 9 | 3 | −3 | 3 | −1 |
| 10 | −3 | 1 | 1 | −1 |
| 11 | −1 | 1 | 3 | 3 |
| 12 | −1 | −3 | −1 | 1 |
| 13 | 1 | −3 | 1 | 3 |
| 14 | 1 | 3 | −1 | −1 |
| 15 | 3 | −1 | 1 | 1 |
| 16 | −3 | −1 | −1 | 3 |

研究者可以使用若干种方法来产生额外设计列。第一种方法是，研究者可以使用已有处理组合，并且将它们作为额外设计列。操作时，研究者将处理组合随机化，然后将随机化后的处理组合指定给新的设计列。与此同时，原设计列也应该保留。参见表 6.20。

在分配随机处理组合时，研究者应该注意不要将随机处理组合指定给原处理组合（例如，在表 6.20 中，处理组合 1 右侧是随机处理组合 2，而不能是处理组合 1）。

表 6.21 给出了这个设计的相关系数矩阵。如同这个设计一样，用这种方法产生的设计不大可能是正交的。因此，我们又会遇到相关性问题。

表 6.20 用于额外设计列的随机处理组合

| 处理组合 | A | B | C | D | 随机处理组合 | E | F | G | H |
|---|---|---|---|---|---|---|---|---|---|
| 1 | −3 | −3 | −3 | −3 | 2 | 1 | 1 | −3 | 1 |
| 2 | 1 | 1 | −3 | 1 | 16 | −3 | −1 | −1 | 3 |
| 3 | 3 | 3 | −3 | 3 | 15 | 3 | −1 | 1 | 1 |
| 4 | −1 | −1 | −3 | −1 | 6 | 3 | 1 | −1 | −3 |
| 5 | −1 | 3 | 1 | −3 | 4 | −1 | −1 | −3 | −1 |
| 6 | 3 | 1 | −1 | −3 | 10 | −3 | 1 | 1 | −1 |
| 7 | 1 | −1 | 3 | −3 | 9 | 3 | −3 | 3 | −1 |
| 8 | −3 | 3 | 3 | 1 | 14 | 1 | 3 | −1 | −1 |
| 9 | 3 | −3 | 3 | −1 | 8 | −3 | 3 | 3 | 1 |
| 10 | −3 | 1 | 1 | −1 | 1 | −3 | −3 | −3 | −3 |
| 11 | −1 | 1 | 3 | 3 | 12 | −1 | −3 | −1 | 1 |
| 12 | −1 | −3 | −1 | 1 | 5 | −1 | 3 | 1 | −3 |
| 13 | 1 | −3 | 1 | 3 | 3 | 3 | 3 | −3 | 3 |
| 14 | 1 | 3 | −1 | −1 | 7 | 1 | −1 | 3 | −3 |
| 15 | 3 | −1 | 1 | 1 | 11 | −1 | 1 | 3 | 3 |
| 16 | −3 | −1 | −1 | 3 | 13 | 1 | −3 | 1 | 3 |

表 6.21 随机处理组合的相关系数矩阵

| | A | B | C | D | E | F | G | H |
|---|---|---|---|---|---|---|---|---|
| A | 1 | | | | | | | |
| B | 0 | 1 | | | | | | |
| C | 0 | 0 | 1 | | | | | |
| D | 0 | 0 | 0 | 1 | | | | |
| E | −0.1 | −0.05 | −0.15 | 0.2 | 1 | | | |
| F | 0.2 | −0.4 | 0 | 0 | 0 | 1 | | |
| G | 0.6 | −0.05 | 0.15 | 0 | 0 | 0 | 1 | |
| H | 0.25 | −0.25 | 0 | 0.5 | 0 | 0 | 0 | 1 |

另外一种方法是将原设计折叠（foldover），用其作为新的设计列。折叠是指将原设计复制，但需要将因子水平反转（例如，用 1 替换 0，用 0 替换 1）。在正交编码下，因子水平反转做法是将每一列乘以 −1。对于前文的例子，表 6.22 给出了折叠方法，E 列到 H 列代表折叠列。

遗憾的是，SPSS 产生设计的逻辑使得用折叠法来产生额外设计列不是一种好方法。由表 6.22 中的相关系数矩阵可知，额外属性列与原设计列完全（负）相关。因此，如果研究者使用 SPSS 产生设计，就不能使用折叠法（参见表 6.23）。

表 6.22　　使用折叠法产生额外设计列

| 处理组合 | A | B | C | D | E | F | G | H |
|---|---|---|---|---|---|---|---|---|
| 1 | −3 | −3 | −3 | −3 | 3 | 3 | 3 | 3 |
| 2 | 1 | 1 | −3 | 1 | −1 | −1 | 3 | −1 |
| 3 | 3 | 3 | −3 | 3 | −3 | −3 | 3 | −3 |
| 4 | −1 | −1 | −3 | −1 | 1 | 1 | 3 | 1 |
| 5 | −1 | 3 | 1 | −3 | 1 | −3 | −1 | 3 |
| 6 | 3 | 1 | −1 | −3 | −3 | −1 | 1 | 3 |
| 7 | 1 | −1 | 3 | −3 | −1 | 1 | −3 | 3 |
| 8 | −3 | 3 | 3 | 1 | 3 | −3 | −3 | −1 |
| 9 | 3 | −3 | 3 | −1 | −3 | 3 | −3 | 1 |
| 10 | −3 | 1 | 1 | −1 | 3 | −1 | −1 | 1 |
| 11 | −1 | 1 | 3 | 3 | 1 | −1 | −3 | −3 |
| 12 | −1 | −3 | −1 | 1 | 1 | 3 | 1 | −1 |
| 13 | 1 | −3 | 1 | 3 | −1 | 3 | −1 | −3 |
| 14 | 1 | 3 | −1 | −1 | −1 | −3 | 1 | 1 |
| 15 | 3 | −1 | 1 | 1 | −3 | 1 | −1 | −1 |
| 16 | −3 | −1 | −1 | 3 | 3 | 1 | 1 | −3 |

表 6.23　　使用折叠法产生的设计（表 6.22 中的设计）的相关系数矩阵

|  | A | B | C | D | E | F | G | H |
|---|---|---|---|---|---|---|---|---|
| A | 1 |  |  |  |  |  |  |  |
| B | 0 | 1 |  |  |  |  |  |  |
| C | 0 | 0 | 1 |  |  |  |  |  |
| D | 0 | 0 | 0 | 1 |  |  |  |  |
| E | −1 | 0 | 0 | 0 | 1 |  |  |  |
| F | 0 | −1 | 0 | 0 | 0 | 1 |  |  |
| G | 0 | 0 | −1 | 0 | 0 | 0 | 1 |  |
| H | 0 | 0 | 0 | −1 | 0 | 0 | 0 | 1 |

**【题外话】**

假设研究者希望估计非线性效应，即使他们没有观察到相关性，上面的设计也是不可使用的，原因在于自由度不够。也就是说，对于 4 个属性且每个属性有 4 个水平的情形，16 个处理组合能提供达到估计目的所需的足够的自由度（即对于仅考察主效应的设计，我们要求 3×4（即 12）个自由度）。对于 8 个属性且每个属性有 4 个水平的情形，如果仅考察主效应的估计，我们要求 24 个自由度（即 3×8）。因此，16 个处理组合提供的自由度不满足要求。因此，上面的例子仅用于说明如何操作。换句话说，如果我们提供的是可以使用的设计，那么在产生额外列之前，我们就应该设定最小处理组合数（即 24）。

因此，研究者最好使用第一种方法来产生额外设计列（至少使用 SPSS 产生设计时是这样的）。除非所有决策者都对问卷做出响应，否则，进入计算机的设计将不是正交的（即对于正交性来说，真正重要的是设计行，而不是列）。我们可以将列移除而又不失去正交性。如果我们失去了行（处理组合），那么设计将不再是正交的。因此，如果其中一个决策者没有响应，那么将失去正交性。在实践中，这个事实基本被忽略了。我们将在第7章讨论实验设计过程。

### □ 6.2.6 产生效率设计

实验设计的“统计有效性”一词，是指给定样本（规模），参数估计的准确程度更高。因此，统计有效性与从实验得到的标准误（或协方差，参见第5章）的大小有关；对于实验设计，如果（1）对于给定样本（规模），它能产生较小的标准误，或（2）对于更小样本，它能产生相同的标准误，那么它被认为更统计有效。尽管不同时期的研究者用不同标准衡量统计有效性，但它的定义基本没变，尽管这个定义未必完全适合所有情形。如果你已经理解，不管你考察的具体问题是什么，实验设计理论（例如它在SC领域的应用）关注的是你用设计搜集的数据估计模型的参数标准误，你就应该知道最重要的问题是设计本身与模型方差—协方差矩阵（标准误由此得到）之间的关系。

实验设计理论源自陈述性选择（SC）和离散选择分析以外的领域，因此，这些领域中的模型通常使用特定目标问题的特殊类型数据。事实上，实验设计理论最初解决的是连续因变量的实验问题。设计理论主要针对能使用连续数据的模型，因此，早期实验设计理论的中心一直为方差分析（ANOVA）和线性回归类型的模型（Peirce，1876）。从历史的角度看，这对SC文献有显著影响。早期SC研究的主要任务自然在于引入和完善新的建模方法，未特别关注实验设计问题（Louviere and Hensher，1983；Louviere and Woodworth，1983）。因此，这些早期SC研究工作从早期实验设计理论借鉴了很多东西，然而它们是否适合SC数据这个问题未得到足够重视。随着时间的推移，早期SC研究者中用到的设计变成了一种规范，大部分遗留至今。

然而，也有一些零星的研究，考察了基于离散选择数据的计量经济模型估计背景下的设计问题。为了计算SC设计的统计有效性，Fowkes和Wardman（1988）、Bunch et al.（1996）、Huber和Zwerina（1996）、Sándor和Wedel（2001）、Kanninen（2002）等文献说明，用logit模型分析离散选择数据（这是最常用的方法）时，研究者要获得关于参数估计的先验信息，以及关于最终计量经济模型形式的先验信息。具体地说，研究者要知道先验形式的期望参数估计值，以便计算实验设计中的每个选项的期望效用。一旦得到这些期望效用，研究者就可以用它们计算可能的选择概率。因此，给定属性水平（设计）、期望参数估计值以及选择概率，研究者可以轻松地计算实验设计的渐近方差—协方差（asymptotic variance-covariance，AVC）矩阵，由此可得到期望标准误。实验设计的AVC矩阵$\Omega_N$是费雪信息矩阵$I_N$的逆矩阵，其中费雪信息矩阵$I_N$是（假设有$N$个响应者情形下的）待估离散选择模型的对数似然（LL）函数的期望二阶导数的相反数［参见Train（2009）和第5章］。对已知（设定的）参数值，研究者可以通过操纵选项的属性水平方式，将AVC矩阵的元素最小化；在对角情形下，这意味着更小的标准误，从而意味着既定样本规模（甚至更小的样本）有更大的可靠性。

这种方法与前文定义的实验设计背后的理论是一致的。事实上，用来产生SC实验设计的理论的目标与处理线性模型情形时相同，都是将参数估计值的方差和协方差最小化。然而，它们仍存在区别，区别在于计量经济模型使用的理论。正如我们在前面讨论的，在处理适用于logit类型的模型的数据时，我们需要不同的假设条件。

实验设计的有效性可从渐近方差—协方差（AVC）矩阵得到。与根据整个AVC矩阵来判断相比，更简单的方法是根据一个值来判断。因此，文献中提出了各种计算有效性的值的方法，通常以有效性“误差”衡量（“误差”一词意味着，它们衡量的是无效性（inefficiency））。于是，研究者的目标是将有效性误差最小化。

最常使用的衡量工具为$D$误差，它取响应者人数为一人时的AVC矩阵$\Omega_1$的行列式。① $D$误差最小的设计，称为$D$最优。在实践中，研究者很难找到伴随最小$D$误差的设计，因此，他们通常退而求其次，只要$D$误差充分低即可，这样的设计称为$D$效率设计。文献提出了若干种$D$误差，主要区分依据在于先验参数$\tilde{\beta}$

① 假设仅有一个响应者的做法，其目的在于简化和比较，没有特殊含义。研究者可以使用任何样本规模，但文献通常基于一个响应者。

的信息的多少。我们将它们分为三种［参见 Bliemer 和 Rose（2005b，2009）以及 Rose 和 Bliemer（2004，2008）］：

（a）研究者得不到$\beta$近似的任何信息。

如果研究者得不到任何信息（即使参数符合信息，也得不到），那么令$\tilde{\beta}=0$。这种情形下$D$误差称为$D_z$误差（下标$z$代表 zero）。

（b）研究者得到能较好近似$\beta$的信息。

如果信息相对准确，$\tilde{\beta}$被设定为等于最好估计（假设它们是正确的）。在这种情形下，$D$误差称为$D_p$误差（下标$p$代表 priors）。

（c）研究者得到的$\beta$的近似信息是不确定的。

在这种情形下，研究者不假设固定不变的先验$\tilde{\beta}$，而是假设它们是服从一定概率分布的随机参数，这个概率分布用来表达它们偏离$\beta$真实值的不确定性。在贝叶斯法下，$D$误差称为$D_b$误差（下标$b$代表 Bayesian）。

$D$误差是一个关于实验设计$X$和先验值（或概率分布）$\tilde{\beta}$的函数，可以使用数学公式计算：

$$D_z\text{ 误差}=\det(\Omega_1(X,0))^{1/H} \tag{6.11}$$

$$D_p\text{ 误差}=\det(\Omega_1(X,\tilde{\beta}))^{1/H} \tag{6.12}$$

$$D_b\text{ 误差}=\int_{\tilde{\beta}}\det(\Omega_1(X,\tilde{\beta}))^{1/H}\phi(\tilde{\beta}\mid\theta)d\tilde{\beta} \tag{6.13}$$

其中，$H$为待估参数个数。注意，AVC 矩阵是一个矩阵。为了令$D$误差与问题大小无关，我们用乘幂$1/H$将$D$误差标准化。我们建议研究者删去与 AVC 矩阵中的模型常数对应的行与列，因为在 SC 实验（而不是显示性选择实验）中，这些参数没有明确含义。由于这些模型常数的标准误可能很大，因此它们可能决定了$D$误差的大小，因此，我们建议在计算行列式之前，先将它们删去（与此同时，相应调整$H$的值）。

除了$D$误差之外，文献还提出了其他衡量无效性的指标。比较有名的为A误差（A-error），伴随最小A误差的设计称为A最优的设计。A误差不是取 AVC 矩阵的行列式，而是取 AVC 矩阵的迹。迹是矩阵所有对角线元素的和。因此，A误差仅考察方差，不考察协方差。为了将A误差标准化，我们把迹除以$H$（这里也涉及模型常数的处理，处理方法与$D$误差情形相同）。与$D$误差类似，依据参数信息的多少，A误差也可分为好几种。误差的计算公式为

$$A_p\text{ 误差}=\frac{\mathrm{tr}(\Omega_N(X,\tilde{\beta}))}{H} \tag{6.14}$$

至于$A_z$误差和$A_b$误差，它们可以从与式（6.11）和式（6.13）等价的公式得到。在使用A误差时，研究者应该注意并非所有参数值都是等距的。将方差简单相加而求和的做法有个缺陷，因为伴随较大值的参数可能掩盖了其他参数的贡献。因此，我们建议使用加权求和。在使用加权求和法时，研究者应该对哪些参数指定较大权重？答案是，如果赋予较大权重，能使得这些参数估计比其他参数估计更准确，就应对它们指定更大的权重。

Rose 和 Bliemer（2013）定义了一个新的有效性衡量指标，即$s$误差。它为设计提供了理论上的最小样本规模。注意，在计算渐近方差—协方差（AVC）矩阵时，通常假设响应者人数仅为一人；事实上，任何样本规模的 AVC 矩阵都可以如下计算：

$$\Omega_N=\frac{\Omega}{N} \tag{6.15}$$

Rose 和 Bliemer（2013）指出，整理第$h$个参数的$t$值

$$t_h=\frac{\beta_h}{\dfrac{s.e.n}{\sqrt{n_h}}}$$

可得

$$n_h = t_h^2 \frac{s.e_h^2}{\beta_h} \quad (6.16)^*$$

于是，在合意值和非零 $\beta$ 的假设之下，$s$ 误差可以写为 $\max(n_h)$。找到效率设计的问题可以描述如下：

对于所有 $j$ 和 $k$，给定可行属性水平 $\Lambda_{jk}$，给定选择情景的个数 $S$，并且给定先验参数值 $\tilde{\beta}$（或 $\tilde{\beta}$ 的概率分布），确定一个伴随 $x_{jks} \in \Lambda_{jk}$ 的水平平衡设计，使得式（6.11）、式（6.12）、式（6.13）或式（6.14）的效误差最小。

注意，在上述表达中，属性水平平衡被视为一种新添加的要求，这与当前实践做法一致。需要指出，效率设计不一定要求属性水平平衡。事实上，不要求水平平衡可能帮助我们发现更有效率的设计。

为了解决确定最有效率的设计问题，我们可以确定全因子设计，然后评估全因子中 $S$ 个选择情景的每个不同组合。伴随最小效率误差的那个组合是最优设计。然而，在实践中，这种求解方法不可行，因为待评估的组合数太多。例如，考虑表 6.24 中伴随三个选项情形的效率设计问题。全因子设计有 $2^1 \times 3^8 \times 4^2 = 209\,952$ 个选择情景。假设我们希望找到含有 $S = 12$ 个选择情景的效率设计。从 209 952 个选择情景中随机选择 12 个，一共有 $7.3 \times 10^{63}$ 个组合。显然，我们无法评估所有可能设计，因此，我们需要一种智能算法来帮助我们找到尽可能有效率的设计。

**表 6.24　产生效率设计：例子**

| 属性 | 选项 | | |
|---|---|---|---|
| | 小轿车（路线 A） | 小轿车（路线 B） | 火车 |
| 交通耗时（分） | {10，20，30} | {15，30，45} | {15，25，35} |
| 延迟或等待时间（分） | {0，5，10} | {5，10，15} | {5，10} |
| 总成本（澳元） | {2，4，6，8} | {0，1，2，3} | {4，6，8} |

用于寻找效率设计的算法有基于行的算法和基于列的算法。在基于行的算法中，每次迭代时，选择情景都从事先确定的选择情景备选集（全因子设计或部分因子设计）中选出。基于列的算法［例如 RSC（relabeling，swapping and cycling）算法］产生设计的方法是，对于每个属性，我们都从所有选择情景中选择属性水平。基于行的算法一开始就能轻易地从备选集中删除坏的选择情景（例如，通过使用效用平衡标准法），但它很难满足属性水平平衡。基于列的算法正好相反，这类算法很容易满足属性水平平衡，但很难找到每个选择情景中好的属性水平组合。一般来说，基于列的算法有更大的灵活性并且能够处理更大的设计，但在一些情形下（对于未加标签的设计和诸如约束设计等特定设计，参见 6.3 节），基于行的算法更合适。

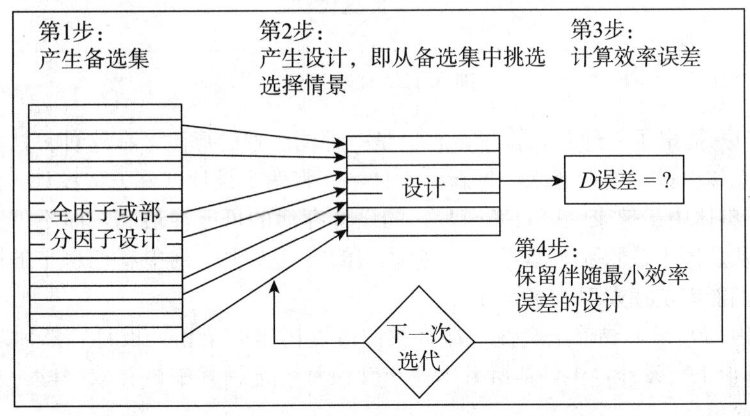


**图 6.11　MF 算法**

* 原公式如此，疑有误。——译者注

修改版的曼德罗夫（modified Federov，MF）算法是一种基于行的算法，它由 Cook 和 Nachtsheim（1980）提出，图 6.11 说明了其实施步骤。首先，我们使用全因子设计（对于小问题）或部分因子设计（对于大问题）确定备选集。然后，通过在备选集中选取选择情景来产生（属性水平平衡）设计。然后，计算这个设计的效率误差（例如，$D$ 误差）。最后，如果这个设计的效率误差比当前最优设计的效率误差小，那么这个设计被当作暂时最有效率的设计保留下来；我们进入下一次迭代，再次重复整个过程。在所有可能的选择情景组合都被评估之后（这通常不可行），或者在完成了事先制定的迭代次数之后，算法结束。Street et al.（2005）介绍了另外一种基于行的算法，称为 $D_z$ 最优；在这种方法中，选择情景组合也是以一种智能方法组建。

RSC 算法（Huber and Zwerina，1996；Sándor and Wedel，2001）是基于列的算法，如图 6.12 所示。在这种算法下，每次迭代时，需要对每个属性产生不同的列，然后将这些列放在一起，形成设计。评估这个设计，如果它的效率误差比当前最优设计的效率误差小，那么将它保留。列的产生是随机的，然而，正如这种算法的名字揭示的，它是一种使用重新加标签（relabeling）、互换（swapping）和循环（cycling）技巧的系统性方法。从初始设计开始，每一列都可以通过对属性水平重新加标签的方法进行改变。例如，如果我们对属性水平 1 和 3 重新加标签，那么含有水平（1，2，1，3，2，3）的列将变为含有水平（3，2，3，1，2，1）的列。互换是指属性水平互换位置。例如，如果我们互换第一个和第四个选择情景中的属性水平，那么（1，2，1，3，2，3）将变为（3，2，1，1，2，3）。最后，循环指将每个选择情景中的所有属性水平同时置换：第一个属性水平被换成第二个水平，第二个水平被换成第三个水平，依此类推。由于这个操作影响每一列，因此只有在每个属性恰好有相同的属性水平个数时（例如，所有变量都是虚拟编码的），才能实施循环操作。在 RSC 算法下，研究人员有时只使用互换，有时只使用重新加标签和互换；显然，这些做法都是 RSC 算法的特殊情形。

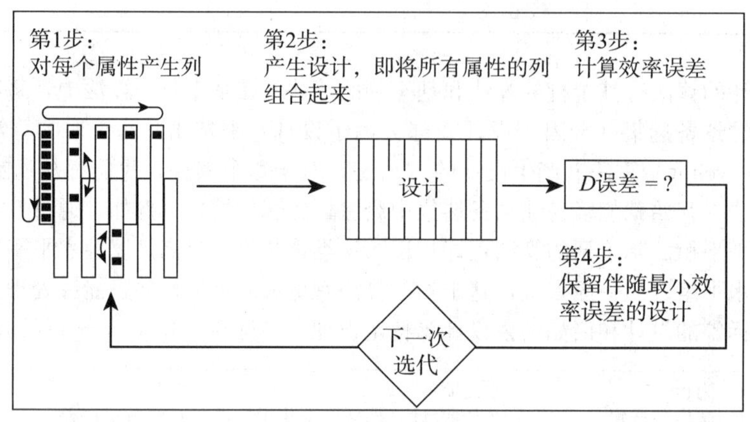


**图 6.12　RSC 算法**

Quan et al.（2011）提出了一种基因算法，它也是一种基于列的算法。在这种算法下，设计的总体是随机产生的，然后通过总体中设计的杂交来产生新的设计——将两个设计（称为父设计）的列合并，产生新的设计（称为子设计）。整体中最健康（以效率衡量）的设计存活的可能性最高，而不怎么健康的设计（效率误差较大的设计）将从总体中被删除（即死亡）。总体中的突变发生在列中属性水平的随机互换时。基因算法似乎非常强大，它们能够快速发现效率设计。

如果出于某些原因，$D_p$ 设计要求正交性，那么我们可以构建一个正交设计，然后从这个设计产生很多（但不是极其多）的其他正交设计，再评估所有这些正交设计，选择其中最有效率的。从正交设计产生其他正交设计的做法相对简单。

在任何一种算法下，评估每个设计的效率误差都是最耗时的阶段；因此，$D$ 误差或其他效率误差应该尽可能低，这要求我们在构建设计时，加入更多职能因素。在确定贝叶斯效率设计时，这个问题变得更重要，因为式（6.13）中的积分不能通过解析法计算，只能通过模拟法进行近似。在确定每个设计的 $D$ 误差时，研究人员通常使用伪随机蒙特卡罗模拟法来确定每个设计的贝叶斯 $D$-误差，他们使用先验参数值的伪随机抽样，以该设计的所有 $D$ 误差的平均值作为 $D$ 误差的近似值。这显然是一个计算强度非常高的过程，从而使得发现贝叶斯效率设计非常耗时。Bliemer et al.（2008）提出使用拟随机抽样（例如霍尔顿或索贝尔序列）或高斯积分法来替代伪随机抽样法，由于这些抽样法要求的模拟次数更少，因此能在相同时间内评估更多设计。

通过手算来确定效率设计，通常只适用于说明效率设计的逻辑；也就是说，手算不具有可行性。计算机软件（例如 SAS 和 Ngene）都能够产生效率设计。然而，SAS 只适用 MNL 模型，它未纳入贝叶斯效率设计情形。相反，Ngene 可以用来确定 ML、NL 和 ML 模型的效率设计，包括贝叶斯效率设计。

## 6.3 关于选择实验的更多细节

在本节，我们介绍选择实验领域的一些最新进展。我们希望用这些主题来说明 SC 设计在行为学意义上面临的挑战。第一，研究人员对属性水平组合施加了约束条件，以便排除选择情景中不可行的组合，这称为含有约束条件的设计（6.3.1 节）。第二，研究人员放松了所有应答者面对相同选择情景这个假设。相反，研究人员提供给应答者的选择情景将取决于应答者的实际情形，例如他们当前显示的偏好。这些和具体个人价值相关的枢轴属性水平产生了更加符合实际的选择情景。这就是所谓的效率**枢轴设计**（pivot design）（6.3.2 节）。第三，我们讨论纳入协变量（即社会人口因素变量）的情形，这些变量与模型中的属性变量不同。如果研究人员在产生设计时未考虑协变量，那么在他们估计含有协变量的模型时，设计中的效率将在数据中消失。通过确定含有协变量的设计，研究人员可以将每组应答者的设计最优化，并且可能选择出最优样本数（参见 6.3.3 节）。

### □ 6.3.1 含有约束条件的设计

有时，选择情景中的一些属性水平组合不可行。我们可以通过施加约束条件来排除这些不可行的选择情景。在卫生经济学中，水平约束设计最为自然。例如，考虑两个选项：治疗病人和不治疗病人。于是，这些选项中的“死亡年龄”属性应该满足下列要求：治疗选项中的死亡年龄绝不会小于不治疗选项中的死亡年龄。而且，“当前年龄”属性水平不可能比“死亡年龄”大。在交通领域，研究人员可能面对伴随不同出发时间、道路通畅时的路程耗时和到达时间的路线选项问题。显然，到达时间应该比出发时间晚；到达时间和出发时间的差值应该大于道路通畅时的路程耗时。

纳入上述约束条件的方法有多种。一种最直接的方法是使用修正版的 MF 算法（参见 6.2.6 节），即增添一步；Ngene 软件使用了这种方法。在确定了备选集之后，不满足约束条件的选择情景被从这个集合中删除。这保证了备选集产生的所有设计都是可行的。

注意，我们有时很难或几乎不能找到满足约束条件的属性水平平衡设计，尤其当约束条件很多时。另外，还需要注意，在理论上，我们也可以使用 RSC 算法（参见 6.2.6 节），然而，在每次重新加标签、互换或循环之后，我们需要验证每个选择情景的可行性。保证所有选择情景都可行，这个任务很艰巨，因此 RSC 算法可能不合适。

### □ 6.3.2 枢轴设计

从认知行为和具体环境角度看，假设所有应答者面对相同选择情景的做法可能不是最优的。使用应答者的知识库来获得实验中的属性水平的做法已成为行为和认知心理学和经济学［例如**前景理论**（prospect theory）、基于实例的决策理论和最小后悔理论］的支撑基础。由此，我们得到了所谓基准选项（reference alternatives）概念，不同应答者的基准选项可以不同。正如 Starmer（2000，p. 353）指出的：“尽管一些经济学家认为基准点是如何确定的这类问题更像心理学问题而不是经济学问题，然而近期研究表明，理解基准点的作用已成为解释现实经济行为的重要环节。”SC 实验中的基准选项根据具体应答者已有的经历提出选择任务，从而使得显示性偏好在个体水平上更有意义。

在枢轴设计中，展示给应答者的属性水平是从每个应答者的基准选项中构建出的。表 6.25 给出了一个例子，为了简单起见，这个表只展现了第一个选项。实际的可能设计以灰色区域显示；此时属性为相对枢轴（比如交通耗时）或绝对枢轴（比如交通成本）。SC 实验中的属性水平根据应答者的基准选项而构建。例如，假设应答者 1 在以前的问卷中回答说，他的交通耗时为 10 分钟，交通成本为 2 澳元，那么第一个选择情景中的第一个选项的属性水平将为：9 分钟（=10−1），即交通耗时缩短了 10%；4 澳元（=2+2），即交通成本增加了 2 澳元。因此，这个选择情景与展示给应答者 2 的选择情景不同（在应答者 2 面对的第一个选择情景中，第一个选项的交通耗时为 27 分钟，交通成本为 5 澳元）。

**表 6.25　　产生效率设计：例子**

| | 设计 | | 应答者 1（交通耗时=10，成本=2） | | 应答者 2（交通耗时=30，成本=3） | |
|---|---|---|---|---|---|---|
| | 交通耗时（分钟） | 交通成本（元） | 交通耗时（分钟） | 交通成本（元） | 交通耗时（分钟） | 交通成本（元） |
| 1. | −10% | +2 | 9 | 4 | 27 | 5 |
| 2. | +10% | +1 | 11 | 3 | 33 | 4 |
| 3. | +30% | +0 | 12 | 2 | 36 | 3 |
| 4. | +10% | +2 | 11 | 4 | 33 | 5 |
| 5. | −10% | +0 | 9 | 2 | 27 | 3 |
| 6. | +30% | +1 | 12 | 3 | 36 | 4 |

因此，枢轴设计不使用实际属性水平，而是使用属性水平与基准点的相对或绝对差值。假设我们构建了一个枢轴设计。这个设计的效率取决于应答者的基准点，因为它们决定了选择情景中的实际属性水平，从而决定了 AVC 矩阵。然而，应答者的基准点通常无法事先得到。Rose et al.（2008）比较了寻找效率枢轴设计的几种方法：

(a) 使用总体均值作为基准点（这产生了一个设计）；

(b) 根据有限个（不同）基准点集，将总体分块（这产生了多个设计）；

(c) 同时即不分阶段地确定一个效率设计（这对每个应答者都产生了一个不同的设计）；

(d) 使用两阶段法，在第一阶段中确定基准点，在第二阶段中产生设计（这产生了一个设计）。

在直觉上，方法（a）的效率应该最低（因为个体基准的偏好可能存在很大差异），方法（d）的效率应该最高（即最有可能产生真正有效率的数据）。Rose et al.（2008）的研究结果证实了这一点。方法（a）相对较好，方法（b）在边际上更好。方法（c）和（d）最好。研究者还将这些结果与正交设计的结果进行了比较，正交设计的表现较差。方法（a）和（b）中的枢轴设计的产生相对容易；方法（c）和（d）中的枢轴设计的产生则需要花费更大努力。方法（c）要求计算机辅助个人访谈（computer - assisted personal interview，CAPI）或网络调查；在这种方法下，研究人员根据应答者对其他问题的回答，构建效率设计。方法（d）对应答者的流失率非常敏感，因为仅当第一阶段的所有应答者在第二阶段仍参与应答时，设计才是最优的。6.5 节将提供使用 Ngene 软件产生枢轴设计的例子。

### □ 6.3.3　含有协变量的设计

将协变量（例如收入、性别、小轿车所有权等社会经济特征变量）纳入模型估计会有一个后果——如果在确定设计时忽略这些协变量，那么将导致效率损失。到目前为止，研究人员在设定模型时仅考虑属性，但在模型估计过程中通常纳入协变量。研究人员应该主要关注 SC 数据的效率而不是 SC 设计的效率。设计的构建应该反映最终收集的数据，包括任何可能的协变量。

Rose 和 Bliemer（2006）说明了如何构建纳入协变量的效率 SC 实验，以及如何确定最少指标数，从而保留既定的效率水平。这个过程与不纳入任何协变量的效率设计的构建过程没有多大区别。假设我们使用的是分类协变量（或以类型编码的连续协变量），我们就能够计算 SC 实验的 AVC 矩阵：在合并协变量的基础上构建分区集，然后将每个分区指定给一个或多个 SC 设计。如果研究人员希望分析多个协变量，那么他们可以构建全因子或部分因子设计。然后，构建特定分区效率设计，使得这些设计能将混合数据的 AVC 矩阵最小化。操作时，研究人员可以参考 Rose 和 Bliemer（2006）提出的程序；然而，他们现在处理的不是一个设计而是多个混合设计。

如果协变量是连续的，上面的方法就不那么简单了，因为在这种情形下，分区数可能太大，从而使得计算难以实施。如果出现了这种情况，研究人员可以借助蒙特卡罗模拟法来模拟他们预期收集的数据。尽管与使用真正的解析形式 AVC 矩阵相比，蒙特卡罗模拟法需要花费更长时间来找到效率设计，然而给定由相应协变量组合构建的全因子设计，蒙特卡罗法需要的时间可能更短。

## 6.4 最优—最差设计

近年来，研究人员逐渐关注离散选择架构下的最优—最差设计：利益相关者从选项集中选取最优选项和最差选项。这类选择提供了新的行为信息（Marley and Louviere，2005；Marley and Pihlens，2012）。与其他方法相比，最优—最差尺度提供了更有效率且更丰富的离散选择行为上的启示；越来越多的研究人员使用这种方法来确定属性集——他们一开始面对的属性集可能很大（影响偏好的属性可能很多），但使用最优—最差选项法能让这个属性集大大缩小。因此，当研究人员面对很多属性（或陈述）时，将这些属性都纳入一个综合且易于理解的 SC 实验是极其困难甚至不可行的，在这种情形下，最优—最差设计就成为一种合适的方法。

SC 实验调查设计领域的近期进展说明，从由最优—最差选择组成的迭代集中获得排序，在认知努力角度上有明显优势［例如参见 Auger et al.（2007）；Cohen（2009）；Flynn et al.（2007）；Louviere 和 Islam（2008）］。除了标准选择响应（最受偏好的选择）之外，最优—最差设计还纳入了用来显示应答者对最差选项的响应机制。这种方法既可以在属性或陈述水平上实施，也可以在选项水平上实施。实践中，研究人员对最优—最差选择数据的常见处理是，观察到的最差选择被假设为最优选择数据集的相反数。在这个假设下，个体对最差选择的偏好等于对最优选择偏好的相反数［参见 Marley 和 Louviere（2005）；Marley 和 Pihlens（2012）］。作为一种数据收集方法，最优—最差尺度日益被用于消费者偏好研究（Collins and Rose，2011；Flynn et al.，2007；Louviere and Islam，2008；Marley and Pihlens，2012）。最优—最差数据通常使用条件 logit 模型进行分析。

在一项近期研究（Hensher et al.，2014）中，研究人员根据对快速公共汽车（BRT）和轻轨（LRT）的设计的陈述（参见表 6.26），构建了贝叶斯 *D* 效率设计：假设服从先验正态分布，均值为 0，标准差为 1。这个设计考虑了所有主效应，而且考虑了最优—最差选择。在构建这个设计时，研究人员假设在构建伪最差选择任务时，最优选项已被删除。为了构建这个设计，研究人员使用了球面径向变换抽样［参见 Gotwalt et al.（2009）］，假设有三个半径和两个随机旋转的正交矩阵。最终设计有 22 个选择任务。图 6.13 给出了一个问答截图。实验设计参见附录 6A。用于估计选择行为模型的 Nlogit 语法参见表 6.27。每个应答者都面对四个最优—最差选择任务。

**表 6.26　构建最优—最差设计时用到的陈述**

| ID | 在最优—最差实验中赞同轻轨的设计陈述 |
|---|---|
| 1 | 公共汽车的车站数比轻轨车站数少，因此为了赶公交车，人们不得不步行更长距离 |
| 2 | 轻轨系统比公共汽车系统覆盖的网络更好 |
| 3 | 与公共汽车通道上的新公共汽车路线相比，新的轻轨路线能承载更多乘客 |

| | |
|---|---|
| 4 | 轻轨似乎比专用通道上的公共汽车更快 |
| 5 | 轻轨路线固定而公共汽车路线容易改变，因此轻轨车站为附近房地产开发提供了更多机会 |
| 6 | 轻轨站比新汽车站或专用通道上的汽车路线更能提高周围房产的价值 |
| 7 | 轻轨比专用通道上的公共汽车在环境上更友好 |
| 8 | 轻轨线能比公共汽车路线创造更多就业机会 |
| 9 | 与专用通道上的公共汽车服务相比，30年后，轻轨更有可能仍在使用 |
| 10 | 轻轨站比公共汽车站覆盖更多人口 |
| 11 | 轻轨比公共汽车的污染更少 |
| 12 | 与公共汽车相比，轻轨更有可能水平登陆（不需要使用台阶上和下） |
| 13 | 轻轨比公共汽车更安静 |
| 14 | 与专用通道的公共汽车相比，城市发展轻轨取得成功的例子更多 |
| 15 | 与专用通道的公共汽车相比，轻轨更长久 |
| 16 | 与专用通道的公共汽车相比，轻轨为土地再发展提供了更多机会 |
| 17 | 与专用通道的公共汽车相比，轻轨提供了更多重点发展机会 |
| 18 | 与专用通道的公共汽车相比，轻轨更容易获得私人投资 |
| 19 | 与专用通道的公共汽车相比，轻轨能支持更多人口和更多就业 |
| 20 | 与专用通道的公共汽车相比，铺设轨道和购买轻轨车身使得轻轨系统更便宜 |
| 21 | 与专用通道的公共汽车相比，轻轨系统的运行成本更小 |
| 22 | 与专用通道的公共汽车相比，轻轨系统的人（乘客）均运行成本更小 |
| 23 | 与新的专用通道的公共汽车相比，建设新的轻轨路线对附近道路的破坏更少 |
| 24 | 整体上说，与专用通道的公共汽车相比，轻轨的维护成本更小 |
| 25 | 与公共汽车站相比，乘客更容易找到轻轨站 |
| 26 | 与专用通道的公共汽车相比，车祸率更低 |
| 27 | 与专用通道的公共汽车相比，轻轨提供了更适宜居住的环境 |
| 28 | 与专用通道的公共汽车相比，轻轨更具有长期可持续性 |
| 29 | 乘坐轻轨比公共汽车更舒服 |
| 30 | 与专用通道的公共汽车相比，轻轨系统建设速度更快，投入运行时间更短 |
| 31 | 与新的专用通道的公共汽车相比，新轻轨线提供了更大的长期收益 |
| 32 | 与公共汽车站相比，轻轨站附近的住房价格上升更快 |
| 33 | 与新的专用通道的公共汽车相比，轻轨让纳税人的钱更有价值 |

**表 6.27　　　　用于估计选择模型的 Nlogit 语法**

```
nlogit
;lhs=choice,cset,Altij
;choices=A,B,C,D
;smnl;pts=200
;pds=4;halton
;model:
U(A,B,C,D)=<AASC,BASC,CASC,0>+
s1b*stat101+s2b*stat102+s3b*stat103+s4b*stat104+s5b*stat105+s6b*stat106+s7b*stat107+s8b*stat108
  +s9b*stat109+s10b*stat110+s11b*stat111+s12b*stat112+s13b*stat113+s14b*stat114+s15b*stat115+s16b
  *stat116+s17b*stat117+s18b*stat118+s19b*stat119+s20b*stat120+s21b*stat121+s22b*stat122+s23b*stat123
  +s24b*stat124+s25b*stat125+s26b*stat126+s27b*stat127+s28b*stat128+s29b*stat129+s30b*stat130
  +s31b*stat131+s32b*stat132/
s1lr*stat201+s2lr*stat202+s3lr*stat203+s4lr*stat204+s5lr*stat205+s6lr*stat206+s7lr*stat207+s8lr*stat208
  +s9lr*stat209+s10lr*stat210+s11lr*stat211+s12lr*stat212+s13lr*stat213+s14lr*stat214+s15lr*stat215
  +s16lr*stat216+s17lr*stat217+s18lr*stat218+s19lr*stat219+s20lr*stat220+s21lr*stat221+s22lr*stat222
  +s23lr*stat223+s24lr*stat224+s25lr*stat225+s26lr*stat226+s27lr*stat227+s28lr*stat228+s29lr*stat229
  +s30lr*stat230+s31lr*stat231+s32lr*stat232$
```

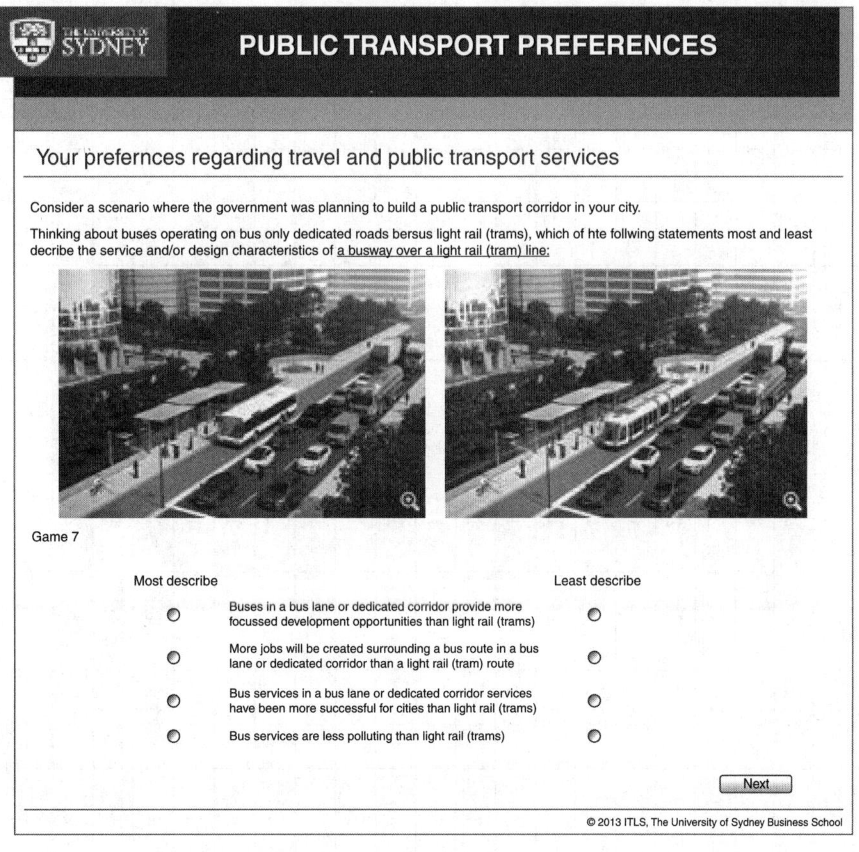


图 6.13　设计陈述所用的最优—最差场景的例子

表 6.28　为了分析最优—最差数据而建立的数据

| RespId | GameNo | BlockId | GameId | BusImg | TramImg | Versus | CSet | AtlType | Altij | Choice | StateId | State 01 | State 02 | State 03 | State 04 | State 05 | State 06 | State 07 | State 08 | State 09 | State 10 |
|---|---|---|---|---|---|---|---|---|---|---|---|---|---|---|---|---|---|---|---|---|---|
| 1 | 1 | 15 | 3 | 2 | 2 | 1 | 4 | 1 | 1 | 0 | 27 | 0 | 0 | 0 | 0 | 0 | 0 | 0 | 0 | 0 | 0 |
| 1 | 1 | 15 | 3 | 2 | 2 | 1 | 4 | 1 | 2 | 0 | 9 | 0 | 0 | 0 | 0 | 0 | 0 | 0 | 0 | 1 | 0 |
| 1 | 1 | 15 | 3 | 2 | 2 | 1 | 4 | 1 | 3 | 1 | 30 | 0 | 0 | 0 | 0 | 0 | 0 | 0 | 0 | 0 | 0 |
| 1 | 1 | 15 | 3 | 2 | 2 | 1 | 4 | 1 | 4 | 0 | 25 | 0 | 0 | 0 | 0 | 0 | 0 | 0 | 0 | 0 | 0 |
| 1 | 1 | 15 | 3 | 2 | 2 | 1 | 3 | −1 | 1 | 0 | −27 | 0 | 0 | 0 | 0 | 0 | 0 | 0 | 0 | 0 | 0 |
| 1 | 1 | 15 | 3 | 2 | 2 | 1 | 3 | −1 | 2 | 0 | −9 | 0 | 0 | 0 | 0 | 0 | 0 | 0 | 0 | −1 | 0 |
| 1 | 1 | 15 | 3 | 2 | 2 | 1 | 3 | −1 | 4 | 1 | −25 | 0 | 0 | 0 | 0 | 0 | 0 | 0 | 0 | 0 | 0 |
| 1 | 3 | 15 | 1 | 1 | 1 | 2 | 4 | 1 | 1 | 1 | 7 | 0 | 0 | 0 | 0 | 0 | 0 | 1 | 0 | 0 | 0 |
| 1 | 3 | 15 | 1 | 1 | 1 | 2 | 4 | 1 | 2 | 0 | 20 | 0 | 0 | 0 | 0 | 0 | 0 | 0 | 0 | 0 | 0 |
| 1 | 3 | 15 | 1 | 1 | 1 | 2 | 4 | 1 | 3 | 0 | 30 | 0 | 0 | 0 | 0 | 0 | 0 | 0 | 0 | 0 | 0 |
| 1 | 3 | 15 | 1 | 1 | 1 | 2 | 4 | 1 | 4 | 0 | 26 | 0 | 0 | 0 | 0 | 0 | 0 | 0 | 0 | 0 | 0 |
| 1 | 3 | 15 | 1 | 1 | 1 | 2 | 3 | −1 | 2 | 0 | −20 | 0 | 0 | 0 | 0 | 0 | 0 | 0 | 0 | 0 | 0 |
| 1 | 3 | 15 | 1 | 1 | 1 | 2 | 3 | −1 | 3 | 0 | −30 | 0 | 0 | 0 | 0 | 0 | 0 | 0 | 0 | 0 | 0 |
| 1 | 3 | 15 | 1 | 1 | 1 | 2 | 3 | −1 | 4 | 1 | −26 | 0 | 0 | 0 | 0 | 0 | 0 | 0 | 0 | 0 | 0 |
| 1 | 5 | 15 | 4 | 1 | 2 | 2 | 4 | 1 | 1 | 0 | 30 | 0 | 0 | 0 | 0 | 0 | 0 | 0 | 0 | 0 | 0 |
| 1 | 5 | 15 | 4 | 1 | 2 | 2 | 4 | 1 | 2 | 0 | 21 | 0 | 0 | 0 | 0 | 0 | 0 | 0 | 0 | 0 | 0 |
| 1 | 5 | 15 | 4 | 1 | 2 | 2 | 4 | 1 | 3 | 1 | 22 | 0 | 0 | 0 | 0 | 0 | 0 | 0 | 0 | 0 | 0 |
| 1 | 5 | 15 | 4 | 1 | 2 | 2 | 4 | 1 | 4 | 0 | 10 | 0 | 0 | 0 | 0 | 0 | 0 | 0 | 0 | 0 | 1 |
| 1 | 5 | 15 | 4 | 1 | 2 | 2 | 3 | −1 | 1 | 0 | −30 | 0 | 0 | 0 | 0 | 0 | 0 | 0 | 0 | 0 | 0 |
| 1 | 5 | 15 | 4 | 1 | 2 | 2 | 3 | −1 | 2 | 0 | −21 | 0 | 0 | 0 | 0 | 0 | 0 | 0 | 0 | 0 | 0 |
| 1 | 5 | 15 | 4 | 1 | 2 | 2 | 3 | −1 | 4 | 1 | −10 | 0 | 0 | 0 | 0 | 0 | 0 | 0 | 0 | 0 | −1 |
| 1 | 7 | 15 | 2 | 2 | 1 | 1 | 4 | 1 | 1 | 1 | 20 | 0 | 0 | 0 | 0 | 0 | 0 | 0 | 0 | 0 | 0 |
| 1 | 7 | 15 | 2 | 2 | 1 | 1 | 4 | 1 | 2 | 0 | 25 | 0 | 0 | 0 | 0 | 0 | 0 | 0 | 0 | 0 | 0 |
| 1 | 7 | 15 | 2 | 2 | 1 | 1 | 4 | 1 | 3 | 0 | 13 | 0 | 0 | 0 | 0 | 0 | 0 | 0 | 0 | 0 | 0 |
| 1 | 7 | 15 | 2 | 2 | 1 | 1 | 4 | 1 | 4 | 0 | 6 | 0 | 0 | 0 | 0 | 0 | 1 | 0 | 0 | 0 | 0 |
| 1 | 7 | 15 | 2 | 2 | 1 | 1 | 3 | −1 | 2 | 0 | −25 | 0 | 0 | 0 | 0 | 0 | 0 | 0 | 0 | 0 | 0 |
| 1 | 7 | 15 | 2 | 2 | 1 | 1 | 3 | −1 | 3 | 0 | −13 | 0 | 0 | 0 | 0 | 0 | 0 | 0 | 0 | 0 | 0 |
| 1 | 7 | 15 | 2 | 2 | 1 | 1 | 3 | −1 | 4 | 1 | −6 | 0 | 0 | 0 | 0 | 0 | −1 | 0 | 0 | 0 | 0 |

为了说明如何建立数据，我们在表 6.28 中给出了第一个应答者的部分数据。表 6.27 中每个变量的名称是表 6.28 中的列标题。一共有 4 个选择集，每个选择集对应着 7 行数据。前 4 行（$cset = 4$）是全选择集的未加标签的选项，最后 3 行（$cset = 3$）是这些相同的未加标签的选项减去 4 个选项集中最受偏好的选项。*Altype* 是一个指示器（−1，1），用来区分最优（1）和最差（−1）偏好。我们用这个指标来说明最差偏好形式下属性水平的符号反转。*Altij* 用来说明哪个选项与每一行相伴，请再次注意，最优选项已从最差选择集中删除。*Choice* 这一列表明哪个选项被选为最优，哪个被选为最差。我们列举了前 10 个陈述（全部陈述一共 66 个，即 33 个偏好 BRT，33 个偏好 LRT）。Nlogit 建立的整体模型说明了数据是如何使用的。一共只有 4 个选项，但每个相关集（即 4 个选择情景中的每个都对应的 4 个选项选择集和 3 个选项选择集）都通过 *cset* 和 *altij* 来识别。给定这个特定数据集的虚拟变量性质，边际效用（或参数估计）是相对于其中一个选项而言的，这个选项被武断地作为偏好 BRT 和偏好 LRT 的第 33 个陈述，其中偏好 BRT 的陈述伴随（SMNL）着参数 *s1b* ～ *s32b*，偏好 LRT 的陈述伴随着参数 *s1lr* ～ *s32lr*。给定数据的面板性质，我们使用尺度多项 logit（SMNL）模型（参见第 4 章和第 15 章）来容纳 4 个选择集之间的相关性。

上文中的例子是最优—最差实验的一种形式。Rose（2014）比较详细地说明了各种可选形式。最优—最差调查响应机制有三种研究方法。第一种，应答者面对选项集，回答最喜欢的选项和最不喜欢的选项［例如 Louviere et al.（2013）］。第二种，应答者阅读属性集，每个属性都由若干水平描述，然后选择最喜欢和最不喜欢的属性或水平［例如，Beck et al.（2013）］。第三种，应答者阅读选项集，每个选项都由若干属性和水平描述，然后选择最喜欢和最不喜欢的选项［例如，Rose 和 Hensher（2014）］。附录 6B 说明了如何使用 Ngene 软件构建这些设计。

## 6.5 关于样本规模和陈述性选择设计的更多细节

尽管我们在历史回顾中讨论了样本规模问题，然而我们认为这个主题太重要了，值得我们用一个章节来阐述。使用 SC 数据进行模型估计时，样本规模应该为多大？总体来说，这个问题还没有明确答案，因为研究人员对此知之甚少。传统正交设计和已有的抽样理论不足以解决这个问题；因此，研究人员不得不借助简单的经验规则或干脆忽略这个问题，他们武断地抽样，希望样本规模足以产生可靠的参数估计，或者被迫做出在实践中不可能成立的假设。在本节，我们说明 Bliemer 和 Rose（2005a）以及 Rose 和 Bliemer（2005，2012，2013）提出的样本规模的计算方法为何能够用于产生所谓的 *S* 效率设计，这种设计使用先验参数值来估计面板混合多项 logit 模型。我们还将考察 SC 研究中这类设计要求的样本规模。在数值案例研究中，我们说明为了在统计显著水平上估计所有参数，*D* 效率和 *S* 效率设计比随机正交设计要求更小的样本规模。另外，我们还将说明更宽的水平值域对设计效率有显著的正影响，从而对参数估计的可靠性有显著的正影响。

对于很多研究来说，找到能减少 SC 实验要求的应答者人数的方法比较重要，因为调查成本日益上升。然而，这不应以牺牲参数估计的可靠性为代价（可靠性以标准误较小衡量）。因为尽管 SC 研究为真实市场中的决策提供了现实描述方法，但参数估计的可靠性是通过将不同应答者的选择进行混合而得到的。例如，一项典型 SC 实验可能要求混合 200 个应答者做出的选择，而每个应答者被观察到做出了 8 个选择，因此一共有 1 600 个选择行为观察点。一些研究人员发表了市场营销领域的文献，考察了若干种用来减少应答者人数而又维持结果可靠性的方法［例如，Bunch et al.（1996）；Huber 和 Zwerina（1996）；Carlsson 和 Martinsson（2002）］。

卫生和交通领域中实施的 SC 实验常用下列方法来减小样本规模：通过基于分区变量的正交部分因子实验设计［例如，Hensher 和 Prioni（2002）］或通过随机指定［例如，Garrod et al.（2002）］，将应答者指定给不同的选择任务。通过使用更大的分区规模（即每个分区有更多选择任务数）或通过对每个应答者随机指定更多选择任务数，研究人员可以减少应答者人数，同时又维持既定数量的选择观察点。然而，需要指出，尽管这些方法减少了 SC 实验要求的应答者人数，但它们也降低了通过样本收集的其他协变量的变异性。

尽管减少调查成本尤其是减少 SC 研究中使用的样本规模有现实原因，然而在使用 SC 数据估计离散选择模型时，为了得到可靠的参数估计，最小选择观察点个数应为多少？这个问题仍没有答案。尽管文献中已存在用于计算 SC 数据要求样本规模的理论，然而，这些传统理论针对的都是 SC 数据中选择比例衡量的准确性。这些选择比例可能不是研究人员最感兴趣的结果。当前，传统抽样理论未能解决以参数估计的可靠性衡量的最小样本规模问题，而研究人员对这个问题更感兴趣。

尽管研究人员已讨论过 SC 数据要求的样本规模计算问题，但本节还是希望提供比较详细的讨论，另外，我们还提供了一个主要扩展。我们将 SC 实验的样本规模计算理论扩展到面板形式的混合多项 logit（MMNL）模型。操作时，我们重点说明了研究人员可能感兴趣的若干问题。我们还说明了使用不同样本规模来确定离散选择模型的参数估计的渐近效率（即可靠性）的可能性。

### □ 6.5.1 *D* 效率设计、正交设计和 *S* 效率设计

为了说明效率设计理论和讨论样本规模问题，我们将考虑下列离散选择问题。本节内容来自 Rose 和 Bliemer（2013）。假设某个选择实验设计两个选项，每个选项有四个属性。为简单起见，我们假设所有参数都是未加标签的，尽管这个理论可以容易地推广到特定选项参数估计。在构建设计时，我们假设每个应答者将阅读 12 个选择任务。我们考察不同选择任务数带来的影响。问题的效用函数为

$$V_{js} = \beta_1 x_{sj1} + \beta_2 x_{sj2} + \beta_3 x_{sj3} + \beta_4 x_{sj4}, s = 1, \cdots, 12 \tag{6.17}$$

在 SC 实验中，对于不同选择任务，应答者面对的 8 个属性（2 个选项，每个选项有 4 个属性）可以取不同的水平。假设每个属性可以取 3 个水平中的一个，即 $L_k = \{1, 2, 3\}$，$k = 1, \cdots, 4$。这些值的选取仅出于说明目的。按照常见做法，我们施加属性水平平衡设计约束（尽管这样的约束会导致次优设计）。

我们将考察三种设计类型：(a) *D* 效率设计，(b) 正交设计以及 (c) *S* 效率设计。*D* 效率设计的目标在于使所有参数估计的所有方差（协方差）最小，正交设计的目标是使属性值之间的相关系数最小化为零，样本规模效率设计的目标是使用于获得统计意义上显著的参数估计的样本规模最小。为了构建 *D* 效率和 *S* 效率设计，我们有必要假设先验参数估计。对于当前的例子，我们选择下列先验参数估计（这种选取仅出于说明目的）来构建设计：

$$\beta_1 \sim N(0.6, 0.2), \beta_2 \sim N(-0.9, 0.2), \beta_3 = -0.2, \beta_4 = 0.8$$

也就是说，我们将前两个参数视为从伴随一定均值和标准差的正态分布中抽取的随机参数；将后两个参数视为固定参数。在构建和评估每个设计时，我们使用高斯积分，其中每个随机参数伴随六个横坐标［参见 Bliemer et al.（2008）］。这样，我们就能对随机参数分布和模拟似然进行非常准确的近似；我们使用 5 000 个应答者模拟抽样来获得面板 MMNL 模型的 AVC 矩阵的计算所需的选择向量［参见 Bliemer 和 Rose（2010）］。

表 6.29 提供了这三个设计，每个设计都用选择任务 $s$ 中选项 $j$ 被选中的期望模拟概率来表示。为了与常用做法保持一致，正交设计的产生是随机选择的。属性水平如何处理才能产生和找到 *D* 效率设计的问题，可以参考 Kessel et al.（2009）和 Quan et al.（2011）等文献。为了找到 *D* 效率和 *S* 效率设计，我们这里使用了若干简单随机化和属性水平互换法，这可以通过软件 Ngene1.2（Choice Metrics，2012）实现。

**表 6.29　设计**

| | | *D* 效率 | | | | | 正交 | | | | | *S* 效率 | | | | |
|---|---|---|---|---|---|---|---|---|---|---|---|---|---|---|---|---|
| $s$ | $j$ | $x_{sj1}$ | $x_{sj2}$ | $x_{sj3}$ | $x_{sj4}$ | $E(P_{sj})$ | $x_{sj1}$ | $x_{sj2}$ | $x_{sj3}$ | $x_{sj4}$ | $E(P_{sj})$ | $x_{sj1}$ | $x_{sj2}$ | $x_{sj3}$ | $x_{sj4}$ | $E(P_{sj})$ |
| 1 | 1 | 1 | 1 | 2 | 1 | 0.28 | 2 | 1 | 2 | 2 | 0.73 | 2 | 1 | 1 | 2 | 0.76 |
| 1 | 2 | 3 | 3 | 2 | 3 | 0.72 | 2 | 1 | 3 | 1 | 0.27 | 2 | 3 | 2 | 3 | 0.24 |
| 2 | 1 | 2 | 1 | 3 | 2 | 0.82 | 3 | 3 | 2 | 3 | 0.88 | 2 | 1 | 3 | 1 | 0.45 |
| 2 | 2 | 2 | 3 | 2 | 2 | 0.18 | 2 | 3 | 1 | 1 | 0.12 | 2 | 3 | 1 | 3 | 0.55 |

续前表

| $s$ | $j$ | D效率 | | | | | 正交 | | | | | S效率 | | | | |
|---|---|---|---|---|---|---|---|---|---|---|---|---|---|---|---|---|
| | | $x_{sj1}$ | $x_{sj2}$ | $x_{sj3}$ | $x_{sj4}$ | $E(P_{sj})$ | $x_{sj1}$ | $x_{sj2}$ | $x_{sj3}$ | $x_{sj4}$ | $E(P_{sj})$ | $x_{sj1}$ | $x_{sj2}$ | $x_{sj3}$ | $x_{sj4}$ | $E(P_{sj})$ |
| 3 | 1 | 1 | 3 | 2 | 3 | 0.21 | 3 | 3 | 3 | 1 | 0.06 | 1 | 1 | 3 | 2 | 0.45 |
| 3 | 2 | 3 | 1 | 2 | 1 | 0.79 | 3 | 1 | 2 | 2 | 0.94 | 3 | 3 | 3 | 3 | 0.55 |
| 4 | 1 | 1 | 1 | 3 | 2 | 0.36 | 1 | 2 | 3 | 1 | 0.07 | 1 | 3 | 2 | 3 | 0.36 |
| 4 | 2 | 3 | 3 | 1 | 3 | 0.64 | 2 | 2 | 1 | 3 | 0.93 | 2 | 1 | 3 | 1 | 0.64 |
| 5 | 1 | 2 | 3 | 1 | 3 | 0.55 | 3 | 1 | 1 | 1 | 0.76 | 3 | 2 | 3 | 1 | 0.55 |
| 5 | 2 | 2 | 1 | 3 | 1 | 0.45 | 3 | 3 | 2 | 2 | 0.24 | 1 | 2 | 2 | 2 | 0.45 |
| 6 | 1 | 3 | 2 | 3 | 2 | 0.68 | 1 | 1 | 3 | 3 | 0.75 | 1 | 1 | 2 | 2 | 0.59 |
| 6 | 2 | 1 | 2 | 1 | 2 | 0.32 | 3 | 3 | 2 | 2 | 0.25 | 3 | 3 | 1 | 2 | 0.41 |
| 7 | 1 | 1 | 2 | 1 | 3 | 0.68 | 2 | 3 | 2 | 2 | 0.50 | 2 | 3 | 1 | 3 | 0.41 |
| 7 | 2 | 3 | 2 | 3 | 1 | 0.32 | 1 | 3 | 3 | 3 | 0.50 | 3 | 1 | 3 | 1 | 0.59 |
| 8 | 1 | 3 | 3 | 1 | 2 | 0.45 | 2 | 2 | 3 | 2 | 0.80 | 2 | 3 | 2 | 3 | 0.45 |
| 8 | 2 | 1 | 1 | 3 | 2 | 0.55 | 1 | 2 | 3 | 1 | 0.20 | 2 | 1 | 2 | 1 | 0.55 |
| 9 | 1 | 3 | 2 | 1 | 1 | 0.50 | 3 | 1 | 2 | 3 | 0.72 | 3 | 2 | 2 | 1 | 0.55 |
| 9 | 2 | 1 | 2 | 3 | 3 | 0.50 | 1 | 1 | 1 | 3 | 0.28 | 1 | 2 | 1 | 2 | 0.45 |
| 10 | 1 | 3 | 2 | 2 | 1 | 0.36 | 1 | 2 | 1 | 1 | 0.50 | 3 | 3 | 3 | 3 | 0.50 |
| 10 | 2 | 1 | 2 | 1 | 3 | 0.64 | 1 | 2 | 1 | 1 | 0.50 | 1 | 1 | 2 | 2 | 0.50 |
| 11 | 1 | 2 | 1 | 2 | 1 | 0.72 | 1 | 3 | 1 | 3 | 0.13 | 1 | 2 | 1 | 2 | 0.50 |
| 11 | 2 | 2 | 3 | 2 | 2 | 0.28 | 3 | 1 | 2 | 2 | 0.87 | 3 | 2 | 3 | 1 | 0.50 |
| 12 | 1 | 2 | 3 | 3 | 3 | 0.36 | 2 | 2 | 1 | 2 | 0.40 | 3 | 2 | 1 | 1 | 0.40 |
| 12 | 2 | 2 | 1 | 1 | 1 | 0.64 | 2 | 2 | 3 | 3 | 0.60 | 1 | 2 | 1 | 3 | 0.60 |
| D误差 | | 0.326 | | | | | 0.985 | | | | | 0.454 | | | | |
| S误差 | | 57.51 | | | | | 512.43 | | | | | 49.49 | | | | |

正如我们预期的，表现最差（以$D$误差和$S$误差衡量）的设计是正交设计。正交设计也是唯一出现优势选项的设计：一些选择概率表明存在着优势选项，具体地说，在任务3和任务4中，第二个选项在大多数情形下都会被选中（概率分别为94%和93%）。更令人担忧的是，在正交设计中，一个选择任务（即选择任务10）有相同选项；四个选择任务（即选择任务1、3、4和8）有严格优势选项，严格优势选项比其他选项好。注意，这无法从选择概率观知，只能通过考察每个属性的水平以及先验参数值的符号进行识别。在构建$D$效率设计和$S$效率设计时，我们实施额外的检验来保证任何选择任务都不存在相同选项或严格优势选项。在任何时候，实验设计都应该避免出现严格优势选项，并从数据集中排除，以避免参数估计的偏误。

正交设计的$D$误差大约是$D$效率设计的$D$误差的三倍。这意味着平均来说，正交设计的参数估计的标准误大约是$D$效率设计的参数估计的标准误的$\sqrt{3}\approx1.73$倍（实际上应为1.76倍）。这又意味着为了得到相同的标准误，正交设计使用的观察点数量大约为$D$效率设计使用的观察点数量的两倍。这说明先验参数估计值的信息显然有助于更有效率的设计的构建。在我们无法获得参数估计值的信息时，我们通常假设先验参数估计值都为零。正如Rose和Bliemer（2005）指出的，假设所有零值先验（即假设任何参数甚至符号信息都不存在先验信息），正交设计能成为最有效率的设计。

因此，正交设计是最差情形（即研究人员得不到先验信息时）下的一种好的设计。遗憾的是，任何给定选择实验可能产生很多不同的正交设计。因此，表 6.29 给出的正交设计仅是很多可能正交设计中的一个。需要指出，如果我们产生的是另外一个正交设计，给定我们已经假设的先验信息，它的表现既可能比这里的正交设计的表现好，也可能差（尽管在理论上，从效率角度，正交设计的表现不可能超过 $D$ 最优设计，因为正交性只是我们施加给设计的另外一种约束）。在我们的例子中，最优正交设计的 $D$ 误差为 0.77，而最差正交设计的 $D$ 误差为 1.10。遗憾的是，如果得不到先验信息，我们就不知道哪个正交设计是最优的。

考察 $S$ 误差，我们可以立即看到正交设计在找到好的 $t$ 值方面比较费劲，至少对一个或多个参数是这样的。$D$ 效率和 $S$ 效率设计在应答者人数为 50 左右时，所有 $t$ 值都大于 1.96；为了实现同样的结果，正交设计需要 10 倍（即 500 个）的应答者。为了进一步考察这个问题，我们需要分别考察每个参数要求的最小样本规模，这涉及使用式（A6.2.7）和式（A6.2.8）计算任何样本规模的 $t$ 值。

图 6.14 画出了前文三个设计在不同样本规模下的渐近 $t$ 值。图中的虚线表示 $t$ 值为 1.96；图中还标示了 $S$ 误差。这个图说明了实验设计和参数估计的一些统计特征。

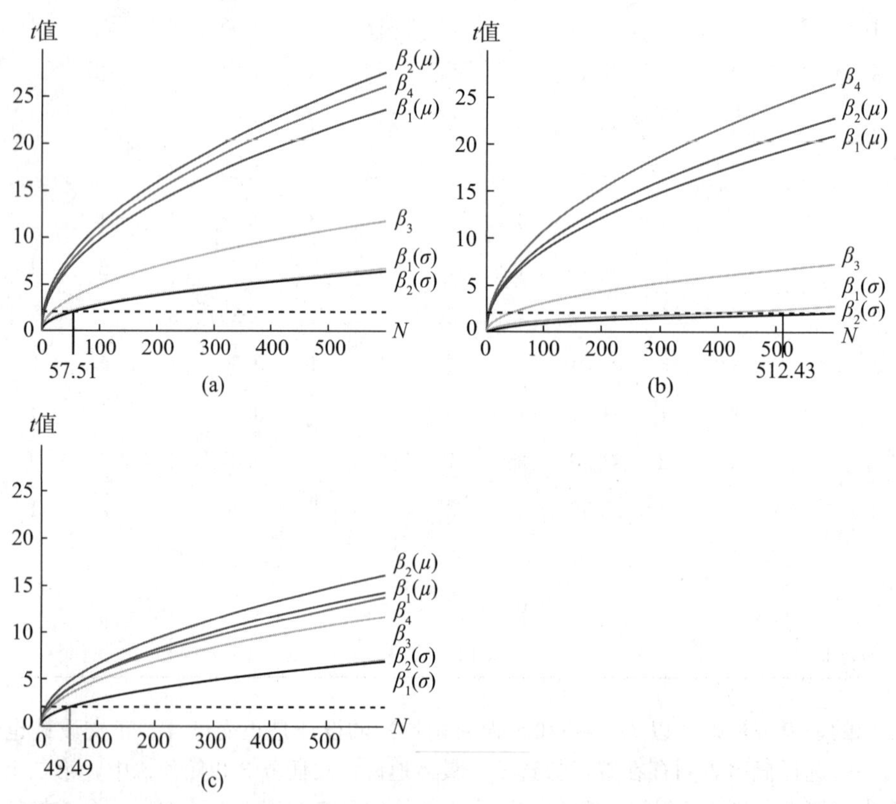


**图 6.14　三种设计在不同样本规模下的渐近 $t$ 值：(a) $D$ 效率设计，(b) 正交设计，(c) $S$ 效率设计**

在所有三种设计中，我们似乎很难获得标准差参数的统计显著参数。参数估计值的标准误与属性水平的取值范围正相关，这一点将在 6.5.2 节进一步说明。参数 $\beta_3$ 的估计似乎也比较困难，部分原因在于它对整体效用的贡献接近于零。因此，这个参数要求更大的统计规模。在 $S$ 效率设计下，含有 50 个应答者的样本（这产生了 $50 \times 12 = 600$ 个观察点）似乎足以获得所有属性的显著参数估计值，而（根据定义）其他两个设计需要更大的样本规模。正交设计表现较差，为了使所有参数在统计上显著，样本至少含有 513 个应答者。与正交设计相比，$D$ 效率设计能够改进所有参数的 $t$ 值，最小 $t$ 值和最大 $t$ 值都改进了。相反，$S$ 效率设计仅改进了最小 $t$ 值，这个改进是以其他参数为代价的。因此，这导致了下限改进，但这降低了大多数其他参数的 $t$ 值（即使与正交设计比较也是这样）。因此，与其他设计相比，$S$ 效率设计的最小 $t$ 值和最大 $t$ 值之差要小得多。

### □ 6.5.2 选择任务数、属性水平数和属性水平值域的影响

为了分析不同设计对 $D$ 效率和 $S$ 效率的影响，我们分析下列效应：(i) 选择任务数 $S$ 产生的影响；(ii) 属性水平数产生的影响；(iii) 属性水平值域产生的影响。

在前文，我们假设每个应答者阅读 12 个选择任务，这些任务本质上是任意选取的（尽管属性水平平衡要求，这应该是属性水平数的倍数）。通常来说，所有选择任务都展示给每个应答者，而且为了不让应答者感到太大压力，选择任务数不能过多。或者，研究人员向应答者展示的是整个设计的一个子集（子区），但应该记住，这样的分区策略也是面板 MMNL 模型的设计产生过程的一部分，因为每个分区内存在相关选择观察点，而分区之间不存在。因此，设计和分区方案的同时最优，对于面板 MMNL 模型来说，不是一个小问题，但这个问题超出了本章的主题范畴。

选择任务的最小个数 $S$ 取决于自由度的个数，这基本上等于待估参数的个数 $K$。在我们的例子中，由于 $K=6$，因此，选择任务的最小个数 $S=6$。研究人员可以使用这个最小选择任务数找到 $D$ 效率设计，而同样的选择任务数不存在正交设计。因此，在很多情形下，正交设计所需的选择任务数应该大得多。使用与以前一样的属性水平，我们改变选择任务数，从 6 变为 27。找到含有 30 个或更多选择任务的设计是非常困难的，因为我们很难找到不含有任何严格优势策略的额外选择任务。对于每个设计规模，我们构建 $D$ 效率设计和 $S$ 效率设计。表 6.30 给出了 $D$ 误差和 $S$ 误差。由于 $D$ 误差和 $S$ 误差总是随着样本规模增大而降低，因此，为了能够公平比较，我们考察整体效率能否通过设计规模的标准化而改进。将 $D$ 误差乘以 $S$ 就把 $D$ 误差标准化为一个任务。另外，为了进行比较，我们也通过把 $S$ 误差乘以 $S$ 将 $S$ 误差标准化，从而得到观察点数。如果标准化 $D$ 误差减小，这表示 $D$ 误差的减小并不仅仅因为我们增加了一个额外选择任务，而是因为它增加了整体效率。类似地，如果标准化 $D$ 误差减小，这表示我们可以使用更少的观察点数来得到最难估计的参数的相同 $t$ 值。

显然，$D$ 误差和 $S$ 误差将随着设计规模增大而减小；然而，一旦我们将它们标准化为选择任务数，由设计规模增大而引起的效率增加就没有那么大。考察 $D$ 误差最优设计，当选择任务数从 18 增加到 27 时，标准化 $D$ 误差减小量较小。非常小的设计没有很大的效率；但我们似乎也没有理由构建非常大的设计。类似的结论也可从 $S$ 误差最优设计中得出，在这种情形下，当我们从很小的设计移至更大的设计时，观察点的个数一开始剧烈减少，但随着设计进一步增大，减少幅度也变小了。然而，标准化 $S$ 误差的减小量明显比 $D$ 误差的减小量大。正如前文指出的，在面板 MMNL 模型中，标准差参数最难估计，而且从单个应答者获得更多数据（即使用更大设计）似乎增大了这些参数估计的效率。这个结果比较有趣，因为它与 MNL 模型得到的结论不同。如果我们最优化的是 MNL 模型（其中参数 $\beta_1=0.6$，$\beta_2=-0.9$，$\beta_3=-0.2$ 和 $\beta_4=0.8$），那么由表 6.30 可知，选择任务数没有必要超过 12 个，因为能提供最多信息的选择任务已包含在设计中，如果继续增加选择任务数，$D$ 误差和 $S$ 误差甚至可能上升。这与 Bliemer 和 Rose（2011）的结论一致：以标准化 $D$ 误差或 $S$ 误差衡量，MNL 模型相对较小的设计与大设计有相同的效率（事实上，小设计的效率通常更大）。对于面板 MMNL，使用更大设计似乎至少能让标准差参数受益。注意，这个分析是从统计学角度看的；在实践中，让应答者面对 27 个选择任务，他应该不愿意应答（因为选择任务数过多）。

**表 6.30　选择任务数对 $D$ 误差和 $S$ 误差的影响**

| 选择任务数 | $S=6$ | $S=9$ | $S=12$ | $S=15$ | $S=18$ | $S=21$ | $S=24$ | $S=27$ |
|---|---|---|---|---|---|---|---|---|
| | | | | $D$ 误差最优设计 | | | | |
| $D$ 误差（$D$） | 0.779 | 0.455 | 0.326 | 0.256 | 0.210 | 0.179 | 0.155 | 0.137 |
| 标准化 $D$ 误差（$D\cdot S$） | 4.67 | 4.10 | 3.91 | 3.84 | 3.77 | 3.75 | 3.72 | 3.70 |
| $S$ 误差（$N$） | 253.4 | 91.9 | 57.5 | 43.3 | 32.8 | 24.3 | 20.8 | 17.6 |
| 标准化 $S$ 误差（$N\cdot S$） | 1 520 | 827 | 690 | 650 | 590 | 510 | 498 | 476 |
| MNL 标准化 $D$ 误差 | 2.47 | 2.47 | 2.44 | 2.47 | 2.46 | 2.47 | 2.48 | 2.50 |

续前表

| 选择任务数 | $S=6$ | $S=9$ | $S=12$ | $S=15$ | $S=18$ | $S=21$ | $S=24$ | $S=27$ |
|---|---|---|---|---|---|---|---|---|
| | | | | *S*误差最优设计 | | | | |
| *D*误差（*D*） | 1.184 | 0.706 | 0.454 | 0.378 | 0.356 | 0.263 | 0.211 | 0.182 |
| 标准化*D*误差（*D*・*S*） | 7.10 | 6.35 | 5.45 | 5.67 | 6.41 | 5.52 | 5.06 | 4.91 |
| *S*误差（*N*） | 174.1 | 89.1 | 49.5 | 35.0 | 28.0 | 22.7 | 19.0 | 15.8 |
| 标准化*S*误差（*N*・*S*） | 1 045 | 802 | 594 | 524 | 504 | 476 | 456 | 428 |
| MNL 标准化*S*误差 | 153.3 | 151.1 | 150.6 | 150.7 | 150.8 | 150.9 | 151.0 | 151.2 |

使用12个选择任务，我们也可以将每个属性的水平数从2个变为4个，与此同时改变属性水平值域（更窄或更宽）。表6.31给出了属性水平。对于这些水平数和水平值域中的每个组合（一共9个组合），我们再次找到了*D*效率和*S*效率设计。

**表6.31　　不同属性水平数和不同值域**

| | 值域窄 | 值域中等 | 值域宽 |
|---|---|---|---|
| 2个水平 | (1.5，2.5) | (1，3) | (0，4) |
| 3个水平 | (1.5，2，2.5) | (1，2，3) | (0，2，4) |
| 4个水平 | (1.5，1.83，2.17，2.5) | (1，1.67，2.33，3) | (0，1.33，2.67，4) |

表6.32列出了所有组合的最小*D*误差和最小样本规模（根据*S*误差的计算）。从*D*误差和样本规模要求的角度考虑，伴随宽值域的两个水平设计明显有优势［这样的设计有时也称为端点设计，参见 Louviere et al.(2000)］。尽管似乎水平数起了作用，然而真正影响设计整体效率的是属性水平的值域宽窄［Louviere 和 Hensher (2001) 证明它对 WTP 估计值的影响也最大］。因此，对于线性关系，我们建议属性水平值域越宽越好（当然，这个宽度要符合现实）。表6.33列出了伴随宽值域的两个水平情形下的*D*效率和*S*效率设计。通过使用这样的端点设计，为了得到统计显著的参数估计值而要求的最小样本规模从50左右减少为11。为了完整起见，表6.33还列出了正交设计。正交设计的表现较差，而且存在问题（选择任务7和12有相同选项，选择任务3、5和9有严格优势选项）。两个效率设计表现出了相似性——在12个选择任务中有7个相同。

**表6.32　　属性水平数和水平值域宽窄对*D*误差和样本规模的影响**

| | | *D*误差的最优化 | | | *S*误差的最优化 | | |
|---|---|---|---|---|---|---|---|
| | | 值域窄 | 值域中等 | 值域宽 | 值域窄 | 值域中等 | 值域宽 |
| 2个水平 | *D*误差 | 0.933 | 0.278 | 0.106 | 1.049 | 0.347 | 0.118 |
| | *S*误差 | 279.9 | 47.0 | 13.5 | 211.4 | 38.0 | 11.0 |
| 3个水平 | *D*误差 | 1.280 | 0.326 | 0.116 | 1.725 | 0.454 | 0.139 |
| | *S*误差 | 446.9 | 57.5 | 14.1 | 420.4 | 49.5 | 12.1 |
| 4个水平 | *D*误差 | 1.602 | 0.380 | 0.130 | 2.049 | 0.529 | 0.182 |
| | *S*误差 | 647.2 | 75.6 | 16.3 | 558.7 | 65.7 | 13.8 |

**表 6.33　　端点设计**

| | | D 效率设计 | | | | | 正交设计 | | | | | S 效率设计 | | | | |
|---|---|---|---|---|---|---|---|---|---|---|---|---|---|---|---|---|
| $s$ | $j$ | $x_{sj1}$ | $x_{sj2}$ | $x_{sj3}$ | $x_{sj4}$ | $E(P_{sj})$ | $x_{sj1}$ | $x_{sj2}$ | $x_{sj3}$ | $x_{sj4}$ | $E(P_{sj})$ | $x_{sj1}$ | $x_{sj2}$ | $x_{sj3}$ | $x_{sj4}$ | $E(P_{sj})$ |
| 1 | 1 | 0 | 0 | 4 | 0 | 0.58 | 4 | 4 | 0 | 4 | 0.91 | 4 | 0 | 4 | 0 | 0.84 |
| 1 | 2 | 4 | 4 | 0 | 0 | 0.42 | 0 | 0 | 4 | 0 | 0.09 | 0 | 4 | 0 | 4 | 0.16 |
| 2 | 1 | 4 | 4 | 4 | 4 | 0.72 | 4 | 0 | 4 | 0 | 0.33 | 0 | 0 | 4 | 0 | 0.58 |
| 2 | 2 | 0 | 0 | 0 | 0 | 0.28 | 0 | 0 | 4 | 4 | 0.67 | 4 | 4 | 0 | 0 | 0.42 |
| 3 | 1 | 0 | 0 | 0 | 4 | 0.81 | 0 | 4 | 0 | 4 | 0.04 | 4 | 4 | 0 | 4 | 0.59 |
| 3 | 2 | 4 | 0 | 4 | 0 | 0.19 | 0 | 0 | 0 | 4 | 0.96 | 4 | 0 | 4 | 0 | 0.41 |
| 4 | 1 | 0 | 4 | 0 | 0 | 0.19 | 4 | 0 | 4 | 4 | 0.92 | 4 | 4 | 0 | 4 | 0.42 |
| 4 | 2 | 4 | 4 | 4 | 0 | 0.81 | 4 | 0 | 0 | 0 | 0.08 | 0 | 0 | 4 | 4 | 0.58 |
| 5 | 1 | 4 | 4 | 4 | 4 | 0.28 | 0 | 0 | 0 | 0 | 0.01 | 0 | 4 | 4 | 4 | 0.09 |
| 5 | 2 | 0 | 0 | 4 | 4 | 0.72 | 4 | 0 | 4 | 4 | 0.99 | 4 | 0 | 4 | 0 | 0.91 |
| 6 | 1 | 4 | 0 | 0 | 0 | 0.50 | 0 | 4 | 4 | 0 | 0.00 | 0 | 0 | 4 | 4 | 0.50 |
| 6 | 2 | 0 | 0 | 4 | 4 | 0.50 | 4 | 0 | 0 | 0 | 1.00 | 4 | 0 | 0 | 0 | 0.50 |
| 7 | 1 | 0 | 4 | 0 | 4 | 0.59 | 0 | 4 | 4 | 0 | 0.50 | 4 | 0 | 0 | 0 | 0.91 |
| 7 | 2 | 0 | 0 | 4 | 0 | 0.41 | 0 | 4 | 4 | 0 | 0.50 | 0 | 4 | 0 | 4 | 0.09 |
| 8 | 1 | 4 | 0 | 0 | 0 | 0.74 | 0 | 0 | 4 | 4 | 0.93 | 4 | 4 | 0 | 0 | 0.33 |
| 8 | 2 | 4 | 4 | 4 | 4 | 0.26 | 0 | 4 | 0 | 4 | 0.07 | 0 | 4 | 0 | 4 | 0.67 |
| 9 | 1 | 0 | 0 | 4 | 4 | 0.58 | 4 | 0 | 0 | 0 | 1.00 | 0 | 0 | 4 | 0 | 0.72 |
| 9 | 2 | 4 | 4 | 0 | 4 | 0.42 | 0 | 4 | 0 | 0 | 0.00 | 4 | 4 | 4 | 0 | 0.28 |
| 10 | 1 | 4 | 4 | 4 | 0 | 0.19 | 4 | 4 | 0 | 0 | 0.04 | 0 | 4 | 0 | 4 | 0.41 |
| 10 | 2 | 0 | 4 | 0 | 4 | 0.81 | 4 | 4 | 0 | 4 | 0.96 | 0 | 0 | 0 | 0 | 0.59 |
| 11 | 1 | 4 | 0 | 4 | 0 | 0.84 | 0 | 0 | 0 | 4 | 0.99 | 0 | 0 | 0 | 0 | 0.28 |
| 11 | 2 | 0 | 4 | 0 | 4 | 0.16 | 4 | 4 | 4 | 0 | 0.01 | 4 | 4 | 4 | 4 | 0.72 |
| 12 | 1 | 0 | 4 | 0 | 4 | 0.09 | 4 | 4 | 4 | 4 | 0.50 | 4 | 4 | 4 | 4 | 0.28 |
| 12 | 2 | 4 | 0 | 0 | 0 | 0.91 | 4 | 4 | 4 | 4 | 0.50 | 0 | 0 | 4 | 4 | 0.72 |
| D 误差 | | 0.106 | | | | | 0.541 | | | | | 0.118 | | | | |
| S 误差 | | 13.5 | | | | | 171.3 | | | | | 11.0 | | | | |

我们需要评价一下属性水平数。伴随少数几个属性（例如，两个或三个属性）的设计并非总能从使用伴随宽水平值域的两个水平的设计中受益。这是因为下列事实：设计可能含有优势选项（即以大概率被选中的选项）。含有优势选项的选择任务不能提供很多信息，因此 $D$ 误差通常较大。纳入更多属性水平避免了这些优势选项，因此对于非常小的设计，使用两个以上的属性水平似乎比较好。而且，对于小的设计，如果仅使用两个水平，可能无法构建很多可能的属性水平组合。这意味着选择任务数应该较小，否则就会出现有严格优势选项的选择任务。再一次地，添加更多属性水平能解决这个问题。在实践中，属性数通常远大于两个或三个，这样，它不会真正导致问题。然而，仅使用两个水平的做法有一个不好的后果，这就是我们只能检验这个属性的线性关系［参见 Hensher et al.（2005)］，而无法检验伴随虚拟编码或效应编码的非线性影响。

### □ 6.5.3 错误先验信息对设计效率的影响

到目前为止，我们一直假设先验参数值对应着总体的真实参数值。这个很强的假设在实践中不可能成立，但它能产生效率设计。假设真实参数值与先验参数值不同，给定表 6.29 中的设计，我们可以在“真实”参数值的基础上计算渐近方差（协方差），并将它们与基于先验参数值的渐近方差（协方差）进行比较。

图 6.15 画出了先验参数估计值的错误设定对设计效率（design efficiency）的影响。使用 $S$ 误差作为设计的整体效率的衡量指标，我们计算出了当每个真实参数独立偏离它的先验参数值 −40% 和 40% 时的 $S$ 误差。

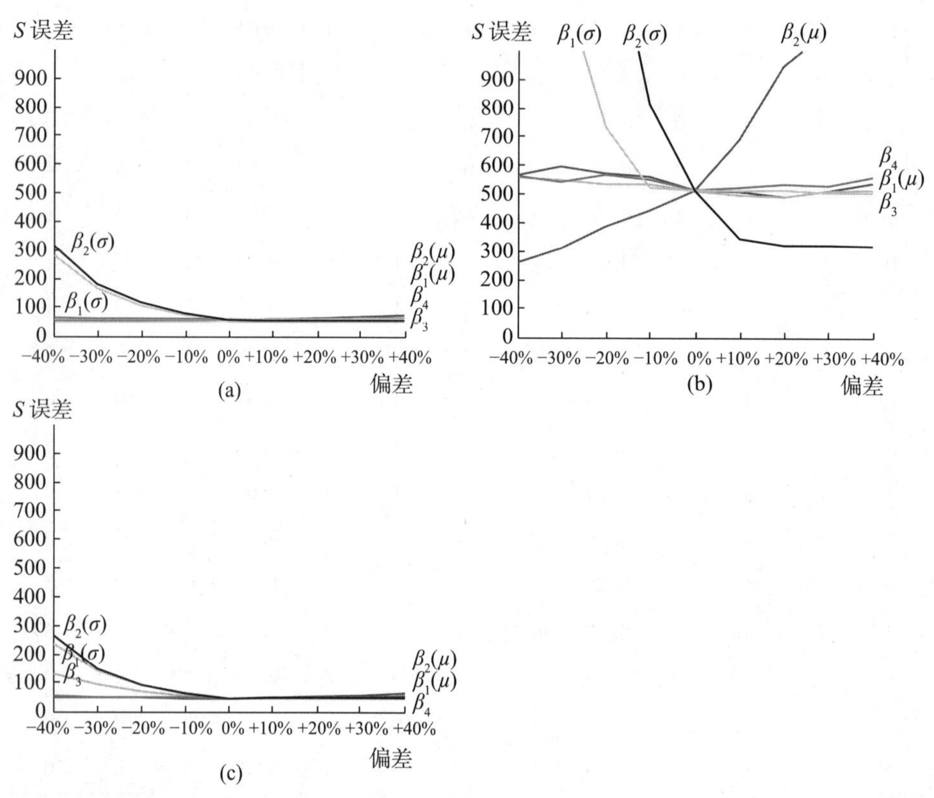


**图 6.15 先验信息错误设定时对样本规模的影响：(a) *D* 效率设计，(b) 正交设计，(c) *S* 效率设计**

这个例子有几点值得注意。首先，对于先验值的错误设定，$D$ 效率和 $S$ 效率设计比正交设计更稳健，也就是说，由参数错误设定而导致的效率损失更小。其次，标准差先验值的错误设定似乎导致了更大的效率损失（尽管在正交设计中，其中一个均值的先验值的错误设定将要求显著更大的样本规模）。比较有趣的是，标准差参数越小（相对于我们在实验产生过程中的假设来说），所有类似设计的效率损失越大。

正如 Sándor 和 Wedel（2001）指出的，设计的稳健性可以通过假设贝叶斯先验（即概率分布）而不是局部（固定）先验而改进；Kessels et al.（2009）提出了 MNL 模型的有效算法。然而，产生面板 MMNL 模型的贝叶斯效率设计的计算难度极其大，因此，在当前，它几乎不可行，除非设计极其小。

## 6.6 实验设计用到的 Ngene 语法

在本节，我们提供三个用 Ngene 软件产生 SC 实验设计的例子。我们向读者介绍 Ngene 的语法，它与 Nlogit 的语法类似；我们以此说明整体特征集的子集。Ngene 手册（Choice Metrics，2012）可从 www.choice-metrics.com 网站免费下载。

### □ 6.6.1 设计 1：标准选择

考虑下列语法：

```
            Design
            ;alts=A,B,C
            ;rows=18
            ;block=2
            ;eff=(rppanel, d)
            ;rdraws=halton(250)
            ;rep=250
            ;cond:
    if(A.att1=2, B.att1=[4,6]),
    if(A.att2<3, B.att2=[3,5])
    ;model:
    U(A) = A0[-0.1] +
           G1[n,-0.4,0.1]   * att1[2,4,6] +
           G2[u,-0.4,-0.2]  * att2[1,3,5] +
           A1[0.7]          * att3[2.5,3,3.5] +
           A2[0.6]          * att4[4,6,8] /
    U(B) = B0[-0.2] +
           G1               * att1 +
           G2               * att2 +
           B1[-0.4]         * att7[2.5,4,5.5] +
           B2[0.7]          * att8[4,6,8]
    $
```

语法以 Design 开始，以 $ 结束。中间部分是一系列命令，这称为 Ngene 中的性质。在产生效率设计时，一些性质是强制使用的，包括“;alts”“;rows”，以及“;eff”。选项名字用“;alts”设定。实验设计中的选择任务数用“;rows”设定。选择任务可以分区，因此，每个应答者面对的是任务的子集。在这个例子中，“;block=2”对九个选择任务中的每个任务都产生了两个分区。最优化设计的效率衡量指标用“;eff”性质控制，在这个例子中，给定面板混合 logit 模型，设计用 *D* 误差最优化。如果研究人员使用随机参数，抽取类型和个数用“;rdraws”控制。这里使用 250 个霍尔顿抽取。使用面板混合 logit 模型产生设计，要求重复使用一些模拟应答者，其个数可用“;rep”设定。该数越大，计算越准确，但计算耗时越长。

在一些选择情形下，一些属性水平组合不应该同时出现在同一个选择任务中。这源于逻辑约束，或者为了增加选择任务的行为合理性。这种要求在卫生经济学文献中比较常见，尤其是研究死亡率和健康结果的文献［例如，Viney et al. (2005)］。Ngene 软件允许我们对属性水平施加约束。在这个例子中，我们用“;cond”施加了两个约束。如果选项 A 中的属性 att1 取水平 2，那么在选项 B 中，这个属性受到约束，从而它只能取水平 4 和 6。换句话说，属性 att1 的水平 2 不能同时出现在选项 A 和 B 中。第二个约束为不等式约束。仔细琢磨这个约束，就能知道在这个例子中，它起的作用与第一个约束类似。

Ngene 软件用“;model”设定效用函数，它用到的结构与 Nlogit 相似但不完全相同。在这个例子中，效用结构用前两个选项（即选项 A 和 B）设定，未使用选项 C；在这种情形下，选项 C 可视为“不选”或“剔除”选项。

一旦效用结构设定好，每个选项的效用就等于一个或多个成分效用之和。每个成分效用在最低限度上都含有参数的名称。方括号内的值代表参数先验值，研究人员预期这些值可能就是模型的参数估计值。如果仅设定参数，那么成分效用是一个特定选项常数（在这个例子中为 A0 和 B0）。另外一种设定方法是，将参数乘以选项的属性。然而，与模型估计不同（在这种情形下，属性将是待估数据集的变量），我们将每个属性设定为一组水平，它们可能被用于产生实验设计。在我们的例子中，att1 是可以取水平 2、4 和 6 的属性。这个属性可以用于其他选项，因此我们没有必要多次设定属性水平。

参数既可以设定为未加标签的，即通用的，也可设定为针对特定选项的。任何进入两个或两个以上选项的参数都可以视为未加标签的。至于属性，我们没有必要多次设定参数先验值，设定一次就够了。在我们的例子中，参数 G1 和 G2 是未加标签的参数，而 A1、A2、B1 和 B2 是特定选项参数；另外，特定选项常数

A0 和 B0 当然也是特定选项参数。至于随机参数，与 Nlogit 不同，Ngene 在效用函数中直接设定随机参数。在我们需要引入随机参数时，对分布的每个矩都要设定先验值。在我们的例子中，参数 G1 服从正态分布，其中均值为－0.4，标准差为 0.1；G2 服从均匀分布，其中下限为－0.4，上限为－0.2。

在 Ngene 软件中运行上述语法，很多备选设计被产生；三个小时之后，得到下列最优设计：

| Choice situation | a.att1 | a.att2 | a.att3 | a.att4 | b.att1 | b.att2 | b.att7 | b.att8 | Block |
|---|---|---|---|---|---|---|---|---|---|
| 1 | 6 | 5 | 3 | 4 | 2 | 1 | 4 | 4 | 1 |
| 2 | 6 | 3 | 2.5 | 6 | 4 | 3 | 4 | 4 | 2 |
| 3 | 2 | 3 | 3.5 | 6 | 4 | 3 | 4 | 6 | 2 |
| 4 | 6 | 1 | 3 | 4 | 2 | 5 | 2.5 | 6 | 1 |
| 5 | 6 | 5 | 2.5 | 6 | 6 | 3 | 4 | 4 | 2 |
| 6 | 2 | 5 | 2.5 | 4 | 6 | 3 | 2.5 | 8 | 1 |
| 7 | 6 | 5 | 3 | 8 | 2 | 5 | 4 | 8 | 2 |
| 8 | 4 | 3 | 3.5 | 8 | 6 | 5 | 4 | 6 | 1 |
| 9 | 4 | 5 | 2.5 | 6 | 4 | 1 | 2.5 | 6 | 2 |
| 10 | 4 | 3 | 3.5 | 8 | 6 | 1 | 5.5 | 4 | 1 |
| 11 | 4 | 5 | 2.5 | 6 | 4 | 5 | 2.5 | 4 | 1 |
| 12 | 4 | 1 | 2.5 | 4 | 2 | 3 | 5.5 | 8 | 1 |
| 13 | 2 | 1 | 3 | 8 | 6 | 3 | 5.5 | 4 | 2 |
| 14 | 2 | 3 | 3.5 | 8 | 4 | 5 | 5.5 | 6 | 1 |
| 15 | 6 | 3 | 3 | 8 | 4 | 1 | 5.5 | 8 | 1 |
| 16 | 6 | 5 | 3.5 | 4 | 6 | 1 | 5.5 | 8 | 2 |
| 17 | 2 | 1 | 3 | 6 | 4 | 3 | 2.5 | 6 | 2 |
| 18 | 4 | 1 | 3.5 | 4 | 2 | 5 | 2.5 | 8 | 2 |

这个设计的 $d$ 误差为 0.329 256。尽管对于相同的设计设定，这个指标可用于不同设计之间的比较，但它本身没有多大意义。尽管如此，如果它的值大于 1，那么这通常说明实验设计比较差。较差设计的另外一个标志是，特定选项的选择概率非常高或非常低；Ngene 软件允许研究人员查询这些概率。

### □ 6.6.2 设计 2：枢轴设计

现在考虑第二个例子，即枢轴设计的构建。枢轴设计可以含有基准选项，其中基准选项通常基于应答者的近期经历。非基准选项的一些或全部属性的属性水平根据基准选项进行确定；在设计实验时，这些属性水平通常以偏离基准选项水平的百分数或绝对数来表示。最为重要的是，由于不同应答者可能有不同的基准选项，因此不同应答者可能面对不同的实验设计（即他们面对的属性水平不同）。由于实验设计的效率是实际属性水平的函数，因此，它们对实验设计的效率有影响，而且，它们也会影响下列决策：应该构建单个设计（以偏离基准选项的程度衡量）或者应该为不同分区构建不同设计？Rose et al.（2008）考察了这个问题。下面我们用例子说明构建枢轴设计的一种方法：

```
Design
;alts(small)  = alt1, alt2, alt3
;alts(medium) = alt1, alt2, alt3
;alts(large)  = alt1, alt2, alt3
;rows = 12
;eff = fish(mnl,d)
;fisher(fish) = des1(small[0.33]) + des2(medium[0.33]) + des3(large[0.34])
;model(small):
U(alt1) = b1[0.6] * A.ref[2]        + b2[-0.2] * B.ref[5]              /
U(alt2) = b1      * A.piv[-1,0,1] + b2[-0.2] * B.piv[-25%,0%,25%] /
U(alt3) = b1      * A.piv[-1,0,1] + b2[-0.2] * B.piv[-25%,0%,25%]
;model(medium):
U(alt1) = b1[0.6] * A.ref[4]        + b2[-0.2] * B.ref[10]             /
U(alt2) = b1      * A.piv[-1,0,1] + b2[-0.2] * B.piv[-25%,0%,25%] /
```

```
U(alt3) = b1       * A.piv[-1,0,1] + b2[-0.2] * B.piv[-25%,0%,25%]
;model(large):
U(alt1) = b1[0.6] * A.ref[6]       + b2[-0.2] * B.ref[15]           /
U(alt2) = b1       * A.piv[-1,0,1] + b2[-0.2] * B.piv[-25%,0%,25%] /
U(alt3) = b1       * A.piv[-1,0,1] + b2[-0.2] * B.piv[-25%,0%,25%]
$
```

这里，我们考虑三个不同的基准选项片段，即设定三组效用函数。我们用“;model”性质（记住，性质是软件调用的函数语言）分别将它们加上标签：small、medium 和 large。在“small”基准选项中，属性 A 取水平 2，B 取水平 5。注意，同一个属性可以视为基准水平，这时需要在属性名称前加上前缀“. ref”；也可以视为枢轴水平，这时需要在属性名称前加上前缀“. piv”。对于属性 A，枢轴以绝对数表示：−1、0、1（分别表示偏离基准水平的距离）；对于属性 B，枢轴以百分数表示：−25%、0%、25%（分别表示偏离基准水平的百分数）。

性质“;fisher”有两个作用。首先，它允许对每个基准选项片段指定权重。在这里，权重大致相等，然而如果研究人员认为某个片段更常见，那么他们可以增加它的权重。其次，性质“;fisher”表明我们应该构建多少个不同的设计。由于每个片段伴随着唯一的标记 des1、des2 和 des3，因此，这里产生了三个设计，分别对应三个片段。这称为异质设计。注意，这个方法与产生三个独立的设计不同，因为我们在这里只需要计算一个费雪信息矩阵，并将其作为各个片段的权重，然后使用这个矩阵计算整体效率（注意，在这个例子中，性质“;fisher”是如何通过标签“fish”与性质“;eff”联系在一起的）。这与下列情形是一致的：估计来自所有应答者的同一个模型，不管他们经历的基准选项是什么。

我们也可以构建同质设计。这产生了单个设计，尽管这个设计的效率需要使用三个基准选项片段计算。同质设计可以使用下列方式设定：

```
;fisher(fish) = des1(small[0.33], medium[0.33], large[0.34])
```

下文给出了 Ngene 产生的备选异质枢轴设计中三个子设计中的第一个。注意，枢轴水平是如何用绝对偏离数或百分比偏离数表示的。

Design - des1

| Choice situation | alt1.a | alt1.b | alt2.a (pivot) | alt2.b (pivot) | alt3.a (pivot) | alt3.b (pivot) |
|---|---|---|---|---|---|---|
| 1 | 2 | 5 | 1 | 0% | -1 | 0% |
| 2 | 2 | 5 | 0 | 25% | 0 | -25% |
| 3 | 2 | 5 | 1 | -25% | -1 | 25% |
| 4 | 2 | 5 | 0 | -25% | 0 | 25% |
| 5 | 2 | 5 | 0 | 25% | 0 | 0% |
| 6 | 2 | 5 | 1 | -25% | -1 | 0% |
| 7 | 2 | 5 | -1 | 0% | 1 | -25% |
| 8 | 2 | 5 | -1 | 0% | 1 | 0% |
| 9 | 2 | 5 | -1 | -25% | 1 | 25% |
| 10 | 2 | 5 | 0 | 0% | 0 | 25% |
| 11 | 2 | 5 | -1 | 25% | 1 | -25% |
| 12 | 2 | 5 | 1 | 25% | -1 | -25% |

### □ 6.6.3 设计 3：*D* 效率设计

SC 调查的第三个例子旨在理解政府应该如何在基础设施建设上花钱并且获得选民的支持，以及公共交通设施（不管它是快速公共汽车（BRT）还是轻轨（LRT））的什么服务属性对选民来说是重要的。在表 6.34 中，服务属性被分为四组，每个属性还伴随着属性水平和属性名称。这个调查的设计针对的是 BRT 系统和 LRT 系统相同的路线长度；在选择实验中，BRT 系统和 LRT 系统被分别称为系统 A（sysA）和系统 B（sysB）。因此，这个设计是未加标签的，然而 BRT 系统和 LRT 系统的差异被视为系统中的一个属性，因为选民可能对公共汽车和轻轨的服务有不同印象。

表 6.34　　调查设计：事前定义的属性和属性水平

| 属性 | 属性名称 | 属性水平 | 水平数 |
|---|---|---|---|
| **投资：** | | | |
| 建筑成本（十亿澳元） | cost | 0.5，1，3，6 | 4 |
| 建筑时间 | time | 1，2，5，10 | 4 |
| 服务的城市人口（%） | pop | 5，10，15，20 | 4 |
| 仅投入这个系统的路线（%） | roway | 25，50，75，100 | 4 |
| 年运行和维护成本（百万澳元） | opcost | 2，5，10，15 | 4 |
| **服务水平：** | | | |
| 一个方向上的服务能力（乘客数/小时） | capa | 5k，15k，30k | 4 |
| 服务高峰频率，每……（分钟） | pfreq | 5，10，15 | 3 |
| 非高峰频率，每……（分钟） | ofreq | 5，10，15，20 | 4 |
| 交通时间（与小轿车比较）（%） | tcar | −10，10，15，25 | 4 |
| 单程费用（与小轿车比较）（%） | fare | ±20，±10 | 4 |
| **系统特征：** | | | |
| 是否要求储值票 | prepaid | Yes，No | 2 |
| 综合费用 | ticket | Yes，No | 2 |
| 转车时等待时间（分钟） | wait | 1，5，10，15 | 4 |
| 列车内工作人员为乘客提供安全服务 | staff | present，absent | 2 |
| 上下公交工具的方便性 | board | level boarding，steps | 2 |
| **投资的一般特征：** | | | |
| 最低保证运行年限（年） | yearop | 10，20，30，40，50，60 | 6 |
| 过了最低运行年限之后的停运风险（%） | close | 0，25，50，100 | 4 |
| 车站附近对商业的吸引力 | buss | low，medium，high | 3 |
| 运行前3年，从小轿车改用此系统的比例（%） | shiftcar | 0，5，10，20 | 4 |
| 整体环境友好程度（与小轿车比较）（%） | env | ±25，−10，±5，0 | 6 |
| 上面描述的系统实际为…… | brt | BRT，LRT | 2 |

下面我们给出使用Ngene语法产生效率设计的例子：

```
Design
;alts = sysA, sysB
;rows = 24
;block =12
;eff = (mnl,d)
;cond:
if(sysA.pfreq =[10],sysA.ofreq =[10,15,20]),
if(sysA.pfreq =[15],sysA.ofreq =[15,20]),
if(sysA.pfreq =[20],sysA.ofreq =[20]),
if(sysB.pfreq =[10],sysB.ofreq =[10,15,20]),
if(sysB.pfreq =[15],sysB.ofreq =[15,20]),
if(sysB.pfreq =[20],sysB.ofreq =[20])
;model:
U(sysA) = cost[0]*cost[0.5,1,3,6] + time*time[1,2,5,10] + pop*pop[5,10,15,20]
+ roway*roway[25,50,75,100] + opcost*opcost[2,5,10,15] + capa*capa[5,15,30] +
pfreq*pfreq[5,10,15] + ofreq*ofreq[5,10,15,20] +  tcar*tcar[-10,10,15,25]   +
fare*fare[-20,-10,10,20]        +        prepaid.dummy*prepaid[0,1]         +
ticket.dummy*tick[0,1] + wait*wait[1,5,10,15]  +  staff.dummy*staff[0,1]    +
board.dummy*board[0,1]      +      yearop*yearop[10,20,30,40,50,60]         +
close*close[0,25,50,100]        +        buss.dummy[0|0]*buss[0,1,2]        +
shiftcar*shiftcar[0,5,10,20]    +   env*env[-25,-10, -5, 0,5,25]            +
BRT.dummy[0]*BRT[0,1]/
U(sysB) = cost*cost   + time*time + pop*pop + roway*roway  + opcost*opcost  +
capa*capa  +   pfreq*pfreq    +  ofreq*ofreq  + tcar*tcar    + fare*fare    +
```

```
prepaid.dummy*prepaid + ticket.dummy*tick  +  wait*wait + staff.dummy*staff +
board.dummy*board + yearop*yearop + close*close + buss.dummy*buss +
shiftcar*shiftcar + env*env + BRT.dummy*BRT$
```

每个应答者被要求回答 2 个选择任务。给定每个属性的水平数以及属性水平平衡要求，这个调查被设计为 24 行（即选择任务），并分成 12 个分区，因此每个应答者面对一个含有 2 个选择任务的分区（24 个选择任务/12 个分区＝每个分区 2 个选择任务）。在估计 MNL 模型时，我们使用 $D$ 误差作为衡量指标来找到效率设计，这可用语法中的“;eff=(mnl，d)”命令来设定。另外，我们施加一组条件来保证高峰时期的服务水平不比非高峰时期的服务水平差。这可用 Ngene 中的“;cond:”命令实现；在这个例子中，就是将非高峰时期的服务水平限定为一组属性水平。第一个条件是说，如果系统 A 的高峰时期的频率水平为 10（分钟），那么系统 A 的非高峰时期的频率水平为 10、15 和 20（分钟）。若高峰频率水平为 5 分钟，那么非高峰频率水平可以为任何事前设定的水平，因此不需要施加条件。

这个调查的设计使用 MNL 模型进行估计；我们用“;model:”命令来定义选项（系统 A 和系统 B）的效用函数，这与 Nlogit 类似。在产生效率设计时，每个参数必须有先验值，先验值既可以固定（例如 MNL 模型），也可以随机（例如混合 logit 模型）。先验参数在方括号内设定，紧跟着参数名称。例如，在上面的语法中，所有属性的先验值都设定为零，但只有建筑成本这个属性的先验值明确设定为零（cost [0]），所有其他属性的先验值空着不填，Ngene 自动默认为 0。当先验值不能获得时，本例就是这样，我们可以用零先验值产生试验性的调查，用于很小一部分样本。这个试验性的调查在模型估计时可以提供用来产生效率设计的先验值。

上面的语法也说明了 Ngene 如何通过伴随虚拟编码属性的效用函数，处理伴随非线性关系的设计。为了设定虚拟变量，参数名字需要使用语法“.dummy”，例如上面例子中的 prepaid. dummy。虚拟变量的先验参数值要求有 $(l-1)$ 个水平，必须在方括号内设定，并且用符号“｜”隔开。一个语法例子是 buss. dummy [0|0] ＊buss [0，1，2]，其中属性 buss 的前两个水平被指定先验值 0。效应编码变量的处理方式与此类似，这时要在参数名称后面使用语法“.effect”代替“.dummy”。

每个属性的所有事先定义的水平都需要在方括号内设定，方括号紧随属性名称之后，各个水平要用逗号（,）隔开。属性水平和先验参数值仅当首次出现在效用函数中时才被定义。例如，在上面的语法中，所有属性水平和先验参数值在系统 A 的效用函数中被定义之后，在系统 B 的效用函数中不再被定义。

下面的截图给出了 Ngene 使用上述语法产生的设计。输出结果包括与设计相关的效率衡量指标，在这个例子中为 $D$ 误差，$A$ 误差；以及假设先验值正确时，估计显著参数所用的效用平衡的百分数（$B$ 估计）和最小样本规模（$S$ 估计）。由于我们使用了零先验值，系统 A 和系统 B 的效用都为零，在它产生的设计

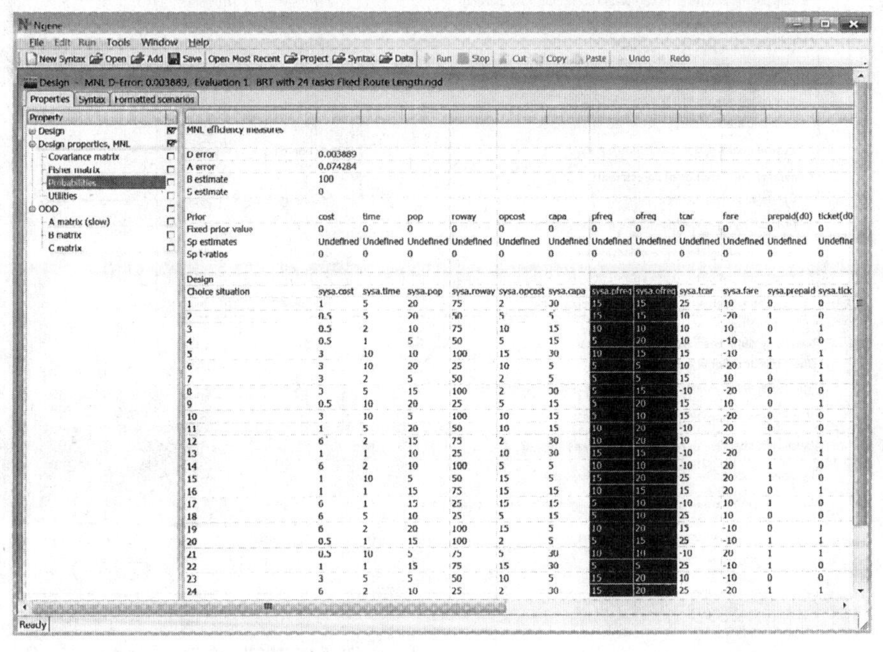


| Prior | cost | time | pop | roway | opcost | capa | pfreq | ofreq | tcar | fare | prepaid(d0) | ticket(d0 |
|---|---|---|---|---|---|---|---|---|---|---|---|---|
| Fixed prior value | 0 | 0 | 0 | 0 | 0 | 0 | 0 | 0 | 0 | 0 | 0 | 0 |
| Sp estimates | Undefined | Undefined | Undefined | Undefined | Undefined | Undefined | Undefined | Undefined | Undefined | Undefined | Undefined | Undefine |
| Sp t-ratios | 0 | 0 | 0 | 0 | 0 | 0 | 0 | 0 | 0 | 0 | 0 | 0 |

Design

| Choice situation | sysa.cost | sysa.time | sysa.pop | sysa.roway | sysa.opcost | sysa.capa | sysa.pfreq | sysa.ofreq | sysa.tcar | sysa.fare | sysa.prepaid | sysa.tick |
|---|---|---|---|---|---|---|---|---|---|---|---|---|
| 1 | 1 | 5 | 20 | 75 | 2 | 30 | 15 | 15 | 25 | 10 | 0 | 0 |
| 2 | 0.5 | 5 | 20 | 50 | 5 | 5 | 15 | 15 | 10 | -20 | 1 | 0 |
| 3 | 0.5 | 2 | 10 | 75 | 10 | 15 | 10 | 10 | 10 | 10 | 0 | 1 |
| 4 | 0.5 | 1 | 5 | 50 | 5 | 15 | 5 | 20 | 10 | -10 | 1 | 0 |
| 5 | 3 | 10 | 10 | 100 | 15 | 30 | 10 | 15 | 15 | -10 | 1 | 1 |
| 6 | 3 | 10 | 20 | 25 | 10 | 5 | 5 | 5 | 10 | -20 | 1 | 1 |
| 7 | 3 | 2 | 5 | 50 | 2 | 5 | 5 | 5 | 15 | 10 | 0 | 1 |
| 8 | 3 | 5 | 15 | 100 | 2 | 30 | 5 | 15 | -10 | -20 | 0 | 0 |
| 9 | 0.5 | 10 | 20 | 25 | 5 | 15 | 5 | 20 | 15 | 10 | 0 | 1 |
| 10 | 3 | 10 | 5 | 100 | 10 | 15 | 5 | 10 | 15 | -20 | 0 | 0 |
| 11 | 1 | 5 | 20 | 50 | 10 | 15 | 10 | 20 | -10 | 20 | 0 | 0 |
| 12 | 6 | 2 | 15 | 75 | 2 | 30 | 10 | 20 | 10 | 20 | 1 | 1 |
| 13 | 1 | 1 | 10 | 25 | 10 | 30 | 15 | 15 | -10 | -20 | 0 | 1 |
| 14 | 6 | 2 | 10 | 100 | 5 | 5 | 10 | 10 | -10 | 20 | 1 | 0 |
| 15 | 1 | 10 | 5 | 50 | 15 | 5 | 15 | 20 | 25 | 20 | 1 | 0 |
| 16 | 1 | 1 | 15 | 75 | 15 | 15 | 10 | 15 | 15 | 20 | 0 | 1 |
| 17 | 6 | 1 | 15 | 25 | 15 | 15 | 5 | 10 | -10 | 10 | 1 | 0 |
| 18 | 6 | 5 | 10 | 25 | 5 | 15 | 5 | 10 | 25 | 10 | 0 | 0 |
| 19 | 6 | 2 | 20 | 100 | 15 | 5 | 10 | 20 | 15 | -10 | 0 | 1 |
| 20 | 0.5 | 1 | 15 | 100 | 2 | 5 | 5 | 15 | 25 | -10 | 1 | 1 |
| 21 | 0.5 | 10 | 5 | 75 | 5 | 30 | 10 | 10 | -10 | 20 | 1 | 1 |
| 22 | 1 | 1 | 15 | 75 | 15 | 30 | 5 | 5 | 25 | -10 | 1 | 0 |
| 23 | 3 | 5 | 5 | 50 | 10 | 5 | 15 | 20 | 10 | -10 | 0 | 0 |
| 24 | 6 | 2 | 10 | 25 | 2 | 30 | 15 | 20 | 25 | -20 | 1 | 1 |

中，效用平衡为100%，最小样本规模为零（即如果所有参数与零不存在显著差别，那么我们就没有必要调查）。

效率衡量指标的下方是模型中每个参数的信息，但不包括常数（在最优化设计时，Ngene默认将常数排除）。Sp t-ratios代表如果有一个应答者参与调查，每个参数的期望$t$值；而Sp estimates表明为了得到每个参数的显著估计而要求的应答者人数。在5%的显著性水平下，每个参数的Sp estimate的计算公式为$(1.96/\text{Sp t-ratio})^2$。最小样本规模（$S$估计）为所有Sp estimates的最大值。

调查本身以属性水平的矩阵形式展现，其中每一行对应着一个选择任务。调查用命令“;rows=24”进行设计，因此这个调查含有24行或选择情景。每一列代表与每个选项相伴的一个属性，单元格代表属性水平。在上面的截图中，黑色区域显示的是系统A的高峰频率水平和非高峰频率水平。这个设计满足下列条件：高峰频率水平不低于非高峰频率水平（用“;cond:”命令设定）。读者可以自行考察，当这些条件纳入调查时，属性水平平衡将会如何变化。

下面的截图给出了应答者面对选择任务的例子。

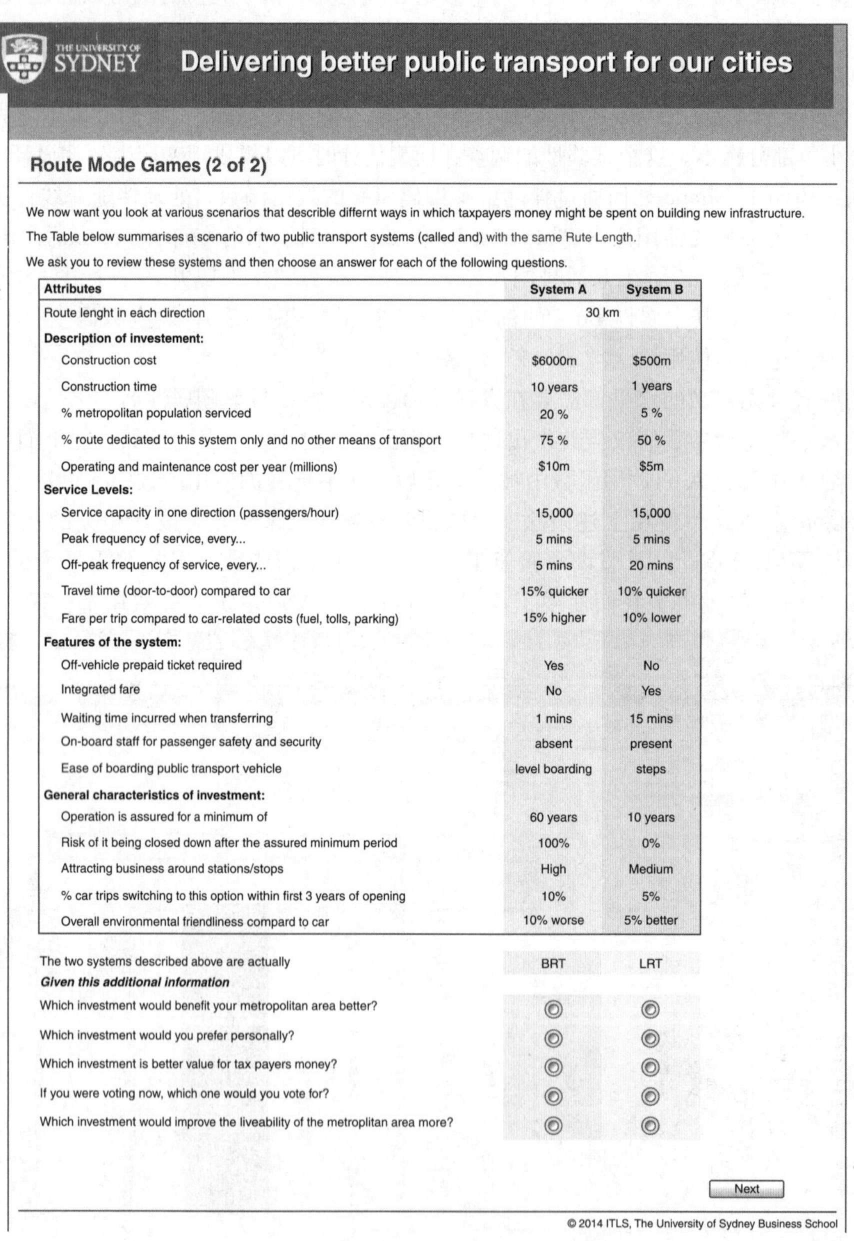


| Attributes | System A | System B |
|---|---|---|
| Route lenght in each direction | 30 km | |
| **Description of investement:** | | |
| Construction cost | \$6000m | \$500m |
| Construction time | 10 years | 1 years |
| % metropolitan population serviced | 20 % | 5 % |
| % route dedicated to this system only and no other means of transport | 75 % | 50 % |
| Operating and maintenance cost per year (millions) | \$10m | \$5m |
| **Service Levels:** | | |
| Service capacity in one direction (passengers/hour) | 15,000 | 15,000 |
| Peak frequency of service, every... | 5 mins | 5 mins |
| Off-peak frequency of service, every... | 5 mins | 20 mins |
| Travel time (door-to-door) compared to car | 15% quicker | 10% quicker |
| Fare per trip compared to car-related costs (fuel, tolls, parking) | 15% higher | 10% lower |
| **Features of the system:** | | |
| Off-vehicle prepaid ticket required | Yes | No |
| Integrated fare | No | Yes |
| Waiting time incurred when transferring | 1 mins | 15 mins |
| On-board staff for passenger safety and security | absent | present |
| Ease of boarding public transport vehicle | level boarding | steps |
| **General characteristics of investment:** | | |
| Operation is assured for a minimum of | 60 years | 10 years |
| Risk of it being closed down after the assured minimum period | 100% | 0% |
| Attracting business around stations/stops | High | Medium |
| % car trips switching to this option within first 3 years of opening | 10% | 5% |
| Overall environmental friendliness compard to car | 10% worse | 5% better |

## 6.7 结语

在学习完本章内容之后，我们希望读者避免文献中常见的错误，即避免不恰当地使用一些统计方法。特别地，我们重点指出了两个方法，其中一个用于线性模型的设计的最优化；另外一个用于特殊情形下 MNL 模型的最优化设计，这里的“特殊情形”指在正交编码下，未加标签的局部先验值等于零（即 Street 和 Burgess（2004）考察的情形）。尽管读者在这些假设下进行设计最优化是完全有效率的，然而需要指出，使用这些方法来确定其他假设条件（包括不同模型设定、先验参数假设和编码结构）下的最优设计是不正确和有误导性的（我们的意思并不是说设计这些方法的人没有正确使用这些方法；然而，事实是一些研究者长期不正确地使用它们并推断说设计不是最优的，即使这些设计是在不同假设条件下产生的）。在本章，在设计产生阶段的大多数（尽管不是全部）假设条件下，我们指出非线性模型（例如 logit 模型）的正交设计都缺乏效率（例如，Street 和 Burgess（2004）考察的特殊情形说明正交设计在一些条件下是最优的）。然而，直到今天，正交设计仍是使用最广的设计类型。这样的广泛性是下列事实的结果：在大多数情形下，正交设计似乎是（实际上也是）运行良好的。我们有必要理解为什么事实如此。

所有设计类型（不管正交还是非正交）都是在关于真实总体参数估计假设条件（即研究人员假设先验值）下构建的。构建设计的研究人员可能明确知道这些条件，也可能不知道。也许很多研究人员都不知道，正交设计在局部最优参数估计值设定为零的假设下是最优的［参见 Bliemer 和 Rose（2005a）］。根据图 6.3，如果真实总体参数与设计产生阶段假设的参数不同，那么设计通常将损失统计效率。效率损失带来的影响可从图 6.16 看出。图 6.16 说明了标准误（s. e）和参数先验值设定之间的关系，这里涉及两个不同的局部最优设计：一个是在零先验参数下产生的，另外一个是在非零先验参数下产生的。正如该图所示，如果先验参数错误设定，那么这通常（在其他条件不变的情形下）导致标准误在真实参数值处增加。注意，这不意味着设计不能估计真实参数值，这只意味着为了发现统计显著的参数估计值，需要使用更大的样本（与正确设定先验参数值情形相比）。因此，正交设计在过去的表现较好，而且它的表现在未来也是这样。也就是说，大多数文献使用的样本足够大，足以超过先验值设定不当产生的效率损失。然而，那些赞同非零先验参数估计值产生的非正交设计的学者认为，在设计 SC 实验时，应该假设被选中的属性对应答者的选择有一定影响，因此，真实的总体参数应非零。在这种情形下，这些学者认为给定类似样本规模，非正交设计的表现比正交设计好，或者给定产生相同结果，非正交设计需要的样本规模比正交设计小。

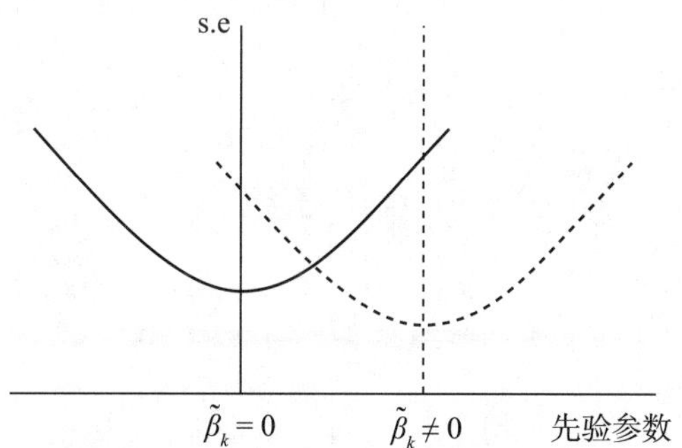


**图 6.16　先验参数错误设定与效率损失**

需要注意，上面的讨论是建立在所有其他条件不变的假设基础上的。也就是说，我们假设总体参数估计值与实验设计本身无关。一些文献令人信服地指出设计本身可能导致参数估计的意外偏差［例如，Louviere 和 Lancsar（2009）］。然而，在理论上，这应该不成立。McFadden（1974）证明参数估计应该向总体参数收敛，这与数据矩阵（在这种情形下为实验设计）无关。使用蒙特卡罗模拟，McFadden 进一步说明这对非常小的有限样本（50 个观察点）成立。很多使用模拟法的其他文献也得到了相同结论［例如，Ferrini 和 Scarpa

(2007)]。然而，Louviere 和 Lancsar（2009）的观点仍具有很强的说服力。他们认为如果设计属性与未观察到的缺失协变量或潜变量（例如个人特征或其他这样的特征）相关，那么从不同设计得到的参数值将会受具体使用哪个设计影响。这样的偏差在模拟数据中不存在，这使得用来确定这些偏差是否真正存在的实证研究变得非常重要。因此，这代表着迫切需要关注的研究领域，因为任何这种偏差的存在性都可能要求我们重新审视实验设计的产生过程。

类似地，实验设计对尺度的影响也是一个重要的研究领域。Louviere et al.（2008）以及 Bliemer 和 Rose（2011）发现，各种设计之间的尺度差异与设计产生问题的难易程度有关。例如，这些研究者发现，正交设计的误差方差比效率设计小，原因可能在于存在劣势策略。由于与正交设计相比，效率设计更不可能出现劣势策略，因此，使用正交设计而出现的问题更容易回答，从而导致更小的误差方差。从正交设计变为其他设计很可能代表着下列两方面之间的权衡：一是每个问题描述更多信息，二是更小的误差方差。再一次地，这个领域需要进一步的研究。

# 附录 6A　最优—最差实验

| Id | blockId | gameId | descrIdA | descrIdB | descrIdC | descrIdD | busImg | tramImg |
|---|---|---|---|---|---|---|---|---|
| 1 | 1 | 1 | 24 | 28 | 26 | 10 | 1 | 2 |
| 2 | 1 | 2 | 8 | 36 | 57 | 4 | 2 | 1 |
| 3 | 1 | 3 | 17 | 14 | 11 | 2 | 2 | 2 |
| 4 | 1 | 4 | 4 | 46 | 40 | 64 | 1 | 1 |
| 5 | 2 | 1 | 16 | 18 | 7 | 2 | 2 | 2 |
| 6 | 2 | 2 | 65 | 39 | 49 | 51 | 2 | 1 |
| 7 | 2 | 3 | 20 | 7 | 12 | 23 | 1 | 1 |
| 8 | 2 | 4 | 46 | 34 | 62 | 45 | 1 | 2 |
| 9 | 3 | 1 | 35 | 8 | 54 | 65 | 2 | 1 |
| 10 | 3 | 2 | 22 | 32 | 24 | 60 | 2 | 2 |
| 11 | 3 | 3 | 4 | 38 | 45 | 3 | 1 | 1 |
| 12 | 3 | 4 | 23 | 27 | 5 | 24 | 1 | 2 |
| 13 | 4 | 1 | 40 | 36 | 65 | 3 | 1 | 1 |
| 14 | 4 | 2 | 13 | 20 | 24 | 19 | 1 | 2 |
| 15 | 4 | 3 | 63 | 24 | 17 | 7 | 2 | 1 |
| 16 | 4 | 4 | 54 | 6 | 50 | 57 | 2 | 2 |
| 17 | 5 | 1 | 25 | 13 | 63 | 7 | 1 | 2 |
| 18 | 5 | 2 | 37 | 6 | 4 | 34 | 2 | 1 |
| 19 | 5 | 3 | 29 | 20 | 2 | 30 | 2 | 2 |
| 20 | 5 | 4 | 3 | 8 | 43 | 6 | 1 | 1 |
| 21 | 6 | 1 | 28 | 56 | 13 | 11 | 1 | 1 |
| 22 | 6 | 2 | 49 | 48 | 40 | 42 | 2 | 2 |
| 23 | 6 | 3 | 5 | 28 | 12 | 21 | 1 | 2 |
| 24 | 6 | 4 | 36 | 62 | 64 | 50 | 2 | 1 |
| 25 | 7 | 1 | 19 | 63 | 10 | 30 | 1 | 1 |
| 26 | 7 | 2 | 39 | 43 | 53 | 40 | 1 | 2 |
| 27 | 7 | 3 | 20 | 11 | 27 | 32 | 2 | 1 |
| 28 | 7 | 4 | 40 | 59 | 45 | 35 | 2 | 2 |
| 29 | 8 | 1 | 55 | 45 | 8 | 37 | 2 | 2 |
| 30 | 8 | 2 | 7 | 2 | 28 | 19 | 1 | 1 |
| 31 | 8 | 3 | 34 | 65 | 38 | 47 | 2 | 1 |
| 32 | 8 | 4 | 56 | 10 | 16 | 21 | 1 | 2 |
| 33 | 9 | 1 | 61 | 42 | 46 | 53 | 2 | 2 |
| 34 | 9 | 2 | 32 | 18 | 30 | 5 | 1 | 2 |
| 35 | 9 | 3 | 16 | 25 | 60 | 58 | 1 | 1 |
| 36 | 9 | 4 | 45 | 50 | 51 | 42 | 2 | 1 |
| 37 | 10 | 1 | 1 | 58 | 13 | 23 | 1 | 1 |
| 38 | 10 | 2 | 43 | 52 | 47 | 45 | 1 | 2 |
| 39 | 10 | 3 | 58 | 30 | 14 | 12 | 2 | 1 |
| 40 | 10 | 4 | 6 | 52 | 39 | 38 | 2 | 2 |
| 41 | 11 | 1 | 24 | 11 | 31 | 12 | 2 | 2 |
| 42 | 11 | 2 | 65 | 61 | 55 | 57 | 1 | 1 |
| 43 | 11 | 3 | 8 | 50 | 44 | 52 | 1 | 2 |
| 44 | 11 | 4 | 56 | 27 | 1 | 63 | 2 | 1 |
| 45 | 12 | 1 | 7 | 66 | 23 | 26 | 2 | 1 |
| 46 | 12 | 2 | 61 | 64 | 43 | 54 | 1 | 2 |
| 47 | 12 | 3 | 31 | 2 | 60 | 9 | 1 | 1 |
| 48 | 12 | 4 | 34 | 49 | 35 | 43 | 2 | 2 |
| 49 | 13 | 1 | 27 | 30 | 9 | 15 | 2 | 2 |
| 50 | 13 | 2 | 50 | 38 | 33 | 37 | 2 | 1 |
| 51 | 13 | 3 | 15 | 56 | 58 | 7 | 1 | 2 |
| 52 | 13 | 4 | 51 | 44 | 54 | 40 | 1 | 1 |
| 53 | 14 | 1 | 42 | 8 | 33 | 52 | 2 | 2 |
| 54 | 14 | 2 | 31 | 23 | 56 | 25 | 2 | 1 |
| 55 | 14 | 3 | 28 | 32 | 66 | 9 | 1 | 1 |
| 56 | 14 | 4 | 35 | 41 | 6 | 61 | 1 | 2 |
| 57 | 15 | 1 | 44 | 62 | 41 | 49 | 1 | 1 |
| 58 | 15 | 2 | 9 | 17 | 20 | 58 | 2 | 1 |
| 59 | 15 | 3 | 26 | 1 | 19 | 17 | 2 | 2 |
| 60 | 15 | 4 | 41 | 43 | 42 | 38 | 1 | 2 |
| 61 | 16 | 1 | 59 | 41 | 8 | 51 | 2 | 2 |
| 62 | 16 | 2 | 30 | 1 | 31 | 28 | 1 | 2 |
| 63 | 16 | 3 | 62 | 54 | 8 | 48 | 2 | 1 |
| 64 | 16 | 4 | 14 | 13 | 21 | 66 | 1 | 1 |
| 65 | 17 | 1 | 36 | 45 | 49 | 54 | 1 | 1 |
| 66 | 17 | 2 | 32 | 29 | 10 | 17 | 2 | 2 |
| 67 | 17 | 3 | 44 | 61 | 3 | 47 | 2 | 1 |
| 68 | 17 | 4 | 63 | 21 | 58 | 32 | 1 | 2 |

| Id | blockId | gameId | descrIdA | descrIdB | descrIdC | descrIdD | busImg | tramImg |
|---|---|---|---|---|---|---|---|---|
| 69 | 18 | 1 | 63 | 21 | 58 | 32 | 2 | 1 |
| 70 | 18 | 2 | 44 | 61 | 3 | 47 | 1 | 1 |
| 71 | 18 | 3 | 32 | 29 | 10 | 17 | 2 | 2 |
| 72 | 18 | 4 | 36 | 45 | 49 | 54 | 1 | 2 |
| 73 | 19 | 1 | 14 | 13 | 21 | 66 | 1 | 2 |
| 74 | 19 | 2 | 62 | 54 | 8 | 48 | 1 | 1 |
| 75 | 19 | 3 | 30 | 1 | 31 | 28 | 2 | 2 |
| 76 | 19 | 4 | 59 | 41 | 8 | 51 | 2 | 1 |
| 77 | 20 | 1 | 19 | 15 | 14 | 16 | 1 | 2 |
| 78 | 20 | 2 | 50 | 3 | 41 | 39 | 2 | 2 |
| 79 | 20 | 3 | 62 | 39 | 47 | 59 | 2 | 1 |
| 80 | 20 | 4 | 21 | 9 | 19 | 25 | 1 | 1 |
| 81 | 21 | 1 | 35 | 41 | 6 | 61 | 1 | 1 |
| 82 | 21 | 2 | 28 | 32 | 66 | 9 | 1 | 2 |
| 83 | 21 | 3 | 52 | 46 | 57 | 49 | 2 | 1 |
| 84 | 21 | 4 | 14 | 7 | 32 | 31 | 2 | 2 |
| 85 | 22 | 1 | 51 | 44 | 54 | 40 | 2 | 2 |
| 86 | 22 | 2 | 15 | 56 | 58 | 7 | 1 | 1 |
| 87 | 22 | 3 | 26 | 16 | 32 | 13 | 2 | 1 |
| 88 | 22 | 4 | 51 | 55 | 62 | 43 | 1 | 2 |
| 89 | 23 | 1 | 10 | 25 | 11 | 15 | 2 | 2 |
| 90 | 23 | 2 | 52 | 4 | 61 | 62 | 2 | 1 |
| 91 | 23 | 3 | 60 | 63 | 15 | 29 | 1 | 1 |
| 92 | 23 | 4 | 8 | 65 | 46 | 50 | 1 | 2 |
| 93 | 24 | 1 | 57 | 51 | 3 | 64 | 2 | 2 |
| 94 | 24 | 2 | 7 | 26 | 21 | 31 | 2 | 1 |
| 95 | 24 | 3 | 65 | 60 | 30 | 56 | 1 | 1 |
| 96 | 24 | 4 | 48 | 35 | 52 | 36 | 1 | 2 |
| 97 | 25 | 1 | 5 | 31 | 17 | 16 | 1 | 2 |
| 98 | 25 | 2 | 59 | 55 | 42 | 36 | 2 | 1 |
| 99 | 25 | 3 | 43 | 52 | 47 | 45 | 2 | 2 |
| 100 | 25 | 4 | 1 | 58 | 13 | 23 | 1 | 1 |
| 101 | 26 | 1 | 22 | 26 | 27 | 14 | 1 | 2 |
| 102 | 26 | 2 | 38 | 49 | 61 | 59 | 2 | 1 |
| 103 | 26 | 3 | 33 | 40 | 55 | 6 | 1 | 1 |
| 104 | 26 | 4 | 60 | 14 | 23 | 28 | 2 | 2 |
| 105 | 27 | 1 | 56 | 10 | 16 | 21 | 2 | 2 |
| 106 | 27 | 2 | 34 | 65 | 38 | 47 | 2 | 1 |
| 107 | 27 | 3 | 7 | 2 | 28 | 19 | 1 | 2 |
| 108 | 27 | 4 | 55 | 45 | 8 | 37 | 1 | 1 |
| 109 | 28 | 1 | 18 | 58 | 22 | 11 | 1 | 2 |
| 110 | 28 | 2 | 47 | 35 | 51 | 33 | 2 | 1 |
| 111 | 28 | 3 | 17 | 15 | 28 | 18 | 1 | 1 |
| 112 | 28 | 4 | 41 | 64 | 34 | 55 | 2 | 2 |
| 113 | 29 | 1 | 36 | 62 | 64 | 50 | 2 | 2 |
| 114 | 29 | 2 | 5 | 28 | 12 | 21 | 1 | 2 |
| 115 | 29 | 3 | 49 | 48 | 40 | 42 | 2 | 1 |
| 116 | 29 | 4 | 28 | 56 | 13 | 11 | 1 | 1 |
| 117 | 30 | 1 | 1 | 7 | 15 | 5 | 2 | 1 |
| 118 | 30 | 2 | 54 | 47 | 4 | 55 | 1 | 2 |
| 119 | 30 | 3 | 37 | 6 | 4 | 34 | 2 | 2 |
| 120 | 30 | 4 | 25 | 13 | 63 | 7 | 1 | 1 |
| 121 | 31 | 1 | 54 | 6 | 50 | 57 | 1 | 1 |
| 122 | 31 | 2 | 63 | 24 | 17 | 7 | 2 | 2 |
| 123 | 31 | 3 | 13 | 20 | 24 | 19 | 2 | 1 |
| 124 | 31 | 4 | 40 | 36 | 65 | 3 | 1 | 2 |
| 125 | 32 | 1 | 46 | 51 | 6 | 48 | 1 | 1 |
| 126 | 32 | 2 | 2 | 16 | 22 | 1 | 1 | 2 |
| 127 | 32 | 3 | 45 | 33 | 48 | 61 | 2 | 2 |
| 128 | 32 | 4 | 11 | 7 | 29 | 66 | 2 | 1 |
| 129 | 33 | 1 | 46 | 34 | 62 | 45 | 2 | 1 |
| 130 | 33 | 2 | 20 | 7 | 12 | 23 | 2 | 2 |
| 131 | 33 | 3 | 66 | 17 | 25 | 27 | 1 | 1 |
| 132 | 33 | 4 | 38 | 40 | 8 | 46 | 1 | 2 |
| 133 | 34 | 1 | 4 | 46 | 40 | 64 | 2 | 1 |
| 134 | 34 | 2 | 17 | 14 | 11 | 2 | 2 | 2 |
| 135 | 34 | 3 | 7 | 12 | 56 | 2 | 1 | 2 |
| 136 | 34 | 4 | 48 | 53 | 50 | 34 | 1 | 1 |

# 附录 6B　最优—最差设计与 Ngene 语法

Rose（2014）提出了设计最优—最差选择实验的一些其他方法。在本附录中，我们将说明如何对每种情形（一共三种情形）构建数据，以及给定最优设计标准的情形下，如何使用 Ngene 语法来得到合适的设计矩阵。

## □ 6B.1　最优—最差情形 1

在情形 1 中，应答者面对选项子集，回答哪个选项是最优的，哪个选项是最差的。注意，与离散选择情形不同，这里的选项不是用属性组合表示的。考虑一个含有 4 个选项的例子，这 4 个选项从下列选项中选出：1. Air Nz，2. Delta，3. Emirates，4. Jetstar，5. Qantas，6. Singapore，7. United 以及 8. Virgin。图 6B.1 给出了一个关于选择问题的例子。

**Best worst scaling (Case 1)**

| Best | Attribute | Worst |
|---|---|---|
| ○ | Singapore | ○ |
| ○ | Emirates | ○ |
| ○ | Qantas | ○ |
| ○ | Virgin | ○ |

**图 6B.1　最优—最差情形 1 的例子**

**【题外话】**

通过概率效率衡量指标，Ngene 语法适用于所有模型类型，与情形类型无关。

数据根据正态 DCE 构建，其中选项的属性为虚拟编码。然而，每个任务是重复的，一次针对最优，一次针对最差。对于最差任务，编码是相同的；然而，我们使用 −1 而不是 1。表 6B.1 给出了一个例子，其中第一个任务是上面例子中的任务。

**表 6B.1　　最优—最差情形 1：数据建立 1**

| Resp | Set | Altij | Cset | Bestworst | AirNZ | Delta | Emirates | JetStar | Qantas | Singapore | United | Choice |
|---|---|---|---|---|---|---|---|---|---|---|---|---|
| 1 | 1 | 1 | 4 | 1 | 0 | 0 | 0 | 0 | 0 | 1 | 0 | 0 |
| 1 | 1 | 2 | 4 | 1 | 0 | 0 | 1 | 0 | 0 | 0 | 0 | 1 |
| 1 | 1 | 3 | 4 | 1 | 0 | 0 | 0 | 0 | 1 | 0 | 0 | 0 |
| 1 | 1 | 4 | 4 | 1 | 0 | 0 | 0 | 0 | 0 | 0 | 0 | 0 |
| 1 | 1 | 1 | 4 | −1 | 0 | 0 | 0 | 0 | 0 | −1 | 0 | 0 |
| 1 | 1 | 2 | 4 | −1 | 0 | 0 | −1 | 0 | 0 | 0 | 0 | 0 |
| 1 | 1 | 3 | 4 | −1 | 0 | 0 | 0 | 0 | −1 | 0 | 0 | 0 |
| 1 | 1 | 4 | 4 | −1 | 0 | 0 | 0 | 0 | 0 | 0 | 0 | 1 |
| 1 | 2 | 1 | 4 | 1 | 1 | 0 | 0 | 0 | 0 | 0 | 0 | 0 |
| 1 | 2 | 2 | 4 | 1 | 0 | 0 | 1 | 0 | 0 | 0 | 0 | 0 |
| 1 | 2 | 3 | 4 | 1 | 0 | 0 | 0 | 0 | 1 | 0 | 0 | 0 |
| 1 | 2 | 4 | 4 | 1 | 0 | 0 | 0 | 0 | 0 | 0 | 1 | 1 |
| 1 | 2 | 1 | 4 | −1 | −1 | 0 | 0 | 0 | 0 | 0 | 0 | 0 |
| 1 | 2 | 2 | 4 | −1 | 0 | 0 | −1 | 0 | 0 | 0 | 0 | 1 |
| 1 | 2 | 3 | 4 | −1 | 0 | 0 | 0 | 0 | −1 | 0 | 0 | 0 |
| 1 | 2 | 4 | 4 | −1 | 0 | 0 | 0 | 0 | 0 | 0 | −1 | 0 |

这个设计的 Ngene 语法为：

```
Design
;eff=(mnl,d)
;alts = A, B, C, D ? this is the number of options to show
;rows = 12
;prop = bw1(bw)
;con
;model:
U(A) = Airline.d[0|0|0|0|0|0|0] * Airline[1,2,3,4,5,6,7,8]/
U(B) = Airline.d * Airline[1,2,3,4,5,6,7,8]/
U(C) = Airline.d * Airline[1,2,3,4,5,6,7,8]/
U(D) = Airline.d * Airline[1,2,3,4,5,6,7,8]
$
```

或者

```
Design
;eff=(mnl,d)
;alts = A, B, C, D
;rows = 12
;prop = bw1(bw)
;model:
U(A,B,C,D) = Airline.d[0|0|0|0|0|0|0] * Airline[1,2,3,4,5,6,7,8]$
```

为了考虑选项（先后）顺序产生的影响，语法中可以纳入常数：

```
Design
;eff=(mnl,d)
;alts = A, B, C, D
;rows = 12
;prop = bw1(bw)
;con
;model:
U(A) = A[0] + Airline.d[0|0|0|0|0|0|0] * Airline[1,2,3,4,5,6,7,8]/
U(B) = B[0] + Airline.d * Airline[1,2,3,4,5,6,7,8]/
U(C) = C[0] + Airline.d * Airline[1,2,3,4,5,6,7,8]/
U(D) =        Airline.d * Airline[1,2,3,4,5,6,7,8] $
```

你也可以有非零先验。一些研究者使用另外一些方法来构建最差任务，在构建最差任务时，他们删去了应答者选择的最优选项。这里的假设是应答者在剩下的选项中比较哪个最差。下面就是一个这样的例子。这两种方法代表关于应答者如何回答这些问题的不同假设。这种设计的语法变为：

```
Design
;eff=(mnl,d)
;alts = A, B, C, D
;rows = 12
;prop = bw1(b,w)
;con
;model:
U(A) = A[0] + Airline.d[0|0|0|0|0|0|0] * Airline[1,2,3,4,5,6,7,8]/
U(B) = B[0] + Airline.d * Airline[1,2,3,4,5,6,7,8]/
U(C) = C[0] + Airline.d * Airline[1,2,3,4,5,6,7,8]/
U(D) =        Airline.d * Airline[1,2,3,4,5,6,7,8] $
```

表 6B. 2 列出了相应的有待最优化的数据结构。设计也可以允许一个以上的最优—最差排序，例如：

```
Design
;eff=(mnl,d)
;alts = A, B, C, D
;rows = 12
;choices = bw1(bw,b)
;model:
U(A,B,C,D) = Airline.d[0|0|0|0|0|0|0] * Airline[1,2,3,4,5,6,7,8]$
```

**表 6B.2　　最优—最差情形 1：数据建立 2**

| Resp | Set | Altij | Cset | Bestworst | AirNZ | Delta | Emirates | JetStar | Qantas | Singapore | United | Choice |
|---|---|---|---|---|---|---|---|---|---|---|---|---|
| 1 | 1 | 1 | 4 | 1 | 0 | 0 | 0 | 0 | 0 | 1 | 0 | 0 |
| 1 | 1 | 2 | 4 | 1 | 0 | 0 | 1 | 0 | 0 | 0 | 0 | 1 |
| 1 | 1 | 3 | 4 | 1 | 0 | 0 | 0 | 0 | 1 | 0 | 0 | 0 |
| 1 | 1 | 4 | 4 | 1 | 0 | 0 | 0 | 0 | 0 | 0 | 0 | 0 |
| 1 | 1 | 1 | 3 | −1 | 0 | 0 | 0 | 0 | 0 | −1 | 0 | 0 |
| 1 | 1 | 3 | 3 | −1 | 0 | 0 | 0 | 0 | −1 | 0 | 0 | 0 |
| 1 | 1 | 4 | 3 | −1 | 0 | 0 | 0 | 0 | 0 | 0 | 0 | 1 |
| 1 | 2 | 1 | 4 | 1 | 1 | 0 | 0 | 0 | 0 | 0 | 0 | 1 |
| 1 | 2 | 2 | 4 | 1 | 0 | 0 | 1 | 0 | 0 | 0 | 0 | 0 |
| 1 | 2 | 3 | 4 | 1 | 0 | 0 | 0 | 0 | 1 | 0 | 0 | 0 |
| 1 | 2 | 4 | 4 | 1 | 0 | 0 | 0 | 0 | 0 | 0 | 1 | 0 |
| 1 | 2 | 2 | 3 | −1 | 0 | 0 | −1 | 0 | 0 | 0 | 0 | 1 |
| 1 | 2 | 3 | 3 | −1 | 0 | 0 | 0 | 0 | −1 | 0 | 0 | 0 |
| 1 | 2 | 4 | 3 | −1 | 0 | 0 | 0 | 0 | 0 | 0 | −1 | 0 |

## □ 6B.2　最优—最差情形 2

情形 2 与情形 1 的不同之处在于，这种方法重点放在属性而不是选项上。考虑一个含有四个属性的例子：座椅间隔（seat）、娱乐（movie）、酒水付费（pay）和中途停留（stop）。表 6B.3 给出了这四个属性及其相应的水平。

图 6B.2 给出了一个关于选择问题的例子。

**表 6B.3　　最优—最差情形 2 中的属性水平**

| 属性 | 水平 1 | 水平 2 | 水平 3 |
|---|---|---|---|
| 座椅间隔 | 28 英尺 | 30 英尺 | 32 英尺 |
| 娱乐 | 一块机舱屏幕 | 几部电影 | 整套娱乐设施 |
| 酒水付费 | 付费 | 免费 | |
| 中途停留 | 不停留 | 停留 3 小时 | 停留 5 小时 |

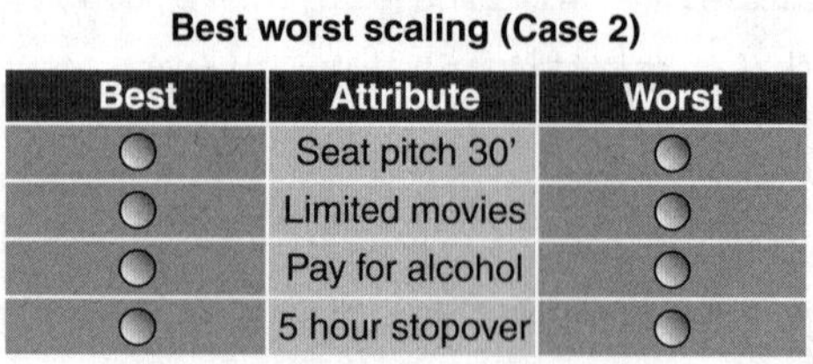

Best worst scaling (Case 2)
Best
Attribute
Worst
Seat pitch 30'
Limited movies
Pay for alcohol
5 hour stopover

图 6B.2　最优—最差情形 2 的例子

数据按照正态 DCE 建立，其中属性水平是虚拟编码。然而，每个任务是重复的，一次针对最优，一次针对最差。对于最差任务，编码是相同的；然而，我们使用－1 而不是 1。表 6B.4 给出了一个例子，其中第一个任务是上面例子中的任务。

最优化的 Ngene 语法为：

```
Design
;eff=(mnl,d)
 ;alts = Seat, Movie, Pay, Stop
;rows = 12
;choices = bw1(bw)
;con
;model:
U(Seat) = seat.dummy[0|0] * seat[0,1,2] /
U(Movie) = Movie.dummy[0|0]*Movie[0,1,2] /
U(Pay) = Pay[0]*Pay[0,1] /
U(Stop) = Stop.dummy[0|0]*stop[0,1,2] $
```

**表 6B.4　　最优—最差情形 2：数据建立 1**

| Resp | Set | Altij | Altn | Cset | Bestworst | Inch28 | Inch30 | CabScr | LimMov | Pay | Hour1 | Hour3 | Choice |
|---|---|---|---|---|---|---|---|---|---|---|---|---|---|
| 1 | 1 | 1 | 1 | 4 | 1 | 0 | 1 | 0 | 0 | 0 | 0 | 0 | 0 |
| 1 | 1 | 2 | 2 | 4 | 1 | 0 | 0 | 0 | 1 | 0 | 0 | 0 | 1 |
| 1 | 1 | 3 | 3 | 4 | 1 | 0 | 0 | 0 | 0 | 0 | 0 | 0 | 0 |
| 1 | 1 | 4 | 4 | 4 | 1 | 0 | 0 | 0 | 0 | 0 | 0 | 0 | 0 |
| 1 | 1 | 1 | 5 | 4 | −1 | 0 | −1 | 0 | 0 | 0 | 0 | 0 | 0 |
| 1 | 1 | 2 | 6 | 4 | −1 | 0 | 0 | 0 | −1 | 0 | 0 | 0 | 0 |
| 1 | 1 | 3 | 7 | 4 | −1 | 0 | 0 | 0 | 0 | 0 | 0 | 0 | 1 |
| 1 | 1 | 4 | 8 | 4 | −1 | 0 | 0 | 0 | 0 | 0 | 0 | 0 | 0 |
| 1 | 2 | 1 | 1 | 4 | 1 | 1 | 0 | 0 | 0 | 0 | 0 | 0 | 0 |
| 1 | 2 | 2 | 2 | 4 | 1 | 0 | 0 | 1 | 0 | 0 | 0 | 0 | 0 |
| 1 | 2 | 3 | 3 | 4 | 1 | 0 | 0 | 0 | 0 | 1 | 0 | 0 | 1 |
| 1 | 2 | 4 | 4 | 4 | 1 | 0 | 0 | 0 | 0 | 0 | 0 | 1 | 0 |
| 1 | 2 | 1 | 5 | 4 | −1 | −1 | 0 | 0 | 0 | 0 | 0 | 0 | 1 |
| 1 | 2 | 2 | 6 | 4 | −1 | 0 | 0 | −1 | 0 | 0 | 0 | 0 | 0 |
| 1 | 2 | 3 | 7 | 4 | −1 | 0 | 0 | 0 | 0 | −1 | 0 | 0 | 0 |
| 1 | 2 | 4 | 8 | 4 | −1 | 0 | 0 | 0 | 0 | 0 | 0 | −1 | 0 |

上面的命令仍然是最优—最差情形 1 时的命令（但我们将很快改变它）。你也可以将常数纳入设计，使得语法和数据结构变为：

```
Design
;eff=(mnl,d)
;alts = Seat, Movie, Pay, Stop
;rows = 12
;choices = bw2(bw)
;con
;model:
U(Seat) = ASCseat[0] + seat.dummy[0|0] * seat[0,1,2] /
U(Movie) = ASCMovie[0] + Movie.dummy[0|0]*Movie[0,1,2] /
U(Pay) = ASCPay[0] + Pay[0]*Pay[0,1] /
U(Stop) =            Stop.dummy[0|0]*stop[0,1,2] $
```

与情形 1 类似，一些研究者在构建最差任务时将最优选项删去（见表 6B.5）。用来执行此任务的语法为：

```
Design
;eff=(mnl,d)
;alts = Seat, Movie, Pay, Stop
;rows = 12
;choices = bw2(b,w)
;con
;model:
U(Seat) = ASCseat[0] + seat.dummy[0|0] * seat[0,1,2] /
U(Movie) = ASCMovie[0] + Movie.dummy[0|0]*Movie[0,1,2] /
U(Pay) = ASCPay[0] + Pay[0]*Pay[0,1] /
U(Stop) =            Stop.dummy[0|0]*stop[0,1,2] $
```

**表 6B.5　　最优—最差情形 2：数据建立 1（含有常数的情形）**

| Resp | Set | Altij | Altn | Cset | Bestworst | Seat | Mov | Alc | Inch28 | Inch30 | CabScr | LimMov | Pay | Hour1 | Hour3 | Choice |
|---|---|---|---|---|---|---|---|---|---|---|---|---|---|---|---|---|
| 1 | 1 | 1 | 1 | 4 | 1 | 1 | 0 | 0 | 0 | 1 | 0 | 0 | 0 | 0 | 0 | 0 |
| 1 | 1 | 2 | 2 | 4 | 1 | 0 | 1 | 0 | 0 | 0 | 0 | 1 | 0 | 0 | 0 | 1 |
| 1 | 1 | 3 | 3 | 4 | 1 | 0 | 0 | 1 | 0 | 0 | 0 | 0 | 0 | 0 | 0 | 0 |
| 1 | 1 | 4 | 4 | 4 | 1 | 0 | 0 | 0 | 0 | 0 | 0 | 0 | 0 | 0 | 0 | 0 |
| 1 | 1 | 1 | 5 | 4 | −1 | 1 | 0 | 0 | 0 | −1 | 0 | 0 | 0 | 0 | 0 | 0 |
| 1 | 1 | 2 | 6 | 4 | −1 | 0 | 1 | 0 | 0 | 0 | 0 | −1 | 0 | 0 | 0 | 0 |
| 1 | 1 | 3 | 7 | 4 | −1 | 0 | 0 | 1 | 0 | 0 | 0 | 0 | 0 | 0 | 0 | 1 |
| 1 | 1 | 4 | 8 | 4 | −1 | 0 | 0 | 0 | 0 | 0 | 0 | 0 | 0 | 0 | 0 | 0 |
| 1 | 2 | 1 | 1 | 4 | 1 | 1 | 0 | 0 | 1 | 0 | 0 | 0 | 0 | 0 | 0 | 0 |
| 1 | 2 | 2 | 2 | 4 | 1 | 0 | 1 | 0 | 0 | 0 | 1 | 0 | 0 | 0 | 0 | 0 |
| 1 | 2 | 3 | 3 | 4 | 1 | 0 | 0 | 1 | 0 | 0 | 0 | 0 | 1 | 0 | 0 | 1 |
| 1 | 2 | 4 | 4 | 4 | 1 | 0 | 0 | 0 | 0 | 0 | 0 | 0 | 0 | 0 | 1 | 0 |
| 1 | 2 | 1 | 5 | 4 | −1 | 1 | 0 | 0 | −1 | 0 | 0 | 0 | 0 | 0 | 0 | 1 |
| 1 | 2 | 2 | 6 | 4 | −1 | 0 | 1 | 0 | 0 | 0 | −1 | 0 | 0 | 0 | 0 | 0 |
| 1 | 2 | 3 | 7 | 4 | −1 | 0 | 0 | 1 | 0 | 0 | 0 | 0 | −1 | 0 | 0 | 0 |
| 1 | 2 | 4 | 8 | 4 | −1 | 0 | 0 | 0 | 0 | 0 | 0 | 0 | 0 | 0 | −1 | 0 |

数据结构见表 6B. 6。

**表 6B. 6　　　　最优—最差情形 2：数据建立 2**

| Resp | Set | Altij | Altn | Cset | Bestworst | Seat | Mov | Alc | Inch28 | Inch30 | CabScr | LimMov | Pay | Hour1 | Hour3 | Choice |
|---|---|---|---|---|---|---|---|---|---|---|---|---|---|---|---|---|
| 1 | 1 | 1 | 1 | 4 | 1 | 1 | 0 | 0 | 0 | 1 | 0 | 0 | 0 | 0 | 0 | 0 |
| 1 | 1 | 2 | 2 | 4 | 1 | 0 | 1 | 0 | 0 | 0 | 0 | 1 | 0 | 0 | 0 | 1 |
| 1 | 1 | 3 | 3 | 4 | 1 | 0 | 0 | 1 | 0 | 0 | 0 | 0 | 0 | 0 | 0 | 0 |
| 1 | 1 | 4 | 4 | 4 | 1 | 0 | 0 | 0 | 0 | 0 | 0 | 0 | 0 | 0 | 0 | 0 |
| 1 | 1 | 1 | 5 | 3 | −1 | 1 | 0 | 0 | 0 | −1 | 0 | 0 | 0 | 0 | 0 | 0 |
| 1 | 1 | 3 | 7 | 3 | −1 | 0 | 0 | 1 | 0 | 0 | 0 | 0 | 0 | 0 | 0 | 1 |
| 1 | 1 | 4 | 8 | 3 | −1 | 0 | 0 | 0 | 0 | 0 | 0 | 0 | 0 | 0 | 0 | 0 |
| 1 | 2 | 1 | 1 | 4 | 1 | 1 | 0 | 0 | 1 | 0 | 0 | 0 | 0 | 0 | 0 | 0 |
| 1 | 2 | 2 | 2 | 4 | 1 | 0 | 1 | 0 | 0 | 0 | 1 | 0 | 0 | 0 | 0 | 0 |
| 1 | 2 | 3 | 3 | 4 | 1 | 0 | 0 | 1 | 0 | 0 | 0 | 0 | 1 | 0 | 0 | 1 |
| 1 | 2 | 4 | 4 | 4 | 1 | 0 | 0 | 0 | 0 | 0 | 0 | 0 | 0 | 0 | 1 | 0 |
| 1 | 2 | 1 | 5 | 3 | −1 | 1 | 0 | 0 | −1 | 0 | 0 | 0 | 0 | 0 | 0 | 1 |
| 1 | 2 | 2 | 6 | 3 | −1 | 0 | 1 | 0 | 0 | 0 | −1 | 0 | 0 | 0 | 0 | 0 |
| 1 | 2 | 4 | 8 | 3 | −1 | 0 | 0 | 0 | 0 | 0 | 0 | 0 | 0 | 0 | −1 | 0 |

设计也可以允许多于一个最优—最差排序，例如：

```
Design
;eff=(mnl,d)
;alts = Seat, Movie, Pay, Stop
;rows = 12
;choices = bw2(bw,b)
;con
;model:
U(Seat) = ASCseat[0] + seat.dummy[0|0] * seat[0,1,2] /
U(Movie) = ASCMovie[0] + Movie.dummy[0|0]*Movie[0,1,2] /
U(Pay) = ASCPay[0] + Pay[0]*Pay[0,1] /
U(Stop) =              Stop.dummy[0|0]*stop[0,1,2] $
```

你也可以假设存在多个最优—最差问题，他们选择：

```
Design
;eff=(mnl,d)
;alts = Seat, Movie, Pay, Stop
;rows = 12
;choices = bw2(b,b,b)
;con
;model:
U(Seat) = ASCseat[0] + seat.dummy[0|0] * seat[0,1,2] /
U(Movie) = ASCMovie[0] + Movie.dummy[0|0]*Movie[0,1,2] /
U(Pay) = ASCPay[0] + Pay[0]*Pay[0,1] /
U(Stop) =              Stop.dummy[0|0]*stop[0,1,2] $
```

## □ 6B. 3　最优—最差情形 3

情形 3 与情形 1 和 2 显著不同。情形 3 看起来更像传统的 DCE；然而，它们的响应机制不同。与传统的让应答者选取一个任务的 DCE 不同，最优—最差情形 3 让应答者选择最优选项和最差选项。

考虑下列例子（见图 6B. 3）。

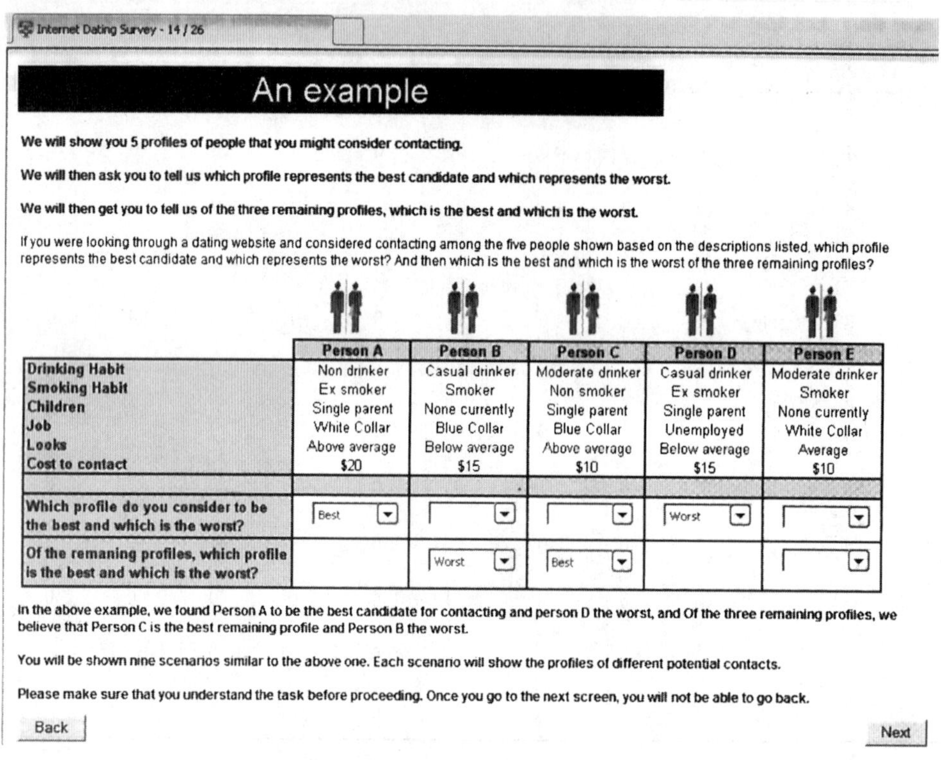


**图 6B. 3　最优—最差情形 3**

数据建立方式有好几种，具体使用哪种方式取决于研究人员认为应答者会如何完成任务。例如，如果研究人员不对问题进行排序，那么应答者的回答可能为最优（选项）、第二优、第三优，依此类推。或者，应答者可能回答最优（选项）、最差、第二优、第二差，依此类推。

假设应答者的回答为最优、第二优、…，那么数据的建立方式如表 6B. 7 所示。

上述设计的 Ngene 语法为：

```
Design
;alts =A,B,C,D,E
;eff= (mnl,d,mean)
;rows=24
;bdraws=halton(100)
;choices = bw3(b,b,b,b)
;model:
U(A) = Dr.dummy[(u,-1,-0.5)|(u,-0.5,0)]*drink[0,1,2] + Sm.dummy[(u,-1,-
0.5)|(u,-0.5,0)]*Smoke[0,1,2]
+ Ch.dummy[(u,-1,-0.5)|(u,-0.5,0)]*Child[0,1,2]+ Jo.dummy[(u,-1,-0.5)|
(u,-0.5,0)]*Job[0,1,2]
+ Lo.dummy[(u,-1,-0.5)|(u,-0.5,0)]*Looks[0,1,2] + Cst[(n,-0.05,0.01)]
*Cost[5,10,15,20] /
U(B) = Dr*drink + Sm*Smoke+ Ch*Child+ Jo*Job + Lo*Looks + Cst*Cost /
U(C) = Dr*drink + Sm*Smoke+ Ch*Child+ Jo*Job + Lo*Looks + Cst*Cost /
U(D) = Dr*drink + Sm*Smoke+ Ch*Child+ Jo*Job + Lo*Looks + Cst*Cost /
U(E) = Dr*drink + Sm*Smoke+ Ch*Child+ Jo*Job + Lo*Looks + Cst*Cost $
```

表 6B.7　　最优—最差情形 3：数据建立 2（最优—最优—最优—最优…）

| Resp | Set | RespSet | Explode | Altij | Altn | Cset | Choice | Drink | Smoke | Child | Job | Looks | Cost |
|---|---|---|---|---|---|---|---|---|---|---|---|---|---|
| 1 | 1 | 1 | 1 | 1 | 1 | 5 | 1 | 0 | 1 | 1 | 0 | 2 | 20 |
| 1 | 1 | 1 | 1 | 2 | 2 | 5 | 0 | 1 | 2 | 0 | 1 | 0 | 15 |
| 1 | 1 | 1 | 1 | 3 | 3 | 5 | 0 | 2 | 0 | 1 | 1 | 2 | 10 |
| 1 | 1 | 1 | 1 | 4 | 4 | 5 | 0 | 1 | 1 | 1 | 2 | 0 | 15 |
| 1 | 1 | 1 | 1 | 5 | 5 | 5 | 0 | 2 | 2 | 0 | 0 | 1 | 10 |
| 1 | 2 | 1 | 2 | 2 | 7 | 4 | 0 | 1 | 2 | 0 | 1 | 0 | 15 |
| 1 | 2 | 1 | 2 | 3 | 8 | 4 | 1 | 2 | 0 | 1 | 1 | 2 | 10 |
| 1 | 2 | 1 | 2 | 4 | 9 | 4 | 0 | 1 | 1 | 1 | 2 | 0 | 15 |
| 1 | 2 | 1 | 2 | 5 | 10 | 4 | 0 | 2 | 2 | 0 | 0 | 1 | 10 |
| 1 | 3 | 1 | 3 | 2 | 12 | 3 | 0 | 1 | 2 | 0 | 1 | 0 | 15 |
| 1 | 3 | 1 | 3 | 4 | 14 | 3 | 0 | 1 | 1 | 1 | 2 | 0 | 15 |
| 1 | 3 | 1 | 3 | 5 | 15 | 3 | 1 | 2 | 2 | 0 | 0 | 1 | 10 |
| 1 | 4 | 1 | 4 | 2 | 17 | 2 | 1 | 1 | 2 | 0 | 1 | 0 | 15 |
| 1 | 4 | 1 | 4 | 4 | 19 | 2 | 0 | 1 | 1 | 1 | 2 | 0 | 15 |

在上面的语法中，属性是虚拟编码的；然而，在理论上，方法本身没有要求特定的编码结构。一些研究者采用了下列方法：删除上一次伪观察中被选中的最优或最差选项。在这种情形下，我们假设应答者在剩下的选项中比较第二好的或第二差的。表 6B.8 给出了数据建立方式。注意，这两种方法代表应答者对问题的不同回答模式的两种假设。

上述设计的语法为：

```
Design
;alts =A,B,C,D,E
;eff= (mnl,d,mean)
;rows=24
;bdraws=halton(100)
;choices = bw3(b,w,b,w)
;model:
U(A) = Dr.dummy[(u,-1,-0.5)|(u,-0.5,0)]*drink[0,1,2] + Sm.dummy[(u,-1,-
0.5)|(u,-0.5,0)]*Smoke[0,1,2]
+ Ch.dummy[(u,-1,-0.5)|(u,-0.5,0)]*Child[0,1,2]+ Jo.dummy[(u,-1,-0.5)|
(u,-0.5,0)]*Job[0,1,2]
+ Lo.dummy[(u,-1,-0.5)|(u,-0.5,0)]*Looks[0,1,2] + Cst[(n,-0.05,0.01)]
*Cost[5,10,15,20] /
U(B) = Dr*drink + Sm*Smoke+ Ch*Child+ Jo*Job + Lo*Looks + Cst*Cost /
U(C) = Dr*drink + Sm*Smoke+ Ch*Child+ Jo*Job + Lo*Looks + Cst*Cost /
U(D) = Dr*drink + Sm*Smoke+ Ch*Child+ Jo*Job + Lo*Looks + Cst*Cost /
U(E) = Dr*drink + Sm*Smoke+ Ch*Child+ Jo*Job + Lo*Looks + Cst*Cost $
```

表 6B.8　　最优—最差情形 3：数据建立 3（最优—最差—最优—最差—…）

| Resp | Bestworst | Explode | Altij | Altn | Cset | Choice | Drink | Smoke | Child | Job | Looks | Cost |
|---|---|---|---|---|---|---|---|---|---|---|---|---|
| 1 | 1 | 1 | 1 | 1 | 5 | 1 | 0 | 1 | 1 | 0 | 2 | 20 |
| 1 | 1 | 1 | 2 | 2 | 5 | 0 | 1 | 2 | 0 | 1 | 0 | 15 |
| 1 | 1 | 1 | 3 | 3 | 5 | 0 | 2 | 0 | 1 | 1 | 2 | 10 |
| 1 | 1 | 1 | 4 | 4 | 5 | 0 | 1 | 1 | 1 | 2 | 0 | 15 |
| 1 | 1 | 1 | 5 | 5 | 5 | 0 | 2 | 2 | 0 | 0 | 1 | 10 |
| 1 | −1 | 2 | 2 | 7 | 4 | 0 | −1 | −2 | 0 | −1 | 0 | −15 |
| 1 | −1 | 2 | 3 | 8 | 4 | 0 | −2 | 0 | −1 | −1 | −2 | −10 |
| 1 | −1 | 2 | 4 | 9 | 4 | 1 | −1 | −1 | −1 | −2 | 0 | −15 |
| 1 | −1 | 2 | 5 | 10 | 4 | 0 | −2 | −2 | 0 | 0 | −1 | −10 |
| 1 | 1 | 3 | 2 | 12 | 3 | 0 | 1 | 2 | 0 | 1 | 0 | 15 |
| 1 | 1 | 3 | 3 | 13 | 3 | 1 | 2 | 0 | 1 | 1 | 2 | 10 |
| 1 | 1 | 3 | 5 | 15 | 3 | 0 | 2 | 2 | 0 | 0 | 1 | 10 |
| 1 | −1 | 4 | 2 | 17 | 2 | 1 | −1 | −2 | 0 | −1 | 0 | −15 |
| 1 | −1 | 4 | 5 | 20 | 2 | 0 | −2 | −2 | 0 | 0 | −1 | −10 |

## 附录 6C　历史文献回顾

在本附录中，我们简要回顾了应用于 SC 类型数据的实验设计理论，本节内容来自 Rose 和 Bliemer（2014）。需要承认，关于这个问题的文献众多，我们不可能对每个主题都详细讨论。因此，我们重点考察我们认为重要的贡献。

### □ 6C.1　Louviere 和 Hensher（1983），Louviere 和 Woodworth（1983）等

早期 SC 研究的重点放在方法的引进上和改进当时使用的标准陈述性偏好方法上（例如，传统的联合设计法）。因此，早期研究没有特别关注实验设计问题，只是简单地将设计构建方法从其他领域拿过来使用。有意思的是，这些“其他领域”的方法——传统的联合设计法——正是 SC 方法希望取代的。① 在传统的联合研究中，应答者需要对选项排序或打分（而不是选择选项），而且这些使用全因子或部分因子设计构建的选项不是以选择任务形式分组提供，而是一起提供给应答者；另外，数据是用线性模型（例如线性回归模型）估计的（MANOVA 也曾经流行了一段时间）。因此，在这个时期，实验设计理论主要考察适用于这类数据的线性回归模型。

线性回归模型的方差—协方差（variance-covariance，VC）矩阵为

$$VC = \sigma^2 (X'X)^{-1} \tag{6C.1}$$

① 注意，这不意味着早期 SC 研究没有考察正交设计在离散选择数据中的应用。事实上，Anderson 和 Wiley（1992）以及 Lazari 和 Anderson（1994）考察了正交设计解决选项可得性问题的能力。正交设计理论在 SC 方法中的应用可以参考 Louviere et al.（2004）这篇文献综述。

其中，$\sigma^2$ 为模型方差，$X$ 为实验设计或待估计的数据中的属性水平矩阵。

暂时固定模型方差（它只不过是个尺度因子），当矩阵 $X$ 的列是正交的时，线性回归模型的 VC 矩阵的元素将最小。因此，在估计这样的模型时，数据的正交性非常重要，因为这个性质保证了（a）模型不会受到多重共线性的困扰以及（b）参数估计值的方差（和协方差）最小。因此，正交设计（至少与线性模型相关的正交设计）满足前面提到的好的设计的两个标准；它们允许独立地确定每个属性对因变量的贡献，而且它们能够使得实验设计发现统计显著关系的能力最大化（即最大化任何给定样本规模的 $t$ 值）。当然，$\sigma$ 也可能起着重要作用，因此不能总是忽略。这是因为我们也许能够找到非正交设计，使得它的协方差不为零而且方差比较大，但在用 $\sigma$ 调整时，它的元素比较小。因此，对于这类模型来说，正交设计整体上表现较好。

尽管离散选择数据经常被用于非线性模型，然而，这种为线性模型构建的设计适用于这样的数据吗？这个问题很长一段时间没有引起重视。研究人员考察这种问题时，如果分析不当，就会得出自然而然的结论：正交设计的表现比非正交设计好。例如，Kuhfeld et al.（1994）使用了与线性模型相伴的信息矩阵（即不含有 $\sigma$ 的式（6C.1）），比较了平衡和非平衡正交设计，然而他们将其用在非线性 logit 模型的设计上。在这种情形下，他们得到下列结论就不奇怪了：尽管“不惜任何代价保留正交性可能导致效率降低”，尤其当研究人员无法得到平衡正交时，然而“只要存在平衡正交设计，非正交设计设计绝不可能比平衡正交设计更有效率”。

这样的错误观念一直持续到今天。为了说明这一点，考虑文献常见的做法：(i) 报告 SC 研究中的下列设计统计量；(ii) 构建 SC 设计时将统计量本身作为有待最优化的目标函数［例如，Kuhfeld et al.(1994)；Lusk 和 Norwood（2005）］：

$$D\text{效率} = \frac{100}{S\,|\,(X'X)^{-1}\,|^{1/K}} \tag{6C.2}$$

其中，$S$ 为观察点数（即选择组合数），$K$ 为属性或参数个数，$X$ 为设计矩阵。对于随机效用理论下的离散选择模型运行条件，这个衡量指标不能提供任何额外信息，因为式（6C.2）是在线性模型假设条件下得到的。这个式子与同方差的线性回归模型的 VC 矩阵的表达式之间的关系，明确说明了二者之间的关系。的确，对于正交设计，式（6C.2）的值将为 100%；对于非正交设计，式（6C.2）的值将降低。然而，正如我们后面指出的，这个类型的设计正交性并不意味着非线性离散选择模型的效率。

然而，需要特别指出，使用这些设计的文献取得的成功（或失败较少），意味着正交设计使用的普遍性仍无法动摇。尽管越来越多的证据表明非正交设计可能更适合离散选择模型，然而，正交设计仍被各类文献使用，在未来也有可能仍是最常见的设计。

## □ 6C.2 Fowkes，Toner，Wardman et al.（Institute of Transport，Leeds，1988－2000）

20 世纪 80 年代晚期，利兹大学交通领域的研究者开始质疑正交设计对离散选择类数据的适用性。在十几年间，Fowkes、Toner 和 Wardman 等对基于正交表的部分因子设计的使用提出了质疑，并且讨论了符合现实且对应答者有意义的实验的重要性以及提高参数估计的稳健性的重要性。这些研究者主要处理二元选择任务，他们在构建实验设计时，假设通用（即未加标签的）参数和特定选项参数的先验值都不为零。这样的设计称为局部最优设计，因为假设的参数先验值是确切知道的，而且设计最优化正是针对这些参数值展开的。如果真实参数估计值与假设参数值不同（即参数先验值错误设定），那么设计将损失效率；参见图 6C.1。利兹大学的这些研究人员不是直接将参数估计值的标准误最小化，而是将参数比率的方差最小化（即他们关注的是支付意愿（WTP）问题），这些方差是他们使用 Delta 方法（参见第 7 章）从模型的 AVC 矩阵计算出来的。

在这类设计中，属性水平不是固定在事先定义的水平上，而是被允许取任何值，包括非整数，因此是连续的。这样，借助一些数学方法（例如非线性规划），研究人员也许能够找到使得目标函数最优化的设计。他们使用这些数学方法，找到使得两个参数的比值的方差最小的设计，因此，这样的设计在他们的假设条件下是最优的。

仔细考察利兹大学研究人员的设计，可知很多选择任务对于应答者来说不符合现实。因此，研究人员对设计施加了额外要求，以获得所谓的“有界值”［关于这些设计的进一步讨论，可参见 Fowkes 和 Wardman

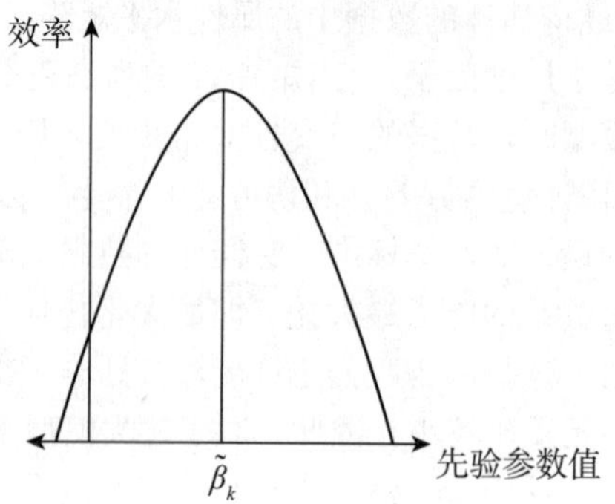


**图 6C.1 局部最优参数先验值和参数先验值的错误设定**

(1988); Fowkes et al. (1993); Toner et al. (1998, 1999); Watson et al. (2000)]。这些研究人员还发现，他们倾向于使用非常特殊的选择概率，称其为“神奇的概率（Magic P's）”。后来，其他领域的学者尤其是 Kanninen (2002) 又独立地重新发现了这一点。

## □ 6C.3 Bunch，Louviere 和 Anderson（1996）

1996 年，市场营销领域出现了两篇类似的文献，它们都讨论了与 SC 数据有关的实验设计理论。这一节讨论第一篇文献即 Bunch et al. (1996)，这是一篇工作论文。① 这篇论文讨论了多项 logit（MNL）模型的产生策略，他们假设未加标签的参数的局部先验值为零或非零。与前文中利兹大学研究人员的早期工作不同，这些作者在使用正交多项式编码时假设属性水平固定不变（我们将在讨论 Street 和 Burgess 的工作时进一步讨论这种编码结构）。在这篇文献中，作者将 AVC 矩阵元素最小化而不是参数比率方差最小化作为设计最优化的标准。

Bunch et al. (1996) 建议使用 $D$ 误差，他们将这个统计量用于 MNL 模型的期望 AVC 矩阵。不要将 $D$ 误差与 Kuhfeld et al (1994) 提出的 $D$ 效率衡量指标相混淆。$D$ 误差的计算过程如下：取应答者为一人时的 AVC 矩阵 $\Omega_1$ 的行列式，然后用参数个数 $K$ 将上述行列式（这是一个数值）标准化。将 $D$ 误差统计量最小化，对应着期望 AVC 矩阵元素在平均意义上的最小化。因此，使得 $D$ 误差统计量最小化的设计，称为 $D$ 最优设计。

为了与以前的 SC 实证工作一致，Bunch et al. (1996) 仅在正交设计中寻找最优设计。操作时，他们在设计产生过程中既考虑了同时构建的正交设计，又考虑了序贯构建的正交设计。在同时正交设计中，属性不仅在选项内是正交的，在选项之间也是正交的。这要求设计同时对所有选项构建。在序贯正交设计中，选项内的属性是正交的，但选项之间的属性未必是正交的［参见 Louviere et al. (2000)］。因此，他们的设计保留了传统正交设计的属性，包括水平平衡约束。

与利兹大学的研究人员产生的设计不同，使用事前设定的固定属性水平，研究者通常更难找到最优设计矩阵。因此，他们需要使用算法在设计空间中寻找，这个寻找过程涉及重新改变属性水平，并且检验每次变化之后的效率衡量指标值。只有在所有可能设计都被检验之后，研究人员才能断言设计是最优的。对于大型设计，这并非总是可行，因此，这样的设计应该称为效率设计。由于 Bunch et al. (1996) 的设计是正交的，但只有一部分设计被检验，因此，他们的设计应该称为局部最优 $D$ 效率设计，而不是 $D$ 最优设计。尽管找到 SC 设计的算法也很重要，事实上它们也是 Bunch et al. (1996) 这篇论文的核心，然而限于篇幅，我们在这里不讨论这个问题［关于设计算法的讨论，可参见 Kessels et al. (2006)］。

## □ 6C.4 Huber 和 Zwerina（1996）

Bunch et al. (1996) 出现的同时，市场营销领域又出现了另外一篇论文，即 Huber 和 Zwerina (1996)。

① 这篇文献的早期版本出现在 1994 年；然而，我们偏爱 1996 年的这个版本，因为它可以免费下载。

这篇论文的主体内容与 Bunch et al.（1996）类似，然而二者存在重要且微妙的区别。在讨论它们的区别之前，我们先指出二者的相似之处。与 Bunch et al.（1996）类似，Huber 和 Zwerina（1996）也考察针对 MNL 模型的最优设计，他们也假设未加标签的参数的局部先验值非零，尽管他们使用效应编码变量而不是正交多项式编码。另外，与 Bunch et al.（1996）类似，他们假设从实验设计抽取的属性水平固定不变。最后，他们也认为伴随 $D$ 误差最小的设计是最优设计（因为按照他们的定义，这是效率设计）。

然而，这两篇论文的差异之处以及由此引起的学者们的讨论更有意思。与 Bunch et al.（1996）不同，Huber 和 Zwerina（1996）没有将设计空间限制为仅由正交设计组成。由于不要求设计为正交的，因此他们也在一定程度上放松了属性水平平衡概念。传统的属性水平平衡假设，在设计的每个列中，每个水平出现的次数相同（属性水平平衡的严格定义，参见图 6C.2（a））。这些研究人员使用了属性水平平衡的新定义：对于既定属性，水平出现相同次数，这与该属性出现在哪个选项中无关（因此，在各个列之间，水平必须出现相同次数；但在每一列内，不要求这一点；参见图 6C.2（b））。为了说明这一点，考虑图（a）中的设计，在选项 A 和 B 中，对于属性 A1，水平 10、20 和 30 各出现了两次；类似地，属性 A2 和 A3 的水平在每一列出现的次数相同，这与它们属于哪个选项无关。对于图（b）中的设计，考察每一列可知，水平在每一列出现的次数不相同；然而，对于选项 A 和 B（注意，需要将 A 和 B 视作一个整体），每个属性的每个水平恰好出现了四次。例如，水平 10 出现了 4 次（在选项 A 的属性 A1 中出现了 1 次，在选项 B 的属性 A1 中出现了 3 次），类似地，水平 20 也出现了 4 次，读者可自行验证。

(a)

| 选项 A | | | 选项 B | | |
|---|---|---|---|---|---|
| A1 | A2 | A3 | A1 | A2 | A3 |
| 10 | 3 | 2 | 10 | 3 | 2 |
| 20 | −5 | 4 | 30 | −5 | 6 |
| 30 | 3 | 6 | 20 | −5 | 4 |
| 10 | −5 | 6 | 20 | 3 | 4 |
| 30 | −5 | 2 | 10 | −5 | 2 |
| 20 | 3 | 4 | 30 | 3 | 6 |

(b)

| 选项A | | | 选项 B | | |
|---|---|---|---|---|---|
| A1 | A2 | A3 | A1 | A2 | A3 |
| 10 | 3 | 2 | 10 | 3 | 2 |
| 20 | −5 | 4 | 20 | −5 | 4 |
| 30 | 3 | 6 | 30 | 3 | 4 |
| 30 | −5 | 6 | 10 | 3 | 4 |
| 30 | −5 | 2 | 10 | −5 | 2 |
| 20 | −5 | 6 | 20 | 3 | 6 |

**图 6C.2　属性水平平衡的不同定义**

这篇论文得到了两个重要而深远的发现。首先，作者发现，在非零局部先验值假设下，非正交设计的表现更好，因为它产生了更统计有效的结果。这个发现很重要，然而第二个发现更重要，尽管它未必受其他学者认可。Huber 和 Zwerina（1996）认为，如果让 J 个选项的选择概率大致相等，那么设计更有效率（与选择概率不相等的设计相比较）。然而，这个发现与利兹大学研究人员的发现相冲突，也与这个领域的其他研究者的后来研究相冲突。这些后来者发现，在一定条件下（这些条件基本与 Huber 和 Zwerina（1996）相同），最优设计并不是使得每个选项的选择概率等于 $1/J$ 的设计；相反，如果在构建选项时使得选择概率不是概率（或效用）平衡的（利兹大学研究人员所谓的“神奇的 P 值”），就能得到最优设计。然而，遗憾的是，对于 SC 模型，效用或概率平衡信息（这对研究者更有吸引力）而不是放松正交性才能产生统计上的效率。然而，令人遗憾的是，直到今天，仍有一些文献在非零先验值假设下产生概率平衡设计。

## □ 6C.5　Sándor 和 Wedel（2001，2002，2005）

SC 设计领域中的再一次突破仍出现在市场营销领域。2001 年，Sándor 和 Wedel 将贝叶斯效率设计引入 SC 设计领域。这些研究者使用 MNL 模型，并且将未加标签的参数应用于效应编码变量，而且假设属性水平固定。他们在设计产生过程中使用了贝叶斯方法，从而放松了参数的先验信息。研究人员在计算设计的效率时，不是假设每个参数取一个固定不变的先验值，而是从事先假设的先验参数分布中多次模拟抽样。不同的分布可能伴随着不同的总体矩，这些不同的总体矩代表着真实参数值的不同的不确定性水平。通过在一系列可能的参数先验值（从事先假设的参数先验分布中抽取）上将设计最优化，研究人员得到的设计足够稳健，至少在事先假设的分布上是这样的。可用图 6C.3 表示，在这个图中，均匀贝叶斯先验参数分布（以虚线矩形表示）的下限和上限分别为 $\mu_L$ 和 $\mu_U$。从该图可以看出，这类设计的效率通常比等价局部最优设计（以非虚线表示）差，但它们对先验参数错误设定有更强的稳健性。与 Huber 和 Zwerina（1996）类似，他们也发现在贝叶斯版本的 $D$ 误差统计量意义上，非正交设计的表现比正交设计好。

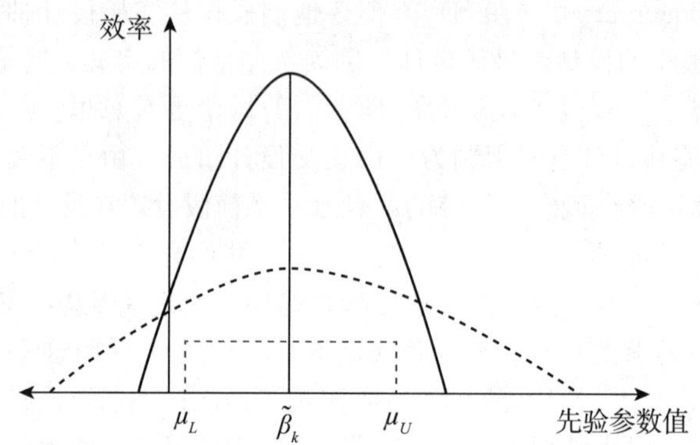


**图 6C. 3 局部最优设计与贝叶斯最优设计**

在后续研究中，Sándor 和 Wedel（2002，2005）在未加标签的参数用效应编码变量估计，而且属性水平固定以及局部最优先验参数估计值等一系列假设下，得到了截面形式的混合 MNL（MMNL）模型的 AVC 矩阵。因此，他们最先对 MNL 模型之外的其他模型产生了设计。在这个过程中，他们仍然用 $D$ 误差统计量作为设计标准，因此，尽管不同模型类型使用的假设不同以及先验参数的产生方式不同，他们仍能用 $D$ 误差（和协方差）最小找到最优设计。

## □ 6C. 6 Street 和 Burgess （2001 年至今）

2001 年开始，学者 Street 和 Burgess 在统计学和市场营销杂志上发表了一批关于 SC 实验设计的论文，他们代表着一股独立研究力量，我们将他们的设计称为 Street 和 Burgess 型设计［参见 Burgess 和 Street（2005）；Street 和 Burgess（2004）；Street et al.（2001，2005）］。与以前的研究者一样，他们在得到设计的 AVC 矩阵时，也使用 MNL 模型；然而，他们用来得到 AVC 矩阵的数学方法与其他研究者不同。其他研究者使用关于参数的二阶导数：

$$\Omega_N = I_N^{-1}\text{，其中 } I_N = -E_N\left(\frac{\partial^2 \log L}{\partial\beta\partial\beta'}\right) \qquad \text{(A6. 3. 3)}$$

其中 $E_N(\cdot)$ 表示大样本总体均值；Street 和 Burgess 计算关于总效用 $V$ 的二阶导数：

$$\Omega_N = I_N^{-1}\text{，其中 } I_N = -E_N\left(\frac{\partial^2 \log L}{\partial V\partial V'}\right) \qquad \text{(A6. 3. 4)}$$

计算 AVC 矩阵的方法的这种差别在文献中引起了混乱，一些学者认为 Street 和 Burgess 的方法与这里讨论的主流 SC 实验设计文献无关。这种看法又加强了下列观点：用于产生 AVC 矩阵的这两种方法存在很大区别。然而，Bliemer 和 Rose（2014）证明 Street 和 Burgess 的设计只是前文描述的其他研究者使用的更一般的方法的特殊情形。

Bliemer 和 Rose（2014）也使用 MNL 模型，而且假设数据用正交编码结构，但他们使用了前文讨论的其他学者的方法，重现了 Street 和 Burgess 型设计。Sreet 和 Burgess 型设计的构建方法如下：使用 Bunch et al.（1996）描述的方法序贯地产生正交设计；然后，将设计（见表 6C. 1（a））转换为正交对比编码（见表 6C. 1（b））［参见 Keppel 和 Wickens（2004）］；接下来，将正交对比编码转换为正交编码——首先计算每一列的平方和（在每一列底部给出），然后将每一列中的正交对比编码除以这个数（见表 6C. 1（c））。

在局部先验值为零以及参数在各个选项之间为通用的（未加标签的）假设下，计算设计的 AVC 矩阵。然后，将 AVC 矩阵的元素标准化：将每个元素除以原设计每个属性 $k$ 的水平数 $L_k$ 的乘积，即除以 $\prod_{k=1}^{K} L_k$。这样，设计可用其他研究者提出的 $D$ 误差统计量进行最优化。

**表 6C.1　　设计编码转换为正交对比编码**

| (a) 设计编码 | | | | | (b) 正交对比编码 | | | | | | |
|---|---|---|---|---|---|---|---|---|---|---|---|
| S | A1 | A2 | B1 | B2 | S | A1a | A1b | A2a | B1a | B1b | B2a |
| 1 | 0 | 0 | 2 | 1 | 1 | −1 | 1 | −1 | 1 | 1 | 1 |
| 2 | 1 | 1 | 0 | 0 | 2 | 0 | −2 | 1 | −1 | 1 | −1 |
| 3 | 2 | 1 | 1 | 0 | 3 | 1 | 1 | 1 | 0 | −2 | −1 |
| 4 | 2 | 0 | 1 | 1 | 4 | 1 | 1 | −1 | 0 | −2 | 1 |
| 5 | 0 | 0 | 2 | 1 | 5 | −1 | 1 | −1 | 1 | 1 | 1 |
| 6 | 1 | 1 | 0 | 0 | 6 | 0 | −2 | 1 | −1 | 1 | −1 |
| 7 | 1 | 0 | 0 | 1 | 7 | 0 | −2 | −1 | −1 | 1 | 1 |
| 8 | 2 | 0 | 1 | 1 | 8 | 1 | 1 | −1 | 0 | −2 | 1 |
| 9 | 0 | 1 | 2 | 0 | 9 | −1 | 1 | 1 | 1 | 1 | −1 |
| 10 | 1 | 0 | 0 | 1 | 10 | 0 | −2 | −1 | −1 | 1 | 1 |
| 11 | 2 | 1 | 1 | 0 | 11 | 1 | 1 | 1 | 0 | −2 | −1 |
| 12 | 0 | 1 | 2 | 0 | 12 | −1 | 1 | 1 | 1 | 1 | −1 |
| | | | | | | **8** | **24** | **12** | **8** | **24** | **12** |

(c) 正交编码

| S | A1a | A1b | A2a | B1a | B1b | B2a |
|---|---|---|---|---|---|---|
| 1 | −0.35 | 0.20 | −0.29 | 0.35 | 0.20 | 0.29 |
| 2 | 0.00 | −0.41 | 0.29 | −0.35 | 0.20 | −0.29 |
| 3 | 0.35 | 0.20 | 0.29 | 0.00 | −0.41 | −0.29 |
| 4 | 0.35 | 0.20 | −0.29 | 0.00 | −0.41 | 0.29 |
| 5 | −0.35 | 0.20 | −0.29 | 0.35 | 0.20 | 0.29 |
| 6 | 0.00 | −0.41 | 0.29 | −0.35 | 0.20 | −0.29 |
| 7 | 0.00 | −0.41 | −0.29 | −0.35 | 0.20 | 0.29 |
| 8 | 0.35 | 0.20 | −0.29 | 0.00 | −0.41 | 0.29 |
| 9 | −0.35 | 0.20 | 0.29 | 0.35 | 0.20 | −0.29 |
| 10 | 0.00 | −0.41 | −0.29 | −0.35 | 0.20 | 0.29 |
| 11 | 0.35 | 0.20 | 0.29 | 0.00 | −0.41 | −0.29 |
| 12 | −0.35 | 0.20 | 0.29 | 0.35 | 0.20 | −0.29 |

然而，Street 和 Burgess 的贡献主要在于提供了一种找到最优设计的方法，即在一定假设条件下，我们不需要借助复杂的（迭代）算法，就能找到最优设计。这个过程如下：首先确定 AVC 矩阵行列式的最大值。为了找到这个最大值，我们需要计算 $M_k$ 的值；$M_k$ 是既定选择情景中对于每个属性 $k$，能取不同水平的最大选项组合数。对于每个属性 $k$，$M_k$ 可用式（6C.5）计算。注意，在这个式子中，$M_k$ 是设计中的选项数 $J$ 以及属性 $k$ 的水平数 $L_k$ 的函数：

$$M_k=\begin{cases}(J^2-1)/4,\ L_k=2,\ J\text{ 为奇数}\\ J^2/4,\ L_k=2,\ J\text{ 为奇数}\\ (J^2-(L_kx^2+2\times 7+y))/2,\ 2\leqslant L_k\leqslant J\\ J(J-1)/2,\ L_k\geqslant J\end{cases}\tag{6C.5}$$

其中，$x$ 和 $y$ 是满足方程 $J=L_kx+y$ 的正整数，$0\leqslant y\leqslant L_k$。对于属性水平数为 $2\leqslant L_k\leqslant J$ 的情形，为了得到 $x$ 值，研究者需要将 0 和 $L_k$ 之间的整数值（这是 $y$ 值）代入 $J=L_kx+y$。任何能产生 $x$ 的整数值的 $y$ 都是可行的。

一旦我们得到了每个属性的 $M_k$ 值，就可以计算 $C$ 的行列式的最大值：

$$\det(C_{\max})=\prod_{k=1}^{K}\left(\frac{2M_k}{J^2(L_k-1)\prod_{i\neq k}L_i}\right)^{L_k-1}\times 100\tag{6C.6}$$

作为一个百分数，式（6C.6）提供了一种衡量指标，用来说明在上述假设条件下，某个设计的最优程度；这里的假设条件指使用 MNL 模型、正交编码，以及未加标签的参数的局部最优先验值为零。遗憾的是，一些文献没有注意这里的假设，简单地将其作为一种衡量指标来比较不同设计的优劣。因此，我们再次指出，这个衡量指标只有在特定假设条件下才有意义，不能用于推断其他假设条件下设计的优劣。

## □ 6C.7 Kanninen（2002，2005）

2002 年，Kannien 再次独立地发现了下列事实：在使用 MNL 模型以及未加标签的参数的局部先验值非零的情形下，如果将选项限制为两个，那么最优设计倾向于使用特定的非平衡选择概率。与利兹大学研究团队类似，Kanninen 证明选择任务中的效用或概率平衡代表着不合意性质，这意味着研究人员应该根据合意的选择概率或利兹大学研究团队所谓的“神奇的 P 值”将估计方差最小化。在 Kanninen（2002）提出的设计方法中，$K-1$ 个属性水平针对两个选项产生，这通常使用正交设计或 Street 和 Burgess 设计。每个选项的最后一个属性，即第 $K$ 个属性，作为连续变量（通常为价格属性）产生。这些连续变量的值要能使选择概率的取值可将 AVC 矩阵的元素最小化（在非零先验参数值的假设下）。

尽管 Kanninen（2002）的方法与利兹大学团队的有界值方法有所不同，但它们的意义是相同的，而且结果也是类似的。然而，这两种方法的真正区别在于，利兹大学团队的设计使得两个参数比值的方差最小（即针对支付意愿问题），而 Kanninen（2002）直接使用 $D$ 误差衡量参数估计值的方差。这两种方法的另外一个区别是，利兹大学团队建议所有属性都是连续的（在交通领域，属性通常为时间和成本，这个建议可行），而 Kanninen（2002）仅允许一个属性为连续变量（这在市场营销和环境经济学领域可行，因为这些领域的很多属性都是定性的，没有必要以连续变量形式展现给应答者）。

Kanninen（2002）和 Johnson et al.（2006）确定了设计数为有限个（即涉及两个选项）的合意概率，参见表 6C.2。

**表 6C.2　　特定设计的最优选择概率值**

| 属性个数（$K$） | 唯一选择情形的个数 | 最优选择（两个选项各自的百分数） |
|---|---|---|
| 2 | 2 | 0.82/0.18 |
| 3 | 4 | 0.77/0.23 |
| 4 | 4 | 0.74/0.26 |
| 5 | 8 | 0.72/0.28 |
| 6 | 8 | 0.70/0.30 |
| 7 | 8 | 0.68/0.32 |
| 8 | 8 | 0.67/0.33 |

资料来源：改编自 Johnson et al.（2006）。

也许有读者会担心，这些设计仅针对事先假设的参数先验值是最优的。事实的确如此，但这里的问题可能更严重，因为连续变量对先验值假设更为敏感，因此给定不同的参数估计值，结果可能有很大差异。因此，Kanninen（2002）建议，一旦收集完数据并且得到更可能的参数估计值，就应该不断更新设计。

## □ 6C.8　Bliemer，Rose 和 Scarpa（2005 年至今）

Bliemer，Rose 和 Scarpa 的论文主要发表在交通领域和环境经济学领域，他们致力于将实验设计理论扩展到更高级的离散选择模型，并解决与样本规模要求相关的问题。2004 年，这些学者开始考察放松正交假设对 logit 模型尤其对伴随非零局部先验值的 MNL 模型的影响（Rose and Bliemer，2004）。与早期的一些研究类似，他们对于非线性 logit 模型来说，正交似乎不是个合意性质。Bliemer 和 Rose（2005b）将 Bunch et al.（1996）提出的伴随非零局部先验值的 MNL 模型扩展到能够允许特定选项参数和未加标签参数估计的情形。与此同时，Bliemer 和 Rose（2005a）以及 Rose 和 Bliemer（2005）开始将注意力转移到 SC 实验要求的样本规模问题上。在他们的工作中，他们假设在设计产生过程中，属性水平是固定不变的。

Bliemer 和 Rose 指出，离散选择模型的 AVC 矩阵与样本规模 $N$ 的平方根反相关。因此，研究人员可以使用下列方法计算任何样本规模的 AVC 矩阵的元素的值：确定单个应答者的 AVC，然后将其除以 $\sqrt{N}$。根据这种关系，图 6C.4 显示了对于既定设计 $X^I$，研究者使用更大样本规模带来的后果。尽管一开始的好处比较大，也就是说，随着我们向设计中添加更多的应答者，模型的期望渐近标准误减小了，然而，这样的好处是边际递减的，即每个额外应答者对期望渐近标准误仅有边际影响。因此，当样本规模超过一定限度之后，样本规模对 SC 研究的参数估计值的统计显著性的影响非常小。图 6C.4（b）说明了给定一组总体参数时，研究者使用更好的设计 $X^{II}$（即更有效率的设计）的影响。一般来说，使用更有效率的设计比使用更大样本规模更有助于大幅降低标准误。注意，图 6C.4 显示的关系对于 logit 模型总是成立的；然而，曲线代表的下降速度取决于具体设计。

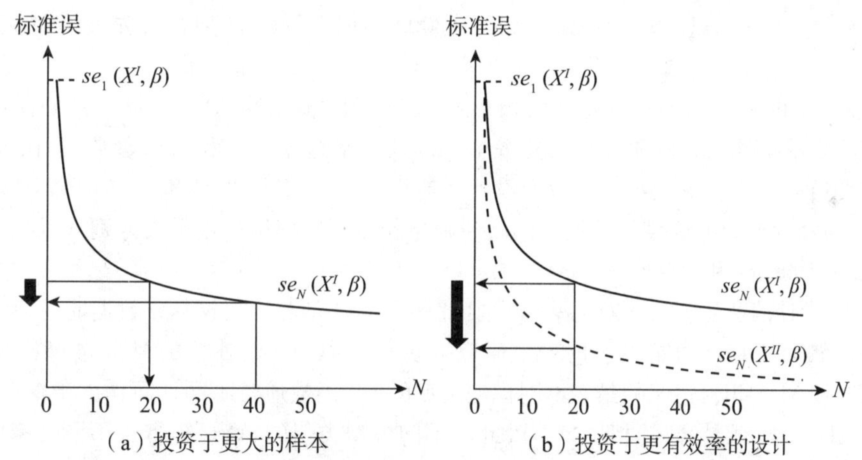

**图 6C.4　投资于更大的样本与投资于更有效率的设计之间的比较**

给定上述关系，Bliemer 和 Rose 能够提供一些关于 SC 实验要求的样本规模的洞察。注意，AVC 矩阵对角线元素的平方根代表参数估计值的渐近标准误，而且渐近 $t$ 值就是参数估计值除以渐近标准误（式(6C.7)），因此，对于伴随既定先验参数估计值的设计，我们能够确定其可能的渐近 $t$ 值：

$$t_k = \frac{\beta_k}{\sqrt{\sigma_k^2/N}} \tag{6C.7}$$

将式（6C.7）变形，可得：

$$N_k = \frac{t_k^2\sigma_k^2}{\beta_k} \tag{6C.8}$$

式（6C.8）是说，给定一组非零先验参数值，为了让每个参数都实现最小渐近 $t$ 值，样本规模应该为多少。

6 实验设计与选择实验

为了使用这些式子，研究者可能需要使用用于产生设计的先验参数，或检验在各种先验参数错误设定情形下的样本规模要求。一旦我们确定了所有属性的样本规模，就可以选择使所有渐近 $t$ 值取最小的事先设定值（例如 1.96）的样本规模。这样的设计称为 $S$ 效率设计。然而，Bliemer 和 Rose 指出，使用这种方法计算出的样本规模应该被视为理论上的绝对最小。这种方法假设的渐近性质可能在小样本中不成立。而且，这种方法既没有考虑参数估计值的稳定性，也没有指出样本规模为多大时参数可能是稳定的。对于不同参数，使用式（6C.8）比较样本规模也可能让我们知道（在一定的显著性水平上）哪些参数更难估计。

Rose 和 Bliemer（2006）将 SC 设计理论扩展到效用函数，以及进而 AVC 矩阵含有协变量的情形。在 MNL 模型、非零局部先验值以及特定选项参数和通用参数联合的假设下，他们能够说明他们的方法在确定来自不同片段的样本含有的最优应答者人数的同时，还能将 AVC 矩阵的元素最小化。这种方法涉及对费雪信息矩阵的不同片段指定最优权重。

Rose et al.（2008）考察要求枢轴设计的 SC 研究，在这样的设计中，选项的水平以偏离事前设定的特定应答者维持现状选项的百分数表示，而不是以事先定义的绝对水平表示。他们再一次在 MNL 模型、非零局部先验值以及联合使用特定选项参数和通用参数的假设下，考察一些能够在个体应答水平上将设计最优化的方法。

与此同时，Ferrini 和 Scarpa（2007）（这是一篇环境经济学领域的论文）将最优设计理论扩展到伴随非零局部先验值和固定属性水平的面板误差成分模型。由于考虑了面板形式的模型，这篇论文代表着 SC 实验设计理论的重要进展，因为它首次考虑了应答者偏好相关性问题，而在重复选择任务中的确可能存在相关性。然而，与以前的论文不同，他们使用模拟法而不是更常见的解析法来得到 AVC 矩阵。

Scarpa 和 Rose（2008）考察了在非零局部先验值和通用参数情形下的 MNL 模型的各种设计策略。由于没有注意到利兹大学团队的早期研究工作，他们也使用 delta 法来得到两个参数比值的方差，并且建议如果研究者主要关注支付意愿（WTP），那么他们应该使用上述衡量指标进行设计最优化。

为了估计嵌套 logit（NL）模型，Bliemer et al.（2009）使用了假设非零局部先验值和固定属性水平的设计理论。他们说明了当模型的"真实"尺度参数远离 1.0 时，MNL 模型产生的设计未必总是有效率的。

2010 年，Bliemer 和 Rose 以解析法得到面板形式的 MMNL 模型的 AVC 矩阵。他们使用一系列案例研究（这些案例涉及非零局部先验值和贝叶斯先验值，以及特定选项参数和通用参数），比较了 MNL 模型、截面 MMNL 模型和面板 MMNL 模型下的效率设计。他们发现，MNL 模型和面板 MMNL 模型下的设计的表现类似；然而，截面 MMNL 模型下的设计的表现则与前面那些模型存在很大区别（以统计效率和样本规模要求衡量），参见 Bliemer 和 Rose（2010a）。

SC 研究中效率设计的产生方法面对的一个主要批评是，研究人员在收集完数据时，应该事先知道准确的计量经济模型，然而这是不可能的。的确，研究人员用来估计 SC 数据的离散选择模型有多种，例如 MNL、NL、GEV 和 MMNL。遗憾的是，不同模型类型的 LL 函数通常不同，而且由于模型的 AVC 矩阵在数学上是该模型 LL 函数二阶导数的相反数，因此，不同模型类似的 AVC 矩阵也不同。因此，构建效率设计，不仅要求对参数先验值做出假设，而且要对 AVC 矩阵做出假设。

由于不同离散选择模型的 AVC 矩阵不同，因此将一种模型的 AVC 矩阵元素最小化的方法未必能将另外一种模型的 AVC 矩阵元素最小化。与参数估计的确定值（由局部先验值给出）的问题类似，研究者不可能事先知道模型是什么样的。于是问题变为选择最适合所收集的数据的模型。为了解决这个问题，Rose et al.（2009）建议使用模型平均法，将不同权重施加在不同模型的费雪信息矩阵上，用于平均化的模型包括 MNL 模型、截面误差成分模型和 MMNL 模型以及面板误差成分模型和 MMNL 模型。

近来，Rose et al.（2001）希望将利兹大学团队的设计和 Kanninen 的设计应用到更宽泛的 SC 问题上。遗憾的是，他们发现最优选择概率的获得仅在下列假设下才是可能的，即假设 MNL 模型、两个选项、非零局部先验参数值以及通用属性。为了克服这个局限，他们说明了研究人员可用 Nelder－Mead 算法，找到伴随任何选项个数以及任何先验参数类型（包括非零贝叶斯先验）的任何模型类型的最优选择概率。与伴随两个选项和所有参数都为通用参数的情形相比，这种更一般的情形似乎不存在固定的"神奇的 P 值"。

## □ 6C.9 Kessels，Goos，Vandebroek 和 Yu （2006 年至今）

安特卫普大学和鲁汶大学的研究团队也一直致力于 SC 实验设计理论研究。他们的很大一部分工作是开发用来产生各种设计的算法，因此超出了本章的主题范围［参见 Kessels et al.（2006，2009）和 Yu et al.（2008）］。然而，他们也关注 SC 实验设计理论的其他领域。特别地，他们考察了截面 MMNL 模型在非零贝叶斯先验和通用参数假设下的实验设计问题［参见 Yu et al.（2009）］，以及伴随维持现状选项的 NL 模型在非零贝叶斯先验假设下的实验设计问题［参见 Vermeulen et al.（2008）］。Yu et al.（2006）还考察了主效应和交互效应的非零先验假设下的效率设计问题。这个研究团队还解决了 MNL 模型和非零贝叶斯先验假设下的交互效应问题。最后，这个团队还考察了 $D$ 误差统计量之外的很多其他衡量指标，包括 $G$ 误差和 $V$ 误差，这些统计量的目的在于使得预期误差方差最小化。然而，仔细考察这些衡量指标可知，它们仍使用 AVC 矩阵，因此，尽管它们可能不能得到标准误最小化的设计，但它们仍与实验设计的一般理论相符。

应该承认，本章有一个局限，这就是我们对文献的讨论是根据它们发表时间的先后顺序。然而，论文发表时间不能真正代表研究者开展相关工作的时间。其中一个原因在于不同领域论文的发表周期不同，有些领域的论文需要等很长时间才能发表。另外，我们通常引用正式发表的论文而不是工作论文，这可能掩盖了这些贡献真正的先后顺序。例如，Rose et al.（2009）建议当研究人员不知道模型类型时，应该使用模型平均化过程；然而，这篇文献也使用了面板 MMNL 模型，这比考察面板 MMNL 模型设计的 Bliemer 和 Rose（2010a）更早。这是因为 Bliemer 和 Rose（2010a）最初写于 2007 年，然后作为会议论文于 2008 年发表；而 Rose et al.（2009）是会议论文。类似地，Bunch et al.（1996）最早出现在 1994 年。因此，在考察贡献的先后顺序时要小心。

# 7 统计推断

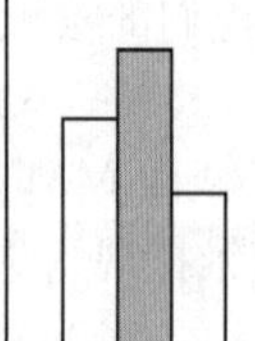

## 7.1 引言

本章将讨论选择模型分析中的统计推断问题。我们重点考察两类计算：一是假设检验，二是方差估计（variance estimation）。为了说明这些内容，我们将一直使用一个基于显示性偏好（RP）数据集的例子。在本章，我们使用 Nlogit 来说明相关概念，在这个过程中，我们提供语法和软件输出信息。对于比较熟悉这个领域的读者来说，语法和输出信息基本上不需要解释；然而，对于新手来说，我们建议先阅读第 11 章。多项 logit 模型见下列 Nlogit 语法，它给出了四种交通方式（bus，train，busway 和 car）的效用函数：

```
;Model:
u(bs) = bs + actpt*act + invcpt*invc + invtpt*invt2 + egtpt*egt + trpt*trnf /
u(tn) = tn + actpt*act + invcpt*invc + invtpt*invt2 + egtpt*egt + trpt*trnf /
u(bw) = bw + actpt*act + invcpt*invc + invtpt*invt2 + egtpt*egt + trpt*trnf /
u(cr) =          TC*TC + PC*PC        + invtcar*invt + egtcar*egt
```

属性为 act＝access time，invc＝in vehicle cost，invt2＝in vehicle time，egt＝egress time，trnf＝transfer wait time，tc＝toll cost，pc＝parking cost，invt＝in vehicle time for car。在后面章节，如果我们提供更详细的例子，那么我们将提供交叉注释。

## 7.2 假设检验

假设检验可用一系列方法实施，具体方法取决于具体情形。最常用的检验方法是比较嵌套模型。在这种情形下，模型是通过对另外一个（更大的）模型的参数施加限制而得到的。例如，检验模型中的某个特定参数是否等于零，就是这样的例子。MNL 模型的检验是另外一个例子，在这种情形下，我们检验嵌套 logit 模型的参数是否都等于 1。非嵌套模型的检验涉及两个竞争模型，也就是说，哪个模型也不包含于对方。在这种情形下，两个模型都不是严格“正确的”，但我们需要证明其中一个模型更接近于“真实”情形。嵌套 logit 情形下，对树的两种竞争设定，就是这方面的例子。另外一个例子是随机效用最大化（random utility maximization，RUM）设定和随机后悔最小化（RRM）设定之间的竞争（参见第 8 章）。最后，模型设定检验涉及零模型和其他更大模型之间的竞争。多项 logit 模型中 IIA 假设的 Hausman 检验（Hausman test）与不施加 IIA 假设的模型之间的竞争是更为常见的例子。

## □ 7.2.1 嵌套模型的检验

嵌套模型的检验通常使用下列三种方法中的一种：似然比检验、Wald 检验和拉格朗日乘数检验。我们分别考察它们。

### 7.2.1.1 似然比检验

选择模型的估计通常涉及将基准函数［例如对数似然（LL）函数］最优化，参见第 5 章。研究者偶尔也使用广义矩法（GMM）或贝叶斯马尔可夫链-蒙特卡罗（Markov Chain Monte Carlo，MCMC）法。然而，最大似然法仍是这个领域的绝对优势方法。不管我们用什么基准函数进行估计，这个函数都可以作为一种工具，用来检验对模型施加限制的假设。在对模型施加限制时，通常的结果为基准函数退化——LL 函数下降或 GMM 二次型上升。检验统计量是基准差的两倍，而且服从卡方分布，其中自由度等于限制条件的个数（见式（7.1））：

$$LR = 2(\log L|\text{未受限模型} - \log L|\text{受限模型}) \tag{7.1}$$

其中，LR 表示似然比（LR）。

注意，这个检验要求受限模型的自由参数的个数比未受限模型的自由参数的个数少。例如，多项 logit 模型是嵌套 logit 模型的一种特殊情形，此时嵌套 logit 模型的所有内含值参数都等于 1。为了说明似然比检验（LRT），我们将检验选择模型中的嵌套结构（嵌套 logit 模型可参见第 14 章）。它的结果和建立过程见下列语法。嵌套 logit 的 LL 为−199.255 52。MNL 的 LL 为−200.402 53。二者之差的两倍为估计的卡方统计量，仅为 2.294。当自由度为 2 时，（在 95%的置信度下）临界值为 5.99。因此，这个检验不能拒绝 MNL 模型的假设。嵌套 logit 模型的 LL 函数没有显著大于 MNL 模型的 LL 函数：

```
? LR Test of MNL vs. nested logit
? This first model is a nested logit model.
? Note the tree definition after the list of choices (see Chapter 14 for
details)
NLOGIT
;lhs = choice, cset, altij
;choices = bs,tn,bw,cr
;tree=bwtn(bw,tn),bscar(bs,cr)
;model:
u(bs) = bs + actpt*act + invcpt*invc + invtpt*invt2 + egtpt*egt + trpt*trnf /
u(tn) = tn + actpt*act + invcpt*invc + invtpt*invt2 + egtpt*egt + trpt*trnf /
u(bw) = bw+ actpt*act + invcpt*invc + invtpt*invt2 + egtpt*egt + trpt*trnf /
u(cr) = invtcar*invt + TC*TC + PC*PC + egtcar*egt
? Capture the unrestricted log likelihood
CALC ; llnested = logl $
? This second model is a simple MNL model - note no tree definition.
NLOGIT
;lhs = choice, cset, altij
;choices = bs,tn,bw,cr
;model:
u(bs) = bs + actpt*act + invcpt*invc + invtpt*invt2 + egtpt*egt + trpt*trnf /
u(tn) = tn + actpt*act + invcpt*invc + invtpt*invt2 + egtpt*egt + trpt*trnf /
u(bw) = bw+ actpt*act + invcpt*invc + invtpt*invt2 + egtpt*egt + trpt*trnf /
u(cr)    =    invtcar*invt    +    TC*TC    +    PC*PC  + egtcar*egt $
```

```
? Capture the restricted log likelihood, then compute the statistic.
? The Ctb(..) function in CALC reports the 95% critical value for the
? chi squared with two degrees of freedom.
CALC ; loglmnl = logl $
CALC ; List ; LRTest = 2*(llnested-loglmnl) ; Ctb(0.95,2) $
```

这个检验的估计结果如下。为简单起见，我们删掉了部分输出信息。

```
-----------------------------------------------------------------------------
FIML Nested Multinomial Logit Model
Dependent variable                CHOICE
Log likelihood function       -199.25552   ←
Response data are given as ind. choices
Estimation based on N =   197,   K = 14
Response data are given as ind. choices
Number of obs.=   197, skipped    0 obs
-----------+-----------------------------------------------------------------
           |              Standard              Prob.      95% Confidence
     CHOICE| Coefficient     Error          z   |z|>Z*         Interval
-----------+-----------------------------------------------------------------
           |Attributes in the Utility Functions (beta)
         BS| -1.66524**      .80355     -2.07   .0382  -3.24017    -.09030
      ACTPT|  -.07931***     .02623     -3.02   .0025   -.13071    -.02791
     INVCPT|  -.06125        .05594     -1.09   .2735   -.17089     .04839
     INVTPT|  -.01362        .00936     -1.45   .1457   -.03197     .00473
      EGTPT|  -.04509**      .02235     -2.02   .0437   -.08890    -.00128
       TRPT| -1.40080***     .46030     -3.04   .0023  -2.30297    -.49863
         TN| -3.90899       2.80641     -1.39   .1637  -9.40946    1.59148
         BW| -4.26044       2.91116     -1.46   .1433  -9.96621    1.44533
    INVTCAR|  -.04768***     .01232     -3.87   .0001   -.07183    -.02354
         TC|  -.11493        .08296     -1.39   .1659   -.27752     .04766
         PC|  -.01771        .01906      -.93   .3527   -.05507     .01965
     EGTCAR|  -.05896*       .03316     -1.78   .0754   -.12395     .00603
           |IV parameters, tau(b|l,r),sigma(l|r),phi(r)
       BWTN|   .55619**      .26662      2.09   .0370    .03363    1.07874
      BSCAR|   .99522***     .24722      4.03   .0001    .51069    1.47976
-----------+-----------------------------------------------------------------
Discrete choice (multinomial logit) model
Dependent variable                Choice
Log likelihood function       -200.40253   ←
Estimation based on N =   197,   K = 12
-----------+-----------------------------------------------------------------
           |              Standard              Prob.      95% Confidence
     CHOICE| Coefficient     Error          z   |z|>Z*         Interval
-----------+-----------------------------------------------------------------
         BS| -1.87740**      .74583     -2.52   .0118  -3.33920    -.41560
      ACTPT|  -.06036***     .01844     -3.27   .0011   -.09650    -.02423
     INVCPT|  -.08571*       .04963     -1.73   .0842   -.18299     .01157
     INVTPT|  -.01106        .00822     -1.35   .1782   -.02716     .00504
      EGTPT|  -.04117**      .02042     -2.02   .0438   -.08119    -.00114
       TRPT| -1.15503***     .39881     -2.90   .0038  -1.93668    -.37338
         TN| -1.67343**      .73700     -2.27   .0232  -3.11791    -.22894
         BW| -1.87376**      .73750     -2.54   .0111  -3.31924    -.42828
    INVTCAR|  -.04963***     .01166     -4.26   .0000   -.07249    -.02677
         TC|  -.11063        .08471     -1.31   .1916   -.27666     .05540
         PC|  -.01789        .01796     -1.00   .3192   -.05310     .01731
     EGTCAR|  -.05806*       .03309     -1.75   .0793   -.12291     .00679
-----------+-----------------------------------------------------------------
 [CALC] LRTEST = 2.2940253
 [CALC]        = 5.9914645
```

#### 7.2.1.2 Wald 检验

在估计模型的系数时，Wald 检验不施加零假设（null hypothesis）限制。Wald 距离衡量的是参数估计值和假设值之间的差距。一个熟悉的例子是 $t$ 检验，它衡量被估参数与 0 之间的差距（或者，在嵌套 logit 情形下，内含参数估计值与 1 之间的差距）。Wald 统计量（Wald statistic）是一个二次型，它用合适的协方差矩阵的逆计算参数与零假设之间的差距。这个统计量服从卡方分布，其中自由度为限制条件的个数。

Wald 统计量的计算过程如下。模型的全参数向量记为 $\beta$。为简单起见，我们不区分模型中的各种参数，例如嵌套 logit 模型中的效用参数和内含值参数。令 $b$ 表示 $\beta$ 的估计量，令 $V$ 表示 $b$ 的估计的渐近协方差矩阵。限制假设为

$$H_0: R\beta - q = 0 \tag{7.2}$$

其中，$R$ 是一个常数矩阵，在这个矩阵中，每一行是约束中的参数；$q$ 是一个常数向量。备择假设为“不为零”。Wald 统计量为

$$W = (Rb - q)' [RVR']^{-1} (Rb - q) \tag{7.3}$$

在一些情形下，Wald 检验可用统计软件（例如 NLOGIT）实施。在另外一些情形下，你需要使用矩阵代数来得到结果。NLOGIT 含有 WALD 命令，这样我们就可以设定约束（可能为非线性约束），软件为我们计算矩阵代数。在下面的例子中，我们使用 WALD，然后说明如何使用矩阵代数得到同样的结果。

下面的命令设定了嵌套 logit 模型（参见第 14 章）。内含值（IV）参数是被估参数向量的第 13 个和第 14 个参数。在 7.2.1 节，我们使用似然比来检验零假设：两个参数都等于 1。我们现在使用 WALD 和矩阵代数来检验假设：

```
Nlogit
;lhs = choice, cset, altij
;choices = bs,tn,bw,cr
;model:
u(bs) = bs + actpt*act + invcpt*invc + invtpt*invt2 + egtpt*egt + trpt*trnf /
u(tn) = tn + actpt*act + invcpt*invc + invtpt*invt2 + egtpt*egt + trpt*trnf /
u(bw) = bw+ actpt*act + invcpt*invc + invtpt*invt2 + egtpt*egt + trpt*trnf /
u(cr) = invtcar*invt + TC*TC + PC*PC + egtcar*egt
;tree=bwtn(bw,tn),bscar(bs,cr)$
? Wald Test
WALD ; parameters = b ; labels = 12_c,ivbwtn,ivbscar
? in the above line, there are 12 parameters plus 2 IV parameters
 ; covariance = varb
 ; fn1 = ivbwtn-1 ; fn2 = ivbscar - 1 $
? Same computation using matrix algebra
MATRIX ; R = [0,0,0,0,0,0,0,0,0,0,0,0,1,0 / 0,0,0,0,0,0,0,0,0,0,0,0,0,1] ;
q=[1/1] $
MATRIX ; m = R*b - q ; vm = R*Varb*R' ; list ; w = m'<vm>m $
-----------------------------------------------------------------------------------------------
FIML Nested Multinomial Logit Model
Dependent variable              CHOICE
----------+------------------------------------------------------------------------------------
          |                Standard                   Prob.      95% Confidence
    CHOICE| Coefficient      Error          z         |z|>Z*         Interval
----------+------------------------------------------------------------------------------------
          |Attributes in the Utility Functions (beta)
        BS|  -1.66524**      .80355       -2.07     .0382     -3.24017      -.09030
     ACTPT|   -.07931***     .02623       -3.02     .0025      -.13071      -.02791
    INVCPT|   -.06125        .05594       -1.09     .2735      -.17089       .04839
```

```
   INVTPT|  -.01362        .00936      -1.45   .1457      -.03197     .00473
    EGTPT|  -.04509**      .02235      -2.02   .0437      -.08890    -.00128
     TRPT| -1.40080***     .46030      -3.04   .0023     -2.30297    -.49863
       TN| -3.90899       2.80641      -1.39   .1637     -9.40946    1.59148
       BW| -4.26044       2.91116      -1.46   .1433     -9.96621    1.44533
  INVTCAR|  -.04768***     .01232      -3.87   .0001      -.07183    -.02354
       TC|  -.11493        .08296      -1.39   .1659      -.27752     .04766
       PC|  -.01771        .01906       -.93   .3527      -.05507     .01965
   EGTCAR|  -.05896*       .03316      -1.78   .0754      -.12395     .00603
         |IV parameters, tau(b|l,r),sigma(l|r),phi(r)
     BWTN|   .55619**      .26662       2.09   .0370       .03363    1.07874
    BSCAR|   .99522***     .24722       4.03   .0001       .51069    1.47976
---------+--------------------------------------------------------------------
WALD procedure. Estimates and standard errors for nonlinear functions and
joint test of nonlinear restrictions.
Wald Statistic              =      3.01209
Prob. from Chi-squared[ 2] =        .22179
Functions are computed at means of variables
---------+--------------------------------------------------------------------
         |             Standard             Prob.     95% Confidence
WaldFcns| Function       Error        z     |z|>Z*       Interval
---------+--------------------------------------------------------------------
  Fncn(1)| -.44381*      .26662     -1.66    .0960    -.96637    .07874
  Fncn(2)| -.00478       .24722      -.02    .9846    -.48931    .47976
---------+--------------------------------------------------------------------
        W|       1
---------+-------------
        1| 3.01209
```

Wald 统计量为 3.012 09，它出现在 WALD 命令结果的最前方。与以前一样，自由度为 2 时的临界值为 5.99，因此，Wald 检验也不能拒绝 MNL 模型的假设。P 值可用于估计检验的显著性水平。由于我们在 $\alpha=5\%$ 的显著性水平上估计，而 P 值为 0.221 79，大于 $\alpha$，这表明我们不应该拒绝零假设。最后一个结果说明 Wald 统计量的值也可用矩阵代数计算。

#### 7.2.1.3 拉格朗日乘数检验

在没有施加假设限制的情形下估计模型，基准函数（通常为 LL 函数）的导数在最优取值处等于零。如果在模型估计过程中施加了假设限制，那么模型的导数在受限最优取值处不再等于零。拉格朗日乘数（LM）检验是一种检验下列假设的方法：这些导数实际上“接近”于零。它是基于基准函数的导数的 Wald 统计量。LM 统计量是一个卡方统计量，其中自由度等于限制数。

在能使用 LM 检验进行检验的情形下，我们一般也能计算似然比（LR）。LM 统计量要求我们计算受限参数估计值处的全模型，这意味着全模型可以计算。这种检验在全模型难以估计时最有用。在第 4 章的所有选择模型中，我们一般能够使用似然比检验法（LRT）。

Nlogit 能够实施 LM 检验。我们以受限估计值作为估计量的初始值，然后指示程序不要计算任何偏离初始值的迭代，这涉及在估计命令中输入“;Maxit=0”。在下面的例子中，我们将再一次检验 MNL 模型的假设和嵌套 logit 模型的备择假设。下列输出结果提供了嵌套 logit 模型在两个内含值（IV）参数（受限）等于 1 时的估计值。回忆一下，这个假设的 LR 统计量为 2.294，Wald 统计量为 3.012。下面给出的结果显示 LM 统计量为 2.221。这也是一个有两个自由度的卡方检验，因此 MNL 模型的假设不能被拒绝。

```
Nlogit
;lhs = choice, cset, altij
;choices = bs,tn,bw,cr
;model:
u(bs) = bs + actpt*act + invcpt*invc + invtpt*invt2 + egtpt*egt + trpt*trnf /
u(tn) = tn + actpt*act + invcpt*invc + invtpt*invt2 + egtpt*egt + trpt*trnf /
u(bw) = bw+ actpt*act + invcpt*invc + invtpt*invt2 + egtpt*egt + trpt*trnf /
u(cr) = invtcar*invt + TC*TC + PC*PC + egtcar*egt $
Nlogit
;lhs = choice, cset, altij
;choices = bs,tn,bw,cr
;tree=bwtn(bw,tn),bscar(bs,cr)
;model:
u(bs) = bs + actpt*act + invcpt*invc + invtpt*invt2 + egtpt*egt + trpt*trnf /
u(tn) = tn + actpt*act + invcpt*invc + invtpt*invt2 + egtpt*egt + trpt*trnf /
u(bw) = bw+ actpt*act + invcpt*invc + invtpt*invt2 + egtpt*egt + trpt*trnf /
u(cr) = invtcar*invt + TC*TC + PC*PC + egtcar*egt
;start= b,1,1 ; maxit=0$
-----------------------------------------------------------------------------------------
FIML Nested Multinomial Logit Model
Dependent variable                    CHOICE
LM Stat. at start values             2.22071  ←
LM statistic kept as scalar           LMSTAT
Number of obs.= 197, skipped          0  obs
-----------+-----------------------------------------------------------------------------
           |                Standard              Prob.      95% Confidence
     CHOICE| Coefficient      Error        z      |z|>Z*        Interval
-----------+-----------------------------------------------------------------------------
           |Attributes in the Utility Functions (beta)
         BS| -1.87740**        .83515     -2.25    .0246     -3.51426      -.24055
      ACTPT|  -.06036***       .02329     -2.59    .0095      -.10601      -.01472
     INVCPT|  -.08571**        .03648     -2.35    .0188      -.15721      -.01420
     INVTPT|  -.01106          .00951     -1.16    .2447      -.02969       .00757
      EGTPT|  -.04117**        .01715     -2.40    .0164      -.07478      -.00755
       TRPT| -1.15503***       .44365     -2.60    .0092     -2.02456      -.28550
         TN| -1.67343         1.21664     -1.38    .1690     -4.05801       .71115
         BW| -1.87376         1.27169     -1.47    .1406     -4.36623       .61872
    INVTCAR|  -.04963***       .01461     -3.40    .0007      -.07827      -.02099
         TC|  -.11063          .08912     -1.24    .2145      -.28531       .06405
         PC|  -.01789          .02130      -.84    .4009      -.05964       .02385
     EGTCAR|  -.05806*         .03207     -1.81    .0703      -.12091       .00480
           |IV parameters, tau(b|l,r),sigma(l|r),phi(r)
       BWTN|      1.0***       .36193      2.76    .0057   .29063D+00   .17094D+01
      BSCAR|      1.0***       .25775      3.88    .0001   .49482D+00   .15052D+01
-----------+-----------------------------------------------------------------------------
```

## □ 7.2.2 非嵌套模型的检验

非嵌套模型的检验几乎没有什么一般方法。在一些情形下，研究人员使用 Vuong（1989）开发的方法。考虑用最大似然估计的两个竞争模型。我们将这两个模型记为 $A$ 和 $B$，LL 函数为个体贡献之和：

$$\log L^j = \sum_{i=1}^{N} \log L_i \mid j, j = A, B \tag{7.4}$$

我们考虑个体差异 $v_i = (\log L_i \mid A) - (\log L_i \mid B)$。注意，如果模型 $B$ 嵌套在 $A$ 中，那么 $2\sum_{i=1}^{N} v_i$ 将是 LR 统计量，用来检验模型 $B$ 的零假设和模型 $A$ 的备择假设。然而，在这种情形下，模型不是嵌套的。Vuong（1989）构建的统计量为

$$V = \frac{\bar{v}}{s_v / \sqrt{N}}, \bar{v} = \frac{\sum_{i=1}^{N} v_i}{N}, s_v = \sqrt{\frac{\sum_{i=1}^{N} (v_i - \bar{v})^2}{N-1}} \tag{7.5}$$

因此，$V$ 是标准 $t$ 统计量，用来检验零假设 $E[v_i]=0$；$s_v$ 是样本标准差；$\bar{v}$ 是样本的 LR 统计量的均值。在适当的假设下，$V$ 的大样本分布是标准正态的。在模型 $A$ 的假设下，$V$ 为正。如果它足够大，即大于 1.96，那么检验支持模型 $A$。如果 $V$ 为负且绝对值足够大，即 $V$ 小于－1.96，那么检验支持模型 $B$。如果 $V$ 的值介于－1.96 和 1.96 之间（5%的显著性水平），那么我们没有明确结论。

考虑两个竞争的嵌套 logit 模型：

```
?;tree=bwtn(bw,tn),bscar(bs,cr)
?;tree=Bus(bs,bw),trncar(tn,cr)
u(bs) = bs + actpt*act + invcpt*invc + invtpt*invt2 + egtpt*egt + trpt*trnf /
u(tn) = tn + actpt*act + invcpt*invc + invtpt*invt2 + egtpt*egt + trpt*trnf /
u(bw) = bw + actpt*act + invcpt*invc + invtpt*invt2 + egtpt*egt + trpt*trnf /
u(cr) = invtcar*invt + TC*TC + PC*PC + egtcar*egt
```

这两个模型有相同的参数，但有不同的树结构。输出结果如下方所示。检验结果表面上支持第二个树结构；$V$ 是负的。然而，检验统计量的值为－0.391，这位于无法做出明确结论的数值区间。我们注意到第一个模型的 LL 值稍微大些。但在模型为非嵌套的情形下，这不是确定性的；它也不能说明 Vuong 检验结果的方向。这里给出的结果仅是检验本身的结果。为简单起见，我们删去了估计模型：

```
NLOGIT
;lhs = choice, cset, altij
;choices = bs,tn,bw,cr
;model:
u(bs) = bs + actpt*act + invcpt*invc + invtpt*invt2 + egtpt*egt + trpt*trnf /
u(tn) = tn + actpt*act + invcpt*invc + invtpt*invt2 + egtpt*egt + trpt*trnf /
u(bw) = bw+ actpt*act + invcpt*invc + invtpt*invt2 + egtpt*egt + trpt*trnf /
u(cr) = invtcar*invt + TC*TC + PC*PC + egtcar*egt
;tree=bwtn(bw,tn),bscar(bs,cr) $
CREATE ; llmdl1 = logl_obs $
NLOGIT
;lhs = choice, cset, altij
;choices = bs,tn,bw,cr
;model:
u(bs) = bs + actpt*act + invcpt*invc + invtpt*invt2 + egtpt*egt + trpt*trnf /
u(tn) = tn + actpt*act + invcpt*invc + invtpt*invt2 + egtpt*egt + trpt*trnf /
u(bw) = bw+ actpt*act + invcpt*invc + invtpt*invt2 + egtpt*egt + trpt*trnf /
u(cr) = invtcar*invt + TC*TC + PC*PC + egtcar*egt
;tree=Bus(bs,bw),trncar(tn,cr) $
CREATE ; LLmdl2 = logl_obs$
CREATE ; dll = llmdl1 - llmdl2 $
CALC ; for[choice=1];list;dbar = xbr(dll)$
CALC ; for[choice=1];list;sd=sdv(dll)$
CALC ; list ; v = sqr(197)*dbar/sd$
```

检验结果没有明确结论。

```
[CALC] DBAR     =     -.0043908
[CALC] SD       =      .1575719
[CALC] V        =     -.3911076
```

在下面给出的第二个例子中，我们考虑的竞争模型为 RUM 和 RRM。然而，Vuong 检验结果再一次无法给出明确结论。下列语法用于检验 RUM 和 RRM。结果似乎支持 RUM，因为检验统计量为正，这支持第一个模型；然而检验结果无法给出明确结论，因为检验统计量的值仅为 0.155：

```
NLOGIT
;lhs = choice, cset, altij
;choices = bs,tn,bw,cr ?/0.2,0.3,0.1,0.4
;model:
u(bs) = bs + actpt(0)*act + invcpt*invc + invtpt*invt2 + egtpt*egt + trpt*trnf /
u(tn) = tn + actpt*act + invcpt*invc + invtpt*invt2 + egtpt*egt + trpt*trnf /
u(bw) = bw+ actpt*act + invcpt*invc + invtpt*invt2 + egtpt*egt + trpt*trnf /
u(cr) = invtcar*invt + TC*TC + PC*PC + egtcar*egt $
CREATE ; llmnl=logl_obs $
RRLOGIT
... same model specification $
CREATE ; llrrm = logl_obs $
CREATE ; dll = llmnl - llrrm $
CALC ; for[choice=1];list; tst(dll,0) $
-----------------------------------------------------------------------------
One sample t test of mean of DLL        =                   .00000
-----------------------------------------------------------------------------
Sample                    Mean     Std. Dev.  Std. Error  Sample
DLL                     .00085      .07740       .00551     197
95% Confidence interval for population mean
                     -.01002 to      .01173
Test statistic =       .155      P value =      .87737
Degrees of freedom     196    Critical value = 1.9721
-----------------------------------------------------------------------------
```

### □ 7.2.3 设定检验

设定检验通常是关于模型设定的零假设，与它对应的备择假设为模型是大致的和模糊定义的。在选择模型领域，最常见的例子是用 Hausman 检验 MNL 模型的 IIA 性质的零假设。在这个例子中，备择假设为不施加 IIA 性质的广泛的可能的模型设定。另外一个常见的设定检验是某些模型中的正态分布的扰动（零假设）和非正态分布（备择假设）。

研究者通常根据自己的目的，使用某种策略来实施设定检验。对于设定检验，不存在像嵌套模型中的 Wald 统计量这样的一般检验程序。在这里我们感兴趣的检验即 IIA 检验（参见第 4 章），是基于相同模型参数的两个不同估计量的可能性。如果零假设成立，那么这两个估计量应该彼此相似；如果零假设不成立，这两个估计量在统计上不同。考虑选择模型：

```
NLOGIT
;lhs = choice, cset, altij
;choices = bs,tn,bw,cr
;model:
u(bs) = bs + actpt*act + invcpt*invc + invtpt*invt2 + egtpt*egt + trpt*trnf /
u(tn) = tn + actpt*act + invcpt*invc + invtpt*invt2 + egtpt*egt + trpt*trnf /
u(bw) = bw + actpt*act + invcpt*invc + invtpt*invt2 + egtpt*egt + trpt*trnf /
u(cr) = invtcar*invt + TC*TC + PC*PC + egtcar*egt $
```

在多项 logit 模型的假设下，通用参数（即 actpt，invcpt，invtpt，egtpt 和 trpt）的估计应该在不含有比如火车（tn）选项的选择模型中估计。如果这个选择从模型中删除，而且选择这个选项的所有个体也从样本中删除，那么剩下的三个选择伴随的数据应能足以估计这些参数。这是 MNL 模型的特征。它在其他模型（例如多项 probit 模型或任何放松 IIA 条件的模型）中通常不成立。于是，检验策略为估计这两种情形下的模型参数，并且用 Wald 统计量来衡量差异。剩下的任务是说明如何计算这个差异的协方差矩阵。Hausman（1978）的著名结果［参见 Hausman 和 McFadden（1984）］在稍微变化后可用在这里：

$$\text{Est. Var}[b_0-b_1]=\text{使用了较少信息的估计量的方差}-\text{使用了较多信息的估价量的方差} \tag{7.6}$$

下面执行这个检验。模型命令直接将第二个选项删除。“;IAS=tn”从样本中删除了第二个选项（即火车）

的观察点。（程序提醒我们这里出现了 46 个“坏的观察点”。）在计算 Hausman 检验时，最好检验协方差矩阵的定性。它未必是正定的。当它不是正定的时，检验统计量无效。下面的 MATRIX 命令给出了矩阵的特征根。由于它们都是正的，检验可以进行下去。检验统计量是一个有 5 个自由度的卡方检验。它的值为 16.11。在 95%的置信水平下，有 5 个自由度的卡方变量的临界值为 11.07，因此，我们无法拒绝 IIA 假设。这意味着我们检验的可能是嵌套 logit 结构，因为（参见第 4 章和第 14 章）它放松了各个枝之间的 IIA 条件：

```
NLOGIT
 ;lhs = choice, cset, altij
 ;choices = bs,tn,bw,cr
 ;model:
 u(bs) = bs + actpt*act + invcpt*invc + invtpt*invt2 + egtpt*egt + trpt*trnf /
 u(tn) = tn + actpt*act + invcpt*invc + invtpt*invt2 + egtpt*egt + trpt*trnf /
 u(bw) = bw+ actpt*act + invcpt*invc + invtpt*invt2 + egtpt*egt + trpt*trnf /
 u(cr) = invtcar*invt + TC*TC + PC*PC + egtcar*egt $
MATRIX ; b1 = b(2:6) ; v1 = varb(2:6,2:6) $
?b(2:6) are the 5 generic parameters (noting 1=bs) actpt, invcpt, invtpt, egtpt and
trpt
NLOGIT
 ;lhs = choice, cset, altij
 ;choices = bs,tn,bw,cr
 ;model:
 u(bs) = bs + actpt*act + invcpt*invc + invtpt*invt2 + egtpt*egt + trpt*trnf /
 u(bw) = bw+ actpt*act + invcpt*invc + invtpt*invt2 + egtpt*egt + trpt*trnf /
 u(cr) = invtcar*invt + TC*TC + PC*PC + egtcar*egt
 ;ias=tn $
+----------------------------------------------------------------------+
|WARNING:   Bad observations were found in the sample. |
|Found  46 bad observations among      197 individuals. |
|You can use ;CheckData to get a list of these points. |
+----------------------------------------------------------------------+
MATRIX ; b0 = b(2:6) ; v0 = varb(2:6,2:6) $
MATRIX ; d = b0 - b1 ; vd = v0 - v1 $
MATRIX ; list ; root(vd)$
? varb(2:6,2:6) are rows 2-6 and columns 2-6 of varb.
?The matrix commands are carrying out a Hausman test. Since the matrix vd
?might not be positive definite - in a finite sample it might not be - it is necessary
?to check. Root(vd) computes the roots. If any are not positive, the Hausman
?test calculation is not valid.
   Result|              1
-------------+------------------------
        1|       .288220
        2|      .00134785
        3|      .00108021
        4|    .311733E-03
        5|    .465482E-04
|-> matrix ; list ; d'<vd>d $
  Result|             1
-------------+------------------------
        1|      16.1104
```

如果整个模型是通用的（即未加标签的），那么 Nlogit 可以自动执行检验（即你不需要使用 matrix 命令来识别参数）。例如，在下面的模型中，选择集仅含有公共交通选项，常数项从效用函数中删除。“?”从指令中删除了定义小轿车（car）的语法行。在第一个模型中，“;ias＝cr”从样本中删除了开车者。在第二个模型中，“;ias＝tn，cr”删除了开车者和那些选择火车的人。由于模型在各个选项之间完全通用（未加标签），因此程序可以计算 Hausman 统计量。程序报告这个统计量的值为 6.864 4，以及有 5 个自由度的卡方值。与以前一样，临界值为 11.07。这意味着如果我们仅关注选择公共交通模式的个体，那么 IIA 假设似乎有效。特别地，这意味着 MNL 模型对于公共交通选项 bs 和 bw 之间的选择是可行的：

```
NLOGIT
...
;model:
u(bs) = actpt*act + invcpt*invc + invtpt*invt2 + egtpt*egt + trpt*trnf /
u(tn) = actpt*act + invcpt*invc + invtpt*invt2 + egtpt*egt + trpt*trnf /
u(bw) = actpt*act + invcpt*invc + invtpt*invt2 + egtpt*egt + trpt*trnf
?u(cr) = invtcar*invt + TC*TC + PC*PC + egtcar*egt
;ias=cr $
NLOGIT
...
;model:
u(bs) = actpt*act + invcpt*invc + invtpt*invt2 + egtpt*egt + trpt*trnf /
u(tn) = actpt*act + invcpt*invc + invtpt*invt2 + egtpt*egt + trpt*trnf /
u(bw) = actpt*act + invcpt*invc + invtpt*invt2 + egtpt*egt + trpt*trnf
?u(cr) = invtcar*invt + TC*TC + PC*PC + egtcar*egt
;ias=tn,cr $

-----------------------------------------------------------------------------------------
Discrete choice (multinomial logit) model
Dependent variable               Choice
... results omitted ...
Number of obs.=   197, skipped  117 obs
Hausman test for IIA. Excluded choices are
TN       CR
ChiSqrd[ 5] =   6.8644, Pr(C>c) = .2309
----------+------------------------------------------------------------------------------
```



## 7.3 方差估计

统计推断（例如一些假设检验、置信区间和估计）一般依靠估计量的方差计算。统计推断可用若干种方法。起点是模型参数估计量的渐近协方差矩阵的估计量。我们主要考察这一点上的最大似然估计，为简单起见，我们考察多项 logit 模型。然而，原理是一般性的。如果你希望获得支付意愿（WTP）估计而且需要建立与均值估计相伴的标准误和置信区间，那么你要关注这个主题。这个分析的重点在于，从参数估计的方差—协方差矩阵获得信息。

下面我们开始讨论一些估计方法。

### □ 7.3.1 传统估计

MNL 模型的 LL 函数（参见第 4 章）为

$$\log L(\beta)=\sum_{i=1}^{N}\sum_{j=1}^{J}d_{ij}\log P(\beta,x_{ij}) \tag{7.7}$$

其中，$P(\beta, x_{ij})$ 是结果 $j$ 的多项 logit 概率；若个体 $i$ 选择了选项 $j$，则 $d_{ij}=1$，否则等于零。$\beta$ 的最大似然估计量记为 $b$。LL 函数关于 $\beta$ 的一阶导数为

$$g=\frac{\partial\log L(\beta)}{\partial\beta}=\sum_{i=1}^{N}\sum_{j=1}^{J}d_{ij}(x_{ij}-\bar{x}_i)=\sum_{i=1}^{N}g_i \tag{7.8}$$

其中，$\bar{x}_i=\sum_{j=1}^{J}P(\beta,x_{ij})x_{ij}$。二阶导数为

$$H=\frac{\partial^2\log L(\beta)}{\partial\beta\partial\beta'}=\sum_{i=1}^{N}\sum_{j=1}^{J}-P_{ij}(x_{ij}-\bar{x}_i)(x_{ij}-\bar{x}_i)'=\sum_{i=1}^{N}H_i \tag{7.9}$$

$b$ 的协方差矩阵的传统估计量是二阶导数矩阵的负矩阵的逆：

$$\text{Est. Var}[b]_H = (-H)^{-1} \tag{7.10}$$

这个矩阵形成了 7.2.1 节报告的估计值的标准误的基础。支持上述传统估计量的理论，也意味着另外一种估计量，即 BHHH 估计量（参见第 5 章）：

$$\text{Est. Var}[b]_{BHHH} = B^{-1}\text{，其中 } B = \left[\sum_{i=1}^{N} g_i g_i'\right] \tag{7.11}$$

在一些情形下，二阶导数的计算非常复杂。BHHH 估计量是一个方便的替代做法。尽管 Nlogit 中的一些估计量（例如 MNL）使用海塞矩阵，然而其他一些估计量（例如 HEV 模型）使用 BHHH 估计量。

### □ 7.3.2 稳健估计

稳健协方差矩阵估计的目的是设计一种估计量，使得协方差矩阵即使在模型的基本假设被违背的情形下也能合适地估计。这个领域最著名的应用就是怀特估计量。这种估计量能适当地估计普通（未加权的）最小二乘估计量的渐近协方差矩阵，即使方程出现了异方差性。对于最大似然估计量，常见的稳健估计量为

$$\text{Est. Var}[b]_{Robust} = (-H)^{-1} B (-H)^{-1} \tag{7.12}$$

为了使上述估计量是合适的，参数估计量本身必须在即使模型假设失败的情形下也是一致的。因此，无论是否存在着异方差性，线性回归模型的最小二乘（OLS）估计量都是一致的（和无偏的）。在本书讨论的选择模型范畴内，我们很难（我们想说不可能，但的确存在着例外）设计出模型假设不成立但最大似然估计（MLE）仍是一致的情形。因此，在这种情形下，使用所谓的稳健估计似乎多此一举，然而研究者仍需要注意这个问题，因为作者偶尔发现“;roubust”能解决与标准误相关的问题。需要指出，在全套模型假设下，稳健估计量估计出的矩阵与传统估计量估计出的矩阵完全相同。也就是说，尽管大多数情形下可能多余，但稳健检验是有好处的。

一个可能的例外是基于陈述性选择（SC）实验的模型。在这种情形下，个体要回答多个选择情景。因此，既定个体的数据由一系列应答组成，这些应答彼此之间必定相关，因为它们来自同一个应答者。于是，考虑 SC 实验中的简单 MNL 模型的估计，其中每个应答者提供 $T$ 个选择应答。根据以前的定义，纠正这种数据集群的估计量，可以按下列方法构建：

$$H = \frac{\partial^2 \log L(\beta)}{\partial\beta\partial\beta'} = \sum_{i=1}^{N}\sum_{t=1}^{T}\sum_{j=1}^{J} -P_{ijt}(x_{ijt} - \bar{x}_{it})(x_{ijt} - \bar{x}_{it})' \tag{7.13}$$

$$C = \sum_{i=1}^{N}\left(\sum_{t=1}^{T} g_{it}\right)\left(\sum_{t=1}^{T} g_{it}\right)' \tag{7.14}$$

$$\text{Est. Var}[b]_{Clutster} = (-H)^{-1} C (-H)^{-1} \tag{7.15}$$

其中 $g_{it} = \sum_{j=1}^{J} d_{ijt}(x_{ijt} - \bar{x}_{it})$。当各人的应答数量 $T$ 不同时，这个问题变得稍微有些复杂。Nlogit 能处理这种情形。

**【题外话】**

我们建议研究者使用命令“;robust”来考察标准误是否发生了能察觉到的变化。如果是，那么这意味着模型设定可能存在问题。

### □ 7.3.3 标准误和置信区间的自助法

自助法是一种使用样本中个体的变化来推导估计量的抽样分布的性质（通常为均值和方差）的方法；自助法假设样本中的个体变化模式能比较准确地反映总体中的个体变化模式（Limdep Reference Manual R21，R536）。

在很多情形下，研究人员不知道应该用什么公式来计算估计量的渐近协方差矩阵。例如，线性回归中的最小绝对离差（也称最小一乘）估计量就是一个著名例子。在这些情形下，一种更可靠的常用策略是使用参数自助法。自助法要求我们从参数估计值的渐近分布中抽样，并且计算每次独立抽样的非线性函数。如果这个过程重复很多次，那么非线性函数抽样分布的任何特征都能被准确估计。由于这些分布的矩可能不存在，

因此，置信区间应该直接使用抽样分布的百分位数进行估计。这些计算可以在绝大多数计量经济学软件（例如 Nlogit）中执行。

直观地讲，自助法背后的思想如下。我们通常只有一个数据集。在计算它的统计量时，我们仅知道它的值（例如，支付意愿的均值），但我们不知道这个统计量的变异性。自助法产生了很多我们可能已经见过的数据集（比如，它的 $R$ 次重复抽样），然后在每个数据集上计算这个统计量。这样，我们就得到了该统计量的分布。在这里，如何产生“我们可能已经见过”的数据集是关键所在。

协方差矩阵的自助估计量可以使用下列迭代法计算。对于 $R$ 次重复抽样，每一次从当前样本中有放回地抽取 $N$ 个观察点。因此，这 $R$ 个随机样本中的每一个都含有 $N$ 个观察点，但两个不同样本的观察点几乎不可能完全相同。然后使用每个样本重新估计模型。将第 $r$ 次重复记为 $b(r)$。于是，自助估计量为

$$\text{Est. Var}[b]_{Bootstrap} = \frac{1}{R}\sum_{r=1}^{R}[b(r)-b][b(r)-b]' \tag{7.16}$$

下面我们使用前面用过的多项 logit 模型说明自助法。注意，在产生自助法的 execute 命令中，我们考虑到了下列事实：在这个抽样情景中，“观察”包含“cset”行数据。我们使用西北交通数据集（第 11 章和第 13～15 章也使用这个数据集）来说明 Nlogit 如何“校正”每个参数估计值的标准误以及置信区间。

```
LOAD;file="C:\Projects\NWTptStudy_03\NWTModels\ACA Ch 15 ML_RPL models\nw15jul03-
3limdep.SAV.lpj"$
Project file contained 27180 observations.
create
 ;if(employ=1)ftime=1
 ;if(whopay=1)youpay=1$
sample;all$
reject;dremove=1$ Bad data
reject;altij=-999$
reject;ttype#1$ work =1

?Standard MNL Model
Nlogit
     ;lhs=resp1,cset,Altij
     ;choices=NLRail,NHRail,NBway,Bus,Bway,Train,Car
     ;asc
     ;model:
U(NLRail)= NLRAsc + cost*tcost + invt*InvTime + acwt*waitt+
             acwt*acctim + accbusf*accbusf+eggT*egresst
                 + ptinc*pinc + ptgend*gender + NLRinsde*inside /
U(NHRail)= TNAsc + cost*Tcost + invt*InvTime + acwt*WaitT + acwt*acctim
           + eggT*egresst + accbusf*accbusf
                 + ptinc*pinc + ptgend*gender + NHRinsde*inside /
U(NBway)=  NBWAsc + cost*Tcost + invt*InvTime + waitTb*WaitT + accTb*acctim
            + eggT*egresst + accbusf*accbusf+ ptinc*pinc + ptgend*gender /
U(Bus)=    BSAsc + cost*frunCost + invt*InvTime + waitTb*WaitT + accTb*acctim
            + eggT*egresst+ ptinc*pinc + ptgend*gender/
U(Bway)=   BWAsc + cost*Tcost + invt*InvTime + waitTb*WaitT + accTb*acctim
           + eggT*egresst + accbusf*accbusf+ ptinc*pinc + ptgend*gender /
U(Train)=  TNAsc + cost*tcost + invt*InvTime + acwt*WaitT + acwt*acctim
            + eggT*egresst + accbusf*accbusf+ ptinc*pinc + ptgend*gender /
U(Car)=    CRcost*costs + CRinvt*InvTime + CRpark*parkcost + CReggT*egresst$
Normal exit:   5 iterations. Status=0, F=    3130.826
-----------------------------------------------------------------------------------------
Discrete choice (multinomial logit) model
```

Dependent variable Choice
Log likelihood function -3130.82617
Estimation based on N = 1840, K = 6
Inf.Cr.AIC = 6273.7 AIC/N = 3.410
R2=1-LogL/LogL* Log-L fncn R-sqrd R2Adj
Constants only -3428.8565 .0869 .0863
Response data are given as ind. choices
Number of obs.= 1840, skipped 0 obs

| RESP1 | Coefficient | Standard Error | z | Prob. \|z\|>Z* | 95% Confidence Interval | |
|---|---|---|---|---|---|---|
| A_NLRAIL | .34098*** | .08886 | 3.84 | .0001 | .16683 | .51514 |
| A_NHRAIL | .64197*** | .08600 | 7.46 | .0000 | .47342 | .81053 |
| A_NBWAY | -.95132*** | .14913 | -6.38 | .0000 | -1.24362 | -.65903 |
| A_BUS | .00090 | .08913 | .01 | .9920 | -.17378 | .17558 |
| A_BWAY | .02057 | .09015 | .23 | .8195 | -.15611 | .19726 |
| A_TRAIN | .30541*** | .08478 | 3.60 | .0003 | .13924 | .47158 |

Normal exit: 6 iterations. Status=0, F= 2487.362

Discrete choice (multinomial logit) model
Dependent variable Choice
Log likelihood function -2487.36242
Estimation based on N = 1840, K = 20
Inf.Cr.AIC = 5014.7 AIC/N = 2.725
R2=1-LogL/LogL* Log-L fncn R-sqrd R2Adj
Constants only -3130.8262 .2055 .2037
Response data are given as ind. choices
Number of obs.= 1840, skipped 0 obs

| RESP1 | Coefficient | Standard Error | z | Prob. \|z\|>Z* | 95% Confidence Interval | |
|---|---|---|---|---|---|---|
| NLRASC | 2.69464*** | .33959 | 7.93 | .0000 | 2.02905 | 3.36022 |
| COST | -.18921*** | .01386 | -13.66 | .0000 | -.21637 | -.16205 |
| INVT | -.04940*** | .00207 | -23.87 | .0000 | -.05346 | -.04535 |
| ACWT | -.05489*** | .00527 | -10.42 | .0000 | -.06521 | -.04456 |
| ACCBUSF | -.09962*** | .03220 | -3.09 | .0020 | -.16274 | -.03650 |
| EGGT | -.01157** | .00471 | -2.46 | .0140 | -.02080 | -.00235 |
| PTINC | -.00757*** | .00194 | -3.90 | .0001 | -.01138 | -.00377 |
| PTGEND | 1.34212*** | .17801 | 7.54 | .0000 | .99323 | 1.69101 |
| NLRINSDE | -.94667*** | .31857 | -2.97 | .0030 | -1.57106 | -.32227 |
| TNASC | 2.10793*** | .32772 | 6.43 | .0000 | 1.46562 | 2.75024 |
| NHRINSDE | -.94474*** | .36449 | -2.59 | .0095 | -1.65913 | -.23036 |
| NBWASC | 1.41575*** | .36237 | 3.91 | .0001 | .70551 | 2.12599 |
| WAITTB | -.07612*** | .02414 | -3.15 | .0016 | -.12343 | -.02880 |
| ACCTB | -.06162*** | .00841 | -7.33 | .0000 | -.07810 | -.04514 |
| BSASC | 1.86891*** | .32011 | 5.84 | .0000 | 1.24151 | 2.49630 |
| BWASC | 1.76517*** | .33367 | 5.29 | .0000 | 1.11120 | 2.41914 |
| CRCOST | -.11424*** | .02840 | -4.02 | .0001 | -.16990 | -.05857 |
| CRINVT | -.03298*** | .00392 | -8.42 | .0000 | -.04065 | -.02531 |
| CRPARK | -.01513** | .00733 | -2.07 | .0389 | -.02950 | -.00077 |
| CREGGT | -.05190*** | .01379 | -3.76 | .0002 | -.07894 | -.02486 |

```
?Parametric Bootstrapping of MNL Model
proc$
Nlogit
    ;lhs=resp1,cset,Altij
    ;choices=NLRail,NHRail,NBway,Bus,Bway,Train,Car
    ;model:
U(NLRail)= NLRAsc + cost*tcost + invt*InvTime + acwt*waitt+
              acwt*acctim + accbusf*accbusf+eggT*egresst
                + ptinc*pinc + ptgend*gender + NLRinsde*inside /
U(NHRail)= TNAsc + cost*Tcost + invt*InvTime + acwt*WaitT + acwt*acctim
            + eggT*egresst + accbusf*accbusf
                   + ptinc*pinc + ptgend*gender + NHRinsde*inside /
U(NBway)=  NBWAsc + cost*Tcost + invt*InvTime + waitTb*WaitT + accTb*acctim
             + eggT*egresst + accbusf*accbusf+ ptinc*pinc + ptgend*gender /
U(Bus)=    BSAsc + cost*frunCost + invt*InvTime + waitTb*WaitT + accTb*acctim
             + eggT*egresst+ ptinc*pinc + ptgend*gender/
U(Bway)=   BWAsc + cost*Tcost + invt*InvTime + waitTb*WaitT + accTb*acctim
            + eggT*egresst + accbusf*accbusf+ ptinc*pinc + ptgend*gender /
U(Train)=  TNAsc + cost*tcost + invt*InvTime + acwt*WaitT + acwt*acctim
             + eggT*egresst + accbusf*accbusf+ ptinc*pinc + ptgend*gender /
U(Car)=    CRcost*costs + CRinvt*InvTime + CRpark*parkcost + CReggT*egresst$
endproc $
|-> execute ; n=100 ; pds = cset ; bootstrap = b $
Completed   100 bootstrap iterations.
-----------------------------------------------------------------------------
Results of bootstrap estimation of model.
Model has been reestimated     100 times.
Coefficients shown below are the original
model estimates based on the full sample.
Bootstrap samples have 1840 observations.
Estimated parameter vector is B        .
Estimated variance matrix saved as VARB. See below.
```

| BootStrp | Coefficient | Standard Error | z | Prob. \|z\|>Z* | 95% Confidence Interval | |
|---|---|---|---|---|---|---|
| B001 | 2.69464*** | .34831 | 7.74 | .0000 | 2.01197 | 3.37731 |
| B002 | -.18921*** | .01565 | -12.09 | .0000 | -.21989 | -.15854 |
| B003 | -.04940*** | .00216 | -22.89 | .0000 | -.05363 | -.04517 |
| B004 | -.05489*** | .00580 | -9.46 | .0000 | -.06626 | -.04352 |
| B005 | -.09962*** | .03819 | -2.61 | .0091 | -.17447 | -.02477 |
| B006 | -.01157** | .00467 | -2.48 | .0132 | -.02072 | -.00242 |
| B007 | -.00757*** | .00164 | -4.61 | .0000 | -.01079 | -.00436 |
| B008 | 1.34212*** | .19793 | 6.78 | .0000 | .95419 | 1.73005 |
| B009 | -.94667*** | .35724 | -2.65 | .0081 | -1.64685 | -.24649 |
| B010 | 2.10793*** | .32810 | 6.42 | .0000 | 1.46486 | 2.75100 |
| B011 | -.94474** | .43006 | -2.20 | .0280 | -1.78765 | -.10184 |
| B012 | 1.41575*** | .36756 | 3.85 | .0001 | .69534 | 2.13617 |
| B013 | -.07612*** | .02150 | -3.54 | .0004 | -.11825 | -.03398 |
| B014 | -.06162*** | .00754 | -8.17 | .0000 | -.07641 | -.04683 |
| B015 | 1.86891*** | .30646 | 6.10 | .0000 | 1.26825 | 2.46956 |
| B016 | 1.76517*** | .33121 | 5.33 | .0000 | 1.11601 | 2.41433 |
| B017 | -.11424*** | .02791 | -4.09 | .0000 | -.16894 | -.05954 |
| B018 | -.03298*** | .00401 | -8.22 | .0000 | -.04084 | -.02512 |
| B019 | -.01513* | .00807 | -1.88 | .0606 | -.03094 | .00067 |
| B020 | -.05190*** | .01207 | -4.30 | .0000 | -.07555 | -.02825 |

```
Maximum repetitions of PROC
|-> Completed 100 bootstrap iterations.
```

对于 20 个参数的 100 次重复，下面列出了每个参数的均值估计值（这个结果可用 Nlogit 得到，在 Nlogit 中这个输出信息称为 Matrix-Bootstrap）：

| | 1 | 2 | 3 | 4 | 5 | 6 | 7 | 8 | 9 | 10 | 11 | 12 | 13 | 14 | 15 | 16 | 17 | 18 | 19 | 20 |
|---|---|---|---|---|---|---|---|---|---|---|---|---|---|---|---|---|---|---|---|---|
| 1 | 0.165915 | −0.00108075 | −0.00031882 | −0.00093639 | −0.00141862 | −0.0002714 | −0.00033161 | 0.014501 | −0.0416866 | 0.156543 | −0.052072 | 0.135927 | 0.00074836 | −0.0005873 | 0.140558 | 0.140354 | 0.00530359 | 0.00057696 | −5.01E−06 | 0.00266974 |
| 2 | −0.00108075 | 0.00025531 | 5.67E−06 | 1.64E−05 | −8.75E−05 | −1.44E−06 | −2.48E−06 | −8.29E−05 | −8.07E−05 | −0.00082322 | −0.00011817 | −0.00090936 | 4.38E−05 | −2.69E−05 | −0.00073693 | −0.00075016 | 7.84E−05 | 6.07E−06 | −1.51E−06 | 4.31E−05 |
| 3 | −0.00031882 | 5.67E−06 | 5.44E−06 | 1.58E−06 | 3.45E−06 | 4.49E−07 | 3.28E−08 | −5.99E−05 | 0.00019033 | −0.00030549 | 0.00018437 | −0.00030189 | 2.45E−06 | 3.66E−06 | −0.00029544 | −0.00027027 | 5.31E−06 | 1.98E−06 | −5.15E−06 | −2.97E−06 |
| 4 | −0.00093639 | 1.64E−05 | 1.58E−06 | 2.90E−05 | −8.42E−06 | 3.10E−06 | −1.56E−06 | −4.75E−05 | −1.57E−05 | −0.00083698 | 6.86E−05 | −0.00035509 | 1.83E−05 | −1.35E−06 | −0.00035213 | −0.00039051 | −1.43E−05 | −2.12E−06 | −4.16E−06 | −2.38E−06 |
| 5 | −0.00141862 | −8.75E−05 | 3.45E−06 | −8.42E−06 | 0.00116714 | −1.51E−05 | 1.19E−05 | −0.0003803 | 9.06E−05 | −0.00183793 | 0.00145623 | −0.00154219 | 8.19E−05 | 1.25E−05 | 0.00051615 | −0.001902 | 3.76E−05 | 4.29E−06 | 1.26E−05 | 2.97E−05 |
| 6 | −0.0002714 | −1.44E−06 | 4.49E−07 | 3.10E−06 | −1.51E−05 | 2.17E−05 | 1.66E−06 | −4.65E−05 | −0.00063502 | −0.00026013 | −0.00034723 | −0.00027256 | −6.15E−06 | −4.88E−06 | −0.0001988 | −0.00013342 | 9.05E−06 | 1.35E−06 | −3.43E−06 | 3.54E−06 |
| 7 | −0.00033161 | −2.48E−06 | 3.28E−08 | −1.56E−06 | 1.19E−05 | 1.66E−06 | 3.66E−06 | −0.00010648 | −5.16E−05 | −0.0003223 | 6.66E−05 | −0.00035772 | −3.56E−06 | 2.86E−06 | −0.00037382 | −0.00037228 | −6.21E−06 | −4.78E−07 | 2.03E−06 | −8.04E−06 |
| 8 | 0.014501 | −8.29E−05 | −5.99E−05 | −4.75E−05 | −0.0003803 | −4.65E−05 | −0.00010648 | 0.0287223 | 0.00538133 | 0.0135027 | −0.00735094 | 0.0161169 | −0.00047477 | −0.00026649 | 0.0143727 | 0.0170331 | 0.0004132 | 0.00012268 | 2.78E−05 | 0.00022506 |
| 9 | −0.0416866 | −8.07E−05 | 0.00019033 | −1.57E−05 | 9.06E−05 | −0.00063502 | −5.16E−05 | 0.00538133 | 0.13117 | −0.0365324 | 0.0747337 | −0.0317211 | −0.00071034 | 0.00042719 | −0.0395635 | −0.0377989 | −0.00292165 | −8.24E−05 | 0.0003657 | −0.00109926 |
| 10 | 0.156543 | −0.00082322 | −0.00030549 | −0.00083698 | −0.00183793 | −0.00026013 | −0.0003223 | 0.0135027 | −0.0365324 | 0.153527 | −0.0516432 | 0.133401 | 0.00068171 | −0.00060219 | 0.137201 | 0.137854 | 0.00541778 | 0.00058943 | −0.00011974 | 0.00259394 |
| 11 | −0.052072 | −0.00011817 | 0.00018437 | 6.86E−05 | 0.00145623 | −0.00034723 | 6.66E−05 | −0.00735094 | 0.0747337 | −0.0516432 | 0.171229 | −0.0422974 | −0.00059645 | 7.55E−06 | −0.0454265 | −0.0435231 | −0.00184781 | −7.62E−05 | 0.00011958 | −0.00154621 |
| 12 | 0.135927 | −0.00090936 | −0.00030189 | −0.00035509 | −0.00154219 | −0.00027256 | −0.00035772 | 0.0161169 | −0.0317211 | 0.133401 | −0.0422974 | 0.151222 | −0.00181177 | −0.00073468 | 0.137492 | 0.139309 | 0.00568111 | 0.00047328 | −0.00037522 | 0.00226945 |
| 13 | 0.00074836 | 4.38E−05 | 2.45E−06 | 1.83E−05 | 8.19E−05 | −6.15E−06 | −3.56E−06 | −0.00047477 | −0.00071034 | 0.00068171 | −0.00059645 | −0.00181177 | 0.00062433 | −4.38E−05 | −0.00060203 | −0.00107577 | 3.01E−06 | 2.52E−06 | 3.58E−05 | 2.38E−05 |
| 14 | −0.0005873 | −2.69E−05 | 3.66E−06 | −1.35E−06 | 1.25E−05 | −4.88E−06 | 2.86E−06 | −0.00026649 | 0.00042719 | −0.00060219 | 7.55E−06 | −0.00073468 | −4.38E−05 | 6.85E−05 | −0.00088243 | −0.00105089 | −1.43E−05 | −4.65E−06 | −4.00E−06 | −7.49E−06 |
| 15 | 0.140558 | −0.00073693 | −0.00029544 | −0.00035213 | 0.00051615 | −0.0001988 | −0.00037382 | 0.0143727 | −0.0395635 | 0.137201 | −0.0454265 | 0.137492 | −0.00060203 | −0.00088243 | 0.147924 | 0.140278 | 0.00541487 | 0.00055942 | −0.00028294 | 0.00269406 |
| 16 | 0.140354 | −0.00075016 | −0.00027027 | −0.00039051 | −0.001902 | −0.00013342 | −0.00037228 | 0.0170331 | −0.0377989 | 0.137854 | −0.0435231 | 0.139309 | −0.00107577 | −0.00105089 | 0.140278 | 0.147181 | 0.00524183 | 0.00057933 | −0.00033699 | 0.00248947 |
| 17 | 0.00530359 | 7.84E−05 | 5.31E−06 | −1.43E−05 | 3.76E−05 | 9.05E−06 | −6.21E−06 | 0.0004132 | −0.00292165 | 0.00541778 | −0.00184781 | 0.00568111 | 3.01E−06 | −1.43E−05 | 0.00541487 | 0.00524183 | 0.00094587 | 3.75E−06 | −0.0001289 | 0.00010056 |
| 18 | 0.00057696 | 6.07E−06 | 1.98E−06 | −2.12E−06 | 4.29E−06 | 1.35E−06 | −4.78E−07 | 0.00012268 | −8.24E−05 | 0.00058943 | −7.62E−05 | 0.00047328 | 2.52E−06 | −4.65E−06 | 0.00055942 | 0.00057933 | 3.75E−06 | 1.30E−05 | −2.68E−06 | 9.51E−06 |
| 19 | −5.01E−06 | −1.51E−06 | −5.15E−06 | −4.16E−06 | 1.26E−05 | −3.43E−06 | 2.03E−06 | 2.78E−05 | 0.0003657 | −0.00011974 | 0.00011958 | −0.00037522 | 3.58E−05 | −4.00E−06 | −0.00028294 | −0.00033699 | −0.0001289 | −2.68E−06 | 6.94E−05 | −1.59E−05 |
| 20 | 0.00266974 | 4.31E−05 | −2.97E−06 | −2.38E−06 | 2.97E−05 | 3.54E−06 | −8.04E−06 | 0.00022506 | −0.00109926 | 0.00259394 | −0.00154621 | 0.00226945 | 2.38E−05 | −7.49E−06 | 0.00269406 | 0.00248947 | 0.00010056 | 9.51E−06 | −1.59E−05 | 0.0002128 |

Var(B)：首先复制到 Excel 中以选择一个好看的格式。

|  | 1 | 2 | 3 | 4 | 5 | 6 | 7 | 8 | 9 | 10 | 11 | 12 | 13 | 14 | 15 | 16 | 17 | 18 | 19 | 20 |
|---|---|---|---|---|---|---|---|---|---|---|---|---|---|---|---|---|---|---|---|---|
| 1 | 2.81132 | −0.18297 | −0.04719 | −0.0587 | −0.08487 | −0.0129 | −0.01025 | 1.52097 | −0.80526 | 2.23291 | −1.24002 | 1.5981 | −0.08306 | −0.06737 | 2.12124 | 2.00761 | −0.08996 | −0.03434 | −0.02993 | −0.02727 |
| 2 | 2.81809 | −0.19565 | −0.05041 | −0.05373 | −0.09894 | −0.0046 | −0.01084 | 1.05731 | −1.48296 | 2.212 | −0.75482 | 1.30451 | −0.05598 | −0.05658 | 1.98883 | 1.7691 | −0.12627 | −0.03712 | −0.01732 | −0.03975 |
| 3 | 2.57788 | −0.16473 | −0.04799 | −0.05383 | −0.12556 | −0.01483 | −0.00855 | 1.2352 | −0.93535 | 2.02848 | −0.95269 | 1.68349 | −0.10294 | −0.06565 | 1.98603 | 1.82105 | −0.08978 | −0.03574 | −0.01876 | −0.05305 |
| 4 | 2.72124 | −0.20624 | −0.05206 | −0.05977 | −0.12502 | −0.01191 | −0.00591 | 1.00162 | −0.35361 | 2.08802 | 0.144309 | 1.69511 | −0.12123 | −0.06904 | 1.94814 | 1.92527 | −0.16506 | −0.03334 | −0.00619 | −0.07128 |
| 5 | 3.10422 | −0.19186 | −0.0529 | −0.05186 | −0.13337 | −0.01026 | −0.00917 | 1.51472 | −0.8931 | 2.51209 | −1.19772 | 1.96268 | −0.09026 | −0.07051 | 2.39108 | 2.28459 | −0.11165 | −0.0317 | −0.01721 | −0.05128 |
| 6 | 2.26865 | −0.17854 | −0.04674 | −0.05343 | −0.07078 | −0.00367 | −0.00419 | 1.11763 | −1.02347 | 1.55317 | −0.96239 | 0.945271 | −0.09843 | −0.0466 | 1.40398 | 1.2679 | −0.10378 | −0.03228 | −0.02315 | −0.04116 |
| 7 | 2.64665 | −0.19094 | −0.04852 | −0.05103 | −0.10226 | −0.0098 | −0.00932 | 1.22533 | −0.81653 | 2.01424 | −0.40033 | 1.67191 | −0.04997 | −0.06453 | 1.91512 | 1.7967 | −0.12918 | −0.03108 | −0.01454 | −0.06142 |
| 8 | 2.95462 | −0.20911 | −0.04987 | −0.06669 | −0.14387 | −0.00292 | −0.00796 | 1.47679 | −0.84789 | 2.22025 | −0.86707 | 1.14534 | −0.07631 | −0.06957 | 1.65506 | 1.84138 | −0.15149 | −0.0339 | −0.01023 | −0.05318 |
| 9 | 3.94335 | −0.22067 | −0.05146 | −0.0609 | −0.07346 | −0.01419 | −0.01076 | 1.75702 | −1.04462 | 3.38164 | −1.29255 | 2.58201 | −0.07182 | −0.07971 | 3.12254 | 3.20887 | −0.07018 | −0.02479 | −0.01899 | −0.0371 |
| 10 | 2.3672 | −0.17675 | −0.04986 | −0.05405 | −0.09359 | −0.01581 | −0.00714 | 1.28591 | −0.24646 | 1.93488 | −0.6456 | 1.07259 | −0.04502 | −0.05956 | 1.66166 | 1.50386 | −0.12367 | −0.03414 | −0.00404 | −0.05521 |
| 11 | 2.14678 | −0.18001 | −0.04616 | −0.04792 | −0.09858 | −0.00342 | −0.00821 | 1.36864 | −0.76515 | 1.5971 | −0.50044 | 1.15732 | −0.05448 | −0.06056 | 1.4869 | 1.41516 | −0.0529 | −0.03324 | −0.03708 | −0.06938 |
| 12 | 2.44026 | −0.16694 | −0.04531 | −0.05312 | −0.11442 | −0.00862 | −0.00839 | 1.16039 | −1.17276 | 1.85154 | −0.73539 | 1.28129 | −0.10735 | −0.05588 | 1.64287 | 1.65119 | −0.08345 | −0.03322 | −0.02959 | −0.05177 |
| 13 | 3.3571 | −0.21865 | −0.04727 | −0.05328 | −0.09548 | −0.01134 | −0.01254 | 1.40929 | −1.59061 | 2.47015 | −1.15611 | 1.82621 | −0.05721 | −0.06369 | 2.43317 | 2.17521 | −0.09886 | −0.03484 | −0.02007 | −0.04865 |
| 14 | 2.53811 | −0.178 | −0.04811 | −0.05772 | −0.11028 | −0.01634 | −0.00833 | 1.26671 | −0.43714 | 1.91162 | −0.44643 | 1.22869 | −0.06285 | −0.06446 | 1.4911 | 1.44315 | −0.13651 | −0.03213 | −0.006 | −0.08345 |
| 15 | 1.98343 | −0.16758 | −0.05016 | −0.04312 | −0.10192 | −0.00794 | −0.00854 | 1.78754 | −0.90579 | 1.4132 | −1.18115 | 0.952768 | −0.08152 | −0.06778 | 1.43979 | 1.36476 | −0.13479 | −0.03576 | −0.01312 | −0.05379 |
| 16 | 2.77402 | −0.18195 | −0.05423 | −0.05537 | −0.09696 | −0.01472 | −0.01023 | 1.00378 | −0.9336 | 2.08753 | −1.00619 | 1.41782 | −0.05852 | −0.06762 | 1.88161 | 1.72324 | −0.18225 | −0.03737 | −0.00612 | −0.05093 |
| 17 | 2.91102 | −0.18798 | −0.04823 | −0.0502 | −0.06937 | −0.00916 | −0.00766 | 1.0609 | −1.17684 | 2.29573 | −1.66289 | 1.50493 | −0.02153 | −0.0598 | 2.04183 | 1.66466 | −0.07818 | −0.03431 | −0.00714 | −0.04823 |
| 18 | 3.14602 | −0.18882 | −0.04862 | −0.04952 | −0.20991 | −0.01007 | −0.01011 | 1.73221 | −1.15075 | 2.5057 | −0.97251 | 1.95995 | −0.0833 | −0.07368 | 2.16754 | 2.40897 | −0.1131 | −0.03049 | −0.0108 | −0.04351 |
| 19 | 2.5014 | −0.17099 | −0.04794 | −0.06049 | −0.15066 | −0.01169 | −0.00625 | 1.54847 | −1.13953 | 1.83937 | −1.13264 | 1.2547 | −0.08383 | −0.0659 | 1.37629 | 1.53763 | −0.09286 | −0.03412 | −0.00749 | −0.07202 |
| 20 | 2.39102 | −0.18341 | −0.05032 | −0.05362 | −0.18438 | −0.00305 | −0.00914 | 1.50861 | −0.75403 | 1.87434 | −1.14347 | 1.01835 | −0.07678 | −0.06803 | 1.5235 | 1.54669 | −0.14127 | −0.03358 | −0.01595 | −0.06478 |
| 21 | 3.22899 | −0.19643 | −0.05095 | −0.06732 | −0.04383 | −0.02249 | −0.00901 | 1.50592 | −1.04799 | 2.62052 | −0.8391 | 1.90627 | −0.09959 | −0.06952 | 2.4624 | 2.22293 | −0.13523 | −0.02884 | −0.00925 | −0.05363 |
| 22 | 2.49108 | −0.20118 | −0.04985 | −0.05959 | −0.08565 | −0.01404 | −0.00695 | 1.352 | −0.99131 | 1.89138 | −0.90557 | 1.13537 | −0.08202 | −0.06649 | 1.69282 | 1.54012 | −0.12144 | −0.0378 | −0.01682 | −0.03921 |
| 23 | 3.2374 | −0.1882 | −0.04949 | −0.06673 | −0.11753 | −0.01456 | −0.00807 | 1.5467 | −0.55589 | 2.51868 | −1.43623 | 1.50086 | −0.05532 | −0.0636 | 1.96525 | 1.87111 | −0.09445 | −0.03186 | −0.01444 | −0.05095 |
| 24 | 2.83047 | −0.17427 | −0.04973 | −0.05205 | −0.08511 | −0.01522 | −0.00812 | 1.46867 | −1.16228 | 2.2206 | −0.83146 | 1.55752 | −0.0503 | −0.05633 | 1.94142 | 1.89116 | −0.08498 | −0.03183 | −0.02514 | −0.03981 |
| 25 | 2.77202 | −0.1917 | −0.04864 | −0.06041 | −0.12566 | −0.01607 | −0.00932 | 1.49141 | −0.81905 | 2.11683 | −0.62124 | 1.38759 | −0.07963 | −0.06996 | 1.79877 | 1.79339 | −0.10592 | −0.03504 | −0.02071 | −0.05756 |
| 26 | 2.56711 | −0.20678 | −0.04618 | −0.06222 | −0.13406 | −0.00878 | −0.00519 | 1.44289 | −0.85722 | 2.0132 | −0.69176 | 1.2517 | −0.09212 | −0.0569 | 1.50269 | 1.61936 | −0.13511 | −0.03085 | −0.019 | −0.04761 |
| 27 | 3.23474 | −0.16288 | −0.05218 | −0.05453 | −0.08053 | −0.01027 | −0.00857 | 1.48734 | −1.55624 | 2.68776 | −1.75428 | 1.7691 | −0.05716 | −0.08203 | 2.59825 | 2.43802 | −0.0927 | −0.02824 | −0.0202 | −0.02825 |
| 28 | 2.2625 | −0.17636 | −0.0464 | −0.05338 | −0.12389 | −0.01 | −0.00676 | 1.56733 | −0.28504 | 1.66127 | 0.116758 | 0.718882 | −0.04073 | −0.0638 | 1.28315 | 1.13038 | −0.13454 | −0.02764 | −0.01455 | −0.07632 |
| 29 | 2.81633 | −0.19692 | −0.05114 | −0.05401 | −0.09596 | −0.02175 | −0.00927 | 1.44821 | −0.67327 | 2.17097 | −0.74266 | 1.61842 | −0.10641 | −0.05408 | 2.06534 | 1.94799 | −0.11057 | −0.03484 | −0.02568 | −0.05713 |
| 30 | 2.80843 | −0.19552 | −0.0499 | −0.05466 | −0.10292 | −0.01629 | −0.00948 | 1.25976 | −0.94786 | 2.17608 | −1.62568 | 1.72198 | −0.09595 | −0.05969 | 2.07177 | 1.91855 | −0.1182 | −0.03194 | −0.02503 | −0.05645 |
| 31 | 2.71947 | −0.18924 | −0.0492 | −0.05237 | −0.06242 | −0.01621 | −0.00926 | 1.35839 | −1.01852 | 2.04652 | −0.75197 | 1.28989 | −0.06746 | −0.04765 | 1.81893 | 1.70068 | −0.16304 | −0.03122 | −0.00156 | −0.06033 |
| 32 | 2.95597 | −0.18995 | −0.05056 | −0.05252 | −0.13936 | −0.01862 | −0.01262 | 1.35268 | −1.02157 | 2.34785 | −0.88923 | 1.55905 | −0.00878 | −0.06968 | 2.12957 | 1.88312 | −0.0932 | −0.04102 | −0.02358 | −0.04445 |
| 33 | 2.0589 | −0.17867 | −0.04898 | −0.05507 | −0.05338 | −0.009 | −0.00724 | 1.23153 | −0.80042 | 1.44277 | −0.48732 | 0.705188 | −0.06554 | −0.06855 | 1.46379 | 1.0651 | −0.1566 | −0.03618 | −0.00797 | −0.03871 |
| 34 | 2.61638 | −0.1827 | −0.0477 | −0.05621 | −0.10418 | −0.01065 | −0.00863 | 1.2044 | −1.28756 | 2.24202 | −0.85117 | 1.48749 | −0.05863 | −0.06795 | 1.93929 | 1.81402 | −0.11776 | −0.03051 | −0.01544 | −0.05143 |
| 35 | 2.79489 | −0.20199 | −0.04678 | −0.06574 | −0.10138 | −0.018 | −0.00903 | 1.40822 | −0.81104 | 2.22641 | −1.25682 | 1.42656 | −0.0662 | −0.05338 | 1.77326 | 1.68907 | −0.09727 | −0.03703 | −0.00371 | −0.0837 |
| 36 | 2.51444 | −0.17489 | −0.05021 | −0.0531 | −0.10651 | −0.01867 | −0.00748 | 1.49798 | −0.11466 | 1.82296 | −0.18897 | 1.02318 | −0.04938 | −0.05784 | 1.58219 | 1.47589 | −0.15924 | −0.03064 | −0.015 | −0.03358 |
| 37 | 0.98574 | −0.21921 | −0.04842 | −0.05488 | −0.05117 | −0.00836 | −0.00398 | 1.37423 | −0.62738 | 0.331399 | −0.17352 | −0.36942 | −0.05966 | −0.05683 | 0.124198 | 0.100593 | −0.21998 | −0.04374 | 0.003924 | −0.10913 |
| 38 | 3.06507 | −0.20754 | −0.04911 | −0.05301 | −0.10635 | −0.00962 | −0.01231 | 1.51725 | −0.82811 | 2.46964 | −1.1568 | 1.81187 | −0.05026 | −0.06773 | 2.27538 | 2.18079 | −0.11148 | −0.03006 | −0.02521 | −0.06244 |
| 39 | 3.31969 | −0.20555 | −0.05173 | −0.06063 | −0.09401 | −0.01751 | −0.0065 | 1.42213 | −0.96057 | 2.55146 | −0.96278 | 2.00537 | −0.0765 | −0.06887 | 2.38122 | 2.20527 | −0.12419 | −0.02969 | −0.00419 | −0.04336 |
| 40 | 2.04124 | −0.21879 | −0.04627 | −0.05943 | −0.072 | −0.01885 | −0.00393 | 1.11167 | −0.62812 | 1.45083 | −0.69045 | 0.767981 | −0.08066 | −0.0529 | 1.14033 | 1.04435 | −0.13321 | −0.03703 | −0.02795 | −0.08431 |
| 41 | 2.98034 | −0.18286 | −0.05328 | −0.05877 | −0.11699 | −0.01133 | −0.00722 | 1.37904 | −1.43477 | 2.46139 | −1.38785 | 1.69772 | −0.07746 | −0.06499 | 2.16103 | 2.09061 | −0.0775 | −0.03496 | −0.02989 | −0.05863 |
| 42 | 3.16544 | −0.19069 | −0.04747 | −0.05655 | −0.09147 | −0.01649 | −0.00682 | 1.47533 | −1.37752 | 2.6037 | −1.05634 | 2.07543 | −0.07563 | −0.06066 | 2.33698 | 2.27288 | −0.05107 | −0.02658 | −0.02858 | −0.06464 |
| 43 | 3.10965 | −0.19328 | −0.04995 | −0.06513 | −0.13171 | −0.01296 | −0.00558 | 1.42002 | −1.4035 | 2.51408 | −1.28524 | 1.46141 | −0.04971 | −0.06553 | 1.94017 | 1.77966 | −0.08576 | −0.03384 | −0.01466 | −0.05805 |
| 44 | 2.62787 | −0.20805 | −0.05138 | −0.05435 | −0.09166 | −0.00683 | −0.00527 | 1.1766 | −1.0842 | 2.17529 | −1.3063 | 1.229 | −0.06766 | −0.05037 | 1.83722 | 1.63284 | −0.12416 | −0.03202 | −0.014 | −0.04684 |
| 45 | 2.37621 | −0.19193 | −0.05089 | −0.03864 | −0.14647 | −0.01113 | −0.00623 | 1.12176 | −1.19713 | 1.86862 | −0.78461 | 1.53052 | −0.08386 | −0.07385 | 2.10631 | 2.07361 | −0.11531 | −0.03584 | −0.01002 | −0.06369 |
| 46 | 3.17222 | −0.18174 | −0.05333 | −0.05974 | −0.1155 | −0.01078 | −0.00696 | 1.4535 | −1.67472 | 2.54421 | −1.15203 | 1.72399 | −0.06158 | −0.06722 | 2.18401 | 2.10444 | −0.1029 | −0.03324 | −0.00439 | −0.04247 |
| 47 | 2.95095 | −0.1617 | −0.05109 | −0.0507 | −0.18614 | −0.01248 | −0.00964 | 1.19089 | −1.32231 | 2.4869 | −0.58043 | 1.51172 | −0.0507 | −0.06013 | 2.01828 | 1.94035 | −0.11471 | −0.02991 | −0.02425 | −0.03644 |
| 48 | 2.99199 | −0.1956 | −0.05349 | −0.06168 | −0.06434 | −0.01426 | −0.00529 | 1.23891 | −1.31825 | 2.26075 | −0.71209 | 1.34862 | −0.06428 | −0.05956 | 2.04794 | 1.63261 | −0.05372 | −0.03928 | −0.02372 | −0.05111 |
| 49 | 2.29455 | −0.19736 | −0.0461 | −0.04584 | −0.07291 | −0.01368 | −0.0088 | 1.51337 | −0.33932 | 1.62878 | −0.335 | 1.36336 | −0.08855 | −0.0672 | 1.75667 | 1.64039 | −0.1607 | −0.02905 | −0.00769 | −0.05697 |
| 50 | 2.98313 | −0.18612 | −0.04946 | −0.05846 | −0.1318 | −0.01648 | −0.01029 | 1.32688 | −0.82229 | 2.35077 | −0.6845 | 1.20096 | −0.06263 | −0.06014 | 2.04867 | 1.92991 | −0.14129 | −0.0327 | −0.0059 | −0.0699 |
| 51 | 2.5045 | −0.19816 | −0.04634 | −0.05125 | −0.13205 | −0.01795 | −0.00977 | 1.43752 | −0.41064 | 1.89174 | −0.42894 | 1.27371 | −0.09516 | −0.05406 | 1.58647 | 1.54188 | −0.15657 | −0.03152 | −0.02179 | −0.05347 |
| 52 | 2.43068 | −0.17349 | −0.04904 | −0.06129 | −0.10145 | −0.01658 | −0.00673 | 1.2732 | −0.46946 | 2.02286 | −0.64993 | 1.44293 | −0.1181 | −0.05356 | 1.79601 | 1.69256 | −0.14662 | −0.03057 | −0.00349 | −0.0564 |
| 53 | 2.75678 | −0.15434 | −0.05198 | −0.05826 | −0.06112 | −0.01581 | −0.00559 | 1.24625 | −0.8529 | 2.1026 | −0.74841 | 1.1988 | −0.0392 | −0.08183 | 1.88525 | 1.64962 | −0.09423 | −0.03449 | −0.0067 | −0.06674 |

续前表

| | 1 | 2 | 3 | 4 | 5 | 6 | 7 | 8 | 9 | 10 | 11 | 12 | 13 | 14 | 15 | 16 | 17 | 18 | 19 | 20 |
|---|---|---|---|---|---|---|---|---|---|---|---|---|---|---|---|---|---|---|---|---|
| 54 | 2.77522 | −0.16273 | −0.05021 | −0.05548 | −0.08262 | −0.01176 | −0.0095 | 1.56674 | −1.35775 | 2.07649 | −0.9251 | 1.44934 | −0.10404 | −0.06119 | 2.07197 | 1.86698 | −0.11333 | −0.03232 | −0.01322 | −0.04813 |
| 55 | 2.80767 | −0.1603 | −0.04772 | −0.05522 | −0.14742 | −0.00521 | −0.00838 | 1.17797 | −1.0311 | 2.18692 | −1.25558 | 1.67368 | −0.06462 | −0.07936 | 1.90168 | 1.92702 | −0.11263 | −0.02995 | −0.00821 | −0.04171 |
| 56 | 2.79175 | −0.17703 | −0.05142 | −0.05966 | −0.17103 | −0.00091 | −0.0084 | 1.49696 | −1.16735 | 2.20933 | −1.20499 | 1.54898 | −0.11687 | −0.07533 | 2.06002 | 2.12009 | −0.08374 | −0.03759 | −0.01749 | −0.05251 |
| 57 | 2.9819 | −0.17449 | −0.04968 | −0.05553 | −0.06397 | −0.01341 | −0.00755 | 1.4479 | −0.92529 | 2.32797 | −0.94322 | 1.61913 | −0.06127 | −0.05815 | 2.10833 | 1.87698 | −0.12032 | −0.02859 | −0.0053 | −0.04822 |
| 58 | 2.77843 | −0.18974 | −0.05043 | −0.05546 | −0.1185 | −0.01883 | −0.0088 | 1.46535 | −0.77753 | 2.23648 | −0.7434 | 1.54402 | −0.0739 | −0.06112 | 1.94037 | 1.76184 | −0.11675 | −0.03292 | −0.01324 | −0.05457 |
| 59 | 3.02765 | −0.17303 | −0.05287 | −0.06042 | −0.09038 | −0.01121 | −0.00802 | 1.36309 | −1.06731 | 2.39519 | −1.33398 | 1.40036 | −0.07153 | −0.05533 | 1.93236 | 1.82162 | −0.13308 | −0.03208 | −0.00897 | −0.02596 |
| 60 | 2.025 | −0.14003 | −0.04104 | −0.05174 | −0.14117 | −0.00998 | −0.00599 | 0.944203 | −1.15478 | 1.44992 | −1.33189 | 0.499766 | −0.07328 | −0.05291 | 1.066 | 1.09713 | −0.12764 | −0.02812 | −0.02329 | −0.04763 |
| 61 | 2.31248 | −0.19131 | −0.04877 | −0.05194 | −0.11191 | −0.00883 | −0.00801 | 1.17341 | −0.75476 | 1.80224 | −0.46079 | 1.51195 | −0.09509 | −0.08021 | 1.7131 | 1.64153 | −0.10458 | −0.0328 | −0.03411 | −0.08643 |
| 62 | 2.27008 | −0.18105 | −0.05036 | −0.04992 | −0.10247 | −0.00706 | −0.00506 | 1.07515 | −1.09883 | 1.75761 | −0.97857 | 0.959756 | −0.03431 | −0.06306 | 1.42756 | 1.35662 | −0.0794 | −0.04086 | −0.01185 | −0.06606 |
| 63 | 3.04276 | −0.20755 | −0.05255 | −0.06411 | −0.15023 | −0.01603 | −0.00912 | 1.53682 | −0.11284 | 2.45696 | −0.61502 | 1.3419 | −0.0557 | −0.0516 | 1.80433 | 1.71237 | −0.14561 | −0.03393 | −0.00196 | −0.06927 |
| 64 | 2.43177 | −0.18065 | −0.05223 | −0.05471 | −0.1093 | −0.01941 | −0.00912 | 1.54572 | −0.74485 | 1.80062 | −0.67672 | 1.12182 | −0.05519 | −0.082 | 1.64031 | 1.62111 | −0.17906 | −0.03743 | −0.00152 | −0.05657 |
| 65 | 2.38757 | −0.18295 | −0.0515 | −0.05126 | −0.05804 | −0.01171 | −0.00819 | 1.52026 | −1.12153 | 1.82133 | −1.2963 | 1.34591 | −0.09993 | −0.06873 | 1.91553 | 1.68603 | −0.09618 | −0.0336 | −0.02981 | −0.04833 |
| 66 | 2.83914 | −0.21156 | −0.05648 | −0.05409 | −0.06105 | −0.00374 | −0.00693 | 1.57635 | −1.58025 | 2.2265 | −1.42363 | 1.7443 | −0.06867 | −0.06768 | 2.06946 | 1.83772 | −0.15771 | −0.03357 | −0.00436 | −0.0519 |
| 67 | 3.41428 | −0.22346 | −0.04928 | −0.06038 | −0.12469 | −0.00646 | −0.00584 | 1.11737 | −1.40967 | 2.71023 | −0.98978 | 1.56797 | −0.05444 | −0.05117 | 2.29396 | 2.246 | −0.11001 | −0.02745 | −0.0158 | −0.03817 |
| 68 | 3.02309 | −0.19251 | −0.04946 | −0.06104 | −0.09613 | −0.00792 | −0.00706 | 1.06884 | −1.17921 | 2.29943 | −0.57873 | 1.63914 | −0.08864 | −0.06861 | 2.04873 | 2.03048 | −0.09626 | −0.03441 | −0.00699 | −0.05666 |
| 69 | 2.06503 | −0.19379 | −0.04922 | −0.04105 | −0.05705 | −0.01287 | −0.00728 | 1.24259 | −0.98585 | 1.52202 | −0.66483 | 0.960847 | −0.07504 | −0.06235 | 1.54577 | 1.50693 | −0.11777 | −0.03714 | −0.01071 | −0.06162 |
| 70 | 2.5089 | −0.18348 | −0.05208 | −0.04411 | −0.08844 | −0.01045 | −0.00797 | 1.54436 | −0.72763 | 1.99424 | −0.67102 | 1.49246 | −0.06523 | −0.06778 | 1.91189 | 1.74991 | −0.11276 | −0.03271 | −0.00568 | −0.04884 |
| 71 | 2.31269 | −0.18141 | −0.04963 | −0.05397 | −0.06141 | −0.01151 | −0.00657 | 1.39917 | −0.92023 | 1.6933 | −0.68812 | 1.09403 | −0.05482 | −0.07159 | 1.44782 | 1.36107 | −0.14627 | −0.03496 | −0.00813 | −0.04053 |
| 72 | 3.18683 | −0.19814 | −0.04967 | −0.0572 | −0.12052 | −0.00716 | −0.00939 | 1.50497 | −0.59918 | 2.58377 | −1.12222 | 1.86604 | −0.10131 | −0.06615 | 2.35493 | 2.20985 | −0.11105 | −0.03074 | −0.01639 | −0.03552 |
| 73 | 2.32795 | −0.21771 | −0.04927 | −0.05286 | −0.08125 | −0.01377 | −0.00616 | 1.21188 | −0.9629 | 1.73549 | −2.05236 | 0.980039 | −0.09158 | −0.05665 | 1.65563 | 1.42218 | −0.19034 | −0.03176 | −0.011 | −0.0787 |
| 74 | 2.74255 | −0.19572 | −0.04686 | −0.05763 | −0.08259 | 0.002855 | −0.00845 | 1.55652 | −1.42871 | 2.14646 | −0.99659 | 1.37818 | −0.08501 | −0.06235 | 2.06162 | 1.8296 | −0.11061 | −0.02827 | −0.01145 | −0.05084 |
| 75 | 2.32231 | −0.15281 | −0.04659 | −0.0547 | −0.13564 | −0.01884 | −0.00932 | 1.40853 | −0.80771 | 1.78096 | −0.41756 | 0.790214 | −0.05726 | −0.0635 | 1.39931 | 1.27066 | −0.14147 | −0.03322 | −0.01451 | −0.05987 |
| 76 | 2.17538 | −0.18967 | −0.04638 | −0.05851 | −0.10705 | −0.01449 | −0.00563 | 1.34533 | −0.34237 | 1.68484 | −0.57325 | 1.01311 | −0.08859 | −0.06523 | 1.40836 | 1.41189 | −0.12695 | −0.03311 | −0.02154 | −0.04748 |
| 77 | 2.72412 | −0.20056 | −0.04675 | −0.05665 | −0.08014 | −0.01155 | −0.00521 | 1.20552 | −0.47215 | 2.16914 | −1.28922 | 1.09962 | −0.02048 | −0.05727 | 1.68026 | 1.43029 | −0.11599 | −0.03031 | −0.01114 | −0.05632 |
| 78 | 1.91814 | −0.1964 | −0.04787 | −0.05486 | −0.07038 | −0.01095 | −0.0051 | 1.35744 | −0.69987 | 1.35364 | −0.58791 | 0.623303 | −0.05613 | −0.05868 | 1.12906 | 0.994532 | −0.13906 | −0.03598 | −0.02282 | −0.04005 |
| 79 | 2.20662 | −0.19111 | −0.05014 | −0.04981 | −0.19346 | −0.01007 | −0.0078 | 1.23383 | −0.78591 | 1.7236 | −1.40426 | 1.03994 | −0.1051 | −0.05209 | 1.47565 | 1.46771 | −0.17259 | −0.03601 | −0.01918 | −0.07653 |
| 80 | 3.00024 | −0.20155 | −0.04971 | −0.0591 | −0.07123 | −0.02152 | −0.01056 | 1.3618 | 0.008392 | 2.41963 | −0.10384 | 1.89266 | −0.11646 | −0.04384 | 2.21873 | 2.00268 | −0.08718 | −0.03597 | −0.02102 | −0.05196 |
| 81 | 2.20187 | −0.2134 | −0.05136 | −0.0447 | −0.11397 | −0.00711 | −0.00652 | 1.44177 | −1.43173 | 1.66829 | −0.89508 | 1.16437 | −0.08945 | −0.06371 | 1.54451 | 1.46267 | −0.15077 | −0.03238 | −0.01829 | −0.08065 |
| 82 | 2.53619 | −0.19302 | −0.05227 | −0.06568 | −0.10307 | −0.00749 | −0.00515 | 1.40546 | −0.74195 | 2.02886 | −1.0698 | 1.42958 | −0.14272 | −0.05792 | 1.77499 | 1.67692 | −0.12723 | −0.03339 | −0.01941 | −0.05259 |
| 83 | 3.07634 | −0.18124 | −0.04843 | −0.05507 | −0.04816 | −0.01513 | −0.00829 | 1.36687 | −0.65342 | 2.45959 | −0.92009 | 1.65776 | −0.07046 | −0.06133 | 2.41075 | 2.08162 | −0.12378 | −0.02955 | −0.00477 | −0.04278 |
| 84 | 2.62186 | −0.18269 | −0.05022 | −0.05315 | −0.09648 | −0.01195 | −0.00508 | 1.25873 | −1.15127 | 2.07582 | −1.2258 | 1.12544 | −0.01773 | −0.06556 | 1.65728 | 1.56637 | −0.1088 | −0.03532 | −0.0042 | −0.05806 |
| 85 | 2.36809 | −0.19074 | −0.04722 | −0.05243 | −0.08951 | −0.01415 | −0.00741 | 1.42243 | −0.46385 | 1.89498 | −0.63004 | 1.24193 | −0.0644 | −0.0578 | 1.56259 | 1.39717 | −0.09157 | −0.03669 | −0.02342 | −0.04998 |
| 86 | 3.03783 | −0.18852 | −0.05347 | −0.06074 | −0.16869 | −0.0133 | −0.00721 | 1.35547 | −0.86968 | 2.54437 | −0.82365 | 1.80347 | −0.09182 | −0.06534 | 1.97871 | 2.03655 | −0.13738 | −0.03159 | −0.00819 | −0.05135 |
| 87 | 2.39716 | −0.20259 | −0.04947 | −0.04965 | −0.09892 | −0.0132 | −0.00953 | 1.26216 | −0.59307 | 1.81611 | −1.04873 | 1.44305 | −0.11095 | −0.04688 | 1.77885 | 1.50949 | −0.11551 | −0.04477 | −0.01328 | −0.03575 |
| 88 | 2.81868 | −0.17311 | −0.04979 | −0.05404 | −0.11221 | −0.01013 | −0.01095 | 1.49612 | −1.14932 | 2.19736 | −2.43795 | 1.36928 | −0.02896 | −0.06482 | 1.7804 | 1.71047 | −0.15689 | −0.03217 | −0.01479 | −0.03366 |
| 89 | 2.47773 | −0.18815 | −0.05315 | −0.06111 | −0.12201 | −0.01025 | −0.00337 | 1.42279 | −1.30915 | 1.73941 | −1.28193 | 1.05775 | −0.12024 | −0.05135 | 1.37722 | 1.2405 | −0.13661 | −0.035 | −0.00701 | −0.09087 |
| 90 | 2.73949 | −0.20917 | −0.05012 | −0.05907 | −0.08778 | −0.00909 | −0.00579 | 1.25704 | −1.65573 | 2.08618 | −0.85935 | 1.26021 | −0.04961 | −0.06128 | 1.74798 | 1.63899 | −0.13803 | −0.02646 | −0.02607 | −0.05491 |
| 91 | 2.49617 | −0.17754 | −0.04636 | −0.05771 | −0.04394 | −0.01006 | −0.0058 | 1.29957 | −1.18184 | 1.89537 | −0.59179 | 1.08621 | −0.0654 | −0.07338 | 1.91722 | 1.4971 | −0.12395 | −0.02655 | −0.01569 | −0.06601 |
| 92 | 2.97021 | −0.18326 | −0.04997 | −0.06133 | −0.06877 | −0.0093 | −0.00863 | 1.36207 | −0.88372 | 2.36211 | −0.54977 | 1.60368 | −0.1002 | −0.06614 | 2.05749 | 2.10231 | −0.04135 | −0.03335 | −0.0259 | −0.05501 |
| 93 | 3.06323 | −0.20994 | −0.0478 | −0.05702 | −0.07107 | −0.00915 | −0.00754 | 1.52055 | −1.05284 | 2.35792 | −0.89739 | 1.69016 | −0.11499 | −0.05139 | 2.30026 | 2.05679 | −0.09196 | −0.03088 | −0.01414 | −0.04017 |
| 94 | 2.72454 | −0.18678 | −0.05211 | −0.05204 | −0.14971 | −0.01677 | −0.00832 | 1.51471 | −0.79036 | 2.11146 | −1.24719 | 1.61151 | −0.07906 | −0.04786 | 1.75335 | 1.6258 | −0.09117 | −0.03622 | −0.01129 | −0.0631 |
| 95 | 2.97069 | −0.19496 | −0.0478 | −0.05339 | −0.13895 | −0.01569 | −0.00773 | 1.26759 | −1.17626 | 2.42418 | −1.2627 | 1.7293 | −0.07298 | −0.06396 | 2.05353 | 2.18491 | −0.12313 | −0.03155 | −0.01629 | −0.04242 |
| 96 | 3.09314 | −0.20704 | −0.04933 | −0.06206 | −0.05454 | −0.01123 | −0.00886 | 1.15129 | −0.79159 | 2.50301 | −0.65512 | 1.48748 | −0.04611 | −0.07176 | 2.15281 | 2.09623 | −0.13545 | −0.03061 | −0.01253 | −0.04733 |
| 97 | 2.33055 | −0.17391 | −0.04829 | −0.05447 | −0.08478 | −0.00941 | −0.00731 | 1.32992 | −0.57779 | 1.7923 | −0.40595 | 0.911452 | −0.05697 | −0.07259 | 1.65931 | 1.40245 | −0.14603 | −0.02682 | −0.01474 | −0.06252 |
| 98 | 2.7949 | −0.20094 | −0.05231 | −0.05729 | −0.13112 | −0.01601 | −0.00546 | 1.08688 | −1.18668 | 2.04567 | −0.83092 | 1.30328 | −0.05069 | −0.06604 | 1.55092 | 1.56347 | −0.15077 | −0.03867 | −0.00622 | −0.04771 |
| 99 | 2.48321 | −0.2049 | −0.05136 | −0.06118 | −0.0833 | −0.00932 | −0.00439 | 1.21036 | −1.53589 | 1.87442 | −0.9157 | 1.17197 | −0.09312 | −0.0538 | 1.53231 | 1.40838 | −0.11112 | −0.03792 | −0.02194 | −0.05207 |
| 100 | 2.64511 | −0.19791 | −0.04907 | −0.05448 | −0.08583 | −0.01236 | −0.00722 | 1.38516 | −0.41325 | 2.06043 | −0.44269 | 1.17563 | −0.05055 | −0.07039 | 1.7151 | 1.76961 | −0.10696 | −0.03234 | −0.02115 | −0.0764 |

## 7.4 函数的方差和支付意愿

选择行为建模者应该知道，估计出的参数本身并无多大用处。由于误差项的尺度未确定，参数的尺度也未确定（参见第 4 章）。因此，我们通常考察参数的比值（通常称为支付意愿（WTP）），或者使用参数来进行需求模拟。尽管这些量是研究人员关注的，但令人奇怪的是，几乎每个人都给出了置信区间。

**【题外话】**

David Brownstone 在 2000 年指出："根据我阅读过的很多实证文献，我能断言，如果相关系数的 $t$ 统计量较大，那么这些系数的任何非线性组合的 $t$ 统计量也较大。"

这显然不正确。即使参数估计值的联合分布的渐近正态近似是准确的，也没有任何理由说明任何两个参数的比值有均值或方差。如果参数估计不正确，那么比值通常服从柯西分布（它没有有限矩）。这个事实意味着，尽管得到标准误的估计值总比什么都得不到要好，但标准 delta 法近似（参见 Green (1997), p. 127, p. 916）将不能产生可靠的推断。

总 WTP 的计算涉及估计参数的函数的计算。使用相同的显示性偏好（RP）数据：

```
NLOGIT
;lhs = choice, cset, altij
;choices = bs,tn,bw,cr
;model:
u(bs) = bs + actpt*act + invcpt*invc + invtpt*invt2 + egtpt*egt + trpt*trnf /
u(tn) = tn + actpt*act + invcpt*invc + invtpt*invt2 + egtpt*egt + trpt*trnf /
u(bw) = bw + actpt*act + invcpt*invc + invtpt*invt2 + egtpt*egt + trpt*trnf /
u(cr) = invtcar*invt + TC*TC + PC*PC + egtcar*egt $
```

若小轿车司机愿意为更短路程支付更高费用，这可以表示为

$$wtp = invtcar/tc$$

由于 $invtcar$ 和 $tc$ 都是伴随抽样方差的估计参数，故 $wtp$ 也是一个估计参数。更复杂的例子涉及偏效应（更多细节可参见第 8 章和第 13 章）的计算。考虑一个基于我们例子的二元选择模型：个体选择开车或使用其他交通方式。logit 模型为

$$\begin{aligned}\text{Choose car} &= 1[\alpha + \beta_1 invt + \beta_2 tc + \beta_3 pc + \beta_4 egt + \varepsilon > 0]\\ &= 1[\beta' x + \varepsilon > 0]\end{aligned}$$

其中，$\varepsilon$ 有标准化的 logistic 分布（均值为 0，方差为 1）。相应的计量经济模型为

$$\text{Prob(choose car)} = \frac{\exp(\beta' x)}{1+\exp(\beta' x)} = \Lambda(\beta' x) \tag{7.17}$$

在这个模型中，偏效应（参见第 8 章）为

$$\frac{\partial \Lambda(\beta' x)}{\partial x} = \Lambda(\beta' x)[1-\Lambda(\beta' x)]\beta = \delta(\beta' x) \tag{7.18}$$

再一次地，计算出的函数是估计出的参数的函数，而且继承了它的样本方差。

本节关注估计量的渐近协方差矩阵的获得方法。两个广泛使用且同样有效的方法为 delta 法和 Krinsky-Robb（KR）法。WTP 比值的标准误的定义为

$$\text{s.e.}_{\left(\frac{\beta_k}{\beta_c}\right)} \cong \sqrt{\frac{1}{\beta_c^2}\left[\text{Var}(\beta_k) - \frac{2\beta_k}{\beta_c}\cdot \text{Cov}(\beta_k, \beta_c) + \left(\frac{\beta_k}{\beta_c}\right)^2 \text{Var}(\beta_c)\right]} \tag{7.19}$$

### 7.4.1 Delta 法

令 $f(b)$ 为估计量的一组函数（含有一个或多个函数），$b$ 为 $f(\beta)$ 的估计量。这些函数的雅可比矩阵为

$\Gamma(\beta)=\frac{\partial f(\beta)}{\partial \beta'}$。我们使用 $\beta$ 的估计量 $G(b)$ 来估计这个矩阵。令 $V$ 为 $b$ 的方差矩阵的估计量（参见 7.3 节）。Delta 法用下列矩阵估计 $f(b)$ 的抽样方差：

$$W=GVG' \tag{7.20}$$

对于 $wtp$ 的例子，$V$ 是一个关于（$invtcar$，$tc$）的抽样方差和协方差的 2×2 矩阵，$G$ 是一个 1×2（1 个函数×2 个参数）矩阵：

$$G=[\partial wtp/\partial invtcar, \partial wtp/\partial tc]=[1/tc, -invtcar/tc^2] \tag{7.21}$$

偏效应向量为

$$G=(1-2\hat{\Lambda})\hat{\Lambda}(1-\hat{\Lambda})bx', \hat{\Lambda}=\Lambda(b'x) \tag{7.22}$$

这些函数（例如偏效应函数）都是数据和参数的函数，对于它们而言，存在一个问题，即如何处理数据部分。通常做法是计算数据的均值，这产生了“均值处的偏效应”。然而，很多实证文献建议使用“平均偏效应”。为了计算平均偏效应，我们需要计算每个样本的偏效应，然后计算这些偏效应的平均值，因此，被平均的不是原始数据而是偏效应。在这种情形下，我们需要修改 delta 法：为了计算 $W$，我们需要计算雅可比矩阵的均值而不是均值处的雅可比矩阵。[更多细节可参见 Greene（2012）。]

对于函数方差的计算，Nlogit 提供了两种方法。第一种方法是 7.2.1.2 节使用的 WALD 命令，它可用于变量的基本函数情形。第二种方法适用于像偏效应这种涉及数据的函数，Nlogit 中的 SIMULATE 命令和 PARTIALS 命令可用于处理观测点上的平均或求和，并且获得方差（详见第 13 章的讨论）。这两种方法都可以用于 delta 方法或 KR 方法（详见 7.4.2 节）。

第一个例子使用 delta 法计算基于 MNL 模型的支付意愿（WTP）。我们使用两个数据集（上面的 RP 成分以及来自同一调查的 SC 数据）。首先估计模型。WALD 命令将 WTP 的估计值作为函数值来报告。下面的证据说明，对于 RP 数据集，WTP 的均值估计（即节省的交通耗时的价值，单位为澳元/分钟）与 0 在统计上没有显著差异（$z=1.23$），但对于 SC 数据，有显著差异（$z=3.44$），置信水平都为 95%。语法为：

```
?RP Data set
nlogit
;lhs = choice, cset, altij
;choices = bs,tn,bw,cr
;model:
u(bs) = bs + actpt*act + invcpt*invc + invtpt*invt2 + egtpt*egt + trpt*trnf /
u(tn) = tn + actpt*act + invcpt*invc + invtpt*invt2 + egtpt*egt + trpt*trnf /
u(bw) = bw+ actpt*act + invcpt*invc + invtpt*invt2 + egtpt*egt + trpt*trnf /
u(cr) = invtcar*invt + TC*TC + PC*PC + egtcar*egt $
Wald ; Parameters = b ; Covariance = Varb
     ; Labels = 8_c,binvt,btc,c11,c12
? Note that 8_c means c1,c2,c3,c4,c5,c6,c7,c8, which are first 8 parameters in
output
     ; fn1 = wtp = binvt/btc $
-----------------------------------------------------------------------
Discrete choice (multinomial logit) model
Dependent variable               Choice
Log likelihood function      -200.40253
Estimation based on N =     197, K =  12
Inf.Cr.AIC  =     424.8 AIC/N =    2.156
R2=1-LogL/LogL* Log-L fncn R-sqrd R2Adj
Constants only must be computed directly
                 Use NLOGIT ;...;RHS=ONE$
Chi-squared[ 9]            =     132.82086
Prob [ chi squared > value ] =     .00000
Response data are given as ind. choices
Number of obs.=    197, skipped    0 obs
```

```
-----------+----------------------------------------------------------------------------------
           |                  Standard            Prob.       95% Confidence
     CHOICE|  Coefficient       Error       z    |z|>Z*          Interval
-----------+----------------------------------------------------------------------------------
         BS|  -1.87740**       .74583    -2.52  .0118    -3.33920   -.41560
     ACTPT|    -.06036***     .01844    -3.27  .0011     -.09650   -.02423
     INVCPT|    -.08571*       .04963    -1.73  .0842     -.18299    .01157
     INVTPT|    -.01106        .00822    -1.35  .1782     -.02716    .00504
      EGTPT|    -.04117**      .02042    -2.02  .0438     -.08119   -.00114
       TRPT|  -1.15503***     .39881    -2.90  .0038    -1.93668   -.37338
         TN|  -1.67343**       .73700    -2.27  .0232    -3.11791   -.22894
         BW|  -1.87376**       .73750    -2.54  .0111    -3.31924   -.42828
    INVTCAR|    -.04963***     .01166    -4.26  .0000     -.07249   -.02677
         TC|    -.11063        .08471    -1.31  .1916     -.27666    .05540
         PC|    -.01789        .01796    -1.00  .3192     -.05310    .01731
     EGTCAR|    -.05806*       .03309    -1.75  .0793     -.12291    .00679
-----------+----------------------------------------------------------------------------------
***, **, * ==>  Significance at 1%, 5%, 10% level.
----------------------------------------------------------------------------------------------
WALD procedure. Estimates and standard errors for nonlinear functions and
joint test of nonlinear restrictions.
Wald Statistic              =      1.52061
Prob. from Chi-squared[ 1] =       .21753
Functions are computed at means of variables
-----------+----------------------------------------------------------------------------------
           |                   Standard            Prob.       95% Confidence
WaldFcns|    Function         Error         z    |z|>Z*          Interval
-----------+----------------------------------------------------------------------------------
        WTP|      .44859         .36378      1.23  .2175     -.26441    1.16158
-----------+----------------------------------------------------------------------------------
***, **, * ==>  Significance at 1%, 5%, 10% level.
----------------------------------------------------------------------------------------------

?SC Data Set
|-> Nlogit
    ;lhs=resp1,cset,Altij
    ;choices=NLRail,NHRail,NBway,Bus,Bway,Train,Car
    ;model:
    U(NLRail)= NLRAsc + cost*tcost + invt*InvTime + acwt*waitt+
    acwt*acctim + accbusf*accbusf+eggT*egresst
              + ptinc*pinc + ptgend*gender + NLRinsde*inside /
    U(NHRail)= TNAsc + cost*Tcost + invt*InvTime + acwt*WaitT + acwt*acctim
    + eggT*egresst + accbusf*accbusf
           + ptinc*pinc + ptgend*gender + NHRinsde*inside /
          U(NBway)=  NBWAsc + cost*Tcost + invt*InvTime + waitTb*WaitT + accTb*acctim
           + eggT*egresst + accbusf*accbusf+ ptinc*pinc + ptgend*gender /
          U(Bus)=   BSAsc + cost*frunCost + invt*InvTime + waitTb*WaitT + accTb*acctim
           + eggT*egresst+ ptinc*pinc + ptgend*gender/
           U(Bway)=   BWAsc + cost*Tcost + invt*InvTime + waitTb*WaitT + accTb*acctim
           + eggT*egresst + accbusf*accbusf+ ptinc*pinc + ptgend*gender /
           U(Train)=  TNAsc + cost*tcost + invt*InvTime + acwt*WaitT + acwt*acctim
           + eggT*egresst + accbusf*accbusf+ ptinc*pinc + ptgend*gender /
          U(Car)=   CRcost*costs + CRinvt*InvTime + CRpark*parkcost + CReggT*egresst$
   Normal exit:   6 iterations. Status=0, F=    2487.362
```

```
Discrete choice (multinomial logit) model
Dependent variable              Choice
Log likelihood function    -2487.36242
Estimation based on N =    1840, K =  20
Inf.Cr.AIC  =   5014.7 AIC/N =    2.725
R2=1-LogL/LogL* Log-L fncn R-sqrd R2Adj
Constants only must be computed directly
               Use NLOGIT ;...;RHS=ONE$
Response data are given as ind. choices
Number of obs.= 1840, skipped    0 obs
```

| RESP1 | Coefficient | Standard Error | z | Prob. \|z\|>Z* | 95% Confidence Interval | |
|---|---|---|---|---|---|---|
| NLRASC | 2.69464*** | .33959 | 7.93 | .0000 | 2.02905 | 3.36022 |
| COST | -.18921*** | .01386 | -13.66 | .0000 | -.21637 | -.16205 |
| INVT | -.04940*** | .00207 | -23.87 | .0000 | -.05346 | -.04535 |
| ACWT | -.05489*** | .00527 | -10.42 | .0000 | -.06521 | -.04456 |
| ACCBUSF | -.09962*** | .03220 | -3.09 | .0020 | -.16274 | -.03650 |
| EGGT | -.01157** | .00471 | -2.46 | .0140 | -.02080 | -.00235 |
| PTINC | -.00757*** | .00194 | -3.90 | .0001 | -.01138 | -.00377 |
| PTGEND | 1.34212*** | .17801 | 7.54 | .0000 | .99323 | 1.69101 |
| NLRINSDE | -.94667*** | .31857 | -2.97 | .0030 | -1.57106 | -.32227 |
| TNASC | 2.10793*** | .32772 | 6.43 | .0000 | 1.46562 | 2.75024 |
| NHRINSDE | -.94474*** | .36449 | -2.59 | .0095 | -1.65913 | -.23036 |
| NBWASC | 1.41575*** | .36237 | 3.91 | .0001 | .70551 | 2.12599 |
| WAITTB | -.07612*** | .02414 | -3.15 | .0016 | -.12343 | -.02880 |
| ACCTB | -.06162*** | .00841 | -7.33 | .0000 | -.07810 | -.04514 |
| BSASC | 1.86891*** | .32011 | 5.84 | .0000 | 1.24151 | 2.49630 |
| BWASC | 1.76517*** | .33367 | 5.29 | .0000 | 1.11120 | 2.41914 |
| CRCOST | -.11424*** | .02840 | -4.02 | .0001 | -.16990 | -.05857 |
| CRINVT | -.03298*** | .00392 | -8.42 | .0000 | -.04065 | -.02531 |
| CRPARK | -.01513** | .00733 | -2.07 | .0389 | -.02950 | -.00077 |
| CREGGT | -.05190*** | .01379 | -3.76 | .0002 | -.07894 | -.02486 |

```
|-> Wald ; Parameters = b ; Covariance = Varb
    ; Labels = 16_c,bcrcst,bcrinvt,c19,c20
    ; fn1 = wtp = bcrinvt/bcrcst $
WALD procedure. Estimates and standard errors for nonlinear functions and
joint test of nonlinear restrictions.
Wald Statistic              =      11.82781
Prob. from Chi-squared[ 1] =        .00058
Functions are computed at means of variables
```

| WaldFcns | Function | Standard Error | z | Prob. \|z\|>Z* | 95% Confidence Interval | |
|---|---|---|---|---|---|---|
| WTP | .28870*** | .08395 | 3.44 | .0006 | .12417 | .45323 |

第二个例子用二元 logit 模型来拟合个体是否开车的 SC 数据集。在三个命令中，“if[altij=4];”让研究人员考察样本的子集，在这个子集中变量 altij 等于 4，它是选择模型中（cr）的结果行。然后，“LOGIT”命令用二元 logit 模型拟合结果。两个“PARTIALS”命令用于计算这四个变量的偏效应，第一个计算平均偏效应，第二个计算模型变量均值处的偏效应。这两个结果比较相似，尽管这可能小于我们基于抽样变异性的预期。事实上，平均偏效应和均值处的偏效应是两个存在些许差别的函数：

```
LOGIT    ; if[altij = 4] ; lhs = choice ; rhs = one,tc,pc,egt,invt $
PARTIALS ; if[altij = 4] ; effects : tc / pc / egt / invt ; summary $
PARTIALS ; if[altij = 4] ; effects : tc / pc / egt / invt ; summary ;
means $
-----------------------------------------------------------------------------------
Binary Logit Model for Binary Choice
Dependent variable                    CHOICE
Estimation based on N =     175, K =    5
Inf.Cr.AIC  =    187.2 AIC/N =    1.070
----------+------------------------------------------------------------------------
          |                Standard            Prob.       95% Confidence
    CHOICE|  Coefficient     Error       z    |z|>Z*          Interval
----------+------------------------------------------------------------------------
  Constant|   3.01108***     .61209    4.92  .0000     1.81141   4.21075
        TC|   -.14627*       .07817   -1.87  .0613     -.29948    .00694
        PC|   -.02721        .01721   -1.58  .1139     -.06093    .00652
       EGT|   -.07195**      .03287   -2.19  .0286     -.13638   -.00753
      INVT|   -.04110***     .01042   -3.94  .0001     -.06152   -.02068
----------+------------------------------------------------------------------------
***, **, * ==>  Significance at 1%, 5%, 10% level.
-----------------------------------------------------------------------------------
-----------------------------------------------------------------------------------
Partial Effects for Logit Probability Function
Partial Effects Averaged Over Observations
-----------------------------------------------------------------------------------
                   Partial    Standard
(Delta method)     Effect      Error      |t|  95% Confidence Interval
-----------------------------------------------------------------------------------
       TC          -.02461     .01265     1.95     -.04940       .00019
       PC          -.00458     .00282     1.63     -.01010       .00094
       EGT         -.01210     .00527     2.30     -.02243      -.00178
       INVT        -.00691     .00148     4.68     -.00981      -.00402
-----------------------------------------------------------------------------------
Partial Effects Computed at data Means
-----------------------------------------------------------------------------------
                   Partial    Standard
(Delta method)     Effect      Error      |t|  95% Confidence Interval
-----------------------------------------------------------------------------------
       TC          -.03348     .01805     1.85     -.06887       .00190
       PC          -.00623     .00393     1.59     -.01392       .00147
       EGT         -.01647     .00739     2.23     -.03096      -.00198
       INVT        -.00941     .00232     4.06     -.01395      -.00487
-----------------------------------------------------------------------------------
```

### □ 7.4.2 Krinsky－Robb 法

选择模型的一个常见用途是获得 WTP 的估计值；然而，当 WTP 为参数的非线性函数时（例如双界条件价值[①]或基准点附近的非对称 WTP 估计值），delta 法可能不合适，因为它产生了对称置信区间。具体地说，delta 法适合离散选择模型，但它假设标准误服从正态分布，而且效用设定关于参数是线性的并且关于属性也是线性的（这个双线性简写为 LPLA）。考虑下列 WTP 的函数形式，其中成本变量是一个二次型：

$$WTP = \frac{\dfrac{d}{dx_k}\beta_k x_k}{\dfrac{d}{dx_c}\beta_c x_c^2} = \frac{\beta_k}{2\beta_c x_c}$$

① 例如：“你愿意支付 $X$ 澳元吗？是/否。如果是，你愿意支付 $Z$ 澳元吗（其中 $Z>X$）？是/否。如果否，你愿意支付 $Y$ 澳元吗（其中 $Y<X$）？是/否。”

7 统计推断

（式（7.19）中）方差的获得涉及一些复杂的计算，参见表 7.1。

**表 7.1　　在非线性情形下定义协方差结构**

首先注意到，$\frac{\beta_k}{-2\beta_c x_c}=-\beta_k(2\beta_c x_c)^{-1}$，这使得我们容易使用乘积法则来得到梯度：

$$\nabla g(-\beta_k(2\beta_c x_c)^{-1})=\begin{bmatrix}f'\\h'\end{bmatrix}=\begin{bmatrix}\frac{\partial(-\beta_k(2\beta_c x_c)^{-1})}{\partial\beta_k}\\\frac{\partial(-\beta_k(2\beta_c x_c)^{-1})}{\partial\beta_c}\end{bmatrix}=\begin{bmatrix}-(2\beta_c x_c)^{-1}\\\beta_c(2\beta_c x_c)^{-2}\end{bmatrix}\tag{1}$$

因此：

$$\begin{aligned}\mathrm{Var}[g(\beta_{ML})]&\approx\nabla g(\beta)'\mathrm{Var}(\beta_{ML})\nabla g(\beta)\\&=[-(2\beta_c x_c)^{-1}]\begin{bmatrix}\mathrm{Var}(\beta_k)&\mathrm{Cov}(\beta_k,\beta_c)\\\mathrm{Cov}(\beta_k,\beta_c)&\mathrm{Var}(\beta_c)\end{bmatrix}\begin{bmatrix}-(2\beta_c x_c)^{-1}\\\beta_k(2\beta_c x_c)^{-2}\end{bmatrix}\end{aligned}\tag{2}$$

将第一个行向量乘以矩阵可得：

$$[-(2\beta_c x_c)^{-1}\mathrm{Var}(\beta_k)+(\beta_k(2\beta_c x_c)^{-2})\mathrm{Cov}(\beta_k,\beta_c)-(2\beta_c x_c)^{-1}\mathrm{Cov}(\beta_k,\beta_c)+(\beta_k)+(\beta_k(2\beta_c x_c)^{-2})\mathrm{Var}(\beta_c)]\tag{3}$$

然后，将由此得到的行向量乘以最后的列向量，可得：

$$\begin{aligned}&(-(2\beta_c x_c)^{-1})[-(2\beta_c x_c)^{-1}\mathrm{Var}(\beta_k)+(\beta_k(2\beta_c x_c)^{-2})\mathrm{Cov}(\beta_k,\beta_c)]-(\beta_k(2\beta_c x_c)^{-2})[(2\beta_c x_c)^{-1}\mathrm{Cov}(\beta_k,\beta_c)\\&+(\beta_k(2\beta_c x_c)^{-2})\mathrm{Var}(\beta_c)]\end{aligned}\tag{4}$$

合并同类项，可得：

$$\begin{aligned}\mathrm{Var}\left(\frac{\beta_k}{-2\beta_c x_{itc}}\right)=&((2\beta_c x_c)^{-2})[\mathrm{Var}(\beta_k)-(\beta_k(2\beta_c x_c)^{-1})\mathrm{Cov}(\beta_k,\beta_c)]\\&-(\beta_k(2\beta_c x_c)^{-3})[\mathrm{Cov}(\beta_k,\beta_c)+(\beta_k(2\beta_c x_c)^{-1})\mathrm{Var}(\beta_c)]\end{aligned}\tag{5}$$

文献推荐使用 KR 模拟法来获得非对称置信区间［参见 Haab 和 McConnell（2002）；Creel 和 Loomis（1991）］。Krinsky 和 Robb（1986）提出的 KR 法基于蒙特卡罗模拟法（即这种方法要求标准误的模拟）。这种方法的步骤（在 Nlogit 中可自动实现）如下：

1. 使用任何函数形式估计 WTP 模型。
2. 获得参数估计向量和方差—协方差矩阵 $V(\mathrm{est}\beta)$。
3. 计算方差—协方差矩阵的乔利斯基分解（$C$），使得 $CC'=V(\mathrm{est}\beta)$。
4. 从标准正态分布中随机抽取一个含有 $k$ 个独立元素的向量 $x$。
5. 计算一个关于参数估计值的新向量 $Z$，使得 $Z=\beta+C'x$。
6. 用这个新向量 $Z$ 计算 WTP。
7. 将步骤 4、5 和 6 重复 $N$（例如，≥5 000）次，获得 WTP 的经验分布。
8. 以升序排列 WTP 函数的 $N$ 个值。
9. 去掉最高和最低的 2.5%的观察点，获得均值/中位数的 95%的置信区间。

以矩阵符号表示，$b$ 为 $\beta$ 的估计量，$V$ 为 $b$ 估计的方差矩阵。为了使用 KR 方法，我们从 $b$ 的渐近正态分布（即均值为 $b$ 且方差矩阵为 $V$ 的正态分布）中随机抽取样本。我们将这些称为复制 $b_r$，$r=1,\cdots,R$。使用 $b_r$，我们计算 $R$ 个 $f_r=f(b_r)$ 以及计算待估函数样本的样本方差。［抽样方法的原理可以参见例如 Greene（2012）。］

我们仍用 7.2.1.2 节中用 delta 法执行的检验例子。我们已经估计了嵌套 logit 模型并且对 MNL 模型的零假设检验感兴趣。参数向量的两个函数为 $f^1(b)=b_{iwbrwtn}-1$ 和 $f^2(b)=b_{iwbscar}-1$（应该承认，这些函数都是平凡的，即没有什么意义。）我们使用 KR 方法，步骤如下：从 14 个正态分布中抽取大量样本（比如抽取 500 次），并运用到 $f^1(b_r)$ 和 $f^2(b_r)$ 上，以便计算必要的 2×2 协方差矩阵。然后用这个矩阵执行 Wald 检验。下面给出了 KR 法和 delta 法的结果。正如我们预期的，它们的结果是相同的，原因在于这些表达式具有

LPLA 性质：

```
Nlogit
    ;lhs=resp1,cset,Altij
    ;choices=NLRail,NHRail,NBway,Bus,Bway,Train,Car
    ;tree=ptnew(NLRail,NHRail,NBWay),Allold(bus,train,bway,car)
    ;RU2
    ;model:
    U(NLRail)= NLRAsc + cost*tcost + invt*InvTime + acwt*waitt+
    acwt*acctim + accbusf*accbusf+eggT*egresst
    + ptinc*pinc + ptgend*gender + NLRinsde*inside /
    U(NHRail)= TNAsc + cost*Tcost + invt*InvTime + acwt*WaitT + acwt*acctim
    + eggT*egresst + accbusf*accbusf
         + ptinc*pinc + ptgend*gender + NHRinsde*inside /
    U(NBway)=  NBWAsc + cost*Tcost + invt*InvTime + waitTb*WaitT + accTb*acctim
     + eggT*egresst + accbusf*accbusf+ ptinc*pinc + ptgend*gender /
    U(Bus)=   BSAsc + cost*frunCost + invt*InvTime + waitTb*WaitT + accTb*acctim
     + eggT*egresst+ ptinc*pinc + ptgend*gender/
     U(Bway)=   BWAsc + cost*Tcost + invt*InvTime + waitTb*WaitT + accTb*acctim
     + eggT*egresst + accbusf*accbusf+ ptinc*pinc + ptgend*gender /
     U(Train)=  TNAsc + cost*tcost + invt*InvTime + acwt*WaitT + acwt*acctim
     + eggT*egresst + accbusf*accbusf+ ptinc*pinc + ptgend*gender /
     U(Car)=  CRcost*costs + CRinvt*InvTime + CRpark*parkcost + CReggT*egresst$
Normal exit:   6 iterations. Status=0, F=    2487.362

Discrete choice (multinomial logit) model
Dependent variable               Choice
Log likelihood function     -2487.36242
Estimation based on N =    1840, K =  20
Inf.Cr.AIC  =    5014.7 AIC/N =     2.725
R2=1-LogL/LogL* Log-L fncn R-sqrd R2Adj
Constants only must be computed directly
               Use NLOGIT ;...;RHS=ONE$
Response data are given as ind. choices
Number of obs.=  1840, skipped    0 obs
-----------+--------------------------------------------------------------------------------
           |                  Standard             Prob.      95% Confidence
     RESP1|   Coefficient      Error        z     |z|>Z*         Interval
-----------+--------------------------------------------------------------------------------
    NLRASC|     2.69464***     .33959     7.93    .0000     2.02905    3.36022
      COST|     -.18921***     .01386   -13.66    .0000     -.21637    -.16205
      INVT|     -.04940***     .00207   -23.87    .0000     -.05346    -.04535
      ACWT|     -.05489***     .00527   -10.42    .0000     -.06521    -.04456
   ACCBUSF|     -.09962***     .03220    -3.09    .0020     -.16274    -.03650
      EGGT|     -.01157**      .00471    -2.46    .0140     -.02080    -.00235
     PTINC|     -.00757***     .00194    -3.90    .0001     -.01138    -.00377
    PTGEND|     1.34212***     .17801     7.54    .0000      .99323    1.69101
  NLRINSDE|     -.94667***     .31857    -2.97    .0030    -1.57106    -.32227
     TNASC|     2.10793***     .32772     6.43    .0000     1.46562    2.75024
  NHRINSDE|     -.94474***     .36449    -2.59    .0095    -1.65913    -.23036
    NBWASC|     1.41575***     .36237     3.91    .0001      .70551    2.12599
    WAITTB|     -.07612***     .02414    -3.15    .0016     -.12343    -.02880
     ACCTB|     -.06162***     .00841    -7.33    .0000     -.07810    -.04514
     BSASC|     1.86891***     .32011     5.84    .0000     1.24151    2.49630
     BWASC|     1.76517***     .33367     5.29    .0000     1.11120    2.41914
    CRCOST|     -.11424***     .02840    -4.02    .0001     -.16990    -.05857
    CRINVT|     -.03298***     .00392    -8.42    .0000     -.04065    -.02531
    CRPARK|     -.01513**      .00733    -2.07    .0389     -.02950    -.00077
    CREGGT|     -.05190***     .01379    -3.76    .0002     -.07894    -.02486
Normal exit:  28 iterations. Status=0, F=    2486.231
```

```
------------------------------------------------------------------------------------------
FIML Nested Multinomial Logit Model
Dependent variable                 RESP1
Log likelihood function      -2486.23068
Restricted log likelihood    -3621.05512
Chi squared [ 22](P= .000)    2269.64888
Significance level                .00000
McFadden Pseudo R-squared       .3133961
Estimation based on N =   1840, K =   22
Inf.Cr.AIC  =    5016.5 AIC/N =    2.726
R2=1-LogL/LogL* Log-L fncn R-sqrd R2Adj
No coefficients -3621.0551  .3134 .3117
Constants only can be computed directly
               Use NLOGIT ;...;RHS=ONE$
At start values -2487.3624  .0005-.0020
Response data are given as ind. choices
BHHH estimator used for asymp. variance
The model has 2 levels.
Random Utility Form 2:IVparms = Mb|l,Gl
Number of obs.=  1840, skipped    0 obs
-----------+------------------------------------------------------------------------------
           |                  Standard            Prob.       95% Confidence
      RESP1|  Coefficient       Error       z     |z|>Z*          Interval
-----------+------------------------------------------------------------------------------
           |Attributes in the Utility Functions (beta)
     NLRASC|    2.50852***     .35399      7.09   .0000      1.81472   3.20232
       COST|    -.17977***     .01550    -11.60   .0000      -.21014   -.14940
       INVT|    -.04607***     .00314    -14.69   .0000      -.05221   -.03992
       ACWT|    -.05176***     .00627     -8.25   .0000      -.06406   -.03947
    ACCBUSF|    -.09067***     .03143     -2.89   .0039      -.15226   -.02907
       EGGT|    -.01076**      .00434     -2.48   .0132      -.01927   -.00225
      PTINC|    -.00717***     .00193     -3.72   .0002      -.01095   -.00339
     PTGEND|    1.27200***     .17781      7.15   .0000       .92349   1.62051
   NLRINSDE|    -.79922***     .30048     -2.66   .0078     -1.38814   -.21029
      TNASC|    1.96138***     .31850      6.16   .0000      1.33713   2.58562
   NHRINSDE|    -.76401**      .34238     -2.23   .0256     -1.43506   -.09297
     NBWASC|    1.37009***     .34763      3.94   .0001       .68874   2.05144
     WAITTB|    -.07264***     .02386     -3.04   .0023      -.11941   -.02586
      ACCTB|    -.05855***     .00916     -6.39   .0000      -.07650   -.04059
      BSASC|    1.74362***     .30317      5.75   .0000      1.14941   2.33782
      BWASC|    1.64330***     .31035      5.30   .0000      1.03504   2.25157
     CRCOST|    -.10797***     .02752     -3.92   .0001      -.16190   -.05403
     CRINVT|    -.03105***     .00424     -7.33   .0000      -.03935   -.02274
     CRPARK|    -.01429**      .00685     -2.09   .0370      -.02773   -.00086
     CREGGT|    -.04953***     .01592     -3.11   .0019      -.08073   -.01832
           |IV parameters, RU2 form = mu(b|l),gamma(l)
      PTNEW|    1.21849***     .13886      8.77   .0000       .94632   1.49066
     ALLOLD|    1.05917***     .07644     13.86   .0000       .90935   1.20900
```

**K and R:**

```
wald ; parameters = b ; labels  = 20_c,ivpt,ivcar
     ; covariance = varb
     ; fn1 = ivpt-1 ; fn2 = ivcar - 1 ; k&r ; pts=500 $
```

```
------------------------------------------------------------------------------------------------
WALD procedure. Estimates and standard errors for nonlinear functions and
joint test of nonlinear restrictions.
Wald Statistic          =       2.46781
Prob. from Chi-squared[ 2] =     .29115
Krinsky-Robb method used with   500 draws
Functions are computed at means of variables
-----------+------------------------------------------------------------------------------------
           |              Standard            Prob.      95% Confidence
WaldFcns|   Function        Error        z    |z|>Z*        Interval
-----------+------------------------------------------------------------------------------------
 Fncn(1)|     .21849       .14012     1.56   .1189      -.05614     .49312
 Fncn(2)|     .05917       .07731      .77   .4441      -.09236     .21070
```

**Wald:**

```
wald ; parameters = b ; labels  = 20_c,ivptn,ivold
    ; covariance = varb
    ; fn1 = ivptn-1 ; fn2 = ivold - 1 ; pts=500 $
```

```
------------------------------------------------------------------------------------------------
WALD procedure. Estimates and standard errors for nonlinear functions and
joint test of nonlinear restrictions.
Wald Statistic          =       2.51379
Prob. from Chi-squared[ 2] =     .28454
Functions are computed at means of variables
-----------+------------------------------------------------------------------------------------
           |              Standard            Prob.      95% Confidence
WaldFcns|   Function        Error        z    |z|>Z*        Interval
-----------+------------------------------------------------------------------------------------
 Fncn(1)|     .21849       .13886     1.57   .1156      -.05368     .49066
 Fncn(2)|     .05917       .07644      .77   .4389      -.09065     .20900
-----------+------------------------------------------------------------------------------------
```



在第二个例子中，小轿车的 WTP（以节省的交通耗时的价值衡量，单位为澳元/分钟）为比率 *binvtcr*/*binvccr*。我们将相关结果从上面的嵌套 logit 模型复制到这里。均值估计为 0.288 澳元/分钟，在 KR 法下，标准误为 0.101 澳元/分钟，95%的置信区间为 0.089 澳元/分钟～0.486 澳元/分钟。由于 $z$ 值为 2.84，我们可以断言，均值估计显著异于零：

```
        |                Standard          Prob.     95% Confidence
WaldFcns| Function         Error      z    |z|>Z*         Interval
     WTP| 0.28755***     0.10122    2.84    .0045    .08917   .48594
```

置信区间比较宽，然而令人欣慰的是，这个区间的值都是正的；如果出现了负值，它就没有什么行为上的意义了：

```
wald ; parameters = b ; labels  = 16_c,binvccr,binvtcr,c19,c20,ivptn,ivold
    ; covariance = varb
    ; fn1 = ivptn-1 ; fn2 = ivold - 1
    ;fn3 = wtp = binvtcr/binvccr ; k&r ; pts=500 $
```

```
------------------------------------------------------------------------------------------------
WALD procedure. Estimates and standard errors for nonlinear functions and
joint test of nonlinear restrictions.
Wald Statistic          =      10.68424
Prob. from Chi-squared[ 3] =     .01356
Krinsky-Robb method used with   500 draws
Functions are computed at means of variables
```

```
-----------+------------------------------------------------------------------------------
           |                 Standard              Prob.       95% Confidence
 WaldFcns|   Function        Error          z      |z|>Z*         Interval
-----------+------------------------------------------------------------------------------
  Fncn(1)|   .21849*          .12854      1.70    .0892      -.03344     .47041
  Fncn(2)|   .05917           .07147       .83    .4078      -.08092     .19926
      WTP|   .28755***        .10122      2.84    .0045       .08917     .48594
```

```
? Mean and standard error from a nested logit model
|-> create ; wtpd=rnn(0.28755,0.10122)$ Mean and standard error from
a nested logit model
|-> kernel;rhs=wtpd $
--------------------------------------------------
Kernel Density Estimator for WTPD
Kernel Function        =      Logistic
Observations           =         10680
Points plotted         =           500
Bandwidth              =       .014237
Statistics for abscissa values--------
Mean                   =       .287357
Standard Deviation     =       .101135
Skewness               =      -.015106
Kurtosis-3 (excess)    =      -.035446
Chi2 normality test    =       .010422
Minimum                =      -.136909
Maximum                =       .686246
Results matrix         =        KERNEL
```

在这个例子中，KR 法的结果挺好（见图 7.1），但未必总是如此。研究人员经常遇到的一种实证情形是置信区间非常大（含有符号转变），原因通常在于倒数变量 $1/binvccr$。由于抽取的样本中 *binvccr* 的值可能非常接近于零，这样 *wtp* 的值就无穷大，不可能被平均化。大量抽样也不能解决这个问题，因为随着样本规模增大，*binvccr* 取接近于零的值的可能性也等比例增加。

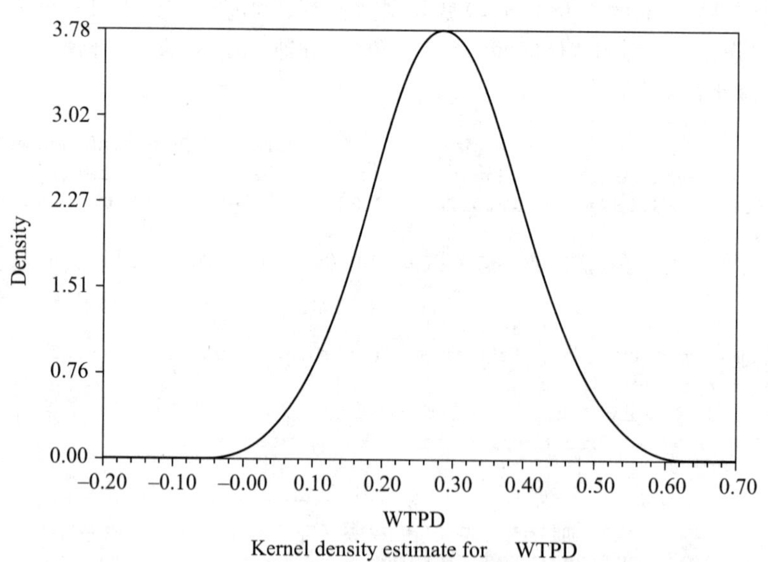


**图 7.1 使用 KR 法求标准误时 WTP 分布的核密度图**

在图 7.2 中，我们画出了在另外一个模型下，$1/btc$ 的抽样的核估计量，这个图说明了问题。更一般的问题在于，像这些系数比值之类的函数是不稳定的。对于 *wtp* 的计算，两个渐近正态分布估计量的比值有无穷大的方差——这正是因为 *btc* 在零附近取值。

**【题外话】**

避免或减少这种不好的结果出现的方法是，找到影响分子参数和分母参数的系统性影响因素，从而使得每个应答者的属性参数之间的联系在受“第三方”影响（例如社会经济特征代理）时有行为意义。

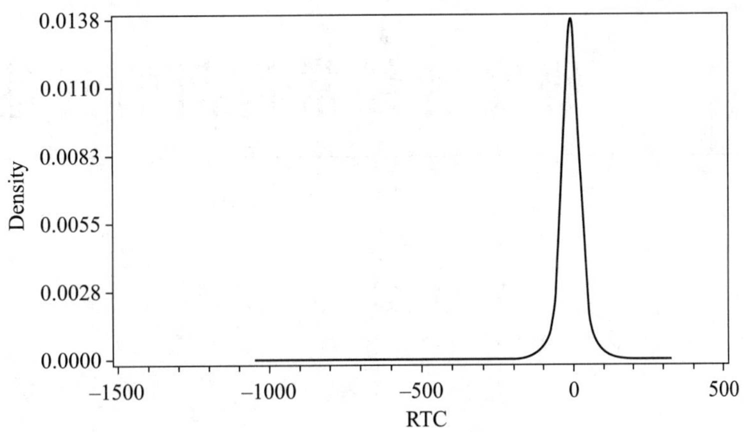


**图 7.2　成本参数的倒数的核密度图**

```
Wald ; Parameters = b ; Covariance = Varb
     ; Labels = 8_c,binvt,btc,c11,c12
     ; fn1 = wtp = binvt/btc ; k&r ; pts = 500 $

create ; xtc=rnn(-.110632,.0847106)$
create ; rtc = 1/xtc $
kernel;rhs=Rtc $
-----------------------------------------------------------------------------------
WALD procedure. Estimates and standard errors for nonlinear functions and
joint test of nonlinear restrictions.
Wald Statistic              =       .00168
Prob. from Chi-squared[ 1] =       .96729
Krinsky-Robb method used with   500 draws
Functions are computed at means of variables
-----------+-----------------------------------------------------------------------
           |              Standard            Prob.       95% Confidence
WaldFcns|    Function        Error        z    |z|>Z*          Interval
-----------+-----------------------------------------------------------------------
     WTP|    .44859       10.93804      .04    .9673    -20.98958  21.88676
-----------+-----------------------------------------------------------------------
Based on delta method
-----------+-----------------------------------------------------------------------
     WTP|      .44859          .36378     1.23  .2175      -.26441    1.16158
-----------+-----------------------------------------------------------------------
```

# 8

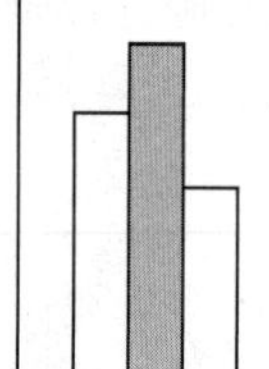

# 研究者经常询问的其他问题

不管在你所写的书中包含多少个研究者感兴趣的问题，总会有些问题被遗漏。在本章，我们考察研究者关心的一些问题，这些问题经常出现在学术会议讨论中、论文评阅人反馈的意见中以及 Limdep/logit 小组或本书作者收到的信件中。



## 8.1 条件分布均值等于非条件分布

本节内容来自 David Hensher，Bill Greene 和 Ken Train 于 2012 年 7 月的一次讨论。这是一个重要讨论，因为很多人不知道当他将其中一个变量从联合密度积分出来时，密度 $f(b)$ 是密度 $f(b|i)$ 的“均值”。Ken Train 在他 2003 年出版的著作中讨论条件分布问题时指出，“将条件密度加起来，得到总体（边际）密度”，他这句话的意思就是我们在上面指出的意思。特别地，Ken Train（2003，p. 272）指出：“对于在真实样本参数意义上正确设定的模型，偏好的条件分布对所有顾客加总后等于总体的偏好分布。”然而，在本质上，这不意味着边际密度的矩等于条件密度的矩的均值。这是因为 $\text{Var}(b)=\text{E}[\text{Var}[b|i]]+\text{Var}[E[[b|i]]$，在这个式子中，哪一项都不为零。如果我们求条件方差的均值，就得到了第一项，而这一项没有意义。在本节余下的内容中，我们重点考察分布的均值而不是方差。

### □ 8.1.1 可观测的等价应答者（伴随不同未观测效应）

总体中的每个人（即应答者）都有相同的观测属性。每个人面对几个选择情景，而且在每个选择情景中选择一个选项。对于总体中的每个人，选择情景数以及每个选择情景中每个选项的每个特征都相同。人与人的区别体现在他们的未观测效用系数 $\beta$ 上，以及进入每个选择情景中每个选项的效用的可加项上（在混合 logit 模型中，可加项是 IID 极端值项）。在总体中，$\beta$ 的密度记为 $f(\beta)$。

令 $i$ 是一个对每个选择情景都选定一个选项的向量，令 $C$ 为所有这种向量组成的集合。我们将“选取 $i$”定义为在每个选择情景中，选取向量 $i$ 中在这个选择情景中的选项。下面是常用的项：在 $\beta$ 条件下选取 $i$ 的概率为 $L(i|\beta)$；对于混合 logit 模型来说，$L(i|\beta)$ 是一个关于标准 logit 概率的乘积。于是，选取 $i$ 的（非条件）概率为

$$P(i)=\int L(i|\beta)f(\beta)d\beta \tag{8.1}$$

以 $i$ 为条件的 $\beta$ 的密度为

$$g(\beta|i)=L(i|\beta)f(\beta)/P(i) \tag{8.2}$$

这是 $\beta$ 在那些选取 $i$ 的个体组成的子总体上的分布。现在考虑加总：条件概率的均值（也称为期望条件密度或总条件密度）为

$$a(\beta)\equiv\sum\nolimits_{i\in C}g(\beta|i)S(i) \tag{8.3}$$

其中 $S(i)$ 是选取 $i$ 的人在总体中所占的比例。如果模型是正确设定的，那么 $P(i)=S(i)$，使得：

$$a(\beta)\equiv\sum\nolimits_{i\in C}g(\beta|i)P(i) \tag{8.4}$$

将式（8.2）代入式（8.4），可得：

$$\begin{aligned}a(\beta)&=\sum\nolimits_{i\in C}[L(i|\beta)f(\beta)/P(i)]P(i)\\&=\sum\nolimits_{i\in C}[L(i|\beta)f(\beta)]\\&=f(\beta)\sum\nolimits_{i\in C}[L(i|\beta)]\\&=f(\beta)\end{aligned}$$

最后一个等式成立的原因在于 $\sum\nolimits_{i\in C}[L(i|\beta)]=1$。上面的结果表明，条件分布的均值等于非条件分布。说得更直接一些，如果你根据个体选择计算每个人的条件分布，然后求这些条件分布在总体上的均值，你就得到了非条件分布——前提为模型是正确设定的，使得 $P(i)=S(i)$。如果你的计算结果表明条件分布的均值不等于非条件分布，那么这意味着模型不是正确设定的。

上述结论背后的直觉为：$f(\beta)$ 为 $\beta$ 在总体中的密度。总体由子总体组成，其中每个子总体中的每个个体的选择是相同的。$g(\beta|i)$ 是 $\beta$ 在那些选取 $i$ 的个体组成的子总体中的密度。当你取每个子总体的密度，并且在所有子总体上相加时，就得到了总体中的密度。

### □ 8.1.2 可观测的不同应答者（伴随不同的未观测效应）

令 $s$ 为可观测的人们的属性，它在总体中的密度为 $m(s)$。令 $x$ 为所有选择情景中所有选项的可观测的属性，它因人而异，它在总体中的密度为 $q(x)$。$\beta$ 的密度随着人们属性的不同而不同：$f(\beta|s)$ 为 $\beta$ 在属性为 $s$ 的那些个体组成的子总体中的密度，使得 $\beta$ 在总体中的密度为 $f(\beta)\equiv\int_s f(\beta|s)m(s)ds$。在 $s$，$x$，$\beta$ 条件下选取 $i$ 的概率为 $L(i|\beta,s,x)$。在 $s$，$x$ 条件下但不在 $\beta$ 条件下选取 $i$ 的概率为

$$P(i|s,x)=\int L(i|\beta,s,x)f(\beta|s)d\beta \tag{8.5}$$

在 $i$，$x$，$s$ 条件下 $\beta$ 的密度为

$$g(\beta|i,x,s)=[L(i|\beta,s,x)f(\beta|s)]/P(i|s,x) \tag{8.6}$$

这是人们的条件分布，给定他们的属性、他们面对选择的特征以及他们可观测的选择。对于伴随相同 $s$ 和 $x$ 的子总体，条件密度的均值为

$$a(\beta|s,x)\equiv\sum\nolimits_{i\in C}g(\beta|i,s,x)S(i|s,x) \tag{8.7}$$

其中 $S(i|s,x)$ 是在 $s$ 和 $x$ 条件下选取 $i$ 的那些个体占总体的份额。在正确设定的模型中，$P(i|s,x)=S(i|s,x)$，使得我们使用上述相同步骤时：

$$\alpha(\beta|s,x)=f(\beta|s) \tag{8.8}$$

其他均值也可以计算出。对于那些拥有相同 $s$ 但不同 $x$ 的子总体来说，条件密度的均值为

$$\alpha(\beta|s)=\int x\sum\nolimits_{i\in C}g(\beta|i,s,x)S(i|s,x)q(x)dx=f(\beta|s) \tag{8.9}$$

也就是说，对于每个伴随属性 $s$ 的子总体，条件分布的均值是这个子总体的非条件分布。对于整个总体来

说，条件密度的均值为

$$\alpha(\beta|s)=\int s\int x\sum_{i\in C}g(\beta|i,s,x)S(i|s,x)q(x)m(s)dxds \tag{8.10}$$

$$=\int sf(\beta|s)m(s)ds \tag{8.11}$$

$$=f(\beta) \tag{8.12}$$

其中，$f(\beta)$ 是 $\beta$ 在整个总体中的密度。

本质上，条件分布没有提供关于总体的新信息。条件化只是将总体分为子总体，找到每个子总体的分布。但子总体之和必然为总体。

如果加总是在样本层面（而不是上述总体层面）实施的，那么样本的条件均值可能不等于非条件情形，因为样本不能描述 $s$ 和 $x$ 密度上的积分，而且在这个样本中选取 $i$ 的人群占该样本人口的份额未必等于总体份额。然而，这个差异正好代表抽样噪声（和/或上面讨论的模型的错误设定）。它对 $\beta$ 在总体中的分布未提供任何额外或其他信息。

## 8.2 以随机后悔取代随机效用最大化

自从随机效用最大化（random utility maximization，RUM）成为主要行为范式以来，研究人员还一直关注 RUM 以外的其他范式。其中一种范式称为随机后悔最小化（random regret minimization，RRM），它认为，决策者在各个选项中进行选择时，目的是使得预期后悔最小化。尽管这种思想并不新鲜，但将其纳入随机效用最大化（RUM）适用的离散选择架构是近期的事情，这在很大程度上要感谢 Caspar Chorus 的贡献（Chorus，2010；Chorus et al.，2008a，2008b）。这种理论认为，被选中的选项取决于未被选中选项的预期表现。特别地，随机后悔最小化（RRM）假设个体在一组有限个选项中的选择受其下列愿望影响，即他希望回避未被选中的选项在一个或多个属性上比被选中的选项好这一情景，因为如果未回避，他会后悔。这种行为选择规则表明个体在做出选择时似乎是使得预期后悔最小而不是效用最大。当不同选项有相同的重要属性时，这样的行为规则是可行的，而很多选择情形的确具有上述特征（不同选项有相同的重要属性）。

预期后悔会影响行为，这种思想算不上新颖。事实上，正如一些人指出的，“决策理论学家很早已关注（后悔）这种情感”（Connolly and Zeelenberg，2002）。实验心理学和神经生物学的大量文献表明，预期后悔会影响决策［例如 Kahneman 和 Tversky（1979）；Zeelenberg（1999）；Corricelli et al.（2005）］。尽管后悔概念通常与风险选择联系在一起，但只要选项有多个属性，它就适用于无风险选择。原因在于个体面对不同选项的不同属性时的权衡意味着，在大多数情形下，为了在一些属性上实现满意的结果，个体必须忍受一个或多个其他属性的次优表现。正是这种情形导致了个体在具体属性水平上的后悔。将早期的二元选择架构推广到多个选项情形，需要使用 Quiggin（1982）提出的劣势选项的状态无关紧要性（irrelevance of statewise dominated alternatives，ISDA）。这个性质是说，个体在任何给定的选择集中的选择不受向这个选择集增加或删除绝对劣势选项的影响，这里的绝对劣势指对于每种状态都是劣势的。这意味着后悔仅取决于最优选项。下面，我们在所有选项都是竞争的条件下阐述随机后悔最小化（RRM）。注意，这与 Chorus et al.（2008a，2008b）建立的下列模型不同：在这些作者建立的模型中，后悔被定义为放弃的最好选项与被选中的选项之差的（非）线性函数。

各种形式的 RRM 模型可用式（8.13a）至式（8.13c）总结［源自 Rasouli 和 Timmermans（2014）］，其中 $n\in Nn\in N$ 表示选项集。RRmax 表示初始模型设定，其中后悔是根据每个属性对应的最优选项分别判断的。在 RRsum 表示的模型设定中，后悔被定义为被选中的选项与所有被放弃的选项之间的最大效用差，其中被放弃的选项在一些属性上有更高的效用。RRexp 表示最近期的“新后悔设定”，它基于对数函数和所有两两配对比较。

RRexp 形式是在多个选项情形的研究中产生的应用结果。Chorus（2010）发现在多个选项情形下，最大算子意味着非平滑似然函数，这可能导致研究人员很难获得边际效用和弹性。因此，初始后悔设定（RRmax）被替换为 RRexp 设定（这个设定的阐述见下列段落，Nlogit 中的实证应用见第 13 章）：

$$RRmax = \sum_{k=1}^{K} \max[0, \beta_k \{x_k^{n'} - x_n^k\}] \tag{8.13a}$$

$$RRsum = \sum_{n' \neq n \in C} \sum_{k=1}^{K} \max[0, \beta_k \{x_k^{n'} - x_n^k\}] \tag{8.13b}$$

$$RRexp = \sum_{n' \neq n \in C} \sum_{k=1}^{K} \ln[1 + \exp(\beta_k \{x_k^{n'} - x_n^k\})] \tag{8.13c}$$

然而，需要指出，Rasouli 和 Timmermans（2014）对 RRexp 的这类发展提出了质疑，并且在一篇实证研究中指出，RRmax 提供了更好的统计拟合，而且与初始理论形式有密切联系。

Quiggin（1995）指出，如果基于广义（或多个）选项集的选择模型不是完整构建的，后悔理论的意义就显示不出来，从而导致研究者怀疑这种理论的有效性。然后，他说道："然而，这篇论文提供的广义形式的后悔理论也许能缓解研究人员对这些问题的担忧。"这种广义模型一方面仍符合初始模型形式背后的直觉，另一方面又去掉了配对（甚至有限）选择集的限制。这使得研究人员能将后悔理论与其他方法进行比较，不仅能在实验室环境下比较，还能在现实经济问题应用中比较。Quiggin 继续说道，"然而，另一方面，这里提供的广义模型仅满足非常弱的 ISDA 理性（rationality）标准。如果这个推广无法令人满意，那么我们必须抛弃或大幅修改后悔理论，至少作为规范模型是这样的。这个广义模型不满足更强的后悔劣势选项的无关紧要性（irrelevance of regret dominated alternatives，IRDA），这可以成为反对这里提出的广义模型的规范依据，然而这样的反对并不致命。"总之，Quggin 说明了"一个简单的非操作性的要求，足以刻画伴随广义选择集的后悔理论的函数形式"。

我们举个例子说明对 ISDA 性质的质疑。为了保留 ISDA 性质，后悔似乎仅应该以每个标准下的最优可能值衡量。然而，这可能行不通，如同下列虚构情形说明的。假设与四个选项相伴的效用分别为：Alt1＝30，Alt2＝32，Alt3＝31，Alt4＝100。在这个例子中，仅有一个选项有高效用（即 100 单位）。因此，可以预期选中 Alt1（30 单位）的人可能有些后悔未选择 Alt4。这个反应可能是合理的，因为他的选择与大多数其他选项相比，没那么糟糕。然而，如果他面对的选项的效用为：Alt1＝30，Alt2＝98，Alt3＝97，Alt4＝100，那么选中 Alt1 可能让他非常后悔。这容易理解，因为在这个新的虚构例子中，与所有其他选项相比，他选中的选项的效用太低了。因此，在计算后悔值时，我们应该考虑整个选项集。因此，后悔和高兴的概念似乎应该以整个选项集的标准值而不是最优标准值来衡量。然而，如果这样，那么在选项集中增加或删除一个劣势选项可能会改变原来的排序，从而使得选项的排序易于被人为操纵，这类似于 Quiggin（1994）提出的"金钱泵"思想。

我们现在开始构建 RRexp 形式的模型。个体面对一组 $J$ 个选项，每个选项都有 $M$ 个属性 $x_m$，这些属性可以在不同选项之间进行比较。随机后悔最小化（RRM）模型假定：(1) 在面对各个选项进行选择时，个体希望使预期随机后悔最小化；(2) 与选项 $i$ 相伴的预期随机后悔水平由系统性的后悔 $R_i$ 和独立同分布的（i. i. d）随机误差项 $\varepsilon_i$ 构成，其中 $\varepsilon_i$ 代表后悔的未观测的异质性，而且它的负值为类型 I 极端值分布，该分布的方差为 $\pi^2/6$。

系统性的后悔是所谓的二元后悔之和，二元后悔涉及将当前选项与选项集中的每个其他选项进行比较。① 当前选项 $i$ 与另外一个选项 $j$ 比较所对应的二元后悔水平等于这两个选项的 $M$ 个属性的差值之和。属性水平后悔的表达式为

$$R_{i \leftrightarrow j}^{m} = \ln[1 + \exp(\beta_m \cdot \{x_{jm} - x_{im}\})] \tag{8.14}$$

这个式子意味着当选项 $j$ 的表现比选项 $i$ 差（得多）时，后悔值接近于零；而且当选项 $i$ 的表现比 $j$ 差时，后悔值近似以属性差值的线性函数的形式增长；这里的"比……差"以属性 $m$ 衡量。在这种情形下，可估参数 $\beta_m$（它的符号也可估计）给出了后悔函数关于属性 $m$ 的斜率的近似值。参见图 8.1。

---

① 这种选项之间的探索与 Hensher 和 Layton（2010）提出的选项内的参数转移规则有类似的行为性质。而且，Quiggin 一开始设计的关于后悔与高兴的对称形式，与强调选项之间比较的最优—最差（BW）处理规则有类似性质［参见 Marley 和 Louviere（2005）］。

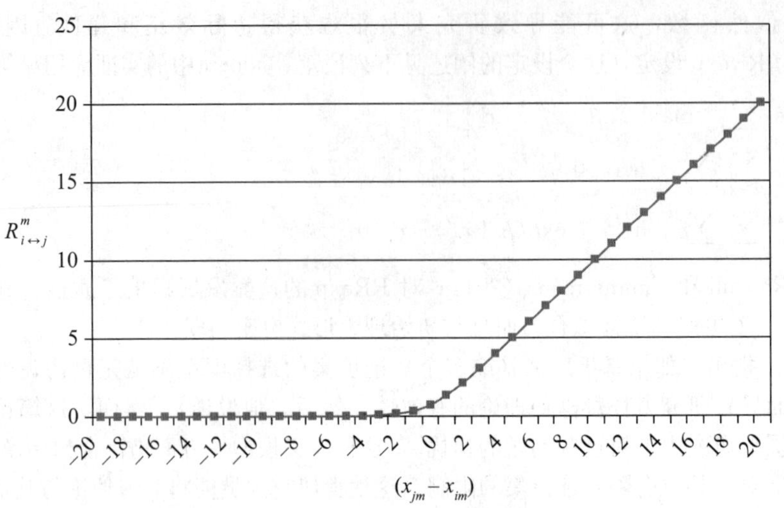


**图 8.1　属性水平的后悔值（对于 $\beta_m=1$）**

根据前文的讨论，这意味着系统性后悔的表达式为

$$R_i=\sum_{j\neq i}\sum_{m=1,\cdots,M}\ln(1+\exp[\beta_m\cdot(x_{jm}-x_{im})])$$

注意到，随机后悔最小化在数学上等价于负的随机后悔最大化，因此选择概率可使用多项 logit 表达式的变种得到[①]：选项 $i$ 的选择概率为 $P_i=\exp(-R_i)/\sum_{j=1,\cdots,J}\exp(-R_j)$。

随机后悔最小化（RRM）架构内的参数估计与随机效用最大化（RUM）架构内参数的估计有不同的含义。RUM 参数代表属性对选项效用的贡献，而 RRM 参数代表属性对与选项相伴的后悔的可能贡献。属性对后悔的实际贡献取决于该选项在这个属性上的表现比与它比较的选项更好还是更差。因此，与线性可加效用选择模型不同，RRM 模型意味着半补偿行为。这可从图 8.1 中后悔函数的凸性推出：如果某个选项在某个属性上比其他选项的表现好，那么提高这个选项的表现仅会导致后悔值微小增加；相反，如果这个选项在另外一个重要属性上比其他选项的表现差，那么降低这个选项的表现会导致后悔值大幅增加。因此，一个属性上的好的表现可以补偿另外一个属性上的差的表现，补偿程度取决于每个选项在选项集中的相对位置。

基于 RUM 的参数估计和基于 RRM 的参数估计在概念上的差别意味着，建立二者行为意义的最好方法不是对参数估计值的解释，而是使用直接选择弹性。RUM 以及 RRM 架构内的直接选择弹性衡量的是属性水平变化 1%带来的该属性描述的选项被选中概率的变化百分数。重要的是，当选项属性水平变化时，基于 RRM 的直接弹性取决于选择任务中所有选项的相对表现，而不仅取决于该特定选项的表现（选择概率）。这可以直接从行为假设中推出，在 RRM 方法下，与选项属性相伴的后悔值取决于该选项相对于其他选项在这些属性上的表现。

以前关于 RRM 的文章中未给出直接弹性公式的推导，我们现在正式推导。$R_i$ 的定义为

$$R_i=\sum\nolimits_{j\neq i}\sum\nolimits_{m=1}^{M}\ln\{1+\exp[\beta_m\cdot(x_{jm}-x_{im})]\}\tag{8.15}$$

为了让式（8.15）便于处理，对于外层求和，我们加上然后再减去 $i$ 项。由此可得：

$$R_i=\{\sum\nolimits_{j=1}^{J}\sum\nolimits_{m=1}^{M}\ln\{1+\exp[\beta_m\cdot(x_{jm}-x_{im})]\}\}-M\ln2\tag{8.16}$$

根据定义：

① 注意，正如 Chorus（2010）正式证明的，当选择集为二元时，RRM 模型和 RUM 模型的结果相同。一位读者向我们咨询，如果这里不用三个选项而是用六个选项，结果会不会变得更敏感。我们无法提供明确答案，因为这取决于一些因素，包括配对选项的属性水平之差是否显著变化。这个领域值得进一步研究。

$$P_i = \frac{\exp[-R_i]}{\sum_{j=1}^{J}\exp[-R_j]} \tag{8.17}$$

为了求导，我们使用结果 $\partial P_i / \partial x_{bm} = P_i \partial \ln P_i / x_{bm}$。于是：

$$\ln P_i = -R_i - \ln \sum_{j=1}^{J} \exp(-R_j)$$

因此，

$$\begin{aligned}
\frac{\partial \ln P_i}{\partial x_{bm}} &= \frac{-\partial R_i}{\partial x_{bm}} - \frac{\partial \ln \sum_{j=1}^{J}\exp(-R_j)}{\partial x_{bm}} \\
&= \frac{-\partial R_i}{\partial x_{bm}} - \frac{\sum_{j=1}^{J}\partial \exp(-R_j)/\partial x_{bm}}{\sum_{j=1}^{J}\exp(-R_j)} \\
&= \frac{-\partial R_i}{\partial x_{bm}} - \frac{\sum_{j=1}^{J}\exp(-R_j)\partial(-R_j)/\partial x_{bm}}{\sum_{j=1}^{J}\exp(-R_j)} \\
&= \frac{-\partial R_i}{\partial x_{bm}} - \sum_{j=1}^{J} P_j \frac{\partial(-R_j)}{\partial x_{bm}} \\
&= \left(\sum_{j=1}^{J} P_j \frac{\partial R_j}{\partial x_{bm}}\right) - \frac{\partial R_i}{\partial x_{bm}}
\end{aligned} \tag{8.18}$$

我们还要求出 $\partial R_i / \partial x_{bm}$，这由式（8.19）给出：

$$\begin{aligned}
&\frac{\partial R_i}{\partial x_{bm}}(\text{其中 } l \neq i) = \beta_m \frac{\exp[\beta_m(x_{bm} - x_{im})]}{1 + \exp[\beta_m(x_{bm} - x_{im})]} = \beta_m q(l, i, m) \\
&\frac{\partial R_i}{\partial x_{im}}(\text{即 } l = i) = -\beta_m \sum_{j \neq i}^{J} \frac{\exp[\beta_m(x_{jm} - x_{im})]}{1 + \exp[\beta_m(x_{jm} - x_{im})]} = -\beta_m \sum_{j=1}^{J} q(j, i, m)
\end{aligned} \tag{8.19}$$

其中 $q(j, j, m) = 0$。

$$\frac{\partial \ln P_i}{\partial x_{bm}} = \beta_m \left[ \left( \sum_{j=1}^{J} P_j q(j, i, m) \right) - q(l, i, m) \right] \tag{8.20}$$

合并同类项，式（8.18）的第一部分对 $l = i$（自弹性）和 $l \neq i$（交叉弹性）是相同的，而第二部分涉及式（8.19）中的第一个式子或第二个式子。于是，弹性 $\partial \ln P_i / \partial \ln x_{bm}$ 等于式（8.18）或式（8.20）乘以 $x_{bm}$。然而，遗憾的是，这里无法保证 MNL 需要的符号结果。弹性似乎表现良好；然而，符号可能出现逆转。

## 8.3 内生性

研究人员经常被提醒要注意出现内生性偏差或称内生性的可能，但一些人不知道内生性偏差是什么，以及怎么检验内生性偏差的存在性。

简单地说，内生性偏差可能由很多原因造成，例如衡量的误差、遗漏的属性、同时性偏误。在效用函数中，如果你看到可观测效应中的某个自变量与因变量的误差项相关，这就表明存在着内生性。为了保证模型的可观测部分不含有内生性偏差（也就是说，已去除与随机误差项相关的部分），研究人员可以实施下列工作：首先，检验既定属性对误差项标准差的系统性影响有多大；其次，找出与既定属性相关但不与误差项相关的其他外生变量，这些外生变量可以作为工具变量或作为不存在内生性的证据。重要的发现在于，我们看到既定属性与误差项的相关性已消失，即内生性偏差已被排除。

一般地，选择模型假设 $V+\varepsilon$，这意味着 $\varepsilon$ 与 $V$ 无关（即不相关）。如果一些交互效应未被考虑到，那么一个或多个变量将同时出现在 $V$ 和 $\varepsilon$ 中，从而使得这两项不再是正交的。例如，如果存在价格/数量权衡，而且仅有价格出现在 $V$ 中，那么价格和数量的交互包含在 $\varepsilon$ 中。于是，价格既在 $V$ 中又在 $\varepsilon$ 中，从而使得 $V$ 和 $\varepsilon$ 不再无关。这个主题的一篇有用的论文为 Petrin 和 Train，网址为 http：//elsa. berkeley. edu/～train/

petrintrain. pdf。这个问题可能出现在任何变量身上。

一些研究人员（和论文评阅者）对内生性的定义通常比较广泛。以交通方式选择和公共交通工具上的拥挤为例。一些研究人员将内生性解释为与选择相关，也就是说，拥挤问题的发生是因为人们选择出行，将交通模式选择（因变量）作为选择（导致拥挤的变量）的函数，因此，选择既出现在函数的左边，又出现在右边。然而，我们认为，这不是一个有效推断。的确，拥挤发生的原因在于人们的出行选择；然而，你模拟的是应答者对其他人而不是自己的选择的反应。因此，尽管系统有内在的内生性问题，然而我们在模拟特定个体的偏好时，将拥挤作为外生的。

## 8.4 有用的行为输出

研究人员通常关注估计模型的行为输出，例如应答者的选择对属性水平的变化的敏感程度，以及为了节省一单位的既定属性应答者愿意支付多少钱。在本节，我们考察与特定属性相伴的弹性和支付意愿背后的理论。

### 8.4.1 弹性

弹性（elasticity）的正式定义是，在其他条件不变的情形下，某个变量（即选项的属性或决策者的社会经济特征（SEC））的百分比变化带来的需求量的百分比变化；弹性是一个没有单位的变量。注意，需求量的百分比变化未必局限于既定选项的属性水平变化，也可以是竞争选项的属性水平变化。因此，经济学家定义了两类弹性：直接弹性（direct elasticities）和交叉弹性（cross-elasticities）。根据 Louviere et al.（2000, p. 58），直接弹性和交叉弹性的定义为：

> 直接弹性衡量选择集中特定选项属性的百分比变化引起的该选项被选中概率的百分比变化。交叉弹性衡量选择集中竞争选项属性的百分比变化引起的特定选项被选中概率的百分比变化。

不仅弹性形式的定义存在区别，弹性计算方法也存在区别。两种常用方法为弧弹性（arc elasticity）法和点弹性（point elasticity）法。我们暂时忽略这两种估计方法的区别，而是特别指出 Nlogit 默认输出（参见第 13 章）是一个点弹性（例外情形是使用了虚拟变量，此时 Nlogit 提供弧弹性，这是根据属性变化引起的概率变化计算出的）。我们在第 13 章讨论弧弹性以及如何使用 Nlogit 得到任何衡量单位（例如比率或序数）的弧弹性。

给定偏效应的定义（或概率关于 $X$ 的导数），MNL 模型的直接点弹性计算公式如式（8.22）所示。

$$\begin{aligned}\frac{\partial P_i}{\partial X_{ik}} &= \frac{\partial}{\partial X_{ik}}\left(\frac{\exp(V_{iq})}{\sum_m \exp(V_{mq})}\right)\\ &= \frac{\exp(V_{iq})\dfrac{\partial V_{iq}}{\partial X_{ik}}\sum_m \exp(V_{mq}) - \exp(V_{iq})\exp(V_{iq})\dfrac{\partial V_{iq}}{\partial X_{ik}}}{\left(\sum_m \exp(V_{mq})\right)^2} \\ &= \frac{\partial V_{iq}}{\partial X_{ik}} P_{iq}(1-P_{iq})\end{aligned} \tag{8.21}$$

$$E_{X_{ikq}}^{P_{iq}} = \frac{\partial P_{iq}}{\partial X_{ikq}} \cdot \frac{X_{ikq}}{P_{iq}} = \frac{\partial V_{iq}}{\partial X_{ikq}} X_{ikq}(1-P_{iq}) \tag{8.22}$$

式（8.22）的意思为决策者 $q$ 的选项 $i$ 的属性 $k$（即 $X_{ikq}$）的微小百分数变化（$\Delta X_{ikq}/X_{ikq}$），对他选择该选项的概率百分数变化（即 $\Delta P_i/P_i$）的影响。也就是说，$X_{ikq}$ 变化了（比如）1%，他选择选项 $i$ 的概率变化了多少。Louviere et al.（2000）证明，通过简化，MNL 模型直接点弹性公式（8.21）变为

$$E_{X_{ikq}}^{P_{iq}} = -\beta_{ik} X_{ikq}(1-P_{iq}) \tag{8.23}$$

交叉点弹性的计算公式为式（8.24）：

$$\frac{\partial P_{iq}}{\partial X_{jkq}} = \frac{\partial}{\partial X_{jk}}\left(\frac{\exp(V_{iq})}{\sum_{m}\exp(V_{mq})}\right)$$

$$= \frac{-\exp(V_{iq})\exp(V_{jq})\frac{\partial V_{jq}}{\partial X_{jkq}}}{(\sum_{m}\exp(V_{mq}))}$$

$$= -\frac{\partial V_{jq}}{\partial X_{jkq}}P_{iq}P_{jq}$$

$$E^{P_{iq}}_{X_{jkq}} = \frac{\partial P_{iq}}{\partial X_{jkq}} \cdot \frac{X_{jkq}}{P_{iq}} = -\frac{\partial V_{jq}}{\partial X_{jkq}}X_{jkq}P_{jq} \tag{8.24}$$

考察式（8.24）中变量的下标可知，选项 $j$ 的交叉点弹性与选项 $i$ 无关。因此，对于所有 $j$（其中 $j \neq i$），在求关于选项 $j$ 的某个变量的交叉点弹性时，你得到的结果是相同的。因此，对于所有 $j$（其中 $j \neq i$），使用 MNL 估计的选择模型将报告相同的交叉弹性。这个性质与 MNL 模型的 IID 假设有关。更高级的模型（例如本书后面章节描述的模型）放松了 IID 假设，从而使用不同公式计算弹性，因此交叉弹性不再相等。式（8.22）和式（8.24）是每个决策者的弹性计算公式。

为了计算样本弹性（注意 MNL 模型是基于样本数据估计的），研究人员要么（1）使用样本均值 $X_{ik}$ 和平均估计 $P_i$ 来计算直接点弹性，使用样本均值 $X_{jk}$ 和平均估计 $P_j$ 来计算直接交叉弹性；要么（2）计算每个决策者的弹性，然后将每个决策者的弹性用他对特定选项的选择概率进行加权，这种方法称为**概率加权样本枚举**（probability weighted sample enumeration，PWSE）法，在 Nlogit 中的命令为“;pwt”；要么（3）使用**单纯汇集**（naive pooling）法，这种方法直接计算每个人的弹性，但不用选择概率进行加权。

Louviere et al.（2000）对方法（1）和方法（3）提出了警告。在使用 logit 选择模型时，他们否定了方法（1），因为这种模型为非线性的，它未必穿过样本均值定义的点。事实上，他们报告说使用这种方法得到的弹性可能导致最高 20%的误差（通常高估）。他们也放弃了方法（3），因为这种方法不能体现每个选项对选择结果的贡献。

因此，唯一合适的方法为方法（2），在这种方法下，弹性计算公式为式（8.25），其中 $\hat{P}_{iq}$ 为估计选择概率，$\bar{P}_i$ 为选项 $i$ 被选中的总概率：

$$E^{\bar{P}_i}_{X_{jkq}} = \left(\sum_{q=1}^{Q}\hat{P}_{iq}E^{P_{iq}}_{X_{jkq}}\right)/\sum_{q=1}^{Q}\hat{P}_{iq} \tag{8.25}$$

PWSE 法对直接交叉弹性的估计有重要影响。这是因为 IID 假设导致每个人的交叉弹性相同，但样本枚举对每个人指定了不同权重，这使得他们的交叉弹性不再相等。与此相反，单纯汇集法不使用个人的选择概率进行加权，从而每个人的交叉弹性相同。研究人员不用担心在不同选项对中，属性的样本交叉弹性不同；对于 IID 模型，个体水平的交叉弹性严格相同。

不管弹性是如何计算的，我们对弹性值的解释方法是相同的。对于直接弹性，我们将弹性值解释为，$X_{ik}$ 变化 1%引起的选项 $i$ 被选中的概率的百分比变化。对于交叉弹性，我们将弹性值解释为，$X_{ik}$ 变化 1%引起的选项 $j$ 被选中的概率的百分比变化。如果弹性绝对值大于 1，则称相对富有弹性（relatively elastic）；如果小于 1，则称相对缺乏弹性（relatively inelastic）；如果等于 1，则称单位弹性（unit elastic）。给定 $X_{ik}$ 是选项 $i$ 的价格，表 8.1 总结了上述各种情绪，包括弹性对收入（或成本）的影响，注意 $\varepsilon = E^{\bar{P}_i}_{X_{jkq}}$。

**表 8.1　　需求弹性与价格变化和收入变化之间的关系**

| | 弹性绝对值 | 直接弹性 | 交叉弹性 | 价格上升 | 价格下降 | 图形 |
|---|---|---|---|---|---|---|
| 完全无弹性 | $\varepsilon = 0$ | $X_i$ 增加 1% 导致 $P_i$ 减少 0 | $X_i$ 增加 1% 导致 $P_j$ 增加 0 | 收入增加 | 收入减少 | $P_x$, $d$, $d$, $O$, $X$ |

续前表

| | 弹性绝对值 | 直接弹性 | 交叉弹性 | 价格上升 | 价格下降 | 图形 |
|---|---|---|---|---|---|---|
| 相对缺乏弹性 | $0<\varepsilon<1$ | $X_i$ 增加1%<br>导致 $P_i$<br>减少不到1% | $X_i$ 增加1%<br>导致 $P_j$<br>增加不到1% | 收入增加 | 收入减少 | $P_x$ d d O X |
| 单位弹性 | $\varepsilon=1$ | $X_i$ 增加1%<br>导致 $P_i$<br>减少1% | $X_i$ 增加1%<br>导致 $P_j$<br>增加1% | 收入不变 | 收入不变 | $P_x$ d d O X |
| 相对富有弹性 | $1<\varepsilon<\infty$ | $X_i$ 增加1%<br>导致 $P_i$<br>减少超过1% | $X_i$ 增加1%<br>导致 $P_j$<br>增加超过1% | 收入减少 | 收入增加 | $P_x$ d d O X |
| 完全弹性 | $\varepsilon=\infty$ | $X_i$ 增加1%<br>导致 $P_i$<br>减少∞% | $X_i$ 增加1%<br>导致 $P_j$<br>增加∞% | 收入减少 | 收入增加 | $P_x$ d d O X |

## □ 8.4.2 偏效应（边际效应）

偏效应或称边际效应，反映了一个变量的一单位变化引起的另外一个变量的变化量。注意，与弹性不同，边际效应不是用百分比变化衡量的，而是用单位变化衡量的。更具体地说，在选择模型中，边际效应是指在其他条件不变的情形下，某个变量变化一单位引起的概率变化。

与弹性类似，边际效应也有直接效应和交叉效应之分。直接边际效应表示在其他条件不变的情形下，某个选项的某个变量变化一单位引起的该选项的选择概率的变化（参见式（8.21））。交叉边际效应是指在其他条件不变的情形下，某个选项的某个变量变化一单位引起的竞争选项的选择概率的变化。

然而，与弹性不同，边际效应也适用于分类编码数据。以性别为例，性别变量变化1单位表示性别从男性变为女性（或相反）引起的选择概率的变化。然而，正如我们后面讨论的（稍后以及第13章），分类数据的边际效应的计算方法与连续数据的计算方法不同。

边际效应和弹性的另外一个区别在于，边际效应代表选择概率的绝对变化，而弹性代表百分比变化。为了说明这一点，考虑边际效应为0.1和弹性为0.1的情形。边际效应为0.1是指在其他条件不变时，某个变量的一单位变化使得每个决策者的选择概率变化了0.1。弹性为0.1是指在其他条件不变时，某个变量的1%的变化使得每个决策者的选择概率变化了0.1%。假设两个选项的选择概率分别为0.5和0.4，那么0.1%的（弹性）变化分别表示变化量为0.005和0.004，不是0.1（边际效应）。

MNL模型下的直接边际效应计算公式为式（8.26）。敏感的读者可能注意到了边际效用和弹性公式式（8.22）的关系。二者的差异在于式（8.22）中含有 $\frac{X_{ikq}}{P_{iq}}$ 这个因子项，正是这个因子项将边际效应变成了弹性。也就是说，如果去掉这个因子项，就是边际效应的表达式：

$$M_{X_{ikq}}^{P_{iq}}=\frac{\partial P_{iq}}{\partial X_{ikq}} \tag{8.26}$$

可以证明在个体决策者层面，在计算直接边际效应时，式（8.26）等价于式（8.27）：

$$M_{X_{ikq}}^{P_{iq}}=\frac{\partial P_{iq}}{\partial X_{ikq}}=[1-P_{iq}]\beta_k \tag{8.27}$$

可以证明，对于交叉边际效应，在个体决策者层面上，式（8.26）等价于式（8.28）：

$$M_{X_{jkq}}^{P_{iq}} = -\beta_{jk} P_{jq} \tag{8.28}$$

与弹性类似，由于选择模型是在样本层面而不是个体层面估计的，因此边际效应的估计应该使用样本数据而不是个体数据。

为了计算样本边际效应（或称总边际效应），与总弹性的计算类似，研究者要么（1）使用平均估计 $P_i$ 计算直接边际效应，使用平均估计 $P_j$ 计算交叉边际效应（即这等价于使用样本均值来估计总弹性）；要么（2）计算每个人的边际效应，然后使用他的选择概率进行加权（即概率加权样本枚举）；要么（3）计算每个人的边际效应，但不使用选择概率进行加权（即使用单纯汇集法）。与总弹性的计算类似，我们建议研究人员不要使用方法（1）和（3），而应该使用 PWSE 法（即方法（2））来计算离散选择模型的边际效应。

**【题外话】**

为了说明分类变量的边际效应计算方法为什么和连续变量的不同，注意边际效应在数学上等价于当前变量的累积概率曲线的切线斜率（Powers and Xie，2000），这里的当前变量是指我们对该变量求边际效应。图 8.2 说明了个体决策者情形。由于我们可在当前变量 $x_i$ 的累积分布曲线的任何一点上取切线，因此前文对样本边际效应的计算方法（样本均值法、样本枚举法和单纯汇集法）显得特别重要，原因在于正是这些方法决定了我们在累积分布曲线上的哪一点计算切线的斜率（即边际效应）。

对于分类变量，我们可以对它的每个取值分别画出一条累积分布曲线。图 8.3 画出了虚拟编码（0，1）变量情形，这里有两条曲线。与连续变量的数据类似，累积分布函数的切线斜率代表的边际效应在变量 $x_i$ 的值域上不是一个常数。然而，正如图 8.3 所示，两条累积分布曲线之间的最大距离出现在 $\text{Prob}(Y=1)=0.5$ 处。很多研究人员正是在这个点上计算边际效应（曲线切线的斜率）的。

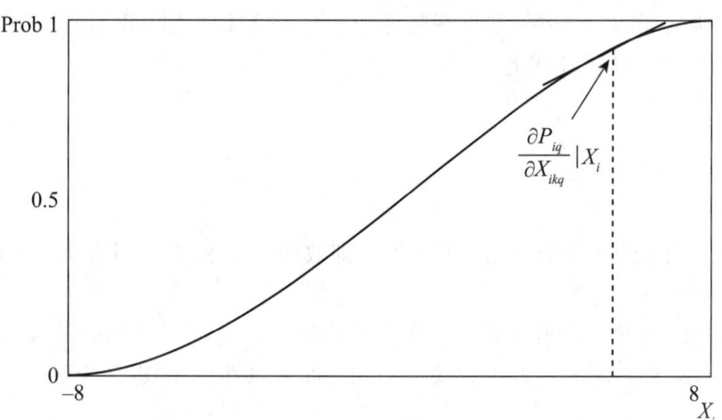


**图 8.2　边际效应是累积概率曲线切线的斜率**

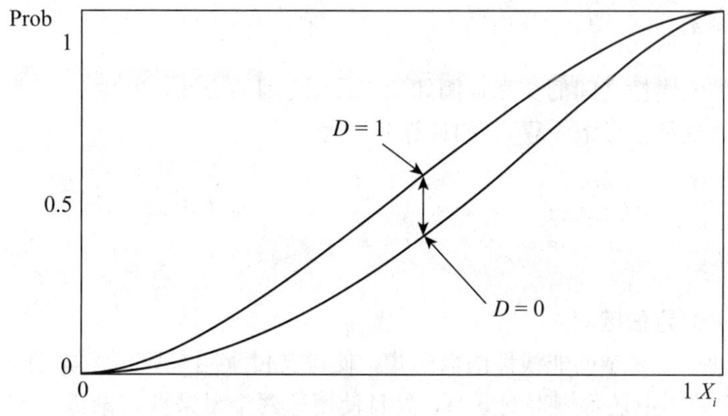


**图 8.3　分类变量（虚拟编码变量）情形下的边际效应**

对于分类变量，我们可以对变量的每个取值画出一条累积分布函数曲线。顺便指出（参见第 13 章），在计算边际效应时，Nlogit 将累积分布函数作为连续变量的函数，不管变量是否连续。

## □ 8.4.3 支付意愿

选择模型的一个重要的输出信息是两个特定属性之间的边际替代率（marginal rate of substitution，MRS）。MRS 反映的是这两个属性之间的权衡，由于其中一个属性通常用货币衡量，因此 MRS 可以用货币衡量。MRS 通常被称为支付意愿（WTP）估计。

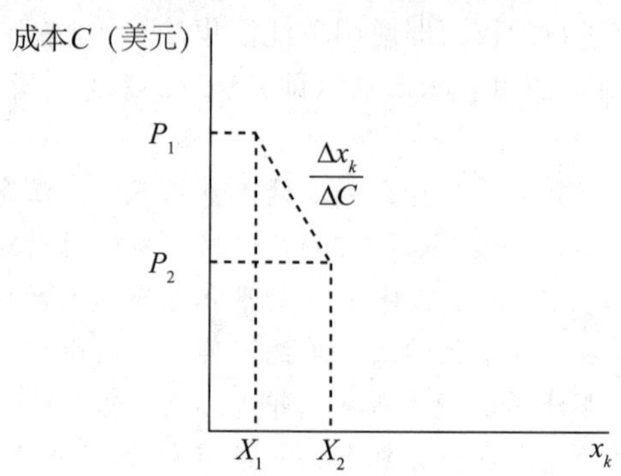


**图 8.4　支付意愿（WTP）是两个属性之间的权衡**

以交通耗时和交通成本之间的权衡为例（参见图 8.4），边际支付意愿衡量节省的耗时的价值（value of time savings，VTTS），它的意思是，给定属性 $x_k$（交通耗时）减少一单位，为了使效用不变，你愿意支付多少钱（即成本属性 $x_c$ 增加了多少）。边际支付意愿等于这两个属性的边际效用的比值，在线性间接效用函数中，边际支付意愿（WTP）的计算公式为

$$WTP_k = \frac{\Delta x_k}{\Delta x_c} = \frac{\dfrac{\partial V_{nsj}}{\partial x_k}}{\dfrac{\partial V_{nsj}}{\partial x_c}} = \frac{\beta_k}{\beta_c} \tag{8.29}$$

其中，$V_{nsj}$ 是应答者 $n$ 在选择任务 $s$ 中对选项 $j$ 的评价（即效用），$\beta_k$ 和 $\beta_c$ 分别为属性 $k$ 和属性 $c$（成本）的边际效用。

有时，其中一个属性以自然对数形式表示。在这种情形下，出现了"额外的非线性"，这个性质要求我们在求导时，采取与式（8.29）不同的处理方式。例如，如果属性 $x_k$ 的定义为 $\ln(x_k)$，那么式（8.29）变为式（8.30）：

$$WTP = \frac{\dfrac{\partial}{\partial x_k}\beta_k \ln(x_k)}{\dfrac{\partial}{\partial x_c}\beta_c x_c} = \frac{\beta_k \dfrac{1}{x_k}}{\beta_c} = \frac{\beta_k}{\beta_c x_k} \tag{8.30}$$

另外一种常见的变换是纳入属性之间的交互，例如 $x_k$ 和 $x_l$ 之间的交互，其中 $x_l$ 可为社会经济特征变量或该选项的另外一个属性。在这种情形下，WTP 的计算公式为

$$WTP = \frac{\dfrac{\partial}{\partial x_k}\beta_k x_k x_l}{\dfrac{\partial}{\partial x_c}\beta_c x_c} = \frac{\beta_k x_l}{\beta_c} \tag{8.31}$$

#### 8.4.3.1　计算 WTP 的置信区间

研究人员通常希望使用更复杂的非线性函数形式，使得支付意愿（WTP）本身是特定属性水平的函数。我们不仅希望得到 WTP 的均值还希望得到方差，并且使用这两个量来获得渐近标准误和置信区间。如果研究人员希望知道均值能在多大程度上代表稳健估计，这组得到的更全面的输出结果是重要的。另外，如果研

究人员希望比较不同函数形式（使用相同数据）的均值，或者比较不同数据集的证据，上述输出信息也是重要的。

以 Rose et al.（2012）给出的效用函数为例：

$$V=\cdots+\beta_1 x_k+\beta_2 x_k x_c+\beta_3 x_c^2+\cdots$$

WTP 的均值为 $-(\hat{\beta}_1+\hat{\beta}_2\bar{x}_c)/(\hat{\beta}_2\bar{x}_k+2\hat{\beta}_3\bar{x}_c)$，方差也可以计算出来：

$$\operatorname{Var}(WTP_k)=\begin{pmatrix}\frac{\partial V}{\partial\beta_1}\\ \frac{\partial V}{\partial\beta_2}\\ \frac{\partial V}{\partial\beta_3}\end{pmatrix}_{\beta=\hat{\beta}}^{T}\cdot\Omega\cdot\begin{pmatrix}\frac{\partial V}{\partial\beta_1}\\ \frac{\partial V}{\partial\beta_2}\\ \frac{\partial V}{\partial\beta_3}\end{pmatrix}_{\beta=\hat{\beta}}$$

$$=\frac{1}{(\hat{\beta}_2\bar{x}_k+2\hat{\beta}_3\bar{x}_c)^2}\begin{pmatrix}-1\\ \frac{(\hat{\beta}_1+\hat{\beta}_2\bar{x}_c)\bar{x}_k}{\hat{\beta}_2\bar{x}_k+2\hat{\beta}_3\bar{x}_c}-\bar{x}_c\\ \frac{2\bar{x}_c(\hat{\beta}_1+\hat{\beta}_2\bar{x}_c)}{\hat{\beta}_2\bar{x}_k+2\hat{\beta}_3\bar{x}_c}\end{pmatrix}^{T}\begin{pmatrix}\operatorname{Var}(\hat{\beta}_1) & \operatorname{Cov}(\hat{\beta}_1,\hat{\beta}_2) & \operatorname{Cov}(\hat{\beta}_1,\hat{\beta}_3)\\ \operatorname{Cov}(\hat{\beta}_2,\hat{\beta}_1) & \operatorname{Var}(\hat{\beta}_2) & \operatorname{Cov}(\hat{\beta}_2,\hat{\beta}_3)\\ \operatorname{Cov}(\hat{\beta}_3,\hat{\beta}_1) & \operatorname{Cov}(\hat{\beta}_3,\hat{\beta}_2) & \operatorname{Var}(\hat{\beta}_3)\end{pmatrix}\begin{pmatrix}-1\\ \frac{(\hat{\beta}_1+\hat{\beta}_2\bar{x}_c)\bar{x}_k}{\hat{\beta}_2\bar{x}_k+2\hat{\beta}_3\bar{x}_c}-\bar{x}_c\\ \frac{2\bar{x}_c(\hat{\beta}_1+\hat{\beta}_2\bar{x}_c)}{\hat{\beta}_2\bar{x}_k+2\hat{\beta}_3\bar{x}_c}\end{pmatrix} \tag{8.32}$$

在第 13 章，我们将使用 Wald 法（参见第 7 章）说明研究人员如何获得均值、标准误和置信区间的实证估计值。

#### 8.4.3.2 WTP 中的对称性与不对称性

本节源自 Hess et al.（2008），它说明了研究人员如何考虑 WTP 的非对称性质（或者，在这个例子中，节省的耗时的价值（VTTS））。在线性模型中，选项 $i$ 的可观测效用由式（8.33）这样的公式给出。这样的公式使用了未加标签的选择实验中的各种时间和成本变量；在这个实验中过路费（toll）表示个人使用的道路类型（即收费道路还是免费道路）。未加标签的陈述性选项围绕着基准（或显示性偏好）选项：

$$V_i=\delta_i+\delta_{Toll(i)}+\delta_{FC(i)}+\beta_{FF}FF_i+\beta_{SDT}SDT_i+\beta_C C_i+\beta_T Toll_i \tag{8.33}$$

其中，$\delta_i$ 是一个与选项 $i$ 相伴的常数（对第三个选项标准化为零①），$\beta_{FF}$ 是道路通畅情形下的交通耗时（free flow travel time，FFT）参数，$\beta_{SDT}$ 是车速缓慢情形的下交通耗时（slowed-down travel time，SDT）参数，$\beta_C$ 为运行成本（running cost，C）参数，$\beta_T$ 为过路费（Toll）参数。交通耗时属性以分钟表示，而运行成本属性以澳大利亚元（AUD）表示。另外两个参数，即 $\delta_{Toll(i)}$ 和 $\delta_{FC(i)}$，分别仅在选项 $i$ 收过路费的情形和选项 $i$ 不包含道路通畅下的交通耗时（即 FC＝fully congested，完全拥挤）的情形下才需估计。

上述设定在改编后也适用于研究人员使用与基准或显示性偏好（RP）选项相关的差值，而不是使用提供给应答者的绝对值的 SC 实验情形。基准法与 Kahneman 和 Tversky（1979）提出的前景理论有关。根据前

① 与某个未加标签选项相伴的特定选项常数（ASC）仅意味着在控制模型属性的效应之后，这个选项比基础选项更容易或更不容易被选中。这种情形有可能发生，原因在于这个选项离基准选项很近，或者由于文化传统原因，研究人员从左向右读取结果。在这种情形下，如果未能估计 ASC，那么这将导致选项顺序与其他待估参数相关，从而可能扭曲模型结果。

景理论，由于决策者的认知能力有限，他们会简化选择过程：他们将特定选项与中立点或称维持现状点进行比较，从而评估收益或损失。对于基准选项 $r$，我们将效用函数改写，使其仅含有三个虚拟变量 $\delta_r$（ASC），$\delta_{Toll(r)}$（收费道路虚拟变量）和 $\delta_{FC(r)}$（完全拥挤虚拟变量）。

对于 SC 选项 $j$（其中 $j \neq r$），可观测效用函数为

$$\begin{aligned} V_{j,new} = {} & \delta_j + \delta_{Toll(j)} + \delta_{FC(j)} + \beta_{FF(inc)} \max(FF_j - FF_r, 0) + \beta_{FF(dec)} \max(FF_r - FF_j, 0) \\ & + \beta_{SDT(inc)} \max(SDT_j - SDT_r, 0) + \beta_{SDT(dec)} \max(SDT_r - SDT_j, 0) \\ & + \beta_{C(inc)} \max(C_j - C_r, 0) + \beta_{C(dec)} \max(C_r - C_j, 0) \\ & + \beta_{Toll(inc)} \max(Toll_j - Toll_r, 0) + \beta_{Toll(dec)} \max(Toll_r - Toll_j, 0) \end{aligned} \tag{8.34}$$

这个设定是通过取这四个属性与基准选项的差值而得到的，这里还分别估计差值增加（以 inc 表示）和差值减少（以 dec 表示）的系数，从而允许非对称反应。这种模型结构仍然很容易估计和应用，这对现实中大规模的建模分析非常重要。

在描述模型分析结果之前，我们还需要指出一个值得注意的事情，这就是模型对数据的重复选择性质的处理方法。如果研究人员没有考虑既定应答者的行为在各个选择情景中的相关性，那么这可能对模型结果（以标准误衡量）造成显著影响。在考察决策者对收益和损失的反应差异的研究中，高估或低估标准误显然会导致误导性的结论。

为了处理特定个人的相关性，研究人员可以使用滞后反应函数［参见 Train（2003）］或者 jackknife 矫正法［参见 Cirillo et al.（2000）］，然而，我们这里使用混合 logit（MMNL）模型的误差成分设定法（参见 15.8 节）。[①] 给定 $V_{n,t,RP,base}$，$V_{n,t,SP_1,base}$ 和 $V_{n,t,SP_2,base}$ 分别表示应答者 $n$ 在选择情景 $t$ 下的三个选项的基础效用[②]，（应答者 $n$ 在选择情景 $t$ 下的）最终效用函数可用式（8.35）表示，它们含有一个基准选项和两个陈述性偏好（SC）选项：

$$\begin{aligned} U_{n,t,RP} &= V_{n,t,RP,base} + \theta\xi_{n,RP} + \varepsilon_{n,k,RP} \\ U_{n,t,SP_1} &= V_{n,t,SP_1,base} + \theta\xi_{n,SP_1} + \varepsilon_{n,k,SP_1} \\ U_{n,t,SP_2} &= V_{n,t,SP_2,base} + \theta\xi_{n,SP_2} + \varepsilon_{n,k,SP_2} \end{aligned} \tag{8.35}$$

其中，$\varepsilon_{n,k,RP}$，$\varepsilon_{n,k,SP_1}$ 和 $\varepsilon_{n,k,SP_2}$ 是来自类型Ⅰ极端值分布的 IID 抽样；$\xi_{n,RP}$，$\xi_{n,SP_1}$ 和 $\xi_{n,SP_2}$ 取自三个独立的正态分布，这些正态分布的均值都为 0，标准差都为 1。为了考虑到相同个人在不同观察下的相关性，在后面这三个变量上的积分是在响应水平而不是个体观察水平上进行的。然而，三个不同选项（即 $\xi_{n,RP}$，$\xi_{n,SP_1}$ 和 $\xi_{n,SP_2}$）取自三个独立的正态分布 $N(0,1)$ 这个事实意味着相关性未扩展到选项之间，而是仅局限在相同个体在不同观察之间。最后，误差成分的分布相同意味着模型是同方差的。

令 $j_{n,t}$ 表示应答者 $n$ 在选择情景 $t$（其中 $t=1,\cdots,T$）下选中的选项，应答者 $n$ 对对数似然（LL）函数的贡献为

$$LL_n = \ln\Big(\int_{\xi_n} \Big(\prod_{t=1}^{T} P(j_{n,t} \mid V_{n,t,RP,base}, V_{n,t,SP_1,base}, V_{n,t,SP_2,base}, \xi_{n,RP}, \xi_{n,SP_1}, \xi_{n,SP_2}, \theta)\Big) f(\xi_n) d\xi_n\Big) \tag{8.36}$$

其中，$\xi$ 将 $\xi_{n,RP}$，$\xi_{n,SP_1}$ 和 $\xi_{n,SP_2}$ 组合在一起；$f(\xi_n)$ 表示 $\xi$ 中元素的联合分布，它有对角协方差矩阵。

使用节省的耗时的价值（VTTS）的例子，在表 8.2 中，我们总结了各个参数之间的权衡，该表给出了交通耗时变化带来的货币价值，以及为了避免拥挤和过路费而愿意支付的钱数。这些权衡分别针对交通成本和过路费系数计算；在比较结果时，需要识别较小的差异。这两组权衡以及两组不同人群的差异主要体现为出行者在过路费增加时愿意支付更多的钱数，而且他们对车速缓慢情形下的交通耗时更为敏感。

① 我们的模型与研究人员常用的描述伴随随机系数表达式的序列相关性的方法不同，在这种常用方法中，研究人员假设偏好随应答者的不同而不同，但对于同一个应答者是相同的。这种方法需要假设不存在内部观察变异性［参见 Hess 和 Rose（2007）］，这是一个不怎么符合现实的假设；不仅如此，这种方法下的结果也可能受序列相关性和随机偏好异质性的混杂影响。

② 这与使用哪个设定无关，也就是说，模型是基于式（8.33）。

**表 8.2　　基础模型的 WTP（以 2005 年的澳大利亚元衡量，单位：AUD）**

| | V. S. $\beta_C$ | | V. S. $\beta_{Toll}$ | |
|---|---|---|---|---|
| | 非出行者 | 出行者 | 非出行者 | 出行者 |
| $\beta_{FF}$（AUD/小时） | 13.39 | 13.30 | 12.62 | 15.95 |
| $\beta_{SDT}$（AUD/小时） | 14.95 | 16.60 | 14.09 | 19.90 |
| $\delta_{FC}$（AUD） | 4.89 | −0.95* | 4.61 | −1.14[1] |
| $\delta_{Toll}$（AUD） | 0.74 | 1.14 | 0.70 | 1.37 |

注：1 表示在超过 25%的置信水平时，分子不显著。

在非对称模型中，计算稍微有所不同，因为在这种情形下，我们需要分别考虑差值增加时的参数和差值减少时的参数，这意味着 VTTS 的不同可能组合。例如，因道路通畅情形下的交通耗时的减少而愿意接受的运行成本为 $-\beta_{FF}(dec)/\beta_c(inc)$。我们使用这种方法计算交通耗时的两个组成部分和两个独立的成本组成部分的 WTP，我们也计算了 $\delta_{FC}$ 和 $\delta_T$ 的权衡。计算结果见表 8.3。

**表 8.3　　非对称模型的 WTP（以 2005 年的澳大利亚元衡量，单位：AUD）**

| | V. S. $\beta_C$ | | V. S. $\beta_{Toll}$ | |
|---|---|---|---|---|
| | 非出行者 | 出行者 | 非出行者 | 出行者 |
| $\beta_{FF}$（AUD/小时） | 9.99 | 7.27 | 6.72 | 6.40 |
| $\beta_{SDT}$（AUD/小时） | 15.51 | 13.70 | 10.44 | 12.07 |
| $\delta_{FC}$（AUD） | −0.18[1] | −2.01[2] | −0.12[1] | −1.77[2] |
| $\delta_{Toll}$（AUD） | 1.82 | 1.45 | 1.22 | 1.28 |

注：1 表示在超过 4%的置信水平时，分子不显著；2 表示在超过 93%的置信水平时，分子不显著。

将这些结果与基础模型的结果进行比较，可知它们存在一些显著差异。因道路通畅情形下的交通耗时减少而愿意接受的运行成本增加量分别降低了 25%（非出行者）和 45%（出行者）。这些数字在过路费情形下降低得更多，分别降低了 47%和 60%。尽管因车速缓慢情形下的交通耗时减少而愿意接受的运行成本增加量对于非出行者来说基本不变，但对出行者来说，减少了 17%（与基本模型相比）。当使用过路费代替运行成本时，这两个人群的相应数字分别减少了 26%和 39%。这些差异也说明了非对称响应的影响。

# 第 2 部分

## 软件和数据

9

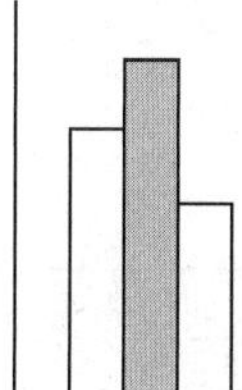

# 应用选择分析的 Nlogit 软件

当前的编程是软件工程师和上天之间的竞赛，软件工程师竭力开发更大更好的连笨蛋也会操作的软件，而上天则竭力制造更大更好的笨蛋。到目前为止，上天赢了。

——Cook，*The Wizardry Compiled*，1989



## 9.1 引言

本书使用 Nlogit 软件，它将帮助你使用计算机来探索本书讨论的模型。Nlogit 是由经济计量软件公司（Econometric software，Inc.，ESI）开发的商用软件包。世界范围内的离散模型研究人员，包括交通、经济学、农业、卫生、市场营销、统计学和所有社会科学领域的工作者，大都使用 Nlogit（你可以访问网站 www. NLOGIT. com）。本章将向读者介绍如何安装和使用这款软件。

## 9.2 关于软件

### □ 9.2.1 关于 Nlogit

Nlogit 是另外一个非常大的综合计量经济软件 Limdep 的扩展，Limdep 也是一款被世界范围内的研究人员广泛使用的软件，它可以处理回归、离散选择、样本选择、删失数据、计数数据以及面板数据模型等。Nlogit 包括了 Limdep 的所有功能，除此之外，Nlogit 还能处理多项选择模型，例如多项 logit（MNL）、多项 probit（MNP）、嵌套 logit、混合 logit、广义混合 logit、有序 logit、潜类别等模型；另外，Nlogit 还能处理非常广泛的非线性随机参数，在这种情形下，用户写出他们自己的非线性参数和变量的函数形式，用于 logit 模型估计（参见第 19 章）；最后，Nlogit 还提供了分析离散选择模型的一些其他工具，例如模型模拟，这可见于本书其他章节。

### □ 9.2.2 安装 Nlogit

Nlogit 是一个基于 Windows 系统的软件。它在大多数计算机上可自行安装，只要在任何 Windows 系统中双击安装程序即可。Windows 将自己找到程序并激活安装包。然后程序开始安装，并将启动图标放入“开始”（Start）菜单、程序菜单以及桌面上。双击启动图标，就启动了 Nlogit。（在 Macintosh 计算机上安装 Nlogit 时，可以使用 Windows 模拟器，例如 Parallels。）

## 9.3 启动与退出 Nlogit

### □ 9.3.1 启动

你可以双击 Nlogit 程序图标，打开软件，就会出现主界面，如图 9.1 所示。

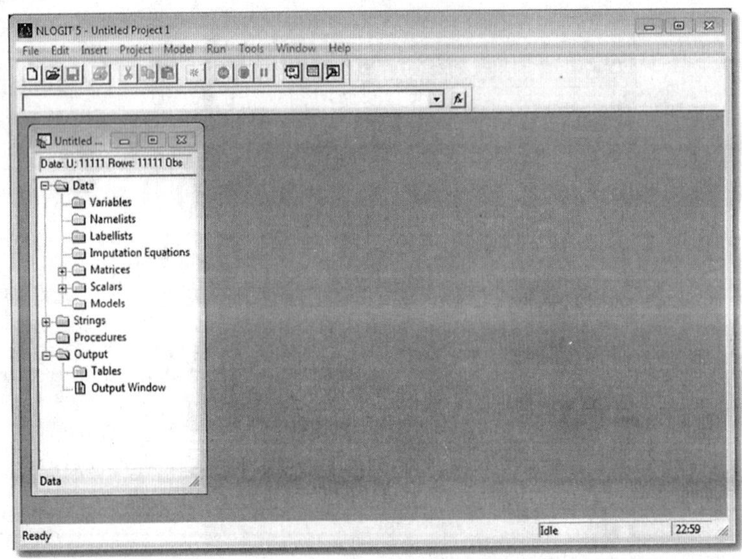


**图 9.1 初始 Nlogit 界面**

### □ 9.3.2 读取数据

为了进行分析，必须先向程序中输入数据。作为一个例子，我们调用 Nlogit 数据文件，名为＜AppliedChoice. lpj＞（后缀 . lpj 为 Windows 识别的文件类型，它代表 limdep project file）。注意，读者无法使用这个数据，这是我们说明如何使用 NLOGIT 而用的例子。你可以使用自己的数据来重复下列过程。为了将数据读入 NLOGIT，使用“File”→“Open Project...”，然后找到你的数据文件。双击文件名，就选取了文件。这个过程如图 9.2 所示。图 9.3 给出了你将项目置入程序之后的界面。

### □ 9.3.3 输入数据

Nlogit 可以读取多种数据文件，包括 Microsoft Excel 的矩形 ASCII 文件和电子表格文件。操作程序为“IMPORT”或“READ”命令。本章详细讨论输入数据（再次注意，这个版本的程序仅能够输入自己的数据集）。下面的讨论适用于 Nlogit 的数据集。我们发现将 XLS 或 XLSX 文件转换为 CSV 文件是保证数据与 Nlogit 完全相容的最好方法。

### □ 9.3.4 项目文件

所有数据均储存在项目文件中。你可以创造新的变量，并且加入你的项目文件。当你离开 Nlogit 时，应该保存项目文件。一定记得保存。稍后，当重新启动程序时，你将发现 AppliedChoice. lpj 出现在近期文件中文件菜单的底部，从文件菜单中选取这个文件，会将数据再次装入程序。

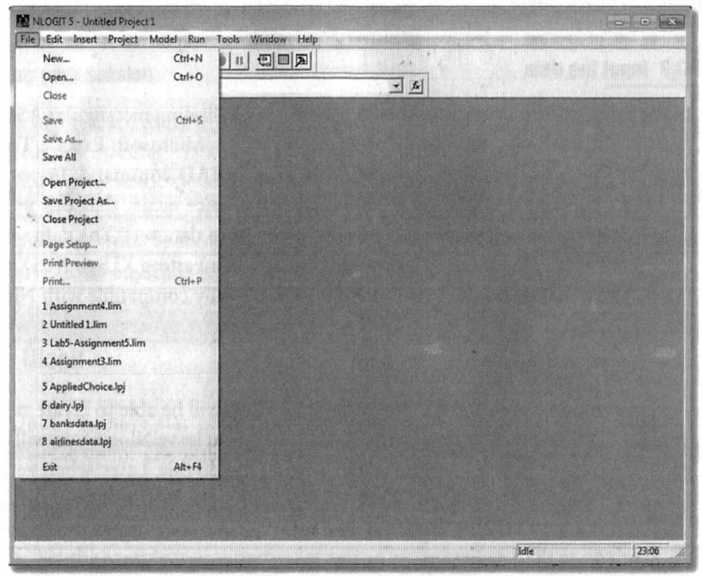


图 9.2　主界面上的文件菜单以及 Open Project... Explorer 上的文件菜单

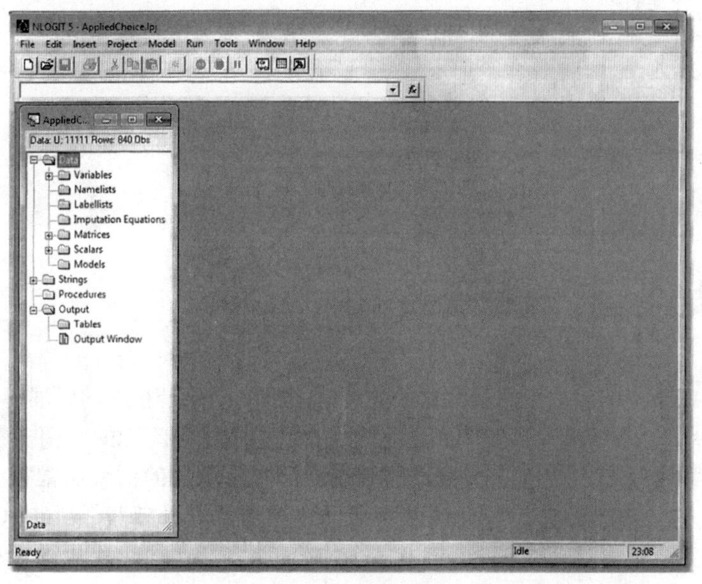


图 9.3　装入项目文件之后的 Nlogit 界面

### □ 9.3.5　退出 Nlogit

当准备退出时，你可以使用“File”→“Exit”来关闭程序（双击界面最左上方的 Nlogit 图标，或点击最右上方的红色“×”按钮，关闭程序）。当离开 Nlogit 时，程序提醒你要保存你的工作，如图 9.4 所示。你应该选择保存。

## 9.4　使用 Nlogit

在启动了程序和输入数据之后，你就可以分析它们。你可能用到 Nlogit 的下列功能：

a. 计算新变量或将已有变量转换。

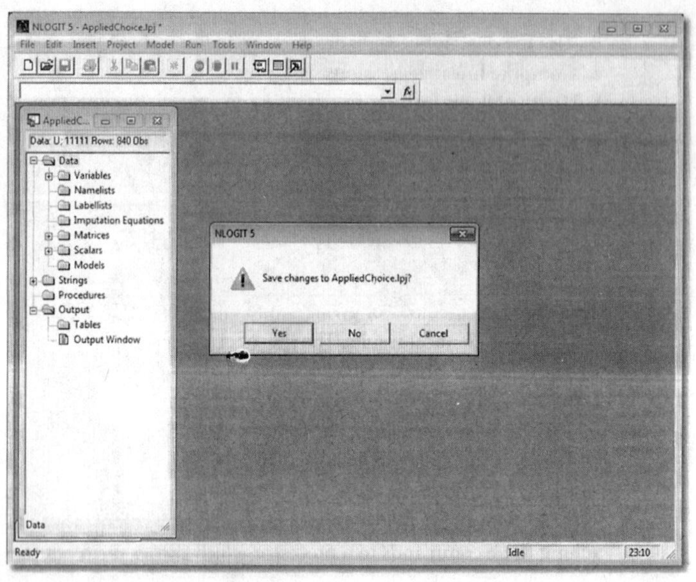


图 9.4　退出 Nlogit 和保存项目文件的对话框

b. 使用特定观察集构建样本。

c. 使用程序工具（例如科学计算器）来计算统计量。

d. 使用描述性统计包来了解数据集。

e. 计算线性回归。

f. 使用 Nlogit 属性来估计和分析离散选择模型。

g. 以图形或表格形式提供所有输出结果。

## 9.5　如何让 Nlogit 执行任务

对 Nlogit 发出命令或指令的方法有两种。这两种方法产生的结果是相同的。屏幕上方的界面命令行（例如 “File” “Edit” “Insert” “Project” 等）都能激活对话框，它们将询问你的意图。“Model” 命令可以打开模型设定对话框。这些都是标准的 Windows 格式的对话框，它们需要的信息通常很少，有时只不过让你点击对话框或按钮。另外一种方法是，向 Nlogit 中写入命令并且提交，处理器会帮助你执行这些命令。

这两种方法各有优劣。对话框比较方便，但有三个缺陷：(1) 如果想重复某个操作，通常需要重复所有步骤；对话框什么也记不住。(2) 如果你的指令有所变化，对话框并非总能执行。(3) 用对话框输入命令，烦琐而缓慢。命令输入是自我记录的，也就是说，一旦根据下面讨论的方法输入命令，命令就将自身保留，等待再次使用。另外，命令的样子也和它的功能相似。例如，命令 “CREATE;LOGX=Log(x) $” 执行的功能从字面上就能看出来（即它创造了变量 log$x$，它是变量 $x$ 的自然对数）。下面的讨论将说明如何使用文本编辑器（Text Editor）来输入指令。我们建议读者也试着使用这些菜单和对话框。

### □ 9.5.1　使用文本编辑器

为了向 Nlogit 的命令处理器提交命令，你应该先在 “文本编辑器”（Text Editor）中写出它们。命令 “(Text) Editor” 是一个基本的标准文本处理器，你可以在里面写出对 Nlogit 的指令。文本编辑器也使用标准属性，例如 “Cut” / “Copy” / “Paste”，“highlight”，“drag” 和 “drop” 等。使用 “File” → “New”，然后点击 “OK”（“Text/Command Document” 如图 9.5 所示），打开文本编辑界面，如图 9.6 所示。现在你可以输入指令了。图 9.7 给出了一些例子（指令的格式将在下面以及本书其他地方讨论）。在文本编辑器中写出命令，这是命令得以执行的第一步。然后，必须将指令 “提交” 给程序。提交形式有两种，它们都使用了

图 9.7 标示的“Go”按钮。如果指令只有一行文字，就将闪烁的文字光标放在这一行上，用鼠标点击“Go”按钮。然后，这个指令就被执行（假设指令中不存在错误）。如果指令为多行文字，你想同时提交，那么用鼠标选中这些行，然后再次点击“Go”按钮。

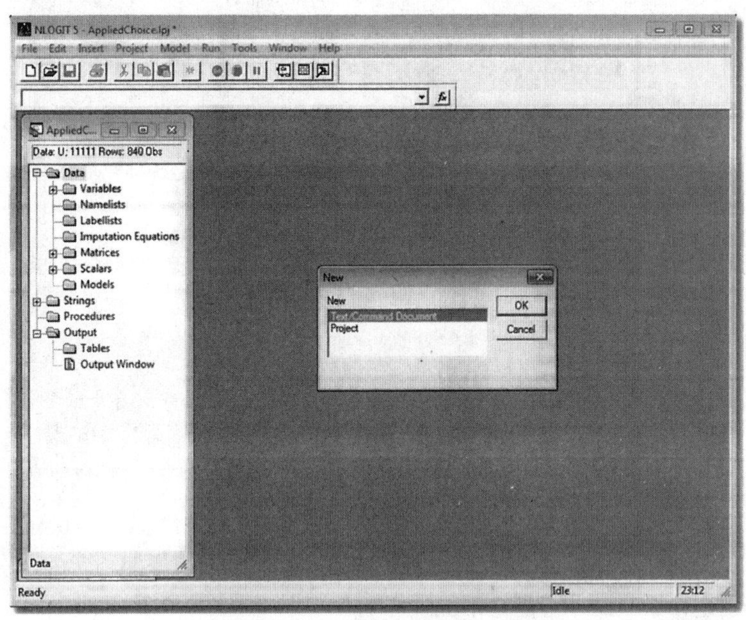


图 9.5 打开文本编辑器对话框

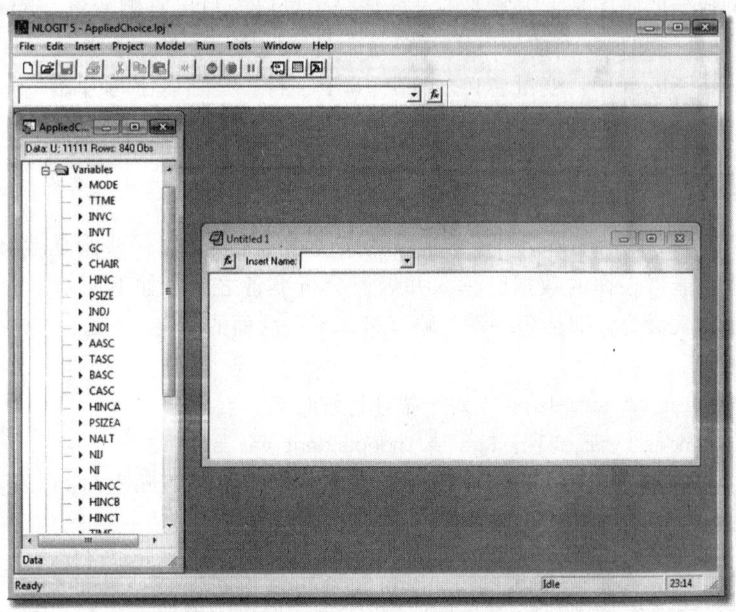


图 9.6 文本编辑器已做好写入命令准备

## □ 9.5.2 命令格式

Nlogit 的所有指令都有相同格式。每个新指令必须以新的一行开始（参见图 9.7）。在任何指令中，你既可以使用小写或大写字母，也可以在任何地方加空格。对于一个指令，你想用多少行就可用多少行文字表示。指令的一般格式为：

```
VERB; other information… $
```

命令总是以动词开始，然后使用分号（;），并且总是以货币符号（$）结束。命令通常给出几个信息。

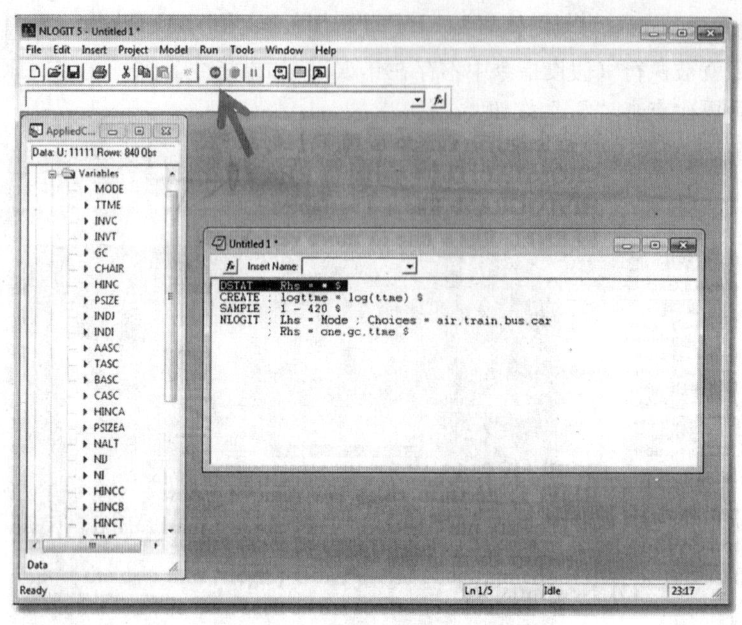


**图 9.7 文本编辑器中的命令**

不同信息要用分号分开。例如，在计算回归时，你必须告诉 Nlogit 因变量（左侧变量（LHS））和自变量（右侧变量（RHS））分别是什么。命令可能是下面这样的：

REGRESS ; LHS＝y; RHS＝One, X $

同一个命令的不同成分的顺序是无关紧要的——你完全可以先写出右侧变量（RHS），然后写出左侧变量（LHS）。关于命令的其他知识，当前你只需要知道命名惯例即可。Nlogit 在数据集中的变量上运行。所有变量自然都有名字。在 Nlogit 中，变量名必须有 1～8 个字符，必须以字母开始，而且只能使用字母、数字和下划线字符。



### □ 9.5.3 命令

Nlogit 能够识别几百个不同命令，但对于你的目的来说，你只要掌握一些命令就够了，它们的区别在于动词。你所使用的程序功能（在你的数据已读入并做好分析准备之后）如下所示。注释放在字符“$”之后。如果将这些注释也放入命令，那么程序将忽略字符“$”后面的文字。

（1）数据分析。

DSTATS; RHS ＝ the list of variables $ 对于描述性统计量。

REGRESS; Lhs ＝ dependent variable; Rhs ＝ independent variable $

注意：“ONE”这个词用于回归中的常数项。Nlogit 不会自动置入“one”；你必须要求它估计常数。

LOGIT; Lhs ＝ variable; Rhs ＝ variables $ 对于二项 logit 模型。

PROBIT; Lhs＝variable; Rhs＝variables $ 对于二项 probit 模型。

NLOGIT; various different forms $ Nlogit 命令是本书中最常用的命令。第 10、11、14 和 16 章将分别讨论它的各种形式。

CROSSTAB; Lhs ＝ variable; RHS ＝ variables $

HISTOGRAM; Rhs ＝ a variable $

KERNEL; Rhs ＝ one or more variables $

上述每个命令都含有多种可供选择的属性。例如，修改命令后，HISTOGRAM 和 KERNEL 可以以不同格式呈现。另外，回归也有很多种。

（2）样本构建。

SAMPLE; first observation - last observation $

SAMPLE; ALL $ 这是使用整个数据集的情形。

REJECT; decision rule $ 用于将观察点移出样本。它们不是被“删除”，而仅是被标记和忽略，除非再次启用它们。

(3) 新变量。

CREATE; name = expression; name = expression… $

(4) 科学计算。

CALCULATE; expression $

MATRIX; expression $

**【题外话】**

问号 (?) 之后的任何文字都不会被 Nlogit 读取。这使得研究人员能在命令编辑器中作出注释，这些注释可能以后用得上。另外，还需要注意，命令中字符之间的空格并不重要（即若干个英文单词可以连着写）；然而，使用空格通常能让研究人员更容易看清这是什么命令，并且有助于查找错误。

### □ 9.5.4 使用项目文件框

一旦数据集中的变量装入程序，就可用项目文件框（Project File Box）调用。项目文件框位于 Nlogit 界面的左侧。在装入数据集之前，项目文件框的标题为“Untitled Project 1”（参见图 9.1）。一旦项目文件（即 lpj 文件）被读入 Nlogit，项目文件框的名字将变为它读取的文件名（参见图 9.3）。如果数据是用“.lpj”之外的文件扩展名（例如，“.txt”“.xls”“.SAV”）读入的，那么项目文件框仍保留“Untitled Project 1”的标题。

**【题外话】**

“.SAV”是 SPSS 软件使用的文件扩展名。Nlogit 曾经使用过这种扩展名，但现在已不再用了。这两个程序文件不相容；因此，当你想从 SPSS 中读取数据时，必须先将数据保存为其他格式（例如“.txt”“.xls”等），然后读入 Nlogit。我们也注意到，有一款非常有用且不贵的程序，即 StatTransfer，能够将你在其他程序中保存的原始文件转换为其他程序适用的格式。你可以使用 StatTransfer 将 SPSS 的“.SAV”文件转换为 Nlogit 的“.LPJ”文件，这个过程只需要几秒钟。

项目文件框分为多层（即文件夹），这让研究人员能到达各个窗口。例如，双击“Data”文件夹，将打开几个其他子文件夹，其中一个文件夹的标题为“Variables”（见图 9.7）。双击“Variables”文件夹，就能看到数据集中所有变量的名字（包括读入数据后创建的任何变量名）。双击任何一个变量名，你就打开了数据编辑器，它将以电子表格的形式呈现所有变量的最高可达 5 000 行的数据。（Nlogit 不是电子表格程序。如果你要求用电子表格，那么最好使用 Microsoft 或 SPSS 等其他程序将数据输入 Nlogit。）通过项目文件框，你还可以使用 Nlogit 的其他功能，比如科学计算器。

## 9.6 一些有用的提醒

Nlogit 是一款非常强大的程序，它能让研究人员实施很多统计函数和估计各种各样的模型。尽管如此，新手在使用这个程序时还是感到有些困难。在下面的章节，我们将使用文本/命令编辑器写出待估模型的一整套命令，然而需要注意，只要单词拼写出现了一点错误或遗漏了重要字符，都会导致 Nlogit 不能执行相应功能。这不是程序的错误，而是研究人员的错误。因此，在写命令时务必小心。正如上面指出的，研究人员也可以使用命令条（command toolbars），然而这是以灵活性的损失为代价的。尽管我们偏爱使用文本/命令编辑器来写出命令，然而如果我们找不到错误出现在哪里，我们就会使用命令条。在使用命令条时，Nlogit 将会给出相应的命令语法，这可以让研究人员看清命令是什么样的，而且也许能帮助他们找到出错之处。然而，正如以前指出的，命令条的输出信息并非总是和文本/命令编辑器相同，因此，希望通过这种方法来找到出错的地方，未必总能成功。

**【题外话】**

你可以“copy”（拷贝）输出窗口中对话框给出的命令，将它们“paste”（粘贴）入文本编辑器。如果你希望使用对话框估计基本模型，这是很方便的；然后，你向其中加入属性功能，这比文本编辑器格式容易。

### □ 9.6.1 Nlogit 中的限制

使用 Nlogit 时，用户在命令和模型上都会受到一些限制。我们特别指出以下两点：

1. 命令限制在 10 000 个字符以内（不包括问号（?）之后的注释）。当然，这可能算不上限制，因为几乎用不到那么多字符。

2. 在大多数模型的估计中，参数被限制在 150 个以内，但使用 Nlogit 命令可以估计含有 300 个参数的模型。固定效应面板数据模型可能有成千上万个组，对此不存在限制。

在极其罕见的情形下，这些限制可能构成障碍。事实上，几乎不可能遇到需要使用 10 000 个字符的命令，或者估计含有超过 300 个参数的模型。即使达到了字符上限 10 000，也可以通过对变量和参数重命名或者使用快捷程序［例如“namelists”（它可以表示多达 100 个变量名）］来解决问题。估计 300 个以上的参数，这个问题不太容易解决；然而，我们很难遇到含有那么多参数的选择模型。

## 9.7 Nlogit 软件

完整的 Nlogit 软件包含有很多属性，我们未能一一列举。这些属性包括回归模型、计数数据模型、离散选择模型（例如 probit 和 logit)、有序离散数据模型、受限因变量模型、面板模型等近 200 种模型。Nlogit 还有很多其他属性，它们能够描述和处理数据、写程序、计算函数和偏效应、画图等。更多内容可以参考 www. NLOGIT. com。

正如前面指出的，Nlogit 是 Limdep 的扩展版本，可以在程序中看到这个信息。用户可以在程序图标上看到 Nlogit 的名字，在启动程序后，也可以使用帮助信息。

# 10 为 Nlogit 设置数据

## 10.1 数据的读入和设置

在学习离散选择模型的过程中，很多学生想知道选择数据到底是什么样子的。计量经济课程和教材通常向读者提供已经格式化的数据集（本书也是如此），但没有提及数据应该怎样以及为什么要格式化。这其实是让读者自己搞清楚这些任务（尽管读者可以从 http：//limdep. itls. usyd. edu. au 提供的常见问题的问答中获得帮助）。新手完成这些任务的另外一个办法是阅读用户手册；然而，这样的手册通常是专家写给专家看的。我们注意到，即使实验设计或计量经济专家在为选择模型设置数据时也会遇到问题。

我们现在重点介绍如何将用于估计目的的数据格式化。我们主要介绍如何从其他计量经济软件向 Nlogit 导入数据。尽管市场上其他一些软件也能处理选择数据，但我们仍使用 Nlogit，因为这是我们最熟悉的程序（事实上，本书作者 Greene 和 Hensher 都是 Nlogit 的开发者）。Nlogit 还向研究人员提供所有离散选择模型。2012 年 8 月发布的 Nlogit5.0 配有详细的在线使用手册。这里的讨论可以视为手册的补充。这里使用的所有 Nlogit 属性都可以在 5.0 版本中获得。

从数据格式化的角度看，Nlogit 比较特殊。我们承认，使用 Nlogit 时，当出现错误时，研究人员会花费几个小时才蓦然发觉原来是数据格式不正确。本章的目的在于帮助读者避开这种挫折。

### □ 10.1.1 基本数据设置

Nlogit 中的数据设置方式已比较常见。那些熟悉面板数据格式的读者将看到二者很相似，然而，那些使用比较老的统计软件包的读者可能不熟悉 Nlogit 中选择模型对数据的要求。在一些统计软件中，每一既定行代表一个独立观察（通常为一个受访者）的所有数据。与这些软件不同，Nlogit 主要用几行数据来表示一个受访者（即应答者）。在一些处理面板数据的软件中，这有时称为“长”格式，以便和传统的“宽”格式相区别。（Nlogit 也能处理宽数据格式，但不常用，因为不方便。）

我们用例子说明如何设置最一般的数据格式。假设选择数据来自三个人的交通方式选择（这是非常小的样本，但足以说明 Nlogit 要求的数据格式）。假设我们向每个人展示两个选择集，每个选择集含有四个选项比如 car，bus，train 和 plane。为了简单起见，我们假设每个选项都只有两个属性，比如 comfort（舒适度）和 travel time（交通耗时）。我们将数据格式分成若干个分区，每个分区代表向每个人展示的一个选择集。

分区中的每一行对应这个选择集中的一个选项。继续使用上面的例子。每个人将用两个分区（两个选择集）表示；每个分区有4行数据（4个选项）。因此，每个人将用8行数据表示（分区数乘以每个分区中的选项数）。数据格式如表10.1所示。

**表 10.1** **Nlogit 中最一般的数据格式**

| | id | alti | cset | choice | Comfort1 | Comfort2 | TTime |
|---|---|---|---|---|---|---|---|
| Car | 01 | 1 | 4 | 1 | 1 | 0 | 14 |
| Bus | 01 | 2 | 4 | 0 | 1 | 0 | 12 |
| Train | 01 | 3 | 4 | 0 | −1 | −1 | 12 |
| Plane | 01 | 4 | 4 | 0 | 0 | 1 | 2 |
| Car | 01 | 1 | 4 | 0 | 0 | 1 | 10 |
| Bus | 01 | 2 | 4 | 1 | 0 | 1 | 14 |
| Train | 01 | 3 | 4 | 0 | 0 | 1 | 12 |
| Plane | 01 | 4 | 4 | 0 | −1 | −1 | 1.5 |
| Car | 02 | 1 | 4 | 0 | 0 | 1 | 12 |
| Bus | 02 | 2 | 4 | 0 | 1 | 0 | 14 |
| Train | 02 | 3 | 4 | 0 | −1 | −1 | 12 |
| Plane | 02 | 4 | 4 | 1 | 1 | 0 | 1.5 |
| Car | 02 | 1 | 4 | 0 | −1 | −1 | 12 |
| Bus | 02 | 2 | 4 | 0 | 0 | 1 | 12 |
| Train | 02 | 3 | 4 | 1 | −1 | −1 | 10 |
| Plane | 02 | 4 | 4 | 0 | −1 | −1 | 1.5 |
| Car | 03 | 1 | 4 | 0 | −1 | −1 | 12 |
| Bus | 03 | 2 | 4 | 1 | 1 | 0 | 14 |
| Train | 03 | 3 | 4 | 0 | 0 | 1 | 14 |
| Plane | 03 | 4 | 4 | 0 | 0 | 1 | 2 |
| Car | 03 | 1 | 4 | 1 | 1 | 0 | 14 |
| Bus | 03 | 2 | 4 | 0 | 0 | 1 | 10 |
| Train | 03 | 3 | 4 | 0 | 1 | 0 | 14 |
| Plane | 03 | 4 | 4 | 0 | −1 | −1 | 1.5 |

**【题外话】**

*读者不需要使用我们在表10.1中给出的属性名。在Nlogit中，名字限制为8个字符以内而且应该以字母编码开始，除此之外，没有限制。*

在这个例子中，每个决策者都用8行数据表示。“alti”变量是一个说明性的指示，它指示Nlogit对哪个选项指定一行数据。在上面的例子中，我们假设选择集的规模固定不变，并且每个选项都出现在每个选择集中。然而，在一些设计中，一些选项出现在一个选择集中但不出现在另外一个选择集中。例如，对于当前的例子，我们再增加一个选项（即第五个选项），比如悉尼和墨尔本之间的高速火车（very fast train，记为VFT）。如果我们维持原来的选择集规模（即每个选择集有四个选项），那么每个选择集中有一个选项必须退出。在表 10.2 中，第一个人面对的第一个选择集有 4 个选项，分别为 car，bus，plane 和 VFT；他面对的第二个选择集的 4 个选项为 car，bus，train 和 plane。

**表 10.2　　　　改变同一个个体的不同选择集内的选项**

| | id | alti | cset | choice | Comfort1 | Comfort2 | TTime |
|---|---|---|---|---|---|---|---|
| Car | 01 | 1 | 4 | 1 | 1 | 0 | 14 |
| Bus | 01 | 2 | 4 | 0 | 1 | 0 | 12 |
| Plane | 01 | 4 | 4 | 0 | 0 | 1 | 2 |
| VFT | 01 | 5 | 4 | 0 | 1 | 0 | 8 |
| Car | 01 | 1 | 4 | 0 | 0 | 1 | 10 |
| Bus | 01 | 2 | 4 | 1 | 0 | 1 | 14 |
| Train | 01 | 3 | 4 | 0 | 0 | 1 | 12 |
| Plane | 01 | 4 | 4 | 0 | −1 | −1 | 1.5 |

选择集的规模未必固定。变量 cset 的作用在于告诉 Nlogit 特定选择集内有多少个选项。在表 10.1 和表 10.2 中，选择集的规模固定为 4 个选项。在显示性偏好（RP）数据情形下，个人在购买（即做出选择）时，在特定购买地点上未必能面对某些选项。在陈述性偏好（SP）数据情形下，我们也可以通过可得性设计实现这个情形（即个人未必能面对某些选项）[参见 Louviere et al.(2000)，第 5 章]。在这些情形下，每个选择集内的选项数未必相同。在表 10.3 中，第一个选择集只含有 5 个选项中的 3 个，而第二个选项集有全部 5 个选项。变量 cset 出现在选择集中的每一行上，它给出了选择集中的选项数。(一般来说，像 cset 这样的变量仅在不同的选择集有不同的选项数时才需要。如果不同的选择集总是含有相同的选项数，我们将以另外方式指示程序怎么做。)

**表 10.3　　　　改变同一个个体不同选择集中的选项数：情形 1**

| | person | alti | cset | choice | Comfort1 | Comfort2 | TTime |
|---|---|---|---|---|---|---|---|
| Car | 01 | 1 | 3 | 1 | 1 | 0 | 14 |
| Bus | 01 | 2 | 3 | 0 | 1 | 0 | 12 |
| VFT | 01 | 5 | 3 | 0 | 1 | 0 | 8 |
| Car | 01 | 1 | 5 | 0 | 0 | 1 | 10 |
| Bus | 01 | 2 | 5 | 1 | 0 | 1 | 14 |
| Train | 01 | 3 | 5 | 0 | 0 | 1 | 12 |
| Plane | 01 | 4 | 5 | 0 | −1 | −1 | 1.5 |
| VFT | 01 | 5 | 5 | 0 | −1 | −1 | 6 |

choice 变量说明选择集中哪个选项被选中："1" 表示被选中，"0" 表示未被选中，所以，在每个选择集中，choice 变量的和应该等于 1。因此，在个体层面上，个体有几个选择集，choice 变量的和就等于几；在样本层面上，choice 变量的和等于选择集个数（即将每个个体的选择集个数相加而得）。回到表 10.1，第一个个体在第一个选择集中选中了 car，在第二个选择集中选中了 bus；第二个个体在第一个选择集中选中了 plane，在第二个选择集中选中了 train。

**【题外话】**

如果每个观察点有相同的选项（而且以相同的顺序列出），那么我们就没有必要定义变量 alti 和 cset。Nlogit 将帮助我们计算选项数，因为它会计算我们向 Nlogit 输入命令语法时输入了多少个选项名称，当然，此时它假设每个观察点有相同的选项，而且更为重要的是，它假设每个选项在每个个体的选择集中的顺序也相同。

在我们虚构的数据集中，有三个变量需要做一些介绍。以舒适度（comfort）变量为例。我们一开始说交通工具的属性有两个：一个是交通耗时，另外一个是舒适度。然而，在我们的数据集中，舒适度变量有两个，即 Comfort1 和 Comfort2。原因如下：舒适度属性是一个定性属性，它要求我们在调查时以文字而不是数字描述。为了方便分析，我们需要将这些文字描述转换为数字编码。对定性数据编码的一种方法是，对变量的每个属性水平指定唯一值。因此，假设舒适度属性有三个水平（低、中、高），我们可以创造一个变量（称为舒适度），使得低水平＝0，中等水平＝1，高水平＝2（注意，任何其他的赋值也是可以的，只要不相等）。对于第一个个体，取这种编码结构，这样表 10.1 就变成了表 10.4。

**表 10.4　　改变同一个个体不同选择集中的选项数：情形 2**

| | id | Alti | cset | choice | Comfort | TTime |
|---|---|---|---|---|---|---|
| Car | 01 | 1 | 4 | 1 | 0 | 14 |
| Bus | 01 | 2 | 4 | 0 | 0 | 12 |
| Train | 01 | 3 | 4 | 0 | 2 | 12 |
| Plane | 01 | 4 | 4 | 0 | 1 | 2 |
| Car | 01 | 1 | 4 | 0 | 1 | 10 |
| Bus | 01 | 2 | 4 | 0 | 1 | 14 |
| Train | 01 | 3 | 4 | 0 | 1 | 12 |
| Plane | 01 | 4 | 4 | 1 | 2 | 1.5 |

然而，我们不使用表 10.4 这样的对定性（或任何分类）数据进行编码的方法。原因很简单，因为这种编码结构强行使属性水平的影响是线性的。也就是说，如果这样，那么在模拟时，我们得到的结果是舒适度属性只有一个参数。注意，如果我们允许特定选项模拟设定（参见第 13 章），那么每个选项将有自己的 $\beta$ 参数。这个问题使我们开始使用第 3 章的效应编码和虚拟编码。

我们不对交通耗时属性进行效应编码。这不是说我们不能（通过将其分成一系列的值域）对其进行效应编码或虚拟编码。事实上，为了检验属性的非线性关系，我们有时需要这么做。然而，对于当前的讨论，我们不需要这么做，因此我们假设交通耗时属性呈线性关系。

到目前为止，我们的讨论还未涉及社会经济特征（SEC）。同一个个体的社会经济特征在各个决策上是相同的，除非决策过程涉及比较大的时间跨度。因此，当我们输入社会经济特征数据时，同一个个体的数据水平是相同的（不同的个体可能不同）。对于我们的例子来说，假设我们收集了每个个体的年龄数据。表 10.5 说明了年龄（Age）变量如何进入 Nlogit。其他社会经济特征也以类似方式进入。

**表 10.5　　输入社会经济特征变量**

| | id | alti | cset | choice | Comfort1 | Comfort2 | TTime | Age |
|---|---|---|---|---|---|---|---|---|
| Car | 01 | 1 | 4 | 1 | 1 | 0 | 14 | 40 |
| Bus | 01 | 2 | 4 | 0 | 1 | 0 | 12 | 40 |
| Train | 01 | 3 | 4 | 0 | −1 | −1 | 12 | 40 |
| Plane | 01 | 4 | 4 | 0 | 0 | 1 | 2 | 40 |
| Car | 01 | 1 | 4 | 0 | 0 | 1 | 10 | 40 |

续前表

| | id | alti | cset | choice | Comfort1 | Comfort2 | TTime | Age |
|---|---|---|---|---|---|---|---|---|
| Bus | 01 | 2 | 4 | 1 | 0 | 1 | 14 | 40 |
| Train | 01 | 3 | 4 | 0 | 0 | 1 | 12 | 40 |
| Plane | 01 | 4 | 4 | 0 | −1 | −1 | 1.5 | 40 |
| Car | 02 | 1 | 4 | 0 | 0 | 1 | 12 | 32 |
| Bus | 02 | 2 | 4 | 0 | 1 | 0 | 14 | 32 |
| Train | 02 | 3 | 4 | 0 | −1 | −1 | 12 | 32 |
| Plane | 02 | 4 | 4 | 1 | 1 | 0 | 1.5 | 32 |
| Car | 02 | 1 | 4 | 0 | −1 | −1 | 12 | 32 |
| Bus | 02 | 2 | 4 | 0 | 0 | 1 | 12 | 32 |
| Train | 02 | 3 | 4 | 1 | −1 | −1 | 10 | 32 |
| Plane | 02 | 4 | 4 | 0 | −1 | −1 | 1.5 | 32 |
| Car | 03 | 1 | 4 | 0 | −1 | −1 | 12 | 35 |
| Bus | 03 | 2 | 4 | 1 | 1 | 0 | 14 | 35 |
| Train | 03 | 3 | 4 | 0 | 0 | 1 | 14 | 35 |
| Plane | 03 | 4 | 4 | 0 | 0 | 1 | 2 | 35 |
| Car | 03 | 1 | 4 | 1 | 1 | 0 | 14 | 35 |
| Bus | 03 | 2 | 4 | 0 | 0 | 1 | 10 | 35 |
| Train | 03 | 3 | 4 | 0 | 1 | 0 | 14 | 35 |
| Plane | 03 | 4 | 4 | 0 | −1 | −1 | 1.5 | 35 |

### □ 10.1.2 输入多个数据集：堆积和混合

研究人员有时需要合并多个选择数据集，最常见的合并是 SP 数据与 RP 数据的合并（第 19 章将详细讨论的问题之一）。在合并不同数据源时，不管数据是 SP 和 RP，还是一些其他组合，数据源将被堆积，即一层压在另一层上。然而，如果两个数据源来自同一个个体（决策者），我们就可以合并两个数据集，使得每个决策者的数据保持原样，不管它来自哪个数据源。

### □ 10.1.3 RP 数据中未被选中选项的数据处理

RP 数据处理面临比较大的麻烦。正如前面章节指出的，研究人员通常能够获得被选中选项的信息。另外，我们经常收集单个决策情景下的 RP 数据。因此，如果我们输入上面这样的 RP 数据，对于每个个体，我们将仅有一行数据。由于该行数据表示个体选择的选项，因此变量将取固定值 1。给定缺少未被选中选项的信息，似乎不存在选择（因为选择至少涉及两个选项）。这是一个建模问题。

我们需要（至少一个）未被选中选项的信息。最好的解决办法是收集决策者的信息；然而，这并非总是可行的。在现实中，研究人员有四种方法。尽管在个体观察水平上仅有被选中选项的信息才可得，我们假设，在整体上，选择集中所有选项的属性水平信息都是可得的。

第一种方法是，对决策者选中的选项的属性水平取平均值（或定性属性的中位数）。对于任何既定个体，被选中选项的属性水平被保留下来。然后，我们用平均值（或中位数）属性水平作为未被选中选项的属性水平。这种方法涉及对每个可观测选项的属性水平取平均值，然后把这些平均值（或中位数）作为未选中选项的属性水平（针对未选中这些选项的个体而言）。例如，某个个体选中了选项 1，未选中选项 2，我们自然可以获知他在选项 1 上面的信息；由于他没有选中选项 2，我们用那些选中选项 2 的个体在选项 2 上属性水平的平均值来代替。然而，需要注意，这有可能高估属性水平。事实上，我们注意到，这种方法降低了抽样总体中属性水平分布的方差。

第二种方法与第一种方法类似。我们在决策者的分布上抽样，使得每个选项都有一些个体选中。在第一种方法中，我们求每个选项的可观测属性水平的平均值，然后用它们作为未被选中选项的属性水平；与此不同，在第二种方法中，我们将这些水平指定给那些未选中这些选项的个体。这种指定既可以是随机的，也可以通过匹配社会经济特征的方法将未被选中选项的属性水平匹配给特定的决策者。对于交通领域的研究，我们通常使用出发地和目的地进行匹配。这种方法的好处在于保留了属性水平分配的变异性。

**【题外话】**

这两种方法都谈不上令人满意。我们希望获得的未被选中选项的属性水平信息，是决策者真正面对这些选项但未选中它们时传递的信息，而不是用其他方法替代。显然，上面两种方法获得的未被选中选项的属性水平可能与实际不同。更好的方法是获得决策者自身对未被选中选项的属性水平的认知。这种方法产生的数据可能需要数据清洗（data cleansing）。然而，更有可能的是，决策者根据他们对选项属性水平的认知而不是实际水平（或受他人观点影响）来进行选择。因此，有人认为获得认知型数据能产生更符合现实的行为模型。这是解决如何获得未被选中选项信息的第三种方法。

与第一种方法和第二种方法类似，第四种方法是合成数据。这要求研究人员掌握数据合成的专业方法。准则就是使用已知的信息（例如交通距离或者其他社会经济条件）并根据这些信息来合成数据。然而，与前两种方法遭受的批评类似，有人认为合成方法产生的数据未必能代表决策者实际面对的选项，因此估计过程可能存在污染。如果这样的合成数据能够从与未被选中选项相伴的认知图中构建出来，那么这将是一种受欢迎的方法。



## 10.2 合并数据源

回到我们的例子，在这个例子中，我们没有足够的决策者来获得未被选中选项的信息。因此，我们将数据集规模增加到 200（即 50 个应答者，每个应答者有四个选项），并且假设对于这 50 个应答者（整体角度），每个选项至少被选择一次。我们现在可用那些选择了小轿车（car）的个体的小轿车的可观测属性水平作为那些选择了公共汽车（bus）、火车（train）和飞机（plane）的个体的小轿车选项的属性水平。

为了将多个数据源（例如 SP 数据和 RP 数据）合成一个数据集，我们需要创造一个虚拟变量，使得它能说明数据来自哪个数据集。在表 10.6 中，我们将这个变量称为 SPRP。如果观察点为 RP，那么这个变量取值 1；如果称为 SP，那么取值 0。SPRP 变量能让我们分别估计 SP 模型和 RP 模型，但在合并了两个数据源的模型中，我们不使用它。对于合并数据源的模型，指示数据源的任务是通过 alti 变量完成的。我们通过调整 alti 变量来说明某些选项属于一个数据源（例如 RP），而另外一些选项属于另一个数据源（例如 SP）。在表 10.6 中，当 alti 变量取值 1～4 时，表示选项属于 RP 子数据集；当它取值 5～8 时，表示选项来自 SP 子数据集。因此，对于小轿车（car）选项，在 RP 数据中，alti 变量取值 1；在 SP 数据中，alti 变量取值 5（我们将在第 19 章进一步讨论合并数据源问题）。

**表 10.6　　合并 SP 数据与 RP 数据**

| | id | alti | cset | Choice | SPRP | Comfort1 | Comfort2 | TTime | Age |
|---|---|---|---|---|---|---|---|---|---|
| Car | 01 | 1 | 4 | 1 | 1 | 0 | 1 | 10.5 | 40 |
| Bus | 01 | 2 | 4 | 0 | 1 | −1 | −1 | 11.5 | 40 |
| Train | 01 | 3 | 4 | 0 | 1 | −1 | −1 | 12 | 40 |

续前表

| | id | alti | cset | Choice | SPRP | Comfort1 | Comfort2 | TTime | Age |
|---|---|---|---|---|---|---|---|---|---|
| Plane | 01 | 4 | 4 | 0 | 1 | 1 | 0 | 1.33 | 40 |
| Car | 01 | 5 | 4 | 1 | 0 | 1 | 0 | 14 | 40 |
| Bus | 01 | 6 | 4 | 0 | 0 | 1 | 0 | 12 | 40 |
| Train | 01 | 7 | 4 | 0 | 0 | −1 | −1 | 12 | 40 |
| Plane | 01 | 8 | 4 | 0 | 0 | 0 | 1 | 2 | 40 |
| Car | 01 | 5 | 4 | 0 | 0 | 0 | 1 | 10 | 40 |
| Bus | 01 | 6 | 4 | 1 | 0 | 0 | 1 | 14 | 40 |
| Train | 01 | 7 | 4 | 0 | 0 | 0 | 1 | 12 | 40 |
| Plane | 01 | 8 | 4 | 0 | 0 | −1 | −1 | 1.5 | 40 |
| Car | 02 | 1 | 4 | 0 | 1 | 0 | 1 | 10 | 32 |
| Bus | 02 | 2 | 4 | 0 | 1 | −1 | −1 | 11.5 | 32 |
| Train | 02 | 3 | 4 | 0 | 1 | −1 | −1 | 12 | 32 |
| Plane | 02 | 4 | 4 | 1 | 1 | 1 | 0 | 1.25 | 32 |
| Car | 02 | 5 | 4 | 0 | 0 | 0 | 1 | 12 | 32 |
| Bus | 02 | 6 | 4 | 0 | 0 | 1 | 0 | 14 | 32 |
| Train | 02 | 7 | 4 | 0 | 0 | −1 | −1 | 12 | 32 |
| Plane | 02 | 8 | 4 | 1 | 0 | 1 | 0 | 1.5 | 32 |
| Car | 02 | 5 | 4 | 0 | 0 | −1 | −1 | 12 | 32 |
| Bus | 02 | 6 | 4 | 0 | 0 | 0 | 1 | 12 | 32 |
| Train | 02 | 7 | 4 | 1 | 0 | −1 | −1 | 10 | 32 |
| Plane | 02 | 8 | 4 | 0 | 0 | −1 | −1 | 1.5 | 32 |

表 10.6 给出了 50 个个体中前两个个体的数据集。我们注意到第一个个体选择了选项 car，这种出行方式需要花 10.5 个小时，他认为舒适度为中等。由于他没有选中 bus，train 或 plane，我们用来自那些选择这些交通方式的人的平均值（或中位数）属性水平作为他在这些交通方式上的属性水平。因此，对于那些选中 bus 选项的人来说，平均交通时间为 11.5 小时。类似地，选中 train 的那些人的平均交通时间为 12 小时，选中 plane 的那些人的平均交通时间为 1.33 小时。第二个个体选择了以 plane 方式出行。

谨慎的读者也许注意到，如果我们像前文所说的那样合并数据源，那么对于每个个体，我们仅有一个 RP 数据集，但有多个 SP 数据集。一些研究人员建议，在合并数据源时，RP 数据应该加强，使得 RP 数据集和 SP 数据集匹配。对每个观察点进行加权，这应该是研究人员根据每个数据源的行为学内涵所决定的事情。我们将其称为贝叶斯决策（Bayesian determination）。如果你认为 RP 数据与 SP 数据一样有用，那么你应该对它们指定相同的权重。例如，如果你有 1 个 RP 观察点和 8 个 SP 观察点，那么你应该对 RP 数据指定 8.0 的权重，或对 SP 数据指定 0.125 的权重。然而，我们认为不应该加权。我们认为，尽管 RP 数据能够提供更好的用于估计的信息，尤其是选项的属性信息，但它在本质上是病态的，也就是说，它可能是不变的，而且容易遭受多重共线性的困扰（参见第 4 章）。因此，尽管我们使用 RP 数据来获得市场份额信息以及实际选择信息，但我们认为与每个属性相伴的参数或偏好权重最好从 SP 数据源获得（加标签的选择集中的特定选项常数除外），并且将SP属性参数导入RP环境；在RP环境中，模型需要校准，使得它重现可观测选项的实际市场份额。

【题外话】

校准（calibrate）既不能也不应该对新的选项实施，原因很明显——研究人员应该参照什么进行校准？另外，基于选择的抽样仅对RP选项有效。

因此，我们不关心在估计模型时，SP数据可能替换RP数据。然而，我们提醒研究人员，如果你的兴趣是预测和获得弹性，那么应该使用RP模型，但模型的属性参数是从SP模型转移过来的。我们将在第19章讨论这个问题。SP模型自身仅能用于衡量属性的支付意愿（WTP），即估价，但不能用于预测和行为响应，即获得弹性，除非SP模型已通过特定选项常数校准（以便重现在现实市场中观测到的选项子集的基础RP份额）。

## 10.3 对外生变量加权

RP数据集中的选择变量代表方程组中的外生变量。当我们希望校正选择响应上的过度抽样和抽样不足时，我们使用基于选择的权重（将在第13章讨论）。然而，样本通常使用一些非选择（或外生）标准（例如收入和性别）抽取，这将导致我们对按性别划分的高收入人群过度抽样，对其他人群抽样不足。为了校正这种抽样，我们可以根据用于设计样本的标准，使用外生变量来对数据重新加权。研究人员可以在数据集中构建一个外生权重变量，用于模型估计时数据的加权。例如，我们可能希望对不同性别的数据指定不同权重。然而，对于我们的例子来说，没有性别变量。因此，假设我们希望对年龄变量指定不同的权重，使得40岁及其以上人群的权重为1.5，40岁以下人群的权重为0.5。权重变量见表10.7。*

表10.7　外生权重变量

| | id | alti | cset | choice | agent | sprp | comfort1 | comfort2 | ttime | Age |
|---|---|---|---|---|---|---|---|---|---|---|
| Car | 01 | 1 | 4 | 1 | 0.6 | 1 | 0 | 1 | 10.5 | 40 |
| Bus | 01 | 2 | 4 | 0 | 0.6 | 1 | −1 | −1 | 11.5 | 40 |
| Train | 01 | 3 | 4 | 0 | 0.6 | 1 | −1 | −1 | 12 | 40 |
| Plane | 01 | 4 | 4 | 0 | 0.6 | 1 | 1 | 0 | 1.3 | 40 |
| Car | 01 | 5 | 4 | 1 | 0.6 | 0 | 1 | 0 | 14 | 40 |
| Bus | 01 | 6 | 4 | 0 | 0.6 | 0 | 1 | 0 | 12 | 40 |
| Train | 01 | 7 | 4 | 0 | 0.6 | 0 | −1 | −1 | 12 | 40 |
| Plane | 01 | 8 | 4 | 0 | 0.6 | 0 | 0 | 1 | 2 | 40 |
| Car | 01 | 5 | 4 | 0 | 0.6 | 0 | 0 | 1 | 10 | 40 |
| Bus | 01 | 6 | 4 | 1 | 0.6 | 0 | 0 | 1 | 14 | 40 |
| Train | 01 | 7 | 4 | 0 | 0.6 | 0 | 0 | 1 | 12 | 40 |
| Plane | 01 | 8 | 4 | 0 | 0.6 | 0 | −1 | −1 | 1.5 | 40 |
| Car | 02 | 1 | 4 | 0 | 0.3 | 1 | 0 | 1 | 10 | 32 |
| Bus | 02 | 2 | 4 | 0 | 0.3 | 1 | −1 | −1 | 11.5 | 32 |

* 权重有多种含义，这里的权重似乎为重要性权重（importance weight）。在表10.7中，权重变量的标签为agent。也就是说，在表10.7中，40岁及其以上人群的权重为0.6；40岁以下人群的权重为0.3。注意，重要性权重之和未必需要等于1。——译者注

续前表

| | id | alti | cset | choice | agent | sprp | comfort1 | comfort2 | ttime | Age |
|---|---|---|---|---|---|---|---|---|---|---|
| Train | 02 | 3 | 4 | 0 | 0.3 | 1 | −1 | −1 | 12 | 32 |
| Plane | 02 | 4 | 4 | 1 | 0.3 | 1 | 1 | 0 | 1.25 | 32 |
| Car | 02 | 5 | 4 | 0 | 0.3 | 0 | 0 | 1 | 12 | 32 |
| Bus | 02 | 6 | 4 | 0 | 0.3 | 0 | 1 | 0 | 14 | 32 |
| Train | 02 | 7 | 4 | 0 | 0.3 | 0 | −1 | −1 | 12 | 32 |
| Plane | 02 | 8 | 4 | 1 | 0.3 | 0 | 1 | 0 | 1.5 | 32 |
| Car | 02 | 5 | 4 | 0 | 0.3 | 0 | −1 | −1 | 12 | 32 |
| Bus | 02 | 6 | 4 | 0 | 0.3 | 0 | 0 | 1 | 12 | 32 |
| Train | 02 | 7 | 4 | 1 | 0.3 | 0 | −1 | −1 | 10 | 32 |
| Plane | 02 | 8 | 4 | 0 | 0.3 | 0 | −1 | −1 | 1.5 | 32 |

## 10.4 处理拒绝选择情形



不少选择情景允许决策者什么也不选（尽管“不选”在技术上也是一种选择），或延迟他们的选择。在我们的例子中，我们一直没有考虑不选（no choice）这个选项，并要求决策者在一系列选项中做出选择。我们将其称为条件选择（conditional choice）。然而，如果决策者决定不选，我们该怎么办？对于我们的四种交通方式的例子，表 10.8 给出了含有不选选项的情形。

**【题外话】**

我们可以将任何不含不选选项的选择分析视为条件选择。给定第 2 章给出的需求定义，另外一种表达方法是，任何不含不选选项的选择分析在本质上是一个条件需求模型。也就是说，我们可以计算选项的条件概率。仅当不选的概率为零时，条件需求才等价于非条件需求。

如果决策者选择了不出行，即选择了不选选项，那么我们无法观察到这个选项的属性水平。图 10.1 中的选择集说明了这一点。由于我们看不到不选选项的属性水平，因此我们将它视为缺失值。由于每一行数据代表一个选项，因此我们需要插入一行代表不选选项的数据，这个选项的属性水平被编码为缺失。Nlogit（默认的）缺失值编码为−999。

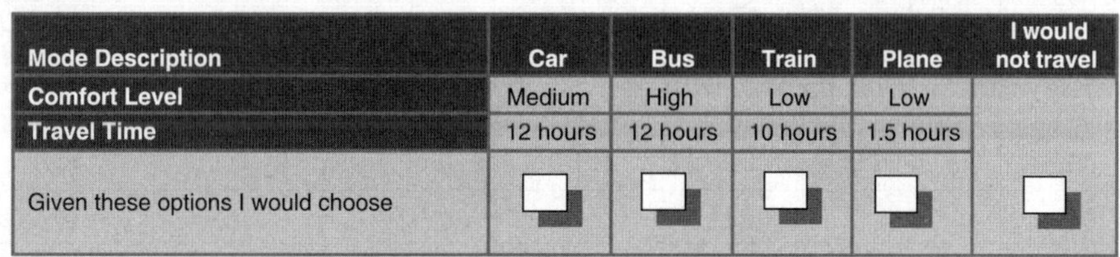


**图 10.1　含有不选选项的选择集**

**【题外话】**

在为 Nlogit 收集数据时，我们强烈建议任何缺失数据要么在数据集中估算，要么指定 −999 编码（Nlogit 默认的缺失值）。Nlogit 也接受用其他非数值型数据（例如单词“missing”）表示缺失值。在任何情形下，缺失值都要以某种方式明确标示出来。建议不要使用“空白”表示缺失值，因为这在解释数据时会导致含混不清。

添加不选或延迟选择选项（delay choice alternative）时，我们加在数据集中已有的选项个数上。因此，我们需要调整 alti 变量和 cset 变量。在我们的例子中，现在有 5 个选项（忽略以前引入的 VFT 选项），因此，cset 变量取值 5。Alti 变量取值 1～5，5 对应不选（不出行）选项。表 10.8 说明了这一点。在表 10.8 中，不选选项的属性水平被设定为等于缺失值 −999。在新选项上，社会经济特征变量维持不变，因此我们不需要将这些数据处理为缺失值。读者可以从表 10.8 中看清这一点。在表 10.8 中，第一个个体在第二个选择集中选择了不出行选项。

**表 10.8　　增添不选或延迟选择选项**

| | id | alti | cset | choice | Comfort1 | Comfort2 | TTime | Age |
|---|---|---|---|---|---|---|---|---|
| Car | 01 | 1 | 5 | 1 | 1 | 0 | 14 | 40 |
| Bus | 01 | 2 | 5 | 0 | 1 | 0 | 12 | 40 |
| Train | 01 | 3 | 5 | 0 | −1 | −1 | 12 | 40 |
| Plane | 01 | 4 | 5 | 0 | 0 | 1 | 2 | 40 |
| None | 01 | 5 | 5 | 0 | −999 | −999 | −999 | 40 |
| Car | 01 | 1 | 5 | 0 | 0 | 1 | 10 | 40 |
| Bus | 01 | 2 | 5 | 0 | 0 | 1 | 14 | 40 |
| Train | 01 | 3 | 5 | 0 | 0 | 1 | 12 | 40 |
| Plane | 01 | 4 | 5 | 0 | −1 | −1 | 1.5 | 40 |
| None | 01 | 5 | 5 | 1 | −999 | −999 | −999 | 40 |
| Car | 02 | 1 | 5 | 0 | 0 | 1 | 12 | 32 |
| Bus | 02 | 2 | 5 | 0 | 1 | 0 | 14 | 32 |
| Train | 02 | 3 | 5 | 0 | −1 | −1 | 12 | 32 |
| Plane | 02 | 4 | 5 | 1 | 1 | 0 | 1.5 | 32 |
| None | 02 | 5 | 5 | 0 | −999 | −999 | −999 | 32 |
| Car | 02 | 1 | 5 | 0 | −1 | −1 | 12 | 32 |
| Bus | 02 | 2 | 5 | 0 | 0 | 1 | 12 | 32 |
| Train | 02 | 3 | 5 | 1 | −1 | −1 | 10 | 32 |
| Plane | 02 | 4 | 5 | 0 | −1 | −1 | 1.5 | 32 |
| None | 02 | 5 | 5 | 0 | −999 | −999 | −999 | 32 |
| Car | 03 | 1 | 5 | 0 | −1 | −1 | 12 | 35 |
| Bus | 03 | 2 | 5 | 1 | 1 | 0 | 14 | 35 |
| Train | 03 | 3 | 5 | 0 | 0 | 1 | 14 | 35 |
| Plane | 03 | 4 | 5 | 0 | 0 | 1 | 2 | 35 |
| None | 03 | 5 | 5 | 0 | −999 | −999 | −999 | 35 |
| Car | 03 | 1 | 5 | 1 | 1 | 0 | 14 | 35 |
| Bus | 03 | 2 | 5 | 0 | 0 | 1 | 10 | 35 |
| Train | 03 | 3 | 5 | 0 | 1 | 0 | 14 | 35 |
| Plane | 03 | 4 | 5 | 0 | −1 | −1 | 1.5 | 35 |
| None | 03 | 5 | 5 | 0 | −999 | −999 | −999 | 35 |

**【题外话】**

在 Nlogit 中，alti 变量的取值必须从 1 开始，遍取各个数字直至选项的最大个数。然而，这允许每个个体在选择集中有不同的选项数字。例如，个体 1 可以有选项 1、2、4、5，个体 2 可以有选项 1、2、3、4、5。

我们不需要 alti 变量（和 cset 变量）的唯一情形是，每个个体的选择集有相同的选项，而且这些选项以相同的顺序出现。我们将这种情形下的选择集称为固定选择集，将 alti 和 cest 可变情形下的选择集称为可变选择集。在使用合并数据集中的 RP 数据和 SP 数据时，我们必须考虑这一点，例如在使用 SP 子数据集时，第二个选择集的 alti 变量的第一个值必须紧跟着第一个选择集中 alti 变量的最后一个值（例如，表 10.6）。我们必须将它们转换成 1、2 等。这容易做到。我们只要创造一个新的 alti 变量（比如 altz），使得当 $z$ 为 RP 数据中 alti 的最高值时，alti 等于 alti-$z$ 即可。于是，在单独的 SP 数据分析（我们已拒绝了 RP 数据行）中，altz 变量取代了 alti 变量。

**【题外话】**

研究人员也有必要考察 RP 数据中的不选或延迟选择选项。尽管我们在 SP 实验的背景下添加了不选选项（见表 10.8），但研究人员应该准备收集那些选中了不选或延迟选择选项的个体的 RP 数据。这么做不仅能让研究人员获得市场份额信息（一共有多少人选择了不选或延迟选择之外的选项），还能获得潜在需求信息（上面那些人加上在市场中活动但在当前选择了不买的人）。收集不选者的信息也能让研究人员检验选择者和不选者是否存在差异。

## 10.5 向 Nlogit 输入数据

向 Nlogit 输入数据的方法有几种。到目前为止，最常用的方法是将事先保存好的数据文件导入 Nlogit，这些数据文件来自其他程序或从外部源（例如网站）收集。尽管第二种方法很少用到，但它是直接向 Nlogit 的电子表格式的数据编辑器输入数据。最后，与你熟悉的其他程序一样，Nlogit 有自己的“保存”文件类型，可以传输给其他用户或计算机。我们将其称为项目文件。项目文件的好处在于，你可以方便地传输工作。在理论上，你只需要导入数据集一次即可。在此之后，你使用项目文件来承载和移动数据。我们将逐个考察这些方法。

对于 Nlogit 的大部分功能，我们可以通过两个工具实施。它们是命令菜单和文本编辑器。这里我们介绍命令菜单，后面章节讨论文本编辑器。尽管命令菜单也许最适合初学者，然而我们还是推迟对这种工具的讨论，直到我们必须使用一些命令时才开始介绍。我们这么做的原因在于，文本编辑器能让读者快速掌握如何使用 Nlogit。

## 10.6 从文件导入数据

在用 Nlogit 分析数据时，经常需要使用其他程序（例如 Microsoft Excel，SAS 等）准备的数据，或者从外部源（例如网站）获得的数据。这些文件的格式可能多种多样。最常见的文件格式是 ASCII 字符数据集，此时文件的第一行是一行变量名，后面紧跟的各行是数据值，值与值之间用逗号隔开。例如，数据可能是下面这样的：

```
MODE，CHSET，COMFORT，TTIME，BLOCK，COMFORT1，COMFORT2
1，2，1，14，-1，1，0
2 ，2，1，12，-1，1，0
3，2，-1，12，-1，-1，-1
4，2，0，2，-1，0，1
1，4，0，10，-1，0，1
2，4，0，14，-1，0，1
3，4，0，12，-1，0，1
4，4，-1，1.5000000，-1，-1，-1
```

(我们稍微改变了一下原来的数据集：增添了变量 CHSET，去掉了重复的 TTIME。)这是一种“用逗号隔开的值”或 CSV 文件，是最常见的用于传输数据文件的交换格式。另外一种曾经（2010 年以前）常见的格式是 Microsoft Excel 使用的“. XLS”格式。当前版本的 Excel 使用另外一种格式，即“. XLSX”格式。另外，数据格式还有“Fortran 格式化”数据集、二进制、DIF 以及空格或 tab 键隔开的 ASCII 文件。Nlogit 能够读取所有这些文件。一些研究人员使用专用命令“READ”；这可以参考 Nlogit 手册。对于当前的目的，我们重点讨论最常见的 CSV 格式。

我们创造了一个文件，名字为 10A. csv（使用 Microsoft Excel)。对于这个例子，我们在桌面菜单上选择“Project” → “Import” → “Variables...”（参见图 10.2)，打开了 Windows Explorer（参见图 10.3)。

默认格式为“. csv”文件。我们选取文件，然后点击“Open”（参见图 10.4)，这样数据文件就会被读取。项目窗口将显示读取的变量。

对于“. XLS”数据，你可以按相同的方法读取。在图 10.4 中，注意，在窗口的底部，文件类型“ * . csv”被选取。你可以选取“ * . xls”文件，方法是在这个小窗口中打开菜单。(第三种类型是 * . * 所有文件。)

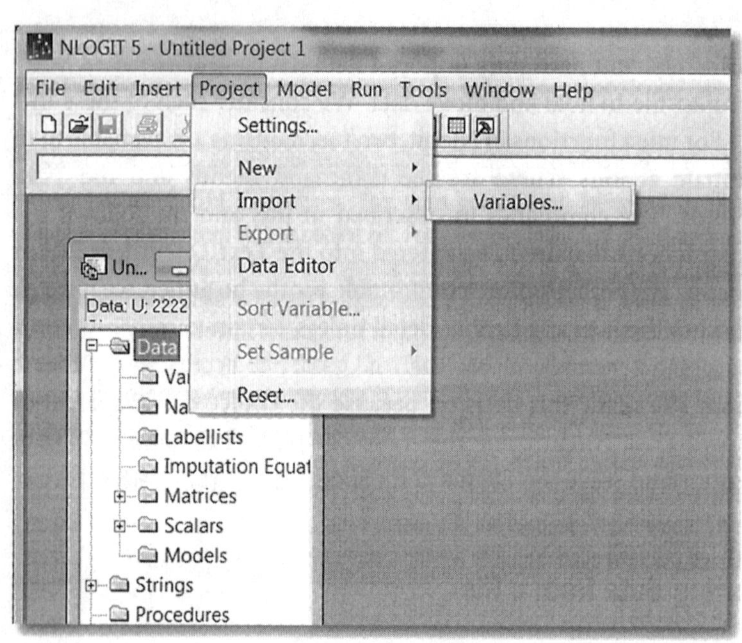


图 10.2 导入变量

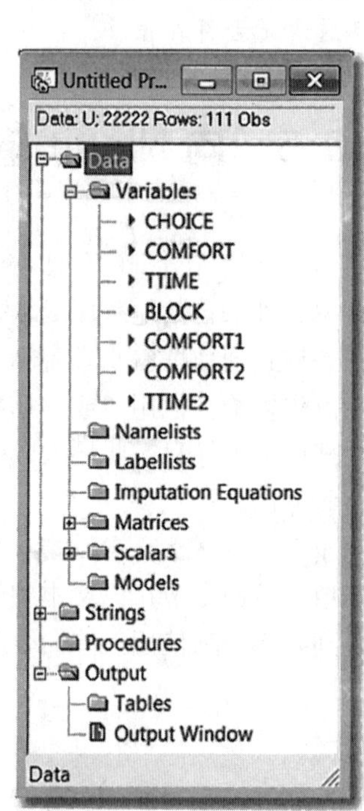


图 10.3 未命名项目中的变量

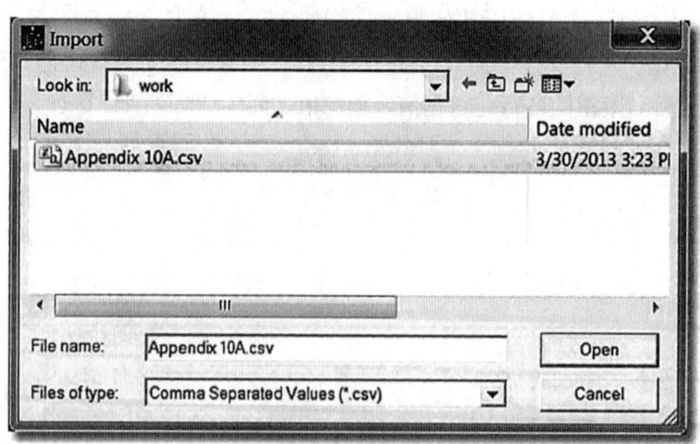


图 10.4 导入 CSV 数据

**【题外话】**

Stat Transfer 是由 Cricle Systems 公司（stattransfer. com）开发的一款应用程序，它可以转换 30 多种程序文件，包括 Limdep，Nlogit，SAS，SPSS，Minitab，RATS，Stata 等。你可以将几乎所有当前程序使用的文件直接转换为 Nlogit 可读的项目文件，从而完全跳过导入数据环节。

对于绝大多数情形，上面的方法就足够用了。然而，由于数据文件类型层出不穷，因此你也许需要一些灵活性。Nlogit 提供的命令“READ”能够用来读取文件（包括上面列举的文件类型）。“READ”命令是在上面讨论的命令编辑器中使用的。它有两种形式，具体采取哪种形式取决于变量的名字是在数据文件中（如前文所示），还是不在数据文件中（在这种情形下，数据文件仅含有数值型数据）。对于文件上部的前面一行或几行含有名字的数据文件，命令为：

```
Read ; Nvar = number of variables
     ; Nobs = number of observations
     ; Names = the number of lines of names are at the top of the file (usually 1)
     ; File = the full path to the file. $
```

你应该使用这个命令读取 CSV 文件，例如在这样的 CSV 文件中，NVAR ＝6，Names ＝1，Nobs＝…（注意，你要保证程序能识别观察标签。Nlogit 手册详细说明了这些内容。）第二种文件类型可能不含有名字。对于这种文件，你需要在“READ”命令中提供名字：

```
Read ; Nvar = number of variables
     ; Nobs = number of observations
     ; Names = a list of Nvar names, separated by commas.
     ; File = the full path to the file. $
```

数据文件有很多类型。Nlogit 甚至能读取一些程序（例如 Stata 10 和 Stata 11）的内部文件格式。（我们不保证未来版本仍适用，因为 Stata 的开发者不停地变换数据格式。）不管怎样，我们强烈建议研究人员使用 Stat Transfer 来转换数据格式。

**【题外话】**

如果“. XLS”文件格式是以工作簿（即有多个工作表）形式保存的，那么 Nlogit 不能读取。因此，在使用“. XLS”文件格式时，你最好将文件保存为工作表形式。另外，需要注意，Nlogit 也不能读取 Excel 公式（这是读取时最常见的问题之一）。XLSX 文件也不能被读取。当你从近期版本的 Excel 中转移数据时，你可以使用“Save as...”将数据文件保存为“. csv”格式。这种格式是最容易传输和读取的。

### □ 10. 6. 1　从文本编辑器导入小型数据集

这是本书作者快速且连续导入数据集时经常使用的一种方法。你可以选取文档文件、电子表格程序甚至“. pdf”文件（最后一种情形取决于数据是如何写出的）中的数据，放入 Nlogit 中的文本/命令编辑器，然后直接从那里读取。以 Excel 中的数据集（见图 10. 5）为例。

我们想用 G、PG 和 Y 这三个变量的前 10 个观察值来计算一些统计量。操作步骤如下：

1. 确保 Excel 已打开，启动 Nlogit。在 Nlogit 中打开一个新的文本/命令编辑器窗口。在窗口上部输入一行短命令“IMPORT ＄”，如图 10. 6 所示。

2. 选中 Excel 中数据的值（包括名称）并拷贝，然后使用“Edit” → “Copy”。

3. 将数据粘贴入 Nlogit 中的 Edit 窗口，如图 10. 7 所示。注意，文本编辑器继承了单元格的边框，请忽略这一点。

4. 选中窗口中的所有内容（包括“IMPORT ＄”命令）、名称行以及所有数据行，然后点击“GO”。

这样我们就完成了数据导入。数据将保存在项目中，准备用于分析。你可以使用这种方式导入任何你想要的数据，包括来自 Excel 的数据（如这个例子所示）以及来自“. doc”文件或“. txt”文件的数据。在一些情形下，这也适用于“. pdf”文件中数据的提取。

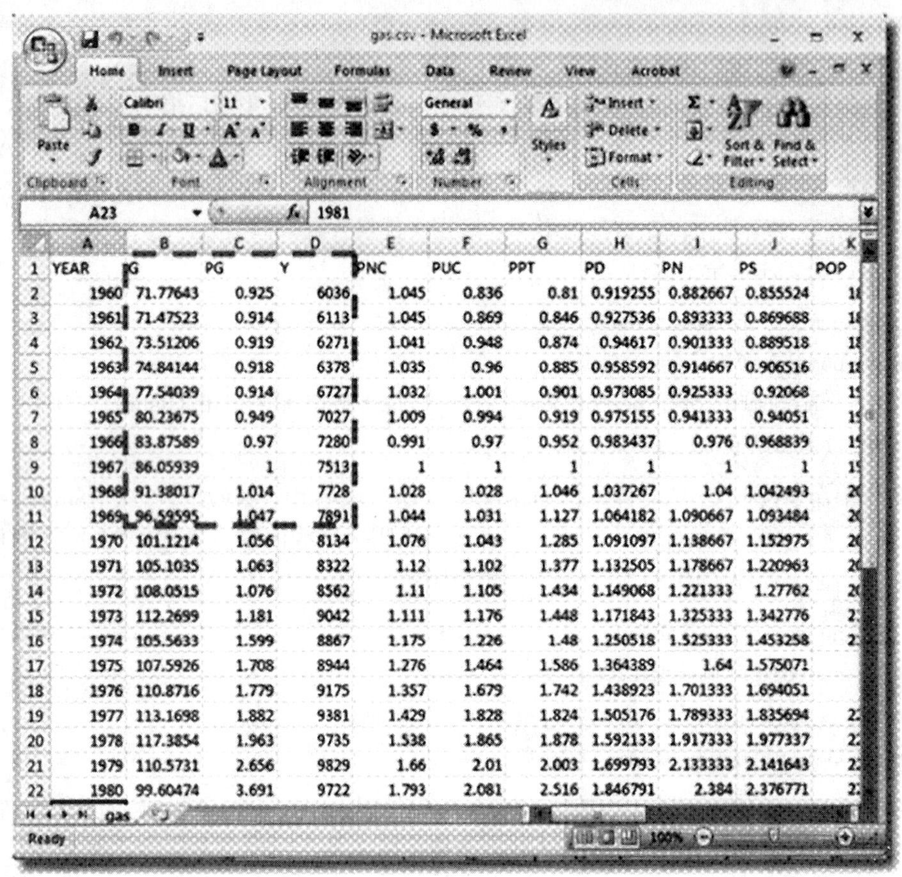


| | A | B | C | D | E | F | G | H | I | J |
|---|---|---|---|---|---|---|---|---|---|---|
| 1 | YEAR | G | PG | Y | PNC | PUC | PPT | PD | PN | PS |
| 2 | 1960 | 71.77643 | 0.925 | 6036 | 1.045 | 0.836 | 0.81 | 0.919255 | 0.882667 | 0.855524 |
| 3 | 1961 | 71.47523 | 0.914 | 6113 | 1.045 | 0.869 | 0.846 | 0.927536 | 0.893333 | 0.869688 |
| 4 | 1962 | 73.51206 | 0.919 | 6271 | 1.041 | 0.948 | 0.874 | 0.94617 | 0.901333 | 0.889518 |
| 5 | 1963 | 74.84144 | 0.918 | 6378 | 1.035 | 0.96 | 0.885 | 0.958592 | 0.914667 | 0.906516 |
| 6 | 1964 | 77.54039 | 0.914 | 6727 | 1.032 | 1.001 | 0.901 | 0.973085 | 0.925333 | 0.92068 |
| 7 | 1965 | 80.23675 | 0.949 | 7027 | 1.009 | 0.994 | 0.919 | 0.975155 | 0.941333 | 0.94051 |
| 8 | 1966 | 83.87589 | 0.97 | 7280 | 0.991 | 0.97 | 0.952 | 0.983437 | 0.976 | 0.968839 |
| 9 | 1967 | 86.05939 | 1 | 7513 | 1 | 1 | 1 | 1 | 1 | 1 |
| 10 | 1968 | 91.38017 | 1.014 | 7728 | 1.028 | 1.028 | 1.046 | 1.037267 | 1.04 | 1.042493 |
| 11 | 1969 | 96.59595 | 1.047 | 7891 | 1.044 | 1.031 | 1.127 | 1.064182 | 1.090667 | 1.093484 |
| 12 | 1970 | 101.1214 | 1.056 | 8134 | 1.076 | 1.043 | 1.285 | 1.091097 | 1.138667 | 1.152975 |
| 13 | 1971 | 105.1035 | 1.063 | 8322 | 1.12 | 1.102 | 1.377 | 1.132505 | 1.178667 | 1.220963 |
| 14 | 1972 | 108.0515 | 1.076 | 8562 | 1.11 | 1.105 | 1.434 | 1.149068 | 1.221333 | 1.27762 |
| 15 | 1973 | 112.2699 | 1.181 | 9042 | 1.111 | 1.176 | 1.448 | 1.171843 | 1.325333 | 1.342776 |
| 16 | 1974 | 105.5633 | 1.599 | 8867 | 1.175 | 1.226 | 1.48 | 1.250518 | 1.525333 | 1.453258 |
| 17 | 1975 | 107.5926 | 1.708 | 8944 | 1.276 | 1.464 | 1.586 | 1.364389 | 1.64 | 1.575071 |
| 18 | 1976 | 110.8716 | 1.779 | 9175 | 1.357 | 1.679 | 1.742 | 1.438923 | 1.701333 | 1.694051 |
| 19 | 1977 | 113.1698 | 1.882 | 9381 | 1.429 | 1.828 | 1.824 | 1.505176 | 1.789333 | 1.835694 |
| 20 | 1978 | 117.3854 | 1.963 | 9735 | 1.538 | 1.865 | 1.878 | 1.592133 | 1.917333 | 1.977337 |
| 21 | 1979 | 110.5731 | 2.656 | 9829 | 1.66 | 2.01 | 2.003 | 1.699793 | 2.133333 | 2.141643 |
| 22 | 1980 | 99.60474 | 3.691 | 9722 | 1.793 | 2.081 | 2.516 | 1.846791 | 2.384 | 2.376771 |

图 10.5　Excel 数据集

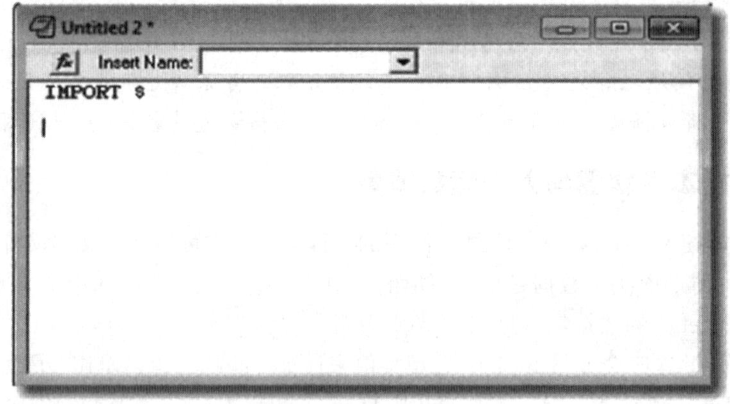


图 10.6　“IMPORT”命令

**【题外话】**

Nlogit 以−999 作为默认缺失值。当从其他文件源导入数据时，你最好以某种方式将空的单元格表示为缺失值。在 CSV 文件中，你可以使用空白表示缺失值，例如“,1,,2”将被正确地读为“1,−999,2”。然而，如果文件没有使用逗号隔开，那么空白将被错误解读。含有字母和数字的数据或非数值型数据将被 Nlogit 当作缺失值处理，因此，“,1,missing,2”更可靠。另外一种传统做法是使用“.”隔开，因此“,1,.,2”也能被正确解读。我们再次提醒读者，如果你使用逗号将值隔开，请注意缺失值是如何标示的。

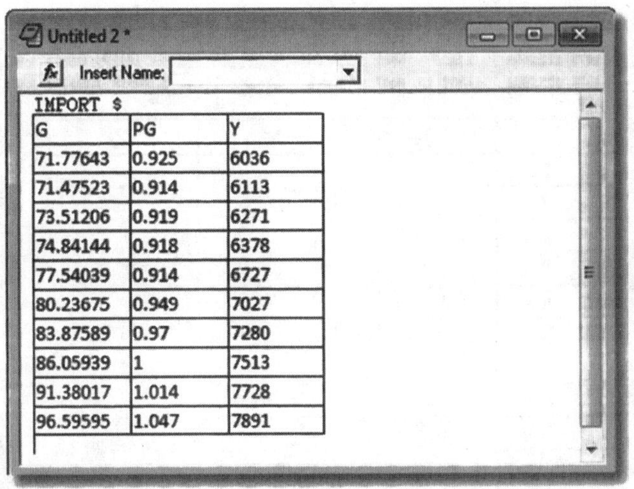


| G | PG | Y |
|---|---|---|
| 71.77643 | 0.925 | 6036 |
| 71.47523 | 0.914 | 6113 |
| 73.51206 | 0.919 | 6271 |
| 74.84144 | 0.918 | 6378 |
| 77.54039 | 0.914 | 6727 |
| 80.23675 | 0.949 | 7027 |
| 83.87589 | 0.97 | 7280 |
| 86.05939 | 1 | 7513 |
| 91.38017 | 1.014 | 7728 |
| 96.59595 | 1.047 | 7891 |

图 10.7　导入数据

## 10.7　在数据编辑器中输入数据

Nlogit 提供了电子表格型的数据编辑器。这个编辑器的功能非常有限，只能用于输入和浏览数据，并且在必要时手动修改数据。(Nlogit 无意复制 Excel 的功能，因为用户已有 Excel 或其他类似程序。) 为了在程序中直接输入数据，首先要在 Nlogit 的数据编辑器中创造空白列。例如，创造新变量 x，y 和 z 的命令为：

```
CREATE; x, y, z $
```

即仅“CREATE”变量，其中变量名要用逗号隔开。你也可以使用对话框，使用“Project”→“New”→“Variable...”打开窗口，在窗口中输入你创造的变量名，用逗号隔开，然后点击“OK”(见图 10.8)。

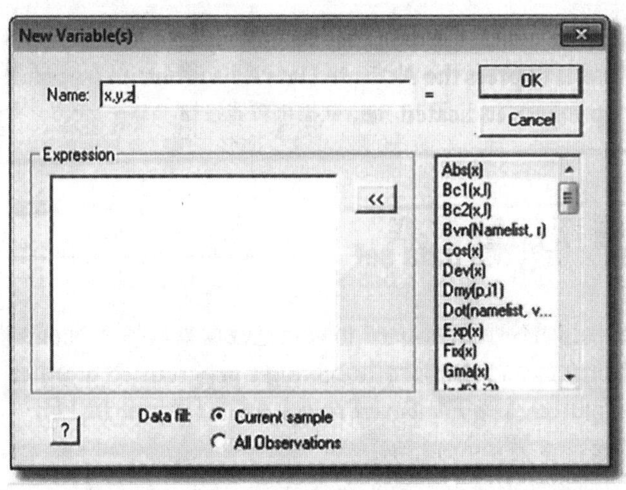


图 10.8　创造变量名

这两种方法都能在数据集中建立空白列。你可以通过浏览数据编辑器看到数据集(无论它是读入、导入、加载还是直接输入的)，参见图 10.9。

一旦命名了所有变量，你就可以在“Data Editor”(数据编辑器)中输入数据，这与你向大多数其他统计和电子表格程序中输入数据类似。为了使用数据编辑器，你可以双击“Project”对话框中的变量名(参见图 10.10)。这就打开了数据编辑器。另外一种方法是点击桌面菜单下部的“Activate Data Editor”(激活数

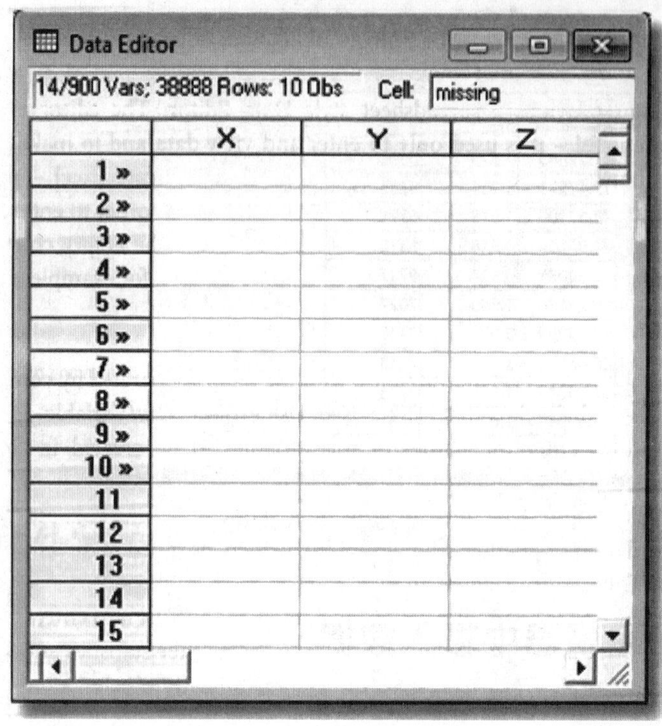


图 10.9　浏览编辑器中的数据

据编辑器）按钮（从右往左数第二个），参见图 10.10。

图 10.10　数据编辑器按钮

## 10.8　保存和重新加载数据

“.lpj”格式的项目文件用于时不时保存你的工作以及把数据集从一个 Nlogit 程序交换到另外一个 Nlogit 程序（例如，不同计算机之间的交换）。使用“File：Save Project As...”（参见图 10.11），将打开一个 Windows 资源管理器窗口，你可以指定项目文件保存在什么地方。

重新加载你保存过的数据，有如下几种方法：

● 在 Windows 资源管理器中，当双击后缀为“.lpj”的文件名时，Windows 将自动启动 Nlogit，然后 Nlogit 会重新加载项目文件。“.lpj”格式已在 Windows 中“注册”，因此，它是一个能被 Windows 识别的文件格式。

● 启动 Nlogit 之后，你可以使用文件菜单中的“Open Project”打开 Windows 资源管理器，找到文件，然后打开它。

● 近期使用的项目文件将出现在文件菜单的底部。如果你希望加载的项目是近期使用的文件之一（这个列表最多列出四个文件），那么它将出现在文件菜单中，你可以选中它。

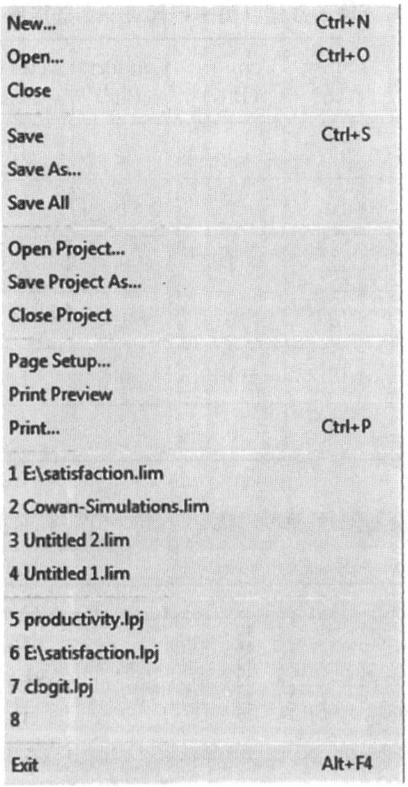

New... Ctrl+N
Open... Ctrl+O
Close
Save Ctrl+S
Save As...
Save All
Open Project...
Save Project As...
Close Project
Page Setup...
Print Preview
Print... Ctrl+P
1 E:\satisfaction.lim
2 Cowan-Simulations.lim
3 Untitled 2.lim
4 Untitled 1.lim
5 productivity.lpj
6 E:\satisfaction.lpj
7 clogit.lpj
8
Exit Alt+F4

**图 10.11 保存数据**



## 10.9 导出数据文件

从 Nlogit 将数据导出到其他程序有两种方法。最可靠的方法是使用 Stat Transfer 软件将 Nlogit 项目文件（“.lpj”文件）直接转换为目标程序使用的格式。如果你希望写出的文件是能被其他程序读取的便携式文件，最好的选择是创建一个新的“.csv”文件。命令为：

```
EXPORT; list of variable names...
       ; File = <the file name and location where you want the file written> $
```

（还有一些其他格式可以使用，然而除非你有充足的理由，否则我们建议你使用“.csv”格式。）

## 10.10 将数据集输入为一行

上面描述的数据格式是研究人员使用 Nlogit 实施选择分析最常用的格式。另外一种格式化方法是将每个选择集输入为一行数据，而不是将选择集中的每个选项指定给一行数据。使用按行输入的选择集数据格式，任何既定个体的行的总数就是该个体的选择集总数。

表 10.9 说明了如何输入数据使得每个选择集都用一行数据表示（由于空间限制，表 10.9 仅列出了前三个个体）。在这种数据格式下，选择变量不再以 0 和 1 指示；正确的做法是，每个被选中的选项都取唯一数。在我们的例子中，第一个选项为小轿车（car）。因此，如果它被选中，选择变量编码为 1。类似地，公共汽车（bus）的编码为 2，火车（train）的编码为 3。我们创造了一个指示变量 ind（表示 index），它指示选择集属于哪个个体。（这是一些其他软件使用的格式。注意，id 与 ind 相同。）

**表 10.9　　按行输入数据（每一行代表一个选择集）**

| id | choice | Ind | Comfort1 (Car) | Comfort2 (Car) | Ttime1 (Car) | Comfort3 (Bus) | Comfort4 (Bus) | Ttime2 (Bus) | Comfort5 (Train) | Comfort6 (Train) | Ttime3 (Train) | age |
|---|---|---|---|---|---|---|---|---|---|---|---|---|
| 1 | 1 | 1 | 1 | 0 | 14 | 1 | 0 | 12 | −1 | −1 | 12 | 40 |
| 1 | 2 | 1 | 0 | 1 | 10 | 0 | 1 | 14 | 0 | 1 | 12 | 40 |
| 2 | 3 | 2 | 0 | 1 | 12 | 1 | 0 | 14 | −1 | −1 | 12 | 32 |
| 2 | 3 | 2 | −1 | −1 | 12 | 0 | 1 | 12 | −1 | −1 | 10 | 32 |
| 3 | 2 | 3 | −1 | −1 | 12 | 1 | 0 | 14 | 0 | 1 | 14 | 35 |
| 3 | 1 | 3 | 1 | 0 | 14 | 0 | 1 | 10 | 1 | 0 | 14 | 35 |

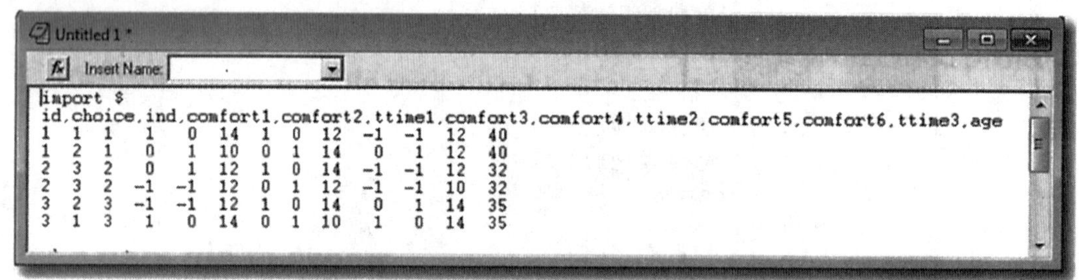

```
import $
id,choice,ind,comfort1,comfort2,ttime1,comfort3,comfort4,ttime2,comfort5,comfort6,ttime3,age
1 1 1  1  0 14 1 0 12 -1 -1 12 40
1 2 1  0  1 10 0 1 14  0  1 12 40
2 3 2  0  1 12 1 0 14 -1 -1 12 32
2 3 2 -1 -1 12 0 1 12 -1 -1 10 32
3 2 3 -1 -1 12 1 0 14  0  1 14 35
3 1 3  1  0 14 0 1 10  1  0 14 35
```

**图 10.12　编辑数据**

| | ID | CHOICE | IND | COMFORT1 | COMFORT2 | TTIME1 | COMFORT3 | COMFORT4 | TTIME2 | COMFORT5 | COMFORT6 | TTIME3 | AGE |
|---|---|---|---|---|---|---|---|---|---|---|---|---|---|
| 1 | 1 | 1 | 1 | 1 | 0 | 14 | 1 | 0 | 12 | -1 | -1 | 12 | 40 |
| 2 | 1 | 2 | 1 | 0 | 1 | 10 | 0 | 1 | 14 | 0 | 1 | 12 | 40 |
| 3 | 2 | 3 | 2 | 0 | 1 | 12 | 1 | 0 | 14 | -1 | -1 | 12 | 32 |
| 4 | 2 | 3 | 2 | -1 | -1 | 12 | 0 | 1 | 12 | -1 | -1 | 10 | 32 |
| 5 | 3 | 2 | 3 | -1 | -1 | 12 | 1 | 0 | 14 | 0 | 1 | 14 | 35 |
| 6 | 3 | 1 | 3 | 1 | 0 | 14 | 0 | 1 | 10 | 1 | 0 | 14 | 35 |

**图 10.13　数据编辑器中的数据**

尽管 Nlogit 能够估计使用这种格式的数据的模型，但我们仍偏爱本章前文描述的数据格式（参见表 10.1）。按行输入数据这种格式严重限制了 Nlogit 能实施的计算范畴。为了简单起见，我们不讨论这种格式下的建模方法。对此感兴趣的读者可以参考 Nlogit 用户手册。

Nlogit 能够将按单行表示的数据集转换为多行格式，也就是说，将表 10.9 的格式转换为表 10.1 的格式。这是一个看起来像模型命令的命令，但它的功能在于转换数据。为了说明这一点，我们将转换表 10.9 中的数据。由于这是一个很小的数据集，因此我们首先使用 10.6.1 节描述的方法将它导入。编辑窗口参见图 10.12。

数据编辑器中的结果参见图 10.13。

用于转换数据的命令为“NLCONVERT”，如图 10.14 所示。

左侧（LHS）变量为选择变量。命令说明选择集中有 3 个选择。（这个特征要求选择集中的选择个数固定不变。这是这种“宽”数据格式的缺点。）右侧（RHS）变量为属性。由于每个选择集有 3 个选择，因此每个属性集提供了一组 3 个变量，分别对应每个选项。由于这里有 3 组属性变量，因此最终数据集有三个属性。RH2 变量是选择集中每个选择需要复制的变量。注意，我们有 6 个选择情景，而且每个选择集有 3 个选择，因此新数据集将有 18 行数据。转换结果如图 10.15 所示。（如果我们输入命令“;CLEAR”，那么这将消除原来的变量。）程序的响应如图 10.16 所示，它说明计算过程已完成。

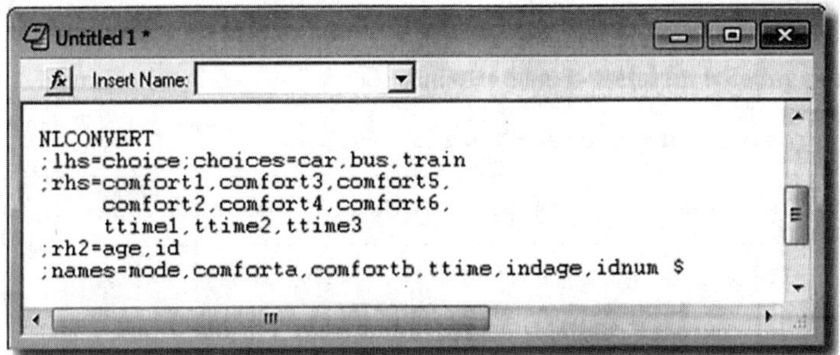

Untitled 1 *
Insert Name:
NLCONVERT
;lhs=choice;choices=car,bus,train
;rhs=comfort1,comfort3,comfort5,
comfort2,comfort4,comfort6,
ttime1,ttime2,ttime3
;rh2=age,id
;names=mode,comforta,comfortb,ttime,indage,idnum $


图 10.14 数据转换

Data Editor

19/300 Vars; 38888 Rows: 18 Obs Cell: missing

| | TTIME3 | AGE | MODE | COMFORTA | COMFORTB | TTIME | INDAGE | IDNUM |
|---|---|---|---|---|---|---|---|---|
| 1 » | 12 | 40 | 1 | 1 | 0 | 14 | 40 | 1 |
| 2 » | 12 | 40 | 0 | 1 | 0 | 12 | 40 | 1 |
| 3 » | 12 | 32 | 0 | -1 | -1 | 12 | 40 | 1 |
| 4 » | 10 | 32 | 0 | 0 | 1 | 10 | 40 | 1 |
| 5 » | 14 | 35 | 1 | 0 | 1 | 14 | 40 | 1 |
| 6 » | 14 | 35 | 0 | 0 | 1 | 12 | 40 | 1 |
| 7 » | | | 0 | 0 | 1 | 12 | 32 | 2 |
| 8 » | | | 0 | 1 | 0 | 14 | 32 | 2 |
| 9 » | | | 1 | -1 | -1 | 12 | 32 | 2 |
| 10 » | | | 0 | -1 | -1 | 12 | 32 | 2 |
| 11 » | | | 0 | 0 | 1 | 12 | 32 | 2 |
| 12 » | | | 1 | -1 | -1 | 10 | 32 | 2 |
| 13 » | | | 0 | -1 | -1 | 12 | 35 | 3 |
| 14 » | | | 1 | 1 | 0 | 14 | 35 | 3 |
| 15 » | | | 0 | 0 | 1 | 14 | 35 | 3 |
| 16 » | | | 1 | 1 | 0 | 14 | 35 | 3 |
| 17 » | | | 0 | 0 | 1 | 10 | 35 | 3 |
| 18 » | | | 0 | 1 | 0 | 14 | 35 | 3 |
| 19 | | | | | | | | |
| 20 | | | | | | | | |

图 10.15 转换后的数据

```
=================================================================
Data Conversion from One Line Format for NLOGIT
The new sample contains     18 observations.
=================================================================
Choice set in new data set has 3 choices.
CAR      BUS      TRAIN
-----------------------------------------------------------------
There were 1 choice variables coded 1,..., 3 converted to binary
Old variable = CHOICE, New variable = MODE
-----------------------------------------------------------------
There were 3 sets of variables on attributes converted. Each
set of 3 variables is converted to one new variable
New Attribute variable COMFORTA is constructed from
COMFORT1 COMFORT3 COMFORT5
New Attribute variable COMFORTB is constructed from
COMFORT2 COMFORT4 COMFORT6
New Attribute variable TTIME    is constructed from
TTIME1   TTIME2   TTIME3
-----------------------------------------------------------------
There were 2 characteristics that are the same for all choices.
Old variable = AGE    , New variable = INDAGE
Old variable = ID     , New variable = IDNUM
=================================================================
```

图 10.16 转换数据：小结

## 10.11 数据清洗

输入数据的最后一个任务是清洗数据。在分析之前，研究人员应该检查数据的不准确性。最简单和快速的检查数据方法是进行描述性统计分析。产生描述性统计的命令为

```
Dstats ; rhs = * $
```

对表 10.1 中的数据进行描述性统计分析，结果如下：

```
Descriptive Statistics for 7 variables
------------+-------------------------------------------------------------------
Variable | Mean        Std.Dev.  Minimum     Maximum  Cases  Missing
------------+-------------------------------------------------------------------
       ID|        2.0   .834058         1.0     3.0     24        0
     ALTI|  2.500000  1.142080         1.0     4.0     24        0
     CSET|        4.0       0.0         4.0     4.0     24        0
   CHOICE|   .250000   .442326         0.0     1.0     24        0
 COMFORT1|  -.041667   .806450   -1.000000     1.0     24        0
 COMFORT2|   .041667   .858673   -1.000000     1.0     24        0
    TTIME|  9.750000  4.932148    1.500000    14.0     24        0
-----------+-------------------------------------------------------------------
```

在 Nlogit 中，* 表示所有变量。因此，上述命令将产生数据集中所有变量的描述性统计。输入具体变量的名字（用逗号隔开）而不是 * 将产生这些变量的描述性统计。表 10.1 中所有变量的描述性统计如前文所示。研究人员应该审查的数据是看起来不正常的数据。对输出结果的检查表明所有变量都在它们的预期值域之中（例如，我们预期选择变量的最小值为 0，最大值为 1）。快速检查输出结果能为我们节省大量时间，并且避免模型估计时可能产生的一些问题。

检查描述性统计表有助于找到可能的输入差错，以及可疑的数据观察值。然而，研究人员应该注意到上面产生的输出结果表，包含所有选项的观察值。考察单个选项的描述性统计能获得进一步的信息。对于这个例子，我们可以使用的命令为

```
Dstats ; For [ alti ] ; rhs = comfort1, comfort2, ttime $
```

在 Dstats 命令中增添“;For [alti]”，能使 Nlogit 产生针对 alti 变量中的每个值的描述性统计。

```
-----------------------------------------------------------------------
Setting up an iteration over the values of ALTI
The model command will be executed for      4 values
of this variable. In the current sample of        24
observations, the following counts were found:
 Subsample     Observations  Subsample     Observations
 ALTI      =   1            6  ALTI      =   2           6
 ALTI      =   3            6  ALTI      =   4           6
-----------------------------------------------------------------------
 Actual subsamples may be smaller if missing values are
 being bypassed. Subsamples with 0 observations will
 be bypassed.
-----------------------------------------------------------------------


---------------------------------------------------------------------------
Subsample analyzed for this command is ALTI      =     1
-----------+---------------------------------------------------------------
Variable| Mean       Std.Dev.   Minimum    Maximum  Cases  Missing
-----------+---------------------------------------------------------------
COMFORT1|        0.0   .894427  -1.000000      1.0      6        0
COMFORT2|        0.0   .894427  -1.000000      1.0      6        0
   TTIME|  12.33333  1.505545       10.0     14.0      6        0
-----------+---------------------------------------------------------------
Subsample analyzed for this command is ALTI      =     2
-----------+---------------------------------------------------------------
COMFORT1|   .500000   .547723        0.0      1.0      6        0
COMFORT2|   .500000   .547723        0.0      1.0      6        0
   TTIME|  12.66667  1.632993       10.0     14.0      6        0
-----------+---------------------------------------------------------------
```

```
Subsample analyzed for this command is ALTI     =    3
-----------+---------------------------------------------------------------------
 COMFORT1|    -.333333     .816497   -1.000000   1.0        6        0
 COMFORT2|    -.166667     .983192   -1.000000   1.0        6        0
 TTIME|        12.33333   1.505545        10.0   14.0       6        0
-----------+---------------------------------------------------------------------
Subsample analyzed for this command is ALTI     =    4
-----------+---------------------------------------------------------------------
 COMFORT1|    -.333333     .816497   -1.000000   1.0        6        0
 COMFORT2|    -.166667     .983192   -1.000000   1.0        6        0
 TTIME|        1.666667    .258199    1.500000   2.0        6        0
-----------+---------------------------------------------------------------------
```

我们也有必要考察数据的相关性。执行此事的命令为

```
Dstats; rhs = * ; Output = 2 $
```

| Cor.Mat. | ID | ALTI | CSET | CHOICE | COMFORT1 | COMFORT2 | TTIME |
|---|---|---|---|---|---|---|---|
| ID | 1.00000 | .00000 | .00000 | .00000 | .06464 | -.06071 | .04228 |
| ALTI | .00000 | 1.00000 | .00000 | -.17213 | -.25963 | -.15517 | -74871 |
| CSET | .00000 | .00000 | .00000 | .00000 | .00000 | .00000 | .00000 |
| CHOICE | .00000 | -.17213 | .00000 | 1.00000 | .39613 | -.02862 | .17936 |
| COMFORT1 | .06464 | -.25963 | .00000 | .39613 | 1.00000 | .50491 | .33613 |
| COMFORT2 | -.06071 | -.15517 | .00000 | -.02862 | .50491 | 1.00000 | .16169 |
| TTIME | .04228 | -.74871 | .00000 | .17936 | .33613 | .16169 | 1.00000 |

**【题外话】**

研究人员可能希望考察协方差矩阵。相应的命令为“output＝1＄”。使用命令“output＝3＄”将产生协方差矩阵和相关系数矩阵。我们已在前文给出了我们例子中的相关系数矩阵。对于描述性统计，有必要检查每个选项的相关系数矩阵。在 Nlogit 中，相关系数矩阵基于两个变量之间的皮尔逊积矩设定。严格来说，在比较比率变量（通常也适用于定距变量）时，这是有效的；然而，对于分类变量（例如有序变量），最好使用其他工具。LISREL 程序中的 Prelis 预处理器可以完成这个任务。

为了说明这一点的重要性，考虑伴随三个分区的 SP 选择实验。正如前面说过的，你可以从设计中移除列（即属性）而不会损失正交性；然而，这不适用于移除行（即处理组合或选择集）。因此，设计的正交性要求使用实验设计所有分区的所有数据，不能有缺失数据。对于小样本（例如，样本含有三个个体，每个个体对应一个分区），维持正交性比较简单。对于大样本（例如，当样本含有几百人时），维持正交性就不那么容易了。

例如，考察伴随三个分区的设计。如果 100 个个体完成了第一个分区，100 个个体完成了第二个分区，但仅有 99 个个体完成了第三个分区，那么整个样本就不是正交的。正交性的损失程度是一个关于相关性从而多重共线性的问题。

**【题外话】**

为了保持实验设计的正交性，我们要么将整个设计展示给每个决策者（而且个体的任何缺失值都会导致我们把该个体的整个数据从数据集中移除），要么使用一些抽样策略来保证所有决策者都能面对整个设计。遗憾的是，任何这样的策略都有可能导致抽样偏差。计算机辅助个人访谈（CAPI）或互联网辅助调查（IAS）也许在一定程度上能缓解这个问题的严重程度，因为在这些情形下，我们能够发现抽样中哪些分区利用不足，从而将新的个体指定给这些分区。我们也可以使用随机化过程：把第一个个体指定给某个分区，将后面的决策者指定给其他未使用的分区。一旦完成整个设计，从第二个决策者开始，重复这个过程。在这些情形下，我们要思考这样的策略是否严格随机。当前，研究人员也许必须忍受一定的非正交性，此时与更传统的正交设计相比，效率设计或最优设计不是那么重要。

## 附录 10A 用于转换按行输入数据的命令

将表 10.6 中的数据转换为多行数据的命令如下所示。我们还给出了产生每个选项的额外描述性统计表以及相关系数矩阵的命令：

```
CREATE
; car = (choice = 1); bus = (choice = 2); train = (choice = 3); plane = (choice = 4)
; cset = 4
; alt1 = 1
; alt2 = 2
; alt3 = 3
; alt4 = 4 $

WRITE
; id, alt1, cset, car, comfort1, comfort2, ttimme1, age,
id, alt2, cset, bus, comfort3, comfort4, ttime2, age,
id, alt3, cset, train, comfort5, comfort6, ttime3, age,
id, alt4, cset, plane, comfort7, comfort8, ttime4, age
; file = <wherever the analyst specifies.dat>
; format = ((8(F5.2, 1X)))$

reset
read; file = <specified file location.dat>; nvar = 8; nobs = 24; names = id, alt, cset, choice,
comfort1, comfort2, ttime, age $

Dstats; rhs = * ; Str = alti $

dstats; rhs = *
output = two $
```

## 附录 10B 诊断信息和错误信息

Limdep 和 Nlogit 的命令转换和计算程序收集了超过 1 000 个特定条件。大多数诊断结果的意思是不言而喻的。例如：

82; Lhs - variable in list is not in the variable names table.

表明在模型命令中，右侧变量不存在。显然，这是由拼写错误造成的——变量名字出错了。另外一些诊断信息比较复杂，在很多情形下，我们不太容易知道出现了什么错误。因此，在很多情形下，诊断结果类似"the following string contains an unidentified name"（下列字符串包含不可识别的名字），并且列出了一部分命令，这意味着这部分命令的某个地方出错了。另外，一些诊断结果是基于特定变量或观察值的信息。在这种情形下，诊断结果将识别特定观察值或值。我们使用下面这些惯例：

<AAAAAAAA>表示出现在诊断结果中的变量名

<nnnnnnnnnnnn>表示特定整数值，通常为给定的观察值

<xxxxxxxxxxxxx>表示特定值可能无效，例如值为负数的“时间”

需要指出，在极其罕见的情形下，错误信息是由于计算过程之外的原因引起的（我们举不出例子，因为如果知道哪里出了错，我们就会把故障源去除）。这与Windows经常出现的“page fault”（分页错误）类似。你肯定知道是哪个命令产生了诊断结果——在输出窗口中，命令会直接显示在错误信息的上方。因此，如果出现了原因不明的错误信息，试着简化命令，不断尝试，找到问题的根源。

Nlogit也可能出现“程序崩溃”。显然，我们希望它永远不会发生，但这的确会发生。最常见的原因是零被作为除数和“分页错误”。我们仍然无法给出具体提示，因为如果我们知道，就能阻止问题发生。如果你遇到这种错误，请写信告诉我们（Econometric Software公司）。另外，请记住，为了修复错误，我们必须能重现这个错误。也就是说，如果你写信告诉我们你出现了错误，那么你应该告诉我们你的数据和命令，以便我们能重现该错误。

# 第3部分

# 各种选择模型

11

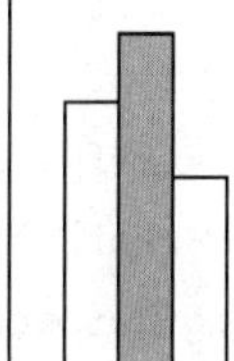

# 基本模型：工作母机——多项 logit 模型

经济学家是明天才会懂得他昨天预测的事情今天为什么没有发生的专家。

——劳伦斯 J. 彼得（Laurance J. Peter，1919—1990）



## 11.1 引言

本质上，我们用加标签的模型选择数据集（参见本章附录 11A）来说明如何用 Nlogit 对选择数据建模。这一章的内容非常具体。我们将详细说明用来估计模型的命令，也将详细解释模型结果。由于“在学会跑之前必须先学会走”，我们从最基本的选择模型（即多项 logit（MNL）模型）的估计开始。第 12 章将继续说明基本 MNL 模型的模拟结果。后面章节尤其第 21～22 章将介绍更高级的模型。

## 11.2 Nlogit 中对选择建模：MNL 命令

在 Nlogit 中，用于估计选择模型的基本命令为：

```
NLOGIT
; lhs = choice, cset, altij
; choices = <names of alternatives>
; Model:
U(alternative 1 name) = < utility function 1>/
U(alternative 2 name) = < utility function 2>/
…
U(alternative i name) = < utility function i> $
```

我们将使用这个命令语法处理第 10 章描述的加标签的交通方式选择数据：

```
Nlogit
```

```
;lhs = choice, cset, altij
;choices = bs, tn, bw, cr
;model:
u(bs) = bs + actpt * act + invcpt * invc + invtpt * invt2 + egtpt * egt + trpt * trnf/
u(tn) = tn + actpt * act + invcpt * invc + invtpt * invt2 + egtpt * egt + trpt * trnf/
u(bw) = bw + actpt * act + invcpt * invc + invtpt * invt2 + egtpt * egt + trpt * trnf/
u(cr) =              invccr * invc + invtcar * invt + TC * TC + PC * PC + egtcar * egt $
```

尽管其他命令结构也可行（例如，使用 RHS 和 RH2 来代替效用函数的设定，我们对此不做介绍，感兴趣的读者可以参考 Nlogit 的帮助功能），但上面的格式在选择模型的设定上提供了最大的灵活性。因此，我们才使用这种命令格式而不是其他格式。

回到前面的命令。与 Nlogit 的所有其他命令一样，第一个命令行将研究人员使用的具体函数指示给程序。这与前面讨论的“create”和“dstats”命令类似。命令“NLOGIT”告诉程序，研究人员打算估计离散选择模型。

第二个命令行规定了选择模型的左侧变量（lhs）。分号（即;）必须使用。命令的顺序总是为：先是选择变量（在这个例子中为 choice），接着是表示每个选择集中选项个数的变量（即 cset），然后是表明每行数据代表哪个选项的变量（即 altij）。如果这些名字的顺序错了，那么 Nlogit 可能产生如下错误信息：

```
Error: 1099: Obs. 1 responses should sum to 1.0. Sum is 2.0000.
```

这表明在某个选择集中出现了一个以上的选择。出现这种错误的原因可能在于：(1) 数据输入错误；(2) 命令行的顺序错误，也就是说没有按照我们前面所说的顺序输入。

第二个命令为：

```
;choices = <name of alternatives>
```

这个命令要求研究人员输入每个选项的名称。注意，选项名称出现的顺序应该与 altij 变量的编码完全相同，否则就会导致输出结果被错误解读。命令语法顺序仅在这个地方重要（即在其他地方无所谓）。例如，对于我们例子中的 altij 变量，公共汽车（bus）选项的编码为 1，而火车（train）的编码为 2。因此，不管你给这两个选项起什么名称，都要保证公共汽车出现在火车之前。其他选项出现的顺序也应该与 altij 变量指示的顺序相同。

剩下的命令规定了每个选项的效用函数（顺序无所谓）：

```
U(<alternative 1 name>) = <utility function 1>/
U(<alternative 2 name>) = <utility function 2>/
…
U(<alternative i name>) = <utility function i> $
```

效用设定以命令“;model:”开始，而且每个效用函数以斜杠（/）隔开。最后一个效用函数以货币符号（$）结尾，这告诉 Nlogit，整个命令序列已完成。注意，在“model”之后使用冒号（:）而不是分号（;）。

每个选项的效用函数都是一个线性函数，表明了属性（以及社会经济特征（SEC））对选项的效用水平的影响。每个效用函数等价于式（11.1）中的效用函数：

$$V_i = \beta_{0i} + \beta_{1i} f(X_{1i}) + \beta_{2i} f(X_{2i}) + \cdots + \beta_{Ki} f(X_{Ki}) \tag{11.1}$$

其中，$\beta_{1i}$ 是与属性 $X_1$ 和选项 $i$ 相伴的权重（或参数）；$\beta_{0i}$ 是一个不与任何可观测和测量的属性相伴的参数，称为特定选项常数（ASC），它代表着所有其他未观测因素对效用的平均影响。

**【题外话】**

常数 $\beta_{0i}$ 未必需要针对特定选项（如果针对，就称为特定选项常数）；然而，这会引起质疑：如果选项是加标签的，研究人员为何要求这个常数对于两个或多个选项相同（称为通用参数）？由于常数项表示所有未观测因素对效用的平均影响，设定通用参数就是要求这些未观测因素对每个选项的效用的影响都相同。在大多数情形下，对于加标签的选项来说，这是容易引起质疑的做法。

研究人员设定的效用函数未必对每个选项都相同。不同属性和社会经济特征（SEC）可能进入一个或多个效用函数，也可以进入全部或几个效用函数，但受不同约束，或以不同方式在不同效用函数之间转换（例如对数转换）。的确，对于一些效用函数，没有属性或 SDC 进入它们。我们在第 3 章讨论了属性进入效用函数的各种方式，在此不再重复。我们重点讨论如何使用 Nlogit 定义效用函数。

在设定效用函数时，研究人员必须定义线性效用函数的参数和变量。这是以系统性方式完成的：首先设定参数，然后设定变量。二者要以星号（*）隔开。如下所示：

```
;Model:
U(<alternative 1 name>) = <parameter> * <variable> /
```

变量名必须与数据集中的变量一致。参数可以起任何名称，只要名称长度不超过 8 个字符而且以字母编码开始即可。尽管如此，我们还是建议用户起一些能表示与该参数相伴的变量的意思的名称。

如果你对多个选项使用了相同的参数名称，那么不管有多少个效用函数使用了这个名称，参数估计值都相同。也就是说，参数在这些选项之间是通用的。例如：

```
;Model:
U(<alternative 1 name>) = <parameter 1> * <variable 1> /
U(<alternative 2 name>) = <parameter 1> * <variable 1> /…
```

将产生一个（而不是两个）参数估计值，它对变量 1 的两个效用函数是通用的。如果不同参数名称用于类似变量，那么产生的将是针对每个选项的参数估计值。因此：

```
;Model:
U(<alternative 1 name>) = <parameter 1> * <variable 1> /
U(<alternative 2 name>) = <parameter 2> * <variable 1> /…
```

将估计选项 1 的特定参数和选项 2 的特定参数，这两个参数未必相同。

为了能够估计选项的常数项，你必须设定这个常数项的参数名称（尽管不需要变量名）。例如：

```
;Model:
U(<alternative 1 name>) = <constant> + <parameter > * <variable > /
```

将产生选项 1 的常数项的估计值。注意，对每个效用函数，你只能设定一个常数。因此：

```
;Model:
U(<alternative 1 name>) = <constant> + <mistake> + <parameter > * <variable > /
```

将导致程序报告出现错误：Nlogit 无法估计模型的标准误或参数估计值。如下所示：

```
+------------+------------------+---------------------+------------+-----------+
|Variable | Coefficient       | Standard Error |b/St.Er.|P[|Z|>z]|
+------------+------------------+---------------------+------------+-----------+
 CONSTANT       .09448145         .70978218       .133     .8941
 MISTAKE        .09448145      ......(Fixed Parameter).......
 PARAMETE      -.08663454      ......(Fixed Parameter).......
```

我们举个具体例子，选项 bs（即 bus）的效用函数为

```
;Model:
u(bs) = bs + actpt * act + invcpt * invc + invtpt * invt2 + egtpt * egt + trpt * trnf/
```

如果你将第二个效用函数设定为如下形式，那么在输出信息中，模型将有一个与两个选项（bs 和 tn）的全部五个属性相伴的通用参数，但每个选项有自己的特定选项常数（ASC）估计值：

u(tn) = tn + actpt * act + invcpt * invc + invtpt * invt2 + egtpt * egt + trpt * trnf/

我们在下面的 Nlogit 输出表中说明这一点。对于这个例子，一个称为 actpt 的通用参数对应所有三个公共交通方式选项，而每个选项都有自己的 ASC 项：

```
|-> reject;SPRP=0$
|-> Nlogit
    ;lhs = choice, cset, altij
    ;choices = bs,tn,bw,cr?/ 0.2,0.3,0.1,0.4
    ;show
    ;descriptives;crosstabs
    ;model:
    u(bs) = bs + actpt*act + invcpt*invc + invtpt*invt2 + egtpt*egt +
trpt*trnf /
    u(tn) = tn + actpt*act + invcpt*invc + invtpt*invt2 + egtpt*egt +
trpt*trnf /
    u(bw) = bw + actpt*act + invcpt*invc + invtpt*invt2 + egtpt*egt +
trpt*trnf /
   u(cr) =                invccr*invc + invtcar*invt + TC*TC + PC*PC +
egtcar*egt $

Normal exit:  6 iterations. Status=0, F=   200.4024
-----------------------------------------------------------------------------
Discrete choice (multinomial logit) model
Dependent variable                 Choice
Log-likelihood function        -200.40241
Estimation based on N =        197, K = 13
Inf.Cr.AIC  =     426.8  AIC/N  =   2.167
R2=1-LogL/LogL* Log-L fncn R-sqrd R2Adj
Constants only must be computed directly
                Use NLOGIT ;...;RHS=ONE$
Chi-squared[10]            =     132.82111
Prob [ chi squared > value ] =    .00000
Response data are given as ind. choices
Number of obs.=  197, skipped     0 obs
--------+--------------------------------------------------------------------
        |                 Standard            Prob.      95% Confidence
  CHOICE| Coefficient       Error       z    |z|>Z*        Interval
--------+--------------------------------------------------------------------
      BS|  -1.88276**        .81887   -2.30  .0215   -3.48771    -.27781
   ACTPT|   -.06035***       .01845   -3.27  .0011   -.09651     -.02420
  INVCPT|   -.08584*         .05032   -1.71  .0880   -.18447      .01279
  INVTPT|   -.01108          .00829   -1.34  .1817   -.02733      .00518
   EGTPT|   -.04119**        .02048   -2.01  .0443   -.08134     -.00104
    TRPT|  -1.15456***       .39991   -2.89  .0039  -1.93837     -.37074
      TN|  -1.67956**        .83234   -2.02  .0436  -3.31091     -.04821
      BW|  -1.87943**        .81967   -2.29  .0219  -3.48595     -.27290
  INVCCR|   -.00443          .27937    -.02  .9873   -.55199      .54312
 INVTCAR|   -.04955***       .01264   -3.92  .0001   -.07433     -.02477
      TC|   -.11006          .09195   -1.20  .2313   -.29029      .07016
      PC|   -.01791          .01799   -1.00  .3195   -.05317      .01735
  EGTCAR|   -.05807*         .03310   -1.75  .0793   -.12294      .00680
--------+--------------------------------------------------------------------
```

**【题外话】**

对于参数的名称，用户可以随便取，只要名称的长度不超过 8 个字符即可（尽管 Nlogit 保留了一两个名称，例如 one 就被保留了）。尽管我们可以将燃油（fuel）属性参数命名为 actpt，然而我们原本可以使用 act（即 act * act）。尽管参数可以取任何名称，但变量名必须是数据集中变量的名称。因此，如果你错误地输入了命令：

```
;Model：U(ba) = actpt * atc /
```

由于数据集中不存在这样的变量，所以就会出现下列错误信息：

```
Error：1085 ：Unidentified name found in atc
```

我们有必要检查每个命令行中的拼写，以避免不必要的错误。回到式（11.1），效用函数可以写为式（11.2a）和式（11.2b），着重强调一个属性和特定选项常数（ASC）：

$$V_{bs} = -1.88 - 0.060\,4 \times actpt \tag{11.2a}$$

$$V_{tn} = -1.680 - 0.060\,4 \times actpt \tag{11.2b}$$

注意，对于这两个选项（bs 和 tn），actpt 属性的参数估计值相同，但特定选项常数不同（即 bs 选项的特定选项常数为 $-1.88$，tn 选项的特定选项常数为 $-1.680$）。

如果在第二个效用函数中，actpt 参数的名称与第一个效用函数中的不同（比如在第二个函数中，它的名称为 acttn），那么特定选项参数将被分别估计。例如：

```
;Model :
u(bs) = bs + actpt * act + …/
u(tn) = tn + acttn * act + …/
```

将产生下列参数估计：

```
      BS|   -1.48273*      .83393     -1.78  .0754    -3.11720     .15174
   ACTPT|    -.12439***    .03220     -3.86  .0001     -.18750    -.06128
      TN|   -2.25316***    .85647     -2.63  .0085    -3.93181    -.57452
   ACTTN|    -.02117       .02176      -.97  .3305     -.06382     .02147
```

因此，式（11.1）中的效用函数变为

$$V_{bs} = -1.88 - 0.124\,4 \times actpt \tag{11.3a}$$

$$V_{tn} = -2.253 - 0.021\,2 \times acttn \tag{11.3b}$$

各个选项使用时间属性的参数估计值可以不同。我们现在有了两个参数估计值，分别针对一个选项，称为特定选项参数。

**【题外话】**

如果参数的名称超过了 8 个字符（例如你把某个参数命名为 parameter，这个名称有 9 个字符），那么 Nlogit 仅使用前 8 个字符。另外一个不太常见的失误为，在设定特定选项参数时，两个或多个参数的名称都超过了 8 个字符，但前 8 个字符相同，也就是说，这些名称的区别在于第 8 个字符之后（例如，名称 parameter1 和parameter2）。由于 Nlogit 仅使用前 8 个字符，因此被估计的模型将产生一个名称为 parameter 的通用参数，而不是你想要的两个或多个特定选项参数（例如 parameter1 和 parameter2）。

在读者开始估计模型之前，我们还要提醒一件事情。从基本选择模型得到的 logit 模型关于属性是零次齐次的。新手认为，这意味着属性和社会经济特征（SEC）在各个选项之间是不变的，因此像年龄、车辆数等社会经济特征和属性将失去概率，从而导致模型不可估计。这也适用于常数项。这个问题的正确解决之道在于，当一共有 $J$ 个选项时（例如，在本章使用的选择集中，$J$ 为 4），你只能在最多 $J-1$ 个选项中纳入属性和社会经济特征。重要的是，记住 $J$ 是各个样本使用的总数，而不是任何个体在他的选择集中的选项数。

**【题外话】**

在上面的命令中，我们对小轿车（car）的 invc 属性的特定选项参数的设定是与所有公共交通选项进行比较的，所有公共交通选项都有通用参数。

## 11.3 解释 MNL 模型的结果

在本节，我们将重点考察如何解读上面报告的基本模型的输出结果，暂时不关注如何提高模型的整体表现。后面章节将进一步说明模型结果和我们对选择分析的理解。

我们将输出结果分为两部分：第一部分提供了用于估计模型的数据的信息以及模型的拟合信息；第二部分给出了各个选项的回归系数、标准误、$z$ 值以及置信区间等信息。在输出的信息中，标题告诉我们，这是使用最大似然估计法（MLE）估计的离散选择模型。

### □ 11.3.1 确定样本规模和加权标准

回到 Nlogit 输出结果，模型类型和因变量（右侧变量）的名称为

```
Discrete choice (multinomial logit) model
Dependent variable                Choice
```

选择变量为 choice，这与命令中的名称一致。我们尚未使用任何变量对数据加权（参见第 13 章）。观察数值指分析中的选择集个数，而不是应答者人数。由于在我们的例子中，我们使用的是显示性偏好（RP）数据，因此每个应答者只有一个观察值：

```
Number of obs. = 197, skipped   0 obs
```

### □ 11.3.2 模型收敛的迭代次数的解释

我们继续解释 Nlogit 输出结果，下一行输出信息告诉我们，为了找到模型报告的解（即拟合模型），程序使用的迭代次数：

```
Iterations completed     5
```

我们曾经说过，MLE 是一个迭代程序。如果迭代次数很大，这通常意味着某个地方出错了。一般来说，简单选择模型收敛前需要的迭代次数不会超过 25。如果超过了，我们就要警惕最终模型结果。然而，更复杂的模型在收敛前可能需要 100 次迭代。

**【题外话】**

研究人员在估计任何给定模型时，可以设定最大迭代次数。这通过命令“;maxit=n”实现（其中 $n$ 为最大迭代次数）。即：

```
NLOGIT
;lhs = choice, cset, altij
;choices = <names of alternatives>
;maxit = n
;Model :
U(<alternative 1 name>) = <utility function 1>/
U(<alternative 1 name>) = <utility function 2>/
...
U(<alternative i name>) = <utility function i> $
```

如果你设定了最大迭代次数，那么你应该意识到由此产生的模型可能是次优的，因为这个迭代次数可能

不足以让模型收敛。

### □ 11.3.3 确定整体模型的显著性

下一行输出信息描述了对数似然（LL）函数的估计值和选择模型的LL函数的估计值：

```
Log - likelihood function    - 3220.150
```

由于我们使用MLE而不是最小二乘法（OLS）作为估计程序，因此我们不能使用OLS回归的模型拟合的统计检验标准。我们不能用$F$统计量来确定整体模型是否在统计上显著。

为了确定整体模型的统计显著性，我们必须将收敛时选择模型的LL函数与一些其他模型（称为基础模型）的LL函数进行比较。为了说明为什么这么做，回忆一下：LL函数的值越接近于零，表示模型拟合得越好。对于这个例子，收敛时的LL函数值为－200.402，然而如果假设LL函数的值没有上界，我们如何判断这个值（即－200.402）距离零近不近？除非我们有一个基准点，否则我们无法回答这个问题。

一般来说，研究人员可以使用两种比较点（比较方法）。第一种方法是，将拟合模型的LL函数与不使用数据集中任何数据进行拟合的模型的LL函数进行比较。第二种方法是，将拟合模型的LL函数与仅使用数据集中的市场份额信息进行拟合的模型的LL函数进行比较。为了解释这两个基础比较模型的由来（在文献上，这些模型称为“基础模型”、“仅含常数的模型”或“零模型”），我们有必要考察和理解离散选择模型的两个重要性质。

第一个性质将历史选择模型的因变量与模型估计过程的输出信息联系在一起。离散选择模型的因变量是二元的（即0，1），然而模型估计过程的结果是选择概率，而不是选择本身。正如我们即将说明的，将某个选项在所有观察值上估计的选择概率相加，将重现这个选项的选择或市场份额。

第二个性质与常数项在模型中的作用有关。最简单的解释为，常数项表示未观测因素对选择决策的平均影响。如果某个常数对应于某个既定选项（即这是一个特定选项常数），那么这个常数表示未观测因素对这个选项的选择决策的影响。于是，一个有趣的问题产生了：如果常数项代表“未观测的”影响，那么我们应该如何估计它？

考虑离散选择模型的基本表达式。假设这是一个二元选择模型（即模型仅含有两个选项），其中唯一需要估计的参数是常数项。另外，假设这两个选项的效用（即$V_i$）等于1和0。为什么等于0？

回忆一下：logit模型关于属性是零次齐次的。因此，我们只能估计$J-1$个特定选项常数（ASC）的效用。在估计仅含有$J-1$个特效选项常数且不含任何其他属性的模型时，至少有一个效用函数被估计为平均效用为零（即第$J-1$个选项的效用函数）。因为指数为0时，值为1，因此这个选项的效用为1。假设两个选项的效用值分别为1和0，那么在其他条件不变的情形下，第一个选项被选中的概率可以计算为

$$p=\frac{e^1}{e^1+e^0}=\frac{2.72}{2.72+1}=0.73 \tag{11.4}$$

如果第一个选项的效用水平增加一单位，那么它被选中的概率增加为0.88，这个概率的计算如式（11.5）所示：

$$p=\frac{e^2}{e^2+e^0}=\frac{e^2}{e^2+1}=0.88 \tag{11.5}$$

因此，第一个选项的效用从1增加为2时，它被选中的概率增加了0.15。现在假设第一个选项的效用再增加一单位（即从2增加为3），那么它被选中的概率为

$$p=\frac{e^3}{e^3+e^0}=0.95 \tag{11.6}$$

这表示第一个选项被选中的概率增加了0.07。注意，在上面这个过程中，效用水平都增加了一单位，但选择概率的增加量不同。离散选择模型关于概率为非线性的（注意，如果我们画出效用增加量与选择概率增加量的关系，那么图形是我们熟悉的S形曲线，见图11.1）。

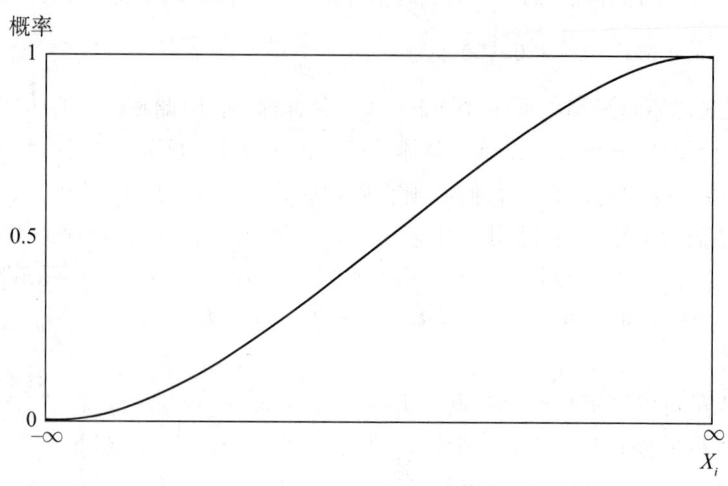


**图11.1　S形曲线**

尽管从选择模型得到的概率在图形上为非线性的，但根据式（11.4）估计的效用函数（即 $V_i$ ）本身是线性的。利用这个事实，以及利用用来说明虚拟编码变量的基础水平与给定选项的平均效用完全混杂在一起的逻辑（参见第3章），我们就可以说明：如果我们仅估计选项的效用函数的特定选项常数（即没有其他参数待估），那么特定选项常数将等于该选项的平均效用。

回到我们原来的二元选择例子，并且假设我们讨论的两个效用是从仅使用特定选项常数（ASC）的模型估计出来的，那么这两个效用代表两个选项的平均效用。假设原来的效用是每个选项的真正效用，选项1和选项2的平均效用分别为1和0（注意，这些效用都是相对效用，因此第二个选项的效用并非严格为零），它们被选中的概率分别为0.73和0.27（根据式（11.4）计算）。

但是我们如何处理第一个基础模型？这个模型的估计与数据集中的任何信息无关（因此它有时也被称为无信息模型）。在估计这个模型时，我们忽略真实的选择概率，而是假设各个选项的选择或市场份额相同。这等价于模型仅有一个针对 $J-1$ 个选项（假设选择集固定）的通用常数项。

不管你使用第一个还是第二个基础模型作为比较的基准，如果拟合模型未能在统计上改进LL函数的表现（即与基础模型的LL函数值相比，拟合模型的LL函数值更接近于零），那么额外属性都不能提高整体模型的拟合度。这意味着你的最优估计是既定市场份额（即要么是实际市场份额，要么假设每个选项的市场份额相等，这取决于基础模型使用了什么市场份额）。

第一个基础模型假设各个选项有相等的市场份额，这无法得到研究人员的认同。这是因为它的假设可能不符合现实，而且给定选择数据信息，研究人员能得到实际样本市场份额信息。既然这样，我们为什么不使用能得到的信息？因此，现在更常用的做法是使用实际样本市场份额作为基础模型来检验模型拟合度的改进。

使用市场份额数据的基础模型等价于仅估计特定选项常数（ASC）的模型。在Nlogit中，相应命令要为基础模型的每个选项的常数项提供唯一名称。命令有两种方法：一是使用“;rhs=one”命令，这是因为“;model:”命令不能在输出结果中产生LL函数信息；二是在模型中添加“;asc”命令（代表特定选项常数）。下面给出了例子。通过纳入“;choices=bs,tn,bw,cr”，参数的名称将出现在每个选项之后；否则，它们将按照选项的顺序命名，例如A _ Alt.1（参见第二个输出结果）：

```
reject;SPRP=0$
Nlogit
    ;lhs = choice, cset, altij
    ;choices = bs,tn,bw,cr
    ;rhs=one$
Normal exit:   4 iterations. Status=0, F=    250.9728
-----------------------------------------------------------------------------
Discrete choice (multinomial logit) model
Dependent variable               Choice
Log-likelihood function      -250.97275
Estimation based on N =    197, K =   3
Inf.Cr.AIC  =    507.9 AIC/N =    2.578
R2=1-LogL/LogL* Log-L  fncn R-sqrd R2Adj
Constants only must be computed directly
                Use NLOGIT ;...;RHS=ONE$
Response data are given as ind. choices
Number of obs.=   197, skipped    0 obs
-----------+----------------------------------------------------------------
           |                  Standard            Prob.      95% Confidence
  CHOICE|  Coefficient          Error       z    |z|>Z*          Interval
-----------+----------------------------------------------------------------
    A_BS|    -.80552***        .20473     -3.93  .0001    -1.20678    -.40425
    A_TN|    -.53207***        .19616     -2.71  .0067     -.91654    -.14760
    A_BW|    -.62947***        .20120     -3.13  .0018    -1.02381    -.23514
--------+-------------------------------------------------------------------
***, **, * ==>  Significance at 1%, 5%, 10% level.
Model was estimated on Aug 25, 2013 at 09:31:34 AM
----------------------------------------------------------------------------
|-> Nlogit
    ;lhs = choice, cset, altij
    ;rhs=one$
Normal exit:   4 iterations. Status=0, F=    250.9728
----------------------------------------------------------------------------
Discrete choice (multinomial logit) model
Dependent variable               Choice

Log-likelihood function      -250.97275
Estimation based on N =    197, K =   3
Inf.Cr.AIC  =    507.9 AIC/N =    2.578
R2=1-LogL/LogL* Log-L fncn R-sqrd R2Adj
Constants only must be computed directly
                Use NLOGIT ;...;RHS=ONE$
Response data are given as ind. choices
Number of obs.=   197, skipped    0 obs
-----------+----------------------------------------------------------------
           |                  Standard            Prob.      95% Confidence
  CHOICE|  Coefficient          Error       z    |z|>Z*          Interval
-----------+----------------------------------------------------------------
 A_Alt.1|    -.80552***        .20473     -3.93  .0001    -1.20678    -.40425
 A_Alt.2|    -.53207***        .19616     -2.71  .0067     -.91654    -.14760
 A_Alt.3|    -.62947***        .20120     -3.13  .0018    -1.02381    -.23514
--------+-------------------------------------------------------------------
```

为了确定模型是否在统计上显著，我们将估计模型的 LL 函数值（即－200.402 4）与基础模型的 LL 函数值（即－250.972 7）进行比较。如果与基础模型的 LL 函数值相比，估计模型的 LL 函数值在统计上改进了（即更接近于零），那么我们可以认为模型在统计上整体显著。换句话说，基础模型代表每个选项的平均效用，而且代表数据集中的市场份额。如果与基础模型相比，估计模型没有改进 LL 函数值，那么额外参数没有增加基础模型的预测能力。在这种情形下，最好把平均效用（从而使用数据集观察到的市场份额）作为每个决策者从每个选项上得到的效用估计值。

为了比较估计模型的LL函数值和基础模型的LL函数值，我们使用似然比检验（LRT，参见第7章）。这个检验的公式为

$$-2(LL_{\text{基础模型}}-LL_{\text{估计模型}})\sim\chi^2_{\text{估计模型中新参数个数}} \tag{11.7}$$

取Nlogit输出结果中基础模型的LL值（－250.972 75）与估计模型的LL函数值（－200.402 41）之差，然后乘以－2，可得－2LL的值101.140 68。为了确定估计模型是否比基础模型好，我们将－2LL的值与卡方值（$\chi^2$）进行比较，这里的卡方值是自由度等于两个模型的参数个数之差时（假设样本规模固定）的卡方值。对于这个例子，基础模型有5个待估参数（即5个特定选项常数（ASC）），而估计模型有13个待估参数（即3个ASC和10个属性参数）。这意味着估计模型的待估参数比市场份额基础模型的待估参数多了10个。因此，我们要把－2LL的值与伴随10个自由度的$\chi^2$值进行比较。在卡方表中，我们注意到，当$\alpha=0.05$时，$\chi^2_{10}=18.31$。

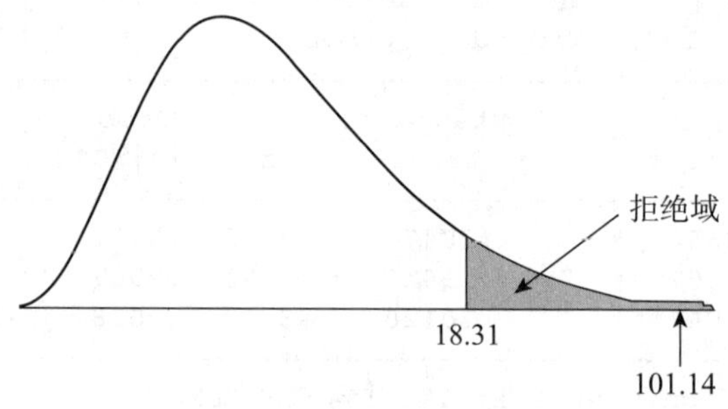


**图11.2　－2LL卡方检验**

如果－2LL的值大于临界卡方值，那么我们拒绝零假设，即拒绝估计模型没有基础模型好的假设。相反，如果－2LL的值小于临界卡方值，那么我们不能断言估计模型比基础模型好，因此，效用的最优估计值是从基础模型估计出的平均效用。我们在图11.2上画出了这个检验。显然，在这里，增加了属性参数之后，模型的表现比基础模型（仅含有市场份额）好。

在所有常数项都为特定选项常数（ASC）时，Nlogit将自动执行LL比值检验（然而，这个检验的实施假设基础模型中的每个选项有相等的市场份额）。这由下列输出信息表示：

```
Chi-squared [10]                 = 132.82111
Prob [chi squared > value ] =   .00000
```

根据上面的模型输出信息，我们可以看到似然比（LRT）的值为132.821，这大于基础模型的101.14。我们可以通过解构这个值来得到相等份额LL：将132.82除以2，得到66.41；然后，把66.41加上LL的值（－200.410），得到266.812 *，这大于市场份额LL（－250.972）。

为了解释上面的输出结果，我们将Prob [chi squared > value] 的值（这里为0.000 00）与该检验的可接受水平$\alpha$（通常为0.05）进行比较；其中，Prob [chi squared > value] 称为显著值或p值。如果p值小于$\alpha$，那么我们拒绝零假设，即拒绝估计模型没有基础模型好的假设。相反，如果p值大于$\alpha$，那么我们不能拒绝零假设，必须断言估计模型没有基础模型好。

### □ 11.3.4　两个模型之间的比较

假设两个模型使用相同的选择变量，我们可以使用11.3.3节中的似然比检验来比较这两个模型。为了说明这一点，考虑下列模型：这个模型有三个公共交通方式选项（bs，tn，bw），这三个选项都有成本属性，而且成本随选项的不同而不同（即成本属性是针对特定选项的）：

---

* 原文如此，疑有误。——译者注

```
Nlogit
    ;lhs = choice, cset, altij
    ;choices = bs,tn,bw,cr?/ 0.2,0.3,0.1,0.4
    ;model:
    u(bs) = bs + actpt*act + invcbs*invc + invtpt*invt2 + egtpt*egt +
trpt*trnf /
    u(tn) = tn + actpt*act + invctn*invc + invtpt*invt2 + egtpt*egt +
trpt*trnf /
    u(bw) = bw + actpt*act + invcbw*invc + invtpt*invt2 + egtpt*egt +
trpt*trnf /
    u(cr) =                invccr*invc + invtcar*invt + TC*TC + PC*PC +
egtcar*egt $
Normal exit:   6 iterations. Status=0, F=    196.0186
-----------------------------------------------------------------------
Discrete choice (multinomial logit) model
Dependent variable                 Choice
Log-likelihood function       -196.01863
Estimation based on N =    197, K =  15
Inf.Cr.AIC  =    422.0 AIC/N =    2.142
R2=1-LogL/LogL*  Log-L fncn R-sqrd R2Adj
Constants only must be computed directly
               Use NLOGIT ;...;RHS=ONE$
Chi-squared[12]          =    141.58867
Prob [ chi squared > value ] =   .00000
Response data are given as ind. choices
Number of obs.=   197, skipped    0 obs
-----------+---------------------------------------------------------------------
           |                 Standard            Prob.       95% Confidence
   CHOICE|  Coefficient         Error        z    |z|>Z*          Interval
-----------+---------------------------------------------------------------------
       BS|  -2.25230***        .84138    -2.68  .0074    -3.90138   -.60322
    ACTPT|   -.06562***        .01934    -3.39  .0007    -.10352   -.02772
   INVCBS|   -.02240           .05021     -.45  .6555    -.12082    .07601
   INVTPT|   -.01108           .00828    -1.34  .1809    -.02732    .00515
    EGTPT|   -.04404**         .02029    -2.17  .0299    -.08381   -.00428
     TRPT|  -1.19899***        .40765    -2.94  .0033   -1.99796   -.40002
       TN|   -.57070           .93951     -.61  .5436   -2.41210   1.27070
   INVCTN|   -.31378***        .09977    -3.14  .0017    -.50932   -.11823
       BW|  -1.50557           .97820    -1.54  .1238   -3.42281    .41167
   INVCBW|   -.13612           .10375    -1.31  .1895    -.33946    .06722
   INVCCR|    .00303           .28138      .01  .9914    -.54847    .55452
  INVTCAR|   -.05215***        .01263    -4.13  .0000    -.07690   -.02739
       TC|   -.09731           .09399    -1.04  .3006    -.28153    .08692
       PC|   -.01717           .01817     -.94  .3447    -.05278    .01844
   EGTCAR|   -.05440*          .03198    -1.70  .0889    -.11708    .00828
```

利用LL比值检验，我们按照前面介绍的方法计算−2LL的值，只不过在这里，我们用两个模型中最大的LL值作为基础模型的LL值。如果我们天真地用第一个估计模型的LL函数值作为被减数，而将第二个估计函数LL值作为减数，那么由于前者可能小于后者，卡方检验统计量（test statistic）为负（即出现了设定通用常数时遇到的同样问题）。因此，检验变为

$$-2(LL_{最大}-LL_{最小})\sim\chi^2_{两个模型待估参数个数之差} \tag{11.8}$$

原模型的LL值为−200.402 4，新模型的LL值为−196.018 6，因此，我们用第二个模型的LL值替换基础模型的LL值。将原模型和新模型的LL值代入式（11.8），可得：

$$-2\times(-196.018-(-200.40))\sim\chi^2_{(12-10)}$$

$$4.382\sim\chi^2_2$$

卡方临界值的自由度等于两个模型中待估参数个数之差。由于第一个模型有 10 个参数，而新模型有 12 个参数，因此这个检验的自由度为 2。查卡方表可知，在 95%的置信水平下，自由度为 2 时的卡方临界值为 5.99。

由于检验统计量为 4.382，小于卡方临界值 5.99，因此，我们不能拒绝新模型不比原模型好的假设，也就是说，新模型的 LL 值不比原模型的 LL 值更接近于 0。

### □ 11.3.5 确定模型的拟合度：伪 $R^2$

为了确定模型的拟合度，有必要将 LL 结果转换为一个类似衡量线性回归模型拟合度（即 $R^2$ ）的指标。选择模型的 $R^2$ 统计量与线性回归模型的 $R^2$ 统计量并不完全类似。这是因为，顾名思义，线性回归模型是线性的；而 MNL 模型为非线性的。因此，回归模型的 $R^2$ 值为 0.24 与选择模型的伪 $R^2$（pseudo-$R^2$ ）值为 0.24 并不是一回事。我们稍后说明这一点。

选择模型的伪 $R^2$ 值按下列方法计算。利用式（11.9）（参见第 7 章）：

$$R^2 = 1 - \frac{LL_{估计模型}}{LL_{基础模型}} \tag{11.9}$$

注意，一些文献利用式（11.10）计算伪 $R^2$，但式（11.10）与式（11.9）显然等价。不管使用哪个公式，计算出的伪 $R^2$ 值都是一样的：

$$R^2 = \frac{LL_{基础模型} - LL_{估计模型}}{LL_{基础模型}} \tag{11.10}$$

将估计模型和基础模型的 LL 值分别代入式（11.9），可得：

$$R^2 = 1 - \frac{-200.402}{-250.972} = 0.201\ 5$$

对于这个例子，伪 $R^2$ 值为 0.201 5。正如前面指出的，选择模型的伪 $R^2$ 值与线性回归模型的 $R^2$ 值并非完全相同。幸运的是，二者之间存在直接的实证关系（Domencich and McFadden，1975）。图 11.3 画出了这两个指标之间的关系。

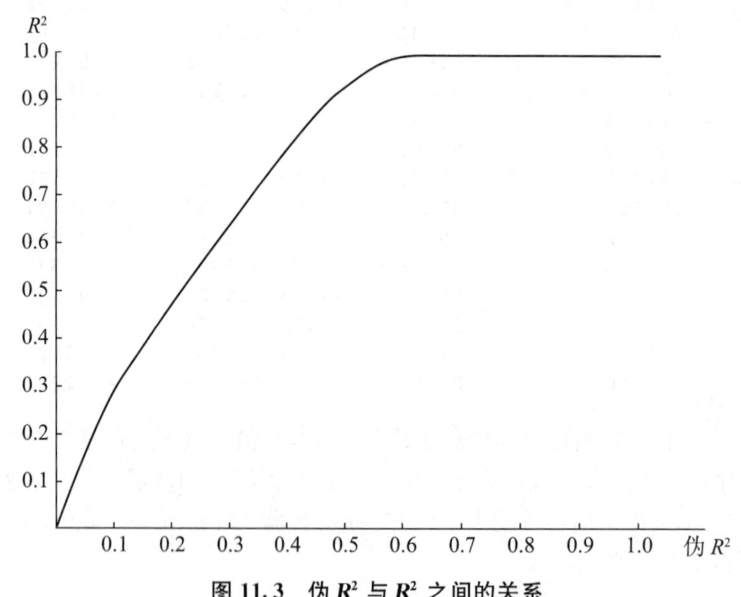


**图 11.3 伪 $R^2$ 与 $R^2$ 之间的关系**

图 11.3 说明伪 $R^2$ 值为 0.201 5 时，模型拟合仍不好。由于拟合模型仅含有一个属性参数，因此这个结果并不令人感到意外。

**【题外话】**

从我们的经验看，伪 $R^2$ 值为 0.3 时，表明模型拟合度已较好。从表 11.3 可以看出，伪 $R^2$ 值为 0.3 等价于线性回归模型中的 $R^2$ 值为 0.6 左右。事实上，伪 $R^2$ 值介于 0.3 和 0.4 之间等价于线性回归模型中的 $R^2$ 值介于0.6和0.8之间。

### □ 11.3.6 应答类型与坏数据

在输出报告的第一部分还有关于模型使用的应答数据类型以及观察值个数的信息：

```
Response data are given as ind. Choices
Number of obs. = 197, skipped 0 obs
```

Nlogit 允许使用的选择数据类型有很多。对于本书，我们仅使用个人水平数据；当然，你也可以使用比率数据、频率数据以及有序数据。然而，新手更有可能使用个人水平选择数据。希望考察其他类型数据的读者可以参考 Nlogit 手册。

模型使用的观察值数被第二次报告；然而，这一次它还报告了跳过多少个坏的观察值。对于简单的 MNL 模型，在我们进行不相关选项的独立性（IIA，参见第 7 章）检验时，这个关于坏的观察值的记录变得重要。

### □ 11.3.7 获得间接效用函数的估计值

简单 MNL 离散选择模型输出结果的第二部分是选择模型的参数估计值。那些熟悉其他统计软件输出结果的读者可能觉得这个结果与它们类似。然而，任何类似都有欺骗性。

| CHOICE | Coefficient | Standard Error | z | Prob. \|z\|>Z* | 95% Confidence Interval | |
|---|---|---|---|---|---|---|
| BS | -1.88276** | .81887 | -2.30 | .0215 | -3.48771 | -.27781 |
| ACTPT | -.06035*** | .01845 | -3.27 | .0011 | -.09651 | -.02420 |
| INVCPT | -.08584* | .05032 | -1.71 | .0880 | -.18447 | .01279 |
| INVTPT | -.01108 | .00829 | -1.34 | .1817 | -.02733 | .00518 |
| EGTPT | -.04119** | .02048 | -2.01 | .0443 | -.08134 | -.00104 |
| TRPT | -1.15456*** | .39991 | -2.89 | .0039 | -1.93837 | -.37074 |
| TN | -1.67956** | .83234 | -2.02 | .0436 | -3.31091 | -.04821 |
| BW | -1.87943** | .81967 | -2.29 | .0219 | -3.48595 | -.27290 |
| INVCCR | -.00443 | .27937 | -.02 | .9873 | -.55199 | .54312 |
| INVTCAR | -.04955*** | .01264 | -3.92 | .0001 | -.07433 | -.02477 |
| TC | -.11006 | .09195 | -1.20 | .2313 | -.29029 | .07016 |
| PC | -.01791 | .01799 | -1.00 | .3195 | -.05317 | .01735 |
| EGTCAR | -.05807* | .03310 | -1.75 | .0793 | -.12294 | .00680 |

输出结果的第一列给出了研究人员提供的变量名。第二列给出了第一列变量的参数估计值。暂时忽略每个参数显著与否，我们可以利用上面的信息，写出每个选项的效用函数。此时，我们要知道这些效用函数早先是如何设定的。对于上面的例子，符合原先设定的效用函数为

$$u(bs)=-1.8828-0.06035*act-0.08584*invc-0.01108*invt2-0.04119*egt-1.15456*trnf \quad (11.11a)$$

$$u(tn)=-1.6796-0.06035*act-0.08584*invc-0.01108*invt2-0.04119*egt-1.15456*trnf \quad (11.11b)$$

$$u(bw)=-1.8794-0.06035*act-0.08584*invc-0.01108*invt2-0.04119*egt-1.15456*trnf \quad (11.11c)$$

$$u(cr)=-0.00443*invc-0.4955*invt2-0.05807*egt \quad (11.11d)$$

为了说明这一点，考虑当个人面对公共汽车（bs）的车票为 1 元/每次行程时他得到的效用。如果我们忽略 *invc* 之外的所有其他属性，仅考虑它对公共汽车选项效用的影响，那么式（11.11a）变为

$$V_{bs}=-1.8828-0.08584*invc\times1=-1.968$$

从选择模型得到的效用仅当与其他选项进行比较时才有意义。因此，公共汽车（bs）的效用 $-1.968$ 需要与

其他选项的效用进行比较。假设火车（tn）选项的效用估计值为 $-1.765$，那么 *bs* 选项的相对效用就是这两个选项的效用之差，即

$$V_{bs}-V_{tn}=-1.968-(-1.765)=-0.203$$

显然，在其他条件相同的情形下，选项 *tn* 比选项 *bs* 更受人们偏爱。负号表示相对效用为负。

式（11.11a）到式（11.11d）中的每个效用函数都代表着 MNL 方程（参见第 4 章）的组成部分，我们将其复制于此：

$$\text{Prob}\,(i\,|\,j)=\frac{\exp V_i}{\sum_{j=1}^{J}\exp V_j};\ j=1,\cdots,i,\cdots,J,\ i\neq j \tag{11.12}$$

为了计算某个选项被选中的条件概率，我们将这个选项的效用函数作为式（11.12）的分子。因此，为了计算每个选项被选中的概率，方程数应该等于选项数。[①]

以具体例子说明。假设我们希望确定 *bs* 选项被选中的概率，那么可以将式（11.12）展开：

$$\text{Prob}(bs\,|\,j)=\frac{e^{V_{bs}}}{e^{V_{bs}}+e^{V_{tn}}+e^{V_{bw}}+e^{V_{cr}}} \tag{11.13}$$

并且将式（11.11a）到式（11.11d）代入，可得：

$$\begin{aligned}\text{Prob}(bs\,|\,j)=\;&\frac{e^{(-1.8828-0.06035*act-0.08584*invc-0.01108*invt2-0.04119*egt-1.15456*trnf)}}{(e^{(-1.8828-0.06035*act-0.08584*invc-0.01108*invt2-0.04119*egt-1.15456*trnf)}}\\&+e^{(-1.6796-0.06035*act-0.08584*invc-0.01108*invt2-0.04119*egt-1.15456*trnf)}\\&+e^{(-1.8794-0.06035*act-0.08584*invc-0.01108*inct2-0.04119*egt-1.15456*trnf)}\\&+e^{(-0.00443*invc-0.4955*invt2-0.05807*egt)})\end{aligned} \tag{11.14}$$

正如前面指出的，尽管离散选择模型的效用函数是线性的，但概率估计不是线性的。在讨论效用（尽管是相对效用形式）时，我们能对参数估计值提供直接的行为解释，但在讨论概率时，我们不能做到这一点。这是因为式（11.14）使用了指数。在第 12 章，我们讨论了边际效用和弹性概念，它们能对概率的讨论提供直接和有意义的行为解释。输出结果的下一列给出了参数估计值的标准误。

参数估计值通常偏离真实值，即存在误差。这个误差的大小由标准误衡量。研究人员经常关注的一个问题是，某个变量是否有助于解释选择响应。我们希望模拟能解释因变量（即选择）在抽样个体的总体上的变异。为什么一些人选择了选项 A 而不是选项 B，为什么另外一些人选择了选项 C 而不是选项 A 和选项 B？通过向模型中添加解释变量（自变量），我们试图解释选择行为的变异。如果这个解释变量未能增加我们对选择行为的理解，那么在统计上，这个变量的权重将等于零，即

$$\beta_i=0 \tag{11.15}$$

在线性回归分析中，这个检验通常为 *t* 检验或 *F* 检验。对于基于 MNL 模型的选择分析，这两种检验都不可行。幸运的是，我们有渐近等价检验，这就是 Wald 检验。这个统计量的计算和解释方法都与线性回归模型情形下的 *t* 检验相同。每个参数的 Wald 统计量（也可以参见第 7 章）由上面的输出信息的第四列给出：

$$Wald=\frac{\beta_i}{\text{标准误}_i} \tag{11.16}$$

为了确定解释变量 *i* 在统计上显著（即 $\beta_i\neq 0$）还是不显著（即 $\beta_i=0$），我们将输出结果中的 Wald 统计量与临界 Wald 值进行比较。在极限上，这个临界 Wald 值等价于 *t* 统计量，因此用于比较的是在相应的置信水平上的 *t* 统计量的值。假设置信水平为 95%（即 $\alpha=0.05$），那么临界 Wald 值为 1.96（可以约等于 2）。如果输出结果中的 Wald 检验统计量的绝对值大于临界值，那么我们拒绝参数等于零的假设，并且断言这个解释

① 这并非严格为真，由于概率之和必须等于 1，因此，一旦我们计算出了所有其他选项被选中的概率，最后一个选项被选中的概率自然可知。

变量在统计上是显著的。相反，如果输出结果中的Wald检验统计量的绝对值小于临界值，我们就不能拒绝参数等于零的假设，从而必须断言解释变量在统计上不显著。

在输出结果中，最后一列给出了前一列的Wald检验的概率值（称为$p$值）。

与对数比卡方检验类似，我们将$p$值与事前设定的置信水平（$\alpha$值）进行比较。假设置信水平为95%，$\alpha=0.05$。如果$p$值小于0.05，说明参数在统计上不等于零（即解释变量在统计上是显著的）；相反，如果$p$值大于0.05，说明参数在统计上等于零（因此，解释变量在统计上不显著）。在相同的置信水平上，我们能从Wald检验和$p$值得到相同的结论。

**【题外话】**

Nlogit的输出结果最好用8号courier字体保存在Word文件中。如果用其他默认字体和字号（例如12号Times Roman字体），那么拷贝和粘贴的输出结果可能是一堆乱码。

## 11.4 选择模型中相互作用的处理

在我们的例子中，我们一直假设不存在显著的相互作用。然而，属性和社会经济特征（SEC）未必是独立的（从而未必可加）。例如，车载成本（invehicle cost）可能随着具体个体收入的变化而变化。我们可以检验*invc*与*personal*；*income*（*pinc*）的相互作用。下列命令语法可用来产生这样的交互变量：

```
Create; cst _ pinc = invc * pinc $
```

下面给出了*cr*选项含有交互项的Nlogit模型。我们还使用命令“;asc”，因此我们可以得到所有LL结果：

```
Nlogit
    ;lhs = choice, cset, altij
    ;choices = bs,tn,bw,cr?/ 0.2,0.3,0.1,0.4
    ;asc
    ;model:
    u(bs) = bs + actpt*act + invcpt*invc + invtpt*invt2 + egtpt*egt +
trpt*trnf +cpinc*cst_pinc/
    u(tn) = tn + actpt*act + invcpt*invc + invtpt*invt2 + egtpt*egt +
trpt*trnf /
    u(bw) = bw + actpt*act + invcpt*invc + invtpt*invt2 + egtpt*egt +
trpt*trnf /
    u(cr) =                  invccr*invc + cpinc*cst_pinc+invtcar*invt +
TC*TC + PC*PC + egtcar*egt $
Normal exit:    4 iterations. Status=0, F=     250.9728
-----------------------------------------------------------------------
Discrete choice (multinomial logit) model
Dependent variable                  Choice
Log-likelihood function         -250.97275
Estimation based on N =     197, K =    3
Inf.Cr.AIC   =      507.9 AIC/N =    2.578
R2=1-LogL/LogL*  Log-L fncn R-sqrd R2Adj
Constants only    -266.8130  .0594 .0542
Response data are given as ind. choices
Number of obs.=     197, skipped    0 obs
-----------+--------------------------------------------------------------------
           |                Standard            Prob.       95% Confidence
    CHOICE|  Coefficient       Error       z    |z|>Z*         Interval
-----------+--------------------------------------------------------------------
      A_BS|   -.80552***      .20473    -3.93  .0001    -1.20678   -.40425
      A_TN|   -.53207***      .19616    -2.71  .0067     -.91654   -.14760
      A_BW|   -.62947***      .20120    -3.13  .0018    -1.02381   -.23514
-----------+--------------------------------------------------------------------
***, **, * ==>  Significance at 1%, 5%, 10% level.
Model was estimated on Aug 26, 2013 at 08:57:38 AM
```

```
--------------------------------------------------------------------------------
Normal exit:   6 iterations. Status=0, F=    198.2643
--------------------------------------------------------------------------------
Discrete choice (multinomial logit) model
Dependent variable               Choice
Log-likelihood function      -198.26430
Estimation based on N =     197, K =  14
Inf.Cr.AIC  =    424.5 AIC/N =    2.155
R2=1-LogL/LogL*  Log-L fncn R-sqrd R2Adj
Constants only  -250.9728  .2100 .1894
Chi-squared[11]          =   105.41691
Prob [ chi squared > value ] =   .00000
Response data are given as ind. choices
Number of obs.=   197, skipped    0 obs
```

| CHOICE | Coefficient | Standard Error | z | Prob. \|z\|>Z* | 95% Confidence Interval | |
|---|---|---|---|---|---|---|
| BS | -2.05677** | .82596 | -2.49 | .0128 | -3.67561 | -.43792 |
| ACTPT | -.06192*** | .01863 | -3.32 | .0009 | -.09844 | -.02540 |
| INVCPT | -.13789** | .05430 | -2.54 | .0111 | -.24430 | -.03147 |
| INVTPT | -.01216 | .00834 | -1.46 | .1448 | -.02851 | .00419 |
| EGTPT | -.04135** | .02074 | -1.99 | .0462 | -.08200 | -.00071 |
| TRPT | -1.12894*** | .40268 | -2.80 | .0051 | -1.91818 | -.33970 |
| *CPINC* | *.00121*** | *.00058* | *2.09* | *.0363* | *.00008* | *.00235* |
| TN | -1.42844* | .84540 | -1.69 | .0911 | -3.08540 | .22852 |
| BW | -1.53740* | .83780 | -1.84 | .0665 | -3.17947 | .10466 |
| INVCCR | -.09990 | .28535 | -.35 | .7263 | -.65918 | .45938 |
| INVTCAR | -.04997*** | .01258 | -3.97 | .0001 | -.07463 | -.02530 |
| TC | -.10533 | .09264 | -1.14 | .2555 | -.28690 | .07624 |
| PC | -.01824 | .01813 | -1.01 | .3145 | -.05377 | .01730 |
| EGTCAR | -.05702* | .03284 | -1.74 | .0825 | -.12139 | .00734 |

*cr* 成本的边际效用 =－0.099 90＋0.001 21 ∗ *cst* _ *pinc*。纳入成本与收入的交互之后，*invc* 的参数估计值变得不显著（*t* 值为 －0.35 ）。个体收入的影响在于调整 *cr* 选项中 *invc* 的作用。如果 *invc* 参数是显著的，那么随着个体收入的增加，*cr* 选项的 *invc* 的边际效用将降低。由于 *invc* 不显著，因此我们可能质疑这个函数形式对行为意义（以与统计意义相区别）的改进。

## 11.5 支付意愿的衡量

我们使用离散选择模型的一个常见目标是获得用来确定为了从一定行为或任务上获得好处，个人愿意放弃的钱数。这样的衡量指标通常称为支付意愿（WTP）。在简单的线性模型中①，支付意愿是两个参数估计值的比值（维持其他条件不变）。如果其中至少一个属性是用货币单位衡量的，那么两个参数之比提供了以货币衡量的支付意愿。

在交通领域中，支付意愿的一个重要衡量指标就是节省的耗时的价值（VTTS），它的定义是，在其他条件不变的情形下，为了节省一单位交通时间，个人愿意支付的钱数。特别地，这个指标被用于确定道路和公共交通的定价。支付意愿对于环境经济领域的研究也很重要，因为它被用来评估非货币属性（例如空气和水的质量）的价值。

**【题外话】**

如果节省的耗时的价值（VTTS）伴随两个或多个属性，而且在支付意愿的计算中所有属性都被设定为通用的，那么 VTTS 对于所有选项是通用的。

① 离散选择模型关于效用函数是线性的，我们可以利用这个事实。

计算 WTP 时需要注意，用于计算的两个属性必须在统计上都是显著的，否则计算结果就没有意义。对于上面的例子，VTTS 使用成本和时间参数计算，这两个属性都是显著的。如果其中一个属性是用货币衡量的（上面的例子就是如此），那么这个属性应该作为两个参数比值的分母。因此，在上面的例子中，VTTS 的计算方法如下：

$$VTTS = \left(\frac{\beta_{invt2}}{\beta_{invc}}\right) \times 60 = \left(\frac{-0.011\,08}{-0.085\,84}\right) \times 60 = 7.745 \text{ 澳元 / 小时}$$

注意，在上式中，我们乘以 60 是为了用每小时而不是用每分钟衡量支付意愿。

**【题外话】**

支付意愿（WTP）是用两个参数的比值衡量的，因此对两个参数属性水平的取值比较敏感。一些研究人员近来注意到，从 SP 和 RP 数据源得到的 WTP 存在差异，因此，他们认为这些差异是由下列假设引起的：在 SP 数据中，应答者在做出选择时不受现实生活的约束。因此，很多研究人员偏爱从 RP 数据中获得 WTP，因为它们受现实生活的约束。大家普遍认为，这些差异中有一部分是由各个研究使用的属性水平不同引起的。即使从相似类型（例如 SP 和 SP，或 RP 和 RP）的不同数据集获得的 WTP，属性水平取值的差异也可能能够解释 WTP 的部分差异。因此，在研究人员希望比较不同研究的 WTP 时，最好报告用于计算 WTP 的属性水平的取值范围。

更复杂的 WTP 可从非线性模型获得，在这些非线性模型中，属性估值本身是属性水平和其他交互因素的函数。我们在研究 MNL 模型（第 12 章）和混合 logit 模型（第 15 章）时，再讨论这个问题。

## 11.6 从样本获得效用和选择概率

在估计选择模型时，有两个基本估计结果：选项的效用以及概率，其中概率通过式（11.13）计算。

下面给出了前四个应答者的输出结果。这个数据是从 Nlogit 数据变量列表剪贴到 Excel 中的。这可以通过下列方法看到：点击项目文件 NW _ SPRP. lpj，然后点击变量列表，其中概率和效用储存在下列命令语法选择的名称中：

```
Nlogit
;lhs = choice, cset, altij
;choices = bs,tn,bw,cr
;utility=util
;prob=prob
;model:
u(bs) = bs + actpt*act + invcpt*invc + invtpt*invt2 + egtpt*egt
+ trpt*trnf /
u(tn) = tn + actpt*act + invcpt*invc + invtpt*invt2 + egtpt*egt
+ trpt*trnf /
u(bw) = bw + actpt*act + invcpt*invc + invtpt*invt2 + egtpt*egt
+ trpt*trnf /
u(cr) =                  invccr*invc + invtcar*invt + TC*TC +
PC*PC + egtcar*egt $
```

| Id | Set | Altij | cset | choice | prob | util |
|---|---|---|---|---|---|---|
| 1 | 0 | 1 | 3 | 1 | 0.075 | −5.500 |
| 1 | 0 | 2 | 3 | 0 | 0.819 | −3.117 |
| 1 | 0 | 3 | 3 | 0 | 0.106 | −5.163 |
| 2 | 0 | 1 | 4 | 1 | 0.157 | −4.461 |
| 2 | 0 | 2 | 4 | 0 | 0.155 | −4.472 |
| 2 | 0 | 3 | 4 | 0 | 0.015 | −6.785 |

| | | | | | | |
|---|---|---|---|---|---|---|
| 2 | 0 | 4 | 4 | 0 | 0.673 | -3.004 |
| 3 | 0 | 1 | 4 | 0 | 0.018 | -7.562 |
| 3 | 0 | 2 | 4 | 0 | 0.242 | -4.968 |
| 3 | 0 | 3 | 4 | 1 | 0.287 | -4.796 |
| 3 | 0 | 4 | 4 | 0 | 0.453 | -4.342 |
| 4 | 0 | 1 | 4 | 0 | 0.054 | -5.492 |
| 4 | 0 | 2 | 4 | 0 | 0.337 | -3.651 |
| 4 | 0 | 3 | 4 | 1 | 0.426 | -3.417 |
| 4 | 0 | 4 | 4 | 0 | 0.183 | -4.262 |

在上面的电子表格中，我们可以看到应答者 1 在他的选择集中有 3 个选项，其他三个应答者在各自的选择集中分别有 4 个选项。无论个体在选择集中有 3 个选项还是 4 个选项，选择概率之和都等于 1。考察应答者 1，我们可以看到火车（tn）选项（*altij*=2）的（相对）边际效用是最高的（−3.117），因此，选择概率最高。我们也可以对整个样本创建一个电子表格，并且以合适的方式展现结果。或者（通常如此），效用和选择概率并不详细报告，此时研究者关注市场份额和其他行为信息（例如弹性、边际效用以及基于属性水平变化前后的预测等）。

基于同样的数据，我们将在第 12 章介绍如何使用 Nlogit 实施这些工作。现在我们转到第 12 章，介绍 Nlogit 输出结果的其他信息。

## 附录 11A　本章使用的加标签的选择数据集

2003 年，悉尼大学交通研究所受新南威尔士州政府的委托，从事一项交通研究。政府的目的是评估悉尼都市圈西北部公共交通方式的投资方式。[①]

这个研究的主要目的在于构建居民出行（分为通勤出行和非通勤出行，前者主要指上下班往返）时，对私人和公共交通方式的偏好。一旦获得了这些偏好信息，我们就可以将它们用于对当地目前不存在的交通方式（例如重轨、轻轨或公车专用道）需求的预测。

为了获得居民偏好信息，我们构建了一个 SC 实验，并且通过计算机辅助个人访谈（CAPI）技术进行实施。抽样居民回顾近期出行时使用的交通方式（包括公共和私人交通工具），以及相应的服务水平和成本信息，并且回答如果将来面对相同的出行情景，他们将选择什么交通方式。每个抽样居民完成 10 个选择任务，这些任务的选项伴随不同的属性水平；他们在每个选择任务中选择偏好的主要交通方式和抵达方式。这个实验的复杂性在于，居民面对的是虚拟即想象中的出行时的选项选择，这些虚拟出行不仅取决于应答者以往的出行经验，还取决于目的地。如果出行是跨地区的，那么现有的公车专用道（M2）和重轨方式不能被视为可用选项，因为我们研究的区域中不存在这些交通方式。相反，如果出行是地区内的（例如，通往悉尼商业中心），那么应答者可以从原来的地区出发，前往最近的公交站或重轨站，并且使用这些交通方式继续自己的行程。另外，不是每个应答者都有私人交通工具，原因在于没买或者即使买了但在出行时无法使用。由于这个研究的目标在于估计交通需求，因此在设计 SC 实验时，我们应该考虑私人交通工具的不可得性。如果没有考虑到这一点，那么将会导致预测结果出现偏差，即主要交通方式的选择和抵达主要交通工具的方式的选择都会出现预测偏差。

这个交通方式 SC 实验设计要求总共 47 个属性（其中 46 个属性有 4 个水平，1 个属性即分区属性有 6 个水平）；而且有 60 道，即 10 个选择集，每个选择集都有 6 个分区。这个设计使用了下列方法构建，即同时使得设计的 *D* 误差最小化和相关系数最小化（*D* 误差的讨论可以参见 Huber 和 Zwerina（1996））。在最终设

① 这个地区距离悉尼商业中心 25 公里左右。从居住人口和交通角度看，它是悉尼发展最快的地区。这也是最富裕的地区，小轿车保有量很高，但公共交通服务较差，除了通往悉尼商业区的 M2 公车专用道系统之外，没有其他公交方式。

计中，相关系数不能大于±0.06。这个设计能够估计所有主要交通方式和抵达方式的特定选项主效应。在每个分区，选择集的顺序被随机化，以便控制顺序效应偏差。实验包含不同任务情景，用来描述应答者可用的选项，这里的“可用的”指与应答者在CAPI访谈时报告的出行环境类似的选项。任务情景包括（1）有车或没有车；（2）区域内出行或区域间出行；（3）新轻轨或新重轨，新轻轨或新公车专用道，新重轨或新公车专用道。这些任务情景让应答者感觉更符合现实。为了维持效率性和将数据集之间的相关系数最小化，对于每个任务情景，我们都要构建尽可能多的完整设计。利用CAPI技术，如果对于区域间的出行，第一个应答者有小轿车，而且有轻轨选项和重轨选项供他选择，那么他被指定到这个任务情景的第1个分区。如果第二个应答者面对相同的任务情景，那么他被指定到第2个分区，否则，他将被指定到合适的任务情景的第1个分区。一旦我们完成了某个任务情景的所有分区，我们从第1个分区开始重复这个过程。

每种交通方式的属性参见表11A.1。

**表 11A.1　　陈述性选择设计中的出行属性**

| 现有公共交通方式 | 新公共交通方式 | 现有小轿车方式 |
|---|---|---|
| 车票（单程）<br>车载交通耗时<br>等待时间<br>抵达方式（等待时间、小轿车耗时、公共汽车耗时、公共汽车车票）<br>疏散耗时 | 车票（单程）<br>车载交通耗时<br>步行耗时<br>转车等待时间<br>抵达方式（步行耗时、小轿车耗时、公共汽车耗时）<br>抵达方式费用（单程）<br>公共汽车车票<br>疏散耗时 | 燃油费用<br>车载交通耗时<br>过路费（单程）<br>每天停车费用<br>疏散耗时 |

对于当前已有的交通方式，属性水平根据应答者以往出行经验而调整（见图11A.1）。应答者在回答以往行程信息时，不仅要回答以往使用的交通方式，还要回答他们原本可以使用但未使用的交通方式。在让应答者提供他们未选中选项的信息时，他们提供的属性水平可能存在较大偏差，然而他们做出的选择是根据他们对可使用选项的属性水平的认知，而不是这些选项的实际属性水平。因此，让应答者回答他们对未被选中选项的属性水平的认知，比根据他们选中选项的属性水平构建虚拟水平的做法要好。为了确定新公共交通方式的可能站点，我们设计了一系列问题（见图11A.2和11A.3）。图11A.4描述了选择情景是什么样的。

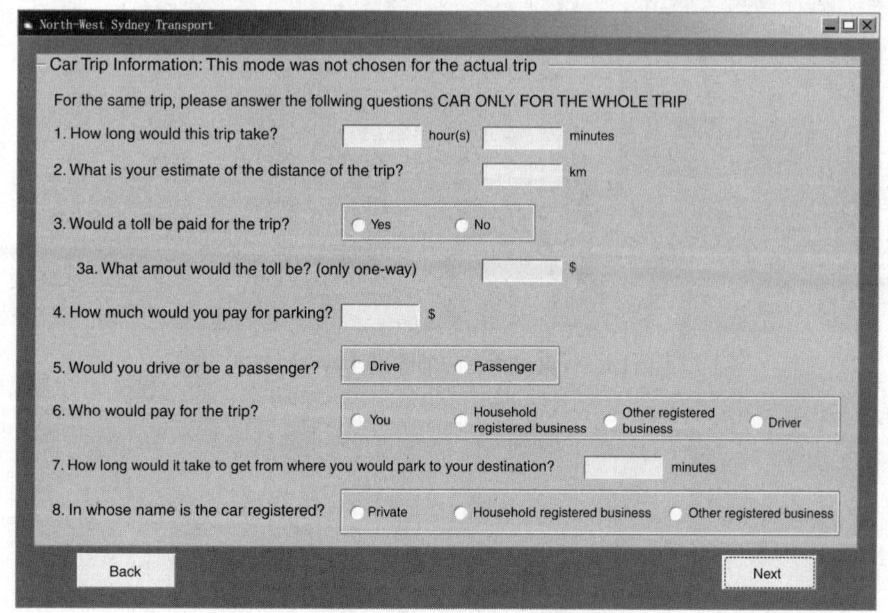


**图 11A.1　构建当前小轿车出行组合的例子**

North-West Sydney Transport

Proposed New Transport Link

Interviewer show map to respondent again

1. Looking at the map and thinking about the same trip, if there was a new train line, light rail line or busway built along the route shown, what station would you most likely have used had you used this new mode of transport for that trip?

○ Mungerie Park ○ Burns Road ○ N-W business Park ○ Hills Centre ○ Castle Hill ○ Franklin Road

2. From where you live, how long do you estimate it would take you to get to Burns Road station if you:

| | | | |
|---|---|---|---|
| Walked | ☐ | minutes | ☐ (Could not/would not walk) |
| Caught a bus | ☐ | minutes | ☐ (Could not/would not catch a bus) |
| Drove or were dropped of | ☐ | minutes | ☐ (Could not/would not drive or being dropped off) |

What do you estimate the bus fare to be to go to the station/busway station? ☐ $

Back　　Next

图 11A.2　构建新公共交通方式站点和抵达方式组合的例子

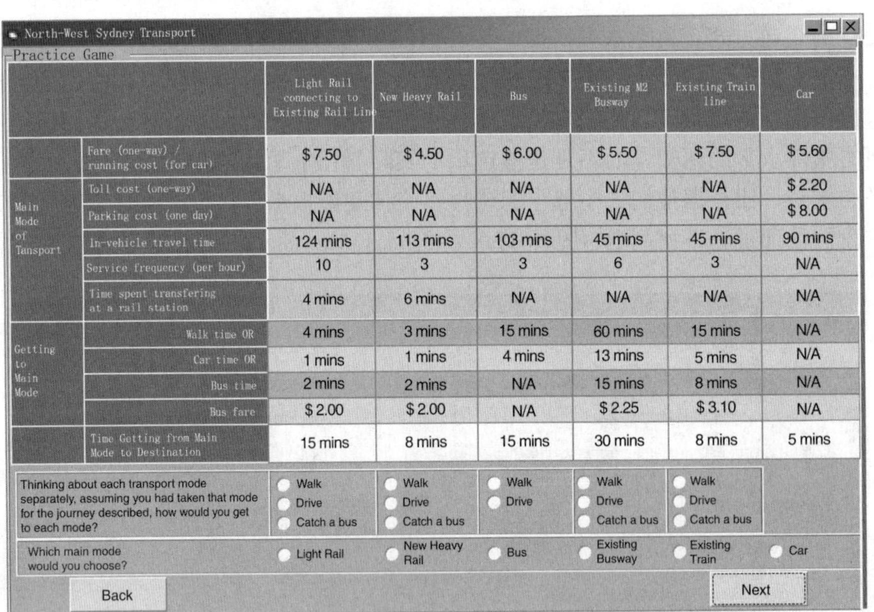

North-West Sydney Transport

Practice Game

| | | Light Rail connecting to Existing Rail Line | New Heavy Rail | Bus | Existing M2 Busway | Existing Train line | Car |
|---|---|---|---|---|---|---|---|
| Main Mode of Tansport | Fare (one-way) / running cost (for car) | $ 7.50 | $ 4.50 | $ 6.00 | $ 5.50 | $ 7.50 | $ 5.60 |
| | Toll cost (one-way) | N/A | N/A | N/A | N/A | N/A | $ 2.20 |
| | Parking cost (one day) | N/A | N/A | N/A | N/A | N/A | $ 8.00 |
| | In-vehicle travel time | 124 mins | 113 mins | 103 mins | 45 mins | 45 mins | 90 mins |
| | Service frequency (per hour) | 10 | 3 | 3 | 6 | 3 | N/A |
| | Time spent transfering at a rail station | 4 mins | 6 mins | N/A | N/A | N/A | N/A |
| Getting to Main Mode | Walk time OR | 4 mins | 3 mins | 15 mins | 60 mins | 15 mins | N/A |
| | Car time OR | 1 mins | 1 mins | 4 mins | 13 mins | 5 mins | N/A |
| | Bus time | 2 mins | 2 mins | N/A | 15 mins | 8 mins | N/A |
| | Bus fare | $ 2.00 | $ 2.00 | N/A | $ 2.25 | $ 3.10 | N/A |
| | Time Getting from Main Mode to Destination | 15 mins | 8 mins | 15 mins | 30 mins | 8 mins | 5 mins |
| Thinking about each transport mode separately, assuming you had taken that mode for the journey described, how would you get to each mode? | | ○ Walk ○ Drive ○ Catch a bus | ○ Walk ○ Drive ○ Catch a bus | ○ Walk ○ Drive | ○ Walk ○ Drive ○ Catch a bus | ○ Walk ○ Drive ○ Catch a bus | |
| Which main mode would you choose? | | ○ Light Rail | ○ New Heavy Rail | ○ Bus | ○ Existing Busway | ○ Existing Train | ○ Car |

Back　　Next

图 11A.3　区域内出行的陈述性偏好的例子

North-West Sydney Transport

Practice Game

| | | Light Rail connecting to Existing Rail Line | New Heavy Rail | Bus | Car |
|---|---|---|---|---|---|
| Main Mode of Tansport | Fare (one-way) / running cost (for car) | $ 2.20 | $ 3.30 | $ 3.75 | $ 1.35 |
| | Toll cost (one-way) | N/A | N/A | N/A | $ 4.00 |
| | Parking cost (one day) | N/A | N/A | N/A | $ 5.00 |
| | In-vehicle travel time | 10 mins | 14 mins | 23 mins | 30 mins |
| | Service frequency (per hour) | 13 | 4 | 2 | N/A |
| | Time spent transferring at a rail station | 8 mins | 0 mins | N/A | N/A |
| Getting to Main Mode | Walk time OR | 8 mins | 10 mins | 1 mins | N/A |
| | Car time OR | 1 mins | 1 mins | 0 mins | N/A |
| | Bus time | 5 mins | 2 mins | N/A | N/A |
| | Bus fare | $ 2.00 | $ 3.00 | N/A | N/A |
| | Time Getting from Main Mode to Destination | 8 mins | 6 mins | 2 mins | 2 mins |

| Thinking about each transport mode separately, assuming you had taken that mode for the journey described, how would you get to each mode? | Walk<br>Drive<br>Catch a bus | Walk<br>Drive<br>Catch a bus | Walk<br>Drive | |
|---|---|---|---|---|
| Which main mode would you choose? | Light Rail | New Heavy Rail | Bus | Car |

Back Next

图 11A.4　区域间出行的陈述性偏好的例子

12

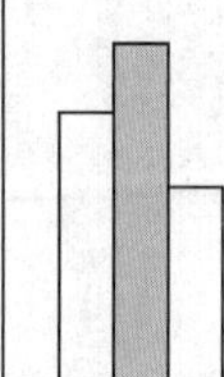

# 未加标签的离散选择数据的处理

## 12.1 引言

在考察基本 MNL 模型更丰富的输出信息之前，我们暂时偏离主题，转而介绍一个重要内容，即未加标签的离散选择数据的处理问题。离散选择数据有很多形式。除了显示性偏好（RP）数据和陈述性偏好（SP）数据（参见第 6 章）之外，离散选择数据还可以进一步分为加标签的和未加标签的。在加标签的选择数据中，除了选项出现的顺序之外，选项的名称对于应答者来说也具有重要意义，例如选项可以加上 Dr House、Dr Cameron、Dr Foreman、Dr Chase 等标签。在未加标签的选择数据中，选项的名称仅表示它们在每个调查任务中出现的相对顺序，例如药物 A、药物 B 和药物 C。使用加标签还是未加标签的选择数据是一项重要决策，原因不仅在于它可能影响模型的输出信息（例如，在未加标签的实验中，弹性没有什么意义），还在于从整体实验角度看，它可能直接影响待估参数的类型和个数。正如我们即将说明的，一般来说，未加标签的实验通常仅涉及通用参数的估计，而加标签的实验可能涉及特定选项参数和（或）通用参数的估计；因此，与未加标签的实验相比，加标签的实验可能涉及更多的待估参数。

## 12.2 未加标签数据简介

在本章，我们考察未加标签的离散选择数据模拟的问题，这个问题比较复杂。我们使用一个涉及交通路线选择的未加标签的选择实验案例进行说明。这个案例是 2011 年 11 月实施的出行路线选择调查研究的一部分，我们让应答者面对涉及两个未加标签的路线之间的选择实验，并且收集了 109 个应答者的数据。与以前的收费道路路线选择研究不同，2011 年的实验提供给应答者的路线选项描述了拥挤和非拥挤交通条件下的耗时，这些耗时又被分为免费道路上的耗时和收费道路上的耗时（即免费道路上道路通畅情形下的交通耗时和车速缓慢情形下的交通耗时，以及收费道路上道路通畅情形下的交通耗时和车速缓慢情形下的交通耗时）。应答者要对这四个时间组成部分和整个行程的交通灯数量、小轿车运行成本（燃油费等）以及过路费进行权衡。表 12.1 列出了这个选择实验涉及的属性水平，图 12.1 描述了选择。

表 12.1　　实验设计情形 1 使用的属性和先验分布

| 属性 | 水平 | 先验分布 |
|---|---|---|
| 道路通畅情形下的交通耗时（免费道路） | 8，12，16，20 | $N$（−0.04，0.015） |
| 车速缓慢情形下的交通耗时（免费道路） | 6，9，12，15 | $N$（−0.05，0.015） |
| 道路通畅情形下的交通耗时（收费道路） | 3.6，5.2，7 | $N$（−0.06，0.02） |
| 车速缓慢情形下的交通耗时（收费道路） | 3.6，5.2，7 | $N$（−0.08，0.02） |
| 交通灯数量 | 5，7，9 | $N$（−0.08，0.02） |
| 燃油费 | 3.3，3.4，3.8，4.2 | $N$（−0.6，0.2） |
| 过路费 | 1.5，1.7，1.9，2.1 | $N$（−0.4，0.15） |

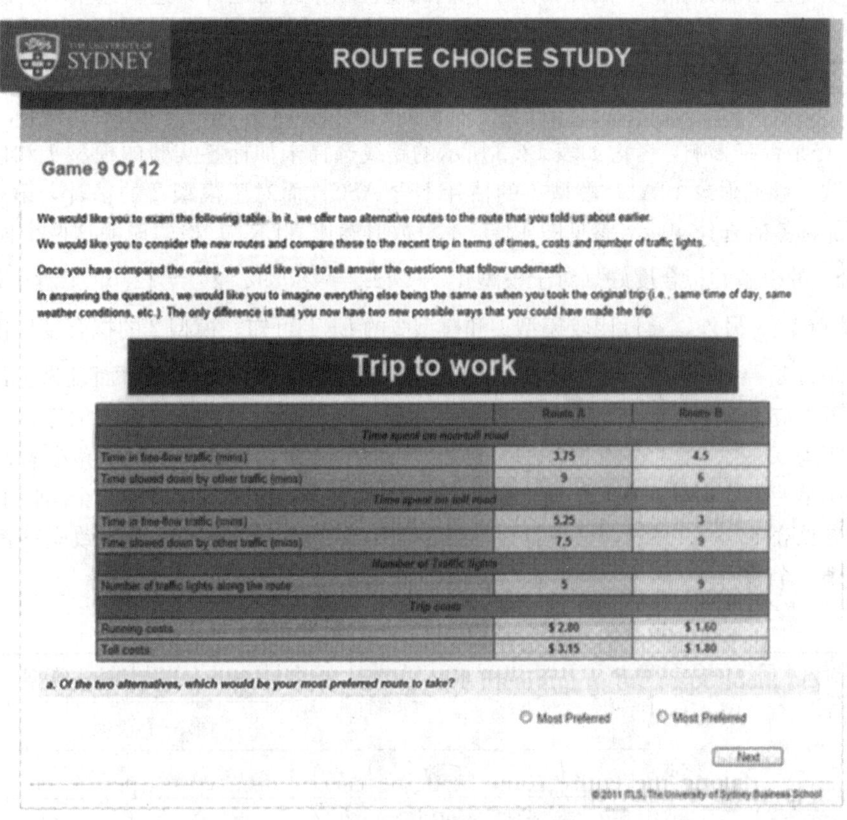


图 12.1　未加标签的选择任务的截屏的例子

## 12.3　未加标签的选择数据的建模基础

未加标签的选择实验的建模在某种程度上是独特的：相对于加标签的选择数据（这包括大多数 RP 数据以及加标签的陈述性选择实验），我们应该如何处理未加标签的数据？研究人员经常询问的第一个问题是，在用未加标签的选择数据建模时，是否应该纳入特定选项常数（ASC）。尽管以前我们在模型中保留了 ASC？但对于未加标签的选择数据建模，这么做不存在任何理论依据；然而，一些研究者从行为学角度提供了这么做的若干理由。例如，研究者发现，评定量表可能存在从左向右的调查响应偏差［例如 Lindzey（1954）；Payne（1976）；Carp（1974）；Holmes（1974）］，我们没有理由怀疑陈述性偏好类型的调查不存在这样的偏差。如果这样的效应的确存在，那么在其他条件不变的情形下，选择任务中第一个出现的选项的选择份额（通常位于左侧或上方）应该大于后面出现的选项的选择份额（通常位于右侧或下方），如果没有考虑到这个效应，那么其他参数估计值将出现偏差（当然，偏差与问卷使用的语言有关，对于英语来说，文字的阅读顺序是从上到下、从左到右）。这样的效应与实验设计的任何其他偏差无关，也就是说，即使不存在其他偏差，这样的效应也会存在：其中一个选项一直比其他选项更受欢迎。不管这种效应源自哪里，我们都建议研究人员在处理未加标签的选择数据时，对 $J-1$ 个选项纳入特定选项常数（ASC），如果后来发现它们在统计上不显著，那么可以移除它们。

研究人员关注的第二个问题是，在估计未加标签的选择数据时，应该如何处理非常数参数？特定选项常数（ASC）的估计值有行为意义。与 ASC 不同，未加标签的选择数据的特定选项参数的估计没有行为意义。尽管不同的未加标签选项的一个或多个参数在统计上可能不同，但在行为上我们无法解释为何会出现这个结果。例如，一个未加标签选项的成本参数与另外一个未加标签选项的成本参数不同，这没有什么行为上的原因，因为这些选项都是未加标签的，因此，除了它们的属性水平组合之外，这些选项不应该让应答者感觉存在差异。另外，我们也无法使用这些信息，因为每个选项都是未加标签的。因此，如果事后我们想做出某些预测，那么我们无法确定哪个估计值对应哪个加标签的选项。因此，对于未加标签的选择实验来说，非常数参数估计值应该总是被视为通用参数估计值。

为了说明 ASC 是否有影响，考虑如表 12.2 所示的路线选择未加标签实验的模型 1 和模型 2（用于模型报告的 Nlogit 语法，参见附录 12A）。模型 1 的估计不含 ASC；而对于模型 2 的估计，第一个选项有 ASC，尽管数据来自未加标签的选择实验（参见图 12.1）。对数似然比（LRT）检验说明这两个模型在拟合度上都比仅含有一个 ASC 的模型的拟合度好（对于模型 1，$-2LL=38.892$，$\chi_6^2=12.592$；对于模型 2，$-2LL=143.094$，$\chi_6^2=14.061$）。另外，通过比较模型 1 和模型 2 的 LRT 可知，模型 2 的拟合度比模型 1 的拟合度好（$-2LL=104.202$，$\chi_1^2=3.841$）。考察模型 2 中的 ASC 可知，它在统计上显著而且为正，这意味着在其他条件不变的情形下，应答者更加频繁地选择第一个未加标签的选项而不是第二个未加标签的选项（第一个选项的实际选择份额为 0.692，第二个为 0.308）。然而，考察实验设计可知，从均值角度看，在其中三个属性上，第二个选项比第一个选项好；在其中两个属性上，这两个选项相同；在另外两个属性上，第二个选项比第一个选项差（参见表 12.3）。另外，考察设计本身也说明没有什么意外因素能导致应答者更倾向于选择第一个选项而不是第二个选项。

**表 12.2　　　　未加标签的选择实验的模型结果**

| | 模型 1 | | 模型 2 | | 模型 3 | | | |
|---|---|---|---|---|---|---|---|---|
| | | | | | 第一个选项 | | 第二个选项 | |
| | 系数 | $t$ 值 | 系数 | $t$ 值 | 系数 | $t$ 值 | 系数 | $t$ 值 |
| 常数项（选项 1） | — | — | 0.614 | (9.89) | — | — | — | — |
| 道路通畅情形下的交通耗时（免费道路） | −0.066 | (−7.27) | −0.076 | (−7.91) | −0.014 | (−0.39) | −0.136 | (−3.61) |
| 车速缓慢情形下的交通耗时（免费道路） | −0.079 | (−7.54) | −0.087 | (−7.90) | −0.052 | (−2.18) | −0.128 | (−5.28) |
| 道路通畅情形下的交通耗时（收费道路） | −0.069 | (−2.24) | −0.067 | (−2.07) | −0.190 | (−2.62) | 0.038 | (0.57) |
| 车速缓慢情形下的交通耗时（收费道路） | −0.059 | (−1.47) | −0.078 | (−1.85) | 0.003 | (0.05) | −0.130 | (−2.19) |
| 交通灯数量 | −0.042 | (−1.69) | −0.038 | (−1.48) | 0.102 | (0.70) | −0.188 | (−1.27) |
| 燃油费 | −0.510 | (−5.65) | −0.540 | (−5.74) | −0.432 | (−1.88) | −0.623 | (−2.48) |
| 过路费 | −0.531 | (−2.51) | −0.635 | (−2.89) | −1.737 | (−1.80) | 0.538 | (0.56) |

| | | | |
|---|---|---|---|
| 模型拟合统计量 | | | |
| LL(β) | −843.020 | −790.919 | −787.162 |
| LL(0) | −906.637 | −906.637 | −906.637 |
| $\rho^2(0)$ | 0.070 | 0.128 | 0.132 |
| Adj. $\rho^2(0)$ | 0.065 | 0.122 | 0.122 |
| LL(只有 ASC) | −862.466 | −862.466 | −862.466 |
| $\rho^2$(只有 ASC) | 0.023 | 0.083 | 0.087 |
| Adj. $\rho^2$(只有 ASC) | 0.065 | 0.122 | 0.132 |
| norm. AIC | 1.300 | 1.222 | 1.225 |
| norm. BIC | 1.327 | 1.253 | 1.280 |
| 样本 | | | |
| 应答者人数 | 109 | 109 | 109 |
| 观察点个数 | 1 308 | 1 308 | 130 |

**表 12.3　未加标签的选择实验中选项的描述性统计**

| | 选项 A | | 选项 B | |
|---|---|---|---|---|
| | 均值 | 标准差 | 均值 | 标准差 |
| 道路通畅情形下的交通耗时（免费道路） | 14.15 | 4.48 | 13.85 | 4.46 |
| 车速缓慢情形下的交通耗时（免费道路） | 10.56 | 3.33 | 10.44 | 3.38 |
| 道路通畅情形下的交通耗时（收费道路） | 5.26 | 1.38 | 5.28 | 1.40 |
| 车速缓慢情形下的交通耗时（收费道路） | 5.29 | 1.38 | 5.25 | 1.40 |
| 交通灯数量 | 7.00 | 1.63 | 7.00 | 1.64 |
| 燃油费 | 3.58 | 0.45 | 3.62 | 0.45 |
| 过路费 | 1.80 | 0.22 | 1.80 | 0.22 |

除了拟合度更好之外，模型 2 的结果在行为上更加合理。我们可以预期，在其他条件不变的情形下，拥挤交通条件（以车速缓慢情形下的交通耗时表示）下的出行产生的边际效用将小于非拥挤交通条件（以道路通畅情形下的交通耗时表示）下的出行产生的边际效用。然而，对于模型 1，收费公路情形下的结果违背了这个预期（车速缓慢情形下的边际效用−0.059 大于道路通畅情形下的边际效用−0.069），但模型 2 符合这个预期（车速缓慢情形下的边际效用−0.078 小于道路通畅情形下的边际效用−0.067）。

因此，在未加标签的选择实验的离散选择模型中纳入特定选项常数（ASC）有行为意义（例如从左到右调查响应偏差）；然而，在事后，我们能用这些 ASC 做什么？这个问题仍未解决。如果你的兴趣仅在于计算效应，例如一些属性的边际支付意愿，那么将 ASC 纳入模型并不重要，因为在计算上述这些效应时，我们用不到 ASC 的信息。然而，如果你希望使用效用函数进行某种形式的预测，那么 ASC 的存在将是一个麻烦。也就是说，假设你使用未加标签的选择实验进行预测，那么预测结果非常可疑，因为大多数结果在本质上很可能介于加标签的选项或产品之间。即使你使用未加标签选择实验的结果进行预测，你最好忽略 ASC，因为它们代表调查任务的未观测效应的平均值（这些调查任务通常在多个虚拟问题上重复多次，使用属性水平的各种组合）。我们应该能预期，这些平均值与实际市场的未观测效应的平均值不同（实际平均值通常代表单个选择，这个选择有具体属性水平组合，尽管属性水平可能存在重叠，但它不可能与陈述性选择实验中的所有组合相同），或者我们重新校准这些平均值，使得模型的基础份额与实际观察到的市场相匹配。不管采取哪种方法，你都忽略了 ASC。

与未加标签的选择实验的特定选项常数（ASC）的估计类似，我们也可以估计特定选项参数。表 12.2 中的模型 3 纳入了特定选项参数估计（然而，我们从模型中移除了 ASC；因为这个模型没有什么行为意义，移除 ASC 不会产生什么影响）。从模型结果可知，在 95%的置信水平上，免费道路的道路通畅情形下的耗时参数和收费道路的车速缓慢情形下的耗时参数对于第二个选项显著，对于第一个选项不显著；燃油费参数也是这样。然而，道路通畅情形下的耗时参数对于第一个选项显著，但对于第二个选项不显著。免费道路的车速缓慢情形下的耗时对于第一个选项和第二个选项都显著，尽管第二个选项的系数是第一个选项的系数的 2.5 倍。

需要指出，模型 3 的拟合度比模型 1 好（$-2LL=111.715$；$\chi_7^2=14.067$），但不比模型 2 好（$-2LL=7.513$；$\chi_7^2=12.592$）。因此，如果让你在模型 1 和模型 3 之间进行选择，选择依据是拟合度，那么你会选择模型 3。然而，正如我们以前讨论过的，模型 3 没有什么行为意义，从而无法使用。例如，假设我们打算使用模型 3 来计算沿着两条著名道路 Elm Street 和 Wall Street 出行的相对效用，那么我们必须首先搞清楚哪个参数估计值属于哪条道路（即选项 A 还是 B 代表 Elm Street），然后才能考虑属性水平。注意，这与 ASC 问题不同，因为我们可以忽略 ASC。为了计算两条路线的相对效用，我们必须对出行的耗时和成本指定具体的边际效用。

## 12.4 未加标签的选择数据建模中的协变量问题

12.3 节中的模型仅允许属性进入各个间接效用函数（indirect utility function）。在本节，我们考察协变量（例如社会经济特征变量）信息的纳入如何提高了未加标签的选择数据估计模型的表现。不管数据在本质上是加标签的还是未加标签的，协变量进入离散选择模型的间接效用函数的方式主要有两种。离散选择模型要求变量在各个选项之间不同，以便估计模型参数（然而，这允许某些选择观察值的值域存在重叠，只要每个变量在选项之间存在差异即可）。如果某个变量对于所有选项都是常数，那么无法计算这个变量的具体影响（任何一个选项的效用）。因此，对于变量（例如社会经济特征变量），由于它们对于所有选项都不变（例如个人的性别不会因为选择选项 A 而不是 B 发生变化），因此它们不能直接进入所有 $J$ 个选项的间接效用函数（因为在考虑全部两个选项时，个人性别不会发生变化，我们无法确定性别对选择的影响；这与价格属性不同，因为不同选项的价格不同，当应答者（无论是男还是女）在大多数情形下选择了价格最低的选项时，价格可能对他们的选择有影响）。因此，将协变量纳入离散选择模型的第一种方式是让它们进入至多 $J-1$ 个间接效用函数。在这种方法下，如果间接效用函数中不含有这些协变量，那么它们被视为零；这样，我们人为地创造了选项之间的变量差异。于是，我们就可以估计协变量的影响。在这种情形下，参数被解释为协变量的相对边际效用，这里的相对是指相对于协变量未进入的那些间接效用函数而言。

在处理未加标签的选择实验时，研究人员通常被告知协变量应该以与属性相乘的交互项形式或以涉及属性的其他转换形式进入间接效用函数，而不能以主效应形式进入。原因在于，在处理未加标签的选择数据时，将协变量纳入至多 $J-1$ 个间接效用函数没有行为意义，而且模型结果无法在后面研究阶段使用。这就是协变量进入间接效用函数的第二种方式。交互项代表两个或多个变量相乘，尽管也可以用两个或多个变量的加和（或其他一些变换，包括相除）来表示，只要至少其中一个变量的数据对于各个选项不是相同的即可。通过将每个选择观察值中的不变变量与一个或多个可变变量联系在一起，就创造了一个新变量，这个新变量随着选项的不同而不同。由于这个新变量不再对各个选项维持不变，因此它可以进入所有 $J$ 个选项的间接效用函数，尽管研究人员根据自己的意愿也可能只让它进入若干个而不是全部选项的间接效用函数（但在处理未加标签的选择实验时，不能这么做）。当协变量以交互项形式进入所有 $J$ 个间接效用函数时，这些交互项不仅可用来做出行为解释，也可用于其他目的，比如边际支付意愿的计算以及预测等，此时相互作用项的地位与主效应类似。因此，对于未加标签的数据建模来说，将协变量纳入间接效用函数的合适方法是以与一个或多个属性相乘的交互项形式进入。

仍然使用前面的数据，模型4和模型5（参见表12.4）允许社会经济特征变量以我们刚刚介绍过的两种方式进入间接效用函数。在模型4中，年龄以主效应形式仅进入第一个选项的间接效用函数。模型4是模型2的扩展，其中年龄以违背传统观点的方式进入模型。从表12.4可知，年龄参数在95%的置信水平上显著，模型的拟合度比模型2好（$-2LL=4.104$，$\chi_7^2=3.841$）。如果这在行为上意味着点什么，那么正的年龄参数表明，在其他条件不变的情形下，年龄较大的应答者更有可能选择第一个选项而不是第二个选项，从而在回答调查问卷时更容易出现从左向右的应答偏差。另外，注意，ASC现在变得不显著，这个事实意味着以前我们看到的两个未加标签的虚拟选项在未观测效应上的差异主要由应答者的年龄引起。

另外，认为我们不能在后面的研究阶段中使用这样的模型的观点也是错误的。与ASC情形一样，在未加标签的选择数据模拟的选择模型中，任何以主效应方式估计的协变量都可以忽略。也就是说，如果研究目标是获得不同属性的边际支付意愿值，那么在任何情形下任何协变量都不重要，因为不涉及它们。另外，如果你希望估计间接效用函数，并且使用它们进行预测，那么，与ASC情形类似，任何协变量都可以被忽略。这是因为这类协变量作为解释变量描述未加标签的实验中人们对选项的偏好偏差，如果考虑它们，这将减少剩余的属性参数估计偏差。

**表12.4　　含有社会经济特征变量的未加标签的选择实验的模型结果**

| | 模型4 | | 模型5 | |
|---|---|---|---|---|
| | 系数 | t值 | 系数 | t值 |
| 常数值（选项1） | 0.166 | (0.73) | 0.623 | (9.97) |
| 道路通畅情形下的交通耗时（免费道路） | −0.076 | (−7.93) | −0.096 | (−7.42) |
| 车速缓慢情形下的交通耗时（免费道路） | −0.087 | (−7.91) | −0.107 | (−7.66) |
| 道路通畅情形下的交通耗时（收费道路） | −0.065 | (−2.01) | −0.136 | (−3.11) |
| 车速缓慢情形下的交通耗时（收费道路） | −0.082 | (−1.96) | −0.148 | (−2.89) |
| 交通灯数量 | −0.037 | (−1.45) | −0.038 | (−1.49) |
| 燃油费 | −0.545 | (−5.78) | −0.546 | (−5.78) |
| 过路费 | −0.649 | (−2.95) | −0.644 | (−2.92) |
| 年龄（选项1） | 0.009 | (2.02) | — | — |
| 收入×免费道路交通耗时 | — | — | −0.066 | (−7.27) |
| 收入×收费道路交通耗时 | — | — | 0.001 | (2.36) |
| 模型拟合统计量 | | | | |
| LL(β) | −788.867 | | −785.867 | |
| LL(0) | −906.637 | | −906.637 | |
| $\rho^2(0)$ | 0.130 | | 0.133 | |
| Adj. $\rho^2(0)$ | 0.124 | | 0.127 | |
| LL(只有ASC) | −862.466 | | −862.466 | |
| $\rho^2$(只有ASC) | 0.085 | | 0.089 | |
| Adj. $\rho^2$(只有ASC) | 0.124 | | 0.127 | |
| norm. AIC | 1.220 | | 1.217 | |
| norm. BIC | 1.256 | | 1.256 | |
| 样本 | | | | |
| 应答者人数 | 109 | | 109 | |
| 观察点个数 | 1 308 | | 1 308 | |

在模型 5 中，我们将应答者报告的收入水平与免费公路上的总耗时相乘，以及与收费公路上的总耗时相乘，得到两个交互项，然后将它们纳入模型，这两个交互项在 95%的置信水平上都是显著的。第一个交互项为负，这意味着维持耗时不变，收入水平较高的应答者从免费公路上的耗时得到的效用小于收入水平较低的应答者。第二个交互项为正，这意味着在其他条件不变的情形下，收入水平较高的应答者对收费公路上的耗时不如收入水平较低者敏感。尽管在处理未加标签的选择实验的文献中，纳入这类交互项的做法比较常见，然而它们通常产生违背直觉的结果。例如，考虑某个年收入为 90 000 澳元的人的出行，这次出行涉及收费公路的道路通畅情形下耗时 20 分钟和拥挤条件下耗时 15 分钟。根据上面的结果，模型预测他在收费公路上的总效用为正（即 $(-0.136)\times 20+(-0.148)\times 15+0.001\times(20+15)\times 90$，注意收入以千澳元计）。这意味着，该人偏好在收费公路上出行更长时间（有更高的边际效用）！

**表 12.5　含有交互项的未加标签的选择实验的模型结果**

| | 模型 6 | | 模型 7 | |
|---|---|---|---|---|
| | 系数 | $t$ 值 | 系数 | $t$ 值 |
| 常数项 | 0.612 | (9.86) | 0.621 | (9.94) |
| 道路通畅情形下的交通耗时（免费道路） | −0.071 | (−7.24) | −0.092 | (−6.96) |
| 车速缓慢情形下的交通耗时（免费道路） | −0.273 | (−2.54) | −0.293 | (−2.70) |
| 道路通畅情形下的交通耗时（收费道路） | −0.174 | (−2.50) | −0.243 | (−3.20) |
| 车速缓慢情形下的交通耗时（收费道路） | −0.145 | (−2.54) | −0.215 | (−3.34) |
| 交通灯数量 | −0.279 | (−1.98) | −0.279 | (−1.97) |
| 燃油费 | −0.644 | (−5.74) | −0.649 | (−5.77) |
| 过路费 | −0.570 | (−2.56) | −0.578 | (−2.58) |
| 免费道路交通耗时×收费道路交通耗时×交通灯数量 | 0.001 | (1.74) | 0.001 | (1.73) |
| 收入×免费道路交通耗时 | — | — | 0.0003 | (2.37) |
| 收入×收费道路交通耗时 | — | — | 0.001 | (2.35) |
| 模型拟合统计量 | | | | |
| LL(β) | −789.404 | | −784.369 | |
| LL(0) | −906.637 | | −906.637 | |
| $\rho^2(0)$ | 0.129 | | 0.135 | |
| Adj. $\rho^2(0)$ | 0.123 | | 0.128 | |
| LL(ASC only) | −862.466 | | −862.466 | |
| $\rho^2$(ASC only) | 0.085 | | 0.091 | |
| Adj. $\rho^2$(ASC only) | 0.123 | | 0.128 | |
| norm. AIC | 1.221 | | 1.216 | |
| norm. BIC | 1.256 | | 1.260 | |
| 样本 | | | | |
| 应答者人数 | 109 | | 109 | |
| 观察点个数 | 1 308 | | 1 308 | |

当然，除了估计将属性和协变量相乘而得到的交互效应（或其他类似数据变换）之外，我们也可以估计两个或多个属性之间的交互效应（模型 6），或各种交互项的组合（模型 7），参见表 12.5。在模型 6 中，我们纳入了一个三向（three-way）交互项：免费公路上的总耗时、收费公路上的总耗时和交通灯数量相乘。这个交互项在 95%的置信水平上不显著（尽管它在 90%的置信水平上显著）。暂时忽略这个交互项的显著与否，这个模型意味着，维持交通耗时不变，应答者偏好更多而不是更少的交通灯；或者，维持交通灯数量不变，应答者偏好更长而不是更短的交通耗时（然而，幸运的是，正如上面指出的，这个参数不显著；而且，在任何情形下，根据 LRT 检验，模型 6 都比模型 5 差（$-2LL=6.000, \chi_1^2=3.841$）。模型 7 含有两种交互项。在这个模型中，由免费公路上的总耗时、收费公路上的总耗时和交通灯数量构成的三向交互项在 95%的置信水平上仍然不显著；然而，由收入和免费公路上的总耗时构成的交互项改变了符号，变为正的。这个发现意味着收入、免费公路上的总耗时和交通灯数量可能存在交互作用，因为免费公路上的总耗时对于两个待估交互项是相同的（这样的模型参见附录 12A 中的模型 7A，此时这个交互项在统计上是显著的）。

## 附录 12A 未加标签的离散选择数据的 Nlogit 语法和输出结果

```
RESET
IMPORT;FILE="N:\ITLS\Fittler\Johnr\Studies\DCM2\Data\Route.csv"$
Last observation read from data file was     2616
dstats;rhs=*$
Descriptive Statistics for 31 variables
--------+----------------------------------------------------------------------------
Variable|      Mean       Std.Dev.      Minimum      Maximum     Cases Missing
--------+----------------------------------------------------------------------------
      ID|       55.0     31.47028          1.0        109.0      2616      0
     SET|   6.500000     3.452713          1.0         12.0      2616      0
    CSET|        2.0          0.0          2.0          2.0      2616      0
   ALTIJ|   1.500000      .500096          1.0          2.0      2616      0
  CHOICE|    .500000      .500096          0.0          1.0      2616      0
    FFNT|       14.0     4.472991          8.0         20.0      2616      0
   SDTNT|   10.50000     3.354743          6.0         15.0      2616      0
     FFT|   5.266667     1.389110     3.600000          7.0      2616      0
    SDTT|   5.266667     1.389110     3.600000          7.0      2616      0
   LGHTS|        7.0     1.633305          5.0          9.0      2616      0
      PC|   3.600000      .447299          3.0     4.200000      2616      0
      TC|   1.800000      .223650     1.500000     2.100000      2616      0
     GEN|    .192661      .981453    -1.000000          1.0      2616      0
     AGE|   48.73394     13.36184         24.0         70.0      2616      0
     INC|   58.99083     42.11309         10.0        200.0      2616      0
  LGHT5E|        0.0      .816653    -1.000000          1.0      2616      0
  LGHT7E|        0.0      .816653    -1.000000          1.0      2616      0
  LGHT5D|    .333333      .471495          0.0          1.0      2616      0
  LGHT7D|    .333333      .471495          0.0          1.0      2616      0
 FFNT20E|        0.0      .707242    -1.000000          1.0      2616      0
 FFNT16E|        0.0      .707242    -1.000000          1.0      2616      0
 FFNT12E|        0.0      .707242    -1.000000          1.0      2616      0
 FFNT20D|    .250000      .433095          0.0          1.0      2616      0
 FFNT16D|    .250000      .433095          0.0          1.0      2616      0
 FFNT12D|    .250000      .433095          0.0          1.0      2616      0
--------+----------------------------------------------------------------------------
```

模型 0：模型仅含 **ASC (MNL)**

```
nlogit
;lhs=choice,cset,Altij
;choices=A,B
;model:
U(A) = SP1  $
Normal exit:   1 iterations. Status=0, F=    862.4658
--------------------------------------------------------------------------------
Discrete choice (multinomial logit) model
Dependent variable               Choice
Log likelihood function      -862.46576
Estimation based on N =    1308, K =   1
Inf.Cr.AIC  =    1726.9 AIC/N =    1.320
Model estimated: Jul 22, 2013, 16:40:56
R2=1-LogL/LogL* Log-L fncn R-sqrd R2Adj
Constants only must be computed directly
               Use NLOGIT ;...;RHS=ONE$
Response data are given as ind. choices
Number of obs.=  1308, skipped    0 obs
-----------+--------------------------------------------------------------------
           |                  Standard            Prob.      95% Confidence
  CHOICE|  Coefficient          Error       z    |z|>Z*         Interval
-----------+--------------------------------------------------------------------
     SP1|      .52881***       .05724     9.24  .0000       .41661    .64100
-----------+--------------------------------------------------------------------
Note: ***, **, * ==>  Significance at 1%, 5%, 10% level.
--------------------------------------------------------------------------------
```

模型 1：模型不含 **ASC (MNL)**

```
nlogit
;lhs=choice,cset,Altij
;choices=A,B
;model:
U(A) = FFNT*FFNT + SDTNT*SDTNT + FFT*FFT + SDTT*SDTT + LGHTS*LGHTS +
PC*PC + TC*TC /
U(B) = FFNT*FFNT + SDTNT*SDTNT + FFT*FFT + SDTT*SDTT + LGHTS*LGHTS +
PC*PC + TC*TC $
Normal exit:   5 iterations. Status=0, F=    843.0197
--------------------------------------------------------------------------------
Discrete choice (multinomial logit) model
Dependent variable               Choice
Log likelihood function      -843.01971
Estimation based on N =    1308, K =   7
Inf.Cr.AIC  =    1700.0 AIC/N =    1.300
Model estimated: Jul 22, 2013, 16:41:08
R2=1-LogL/LogL* Log-L fncn R-sqrd R2Adj
Constants only must be computed directly
               Use NLOGIT ;...;RHS=ONE$
Response data are given as ind. choices
Number of obs.=  1308, skipped    0 obs
-----------+--------------------------------------------------------------------
           |                  Standard            Prob.      95% Confidence
  CHOICE|  Coefficient          Error       z    |z|>Z*         Interval
-----------+--------------------------------------------------------------------
    FFNT|     -.06635***       .00913    -7.27  .0000      -.08424   -.04845
   SDTNT|     -.07891***       .01046    -7.54  .0000      -.09942   -.05840
```

```
     FFT|    -.06902**        .03080     -2.24  .0250       -.12939   -.00866
    SDTT|    -.05925          .04022     -1.47  .1407       -.13807    .01957
   LGHTS|    -.04155*         .02455     -1.69  .0906       -.08968    .00657
      PC|    -.50961***       .09016     -5.65  .0000       -.68632   -.33289
      TC|    -.53125**        .21181     -2.51  .0121       -.94639   -.11611
--------+--------------------------------------------------------------------
Note: ***, **, * ==>  Significance at 1%, 5%, 10% level.
-----------------------------------------------------------------------------
```

**模型 2：模型含 ASC （MNL）**

```
nlogit
;lhs=choice,cset,Altij
;choices=A,B
;model:
U(A) = SP1 + FFNT*FFNT + SDTNT*SDTNT + FFT*FFT + SDTT*SDTT + LGHTS*LGHTS +
PC*PC + TC*TC /
U(B) =       FFNT*FFNT + SDTNT*SDTNT + FFT*FFT + SDTT*SDTT + LGHTS*LGHTS +
PC*PC + TC*TC $
Normal exit:   5 iterations. Status=0, F=     790.9189
-----------------------------------------------------------------------------
Discrete choice (multinomial logit) model
Dependent variable               Choice
Log likelihood function      -790.91889
Estimation based on N =    1308, K =   8
Inf.Cr.AIC  =    1597.8 AIC/N =    1.222
Model estimated: Jul 22, 2013, 16:53:20
R2=1-LogL/LogL* Log-L fncn R-sqrd R2Adj
Constants only must be computed directly
               Use NLOGIT ;...;RHS=ONE$
Chi-squared[ 7]            =     143.09375
Prob [ chi squared > value ] =     .00000
Response data are given as ind. choices
Number of obs.=  1308, skipped    0 obs
--------+--------------------------------------------------------------------
        |                 Standard            Prob.      95% Confidence
  CHOICE|  Coefficient     Error        z    |z|>Z*         Interval
--------+--------------------------------------------------------------------
     SP1|     .61373***     .06205      9.89  .0000        .49211     .73535
    FFNT|    -.07570***     .00957     -7.91  .0000       -.09446    -.05695
   SDTNT|    -.08702***     .01102     -7.90  .0000       -.10862    -.06542
     FFT|    -.06657**      .03219     -2.07  .0386       -.12965    -.00348
    SDTT|    -.07768*       .04191     -1.85  .0638       -.15981     .00446
   LGHTS|    -.03774        .02555     -1.48  .1397       -.08782     .01234
      PC|    -.54011***     .09408     -5.74  .0000       -.72450    -.35573
      TC|    -.63533***     .21946     -2.89  .0038      -1.06546    -.20519
--------+--------------------------------------------------------------------
Note: ***, **, * ==>  Significance at 1%, 5%, 10% level.
-----------------------------------------------------------------------------
```

**模型 3：模型含ASC和特定选项参数估计（MNL）**

```
nlogit
;lhs=choice,cset,Altij
;choices=A,B
;model:
U(A) = FFNT1*FFNT + SDTNT1*SDTNT + FFT1*FFT + SDTT1*SDTT + LGHTS1*LGHTS +
PC1*PC + TC1*TC /
U(B) = FFNT2*FFNT + SDTNT2*SDTNT + FFT2*FFT + SDTT2*SDTT + LGHTS2*LGHTS +
PC2*PC + TC2*TC $
Normal exit:   6 iterations. Status=0, F=     787.1623
```

```
----------------------------------------------------------------------
Discrete choice (multinomial logit) model
Dependent variable                Choice
Log likelihood function       -787.16235
Estimation based on N =    1308, K =  14
Inf.Cr.AIC  =   1602.3 AIC/N =    1.225
Model estimated: Jul 22, 2013, 16:41:09
R2=1-LogL/LogL* Log-L fncn R-sqrd R2Adj
Constants only must be computed directly
               Use NLOGIT ;...;RHS=ONE$
Response data are given as ind. choices
Number of obs.=  1308, skipped    0 obs
```

| CHOICE | Coefficient | Standard Error | z | Prob. \|z\|>Z* | 95% Confidence Interval | |
|---|---|---|---|---|---|---|
| FFNT1 | -.01434 | .03705 | -.39 | .6987 | -.08695 | .05827 |
| SDTNT1 | -.05159** | .02369 | -2.18 | .0294 | -.09802 | -.00517 |
| FFT1 | -.19045*** | .07280 | -2.62 | .0089 | -.33314 | -.04776 |
| SDTT1 | .00306 | .06659 | .05 | .9634 | -.12746 | .13358 |
| LGHTS1 | .10187 | .14639 | .70 | .4865 | -.18506 | .38879 |
| PC1 | -.43176* | .22998 | -1.88 | .0605 | -.88250 | .01899 |
| TC1 | -1.73703* | .96762 | -1.80 | .0726 | -3.63354 | .15948 |
| FFNT2 | -.13612*** | .03775 | -3.61 | .0003 | -.21011 | -.06214 |
| SDTNT2 | -.12767*** | .02418 | -5.28 | .0000 | -.17506 | -.08027 |
| FFT2 | .03843 | .06780 | .57 | .5709 | -.09446 | .17132 |
| SDTT2 | -.12972** | .05911 | -2.19 | .0282 | -.24558 | -.01387 |
| LGHTS2 | -.18825 | .14848 | -1.27 | .2049 | -.47925 | .10276 |
| PC2 | -.62250** | .25125 | -2.48 | .0132 | -1.11493 | -.13007 |
| TC2 | .53755 | .95324 | .56 | .5728 | -1.33076 | 2.40586 |

```
Note: ***, **, * ==>  Significance at 1%, 5%, 10% level.
----------------------------------------------------------------------
```

模型 **4**：模型含年龄（age）变量 **(MNL)**

```
nlogit
;lhs=choice,cset,Altij
;choices=A,B
;model:
U(A) = SP1 + FFNT*FFNT + SDTNT*SDTNT + FFT*FFT + SDTT*SDTT + LGHTS*LGHTS +
PC*PC + TC*TC + AGE*AGE /
U(B) =      FFNT*FFNT + SDTNT*SDTNT + FFT*FFT + SDTT*SDTT + LGHTS*LGHTS +
PC*PC + TC*TC $
Normal exit:   5 iterations. Status=0, F=    788.8667
----------------------------------------------------------------------
Discrete choice (multinomial logit) model
Dependent variable                Choice
Log likelihood function       -788.86673
Estimation based on N =    1308, K =   9
Inf.Cr.AIC  =   1595.7 AIC/N =    1.220
Model estimated: Jul 22, 2013, 16:41:09
R2=1-LogL/LogL* Log-L fncn R-sqrd R2Adj
Constants only must be computed directly
               Use NLOGIT ;...;RHS=ONE$
Chi-squared[ 8]           =     147.19806
Prob [ chi squared > value ] =     .00000
Response data are given as ind. choices
Number of obs.=  1308, skipped    0 obs
```

```
-----------+--------------------------------------------------------------------
           |                  Standard            Prob.      95% Confidence
     CHOICE|  Coefficient       Error       z    |z|>Z*         Interval
-----------+--------------------------------------------------------------------
        SP1|     .16611         .22903      .73  .4683     -.28278    .61500
       FFNT|   -.07604***       .00959    -7.93  .0000     -.09483   -.05725
      SDTNT|   -.08732***       .01104    -7.91  .0000     -.10896   -.06567
        FFT|   -.06489**        .03224    -2.01  .0441     -.12807   -.00170
       SDTT|   -.08234*         .04206    -1.96  .0503     -.16478    .00009
      LGHTS|   -.03715          .02560    -1.45  .1466     -.08732    .01302
         PC|   -.54493***       .09427    -5.78  .0000     -.72970   -.36015
         TC|   -.64909***       .22016    -2.95  .0032    -1.08060   -.21758
        AGE|     .00923**       .00457     2.02  .0432      .00028    .01818
-----------+--------------------------------------------------------------------
Note: ***, **, * ==>  Significance at 1%, 5%, 10% level.
--------------------------------------------------------------------------------
```

模型5：模型含个体收入（PC）和出行耗时（TC）交互效应 **(MNL)**

```
CREATE;TFRINC=(FFNT+SDTNT)*INC$
CREATE;TTRINC=(FFT+SDTT)*INC$
nlogit
;lhs=choice,cset,Altij
;choices=A,B
;model:
U(A) = SP1 + FFNT*FFNT + SDTNT*SDTNT + FFT*FFT + SDTT*SDTT + LGHTS*LGHTS +
PC*PC + TC*TC + TFRINC*TFRINC + TTRINC*TTRINC /
U(B) =       FFNT*FFNT + SDTNT*SDTNT + FFT*FFT + SDTT*SDTT + LGHTS*LGHTS +
PC*PC + TC*TC + TFRINC*TFRINC + TTRINC*TTRINC $
Normal exit:   5 iterations. Status=0, F=    785.8665
--------------------------------------------------------------------------------
Discrete choice (multinomial logit) model
Dependent variable               Choice
Log likelihood function      -785.86650
Estimation based on N =   1308, K =  10
Inf.Cr.AIC  =   1591.7 AIC/N =    1.217
Model estimated: Jul 22, 2013, 16:55:23
R2=1-LogL/LogL* Log-L fncn R-sqrd R2Adj
Constants only must be computed directly
              Use NLOGIT ;...;RHS=ONE$
Chi-squared[ 9]            =   153.19852
Prob [ chi squared > value ] =    .00000
Response data are given as ind. choices
Number of obs.=  1308, skipped   0 obs
-----------+--------------------------------------------------------------------
           |                  Standard            Prob.      95% Confidence
     CHOICE|  Coefficient       Error       z    |z|>Z*         Interval
-----------+--------------------------------------------------------------------
        SP1|     .62278***      .06246     9.97  .0000      .50037    .74520
       FFNT|   -.09609***       .01296    -7.42  .0000     -.12148   -.07070
      SDTNT|   -.10713***       .01398    -7.66  .0000     -.13453   -.07974
        FFT|   -.13630***       .04384    -3.11  .0019     -.22223   -.05038
       SDTT|   -.14823***       .05134    -2.89  .0039     -.24886   -.04760
      LGHTS|   -.03828          .02571    -1.49  .1366     -.08868    .01212
         PC|   -.54577***       .09447    -5.78  .0000     -.73092   -.36062
         TC|   -.64372***       .22030    -2.92  .0035    -1.07551   -.21194
     TFRINC|     .00033**       .00014     2.38  .0173      .00006    .00061
     TTRINC|     .00117**       .00050     2.36  .0183      .00020    .00215
-----------+--------------------------------------------------------------------
Note: ***, **, * ==>  Significance at 1%, 5%, 10% level.
```

```
--------------------------------------------------------------------------------------------
模型6：模型含出行耗时交互效应和交通灯数量（MNL）
Create;INT*INT= (SDTT+SDTT)*(SDTNT+FFT)*LGHTS$
Nlogit
;lhs=choice,cset,Altij
;choices=A,B
;model:
U(A) = SP1 + FFNT*FFNT + SDTNT*SDTNT + FFT*FFT + SDTT*SDTT + LGHTS*LGHTS +
PC*PC + TC*TC + INT*INT /
U(B) =       FFNT*FFNT + SDTNT*SDTNT + FFT*FFT + SDTT*SDTT + LGHTS*LGHTS +
PC*PC + TC*TC + INT*INT $
Normal exit:   5 iterations. Status=0, F=    789.4044
--------------------------------------------------------------------------------------------
Discrete choice (multinomial logit) model
Dependent variable                Choice
Log likelihood function       -789.40436
Estimation based on N =    1308, K =   9
Inf.Cr.AIC  =   1596.8 AIC/N =    1.221
Model estimated: Jul 23, 2013, 10:56:41
R2=1-LogL/LogL* Log-L fncn R-sqrd R2Adj
Constants only must be computed directly
               Use NLOGIT ;...;RHS=ONE$
Chi-squared[ 8]            =    146.12280
Prob [ chi squared > value ] =    .00000
Response data are given as ind. choices
Number of obs.=  1308, skipped    0 obs
-----------+--------------------------------------------------------------------------------
           |                Standard            Prob.       95% Confidence
  CHOICE|  Coefficient       Error        z     |z|>Z*          Interval
-----------+--------------------------------------------------------------------------------
     SP1|     .61213***       .06211      9.86  .0000       .49039    .73386
    FFNT|    -.07133***       .00985     -7.24  .0000      -.09063   -.05203
   SDTNT|    -.27262**        .10752     -2.54  .0112      -.48335   -.06188
     FFT|    -.17361**        .06957     -2.50  .0126      -.30996   -.03725
    SDTT|    -.14517**        .05717     -2.54  .0111      -.25722   -.03312
   LGHTS|    -.27900**        .14123     -1.98  .0482      -.55581   -.00218
      PC|    -.64429***       .11222     -5.74  .0000      -.86425   -.42434
      TC|    -.57026**        .22286     -2.56  .0105     -1.00706   -.13345
     INT|     .00080*         .00046      1.74  .0824      -.00010    .00170
-----------+--------------------------------------------------------------------------------
Note: ***, **, * ==>  Significance at 1%, 5%, 10% level.
--------------------------------------------------------------------------------------------
模型7：模型含出行耗时和交通灯数量交互效应（MNL）
Nlogit
;lhs=choice,cset,Altij
;choices=A,B
    ;model:
U(A) = SP1 + FFNT*FFNT + SDTNT*SDTNT + FFT*FFT + SDTT*SDTT + LGHTS*LGHTS +
PC*PC + TC*TC + INT*INT + TFRINC*TFRINC + TTRINC*TTRINC /
U(B) =       FFNT*FFNT + SDTNT*SDTNT + FFT*FFT + SDTT*SDTT + LGHTS*LGHTS +
PC*PC + TC*TC + INT*INT + TFRINC*TFRINC + TTRINC*TTRINC $
Normal exit:   5 iterations. Status=0, F=    784.3687
--------------------------------------------------------------------------------------------
Discrete choice (multinomial logit) model
Dependent variable                Choice
Log likelihood function       -784.36867
Estimation based on N =    1308, K =  11
Inf.Cr.AIC  =   1590.7 AIC/N =    1.216
Model estimated: Jul 23, 2013, 10:41:14
R2=1-LogL/LogL* Log-L fncn R-sqrd R2Adj
Constants only must be computed directly
               Use NLOGIT ;...;RHS=ONE$
```

```
Chi-squared[10]            =    156.19418
Prob [ chi squared > value ] =     .00000
Response data are given as ind. choices
Number of obs.=  1308, skipped    0 obs
-----------+--------------------------------------------------------------------------------
           |                 Standard            Prob.        95% Confidence
 CHOICE|  Coefficient        Error         z     |z|>Z*           Interval
-----------+--------------------------------------------------------------------------------
    SP1|      .62133***       .06253      9.94  .0000       .49878      .74388
   FFNT|     -.09164***       .01316     -6.96  .0000      -.11743     -.06584
  SDTNT|     -.29250***       .10834     -2.70  .0069      -.50483     -.08016
    FFT|     -.24314***       .07597     -3.20  .0014      -.39204     -.09423
   SDTT|     -.21521***       .06443     -3.34  .0008      -.34150     -.08893
  LGHTS|     -.27948**        .14199     -1.97  .0490      -.55778     -.00119
     PC|     -.64940***       .11256     -5.77  .0000      -.87001     -.42878
     TC|     -.57785***       .22378     -2.58  .0098     -1.01646     -.13925
    INT|      .00080*         .00046      1.73  .0841      -.00011      .00171
 TFRINC|      .00033**        .00014      2.37  .0177       .00006      .00061
 TTRINC|      .00117**        .00050      2.35  .0187       .00019      .00214
-----------+--------------------------------------------------------------------------------
Note: ***, **, * ==>  Significance at 1%, 5%, 10% level.
--------------------------------------------------------------------------------------------
```

模型 **7A：** 模型含收入、出行耗时和交通灯数量 **(MNL)**

```
nlogit
;lhs=choice,cset,Altij
;choices=A,B
;model:
U(A) = SP1 + FFNT*FFNT + SDTNT*SDTNT + FFT*FFT + SDTT*SDTT + LGHTS*LGHTS +
PC*PC + TC*TC + TFRINC*TFRINC + TFRINCL*TFRINCL + TTRINC*TTRINC /
U(B) =       FFNT*FFNT + SDTNT*SDTNT + FFT*FFT + SDTT*SDTT + LGHTS*LGHTS +
PC*PC + TC*TC + TFRINC*TFRINC + TFRINCL*TFRINCL + TTRINC*TTRINC $
Normal exit:   5 iterations. Status=0, F=     784.7284
--------------------------------------------------------------------------------------------
Discrete choice (multinomial logit) model
Dependent variable                 Choice
Log likelihood function       -784.72837
Estimation based on N =    1308, K =  11
Inf.Cr.AIC  =    1591.5 AIC/N =    1.217
Model estimated: Jul 23, 2013, 11:15:55
R2=1-LogL/LogL* Log-L fncn R-sqrd R2Adj
Constants only must be computed directly
              Use NLOGIT ;...;RHS=ONE$
Chi-squared[10]            =    155.47478
Prob [ chi squared > value ] =     .00000
Response data are given as ind. choices
Number of obs.=  1308, skipped    0 obs
-----------+--------------------------------------------------------------------------------
           |                 Standard            Prob.        95% Confidence
 CHOICE|  Coefficient        Error         z     |z|>Z*           Interval
-----------+--------------------------------------------------------------------------------
    SP1|      .61946***       .06254      9.91  .0000       .49689      .74202
   FFNT|     -.09649***       .01302     -7.41  .0000      -.12201     -.07096
  SDTNT|     -.10790***       .01399     -7.71  .0000      -.13531     -.08048
    FFT|     -.14047***       .04400     -3.19  .0014      -.22670     -.05423
   SDTT|     -.15297***       .05153     -2.97  .0030      -.25398     -.05197
  LGHTS|     -.07981**        .03784     -2.11  .0350      -.15398     -.00563
     PC|     -.54678***       .09442     -5.79  .0000      -.73185     -.36172
     TC|     -.64716***       .22059     -2.93  .0033     -1.07951     -.21481
```

```
  TFRINC|     .00014           .00019       .74  .4564      -.00023     .00052
 TFRINCL| .27610D-04        .1835D-04     1.50  .1325 -.83593D-05  .63580D-04
  TTRINC|     .00125**         .00050      2.50  .0125       .00027     .00224
--------+--------------------------------------------------------------------
Note: nnnnn.D-xx or D+xx => multiply by 10 to -xx or +xx.
Note: ***, **, * ==>  Significance at 1%, 5%, 10% level.
-----------------------------------------------------------------------------
```

# 13 从模型中获得更多信息

事实少的地方，专家就多。

——唐纳德·R. 加农（Donald R. Gannon）



## 13.1 引言

在第 11 章，我们给出了多项 logit（MNL）选择模型的 Nlogit 标准输出结果。通过向基本命令语法中添加命令，我们可以产生帮助我们理解选择行为的更多信息。我们现在给出这些命令。与以前一样，我们说明命令语法是什么样的，而且详细说明如何解释输出结果。我们使用西北出行选择数据集中的显示性偏好（RP）数据来说明命令和输出。

我们事先给出整个命令架构和模型输出结果，以便读者能对本章使用的命令有所了解。命令架构有两个选择模型。第一个模型是 MNL 模型，这个模型的估计可以得到标准参数估计值组，以及其他一些有用的信息，例如弹性、边际效用和预测。第二个模型也是 MNL 模型，它使用第一个模型估计出的参数，通过命令“;simulation”和“;scenario”，进行“如果……那么……”分析，这些分析涉及选择你希望改变的相关选项和属性来预测选择份额的绝对变化和相对变化。弧弹性可从情景分析得出，因为它提供了属性水平变化和选择份额变化。

**【题外话】**

注意，一些命令行以问号（?）开始或者命令之后有问号。问号的作用在于告诉 Nlogit 忽略问号所在行中问号后面的所有命令。这样，你可以在问号后面写下一些注释，比如这个命令是干什么的，或者只要将问号去掉，你就能回到相应的命令而不需要再次输入。

**使用导出命令读入数据**

```
Reset
IMPORT; FILE = "C:\Books\DCMPrimer\Second Edition 2010\Latest Version\Data and nlogit set ups\SPRPLabelled\NW_SPRP.csv"$
```

转换变量

```
Create; if(altij<4)invt2 = wt+invt $
```

将数据储存为“.lpj”文件以备将来使用

```
Save; FILE= "C:\Books\DCMPrimer\Second Edition 2010\Latest Version\Data and nlogit set ups\SPR-
PLabelled\NW_SPRP.csv" $
```

选择你感兴趣的数据子集

```
? ****** Revealed Preference Data only ******
sample; all $
reject; SPRP=0 $ Eliminating the stated preference data
```

描述性统计与相关系数矩阵

```
dstats;rhs= * $
dstats;rhs=choice,act,invc,invt2,invt,egt,trnf,pinc,gender;output=2 $
```

初始 MNL 模型（为模拟和情景分析做准备）

```
? To open a file to store elasticity outputs:
OPEN;export="C:\Books\DCMPrimer\Second Edition 2010\Latest Version\Data and nlo-
git set ups\SPRPLabelled\NWelas.csv" $
Timer $ Always useful to include this command to see how long it takes to run a model
|-> Nlogit
    ;lhs = choice,cset,altij
    ;choices = bs,tn,bw,cr
    ;show
    ;descriptives;crosstabs
    ;effects:invc(*)/invt2(bs,tn,bw)/invt(cr)/act[bs,tn,bw]
    ;export=matrix
    ;pwt
    ;model:
u(bs) = bs+actpt*act+invcpt*invc+invtpt*invt2+egtpt*egt+trpt*trnf/
u(tn) = tn+actpt*act+invcpt*invc+invtpt*invt2+egtpt*egt+trpt*trnf/
u(bw) = bw+actpt*act+invcpt*invc+invtpt*invt2+egtpt*egt+trpt*trnf/
u(cr) = invtcar*invt+TC*TC+PC*PC+egtcar*egt $
```

模拟与情景分析

```
Timer $
Nlogit
;lhs = choice,cset,altij
;choices = bs,tn,bw,cr
;model:
u(bs) = bs+actpt*act+invcpt*invc+invtpt*invt2+egtpt*egt+trpt*trnf/
u(tn) = tn+actpt*act+invcpt*invc+invtpt*invt2+egtpt*egt+trpt*trnf/
u(bw) = bw+actpt*act+invcpt*invc+invtpt*invt2+egtpt*egt+trpt*trnf/
u(cr) = invtcar*invt+TC*TC+PC*PC+egtcar*egt $
;Simulation
? Two applications,reducing invt2 by 0.8 and 0.9;Scenario: invt2(bs,tn,bw) = 0.9
& invt2(bs,tn,bw) = 0.8 $
```

**【题外话】**

在为参数命名时要小心。例如，假设我们不小心对转车耗时（trnf）和火车（tn）选项的常数项用了同一个名称：tn。于是，这个模型就出现了错误。因为我们在前三个效用函数中使用符号 tn 表示与属性 trnf 相乘的参数；另外，我们还使用符号 tn 代表火车（tn）选项的常数项。因此，我们迫使 tn 扮演了三个角色。这个常数不太可能出现在火车的展示表中，也就是说，它与“;show”命令中火车方程的常数项看起来不一样，原因在于 Nlgoit 的内码施加了下列约束：在第二个方程中 tn 作为常数项，仍与 trnf 属性相乘。遗憾的是，试图展示效用函数的程序被额外的符号搞混淆了。

## 13.2 进一步理解数据

### □ 13.2.1 描述性输出（Dstats）

有经验的建模者在进行正式模型估计之前，总会检查他们的数据。在这方面，Nlogit 中最有用的命令为“Dstats”。除了获得每个变量的均值、标准差、取值范围（最大值、最小值）之外，“Dstats”还能指示每个变量是否缺失数据（缺失值的编码为－999）。取值范围尤其有用，因为它能让你检查是否存在异常值。通过添加命令“;output＝2”，我们可以得到相关系数矩阵。这个命令允许 223 个变量。在 2013 年 8 月之后的 Nlogit 版本中，有个新命令“CORR；Rhs ＝<list of variables> $”。这个命令与“Dstats”相同，但它跳过描述，直接给出相关系数矩阵，不需要再输入命令“;output＝2”。

**【题外话】**

缺失数据通过成列删除来处理。为了计算相关系数，程序遍历各个观察。如果任何变量有缺失数据，这个观察就被去掉。

**【题外话】**

如果你想中心化某个变量，可以使用“CREATE；CenteredX＝Dev(x) $”。

```
|-> dstats;rhs=*;output=2$
Descriptive Statistics for  21 variables
-----------+-------------------------------------------------------------------
Variable|    Mean        Std.Dev.     Minimum    Maximum  Cases Missing
-----------+-------------------------------------------------------------------
      ID|  99.44980     56.56125      1.0      197.0      747       0
     SET|       0.0          0.0      0.0        0.0      747       0
   ALTIJ|  2.456493     1.116136      1.0        4.0      747       0
    ALTN|  2.456493     1.116136      1.0        4.0      747       0
    CSET|  3.859438      .411368      2.0        4.0      747       0
  CHOICE|   .263722      .440945      0.0        1.0      747       0
     ACT|  10.80245     12.18600      0.0      210.0      572     175
    INVC|  5.559839     3.418899      0.0       42.0      747       0
    INVT|  52.68407     27.28067      2.0      501.0      747       0
      TC|  3.765714     2.705246      0.0        7.0      175     572
      PC|  11.60571     13.55063      0.0       60.0      175     572
     EGT|  8.551539     8.468263      0.0      100.0      747       0
    TRNF|   .316434      .465491      0.0        1.0      572     175
      WT|  4.402098     7.893725      0.0       35.0      572     175
    SPRP|       1.0          0.0      1.0        1.0      747       0
     AGE|  42.98260     12.59956     24.0       70.0      747       0
    PINC|  63.19277     41.61792      0.0      140.0      747       0
   HSIZE|  3.755020     2.280048      1.0       30.0      747       0
    KIDS|  1.005355     1.110502      0.0        4.0      747       0
  GENDER|   .500669      .500335      0.0        1.0      747       0
   INVT2|  43.07497     36.47828      0.0      511.0      747       0

-----------+-------------------------------------------------------------------
dstats;rhs=choice,act,invc,invt2,invt,egt,trnf,pinc,gender;output=2$
```

注：如果你只想要相关系数矩阵，那么可以使用例如“Corr；rhs＝choice，act，invc，invt2，invt，egt，trnf，pinc，gender＄”。

```
|-> corr;rhs=choice,act,invc,invt2,invt,egt,trnf,pinc,gender$
Covariances and/or Correlations Using Listwise Deletion
Correlations computed for   9 variables.
Used    747 observations. Sum of weights =      572.0000
-----------+------------------------------------------------------------------------------------
Cor.Mat.|  CHOICE      ACT      INVC     INVT2      INVT       EGT      TRNF      PINC
-----------+------------------------------------------------------------------------------------
  CHOICE| 1.00000  -.08354  -.08363  -.10836  -.05707  -.06937  -.22558  -.01405
     ACT| -.08354  1.00000  -.04605  -.15266  -.13956   .11016  -.10042  -.05123
    INVC| -.08363  -.04605  1.00000   .21607   .15946   .12703   .23386   .06777
   INVT2| -.10836  -.15266   .21607  1.00000   .97151  -.02915   .46712  -.01704
    INVT| -.05707  -.13956   .15946   .97151  1.00000  -.02880   .29381  -.00967
     EGT| -.06937   .11016   .12703  -.02915  -.02880  1.00000  -.04104  -.09068
    TRNF| -.22558  -.10042   .23386   .46712   .29381  -.04104  1.00000   .01164
    PINC| -.01405  -.05123   .06777  -.01704  -.00967  -.09068   .01164  1.00000
-----------+------------------------------------------------------------------------------------
Cor.Mat.|  CHOICE       ACT      INVC    INVT2      INVT       EGT      TRNF      PINC
-----------+------------------------------------------------------------------------------------
  GENDER|  .04319   .04920   .04548  -.00660  -.00409   .02912   .00176   .22643
-----------+-----------
Cor.Mat.|  GENDER
-----------+-----------
  GENDER| 1.00000
```

注意，在这个数据集中，每个观察值至少存在一个缺失变量，因此命令“；corr；rhs＝＊＄”不允许矩阵，并且给出如下报告：

```
|-> corr;rhs=*$
Covariances and/or Correlations Using Listwise Deletion
See DSTAT for (dropped) variables with no valid observations.
Correlations computed for  21 variables.
Used     747 observations. Sum of weights =          .0000
*********************************************************
After listwise deletion, your sample has no observations.
Use DSTAT;Rhs=<your list>$ to see counts of missing data.
Note:This can occur even if all variables have some data.
*********************************************************
```

### □ 13.2.2 命令“;show”

“;show”命令既可用来产生市场份额信息，又可用来产生效用结构信息。我们在下面给出模型估计结果，这些结果在“;show”命令之后显示，分为两部分，第一部分又可以分为两个小部分。第一个小部分详细说明了模型的嵌套结构信息。对于基本的 MNL 模型，由于不存在嵌套结构（参见第 14 章描述的嵌套 logit 模型），所以没有输出信息。第二个小部分与基本 MNL 选择模型有关，它详细描述了选择比例或市场份额。

从这个输出结果可以看出，bus（BS）的市场份额为 19.29％，train（TR）的市场份额为 23.35％。它也报告了其他选项的市场份额。这个信息比较重要；事实上，用来确定整体模型显著性的基础比较模型仅是这些市场份额的重现。

其他两列输出结果与当前描述的基本 MNL 选择模型无关。在这两列中，第一列给出了任何可被使用的内生权重。我们稍后讨论这个问题。第二列给出了 IID 检验（这在行为上等价于 IIA 假设；参见第 4 章）的信息。

“;show”命令输出结果的第二部分重塑了效用函数。列详细描述了选择模型的效用函数组估计的参数名字。行代表选项。矩阵中的单元格由参数名称和相应选项组成，它指明了估计参数伴随哪个选项，以及这个参数属于哪个变量。可以看出，常数项伴随着 car（CR）选项之外的所有其他选项，而名为 invt 的参数伴随 car 选项之外的所有其他选项。

```
|-> LOAD;file="C:\Books\DCMPrimer\Second Edition 2010\Latest Version\Data and nlo-
git set ups\SPRPLabelled\NW_SPRP.sav.lpj"$
Project file contained   12167 observations.
|-> reject;SPRP=0$
|-> Nlogit
    ;lhs = choice, cset, altij
    ;choices = bs,tn,bw,cr /0.2,0.3,0.1,0.4
    ;show
    ;descriptives;crosstabs
    ;model:
    u(bs) = bs + actpt*act + invcpt*invc + invtpt*invt2 + egtpt*egt + trpt*trnf /
    u(tn) = tn + actpt*act + invcpt*invc + invtpt*invt2 + egtpt*egt + trpt*trnf /
    u(bw) = bw + actpt*act + invcpt*invc + invtpt*invt2 + egtpt*egt + trpt*trnf /
    u(cr) =                           invtcar*invt + TC*TC + PC*PC + egtcar*egt $
Sample proportions are marginal, not conditional.
Choices marked with * are excluded for the IIA test.
+-------------------+---------+-----
|Choice   (prop.)|Weight|IIA
+-------------------+---------+-----
|BS          .19289| 1.037|
|TN          .23350| 1.285|
|BW          .21320|  .469|
|CR          .36041| 1.110|
+-------------------+---------+-----
+----------------------------------------------------------------------------+
| Model Specification:  Table entry is the attribute that                    |
| multiplies the indicated parameter.                                        |
+----------+--------+--------------------------------------------------------+
| Choice   |******| Parameter                                                |
|          |Row  1| BS         ACTPT      INVCPT     INVTPT     EGTPT        |
|          |Row  2| TRPT       TN         BW         INVTCAR    TC           |
|          |Row  3| PC         EGTCAR                                        |
+----------+--------+--------------------------------------------------------+
|BS        |      1| Constant ACT        INVC       INVT2      EGT          |
|          |      2| TRNF       none       none       none       none         |
|          |      3| none       none                                          |
|TN        |      1| none       ACT        INVC       INVT2      EGT          |
|          |      2| TRNF       Constant none       none       none         |
|          |      3| none       none                                          |
|BW        |      1| none       ACT        INVC       INVT2      EGT          |
|          |      2| TRNF       none       Constant none       none         |
|          |      3| none       none                                          |
|CR        |      1| none       none       none       none       none         |
|          |      2| none       none       none       INVT       TC           |
|          |      3| PC         EGT                                           |
+----------------------------------------------------------------------------+
Normal exit:   6 iterations. Status=0, F=     190.4789
------------------------------------------------------------------------------
Discrete choice (multinomial logit) model
Dependent variable                Choice
Log likelihood function       -190.47891
Estimation based on N =     197, K =  12
Inf.Cr.AIC  =     405.0 AIC/N =    2.056
R2=1-LogL/LogL* Log-L fncn R-sqrd R2Adj
Constants only must be computed directly
               Use NLOGIT ;...;RHS=ONE$
Chi-squared[ 9]             =    152.66810
Prob [ chi squared > value ] =     .00000
```

```
Vars. corrected for choice based sampling
Response data are given as ind. choices
Number of obs.=    197, skipped     0 obs
-----------+--------------------------------------------------------------------------------
           |                   Standard            Prob.       95% Confidence
    CHOICE|  Coefficient         Error        z    |z|>Z*          Interval
-----------+--------------------------------------------------------------------------------
        BS|   -1.68661**        .74953     -2.25  .0244      -3.15566    -.21756
     ACTPT|     -.04533***      .01667     -2.72  .0065       -.07800    -.01265
    INVCPT|     -.08405         .07151     -1.18  .2399       -.22421     .05611
    INVTPT|     -.01368         .00840     -1.63  .1033       -.03013     .00278
     EGTPT|     -.04892*        .02934     -1.67  .0954       -.10642     .00858
      TRPT|   -1.07979***       .41033     -2.63  .0085      -1.88403    -.27555
        TN|   -1.39443*         .72606     -1.92  .0548      -2.81748     .02862
        BW|   -2.48469***       .74273     -3.35  .0008      -3.94041   -1.02897
   INVTCAR|     -.04847***      .01032     -4.70  .0000       -.06870    -.02825
        TC|     -.09183         .08020     -1.14  .2522       -.24902     .06537
        PC|     -.01899         .01635     -1.16  .2457       -.05104     .01307
    EGTCAR|     -.05489*        .03198     -1.72  .0861       -.11756     .00779
-----------+--------------------------------------------------------------------------------
***, **, * ==>  Significance at 1%, 5%, 10% level.
Model was estimated on Aug 16, 2013 at 08:43:34 AM
--------------------------------------------------------------------------------------------
```



### □ 13.2.3　命令“;Descriptives”

下一段输出结果是由命令“;descriptives”产生的。与所有其他命令（例如“;show”命令）一样，“;descriptives”命令通常出现在命令语法中效用函数之前。为了避免重复，我们在这里仅以 bus（BS）选项讨论这段输出结果。其余选项的输出结果可以以类似方式解释。输出结果的标题告诉我们，它与哪个选项相伴。在标题之后，“;descriptives”命令的输出结果被分为三部分。第一部分给出了相应选项效用函数中的参数估计值。

“;descriptives”命令输出结果的第二部分给出了用整个样本估计模型时相应选项的效用函数的每个变量的均值和标准差。对于 BS 选项，车载耗时（invt）变量的均值和标准差分别为 71.79 分钟和 43.55 分钟。

输出结果的第三部分即最后一部分给出了那些选择这个选项的人的该选项的各个变量的均值和标准差。在这个例子中，一共有 197 个应答者，其中 38 人选择了 BS 选项。这些选择 BS 的人的车载耗时（invt）属性的均值和标准差分别为 52 分钟和 17.75 分钟。

### □ 13.2.4　命令“;Crosstab”

我们在第 12 章讨论的伪 $R^2$ 仅是确定选项模型表现好坏的一种方法。另外一种方法也是更有用的方法是，考察样本的预测选择结果的列联表（contingency table），这是一种基于模型预测结果和实际选择结果之间比较的方法。为了产生这样的列联表，Nlogit 使用命令“;crosstab”。如果 Nlogit 产生的列联表过大，那么它不会与其他结果一起展现。为了看到列联表，我们必须使用“Matrix:Crosstab”按钮，这类似于第 10 章介绍的“LstOutp”按钮。

在 Nlogit 产生的列联表中，行代表每个选项被实际选中的次数；列表示每个选项被预测选中的次数，这个数是根据研究人员设定的选择模型预测出的。这个预测基于两个加总法则，如上面的两个列联表所示。第一个“crosstab”加总样本中每个选项的概率；第二个“crosstab”加总选择概率，其中伴随最高概率的选项被预测选中。我们偏爱第一种方法，但我们知道有些学科（例如市场营销）通常使用第二种方法，在这种情形下，最高概率被指定为 1.0，其余概率被指定为 0。这严重违背了伴随随机效用最大化（RUM）的概率选择模型的整体思想。对这一点，研究人员应该保持谨慎：在看到文献中的预测成功证据时，你要检查一下其他研究人员使用的规则。

Descriptive Statistics for Alternative BS

| Utility Function Coefficient Name | Value | Variable | All 197.0 obs. Mean | Std. Dev. | 38.0 observs. that chose BS Mean | Std. Dev. |
|---|---|---|---|---|---|---|
| BS | -1.6866 | ONE | 1.000 | .000 | 1.000 | .000 |
| ACTPT | -.0453 | ACT | 5.944 | 4.662 | 5.053 | 4.312 |
| INVCPT | -.0840 | INVC | 7.071 | 3.872 | 7.237 | 6.015 |
| INVTPT | -.0137 | INVT2 | 71.797 | 43.551 | 52.000 | 17.747 |
| EGTPT | -.0489 | EGT | 8.680 | 7.331 | 9.105 | 10.467 |
| TRPT | -1.0798 | TRNF | .442 | .498 | .079 | .273 |

Descriptive Statistics for Alternative TN

| Utility Function Coefficient Name | Value | Variable | All 187.0 obs. Mean | Std. Dev. | 46.0 observs. that chose TN Mean | Std. Dev. |
|---|---|---|---|---|---|---|
| ACTPT | -.0453 | ACT | 16.016 | 8.401 | 15.239 | 6.651 |
| INVCPT | -.0840 | INVC | 4.947 | 2.451 | 4.065 | 2.435 |
| INVTPT | -.0137 | INVT2 | 45.257 | 15.421 | 43.630 | 9.903 |
| EGTPT | -.0489 | EGT | 8.882 | 6.788 | 7.196 | 5.714 |
| TRPT | -1.0798 | TRNF | .230 | .422 | .174 | .383 |
| TN | -1.3944 | ONE | 1.000 | .000 | 1.000 | .000 |

Descriptive Statistics for Alternative BW

| Utility Function Coefficient Name | Value | Variable | All 188.0 obs. Mean | Std. Dev. | 42.0 observs. that chose BW Mean | Std. Dev. |
|---|---|---|---|---|---|---|
| ACTPT | -.0453 | ACT | 10.707 | 17.561 | 5.405 | 4.854 |
| INVCPT | -.0840 | INVC | 7.000 | 3.599 | 6.405 | 1.345 |
| INVTPT | -.0137 | INVT2 | 50.904 | 20.300 | 54.643 | 15.036 |
| EGTPT | -.0489 | EGT | 10.027 | 9.811 | 8.286 | 5.932 |
| TRPT | -1.0798 | TRNF | .271 | .446 | .095 | .297 |
| BW | -2.4847 | ONE | 1.000 | .000 | 1.000 | .000 |

Descriptive Statistics for Alternative CR

| Utility Function Coefficient Name | Value | Variable | All 175.0 obs. Mean | Std. Dev. | 71.0 observs. that chose CR Mean | Std. Dev. |
|---|---|---|---|---|---|---|
| INVTCAR | -.0485 | INVT | 55.406 | 24.166 | 43.324 | 15.839 |
| TC | -.0918 | TC | 3.766 | 2.705 | 2.592 | 2.708 |
| PC | -.0190 | PC | 11.606 | 13.551 | 5.859 | 10.184 |
| EGTCAR | -.0549 | EGT | 6.469 | 9.348 | 3.958 | 4.634 |

列联表的对角线元素代表选择模型正确地预测选项被选中的次数。非对角线元素代表给定选项的属性水平和决策者的社会经济特征，选择模型错误地预测哪个选项被该决策者选中的次数。

我们也可以计算出整体正确预测率。首先，将正确预测次数相加；然后，除以总的选择数。在我们的模型中，这两个数字分别为 93（＝13＋22＋2＋56）和 197，所以整体正确预测率为 0.472。因此，对于我们的数据，这个特定选择模型正确预测了 47.2％的总观察数。

```
+----------------------------------------------------------------+
| Cross tabulation of actual choice vs. predicted P(j)           |
| Row indicator is actual, column is predicted.                  |
| Predicted total is F(k,j,i)=Sum(i=1,...,N) P(k,j,i).           |
| Column totals may be subject to rounding error.                |
+----------------------------------------------------------------+
-----------+--------------------------------------------------------------------------
NLOGIT Cross Tabulation for 4 outcome Multinomial Choice Model
XTab_Prb|          BS          TN          BW          CR        Total
-----------+--------------------------------------------------------------------------
      BS|     12.0000     12.0000     4.00000     10.0000     38.0000
      TN|     10.0000     19.0000     5.00000     12.0000     46.0000
      BW|     9.00000     18.0000     8.00000     7.00000     42.0000
      CR|     8.00000     13.0000     5.00000     45.0000     71.0000
   Total|     40.0000     61.0000     22.0000     74.0000     197.000
+----------------------------------------------------------------+
| Cross tabulation of actual y(ij) vs. predicted y(ij)           |
| Row indicator is actual, column is predicted.                  |
| Predicted total is N(k,j,i)=Sum(i=1,...,N) Y(k,j,i).           |
| Predicted y(ij)=1 is the j with largest probability.           |
+----------------------------------------------------------------+
-----------+--------------------------------------------------------------------------
NLOGIT Cross Tabulation for 4 outcome Multinomial Choice Model
XTab_Frq|          BS          TN          BW          CR        Total
-----------+--------------------------------------------------------------------------
      BS|     13.0000     13.0000     .000000     12.0000     38.0000
      TN|     8.00000     22.0000     2.00000     14.0000     46.0000
      BW|     8.00000     24.0000     2.00000     8.00000     42.0000
      CR|     5.00000     10.0000     .000000     56.0000     71.0000
   Total|     34.0000     69.0000     4.00000     90.0000     197.000
```



## 13.3 进一步理解模型参数

非线性 logit 变换的一个结果是，选择模型的参数估计值不存在直观的行为解释。当然，参数的符号例外，它有直观解释：符号为正（负）表示变量对选择概率有正（负）的影响。事实上，对于有序 logit 模型（参见第 18 章；我们这里介绍的是非有序选择），符号没有行为意义。为了得到有行为意义的解释，我们需要计算选择概率关于特定属性或社会经济特征（SEC）变量的弹性或边际效应。我们现在开始讨论弹性和边际效应。

### □ 13.3.1 起始值

Nlogit 允许研究人员设定搜寻的起始点，然而，我们强烈建议初学者不要改变 Nlogit 的默认起始值。假设你希望改变默认起始点，那么必须改变模型中每个变量的起始点。也就是说，在 Nlogit 中，不存在改变所有待估参数起始点的通用方法。用来改变参数起始值的命令涉及将参数右侧的起始值（这是你希望搜索算法开始的地方）放在括号（即（））内。这也适用于常数项。也就是说，

```
;Model: U (<alternative 1 name>) = <constant (value_i)> + <parameter (value_j)> *
<variable> /
```

将在 $value_i$ 处开始搜寻常数系数，将在 $value_j$ 处开始搜索变量参数（注意：i 可以等于 j）。例如，

```
NLOGIT
;lhs = choice,cset,altij
;choices = cart,carnt,bus,train,busway,LR
```

```
;model:
U(cart) = asccart( - 0.5) + ptcst( - 1) * fuel /
U(carnt) = asccarnt + pntcst * fuel /
U(bus) = ascbus + cst( - 0.8) * fare /
U(train) = asctn + cst * fare/
U(busway) = ascbusw + cst * fare /
U(LR) = cst * fare $
```

注意，搜寻 CART 选项的特定选项常数（ASC）的起始点为－0.5，搜寻 CART 选项燃油属性的起始点为－1。这个命令也设定了 BUS 选项的车票属性的起始点－0.8。细心的读者应该已发现，在上述命令中，车票属性被设定为所有公共交通选项的通用属性。在通用属性估计情形下，我们只要设定一个选项的起始点即可。因此，火车、公交车专用通道和轻轨选项的车票属性的起始点都是－0.8。CARNT 选项的燃油参数的起始点为零；除了 CART 选项之外所有其他选项的常数项也为零，因为它们都未被给予起始点。对于这个例子，我们删去了这个结果，因为它与未被给予起始点情形下的结果是一样的。

**【题外话】**

我们经常需要对选择模型的某些参数施加约束，从而让它们等于某些值。我们已讨论过一种约束形式：研究人员对两个或多个选项的效用函数设定通用参数。研究人员无法事先知道这些参数的估计值。然而，研究人员通常需要固定一个或多个参数，从而让它们等于某些已知的固定值。

为了对某个参数（或常数）施加约束，从而让它等于某个事前确定的固定值，我们在参数右侧添加方括号（即［ ］），并且将具体参数值填入。我们不使用圆括号，因为它被用来表示待估参数的起始值。命令语法为

```
;Model:
U(<alternative 1 name>)  = <constant [value_i] > + <parameter [value_j] > * <variable>
```

## □ 13.3.2 “;effect:”弹性

弹性（或称选择的弹性）背后的理论可参见第 8 章。根据 Louviere et al.（2000，p.58），直接弹性和交叉弹性可以定义为：

直接弹性衡量某个选项的某个属性的水平变化 1%引起该选项被选择的概率的百分数变化。交叉弹性衡量某个选项的某个属性的水平变化 1%引起竞争选项被选择的概率的百分数变化。

弹性的两种主要计算方法为弧弹性法和点弹性法。Nlogit 默认方法为点弹性（也有例外：在我们使用虚拟变量时，Nlogit 提供的是弧弹性，弧弹性等于概率变化之前和之后的平均值与属性水平变化之前和之后的平均值之商）。我们在 13.3.3 节讨论弧弹性，以及如何使用 Nlogit 的模拟功能来计算任何衡量单位（例如比值型或有序型数据）情形下的弧弹性。

**【题外话】**

尽管我们也可以计算分类型变量的点弹性，但计算结果没有意义。考虑性别变量，其中男性编码为 0，女性编码为 1。在这种情形下，弹性的意思为性别变化 1%引起的选择概率的百分数变化，然而，性别变化 1%是什么意思？谁也说不清。因此，尽管 Nlogit 也能计算虚拟编码和效应编码变量的弹性，但输出结果是无意义的。然而，在处理分类编码变量时，当这些变量变化 100%时（例如虚拟编码从 1 变为 0），弹性是有意义的。因此，这类变量的弹性可用弧弹性法计算，我们稍后讨论弧弹性。此处，我们主要考察连续型数据的点弹性。

为了使用 Nlogit 计算弹性，我们使用命令“;effects”。对于这个命令，我们必须设定计算哪个选项（比如选项 $i$）的哪个变量（比如 $X_{ik}$）的弹性。命令的形式为

```
;effects: <variable_k (alternative_i) >
```

对于这个命令，我们输入的是变量名而不是参数名，然后输入选项，选项要放在圆括号（即（））中。另外，如果某个变量和两个或多个选项有关，我们也可以使用 Nlogit 计算这些选项关于这个变量的弹性。因此，我们可以计算 BS 选项和 TN 选项的车载耗时属性的点弹性。此时，我们需要在圆括号内输入这两个选项名，并且用逗号将它们隔开。也就是说，命令的形式为

;effects：<$variable_k$（$alternative_i$，$alternative_j$）>

我们也可以一次计算多个变量的点弹性。例如，我们可以一次计算出 BS 选项的车载耗时属性的弹性和 TN 选项的车载成本属性的弹性。在这种情形下，各个点弹性要用斜杠（即/）隔开。命令的形式为

;effects：<$variable_k$（$alternative_i$）/ $variable_h$（$alternative_i$）>

Nlogit 默认的加总方法是单纯聚集（naive pooling）法，我们不建议使用这种方法。为了使用概率加权样本枚举（probability weighted sample enumeration，PWSE）法，我们必须在命令语法中加入“;pwt”命令。如果不加入这个命令，Nlogit 就会提示我们交叉点弹性都相等。注意，我们也可以使用样本均值来计算点弹性，此时要用“;means”替换“;pwt”命令。正如上面指出的，我们也不建议使用这种方法。

在本章，用来计算点弹性的命令语法的一般形式为

```
?()is for elasticities,[ ] is for partial or marginal effects:
;effects:invc(*)/invt2(bs,tr,bw)/invt(cr)/act[bs,tr,bw]
;pwt
```

弹性输出结果如下所示。注意，我们用星号（*）代表所有选项。因此，上面的语法将产生所有选项针对具体属性的弹性。这也适用于某个具体属性不与每个选项相伴的情形。另外一种定义相关选项的方式是，在命令中列出它们的名称，例如“invt2（bs，tr，bw）”。对角线上的估计值是直接弹性，非对角线上的估计值是交叉弹性。例如，－0.379 2 是公共汽车（bus）选项的车载成本属性的直接弹性，这意味着维持所有其他条件不变，公共汽车的车载成本上升 1%将导致公共汽车被选中的概率降低 0.379 2%。0.103 3 是一个交叉弹性，它表明在所有其他条件不变的情形下，公共汽车的车载成本上升 1%将导致火车（train）被选中的概率增加 0.103 3%（然而，需要注意，在使用 IID 的模型（例如 MNL 模型）时，正如上面讨论的，每一行中的所有交叉弹性都不同，但这是由“;pwt”命令导致的，这个命令使用样本枚举法而不是单纯聚集法下的均值）。

我们在下面给出了不使用“;pwt”命令和使用“;pwt”命令的实证结果。注意，在单纯聚集法下，所有交叉弹性都相同；但在使用“;pwt”时，它们不再相同。尽管这种差异可能令人担心，但在个体水平上，它们是相同的。概率权重的不同导致了结果不同。

```
No ;pwt:
Timer$
Nlogit
;lhs = choice, cset, altij
;choices = bs,tn,bw,cr
;show
;descriptives;crosstabs
?( ) is for elasticities, [ ] is for partial or marginal effects:
;effects:invc(*)/invt2(bs,tn,bw)/invt(cr)/act[bs,tn,bw];export=matrix
? ;export=tables
;export=both
?;pwt
?;wts=gender
;model:
u(bs) = bs + actpt*act + invcpt*invc + invtpt*invt2 + egtpt*egt + trpt*trnf /
u(tn) = tn + actpt*act + invcpt*invc + invtpt*invt2 + egtpt*egt + trpt*trnf /
u(bw) = bw + actpt*act + invcpt*invc + invtpt*invt2 + egtpt*egt + trpt*trnf /
u(cr) =                             invtcar*invt + TC*TC + PC*PC + egtcar*egt $
```

```
Elasticity wrt change of X in row choice on Prob[column choice]
-----------+------------------------------------------------
INVC       |      BS          TN          BW          CR
-----------+------------------------------------------------
         BS|  -.4866       .1077       .1077       .1077
         TN|   .1230      -.2716       .1230       .1230
         BW|   .0600       .0600      -.5014       .0600
```

```
;pwt included
Timer$
Nlogit
;lhs = choice, cset, altij
;choices = bs,tn,bw,cr
;show
;descriptives;crosstabs
?( ) is for elasticities, [ ] is for partial or marginal effects:
;effects:invc(*)/invt2(bs,tn,bw)/invt(cr)/act[bs,tn,bw];export=matrix
? ;export=tables
;export=both
;pwt
?;wts=gender
;model:

u(bs) = bs + actpt*act + invcpt*invc + invtpt*invt2 + egtpt*egt + trpt*trnf /
u(tn) = tn + actpt*act + invcpt*invc + invtpt*invt2 + egtpt*egt + trpt*trnf /
u(bw) = bw + actpt*act + invcpt*invc + invtpt*invt2 + egtpt*egt + trpt*trnf /
u(cr) =                            invtcar*invt + TC*TC + PC*PC + egtcar*egt $
```

```
Elasticity wrt change of X in row choice on Prob[column choice]
-----------+------------------------------------------------
INVC       |      BS          TN          BW          CR
-----------+------------------------------------------------
         BS|  -.3624       .1068       .1245       .0697
         TN|   .1100      -.2186       .1470       .0786
         BW|   .0662       .0719      -.4419       .0351
```

### □ 13.3.3 弹性：直接弹性和交叉弹性的展开格式

研究人员通常希望将弹性移至 Excel 表，尤其当有很多弹性时。这可以通过“Export”命令完成。你有多种选择权来选择你感兴趣的结果。

默认的“;Effects: ... specification”为你提供以矩阵形式排列的弹性。如果你在命令中添加“;Full”，将得到整个输出结果，这样的结果还伴随着标准误的报告。不管你用哪种方式导出，结果都是相同的。下面给出了“;Full”命令给出的结果。

```
  ;effects:invc(*)/invt2(bs,tn,bw)/invt(cr);full;pwt
+-------------------------------------------------------+
| Elasticity              averaged over observations.|
| Effects on probabilities of all choices in model:  |
| * = Direct Elasticity effect of the attribute.     |
+-------------------------------------------------------+
-------------------------------------------------------------------------------------
Average elasticity      of prob(alt) wrt INVC     in BS
-----------+-------------------------------------------------------------------------
           |                Standard               Prob.      95% Confidence
  Choice|  Coefficient       Error        z       |z|>Z*         Interval
```

```
-----------+---------------------------------------------------------------------------
        BS|    -.36240***      .01748   -20.73   .0000      -.39666   -.32813
        TN|     .10679***      .00573    18.64   .0000       .09556    .11801
        BW|     .12445***      .00619    20.11   .0000       .11232    .13658
        CR|     .06967***      .00548    12.72   .0000       .05894    .08041
-----------+---------------------------------------------------------------------------
***, **, * ==>  Significance at 1%, 5%, 10% level.
Model was estimated on Aug 16, 2013 at 08:59:06 AM
---------------------------------------------------------------------------------------
---------------------------------------------------------------------------------------
Average elasticity      of prob(alt) wrt INVC      in TN
-----------+---------------------------------------------------------------------------
          |                 Standard             Prob.       95% Confidence
    Choice|  Coefficient       Error        z    |z|>Z*         Interval
-----------+---------------------------------------------------------------------------
        BS|     .10998***      .00549    20.04   .0000       .09923    .12073
        TN|    -.21858***      .01046   -20.90   .0000      -.23908   -.19809
        BW|     .14703***      .00647    22.71   .0000       .13434    .15972
        CR|     .07856***      .00575    13.67   .0000       .06730    .08982
-----------+---------------------------------------------------------------------------
***, **, * ==>  Significance at 1%, 5%, 10% level.
Model was estimated on Aug 16, 2013 at 08:59:07 AM
---------------------------------------------------------------------------------------
---------------------------------------------------------------------------------------
Average elasticity      of prob(alt) wrt INVC      in BW
-----------+---------------------------------------------------------------------------
          |                 Standard             Prob.       95% Confidence
    Choice|  Coefficient       Error        z    |z|>Z*         Interval
-----------+---------------------------------------------------------------------------
        BS|     .06621***      .00336    19.73   .0000       .05963    .07279
        TN|     .07187***      .00356    20.19   .0000       .06490    .07885
        BW|    -.44186***      .01090   -40.53   .0000      -.46323   -.42050
        CR|     .03508***      .00256    13.69   .0000       .03005    .04010
-----------+---------------------------------------------------------------------------
***, **, * ==>  Significance at 1%, 5%, 10% level.
Model was estimated on Aug 16, 2013 at 08:59:07 AM
---------------------------------------------------------------------------------------
---------------------------------------------------------------------------------------
Average elasticity      of prob(alt) wrt INVT2     in BS
-----------+---------------------------------------------------------------------------
          |                 Standard             Prob.       95% Confidence
    Choice|  Coefficient       Error        z    |z|>Z*         Interval
-----------+---------------------------------------------------------------------------
        BS|    -.53699***      .02234   -24.03   .0000      -.58078   -.49320
        TN|     .16167***      .00725    22.29   .0000       .14746    .17588
        BW|     .18748***      .00803    23.35   .0000       .17174    .20322
        CR|     .09949***      .00562    17.69   .0000       .08846    .11051
-----------+---------------------------------------------------------------------------
***, **, * ==>  Significance at 1%, 5%, 10% level.
Model was estimated on Aug 16, 2013 at 08:59:07 AM
---------------------------------------------------------------------------------------
---------------------------------------------------------------------------------------
Average elasticity      of prob(alt) wrt INVT2     in TN
-----------+---------------------------------------------------------------------------
          |                 Standard             Prob.       95% Confidence
    Choice|  Coefficient       Error        z    |z|>Z*         Interval
-----------+---------------------------------------------------------------------------
        BS|     .17929***      .00722    24.83   .0000       .16514    .19345
        TN|    -.32857***      .01242   -26.46   .0000      -.35292   -.30423
        BW|     .22322***      .00848    26.34   .0000       .20661    .23983
```

```
      CR|    .10993***       .00684    16.07  .0000       .09652     .12334
----------+----------------------------------------------------------------
***, **, * ==>  Significance at 1%, 5%, 10% level.
Model was estimated on Aug 16, 2013 at 08:59:07 AM
---------------------------------------------------------------------------
---------------------------------------------------------------------------
Average elasticity      of prob(alt) wrt INVT2     in BW
----------+----------------------------------------------------------------
          |              Standard            Prob.       95% Confidence
    Choice|  Coefficient   Error       z     |z|>Z*         Interval
----------+----------------------------------------------------------------
      BS|    .08354***       .00430    19.41  .0000       .07510     .09198
      TN|    .09170***       .00461    19.87  .0000       .08265     .10074
      BW|   -.55150***       .01554   -35.48  .0000      -.58197    -.52104
      CR|    .04165***       .00308    13.54  .0000       .03562     .04768
----------+----------------------------------------------------------------
***, **, * ==>  Significance at 1%, 5%, 10% level.
Model was estimated on Aug 16, 2013 at 08:59:07 AM
---------------------------------------------------------------------------
---------------------------------------------------------------------------
Average elasticity      of prob(alt) wrt INVT      in CR
----------+----------------------------------------------------------------
          |              Standard            Prob.       95% Confidence
    Choice|  Coefficient   Error       z     |z|>Z*         Interval
----------+----------------------------------------------------------------
      BS|    .55295***       .03454    16.01  .0000       .48525     .62064
      TN|    .55344***       .03597    15.39  .0000       .48295     .62394
      BW|    .53235***       .03500    15.21  .0000       .46376     .60094
      CR|   -.91217***       .06191   -14.73  .0000     -1.03351    -.79084
----------+----------------------------------------------------------------
***, **, * ==>  Significance at 1%, 5%, 10% level.
```

上面的弹性输出结果展现在 Nlogit 输出屏幕上。另外，你也可以将输出结果储存为以逗号隔开的 Excel（CSV）文件。为了实施这个工作，你必须在运行 Nlogit 模型命令之前就打开文件。下面是一个例子：

OPEN;export = "C:\Books\DCMPrimer\Second Edition 2010\Latest Version\Data and nlogit set ups\SPRPLabelled\NWelall.csv" $

我们建议你给文件命名时，最好采用与你打算导出的弹性有关的名称；而且，每一次运行模型时，你要给文件重新命名，这样每次运行结果都有独立的文件保存。

为了将结果导出到电子表格中，你必须添加额外的命令。添加命令的方式有三种。在模型（例如 Nlogit，或者以后将介绍的 RPlogit 或 LClogit）中，除了效应命令之外，还可以添加下列命令：用“;Export＝matrix”得到矩阵形式的结果；用“;Export＝tables”得到“;Full”输出结果，但没有矩阵；用“;Export＝both”得到上述两种输出结果。“;Export＝both”在 CVS 文件中的样子类似于“;Full”命令下显示在 Nlogit 屏幕上的形式。这些命令能处理所有模型形式以及任何选择个数。（如果把结果导出到 Excel 2003 中的文件，那么上限为 254 个选择。Excel 2007 则允许 65 536 列。）下面的输出结果是用“;Export＝both”命令运行 Nlogit 得到的：

```
OPEN;export="C:\Books\DCMPrimer\Second Edition 2010\Latest Version\Data
and nlogit set ups\SPRPLabelled\NWelall.csv"$
Nlogit
...
;effects:invc(*)
;full
?;export=matrix
? ;export=tables
;export=both
;pwt
...$
```

你在 NWelall. csv 文件看到的结果如下：

Average elasticity of prob(alt) wrt INVC in BS
Average elasticity of prob(alt) wrt INVC in TN
Average elasticity of prob(alt) wrt INVC in BW
Average elasticity of prob(alt) wrt INVT2 in BS
Average elasticity of prob(alt) wrt INVT2 in TN
Average elasticity of prob(alt) wrt INVT2 in BW
Average elasticity of prob(alt) wrt INVT in CR
Partial Effects for Multinomial Choice Model

Table 1：Attribute is INVC in choice BS
Elasticity：* = own

| | Choice | Mean | Standard Deviation |
|---|---|---|---|
| * | BS | - 0. 3624 | 0. 01748 |
| | TN | 0. 10679 | 0. 00573 |
| | BW | 0. 12445 | 0. 00619 |
| | CR | 0. 06967 | 0. 00548 |

Table 2：Attribute is INVC in choice TN
Elasticity： * = own

| | Choice | Mean | Standard Deviation |
|---|---|---|---|
| | BS | 0. 10998 | 0. 00549 |
| * | TN | − 0. 21858 | 0. 01046 |
| | BW | 0. 14703 | 0. 00647 |
| | CR | 0. 07856 | 0. 00575 |

Table 3：Attribute is INVC in choice BW
Elasticity： * = own

| | Choice | Mean | Standard Deviation |
|---|---|---|---|
| | BS | 0. 06621 | 0. 00336 |
| | TN | 0. 07187 | 0. 00356 |
| * | BW | − 0. 44186 | 0. 0109 |
| CR | 0. 03508 | 0. 00256 | |

Partial effects with respect to attribute INVC
Entry = dlogPr(Col_alt) / dlog( × |Row_alt)

| INVC | BS | TN | BW | CR |
|---|---|---|---|---|
| BS | − 0. 3624 | 0. 10679 | 0. 12445 | 0. 06967 |
| TN | 0. 10998 | − 0. 21858 | 0. 14703 | 0. 07856 |
| BW | 0. 06621 | 0. 07187 | − 0. 44186 | 0. 03508 |

Partial effects with respect to attribute INVC
Entry = dlogPr(Col_alt) / dlog(x|Row_alt) (z ratio)
( * * * * * * ) = > a std. dev. of zero when the effect is always zero.

| INVC | BS | TN | BW | CR |
|---|---|---|---|---|
| BS | −. 36240( - 20. 73) | . 10679(18. 64) | . 12445(20. 11) | . 06967( 12. 72) |
| TN | . 10998(20. 04) | −. 21858( - 20. 90) | . 14703( 22. 71) | . 07856( 13. 67) |
| BW | . 06621( 19. 73) | . 07187( 20. 19) | −. 44186( - 40. 53) | . 03508(13. 69) |

## □ 13. 3. 4 计算弧弹性

对于某个决策者，假设某个选项的某个属性的价格从 1 澳元上升为 2 澳元，这个选项的选择概率从 0. 6 下降为 0. 55，那么此人的直接点弹性可用式（13. 1）估计：

$$E_{X_{ikq}}^{P_{iq}}=\frac{0.6-0.55}{1-2}\times\frac{2}{0.55}=-0.182$$

这个结果的意思是，在其他条件不变的情形下，价格升高 1%导致选项被选中的概率降低了 0. 182%。

上面的结果比较直观；然而，注意，在上面的计算过程中，我们用变化后的价格和变化后的概率作为比较基准。也就是说，在式（13.1）中，$X_{ikq}$ 等于 2，$P_{iq}$ 等于 0.55。如果我们用变化前的价格和变化前的概率作为比较基准，那么弹性变为

$$E_{X_{ikq}}^{P_{iq}}=\frac{0.6-0.55}{1-2}\times\frac{1}{0.6}=-0.08$$

这个结果意味着，在其他条件不变的情形下，价格上升 1%将导致选项被选中的概率降低 0.08%。注意，使用变化前的变量作为基准和使用变化后的变量作为基准，计算结果不一样；对于我们这个例子来说，计算结果相差 0.1%。

哪种计算方法正确？对于高达几百万澳元的项目来说，这个问题的答案很重要。经济学家没有正面回答这个问题，而是回答了另外一个相关的问题：上面两种计算方法引起的结果差异大到足以引起重视吗？如果这个差异很小，那么使用上面哪种方法都无所谓。如果差异很大，那么他们使用另外一种称为弧弹性的方法来计算弹性。差异的大小取决于研究人员自己的判断。

弧弹性的计算需要使用变量变化前和变化后的平均值。因此，第 8 章中的式（8.20）变为

$$E_{X_{ikq}}^{P_{iq}}=\frac{\partial P_{iq}}{\partial X_{ikq}}\cdot\frac{\bar{x}_{ikq}}{\bar{P}_{iq}} \tag{13.1}$$

对于前面的例子，使用式（13.1）计算，结果为

$$E_{X_{ikq}}^{P_{iq}}=\frac{0.6-0.55}{1-2}\times\frac{1.5}{0.575}=-0.13$$

注意，弧弹性介于前面介绍的两种计算方法的结果之间，但通常不是正中间。如果你希望计算弧弹性，那么 Nlogit 可以提供式（13.1）需要的变量变化前和变化后的值，相应的命令为“;simulation”和“;scenario”，我们将在 13.4 节介绍这些命令。在这之前，我们先讨论边际效应，这是弹性结果之外的另一个输出结果（事实上，弹性是用边际效应的信息计算出的。）

### □ 13.3.5 边际效应

这个主题背后的理论参见 8.4.3 节。边际效应衡量一个变量的变化引起另外一个变量的变化程度。与弹性不同，边际效应不使用百分数变化表示，而是使用单位变化表示。具体地说，对于选择模型，边际效应表示在其他条件不变的情形下，一个变量的单位变化引起的选择概率的变化。

用来产生边际效应的命令与用来产生点弹性的命令类似，唯一区别是现在我们用方括号（即［ ］）而不是用圆括号（即（）），其余都与弹性命令相同。因此，用来产生边际效应的命令的一般形式为

;effects：<$variable_k$［$alternative_i$］>

与弹性情形类似，我们也可以使用一个命令同时得到多个选项关于一个变量的边际效应。相应的命令形式为

;effects：<$variable_k$［$alternative_i$，$alternative_j$］>

我们也可以使用一个命令行同时得到多个变量的边际效应，这时要用斜杠（即/）将每个边际效应隔开：

;effects：<$variable_k$［$alternative_i$］/ $variable_h$［$alternative_i$］>

下面给出一个例子：

```
[ ] is for partial or marginal effects:
;effects:invc(*)/invt2(bs,tr,bw)/invt(cr)/act[bs,tr,bw]

  ;effects:act[bs,tn,bw];full;pwt
-----------------------------------------------------------------------------------
Average partial effect  on prob(alt) wrt ACT      in BS
----------+------------------------------------------------------------------------
          |                   Standard            Prob.    95% Confidence
    Choice|  Coefficient        Error       z     |z|>Z*       Interval
```

```
-----------+----------------------------------------------------------------------------
        BS|  -.00857***     .00020    -43.20  .0000    -.00896   -.00818
        TN|   .00350***     .00017     20.71  .0000     .00317    .00383
        BW|   .00184***     .00011     16.76  .0000     .00162    .00205
        CR|   .00277***     .00014     19.80  .0000     .00249    .00304
-----------+----------------------------------------------------------------------------
***, **, * ==>  Significance at 1%, 5%, 10% level.
Model was estimated on Aug 16, 2013 at 09:03:03 AM
--------------------------------------------------------------------------------------
--------------------------------------------------------------------------------------
Average partial effect  on prob(alt) wrt ACT      in TN
-----------+----------------------------------------------------------------------------
           |              Standard            Prob.     95% Confidence
     Choice|  Coefficient     Error       z    |z|>Z*        Interval
-----------+----------------------------------------------------------------------------
        BS|   .00416***     .00018     23.04  .0000     .00381    .00451
        TN|  -.00939***     .00014    -66.97  .0000    -.00966   -.00911
        BW|   .00316***     .00017     18.66  .0000     .00282    .00349
        CR|   .00385***     .00017     22.06  .0000     .00351    .00419
-----------+----------------------------------------------------------------------------
***, **, * ==>  Significance at 1%, 5%, 10% level.
Model was estimated on Aug 16, 2013 at 09:03:03 AM
--------------------------------------------------------------------------------------
--------------------------------------------------------------------------------------
Average partial effect  on prob(alt) wrt ACT      in BW
-----------+----------------------------------------------------------------------------
           |              Standard              Prob.     95% Confidence
     Choice|  Coefficient     Error         z    |z|>Z*        Interval
-----------+----------------------------------------------------------------------------
        BS|   .00195***      .00011     17.31  .0000     .00173     .00217
        TN|   .00276***      .00015     18.60  .0000     .00247     .00305
        BW|  -.00620***      .00018    -35.10  .0000    -.00654    -.00585
        CR|   .00131***  .7888D-04     16.58  .0000     .00115     .00146
-----------+----------------------------------------------------------------------------
nnnnn.D-xx or D+xx => multiply by 10 to -xx or +xx.
***, **, * ==>  Significance at 1%, 5%, 10% level.
Model was estimated on Aug 16, 2013 at 09:03:03 AM
--------------------------------------------------------------------------------------
```



**【题外话】**

由于选择概率之和必定等于1，因此边际效应（它们代表选择概率的变化）之和等于0，这代表它们在所有选项上的净效应是零变化。这个结论不适用于弹性。

"PARTIALS"命令和大多数含有";Marginals"的模型命令在计算边际效应时都使用有限差分法。这不适用于对多项 logit 模型的边际效应的计算。如果我们想要这些结果，就必须手工计算边际效应（针对分类编码变量），或者使用";simulation"命令（参见 13.3.6 节）来得到虚拟变量的既定变化（例如性别变量从 1 变为 0）导致的选择份额的变化，然后比较结果。相应的命令为";Scenario: gender(bs, tn, bw) =1.0 & gender(bs, tn, bw) =0.0 $"。

在解释这里的标准误和置信区间时需要小心。弹性是用样本观察值的平均值计算出来的。这里的标准误等于这个弹性样本的标准差。因此，它不是一个"抽样标准误"，抽样标准误的计算通常针对参数估计量。这里的"置信区间"包含关于弹性的 95%的样本观察值，而不是参数估计量的 95%的置信区间。正如以前指出的，上面的结果中显示的交叉效应的不变性是多项 logit 模型的一个特征。其他模型［例如嵌套 logit（参见第 14 章）］没有这个特征。

## □ 13.3.6　二元选择情形下的边际效应

我们可以使用二元选择数据集来说明边际效应的计算。在本质上，模型描述了某个选项的某个属性（例如成本或交通耗时）的变化引起的选项之间的替代。假设我们使用最简单的模型，它仅描述了个体选择是否开车出行。这个选择模型意味着边缘概率：

$$\begin{aligned}\text{Prob}(cr=1\mid x_{\sigma})&=\frac{\exp(\alpha_{\sigma}+invtcar\times invt+tc\times tc+pc\times pc+egtcar\times egt)}{1+\exp(\alpha_{\sigma}+invtcar\times invt+tc\times tc+pc\times pc+egtcar\times egt)}\\&=\Lambda(\alpha_{\sigma}+\beta'_{\sigma}x_{\sigma})\end{aligned} \tag{13.2}$$

这是一个二元选择模型。拟合这个模型时，我们仅考察针对 cr 的数据行以及模拟选择变量 choice，这个变量对于那些选中它的个体取值 1，对于未选中它的个体取值 0。因此：

```
logit ; if[altij = 4] ; lhs = choice ; rhs = one,invt,tc,pc,egt $
```

下面给出了估计模型。在考察二元 logit 模型之前，有必要比较它与我们以前得到的 MNL 模型的结果的相应部分，如下所示。正如我们预期的，它们非常相似。二者的差异可用两个原因解释：抽样差异（175 个观察值，并不是非常大的样本）和违背了 IIA 假设（参见第 7 章）。在很大的样本以及 IIA 假设下，我们预期：无论是基于完整的 MNL 模型还是基于其中一个选择的边际模型，我们得到的估计模型都是相同的。

```
-----------------------------------------------------------------------------------------
Binary Logit Model for Binary Choice
Dependent variable                CHOICE
Log likelihood function        -88.60449
Restricted log likelihood     -118.17062
Chi squared [   4](P= .000)     59.13226
Significance level                .00000
McFadden Pseudo R-squared       .2501987
Estimation based on N =     175, K =   5
Inf.Cr.AIC  =     187.2 AIC/N =    1.070
-----------+-----------------------------------------------------------------------------
           |                  Standard            Prob.       95% Confidence
    CHOICE|  Coefficient        Error        z     |z|>Z*          Interval
-----------+-----------------------------------------------------------------------------
  Constant|    3.01108***       .61209     4.92   .0000      1.81141   4.21075
      INVT|    -.04110***       .01042    -3.94   .0001      -.06152   -.02068
        TC|    -.14627*         .07817    -1.87   .0613      -.29948    .00694
        PC|    -.02721          .01721    -1.58   .1139      -.06093    .00652
       EGT|    -.07195**        .03287    -2.19   .0286      -.13638   -.00753
-----------+-----------------------------------------------------------------------------
***, **, * ==>  Significance at 1%, 5%, 10% level.
These are the estimates from the MNL shown earlier
  INVTCAR|   -.04847***     .01032   -4.70  .0000     -.06870  -.02825
       TC|   -.09183        .08020   -1.14  .2522     -.24902   .06537
       PC|   -.01899        .01635   -1.16  .2457     -.05104   .01307
   EGTCAR|   -.05489*       .03198   -1.72  .0861     -.11756   .00779
```

模型中的属性如何影响选择概率？边际效应为：

$$\frac{\partial \text{Prob}(cr=1\mid x)}{\partial x}=\Lambda(\alpha_{\sigma}+\beta'_{\sigma}x_{\sigma})\times[1-\Lambda(\alpha_{\sigma}+\beta'_{\sigma}x_{\sigma})]\beta_{\sigma} \tag{13.3}$$

也就是说，它们是系数向量的乘积。一般结果是，在选择模型中，参数与我们感兴趣的边际效应相关但不相等。如果我们在模型命令中添加“;Partials”命令，那么 Nlogit 输出的模型结果中将包含边际效应。对于选择模型：

```
-----------------------------------------------------------------------------------------
Partial derivatives of E[y] = F[*]  with
respect to the vector of characteristics
Average partial effects for sample obs.
-----------+-----------------------------------------------------------------------------
           |    Partial      Standard             Prob.      95% Confidence
    CHOICE|     Effect         Error        z     |z|>Z*          Interval
```

```
-----------+------------------------------------------------------------------------
     INVT|   -.00691***      .00177     -3.91  .0001      -.01038    -.00345
       TC|   -.02461*        .01311     -1.88  .0606      -.05031     .00109
       PC|   -.00458         .00291     -1.57  .1154      -.01027     .00112
      EGT|   -.01210**       .00554     -2.18  .0290      -.02297    -.00124
-----------+------------------------------------------------------------------------
***, **, * ==>  Significance at 1%, 5%, 10% level.
------------------------------------------------------------------------------------
```

注意，报告的结果为“平均边际效应”；它们是按照样本观察值的边际效应的平均值计算的。标准误的计算使用了 delta 法（参见第 7 章）。雅可比由式（13.4）给出：

$$\Gamma=\frac{\partial \text{Prob}(cr=1|x)}{\partial x \partial(\alpha_\sigma,\beta')} \\ =\Lambda(\alpha_\sigma+\beta'_\sigma x_\sigma)\times[1-\Lambda(\alpha_\sigma+\beta'_\sigma x_\sigma)][1-2\Lambda(\alpha_\sigma+\beta'_\sigma x_\sigma)]\beta_\sigma(1,x'_\sigma) \tag{13.4}$$

例如，一单位过路费（TC）变化引起的选择概率变化的估计值为－0.024 61。我们现在需要确定过路费的合理变化。以前，当拟合 MNL 模型时，我们已获知了每个选项的属性信息（使用“;Describe”命令）。对于 car，我们有：

```
+--------------------------------------------------------------------------------+
|              Descriptive Statistics for Alternative CR                          |
|     Utility Function                 |                    |    71.0 observs.    |
|     Coefficient                      | All     175.0 obs. |that chose CR        |
| Name        Value     Variable       | Mean       Std. Dev.|Mean       Std. Dev. |
| ----------------------  ------------ | -------------------+--------------------- |
| INVTCAR    -.0485   INVT             |  55.406     24.166 |  43.324     15.839   |
| TC         -.0918   TC               |   3.766      2.705 |   2.592      2.708   |
| PC         -.0190   PC               |  11.606     13.551 |   5.859     10.184   |
| EGTCAR     -.0549   EGT              |   6.469      9.348 |   3.958      4.634   |
+--------------------------------------------------------------------------------+
```

因此，过路费（TC）的均值为 3.766，取值范围为 0～9。因此，过路费的单位变化实际上是一个合理的实验。因此，如果过路费增加 1 元，那么选择开车的概率将降低 1×0.024 61。为了完成这个实验，我们注意到在含有 175 个个体的样本中，71 个个体（占 41%）选择了 cr。因此，平均概率大约为 0.41；而且过路费上升 1 元，导致选择概率降低为 0.385，或大致减少为 67 个个体。因此，这是一个比较大的影响，尽管我们很难从模型系数或边际效应看出从这一点。可视化做法能提供更多信息，这可以通过使用“Simulate”命令完成，我们将在 13.4 节介绍。

## 13.4 模拟与“what if”情景

Nlogit 中的模拟功能让我们能够使用现有模型来检验属性或 SDC 变化对每个选项选择概率的影响。这分为两步：

1. 像以前一样估计模型（输出结果自动保存）；
2. 使用“Simulation”命令（以及保存的参数估计值）来检验属性和 SDC 水平对选择概率的影响。

第 1 步要求我们设定选择模型，这个模型将用作后来模拟的比较基础。第 2 步要求我们实施模拟来检验属性或 SDC 变化对第 1 步估计出的选择概率的影响。

Nlogit 中的“Simulation”命令如下所示：

```
;Simulation = <list of alternatives>
;Scenario: <variable(alternative)> = <[action]magnitude of action> $
```

“;simulation”命令的使用方式有两种。首先，我们可以通过设定包含哪些选项来限制模拟使用的选项。

例如，命令：

;Simulation = bs,tn

将让我们仅模拟公共汽车（bs）和火车（tn）的变化。所有其他选项都被忽略。

我们也可以纳入所有选项，此时我们不特别设定任何选项。因此：

;Simulation

将让 Nlogit 对“=<list of alternatives>”命令设定的所有选项进行模拟。

剩下的命令语法告诉 Nlogit 模拟什么变化。这里有几点值得注意。首先，命令以分号（即;）开始，但命令“;scenario”后面需要使用冒号（即:）；其次，设定的变量必须包含在至少一个效用函数中，而且必须属于放在圆括号中的选项。当然，我们也可以模拟属于多个选项的某个属性的变化，此时，我们需要在圆括号内设定每个选项，并且用逗号隔开。因此：

;Scenario: invt 2(bs,tn)

将模拟 bs 选项和 tn 选项的车载时间属性的变化。

行动的设定如下所示：

=将设定变量对每个决策者所取的具体值（例如，“invt2(bs)=20”将模拟所有个体的 bus 选项的车载时间等于 20 分钟）；

=[+] 将把变量对每个决策者的观察值加上 [+] 后面出现的值（例如，“invt2(bs)= [+] 20”将对每个个体的 bus 选项的车载时间的观察值加上 20 分钟）；

=[−] 将把变量对每个决策者的观察值减去 [−] 后面出现的值（例如，“invt2(bs)= [−] 20”将对每个个体的 bus 选项的车载时间的观察值减去 20 分钟）；

=[*] 将把变量对每个决策者的观察值乘以 [*] 后面出现的值（例如，“invt2(bs)= [*] 2.0”将对每个个体的 bus 选项的车载时间的观察值乘以 2）；

=[/] 将把变量对每个决策者的观察值除以 [/] 后面出现的值（例如，“invt2(bs)= [/] 2.0”将对每个个体的 bus 选项的车载时间的观察值除以 2）。

“Simulation”命令也可以设定多个属性的变化，而且这些变化可随选项不同而不同。为了设定多个变化，命令语法如上面所示，然而，新的情景要用斜杠（/）隔开。如下所示：

```
;Simulation = <list of alternatives>
;Scenario: <variable1(alternativei)> = <[action]magnitude of action> /
<variablek(alternativej)> = <[action]magnitude of action> $
```

我们使用下列模型设定来说明 Nlogit 的模拟功能：

```
The initial Nlogit model is first estimated, and then the following model is estimated:
|-> Nlogit
    ;lhs = choice, cset, altij
    ;choices = bs,tn,bw,cr
    ;model:
    u(bs) = bs + actpt*act + invcpt*invc + invtpt*invt2 + egtpt*egt + trpt*trnf /
    u(tn) = tn + actpt*act + invcpt*invc + invtpt*invt2 + egtpt*egt + trpt*trnf /
    u(bw) = bw + actpt*act + invcpt*invc + invtpt*invt2 + egtpt*egt + trpt*trnf /
    u(cr) =                              invtcar*invt + TC*TC + PC*PC + egtcar*egt
    ;Simulation?;arc
    ;Scenario: invt2(bs,tn,bw) = 0.9 & invt2(bs,tn,bw) = 0.8 $
+-----------------------------------------------------------+
| Discrete Choice (One Level) Model                         |
| Model Simulation Using Previous Estimates                 |
| Number of observations                        197         |
+-----------------------------------------------------------+
```

```
+------------------------------------------------------------ +
|Simulations of Probability Model                              |
|Model: Discrete Choice (One Level) Model                      |
|Simulated choice set may be a subset of the choices.          |
|Number of individuals is the probability times the            |
|number of observations in the simulated sample.               |
|Column totals may be affected by rounding error.              |
|The model used was simulated with    197 observations.|
+------------------------------------------------------------ +
-------------------------------------------------------------------------------------
    Specification of scenario 1 is:
    Attribute  Alternatives affected              Change type            Value
    ---------- ------------------------------     --------------------   ---------
    INVT2      BS        TN        BW             Fix at new value       .900
    ---------------------------------------------------------------------------------
    The simulator located    197 observations for this scenario.
    Simulated Probabilities (shares) for this scenario:
    +------------ +--------------- +--------------- +-------------------- +
    |Choice       |     Base       |   Scenario     | Scenario - Base     |
    |             |%Share Number   |%Share Number   |ChgShare ChgNumber|
    +------------ +--------------- +--------------- +-------------------- +
    |BS           | 20.203      40 | 26.718      53 |  6.515%         13  |
    |TN           | 31.126      61 | 32.596      64 |  1.470%          3  |
    |BW           | 11.075      22 | 12.479      25 |  1.404%          3  |
    |CR           | 37.596      74 | 28.207      56 | -9.389%        -18  |
    |Total        |100.000     197 |100.000     198 |   .000%          1  |
    +------------ +--------------- +--------------- +-------------------- +
```

我们将上面结果的解释任务留给读者完成，但要注意，我们把这个模型作为 Nlogit 的模拟功能的基础。模型的输出结果显示在上面输出结果的上部。注意，尽管模型的设定与以前一样，但 Nlogit 不能重现上面的标准结果。它仅给出了模拟结果（参见上面输出结果的下部）。

我们主要解释模拟结果。模拟结果的第一部分指明了用于模拟的观察数。这应该等于基础选择模型中的观察数。第二部分说明我们可以在选项子集上实施模拟，此时我们需要使用“;simulation=＜list of alternatives＞”命令。该部分的其他信息告诉我们如何解释其他模拟结果。

第三部分说明使用了哪些模拟变化，以及这些变化适用的属性和选项。读者可以自行解读哪个标题对应哪个行动。

Nlogit 模拟输出结果的最后一部分说明了模拟中的行动如何影响每个选项的选择份额。这个输出结果的第一部分给出了基础或仅含有常数模型的基础份额（注意，不要将基础模型与模拟过程两步骤的第 1 步中的基础选择校准模型相混淆）。输出结果的第三列说明了我们设定的变化对这些基础选择份额的影响。

在这个例子中，选项 bus、train 和 busway 的车载时间降低为原来的 90%，那么在其他条件不变的情形下，bus 选项的市场份额将从 20.203%上升为 26.718%。车载时间的这个变化将导致 train、busway 和 car 选项的市场份额分别变为 32.596%、12.479%和 28.207%。

最后一列给出了每个选项的选择份额的变化，这个变化以百分数变化和原始数字变化两种形式给出。因此，选项 bus、train 和 busway 的车载时间降低为原来的 90%，在其他条件不变的情形下，这导致 car 的份额降低了 9.39%，这等价于原来 71 个人的选择减少了 18 个人的选择，也就是说，这 18 个人转而选择其他选项。在这 18 个人中，13 人转到 bus，3 人转到 train，3 人转到 busway。我们忽略了任何四舍五入的误差。

**【题外话】**

我们也可以使用 Nlogit 同时实施多个模拟并且比较每个模拟的结果。此时，需要在“scenario”命令中使用“&”字符，我们在前面的例子中已使用过这个字符。尽管这也适用于多个模型，但我们以同时实施两个模拟为例进行说明。输出结果中的比较为两两比较，因此，对于研究人员设定的模拟情景，Nlogit 将对它们进行两两比较。

### □ 13.4.1 二元选择应用

利用 13.3.5 节中的二元选择模型，我们可以更详细地描述过路费（TC）对 car 选项和其他选项选择的

影响，此时我们要计算不同 TC 值下的概率并且考察预测概率。相应的命令语法为

```
simulate ; if[altij = 4]; scenario: & tc = 0(.5)10 ; plot(ci) $
```

这将模拟 TC 的值以步长 0.5 从 0 变为 10 的选择概率，给出列表结果，画出伴随置信区间的平均预测概率。这些结果如下所示：

```
-----------------------------------------------------------------------------------
Model Simulation Analysis for Logit Probability Function
-----------------------------------------------------------------------------------
Simulations are computed by average over sample observations
-----------------------------------------------------------------------------------
User Function     Function   Standard
(Delta method)     Value      Error      |t|    95% Confidence Interval
-----------------------------------------------------------------------------------
Avrg. Function    .40571     .03101    13.09     .34495     .46648
TC     =   .00    .50437     .06555     7.69     .37589     .63286
TC     =   .50    .49078     .05928     8.28     .37459     .60698
TC     =  1.00    .47717     .05326     8.96     .37279     .58155
TC     =  1.50    .46354     .04762     9.73     .37020     .55688
TC     =  2.00    .44993     .04259    10.56     .36644     .53341
TC     =  2.50    .43634     .03844    11.35     .36100     .51167
TC     =  3.00    .42279     .03547    11.92     .35328     .49231
TC     =  3.50    .40931     .03399    12.04     .34270     .47592
TC     =  4.00    .39591     .03414    11.60     .32900     .46281
TC     =  4.50    .38260     .03583    10.68     .31237     .45283
TC     =  5.00    .36941     .03879     9.52     .29337     .44544
TC     =  5.50    .35634     .04266     8.35     .27274     .43995
TC     =  6.00    .34343     .04711     7.29     .25110     .43575
TC     =  6.50    .33067     .05189     6.37     .22897     .43238
TC     =  7.00    .31810     .05682     5.60     .20673     .42947
TC     =  7.50    .30572     .06177     4.95     .18465     .42678
TC     =  8.00    .29354     .06663     4.41     .16295     .42414
TC     =  8.50    .28159     .07134     3.95     .14177     .42142
TC     =  9.00    .26988     .07584     3.56     .12123     .41852
TC     =  9.50    .25840     .08008     3.23     .10145     .41536
TC     = 10.00    .24719     .08404     2.94     .08247     .41190
TC     = 10.50    .23624     .08769     2.69     .06438     .40811
```

图 13.1 画出了我们以前的结果。我们可以看到，平均过路费约为 3.8，平均预测概率约为 0.4；以前我们发现这个数字为 0.41。当过路费从 0 变为 10 时，我们可以看到预测概率从 0.5 多一点降到大约 0.25。利用图形，我们可以清楚地看到，过路费对开车和不开车选择的影响。

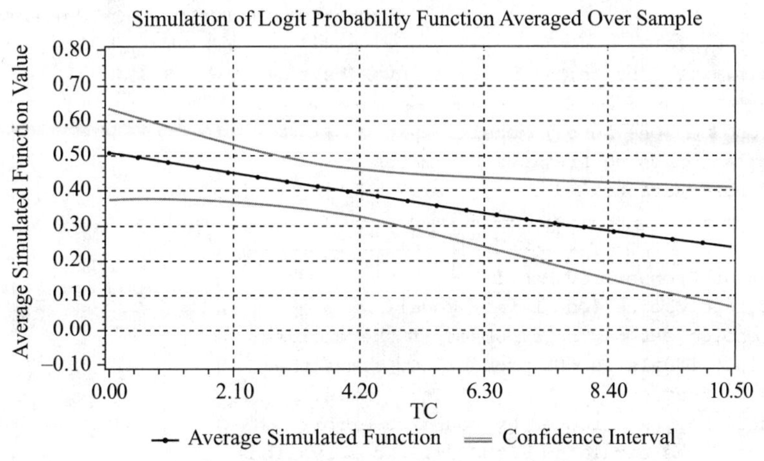


**图 13.1　实验Ⅰ：伴随置信区间的模拟情景**

13 从模型中获得更多信息

考虑另外一个实验（见图 13.2）。车载时间、停车成本和疏散时间的（均值，标准差）分别为（55，24）、（12，14）和（6，9）。上面的结果大致对应着这些变量的均值情景。在下列实验中，我们将这三个属性固定在极端值上，使得开车极其昂贵：

simulate ; if[altij = 4]; scenario: & tc = 0(.5)10; plot(ci); set:invt = 80,
pc = 30,egt = 25 $

这个情景使得开车极其不受欢迎。

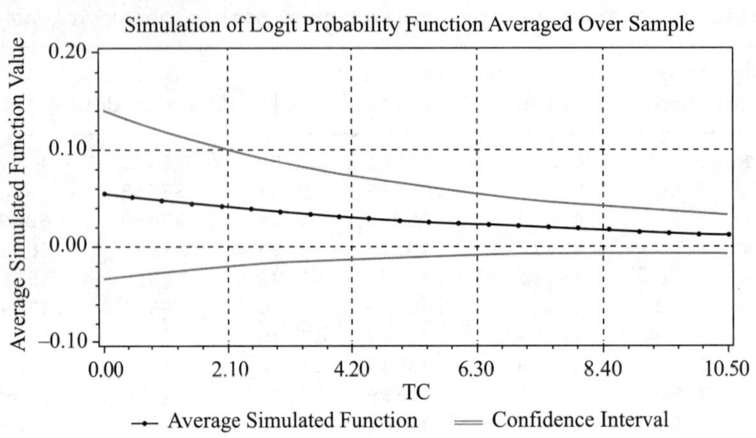


**图 13.2　实验Ⅱ：伴随置信区间的模拟情景**

### □ 13.4.2　使用“;simulation”命令得到弧弹性

由于模拟情景给出了属性的离散变化引起的选择概率的离散变化，因此我们很容易利用这些结果来计算弧弹性。我们可以在“;Simulation”中添加“;Arc”命令来获得弧弹性的估计值。与点弹性情形类似，我们也可以计算不加权或加权概率，后者需要添加“;Pwt”命令。如果你纳入多个情景，那么输出结果中将包含不同情景的比较。下列是通过添加“;Arc”命令并实施两个情景而得到的结果：

```
|-> Nlogit
    ;lhs = choice, cset, altij
    ;choices = bs,tn,bw,cr
    ;model:
    u(bs) = bs + actpt*act + invcpt*invc + invtpt*invt2 + egtpt*egt + trpt*trnf /
    u(tn) = tn + actpt*act + invcpt*invc + invtpt*invt2 + egtpt*egt + trpt*trnf /
    u(bw) = bw + actpt*act + invcpt*invc + invtpt*invt2 + egtpt*egt + trpt*trnf /
    u(cr) =                      invtcar*invt + TC*TC + PC*PC + egtcar*egt
    ;Simulation;arc
    ;Scenario: invt2(bs,tn,bw) = 0.9 & invt2(bs,tn,bw) = 0.8 $
+--------------------------------------------------------+
| Discrete Choice (One Level) Model                      |
| Model Simulation Using Previous Estimates              |
| Number of observations                   197           |
+--------------------------------------------------------+
+------------------------------------------------------------+
|Simulations of Probability Model                            |
|Model: Discrete Choice (One Level) Model                    |
|Simulated choice set may be a subset of the choices.        |
|Number of individuals is the probability times the          |
|number of observations in the simulated sample.             |
|Column totals may be affected by rounding error.            |
|The model used was simulated with    197 observations.|
+------------------------------------------------------------+
```

```
----------------------------------------------------------------------------------------------
Estimated Arc Elasticities Based on the Specified Scenario. Rows in the table
report 0.00 if the indicated attribute did not change in the scenario
or if the average probability or average attribute was zero in the sample.
Estimated values are averaged over all individuals used in the simulation.
Rows of the table in which no changes took place are not shown.
----------------------------------------------------------------------------------------------
Attr Changed in | Change in Probability of Alternative
----------------------------------------------------------------------------------------------
Choice BS       | BS          TN          BW          CR
   x = INVTPT   |     -.236       -.064       -.102       .192
Choice TN       | BS          TN          BW          CR
   x = INVTPT   |     -.218       -.065       -.104       .187
Choice BW       | BS          TN          BW          CR
   x = INVTPT   |     -.217       -.065       -.102       .186
Note, results above aggregate more than one change. They are not elasticities.
----------------------------------------------------------------------------------------------

----------------------------------------------------------------------------------------------
Specification of scenario 1 is:
Attribute   Alternatives affected               Change type                  Value
---------- ------------------------------      ----------------------------- ----------
INVT2       BS         TN         BW            Fix at new value             .900
----------------------------------------------------------------------------------------------
The simulator located    197 observations for this scenario.
Simulated Probabilities (shares) for this scenario:
+-------------+----------------+----------------+----------------------+
|Choice       |      Base      |    Scenario    |  Scenario - Base     |
|             |%Share Number   |%Share Number   |ChgShare ChgNumber    |
+-------------+----------------+----------------+----------------------+
|BS           |  20.203     40 |  26.718     53 |   6.515%         13  |
|TN           |  31.126     61 |  32.596     64 |   1.470%          3  |
|BW           |  11.075     22 |  12.479     25 |   1.404%          3  |
|CR           |  37.596     74 |  28.207     56 |  -9.389%        -18  |
|Total        | 100.000    197 | 100.000    198 |    .000%          1  |
+-------------+----------------+----------------+----------------------+

----------------------------------------------------------------------------------------------
Specification of scenario 2 is:
Attribute   Alternatives affected               Change type                  Value
---------- ------------------------------      ----------------------------- ----------
INVT2       BS         TN         BW            Fix at new value             .800
----------------------------------------------------------------------------------------------
The simulator located    197 observations for this scenario.
Simulated Probabilities (shares) for this scenario:
+-------------+----------------+----------------+----------------------+
|Choice       |      Base      |    Scenario    |  Scenario - Base     |
|             |%Share Number   |%Share Number   |ChgShare ChgNumber    |
+-------------+----------------+----------------+----------------------+
|BS           |  20.203     40 |  26.725     53 |   6.522%         13  |
|TN           |  31.126     61 |  32.604     64 |   1.478%          3  |
|BW           |  11.075     22 |  12.482     25 |   1.407%          3  |
|CR           |  37.596     74 |  28.189     56 |  -9.407%        -18  |
|Total        | 100.000    197 | 100.000    198 |    .000%          1  |
+-------------+----------------+----------------+----------------------+

The simulator located    197 observations for this scenario.
Pairwise Comparisons of Specified Scenarios
Base     for this comparison is scenario 1.
Scenario for this comparison is scenario 2.
```

| Choice | Base %Share | Base Number | Scenario %Share | Scenario Number | Scenario - Base ChgShare | Scenario - Base ChgNumber |
|---|---|---|---|---|---|---|
| BS | 26.718 | 53 | 26.725 | 53 | .007% | 0 |
| TN | 32.596 | 64 | 32.604 | 64 | .008% | 0 |
| BW | 12.479 | 25 | 12.482 | 25 | .003% | 0 |
| CR | 28.207 | 56 | 28.189 | 56 | -.018% | 0 |
| Total | 100.000 | 198 | 100.000 | 198 | .000% | 0 |

## 13.5 加权

我们有时对数据加权，使得它们符合一些先验事实。考虑下面的例子：研究人员从总体抽取样本，而且这个总体的普查数据（即整个人口数据）同样可得。尽管根据研究人员的研究目标，抽样数据可能含有普查数据中不含有的变量，然而只要二者含有相同的变量，我们就可以对抽样数据加权，以反映普查数据中总体的分布。

研究人员对数据加权的方法有两种。首先，如果信息和选项的真实的市场份额有关，那么加权标准称为内生的；因为这对选择响应是内生的。选项的市场份额由数据集中的选择变量表示。如果研究人员拥有的信息和选择变量之外的任何变量有关，那么加权标准称为外生的，因为这对系统来说是外生的。区分内生加权（endogenous weighting）和外生加权（exogenous weighting）比较重要，因为 Nlogit 对它们的处理方式不同。我们现在讨论这些加权形式。

### □ 13.5.1 内生加权

在离散选择模型中，数据的内生加权发生在因变量上并且发生在当研究人员从其他渠道获知模型中每个选项的真实市场份额信息时。当研究人员使用基于选择的加权作为抽样技巧时，内生加权特别有用。

上面的内容意味着内生加权应该使用什么类型的数据。对于陈述性偏好（SP）数据，选项的选择是在选择集背景下做出的，由于不同决策者可能有不同选择集，而且选项可能有不同的属性水平，因此真实的市场份额概念没有意义。内生加权和基于选择的抽样仅在显示性偏好（RP）数据集情形下才有意义。

为了对样本进行内生加权，我们需要向“;choices＝names of alternatives”命令行添加指明真实市场份额的命令。新添加的命令语法与“;choices＝names of alternatives”命令要以斜杠（/）隔开，各个选项的市场份额（它们的和正好等于 1）的出现顺序与“;choices＝names of alternatives”中选项的顺序相同。真实市场份额以逗号隔开。命令形式如下：

```
NLOGIT
;lhs = choice,cset,altij
;choices = <names of alternatives> / <weight assigned to alt1,> <weight assigned to alt2,>...,
<weight assigned to altj>
;Model:
U(<alternative 1 name>) = <utility function 1>
U(<alternative 2 name>) = <utility function 2>
...
U(<alternative i name>) = <utility function i> $
```

为了说明内生加权，考虑下列选择模型，其中 bus、train、busway 和 car 选项的市场份额分别为 0.2、0.3、0.1 和 0.4：

```
|-> Nlogit
    ;lhs = choice, cset, altij
    ;choices = bs,tn,bw,cr /0.2,0.3,0.1,0.4
    ;show
    ;descriptives;crosstabs
    ;effects:invc(*)/invt2(bs,tn,bw)/invt(cr)/act[bs,tn,bw]
    ;full
    ;export=both
    ;pwt
    ;model:
    u(bs) = bs + actpt*act + invcpt*invc + invtpt*invt2 + egtpt*egt + trpt*trnf /
    u(tn) = tn + actpt*act + invcpt*invc + invtpt*invt2 + egtpt*egt + trpt*trnf /
    u(bw) = bw + actpt*act + invcpt*invc + invtpt*invt2 + egtpt*egt + trpt*trnf /
    u(cr) =                           invtcar*invt + TC*TC + PC*PC + egtcar*egt $

Sample proportions are marginal, not conditional.
Choices marked with * are excluded for the IIA test.
+--------------------+--------+------
|Choice    (prop.)|Weight|IIA
+--------------------+--------+------
|BS         .19289| 1.037|
|TN         .23350| 1.285|
|BW         .21320|  .469|
|CR         .36041| 1.110|
+--------------------+--------+------
+--------------------------------------------------------------------------+
| Model Specification:  Table entry is the attribute that                 |
| multiplies the indicated parameter.                                      |
+----------+--------+------------------------------------------------------+
| Choice  |******| Parameter                                               |
|         |Row  1| BS        ACTPT     INVCPT    INVTPT    EGTPT           |
|         |Row  2| TRPT      TN        BW        INVTCAR   TC              |
|         |Row  3| PC        EGTCAR                                        |
+----------+--------+------------------------------------------------------+
|BS       |     1| Constant ACT       INVC      INVT2     EGT             |
|         |     2| TRNF      none      none      none      none            |
|         |     3| none      none                                          |
|TN       |     1| none      ACT       INVC      INVT2     EGT             |
|         |     2| TRNF      Constant none      none      none            |
|         |     3| none      none                                          |
|BW       |     1| none      ACT       INVC      INVT2     EGT             |
|         |     2| TRNF      none      Constant none      none            |
|         |     3| none      none                                          |
|CR       |     1| none      none      none      none      none            |
|         |     2| none      none      none      INVT      TC              |
|         |     3| PC        EGT                                           |
+--------------------------------------------------------------------------+
Normal exit:   6 iterations. Status=0, F=    190.4789

-----------------------------------------------------------------------------
Discrete choice (multinomial logit) model
Dependent variable              Choice
Log likelihood function      -190.47891
Estimation based on N =    197, K =  12
Inf.Cr.AIC  =    405.0 AIC/N =    2.056
R2=1-LogL/LogL* Log-L fncn R-sqrd R2Adj
Constants only must be computed directly
               Use NLOGIT ;...;RHS=ONE$
Chi-squared[ 9]          =    152.66810
Prob [ chi squared > value ] =   .00000
```

Vars. corrected for choice based sampling
Response data are given as ind. choices
Number of obs.= 197, skipped 0 obs

| CHOICE | Coefficient | Standard Error | z | Prob. \|z\|>Z* | 95% Confidence Interval | |
|---|---|---|---|---|---|---|
| BS | -1.68661** | .74953 | -2.25 | .0244 | -3.15566 | -.21756 |
| ACTPT | -.04533*** | .01667 | -2.72 | .0065 | -.07800 | -.01265 |
| INVCPT | -.08405 | .07151 | -1.18 | .2399 | -.22421 | .05611 |
| INVTPT | -.01368 | .00840 | -1.63 | .1033 | -.03013 | .00278 |
| EGTPT | -.04892* | .02934 | -1.67 | .0954 | -.10642 | .00858 |
| TRPT | -1.07979*** | .41033 | -2.63 | .0085 | -1.88403 | -.27555 |
| TN | -1.39443* | .72606 | -1.92 | .0548 | -2.81748 | .02862 |
| BW | -2.48469*** | .74273 | -3.35 | .0008 | -3.94041 | -1.02897 |
| INVTCAR | -.04847*** | .01032 | -4.70 | .0000 | -.06870 | -.02825 |
| TC | -.09183 | .08020 | -1.14 | .2522 | -.24902 | .06537 |
| PC | -.01899 | .01635 | -1.16 | .2457 | -.05104 | .01307 |
| EGTCAR | -.05489* | .03198 | -1.72 | .0861 | -.11756 | .00779 |

***, **, * ==> Significance at 1%, 5%, 10% level.
Model was estimated on Aug 16, 2013 at 09:42:26 AM

Descriptive Statistics for Alternative BS

| Utility Function Coefficient Name | Value | Variable | All 197.0 obs. Mean | Std. Dev. | 38.0 observs. that chose BS Mean | Std. Dev. |
|---|---|---|---|---|---|---|
| BS | -1.6866 | ONE | 1.000 | .000 | 1.000 | .000 |
| ACTPT | -.0453 | ACT | 5.944 | 4.662 | 5.053 | 4.312 |
| INVCPT | -.0840 | INVC | 7.071 | 3.872 | 7.237 | 6.015 |
| INVTPT | -.0137 | INVT2 | 71.797 | 43.551 | 52.000 | 17.747 |
| EGTPT | -.0489 | EGT | 8.680 | 7.331 | 9.105 | 10.467 |
| TRPT | -1.0798 | TRNF | .442 | .498 | .079 | .273 |

Descriptive Statistics for Alternative TN

| Utility Function Coefficient Name | Value | Variable | All 187.0 obs. Mean | Std. Dev. | 46.0 observs. that chose TN Mean | Std. Dev. |
|---|---|---|---|---|---|---|
| ACTPT | -.0453 | ACT | 16.016 | 8.401 | 15.239 | 6.651 |
| INVCPT | -.0840 | INVC | 4.947 | 2.451 | 4.065 | 2.435 |
| INVTPT | -.0137 | INVT2 | 45.257 | 15.421 | 43.630 | 9.903 |
| EGTPT | -.0489 | EGT | 8.882 | 6.788 | 7.196 | 5.714 |
| TRPT | -1.0798 | TRNF | .230 | .422 | .174 | .383 |
| TN | -1.3944 | ONE | 1.000 | .000 | 1.000 | .000 |

Descriptive Statistics for Alternative BW

| Utility Function Coefficient Name | Value | Variable | All 188.0 obs. Mean | Std. Dev. | 42.0 observs. that chose BW Mean | Std. Dev. |
|---|---|---|---|---|---|---|
| ACTPT | -.0453 | ACT | 10.707 | 17.561 | 5.405 | 4.854 |
| INVCPT | -.0840 | INVC | 7.000 | 3.599 | 6.405 | 1.345 |
| INVTPT | -.0137 | INVT2 | 50.904 | 20.300 | 54.643 | 15.036 |
| EGTPT | -.0489 | EGT | 10.027 | 9.811 | 8.286 | 5.932 |
| TRPT | -1.0798 | TRNF | .271 | .446 | .095 | .297 |
| BW | -2.4847 | ONE | 1.000 | .000 | 1.000 | .000 |

```
+------------------------------------------------------------------------------+
|             Descriptive Statistics for Alternative CR                        |
|      Utility Function             |                      |    71.0 observs.  |
|      Coefficient                  | All       175.0 obs. |that chose CR      |
| Name            Value   Variable  | Mean        Std. Dev.|Mean      Std. Dev.|
| -----------------------  -------- | ---------------------+-------------------|
| INVTCAR       -.0485   INVT       |    55.406     24.166|   43.324    15.839 |
| TC            -.0918   TC         |     3.766      2.705|    2.592     2.708 |
| PC            -.0190   PC         |    11.606     13.551|    5.859    10.184 |
| EGTCAR        -.0549   EGT        |     6.469      9.348|    3.958     4.634 |
+------------------------------------------------------------------------------+

+---------------------------------------------------------+
| Cross tabulation of actual choice vs. predicted P(j)    |
| Row indicator is actual, column is predicted.           |
| Predicted total is F(k,j,i)=Sum(i=1,...,N) P(k,j,i).    |
| Column totals may be subject to rounding error.         |
+---------------------------------------------------------+

-----------+-----------------------------------------------------------------
NLOGIT Cross Tabulation for 4 outcome Multinomial Choice Model
XTab_Prb|         BS           TN            BW            CR          Total
-----------+-----------------------------------------------------------------
      BS|      12.0000      12.0000      4.00000      10.0000      38.0000
      TN|      10.0000      19.0000      5.00000      12.0000      46.0000
      BW|      9.00000      18.0000      8.00000      7.00000      42.0000
      CR|      8.00000      13.0000      5.00000      45.0000      71.0000
   Total|      40.0000      61.0000      22.0000      74.0000      197.000

+---------------------------------------------------------+
| Cross tabulation of actual y(ij) vs. predicted y(ij)    |
| Row indicator is actual, column is predicted.           |
| Predicted total is N(k,j,i)=Sum(i=1,...,N) Y(k,j,i).    |
| Predicted y(ij)=1 is the j with largest probability.    |
+---------------------------------------------------------+

-----------+-----------------------------------------------------------------
NLOGIT Cross Tabulation for 4 outcome Multinomial Choice Model
XTab_Frq|         BS           TN            BW            CR          Total
-----------+-----------------------------------------------------------------
      BS|      13.0000      13.0000      .000000      12.0000      38.0000
      TN|      8.00000      22.0000      2.00000      14.0000      46.0000
      BW|      8.00000      24.0000      2.00000      8.00000      42.0000
      CR|      5.00000      10.0000      .000000      56.0000      71.0000
   Total|      34.0000      69.0000      4.00000      90.0000      197.000

+------------------------------------------------------+
| Derivative              averaged over observations.|
| Effects on probabilities of all choices in model:   |
| * = Direct Derivative effect of the attribute.      |
+------------------------------------------------------+

----------------------------------------------------------------------------
Average elasticity      of prob(alt) wrt INVC      in BS
-----------+----------------------------------------------------------------
           |              Standard             Prob.      95% Confidence
    Choice|  Coefficient     Error         z    |z|>Z*        Interval
-----------+----------------------------------------------------------------
       BS|   -.36240***     .01748    -20.73   .0000    -.39666    -.32813
       TN|    .10679***     .00573     18.64   .0000     .09556     .11801
       BW|    .12445***     .00619     20.11   .0000     .11232     .13658
       CR|    .06967***     .00548     12.72   .0000     .05894     .08041
-----------+----------------------------------------------------------------
***, **, * ==>  Significance at 1%, 5%, 10% level.
Model was estimated on Aug 16, 2013 at 09:42:27 AM
----------------------------------------------------------------------------
```

```
--------------------------------------------------------------------------------
Average elasticity      of prob(alt) wrt INVC      in TN
-----------+--------------------------------------------------------------------
           |                  Standard              Prob.       95% Confidence
     Choice|  Coefficient       Error        z     |z|>Z*          Interval
-----------+--------------------------------------------------------------------
         BS|   .10998***       .00549     20.04   .0000      .09923     .12073
         TN|  -.21858***       .01046    -20.90   .0000     -.23908    -.19809
         BW|   .14703***       .00647     22.71   .0000      .13434     .15972
         CR|   .07856***       .00575     13.67   .0000      .06730     .08982
-----------+--------------------------------------------------------------------
***, **, * ==>  Significance at 1%, 5%, 10% level.
Model was estimated on Aug 16, 2013 at 09:42:27 AM
--------------------------------------------------------------------------------

--------------------------------------------------------------------------------
Average elasticity      of prob(alt) wrt INVC      in BW
-----------+--------------------------------------------------------------------
           |                  Standard              Prob.       95% Confidence
     Choice|  Coefficient       Error        z     |z|>Z*          Interval
-----------+--------------------------------------------------------------------
         BS|   .06621***       .00336     19.73  .0000      .05963     .07279
         TN|   .07187***       .00356     20.19  .0000      .06490     .07885
         BW|  -.44186***       .01090    -40.53  .0000     -.46323    -.42050
         CR|   .03508***       .00256     13.69  .0000      .03005     .04010
-----------+--------------------------------------------------------------------
***, **, * ==>  Significance at 1%, 5%, 10% level.
Model was estimated on Aug 16, 2013 at 09:42:27 AM
--------------------------------------------------------------------------------

--------------------------------------------------------------------------------
Average elasticity      of prob(alt) wrt INVT2     in BS
-----------+--------------------------------------------------------------------
           |                  Standard              Prob.       95% Confidence
     Choice|  Coefficient       Error        z     |z|>Z*          Interval
-----------+--------------------------------------------------------------------
         BS|  -.53699***       .02234    -24.03   .0000     -.58078    -.49320
         TN|   .16167***       .00725     22.29   .0000      .14746     .17588
         BW|   .18748***       .00803     23.35   .0000      .17174     .20322
         CR|   .09949***       .00562     17.69   .0000      .08846     .11051
-----------+--------------------------------------------------------------------
***, **, * ==>  Significance at 1%, 5%, 10% level.
Model was estimated on Aug 16, 2013 at 09:42:28 AM
--------------------------------------------------------------------------------

--------------------------------------------------------------------------------
Average elasticity      of prob(alt) wrt INVT2     in TN
-----------+--------------------------------------------------------------------
           |                  Standard             Prob.       95% Confidence
     Choice|  Coefficient       Error        z    |z|>Z*          Interval
-----------+--------------------------------------------------------------------
         BS|   .17929***      .00722     24.83  .0000      .16514     .19345
         TN|  -.32857***      .01242    -26.46  .0000     -.35292    -.30423
         BW|   .22322***      .00848     26.34  .0000      .20661     .23983
         CR|   .10993***      .00684     16.07  .0000      .09652     .12334
-----------+--------------------------------------------------------------------
***, **, * ==>  Significance at 1%, 5%, 10% level.
Model was estimated on Aug 16, 2013 at 09:42:28 AM
--------------------------------------------------------------------------------

--------------------------------------------------------------------------------
Average elasticity      of prob(alt) wrt INVT2     in BW
```

```
-----------+----------------------------------------------------------------------------
           |                  Standard            Prob.      95% Confidence
   Choice| Coefficient          Error      z      |z|>Z*         Interval
-----------+----------------------------------------------------------------------------
        BS|   .08354***       .00430    19.41   .0000     .07510     .09198
        TN|   .09170***       .00461    19.87   .0000     .08265     .10074
        BW|  -.55150***       .01554   -35.48   .0000    -.58197    -.52104
        CR|   .04165***       .00308    13.54   .0000     .03562     .04768
-----------+----------------------------------------------------------------------------
***, **, * ==>  Significance at 1%, 5%, 10% level.
Model was estimated on Aug 16, 2013 at 09:42:28 AM
----------------------------------------------------------------------------------------
----------------------------------------------------------------------------------------
Average elasticity      of prob(alt) wrt INVT     in CR
-----------+----------------------------------------------------------------------------
           |                  Standard            Prob.      95% Confidence
   Choice| Coefficient          Error      z      |z|>Z*         Interval
-----------+----------------------------------------------------------------------------
        BS|   .55295***       .03454    16.01   .0000       .48525     .62064
        TN|   .55344***       .03597    15.39   .0000       .48295     .62394
        BW|   .53235***       .03500    15.21   .0000       .46376     .60094
        CR|  -.91217***       .06191   -14.73   .0000     -1.03351    -.79084
-----------+----------------------------------------------------------------------------
***, **, * ==>  Significance at 1%, 5%, 10% level.
Model was estimated on Aug 16, 2013 at 09:42:28 AM
----------------------------------------------------------------------------------------
----------------------------------------------------------------------------------------
Average partial effect  on prob(alt) wrt ACT      in BS
-----------+----------------------------------------------------------------------------
           |                  Standard            Prob.      95% Confidence
   Choice| Coefficient          Error      z      |z|>Z*         Interval
-----------+----------------------------------------------------------------------------
        BS|  -.00857***       .00020   -43.20   .0000    -.00896    -.00818
        TN|   .00350***       .00017    20.71   .0000     .00317     .00383
        BW|   .00184***       .00011    16.76   .0000     .00162     .00205
        CR|   .00277***       .00014    19.80   .0000     .00249     .00304
-----------+----------------------------------------------------------------------------
***, **, * ==>  Significance at 1%, 5%, 10% level.
Model was estimated on Aug 16, 2013 at 09:42:28 AM
----------------------------------------------------------------------------------------
----------------------------------------------------------------------------------------
Average partial effect  on prob(alt) wrt ACT      in TN
-----------+----------------------------------------------------------------------------
           |                  Standard            Prob.      95% Confidence
   Choice| Coefficient          Error      z      |z|>Z*         Interval
-----------+----------------------------------------------------------------------------
        BS|   .00416***       .00018    23.04   .0000     .00381     .00451
        TN|  -.00939***       .00014   -66.97   .0000    -.00966    -.00911
        BW|   .00316***       .00017    18.66   .0000     .00282     .00349
        CR|   .00385***       .00017    22.06   .0000     .00351     .00419
-----------+----------------------------------------------------------------------------
***, **, * ==>  Significance at 1%, 5%, 10% level.
Model was estimated on Aug 16, 2013 at 09:42:28 AM
----------------------------------------------------------------------------------------

----------------------------------------------------------------------------------------
Average partial effect  on prob(alt) wrt ACT      in BW
-----------+----------------------------------------------------------------------------
           |                  Standard            Prob.      95% Confidence
   Choice| Coefficient          Error      z      |z|>Z*         Interval
```

```
-----------+--------------------------------------------------------------------------------
        BS|    .00195***      .00011    17.31   .0000     .00173     .00217
        TN|    .00276***      .00015    18.60   .0000     .00247     .00305
        BW|   -.00620***      .00018   -35.10   .0000    -.00654    -.00585
        CR|    .00131***   .7888D-04    16.58   .0000     .00115     .00146
-----------+--------------------------------------------------------------------------------
nnnnn.D-xx or D+xx => multiply by 10 to -xx or +xx.
***, **, * ==>  Significance at 1%, 5%, 10% level.
Model was estimated on Aug 16, 2013 at 09:42:28 AM
--------------------------------------------------------------------------------------------
Elasticity wrt change of X in row choice on Prob[column choice]
-----------+------------------------------------------------
INVC       |      BS         TN         BW         CR
-----------+------------------------------------------------
        BS|   -.3624     .1068      .1245      .0697
        TN|    .1100    -.2186      .1470      .0786
        BW|    .0662     .0719     -.4419      .0351

Elasticity wrt change of X in row choice on Prob[column choice]
-----------+------------------------------------------------
INVT2      |      BS         TN         BW         CR
-----------+------------------------------------------------
        BS|   -.5370     .1617      .1875      .0995
        TN|    .1793    -.3286      .2232      .1099
        BW|    .0835     .0917     -.5515      .0417

Elasticity wrt change of X in row choice on Prob[column choice]
-----------+------------------------------------------------
INVT       |      BS         TN         BW         CR
-----------+------------------------------------------------
        CR|    .5529     .5534      .5323     -.9122

Derivative wrt change of X in row choice on Prob[column choice]
-----------+------------------------------------------------
ACT        |      BS         TN         BW         CR
-----------+------------------------------------------------
        BS|   -.0086     .0035      .0018      .0028
        TN|    .0042    -.0094      .0032      .0039
        BW|    .0019     .0028     -.0062      .0013
```

这些结果可以与本章前面那些未使用内生加权的结果进行比较。二者在一些关键行为输出上存在明显差异。读者可以自行考察这些差异，我们在这里仅指出一点：二者在弹性和市场份额变化等方面通常存在明显差异。

我们提醒读者注意“;show”命令产生的选择比例输出信息。由于这个模型是在一定形式的随机抽样假设下用 RP 数据估计的，因此选择比例应该等于相应选项的实际市场份额。

### □ 13.5.2 对外生变量加权

上面的讨论针对的是选择变量的加权。如果我们希望对选择变量之外的任何其他变量加权，就需要使用另外一种方法。用于外生加权的命令为

;wts = <name of weighting variable>

我们选择对性别（gender）数据加权。外生加权命令包含在模型之中，整套输出结果如下所示。读者可以将这些结果与前文未使用外生加权的结果进行比较。

|-> Nlogit

```
;lhs = choice, cset, altij
;choices = bs,tn,bw,cr? /0.2,0.3,0.1,0.4
;show
;descriptives;crosstabs
;effects:invc(*)/invt2(bs,tn,bw)/invt(cr)/act[bs,tn,bw]
;full
;export = both
;pwt
;wts = gender
;model:
u(bs) = bs + actpt * act + invcpt * invc + invtpt * invt2 + egtpt * egt + trpt * trnf /
u(tn) = tn + actpt * act + invcpt * invc + invtpt * invt2 + egtpt * egt + trpt * trnf /
u(bw) = bw + actpt * act + invcpt * invc + invtpt * invt2 + egtpt * egt + trpt * trnf /
u(cr) = invtcar * invt + TC * TC + PC * PC + egtcar * egt $
```

```
Sample proportions are marginal, not conditional.
Choices marked with * are excluded for the IIA test
+---------------------+---------+------
|Choice    (prop.)|Weight|IIA
+---------------------+---------+------
|BS          .21429| 1.000|
|TN          .24490| 1.000|
|BW          .24490| 1.000|
|CR          .29592| 1.000|
+---------------------+---------+------
+------------------------------------------------------------------------------+
| Model Specification:  Table entry is the attribute that                      |
| multiplies the indicated parameter.                                          |
+----------+--------+----------------------------------------------------------+
| Choice   |******| Parameter                                                  |
|          |Row  1| BS        ACTPT     INVCPT    INVTPT    EGTPT              |
|          |Row  2| TRPT      TN        BW        INVTCAR   TC                 |
|          |Row  3| PC        EGTCAR                                           |
+----------+--------+----------------------------------------------------------+
|BS        |      1| Constant ACT       INVC      INVT2     EGT                |
|          |      2| TRNF      none      none      none      none               |
|          |      3| none      none                                             |
|TN        |      1| none      ACT       INVC      INVT2     EGT                |
|          |      2| TRNF      Constant none      none      none               |
|          |      3| none      none                                             |
|BW        |      1| none      ACT       INVC      INVT2     EGT                |
|          |      2| TRNF      none      Constant none      none               |
|          |      3| none      none                                             |
|CR        |      1| none      none      none      none      none               |
|          |      2| none      none      none      INVT      TC                 |
|          |      3| PC        EGT                                              |
+------------------------------------------------------------------------------+
Normal exit:   6 iterations. Status=0, F=     100.0337
```

```
--------------------------------------------------------------------------------
Discrete choice (multinomial logit) model
Dependent variable                Choice
Weighting variable                GENDER
Log likelihood function       -100.03373
Estimation based on N =     197, K =  12
Inf.Cr.AIC  =     224.1 AIC/N =    1.137
R2=1-LogL/LogL* Log-L fncn R-sqrd R2Adj
Constants only must be computed directly
               Use NLOGIT ;...;RHS=ONE$
Chi-squared[ 9]            =    70.31989
Prob [ chi squared > value ] =    .00000
Response data are given as ind. choices
Number of obs.=    197, skipped    0 obs
--------+-----------------------------------------------------------------------
        |                Standard              Prob.       95% Confidence
  CHOICE|  Coefficient     Error        z      |z|>Z*          Interval
--------+-----------------------------------------------------------------------
      BS|  -2.83181**     1.33516     -2.12    .0339     -5.44867    -.21495
   ACTPT|   -.06195**      .02505     -2.47    .0134     -.11105     -.01284
  INVCPT|   -.07101        .05536     -1.28    .1996     -.17952      .03750
  INVTPT|   -.00740        .01222      -.60    .5452     -.03136      .01657
   EGTPT|   -.04317        .02651     -1.63    .1035     -.09513      .00879
    TRPT|  -1.45832**      .57124     -2.55    .0107    -2.57794     -.33870
      TN|  -2.60598**     1.30510     -2.00    .0459    -5.16394     -.04802
      BW|  -2.72118**     1.31273     -2.07    .0382    -5.29409     -.14828
 INVTCAR|   -.06989***     .02210     -3.16    .0016     -.11320     -.02659
      TC|   -.11222        .13550      -.83    .4075     -.37780      .15335
      PC|   -.00487        .02631      -.18    .8533     -.05643      .04670
  EGTCAR|   -.11837*       .06617     -1.79    .0736     -.24805      .01132
--------+-----------------------------------------------------------------------
***, **, * ==>  Significance at 1%, 5%, 10% level.
Model was estimated on Aug 16, 2013 at 09:44:20 AM
--------------------------------------------------------------------------------

+------------------------------------------------------------------------------+
|          Descriptive Statistics for Alternative BS                           |
|     Utility Function            |                     |   38.0 observs.      |
|     Coefficient                 | All      197.0 obs. |that chose BS         |
| Name          Value  Variable   | Mean      Std. Dev. |Mean       Std. Dev.  |
| ----------------------  --------- | -------------------- +------------------ |
| BS          -2.8318  ONE        |    1.000      .000|    1.000       .000    |
| ACTPT        -.0619  ACT        |    5.944     4.662|    5.053      4.312    |
| INVCPT       -.0710  INVC       |    7.071     3.872|    7.237      6.015    |
| INVTPT       -.0074  INVT2      |   71.797    43.551|   52.000     17.747    |
| EGTPT        -.0432  EGT        |    8.680     7.331|    9.105     10.467    |
| TRPT        -1.4583  TRNF       |     .442      .498|     .079       .273    |
+------------------------------------------------------------------------------+
+------------------------------------------------------------------------------+
|          Descriptive Statistics for Alternative TN                           |
|     Utility Function            |                     |   46.0 observs.      |
|     Coefficient                 | All      187.0 obs. |that chose TN         |
| Name          Value  Variable   | Mean      Std. Dev. |Mean       Std. Dev.  |
| ----------------------  --------- | -------------------- +------------------ |
| ACTPT        -.0619  ACT        |   16.016     8.401|   15.239      6.651    |
| INVCPT       -.0710  INVC       |    4.947     2.451|    4.065      2.435    |
| INVTPT       -.0074  INVT2      |   45.257    15.421|   43.630      9.903    |
| EGTPT        -.0432  EGT        |    8.882     6.788|    7.196      5.714    |
| TRPT        -1.4583  TRNF       |     .230      .422|     .174       .383    |
| TN          -2.6060  ONE        |    1.000      .000|    1.000       .000    |
+------------------------------------------------------------------------------+
```

```
+---------------------------------------------------------------------------------------+
|              Descriptive Statistics for Alternative BW                                |
|     Utility Function                 |                        |     42.0 observs.     |
|     Coefficient                      | All      188.0 obs.    |that chose BW          |
| Name          Value   Variable       | Mean       Std. Dev.   |Mean        Std. Dev.  |
| ----------------------  ----------   | ---------------------- +---------------------- |
| ACTPT         -.0619  ACT            |  10.707      17.561|    5.405       4.854 |
| INVCPT        -.0710  INVC           |   7.000       3.599|    6.405       1.345 |
| INVTPT        -.0074  INVT2          |  50.904      20.300|   54.643      15.036 |
| EGTPT         -.0432  EGT            |  10.027       9.811|    8.286       5.932 |
| TRPT         -1.4583  TRNF           |    .271        .446|     .095        .297 |
| BW           -2.7212  ONE            |   1.000        .000|    1.000        .000 |
+---------------------------------------------------------------------------------------+

+---------------------------------------------------------------------------------------+
|              Descriptive Statistics for Alternative CR                                |
|     Utility Function                 |                        |     71.0 observs.     |
|     Coefficient                      | All      175.0 obs.    |that chose CR          |
| Name          Value   Variable       | Mean       Std. Dev.   |Mean        Std. Dev.  |
| ----------------------  ----------   | ---------------------- +---------------------- |
| INVTCAR       -.0699  INVT           |  55.406      24.166|   43.324      15.839 |
| TC            -.1122  TC             |   3.766       2.705|    2.592       2.708 |
| PC            -.0049  PC             |  11.606      13.551|    5.859      10.184 |
| EGTCAR        -.1184  EGT            |   6.469       9.348|    3.958       4.634 |
+---------------------------------------------------------------------------------------+

+------------------------------------------------------------+
| Cross tabulation of actual choice vs. predicted P(j)       |
| Row indicator is actual, column is predicted.              |
| Predicted total is F(k,j,i)=Sum(i=1,...,N) P(k,j,i).       |
| Column totals may be subject to rounding error.            |
+------------------------------------------------------------+
----------+---------------------------------------------------------------------
NLOGIT Cross Tabulation for 4 outcome Multinomial Choice Model
XTab_Prb|          BS          TN          BW          CR       Total
----------+---------------------------------------------------------------------
      BS|    12.0000     9.00000     9.00000     8.00000     38.0000
      TN|    11.0000     15.0000     11.0000     8.00000     46.0000
      BW|    8.00000     12.0000     17.0000     4.00000     42.0000
      CR|    9.00000     10.0000     11.0000     41.0000     71.0000
   Total|    40.0000     47.0000     49.0000     61.0000     197.000
+------------------------------------------------------------+
| Cross tabulation of actual y(ij) vs. predicted y(ij)       |
| Row indicator is actual, column is predicted.              |
| Predicted total is N(k,j,i)=Sum(i=1,...,N) Y(k,j,i).       |
| Predicted y(ij)=1 is the j with largest probability.       |
+------------------------------------------------------------+
----------+---------------------------------------------------------------------
NLOGIT Cross Tabulation for 4 outcome Multinomial Choice Model
XTab_Frq|          BS          TN          BW          CR       Total
----------+---------------------------------------------------------------------
      BS|    12.0000     9.00000     7.00000     10.0000     38.0000
      TN|    9.00000     15.0000     11.0000     11.0000     46.0000
      BW|    1.00000     9.00000     29.0000     3.00000     42.0000
      CR|    2.00000     5.00000     11.0000     53.0000     71.0000
   Total|    24.0000     38.0000     58.0000     77.0000     197.000

+--------------------------------------------------------+
| Derivative             averaged over observations.|
| Effects on probabilities of all choices in model: |
| * = Direct Derivative effect of the attribute.    |
+--------------------------------------------------------+
```

Average elasticity of prob(alt) wrt INVC in BS

| Choice | Coefficient | Standard Error | z | Prob. \|z\|>Z* | 95% Confidence Interval | |
|---|---|---|---|---|---|---|
| BS | -.31580*** | .01558 | -20.27 | .0000 | -.34634 | -.28526 |
| TN | .09303*** | .00644 | 14.44 | .0000 | .08041 | .10566 |
| BW | .09952*** | .00505 | 19.71 | .0000 | .08963 | .10942 |
| CR | .05877*** | .00684 | 8.59 | .0000 | .04537 | .07218 |

***, **, * ==> Significance at 1%, 5%, 10% level.
Model was estimated on Aug 16, 2013 at 09:44:21 AM

Average elasticity of prob(alt) wrt INVC in TN

| Choice | Coefficient | Standard Error | z | Prob. \|z\|>Z* | 95% Confidence Interval | |
|---|---|---|---|---|---|---|
| BS | .06945*** | .00431 | 16.10 | .0000 | .06100 | .07791 |
| TN | -.21258*** | .00930 | -22.86 | .0000 | -.23080 | -.19436 |
| BW | .08800*** | .00475 | 18.51 | .0000 | .07868 | .09731 |
| CR | .04771*** | .00386 | 12.36 | .0000 | .04014 | .05527 |

***, **, * ==> Significance at 1%, 5%, 10% level.
Model was estimated on Aug 16, 2013 at 09:44:21 AM

Average elasticity of prob(alt) wrt INVC in BW

| Choice | Coefficient | Standard Error | z | Prob. \|z\|>Z* | 95% Confidence Interval | |
|---|---|---|---|---|---|---|
| BS | .11703*** | .00566 | 20.68 | .0000 | .10593 | .12812 |
| TN | .12681*** | .00560 | 22.65 | .0000 | .11584 | .13779 |
| BW | -.29347*** | .00942 | -31.14 | .0000 | -.31194 | -.27500 |
| CR | .05798*** | .00473 | 12.24 | .0000 | .04870 | .06726 |

***, **, * ==> Significance at 1%, 5%, 10% level.
Model was estimated on Aug 16, 2013 at 09:44:21 AM

Average elasticity of prob(alt) wrt INVT2 in BS

| Choice | Coefficient | Standard Error | z | Prob. \|z\|>Z* | 95% Confidence Interval | |
|---|---|---|---|---|---|---|
| BS | -.29476*** | .01229 | -23.97 | .0000 | -.31886 | -.27066 |
| TN | .08683*** | .00398 | 21.84 | .0000 | .07904 | .09463 |
| BW | .09679*** | .00430 | 22.51 | .0000 | .08836 | .10521 |
| CR | .05176*** | .00316 | 16.39 | .0000 | .04557 | .05795 |

***, **, * ==> Significance at 1%, 5%, 10% level.
Model was estimated on Aug 16, 2013 at 09:44:21 AM

Average elasticity of prob(alt) wrt INVT2 in TN

| Choice | Coefficient | Standard Error | z | Prob. \|z\|>Z* | 95% Confidence Interval |
|---|---|---|---|---|---|

| Choice | Coefficient | Standard Error | z | Prob. \|z\|>Z* | 95% Confidence Interval | |
|---|---|---|---|---|---|---|
| BS | .07183*** | .00339 | 21.17 | .0000 | .06519 | .07848 |
| TN | -.20345*** | .00667 | -30.52 | .0000 | -.21652 | -.19039 |
| BW | .08449*** | .00382 | 22.15 | .0000 | .07701 | .09197 |
| CR | .04188*** | .00301 | 13.92 | .0000 | .03598 | .04778 |

***, **, * ==> Significance at 1%, 5%, 10% level.
Model was estimated on Aug 16, 2013 at 09:44:21 AM

Average elasticity of prob(alt) wrt INVT2 in BW

| Choice | Coefficient | Standard Error | z | Prob. \|z\|>Z* | 95% Confidence Interval | |
|---|---|---|---|---|---|---|
| BS | .09563*** | .00483 | 19.82 | .0000 | .08618 | .10509 |
| TN | .10477*** | .00524 | 19.98 | .0000 | .09449 | .11505 |
| BW | -.23755*** | .00775 | -30.64 | .0000 | -.25275 | -.22235 |
| CR | .04470*** | .00385 | 11.59 | .0000 | .03714 | .05225 |

***, **, * ==> Significance at 1%, 5%, 10% level.
Model was estimated on Aug 16, 2013 at 09:44:21 AM

Average elasticity of prob(alt) wrt INVT in CR

| Choice | Coefficient | Standard Error | z | Prob. \|z\|>Z* | 95% Confidence Interval | |
|---|---|---|---|---|---|---|
| BS | .57281*** | .04751 | 12.06 | .0000 | .47968 | .66594 |
| TN | .55769*** | .04869 | 11.45 | .0000 | .46226 | .65312 |
| BW | .50559*** | .04303 | 11.75 | .0000 | .42125 | .58994 |
| CR | -1.21166*** | .08014 | -15.12 | .0000 | -1.36873 | -1.05459 |

***, **, * ==> Significance at 1%, 5%, 10% level.
Model was estimated on Aug 16, 2013 at 09:44:22 AM

Average partial effect on prob(alt) wrt ACT in BS

| Choice | Coefficient | Standard Error | z | Prob. \|z\|>Z* | 95% Confidence Interval | |
|---|---|---|---|---|---|---|
| BS | -.01172*** | .00028 | -42.57 | .0000 | -.01226 | -.01118 |
| TN | .00385*** | .00020 | 19.21 | .0000 | .00346 | .00424 |
| BW | .00463*** | .00025 | 18.83 | .0000 | .00415 | .00511 |
| CR | .00347*** | .00019 | 18.21 | .0000 | .00309 | .00384 |

***, **, * ==> Significance at 1%, 5%, 10% level.
Model was estimated on Aug 16, 2013 at 09:44:22 AM

Average partial effect on prob(alt) wrt ACT in TN

| Choice | Coefficient | Standard Error | z | Prob. \|z\|>Z* | 95% Confidence Interval | |
|---|---|---|---|---|---|---|
| BS | .00413*** | .00020 | 20.41 | .0000 | .00373 | .00453 |
| TN | -.01225*** | .00023 | -53.37 | .0000 | -.01269 | -.01180 |

```
      BW|    .00576***       .00028    20.80   .0000      .00522     .00630
      CR|    .00370***       .00021    17.76   .0000      .00329     .00410
-----------+------------------------------------------------------------------------
***, **, * ==>  Significance at 1%, 5%, 10% level.
Model was estimated on Aug 16, 2013 at 09:44:22 AM
------------------------------------------------------------------------------------
------------------------------------------------------------------------------------
Average partial effect  on prob(alt) wrt ACT      in BW
-----------+------------------------------------------------------------------------
           |                 Standard            Prob.       95% Confidence
  Choice|  Coefficient          Error        z    |z|>Z*          Interval
-----------+------------------------------------------------------------------------
      BS|    .00513***       .00025    20.13   .0000      .00463     .00563
      TN|    .00594***       .00029    20.59   .0000      .00537     .00650
      BW|   -.01279***       .00021   -60.05   .0000     -.01321    -.01237
      CR|    .00311***       .00020    15.83   .0000      .00272     .00349
-----------+------------------------------------------------------------------------
***, **, * ==>  Significance at 1%, 5%, 10% level.
Model was estimated on Aug 16, 2013 at 09:44:22 AM
------------------------------------------------------------------------------------

Elasticity wrt change of X in row choice on Prob[column choice]
-----------+----------------------------------------------
INVC       |       BS        TN        BW        CR
-----------+----------------------------------------------
      BS|   -.3158     .0930     .0995     .0588
      TN|    .0695    -.2126     .0880     .0477
      BW|    .1170     .1268    -.2935     .0580

Elasticity wrt change of X in row choice on Prob[column choice]
-----------+----------------------------------------------
INVT2      |       BS        TN        BW        CR
-----------+----------------------------------------------
      BS|   -.2948     .0868     .0968     .0518
      TN|    .0718    -.2035     .0845     .0419
      BW|    .0956     .1048    -.2376     .0447

Elasticity wrt change of X in row choice on Prob[column choice]
-----------+----------------------------------------------
INVT       |       BS        TN        BW        CR
-----------+----------------------------------------------
      CR|    .5728     .5577     .5056   -1.2117

Derivative wrt change of X in row choice on Prob[column choice]
-----------+----------------------------------------------
ACT        |       BS        TN        BW        CR
-----------+----------------------------------------------
      BS|   -.0117     .0039     .0046     .0035
      TN|    .0041    -.0122     .0058     .0037
      BW|    .0051     .0059    -.0128     .0031
```

Nlogit 仅在下列输出行中提示我们，外生变量已被加权，并且给出了被加权变量的名称。除此之外，没有其他提示：

Weighting variable　　　GENDER

比较对外生变量加权的结果和不加权的结果，读者应该能注意到 LL 函数发生了变化，参数估计值也发生了变化；另外，行为输出信息（例如弹性和情景应用等）也发生了变化。

内生加权和外生加权的应用提醒我们，抽样（以及有效抽样响应）对关键行为输出有重要影响。

## 13.6 支付意愿

选择模型的一个重要输出信息是特定属性之间的边际替代率（marginal rate of substitution，MRS），而且其中一个属性变量通常以货币表示，因此 MRS 可用货币表示。MRS 更常见的称谓是支付意愿（WTP）。支付意愿背后的理论参见 8.4.3 节。支付意愿的简单线性计算参见 12.6 节。在本节，我们重点考察非线性形式，并且使用 Wald 法（参见 7.2.1.2 节）来获得节省的耗时的价值（VTTS）的均值、标准误和置信水平。

我们使用下列命令语法来得到非线性模型中节省的耗时的价值的 WTP 估计值，在这种模型中，VTTS 本身是属性 invt 和 invc 的函数；VTTS 的单位为澳元/分钟。

fn1 = −(invtz + invtcz ∗ invc) / (invtcz ∗ invt + 2 ∗ invcqz ∗ invc)

VTTS 的均值为 1.67 澳元/分钟：

```
|-> reject;SPRP=0$
|-> create
    ;invtc=invc*invt
    ;invcq=invc*invc$
|-> Nlogit
    ;lhs = choice, cset, altij
    ;choices = bs,tn,bw,cr
    ;model:
    u(bs) = bs + invtz*invt2 +invtcz*invtc+invcqz*invcq/
    u(tn) = tn + invtz*invt2 +invtcz*invtc+invcqz*invcq/
    u(bw) = bw + invtz*invt2 +invtcz*invtc+invcqz*invcq/
    u(cr) =      invtz*invt + invtcz*invtc+invcqz*invcq$
Normal exit:   6 iterations. Status=0, F=    230.4580

-----------------------------------------------------------------------------
Discrete choice (multinomial logit) model
Dependent variable               Choice
Log likelihood function      -230.45797
Estimation based on N =    197, K =   6
Inf.Cr.AIC  =    472.9 AIC/N =    2.401
R2=1-LogL/LogL* Log-L fncn R-sqrd R2Adj
Constants only must be computed directly
               Use NLOGIT ;...;RHS=ONE$
Chi-squared[ 3]          =     72.70997
Prob [ chi squared > value ] =   .00000
Response data are given as ind. choices
Number of obs.=   197, skipped   0 obs
--------+--------------------------------------------------------------------
        |             Standard             Prob.      95% Confidence
  CHOICE|  Coefficient   Error       z    |z|>Z*          Interval
--------+--------------------------------------------------------------------
      BS|   -.52833**    .26519    -1.99  .0463     -1.04809    -.00857
   INVTZ|   -.03639***   .00805    -4.52  .0000      -.05216    -.02061
  INVTCZ|    .00049      .00095      .51  .6098      -.00138     .00235
  INVCQZ|   -.00048      .00141     -.34  .7326      -.00325     .00229
      TN|   -.94074***   .22709    -4.14  .0000     -1.38582    -.49566
      BW|   -.87783***   .25289    -3.47  .0005     -1.37348    -.38218
--------+--------------------------------------------------------------------
***, **, * ==>  Significance at 1%, 5%, 10% level.
Model was estimated on Aug 23, 2013 at 10:44:19 AM
-----------------------------------------------------------------------------
```

```
Elapsed time:     0 hours,  0 minutes,    .172 seconds.
|-> Wald; Parameters = b ; Covariance = varb
    ; Labels = bs,invtz,invtcz,invcqz,tn,bw
    ; fn1 = -(invtz+invtcz*invc) / (invtcz*invt + 2*invcqz*invc)
    ; Means $
--------------------------------------------------------------------------------------------
WALD procedure. Estimates and standard errors
for nonlinear functions and joint test of
nonlinear restrictions.
Wald Statistic              =      .22617
Prob. from Chi-squared[ 1] =      .63438
Functions are computed at means of variables
-----------+--------------------------------------------------------------------------------
           |               Standard             Prob.      95% Confidence
WaldFcns|    Function         Error       z     |z|>Z*          Interval
-----------+--------------------------------------------------------------------------------
 Fncn(1)|    1.66632        3.50379      .48    .6344     -5.20097    8.53361
-----------+--------------------------------------------------------------------------------
***, **, * ==>  Significance at 1%, 5%, 10% level.
--------------------------------------------------------------------------------------------
```

上面的命令语法计算了第 8 章式（8.27）中的函数及其渐近标准误。它报告了函数值、标准误和置信区间。我们也可以利用这个函数计算某个变量的一系列取值下的结果。例如，如果我们希望计算 invc 的取值为 5～50 的情形，并且画出结果，那么我们可以使用：

```
;Scenario: &invc = 5(5)50; Plot(ci)
```

这将得到当 xc 取 5，10，…，50 时的结果，并且画出函数值和 xc 的值之间的关系，以及置信极限。注意，这称为"均值 WTP"。它不是 WTP 的均值，而是均值处的 WTP。为了计算 WTP 均值，我们需要计算样本中每个观察点的函数值，然后求函数的平均值。这个计算可以通过将上面命令语法中的";Means"命令删除而实现。除了 delta 法，我们还可以使用 Krinsky-Robb（K&R）法。通过在上面的语法中添加下列命令，我们可以将上面的方法变为 K&R 法（参见第 7 章）：

```
;K&R; Draws = number
```

一些研究人员建议抽取数必须大于 5 000。也许 1 000 就足够了，然而如果你不敢肯定，那么可以二者都检验一下。我们也可以使用 K&R 法计算平均 WTP。尽管样本不是很大时，我们还能忍受计算量，但这个任务的计算量很大。

### □ 13.6.1 计算属性变化引起的消费者剩余变化

研究人员通常希望获得政策变化（通常以解释变量的一个或多个水平的变化表示）之前和之后的消费者剩余。消费者剩余的估计方法有好几种，而且在不存在收入效应时，消费者剩余也是补偿性变化。估计过程与 13.4 节描述的过程一样。首先，我们估计选择模型；在下面的例子中，它是多项 logit 模型，然而，我们在命令语法中添加";ivb=CSmode"，它为每个抽样个体的消费者剩余添加了"之前"（即政策变化之前）标签。我们需要保留有关参数估计值，这就是成本参数 b(1)，我们利用这个参数将 ivb 输出从效用单位转换为成本单位。我们感兴趣的"之前"输出为 csB。然后，我们在命令语法中添加"simulation/scenario"命令，通过该命令设定属性的变化（例如 air 选项的 invc 属性），这个属性的水平上升了 50%（以＝［∗］1.5 指示）。使用之前保存的参数估计值，我们就可以计算属性水平变化后的消费者剩余，即 csA，以及消费者剩余的变化 DeltaCS：

```
nlogit;lhs = mode
;choices = air,train,bus,car
;ivb = CSmode
;model:
```

```
U(air) = invc * invc + invt * invt/
U(train) = invc * invc + invt * invt/
U(bus) = invc * invc + invt * invt/
U(car) = invc * invc + invt * invt $
calc;list;beta = b(1) $
matr;be = b(1:2) $
create
;csB = csmode/b(1) $
dstats;rhs = csB $
nlogit;lhs = mode
;choices = air,train,bus,car
;ivb = CSmode
;model:
U(air) = invc * invc + invt * invt/
U(train) = invc * invc + invt * invt/
U(bus) = invc * invc + invt * invt/
U(car) = invc * invc + invt * invt
;SIMULATION
;Scenario:invc(air) = [ * ]1.5 $
calc;list;beta = b(1) $
matr;be = b(1:2) $
create
;csA = csmode/b(1) $
dstats;rhs = csA $
create;DeltaCS = csB - csa $
dtstats;rhs = DEltaCS $
```

## 13.7 经验分布：一次移除一个观察值

研究人员经常希望考察每个观察值对参数估计的贡献。下面给出一种自动实施方法：我们移除一个观察值，然后估计模型；再移除另外一个观察值，并估计模型：

```
MATRIX ; BETAI = INIT(2,40,0.0) $
CALC ; I = 0 $
Calc;i1 = 1 $
Procedure
Calc;i2 = i1 + 287 $
Sample;i1 - i2 $
nlogit;lhs = choice,cset,alt
;choices = curr,alta,altb
;model:u(curr,alta,altb) = totime * totime + tcost * tcost $
CALC ; I = I + 1 $
MATRIX ; BETAI( * ,I) = B $ (CREATES 2 BY 40 MATRIX)
CALC;i1 = i1 + 288 $
EndProc
Execute;n = 40 $
```

## 13.8 随机后悔模型与随机效用模型的应用

随机后悔模型（RRM）背后的理论参见 8.2 节；研究人员对这种模型的兴趣日益增加，它们是随机效用模型（RUM）之外的另一种模型。用于考察 RUM 和 RRM 的数据来自一项对悉尼燃油汽车之外的交通工具的需求的研究。实验设计的详细描述可以参见 Beck et al.（2012，2013）和 Hensher et al.（2012）。数据搜集于2009 年开始，历经四个月完成。这里使用的样本含有 3 172 个观察值，样本中的个体都在前两年购买过汽车。

有限选择集含有三个选项，它们按照燃油类型即汽油、柴油和混合动力分类。混合动力选项表示车辆的排污量更小。实验设计还将车辆分为 6 类：小型、奢侈小型、中型、奢侈中型、大型和奢侈大型。这样，实验不仅有足够的属性变化特别是价格变化，还能让选项数可控。

这个选择实验有 9 个属性。实验设计还纳入了买车和开车成本。这些成本包括车辆购买价格、燃油价格、注册登记成本（包括强制第三方保险）。车辆的燃油效率是一个重要属性，因为这与燃油附加费定在什么水平有关。其余属性（包括座位容量、发动机大小以及产地所在国家）让应答者感觉这些选项符合现实。表 13.1 列出了每个属性的水平。混合动力选项的购买价格在每个水平上都高出 3 000 澳元，原因在于混合动力比传统动力在技术上更昂贵。

**表 13.1　　　　陈述性选择实验的属性水平**

| | | | | | | |
|---|---|---|---|---|---|---|
| Purchase price（购买价格，单位：澳元） | *Small*（小型） | 15 000 | 18 750 | 22 500 | 26 250 | 30 000 |
| | *Small Luxury*（奢侈小型） | 30 000 | 33 750 | 37 500 | 41 250 | 45 000 |
| | *Medium*（中型） | 30 000 | 35 000 | 40 000 | 45 000 | 50 000 |
| | *Medium Luxury*（奢侈中型） | 70 000 | 77 500 | 85 000 | 92 500 | 100 000 |
| | *Large*（大型） | 40 000 | 47 500 | 55 000 | 62 500 | 70 000 |
| | *Large Luxury*（奢侈大型） | 90 000 | 100 000 | 110 000 | 120 000 | 130 000 |
| Fuel price（燃料价格） | *Pivot off daily price*（根据每日价格调整） | −25% | −10% | 0% | 10% | 25% |
| Registration（注册费） | *Pivot off actual purchase*（根据实际购买价调整） | −25% | −10% | 0% | 10% | 25% |
| Fuel efficiency（L/100km）（燃油效率，单位：升/100千米） | *Small*（小型） | 6 | 7 | 8 | 9 | 10 |
| | *Medium*（中型） | 7 | 9 | 11 | 13 | 15 |
| | *Large*（大型） | 7 | 9 | 11 | 13 | 15 |
| Engine capacity（cylinders）（发动机性能（汽缸数）） | *Small*（小型） | 4 | 6 | | | |
| | *Medium*（中型） | 4 | 6 | | | |
| | *Large*（大型） | 6 | 8 | | | |
| Seating capacity（座位性能） | *Small*（小型） | 2 | 4 | | | |
| | *Medium*（中型） | 4 | 5 | | | |
| | *Large*（大型） | 5 | 6 | | | |
| Country of manufacture（产地） | *Random Allocation*（随机分配） | 日本 | 欧洲 | 韩国 | 澳大利亚 | 美国 |

RRM 和 RUM 作为多项 logit 模型被估计，结果参见表 13.2。[①] 我们仔细考察了 SEC 的可能影响，发现应答者的年龄、全日制工作虚拟变量、个人和家庭收入与车辆价格的交互作用在统计上显著，但与其他属性的交互作用不显著。

**表 13.2　　模型结果（括号内为 *t* 值）**

| 属性 | 选项 | RUM | RRM |
|---|---|---|---|
| 车辆价格（澳元） | 全部 | −0.015 83（−5.50） | −0.009 6（−5.47） |
| 燃料价格（澳元/升） | 全部 | −0.450 4（−7.23） | −0.297 0（−7.36） |
| 年排放附加费（澳元） | 全部 | −0.000 67（−8.61） | −0.000 44（−8.79） |
| 可变排放附加费（澳元/千米） | 全部 | −0.371 6（−3.57） | −0.234 4（−3.53） |
| 汽油特定常数 | 汽油 | 0.075 3（2.00） | 0.049 4（2.03） |
| 注册费（澳元/年） | 全部 | −0.000 13（−1.63） | −0.000 088（−1.68） |
| 燃油效率（升/100 千米） | 全部 | −0.017 4（−3.15） | −0.012 3（−3.46） |
| 发动机性能（汽缸数） | 全部 | −0.027 4（−2.47） | −0.017 9（−2.54） |
| 座位性能 | 全部 | 0.255 4（18.5） | −0.171 2（20.4） |
| 车辆价格与下列因素的交互 | | | |
| 应答者年龄 | 全部 | −0.000 2（−3.53） | −0.000 15（−4.21） |
| 是否全职（1，0） | 全部 | −0.006 9（−4.07） | −0.005 2（−5.07） |
| 个体收入（千澳元） | 全部 | 0.000 044 5（2.02） | 0.000 035（3.34） |
| 家庭收入（千澳元） | 全部 | 0.000 029（3.49） | 0.000 021（4.17） |
| 是否韩国生产（1，0） | 全部 | −0.135 4（−4.11） | −0.088 0（−4.19） |
| 柴油特定常数 | 柴油 | −0.323 5（−8.65） | −0.213 7（−9.22） |
| 性别（男性=1） | 混合动力 | −0.154 6（−3.33） | −0.101 4（−3.45） |
| 模型拟合： | | | |
| LL 在 0 点的值 | | −10 636.764 | |
| LL 的收敛值 | | −9 484.028 | −9 472.694 |
| 信息准则：AIC | | 1.962 4 | 1.960 2 |
| 样本量 | | 9 682 | |

RUM 和 RRM 为非嵌套模型，它们通常根据一定的选择标准，例如 Akaike 信息标准（AIC），这个标准是 Akaike（1974）在 Kullback-Leibler 信息标准（KLIC）的基础上提出的。在 KLIC 下，比较两个模型时，标准的最小化仅取决于两个竞争模型的最大似然。AIC 对每个模型的对数似然（LL）的调整量等于它的参数个数。在 AIC 下，模型的选择依据在于比较两个模型的 AIC 值。如果值为正，那么选择第一个模型，否则，选择第二个模型。在 AIC 下，RRM 比 RUM 稍微好些。所有参数都有预期符号，而且在 95%的置信水平上显著，但注册登记费除外。在控制了可观测属性之后，特定燃油常数说明人们偏好使用汽油的车辆。

图 13.1 至图 13.6 画出了每个燃油类型下 RUM（ProbRUM）和 RRM（ProbRRM）在样本上的概率分

① 有些读者向我们咨询："RRM 模型在 SP 数据的可靠性上要求更高（这取决于应答者是否严肃对待 SP 实验中的所有选项），因为它在估计时也使用未被个体选中的选项。"这种观点是否正确？我们认为，尽管 RRM 使用选项属性信息的方式与 RUM 不同，但这个问题与 RUM 情形下选项属性信息是如何被处理的有关。事实上，一些使用 RUM 的研究在考察个体的选择如何偏离基准选项或维持现状选项时使用了差分法［例如 Hess et al.（2008）］。

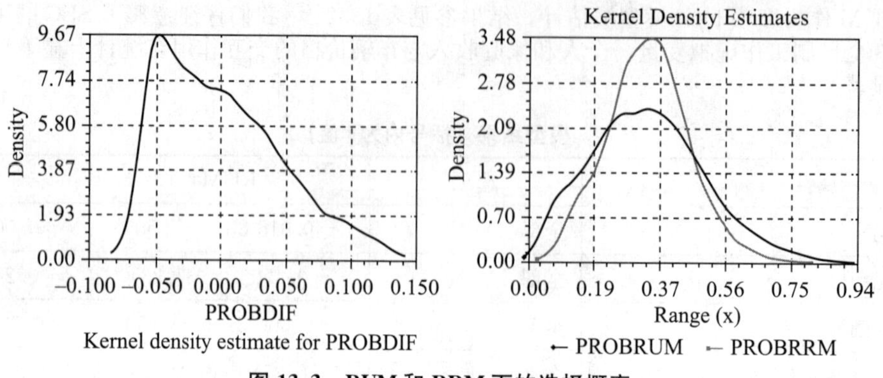

图 13.3　RUM 和 RRM 下的选择概率

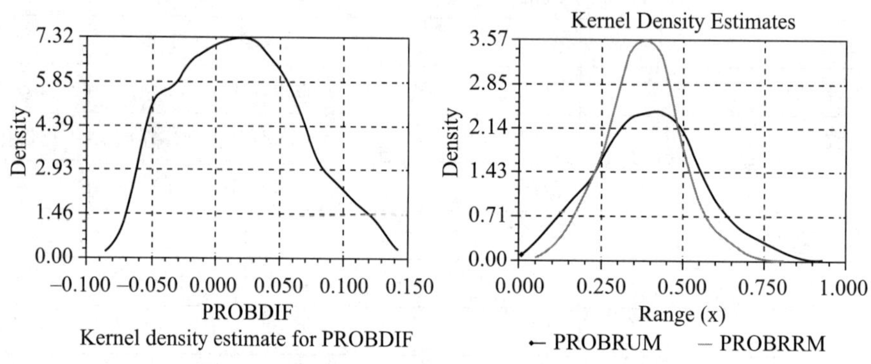

图 13.4　RUM 和 RRM 下汽油车辆的选择概率

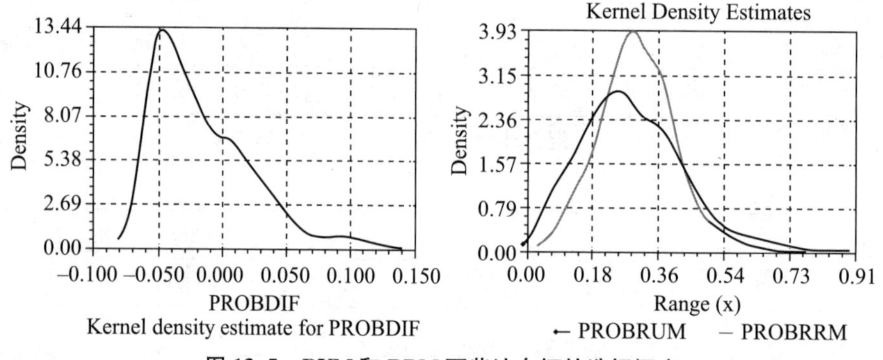

图 13.5　RUM 和 RRM 下柴油车辆的选择概率

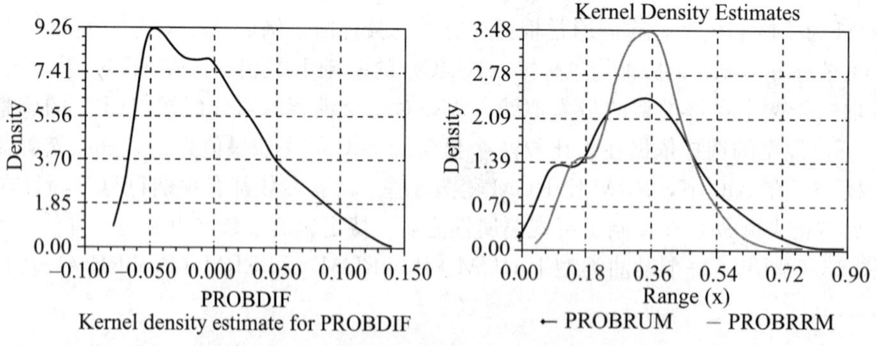

图 13.6　RUM 和 RRM 下混合动力车辆的选择概率

布，以及 RUM 和 RRM 的概率之差（ProbDif）。最明显的证据是，与 RUM 相比，RRM 的取值范围更窄，尖峰分布更明显；这意味着在RUM下，选择概率的异质性更大。与 RUM 相比，在 RRM 下，观察值更频繁地出现在均值和中位数附近，尽管二者整体模拟程度比较相似。正如 ProbDif 图表明的，每个应答者的选择概率存在明显差异。这意味着一个或多个属性的弹性有可能不同，因为它们取决于选择概率。

从 RUM 和 RRM 得到的所有均值弹性①列在表 13.3 中。尽管大多数弹性的绝对大小看起来差不多（个别例外，例如车辆价格），然而，它们在百分数上差别很大（变化范围为从 1.21%到 18.95%）。与 RUM 相比，RRM 下的车辆价格弹性大 4.22%～12.39%，燃油价格弹性大 1.21%～9.5%，燃油效率弹性大 5.31%～18.95%，年排放附加费弹性大 1.90%～10.2%。这些差异比较大，它们意味着在不同燃油类型下，特定政策的既定变化产生的行为响应不同。所有属性都相对缺乏弹性，但柴油车辆和混合动力车辆的价格弹性除外，车辆价格的弹性稍微大一些，车辆排放每公里附加费的弹性最小（这符合预期，因为它与出行距离有关）。

**表 13.3　　直接弹性比较**

| 属性 | RUM | | | RRM | | |
|---|---|---|---|---|---|---|
| | 汽油 | 柴油 | 混合动力 | 汽油 | 柴油 | 混合动力 |
| 车辆价格（澳元） | −0.931 | −1.089 | −1.227 | −0.987 | −1.135 | −1.379 |
| 燃料价格（澳元/升） | −0.303 | −0.358 | −0.331 | −0.319 | −0.392 | −0.327 |
| 年排放附加费（澳元） | −0.105 | −0.102 | −0.049 | −0.107 | −0.104 | −0.054 |
| 可变排放附加费（澳元/千米） | −0.041 | −0.04 | −0.019 | −0.043 | −0.039 | −0.021 |
| 注册费（美元/年） | −0.062 | −0.074 | −0.069 | −0.068 | −0.075 | −0.072 |
| 燃油效率（升/100 千米） | −0.095 | −0.113 | −0.104 | −0.113 | −0.119 | −0.118 |

| 属性 | 绝对差值（RUM-随机后悔） | | | 相对差值 | | |
|---|---|---|---|---|---|---|
| | 汽油 | 柴油 | 混合动力 | 汽油 | 柴油 | 混合动力 |
| 车辆价格（澳元） | 0.056 | 0.046 | 0.152 | −6.02% | −4.22% | −12.39% |
| 燃料价格（澳元/升） | 0.016 | 0.034 | −0.004 | −5.28% | −9.50% | 1.21% |
| 年排放附加费（澳元） | 0.002 | 0.002 | 0.005 | −1.90% | −1.96% | −10.20% |
| 可变排放附加费（澳元/千米） | 0.002 | −0.001 | 0.001 | −4.88% | 2.50% | −5.26% |
| 注册费（美元/年） | 0.006 | 0.001 | 0.003 | −9.68% | −1.35% | −4.35% |
| 燃油效率（升/100 千米） | 0.018 | 0.006 | 0.014 | −18.95% | −5.31% | −13.46% |

现在说明如何解释这些证据。在 RUM 下，维持所有其他条件不变，汽油车辆价格上升 10%导致这种车辆的选择概率平均降低 9.31%。然而，在 RRM 下，汽油车辆价格上升 10%已考虑到了柴油或混合动力车辆的价格水平。更具体地说，在 RRM 下，汽油车辆的选择概率降低 9.87%已明确考虑到了其他车辆的价格水平，因为如果选错了车，个体就会后悔。RRM 的行为响应比 RUM 高 6.02%，这意味着 RRM 已考虑到了犯错（选错了车）对行为响应的放大效应。

在 RUM 和 RRM 下，年排放附加费和可变排放附加费以及年注册登记费的绝对均值弹性非常相似（但

① 均值弹性是从经过概率加权的特定个体弹性上获得的，其中概率权重指选择集中特定选项被选中的概率。

混合动力车辆的年排放附加费除外)，其他属性弹性没有这么相似（但柴油车辆的注册登记费例外)。①

正如本例所示，一般来说，如果我们偏爱随机后悔行为响应模式，那么均值差异使得 RUM 的近似程度没有 RRM 好。这提出了一个重要问题：我们应该使用哪种弹性估计？这值得进一步考虑；然而，RRM 下的估计对于潜在损失（例如事故引起的损失）或大的潜在收益（例如彩票中奖）情形可能更合适。

### □ 13.8.1 随机后悔模型的 Nlogit 语法

```
-> rrlogit
    ;choices = Pet,Die,Hyb
    ;lhs = choice,cset,alt
    ;effects:fuel(*)/aes(*)/price(*)/ves(*)/rego(*)/fe(*);pwt
    ;model:
U(Pet) = Petasc + price * price + fuel * fuel + rego * rego + AES * AES + VES * VES + FE * FE + EC * EC + SC
  * SC + pricpage * pricpage + pricft * pricft + pricpinc * pricpinc + prichinc * prichinc + Kor *
  Kor /
U(Die) = Dieasc + price * price + fuel * fuel + rego * rego + AES * AES + VES * VES + FE * FE + EC * EC + SC
  * SC + pricpage * pricpage + pricft * pricft + pricpinc * pricpinc + prichinc * prichinc + Kor * Kor /
U(Hyb) = price * price + fuel * fuel + rego * rego + AES * AES + VES * VES + FE * FE + EC * EC + SC * SC +
  pricpage * pricpage + pricft * pricft + pricpinc * pricpinc + prichinc * prichinc + Kor * Kor + male
  * pgend $
```

## 13.9 "Maximize"命令

尽管 Nlogit 有很多预装的模块化的常规命令，但我们也可以写出一系列函数，用来定义每个选项的参数和属性之间的关系。这样，我们可以更好地利用效用函数的一般性质。尽管 MNL 模型规定了函数关于参数是线性的，尽管关于属性为非线性也是可行的 [与更复杂的模型（例如第 21 章的非线性随机参数 logit 模型）相比]，但我们仍有必要说明如何使用"Maximize"命令来构建 MNL 模型。

**【题外话】**

"Maximize"命令得到的标准误与 Nlogit 命令得到的不同，这是因为"Maximize"仅使用一阶导数，而 Nlogit 使用海塞（Hessian）矩阵。二者的标准误的估计值存在较小差异。下面给出了非线性 MNL 估计的例子。

```
Sample ; All $
Nlogit ; Lhs = Mode ; Choices = Air,Train,Bus,Car
     ; Rhs = ttme,invc,invt,gc ; rh2=one,hinc$
? Air,Train,Bus,Car
create ; da=mode ; dt=mode[+1] ; db=mode[+2] ; dc=mode[+3] $
create ; ttmea=ttme ; ttmet=ttme[+1] ; ttmeb = ttme[+2] ; ttmec=ttme[+3] $
create ; invca=invc ; invct=invc[+1] ; invcb = invc[+2] ; invcc=invc[+3] $
create ; invta=invt ; invtt=invt[+1] ; invtb = invt[+2] ; invtc=invt[+3] $
create ; gca  =gc   ; gct  =  gc[+1] ; gcb   =   gc[+2] ; gcc  =  gc[+3] $
Create ; J = Trn(-4,0) $
Reject ; J > 1 $
Maximize
; Labels = aa,at,ab,bttme,binvc,binvt,bgc, bha,bht,bhb
```

① 需要注意，弹性的计算涉及很多参数和概率（参见第 8 章式（8.16)），因此，很难计算标准误，从而很难检验关于弹性的假设。Delta 法或 Krinsky-Robb 检验法可用于这个目的，但对于弹性来说，即使在简单的多项选择模型下，我们也很难编程。另外，即使标准误是用 delta 法计算的，我们也不会相信关于弹性的假设检验。

```
; Start  = 4.375,5.914,4.463,-.10289,-.08044,-.01299,.07578,.00428,-.05907,-.02295
; Fcn    = ua = aa + bttme*ttmea + binvc*invca + binvt*invta + bgc*gca + bha*hinc |
              va = exp(ua) |
           ut = at + bttme*ttmet + binvc*invct + binvt*invtt + bgc*gct + bht*hinc |
              vt = exp(ut) |
           ub = ab + bttme*ttmeb + binvc*invcb + binvt*invtb + bgc*gcb + bhb*hinc |
              vb = exp(ub) |
           uc =      bttme*ttmec + binvc*invcc + binvt*invtc + bgc*gcc            |
              vc = exp(uc) |
           IV = va+vt+vb+vc |
           P  = (da*va + dt*vt + db*vb + dc*vc)/IV |
           log(P) $
MAXIMIZE
| Log likelihood function        172.9437      |
+-----------+-----------------+--------------------+----------- +----------- +
|Variable| Coefficient   | Standard Error |b/St.Er.|P[|Z|>z] |
+-----------+-----------------+--------------------+----------- +----------- +
|AA       |   4.37035***      1.00097557      4.366    .0000 |
|AT       |   5.91407***       .72338081      8.176    .0000 |
|AB       |   4.46269***       .84811310      5.262    .0000 |
|BTTME    |   -.10289***       .00921583    -11.164    .0000 |
|BINVC    |   -.08044***       .02122791     -3.789    .0002 |
|BINVT    |   -.01399***       .00288910     -4.844    .0000 |
|BGC      |    .07578***       .01948463      3.889    .0001 |
|BHA      |    .00428          .01507319       .284    .7767 |
|BHT      |   -.05907***       .01386534     -4.260    .0000 |
|BHB      |   -.02295          .02058177     -1.115    .2648 |
+-----------+-----------------+--------------------+----------- +----------- +
| Note: ***, **, * = Significance at 1%, 5%, 10% level.           |
+---------------------------------------------------------------------------+
NLOGIT
| Log likelihood function       -172.9437      |
+-----------+-----------------+--------------------+----------- +----------- +
|Variable| Coefficient   | Standard Error |b/St.Er.|P[|Z|>z] |
+-----------+-----------------+--------------------+----------- +----------- +
|TTME     |   -.10289***       .01108716     -9.280    .0000 |
|INVC     |   -.08044***       .01995071     -4.032    .0001 |
|INVT     |   -.01399***       .00267092     -5.240    .0000 |
|GC       |    .07578***       .01833199      4.134    .0000 |
|A_AIR    |   4.37035***      1.05733525      4.133    .0000 |
|AIR_HIN1|     .00428          .01306169       .327    .7434 |
|A_TRAIN  |   5.91407***       .68992964      8.572    .0000 |
|TRA_HIN2|    -.05907***       .01470918     -4.016    .0001 |
|A_BUS    |   4.46269***       .72332545      6.170    .0000 |
|BUS_HIN3|    -.02295          .01591735     -1.442    .1493 |
+-----------+-----------------+--------------------+----------- +----------- +
| Note: ***, **, * = Significance at 1%, 5%, 10% level.           |
+---------------------------------------------------------------------------+
```

## 13.10 校准模型

当数据包含两个子数据集，例如一个为 RP 数据集，另外一个为相应的 SP 数据集时，我们有时仅用其中一个数据集拟合模型，然后在保留原系数的情形下使用第二个数据集拟合模型，并且调整常数。我们通常使用一个数据集估计参数，然后使用另外一个数据集重新估计（或校准）特定选项常数（ASC）。下面给出了命令语法，为方便起见，我们将数据集分为两个“单独的样本”：

```
|-> LOAD;file="C:\Projects\NWTptStudy_03\NWTModels\ACA Ch 15 ML_RPL models\nw15jul03-
3limdep.SAV.lpj"$
Project file contained   27180 observations.

create
    ;if(employ=1)ftime=1
    ;if(whopay=1)youpay=1$
sample;all$
reject;dremove=1$  Bad data
reject;altij=-999$
reject;ttype#1$  work =1
Timer
sample;1-12060$
Nlogit
    ;lhs=resp1,cset,Altij
    ;choices=NLRail,NHRail,NBway,Bus,Bway,Train,Car
    ; Alg = BFGS
;model
    U(NLRail)= NLRAsc + cost*tcost + invt*InvTime + acwt*wait+ acwt*acctim
    + accbusf*accbusf+eggT*egresst + ptinc*pinc + ptgend*gender + NLRinsde*inside /
    U(NHRail)= TNAsc + cost*Tcost + invt*InvTime + acwt*WaitT + acwt*acctim
    + eggT*egresst + accbusf*accbusf + ptinc*pinc + ptgend*gender + NHRinsde*inside /
    U(NBway)=  NBWAsc + cost*Tcost + invt*InvTime + waitTb*WaitT
    + accTb*acctim + eggT*egresst + accbusf*accbusf+ ptinc*pinc + ptgend*gender /
    U(Bus)=    BSAsc + cost*frunCost + invt*InvTime + waitTb*WaitT
    + accTb*acctim + eggT*egresst+ ptinc*pinc + ptgend*gender/
    U(Bway)=   BWAsc + cost*Tcost + invt*InvTime + waitTb*WaitT
    + accTb*acctim + eggT*egresst + accbusf*accbusf+ ptinc*pinc + ptgend*gender /
    U(Train)=  TNAsc + cost*tcost + invt*InvTime + acwt*WaitT + acwt*acctim
    + eggT*egresst + accbusf*accbusf+ ptinc*pinc + ptgend*gender /
    U(Car)=    CRcost*costs + CRinvt*InvTime + CRpark*parkcost+ CReggT*egresst$

+--------------------------------------------------------------------+
|WARNING:   Bad observations were found in the sample. |
|Found 565 bad observations among    2201 individuals. |
|You can use ;CheckData to get a list of these points. |
+--------------------------------------------------------------------+

Normal exit:  32 iterations. Status=0, F=    2315.029
-----------------------------------------------------------------------------------------------
Discrete choice (multinomial logit) model
Dependent variable              Choice
Log likelihood function      -2315.02908
Estimation based on N =    1636, K =  20
Inf.Cr.AIC  =    4670.1 AIC/N =    2.855
R2=1-LogL/LogL* Log-L fncn R-sqrd R2Adj
Constants only must be computed directly
               Use NLOGIT ;...;RHS=ONE$
Response data are given as ind. choices
Number of obs.=  2201, skipped  565 obs
```

```
-----------+--------------------------------------------------------------------------------
           |                  Standard            Prob.       95% Confidence
      RESP1|  Coefficient       Error       z    |z|>Z*          Interval
-----------+--------------------------------------------------------------------------------
     NLRASC|    3.09077***     .35051     8.82  .0000     2.40379   3.77776
       COST|    -.21192***     .01316   -16.10  .0000     -.23772   -.18612
       INVT|    -.03428***     .00193   -17.80  .0000     -.03806   -.03051
       ACWT|    -.02434***     .00511    -4.76  .0000     -.03436   -.01432
    ACCBUSF|    -.19927***     .03169    -6.29  .0000     -.26139   -.13716
       EGGT|    -.02650***     .00501    -5.28  .0000     -.03633   -.01667
      PTINC|    -.00954***     .00247    -3.86  .0001     -.01439   -.00470
     PTGEND|     .50243***     .16943     2.97  .0030      .17034    .83451
   NLRINSDE|   -1.87282***     .45534    -4.11  .0000    -2.76528   -.98037
      TNASC|    2.70760***     .33840     8.00  .0000     2.04434   3.37086
   NHRINSDE|   -2.24667***     .55770    -4.03  .0001    -3.33974  -1.15361
     NBWASC|    1.97710***     .39319     5.03  .0000     1.20645   2.74774
     WAITTB|    -.02656        .01950    -1.36  .1731     -.06478    .01165
      ACCTB|    -.04328***     .01003    -4.32  .0000     -.06294   -.02363
      BSASC|    2.23452***     .33764     6.62  .0000     1.57275   2.89628
      BWASC|    2.59449***     .34292     7.57  .0000     1.92238   3.26661
     CRCOST|    -.12599***     .02512    -5.02  .0000     -.17523   -.07676
     CRINVT|    -.01732***     .00323    -5.36  .0000     -.02366   -.01099
     CRPARK|    -.01335*       .00707    -1.89  .0588     -.02720    .00049
     CREGGT|    -.02835**      .01136    -2.50  .0125     -.05061   -.00609
-----------+--------------------------------------------------------------------------------
```

```
|-> sample;12061-27180$
|-> Nlogit
    ;lhs=resp1,cset,Altij
    ;choices=NLRail,NHRail,NBway,Bus,Bway,Train,Car
    ; Alg = BFGS
    ;model:
    U(NLRail)= NLRAsc + cost[]*tcost + invt[]*InvTime + acwt[]*waitt+
    acwt[]*acctim + accbusf[]*accbusf+eggT[]*egresst
                        + ptinc[]*pinc + ptgend[]*gender + NLRinsde[]*inside /
    U(NHRail)= TNAsc + cost[]*Tcost + invt[]*InvTime + acwt[]*WaitT + acwt[]*acctim
    + eggT[]*egresst + accbusf[]*accbusf
           + ptinc[]*pinc + ptgend[]*gender + NHRinsde[]*inside /
  U(NBway)=  NBWAsc + cost[]*Tcost + invt[]*InvTime + waitTb[]*WaitT + accTb[]*acctim
  + eggT[]*egresst + accbusf[]*accbusf+ ptinc[]*pinc + ptgend[]*gender /
  U(Bus)=  BSAsc + cost[]*frunCost + invt[]*InvTime + waitTb[]*WaitT + accTb[]*acctim
  + eggT[]*egresst+ ptinc[]*pinc + ptgend[]*gender/
  U(Bway)=   BWAsc + cost[]*Tcost + invt[]*InvTime + waitTb[]*WaitT + accTb[]*acctim
  + eggT[]*egresst + accbusf[]*accbusf+ ptinc[]*pinc + ptgend[]*gender /
  U(Train)=  TNAsc + cost[]*tcost + invt[]*InvTime + acwt[]*WaitT + acwt[]*acctim
  + eggT[]*egresst + accbusf[]*accbusf+ ptinc[]*pinc + ptgend[]*gender /
  U(Car)=               CRcost[]*costs  +  Rinvt[]*InvTime  +  CRpark[]*parkcost +
CReggT[]*egresst;calibrate$
```

```
+-------------------------------------------------------+
|WARNING:  Bad observations were found in the sample.  |
|Found 500 bad observations among    2672 individuals. |
|You can use ;CheckData to get a list of these points. |
+-------------------------------------------------------+
```

```
Normal exit:  11 iterations. Status=0, F=    3078.057

Discrete choice (multinomial logit) model
Dependent variable               Choice
Log likelihood function      -3078.05706
Estimation based on N =    2172, K =   5
Inf.Cr.AIC  =   6166.1 AIC/N =    2.839
R2=1-LogL/LogL* Log-L fncn R-sqrd R2Adj
Constants only must be computed directly
              Use NLOGIT ;...; RHS=ONE$
Response data are given as ind. choices
Number of obs.=  2672, skipped  500 obs
-----------+--------------------------------------------------------------------------
           |                  Standard            Prob.       95% Confidence
      RESP1|  Coefficient       Error        z    |z|>Z*         Interval
-----------+--------------------------------------------------------------------------
    NLRASC|    3.06884***      .09111    33.68   .0000      2.89027    3.24742
      COST|    -.21192     .....(Fixed Parameter).....
      INVT|    -.03428     .....(Fixed Parameter).....
      ACWT|    -.02434     .....(Fixed Parameter).....
   ACCBUSF|    -.19927     .....(Fixed Parameter).....
      EGGT|    -.02650     .....(Fixed Parameter).....
     PTINC|    -.00954     .....(Fixed Parameter).....
    PTGEND|     .50243     .....(Fixed Parameter).....
  NLRINSDE|   -1.87282     .....(Fixed Parameter).....
     TNASC|    2.90336***      .07806    37.19   .0000      2.75035    3.05636
  NHRINSDE|   -2.24667     .....(Fixed Parameter).....
    NBWASC|    2.05517***      .15088    13.62   .0000      1.75946    2.35089
    WAITTB|    -.02656     .....(Fixed Parameter).....
     ACCTB|    -.04328     .....(Fixed Parameter).....
     BSASC|    2.22981***      .09925    22.47   .0000      2.03528    2.42433
     BWASC|    2.56348***      .09390    27.30   .0000      2.37944    2.74751
    CRCOST|    -.12599     .....(Fixed Parameter).....
   CRINVT|    -.01732     .....(Fixed Parameter).....
    CRPARK|    -.01335     .....(Fixed Parameter).....
    CREGGT|    -.02835     .....(Fixed Parameter).....
```

我们首先用数据集的第一部分（sample；1—12 060）拟合模型。然后，对于第二次估计，我们希望再次拟合模型，但仅重新计算常数项并且保留先前估计的斜率参数。用于第二个模型的工具是“[ ]”，它指示程序使用先前估计的参数。上面的命令一般来说能产生合意的结果，但有一个麻烦。牛顿方法对于这个模型的起始值非常敏感，而且在对第二个模型施加约束之后，它通常不能收敛。解决之道在于改用 BFGS 算法，这样就能产生合意的结果。为了使用这个算法，我们需要向第二个命令中添加“;Alg=BFGS”命令。然而，需要注意，此时第二个模型将替代第一个称为“先前的”模型。因此，如果我们希望做第二次校准，就必须重新拟合第一个模型。为了避免这种情况，我们可以在第二个命令中添加“;Calibrate”命令。这个设定将改变算法并且指示 Nlogit 不要用当前的估计替代之前的估计。

**【题外话】**

我们可以将这个工具用于我们希望用 Nlogit 拟合的任何离散选择模型。第二个样本的结构必须与第一个样本相同，而且这个工具只能用于固定效用函数参数。后面这一点意味着，如果我们使用的是随机参数模型，那么随机参数将变为固定参数；也就是说，方差将固定为零。

14

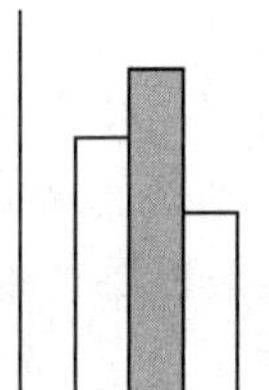

# 嵌套 logit 估计

在数学中，我们不是理解事理。我们只是习惯它们而已。

——约翰·冯·诺依曼（John von Neumann，1903—1957）



## 14.1 引言

绝大多数选择研究实践不会超过我们在前面几章讨论的简单多项 logit（MNL）模型。这是因为 MNL 模型易于计算，而且用来估计 MNL 模型的软件有很多；这也意味着这个趋势将继续下去。尽管 MNL 模型易于估计，但它要求独立同分布（IID）的误差成分假设，这是一个代价。尽管 IID 假设以及行为比较方面的不相关选项的独立性（IIA）假设使得 MNL 模型易于计算（并且提供了闭式解①），但违背这两个假设的情形也会发生。如果违背了这些假设，那么不同选项组之间的交叉替代效应（或相关性）不再相等（Louviere et al.，2000）。

嵌套 logit（NL）模型部分放松了 MNL 模型的 IID 假设和 IIA 假设。正如第 4 章讨论的，这个放松发生在模型的方差部分，以及选项子集的相关性部分。尽管更高级的模型，例如混合多项 logit 模型（参见第 15 章）更充分地放松了 IID 假设，但在选择研究方面，NL 模型仍是一种进步。与 MNL 模型类似，NL 模型相对易于估计，而且提供了闭式解的好处。更高级的模型以协方差形式放松了 IID 假设；然而，它们的解都是开式的，因此，在计算属性水平变化带来的选择概率变化时，涉及复杂的解析计算［参见 Louviere et al.(2000) 和 Train（2003，2009）以及本书后面章节］。在本章，我们说明如何使用 NLOGIT 估计 NL 模型以及如何解释模型结果，尤其是和 MNL 模型相比多出来的结果。与前面章节的做法一样，我们将详细解释命令语法以及模型结果。

## 14.2 嵌套 logit 模型命令

与第 11 章和第 13 章一样，我们使用加标签的选择研究作为模型估计的参照点。在第 13 章，我们使用

① 方程有闭式解，是指它不需要涉及复杂的解析计算（例如积分），仅需使用相对简单的数学运算就能得到解。

显示型偏好（RP）数据；与此不同，本章使用陈述性偏好（SP）数据（我们这么做的目的在于向读者说明如何使用 SP 数据，以便为将来 RP—SP 模型的估计做好准备）。我们首先说明在 NLOGIT 中如何设定 NL 树结构。

在选择研究中，大多数待估 NL 模型通常只有两个水平，超过两个水平的情形比较少见。Nlogit 可以同时估计四个水平。在文献中（也可参见第 4 章），NL 树的从最高水平（水平 4）到最低水平（水平 2）的三个最高水平分别称为主干（trunks）、主枝（limbs）、侧枝（branches）。NL 树的最低层（水平 1）为基本选项（简称“选项”），文献有时称之为细枝（twigs）。

Nlogit 估计的 NL 模型最多可以有 5 个主干、10 个主枝、25 个侧枝、500 个选项。任何在这个范围内的树结构都可以被估计。因此，如果选项数不超过 500，一些侧枝上可能仅有一个选项（称为退化侧枝，稍后详细讨论），尽管其他侧枝可能有两个或多个选项。类似地，如果侧枝的数量不超过 25，那么一些主枝上可能只有一个侧枝，其他主枝上可能有两个或多个侧枝。主干上可能有多个主枝，但整个树结构中，主枝的总数不能超过 10。仅含有一个主干和两个或多个主枝的数结构，称为三水平 NL 模型（在画树结构时，我们通常不画出主干水平）。如果 NL 模型仅有一个主干和一个主枝，但有多个侧枝，那么这样的模型称为两水平 NL 模型（在画树结构时，通常省略主干和主枝）。另外，仅含有一个主干、一个主枝、一个侧枝但有多个选项的 NL 模型，称作单水平 NL 模型。

NL 模型的命令语法结构与第 12 章讨论的 MNL 模型的命令语法结构类似。在 MNL 命令语法中添加下列命令，将指示 Nlogit 估计 NL 模型：

```
;tree = <tree structure>
```

在 MNL 命令语法中加入树设定命令后，基础 NL 模型命令的形式为

```
NLOGIT
;lhs = choice,cset,altij
;choices = <names of alternatives>
;tree = <tree structure>
;Model:
U(alternative 1 name) = <utility function 1>/
U(alternative 2 name) = <utility function 2>/
...
U(alternative i name) = <utility function i> $
```

在定义树结构时，我们使用下列惯例做法：

{ }规定了一个主干(水平 4)；

[ ]规定了一个主干上的一个主枝(水平 3)；

( ) 规定了一个主干上的一个主枝上的一个侧枝(水平 2)。

位于树结构相同水平上的元素以逗号（即,）隔开。我们可以对每个主干、主枝和侧枝命名；当然，不命名也可以。如果不命名，Nlogit 将提供通用名，例如 Trunk{$l$}、Lmb[$i|l$] 和 B($j|i,l$)，其中 $l$ 为第 $l$ 个主干，$i$ 为第 $i$ 个主枝，$j$ 为第 $j$ 个侧枝。例如，B(1|1,1) 表示第一个主干上的第一个主枝上的第一个侧枝；B(1|2,1) 表示第一个主干上的第二个主枝上的第一个侧枝；B(2|2,1) 表示第一个主干上的第二个主枝上的第二个侧枝；Lmb[1|1] 表示第一个主干上的第一个主枝；Trunk{2} 表示第二个主干。在给主干、主枝或侧枝命名时，名字要放在相应括号的外面（名字不能超过 8 个字符）。在树结构中，最低水平（即水平 1）为选项，选项放在适当的括号中。位于相同水平上的选项要以逗号隔开。

为了说明上面这些内容，考虑下面的例子（这个例子不是我们用于估计的 SP 数据）：

```
;tree = car(card,carp), PT(bus,train,busway,LR)
```

上面的树设定将估计图 14.1 中树结构的 NL 模型。

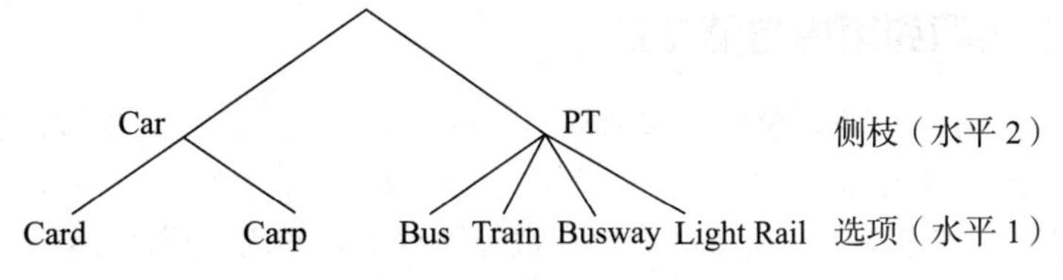

**图 14.1　NL 树结构：例子**

这个树结构有 2 个侧枝和 6 个选项，其中 2 个选项属于 Car 侧枝，其余 4 个属于公共交通（PT）侧枝，因此，它是一个两水平 NL 模型。这个树结构只是研究者可能遇到的很多结构中的一种。例如，我们也可以设定如下的树结构（仍然使用上面这些选项）：

```
;tree = car(card,carnp),PTEX(bus,train),PTNW(busway,LR)
```

上面的 NL 树结构如图 14.2 所示。

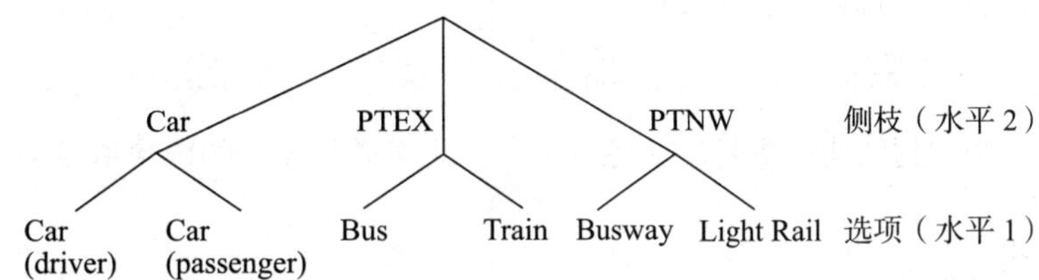

**图 14.2　树结构的例子**

与图 14.1 中的树结构不同，图 14.2 中的树结构有 3 个侧枝，每个侧枝有 2 个选项。对于图 14.2 代表的 NL 模型，我们将 bus 和 train 选项放在同一个侧枝上，这个侧枝的名称为 PTEX（代表已有交通方式）；将 busway 和 light rail 放在同一个侧枝上，这个侧枝的名称为 PTNW（代表新交通方式）。

**【题外话】**

正如我们指出的，在树结构中，如果更高一级的水平仅有一个主枝或主干，那么更高一级的水平可以省略，事实上，我们在上面的图中就是这么做的。然而，我们也可以不省略这样的更高一级的水平，此时我们需要对它命名。例如：

```
;tree = Limb[car(card,carp), PTEX(bus,train), PTNW(busway,LR)]
```

将产生与图 14.2 完全相同的 NL 模型。在这些情形下，最高水平（称为主枝以上水平）的内含值（IV）参数被固定为 1.0。

再一次地，图 14.2 中的树结构只是众多结构中的一种。在下面的树结构的设定中，我们再介绍一个例子。在这个特定的结构中，我们增加了一个水平（即主枝水平），因此，它是一个三水平 NL 模型：

```
;tree = CAR[card,carpt], PT[PTRail(bus,train), PTRoad(busway,LR)]
```

在图形上，上面的树结构的设定如图 14.3 所示。

在设定树结构时，很多研究者混淆了树结构和决策树。也许，这是我们的错，因为我们使用的例子在行为意义上不是那么显著；图 14.1 至图 14.3 都是这样的例子。然而，NL 树结构和决策树之间的任何相似性都具有误导性。正如第 4 章讨论的，NL 树结构的目的在于考察两个或多个选项之间的相关性，它们与协方差矩阵有关，这个协方差矩阵与效用函数的未观测成分有关（即在计量经济而不是行为意义上）。

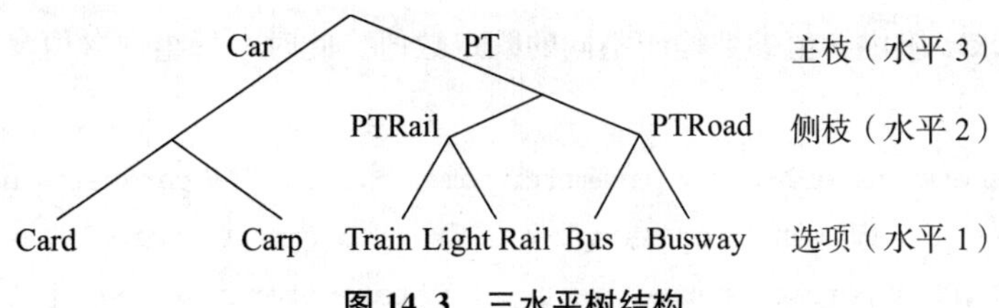

**图 14.3　三水平树结构**

## □ 14.2.1　标准化和约束内含值参数

正如第 4 章讨论的，对于所有 NL 模型，树结构中的每个主干、主枝和侧枝都有唯一的内含值（IV）参数。与其他参数的处理类似，我们也可以对其中一些内含值参数施加约束，使得它们等于某个既定的值（通常等于 1.0，但也有例外）。如果我们对某个内含值参数施加约束，使用下列命令：

;ivset：(＜specification＞)

对于我们推荐的 NL 形式（参见第 4 章），未必使用这个命令；对于侧枝退化情形，内含值自动被约束为 1.0，这与理论一致。对于“;ivset”命令设定，我们在“;ivset”命令之后使用冒号（即:）。不管我们具体设定什么内容（下面会讨论），这些设定内容都要放在圆括号（即 ()）内。也就是说，不管对树结构中哪个水平上的内含值参数施加约束，与树结构设定命令相伴的括号使用惯例都不适用于“;ivset”命令。

为了对两个或多个内含值参数施加约束，“;ivset”命令采取下列形式。在这个设定中，每个被约束的内含值参数都被放在括号内，而且以逗号（即,）隔开：

;ivset：(＜IV parameter name$_1$＞,＜IV parameter name$_2$＞,...,＜IV parameter name$_n$＞)

例如，对于图 14.3 中的树结构，下列命令将对两个公共交通侧枝上的内含值参数施加约束，使得它们相等：

;ivset：(PTrail, PTroad)

我们也可以同时对几个内含值参数施加约束，使得各个内含值参数的组合彼此相等。每个新的同时施加的约束都要以斜杠隔开：

;ivset：(＜IV parameter name$_1$＞,＜IV parameter name$_2$＞,...,＜IV parameter name$_i$＞) / (＜IV parameter name$_j$＞,＜IV parameter name$_k$＞,...,＜IV parameter name$_n$＞) / ... / (＜IV parameter name$_m$＞,＜IV parameter name$_n$＞,...,＜IV parameter name$_p$＞)

例如，假设树结构中出现了新的侧枝（称为 D），这个侧枝上有两个选项，即 pushbike 和 motorbike，那么下列命令将使得侧枝 A、C、B 和 D 的内含值参数相等：

;ivset：(A,C) / (B,D)

正如对 NL 模型的内含值参数施加约束一样，我们也可以将它们视为固定参数。命令语法与对内含值参数施加约束的命令语法类似，我们需要将有待固定的参数放在“;ivset”命令后面的圆括号内。将内含值参数固定为特殊值的命令如下：

;ivset：(＜specification＞) = [＜value＞]

与对多个内含值参数施加约束一样，我们也可以同时要求多个内含值参数等于某个固定值。相应的命令语法的形式如下：

;ivset：(＜IV parameter name$_1$＞,＜IV parameter name$_2$＞,...,＜IV parameter name$_n$＞) = [＜value＞]

例如，对于图 14.3 中的树结构，下列“;ivset”命令将要求两个公共交通的内含值参数等于 0.75：

;ivset：(PTRail,PTRoad) = [0.75]

我们也可以同时要求多组内含值参数等于不同的既定数值。此时，每组内含值参数要用斜杠隔开，命令形式为

;ivset：(＜IV parameter name$_1$＞,＜IV parameter name$_2$＞,...,＜IV parameter name$_i$＞) = [＜value$_1$＞] / (＜IV parameter name$_j$＞,＜IV parameter name$_k$＞,...,＜IV parameter name$_l$＞) = [＜value$_2$＞] / ... / / (＜IV parameter name$_m$＞,＜IV parameter name$_n$＞,...,＜IV parameter name$_p$＞) = [＜value$_w$＞]

例如，下列命令将要求图 14.3 中 PTRail 侧枝的内含值参数等于 0.75，同时要求 PTRoad 的内含值参数等于 0.5：

;ivset：(PTRail) = [0.75] / ;ivset：(PTRoad) = [0.5]

一种常见的处理是要求一个内含值参数等于 1，除非研究者希望检验关于模型的相关性结构的假设。然而，我们重申，这种做法常见但未必一定这么做；事实上，当我们强迫参数取某个特定值时，模型可能无法估计。剩下的内含值参数是自由待估的，它们可以相对于被固定的那个参数来估计。

### □ 14.2.2 为 NL 模型设定内含值参数的起始值

与 MNL 模型的参数估计类似，我们也可以设定 NL 模型的内含值（IV）参数的起始值，Nlogit 将从这个起始值开始估计搜寻。这通过下列命令形式完成，注意，起始值不要放在任何括号内：

;ivset：(<IV parameter $name_1$>) = $value_1$

我们也可以对多个 IV 参数同时设定起始值。例如，下列命令将指示 Nlogit 开始搜索下列各个侧枝的 IV 参数估计：Car 侧枝，起始值为 0.8；PTEX 侧枝和 PTNW 侧枝，起始值为 0.75。

;ivset：(Car) = 0.8 / (PTEX,PTNW) = 0.75

**【题外话】**

在 Nlogit 中，所有 IV 参数估计的起始值都被默认为 1.0。起始值的设定并不局限于 NL 模型的 IV 参数。尽管 Nlogit 默认用 MNL 模型进行估计，但我们也可以设定模型中其余参数的起始值。这个任务类似于 MNL 模型情形，此时，我们将设定的起始值放在参数名后面的圆括号（即（））内。在 Nlogit4 之前的版本中，命令语法“;start=logit”是多余的，因为 Nlogit 默认 MNL 估计。

另外，当我们设定的效用函数不是两水平到四水平的 NL 模型（稍后讨论）时，我们一开始估计的 MNL 模型将与等价设定的 MNL 模型等价。

## 14.3 估计 NL 模型与解释输出结果

在构建命令语法时，我们首先估计每个侧枝有两个选项的模型，然后在本章后面部分考察侧枝上有一个选项（退化侧枝）的树结构。给定第 4 章的讨论，本章主要考察所谓的 RU2 嵌套 logit 设定，这种形式与全局效用最大化相容。

RU2 不要求对内含值参数施加任何约束，尽管我们也可以这么做，参见 14.2 节。识别的标准化是一个上标准化（参见第 4 章）。对于本章的待估模型，Nlogit 命令语法如下：

```
LOAD;file="C:\Books\DCMPrimer\Second  Edition  2010\Latest  Version\Data  and  nlogit  set
ups\SPRPLabeled\NW_SPRP.sav.lpj"$
Project file contained   12167 observations. Note - This is all RP and SP data
reject;SPRP=1$ We are removing the RP data
Nlogit
    ;lhs = choice, cset, altij
    ;choices = NLR,NHR,NBW,bs,tn,bw,cr
    ;tree=ptnew(NLR,NHR,NBW),Allold(bs,tn,bw,cr)
    ;show
    ;RU2
    ;prob = margprob
    ;cprob = altprob
    ;ivb = ivbranch
    ;utility=mutilz
    ;model:
```

```
    u(nlr) = nlr + actpt*act + invcpt*invc + invtpt*invt2 + egtpt*egt + trpt*trnf /
    u(nhr) = nhr + actpt*act + invcpt*invc + invtpt*invt2 + egtpt*egt + trpt*trnf /
    u(nbw) = nbw + actpt*act + invcpt*invc + invtpt*invt2 + egtpt*egt + trpt*trnf /
    u(bs) = bs + actpt*act + invcpt*invc + invtpt*invt2 + egtpt*egt + trpt*trnf /
    u(tn) = tn + actpt*act + invcpt*invc + invtpt*invt2 + egtpt*egt + trpt*trnf /
    u(bw) = bw + actpt*act + invcpt*invc + invtpt*invt2 + egtpt*egt + trpt*trnf /
    u(cr) =                invccar*invc+invtcar*invt + TC*TC + PC*PC + egtcr*egt $/
+-----------------------------------------------------------------+
|WARNING:  Bad observations were found in the sample.  |
|Found 104 bad observations among    1970 individuals. |
|You can use ;CheckData to get a list of these points. |
+-----------------------------------------------------------------+
Tree Structure Specified for the Nested Logit Model
Sample proportions are marginal, not conditional.
Choices marked with * are excluded for the IIA test.
----------------------+--------------------+---------------------+---------------------+--------+-----
Trunk    (prop.) |Limb     (prop.)|Branch   (prop.)|Choice    (prop.)|Weight|IIA
----------------------+--------------------+---------------------+---------------------+--------+-----
Trunk{1} 1.00000 |Lmb[1|1] 1.00000|PTNEW    .40997|NLR      .17471| 1.000|
                 |                |               |NHR      .18060| 1.000|
                 |                |               |NBW      .05466| 1.000|
                 |                |ALLOLD   .59003|BS       .11790| 1.000|
                 |                |               |TN       .14094| 1.000|
                 |                |               |BW       .20096| 1.000|
                 |                |               |CR       .13023| 1.000|
----------------------+--------------------+---------------------+---------------------+--------+-----
Normal exit:   7 iterations. Status=0, F=    2730.693
-----------------------------------------------------------------------------------------------------
Discrete choice (multinomial logit) model
Dependent variable              Choice
Log likelihood function      -2730.69253
Estimation based on N =    1866, K =  16
Inf.Cr.AIC   =   5493.4 AIC/N =     2.944
R2=1-LogL/LogL* Log-L fncn R-sqrd R2Adj
Constants only must be computed directly
                Use NLOGIT ;...;RHS=ONE$
Chi-squared[10]            =    1588.10946
Prob [ chi squared > value ] =     .00000
Response data are given as ind. choices
Number of obs.=  1970, skipped  104 obs
-----------+----------------------------------------------------------------------------
           |                 Standard            Prob.       95% Confidence
     CHOICE|  Coefficient      Error       z    |z|>Z*          Interval
-----------+----------------------------------------------------------------------------
        NLR|   1.84937***     .30793     6.01  .0000     1.24584     2.45291
      ACTPT|   -.04248***     .00467    -9.10  .0000     -.05163     -.03334
     INVCPT|   -.24053***     .01369   -17.57  .0000     -.26737     -.21370
     INVTPT|   -.03160***     .00234   -13.52  .0000     -.03618     -.02702
      EGTPT|   -.00414        .00400    -1.04  .3002     -.01198      .00369
       TRPT|    .28841**      .12646     2.28  .0226      .04055      .53626
        NHR|   1.95132***     .29157     6.69  .0000     1.37987     2.52278
        NBW|    .85378***     .28549     2.99  .0028      .29423     1.41333
         BS|   -.64770**      .25958    -2.50  .0126    -1.15647     -.13893
         TN|   -.32632        .26261    -1.24  .2140     -.84102      .18838
         BW|   -.03503        .26455     -.13  .8946     -.55353      .48347
    INVCCAR|   -.05669        .06937     -.82  .4138     -.19266      .07928
    INVTCAR|   -.01635***     .00319    -5.12  .0000     -.02261     -.01009
         TC|   -.07601**      .03093    -2.46  .0140     -.13664     -.01538
         PC|   -.04837***     .00882    -5.49  .0000     -.06565     -.03109
```

```
   EGTCR|    -.11525***   .02133    -5.40  .0000      -.15707   -.07344
-----------+----------------------------------------------------------------
***, **, * ==>  Significance at 1%, 5%, 10% level.
-----------------------------------------------------------------------------
-----------------------------------------------------------------------------
FIML Nested Multinomial Logit Model
Dependent variable               CHOICE
Log likelihood function     -2711.94824
Restricted log likelihood   -3660.16113
Chi squared [ 18](P= .000)   1896.42578
Significance level               .00000
McFadden Pseudo R-squared      .2590632
Estimation based on N =   1866, K =  18
Inf.Cr.AIC  =    5459.9 AIC/N =    2.926
Constants only must be computed directly
             Use NLOGIT ;...;RHS=ONE$
At start values -2730.6925  .0069******
Response data are given as ind. choices
BHHH estimator used for asymp. variance
The model has 2 levels.
Random Utility Form 2:IVparms = Mb|l,Gl
Number of obs.=  1970, skipped  104 obs
-----------+----------------------------------------------------------------
           |               Standard            Prob.      95% Confidence
    CHOICE|  Coefficient      Error       z    |z|>Z*        Interval
-----------+----------------------------------------------------------------
           |Attributes in the Utility Functions (beta)
       NLR|    1.76991***     .28924     6.12  .0000     1.20300   2.33681
     ACTPT|    -.03635***     .00498    -7.29  .0000     -.04612   -.02658
    INVCPT|    -.21341***     .01648   -12.95  .0000     -.24572   -.18110
    INVTPT|    -.02617***     .00232   -11.29  .0000     -.03072   -.02163
     EGTPT|    -.00542        .00372    -1.46  .1454     -.01272    .00188
      TRPT|     .23064**      .09036     2.55  .0107      .05355    .40774
       NHR|    1.72411***     .28103     6.13  .0000     1.17329   2.27492
       NBW|    1.19653***     .25980     4.61  .0000      .68734   1.70571
        BS|    -.59018**      .24843    -2.38  .0175    -1.07710   -.10327
        TN|    -.28961        .24381    -1.19  .2349     -.76747    .18825
        BW|    -.02930        .23930     -.12  .9025     -.49831    .43971
   INVCCAR|    -.03454        .07066     -.49  .6250     -.17303    .10396
   INVTCAR|    -.01473***     .00325    -4.53  .0000     -.02110   -.00835
        TC|    -.07077**      .03124    -2.26  .0235     -.13200   -.00953
        PC|    -.04475***     .00886    -5.05  .0000     -.06212   -.02738
     EGTCR|    -.10768***     .02641    -4.08  .0000     -.15943   -.05592
           |IV parameters, RU2 form = mu(b|l),gamma(l)
     PTNEW|     .51010***     .05571     9.16  .0000      .40091    .61928
    ALLOLD|     .95074***     .08846    10.75  .0000      .77737   1.12411
-----------+----------------------------------------------------------------
```

在估计上述模型时，Nlogit 首先提供 MNL 输出结果，用来确定 NL 和 MN 估计值搜索的起始值。NL 输出结果的绝大部分的解释与 MNL 模型相同。我们仅讨论新出现的结果信息或者与 MNL 模型不同的结果信息。第一个差别是输出框中的第一行，我们将其复制于此：

FIML：Nested Multinomial Logit Model

该行信息告诉我们，NL 模型是使用所谓的完全信息最大似然（full information maximum likelihood，FIML）法估计的，参见第 5 章。NL 模型的估计既可以是序贯的，也可以是同时的。序贯估计（sequential estimation）也称为有限信息最大似然（LIMI）估计，是从树结构的最低水平开始，以序贯顺序，一直估计到最高水平。从侧枝水平开始，LIMI 将估计每个侧枝上选项的效用函数（包括内含值参数），以及树结构的各个侧枝的内含值参数。一旦估计出内含值参数，我们就可以计算侧枝水平的内含值参数。然后，这些内含值参数被用作树结构中更高一级水平的解释变量。这个过程不断重复，直至 NL 模型的整个树结构都被估计。Hensher（1986）证明，用 LIML 法估计 NL 模型在统计上没有效率，这是因为水平三和更高水平的参数估计值不是使用这些估计值来估计更多参数而得到的最小方差参数估计值。因此，对于介于两水平和四水平之间的 NL 模型一般使用同时估计，这种方法提供了统计上有效率的参数估计。NL 模型的侧枝、主枝和主干的同时估计是通过 FIML 法实现的。与整个 NL 模型的同时估计相比，序贯估计除了能估计四水平以上的模型（这样的模型比较罕见）之外，并没有其他优势。如果你对 NL 模型的序贯估计和同时估计的差异感兴趣，推荐你参考 Louviere et al.（2000，p. 149－152）；如果你对这类模型的估计感兴趣，可以参考 Nlogit 使用手册。

在接下来的输出信息中，Nlogit 报告了模型的受限和不受限 LL 函数。NL 模型的 LL 函数的解释方式与 MNL 模型完全相同。事实上，如果这两个模型使用相同的样本估计，那么二者的 LL 函数可以直接比较。Nlogit 报告的 LL 函数是拟合我们设定的效用函数的模型的 LL 函数，而不受限的 LL 函数是假设选择份额相等时（即不存在样本份额信息）的模型的 LL 函数。与 MNL 模型类似，NL 模型的显著性检验使用 LL 比值检验（参见第 7 章），这需要使用 Nlogit 报告的 LL 值。NL 模型自动实施这个检验。LL 比值检验服从卡方分布，其中自由度等于模型待估参数个数。在计算参数个数时，内含值参数也包括在内，但不包括固定参数（因此不需要估计）。与 MNL 模型类似，这个检验的卡方检验统计量为

$$-2(LL_{受限}-LL_{不受限})\sim \chi^2_{(两个模型待估参数个数之差)} \tag{14.1}$$

对于上面输出结果中的模型，检验如下。这个检验有 18 个自由度（即 16 个待估参数和 2 个内含值参数）：

$$-2(-3\ 660.161-(-2\ 711.948))=1\ 896.43\sim \chi^2_{(18)}$$

1 896.43 等于我们在 Nlogit 输出信息中看到的值。为了确定整体模型拟合度，我们可以将检验统计量的值与自由度为 18 时的临界值进行比较，或者使用 Nlogit 提供的 $p$ 值。例如，对于我们的例子，$p$ 值为零。由于 $p$ 值小于 $\alpha=0.05$（即 95%的置信水平），我们断言，与伴随相等市场份额的模型相比，我们估计的 NL 模型在 LL 函数上有所改进。因此，我们断言，效用函数中属性的参数估计改进了整体模型拟合度。

接下来，Nlogit 估计伪 $R^2$。与 MNL 模型类似，NL 模型的伪 $R^2$ 也是利用 LL 比值估计的，具体地说，它是用我们此处估计模型的 LL 函数值（即－2 711.95）与伴随相等市场份额的基础模型的 LL 函数值（即－3 660.16）的比值估计的。这里的伪 $R^2$ 为 0.260，在输出信息中，它的名称为 McFadden Pseudo $R^2$：

$$R^2=1-\frac{LL_{估计模型}}{LL_{基础模型}}=1-\frac{-2\ 711.95}{-3\ 660.16}=0.259$$

不同个体的选择集可能不相同，例如，我们使用的 SP 数据就是这样的，其中每个选择集有七个选项中的四个。在这种情形下，我们不能从市场份额中计算仅伴随常数的结果，在这个没有系数的模型中，各个选项的概率不可能等于 $1/J$。如果你想计算这些，你必须使用“;RHS＝one”，如下列模型所示。LL 的值为－3 165.836，这是根据已知样本选择份额计算出来的，没有使用任何其他信息：

```
|-> Nlogit
    ;lhs = choice, cset, altij
    ;choices = NLR,NHR,NBW,bs,tn,bw,cr
    ;rhs=one$
--------------------------------------------------------------------------
Discrete choice (multinomial logit) model
Dependent variable                 Choice
Log likelihood function       -3165.83600
Estimation based on N =    1866, K =    6
Inf.Cr.AIC  =    6343.7 AIC/N =     3.400
```

```
R2=1-LogL/LogL* Log-L fncn R-sqrd R2Adj
Constants only must be computed directly
               Use NLOGIT ;...;RHS=ONE$
Response data are given as ind. choices
Number of obs.=  1970, skipped  104 obs
-----------+---------------------------------------------------------------
           |             Standard            Prob.    95% Confidence
    CHOICE|  Coefficient   Error       z    |z|>Z*      Interval
-----------+---------------------------------------------------------------
     A_NLR|     .44365***  .08617    5.15  .0000    .27476    .61253
     A_NHR|     .82161***  .08696    9.45  .0000    .65116    .99205
     A_NBW|   -.50935***  .11979   -4.25  .0000  -.74414  -.27455
      A_BS|   -.18067*    .09337   -1.93  .0530  -.36368    .00234
      A_TN|     .08723    .08990     .97  .3319  -.08897    .26343
      A_BW|     .44200***  .08334    5.30  .0000    .27865    .60536
-----------+---------------------------------------------------------------
```

我们将与每个属性相伴的参数的讨论任务留给读者完成。我们主要考察内含值（或尺度）参数。在NL模型的效用函数中纳入内含值参数对效用函数的展现和解释有重要影响。我们可以根据输出信息，直接写出每个选项的效用函数，而不用担心模型的尺度参数（它们都等于1）。这些效用函数如式（14.2a）至式（14.2g）所示：

```
u(nlr) = 1.769  -0.036*act -0.213*invc -0.026*invt2 -0.005*egt +0.231*trnf / .  (14.2a)
u(nhr) = 1.724  -0.036*act -0.213*invc -0.026*invt2 -0.005*egt +0.231*trnf / .  (14.2b)
u(nbw) = 1.197  -0.036*act -0.213*invc -0.026*invt2 -0.005*egt +0.231*trnf / .  (14.2c)
u(bs)  = -0.591 -0.036*act -0.213*invc -0.026*invt2 -0.005*egt +0.231*trnf / .  (14.2d)
u(tn)  = -0.289 -0.036*act -0.213*invc -0.026*invt2 -0.005*egt +0.231*trnf / .  (14.2e)
u(bw)  = 0.029  -0.036*act -0.213*invc -0.026*invt2 -0.005*egt +0.231*trnf / .  (14.2f)
u(cr)  =          -0.035*invc-0.0708*TC -0.0445*PC -0.0147*invt -0.0108*egt$ .  (14.2g)
```

**【题外话】**

与所有其他选项模型类似，从上面的效用函数中得到的效用是相对的。因此，为了确定任何一个选项的效用，我们必须计算这个选项的效用与第二个选项的效用之差。

输出结果的最后一部分是模型的每个主干、主枝和侧枝的内含值参数的估计值。与效用函数中属性的参数估计值类似，Nlogit为每个内含值参数报告了标准误、Wald统计量和$p$值。一个有趣的问题是，显著的内含值参数表示什么意思？检验统计量即Wald统计量，是用内含值参数的估计值除以相应标准误计算出来的，然后将计算结果与某个临界值（通常为±1.96，这表示95%的置信水平）进行比较。这个检验与单样本*t*检验（*t* test）完全相同，在这种情形下，它被用于确定内含值参数在统计上是否等于零。如果参数在统计上等于零（即参数不显著），那么参数仍在0～1之间（因为它等于零）。这很重要；正如第4章指出的，对于树状结构的高层和低层，我们有两个完全独立的选择模型，因此对于模型的这个部分，存在着划分树结构的证据。

**【题外话】**

不显著的内含值参数（即统计上等于零的参数）意味着取自不同水平的、用来构成内含值参数的两个尺度参数在统计上差别很大（例如，0.1除以0.8等于0.125，它比0.1除以0.2更接近于零，因为后者等于0.5；当然，我们也必须考虑标准误）。这并不意味着方差不显著，也不意味着同一侧枝上的选项之间不相关。

显著的内含值参数意味着它们不等于零，但这不能说明参数是否位于0～1之外（回忆一下，内含值参数不可能小于零）。因此，对于显著的内含值参数，将我们需要对它进行第二次检验来确定它们是否超过了上界。将这个检验稍微修改一下就变成了确定参数在统计上是否等于零的检验。下面我们将说明这种修改：

$$\text{Wald 检验} = \frac{\text{内含值参数} - 1}{\text{标准误}} \tag{14.3}$$

对于上面的例子，PTNEW 侧枝的内含值参数在统计上不等于零。因此，我们需要实施式（14.4）中的检验来确定这个变量在统计上是否等于 1。这个检验的实施如下：

$$\text{Wald 检验}=\frac{0.5101-1}{0.0557}=-8.79$$

与 ±1.96（即 $\alpha=0.05$）的临界值相比，我们可以拒绝 PTNEW 参数在统计上等于 1 的假设。这个发现意味着嵌套结构的确比 MNL 好，而且与全局效用最大化相符，因为它满足内含值参数的 0～1 界限。这种发现也适用于其他侧枝。

如果内含值参数在统计上不等于 0 或 1，或不位于 0～1 界限内，但在统计上大于 1，那么全局效用最大化假设不再严格成立，而且交叉弹性可能伴随错误的符号。在这种情形下，我们必须（1）探索新的树结构，（2）使用原来的树结构，但对不同的内含值参数施加约束，然后重新估计模型，（3）使用更高级的模型（参见第 15 章）。

**【题外话】**

内含值参数与同一侧枝上的选项之间的相关性有关（参见第 4 章）：

$1-\left(\frac{\lambda_{(i\mid j,l)}}{\mu_{(i\mid j,l)}}\right)^2$ 等于 NL 模型相同嵌套或分划中的任意一组选项的相关系数。对于上面的例子，bus，train，busway 和 LR 选项之间的相关系数可以计算如下：

$$Corr(bs,tn,bw,cr)=1-0.95074^2=0.00964$$
$$Corr(NLR,NHR,NBW)=1-0.5101^2=0.739$$

因此，接近于 1.0 的内含值参数不仅意味着相近水平之间的方差差异较小，还意味着嵌套结构中更低水平上的选项的效用函数之间的相关系数也小。

## □ 14.3.1 估计两水平 NL 模型的概率

与 MNL 模型相比，NL 模型每个选项的概率的估计更复杂。这是因为（水平 1 上的）选项的选择概率取决于这个选项属于哪个侧枝。对于两水平以上的模型，侧枝的选择概率又取决于它属于哪个主枝，对于四水平 NL 模型，这还取决于主枝属于哪个主干。因此，在 NL 模型中，较低一级水平的选择取决于与该水平相连的一开始被选中的所有更高一级水平。例如，对于上面估计的模型，公共汽车（bus）选项的选择概率取决于先前被选中的 ALLOLD 侧枝。类似地，新轻轨（NLR）选项的选择概率取决于先前被选中的 PT-NEW 侧枝。

式（14.2a）至式（14.2g）代表了 NL 模型水平 1 的效用函数。NL 模型的更高一级的水平也有效用，而且 NL 模型更高一级水平的效用函数通过两种方式与较低一级水平联系在一起。第一种方式，NL 模型的更高一级水平的效用函数通过将较低一级水平的内含值参数纳入上一级水平的效用函数与这个较低一级水平相连。第二种方式通过纳入内含值变量（即期望效用最大化指标），将较低一级水平的效用函数与上一级水平的效用函数相连，参见第 4 章。

也就是说，第 $l$ 个主干上的第 $i$ 个主枝上的第 $j$ 个侧枝的效用等于内含值参数乘以内含值变量（或期望效用最大化）。

对于上面的例子，每个结果的非条件概率等于条件概率和边缘概率的乘积：

P(cr，AllOld)=P(cr | AllOld)×P(AllOld)

P(bs，AllOld)=P(bs | AllOld)×P(AllOld)

P(tn，AllOld)=P(tn | AllOld)×P(AllOld)

P(bw，AllOld)=P(bw | AllOld)×P(AllOld)

P(nlr，PtNew)=P(nlr | PtNew)×P(PtNew)

P(nhr，PtNew)=P(nhr | PtNew)×P(PtNew)

P(nbw，PtNew)=P(nbw | PtNew)×P(PtNew)

Nlogit 将使用第 4 章的公式自动计算这些概率，如果你在命令语法中添加“;prob=<name of the variable to define the calculated probabilities>”，就可以看见并保存它们。NL 模型中的预测概率（所有条件概率的乘积）可以保留为数据集中的一个新变量，此时需要添加命令“;prob=<name>”。这个命令与 MNL 模型情形下保存概率的命令相同。基础选项的条件概率（水平 1 的概率）可以通过使用命令“;Cprob=<name>”来保留。内含值变量（注意不是内含值参数）也称为期望效用最大化（EMU），也可以作为新变量保存在数据集中。用来保存每个水平的内含值参数的命令为：侧枝水平：“IVB=<name>”，主枝水平：“IVL=<name>”，主干水平：“IVT=<name>”。

例如，我们添加了命令“;prob=margprob”来得到每个选项的边缘概率。然而，注意，由于 SP 数据集中每个应答者面对七个选项中的四个，因此，每个应答者的边缘概率被限制在他们选择集中的四个选项上。对于第一个应答者（参见表 14.1），他的选择集中有选项（altij）1、3、4 和 7，即 NLR、NBW、bs 和 cr。每个基础选项的边缘概率在这个树结构上的和等于 1.0。与此不同，条件概率（在表 14.1 中，由 AltProb 定义）在每个侧枝上的和等于 1.0。我们也可以使用命令“;utility=mutilz”来得到相应的效用。结果可以剪贴到 Excel 文档中，然后以各种报表形式呈现。

除了各种概率输出信息之外，Nlogit 还计算和报告了内含值变量（表 14.1 中的 IvBranch）。正如第 4 章指出的，内含值变量是基于内含值下方水平的效用表达式；每个选项的效用表达式等于将每个参数估计值乘以相应的属性水平，然后将结果相加，加上常数后再取指数。将这个结果针对所有有关选项（例如表 14.1 中第一个应答者的四个选项）相加，然后取自然对数。结果如表 14.1 所示。

**表 14.1　　项目文件（数据、变量）中保存的有用的输出信息**

| Id | Altij | IvBranch | MargProb | AltProb | Mutilz |
|---|---|---|---|---|---|
| 1 | 1 | 0.840 | 0.395 | 0.556 | 0.125 |
| 1 | 3 | 0.840 | 0.316 | 0.444 | 0.014 |
| 1 | 4 | −0.523 | 0.050 | 0.173 | −2.096 |
| 1 | 7 | −0.523 | 0.239 | 0.827 | −0.657 |
| 1 | 1 | 1.163 | 0.276 | 0.344 | 0.048 |
| 1 | 3 | 1.163 | 0.527 | 0.656 | 0.368 |
| 1 | 4 | −0.899 | 0.026 | 0.134 | −2.679 |
| 1 | 7 | −0.899 | 0.171 | 0.866 | −0.960 |
| 1 | 1 | 1.515 | 0.484 | 0.591 | 0.491 |
| 1 | 3 | 1.515 | 0.335 | 0.409 | 0.309 |
| 1 | 4 | −0.824 | 0.031 | 0.174 | −2.369 |
| 1 | 7 | −0.824 | 0.149 | 0.826 | −0.935 |
| 1 | 1 | 1.966 | 0.202 | 0.248 | 0.283 |
| 1 | 3 | 1.966 | 0.613 | 0.752 | 0.835 |
| 1 | 4 | −0.551 | 0.040 | 0.215 | −1.924 |
| 1 | 7 | −0.551 | 0.145 | 0.785 | −0.730 |
| 1 | 1 | 1.408 | 0.420 | 0.561 | 0.412 |
| 1 | 3 | 1.408 | 0.328 | 0.439 | 0.290 |

续前表

| Id | Altij | IvBranch | MargProb | AltProb | Mutilz |
| --- | --- | --- | --- | --- | --- |
| 1 | 4 | −0.421 | 0.025 | 0.098 | −2.522 |
| 1 | 7 | −0.421 | 0.227 | 0.902 | −0.483 |
| 1 | 1 | 0.641 | 0.639 | 0.853 | 0.239 |
| 1 | 3 | 0.641 | 0.110 | 0.147 | −0.632 |
| 1 | 4 | −0.842 | 0.042 | 0.167 | −2.420 |
| 1 | 7 | −0.842 | 0.209 | 0.833 | −0.944 |
| 1 | 1 | 1.406 | 0.204 | 0.254 | 0.017 |
| 1 | 3 | 1.406 | 0.600 | 0.746 | 0.553 |
| 1 | 4 | −0.778 | 0.021 | 0.108 | −2.769 |
| 1 | 7 | −0.778 | 0.174 | 0.892 | −0.821 |
| 1 | 1 | 0.623 | 0.411 | 0.570 | 0.030 |
| 1 | 3 | 0.623 | 0.310 | 0.430 | −0.110 |
| 1 | 4 | −0.696 | 0.074 | 0.265 | −1.863 |
| 1 | 7 | −0.696 | 0.205 | 0.735 | −0.925 |
| 1 | 1 | 1.759 | 0.532 | 0.599 | 0.619 |
| 1 | 3 | 1.759 | 0.356 | 0.401 | 0.420 |
| 1 | 4 | −1.303 | 0.017 | 0.156 | −2.912 |
| 1 | 7 | −1.303 | 0.094 | 0.844 | −1.355 |
| 1 | 1 | 1.813 | 0.548 | 0.672 | 0.703 |
| 1 | 3 | 1.813 | 0.267 | 0.328 | 0.346 |
| 1 | 4 | −0.633 | 0.016 | 0.086 | −2.846 |
| 1 | 7 | −0.633 | 0.169 | 0.914 | −0.665 |

## 14.4 设定 NL 树的更高一级水平的效用函数

在 14.3 节，我们假设所有属性都与定义每个基础选项的效用表达式相伴。然而，一些因素可能直接影响树结构中更高一级水平上的效用。这可以通过使用下列命令语法完成，此时，Nlogit 为效用表达式提供的名称就是“;tree”命令中提供的名称：

U(<branch,limb or trunk name>) = <utility function 1>/

尽管基础选项的属性可以被指定给 NL 模型更高一级水平的效用表达式，但在这么做时务必小心。在设计之初，为了区分选项而设定的属性水平已被指定给模型的水平 1。因此，除非我们有足够的证据说明应答者使用相同的属性组来区分更高一级的选择（即模型的更高一级水平分划），否则属性仅应该指定给模型的水平 1。因此，尽管我们不能排除属性水平被用于 NL 模型更高一级水平的效用表达式，然而我们建议初学者仅在不是选项的属性的变量中使用它们，这类变量有应答者的社会经济特征（SEC）或情景变量。在直觉上，我们可以预期 SEC 对选项组（例如，公共交通方式对小轿车）的影响可能与它们对每种公共交通方式的影响不同。在下列 NL 模型设定中，我们将个人收入和性别指定给上一层的侧枝 ptnew：

```
|-> Nlogit    ;lhs = choice, cset, altij
    ;choices = NLR,NHR,NBW,bs,tn,bw,cr
    ;tree=ptnew(NLR,NHR,NBW),Allold(bs,tn,bw,cr)
    ;show
    ;RU2
    ;prob = margprob
    ;cprob = altprob
    ;ivb = ivbranch
    ;utility=mutilz
    ;model:
    u(nlr) = nlr + actpt*act + invcpt*invc + invtpt*invt2 + egtpt*egt + trpt*trnf /
    u(nhr) = nhr + actpt*act + invcpt*invc + invtpt*invt2 + egtpt*egt + trpt*trnf /
    u(nbw) = nbw + actpt*act + invcpt*invc + invtpt*invt2 + egtpt*egt + trpt*trnf /
    u(bs) = bs + actpt*act + invcpt*invc + invtpt*invt2 + egtpt*egt + trpt*trnf /
    u(tn) = tn + actpt*act + invcpt*invc + invtpt*invt2 + egtpt*egt + trpt*trnf /
    u(bw) = bw + actpt*act + invcpt*invc + invtpt*invt2 + egtpt*egt + trpt*trnf /
    u(cr) =                            invccar*invc+invtcar*invt + TC*TC + PC*PC + egtcr*egt /
    u(ptnew)=pincz*pinc+gend*gender$
+--------------------------------------------------------------+
|WARNING:   Bad observations were found in the sample.  |
|Found 104 bad observations among     1970 individuals. |
|You can use ;CheckData to get a list of these points.  |
+--------------------------------------------------------------+
Tree Structure Specified for the Nested Logit Model
Sample proportions are marginal, not conditional.
Choices marked with * are excluded for the IIA test.
---------------+----------------+----------------+----------------+------+----
Trunk    (prop.)|Limb      (prop.)|Branch    (prop.)|Choice    (prop.)|Weight|IIA
---------------+----------------+----------------+----------------+------+----
Trunk{1} 1.00000|Lmb[1|1]  1.00000|PTNEW      .40997|NLR        .17471| 1.000|
                |                 |                 |NHR        .18060| 1.000|
                |                 |                 |NBW        .05466| 1.000|
                |                 |ALLOLD     .59003|BS         .11790| 1.000|
                |                 |                 |TN         .14094| 1.000|
                |                 |                 |BW         .20096| 1.000|
                |                 |                 |CR         .13023| 1.000|
---------------+----------------+----------------+----------------+------+----
Normal exit:   7 iterations. Status=0, F=     2730.693
-------------------------------------------------------------------------------
Start values obtained using MNL model
Dependent variable                 Choice
Log likelihood function      -3981.90300
Estimation based on N =    1866, K =  18
Inf.Cr.AIC  =    7999.8 AIC/N =    4.287
Log-L for Choice    model =   -2730.6925
R2=1-LogL/LogL* Log-L fncn R-sqrd R2Adj
Constants only must be computed directly
               Use NLOGIT ;...;RHS=ONE$
Chi-squared[10]            =   1588.10946
```

```
Prob [ chi squared > value ] =    .00000
Log-L for Branch   model =   -1251.2105
Response data are given as ind. choices
Number of obs.=  1970, skipped  104 obs
-----------+----------------------------------------------------------------
           |              Standard              Prob.      95% Confidence
  CHOICE|  Coefficient     Error       z      |z|>Z*          Interval
-----------+----------------------------------------------------------------
          |Model for Choice Among Alternatives
     NLR|     1.84937***   .30793     6.01   .0000     1.24584   2.45291
   ACTPT|    -.04248***   .00467    -9.10   .0000     -.05163   -.03334
  INVCPT|    -.24053***   .01369   -17.57   .0000     -.26737   -.21370
  INVTPT|    -.03160***   .00234   -13.52   .0000     -.03618   -.02702
   EGTPT|    -.00414      .00400    -1.04   .3002     -.01198    .00369
    TRPT|     .28841**    .12646     2.28   .0226      .04055    .53626
     NHR|    1.95132***   .29157     6.69   .0000     1.37987   2.52278
     NBW|     .85378***   .28549     2.99   .0028      .29423   1.41333
      BS|    -.64770**    .25958    -2.50   .0126    -1.15647   -.13893
      TN|    -.32632      .26261    -1.24   .2140     -.84102    .18838
      BW|    -.03503      .26455     -.13   .8946     -.55353    .48347
 INVCCAR|    -.05669      .06937     -.82   .4138     -.19266    .07928
 INVTCAR|    -.01635***   .00319    -5.12   .0000     -.02261   -.01009
      TC|    -.07601**    .03093    -2.46   .0140     -.13664   -.01538
      PC|    -.04837***   .00882    -5.49   .0000     -.06565   -.03109
   EGTCR|    -.11525***   .02133    -5.40   .0000     -.15707   -.07344
          |Model for Choice Among Branches
   PINCZ|    -.00363***   .00104    -3.50   .0005     -.00566   -.00159
    GEND|    -.35741***   .10315    -3.47   .0005     -.55957   -.15525
-----------+----------------------------------------------------------------
***, **, * ==>  Significance at 1%, 5%, 10% level.
----------------------------------------------------------------------------
Normal exit:  32 iterations. Status=0, F=    2703.735
----------------------------------------------------------------------------
FIML Nested Multinomial Logit Model
Dependent variable                CHOICE
Log likelihood function      -2703.73474
Restricted log likelihood    -3660.16113
Chi squared [ 20](P= .000)    1912.85279
Significance level                .00000
McFadden Pseudo R-squared       .2613072
Estimation based on N =   1866, K =  20
Inf.Cr.AIC  =    5447.5 AIC/N =    2.919
Constants only must be computed directly
             Use NLOGIT ;...;RHS=ONE$
At start values -2742.5189  .0141******
Response data are given as ind. choices
BHHH estimator used for asymp. variance
The model has 2 levels.
Random Utility Form 2:IVparms = Mb|l,Gl
Coefs. for branch level begin with PINCZ
Number of obs.=  1970, skipped  104 obs
-----------+----------------------------------------------------------------
           |              Standard              Prob.      95% Confidence
  CHOICE|  Coefficient     Error       z      |z|>Z*          Interval
```

```
-----------+--------------------------------------------------------------------------------
           |Attributes in the Utility Functions (beta)
        NLR|    2.02074***     .29347       6.89  .0000       1.44554   2.59594
      ACTPT|    -.03467***     .00492      -7.05  .0000       -.04431   -.02503
     INVCPT|    -.20791***     .01656     -12.56  .0000       -.24036   -.17547
     INVTPT|    -.02598***     .00233     -11.15  .0000       -.03055   -.02142
      EGTPT|    -.00557        .00366      -1.52  .1287       -.01275    .00161
       TRPT|     .23514***     .08938       2.63  .0085        .05996    .41032
        NHR|    1.94280***     .28290       6.87  .0000       1.38834   2.49727
        NBW|    1.43519***     .26211       5.48  .0000        .92147   1.94891
         BS|    -.53165**      .24177      -2.20  .0279      -1.00551   -.05779
         TN|    -.23853        .23713      -1.01  .3145       -.70330    .22625
         BW|     .00840        .23337        .04  .9713       -.44899    .46580
    INVCCAR|    -.02858        .06904       -.41  .6789       -.16389    .10673
    INVTCAR|    -.01442***     .00321      -4.50  .0000       -.02070   -.00814
         TC|    -.06620**      .03052      -2.17  .0301       -.12603   -.00638
         PC|    -.04315***     .00866      -4.98  .0000       -.06013   -.02617
      EGTCR|    -.10209***     .02596      -3.93  .0001       -.15297   -.05121
           |Attributes of Branch Choice Equations (alpha)
      PINCZ|    -.00266**      .00129      -2.06  .0398       -.00519   -.00012
       GEND|    -.25315**      .11993      -2.11  .0348       -.48821   -.01809
           |IV parameters, RU2 form = mu(b|l),gamma(l)
      PTNEW|     .50367***     .05604       8.99  .0000        .39383    .61350
     ALLOLD|     .92064***     .08792      10.47  .0000        .74831   1.09296
-----------+--------------------------------------------------------------------------------
```

基础 NL 模型和这个模型的唯一区别在于，这里出现了下列额外信息（以及它对其他参数估计的影响）：

```
           |Attributes of Branch Choice Equations (alpha)
      PINCZ|    -.00266**      .00129      -2.06  .0398       -.00519   -.00012
       GEND|    -.25315**      .11993      -2.11  .0348       -.48821   -.01809
```

个人收入和性别虚拟变量（male=1）在统计上显著，由于符号为负，这意味着在其他条件相同时，与其他应答者相比，男士的收入越高，ptnew 侧枝提供给它的效用越低。这个发现取决于 ptnew 侧枝被选中从而该侧枝上的选项被选中的整体概率，它涉及对整个树结构指定概率。表 14.2 报告了当我们添加上层水平对 ptnew 的影响时，与表 14.1 相比，对于第一个应答者的 10 个选择集中的每个选择集的边缘概率和条件概率的变化以及效用变化。尽管这些差异看起来不大，然而当在整个数据集上加总时，它们就大到不能忽略了。感兴趣的读者可以将所有应答者的整个输出信息剪贴到电子表格中，计算交通方式份额。

**表 14.2　　将表 14.1 中的结果与伴随上层水平变量的 NL 模型的结果比较**

| Altij | IvBranch | MargProb | AltProb | Mutilz | Diff _ MProb | Diff _ AltProb | Diff _ Multiz |
|---|---|---|---|---|---|---|---|
| 1 | 1.091 | 0.468 | 0.358 | 0.684 | 0.073 | −0.197 | 0.559 |
| 3 | 1.091 | 0.216 | −0.031 | 0.316 | −0.100 | −0.475 | 0.302 |
| 4 | −0.517 | 0.054 | −2.098 | 0.172 | 0.004 | −2.271 | 2.268 |
| 7 | −0.517 | 0.262 | −0.649 | 0.828 | 0.022 | −1.476 | 1.485 |
| 1 | 1.301 | 0.366 | 0.281 | 0.475 | 0.089 | −0.063 | 0.428 |
| 3 | 1.301 | 0.404 | 0.331 | 0.525 | −0.123 | −0.325 | 0.157 |
| 4 | −0.871 | 0.030 | −2.689 | 0.129 | 0.003 | −2.823 | 2.807 |
| 7 | −0.871 | 0.201 | −0.929 | 0.871 | 0.030 | −1.795 | 1.832 |

续前表

| Altij | IvBranch | MargProb | AltProb | Mutilz | Diff _ MProb | Diff _ AltProb | Diff _ Multiz |
|---|---|---|---|---|---|---|---|
| 1 | 1. 773 | 0. 569 | 0. 722 | 0. 712 | 0. 085 | 0. 131 | 0. 221 |
| 3 | 1. 773 | 0. 230 | 0. 266 | 0. 288 | −0. 105 | −0. 143 | −0. 021 |
| 4 | −0. 808 | 0. 034 | −2. 378 | 0. 169 | 0. 003 | −2. 552 | 2. 539 |
| 7 | −0. 808 | 0. 166 | −0. 915 | 0. 831 | 0. 017 | −1. 741 | 1. 766 |
| 1 | 2. 024 | 0. 285 | 0. 513 | 0. 366 | 0. 083 | 0. 265 | 0. 083 |
| 3 | 2. 024 | 0. 494 | 0. 790 | 0. 634 | −0. 120 | 0. 037 | −0. 201 |
| 4 | −0. 533 | 0. 046 | −1. 931 | 0. 209 | 0. 007 | −2. 145 | 2. 133 |
| 7 | −0. 533 | 0. 175 | −0. 707 | 0. 791 | 0. 030 | −1. 493 | 1. 521 |
| 1 | 1. 654 | 0. 496 | 0. 643 | 0. 685 | 0. 076 | 0. 081 | 0. 273 |
| 3 | 1. 654 | 0. 228 | 0. 251 | 0. 315 | −0. 100 | −0. 187 | 0. 025 |
| 4 | −0. 414 | 0. 027 | −2. 538 | 0. 096 | 0. 002 | −2. 636 | 2. 618 |
| 7 | −0. 414 | 0. 250 | −0. 474 | 0. 904 | 0. 023 | −1. 376 | 1. 387 |
| 1 | 1. 103 | 0. 614 | 0. 459 | 0. 827 | −0. 025 | −0. 393 | 0. 588 |
| 3 | 1. 103 | 0. 129 | −0. 327 | 0. 173 | 0. 018 | −0. 474 | 0. 805 |
| 4 | −0. 823 | 0. 042 | −2. 425 | 0. 163 | 0. 000 | −2. 593 | 2. 583 |
| 7 | −0. 823 | 0. 215 | −0. 921 | 0. 837 | 0. 006 | −1. 754 | 1. 780 |
| 1 | 1. 478 | 0. 290 | 0. 252 | 0. 377 | 0. 086 | −0. 001 | 0. 360 |
| 3 | 1. 478 | 0. 480 | 0. 506 | 0. 623 | −0. 120 | −0. 240 | 0. 071 |
| 4 | −0. 781 | 0. 024 | −2. 780 | 0. 107 | 0. 003 | −2. 888 | 2. 876 |
| 7 | −0. 781 | 0. 205 | −0. 823 | 0. 893 | 0. 031 | −1. 715 | 1. 715 |
| 1 | 1. 139 | 0. 385 | 0. 257 | 0. 533 | −0. 026 | −0. 313 | 0. 503 |
| 3 | 1. 139 | 0. 338 | 0. 191 | 0. 467 | 0. 028 | −0. 239 | 0. 577 |
| 4 | −0. 693 | 0. 073 | −1. 872 | 0. 262 | −0. 001 | −2. 137 | 2. 125 |
| 7 | −0. 693 | 0. 205 | −0. 918 | 0. 738 | 0. 000 | −1. 653 | 1. 663 |
| 1 | 2. 011 | 0. 631 | 0. 849 | 0. 722 | 0. 099 | 0. 250 | 0. 103 |
| 3 | 2. 011 | 0. 242 | 0. 368 | 0. 278 | −0. 114 | −0. 033 | −0. 142 |
| 4 | −1. 274 | 0. 019 | −2. 928 | 0. 149 | 0. 001 | −3. 083 | 3. 061 |
| 7 | −1. 274 | 0. 108 | −1. 321 | 0. 851 | 0. 013 | −2. 165 | 2. 207 |
| 1 | 2. 098 | 0. 623 | 0. 930 | 0. 778 | 0. 075 | 0. 258 | 0. 075 |
| 3 | 2. 098 | 0. 178 | 0. 300 | 0. 222 | −0. 089 | −0. 028 | −0. 124 |
| 4 | −0. 638 | 0. 017 | −2. 864 | 0. 084 | 0. 001 | −2. 950 | 2. 931 |
| 7 | −0. 638 | 0. 182 | −0. 669 | 0. 916 | 0. 013 | −1. 583 | 1. 580 |

## 14.5 NL 模型中退化侧枝的处理

在很多情形下，一些分划上仅有一个选项。这样的分划称为退化分划（degenerate partitions）。例如，考虑图 14.4 所示的 NL 树结构，此时轻轨（LR）选项独占一个侧枝。

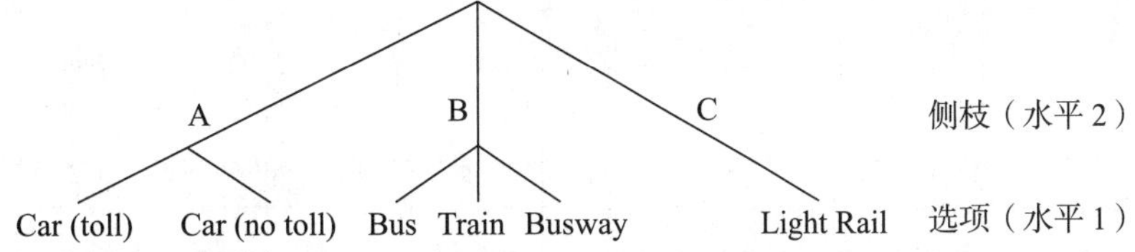


**图 14.4 伴随退化侧枝的 NL 树结构**

NL 模型中的退化分划应该如何处理？这个问题值得仔细考虑。由于 LR 选项是侧枝 C 上的唯一选项，因此 LR 在水平 1 上的选择概率必定等于 1（其中的逻辑参见第 4 章）：

$$P(LR)=\frac{e^{V_{LR}}}{e^{V_{LR}}}=1 \tag{14.4}$$

侧枝 C 在水平 2 上的效用函数为

$$V_C=\lambda_C\left[\frac{1}{\mu_C}\times IV_{(LR)}\right]=\lambda_C\left[\frac{1}{1}\times\ln(e^{V_{LR}})\right]=\lambda_C\times V_{LR} \tag{14.5}$$

由于退化选项的效用只能来自 NL 模型下的一个水平（来自水平 1 或水平 2，但这并不重要），因此，在退化嵌套的每个水平上方差必须相等。也就是说，在上面的例子中，$V_{LR}$ 可以设定为在水平 1 或水平 2 上，然而，如果设定在水平 1 上，尺度参数 $\mu_C$ 被标准化为 1.0，如果设定在水平 2 上，尺度参数 $\lambda_C$ 可以自由变化。这不符合直觉，因为不管将效用函数设定在哪个水平上，退化选项的方差（从而尺度参数）都应该相等。也就是说，NL 模型的方差结构应该使得高水平分划不仅包括这个分划本身的方差，还包括下一层水平分划的方差。对于退化选项，高水平分划在理论上应该没有自己的方差，因为在这个水平上没有什么需要解释。因此，选项的效用函数设定在哪个水平上，哪个水平的方差才需要解释。

将使用 RU2 的 NL 模型标准化，得到下列 LR 效用函数：

$$\mu_C\times V_{lr}=\mu_C\times\beta_{1lr}f(X_{1lr})+\mu_C\times\beta_{2lr}f(X_{2lr})+\cdots+\mu_C\times\beta_{Klr}f(X_{Klr}) \tag{14.6}$$

模型的水平 2 上的效用函数为

$$V_C=1\left[\frac{1}{\mu_C}\times IV_{(LR)}\right]=\frac{1}{\mu_C}\times\ln(e^{\mu_C V_{LR}})=\frac{1}{\mu_C}\times\mu_C V_{LR}=V_{LR} \tag{14.7}$$

在 RU2 情形下，尺度参数互相抵消。也就是说，内含值参数不再可识别。Nlogit 知道这一点。

在上面的讨论中，比较重要的一点（据我们所知，文献还未意识到这一点）是，如果 NL 模型有两个退化选项（如图 14.5 所示），那么这两个选项的尺度参数必须标准化为 1，这等价于将这些选项视为位于同一个（伴随 MNL 性质的）嵌套中。

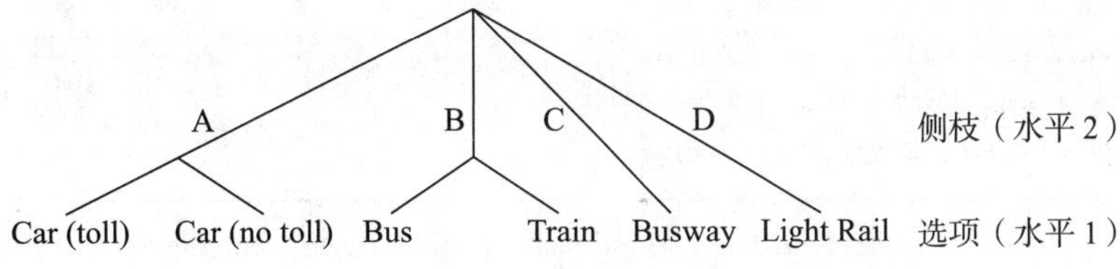


**图 14.5 含有两个退化选项的 NL 树结构**

考虑到了上面的讨论，下列命令语法将估计图 14.4 中的 NL 模型的形式。读者可以解释这些输出信息；然而，我们指出，内含值参数都位于 0～1 范围内而且在统计上显著，并且退化侧枝上的内含值参数伴随自动约束：

```
|-> Nlogit
;lhs = choice, cset, altij
    ;choices = NLR,NHR,NBW,bs,tn,bw,cr
    ;tree=ptnew(NLR,NHR,NBW),PTold(bs,tn,bw),car(cr)
    ;show
    ;RU2
    ;model:
    u(nlr) = nlr + actpt*act + invcpt*invc + invtpt*invt2 + egtpt*egt + trpt*trnf /
    u(nhr) = nhr + actpt*act + invcpt*invc + invtpt*invt2 + egtpt*egt + trpt*trnf /
    u(nbw) = nbw + actpt*act + invcpt*invc + invtpt*invt2 + egtpt*egt + trpt*trnf /
    u(bs) = bs + actpt*act + invcpt*invc + invtpt*invt2 + egtpt*egt + trpt*trnf /
    u(tn) = tn + actpt*act + invcpt*invc + invtpt*invt2 + egtpt*egt + trpt*trnf /
    u(bw) = bw + actpt*act + invcpt*invc + invtpt*invt2 + egtpt*egt + trpt*trnf /
    u(cr) =                         invccar*invc+invtcar*invt + TC*TC + PC*PC + egtcr*egt$ /
+---------------------------------------------------------------------+
|WARNING:  Bad observations were found in the sample. |
|Found 104 bad observations among    1970 individuals. |
|You can use ;CheckData to get a list of these points. |
+---------------------------------------------------------------------+
Tree Structure Specified for the Nested Logit Model
Sample proportions are marginal, not conditional.
Choices marked with * are excluded for the IIA test.
---------------------+---------------------+----------------------+----------------------+--------+------
Trunk    (prop.)|Limb     (prop.)|Branch   (prop.)|Choice    (prop.)|Weight|IIA
---------------------+---------------------+----------------------+----------------------+--------+------
Trunk{1} 1.00000|Lmb[1|1] 1.00000|PTNEW     .40997|NLR       .17471| 1.000|
                |                |                |NHR       .18060| 1.000|
                |                |                |NBW       .05466| 1.000|
                |                |PTOLD     .45981|BS        .11790| 1.000|
                |                |                |TN        .14094| 1.000|
                |                |                |BW        .20096| 1.000|
                |                |CAR       .13023|CR        .13023| 1.000|
---------------------+---------------------+----------------------+----------------------+--------+------
Normal exit:   7 iterations. Status=0, F=    2730.693
-----------------------------------------------------------------------------------------------------------
Discrete choice (multinomial logit) model
Dependent variable              Choice
Log likelihood function     -2730.69253
Estimation based on N =    1866, K =  16
Inf.Cr.AIC  =    5493.4 AIC/N =    2.944
R2=1-LogL/LogL*  Log-L fncn R-sqrd R2Adj
Constants only must be computed directly
              Use NLOGIT ;...;RHS=ONE$
Chi-squared[10]           =    1588.10946
Prob [ chi squared > value ] =    .00000
Response data are given as ind. choices
Number of obs.=  1970, skipped  104 obs
-----------+------------------------------------------------------------------------------
           |              Standard             Prob.        95% Confidence
     CHOICE|  Coefficient    Error       z    |z|>Z*          Interval
```

```
-----------+--------------------------------------------------------------------------------
       NLR|   1.84937***      .30793      6.01  .0000        1.24584    2.45291
     ACTPT|   -.04248***      .00467     -9.10  .0000        -.05163    -.03334
    INVCPT|   -.24053***      .01369    -17.57  .0000        -.26737    -.21370
    INVTPT|   -.03160***      .00234    -13.52  .0000        -.03618    -.02702
     EGTPT|   -.00414         .00400     -1.04  .3002        -.01198     .00369
      TRPT|    .28841**       .12646      2.28  .0226         .04055     .53626
       NHR|   1.95132***      .29157      6.69  .0000        1.37987    2.52278
       NBW|    .85378***      .28549      2.99  .0028         .29423    1.41333
        BS|   -.64770**       .25958     -2.50  .0126       -1.15647    -.13893
        TN|   -.32632         .26261     -1.24  .2140        -.84102     .18838
        BW|   -.03503         .26455      -.13  .8946        -.55353     .48347
   INVCCAR|   -.05669         .06937      -.82  .4138        -.19266     .07928
   INVTCAR|   -.01635***      .00319     -5.12  .0000        -.02261    -.01009
        TC|   -.07601**       .03093     -2.46  .0140        -.13664    -.01538
        PC|   -.04837***      .00882     -5.49  .0000        -.06565    -.03109
     EGTCR|   -.11525***      .02133     -5.40  .0000        -.15707    -.07344
-----------+--------------------------------------------------------------------------------
***, **, * ==>  Significance at 1%, 5%, 10% level.
--------------------------------------------------------------------------------------------
Normal exit:  28 iterations. Status=0, F=     2707.240
--------------------------------------------------------------------------------------------
FIML Nested Multinomial Logit Model
Dependent variable                 CHOICE
Log likelihood function      -2707.23966
Restricted log likelihood    -3833.05828
Chi squared [ 18](P= .000)    2251.63723
Significance level                .00000
McFadden Pseudo R-squared       .2937129
Estimation based on N =    1866, K =  18
Inf.Cr.AIC  =    5450.5 AIC/N =    2.921
Constants only must be computed directly
              Use NLOGIT ;...;RHS=ONE$
At start values -2730.6925  .0086******
Response data are given as ind. choices
BHHH estimator used for asymp. variance
The model has 2 levels.
Random Utility Form 2:IVparms = Mb|l,Gl
Number of obs.=  1970, skipped  104 obs
-----------+--------------------------------------------------------------------------------
          |                Standard              Prob.         95% Confidence
    CHOICE|  Coefficient      Error        z    |z|>Z*            Interval
-----------+--------------------------------------------------------------------------------
          |Attributes in the Utility Functions (beta)
       NLR|   1.57746***      .28668      5.50   .0000        1.01558    2.13935
     ACTPT|   -.03193***      .00427     -7.48   .0000        -.04030    -.02356
    INVCPT|   -.18975***      .01425    -13.32   .0000        -.21768    -.16182
    INVTPT|   -.02533***      .00222    -11.39   .0000        -.02968    -.02097
     EGTPT|   -.00345         .00323     -1.07   .2861        -.00979     .00289
      TRPT|    .23704***      .08485      2.79   .0052         .07073     .40335
       NHR|   1.52419***      .27893      5.46   .0000         .97750    2.07088
       NBW|   1.03683***      .26253      3.95   .0001         .52228    1.55138
        BS|   -.48815**       .24507     -1.99   .0464        -.96847    -.00783
        TN|   -.23949         .24429      -.98   .3269        -.71830     .23932
```

```
      BW|    -.04981        .24420      -.20    .8384      -.52842     .42881
 INVCCAR|    -.02154        .07367      -.29    .7700      -.16594     .12286
 INVTCAR|    -.01456***     .00314     -4.63    .0000      -.02072    -.00839
      TC|    -.07597**      .03200     -2.37    .0176      -.13870    -.01325
      PC|    -.04621***     .00855     -5.40    .0000      -.06297    -.02944
   EGTCR|    -.10939***     .02669     -4.10    .0000      -.16171    -.05707
        |IV parameters, RU2 form = mu(b|l),gamma(l)
   PTNEW|     .47559***     .05019      9.48    .0000       .37722     .57395
   PTOLD|     .72892***     .06898     10.57    .0000       .59371     .86412
     CAR|      1.0      .....(Fixed Parameter).....
--------------------------------------------------------------------------------
```

上面的例子说明了退化嵌套位于模型基础选项水平上的情形。然而，对于三水平或四水平的NL模型，退化分划可能出现在模型的更高一级水平上。这是一种局部退化。考虑图14.6中的三水平NL模型。

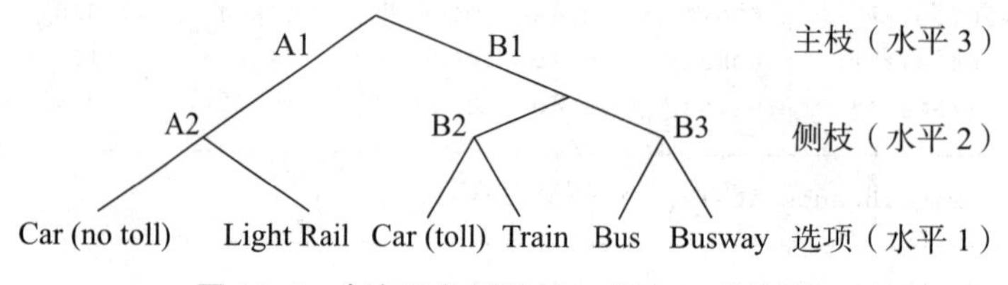


**图14.6 含有退化侧枝的三水平NL树结构**

在图14.6中，NL模型将CARNT选项和LR选项放在侧枝A2上；然而，这个分划的上一层嵌套A1是退化的，因为A1是这个分划中的唯一主枝。根据以前的讨论，A1和A2的尺度参数（从而方差）必定相等。我们将在14.6节说明如何处理这类情形。

## 14.6 三水平NL模型

到目前为止，我们估计的所有模型都是两水平NL模型。我们现在估计三水平NL模型。用来估计三水平NL模型的命令如下所示。我们无法找到满足下列条件的树结构：它既要能使内含值（IV）参数估计值满足0～1条件，还要能在树结构的中层和上层添加解释变量。然而，三水平模型通常需要满足这些条件。读者可以自行探索相关证据，尤其是使用第7章介绍的嵌套假设检验方法来检验本章各种模型的差异：

```
|-> Nlogit
;lhs = choice, cset, altij
    ;choices = NLR,NHR,NBW,bs,tn,bw,cr
    ;tree= ModeAU[RailN(nlr,nhr),busw(nbw,bw)], ModeBU[carbus(cr,bs,tn)]
    ;show
    ;RU2
    ;prob = margprob
    ;cprob = altprob
    ;ivb = ivbranch
    ;utility=mutilz
    ;model:
    u(nlr) = nlr + actpt*act + invcpt*invc + invtpt*invt2 + egtpt*egt + trpt*trnf /
    u(nhr) = nhr + actpt*act + invcpt*invc + invtpt*invt2 + egtpt*egt + trpt*trnf /
    u(nbw) = nbw + actpt*act + invcpt*invc + invtpt*invt2 + egtpt*egt + trpt*trnf /
    u(bs) = bs + actpt*act + invcpt*invc + invtpt*invt2 + egtpt*egt + trpt*trnf /
    u(tn) = tn + actpt*act + invcpt*invc + invtpt*invt2 + egtpt*egt + trpt*trnf /
    u(bw) = bw + actpt*act + invcpt*invc + invtpt*invt2 + egtpt*egt + trpt*trnf /
   u(cr) = invccar*invc+invtcar*invt + TC*TC + PC*PC + egtcr*egt$ /
```

```
+------------------------------------------------------------------------+
|WARNING:   Bad observations were found in the sample. |
|Found 104 bad observations among     1970 individuals. |
|You can use ;CheckData to get a list of these points. |
+------------------------------------------------------------------------+
Tree Structure Specified for the Nested Logit Model
Sample proportions are marginal, not conditional.
Choices marked with * are excluded for the IIA test.
--------------------+--------------------+--------------------+--------------------+--------+-----
Trunk    (prop.)|Limb      (prop.)|Branch    (prop.)|Choice    (prop.)|Weight|IIA
--------------------+--------------------+--------------------+--------------------+--------+-----
Trunk{1} 1.00000|MODEAU    .61093|RAILN     .35531|NLR       .17471| 1.000|
                |                 |                 |NHR       .18060| 1.000|
                |                 |BUSW      .25563|NBW       .05466| 1.000|
                |                 |                 |BW        .20096| 1.000|
                |MODEBU    .38907|CARBUS    .38907|CR        .13023| 1.000|
                |                 |                 |BS        .11790| 1.000|
                |                 |                 |TN        .14094| 1.000|
--------------------+--------------------+--------------------+--------------------+--------+-----
-----------------------------------------------------------------------------------------------------
FIML Nested Multinomial Logit Model
Dependent variable                 CHOICE
Log likelihood function      -2715.97371
Restricted log likelihood    -3671.38073
Chi squared [ 21](P= .000)    1910.81404
Significance level                .00000
McFadden Pseudo R-squared       .2602310
Estimation based on N =    1866, K =  21
Inf.Cr.AIC  =    5473.9 AIC/N =    2.934
Constants only must be computed directly
               Use NLOGIT ;...;RHS=ONE$
At start values -3285.7820  .1734******
Response data are given as ind. choices
BHHH estimator used for asymp. variance
The model has 3 levels.
Random Utility Form 2:IVparms = Mb|l,Gl
Number of obs.=  1970, skipped  104 obs
-----------+---------------------------------------------------------------------------------
           |              Standard           Prob.       95% Confidence
     CHOICE|  Coefficient     Error       z   |z|>Z*          Interval
-----------+---------------------------------------------------------------------------------
           |Attributes in the Utility Functions (beta)
        NLR|    1.61975***    .29299     5.53  .0000     1.04549   2.19401
      ACTPT|    -.03474***    .00436    -7.97  .0000     -.04328   -.02620
     INVCPT|    -.20829***    .01592   -13.08  .0000     -.23949   -.17708
     INVTPT|    -.02570***    .00248   -10.36  .0000     -.03056   -.02084
      EGTPT|    -.00456       .00366    -1.25  .2128     -.01172    .00261
       TRPT|     .23276**     .09890     2.35  .0186      .03892    .42661
        NHR|    1.68603***    .28310     5.96  .0000     1.13118   2.24089
        NBW|    1.01965***    .26181     3.89  .0001      .50652   1.53279
         BS|    -.67008**     .26696    -2.51  .0121    -1.19332   -.14684
         TN|    -.38195       .26071    -1.47  .1429     -.89294    .12904
```

```
        BW|     .09666         .24843       .39    .6972     -.39026     .58358
   INVCCAR|    -.03602         .07145      -.50    .6142     -.17607     .10402
   INVTCAR|    -.01446***      .00339     -4.27    .0000     -.02110    -.00782
        TC|    -.07219**       .03172     -2.28    .0229     -.13436    -.01002
        PC|    -.04537***      .00906     -5.01    .0000     -.06313    -.02762
     EGTCR|    -.10956***      .02665     -4.11    .0000     -.16178    -.05733
          |IV parameters, RU2 form = mu(b|l),gamma(l)
     RAILN|    1.32941***      .17559      7.57    .0000      .98526    1.67357
      BUSW|    2.13830***      .29297      7.30    .0000     1.56409    2.71251
    CARBUS|    1.05539***      .11462      9.21    .0000      .83075    1.28003
    MODEAU|    1.26311***      .12687      9.96    .0000     1.01445    1.51176
    MODEBU|    1.05061        2.18548       .48    .6307    -3.23287    5.33408
--------------------------------------------------------------------------------
```

## 14.7 弹性与边际效应

NL 模型放松（至少部分放松）了 MNL 模型的交叉效应的不变性，这为各个侧枝之间的替代和转换提供了可能。为了提供例子，我们使用下列 NL 模型；为了调用这个模型，我们向命令语法中添加：

```
; Tree = (bs,tn),(bw,cr) ; RU2 ; Effects: act ( * ) ; Full
```

模型结果如下所示：边际效应伴随着详细说明，尤其是关于计算的说明；然后，弹性表提供了关于弹性的信息（Nlogit 注意到属性 act 不出现在 cr 的效用函数中，因此不提供该选项的相应表格）：

```
-----------------------------------------------------------------------
FIML Nested Multinomial Logit Model
Dependent variable                 CHOICE
Log likelihood function        -197.95029
Restricted log likelihood      -273.09999
Chi squared [ 14](P= .000)      150.29941
Significance level                 .00000
McFadden Pseudo R-squared        .2751729
The model has 2 levels.
Random Utility Form 2:IVparms = Mb|l,Gl
Number of obs.=    197, skipped    0 obs
-----------+--------------------------------------------------------------------
           |               Standard             Prob.       95% Confidence
    CHOICE|  Coefficient      Error        z    |z|>Z*          Interval
-----------+--------------------------------------------------------------------
          |Attributes in the Utility Functions (beta)
        BS|   -2.02841**       .83930     -2.42    .0157    -3.67340    -.38341
     ACTPT|    -.09771***      .03141     -3.11    .0019     -.15927    -.03614
    INVCPT|    -.07608         .04673     -1.63    .1035     -.16767     .01551
    INVTPT|    -.01555         .01107     -1.40    .1601     -.03724     .00615
     EGTPT|    -.03873         .02550     -1.52    .1288     -.08871     .01125
      TRPT|   -1.56494***      .58604     -2.67    .0076    -2.71357    -.41632
        TN|   -1.69240*        .88414     -1.91    .0556    -3.42529     .04048
        BW|   -1.31136         .86139     -1.52    .1279    -2.99966     .37694
   INVTCAR|    -.05155***      .01529     -3.37    .0007     -.08152    -.02159
        TC|    -.09316         .08919     -1.04    .2962     -.26797     .08164
        PC|    -.01371         .02132      -.64    .5202     -.05550     .02808
    EGTCAR|    -.04927         .03045     -1.62    .1057     -.10896     .01041
          |IV parameters, RU2 form = mu(b|l),gamma(l)
  B(1|1,1)|     .44168***      .15821      2.79    .0052      .13159     .75177
  B(2|1,1)|    1.07293***      .32171      3.34    .0009      .44239    1.70348
-----------+--------------------------------------------------------------------
```

```
+-----------------------------------------------------------------------------+
| Partial effects = average over observations                                 |
|                                                                             |
| dlnP[alt=j,br=b,lmb=l,tr=r]                                                 |
| ----------------------------      = D(k:J,B,L,R)  = delta(k)*F              |
| dx(k):alt=J,br=B,lmb=L,tr=R]                                                |
|                                                                             |
| delta(k)  = coefficient on x(k)  in U(J|B,L,R)                              |
| F =  (r=R)   (l=L)  (b=B)  [(j=J)-P(J|BLR)]                                 |
|  +   (r=R)   (l=L)  [(b=B) -P(B|LR)]P(J|BLR)t(B|LR)                         |
|  +   (r=R)  [(l=L)-P(L|R)]  P(B|LR)  P(J|BLR)t(B|LR)s(L|R)                  |
|  + [(r=R) -P(R)]  P(L|R)   P(B|IR)  P(J|BIR)t(B|LR)s(L|R)f(R)               |
|                                                                             |
| P(J|BLR)=Prob[choice=J  |branch=B,limb=L,trunk=R]                          |
| P(B|LR),  P(L|R),  P(R)  defined likewise.                                  |
| (n=N)  = 1 if n=N,  0 else,  for n=j,b,l,r and N=J,B,L,R.                   |
| Elasticity = x(k)  * D(j|B,L,R)                                             |
| Marginal effect  = P(JBLR)*D  = P(J|BLR)P(B|LR)P(L|R)P(R)D                  |
| F is decomposed into the 4 parts in the tables.                             |
+-----------------------------------------------------------------------------+
+------------------------------------------------------------------------------------------+
| Elasticity                averaged over observations.                                   |
| Effects on probabilities of all choices in the model:                                   |
| * indicates direct Elasticity effect of the attribute.                                  |
+------------------------------------------------------------------------------------------+
+------------------------------------------------------------------------------------------+
| Attribute is ACT       in choice BS                                                      |
|                        Decomposition of Effect if Nest        Total Effect|
|                        Trunk    Limb    Branch    Choice        Mean   St.Dev|
| Trunk=Trunk{1}                                                                           |
| Limb=Lmb[1|1]                                                                            |
|    Branch=B(1|1,1)                                                                       |
| *      Choice=BS          .000     .000    -.173    -.131       -.304    .021 |
|        Choice=TN          .000     .000    -.173     .125       -.048    .010 |
|    Branch=B(2|1,1)                                                                       |
|        Choice=BW          .000     .000     .110     .000        .110    .008 |
|        Choice=CR          .000     .000     .110     .000        .110    .008 |
+------------------------------------------------------------------------------------------+
| Attribute is ACT       in choice TN                                                      |
|                        Decomposition of Effect if Nest        Total Effect|
|                        Trunk    Limb    Branch    Choice        Mean   St.Dev|
| Trunk=Trunk{1}                                                                           |
| Limb=Lmb[1|1]                                                                            |
|    Branch=B(1|1,1)                                                                       |
|        Choice=BS          .000     .000    -.412     .311       -.101    .015 |
| *      Choice=TN          .000     .000    -.412    -.345       -.757    .035 |
|    Branch=B(2|1,1)                                                                       |
|        Choice=BW          .000     .000     .292     .000        .292    .014 |
|        Choice=CR          .000     .000     .292     .000        .292    .014 |
+------------------------------------------------------------------------------------------+
| Attribute is ACT       in choice BW                                                      |
|                        Decomposition of Effect if Nest        Total Effect|
|                        Trunk    Limb    Branch    Choice        Mean   St.Dev|
| Trunk=Trunk{1}                                                                           |
| Limb=Lmb[1|1]                                                                            |
|    Branch=B(1|1,1)                                                                       |
|        Choice=BS          .000     .000     .128     .000        .128    .009 |
|        Choice=TN          .000     .000     .128     .000        .128    .009 |
|    Branch=B(2|1,1)                                                                       |
```

```
| *      Choice=BW          .000   .000   -.219   -.699        -.918  .129 |
|        Choice=CR          .000   .000   -.219    .372         .153  .010 |
+---------------------------------------------------------------------------+
Elasticity wrt change of X in row choice on Prob[column choice]
-----------+-------------------------------------------
ACT        |      BS         TN         BW         CR
-----------+-------------------------------------------
        BS|   -.3044    -.0479     .1103     .1103
        TN|   -.1009    -.7569     .2920     .2920
        BW|    .1277     .1277    -.9183     .1530
  (These are the elasticities from the MNL model)
        BS|   -.2953     .0635     .0635     .0635
        TN|    .1888    -.7289     .1888     .1888
        BW|    .0909     .0909    -.5259     .0909
```

作为例子，考察公共汽车（bs）选项的到达时间（act）属性。bs选项的act属性的变化能够导致第一个侧枝上的乘客改用火车。第一个表中的弹性效应为－0.131。这个属性的变化也会导致公共汽车（bs）的乘客转而使用其他侧枝上的选项（bw和cr）；这个效应为－0.173。公共汽车（bs）的act属性变化产生的总效应是这两个值的和，即－0.304。注意，－0.304这个值出现在输出信息末尾部分的总结表中。注意交叉效应。在第一个侧枝上，侧枝效应是相同的，都为－0.173。侧枝效应对Prob（cr）的影响为＋0.125，因此总效应为负，为－0.048。考察另外一个侧枝，我们可以看到公共汽车（bs）的act属性变化对其他交通模式（bw和cr）的影响是相同的，都为0.110。第二个侧枝不存在侧枝内的效应。bs选项的act属性的变化不会引起乘客在bw和cr之间的替代。总体来说，在这个模型中，一些重要的东西发生了变化。在MNL模型中，交叉效应相等，因此它们当然有相同的符号。在这里，我们发现bs选项的act属性的交叉效应对火车的影响为负，但对其他两个交通方式的影响为正。这意味着当bs选项的act属性的水平增加时，它诱使一些公共汽车的乘客和一些火车的乘客转而使用bw或cr。MNL模型不可能容纳如此复杂的替代模式。

## 14.8 协方差嵌套logit

我们可以扩展NL模型，使得它能容纳系统性因素对内含值（IV）参数的影响。这样的模型称为协方差异质性（covariance heterogeneity，CovHet）模型。它等价于下列模型的估计：这个模型有单一的尺度参数（即各个选项的尺度参数相同），而且这个尺度参数是特定选项变量的函数——与选项和每个抽样个体相伴的属性可以作为尺度分解因素而纳入，再加上一些关于样本异质性的有用的行为信息。这个扩展是通过协方差引入的异质性的来源。例如，给定选项NLR和选项NBW的相对相似性，我们可以假设$\varepsilon_{nlr}$和$\varepsilon_{nbw}$的方差来自$z$的相同函数；而且$\varepsilon_{nlr}$和$\varepsilon_{nbw}$是协变量$z$的不同函数。也就是说：

$$\mathrm{Var}[\varepsilon_{nlr}]=\sigma_1^2\exp(\gamma' z1) \tag{14.8}$$

$$\mathrm{Var}[\varepsilon_{nbw}]=\sigma_1^2\exp(\gamma' z1) \tag{14.9}$$

研究人员可以对协变量表达式设定特定的函数形式。这个模型可以设定为一个NL模型，其中内含值参数与指数函数相乘。对于以侧枝$j$为条件的选择$k$：

$$P(k|j)=\frac{\exp(\beta' x_{k|j})}{\sum_j \exp(\beta' x_{s|j})} \tag{14.10}$$

对于侧枝$j$：

$$P(j)=\frac{\exp(\alpha' y_j+\sigma_j I_j)}{\sum_j \exp(\alpha' y_j+\sigma_j I_j)} \tag{14.11}$$

其中

$$\sigma_j = \tau_j \exp(\gamma' z_j) \tag{14.12}$$

两水平模型通过将内含值效用参数（即 $\sigma_j$）设定为协变量的指数函数扩展了 NL 模型。研究者可以构建相应理论来解释式（14.12）描述的偏好数据中的异方差结构。式（14.12）可以用尺度参数表达，从而转换为式（14.13）：

$$\lambda_{iq} = \exp(\psi Z_{iq}) \tag{14.13}$$

其中，$\psi$ 是一个参数行向量，$Z_{iq}$ 为协变量。协方差异质性选择概率为

$$P_{iq} = \frac{\exp(\lambda_{iq}\beta X_{iq})}{\sum_{j \in C_q} \exp(\lambda_{iq}\beta X_{jq})} \tag{14.14}$$

协方差异质性允许选项之间复杂的交叉替代模式。当尺度因子不随选项变化时，协方差异质性的获得方式与尺度因子随选项变化而变化时不同。如果尺度因子不是针对特定选项的，那么模型可根据异方差性推导出来［参见 Swait 和 Adamowicz (1996)］；当尺度因子针对特定选项时，模型可以作为 NL 模型的特殊情形而被推导出来（Daly，1987；McFadden，1981；Hensher，1994；Swait and Stacey，1996)。在这两种情形下，选择概率的最终表达式都由式（14.14）给出。

协方差异质性作为一种嵌套 logit 结构，是一种受欢迎的考察 SP 研究中背景偏差的影响的方法。例如，Swait 和 Adamowicz（1996）假设任务复杂性（SP 数据下的情形）和选择环境（例如 RP 数据下的市场结构）影响偏好数据的变异水平。他们提出了一种衡量复杂性和（或）环境的方法，然后找到了它在 SP 数据集和 RP 数据集中有影响的证据。他们对复杂性的衡量不随选项的变化而变化；因此，在他们的模型中，尺度参数随个体和 SP 复制的变化而变化，但不随选项的变化而变化。他们还发现，偏好数据源之间不同的复杂性水平影响 RP/SP 数据的合并正确性。Swait 和 Stacey（1996）使用协方差异质性来检查面板选择数据，允许方差（即尺度）随个体、选项、作为品牌函数的时期、社会经济特征、间隔购买时间和状态依赖的变化而变化。他们发现，如果考虑了以解释变量 $Z_{iq}$ 表示的方差的非稳态性，那么这会提高我们对面板行为的洞察，并且大幅提高标准选择模型（例如 MNL、NL 甚至伴随固定协方差矩阵的 MNP 模型）的拟合度。

下面给出一个基于我们的 SP 交通方式选择数据的协方差异质性嵌套 logit 的例子。为了进行说明，我们引入了一个线性项 gender。我们也可以引入 ASC，但这个例子未引入。协变量有正的效用参数，这意味着在其他条件不变的情形下，当应答者为男性时，尺度参数的值增加了。换一种表达，这意味着男性随机成分的标准差比女性大。

```
|-> Nlogit
;lhs = choice, cset, altij
    ;choices = NLR,NHR,NBW,bs,tn,bw,cr
    ;tree=ptnew(NLR,NHR,NBW),Allold(bs,tn,bw,cr)
    ;show
    ;RU2
    ;prob = margprob
    ;cprob = altprob
    ;ivb = ivbranch
    ;utility=mutilz
    ;hfn=gender
    ;model:
    u(nlr) = nlr + actpt*act + invcpt*invc + invtpt*invt2 + egtpt*egt + trpt*trnf /
    u(nhr) = nhr + actpt*act + invcpt*invc + invtpt*invt2 + egtpt*egt + trpt*trnf /
    u(nbw) = nbw + actpt*act + invcpt*invc + invtpt*invt2 + egtpt*egt + trpt*trnf /
    u(bs) = bs + actpt*act + invcpt*invc + invtpt*invt2 + egtpt*egt + trpt*trnf /
    u(tn) = tn + actpt*act + invcpt*invc + invtpt*invt2 + egtpt*egt + trpt*trnf /
    u(bw) = bw + actpt*act + invcpt*invc + invtpt*invt2 + egtpt*egt + trpt*trnf /
    u(cr) =                          invccar*invc+invtcar*invt + TC*TC + PC*PC + egtcr*egt$/
```

```
+-------------------------------------------------------------------+
|WARNING:  Bad observations were found in the sample.  |
|Found 104 bad observations among    1970 individuals. |
|You can use ;CheckData to get a list of these points. |
+-------------------------------------------------------------------+
Tree Structure Specified for the Nested Logit Model
Sample proportions are marginal, not conditional.
Choices marked with * are excluded for the IIA test.
---------------------+---------------------+---------------------+---------------------+--------+-----
Trunk     (prop.)|Limb       (prop.)|Branch     (prop.)|Choice     (prop.)|Weight|IIA
---------------------+---------------------+---------------------+---------------------+--------+-----
Trunk{1} 1.00000|Lmb[1|1]  1.00000|PTNEW      .40997|NLR        .17471| 1.000|
                 |                   |                   |NHR        .18060| 1.000|
                 |                   |                   |NBW        .05466| 1.000|
                 |                   |ALLOLD     .59003|BS         .11790| 1.000|
                 |                   |                   |TN         .14094| 1.000|
                 |                   |                   |BW         .20096| 1.000|
                 |                   |                   |CR         .13023| 1.000|
---------------------+---------------------+---------------------+---------------------+--------+-----
Line search at iteration   50 does not improve fn. Exiting optimization.
-----------------------------------------------------------------------------------------------
Covariance Heterogeneity Model
Dependent variable               CHOICE
Log likelihood function     -2789.64630
Restricted log likelihood   -3660.16113
Chi squared [ 19](P= .000)   1741.02967
Significance level               .00000
McFadden Pseudo R-squared       .2378351
Estimation based on N =    1866, K =  19
Inf.Cr.AIC  =    5617.3 AIC/N =    3.010
Constants only must be computed directly
             Use NLOGIT ;...;RHS=ONE$
At start values -3285.7820   .1510******
Response data are given as ind. choices
BHHH estimator used for asymp. variance
The model has 2 levels.
Random Utility Form 2:IVparms = Mb|l,Gl
Variable IV parameters are denoted s_...
Number of obs.=  1970, skipped  104 obs
-----------+-----------------------------------------------------------------------------
           |                  Standard             Prob.      95% Confidence
     CHOICE|  Coefficient      Error        z       |z|>Z*         Interval
-----------+-----------------------------------------------------------------------------
           |Attributes in the Utility Functions (beta)
        NLR|     .39072        .28746      1.36     .1741     -.17270      .95414
      ACTPT|   -.03865***      .00459     -8.42     .0000     -.04765     -.02965
     INVCPT|   -.22006***      .01191    -18.47     .0000     -.24341     -.19671
     INVTPT|   -.01827***      .00259     -7.05     .0000     -.02335     -.01319
      EGTPT|   -.00234         .00413      -.57     .5704     -.01044      .00575
       TRPT|    .67829***      .12876      5.27     .0000      .42593      .93065
        NHR|    .77608***      .26665      2.91     .0036      .25346     1.29871
        NBW|   -.18635         .26155      -.71     .4762     -.69898      .32629
         BS|   -.53014**       .23336     -2.27     .0231     -.98752     -.07276
         TN|   -.37674         .23382     -1.61     .1071     -.83502      .08153
```

```
        BW|    -.02405        .23220      -.10     .9175      -.47915     .43106
   INVCCAR|    -.02782        .06710      -.41     .6785      -.15934     .10370
   INVTCAR|    -.01460***     .00281     -5.20     .0000      -.02010    -.00909
        TC|    -.08483***     .02915     -2.91     .0036      -.14196    -.02771
        PC|    -.04526***     .00763     -5.93     .0000      -.06020    -.03031
     EGTCR|    -.10415***     .02426     -4.29     .0000      -.15171    -.05660
          |Inclusive Value Parameters
     PTNEW|     .81691***     .11651      7.01     .0000       .58856    1.04527
    ALLOLD|     .85231***     .12494      6.82     .0000       .60743    1.09719
 Lmb[1|1]|        1.0      .....(Fixed Parameter).....
 Trunk{1}|        1.0      .....(Fixed Parameter).....
          |Covariates in Inclusive Value Parameters
 s_GENDER|     .35011***     .10854      3.23     .0013       .13737     .56284
----------+--------------------------------------------------------------------
***, **, * ==>  Significance at 1%, 5%, 10% level.
Fixed parameter ... is constrained to equal the value or
had a nonpositive st.error because of an earlier problem.
-------------------------------------------------------------------------------
```

## 14.9 广义嵌套 logit

在我们前面介绍的那些 Nlogit 形式中，一个选项仅出现在树结构中的一个而不是多个地方。然而，一个选项的确可能出现在多个侧枝或主枝上，这意味着这个选项与其他选项的相关方式可能有多种。也就是说，特定选项之间的相关性可能存在于树结构中的多个部分。这样的设定称为广义嵌套 logit 模型。如果某个选项出现在多个位置，那么我们必须通过估计和配置参数来指定它，以便找出它对树结构中特定效用源的贡献。在下面的例子中，我们将 bw 选项放在两个侧枝上。我们检验了很多备选配置，发现当前配置能够最好地拟合模型。换句话说，仅当 bw 选项以概率 0.818 0 和 0.182 0 在 PTA 和 PTB 侧枝上配置时，才能导致模型改进：

```
|-> Nlogit
    ;lhs = choice, cset, altij
    ;choices = NLR,NHR,NBW,bs,tn,bw,cr
    ;show
    ;RU2
    ;prob = margprob
    ;cprob = altprob
    ;ivb = ivbranch
    ;utility=mutilz
    ;gnl
    ;tree=PTA(NLR,NHR,NBW,bw),PTB(bs,tn,bw,cr)
    ;model:
    u(nlr) = nlr + actpt*act + invcpt*invc + invtpt*invt2 + egtpt*egt + trpt*trnf /
    u(nhr) = nhr + actpt*act + invcpt*invc + invtpt*invt2 + egtpt*egt + trpt*trnf /
    u(nbw) = nbw + actpt*act + invcpt*invc + invtpt*invt2 + egtpt*egt + trpt*trnf /
    u(bs) = bs + actpt*act + invcpt*invc + invtpt*invt2 + egtpt*egt + trpt*trnf /
    u(tn) = tn + actpt*act + invcpt*invc + invtpt*invt2 + egtpt*egt + trpt*trnf /
    u(bw) = bw + actpt*act + invcpt*invc + invtpt*invt2 + egtpt*egt + trpt*trnf /
    u(cr) =                          invccar*invc+invtcar*invt + TC*TC + PC*PC + egtcr*egt$/
+------------------------------------------------------------------+
|WARNING:   Bad observations were found in the sample.  |
|Found 104 bad observations among     1970 individuals. |
|You can use ;CheckData to get a list of these points.  |
+------------------------------------------------------------------+
```

```
Tree Structure Specified for the Nested Logit Model
In GNL model, choices are equally allocated to branches
Choices marked with * are excluded for the IIA test.
--------------------+---------------------+--------------------+--------------------+--------+----
Trunk     (prop.)|Limb      (prop.)|Branch    (prop.)|Choice     (prop.)|Weight|IIA
--------------------+---------------------+--------------------+--------------------+--------+----
Trunk{1} 1.00000|Lmb[1|1] 1.00000|PTA        .51045|NLR        .17471| 1.000|
                 |                  |                  |NHR        .18060| 1.000|
                 |                  |                  |NBW        .05466| 1.000|
                 |                  |                  |BW         .10048| 1.000|
                 |                  |PTB        .48955|BS         .11790| 1.000|
                 |                  |                  |TN         .14094| 1.000|
                 |                  |                  |BW         .10048| 1.000|
                 |                  |                  |CR         .13023| 1.000|
--------------------+---------------------+--------------------+--------------------+--------+----
Normal exit:   7 iterations. Status=0, F=    2730.693
--------------------------------------------------------------------------------------------------
Discrete choice (multinomial logit) model
Dependent variable               Choice
Log likelihood function     -2730.69253
Estimation based on N =    1866, K =  16
Inf.Cr.AIC  =    5493.4 AIC/N =    2.944
R2=1-LogL/LogL* Log-L fncn R-sqrd R2Adj
Constants only must be computed directly
               Use NLOGIT ;...;RHS=ONE$
Chi-squared[10]            =   1588.10946
Prob [ chi squared > value ] =    .00000
Response data are given as ind. choices
Number of obs.=  1970, skipped  104 obs
----------+-------------------------------------------------------------------------
          |                Standard            Prob.       95% Confidence
    CHOICE|  Coefficient     Error        z    |z|>Z*          Interval
----------+-------------------------------------------------------------------------
       NLR|    1.84937***    .30793     6.01   .0000     1.24584    2.45291
     ACTPT|    -.04248***    .00467    -9.10   .0000     -.05163    -.03334
    INVCPT|    -.24053***    .01369   -17.57   .0000     -.26737    -.21370
    INVTPT|    -.03160***    .00234   -13.52   .0000     -.03618    -.02702
     EGTPT|    -.00414       .00400    -1.04   .3002     -.01198     .00369
      TRPT|     .28841**     .12646     2.28   .0226      .04055     .53626
       NHR|    1.95132***    .29157     6.69   .0000     1.37987    2.52278
       NBW|     .85378***    .28549     2.99   .0028      .29423    1.41333
        BS|    -.64770**     .25958    -2.50   .0126    -1.15647    -.13893
        TN|    -.32632       .26261    -1.24   .2140     -.84102     .18838
        BW|    -.03503       .26455     -.13   .8946     -.55353     .48347
   INVCCAR|    -.05669       .06937     -.82   .4138     -.19266     .07928
   INVTCAR|    -.01635***    .00319    -5.12   .0000     -.02261    -.01009
        TC|    -.07601**     .03093    -2.46   .0140     -.13664    -.01538
        PC|    -.04837***    .00882    -5.49   .0000     -.06565    -.03109
     EGTCR|    -.11525***    .02133    -5.40   .0000     -.15707    -.07344
----------+-------------------------------------------------------------------------
***, **, * ==>  Significance at 1%, 5%, 10% level.
-------------------------------------------------------------------------------------
Line search at iteration   47 does not improve fn. Exiting optimization.
---------------------------------------------------------------
```

```
Generalized Nested Logit Model
Dependent variable                    CHOICE
Log likelihood function         -2826.74184
Restricted log likelihood       -3631.06834
Chi squared [ 19](P= .000)       1608.65299
Significance level                   .00000
McFadden Pseudo R-squared          .2215124
Estimation based on N =    1866, K =  19
Inf.Cr.AIC  =    5691.5 AIC/N =     3.050
Constants only must be computed directly
              Use NLOGIT ;...;RHS=ONE$
At start values -4673.8507  .3952******
Response data are given as ind. choices
The model has 2 levels.
GNL: Model uses random utility form RU1
Number of obs.=  1970, skipped  104 obs
```

| CHOICE | Coefficient | Standard Error | z | Prob. \|z\|>Z* | 95% Confidence Interval | |
|---|---|---|---|---|---|---|
| | Attributes in the Utility Functions (beta) | | | | | |
| NLR | 4.13141*** | .50459 | 8.19 | .0000 | 3.14243 | 5.12040 |
| ACTPT | -.02506*** | .00448 | -5.60 | .0000 | -.03383 | -.01629 |
| INVCPT | -.15545*** | .01864 | -8.34 | .0000 | -.19199 | -.11891 |
| INVTPT | -.01577*** | .00215 | -7.35 | .0000 | -.01998 | -.01157 |
| EGTPT | -.00717** | .00351 | -2.04 | .0413 | -.01406 | -.00028 |
| TRPT | .14568** | .06503 | 2.24 | .0251 | .01822 | .27313 |
| NHR | 4.15729*** | .50362 | 8.25 | .0000 | 3.17021 | 5.14437 |
| NBW | 3.75812*** | .46082 | 8.16 | .0000 | 2.85493 | 4.66131 |
| BS | 1.77389*** | .29575 | 6.00 | .0000 | 1.19423 | 2.35354 |
| TN | 2.12419*** | .30918 | 6.87 | .0000 | 1.51821 | 2.73017 |
| BW | 3.13939*** | .35663 | 8.80 | .0000 | 2.44041 | 3.83837 |
| INVCCAR | .40044*** | .08178 | 4.90 | .0000 | .24016 | .56073 |
| INVTCAR | -.00187 | .00333 | -.56 | .5741 | -.00839 | .00465 |
| TC | .05459 | .03541 | 1.54 | .1232 | -.01482 | .12400 |
| PC | -.06278*** | .01243 | -5.05 | .0000 | -.08714 | -.03842 |
| EGTCR | -.08724*** | .03266 | -2.67 | .0076 | -.15124 | -.02323 |
| | Dissimilarity parameters. These are mu(branch). | | | | | |
| PTA | .37899 | .36952 | 1.03 | .3051 | -.34525 | 1.10323 |
| PTB | 1.27466*** | .11768 | 10.83 | .0000 | 1.04401 | 1.50532 |
| | Structural MLOGIT Allocation Model: Constants | | | | | |
| tNLR_PTA | 0.0 | .....(Fixed Parameter)..... | | | | |
| tNHR_PTA | 0.0 | .....(Fixed Parameter)..... | | | | |
| tNBW_PTA | 0.0 | .....(Fixed Parameter)..... | | | | |
| tBS_PTB | 0.0 | .....(Fixed Parameter)..... | | | | |
| tTN_PTB | 0.0 | .....(Fixed Parameter)..... | | | | |
| tBW_PTA | 1.50274*** | .53059 | 2.83 | .0046 | .46280 | 2.54269 |
| tBW_PTB | 0.0 | .....(Fixed Parameter)..... | | | | |
| tCR_PTB | 0.0 | .....(Fixed Parameter)..... | | | | |

```
***, **, * ==>  Significance at 1%, 5%, 10% level.
Fixed parameter ... is constrained to equal the value or
had a nonpositive st.error because of an earlier problem.
```

```
Generalized Nested Logit
Estimated Allocations of Choices to Branches
Estimated standard errors in parentheses for
allocation values not fixed at 1.0 or 0.0.
          |Branch
----------+----------------------
CHOICE    |PTA       PTB
----------+----------+-----------
NLR        1.0000     .0000
NHR        1.0000     .0000
NBW        1.0000     .0000
BS          .0000    1.0000
TN          .0000    1.0000
BW          .8180     .1820
          ( .0239) ( .2021)
CR          .0000    1.0000
Note: Allocations are multinomial logit probabilities. Underlying parameters are not shown in
the output:
```

## 14.10 其他命令

Nlogit 中的 NL 模型支持第 13 章介绍的 MNL 模型的所有其他命令。因此，“show”“descriptives”“crosstab”“effects”（包括弹性和边际效应；尽管它们的计算存在一些差异）和“weight”（包括外生的和内生的）命令都可以在 NL 模型中使用，这与在 MNL 模型中的使用完全一样。类似地，“simulation”和“scenario”功能也可以用于 NL 模型。由于在 NL 模型和 MNL 模型下，这些命令的输出结果相似，我们不再详细说明。

15

# 混合 logit 估计

成功的秘诀很简单：比同行干得更好而且持续干下去。

——威尔弗雷德·A. 彼得森（Wilfred A. Peterson）



## 15.1 引言

我们可以使用一系列经济计量模型。传统上，对于选择数据，比较常见的模型为多元 logit（MNL）模型和嵌套 logit（NL）模型。然而，越来越多的研究者使用混合 logit（ML）模型或随机参数 logit 模型。① 在第 4 章，我们简单介绍了这类模型背后的理论。在本章，我们用 Nlogit 估计一系列 ML 模型，包括最近发展出的尺度混合 logit（或广义混合 logit）模型。与第 11 章和第 13 章的 MNL 模型以及第 14 章的 NL 模型一样，我们将详细解释用来估计 ML 模型的命令以及输出结果。ML 模型背后的理论参见第 4 章；然而，我们预期读者在阅读本章后能够进一步理解 ML 模型，至少从实证角度上是这样的。

## 15.2 混合 logit 模型的基本命令

ML 模型语法命令建立在第 11 章讨论的 MNL 模型命令的基础上。我们从基本 ML 语法命令开始介绍，然后逐渐增加高级命令。

用来估计 ML 模型的最基本的命令为

```
NLOGIT
;lhs = choice,cset,altij
;choices = <names of alternatives>
```

① 另外，还有其他一些模型例如多元 probit 模型（它假设误差服从正态分布）、有序 logit 和 probit 模型（在因变量的顺序有行为意义时使用）、潜类别模型（用于发现应答者子集中的不同偏好模式）和广义嵌套 logit（GNL）模型。这些模型的讨论参见本书后面的章节。

```
;rpl
;fcn = <parameter name>(<distribution label>)
;Model:
U(alternative 1 name) = <utility function 1>/
U(alternative 2 name) = <utility function 2>/
...
U(alternative i name) = <utility function i> $
```

你可以用“RPlogit”替换“Nlogit”，并且去掉“;rpl”。

“;rpl 命令”代表随机参数 logit（这是 ML 模型的另一个名字），是用于估计大多数一般 ML 模型的基础命令。这个命令与“;fcn”（代表函数）命令将 ML 命令语法与基本 MNL 语法区别开来。“fcn”命令用来规定在 ML 模型中哪些参数为随机参数。效用设定被写成与 MNL 模型和 NL 模型命令语法完全相同的格式。在 ML 模型架构下，出现在至少一个效用函数中并且出现在“fcn”命令中的参数将被作为随机参数。仅出现在效用函数中的参数将作为非随机参数或称固定参数。

**【题外话】**

在 ML 文献中，术语“固定参数”和非随机参数（non-random parameter）有时混淆不清。在 MNL 和 NL 模型架构下，固定参数是指研究人员将它们的值固定在某个既定值（例如零）的参数。也就是说，它们不需要估计，是研究人员设定的值（尽管在某些情形下，我们可以将这些参数视为研究人员对真实参数值的估计）。在 ML 模型架构下，我们也可以用类似方式固定参数的估计值。因此，在 ML 模型架构下，固定参数可能指参数的值被事先设定为既定值的参数，也可能指非随机参数。因此，我们使用非随机参数而不是固定参数的称呼。

在“fcn”命令中，命令（<distribution label type>）用来设定每个随机参数的分布。常用分布为：

n：参数服从正态分布；

l：参数服从对数正态分布；

u：参数服从均匀分布；

t：参数服从三角形分布；

c：参数为非随机的（即方差等于零）。

下表列举了 Nlogit 支持的参数分布类型。注意，C 指常数，即非随机参数。

```
; Fcn = parameter name (type),...
```

| | | |
|---|---|---|
| *c* | 非随机分布（nonstochastic） | $\beta_i=\beta$ |
| *n* | 正态分布（normal） | $\beta_i=\beta+\sigma v_i$，$v_i \sim N\,[0,1]$ |
| *s* | 偏正态分布（skew norma） | $\beta_i=\beta+\sigma v_i+\lambda\mid w_i\mid$，$v_i$，$w_i \sim N\,[0,1]$ |
| *l* | 对数正态分布（lognormal） | $\beta_i=\exp(\beta+\sigma v_i)$，$v_i \sim N\,[0,1]$ |
| *z* | 截断正态分布（truncated norma） | $\beta_i=\beta+\sigma v_i$，$v_i\sim$ truncated normal（$-1.96$ to $1.96$） |
| *u* | 均匀分布（uniform） | $\beta_i=\beta+\sigma v_i$，$v_i \sim U\,[-1,1]$ |
| *f* | 单边均匀分布（one sided uniform） | $\beta_i=\beta+\beta v_i$，$v_i\sim$ uniform $[-1,1]$ |
| *t* | 三角形分布（triangular） | $\beta_i=\beta+\sigma v_i$，$v_i\sim$ triangle $[-1,1]$ |
| *o* | 单边三角形分布（one sided triangular） | $\beta_i=\beta+\beta v_i$，$v_i\sim$ triangle $[-1,1]$ |
| *d* | $\beta$ 分布（beta，dome） | $\beta_i=\beta+\sigma v_i$，$v_i\sim 2\times$ beta（2，2）$-1$ |
| *b* | $\beta$ 分布（beta，scaled） | $\beta_i=\beta v_i$，$v_i\sim$ beta（3，3） |
| *e* | 爱尔朗分布（Erlang） | $\beta_i=\beta+\sigma v_i$，$v_i\sim$ gamma（1，4）$-$ 4 |
| *g* | 伽玛分布（gamma） | $\beta_i=\exp(\beta+\sigma v_i)$，$v_i=\log(-\log(u_1 * u_2 * u_3 * u_4))$ |
| *w* | 威布分布（Weibull） | $\beta_i=\beta+\sigma v_i$，$v_i=2(-\log u_i)\sqrt{0.5}$，$u_i\sim U\,[0,1]$ |
| *r* | 瑞利分布（Rayleigh） | $\beta_i=\exp(\beta_i$ (Weibull)$)$ |
| *p* | 指数分布（exponential） | $\beta_i=\beta+\sigma v_i$，$v_i\sim$ exponential$-1$ |
| *q* | 指数分布（exponential，scaled） | $\beta_i=\beta v_i$，$v_i\sim$ exponential |

| | |
|---|---|
| $x$ 删失分布（左）（censored（left）） | $\beta_i=\max(0, \beta_i(\text{normal}))$ |
| $m$ 删失分布（右）（censored（right）） | $\beta_i=\min(0, \beta_i(\text{normal}))$ |
| $v$ 指数分布（三角形）（exp（triangle）） | $\beta_i=\exp(\beta_i(\text{triangular}))$ |
| $i$ 类型Ⅰ极端值分布（type I extreme value） | $\beta_i=\beta+\sigma v_i$，$v_i\sim$standard Gumbel |

**【题外话】**

对于2012年9月17日之后的Nlogit版本，如果参数服从对数正态或者Johnson Sb分布，则当待估参数的符号自然为负时（例如成本变量），有时你难免需要转换这类参数的符号。现在，你可以在模型命令中实施这个操作，而不用管数据。对于对数正态系数，使用“;FCN=－name（L）”，对于Sb，使用－name（J）。注意变量名前面的负号。在RPlogit中，如果你希望使用Sb，那么在设定中使用（J）。

在Nlogit的ML模型中，对于围绕固定均值变化的参数，随机参数的基本格式（忽略所有其他选择，例如均值异质性、异方差性等）为

$$\beta_{k,i}=\beta_k+\sigma_k v_{k,i} \tag{15.1}$$

这种格式有一些变种。例如，对数正态模型：

$$\beta_{k,i}=\exp(\beta_k+\sigma_k v_{k,i}) \tag{15.2}$$

我们还发现文献也喜欢使用一种非对称分布，称为偏正态（skew normal）分布：

$$\beta_{k,i}=\beta_k+\sigma_k V_{k,i}+\theta_k|W_{k,i}| \tag{15.3}$$

其中，$V_{k,i}$ 和 $W_{k,i}$ 服从标准正态分布，最后一项为绝对值。$\theta_k$ 既可为正也可为负，因此偏态既可以为左偏态也可为右偏态。这个参数的值域在左和右方向上都是无限的，但分布是偏态的，因此是不对称的。

上面介绍的任何分布都可以指定给fcn命令中出现的任何随机参数。例如，命令：

```
;fcn = invt(n)
```

规定参数invt是一个从正态分布抽取的随机参数。注意，这个命令使用参数名而不是效用函数中的属性名。

在估计ML模型时，我们可以将多个参数都作为随机参数。事实上，所有参数可能都是随机的。当多个参数都被视为随机参数时，这些参数服从的分布不需要相同。在fcn命令中，多个随机参数要以逗号（,）隔开。在下面的例子中，参数invt将被视为一个服从正态分布的随机参数，而参数cost将被视为一个服从三角形分布的随机参数：

```
;fcn = invt(n),cost(t)
```

**【题外话】**

对于出现在“fcn”命令中的参数名，Nlogit仅使用前四个字符。如果不同参数的前四个字符相同，就可能导致出现问题。

指定在抽样总体上的随机参数从重复模拟抽取中获得（参见第5章）。用来获得随机参数的重复模拟抽取R可用下列命令设定：

```
;pts = <number of replications>
```

Nlogit默认的重复次数和模拟方法为100次随机抽取。Train（2000）推荐几百次随机抽取，而Bhat（2001）推荐1 000次随机抽取。不管抽取多少次，ML模型的估计都很耗费时间。具体耗时取决于计算机的运行速度、选项数、随机参数的个数等。一般来说，对于伴随较大抽取数（例如5 000）的ML模型，几小时之后模型才能收敛——当然，与其他模型一样，模型也可能无法收敛。因此，我们建议将R设定为50以方便解释，在识别最终模型设定之后，再调高R值。

传统上，用于估计随机参数模型的方法是从（研究者对随机参数施加的）经验分布中随机抽取R次。如果你对模型结果的准确程度要求较高，就要重复抽取很多次。当样本规模比较大而且参数比较多时，大量随机抽取在计算上非常耗时。一些智能抽取方法能够减少模型收敛需要的时间，而且不会对模型估计结果造成

实质性的影响。Bhat（2001）指出，在使用霍尔顿智能抽取时，为了得到与使用随机抽取估计的模型可比较的结果，仅需使用总抽取数的1/10。

随机抽取可能导致（对抽样总体指定参数时）在分布的某些区域抽样过度，而在另外一些区域抽样不足；与此不同，智能抽取法根据研究人员施加的经验分布来抽取整体参数空间。例如，在随机抽取法下，你可能从分布的尾部抽取（尽管在统计上不太可能发生），因此，在估计随机参数时，我们要多次重复，而不是仅抽取一次。然而，正如文献报告的，与随机抽取法相比，智能抽取法只要抽取少得多的次数，就能实现类似的模型结果。因此，智能抽取的目的在于减少参数从分布既定区域抽取的可能性，否则容易导致病态结果。

Nlogit 提供了两种智能抽取法：一种是标准霍尔顿序列（standard Halton sequence，SHS）法，另外一种是混合统一向量［shuffled uniform vectors，参见 Hess et al.（2004）］法。SHS 法非常流行；然而，SHS 可能导致抽取空间之间相关，从而需要后面这种方法来减少相关性。在模型估计方面，最常用的智能抽取法就是 SHS。

在 Nlogit 中，默认抽取法为随机抽取。如果你不向 ML 命令语法中添加其他命令（“rpl” 和 “fcn” 命令除外），那么 Nlogit 将按照 “fcn” 命令中每个随机参数服从的分布自动随机抽取（注意，非随机参数的估计方式与 MNL 和 NL 模型类似）。为了使用 SHS 智能抽取法，我们需要在基本 ML 命令中添加下列命令：

```
; halton
```

我们也可以不使用随机抽取或 SHS 抽取法，而是使用混合统一向量法。相应的命令如下（注意，在估计过程中，可能仅设计一种抽取法，即随机、SHS 或混合统一向量法）：

```
;shuffle
```

**【题外话】**

2012 年 9 月 17 日以后的 Nlogit 版本增添了修正拉丁超立方抽样法（modified Latin hypercube sampling，MLHS）和伪随机抽样法。在 RPLogit 命令中使用 “;MLHS”，即可调用 MLHS 法。我们发现：（1）MLHS 法的结果与霍尔顿法几乎相同；（2）在完全控制实验中，与估计之前产生霍尔顿或伪随机抽取，然后保存待用相比，通过数据循环形式（即重复）能够更快地产生这类抽取。然而，需要注意，我们无法很快计算 MLHS 样本，因为 R 个抽取必须同时进行。因此，尽管我们预期 MLHS 法比霍尔顿法快，但结果未必如此。

使用模拟法从分布中抽取参数，这在性质上意味着即使给定完全相同的模型设定，每次估计任务产生的模型结果也不同。为了避免这种情形，在每次估计 ML 模型时，我们需要将随机数生成器的种子重新设定为与原来相同的值。随机种子的重新设定不是强制的；即使不重新设定随机种子生产器，ML 也能运行；然而，这会导致每次估计出的结果不同。用来重新设定随机数生成器的命令为

```
Calc; ran(<seed value>) $
```

在上面的命令中，你可以设定任何数，因为实际数值没有任何影响。然而，为了一致，我们建议你选择一个值并且总是用这个值（这与你的银行账户使用相同的 PIN 码类似）。不管使用什么值，“calc” 命令必须放在 ML 模型语法之前，因为随机数生成器的重新设定是单独的一个命令（因此，末尾有 “$” 符号）。

在本章，我们使用下列 “calc” 命令来重置随机数生产器，然而，正如上面指出的，任何数都可行（注意，如果使用霍尔顿或 Shuffled 抽取法，就不存在重复抽取问题，也不需要下面的 “calc” 命令）：

```
calc;ran(12345) $
```

**【题外话】**

随机参数的顺序比较重要，因为它影响不同参数的抽取（不管抽取是随机的，还是智能的，比如霍尔顿）。设定种子，仅在既定时点上启动整个链。它不能设定每个参数的链。例如，考虑三个参数 a、b 和 c，以及 100 次抽取。抽取链为 v1…v300。如果这三个参数的顺序为 a、b 和 c，那么 “a” 得到 v1—v100，“b” 得到 v101—v200，“c” 得到 v201—v300。如果顺序为 c、b 和 a，那么 “c” 得到 v1—v100，等等。设定种子，只能做到每次得到相同的 v1…v300。这成为任何观察到的小差异的一个来源。为了保证这种差异并不重要，

我们需要大量抽取。尽管也可让用户提供每个参数的具体种子，但这种努力并不值得。

在后面几节，我们将用上面的命令估计 ML 模型，并且讨论输出结果。然后，我们对上面的基本命令添加新的命令，从而估计更复杂的 ML 模型形式，以发现更宽泛的效应。我们还将讨论如何获得特定个体参数估计值以及如何从随机参数估计值获得支付意愿（WTP）。最后，我们说明如何估计广义混合 logit 模型和尺度 MNL 模型的特殊形式以及 WTP 空间中的估计。

## 15.3 Nlogit 输出信息：ML 模型的解释

在本节，我们解释 ML 模型的输出结果。与第 13 章一样，我们主要解释这个模型的输出信息，而不是模型的整体表现（这个任务留给读者完成）。后面几节将考察更复杂的 ML 模型的输出结果。

下面例子中的 ML 模型是使用第 11 章附录 11A 中的交通方式选择案例估计的。我们使用命令"；halton"来调用标准霍尔顿序列抽取法，用其估计每个随机参数。我们用命令"；fcn"将（从正态分布中抽取的）11 个属性视为随机参数。效用函数中的其他属性被视为非随机参数。为了减少模型收敛所需时间，我们将重复抽取数限制为 100：

```
sample;all$
reject;dremove=1$ Removing data with errors
reject;ttype#1$  Selecting Commuter sample
reject;altij=-999$

Nlogit
    ;lhs=resp1,cset,Altij
    ;choices=NLRail,NHRail,NBway,Bus,Bway,Train,Car
    ;par
    ;rpl
    ;fcn=invt(n),cost(n),acwt(n) ,eggt(n), crpark(n),accbusf(n),
         waittb(n),acctb(n),crcost(n), crinvt(n),creggt(n)
    ;halton;pts= 100
    ;model:
   U(NLRail)= NLRAsc + cost*tcost + invt*InvTime + acwt*wait+ acwt*acctim
    + accbusf*accbusf+eggT*egresst + ptinc*pinc + ptgend*gender +
NLRinsde*inside /
    U(NHRail)= TNAsc + cost*Tcost + invt*InvTime + acwt*WaitT + acwt*acctim
    + eggT*egresst + accbusf*accbusf + ptinc*pinc + ptgend*gender +
NHRinsde*inside /
    U(NBway)=  NBWAsc + cost*Tcost + invt*InvTime + waitTb*WaitT
    + accTb*acctim + eggT*egresst + accbusf*accbusf+ ptinc*pinc + ptgend*-
gender /
    U(Bus)=    BSAsc + cost*frunCost + invt*InvTime + waitTb*WaitT
    + accTb*acctim + eggT*egresst+ ptinc*pinc + ptgend*gender/
    U(Bway)=   BWAsc + cost*Tcost + invt*InvTime + waitTb*WaitT
    + accTb*acctim + eggT*egresst + accbusf*accbusf+ ptinc*pinc + ptgend*-
gender /
    U(Train)=  TNAsc + cost*tcost + invt*InvTime + acwt*WaitT + acwt*acctim
    + eggT*egresst + accbusf*accbusf+ ptinc*pinc + ptgend*gender /
    U(Car)=    CRcost*costs + CRinvt*InvTime + CRpark*parkcost+
CReggT*egresst$
Normal exit:   6 iterations. Status=0, F=    2487.362
```

与 NL 模型一样，Nlogit 首先估计 MNL 模型以得到 ML 模型的每个参数的最初起始值。在 ML 模型的情形下，为获得参数估计值的起始值而估计 MNL 模型，这并不是可选的，因此，我们不需要像"start=logit"这样的额外命令（参见第 13 章）：

```
Start values obtained using MNL model
Dependent variable                Choice
Log likelihood function      -2487.36242
Estimation based on N =    1840, K =  20
Inf.Cr.AIC  =    5014.7 AIC/N =    2.725
R2=1-LogL/LogL* Log-L fncn R-sqrd R2Adj
Constants only must be computed directly
               Use NLOGIT ;...;RHS=ONE$
Response data are given as ind. choices
Number of obs.=  1840, skipped   0 obs
```

| RESP1 | Coefficient | Standard Error | z | Prob. \|z\|>Z* | 95% Confidence Interval | |
|---|---|---|---|---|---|---|
| **INVT** | **-.04940***** | **.00207** | **-23.87** | **.0000** | **-.05346** | **-.04535** |
| **COST** | **-.18921***** | **.01386** | **-13.66** | **.0000** | **-.21637** | **-.16205** |
| **ACWT** | **-.05489***** | **.00527** | **-10.42** | **.0000** | **-.06521** | **-.04456** |
| **EGGT** | **-.01157**** | **.00471** | **-2.46** | **.0140** | **-.02080** | **-.00235** |
| **CRPARK** | **-.01513**** | **.00733** | **-2.07** | **.0389** | **-.02950** | **-.00077** |
| **ACCBUSF** | **-.09962***** | **.03220** | **-3.09** | **.0020** | **-.16274** | **-.03650** |
| **WAITTB** | **-.07612***** | **.02414** | **-3.15** | **.0016** | **-.12343** | **-.02880** |
| **ACCTB** | **-.06162***** | **.00841** | **-7.33** | **.0000** | **-.07810** | **-.04514** |
| **CRCOST** | **-.11424***** | **.02840** | **-4.02** | **.0001** | **-.16990** | **-.05857** |
| **CRINVT** | **-.03298***** | **.00392** | **-8.42** | **.0000** | **-.04065** | **-.02531** |
| **CREGGT** | **-.05190***** | **.01379** | **-3.76** | **.0002** | **-.07894** | **-.02486** |
| NLRASC | 2.69464*** | .33959 | 7.93 | .0000 | 2.02905 | 3.36022 |
| PTINC | -.00757*** | .00194 | -3.90 | .0001 | -.01138 | -.00377 |
| PTGEND | 1.34212*** | .17801 | 7.54 | .0000 | .99323 | 1.69101 |
| NLRINSDE | -.94667*** | .31857 | -2.97 | .0030 | -1.57106 | -.32227 |
| TNASC | 2.10793*** | .32772 | 6.43 | .0000 | 1.46562 | 2.75024 |
| NHRINSDE | -.94474*** | .36449 | -2.59 | .0095 | -1.65913 | -.23036 |
| NBWASC | 1.41575*** | .36237 | 3.91 | .0001 | .70551 | 2.12599 |
| BSASC | 1.86891*** | .32011 | 5.84 | .0000 | 1.24151 | 2.49630 |
| BWASC | 1.76517*** | .33367 | 5.29 | .0000 | 1.11120 | 2.41914 |

在这个MNL模型中，交通方式组有5个特定选项常数（ASC），11个属性（以粗体表示），2个SEC（PTINC，PTGEND），以及两个描述新铁轨方式的乘客目的地（NLRINSIDE，NHRINSIDE）的变量（1表示位于研究区域内，0表示位于研究区域外）。

**【题外话】**

*在两个或两个以上的效用函数中出现相同的ASC，这并不常见。然而，这里的TNASC就是这样的。这并非不合理，因为NHRAIL是悉尼TRAIN系统的扩展，尽管实验设计将这个新设施与现有（即TRAIN）网络分开，但它们实际上代表相同的选项。*

上面的输出结果的解释方式与第11章和第13章完全相同。这个模型和前面几章的模型的唯一重要区别在于参数估计值的出现顺序。那些被作为随机参数的参数估计值首先出现，不管它们在效用函数中的顺序是怎样的。MNL模型中的所有参数都有正确符号，而且在95%的置信水平上显著。

这个模型的输出信息与MNL和NL模型的第一个输出框中的信息类似。这些信息包括观察数（与NL模型类似，这里给出的值是样本上的选项数，而不是选择集的个数）、收敛所需的迭代次数以及收敛时的LL函数。由于我们的考察重点是混合logit，MNL模型的主要任务在于获得起始值；然而，研究人员有时也会报告收敛时的LL函数，用来说明ML对MNL的改进情况（也许它们是显著的）。如果研究人员希望将总体LL和缺少显著属性集时的拟合度进行比较，那么他们可以添加“;asc”命令，这将产生仅含有$J-1$个ASC的模型（参见下面的内容），它说明了当研究人员仅知道选择份额的情形下，模型收敛时的LL函数。这个LL函数值为−3 130.826，当我们将其与−2 487.362比较时，我们就能获得计算含有显著解释变量集时的模型的表现改进程度所需的信息。伪$R^2$为0.206（手工计算）。如果我们想计算fgit相对于等选择份额（即没有 ASC）的改进程度，那么我们需要比较－2 487.362 和－3 580.475（参见下面报告的 ML 结果），此时伪 $R^2$ 为 0.305。

```
ASCs only:
|-> Nlogit
    ;lhs=resp1,cset,Altij
    ;choices=NLRail,NHRail,NBway,Bus,Bway,Train,Car
    ;maxit=100
    ;model:
    U(NLRail)= NLRAsc/
    U(NHRail)= NHRAsc/
    U(NBway)=  NBWAsc/
    U(Bus)=    BusAsc/
    U(Train)=  TnAsc/
    U(Bway)=   BwyAsc$
Normal exit:   5 iterations. Status=0, F=    3130.826
-----------------------------------------------------------------
Discrete choice (multinomial logit) model
Dependent variable                Choice
Log likelihood function     -3130.82617
Estimation based on N =   1840, K =   6
Inf.Cr.AIC  =   6273.7 AIC/N =    3.410
R2=1-LogL/LogL*  Log-L fncn R-sqrd R2Adj
Constants only must be computed directly
               Use NLOGIT ;...;RHS=ONE$
Response data are given as ind. choices
Number of obs.=  1840, skipped    0 obs
-----------+--------------------------------------------------------------------
           |                Standard              Prob.      95% Confidence
   RESP1|  Coefficient       Error         z      |z|>Z*         Interval
-----------+--------------------------------------------------------------------
  NLRASC|     .34098***      .08886      3.84   .0001       .16683     .51514
  NHRASC|     .64197***      .08600      7.46   .0000       .47342     .81053
  NBWASC|    -.95132***      .14913     -6.38   .0000     -1.24362    -.65903
  BUSASC|     .00090         .08913       .01   .9920      -.17378     .17558
   TNASC|     .30541***      .08478      3.60   .0003       .13924     .47158
  BWYASC|     .02057         .09015       .23   .8195      -.15611     .19726
-----------+--------------------------------------------------------------------
```

### □ 15.3.1 模型 2：伴随无约束分布的混合 logit

第一个 ML 模型含有 11 个随机参数，这些参数服从无约束的正态分布。研究人员一般从没有值域和符号约束的正态分布开始，这么做的好处在于这种分布提供了一个好的基准点，由此我们可以考察其他分布或者对分布施加一些行为上的约束。ML 模型的整体拟合度为－2 438.811，而 MNL 模型的拟合度为－2 487.362，因此 ML 模型的表现更好。然而，ML 模型的自由度比 MNL 模型的自由度大（MNL 模型的自由度为 20，ML 模型的自由度为 31）。在与等选择份额情形相比时，调整后的伪 $R^2$（它考虑了自由度差异）为 0.316；然而，当与 MNL 模型的表现（起始值）相比时，这个数字仅为 0.016。在拟合度上，ML 模型的表现通常比 MNL 模型好；然而，我们不应该仅依靠这个指标来选择模型，事实上，与 MNL 模型相比，ML 模型还能输出更多行为上的信息。特别地，正如后面章节即将讨论的，我们经常发现，支付意愿（WTP）估计值的确随着样本的变化而变化，而且即使模型拟合度非常类似，使用（来自 MNL 模型的）单一估计值实际上也构成了一个行为上的限制条件。

另外，输出结果还提供了对数似然比检验（LRT）的卡方统计量（用作基础比较模型，这个模型仅设计等选择份额）和伪 $R^2$ 信息。在上面的例子中，模型在统计上显著（当自由度为 31 时，卡方值等于2 283.33，$p$ 值等于零）：

```
|-> Nlogit
    ;lhs=resp1,cset,Altij
    ;choices=NLRail,NHRail,NBway,Bus,Bway,Train,Car
    ;par
    ;rpl
    ;fcn=invt(n),cost(n),acwt(n) ,eggt(n), crpark(n),accbusf(n),
        waittb(n),acctb(n),crcost(n), crinvt(n),creggt(n)
    ;halton;pts= 100
    ;model:
   U(NLRail)= NLRAsc + cost*tcost + invt*InvTime + acwt*wait+ acwt*acctim
    + accbusf*accbusf+eggT*egresst + ptinc*pinc + ptgend*gender +
NLRinsde*inside /
   U(NHRail)= TNAsc + cost*Tcost + invt*InvTime + acwt*WaitT + acwt*acctim
    + eggT*egresst + accbusf*accbusf + ptinc*pinc + ptgend*gender +
NHRinsde*inside /
    U(NBway)=  NBWAsc + cost*Tcost + invt*InvTime + waitTb*WaitT
    + accTb*acctim + eggT*egresst + accbusf*accbusf+ ptinc*pinc +
ptgend*gender /
    U(Bus)=     BSAsc + cost*frunCost + invt*InvTime + waitTb*WaitT
    + accTb*acctim + eggT*egresst+ ptinc*pinc + ptgend*gender/
    U(Bway)=    BWAsc + cost*Tcost + invt*InvTime + waitTb*WaitT
    + accTb*acctim + eggT*egresst + accbusf*accbusf+ ptinc*pinc +
ptgend*gender /
   U(Train)=  TNAsc + cost*tcost + invt*InvTime + acwt*WaitT + acwt*acctim
    + eggT*egresst + accbusf*accbusf+ ptinc*pinc + ptgend*gender /
    U(Car)=     CRcost*costs + CRinvt*InvTime + CRpark*parkcost+
CReggT*egresst$
Normal exit:   6 iterations. Status=0, F=    2487.362
-----------------------------------------------------------------------------
Random Parameters Logit Model
Dependent variable                RESP1

Log likelihood function      -2438.81169
Restricted log likelihood    -3580.47467
Chi squared [ 31](P= .000)    2283.32597
Significance level                .00000
McFadden Pseudo R-squared       .3188580
Estimation based on N =    1840, K =   31
Inf.Cr.AIC  =    4939.6 AIC/N =    2.685
R2=1-LogL/LogL*  Log-L fncn R-sqrd R2Adj
No coefficients -3580.4747  .3189  .3165
Constants only can be computed directly
                Use NLOGIT ;...;RHS=ONE$
At start values -2487.3624  .0195 .0161
Response data are given as ind. choices
Replications for simulated probs. = 100
Used Halton sequences in simulations.
Number of obs.=  1840, skipped    0 obs

Normal exit:  61 iterations. Status=0, F=    2438.812
-----------+------------------------------------------------------------------------
           |                Standard              Prob.        95% Confidence
     RESP1|  Coefficient       Error        z      |z|>Z*           Interval
-----------+------------------------------------------------------------------------
          |Random parameters in utility functions
      INVT|     -.07845***      .00541    -14.50   .0000       -.08906    -.06784
      COST|     -.36258***      .03498    -10.36   .0000       -.43114    -.29401
      ACWT|     -.08227***      .00964     -8.54   .0000       -.10116    -.06337
      EGGT|     -.02832***      .00965     -2.93   .0033       -.04723    -.00941
```

```
     CRPARK|   -.08806**       .03527    -2.50  .0125       -.15719   -.01893
    ACCBUSF|   -.12941***      .04364    -2.97  .0030       -.21494   -.04389
     WAITTB|   -.10341***      .03483    -2.97  .0030       -.17167   -.03515
      ACCTB|   -.08388***      .01132    -7.41  .0000       -.10607   -.06169
     CRCOST|   -.31892***      .09142    -3.49  .0005       -.49809   -.13974
     CRINVT|   -.10051***      .01574    -6.39  .0000       -.13135   -.06966
     CREGGT|   -.12685***      .03573    -3.55  .0004       -.19687   -.05682
           |Nonrandom parameters in utility functions
     NLRASC|   2.89124***      .66856     4.32  .0000       1.58088   4.20160
      PTINC|   -.02150***      .00535    -4.02  .0001       -.03198   -.01101
     PTGEND|   2.95546***      .50220     5.88  .0000       1.97116   3.93976
   NLRINSDE|  -1.35718***      .40930    -3.32  .0009      -2.15940   -.55496
      TNASC|   2.08897***      .65014     3.21  .0013        .81471   3.36323
   NHRINSDE|  -1.44618***      .47234    -3.06  .0022      -2.37195   -.52040
     NBWASC|   1.33874**       .66636     2.01  .0445        .03270   2.64477
      BSASC|   1.59186**       .62985     2.53  .0115        .35737   2.82634
      BWASC|   1.54923**       .64682     2.40  .0166        .28148   2.81698
           |Distns. of RPs. Std.Devs or limits of triangular
     NsINVT|    .04206***      .00559     7.52  .0000        .03110    .05301
     NsCOST|    .31629***      .04533     6.98  .0000        .22743    .40514
     NsACWT|    .02742**       .01215     2.26  .0240        .00360    .05123
     NsEGGT|    .05633***      .01959     2.88  .0040        .01793    .09473

   NsCRPARK|    .08274**       .03779     2.19  .0286        .00868    .15680
   NsACCBUS|    .08363         .12494      .67  .5033       -.16125    .32850
   NsWAITTB|    .06519         .06438     1.01  .3113       -.06101    .19138
    NsACCTB|    .00453         .02348      .19  .8469       -.04149    .05056
   NsCRCOST|    .26923***      .07536     3.57  .0004        .12153    .41693
   NsCRINVT|    .04926***      .01104     4.46  .0000        .02763    .07090
   NsCREGGT|    .00363         .04594      .08  .9369       -.08640    .09367
-----------+--------------------------------------------------------------------
```

输出结果还告诉了我们模拟抽取中的重复次数，以及所用抽取类型。在这个例子中，输出结果表明估计过程使用了 SHS 抽取法，重复了 100 次。在模型估计过程中，没有坏的观察被移除。

输出结果的最后一个部分提供了 ML 模型的参数估计信息。这部分的开头和最后的输出信息主要和 ML 模型的随机参数的估计有关。参数估计输出结果的开头内容与随机参数相关，并且被用来确定从 100 次 SHS 抽取中得到的样本总体随机参数的均值在统计上是否不等于零。

在最基本的 ML 架构下，随机参数在若干抽取构成的抽样总体上估计（抽取可以为随机抽取或智能抽取；SHS 法或混合统一向量法）。由此得到的参数估计值只能在样本总体水平上推导出来。这与特定个体参数估计值的估计不同。在样本总体水平上估计的参数估计值，称为无条件的参数估计值，因为参数不以任何特定个体选择模式为条件，而以样本整体为条件。无条件随机参数的估计过程类似于 MNL 和 ML 模型中的非随机参数的估计过程；也就是说，在样本总体上将 LL 函数最大化。在后面的章节，我们将说明如何估计特定个体的或条件参数估计值。届时，我们将讨论这两种估计的差异，这里仅指出一点：二者的估计结果差异很大。

来自特定分布的每次抽取都将为每个随机参数产生唯一的样本总体参数估计值。为了避免虚假结果（例如，从分布的尾部抽取一个观察），我们使用 $R$ 次重复抽取。均值随机参数正是从这些 $R$ 次重复抽取中得到的。简单地说，每个随机参数的均值是从合适的分布中重复抽取 $R$ 次的参数的平均值。上面的输出结果报告了这个值。对于 invtime 属性（它被视为所有公共交通选项的通用参数），参数估计值为－0.078 4，这代表 100 次 SHS 抽取的均值。

与随机参数估计值的均值相伴的输出结果的解释与第 11 章讨论的非随机参数的解释几乎相同。invtime 属性随机参数的 $p$ 值为 0.00，这小于 $\alpha=0.05$（即 95%的置信区间）。由于 $p$ 值小于临界值，我们拒绝零假设，因此断言随机参数的均值在统计上不等于零。与所有公共交通选项相伴的成本参数的 $p$ 值也小于

$\alpha = 0.05$，这意味着该随机参数估计值的均值（$-0.362\,6$）在统计上也不等于零。这两个随机参数各自在样本总体水平上的均值在统计上都不等于零。

在这部分信息中，除了每个随机参数的均值信息之外，还有每个随机参数的估计值围绕样本总体均值的离散程度信息。离散程度是用 $R$ 次抽取中的每次抽取计算的标准差衡量的。标准差不显著的参数估计值表明围绕均值的离散程度在统计上等于零，这意味着分布中的所有信息都被均值所刻画。标准差显著的参数估计值表明参数估计值存在着异质性（即不同个体拥有特定个体参数估计值，它们可能与样本总体均值参数估计值不同）。

**【题外话】**

读者应该能注意到，在上面的输出结果中参数名字之前有两个字母。这些字母的作用在于说明研究者施加在随机参数估计上的分布。从正态分布抽取的随机参数含有字母 Ns、对数正态分布 Ls、均匀分布 Us、三角形分布 Ts 和非随机分布 Cs（后面章节将讨论非随机分布的特殊情形）。

对于上面的例子，车载时间（invehicle time）随机参数的标准差为 0.042，这在统计上是显著的：Wald 统计量为 7.52（位于 $\pm 1.96$ 的临界值域内），$p$ 值为 0.00（小于 $\alpha = 0.05$）。在这种情形下，样本中的所有个体不能（在统计上）由 invtime 参数（$-0.078\,4$）所代表。参数值的分布代表整个抽样总体的情形是合理的。

公共汽车费用参数（Nsaccbus）的离散程度在统计上不显著：Wald 统计量为 0.67（在 $\pm 1.96$ 的临界值域之外），$p$ 值为 0.503 3。与 invt 参数不同，模型意味着 accbusf 参数应该退化到一个能代表整个抽样总体的点。对于研究者，这意味着在个体水平上，accbusf 参数不存在异质性。因此，参数估计值 $-0.129\,4$ 足以代表所有抽样个体。图 15.1 说明了这一点。

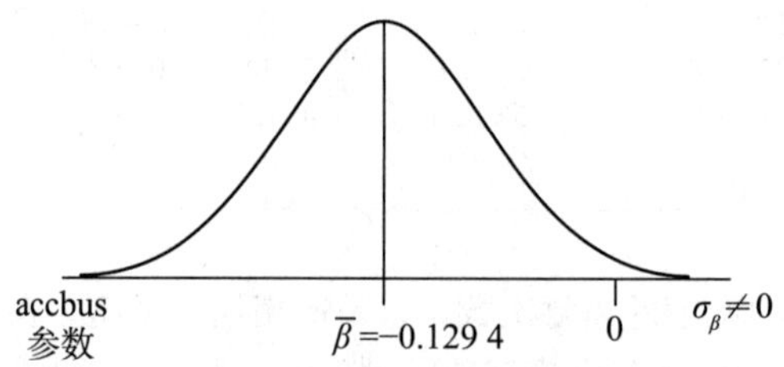


**图 15.1　accbusf 随机参数的离散程度的检验**

在这个时点上，研究者也许希望将 accbusf 参数重新设定为非随机参数，或者仍作为随机参数但让它服从其他分布后重新估计模型。尽管有证据表明，invt 参数应该被视为一个服从正态分布的正态随机参数，但研究人员可能仍希望用其他分布形式进行检验。另外，一些被视为非随机参数的参数可能在将来的解释工作中被当作随机参数而估计。一旦研究者对模型结果感到满意，他就应该加大抽取数，重新估计模型，以确认结果的稳定性。

**【题外话】**

属性在统计上的显著性随抽取数的变化而变化，因此研究者在最初确定统计显著效应时应做出一些判断。实践经验表明当抽取数较小时，属性的 $z$ 值大于 1.5，那么在抽取数较大时，它可能就变得显著（即大于 1.96）。这个结论主要来自对标准差参数（即那些从正态和对数正态分布得到的参数）的观察。

为了写出上述模型的效用函数，我们需要考虑式（15.1），此式考虑到了施加在模型随机参数上的正态分布假设。在上面的例子中，均值参数估计值不存在异质性（我们稍后考察存在异质性的情形）。因此，我们可以将式（15.1）改写为式（15.4）：

$$\text{正态：}\beta_{\text{属性均值}} + \sigma_{\text{属性标准差}} \times N \tag{15.4}$$

其中 $N$ 服从标准正态分布。对于 invtime 随机参数，我们看到它的均值为 $-0.078\,45$，标准差为 0.042 06。根据式（15.1），我们可以写出 invtime 属性的边际效用：

$$\text{Invtd} = -0.078\,45 + 0.042\,06 \times N \tag{15.5}$$

用来得到 invtd 的估计值和图形（见图 15.2）的命令为

```
create;rna=rnn(0,1);Invtd = -0.07845 + 0.04206*rna $
?To eliminate the car alternative since this expression only
applies to public transport:
reject;altij=7$
dstats;rhs=invtd$
kernel;rhs=invtd$
```

```
|-> kernel;rhs=invtd$
Kernel Density Estimator for INVTD
Kernel Function       =    Logistic
Observations          =        9060
Points plotted        =        1008
Bandwidth             =     .006106
Statistics for abscissa values-----
Mean                  =    -.078880
Standard Deviation =        .041972
Skewness              =    -.019572
Kurtosis-3 (excess)=       -.040885
Chi2 normality test=        .014032
Minimum               =    -.246552
Maximum               =     .070210
Results matrix        =      KERNEL
```

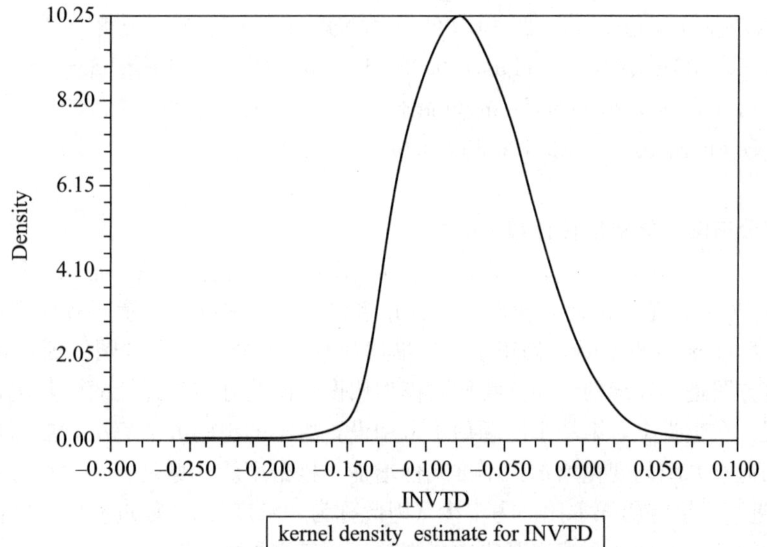


**图 15.2 公共交通方式的车载时间的无约束分布**

该估计出的分布有很多用途，比如推导 WTP 分布。例如：为了得到节省的耗时的价值（VTTS）的估计值，我们可以先得到 invtd 的估计分布（作为分子），然后除以 tcostd 的等价估计分布（即 $-0.36258+0.31629N$），从而得到以澳元/分钟表示的 VTTS。

**【题外话】**

将分子和分母估计值指定给每个抽取的应答者，这是随机的，原因在于没有与这个参数化相互作用的任何系统性的因素。用两个随机配置的比值作为每个应答者的 VTTS，在下列情形下可能产生问题：分子的值碰巧较大（较小）并且分母的值较小（较大）。在很多研究中，为了避免这个问题，研究者通常在分母上使用固定参数。尽管上面这种做法能避免问题，但它的代价是忽略了偏好的异质性（我们这里的模型就存在偏好的异质性）。一种更好的办法是在随机参数的均值和（或）方差中引入异质性，后面章节将讨论这个问题。

剩下的输出信息与作为非随机参数估计的属性有关。非随机参数的解释方式与 MNL 或 NL 模型的情形完全相同。所有参数估计值都有正确符号，而且在统计上显著。我们可以将上面模型的效用函数如下写出：

$V_{nlrail}$ = 2.891 2 + (−0.078 45 + 0.042 06 × N) * invtime + (−0.362 58 + 0.316 29 × N) * tcost + (−0.082 27 + 0.027 42 × N) * wait + (−0.082 27 + 0.027 42 × N) * acctim + (−0.028 32 + 0.056 33 × N) * egress + (−0.129 41 + 0.083 63 × N) * accbusf − 0.021 5 * pinc + 2.955 46 * gender − 1.357 18 * nlrinside

$V_{nhrail}$ = 2.088 97 + (−0.078 45 + 0.042 06 × N) * invtime + (−0.362 58 + 0.316 29 × N) * tcost + (−0.082 27 + 0.027 42 × N) * wait + (−0.082 27 + 0.027 42 × N) * acctim + (−0.028 32 + 0.056 33 × N) * egresst + (−0.129 41 + 0.083 63 × N) * accbusf − 0.021 5 * pinc + 2.955 46 * gender − 1.357 18 * nlrinside

$V_{nbway}$ = 1.338 74 + (−0.078 45 + 0.042 06 × N) * invtime + (−0.362 58 + 0.316 29 × N) * tcost + (−1.034 1 + 0.065 19 × N) * wait + (−0.083 88 + 0.004 53 × N) * acctim + (−0.028 32 + 0.056 33 × N) * egresst + (−0.129 41 + 0.083 63 × N) * accbusf − 0.021 5 * pinc + 2.955 46 * gender

$V_{bus}$ = 1.591 86 + (−0.078 45 + 0.042 06 × N) * invtime + (−0.362 58 + 0.316 29 × N) * tcost + (−1.034 1 + 0.065 19 × N) * wait + (−0.083 88 + 0.004 53 × N) * acctim + (−0.028 32 + 0.056 33 × N) * egresst + (−0.129 41 + 0.083 63 × N) * accbusf − 0.021 5 * pinc + 2.955 46 * gender

$V_{bway}$ = 1.549 23 + (−0.078 45 + 0.042 06 × N) * invtime + (−0.362 58 + 0.316 29 × N) * tcost + (−1.034 1 + 0.065 19 × N) * wait + (−0.083 88 + 0.004 53 × N) * acctim + (−0.028 32 + 0.056 33 × N) * egresst + (−0.129 41 + 0.083 63 × N) * accbusf − 0.021 5 * pinc + 2.955 46 * gender

$V_{train}$ = 2.088 97 + (−0.078 45 + 0.042 06 × N) * invtime + (−0.362 58 + 0.316 29 × N) * tcost + (−0.082 27 + 0.027 42 × N) * wait + (−0.082 27 + 0.027 42 × N) * acctim + (−0.028 32 + 0.056 33 × N) * egresst + (−0.129 41 + 0.083 63 × N) * accbusf − 0.021 5 * pinc + 2.955 46 * gender

$V_{car}$ = (−0.100 51 + 0.049 26 × N) * invtime + (−0.318 92 + 0.269 23 × N) * tcost + (−0.088 06 + 0.082 74 × N) * parkcost + (−0.126 85 + 0.003 63 × N) * egresst



#### 15.3.1.1　画出分布图：核密度估计量

核密度估计量是一个有用的工具，它能以图形表示 ML 模型的很多结果，尤其是参数估计值的分布以及从参数估计值得到的 WTP 的值。因此，我们在本章介绍它（尽管它可以表示所有模型形式的结果，不限于本章的模型）。核密度（kernel density）修正了用来描述观察样本分布的直方图。核估计量能修正直方图的下列不足。首先，直方图是不连续的，而（我们的模型假设）潜在分布是连续的；其次，直方的形状主要取决于组距和组的设置。在直觉上，第一个问题似乎可用设置更小的组的方法解决，然而这么做的代价是每组中的观察数降低，因此直方图的变化增加，不准确性增加。核密度估计量是一个“平滑的”图，它说明了对于每个选择点，“靠近”这个点的样本比例为多少（因此称为“密度”）。“靠近程度”以称为核函数的加权函数定义，在这个加权函数中，样本观察离既定选择点越远，权重越小。

单个属性的核密度函数可用下式计算：

$$f(z_j) = \frac{1}{n}\sum_{i=1}^{n}\frac{K[(z_j - x_i)/h]}{h},\ j = 1, \cdots, M \tag{15.6}$$

这个函数针对研究者设定的值 $z_j$，$j=1$，…，$M$ 计算，其中 $z_j$ 是属性值域的一个分划。每个值都要求将整个样本的 $n$ 个值（$x_i$，$i=1$，…，$n$）相加。该计算的主要部分是核函数或称加权函数 $K[\cdot]$，它可以取多种形式。例如，正态核为 $K[z]=\varphi(z)$（正态密度）。因此，对于正态核，权重取值从 $x_i=z_j$ 时的 $\varphi(0)=0.399$ 一直到 $x_i$ 远离 $z_j$ 时的趋于零。因此，再一次地，核密度函数衡量的是接近于 $z_j$ 的样本比例。

计算过程中的另外一个主要部分是平滑（带宽）参数 $h$，这是为了保证好的图形分辨率。带宽参数与常见直方图中的组距非常类似。因此，正如前面指出的，较窄的组（较小的带宽）产生不稳定的直方图（核密度估计量），这是因为落在我们感兴趣的值的“邻域”中的点较少。较大的 $h$ 值稳定了函数，但倾向于使图形扁平化，降低了辨析度，例如想象一下仅含有两个或三个组的直方图是什么样的。较小的 $h$ 值产生了更多细节，但也导致估计量不稳定。式（15.7）给出了带宽的一个例子，它在若干计算机程序下是标准形式：

$$h = 0.9Q/n^{0.2} \tag{15.7}$$

其中，$Q=\min$（标准差，range/1.5）。

我们必须设定一些点。点集 $z_j$ 由式（15.8）定义：

$$z_j = z_{LOWER} + j * [(z_{UPPER} - z_{LOWER})/M],\ j = 1, \cdots, M$$
$$z_{LOWER} = \min(x) - h \tag{15.8}$$
$$z_{UPPER} = \max(x) + h$$

程序产生了一个 $M\times 2$ 矩阵，其中第一列包含 $z_j$，第二列含有 $f(z_j)$ 的值以及第二列对第一列的图——这就是估计出的密度函数。

用来得到核密度图的命令为

```
;kernel;rhs = <name of parameter/variable>;Limits = <lower,upper values>;<model form> $
```

例如“kernel;rhs=invtd;limits=0,1.5;logit \$”。程序默认“kernel; rhs=invtd \$”，它是一个 logistic 函数。

### □ 15.3.2 模型3：限制随机参数的符号和值域

在很多情形下，根据先验信息，研究者相信一些参数的符号必须为正（或负）。若干分布能迫使参数的符号为正。这些分布有：

| | | |
|---|---|---|
| $o$ | 单边三角形分布（one sided triangular） | $\beta_i=\beta+\beta_{v_i}$，$v_i\sim$ triangular（$-1$，1）（$\sigma=\beta$） |
| $l$ | 对数正态分布（log-normal） | $\beta_i=$ exp（$\beta+\sigma_{v_i}$），$v_i\sim$ N［0.1］ |
| $x$ | 最大值分布（maximum） | $\beta_i=$ Max（0，$\beta+\sigma_{v_i}$），$v_i\sim$ N［0.1］ |
| $r$ | 瑞利分布（Rayleigh） | $\beta_i=$ exp（$\beta+\sigma_{v_i}$），$v_i=2$（$-\log u_i$）$\sqrt{0.5}$，$u_i\sim$ U［0，1］ |
| $b$ | $\beta$ 分布（beta，scaled） | $\beta_i=\beta_{v_i}$，$v_i\sim$ beta（3，3） |
| $q$ | 指数分布（exponential，scaled） | $\beta_i=\beta_{v_i}$，$v_i\sim$ exponential（1） |
| $v$ | 指数（三角形分布）（exp（triangle）） | $\beta_i=$ exp（$\beta_i$（triangular）） |

如果你希望参数的符号为负而不是正，你也可以使用这些分布——只要在估计前将变量乘以$-1$即可。（注意，在 Nlogit 中，我们标注为“Rayleigh”的变量实际上并不是真正的瑞利变量，尽管二者很像。它的形状类似于对数正态，然而它的尾部更薄，因此它可能是一个更合理的模型。）如果你为某个参数规定了这些分布，而且这个参数在无约束情形下为负，那么估计量将无法收敛，程序会给出诊断信息——它无法找到函数（对数似然 LL）的最优值。另外，最大值和最小值的设定关于参数不是连续的，并且通常无法估计。

**【题外话】**

对随机参数分布施加约束是一个计量经济方面的问题，它的决策依据在于这个参数的实证分布。读者不要将其与实证分布的约束混淆，实证分布上的约束是对总体的行为分布施加约束。

用来固定参数符号的一种常用方法是规定参数服从对数正态分布。然而，对数正态分布有长且厚的尾部，这意味着它不是一个合理的经验分布。另外一种方法是使用伴随既定变化范围的随机参数。你可以使用三角形分布、均匀分布或贝塔分布：

```
; Fcn = name(o) for triangular,or ; Fcn = name(f) for uniform,or (h) for beta
```

**【题外话】**

对于三角形分布，你可以使用“name（o）”命令，也可以用“name（t，1）”命令，后者表明均值和标准差被设定为相等的。

以正态分布为例。“;Fcn=invt（n，1）”是说 $\sigma_{invt} = 1 * |\beta_{invt}|$。绝对值函数中的参数是参数均值中的常数项。这规定分布的均值是一个自由参数 $\beta$，但分布的两个端点被固定在 0 和 $2\beta$，因此它没有自由方差（尺度）参数。参数既可为正，也可为负。

我们现在重新估计上面的模型，但现在对所有随机参数施加分布约束。我们选择三角形分布。三角形分布保证了参数估计的行为在整个分布上都是合理的。Train（2003）率先使用了三角形分布。Hensher 和 Greene（2003）也使用了这种分布，此后，越来越多的文献使用了它。令 $c$ 为中心，$s$ 为展布。密度从横轴上的 $c-s$ 点开始线性增加，在 $c$ 点达到最大，然后开始线性下降，一直下降到 $c+s$ 点。$c-s$ 下方以及 $c+s$ 上方时，它为零。均值和众数都为 $c$。标准差为展布除以$\sqrt{6}$；因此，展布等于标准差乘以$\sqrt{6}$。$c$ 点"帐篷"的高度为 1/s（使得帐篷每一侧的面积都为 $s\times(1/s)\times(1/2)=1/2$，两侧的面积和为 $1/2+1/2=1$）。斜率为 $1/s^2$。

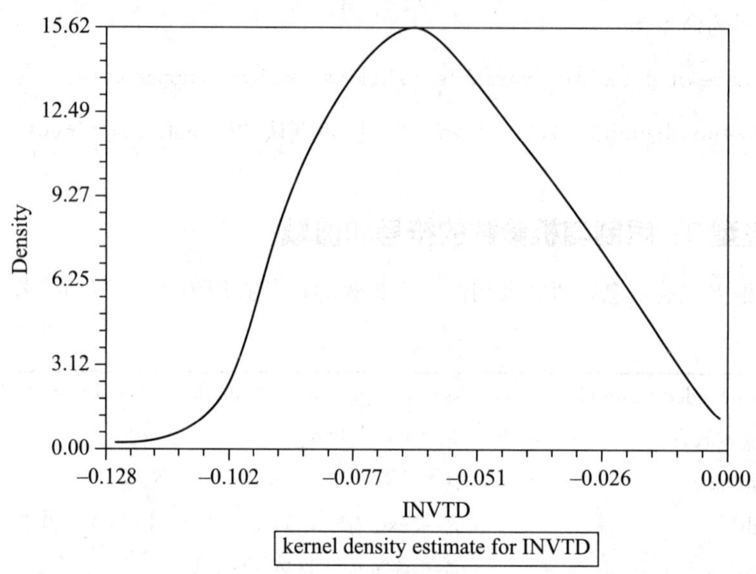


**图 15.3　公共交通方式的车载时间（INVTD）的受约束分布**

下面的结果与前面模型的唯一区别在于随机参数的假设分布。你将看到每个随机参数的标准差参数估计值正好等于该随机参数的均值估计值。这个约束保证了整个分布满足同一个符号（负号）的要求。我们可以用下列命令和图 15.3 说明这一点。

```
    create
;rna=rnn(0,1)
;V1=rnu(0,1)
;if(v1<=0.5)T=sqr(2*V1)-1;(ELSE) T=1-sqr(2*(1-V1))
;Invtd = -0.06368 + 0.06368*T $
    reject;altij=7$
    kernel;rhs=invtd;limits=-0.128,0$
Kernel Density Estimator for INVTD
Kernel Function      =    Logistic
Observations         =        9060
Points plotted       =        1008
Bandwidth            =     .003821
Statistics for abscissa values-----
Mean                 =    -.063446
Standard Deviation =       .026261
Skewness             =     .021480
Kurtosis-3 (excess)=      -.650728
Chi2 normality test=      2.022592
Minimum              =    -.128000
Maximum              =     .000000
Results matrix       =      KERNEL
```

```
Nlogit
;lhs=resp1,cset,Altij
;choices=NLRail,NHRail,NBway,Bus,Bway,Train,Car
;par
;rpl
;fcn=invt(o),cost(o),acwt(o) ,eggt(o), crpark(o),
accbusf(o),waittb(o),acctb(o),crcost(o),crinvt(o),creggt(o)
;maxit=200
;halton;pts= 100
;model:
U(NLRail)= NLRAsc + cost*tcost + invt*InvTime + acwt*wait+ acwt*acctim
 + accbusf*accbusf+eggT*egresst + ptinc*pinc + ptgend*gender +
NLRinsde*inside /
U(NHRail)= TNAsc + cost*Tcost + invt*InvTime + acwt*WaitT + acwt*acctim
 + eggT*egresst + accbusf*accbusf + ptinc*pinc + ptgend*gender +
NHRinsde*inside /
U(NBway)=  NBWAsc + cost*Tcost + invt*InvTime + waitTb*WaitT
 + accTb*acctim + eggT*egresst + accbusf*accbusf+ ptinc*pinc +
ptgend*gender /
U(Bus)=    BSAsc + cost*frunCost + invt*InvTime + waitTb*WaitT
 + accTb*acctim + eggT*egresst+ ptinc*pinc + ptgend*gender/
U(Bway)=   BWAsc + cost*Tcost + invt*InvTime + waitTb*WaitT
 + accTb*acctim + eggT*egresst + accbusf*accbusf+ ptinc*pinc +
ptgend*gender /
U(Train)=  TNAsc + cost*tcost + invt*InvTime + acwt*WaitT + acwt*acctim
 + eggT*egresst + accbusf*accbusf+ ptinc*pinc + ptgend*gender /
U(Car)=    CRcost*costs + CRinvt*InvTime + CRpark*parkcost+
CReggT*egresst$
Normal exit:  27 iterations. Status=0, F=    2465.753
-----------------------------------------------------------------------
Random Parameters Logit Model
Dependent variable                  RESP1
Log likelihood function      -2465.75251
Restricted log likelihood    -3580.47467
Chi squared [ 20](P= .000)    2229.44432
Significance level                .00000
McFadden Pseudo R-squared       .3113336
Estimation based on N =   1840, K =  20
Inf.Cr.AIC  =   4971.5 AIC/N =    2.702
R2=1-LogL/LogL* Log-L fncn R-sqrd R2Adj
No coefficients -3580.4747  .3113 .3098
Constants only can be computed directly
                Use NLOGIT ;...;RHS=ONE$
At start values -2497.0892  .0125 .0103
Response data are given as ind. choices
Replications for simulated probs. = 100
Used Halton sequences in simulations.
Number of obs.=  1840, skipped    0 obs
```

| RESP1 | Coefficient | Standard Error | z | Prob. \|z\|>Z* | 95% Confidence Interval | |
|---|---|---|---|---|---|---|
| | Random parameters in utility functions | | | | | |
| INVT | -.06368*** | .00329 | -19.37 | .0000 | -.07012 | -.05723 |
| COST | -.24872*** | .01958 | -12.70 | .0000 | -.28710 | -.21033 |
| ACWT | -.06976*** | .00731 | -9.55 | .0000 | -.08407 | -.05544 |
| EGGT | -.01435** | .00565 | -2.54 | .0111 | -.02543 | -.00327 |
| CRPARK | -.03559*** | .01341 | -2.65 | .0079 | -.06187 | -.00931 |
| ACCBUSF | -.10601*** | .03622 | -2.93 | .0034 | -.17701 | -.03501 |
| WAITTB | -.08739*** | .02870 | -3.04 | .0023 | -.14365 | -.03113 |
| ACCTB | -.07517*** | .01089 | -6.91 | .0000 | -.09651 | -.05384 |
| CRCOST | -.14957*** | .04942 | -3.03 | .0025 | -.24644 | -.05271 |
| CRINVT | -.07024*** | .01107 | -6.35 | .0000 | -.09193 | -.04854 |
| CREGGT | -.08194*** | .02318 | -3.53 | .0004 | -.12737 | -.03650 |
| | Nonrandom parameters in utility functions | | | | | |
| NLRASC | 2.53832*** | .46944 | 5.41 | .0000 | 1.61824 | 3.45840 |
| PTINC | -.01212*** | .00290 | -4.18 | .0000 | -.01781 | -.00643 |
| PTGEND | 1.87986*** | .26115 | 7.20 | .0000 | 1.36801 | 2.39171 |
| NLRINSDE | -1.10737*** | .35603 | -3.11 | .0019 | -1.80518 | -.40956 |
| TNASC | 1.84015*** | .45881 | 4.01 | .0001 | .94090 | 2.73940 |
| NHRINSDE | -1.12297*** | .40112 | -2.80 | .0051 | -1.90915 | -.33680 |
| NBWASC | 1.14015** | .48364 | 2.36 | .0184 | .19223 | 2.08807 |
| BSASC | 1.51964*** | .44718 | 3.40 | .0007 | .64318 | 2.39611 |
| BWASC | 1.39054*** | .46212 | 3.01 | .0026 | .48480 | 2.29629 |
| | Distns. of RPs. Std.Devs or limits of triangular | | | | | |
| TsINVT | .06368*** | .00329 | 19.37 | .0000 | .05723 | .07012 |
| TsCOST | .24872*** | .01958 | 12.70 | .0000 | .21033 | .28710 |
| TsACWT | .06976*** | .00731 | 9.55 | .0000 | .05544 | .08407 |
| TsEGGT | .01435** | .00565 | 2.54 | .0111 | .00327 | .02543 |
| TsCRPARK | .03559*** | .01341 | 2.65 | .0079 | .00931 | .06187 |
| TsACCBUS | .10601*** | .03622 | 2.93 | .0034 | .03501 | .17701 |
| TsWAITTB | .08739*** | .02870 | 3.04 | .0023 | .03113 | .14365 |
| TsACCTB | .07517*** | .01089 | 6.91 | .0000 | .05384 | .09651 |
| TsCRCOST | .14957*** | .04942 | 3.03 | .0025 | .05271 | .24644 |
| TsCRINVT | .07024*** | .01107 | 6.35 | .0000 | .04854 | .09193 |
| TsCREGGT | .08194*** | .02318 | 3.53 | .0004 | .03650 | .12737 |

伴随受约束分布的 ML 模型的整体拟合度为−2 465.75，这不如无约束分布情形（−2 438.81)。然而，这是无约束的正态分布与受约束的三角形分布之间的比较。如果我们估计的是伴随无约束的三角形分布的模型（这里未给出），我们发现模型的拟合度为−2 439.093，这与无约束的正态分布结果几乎相同。

### □ 15.3.3 模型 4：随机参数均值的异质性

从估计的随机参数得到的分布是用整个样本定义的，而且每个应答者被随机指定一个从整体分布抽取的估计。这样，我们不用担心某个特定应答者在分布中的最优位置在哪里。然而，这也使得我们可能无法评估由于受其他系统性因素的影响，特定应答者在分布的上部还是下部。评估这类系统性因素存在与否，是指增加另外一层异质性，它可能与分布的均值和（或）方差（或标准差）相伴。在本节，我们对随机参数的均值引入异质性。

为了对均值引入异质性，我们必须纳入“;rpl”命令，并将其添加到“= <name of heterogeneity influence>”。在下面的应用中，我们纳入了社会经济特征效应“;rpl=pinc”。如果这是添加的唯一命令，那么每个随机参数将取决于应答者的个体收入，这在本质上是一个相互作用项，使得属性（比如 invtime）的边际效用表达式变为

$\beta_{i,invt} = \beta + \delta_{pinc} + \sigma_{invt,i} * invt$，$\sigma_{invt} = 1 \times |\beta|$

注意，当有异质均值时，这个构造变得有些模糊不清。例如，对于上面的设定，如果我们使用均匀分布，那么对于给定的收入值，参数的变化范围为 $\delta_{pinc}$ 到 $\delta_{pinc} + 2\beta$。伴随 $value = 1$ 的均匀分布和三角形分布是特殊情形，因为这让你可以调整零点处的分布。然而，更重要的是，当你对随机参数施加约束分布时，纳入体现系统性的异质性的额外项会不再保证符号或值域条件成立。

下面的模型是前面模型的一个扩展，此时模型多了 11 个参数，这些参数在均值上具有异质性。收敛时的 LL 为－2 444.458，而不含有这些参数时，这个数字为－2 465.752。由于二者相差 11 个自由度，LRT 为－2×21.294＝42.588。这大于自由度为 11 时的临界值 19.68，因此我们可以拒绝不存在差异的零假设：

```
    Nlogit
    ;lhs=resp1,cset,Altij
    ;choices=NLRail,NHRail,NBway,Bus,Bway,Train,Car
    ;par
    ;rpl=pinc
    ;fcn=invt(t,1),cost(t,1),acwt(t,1) ,eggt(t,1), crpark(t,1),
    accbusf(t,1),waittb(t,1],acctb(t,1),crcost(t,1),crinvt(t,1),creggt
(t,1)
    ;maxit=200
    ;halton;pts= 100
    ;model:
   U(NLRail)= NLRAsc + cost*tcost + invt*InvTime + acwt*wait+ acwt*acctim
    + accbusf*accbusf+eggT*egresst + ptinc*pinc + ptgend*gender +
NLRinsde*inside /
   U(NHRail)= TNAsc + cost*Tcost + invt*InvTime + acwt*WaitT + acwt*acctim
    + eggT*egresst + accbusf*accbusf + ptinc*pinc + ptgend*gender +
NHRinsde*inside /
    U(NBway)=  NBWAsc + cost*Tcost + invt*InvTime + waitTb*WaitT
    + accTb*acctim + eggT*egresst + accbusf*accbusf+ ptinc*pinc +
ptgend*gender /
    U(Bus)=    BSAsc + cost*frunCost + invt*InvTime + waitTb*WaitT
    + accTb*acctim + eggT*egresst+ ptinc*pinc + ptgend*gender/
    U(Bway)=   BWAsc + cost*Tcost + invt*InvTime + waitTb*WaitT
    + accTb*acctim + eggT*egresst + accbusf*accbusf+ ptinc*pinc +
ptgend*gender /
   U(Train)=  TNAsc + cost*tcost + invt*InvTime + acwt*WaitT + acwt*acctim
    + eggT*egresst + accbusf*accbusf+ ptinc*pinc + ptgend*gender /
    U(Car)=    CRcost*costs + CRinvt*InvTime + CRpark*parkcost+
CReggT*egresst$
Line search at iteration   47 does not improve fn. Exiting optimization.
-----------------------------------------------------------------------
Random Parameters Logit Model
Dependent variable                RESP1
Log likelihood function    -2444.45824
Restricted log likelihood  -3580.47467
Chi squared [ 31](P= .000)  2272.03287
Significance level              .00000
McFadden Pseudo R-squared     .3172810
Estimation based on N =    1840, K =  31
Inf.Cr.AIC  =   4950.9 AIC/N =    2.691
```

```
R2=1-LogL/LogL* Log-L fncn R-sqrd R2Adj
No coefficients -3580.4747  .3173 .3149
Constants only can be computed directly
          Use NLOGIT ;...;RHS=ONE$
At start values -2497.0892 .0211 .0176
Response data are given as ind. choices
Replications for simulated probs. = 100
Used Halton sequences in simulations.
Number of obs.=  1840, skipped    0 obs
```

| RESP1 | Coefficient | Standard Error | z | Prob. \|z\|>Z* | 95% Confidence Interval | |
|---|---|---|---|---|---|---|
| | Random parameters in utility functions | | | | | |
| INVT | -.07373*** | .00579 | -12.73 | .0000 | -.08508 | -.06239 |
| COST | -.36011*** | .04029 | -8.94 | .0000 | -.43907 | -.28114 |
| ACWT | -.07362*** | .01125 | -6.54 | .0000 | -.09567 | -.05157 |
| EGGT | -.00501 | .00950 | -.53 | .5975 | -.02363 | .01360 |
| CRPARK | -.02487 | .03614 | -.69 | .4914 | -.09570 | .04596 |
| ACCBUSF | -.25039*** | .06210 | -4.03 | .0001 | -.37210 | -.12869 |
| WAITTB | -.16222*** | .04886 | -3.32 | .0009 | -.25798 | -.06646 |
| ACCTB | -.04120*** | .01453 | -2.84 | .0046 | -.06967 | -.01273 |
| CRCOST | -.08496 | .09655 | -.88 | .3789 | -.27420 | .10429 |
| CRINVT | -.10554*** | .02334 | -4.52 | .0000 | -.15129 | -.05980 |
| CREGGT | -.10515** | .05283 | -1.99 | .0466 | -.20870 | -.00161 |
| | Nonrandom parameters in utility functions | | | | | |
| NLRASC | 3.14865*** | .75152 | 4.19 | .0000 | 1.67571 | 4.62160 |
| PTINC | -.02571*** | .00918 | -2.80 | .0051 | -.04371 | -.00771 |
| PTGEND | 2.02553*** | .32134 | 6.30 | .0000 | 1.39571 | 2.65536 |
| NLRINSDE | -1.10191*** | .37356 | -2.95 | .0032 | -1.83407 | -.36974 |
| TNASC | 2.44911*** | .74302 | 3.30 | .0010 | .99283 | 3.90539 |
| NHRINSDE | -1.16338*** | .42361 | -2.75 | .0060 | -1.99365 | -.33312 |
| NBWASC | 1.85999** | .76058 | 2.45 | .0145 | .36927 | 3.35071 |
| BSASC | 2.11085*** | .73404 | 2.88 | .0040 | .67216 | 3.54953 |
| BWASC | 2.04147*** | .74476 | 2.74 | .0061 | .58177 | 3.50117 |
| | Heterogeneity in mean, Parameter:Variable | | | | | |
| INVT:PIN | .00010** | .5127D-04 | 1.97 | .0488 | .00000 | .00020 |
| COST:PIN | .00135*** | .00041 | 3.31 | .0009 | .00055 | .00215 |
| ACWT:PIN | .64733D-05 | .00011 | .06 | .9538 | -.21246D-03 | .22540D-03 |
| EGGT:PIN | -.00016 | .00013 | -1.20 | .2287 | -.00043 | .00010 |
| CRPA:PIN | -.00020 | .00040 | -.51 | .6130 | -.00098 | .00058 |
| ACCB:PIN | .00220*** | .00071 | 3.09 | .0020 | .00080 | .00359 |
| WAIT:PIN | .00118** | .00051 | 2.30 | .0215 | .00017 | .00219 |
| ACCT:PIN | -.00080*** | .00022 | -3.72 | .0002 | -.00122 | -.00038 |
| CRCO:PIN | -.00098 | .00120 | -.82 | .4127 | -.00332 | .00136 |
| CRIN:PIN | .00023 | .00015 | 1.53 | .1266 | -.00006 | .00052 |
| CREG:PIN | .96050D-04 | .00046 | .21 | .8336 | -.80009D-03 | .99219D-03 |
| | Distns. of RPs. Std.Devs or limits of triangular | | | | | |
| TsINVT | .07373*** | .00579 | 12.73 | .0000 | .06239 | .08508 |
| TsCOST | .36011*** | .04029 | 8.94 | .0000 | .28114 | .43907 |
| TsACWT | .07362*** | .01125 | 6.54 | .0000 | .05157 | .09567 |
| TsEGGT | .00501 | .00950 | .53 | .5975 | -.01360 | .02363 |
| TsCRPARK | .02487 | .03614 | .69 | .4914 | -.04596 | .09570 |
| TsACCBUS | .25039*** | .06210 | 4.03 | .0001 | .12869 | .37210 |
| TsWAITTB | .16222*** | .04886 | 3.32 | .0009 | .06646 | .25798 |

```
  TsACCTB|     .04120***        .01453       2.84  .0046       .01273     .06967
 TsCRCOST|     .08496           .09655        .88  .3789     -.10429     .27420
 TsCRINVT|     .10554***        .02334       4.52  .0000      .05980     .15129
 TsCREGGT|     .10515**         .05283       1.99  .0466      .00161     .20870
---------+--------------------------------------------------------------------
 Parameter Matrix for Heterogeneity in Means.
 Delta_RP|             1
---------+--------------------------------------------------------------------
        1|   .101029E-03
        2|      .00134997
        3|    .647325E-05
        4|   -.161748E-03
        5|   -.200680E-03
        6|      .00219708
        7|      .00118133
        8|   -.801656E-03
        9|   -.979918E-03
       10|    .229133E-03
       11|    .960503E-04
```

现在，特定变量的边际效用包含“交互”项。例如，invt 的边际效用表达式为：

$$MU_{invt} = -0.07373 + 0.0001 * pinc + 0.07373 * o$$

其中，o 为单侧三角形分布。这个额外项表明随着个体收入增加，invt 的边际效用增加或者边际负效用（给定均值估计量的符号为负）递减。读者可用下列命令对此进行检验：

```
create
;rna = rnn(0,1)
;V1 = rnu(0,1)
;if(v1< = 0.5)T = sqr(2 * V1) - 1;(ELSE) T = 1 - sqr(2 * (1 - V1))
                    ;Invtd = = - 0.07373 + 0.0001 * pinc + 0.07373 * T $
                    List;invtd $
```

### □ 15.3.4 模型 5：对挑选的随机参数的均值施加异质性

在模型 4 中，每个随机参数的均值都有异质性。然而，由于一些行为上的原因或者某些随机参数在统计上不显著，研究者有时也希望将异质性限定在若干而不是全部随机参数上。ML 模型能允许研究者对他挑选的若干参数的均值施加异质性。

我们从 name（type）的一般变化开始，比如前面模型使用的 invt（n），它的形式为“name（type｜＃）”或“invt（n｜＃）”。这只不过是说所有随机参数将没有交互项来体现均值的异质性，此时异质性是用伴随命令“;rpl＝$het_{var1}$，$het_{var2}$…”的一个或多个变量定义的。也就是说，当我们有“name（type）”时，将使用异质性；当我们有“name（type｜＃）”时，不使用异质性。

如果仅对属性的子集而不是全部属性施加异质性，我们需要定义 0 和 1 模式，此时对于与“;rpl”相伴的 $het_{var}$集，1 表示含有异质性，0 表示不含有异质性。例如，如果我们规定（如下所示）“;rpl＝pinc，gender”，而且我们需要包含 pinc 但不包含 gender，那么我们可以规定“name（type＃10）”——例如，“acwt（t｜＃10）”。注意，“acwt（t｜＃00）”的意思是两种异质源都不纳入，“acwt（t｜＃11）”的意思是两种异质源都纳入；因此，“acwt（t｜＃11）”等价于“acwt（t｜＃）”。

下面的模型给出了这些命令的各种形式。读者应该注意到一些属性例如 access waiting time（acwt）仅取决于其中一种异质源的均值：

```
 ACWT:PIN|    -.00011          .00011     -1.04  .2992     -.00033     .00010
 ACWT:GEN|        0.0     .....(Fixed Parameter).....
```

所有输出结果的解释方式与前面的模型相同：

```
    Nlogit
    ;lhs=resp1,cset,Altij
    ;choices=NLRail,NHRail,NBway,Bus,Bway,Train,Car
    ;par
    ;rpl=pinc,gender
    ;fcn=invt(t,1),cost(t,1),acwt(t|#10) ,eggt(t|#11), crpark(t|#11),
    accbusf(t,1),waittb(t|#00),acctb(t|#10),crcost(t|#00),crinvt(t,1),
creggt(t|#01)
    ;maxit=200
    ;halton;pts= 100
    ;model:
   U(NLRail)= NLRAsc + cost*tcost + invt*InvTime + acwt*wait+ acwt*acctim
    + accbusf*accbusf+eggT*egresst + ptinc*pinc + ptgend*gender +
NLRinsde*inside /
    U(NHRail)= TNAsc + cost*Tcost + invt*InvTime + acwt*WaitT + acwt*acc-
tim

    + eggT*egresst + accbusf*accbusf + ptinc*pinc + ptgend*gender +
NHRinsde*inside /
    U(NBway)=  NBWAsc + cost*Tcost + invt*InvTime + waitTb*WaitT
    + accTb*acctim + eggT*egresst + accbusf*accbusf+ ptinc*pinc +
ptgend*gender /
    U(Bus)=    BSAsc + cost*frunCost + invt*InvTime + waitTb*WaitT
    + accTb*acctim + eggT*egresst+ ptinc*pinc + ptgend*gender/
    U(Bway)=   BWAsc + cost*Tcost + invt*InvTime + waitTb*WaitT
    + accTb*acctim + eggT*egresst + accbusf*accbusf+ ptinc*pinc +
ptgend*gender /
   U(Train)= TNAsc + cost*tcost + invt*InvTime + acwt*WaitT + acwt*acctim
    + eggT*egresst + accbusf*accbusf+ ptinc*pinc + ptgend*gender /
    U(Car)=    CRcost*costs + CRinvt*InvTime + CRpark*parkcost+
CReggT*egresst$
Normal exit:  61 iterations. Status=0, F=    2419.958
-----------------------------------------------------------------------------------------------
Random Parameters Logit Model
Dependent variable              RESP1
Log likelihood function     -2419.95791
Restricted log likelihood   -3580.47467
Chi squared [ 42](P= .000)   2321.03352
Significance level              .00000
McFadden Pseudo R-squared      .3241237
Estimation based on N =    1840, K =  42
Inf.Cr.AIC  =    4923.9 AIC/N =    2.676
R2=1-LogL/LogL*  Log-L fncn R-sqrd R2Adj
No coefficients -3580.4747  .3241  .3209
Constants only can be computed directly
               Use NLOGIT ;...;RHS=ONE$
At start values -2490.9804   .0285 .0239
Response data are given as ind. choices
Replications for simulated probs. = 100
Used Halton sequences in simulations.
Number of obs.=  1840, skipped    0 obs
-----------+-----------------------------------------------------------------------------------
           |               Standard              Prob.      95% Confidence
     RESP1|  Coefficient     Error        z     |z|>Z*          Interval
-----------+-----------------------------------------------------------------------------------
          |Random parameters in utility functions
     INVT|    -.08356***     .00682    -12.24  .0000     -.09693   -.07018
     COST|    -.41734***     .04539     -9.19  .0000     -.50630   -.32838
```

```
      ACWT|   -.06704***      .01130    -5.93  .0000     -.08919   -.04490
      EGGT|   -.01839         .01237    -1.49  .1373     -.04264    .00587
    CRPARK|   -.03063         .03390     -.90  .3662     -.09708    .03582
   ACCBUSF|   -.17678***      .06456    -2.74  .0062     -.30331   -.05025
    WAITTB|   -.09751**       .04275    -2.28  .0226     -.18131   -.01371
     ACCTB|   -.04498***      .01458    -3.08  .0020     -.07356   -.01640
    CRCOST|   -.22566***      .08519    -2.65  .0081     -.39263   -.05868
    CRINVT|   -.11779***      .02352    -5.01  .0000     -.16389   -.07169
    CREGGT|   -.07548*        .04090    -1.85  .0650     -.15565    .00468
          |Nonrandom parameters in utility functions
    NLRASC|   2.62184***      .75443     3.48  .0005     1.14318   4.10050
     PTINC|   -.01227         .00938    -1.31  .1908     -.03064    .00611
    PTGEND|    .75293         .86374      .87  .3834     -.93997   2.44582
  NLRINSDE|  -1.33761***      .39576    -3.38  .0007    -2.11329   -.56193
     TNASC|   1.90019**       .74336     2.56  .0106      .44324   3.35714
  NHRINSDE|  -1.43502***      .45409    -3.16  .0016    -2.32502   -.54501
    NBWASC|   1.27681*        .76510     1.67  .0952     -.22276   2.77638
     BSASC|   1.54519**       .73869     2.09  .0365      .09739   2.99299
     BWASC|   1.52209**       .74893     2.03  .0421      .05422   2.98997
          |Heterogeneity in mean, Parameter:Variable
  INVT:PIN| .97689D-05      .5756D-04      .17  .8652 -.10305D-03  .12259D-03
  INVT:GEN|    .02130***      .00558     3.82  .0001      .01037    .03223
  COST:PIN|    .00103**       .00044     2.35  .0187      .00017    .00189
  COST:GEN|    .10639***      .03678     2.89  .0038      .03430    .17848
  ACWT:PIN|   -.00011         .00011    -1.04  .2992     -.00033    .00010
  ACWT:GEN|      0.0    .....(Fixed Parameter).....
  EGGT:PIN|   -.00026*        .00015    -1.69  .0914     -.00056    .00004
  EGGT:GEN|    .01905         .01350     1.41  .1581     -.00740    .04551
  CRPA:PIN|   -.00067         .00043    -1.55  .1208     -.00152    .00018
  CRPA:GEN|    .07438**       .03317     2.24  .0249      .00937    .13940
  ACCB:PIN|    .00251***      .00075     3.33  .0009      .00103    .00399
  ACCB:GEN|   -.17458***      .05675    -3.08  .0021     -.28580   -.06335
  WAIT:PIN|      0.0    .....(Fixed Parameter).....
  WAIT:GEN|      0.0    .....(Fixed Parameter).....
  ACCT:PIN|   -.00071***      .00022    -3.18  .0015     -.00115   -.00027
  ACCT:GEN|      0.0    .....(Fixed Parameter).....
  CRCO:PIN|      0.0    .....(Fixed Parameter).....
  CRCO:GEN|      0.0    .....(Fixed Parameter).....
  CRIN:PIN|    .00031         .00020     1.55  .1211     -.00008    .00071
  CRIN:GEN|   -.01275         .01733     -.74  .4619     -.04673    .02122
  CREG:PIN|      0.0    .....(Fixed Parameter).....
  CREG:GEN|   -.07955         .06678    -1.19  .2336     -.21045    .05134
          |Distns. of RPs. Std.Devs or limits of triangular
   TsINVT|    .08356***      .00682    12.24  .0000      .07018    .09693
   TsCOST|    .41734***      .04539     9.19  .0000      .32838    .50630
   TsACWT|    .06403**       .02871     2.23  .0257      .00776    .12030
   TsEGGT|    .07389         .05149     1.44  .1513     -.02702    .17481
 TsCRPARK|    .04744         .08679      .55  .5847     -.12266    .21753
 TsACCBUS|    .17678***      .06456     2.74  .0062      .05025    .30331
 TsWAITTB|    .21195         .21625      .98  .3270     -.21190    .63580
  TsACCTB|    .01224         .06744      .18  .8559     -.11993    .14442
 TsCRCOST|    .39483         .25169     1.57  .1167     -.09848    .88814
 TsCRINVT|    .11779***      .02352     5.01  .0000      .07169    .16389
 TsCREGGT|    .05770         .10664      .54  .5885     -.15130    .26670
----------+---------------------------------------------------------------
```

均值异质性的参数矩阵为

| Delta_RP | 1 | 2 |
|---|---|---|
| 1 | .976890E-05 | .0212974 |
| 2 | .00103315 | .106390 |
| 3 | -.114482E-03 | .000000 |
| 4 | -.260407E-03 | .0190531 |
| 5 | -.671542E-03 | .0743838 |
| 6 | .00251144 | -.174575 |
| 7 | .000000 | .000000 |
| 8 | -.709463E-03 | .000000 |
| 9 | .000000 | .000000 |
| 10 | .313569E-03 | -.0127531 |
| 11 | .000000 | -.0795534 |

### □ 15.3.5 模型 6：异方差性和方差异质性

到目前为止，我们一直强调的是随机参数均值的异质性；然而，一些系统性的异质源（通常称为异方差性）可能与分布的方差（或标准差）相伴。

当模型允许随机参数的均值和方差都有异质性时，我们需要做下列修正：$\sigma_{ik}=\sigma_k\exp(\omega_k{}'h\,r_i)$。如果 $\omega$ 等于 0，这就得到了同方差模型。RPL 模型的形式为

$$\beta_{ik}=\beta+\delta_k{}'z_i+\sigma_{ik}v_{ik}=\beta+\delta_k{}'z_i+\sigma_k\exp(\omega_k{}'hr_i)v_{ik} \tag{15.9}$$

为了调用异质性模型，只需添加下列命令：

```
; Hfr = list of variables in hr_i
```

$hr_i$ 中的变量可以为任何变量，但它们必须对选择具有不变性。这个规定将导致每个参数分布有相同的异方差形式，注意，每个参数都有自己的参数向量 $\omega_k$。

在 15.3.4 节，我们描述了修改参数均值异质性设定的方法，因此，$z_i$ 中的一些 RPL 变量可能出现在一些参数的均值中，但不出现在另外一些参数的均值中。类似的构造可用于方差。对于上面给出的任何参数设定形式，设定可能以感叹号（!）结束，这是为了说明特定参数是同方差的，即使其他参数是异方差的。例如，下面的模型具有异质性均值（与 age 和 pinc 相伴）和一个异方差性方差（与 gender 相伴）：

```
; RPL = age,pinc
; Hfr = gender
; Fcn = invt(n),acwt(n| # 01 !)
```

与 invtime 相伴的参数有一个异质性均值和一个异方差性方差。与 waitt 相伴的参数有一个异质性均值，但 age 除外，以及一个同质性方差。注意，在感叹号（!）之前或之后没有逗号。与均值情形类似，当存在两个或两个以上的 Hfr 变量时，你可以在设定中将它们纳入或排除。继续前面的例子，考虑：

```
; RPL = age,pinc
; Hfr = gender,family,urban
; Fcn = invt(n),acwt(n| # 01 ! 101)
```

invt 的方差包含所有三个变量，但 acwt 的方差不包含 family。

下面给出的模型含有三个随机参数，我们规定：

```
;rpl = pinc
;fcn = invt(n),cost(n),acwt(n! 01)
;hfr = gender,pinc
```

这个模型允许所有三个随机参数的均值（pinc）的异质性，并且仅允许 acwt 的方差的异方差性，但这仅

应用选择分析（第二版）

针对“;hfr=gender，pinc”列出的第二个系统的影响源。多个随机参数的均值的异质性和方差的异方差性的任何组合都是可能的，这使得该模型是非常一般的 ML 形式。上面的五个异方差效应在统计上都不显著（95%的置信水平）；然而，模型足以说明新的信息：

```
Nlogit
;lhs=resp1,cset,Altij
;choices=NLRail,NHRail,NBway,Bus,Bway,Train,Car
;par
;rpl=pinc
;fcn=invt(n),cost(n),acwt(n!01)
;hfr=gender,pinc
;maxit=100
;halton;pts= 100
      ;model:
     U(NLRail)= NLRAsc + cost*tcost + invt*InvTime + acwt*wait+ acwt*acctim
      + accbusf*accbusf+eggT*egresst + ptinc*pinc + ptgend*gender +
  NLRinsde*inside /
     U(NHRail)= TNAsc + cost*Tcost + invt*InvTime + acwt*WaitT + acwt*acctim
      + eggT*egresst + accbusf*accbusf + ptinc*pinc + ptgend*gender +
  NHRinsde*inside /
      U(NBway)=  NBWAsc + cost*Tcost + invt*InvTime + waitTb*WaitT
      + accTb*acctim + eggT*egresst + accbusf*accbusf+ ptinc*pinc +
  ptgend*gender /
      U(Bus)=    BSAsc + cost*frunCost + invt*InvTime + waitTb*WaitT
      + accTb*acctim + eggT*egresst+ ptinc*pinc + ptgend*gender/
      U(Bway)=   BWAsc + cost*Tcost + invt*InvTime + waitTb*WaitT
      + accTb*acctim + eggT*egresst + accbusf*accbusf+ ptinc*pinc +
  ptgend*gender /
     U(Train)=  TNAsc + cost*tcost + invt*InvTime + acwt*WaitT + acwt*acctim
      + eggT*egresst + accbusf*accbusf+ ptinc*pinc + ptgend*gender /
      U(Car)=    CRcost*costs + CRinvt*InvTime + CRpark*parkcost+
  CReggT*egresst$
  Line search at iteration   61 does not improve fn. Exiting optimization.
  -----------------------------------------------------------------------------
  Random Parameters Logit Model
  Dependent variable                RESP1
  Log likelihood function      -5015.34107
  Restricted log likelihood    -7376.94538
  Chi squared [ 31](P= .000)    4723.20862
  Significance level               .00000
  McFadden Pseudo R-squared        .3201331
  Estimation based on N =    3791, K =  31
  Inf.Cr.AIC  =   10092.7 AIC/N =    2.662
  R2=1-LogL/LogL*  Log-L fncn R-sqrd R2Adj
  No coefficients  -7376.9454  .3201 .3189
  Constants only can be computed directly
                 Use NLOGIT ;...;RHS=ONE$
  At start values -5079.7499  .0127 .0110
  Response data are given as ind. choices
  Replications for simulated probs. = 100
  Used Halton sequences in simulations.
  Heteroskedastic random parameters
  BHHH estimator used for asymp. variance
  Number of obs.=  3791, skipped   0 obs
  ----------+------------------------------------------------------------------
            |               Standard            Prob.      95% Confidence
     RESP1|  Coefficient      Error       z    |z|>Z*         Interval
  ----------+------------------------------------------------------------------
            |Random parameters in utility functions
      INVT|    -.04983***       .00294    -16.92  .0000     -.05560    -.04405
      COST|    -.39194***       .02686    -14.59  .0000     -.44459    -.33929
      ACWT|    -.06842***       .00631    -10.85  .0000     -.08078    -.05606
```

15 混合logit估计

```
          |Nonrandom parameters in utility functions
   NLRASC|   2.85074***        .30246     9.43  .0000     2.25792   3.44355
  ACCBUSF|   -.15339***        .02562    -5.99  .0000     -.20361   -.10316
     EGGT|   -.03045***        .00347    -8.78  .0000     -.03725   -.02365
    PTINC|   -.00977**         .00400    -2.44  .0146     -.01762   -.00193
   PTGEND|    .91144***        .19264     4.73  .0000      .53387   1.28900
 NLRINSDE|   -.17376           .17724     -.98  .3269     -.52115    .17363
    TNASC|   2.39277***        .29373     8.15  .0000     1.81708   2.96846
 NHRINSDE|   -.44997**         .18872    -2.38  .0171     -.81984   -.08009
   NBWASC|   1.31471***        .32052     4.10  .0000      .68650   1.94292
   WAITTB|   -.04372**         .01867    -2.34  .0192     -.08032   -.00713
    ACCTB|   -.05003***        .00705    -7.10  .0000     -.06385   -.03622
    BSASC|   1.54373***        .28435     5.43  .0000      .98642   2.10104
    BWASC|   1.60870***        .29632     5.43  .0000     1.02793   2.18948
   CRCOST|   -.20195***        .02987    -6.76  .0000     -.26049   -.14341
   CRINVT|   -.04938***        .00452   -10.93  .0000     -.05823   -.04052
   CRPARK|   -.05814***        .00930    -6.26  .0000     -.07636   -.03992
   CREGGT|   -.09253***        .01518    -6.09  .0000     -.12229   -.06278
          |Heterogeneity in mean, Parameter:Variable
 INVT:PIN|-.72740D-04       .4752D-04    -1.53  .1258 -.16587D-03  .20390D-04
 COST:PIN|    .00090**         .00042     2.14  .0324      .00008    .00173
 ACWT:PIN|    .00017***     .6108D-04     2.77  .0056      .00005    .00029
          |Distns. of RPs. Std.Devs or limits of triangular
   NsINVT|    .01954***        .00389     5.02  .0000      .01191    .02717
   NsCOST|    .22298***        .03340     6.68  .0000      .15752    .28845
   NsACWT|    .04155***        .01443     2.88  .0040      .01328    .06983
          |Heteroskedasticity in random parameters
 sINVT|GE|   -.00086           .00371     -.23  .8159     -.00814    .00641
 sINVT|PI|    .00010        .6498D-04     1.60  .1087     -.00002    .00023
 sCOST|GE|    .03969           .03291     1.21  .2278     -.02482    .10420
 sCOST|PI|    .00107           .00204      .52  .6007     -.00293    .00506
 sACWT|GE|       0.0       .....(Fixed Parameter).....
 sACWT|PI|   -.01547           .01093    -1.41  .1572     -.03689    .00596

Parameter Matrix for Heterogeneity in Means.
Delta_RP|            1
-----------+-------------------
        1|   -.727403E-04
        2|    .900460E-03
        3|    .169300E-03
```

### □ 15.3.6 模型7：允许随机参数相关

前文中的模型假设所有随机参数都不相关。正如第4章指出的，不管抽样个体面对多少个选择情景（即选择集），所有数据集都可能存在未观测的效应，使得给定选择情景中的不同选项相关。ML模型能够允许既定个体在不同选择情景中的误差成分相关。在Nlogit中，这可以通过下列命令语法实现：

;Correlated (or Corr for short)

**【题外话】**

对于当前版本的Nlogit，在对任何随机参数的分布施加约束的情形下，相关性命令语法将不能运行。另外，既含有相关参数（";Correlated"）又含有异方差性随机参数的模型不可估计。如果模型命令既含有";Correlated"又含有";Hfr=list"，那么异方差性占先，";Correlated"被忽略。

下列模型在估计时允许随机参数的相关性：

**【题外话】**

2014年10月24日以后的Nlogit版本将报告中的“Lower triangle of the Cholesky Matrix”替换为含有相关参数的RPL模型的标准输出结果中的随机参数的协方差。

```
    Nlogit
    ;lhs=resp1,cset,Altij
    ;choices=NLRail,NHRail,NBway,Bus,Bway,Train,Car
    ;par
    ;rpl
    ;corr
    ;fcn=invt(n),crinvt(n),cost(n)
    ;maxit=100
    ;halton;pts= 100
    ;model:
   U(NLRail)= NLRAsc + cost*tcost + invt*InvTime + acwt*wait+ acwt*acctim
    + accbusf*accbusf+eggT*egresst + ptinc*pinc + ptgend*gender +
NLRinsde*inside /
   U(NHRail)= TNAsc + cost*Tcost + invt*InvTime + acwt*WaitT + acwt*acctim
    + eggT*egresst + accbusf*accbusf + ptinc*pinc + ptgend*gender +
NHRinsde*inside /
    U(NBway)=  NBWAsc + cost*Tcost + invt*InvTime + waitTb*WaitT
    + accTb*acctim + eggT*egresst + accbusf*accbusf+ ptinc*pinc +
ptgend*gender /
    U(Bus)=     BSAsc + cost*frunCost + invt*InvTime + waitTb*WaitT
    + accTb*acctim + eggT*egresst+ ptinc*pinc + ptgend*gender/
    U(Bway)=    BWAsc + cost*Tcost + invt*InvTime + waitTb*WaitT
    + accTb*acctim + eggT*egresst + accbusf*accbusf+ ptinc*pinc +
ptgend*gender /
   U(Train)=  TNAsc + cost*tcost + invt*InvTime + acwt*WaitT + acwt*acctim
    + eggT*egresst + accbusf*accbusf+ ptinc*pinc + ptgend*gender /
    U(Car)=     CRcost*costs + CRinvt*InvTime + CRpark*parkcost+
CReggT*egresst$
Normal exit:  58 iterations. Status=0, F=    2439.458

Random Parameters Logit Model
Dependent variable                 RESP1
Log likelihood function      -2439.45842
Restricted log likelihood    -3580.47467
Chi squared [ 26](P= .000)    2282.03251
Significance level               .00000
McFadden Pseudo R-squared       .3186774
Estimation based on N =    1840, K =   26
Inf.Cr.AIC  =    4930.9 AIC/N =    2.680
R2=1-LogL/LogL* Log-L fncn R-sqrd R2Adj
No coefficients -3580.4747  .3187  .3167
Constants only can be computed directly
               Use NLOGIT ;...;RHS=ONE$
At start values -2487.3624  .0193 .0164
Response data are given as ind. choices
Replications for simulated probs. = 100
Used Halton sequences in simulations.
Number of obs.=  1840, skipped    0 obs
-----------+----------------------------------------------------------------
           |              Standard            Prob.       95% Confidence
     RESP1|  Coefficient       Error       z    |z|>Z*         Interval
-----------+----------------------------------------------------------------
           |Random parameters in utility functions
      INVT|     -.07146***      .00436  -16.39  .0000     -.08000  -.06291
    CRINVT|     -.12154***      .02055   -5.91  .0000     -.16183  -.08126
      COST|     -.35631***      .03470  -10.27  .0000     -.42432  -.28831
```

```
          |Nonrandom parameters in utility functions
   NLRASC|   2.37955***     .61069    3.90  .0001    1.18262  3.57649
     ACWT|   -.07182***     .00663  -10.84  .0000   -.08481  -.05883
  ACCBUSF|   -.12022***     .03781   -3.18  .0015   -.19433  -.04611
     EGGT|   -.01490**      .00579   -2.57  .0101   -.02626  -.00355
    PTINC|   -.01847***     .00529   -3.49  .0005   -.02883  -.00810
   PTGEND|   2.52370***     .49026    5.15  .0000   1.56280  3.48459
 NLRINSDE|  -1.49096***     .39110   -3.81  .0001  -2.25750  -.72443
    TNASC|   1.62983***     .60207    2.71  .0068    .44979  2.80987
 NHRINSDE|  -1.61769***     .45616   -3.55  .0004  -2.51175  -.72362
   NBWASC|    .98027        .62777    1.56  .1184   -.25014  2.21068
   WAITTB|   -.09219***     .02861   -3.22  .0013   -.14826  -.03611
    ACCTB|   -.08363***     .01045   -8.00  .0000   -.10410  -.06315
    BSASC|   1.29057**      .59560    2.17  .0302    .12322  2.45793
    BWASC|   1.25607**      .60974    2.06  .0394    .06100  2.45114
   CRCOST|   -.18887***     .06585   -2.87  .0041   -.31794  -.05979
   CRPARK|   -.04198**      .01830   -2.29  .0218   -.07786  -.00611
   CREGGT|   -.12235***     .03471   -3.52  .0004   -.19037  -.05432
          |Diagonal values in Cholesky matrix, L.
   NsINVT|    .04154***     .00505    8.22  .0000    .03164   .05145
 NsCRINVT|    .05049***     .01529    3.30  .0010    .02052   .08046

   NsCOST|    .17326        .11511    1.51  .1323   -.05235   .39886
          |Covariances of Random Parameters
 CRIN:INV|    .00253***     .00074    3.43  .0006    .00108   .00397
 COST:INV|    .00158        .00197     .80  .4228   -.00228   .00544
 COST:CRI|    .01348**      .00650    2.07  .0381    .00074   .02622
          |Standard deviations of parameter distributions
   sdINVT|    .04154***     .00505    8.22  .0000    .03164   .05145
 sdCRINVT|    .07906***     .01510    5.24  .0000    .04946   .10866
   sdCOST|    .28348**      .13321    2.13  .0333    .02238   .54457

Cor.Mat.|     INVT    CRINVT      COST
-----------+--------------------------------------------------------------------------
     INVT| 1.00000    .76952    .13421
   CRINVT|  .76952   1.00000    .60142
     COST|  .13421    .60142   1.00000
```

上面的模型在统计上是显著的：卡方值为 2 282.03（自由度为 26），伪 $R^2$ 值为 0.316 7。三个随机参数的均值在统计上是显著的，标准差参数也是显著的；因此，考察每个随机参数围绕各自均值的展布可知，所有属性都体现了偏好的异质性。所有非随机参数或称固定参数估计值的符号都符合预期，而且在统计上显著。

在添加相关性的命令之后，输出结果多了很多新信息，这就是我们将模型的估计限定为三个随机参数的原因。在输出结果中，除了占主体地位的参数估计信息之外，还有相关系数矩阵信息。相关系数矩阵表明存在若干比较大的相关。例如，invt 随机参数与 crinvt 和 cost 随机参数的相关系数分别为 0.769 和 0.134。

输出结果首先报告的是来自随机参数分布的 $\beta$，然后报告来自非随机特定选项常数（ASC）的非随机 $\beta$。接下来报告的是 3×3 下三角矩阵 $\Gamma$ 的元素。在这部分信息中，首先出现的是对角线元素（“Diagonal values in Cholesky matrix，L”），然后是对角线下方元素（“Covariances of Random Parameters”）。参数分布的标准差（“Standard deviations of parameter distributions”）从 $\Gamma$ 得出。第一个标准差（即 sdINVT）为 $(0.041\ 54^2)^{1/2}=0.041\ 54$。第二个标准差（即 sdCRINVT）为 $(0.002\ 53^2+0.050\ 49^2)^{1/2}=0.001\ 28$。读者可以利用这个逻辑计算 sdCOST。这些估计量的标准误是用 delta 法计算的（参见 7.4.1 节的讨论）。

每个随机参数的方差（方差—协方差矩阵对角线元素）是利用报告中的标准差计算的，它等于标准差的平方：

$$\text{Var(invt)} = 0.041\,54^2 = 0.001\,73$$
$$\text{Var(crinvt)} = 0.079\,06^2 = 0.006\,25$$
$$\text{Var(cost)} = 0.283\,48^2 = 0.080\,36$$

协方差（即上述矩阵的非对角线元素）直接利用数据计算（每个协方差是每对数据偏差乘积的均值）。因此，结果未报告协方差，尽管式（15.10）给出了计算公式：

$$\text{Cov}(x,y) = \frac{1}{n}\sum_{i=1}^{N}(X_i - U_i)(Y_i - U_i) \tag{15.10}$$

正的协方差意味着同一个体的一个属性的较大参数估计值伴随着其另外一个属性的较大参数估计值。例如，随机参数 cost 和 crinvt 之间的协方差为 0.013 48，这意味着个人对小轿车的车载时间越敏感，越有可能有较“大”的边际效用（注意，车载时间的效用为负，因此这里较“大”的边际效用指绝对值较大）。协方差越大，两个随机变量的关系越大。因此，0.001 58 意味着随机参数 invt 和 cost 之间的关系（这个关系为正）比 crinvt 和 cost 之间的关系弱（协方差为 0.013 48，这个关系也为正；较大的 cinvt 值导致了较大的 cost 值）。

方差、协方差和相关系数之间存在着直接关系。相关系数为

$$\rho = \frac{\text{Cov}(X_1, X_2)}{\sigma_{X_1} \times \sigma_{X_2}} \tag{15.11}$$

为了说明这个关系，考虑随机参数 crinvt 和 cost 之间的相关性：

$$\rho = \frac{\text{Cov}(crinvt, cost)}{\sigma_{crinvt} \times \sigma_{cost}} = \frac{0.013\,48}{0.079\,06 \times 0.283\,48} = 0.601\,4 \tag{15.12}$$

这正是 Nlogit 报告的 crinvt 和 cost 之间的相关系数（注意，在相关系数的计算公式中，分母为标准差，而不是方差）。

我们需要详细讨论乔利斯基（Cholesky）矩阵，从而帮助读者更好地理解模型结果。乔利斯基分解矩阵是一个下三角矩阵（这意味着对角线上方的元素都为零）。上面的输出结果表明存在着相关的选项，因为服从正态分布的随机参数相关。当有两个或两个以上的随机参数时，我们允许参数之间存在着相关性，因此标准差不再是独立的。为了评估此事，我们需要将标准差参数分解为特定属性（例如 invt 和 cost）标准差和交互属性（例如 invt×cost）标准差。乔利斯基分解是该操作采用的方法；我们已在第 5 章比较详细地介绍了它，在该章中，乔利斯基矩阵是从方差—标准差矩阵得到的。ML 模型在扩展之后——通过允许随机参数集有无约束的协方差矩阵——能包括上述情形。这个矩阵的非零的非对角线元素表示参数之间的相关系数。

正如前面指出的，在参数之间存在相关性的情形下，随机参数估计值的标准差可能不独立。为了建立每个随机参数估计值的独立贡献，乔利斯基分解将以下两个贡献分开：一是随机参数估计值通过与其他随机参数估计值相关而对标准差所做的贡献；二是随机参数估计值仅通过围绕它的均值的异质性而对标准差所做的贡献。因此，乔利斯基分解将随机参数估计值的相关结构以及与它们相伴的标准差参数分隔。这使得参数之间能自由相关，而且有不受限制的尺度，与此同时保证了我们估计的协方差矩阵总是正定的。

乔利斯基分解矩阵的第一个元素总是第一个设定的随机系数的标准差参数。① 紧跟着的对角线元素代表

---

① Nlogit 中的随机参数的产生与其他随机参数估计值的产生无关。两个随机参数之间的相关性是通过在乔利斯基矩阵中运行随机参数估计而创造的。由此得到的向量的分布随“fcn”命令中设定的系数顺序的变化而变化。这意味着在使用非正态分布时，不同的随机参数顺序可能导致不同的参数化。我们使用 Ken Train（在与本书作者的私人通信中）提供的例子来说明，假设随机参数 $X_1$ 和 $X_2$ 分别服从正态分布和均匀分布，而且相关。Nlogit 产生了不相关的标准正态分布 $N_1$ 和均匀分布 $U_2$，并且使用乔利斯基矩阵将它们相乘。对于矩阵 $C = a\ 0\ b\ c$，系数为 $X_1 = a \times N_1$，它是正态的 $X_2 = b \times e_1 + c \times U_2$，它是均匀分布与正态分布之和，$X_2$ 不服从均匀分布，但服从均匀分布和正态分布之和定义的分布。如果顺序颠倒过来，$N_1$ 为均匀分布，$U_2$ 为正态分布，那么 $X_1$ 将服从均匀分布，$X_2$ 将是均匀分布和正态分布之和。因此，不同的随机参数顺序意味着系数的分布不同。

当我们将协方差移除时，随机参数导致的方差。在上面的例子中，随机参数 crinvt 直接导致的方差为 0.050 49，而不是 0.079 06。非对角线元素代表交叉参数的相关系数，在分解之前，它与模型参数的标准差混杂在一起。对于与随机参数 crinvt 相伴的标准差参数，0.079 06 是它与随机参数 invt 的估计值的交叉乘积的相关系数导致的。

在写出随机参数的边际效用估计值时，研究者既可以使用标准差参数估计值，也可以使用模型输出结果中的分解值。Nlogit 报告的标准差参数估计值（Nlogit5 及其之后的版本）已经考虑了利用乔利斯基分解法分解变异源时获得的信息。使用乔利斯基分解矩阵的元素，Nlogit 确定所有模拟个体在该矩阵每个元素上的位置（即在对角线还是非对角线上），并且重新构造了标准差参数估计值的实证分布。分解标准差参数的计算公式为

$$\text{标准差参数} = \beta_{\text{对角线元素}} \times f(X_0) + \beta_{\text{非对角线元素}1} \times f(X_1) + \cdots + \beta_{\text{非对角线元素}k} \times f(X_k) \tag{15.13}$$

其中，$f(X_k)$ 是位置参数，用来找到个体 $i$ 在矩阵的每个元素的某种分布上的位置。位置参数 $f(X_k)$ 可以服从任何分布；然而，最常用的分布为正态分布。因此，边际效用可以写为

$$\begin{aligned}\text{边际效用(属性)} &= \beta_{\text{属性均值}} + \beta_{\text{协变量}} \times X_{\text{协变量}} \\ &\quad + (\beta_{\text{对角线元素}} + \beta_{\text{非对角线元素}1} \times \varepsilon + \cdots + \beta_{\text{非对角线元素}k} \times N) \times f(N, T \text{ 或 } U)\end{aligned} \tag{15.14}$$

其中，$f(N,T \text{ 或 } U)$ 是混合分布。

为了对相关性施加一些控制，我们可以对乔利斯基矩阵施加约束。相应的命令为“;COR=<a pattern of list of ones and zeros>”。研究者必须设定整个乔利斯基矩阵。例如：

```
;corr =
1,
1,1,
0,0,1,
0,0,0,1,
0,0,0,1,1 $
```

在模型命令中，它的形式为

```
;corr = 1,1,1,0,0,1,0,0,0,1,0,0,0,1,1 $
```

矩阵为分块对角矩阵。参数 3 与所有其他参数都不相关。参数 1 和 2 彼此相关，但不与参数 3、4 和 5 相关。参数 4 和 5 彼此相关，但不与参数 1、2 和 3 相关。

**【题外话】**

对角线上的“1”是强制的，它表示乔利斯基矩阵中的 1.0。对角线下方的“1”表示自由非零参数，未必为 1.0。对角线下方的“0”表示乔利斯基矩阵的这个元素为零。乔利斯基矩阵的设定与相关系数矩阵的设定并不相同。事实上，它们不可能相同，但上面用于说明的简化例子是个例外。你可以让相关系数矩阵的某一行为零，但不能让单个元素为零。

为了得到整个分布，由于标准差参数估计值已考虑了随机参数之间的相关性，我们可以使用以前的表达式；也就是说（对于正态分布）：

```
create
;rna = rnn(0,1)
;Invtd = - 0.07146 + 0.04154 * rna
;Crinvtd= - 0.12154 + 0.07906 * rna
;Costd= - 0.35631 + 0.28348 * rna $
```

我们可以使用下列命令将这些分布画在图 15.4 中：

```
kernel;rhs = invtd,crinvtd,costd $
```

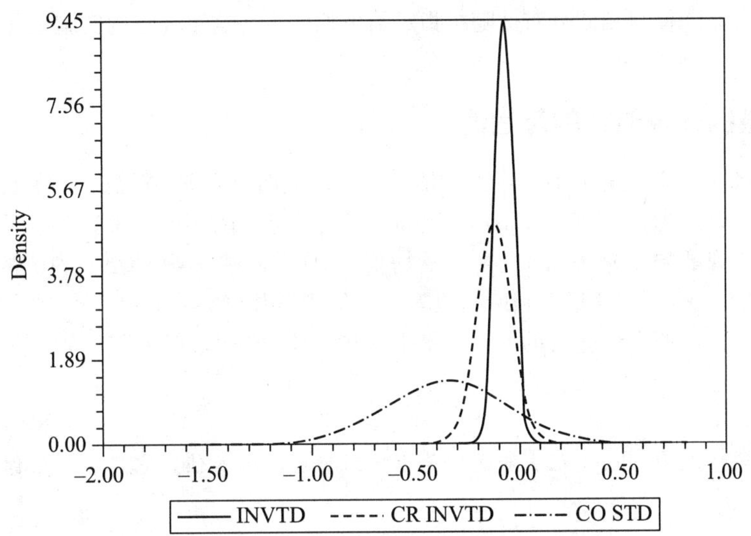


**图 15.4　考虑了随机参数相关性情形的随机参数分布**

## 15.4　如何使用随机参数估计值

对每个随机参数估计的效用表达式纳入分布形式（即 $n$，$t$，$u$），要求研究者在建立任何个体选项（随机参数属于该选项）的边际效用时做特别处理。在 15.5 节，我们将说明如何估计条件参数（即以观察到的选择为条件的特定个体参数），这样的参数可能用于决定个体在（边际效用的）分布上的位置。然后，这些个体参数估计值可能被用于计算个体水平上的一些结果，例如支付意愿（支付意愿本身也可以作为分布直接计算）、弹性等，或者输出到其他系统，例如更大的网络模型。条件估计和无条件估计之间的差异参见 8.1 节。

Nlogit 产生的 ML 结果（正如本章前面几节中报告和讨论的）是无条件参数估计。输出结果代表着整个抽样总体。输出结果提供了每个随机参数分布的均值和标准差。因此，在使用无条件参数估计时，任何既定个体在分布上的具体位置是未知的。如果你对总体而不是特定个体感兴趣，那么这不会构成问题。然而，如果你还对确定抽样总体中是否存在异质性以及异质性的可能来源感兴趣，那么 ML 模型是理想的。然而，一旦我们通过纳入特定观察数据，对方差随机参数加入均值异质性和异方差性，就会影响观察在分布上的具体位置。

**【题外话】**

个体水平上的条件参数估计（参见 15.4.1 节的讨论），针对每个抽样个体（在陈述性选择数据情形下为每个选择集）而估计。尽管这些个体参数估计值的使用在科学上是严格的（它们类似于贝叶斯形式，以选择数据为条件），然而它意味着任何输出结果都被限定为抽样之内。基于样本的预测很难外推，除非研究者有非常稳健的映射变量将保留样本观察指定给模型估计使用的观察。因此，如果研究者希望预测结果能外推，那么无条件参数估计通常更好［参见 Jones 和 Hensher (2004)］。

Nlogit 的命令"utilities"和"prob"在 ML 模型架构下的使用与在 MNL 和 NL 模型下相同。"Simulation"命令（参见第 13 章）可用于检验属性水平变化产生的政策含义；然而，如果缺少个体观察水平上的稳健映射能力，模型结果不能轻易外推到其他领域。也就是说，研究者需要借助一些方法将从抽样个体身上得到的概率和（或）效用映射到样本之外的领域；由于存在随机参数估计，这是一个困难的任务。当缺少这种映射能力时，研究者只能使用无条件参数估计提供的信息来构建伴随相同分布信息（即均值、标准差或展布）的虚拟样本，这又可以容易地输出到其他系统。

总而言之，无条件参数估计描述了下列信息：(1) 每个随机参数（随机参数由研究者设定）的边际效用的分布形式，(2) 分布的均值，(3) 分布的弥散信息，即标准差或展布。有了这些知识之后，我们就可以根据样本重构随机参数分布，使得相同分布被随机指定给虚拟样本。这个任务的实施过程取决于随机参数的分布形式。

### □ 15.4.1 随机参数估计的起始值

Nlogit5（2012年9月6日发布）有一个新功能，它可以全面设定RP模型（实际上，任何其他模型也可以）的一整套起始值。语法为“;PR0=<list of values>”，注意PR0中的“0”为零而不是字母O。列出的值是全套参数，它们出现的顺序为：$\beta$（随机参数的均值）；$\beta$（非随机参数）；$\Delta$（均值的异质性，按行给出，每行针对一个随机参数）；$\gamma$（下三角形乔利斯基矩阵）；$\sigma$（方差矩阵的对角线元素向量）。研究者必须提供所有值。如果不存在异质性，那么没有$\Delta$的值；如果不存在“;CORR”，那么没有$\gamma$的值。对于RP模型，$\sigma$必须出现。

**【题外话】**

这个性质比较麻烦，因为Nlogit无法知道你是否按正确顺序输入值，它只能相信你。

## 15.5 特定个体参数估计：条件参数

Nlogit的输出信息详细报告了ML模型的随机参数估计值的总体矩。正如我们曾经指出的，这些总体矩可用于模拟样本总体，以及构建所谓的无条件参数估计。分配偏好信息的方法是将每个抽样个体随机在分布上分配；然而，为了增加偏好分配的准确度，我们不使用每个个体做出选择的信息。我们也可以对随机参数的均值和方差分别纳入异质性和异方差性，在估计条件均值和标准差时，这些信息都被用到。因此，我们可以得到特定个体的参数估计值，它们以应答者个体做出的选择为条件（也可以以其他影响均值和方差的因素为条件）。条件分布和无条件分布之间的关系可以参见8.1节。

Nlogit将用下列命令估计条件参数估计值：

;parameters 或者;par

“;par”保留的参数是在估计过程中产生的，而不是估计结束后产生的。每当函数被计算时，它们就被即时储存。最后的计算结果留给研究者使用。

**【题外话】**

如果研究者允许的是序贯模型，并且没有储存“par”输出结果，那么它将被下一个模型运行的“par”结果所覆盖。因此，如果你需要输出报告，那么最好将它们剪贴到电子表格中。

为了说明条件参数估计，我们在初始随机参数模型中加入命令“;par”，但将所有参数设定为服从三角形分布而不是正态分布。我们省略了上述模型的输出结果，重点考察条件参数估计。条件参数估计值可以在“Untitled Project 1”框中的“Matrices”文件夹找到。或者，如果你正在运行项目文件，可以点击它，这样你就回到了“Matrices”文件夹。

为了得到条件参数估计值，你可以双击“Untitled Project 1”框的“Matrices”文件夹中的“BETA_I”选项，这样就打开了一个含有条件参数估计值的新的矩阵表单。表15.1列出了上述模型的前20个观察（2个个体，每个个体有10个选择集）的条件参数。矩阵的列表头用数字表示，参数出现顺序与Nlogit输出结果中的顺序相同。这意味着随机参数估计值将出现在矩阵的前面几列，后面的列才是非随机参数估计值。对于上述模型，11个随机参数被估计；这些随机参数出现的顺序遵循命令“;fcn”设定的顺序。因此，BETA_I矩阵的第一列对应着所有公共交通选项invtime参数的特定个体条件参数估计值；第二列对应着小轿车选项invtime属性的特定个体条件参数估计值（见表15.1）。

如果选择集被假设为相互独立的，那么矩阵的每一行对应着数据中的相应选择集（即我们不添加“;pds=<number of choice sets>”）。对于我们的例子来说，每个应答者有10个选择集。因此，矩阵的前10行对应着第一个应答者的10个选择集，接下来的10行对应着第二个应答者的10个选择集，依此类推。因此，总行数（即 3 791）等于数据中选择集的个数。

类似地，我们可以得到标准差参数的矩阵（称为 SDBETA _ I），参见表 15.2。

**表 15.1　　前 20 个观察的特定个体条件均值随机参数估计值矩阵（BETA _ I）**

| | 1 | 2 | 3 | 4 | 5 | 6 | 7 | 8 | 9 | 10 | 11 |
|---|---|---|---|---|---|---|---|---|---|---|---|
| 1 | −0.065 25 | −0.323 82 | −0.071 04 | 0.019 373 | −0.18 | −0.164 61 | −0.044 22 | −0.053 62 | −0.239 26 | −0.091 9 | −0.145 48 |
| 2 | −0.047 44 | −0.338 83 | −0.072 25 | 0.021 192 | −0.198 61 | −0.166 35 | −0.044 47 | −0.053 66 | −0.242 24 | −0.110 17 | −0.151 54 |
| 3 | −0.063 29 | −0.103 96 | −0.074 25 | 0.000 44 | −0.181 21 | −0.167 1 | −0.042 94 | −0.054 38 | −0.230 42 | −0.096 26 | −0.143 3 |
| 4 | −0.064 73 | −0.198 12 | −0.069 52 | 0.022 764 | −0.170 36 | −0.162 93 | −0.046 26 | −0.053 55 | −0.238 17 | −0.107 5 | −0.134 73 |
| 5 | −0.051 89 | −0.289 59 | −0.076 24 | −0.012 01 | −0.180 29 | −0.168 28 | −0.042 84 | −0.053 66 | −0.237 36 | −0.101 97 | −0.139 76 |
| 6 | −0.045 24 | −0.106 72 | −0.074 3 | 0.024 378 | −0.186 61 | −0.162 02 | −0.042 82 | −0.054 85 | −0.236 12 | −0.099 1 | −0.169 97 |
| 7 | −0.048 47 | −0.158 96 | −0.077 27 | −0.005 58 | −0.213 56 | −0.164 62 | −0.045 36 | −0.053 84 | −0.244 2 | −0.094 9 | −0.144 07 |
| 8 | −0.066 62 | −0.388 11 | −0.071 53 | 0.005 146 | −0.188 51 | −0.165 64 | −0.045 39 | −0.053 42 | −0.247 55 | −0.094 74 | −0.147 76 |
| 9 | −0.065 04 | −0.406 15 | −0.073 24 | −0.010 69 | −0.179 37 | −0.165 31 | −0.044 62 | −0.053 95 | −0.240 68 | −0.108 6 | −0.148 47 |
| 10 | −0.039 7 | 0.018 877 | −0.071 35 | −0.006 69 | −0.147 56 | −0.167 68 | −0.046 16 | −0.053 19 | −0.233 74 | −0.089 21 | −0.156 58 |
| 11 | −0.049 2 | −0.212 67 | −0.067 53 | −0.044 8 | −0.197 97 | −0.164 68 | −0.043 41 | −0.053 43 | −0.246 13 | −0.116 63 | −0.151 66 |
| 12 | −0.053 27 | −0.363 8 | −0.067 43 | −0.045 18 | −0.190 22 | −0.166 32 | −0.044 2 | −0.053 61 | −0.243 44 | −0.110 7 | −0.151 72 |
| 13 | −0.052 13 | −0.256 84 | −0.068 36 | −0.043 47 | −0.184 | −0.165 66 | −0.043 85 | −0.053 96 | −0.238 78 | −0.114 19 | −0.142 93 |
| 14 | −0.057 64 | −0.336 34 | −0.067 5 | −0.045 3 | −0.211 04 | −0.165 53 | −0.043 57 | −0.053 65 | −0.244 91 | −0.107 6 | −0.139 61 |
| 15 | −0.050 52 | −0.321 22 | −0.068 92 | −0.047 37 | −0.211 | −0.166 61 | −0.044 84 | −0.053 72 | −0.241 9 | −0.104 22 | −0.150 75 |
| 16 | −0.054 5 | −0.283 29 | −0.067 69 | −0.046 17 | −0.201 92 | −0.165 76 | −0.044 83 | −0.053 48 | −0.238 65 | −0.115 91 | −0.159 11 |
| 17 | −0.052 37 | −0.325 54 | −0.068 52 | −0.044 62 | −0.202 99 | −0.165 82 | −0.043 99 | −0.053 91 | −0.250 99 | −0.098 26 | −0.149 26 |
| 18 | −0.048 94 | −0.299 64 | −0.067 89 | −0.043 88 | −0.207 83 | −0.164 79 | −0.044 07 | −0.053 77 | −0.247 28 | −0.114 76 | −0.145 87 |
| 19 | −0.046 99 | −0.242 66 | −0.066 95 | −0.044 02 | −0.183 82 | −0.166 41 | −0.044 99 | −0.053 3 | −0.242 53 | −0.116 08 | −0.151 23 |
| 20 | −0.052 52 | −0.323 77 | −0.068 61 | −0.046 07 | −0.228 32 | −0.165 63 | −0.042 69 | −0.053 88 | −0.243 11 | −0.118 91 | −0.152 81 |

**表 15.2　　前 20 个观察的特定个体条件标准差随机参数估计值矩阵（SDBETA _ I）**

| | 1 | 2 | 3 | 4 | 5 | 6 | 7 | 8 | 9 | 10 | 11 |
|---|---|---|---|---|---|---|---|---|---|---|---|
| 1 | 0.031 199 | 0.291 29 | 0.026 459 | 0.032 456 | 0.134 795 | 0.011 739 | 0.012 28 | 0.002 97 | 0.040 093 | 0.050 788 | 0.052 108 |
| 2 | 0.031 523 | 0.292 775 | 0.022 403 | 0.033 743 | 0.146 696 | 0.013 283 | 0.011 045 | 0.003 158 | 0.041 787 | 0.054 324 | 0.051 224 |
| 3 | 0.029 507 | 0.238 784 | 0.023 505 | 0.040 933 | 0.141 564 | 0.011 793 | 0.011 718 | 0.003 033 | 0.047 856 | 0.047 964 | 0.058 78 |
| 4 | 0.037 75 | 0.277 58 | 0.024 759 | 0.033 894 | 0.140 849 | 0.012 37 | 0.012 009 | 0.003 412 | 0.038 915 | 0.058 443 | 0.054 172 |
| 5 | 0.029 791 | 0.286 637 | 0.023 594 | 0.049 085 | 0.144 547 | 0.012 586 | 0.011 659 | 0.003 034 | 0.047 303 | 0.051 284 | 0.051 805 |
| 6 | 0.030 241 | 0.232 267 | 0.021 983 | 0.031 668 | 0.115 001 | 0.012 237 | 0.013 177 | 0.003 444 | 0.036 469 | 0.047 533 | 0.058 314 |
| 7 | 0.031 804 | 0.233 324 | 0.025 085 | 0.043 06 | 0.143 234 | 0.011 75 | 0.012 05 | 0.003 089 | 0.041 015 | 0.053 519 | 0.052 101 |
| 8 | 0.033 574 | 0.307 03 | 0.025 877 | 0.036 702 | 0.142 464 | 0.012 636 | 0.011 948 | 0.003 224 | 0.045 622 | 0.048 812 | 0.058 346 |

续前表

| | 1 | 2 | 3 | 4 | 5 | 6 | 7 | 8 | 9 | 10 | 11 |
|---|---|---|---|---|---|---|---|---|---|---|---|
| 9 | 0.031 489 | 0.301 836 | 0.023 955 | 0.042 724 | 0.143 112 | 0.012 086 | 0.011 937 | 0.003 092 | 0.041 313 | 0.056 293 | 0.051 834 |
| 10 | 0.030 159 | 0.193 701 | 0.020 182 | 0.044 783 | 0.159 352 | 0.010 272 | 0.011 399 | 0.003 135 | 0.045 978 | 0.041 521 | 0.044 197 |
| 11 | 0.031 925 | 0.274 947 | 0.024 472 | 0.050 083 | 0.138 463 | 0.012 43 | 0.011 975 | 0.003 316 | 0.048 27 | 0.053 544 | 0.054 153 |
| 12 | 0.032 504 | 0.299 65 | 0.024 447 | 0.051 149 | 0.144 726 | 0.012 121 | 0.012 543 | 0.003 031 | 0.041 162 | 0.048 821 | 0.055 704 |
| 13 | 0.032 653 | 0.283 942 | 0.025 301 | 0.050 404 | 0.142 918 | 0.011 713 | 0.011 456 | 0.003 143 | 0.044 205 | 0.054 323 | 0.049 717 |
| 14 | 0.034 164 | 0.284 894 | 0.024 795 | 0.051 315 | 0.140 456 | 0.012 674 | 0.011 776 | 0.003 101 | 0.044 222 | 0.049 731 | 0.053 195 |
| 15 | 0.031 874 | 0.289 749 | 0.024 964 | 0.050 456 | 0.144 128 | 0.012 146 | 0.011 795 | 0.003 188 | 0.040 099 | 0.054 7 | 0.055 036 |
| 16 | 0.033 546 | 0.283 511 | 0.024 346 | 0.053 076 | 0.145 51 | 0.011 902 | 0.011 687 | 0.003 164 | 0.045 454 | 0.046 459 | 0.054 099 |
| 17 | 0.031 721 | 0.299 869 | 0.024 215 | 0.050 438 | 0.141 713 | 0.012 38 | 0.011 844 | 0.003 14 | 0.043 902 | 0.053 115 | 0.056 05 |
| 18 | 0.031 277 | 0.280 814 | 0.025 486 | 0.051 678 | 0.136 842 | 0.012 195 | 0.012 504 | 0.003 266 | 0.040 964 | 0.053 192 | 0.051 16 |
| 19 | 0.031 531 | 0.274 191 | 0.024 205 | 0.050 843 | 0.141 069 | 0.012 805 | 0.011 439 | 0.002 944 | 0.045 576 | 0.0521 2 | 0.059 923 |
| 20 | 0.032 663 | 0.292 846 | 0.023 786 | 0.052 88 | 0.138 129 | 0.011 757 | 0.012 222 | 0.003 054 | 0.042 283 | 0.051 859 | 0.058 133 |

正如前面指出的，条件参数估计是用样本中的那些个体估计的。尽管条件参数估计可以输出到其他应用环境并且可以随机指定给保留或应用样本中的观察，然而除非应答者样本能代表总体，否则条件参数估计值不能外推到总体，也就是说，它们很难代表政策变化引起的总体行为反应（在非随机样本例如基于选择的抽样情形下，尤其如此）。然而，需要注意，如果模型使用了不具有代表性的样本，这个问题不仅出现在条件参数的估计上，也会出现在无条件参数的估计上。

**【题外话】**

我们关注这个问题的原因在于选择分布可能在应用样本中非常不同，而且如果已知样本选择分布非常不同，那么根据估计样本来施加选择分布是一个负担。额外信息仅在下列情形下有用：它适用于不同数据情景。当模型使用了另外一个样本时，比较好的做法是使用伴随无条件参数估计的总体矩。

尽管我们在上面对条件参数估计结果的外推提出了警告，然而，条件参数估计通常非常有用。由于每个个体被非随机地指定在随机参数分布的某个位置上（位置取决于个体做出的选择），条件参数估计可被用于获取特定个体的行为结果（无条件参数估计是随机模拟的，因此，个体行为不是那么有意义；关于条件估计和无条件估计的区别，可参见 Hensher，Greene 和 Rose（2005）以及 8.1 节）。例如，我们可以使用条件参数估计值来得到特定个体的弹性和边际效用（参见第 13 章）。我们也可以根据个体在特定属性上的效用来构建消费者细分，市场营销领域称其为利益细分；这样，我们就不需要根据传统市场的细分方法（即根据消费者的社会经济特征或心理信息）而将他们分组。另外，有了特定个体边际效用信息，我们就可以使用其他统计建模方法（例如多元线性回归）来确定产品组的效用和其他（消费者）特征（例如社会经济特征或心理信息）之间的关系。在无条件参数估计情形下，这一切都无法做到，我们只能得到模拟总体。

## 15.6 随机参数的条件置信区间

均值条件参数估计矩阵和标准差条件参数估计矩阵可被用来获得随机参数的分布，它们取决于每个应答者的选择。达成此事的方法有很多，但最好用图形表示分布并且指明置信区间。

我们说明如何用蜈蚣法来考察参数在个体之间的分布。我们已经有了每个个体的条件参数分布均值的估计值，特定向量就是从它们中抽取的。这就是 beta _ i 的第 $i$ 行的 $E[\beta_i \mid i]$ 的估计。我们还有这个条件分布的标准差的估计值（参见 sdbeta _ i 的第 $i$ 行)。作为一个一般性的结果，由均值加减两个标准差定义的连续随机变量的分布将涵盖 95%或更多的分布。这能让我们构建$\beta_i$ 的置信区间，它以我们获得的个体的所有信息为条件。为了得到这个置信水平，区间：

$$E[\beta_{ik} \mid 个体\ i\ 的所有信息] \pm 2 \times SD[\beta_{ik} \mid 个体\ i\ 的所有信息]$$

将包含对个体 $i$ 的实际抽取。(概率有所减小，因为我们使用结构参数的估计值而不是真实值)。使用“PLOT”，我们就可以画出蜈蚣图，如图 15.5 所示：

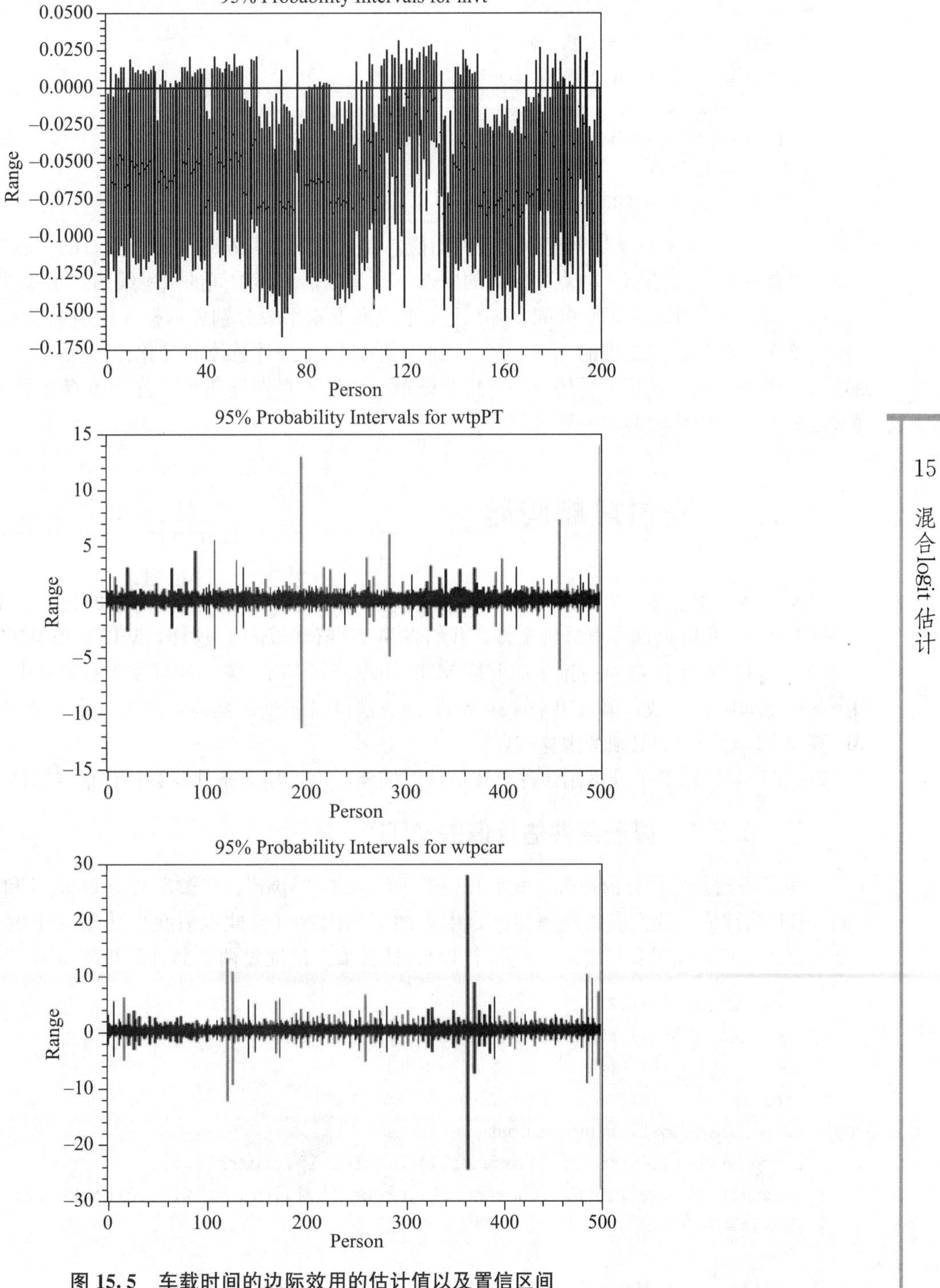


**图 15.5　车载时间的边际效用的估计值以及置信区间**

```
SAMPLE ; 1-200 $
create;binvt = 0;bcrinvt = 0;bcost = 0 $
create;sinvt = 0;scrinvt = 0;scost = 0 $
name;rpi = binvt,bcrinvt,bcost $
name;rpis = sinvt,scrinvt,scost $
create;rpi = beta_i $
create;rpis = sdbeta_i $
CREATE ; lower = binvt - 2 * sinvt
; upper = binvt + 2 * sinvt $
CREATE ; person = Trn(1,1) $
PLOT ; Lhs = person
; Rhs = lower,upper ; Centipede
; Title = 95 % Probability Intervals for invt
;Yaxis = Range
; Endpoints = 0,200 ; Bars = 0 $
```

图 15.5 画出了每个抽样个体的条件均值。在这幅图中，蜈蚣的每个垂直的“腿”描述了该个体的 $\beta_{invt}$ 的条件置信区间。蜈蚣腿上的点是区间的中点，这是点估计。中间的水平线描述了条件均值的均值，这是总体均值。这就是前面报告的－0.060 73。上水平线和下水平线分别表示整体均值加和减两倍的总体标准差估计值，这个值就是以前报告的 0.082 35。因此，估计的无条件总体的变化范围大约为 0.0137 5 到－0.175。在这个例子中，我们使用了受约束的三角形分布（均值不存在异质性，方差不存在异方差性），因此我们完全满足整个分布上的负号这一要求。

## 15.7 支付意愿问题

属性的支付意愿（WTP）是该属性的参数估计值与成本参数估计值的比值。对于节省的耗时的价值（VTTS），如果时间属性以分钟衡量，我们将 WTP 值乘以 60。这样，VTTS 和 WTP 的时间维度就一致了。我们在第 11 章和第 13 章讨论了如何从 MNL 模型获得 WTP 值。如果在 ML 模型中，用来获得 WTP 值的两个参数是非随机参数，那么用来计算 WTP 的方法维持不变。然而，如果其中一个参数为随机参数，那么在计算 WTP 时，我们必须考虑这一点。

VTTS 和 WTP 值既可用条件参数估计值构建，也可用无条件参数估计值（总体矩）构建。

### □ 15.7.1 基于条件估计值的 WTP

为了得到条件估计值矩阵，我们在模型中纳入了“;par”，它被定义为 beta _ i 和 sdbeta _ i。如果希望得到 WTP 估计值，我们需要在模型命令中添加下列内容（自此以后我们使用这个例子）“;wtp＝invt/cost, crinvt/crcost”，此时我们要求得到两个 WTP 估计值。这通过两个额外的矩阵 wtp _ i 和 sdwtp _ i 得到：

```
;lhs = resp1,cset,Altij
;choices = NLRail,NHRail,NBway,Bus,Bway,Train,Car
;par
;rpl
;wtp = invt/cost,crinvt/crcost
;fcn = invt(t,1),cost(t,1),acwt(t,1) ,eggt(t,1),crpark(t,1),
accbusf(t,1),waittb(t,1),acctb(t,1),crcost(t,1),crinvt(t,1),creggt(t,1)
;maxit = 200
;par
;halton;pts = 100
```

```
;model:
U(NLRail) = NLRAsc + cost * tcost + invt * InvTime + acwt * waitt + acwt * acctim + accbusf * accbusf + eggT * egresst + ptinc * pinc + ptgend * gender + NLRinsde * inside /
U(NHRail) = TNAsc + cost * Tcost + invt * InvTime + acwt * WaitT + acwt * acctim + eggT * egresst + accbusf * accbusf + ptinc * pinc + ptgend * gender + NHRinsde * inside /
U(NBway) = NBWAsc + cost * Tcost + invt * InvTime + waitTb * WaitT + accTb * acctim + eggT * egresst + accbusf * accbusf + ptinc * pinc + ptgend * gender /
U(Bus) = BSAsc + cost * frunCost + invt * InvTime + waitTb * WaitT + accTb * acctim + eggT * egresst + ptinc * pinc + ptgend * gender/
U(Bway) = BWAsc + cost * Tcost + invt * InvTime + waitTb * WaitT + accTb * acctim + eggT * egresst + accbusf * accbusf + ptinc * pinc + ptgend * gender /
U(Train) = TNAsc + cost * tcost + invt * InvTime + acwt * WaitT + acwt * acctim + eggT * egresst + accbusf * accbusf + ptinc * pinc + ptgend * gender /
U(Car) = CRcost * costs + CRinvt * InvTime + CRpark * parkcost + CReggT * egresst $
```

对于上面的模型，使用表 15.3 中的 wtp _ i 和 sdwtp _ i 的前 20 个结果（将表复制到 Excel 中，并且添加一些新列，用来将 Nlogit 中的澳元/分钟转换为澳元/小时）。标准差估计值说明样本中的 WTP 估计值存在显著的异质性。公共交通方式的节省的耗时的价值的整体均值估计为 21.64 澳元/小时；对于小轿车，这个数字为 38.07 澳元/小时。等价的标准差估计值分别为 4.97 澳元/小时和 8.16 澳元/小时：

**表 15.3　前 20 个观察的特定个体条件 WTP 估计值矩阵（注意，在无法使用“;pds=<number>”找到选择集个数时，一个观察为一个应答者，而不是一个选择集）**

| 澳元/分钟: | Mvttsin-vtPT | Mvttsinv-tCar | 澳元/小时: | Mvttsin-vtPT | Mvttsin-vtCar | 澳元/分钟: | SDvttsin-vtPT | SDvttsin-vtCar | 澳元/小时: | SDvttsi-nvtPT | SDvttsin-vtCar |
|---|---|---|---|---|---|---|---|---|---|---|---|
| 1 | 0.396 856 | 0.803 935 | | 23.81 | 48.24 | 1 | 0.400 964 | 1.400 66 | | 24.06 | 84.04 |
| 2 | 0.304 082 | 0.664 194 | | 18.24 | 39.85 | 2 | 0.301 427 | 0.718 413 | | 18.09 | 43.10 |
| 3 | 0.573 686 | 0.579 338 | | 34.42 | 34.76 | 3 | 1.092 71 | 0.500 268 | | 65.56 | 30.02 |
| 4 | 0.399 767 | 0.574 241 | | 23.99 | 34.45 | 4 | 0.380 977 | 0.471 707 | | 22.86 | 28.30 |
| 5 | 0.339 47 | 0.5664 19 | | 20.37 | 33.99 | 5 | 0.372 549 | 0.413 323 | | 22.35 | 24.80 |
| 6 | 0.371 618 | 0.889 706 | | 22.30 | 53.38 | 6 | 0.459 777 | 2.476 63 | | 27.59 | 148.60 |
| 7 | 0.325 086 | 0.609 426 | | 19.51 | 36.57 | 7 | 0.247 903 | 0.557 653 | | 14.87 | 33.46 |
| 8 | 0.461 253 | 0.694 09 | | 27.68 | 41.65 | 8 | 1.038 82 | 0.614 009 | | 62.33 | 36.84 |
| 9 | 0.359 582 | 0.555 23 | | 21.57 | 33.31 | 9 | 0.360 497 | 0.471 967 | | 21.63 | 28.32 |
| 10 | 0.488 648 | 0.544 446 | | 29.32 | 32.67 | 10 | 0.634 546 | 0.343 338 | | 38.07 | 20.60 |
| 11 | 0.338 656 | 0.337 583 | | 20.32 | 20.25 | 11 | 0.199 759 | 1.227 42 | | 11.99 | 73.65 |
| 12 | 0.322 525 | 0.715 185 | | 19.35 | 42.91 | 12 | 0.261 096 | 0.880 407 | | 15.67 | 52.82 |
| 13 | 0.318 614 | 0.643 775 | | 19.12 | 38.63 | 13 | 0.399 257 | 0.574 741 | | 23.96 | 34.48 |
| 14 | 0.339 067 | 0.617 57 | | 20.34 | 37.05 | 14 | 0.302 422 | 0.458 117 | | 18.15 | 27.49 |
| 15 | 0.378 765 | 0.591 914 | | 22.73 | 35.51 | 15 | 0.511 601 | 0.490 84 | | 30.70 | 29.45 |
| 16 | 0.341 687 | 0.909 806 | | 20.50 | 54.59 | 16 | 0.380 664 | 2.829 68 | | 22.84 | 169.78 |
| 17 | 0.378 308 | 0.774 81 | | 22.70 | 46.49 | 17 | 0.515 011 | 0.892 397 | | 30.90 | 53.54 |
| 18 | 0.310 975 | 0.585 67 | | 18.66 | 35.14 | 18 | 0.280 95 | 0.538 031 | | 16.86 | 32.28 |
| 19 | 0.326 208 | 0.616 503 | | 19.57 | 36.99 | 19 | 0.308 979 | 0.493 978 | | 18.54 | 29.64 |
| 20 | 0.345 022 | 0.564 326 | | 20.70 | 33.86 | 20 | 0.304 861 | 0.383 368 | | 18.29 | 23.00 |

```
|-> Nlogit
Random Parameters Logit Model
Dependent variable                    RESP1
Log likelihood function         -2465.75251
Restricted log likelihood       -3580.47467
Chi squared [ 20](P= .000)       2229.44432
Significance level                   .00000
McFadden Pseudo R-squared          .3113336
Estimation based on N =    1840, K =     20
Inf.Cr.AIC  =    4971.5 AIC/N =       2.702
R2=1-LogL/LogL* Log-L fncn R-sqrd R2Adj
No coefficients -3580.4747  .3113  .3098
Constants only can be computed directly
                Use NLOGIT ;...;RHS=ONE$
At start values -2497.0892  .0125  .0103
Response data are given as ind. choices
Replications for simulated probs. = 100
Used Halton sequences in simulations.
Number of obs.=  1840, skipped    0 obs
```

| RESP1 | Coefficient | Standard Error | z | Prob. \|z\|>Z* | 95% Confidence Interval | |
|---|---|---|---|---|---|---|
| | Random parameters in utility functions | | | | | |
| INVT | -.06368*** | .00329 | -19.37 | .0000 | -.07012 | -.05723 |
| COST | -.24872*** | .01958 | -12.70 | .0000 | -.28710 | -.21033 |
| ACWT | -.06976*** | .00731 | -9.55 | .0000 | -.08407 | -.05544 |
| EGGT | -.01435** | .00565 | -2.54 | .0111 | -.02543 | -.00327 |
| CRPARK | -.03559*** | .01341 | -2.65 | .0079 | -.06187 | -.00931 |
| ACCBUSF | -.10601*** | .03622 | -2.93 | .0034 | -.17701 | -.03501 |
| WAITTB | -.08739*** | .02870 | -3.04 | .0023 | -.14365 | -.03113 |
| ACCTB | -.07517*** | .01089 | -6.91 | .0000 | -.09651 | -.05384 |
| CRCOST | -.14957*** | .04942 | -3.03 | .0025 | -.24644 | -.05271 |
| CRINVT | -.07024*** | .01107 | -6.35 | .0000 | -.09193 | -.04854 |
| CREGGT | -.08194*** | .02318 | -3.53 | .0004 | -.12737 | -.03650 |
| | Nonrandom parameters in utility functions | | | | | |
| NLRASC | 2.53832*** | .46944 | 5.41 | .0000 | 1.61824 | 3.45840 |
| PTINC | -.01212*** | .00290 | -4.18 | .0000 | -.01781 | -.00643 |
| PTGEND | 1.87986*** | .26115 | 7.20 | .0000 | 1.36801 | 2.39171 |
| NLRINSDE | -1.10737*** | .35603 | -3.11 | .0019 | -1.80518 | -.40956 |
| TNASC | 1.84015*** | .45881 | 4.01 | .0001 | .94090 | 2.73940 |
| NHRINSDE | -1.12297*** | .40112 | -2.80 | .0051 | -1.90915 | -.33680 |
| NBWASC | 1.14015** | .48364 | 2.36 | .0184 | .19223 | 2.08807 |
| BSASC | 1.51964*** | .44718 | 3.40 | .0007 | .64318 | 2.39611 |
| BWASC | 1.39054*** | .46212 | 3.01 | .0026 | .48480 | 2.29629 |
| | Distns. of RPs. Std.Devs or limits of triangular | | | | | |
| TsINVT | .06368*** | .00329 | 19.37 | .0000 | .05723 | .07012 |
| TsCOST | .24872*** | .01958 | 12.70 | .0000 | .21033 | .28710 |
| TsACWT | .06976*** | .00731 | 9.55 | .0000 | .05544 | .08407 |
| TsEGGT | .01435** | .00565 | 2.54 | .0111 | .00327 | .02543 |
| TsCRPARK | .03559*** | .01341 | 2.65 | .0079 | .00931 | .06187 |
| TsACCBUS | .10601*** | .03622 | 2.93 | .0034 | .03501 | .17701 |
| TsWAITTB | .08739*** | .02870 | 3.04 | .0023 | .03113 | .14365 |
| TsACCTB | .07517*** | .01089 | 6.91 | .0000 | .05384 | .09651 |
| TsCRCOST | .14957*** | .04942 | 3.03 | .0025 | .05271 | .24644 |
| TsCRINVT | .07024*** | .01107 | 6.35 | .0000 | .04854 | .09193 |
| TsCREGGT | .08194*** | .02318 | 3.53 | .0004 | .03650 | .12737 |

蜈蚣图命令画出了前500个观察的两个分布，以及上下置信水平（95%的概率区间），如下所示（注意，

我们感兴趣的矩阵为 wtp _ i 和 sdwtp _ i 而不是 beta _ i 和 sdbeta _ i)：

```
SAMPLE ; 1-500 $
create;bwtpPT=0;bwtpcar=0$
create;swtpPT=0;swtpcar=0$
name;rpi=bwtpPT,bwtpcar$
name;rpis=swtpPT,swtpcar$
create;rpi=wtp_i$
create;rpis=sdwtp_i$
CREATE ; lower = bwtppt - 2*swtppt
   ; upper = bwtppt + 2*swtppt $

CREATE ; person = Trn(1,1) $
PLOT ; Lhs = person
   ; Rhs = lower,upper ; Centipede
   ; Title = 95% Probability Intervals for wtpPT
   ; Yaxis = Range
   ; Endpoints = 0,200 ; Bars = 0 $

CREATE ; lower = bwtpcar - 2*swtpcar
   ; upper = bwtpcar + 2*swtpcar $
CREATE ; person = Trn(1,1) $
PLOT ; Lhs = person
   ; Rhs = lower,upper ; Centipede
   ; Title = 95% Probability Intervals for wtpcar
   ; Yaxis = Range
   ; Endpoints = 0,200 ; Bars = 0 $

create
;vttsptm=60*bwtppt
;vttscrm=60*bwtpcar$
dstats;rhs=bwtppt,bwtpcar,swtpPT,swtpcar,lower,upper,vttsptm,vttscrm$

Descriptive Statistics for   8 variables
Variable|      Mean      Std.Dev.     Minimum      Maximum      Cases Missing
-----------+---------------------------------------------------------------------
  BWTPPT|    .360784    .082885      .089107      .966350       500        0

 BWTPCAR|    .634560    .136013      .259644     2.074384       500        0
  SWTPPT|    .430219    .399642      .121706     6.034534       500        0
 SWTPCAR|    .759684    .822044      .267581     13.14293       500        0
   LOWER|   -.884808   1.540095    -24.21147      .040068       500        0
   UPPER|   2.153929   1.752473      .818010     28.36024       500        0
 VTTSPTM|   21.64706   4.973076     5.346425     57.98103       500        0
 VTTSCRM|   38.07363   8.160788     15.57864     124.4631       500        0
```

图 15.5 中的证据是基于受约束的三角形分布，并且导致了均值估计值的分布上的符号为正，这在行为上合理。当画出 95%的概率区间时，我们的估计值进入负的区间，此时下限估计值的均值为−0.884 8，值域为−24.2 澳元/分钟到 0.04 澳元/分钟。上限的均值为 2.15 澳元/分钟。尽管可能存在着极端值，然而如果分布完全随机，我们实际上无法找到它们。找到极端值的唯一方法是引入均值异质性和（或）方差异质性的一些系统性因素；然而，这么做的代价是，我们无法保证均值估计值的受约束分布是正号。因此，由于我们希望在整个 WTP 分布上保留单一符号，因此均值估计值实际上是最好的估计。

**【题外话】**

我们发现，与在效用空间中的估计相比，即使在无约束分布的情形下，在 WTP 空间估计的模型通常能够改进符号的保留性质，而且能够减少效用空间中很多无约束分布（例如对数正态分布）的长尾。另外，我们还发现一些属性处理规则（例如属性不参与，参见第 21 章）也能够降低 WTP 估计值出现负号的可能性，而正号在行为上合理。

## □ 15.7.2 基于无条件估计的 WTP

为了使用无条件参数估计值来获得 WTP 或 VTTS 的值，我们必须模拟总体。我们用下面的命令语法模拟上面例子的总体。VTTS 将以名字 vttsPT 和 vttsCar 被保留在数据集中。我们把 VTTS 的值乘以 60，从而将它的单位从澳元/分钟转换为澳元/小时。均值估计值分别为 19.30 澳元/小时和 38.09 澳元/小时。它们与条件分布的均值估计值非常接近（即 21.64 澳元/小时和 38.07 澳元/小时），其中小轿车的值几乎相同，公共交通方式的值略低，原因主要在于抽样误差。这支持 8.1 节的等价性证明：

**【题外话】**

正如下面的命令语法说明的，当研究者获得分布上的每个应答者的估计值时需要记住：随机正态和三角形分布应该使用不同的名字，否则分子和分母的估计值就会相同。

```
    sample;all$
    reject;dremove=1$
    reject;ttype#1$  work =1
    reject;altij=-999$
    sample;1-500$
    create
    ;rna=rnn(0,1)
    ;V1=rnu(0,1)
    ;V1d=rnu(0,1)
    ;if(v1<=0.5)T=sqr(2*V1)-1;(ELSE) T=1-sqr(2*(1-V1))
    ;if(v1d<=0.5)Td=sqr(2*V1d)-1;(ELSE) Td=1-sqr(2*(1-V1d))
    ;MUPTt=-0.06368+0.06368*T
    ;MUPTc=-0.24872+0.24872*Td
    ;VTTSPT = 60*(MUptt/muptc)$ ?60*((-0.06368+0.06368*T)/(-0.24872
+0.24872*Td))
    reject;altij=7$
    dstats;rhs=t,muptt,muptc,vttspt$

Descriptive Statistics for   4 variables
-----------+---------------------------------------------------------------------------
Variable|     Mean       Std.Dev.      Minimum      Maximum      Cases Missing
-----------+---------------------------------------------------------------------------
       T|   .008948      .406391     -.938382      .980076       437       0
   MUPTT|  -.063110      .025879     -.123436     -.001269       437       0
   MUPTC|  -.253697      .103243     -.478103     -.015196       437       0
 VTTSPT|   19.30139     18.36737      .167562     254.7921       437       0
-----------+---------------------------------------------------------------------------
    sample;all$
    reject;dremove=1$
    reject;ttype#1$  work =1
    reject;altij=-999$
    create
    ;rna=rnn(0,1)
    ;V1=rnu(0,1)
    ;V1d=rnu(0,1)
    ;if(v1<=0.5)T=sqr(2*V1)-1;(ELSE) T=1-sqr(2*(1-V1))

    ;if(v1d<=0.5)Td=sqr(2*V1d)-1;(ELSE) Td=1-sqr(2*(1-V1d))
    ;VTTSCAR = 60*(-0.07024+0.07024*T)/(-0.14957+0.14957*Td)$
    reject;altij#7$
    dstats;rhs=vttscar$

Descriptive Statistics for   1 variables
-----------+---------------------------------------------------------------------------
Variable|     Mean       Std.Dev.      Minimum      Maximum      Cases Missing
-----------+---------------------------------------------------------------------------
 VTTSCAR|   38.08901     40.69076      .897360     510.7445      1620       0
-----------+---------------------------------------------------------------------------
```

## 15.8 混合 logit 模型中的误差成分

Ben-Akiva et al.（2002）建议的“核 logit”模型的基本思想基于 Brownstone 和 Train（1999）。[①] 这种模型通过考虑与个人偏好相伴的效应纳入了额外未观测的异质性。这表现为 $M \leqslant J$ 个额外的随机效应：

$$U_{q,j,t} = \beta_q' x_{q,j,t} + \varepsilon_{q,j,t} + c_{j1} W_{q,1} + c_{j2} W_{q,2} + \cdots + c_{jM} W_{q,M} \tag{15.15}$$

其中，$W_{q,m}$ 是正态分布效应，其均值为零，$m=1$，…，$M \leqslant J$；如果 $m$ 出现在效用函数 $j$ 中，则 $C_{j,m}=1$。[②] 如果所有 $J$ 个效用共享一个误差成分，这个设定可以产生一个简单的“随机效应”模型：

$$U_{q,j,t} = \beta_q' x_{q,j,t} + \varepsilon_{q,j,t} + W_q,\ j=1,\ \cdots,\ J \tag{15.16}$$

或者如果有且只有一个特定选项参数出现在每个效用函数中，则该设定可以产生一个误差成分类模型，如式（15.17）所示：

$$U_{q,j,t} = \beta_q' x_{q,j,t} + \varepsilon_{q,j,t} + W_{q,j},\ j=1,\ \cdots,\ J \tag{15.17}$$

如果在效用函数组中每个函数含有在各个特定选项嵌套上共同的误差成分子集，那么我们可以设定式（15.18）中的“嵌套”系统：

$$\begin{aligned} U_{q,1,t} &= \beta_q' x_{q,1,t} + \varepsilon_{q,1,t} + W_{q,1} \\ U_{q,2,t} &= \beta_q' x_{q,2,t} + \varepsilon_{q,2,t} + W_{q,1} \\ U_{q,3,t} &= \beta_q' x_{q,3,t} + \varepsilon_{q,3,t} + W_{q,2} \\ U_{q,4,t} &= \beta_q' x_{q,4,t} + \varepsilon_{q,4,t} + W_{q,2} \end{aligned} \tag{15.18}$$

如果误差成分组重叠，甚至可以设定交叉嵌套模型，如下列例子所示（式（15.19））：

$$\begin{aligned} U_{q,1,t} &= \beta_q' x_{q,1,t} + \varepsilon_{q,1,t} + W_{q,1} + W_{q,2} \\ U_{q,2,t} &= \beta_q' x_{q,2,t} + \varepsilon_{q,2,t} + W_{q,1} + W_{q,2} \\ U_{q,3,t} &= \beta_q' x_{q,3,t} + \varepsilon_{q,3,t} + W_{q,2} + W_{q,3} + W_{q,4} \\ U_{q,4,t} &= \beta_q' x_{q,4,t} + \varepsilon_{q,4,t} + W_{q,3} + W_{q,4} \end{aligned} \tag{15.19}$$

ML 模型的这个扩展涉及描述额外的未观测的方差，这个方差通过混合结构对抽样总体之间的这些信息施加了正态分布，从而使得方差是针对特定个体的。这些正态分布的标准差可以针对每个伴随特殊情形的选项进行参数化，这里的特殊情形是指标准差上有跨选项的等式约束。通过这些选项之间的约束，我们可以允许某个选项出现在多个选项子集中，从而使得它具有嵌套结构。

这个推广在两个方面扩展了 Brownstone 和 Train（1999）。首先，我们允许选项和选项嵌套具有随机参数部分的同类方差异质性：

$$\mathrm{Var}[W_{m,q}] = [\theta_m \exp(\tau_m' h_q)]^2 \tag{15.20}$$

其次，我们将这个设定与前面的随机参数模型结合起来。[③] 由此可得到下列 ML 模型［式（15.21）至式（15.26）］：

$$U_{q,j,t} = \beta_q' x_{q,j,t} + \varepsilon_{q,j,t} + \sum\nolimits_{m=1}^{M} c_{j,m} W_{q,m} \tag{15.21}$$

$$\beta_q = \beta + \Delta z_q + \Gamma_q v_q \tag{15.22}$$

---

① Ben-Akiva et al.（2002）的基本思想来自 Brownstone 和 Train（1999），后者指出，由于混合模型含有选项的误差成分和嵌套，研究者很难评估识别问题。

② Ben-Akiva et al.（2002）讨论了设定和识别问题。

③ Ben-Akiva et al.（2002）通过对核组施加因子分析结构约束，在一定程度上扩展了模型。由于它允许效用函数中的变量相关，因此实现了一定程度的一般性。关于行为模型，这种做法几乎没有得到什么新的信息，因为上面独立的核可能以任何方式混合在效用函数中。

$$v_q = R v_{q^*} \tag{15.23}$$

$$v_{q,k,t^*} = \rho_k v_{q,k,t-1^*} + w_{q,k,t^*} \tag{15.24}$$

$$\mathrm{Var}[v_{q,k^*}] = [\sigma_k' \exp(\eta_k' h_q)]^2 \tag{15.25}$$

$$\mathrm{Var}[w_{m,q}] = [\theta_m \exp(\tau_m' h_q)]^2 \tag{15.26}$$

现在，条件选择概率为

$$L_{q,j,t} = \mathrm{prob}_{q,t}[j \mid X_{q,t}, \Omega, z_q, h_q, v_q, w_q] = \frac{\exp(\beta_q' x_{q,j,t} + \sum_{m=1}^{M} c_{jm} W_{mq})}{\sum_{j=1}^{J} \exp(\beta_q' x_{q,j,t} + \sum_{m=1}^{M} c_{jm} W_{mq})} \tag{15.27}$$

无条件的选择概率是这个 logit 概率在 $\beta_q$ 和 $W_q$ 所有可能值上的期望值——也就是说，在这些值上积分，且以 $\beta_q$ 和 $W_q$ 的联合密度加权。我们假设 $v_q$ 和 $W_q$ 是独立的，因此，这就是乘积。无条件的选择概率为

$$P_{jtq}(X_{t,q}, \Omega, z_q, h_q) = \mathrm{Prob}_{q,t}[j \mid X_{t,q}, \Omega, z_q, h_q] = \int_{W_q}\int_{\beta_q} L_{q,j,t}(\beta_q \mid X_{q,t}, \Omega, z_q, h_q, v_q, W_q) f(\beta_q \mid \Omega, z_q, h_q) f(W_q \mid \Omega, h_q) d\beta_q dW_q \tag{15.28}$$

因此，给定他们选择集的具体特征和潜在模型参数，个体 $q$ 将选择选项 $j$ 的无条件概率等于它在 $\beta_q$ 和 $W_q$ 上可能值的条件概率的期望值。最后，个体 $q$ 对全样本概率的贡献等于（$v_q$ 和 $W_q$ 上的）$T$ 个条件独立选择概率的乘积。于是，LL 按常规方法构造。个体 $q$ 的贡献为

$$P_q(X_{t,q}, \Omega, z_q, h_q) = \int_{W_q}\int_{\beta_q} \prod_{t=1}^{T} L_{q,j,t}(\beta_q \mid X_{t,q}, \Omega, z_q, h_q, v_q, W_q) f(v_q \mid \Omega, z_q, h_q) f(W_q \mid \Omega, h_q) d v_q d W_q \tag{15.29}$$

整体对数似然为

$$\log L(\Omega) = \sum_{q=1}^{Q} \log \int_{W_q}\int_{\beta_q} \prod_{t=1}^{T} L_{q,j,t}(\beta_q \mid X_{t,q}, \Omega, z_q, h_q, v_q, W_q) \times f(v_q \mid \Omega, z_q, h_q) f(W_q \mid \Omega, h_q) d v_q d W_q \tag{15.30}$$

与标准 ML 模型类似，式（15.30）中的积分不能通过解析法计算，因为它没有闭式解。然而，整个表达式是一个期望式，这意味着它可用蒙特卡罗积分法进行近似。令 $v_{qr}$ 表示来自 $v_q$ 总体中 $R$ 个抽取的第 $r$ 个，$W_{qr}$ 为来自 $M$ 元标准正态分布的随机抽取。logit 概率使用这些抽取计算。这个过程对很多抽取重复进行，由此得到的模拟似然值被视为模拟 LL 给出的近似选择概率：

$$\log LS(\Omega) = \frac{1}{R}\sum_{r=1}^{R}\prod_{t=1}^{T} L_{q,j,t}(\beta_q \mid X_{q,t}, \Omega, z_q, h_q, v_{qr}, W_{qr}) = \sum_{q=1}^{Q} \log \frac{1}{R}\sum_{r=1}^{R} \frac{\prod_{t=1}^{T} \exp[(\bar{\beta} + \Delta z_q + \Gamma_q v_{qr})' x_{q,j,t} + \sum_{m=1}^{M} c_{j,m} W_{q,m,r}]}{\sum_{m=1}^{J} \exp[(\bar{\beta} + \Delta z_q + \Gamma_q v_{qr})' x_{q,m,t} + \sum_{m=1}^{M} c_{j,m} W_{q,m,r}]} \tag{15.31}$$

这个函数关于 Ω 的元素连续，可以按传统方法求最大值。Train（2003，2009）讨论了最大模拟似然估计的这种形式。在抽取数 $R$ 足够大时，模拟函数为基于似然的估计和推断的实际函数提供了充分的近似。①

误差成分的其他命令为，“;ecm＝(NLRail, NHRail, Train), (NBway, Bus, Bway), (Car)”等。误差成分模型可以置于随机参数（混合）logit 模型的上面，这需要使用命令“;ECM＝the specification of the error components”。

ML 模型和随机参数模型的全套功能都适用于这个环境。这包括拟合概率、内含值、所有显示选项以及

① 在应用中，我们使用霍尔顿序列而不是随机抽取来加速和平滑模拟。相关讨论可以参见 Bhat（2001）、Train（2003）或 Greene（2003）。

模拟器（参见第 13 章）。然而，需要注意，尽管这个模型与 RP 模型密切相关，但它仅有一个参数向量，因此，“;Par”没有效应。为了使得误差成分的标准差彼此相等或者等于固定值，我们可以使用设定“;SDE=list of symbols or values”，它的使用方式与“;Rst=list”相同。例如，对于四个成分，设定“;SDE=1，1，ss，ss”迫使前两个成分等于 1，第三个成分和第四个成分相等。还有其他设定可用。“;SDE=a sing value”迫使所有误差成分等于这个值。最后，在任何设定中，如果值在括号（即（））内，那么这个值仅用于为估计量提供起始值，它对最终的估计不施加任何约束。

为了考虑误差成分的方差的异方差性 $Var[Eim] = \exp(\gamma_{mhi})$，我们纳入语法“;hfe=<list of variables>”。最常用的误差成分命令如下所示：

```
;ecm = (NLRail,NHRail,Train),(NBway,Bus,Bway),(Car)
; Hfe = pinc,gender
```

假设我们希望规定仅有 pinc 出现在第一个函数中，仅有 gender 出现在第二个函数中，二者都出现在第三个函数中，那么我们需要将“;ECM”设定修改为

```
;ecm = (NLRail,NHRail,Train! 10),(NBway,Bus,Bway! 01),(Car! 11)
```

需要注意，在括号内最后一个选项名后面有个感叹号，这是指出后面跟着异方差函数的设定。后面的设定是一组 0 和 1，其中 1 表示方差中出现变量，0 表示方差中不出现变量。0 和 1 的个数正好等于出现在“Hfe”组（前面已定义）中的变量个数。

**【题外话】**

Nlogit 允许一个选项出现在多个误差成分中，这是一种嵌套结果。例如：

```
;ecm = (NLRail,NHRail,Train! 10),(NBway,Bus,Bway,NLRail! 01),
(Bus,Train! 11)(Car! 11)
```

为了说明误差成分的应用以及与标准 ML 模型进行比较，我们估计五个 ML 模型。我们从基础模型开始，逐渐扩展到最一般的模型。五个 ML 模型如下所示，结果列在表 15.4 中：

ML1：仅含有随机参数的基础模型；

ML2：ML1 加上随机参数均值的可观察的异质性。

ML3：ML2 加上随机参数标准差的异方差性；

ML4：ML3 加上选项和选项嵌套的误差成分的标准差；

ML5：ML4 加上选项和选项嵌套的误差成分的方差的异方差性。

抵达方式交通耗时与主要公共交通方式的被选中的抵达方式有关。

表 15.5 总结了与每个属性的设定相伴的参数估计值的均值和标准差及其相应分解。

所有随机参数都服从三角形分布。我们考察了无约束和受约束的①三角形分布的模型设定，发现令标准差等于均值的设定能产生更好的整体模型拟合度，并且保证参数在整个分布上有在行为学上有意义的符号。② 整个模型属性集都用随机参数设定，它们在统计上都显著，而且具有预期符号。从基础模型 ML1 到最一般的模型 ML5，模型的整体拟合度逐渐变好，伪 $R^2$ 从 ML1 的 0.310 1 增加到 ML5 的 0.319 5。我们发现个体收入是主要公共交通方式费用的偏好异质性的显著影响因素，而且对所有模型（ML2 至 ML5）都显著；在抵达方式（所有公共交通方式都具有这个性质，但当前公共汽车除外）的公共汽车费用上，随着个体收入的增加，个体对所有公共交通方式费用的厌恶程度减少。尽管个体收入对 ML2 模型中的公共交通车载时间有影响，然而当我们纳入随机参数标准差的异质性以及选项和选项嵌套的误差成分时，它在统计上不显著。

① 受约束的三角形分布仅有一个参数，即它的均值和展布。

② 均值加权平均弹性在统计上也等价。

表 15.4 实证结果①：乘客出行

| 属性 | 选项 | ML1 | ML2 | ML3 | ML4 | ML5 |
|---|---|---|---|---|---|---|
| 新轻轨常数 | 新轻轨 | 2.411(5.0) | 3.313(6.1) | 2.978(5.7) | 4.442(4.68) | 5.011(5.3) |
| 新公共汽车常数 | 新公共汽车 | 1.019(2.1) | 1.933(3.5) | 1.561(2.8) | 2.939(3.1) | 3.487(3.7) |
| 公共汽车常数 | 公共汽车 | 1.393(3.0) | 2.273(4.4) | 1.852(3.6) | 3.255(3.5) | 3.808(4.1) |
| 火车常数 | 当前和新火车 | 1.709(3.6) | 2.609(4.9) | 2.246(4.4) | 3.657(3.9) | 4.213(4.5) |
| 当前公交专用道常数 | 公交专用道 | 1.266(2.7) | 2.183(4.1) | 1.801(3.4) | 3.178(3.4) | 3.714(4.0) |
| 随机参数-受约束的三角形分布： | | | | | | |
| 主要方式费用 | 所有公共交通方式 | −0.250 5(−12.1) | −0.353 6(−10.1) | −0.351 2(−10.4) | −0.372 3(−9.3) | −0.385 3(−9.4) |
| 车型与过路费 | 小轿车 | −0.165 3(−3.3) | −0.176 4(−3.3) | −0.187 6(−3.4) | −0.215 2(−2.8) | −0.218 2(−2.9) |
| 停车费 | 小轿车 | −0.034 0(−2.7) | −0.037 7(−2.7) | −0.044 3(−3.0) | −0.057 1(−2.7) | −0.055 8(−2.8) |
| 主要方式车载时间 | 所有公共交通方式 | −0.064 0(−19.3) | −0.074 4(−14.4) | −0.071 3(−18.5) | −0.077 3(−15.3) | −0.078 5(−15.1) |
| 抵达和等待时间 | 所有火车和轻轨 | −0.069 9(−9.5) | −0.071 6(−9.5) | −0.076 2(−9.8) | −0.081 1(−9.1) | −0.082 8(−9.2) |
| 抵达时间 | 所有公共汽车和公交专用道 | −0.075 6(−6.9) | −0.080 8(−7.1) | −0.083 9(−6.5) | −0.092 9(−6.4) | −0.094 2(−6.3) |
| 等待时间 | 所有公共汽车和公交专用道 | −0.088 2(−3.1) | −0.090 7(−3.06) | −0.102 6(−3.2) | −0.103 4(−3.0) | −0.104 8(−3.0) |
| 主要方式车载时间 | 小轿车 | −0.072 8(−6.2) | −0.079 1(−6.2) | −0.085 9(−7.0) | −0.079 6(−5.2) | −0.073 2(−4.8) |
| 疏散交通时间 | 所有公共交通方式 | −0.014 5(−2.6) | −0.014 2(−2.5) | −0.015 1(−2.7) | −0.016 9(−2.8) | −0.018 1(−3.0) |
| 疏散交通时间 | 小轿车 | −0.081 4(−3.5) | −0.087 6(−3.5) | −0.089 2(−2.8) | −0.119 3(−2.5) | −0.108 4(−2.5) |
| 抵达公共汽车方式的费用 | 公共汽车是抵达方式之地 | −0.106 7(−2.9) | −0.191 6(−3.65) | −0.198 1(−3.8) | −0.211 8(−3.8) | −0.216 7(−3.8) |
| 非随机参数： | | | | | | |
| 研究区域内 | 新重轨 | −1.119(−2.8) | −1.207(−2.9) | −1.300(−3.3) | −1.497(−3.4) | −1.419(−3.2) |
| 研究区域内 | 新轻轨 | −1.104(−3.1) | −1.164(−3.2) | −1.249(−3.6) | −1.443(−3.7) | −1.383(−3.5) |
| 个体收入 | 所有公共交通方式 | −0.012 2(−4.1) | −0.027 8(−6.2) | −0.021 1(−4.9) | −0.026 6(−4.2) | −0.032 6(−5.0) |
| 性别(男=1) | 所有公共交通方式 | 1.905(7.1) | 1.969(6.9) | 2.662(7.6) | 3.437(6.2) | 3.493(6.7) |
| 均值的异质性： | | | | | | |
| 车载时间＊个体收入 | 所有公共交通方式 | | 0.000 124(2.6) | | | |
| 主要方式费用＊个体收入 | 所有公共交通方式 | | 0.001 35(3.8) | 0.000 78(1.90) | 0.000 79(1.8) | 0.000 90(2.0) |
| 抵达公共汽车方式的费用＊个体收入 | 除当前公共汽车外的所有公共交通方式 | | 0.001 43 (2.4) | 0.001 46(2.3) | 0.001 60(2.3) | 0.001 64(2.4) |
| 标准差的异质性： | | | | | | |
| 车载时间＊性别 | 所有公共交通方式 | | | 0.400 7(4.3) | 0.419 5(4.5) | 0.427 0(4.6) |
| 主要方式费用＊性别 | 所有公共交通方式 | | | 0.638 4(4.4) | 0.704 9(4.4) | 0.672 7(4.2) |

① 实证时必须实施多个混合运行，必须报告参数系数的变化（比如参数估计值的标准差）。在理论上，我们不能使用单个点的分布进行统计推断。遗憾的是，这不能解决我们估计中的相关问题。我们使用霍尔顿抽取来进行积分，因此不存在模拟方差。如果我们重复估计，得到的是正好相同的估计。事实上，不存在模拟方差的原因在于估计不是基于模拟的。我们使用霍尔顿方法来评估积分。这当然涉及近似误差。我们对此唯一的控制是使用很多个霍尔顿抽取。然而，将估计值的积分作为一个人的样本是不正确的。在很多其他环境下，研究者必须使用近似法来评估积分，例如随机效应 probit 模型使用 Hermite quadrature 来近似积分，即使最基本的一元 probit 模型也使用多项式比值来近似标准正态 cdf。在这些环境下得到的 MLE 不是一个人的样本；它们是 LL 函数的近似极大值。

续前表

| 属性 | 选项 | ML1 | ML2 | ML3 | ML4 | ML5 |
|---|---|---|---|---|---|---|
| | | | 选项和选项嵌套参数的误差成分: | | | |
| 标准差 | 新轻轨,<br>新重轨,<br>新公交专用道,<br>当前公交专用道 | | | | 0.865 9(2.2) | 1.010(2.9) |
| 标准差 | 当前公共汽车和重轨 | | | | 0.206 8(0.32) | 0.081 4(0.13) |
| 标准差 | 小轿车 | | | | 3.021(4.0) | 11.158(2.3) |
| | | | 误差成分效应的标准差的异质性: | | | |
| 年龄 | 小轿车 | | | | | −0.036 6(−2.3) |
| LL 的收敛值 | | −2 464.3 | −2 451.7 | −2 442.1 | −2 435.9 | −2 428.7 |
| 伪 $R^2$ | | 0.310 1 | 0.313 5 | 0.316 1 | 0.317 6 | 0.319 5 |

注:All public transport=(new heavy rail,new light rail,new busway,bus,train,busway);时间以分钟表示;费用和成本以澳元(2003年澳元不变价)表示。括号内为 $t$ 值。2 230 个观察,200 个霍尔顿抽取。

**表 15.5　从相对简单模型到更复杂模型的每个属性的整个代表的随机参数估计值的均值和标准差**

| Mean | invtpt | costpt | acwt | eggt | crpark | accbusf | waittb | acctb | crcost | crinvt | creggt |
|---|---|---|---|---|---|---|---|---|---|---|---|
| Ave ML1 | −0.064 0 | −0.250 5 | −0.069 9 | −0.014 5 | −0.034 0 | −0.106 7 | −0.088 2 | −0.075 6 | −0.165 3 | −0.072 7 | −0.081 4 |
| Std Dev ML1 | 0.024 5 | 0.100 3 | 0.027 8 | 0.005 9 | 0.013 9 | 0.043 5 | 0.035 9 | 0.030 6 | 0.067 0 | 0.028 3 | 0.032 9 |
| Ave ML2 | −0.068 0 | −0.274 4 | −0.073 3 | −0.014 8 | −0.040 7 | −0.112 5 | −0.091 6 | −0.083 1 | −0.182 1 | −0.086 9 | −0.090 7 |
| Std Dev ML2 | 0.028 7 | 0.138 5 | 0.029 1 | 0.006 0 | 0.016 6 | 0.101 4 | 0.037 3 | 0.033 6 | 0.073 8 | 0.036 7 | 0.036 6 |
| Ave ML3 | −0.078 8 | −0.358 1 | −0.081 9 | −0.025 8 | −0.055 8 | −0.124 1 | −0.107 1 | −0.085 9 | −0.278 9 | −0.114 6 | −0.129 7 |
| Std Dev ML3 | 0.039 1 | 0.277 1 | 0.026 9 | 0.046 5 | 0.007 5 | 0.111 2 | 0.066 4 | 0.000 2 | 0.186 8 | 0.055 6 | 0.003 4 |
| Ave ML4 | −0.092 3 | −0.423 2 | −0.094 2 | −0.028 6 | −0.076 3 | −0.136 6 | −0.123 1 | −0.100 6 | −0.386 6 | −0.086 4 | −0.173 5 |
| Std Dev ML4 | 0.047 6 | 0.337 4 | 0.029 9 | 0.048 9 | 0.037 3 | 0.115 7 | 0.097 9 | 0.000 7 | 0.300 3 | 0.001 6 | 0.016 1 |
| Ave ML5 | −0.092 3 | −0.415 2 | −0.094 1 | −0.034 8 | −0.115 1 | −0.134 0 | −0.113 7 | −0.100 1 | −0.267 8 | −0.114 0 | −0.152 4 |
| Std Dev ML5 | 0.047 3 | 0.323 6 | 0.031 7 | 0.062 0 | 0.116 5 | 0.105 1 | 0.083 7 | 0.000 6 | 0.144 5 | 0.060 2 | 0.006 1 |

注:ML1 有一个参数,除了它之外的其他模型都是来自表 15.4 的多个参数的复杂代表。

注:invtpt=invehicle time for public transport (PT); costpt=public transport fares; acwt=access and wait time for light and heavy rail; eggt=egress time for PT; crpark=car parking cost; accbusf=access bus mode fare; waittb=wait time for bus and busway; acctb=access time for bus and busway; crcost=car running cost; crinvt=car invehicle time; creggt=egress time from car.

当我们纳入随机参数标准差的可观测的异质性时，我们发现性别对所有公共交通方式的交通时间和费用有显著影响。交通时间和费用的符号都为正，这意味着在公共交通方式的交通时间和费用的边际负效用上，男性比女性的差异更大。

将选项和选项嵌套的误差成分纳入 ML4 是一种考虑偏好异质性额外来源的方式，这种方式是随机参数化及其相应分解无法做到的。[①] 然而，更重要的是，尽管随机参数能考虑到个人和选项之间的差异，但选项和选项嵌套的误差成分更强调与每个选项相伴的额外的未观测效应的异质性。与每个选项相伴的标准差参数描述了此事。尽管在理论上，每个选项有自己独特的标准差参数，然而将交通方式分为小轿车、当前公共汽车、重轨和“其他交通方式”的做法能产生最好的模型拟合（“其他交通方式”包括新交通方式和当前公交

① Ben Akiva et al. (2002) 指出我们可对每个选项估计一个方差项，这是因为在核 logit 模型中，“完全替代并不存在，因为 Gumbel 分布和正态分布存在一些区别”。与 probit 相比较，probit 核和极端值 logit 要求其中一个方差受约束。

专用道)。① 然而，仅有两个标准差效应在统计上显著，其中小轿车有最大的标准差参数。

这意味着与公共交通方式相比，小轿车选项有比较显著的偏好异质性，尽管小轿车特有属性的随机参数无法体现这一点。西北悉尼地区的人们更频繁地使用小轿车而不是公共交通，因此这个地区的人口在小轿车上可能有更大的差异。为了解释可观测的异质性的来源，我们考察了小轿车方式的选项和选项嵌套的强误差成分及其分解。我们发现乘客的年龄对偏好的异质性有显著影响。对于公共交通方式，我们没有发现任何显著影响。在所有其他效应不变的情形下，年龄效应意味着随着乘客年龄的增加，选项和选项嵌套的误差成分的标准差降低，导致这些不可观测的效应对偏好异质性的影响降低。

随着模型从 ML1 变化到 ML5，复杂性逐渐增加，行为意义也更丰富；为了更好地理解这些行为意义，我们提供了直接弹性矩阵（见表 15.6)。② 直接弹性考虑了式（15.21）到式（15.26）中影响属性的百分数变化和选择概率的百分数变化的每个因素。我们选择了主要交通方式的车载时间来说明五个模型的行为反应差别。③ 在处理直接弹性的绝对值时，应该小心，因为它们来自未经校正的陈述性选择模型。④ 它们的目的仅在于说明其他 ML 设定蕴含的行为反应。

**表 15.6　　直接弹性（概率加权）：主要交通方式的车载时间的直接弹性**

| 交通方式的车载时间的弹性 | 关于 | ML1 | ML2 | ML3 | ML4 | ML5 |
|---|---|---|---|---|---|---|
| 新轻轨 | 新轻轨 | −1.800 | −1.778 | −1.763 | −1.781 | −2.182 |
| 新重轨 | 新重轨 | −1.759 | −1.764 | −1.764 | −1.720 | −1.909 |
| 新公交专用道 | 新公交专用道 | −2.323 | −2.311 | −2.282 | −1.366 | −2.092 |
| 当前公共汽车 | 当前公共汽车 | −1.829 | −1.798 | −1.771 | −2.316 | −3.079 |
| 当前公交专用道 | 当前公交专用道 | −1.673 | −1.676 | −1.686 | −2.379 | −3.010 |
| 当前重轨 | 当前重轨 | −1.486 | −1.495 | −1.500 | −2.000 | −2.639 |
| 小轿车 | 小轿车 | −1.204 | −1.214 | −1.202 | −1.129 | −1.036 |

当我们从基础模型 ML1 变为考虑随机参数均值和标准差异质性的模型 ML3 时，直接弹性的均值估计值有微小变化。然而，当我们引入选项和选项嵌套的误差成分（模型 ML4）时，四种公共交通方式的弹性显著变化，其中三种增加（当前公共汽车、公交专用道、重轨），一种降低（新的公交专用道）。当我们考虑乘客的年龄效应（模型 ML5）时，所有公共交通方式的直接弹性进一步增加。尽管这个实证应用仅是扩展 ML 模型的一个评估，但它的确意味着与仅对随机参数凝练相比，选项和选项嵌套的误差成分及其分解的引入对模型的行为反应有显著影响。交叉弹性证据（可以向我们索取）说明了类似情形：当我们引入选项和选项嵌套的误差成分时，一些弹性增加了，另外一些弹性降低了。

除了弹性之外，我们还得到了每个随机参数的支付意愿（WTP）分布。我们选取了三个 WTP 估计（见表 15.7）来说明模型设定对公共交通方式车载时间、步行抵达时间和疏散时间的节省的耗时的价值（VTTS）的负的 WTP 的均值、标准差、值域和发生频率的影响。VTTS 是根据与每个观察相伴的参数估计值的比率计算的，这些观察来自分子属性和分母属性的分布（分母属性为公共交通主要方式的费用）。当我们从模型 ML1 一直变化到 ML5 时，以深度参数化表示的分子的复杂性发生了变化。

① 当前公交专用道（busway）在某种程度上是一个比较新的交通方式；令人感兴趣的是，当前公交专用道的方差效应和其他交通方式的方差效应有多相近，这些其他交通方式都有自己的专用设施，其中新公交专用道只不过是当前公交专用道在地域上的扩展。

② 模型拟合度本身并不能说明更复杂的模型具有优势。事实上，拟合度的改进可能非常小，但基于弹性上的发现可能非常不同。

③ 其他属性也是如此，相关证据备索。

④ 在校正模型来获得已知总体份额之后，弹性在行为意义上有严格含义。对于 SC 模型，它的特定选项常数在估计之后未经校正，从而未产生总体（相对于样本）份额，因此仅与样本份额有关。

表 15.7 节省的耗时的价值（澳元/人·小时）

| | | ML1 | ML2 | ML3 | ML4 | ML5 |
|---|---|---|---|---|---|---|
| 公共交通方式车载时间 | 均值 | 18.63 | 18.52 | 18.29 | 18.53 | 18.47 |
| | 标准差 | 4.47 | 4.34 | 4.32 | 4.51 | 4.46 |
| | 最小值 | −3.13 | −0.94 | −5.77 | −6.50 | −6.31 |
| | 最大值 | 29.82 | 29.73 | 31.86 | 34.42 | 34.86 |
| | 负值百分比 | 0.217 4 | 0.163 0 | 0.380 4 | 0.489 1 | 0.434 8 |
| 步行抵达时间 | 均值 | 18.18 | 18.05 | 17.96 | 18.10 | 18.23 |
| | 标准差 | 0.69 | 0.63 | 0.67 | 0.62 | 0.72 |
| | 最小值 | 14.01 | 14.20 | 13.92 | 14.14 | 13.74 |
| | 最大值 | 20.28 | 19.99 | 20.02 | 19.95 | 20.63 |
| | 负值百分比 | 0 | 0 | 0 | 0 | 0 |
| 疏散时间 | 均值 | 6.61 | 6.61 | 6.65 | 6.32 | 6.46 |
| | 标准差 | 2.26 | 2.30 | 2.29 | 1.97 | 2.06 |
| | 最小值 | −8.71 | −9.04 | −9.04 | −7.42 | −7.78 |
| | 最大值 | 15.15 | 15.38 | 15.53 | 13.83 | 14.21 |
| | 负值百分比 | 1.739 | 1.739 | 1.739 | 1.630 | 1.684 |

证据表明，各个模型的值变化不大，这意味着当模型的复杂性从 ML1 增加到 ML5 时，行为意义上的改进即使有，也很小。我们可能不会预期 ML4 和 ML5 有任何显著差异，这是因为选项和选项嵌套的误差成分的标准差的异质性是针对小轿车的。然而，显著效应对 ML1 到 ML4 的改进有贡献；这似乎“改变了”贡献效应但未改变整体绝对 VTTS。这意味着我们可以预期样本特定组成部分（与个体收入和性别相伴）有不同价值；但对于整个样本，它们被平均化了，从而非常相似。这是一个很重要的发现，因为它说明品味对特定个体效应的贡献存在系统性的变化；尽管这样的变化在我们将发现用于整个抽样总体时并不重要，但在我们评估政策对特定社会经济人群的影响时是重要的。

## 15.9 广义混合 logit：考虑尺度和品味异质性

在 ML 模型中，研究者除了对品味的异质性感兴趣之外，还逐渐对尺度的异质性感兴趣（基本上是不同选择环境中效用的方差变化和标准差变化）。一些作者提出了一种能够识别尺度和品味异质性的关系的模型，并且考察了纳入尺度异质性以后的行为意义（与效用函数中的相应项相比较）。

在本章，我们构建的一般模型将 ML 模型扩展到在存在偏好异质性时明确纳入尺度异质性的情形，并将其与仅纳入尺度异质性（称为尺度异质性 MNL 模型）和仅纳入偏好异质性的模型相比较。

尺度异质性并不是一个新问题［参见 Louviere 和 Eagle（2006）；Louviere 和 Swait（1994）；Hensher et al.（1999）的文献综述部分），但研究者共同努力以在 logit 模型族中构建估计能力并且在反应水平上考虑尺度异质性仅仅是近些年的事情。这个由 Louviere 及其同事发起的“运动”认识到了这个被忽视的变异性的重要来源——因为大多数研究者主要关注显示性偏好异质性（现在与 ML 模型相伴）；Fiebig et al.（2010）详细介绍了这个“运动”。该领域的其他贡献者还有 Breffle 和 Morey（2000）、Hess 和 Rose（2012）以及 Hensher 和 Greene（2010）等。

这里使用的广义 ML 模型建立在 Train（2003）、Hensher 和 Greene（2003）以及 Greene（2007）等文献

发展出的混合 logit 模型以及 Fiebig et al.（2010）发展出的“广义多元 logit 模型”基础之上。第 4 章给出了具体细节，我们在这里再次总结一下主要元素，以作为模型估计的基础。

简单地说，混合多项 logit 模型（MMNL）由式（15.32）给出：

$$\text{Prob}(choice_{it}=j\mid x_{it,j},z_i,v_i)=\frac{\exp(V_{it,j})}{\sum_{j=1}^{J_{it}}\exp(V_{it,j})} \tag{15.32}$$

其中

$$V_{it,j}=\beta_i' x_{it,j} \tag{15.33a}$$

$$\beta_i=\beta+\Delta z_i+\Gamma v_i \tag{15.33b}$$

$x_{it,j}$ = 个体 $i$ 面对的选择情景 $t$ 中的选项 $j$ 的 $K$ 个属性；

$z_i$ = 个体 $i$ 的一组 $M$ 个特征，它们影响品味参数的均值；

$v_i$ = 由 $K$ 个随机变量组成的向量，它们的均值为零，方差已知（通常为 1），协方差为 0。

因此，多项选择模型更充分地体现了个体 $i$ 偏好参数中的观测和未观测的异质性。观测的异质性反映在 $\Delta z_i$ 项中，而未观测的异质性体现在 $\Gamma v_i$ 中。待估的结构参数为常数向量 $\beta$、参数 $\Delta$ 的 $K\times M$ 矩阵以及下三角乔利斯基矩阵 $\Gamma$ 的非零元素。

一些特殊情形是对这个模型的简单修改。特定非随机参数是由矩阵 $\Gamma$ 的元素为零的行设定的。如果参数 $\Delta=0$ 而且矩阵 $\Gamma$ 是对角矩阵，我们就得到了纯随机参数 MNL 模型。如果参数 $\Delta=0$ 而且矩阵 $\Gamma=0$，我们就得到了基本 MNL 模型。①

各个选择之间的尺度异质性可以容易地纳入已经考虑随机特定选项常数的模型。我们在模型中纳入了观测的和未观测的异质性。因此，式（15.33b）中的设定相应修改为式（15.34）：

$$\beta_i=\sigma_i[\beta+\Delta z_i]+[\gamma+\sigma_i(1-\gamma)]\Gamma v_i \tag{15.34}$$

其中，$\sigma_i=\exp[\bar{\sigma}+\delta' h_i+\tau w_i]$，这是非系统误差项中的特定个体标准差；$h_i$ = 个体 $i$ 的一组 $L$ 个特征，它们可能与 $z_i$ 重叠；$\delta$ = 尺度项中观测的异质性参数；$w_i$ = 未观测的异质性，服从标准正态分布；$\bar{\sigma}$ = 方差中的均值参数；$\tau$ = 未观测的尺度异质性系数；$\gamma$ = 权重参数，它指明了残余偏好异质性中的方差如何随尺度变化而变化，$0\leqslant\gamma\leqslant 1$。

权重参数 $\gamma$ 在广义模型中占有中心位置。它控制了效用函数的整体尺度 $\sigma_i$ 相对于矩阵 $\Gamma$ 的对角线元素中的个体偏好权重尺度的重要性。注意，如果 $\sigma_i$ 等于 1（即 $\tau=0$），那么 $\gamma$ 从模型中消失，式（15.34）返回基础情形的随机参数模型。当 $\sigma_i$ 等于 1 时，非零 $\gamma$ 不能与 $\Gamma$ 分开估计。当 $\sigma_i$ 不等于 1 时，$\gamma$ 将会把随机成分的影响展布到整体尺度和偏好权重的尺度上。除了原混合模型有用的特殊情形之外，这个模型还有一些有用的特殊情形。如果 $\gamma=0$，尺度混合 logit 模型就出现了，这由式（15.35）给出：

$$\beta_i=\sigma_i[\beta+\Delta z_i+\Gamma v_i] \tag{15.35a}$$

进一步地，如果还有 $\Gamma=0$ 和 $\Delta=0$，我们就得到了“尺度多项 logit 模型（SMNL）”：

$$\beta_i=\sigma_i\beta \tag{15.35b}$$

这个广义混合模型也提供了一种将模型再次参数化的直观方法，以估计 WTP 空间中的品味参数，这已成为直接得到 WTP 估计值的在行为学上受欢迎的替代方法［参见 Train 和 Weeks（2005）；Fosgerau（2007）；Scarpa，Thiene 和 Hensher（2008）；Scarpa，Thiene 和 Train（2008）；Sonnier et al.（2007）；Hensher 和 Greene（2011）］。如果 $\gamma=0$，$\Delta=0$ 而且 $\beta$ 中对应于价格或成本变量的的元素被标准化为 1.0，并且将非零常数移到括号之外，我们就得到了如下再次参数化的模型：

$$\beta_i=\sigma_i\beta_c\begin{bmatrix}1\\ \left(\frac{1}{\beta_c}\right)(\beta+\Gamma v_i)\end{bmatrix}=\sigma_i\beta_c\begin{bmatrix}1\\ \theta_c+\Gamma_c v_i\end{bmatrix} \tag{15.36}$$

① 然而，通过与响应者特定特征形成的交互项，我们也可以允许确定的偏好异质性。

在简单的 MNL 情形下（$\sigma_i=1$，$\Gamma=0$），这是原来模型的参数的一对一变换。在原模型中，参数是随机的，然而变换不再这么简单。我们以及 Train 和 Week（2005）发现，这种变换后的形式比原来的模型能产生更合理的 WTP 估计，其中 WTP 使用参数之比计算（Hensher and Greene，2011）。[①]

整个模型，无论是不受限形式还是任何修改形式，都用最大模拟似然估计（参见第 5 章）。Fiebig et al.（2010）指出了估计时的两个小问题。第一个小问题是，$\sigma_i$ 中的参数 $\bar{\sigma}$ 与模型的其他参数不是分开识别的。我们可以假设方差异质性服从正态分布。暂时忽略观测的异质性（即 $\delta' h_i$），因为它可以从对数正态变量期望值的一般结果 $E[\sigma_i]=\exp(\bar{\sigma}+\tau^2/2)$ 推出。也就是，$\sigma_i=\exp(\bar{\sigma})\exp(\tau w_i)$，其中 $w_i \sim N(0,1)$，因此，

$$E[\sigma_i]=\exp(\bar{\sigma})E[\exp(\tau w_i)]=\exp(\bar{\sigma})\exp\left[E(\tau w_i)+\frac{1}{2}\mathrm{Var}(\tau w_i)\right]=\exp(\bar{\sigma}+\tau^2/2)$$

由此可知，$\bar{\sigma}$ 与 $\tau$ 不是分开识别的，$\tau$ 在模型其他地方未出现，需要进行某种形式的标准化。一种自然的标准化是令 $\bar{\sigma}=0$。然而，更方便的方法是标准化 $\sigma_i$，从而使得 $E[\sigma_i^2]=1$：令 $\bar{\sigma}=-\tau^2/2$ 而不是等于零。

第二个小问题涉及模拟过程中 $\sigma_i$ 的变化。$\exp(-\tau^2/2+\tau w_i)$ 蕴含的对数正态分布能产生极其大的抽取，导致估计量的溢出和不稳定。对此，我们可以将 $w_i$ 的标准正态分布在 $-1.96$ 和 $1.96$ 处截断。与 Fiebig 等提出的随机抽取的接受/拒绝法不同，Nlogit 使用一次抽取方法，$w_{ir}=\Phi^{-1}[0.025+0.95U_{ir}]$，其中 $\Phi^{-1}(t)$ 是标准正态 cdf 的反函数，$U_{ir}$ 是一个来自标准均匀总体的随机抽取。[②] 这将保持随机抽取中估计量的平滑性。接受/拒绝法要求平均 1/0.95 次抽取才能得到可接受的抽取，而反概率法总是恰好要求 1 次。

最后，为了对 $\gamma$ 施加限制（式（15.34）），$\gamma$ 用 $\alpha$ 再次参数化，其中 $\gamma=\exp(\alpha)/[1+\exp(\alpha)]$，而且 $\alpha$ 不受限。类似地，为了保证 $\tau\geqslant 0$，模型用 $\lambda$ 拟合，其中 $\tau=\exp(\lambda)$，而且 $\lambda$ 不受限。在受限形式中，我们通常在模拟时直接令 $\gamma=1$ 或 0 以及 $\tau=0$，而不是像上例一样使用潜在参数的极端值。因此，在估计时，我们直接令 $\lambda=0$，而不是令 $\alpha=-10.0$ 或其他较大的值。

将所有项组合起来，式（15.37）给出了数据样本的模拟 LL 函数：

$$\log L=\sum\nolimits_{i=1}^{N}\log\left\{\frac{1}{R}\sum\nolimits_{r=1}^{R}\prod\nolimits_{t=1}^{T_i}\prod\nolimits_{j=1}^{J_{it}}P(j,X_{it},\beta_{ir})^{d_{it,j}}\right\} \tag{15.37}$$

其中，$\beta_{ir}=\sigma_{ir}[\beta+\Delta z_i]+[\gamma+\sigma_{ir}(1-\gamma)]\Gamma v_{ir}$；

$\sigma_{ir}=\exp[-\tau^2/2+\delta' h_i+\tau w_{ir}]$；

$v_{ir}$ 和 $w_{ir}$ 分别为 $v_i$ 和 $w_i$ 上的 $R$ 个模拟抽取；

如果个体 $i$ 在选择情景 $t$ 做出选择 $j$，则 $d_{itj}=1$，否则等于 0。

$$P(j,X_{it},\beta_{ir})=\frac{\exp(x'_{it,j}\beta_{ir})}{\sum\nolimits_{j=1}^{J_{it}}\exp(x'_{it,j}\beta_{ir})} \tag{15.38}$$

## 15.10 效用空间和 WTP 空间中的 GMX 模型

由于研究者对构建 WTP 的估计特别感兴趣，我们假设在效用表达式中，价格 $p_{ijt}$ 和其他非价格属性 $x_{ijt}$ 可分，因此效用可以写为

$$U_{ijt}=\alpha_j+\lambda_i p_{ijt}+\beta_i' x_{ijt}+\delta' z_{ijt}+\varepsilon_{ijt} \tag{15.39}$$

在对随机参数 $(\lambda_i,\beta_i)$ 的分布做出假设之后，式（15.39）可以变成定义在“偏好空间”中的 ML 模型或广义混合 logit 模型。例如，参见 Thiene 和 Scarpa（2009）；Train 和 Weeks（2005）；Sonnier et al.（2007）。

① Hensher 和 Greene（2011）与 Train 和 Weeks（2005）类似，只要证据表明值域在行为上更合理，就支持 WTP 空间中 WTP 分布的估计，尽管整体拟合度不如效用空间情形。

② Nlogit 默认使用 $-\tau^2/2$ 作为 $\sigma_i$ 上抽取的中心。然而，在版本 Nlogit 5 中，我们删掉了截断工具（迫使 $e(i)$ 位于［$-2$，$+2$］）而是使用不带截断的常规抽取。为了使用新工具，将“;CENTER”添加到 GMXLogit 命令中。为了更好地比较，我们推荐模拟时使用霍尔顿抽取。然后，这两种方法使用相同的抽取。

我们也可以将式（15.39）设定为 WTP 空间中的效用，因此特定参数组可以直接得到：直接估计观测的属性对之间的边际替代率。我们将式（15.39）改写为

$$
\begin{aligned}
U_{ijt} &= \alpha_j + \lambda_i [p_{ijt} + (1/\lambda_i)\beta_i' x_{ijt}] + \delta' z_{ijt} + \varepsilon_{ijt} \\
&= \alpha_j + \lambda_i [p_{ijt} + \theta_i' x_{ijt}] + \delta' z_{ijt} + \varepsilon_{ijt}
\end{aligned}
\tag{15.40}
$$

参数 $\lambda_i$ 变成了 WTP 空间情形的标准化常数。因此，式（15.40）是式（15.39）中模型在 WTP 空间中的形式。

为了说明效用空间和 WTP 空间中各种形式的广义 MMNL 模型的估计结果，我们继续使用以前的数据集。我们将偏好空间的参数设为 $\lambda_i = \lambda_p + \sigma_p w_i$，将 $\beta_i$ 的 $K$ 个元素设为 $\beta_{ik} = \beta_k + \sigma_k v_{ik}$，其中 $K+1$ 个随机参数自由相关。在偏好空间情形下，正如 Thiene 和 Scarpa（2009）等文献指出的，我们通过令 $\lambda_i = \lambda_p \exp(\lambda_0 + \tau w_i)$ 使得 $\lambda_i$ 只有一个符号。整个表达式的符号事先不加约束，然而可以预期 $\lambda$ 的估计值的符号为负。与以前一样，($w_i$，$v_i$) 是 $K+1$ 个自由相关的随机变量。由于 $\lambda_i$ 的尺度由 $\lambda_p$ 提供，因此单独估计 $\lambda_0$ 不可行。注意，我们可以将 $\lambda_i$ 写为 $\exp(\log\lambda_p + \lambda_0 + \tau w_i)$，因此，$\lambda_p$ 和 $\lambda_0$ 的不同组合产生相同的 $\lambda_i$。为了去掉不确定性，我们使用 Fiebig 等人的做法，并且令 $\lambda_0 = -\tau^2/2$（而且假设 $w_i$ 服从标准正态分布），且 $\lambda_i = \lambda_p \exp(-\tau^2/2 + \tau w_i)$，且 $E[\lambda_i] = \lambda_p$。

式（15.39）和式（15.40）是 Greene 和 Hensher（2011）对 Fiebig et al.（2010）的模型实施的特殊情形。式（15.40）中的 WTP 空间中的模型是通过下列方法得到的：令 $\gamma = 0$，矩阵 $\Gamma$ 中与 $\lambda_p$ 对应的行等于零，$\beta$ 中的 $p_{ijt}$ 的系数 $\lambda_p$ 等于 1，并且放松 $\lambda_0 = -\tau^2/2$ 这个限制。因此，WTP 空间中的模型使用广义混合 logit 模型形式进行估计。

我们将研究者感兴趣的模型总结在表 15.8 中。模型 1（M1）基于偏好空间中的基础随机参数模型。模型 2（M2）是 WTP 空间中的等价模型。[①] 模型 3（M3）是偏好空间中的考虑了品味和尺度异质性的广义随机参数模型或 ML 模型。模型 M1con 是模型 1 的变种，它对随机参数施加了三角形分布约束。模型 1 到模型 3 中的所有随机参数都服从无约束的三角形分布，而且在随机参数集中相关。

我们在下面给出了 Nlogit 命令，而且为了方便比较，我们将结果总结在表 15.8 中。我们使用了命令“;userp”，这是为了把标准 ML 模型参数估计值作为起始值，而不是使用默认的 MNL 起始值。我们发现这不仅能加速估计，而且能帮助我们得到全局最大值。我们使用了“;pds”，从而发现每个应答者有 16 个选择集，因此考虑了数据的面板性质。

**模型 1：效用空间：1RPL 无约束分布和相关的属性**

```
sample;all $
reject;dremove = 1 $
reject;ttype#1 $
reject;altij = -999 $
nlogit
    ;lhs = resp1,cset,Altij
    ;choices = NLRail,NHRail,NBway,Bus,Bway,Train,Car
    ;pwt
    ;rpl
    ;pds = 16;halton;pts = 500
    ;fcn = invt(t),waitt(t),acct(t),eggt(t),cost(t)
    ;corr;par
    ;model:
    U(NLRail) = NLRAsc + cost * tcost + invt * InvTime + waitt * waitt2 + accT * acctim + accbusf * ac-
cbusf + ptinc * pinc + ptgend * gender + NLRinsde * inside /
```

① 模型 2 中的成本参数为 $-0.2956 * \exp(-0.4896^2 + 0.4896 * w(i))$。这也等价于 $-\exp(\log(0.2956) - 0.4896^2 + 0.4896 w(i)) = -\exp(-1.4585 + 0.4896 * w(i))$。

U(NHRail) = TNAsc + cost * Tcost + invt * InvTime + waitT * WaitT + accT * acctim + eggT * egresst + accbusf * accbusf + ptinc * pinc + ptgend * gender + NHRinsde * inside /

U(NBway) = NBWAsc + cost * Tcost + invt * InvTime + waitT * WaitT + accT * acctim + eggT * egress + accbusf * accbusf + ptinc * pinc + ptgend * gender /

U(Bus) = BSAsc + cost * frunCost + invt * InvTime + waitT * WaitT + accT * acctim + eggT * egresst + ptinc * pinc + ptgend * gender/

U(Bway) = BWAsc + cost * Tcost + invt * InvTime + waitT * WaitT + accT * acctim + eggT * egresst + accbusf * accbusf + ptinc * pinc + ptgend * gender /

U(Train) = TNAsc + cost * tcost + invt * InvTime + waitT * WaitT + accT * acctim + eggT * egresst + accbusf * accbusf + ptinc * pinc + ptgend * gender /

U(Car) = cost * costs + invt * InvTime + CRpark * parkcost + CReggT * egresst $

```
Normal exit:  53 iterations. Status=0. F=    2043.845
+-------------------------------------------------------------+
| Random Parameters Logit Model                                |
| Dependent variable                        RESP1             |
| Log likelihood function              -2043.845             |
| Restricted log likelihood            -3580.475             |
| Chi squared [  32 d.f.]            3073.26014             |
| Significance level                     .0000000             |
| McFadden Pseudo R-squared             .4291694             |
| Estimation based on N =    1840, K =  32                   |
| AIC =       2.2564  Bayes IC =       2.3523                |
| AICf.s. =       2.2570  HQIC =       2.2917                |
| Model estimated: Jun 14, 2009, 11:01:27                   |
| Constants only.  Must be computed directly.               |
|                  Use NLOGIT ;...;  RHS=ONE $              |
| At start values  -2480.8579   .17615 *******              |
| Response data are given as ind. choice.                   |
+-------------------------------------------------------------+
+-------------------------------------------------------------+
| Notes No coefficients=> P(i,j)=1/J(i).                    |
|       Constants only => P(i,j) uses ASCs                  |
|         only. N(j)/N if fixed choice set.                 |
|         N(j)  = total sample frequency for j              |
|         N     = total sample frequency.                   |
|       These 2 models are simple MNL models.               |
|       R-sqrd = 1 - LogL(model)/logL(other)                |
|       RsqAdj=1-[nJ/(nJ-nparm)]*(1-R-sqrd)                 |
|         nJ    = sum over i, choice set sizes              |
+-------------------------------------------------------------+
+-------------------------------------------------------------+
| Random Parameters Logit Model                              |
| Replications for simulated probs. = 500                    |
| Halton sequences used for simulations                      |
| ---------------------------------------------------------- |
| RPL model with panel has   115 groups.                     |
| Fixed number of obsrvs./group=           16                |
| Random parameters model was specified                      |
| ---------------------------------------------------------- |
| RPL model has correlated parameters                        |
| Number of obs.=  1840, skipped   0 bad obs.                |
+-------------------------------------------------------------+
```

| Variable | Coefficient | Standard Error | b/St.Er. | P[\|Z\|>z] |
|---|---|---|---|---|
| Random parameters in utility functions | | | | |
| INVT | -.07728*** | .00550 | -14.059 | .0000 |
| WAITT | -.03579 | .02230 | -1.605 | .1085 |
| ACCT | -.10950*** | .01344 | -8.145 | .0000 |
| EGGT | -.06294*** | .01714 | -3.673 | .0002 |
| COST | -.34306*** | .03570 | -9.609 | .0000 |
| Nonrandom parameters in utility functions | | | | |
| NLRASC | 1.14253*** | .42031 | 2.718 | .0066 |
| ACCBUSF | -.06420 | .04065 | -1.579 | .1143 |
| PTINC | -.00812** | .00359 | -2.258 | .0239 |
| PTGEND | 1.50531*** | .28253 | 5.328 | .0000 |
| NLRINSDE | -1.45966** | .60315 | -2.420 | .0155 |
| TNASC | 1.31882*** | .33094 | 3.985 | .0001 |
| NHRINSDE | -3.08258*** | .82333 | -3.744 | .0002 |
| NBWASC | .66456* | .35718 | 1.861 | .0628 |
| BSASC | .78874** | .31056 | 2.540 | .0111 |
| BWASC | .77814** | .32520 | 2.393 | .0167 |
| CRPARK | -.04282*** | .01191 | -3.595 | .0003 |
| CREGGT | -.09378*** | .02168 | -4.326 | .0000 |
| Diagonal values in Cholesky matrix, L. | | | | |
| TsINVT | .11099*** | .00890 | 12.471 | .0000 |
| TsWAITT | .26302*** | .03238 | 8.123 | .0000 |
| TsACCT | .20772*** | .03179 | 6.535 | .0000 |
| TsEGGT | .27187*** | .03497 | 7.774 | .0000 |
| TsCOST | .51315*** | .07388 | 6.945 | .0000 |
| Below diagonal values in L matrix. V = L*Lt | | | | |
| WAIT:INV | -.21696*** | .03767 | -5.759 | .0000 |
| ACCT:INV | -.04982 | .03142 | -1.585 | .1129 |
| ACCT:WAI | -.09559*** | .02858 | -3.345 | .0008 |
| EGGT:INV | -.12696*** | .03412 | -3.721 | .0002 |
| EGGT:WAI | -.16096*** | .02775 | -5.800 | .0000 |
| EGGT:ACC | -.06111** | .02515 | -2.430 | .0151 |
| COST:INV | .44032*** | .09948 | 4.426 | .0000 |
| COST:WAI | .23525*** | .06574 | 3.579 | .0003 |
| COST:ACC | -.14034* | .07950 | -1.765 | .0775 |
| COST:EGG | .23593*** | .08671 | 2.721 | .0065 |
| Standard deviations of parameter distributions | | | | |
| sdINVT | .11099*** | .00890 | 12.471 | .0000 |
| sdWAITT | .34095*** | .04140 | 8.236 | .0000 |
| sdACCT | .23403*** | .03314 | 7.061 | .0000 |
| sdEGGT | .34594*** | .02574 | 13.440 | .0000 |
| sdCOST | .76675*** | .07299 | 10.505 | .0000 |

Correlation Matrix for Random Parameters

Matrix COR.MAT. has 5 rows and 5 columns.

| | INVT | WAITT | ACCT | EGGT | COST |
|---|---|---|---|---|---|
| INVT | 1.00000 | -.63633 | -.21287 | -.36699 | .57427 |
| WAITT | -.63633 | 1.00000 | -.17965 | -.12540 | -.12874 |
| ACCT | -.21287 | -.17965 | 1.00000 | .11139 | -.41003 |
| EGGT | -.36699 | -.12540 | .11139 | 1.00000 | -.07935 |
| COST | .57427 | -.12874 | -.41003 | -.07935 | 1.00000 |

```
Covariance Matrix for Random Parameters

Matrix COV.MAT. has  5 rows and  5 columns.
INVT           WAITT          ACCT           EGGT           COST
+--------------+--------------+--------------+--------------+--------------+
INVT   |     .01232       -.02408       -.00553       -.01409        .04887
WAITT  |    -.02408        .11625       -.01433       -.01479       -.03366
ACCT   |    -.00553       -.01433        .05477        .00902       -.07358
EGGT   |    -.01409       -.01479        .00902        .11968       -.02105
COST   |     .04887       -.03366       -.07358       -.02105        .58791
+--------------+--------------+--------------+--------------+--------------+

Cholesky Matrix for Random Parameters

Matrix Cholesky has  5 rows and  5 columns.
INVT           WAITT          ACCT           EGGT           COST
+--------------+--------------+--------------+--------------+--------------+
INVT   |   .11099  .0000000D+00  .0000000D+00  .0000000D+00  .0000000D+00
WAITT  | -.21696       .26302   .0000000D+00  .0000000D+00  .0000000D+00
ACCT   | -.04982      -.09559        .20772   .0000000D+00  .0000000D+00
EGGT   | -.12696      -.16096       -.06111        .27187   .0000000D+00
COST   |  .44032       .23525       -.14034        .23593        .51315
       --------------------------------------------------------------------
       |             |             |             |             |          |
       --------------------------------------------------------------------
```

**模型 2：WTP 空间：无约束的分布和相关的属性**

（S—MNL 设定）

注：在 WTP 空间中，符号不再是个问题。

```
GMXlogit;userp
;lhs = resp1,cset,Altij
;choices = NLRail,NHRail,NBway,Bus,Bway,Train,Car
;pwt
;pds = 16;halton;pts = 500
;fcn = invt(t),waitt(t),acct(t),eggt(t),cost( * c)
;corr;par
;gamma = [0]
;tau = 0.3
;model:
U(NLRail) = NLRAsc + cost * tcost + invt * InvTime + waitt * waitt2 + accT * acctim + accbusf * accbusf + ptinc * pinc + ptgend * gender + NLRinsde * inside /
U(NHRail) = TNAsc + cost * Tcost + invt * InvTime + waitT * WaitT + accT * acctim + eggT * egresst + accbusf * accbusf + ptinc * pinc + ptgend * gender + NHRinsde * inside /
U(NBway) = NBWAsc + cost * Tcost + invt * InvTime + waitT * WaitT + accT * acctim + eggT * egress + accbusf * accbusf + ptinc * pinc + ptgend * gender /
U(Bus) = BSAsc + cost * frunCost + invt * InvTime + waitT * WaitT + accT * acctim + eggT * egresst + ptinc * pinc + ptgend * gender/
U(Bway) = BWAsc + cost * Tcost + invt * InvTime + waitT * WaitT + accT * acctim + eggT * egresst + accbusf * accbusf + ptinc * pinc + ptgend * gender /
U(Train) = TNAsc + cost * tcost + invt * InvTime + waitT * WaitT + accT * acctim + eggT * egresst + accbusf * accbusf + ptinc * pinc + ptgend * gender /
U(Car) = cost * costs + invt * InvTime + CRpark * parkcost + CReggT * egresst $
```

```
+--------------------------------------------------------+
| Generalized Mixed (RP) Logit Model                     |
| Dependent variable                          RESP1      |
| Log likelihood function                -2108.366       |
| Restricted log likelihood              -3580.475       |
| Chi squared [  28 d.f.]               2944.21786       |
| Significance level                     .0000000        |
| McFadden Pseudo R-squared              .4111491        |
| Estimation based on N =    1840, K =  28               |
| AIC =     2.3221  Bayes IC =     2.4061                |
| AICf.s. =     2.3226  HQIC =     2.3531                |
| Model estimated: Jun 13, 2009, 15:05:03                |
| Constants only.  Must be computed directly.            |
|                  Use NLOGIT ;...;  RHS=ONE $           |
| At start values  -3237.9705   .34886 *******           |
| Response data are given as ind. choice.                |
+--------------------------------------------------------+
+--------------------------------------------------------+
| Notes No coefficients=> P(i,j)=1/J(i).                 |
|       Constants only => P(i,j) uses ASCs               |
|         only. N(j)/N if fixed choice set.              |
|         N(j) = total sample frequency for j            |
|         N    = total sample frequency.                 |
|       These 2 models are simple MNL models.            |
|       R-sqrd = 1 - LogL(model)/logL(other)             |
|       RsqAdj=1-[nJ/(nJ-nparm)]*(1-R-sqrd)              |
|         nJ   = sum over i, choice set sizes            |
+--------------------------------------------------------+
+--------------------------------------------------------+
| Generalized Mixed (RP) Logit Model                     |
| Replications for simulated probs. = 500                |
| Halton sequences used for simulations                  |
| ------------------------------------------------------ |
| RPL model with panel has  115 groups.                  |
| Fixed number of obsrvs./group=         16              |
| Random parameters model was specified                  |
| ------------------------------------------------------ |
| RPL model has correlated parameters                    |
| Hessian was not PD. Using BHHH estimator.              |
| Number of obs.=  1840, skipped   0 bad obs.            |
+--------------------------------------------------------+

+----------+----------------+--------------------+-----------+----------+
|Variable| Coefficient    | Standard Error |b/St.Er.|P[|Z|>z]|
+----------+----------------+--------------------+-----------+----------+
+----------+Random parameters in utility functions                       |
|INVT    |      .25713***       .02822         9.111   .0000 |
|WAITT   |      .17083**        .08294         2.060   .0394 |
|ACCT    |      .45530***       .05277         8.628   .0000 |
|EGGT    |      .29543***       .06887         4.290   .0000 |
|COST    |     1.00000         ......(Fixed Parameter).......  |
+----------+Nonrandom parameters in utility functions                    |
|NLRASC  |     1.14276***       .29200         3.914   .0001 |
|ACCBUSF |     -.06004*         .03448        -1.741   .0817 |
|PTINC   |     -.01312***       .00329        -3.989   .0001 |
|PTGEND  |     1.56461***       .20692         7.562   .0000 |
|NLRINSDE|    -1.28832*         .72162        -1.785   .0742 |
|TNASC   |     1.55597***       .21769         7.148   .0000 |
```

```
|NHRINSDE|    -2.72308***        .77589         -3.510    .0004 |
|NBWASC  |      .81411***        .24155          3.370    .0008 |
|BSASC   |     1.10003***        .20211          5.443    .0000 |
|BWASC   |      .97897***        .21523          4.548    .0000 |
|CRPARK  |     -.04267***        .01220         -3.496    .0005 |
|CREGGT  |     -.12115***        .01835         -6.601    .0000 |
+--------+Diagonal values in Cholesky matrix, L.               |
|TsINVT  |      .42316***        .05053          8.375    .0000 |
|TsWAITT |     1.01342***        .17256          5.873    .0000 |
|TsACCT  |      .77892***        .09478          8.218    .0000 |
|TsEGGT  |      .68827***        .14192          4.850    .0000 |
|CsCOST  |      .000           ......(Fixed Parameter).......  |
+--------+Below diagonal values in L matrix. V = L*Lt          |
|WAIT:INV|      .67315***        .16945          3.973    .0001 |
|ACCT:INV|      .30035**         .14761          2.035    .0419 |
|ACCT:WAI|      .54367***        .16706          3.254    .0011 |
|EGGT:INV|      .65431***        .15691          4.170    .0000 |
|EGGT:WAI|      .62696***        .19440          3.225    .0013 |
|EGGT:ACC|      .68610***        .14763          4.647    .0000 |
|COST:INV|      .000           ......(Fixed Parameter).......  |
|COST:WAI|      .000           ......(Fixed Parameter).......  |
|COST:ACC|      .000           ......(Fixed Parameter).......  |
|COST:EGG|      .000           ......(Fixed Parameter).......  |
+--------+Variance parameter tau in GMX scale parameter        |
|TauScale|      .48963***        .06938          7.058    .0000 |
+--------+Weighting parameter gamma in GMX model               |
|GammaMXL|      .000           ......(Fixed Parameter).......  |
+--------+Coefficient on COST      in WTP space form           |
|Beta0WTP|     -.29564***        .02380        -12.420    .0000 |
+--------+ Sample Mean    Sample Std.Dev.                      |
|Sigma(i)|      .96627**         .41441          2.332    .0197 |
+--------+Standard deviations of parameter distributions       |
|sdINVT  |      .42316***        .05053          8.375    .0000 |
|sdWAITT |     1.21661***        .18074          6.731    .0000 |
|sdACCT  |      .99625***        .12831          7.764    .0000 |
|sdEGGT  |     1.32878***        .13766          9.652    .0000 |
|sdCOST  |      .000           ......(Fixed Parameter).......  |
+--------+-----------------------------------------------------+

Correlation Matrix for Random Parameters
Matrix COR.MAT. has  5 rows and  5 columns.
          INVT           WAITT          ACCT           EGGT           COST
       +--------------+--------------+--------------+--------------+--------------+
INVT   |    1.00000         .55330         .30148         .49242    .0000000D+00
WAITT  |     .55330        1.00000         .62139         .66548    .0000000D+00
ACCT   |     .30148         .62139        1.00000         .80965    .0000000D+00
EGGT   |     .49242         .66548         .80965        1.00000    .0000000D+00
COST   | .0000000D+00   .0000000D+00   .0000000D+00   .0000000D+00   .0000000D+00
       +--------------+--------------+--------------+--------------+--------------+
Covariance Matrix for Random Parameters
Matrix COV.MAT. has  5 rows and  5 columns.
          INVT           WAITT          ACCT           EGGT           COST
       +--------------+--------------+--------------+--------------+--------------+
INVT   |     .17906         .28485         .12710         .27688    .0000000D+00
WAITT  |     .28485        1.48015         .75315        1.07582    .0000000D+00
ACCT   |     .12710         .75315         .99251        1.07180    .0000000D+00
EGGT   |     .27688        1.07582        1.07180        1.76565    .0000000D+00
COST   | .0000000D+00   .0000000D+00   .0000000D+00   .0000000D+00   .0000000D+00
       +--------------+--------------+--------------+--------------+--------------+
```

```
Cholesky Matrix for Random Parameters
Matrix Cholesky has  5 rows and  5 columns.
          INVT           WAITT          ACCT           EGGT           COST
      +--------------+--------------+--------------+--------------+--------------+
INVT  |    .42316     .0000000D+00  .0000000D+00  .0000000D+00  .0000000D+00
WAITT |    .67315      1.01342      .0000000D+00  .0000000D+00  .0000000D+00
ACCT  |    .30035       .54367       .77892       .0000000D+00  .0000000D+00
EGGT  |    .65431       .62696       .68610        .68827       .0000000D+00
COST  | .0000000D+00  .0000000D+00  .0000000D+00  .0000000D+00  .0000000D+00
      +--------------+--------------+--------------+--------------+--------------+
```

**模型 3　U 设定：GMX 无约束 T，伴随尺度和品味异质性以及相关的属性**

```
sample;all $
reject;dremove = 1 $
reject;ttype#1 $
reject;altij = -999 $
GMXlogit;userp
;lhs = resp1,cset,Altij
;choices = NLRail,NHRail,NBway,Bus,Bway,Train,Car
;effects:InvTime(NLRail,NHRail,NBway,Bus,Bway,Train,Car)
;pwt
;gmx
;pds = 16;halton;pts = 250
;fcn = invt(t),waitt(t),acct(t),eggt(t),cost(t)
;tau = 0.1 ? starting values other than 0.1 (default)
;gamma = 0.1 ? starting values other than 0.1 (default)
;corr;par
```

```
+---------------------------------------------------------+
| Generalized Mixed (RP) Logit Model                      |
| Dependent variable                       RESP1          |
| Log likelihood function             -2089.330           |
| Restricted log likelihood           -3580.475           |
| Chi squared [  36 d.f.]            2982.28859           |
| Significance level                    .0000000          |
| McFadden Pseudo R-squared             .4164655          |
| Estimation based on N =    1840, K =   36               |
| AIC =       2.3101  Bayes IC =       2.4181             |
| AICf.s. =       2.3109  HQIC =       2.3499             |
| Model estimated: Jun 16, 2009, 10:25:02                 |
| Constants only.  Must be computed directly.             |
|                  Use NLOGIT ;...;  RHS=ONE $            |
| At start values  -2425.3400  .13854 *******             |
| Response data are given as ind. choice.                 |
+---------------------------------------------------------+
+---------------------------------------------------------+
| Notes No coefficients=> P(i,j)=1/J(i).                  |
|       Constants only => P(i,j) uses ASCs                |
|         only. N(j)/N if fixed choice set.               |
|         N(j)  = total sample frequency for j            |
|         N     = total sample frequency.                 |
|       These 2 models are simple MNL models.             |
|       R-sqrd = 1 - LogL(model)/logL(other)              |
|       RsqAdj=1-[nJ/(nJ-nparm)]*(1-R-sqrd)               |
|         nJ    = sum over i, choice set sizes            |
+---------------------------------------------------------+
```

```
+--------------------------------------------------------+
| Generalized Mixed (RP) Logit Model                     |
| Replications for simulated probs. = 250                |
| Halton sequences used for simulations                  |
| ------------------------------------------------------ |
| RPL model with panel has  115 groups.                  |
| Fixed number of obsrvs./group=       16                |
| Random parameters model was specified                  |
| ------------------------------------------------------ |
| RPL model has correlated parameters                    |
| Hessian was not PD. Using BHHH estimator.              |
| Number of obs.=  1840, skipped   0 bad obs.            |
+--------------------------------------------------------+
+----------+----------------+--------------------+----------+----------+
|Variable| Coefficient   | Standard Error |b/St.Er.|P[|Z|>z] |
+----------+----------------+--------------------+----------+----------+
+----------+Random parameters in utility functions                    |
|INVT    |    -.07039***       .00748         -9.411   .0000 |
|WAITT   |    -.05786**        .02857         -2.025   .0428 |
|ACCT    |    -.11308***       .01764         -6.411   .0000 |
|EGGT    |    -.07669***       .02188         -3.506   .0005 |
|COST    |    -.32694***       .03399         -9.620   .0000 |
+----------+Nonrandom parameters in utility functions                 |
|NLRASC  |    3.24088***       .51691          6.270   .0000 |
|ACCBUSF |    -.03795          .03658         -1.038   .2995 |
|PTINC   |    -.01704***       .00372         -4.575   .0000 |
|PTGEND  |    1.39774***       .23413          5.970   .0000 |
|NLRINSDE|   -1.03616          .93304         -1.111   .2668 |
|TNASC   |    3.32005***       .46723          7.106   .0000 |
|NHRINSDE|   -2.86157***      1.05769         -2.705   .0068 |
|NBWASC  |    2.63730***       .47806          5.517   .0000 |
|BSASC   |    2.84240***       .44565          6.378   .0000 |
|BWASC   |    2.79413***       .46306          6.034   .0000 |
|CRCOST  |    -.16531***       .05666         -2.918   .0035 |
|CRINVT  |    -.04816***       .00699         -6.893   .0000 |
|CRPARK  |    -.06677***       .01818         -3.672   .0002 |
|CREGGT  |    -.11379***       .01901         -5.985   .0000 |
+----------+Diagonal values in Cholesky matrix, L.                    |
|TsINVT  |     .09863***       .01225          8.053   .0000 |
|TsWAITT |     .35631***       .04133          8.622   .0000 |
|TsACCT  |     .19250***       .04823          3.991   .0001 |
|TsEGGT  |     .23144***       .03911          5.917   .0000 |
|TsCOST  |     .10869          .10289          1.056   .2908 |
+----------+Below diagonal values in L matrix. V = L*Lt               |
|WAIT:INV|    -.27949***       .05096         -5.485   .0000 |
|ACCT:INV|    -.11256***       .04108         -2.740   .0061 |
|ACCT:WAI|     .12671***       .04650          2.725   .0064 |
|EGGT:INV|    -.18610***       .04405         -4.224   .0000 |
|EGGT:WAI|     .18536***       .04547          4.077   .0000 |
|EGGT:ACC|    -.09697**        .03838         -2.527   .0115 |
|COST:INV|    -.06330          .13029          -.486   .6271 |
|COST:WAI|    -.48692***       .09523         -5.113   .0000 |
|COST:ACC|    -.43282***       .08140         -5.317   .0000 |
|COST:EGG|    -.06688          .08079          -.828   .4078 |
+----------+Variance parameter tau in GMX scale parameter             |
|TauScale|     .41034***       .03846         10.668   .0000 |
+----------+Weighting parameter gamma in GMX model                    |
|GammaMXL|     .00150          .20743           .007   .9942 |
```

```
+-----------+  Sample Mean    Sample Std.Dev.                    |
|Sigma(i)|       .97728***        .34994       2.793   .0052 |
+-----------+Standard deviations of parameter distributions     |
|sdINVT    |     .09863***        .01225       8.053   .0000 |
|sdWAITT   |     .45285***        .04504      10.055   .0000 |
|sdACCT    |     .25648***        .04762       5.386   .0000 |
|sdEGGT    |     .36326***        .04182       8.686   .0000 |
|sdCOST    |     .66687***        .08705       7.661   .0000 |
```

```
Correlation Matrix for Random Parameters

Matrix COR.MAT. has  5 rows and  5 columns.
           INVT          WAITT          ACCT           EGGT          COST
        +--------------+--------------+--------------+--------------+--------------+
INVT    |   1.00000       -.61718        -.43887        -.51230       -.09493
WAITT   |   -.61718       1.00000         .65957         .71766       -.51591
ACCT    |   -.43887        .65957        1.00000         .27655       -.80619
EGGT    |   -.51230        .71766         .27655        1.00000       -.21458
COST    |   -.09493       -.51591        -.80619        -.21458       1.00000
        +--------------+--------------+--------------+--------------+--------------+
Covariance Matrix for Random Parameters

Matrix COV.MAT. has  5 rows and  5 columns.
           INVT          WAITT          ACCT           EGGT          COST
        +--------------+--------------+--------------+--------------+--------------+
INVT    |    .00973       -.02757        -.01110        -.01836       -.00624
WAITT   |   -.02757        .20507         .07661         .11806       -.15580
ACCT    |   -.01110        .07661         .06578         .02577       -.13789
EGGT    |   -.01836        .11806         .02577         .13196       -.05198
COST    |   -.00624       -.15580        -.13789        -.05198        .44472
        +--------------+--------------+--------------+--------------+--------------+
Cholesky Matrix for Random Parameters

Matrix Cholesky has  5 rows and  5 columns.
           INVT          WAITT          ACCT           EGGT          COST
        +--------------+--------------+--------------+--------------+--------------+
INVT    |  .09863   .0000000D+00   .0000000D+00   .0000000D+00   .0000000D+00
WAITT   | -.27949      .35631     .0000000D+00   .0000000D+00   .0000000D+00
ACCT    | -.11256      .12671        .19250     .0000000D+00   .0000000D+00
EGGT    | -.18610      .18536       -.09697        .23144      .0000000D+00
COST    | -.06330     -.48692       -.43282       -.06688         .10869
        +--------------+--------------+--------------+--------------+--------------+
```

**模型 4：RPL t，1**

```
nlogit
;lhs = resp1,cset,Altij
;choices = NLRail,NHRail,NBway,Bus,Bway,Train,Car
;pwt
;rpl
;pds = 16;halton;pts = 500
;fcn = invt(t,1),waitt(t,1),acct(t,1),eggt(t,1),cost(t,1)
;par
;model:
U(NLRail) = NLRAsc + cost * tcost + invt * InvTime + waitt * waitt2 + accT * acctim + accbusf * accbusf + ptinc * pinc + ptgend * gender + NLRinsde * inside /
```

U(NHRail) = TNAsc + cost * Tcost + invt * InvTime + waitT * WaitT + accT * acctim + eggT * egresst + accbusf * accbusf + ptinc * pinc + ptgend * gender + NHRinsde * inside /

U(NBway) = NBWAsc + cost * Tcost + invt * InvTime + waitT * WaitT + accT * acctim + eggT * egress + accbusf * accbusf + ptinc * pinc + ptgend * gender /

U(Bus) = BSAsc + cost * frunCost + invt * InvTime + waitT * WaitT + accT * acctim + eggT * egresst + ptinc * pinc + ptgend * gender/

U(Bway) = BWAsc + cost * Tcost + invt * InvTime + waitT * WaitT + accT * acctim + eggT * egresst + accbusf * accbusf + ptinc * pinc + ptgend * gender /

U(Train) = TNAsc + cost * tcost + invt * InvTime + waitT * WaitT + accT * acctim + eggT * egresst + accbusf * accbusf + ptinc * pinc + ptgend * gender /

U(Car) = cost * costs + invt * InvTime + CRpark * parkcost + CReggT * egresst $

```
+---------------------------------------------------------+
| Random Parameters Logit Model                           |
| Dependent variable                          RESP1       |
| Log likelihood function                 -2257.958       |
| Restricted log likelihood               -3580.475       |
| Chi squared [  17 d.f.]               2645.03271        |
| Significance level                        .0000000      |
| McFadden Pseudo R-squared                 .3693690      |
| Estimation based on N =     1840, K =   17              |
| AIC =       2.4728  Bayes IC =      2.5238              |
| AICf.s. =       2.4730  HQIC =      2.4916              |
| Model estimated: Jun 14, 2009, 18:04:16                 |
| Constants only.  Must be computed directly.             |
|                  Use NLOGIT ;...;  RHS=ONE $            |
| At start values  -2332.5131  .03196 *******             |
| Response data are given as ind. choice.                 |
+---------------------------------------------------------+
+---------------------------------------------------------+
| Notes No coefficients=> P(i,j)=1/J(i).                  |
|       Constants only => P(i,j) uses ASCs                |
|         only. N(j)/N if fixed choice set.               |
|         N(j)  = total sample frequency for j            |
|         N     = total sample frequency.                 |
|       These 2 models are simple MNL models.             |
|       R-sqrd = 1 - LogL(model)/logL(other)              |
|       RsqAdj=1-[nJ/(nJ-nparm)]*(1-R-sqrd)               |
|         nJ    = sum over i, choice set sizes            |
+---------------------------------------------------------+
+---------------------------------------------------------+
| Random Parameters Logit Model                           |
| Replications for simulated probs. = 500                 |
| Halton sequences used for simulations                   |
| ------------------------------------------------------- |
| RPL model with panel has   115 groups.                  |
| Fixed number of obsrvs./group=          16              |
| Random parameters model was specified                   |
| ------------------------------------------------------- |
| Number of obs.=  1840, skipped   0 bad obs.             |
+---------------------------------------------------------+
```

| Variable | Coefficient | Standard Error | b/St.Er. | P[|Z|>z] |
|---|---|---|---|---|
| Random parameters in utility functions | | | | |
| INVT | -.06852*** | .00387 | -17.719 | .0000 |
| WAITT | -.09419*** | .01667 | -5.649 | .0000 |
| ACCT | -.11947*** | .01025 | -11.658 | .0000 |
| EGGT | -.04954*** | .01055 | -4.697 | .0000 |
| COST | -.29739*** | .02281 | -13.035 | .0000 |
| Nonrandom parameters in utility functions | | | | |
| NLRASC | 2.45939*** | .32302 | 7.614 | .0000 |
| ACCBUSF | -.06846* | .03712 | -1.844 | .0651 |
| PTINC | -.00865*** | .00249 | -3.478 | .0005 |
| PTGEND | 1.60422*** | .21467 | 7.473 | .0000 |
| NLRINSDE | -1.22504*** | .39846 | -3.074 | .0021 |
| TNASC | 1.76651*** | .25499 | 6.928 | .0000 |
| NHRINSDE | -1.15571*** | .44472 | -2.599 | .0094 |
| NBWASC | .96813*** | .28944 | 3.345 | .0008 |
| BSASC | 1.27769*** | .23769 | 5.375 | .0000 |
| BWASC | 1.16536*** | .25118 | 4.639 | .0000 |
| CRPARK | -.00529 | .00790 | -.670 | .5030 |
| CREGGT | -.05475*** | .01556 | -3.519 | .0004 |
| Distns. of RPs. Std.Devs or limits of triangular. | | | | |
| TsINVT | .06852*** | .00387 | 17.719 | .0000 |
| TsWAITT | .09419*** | .01667 | 5.649 | .0000 |
| TsACCT | .11947*** | .01025 | 11.658 | .0000 |
| TsEGGT | .04954*** | .01055 | 4.697 | .0000 |
| TsCOST | .29739*** | .02281 | 13.035 | .0000 |
| Note: ***, **, * = Significance at 1%, 5%, 10% level. | | | | |

整体拟合度（伪 $R^2$ ）的变化范围介于模型 M3 的 0.432 和模型 M4 的 0.369 之间。这相对于 ML 模型是一个显著改进，ML 模型收敛时的 LL 值为－2 496.577。模型 1 到模型 4 收敛时的 LL 值分别为－2 043.85，－2 108.37，－2 031.63 和－2 257.96。乔利斯基矩阵的元素表现出了强的相关属性证据，这意味着不相关设定是不合适的。需要特别注意的是，尺度在统计上显著的方差参数（或式（15.34）中的 $\tau$）在 WTP 空间中等于 0.489 6，在偏好空间中等于 0.410 3。这表明即使考虑了相关随机参数，也存在尺度异质性。用来衡量剩余偏好异质性的方差随尺度变化而变化的程度 $\gamma$ 的估计值为 0.001 5，这在统计上与零没有显著差异。

与 Train 和 Weeks 的发现类似，在偏好空间估计的、比 WTP 空间中 M2 少一个自由度的广义混合 logit 模型（M3）有最好的统计拟合度。相反，Balcombe et al.（2009）和 Scarpa et al.（2008）在使用 WTP 空间时发现了估计合理性上的改进，而且他们还发现了更好的统计拟合度。然而，对于模型 3（和模型 1），表 15.9 总结出 WTP 分布在行为上的表现令人担心，因为在整个无约束分布上，值域非常大而且符号发生了变化。

模型 M1 到模型 M3 的 WTP 估计总结于表 15.9 中（使用条件分布）。稍微考察一下可知，在 WTP 空间中，模型 2 比模型 1 和模型 3 更受偏好，因为它的标准差估计值低得多而且在行为上更合理。尽管偏好空间中的 GMX 模型与模型 2 有相似的均值估计值，但标准差要大 3～6 倍。模型 1 也有很大的标准差估计值，尽管它们比 GMX 模型的标准差估计值稍微小一些；然而，WTP 的均值估计值明显更低，并且在基准证据上比较低。

在这个评估上，表 15.10 提供了不少信息；它截取了每个分布的底部（即更负）和上部（即更正）部分。对于小于－32 澳元和大于 32 澳元的 WTP 估计值，我们用粗体字表示。这些截取是任意的，但它们仍能说明备选模型假设下的“极端值”程度。WTP 空间中的模型 2 的极端正和极端负的估计值都更少，而偏好空间中的模型 1 和模型 3 有大量极端值。

表 15.8　　模型结果总结

| 属性(1) | 选项(2) | M1：偏好空间，混合 logit (3) | M2：WTP 空间 (4) | M3：偏好空间，广义混合 logit (5) | M4：偏好空间：受约束三角形分布的混合 logit (6) |
|---|---|---|---|---|---|
| 主要方式车载时间 | 所有方式 | −0.077 3(−14.06) | 0.257 1(9.10) | −0.070 4(−9.41) | −0.068 5(−17.7) |
| 等待时间 | 所有公共方式 | −0.035 8(−1.61) | 0.170 8(2.06) | −0.057 9(−2.03) | −0.094 2(−5.65) |
| 抵达时间 | 所有公共方式 | −0.109 5(−8.15) | 0.455 3(8.63) | −0.113 1(−6.41) | −0.119 5(−11.66) |
| 疏散交通时间 | 所有公共交通 | −0.062 9(−3.67) | 0.295 4(4.29) | −0.076 7(−3.51) | −0.049 5(−4.70) |
| 主要方式车载成本 | 所有方式 | −0.343 1(−9.61) | 1.00(固定) | −0.326 9(−9.62) | −0.297 4(−13.04) |
| | | 非随机参数： | | | |
| 新轻轨常数 | 新轻轨 | 1.142 5(2.72) | 1.142 8(3.91) | 3.240 9(6.27) | 2.459 4(7.61) |
| 新重轨常数 | 新公交专用道 | 0.664 6(1.86) | 0.814 1(3.37) | 2.637 3(5.52) | 0.968 1(3.35) |
| 当前公共汽车常数 | 公共汽车 | 0.788 7(2.54) | 1.100 0(5.44) | 2.842 4(6.38) | 1.277 7(5.38) |
| 火车常数 | 当前和新火车 | 1.318 8(3.99) | 1.556 0(7.15) | 3.320 1(7.11) | 1.766 5(6.93) |
| 当前公交专用道常数 | 公交专用道 | 0.778 1(2.39) | 0.979 0(4.55) | 2.794 1(6.03) | 1.165 4(4.64) |
| 抵达公共汽车方式的费用 | 公共汽车是抵达方式之地 | −0.064 2(−1.58) | −0.060 0(−1.74) | −0.038 0(−1.04) | −0.068 5(−1.84) |
| 小轿车停车费 | 小轿车 | −0.042 8(−3.60) | −0.042 7(−3.50) | −0.066 8(−3.7) | −0.005 3(−0.67) |
| 疏散交通时间 | 小轿车 | −0.093 8(−4.33) | −0.121 2(−6.60) | −0.113 8(−5.99) | −0.054 7(−3.52) |
| 个体收入(千澳元) | 公共交通 | −0.008 1(−2.26) | −0.013 1(−3.99) | −0.017 0(−4.58) | −0.008 7(−3.38) |
| 性别(男=1) | 公共交通 | 1.505 3(5.33) | 1.564 6(7.56) | 1.397 7(5.97) | 1.604 2(7.47) |
| 旅程中使用新轻轨 | 新轻轨 | −1.459 7(−2.42) | −1.288 3(−1.79) | −1.036 2(−1.11) | −1.225 0(−3.07) |
| 旅程中使用新重轨 | 新重轨 | −3.082 6(−3.74) | −2.723 1(−3.51) | −2.861 6(−2.71) | −1.155 7(−2.60) |
| | | 随机参数：标准差 | | | |
| 主要方式车载时间 | 所有方式 | 0.110 9(12.47) | 0.423 2(8.38) | 0.098 6(8.05) | −0.068 5(−17.7) |
| 等待时间 | 所有公共方式 | 0.340 9(8.24) | 1.013 4(5.87) | 0.452 9(10.06) | −0.094 2(−5.65) |
| 抵达时间 | 所有公共方式 | 0.234 0(7.06) | 0.778 9(8.22) | 0.256 5(5.39) | −0.119 5(−11.66) |
| 疏散交通时间 | 所有公共方式 | 0.345 9(13.44) | 0.688 3(4.85) | 0.363 3(8.69) | −0.049 5(−4.70) |
| 主要方式车载成本 | 所有方式 | 0.766 8 (10.51) | 0.00(固定) | 0.666 9(7.66) | −0.297 4(−13.04) |
| | | 乔利斯基矩阵：对角线元素 | | | |
| 主要方式车载时间 | 所有方式 | 0.110 9(12.47) | 0.423 2(8.38) | 0.098 6(8.05) | — |
| 等待时间 | 所有公共方式 | 0.263 0(8.12) | 1.013 4(5.87) | 0.356 3(8.62) | — |
| 抵达时间 | 所有公共方式 | 0.207 7(6.54) | 0.778 9(8.22) | 0.192 5 (3.99) | — |
| 疏散交通时间 | 所有公共交通 | 0.271 9(7.77) | 0.688 3(4.85) | 0.231 4(5.92) | — |
| 主要方式车载成本 | 所有方式 | 0.513 2(6.95) | 0.00(固定) | 0.108 7(1.06) | — |
| | | 乔利斯基矩阵：对角线下方元素 | | | |
| 等待时间:车载时间 | | −0.217 0(5.76) | 0.673 2(3.97) | −0.279 5(5.49) | — |
| 抵达时间:车载时间 | | −0.049 8(1.59) | 0.300 4(2.04) | −0.112 6(2.74) | — |
| 抵达时间:等待时间 | | −0.095 6(−3.35) | 0.543 7(3.25) | 0.126 7(2.73) | — |
| 疏散时间:车载时间 | | −0.127 0(−3.72) | 0.654 3(4.17) | −0.186 1(−4.22) | — |
| 疏散时间:等待时间 | | −0.160 9 (−5.80) | 0.627 0 (3.23) | 0.185 4(4.08) | — |
| 疏散时间:抵达时间 | | −0.061 1(−2.43) | 0.686 1(4.65) | −0.097 0 (−2.53) | — |
| 车载成本:车载时间 | | 0.440 3(4.43) | 0.00(固定) | −0.063 3(−0.49) | — |
| 车载成本:等待时间 | | 0.235 3(3.58) | 0.00(固定) | −0.486 9(−5.11) | — |
| 车载成本:抵达时间 | | −0.140 3(−1.78) | 0.00(固定) | −0.432 8 (−5.32) | — |

续前表

| 属性(1) | 选项(2) | M1：偏好空间，混合 logit (3) | M2：WTP 空间 (4) | M3：偏好空间，广义混合 logit (5) | M4：偏好空间：受约束三角形分布的混合 logit (6) |
|---|---|---|---|---|---|
| 车载成本：疏散时间 | | 0.235 9(2.72) | 0.00(fixed) | −0.066 9(−0.83) | — |
| 尺度方差参数($\tau$)： | | — | 0.489 6(7.06) | 0.410 3(10.67) | — |
| 权重参数($\gamma$)： | | — | 0.00(fixed) | 0.001 5(0.007) | — |
| 成本参数(WTP 空间) | | — | −0.295 6(−12.4) | — | — |
| *Sigma*： | | — | — | — | |
| 样本均值 | | — | 0.966 3 | 0.977 3 | — |
| 样本标准差 | | — | 0.414 4 | 0.349 9 | — |
| | | 模型拟合： | | | |
| LL 在 0 点处的值 | | −3 580.48 | | | |
| LL 的收敛值 | | −2 043.85 | −2 108.37 | −2 031.63 | −2 257.96 |
| 信息准则 AIC | | 4 328.23 | 4 427.22 | 4 202.31 | 4 643.79 |
| 伪 $R^2$ | | 0.429 | 0.411 | 0.433 | 0.369 |
| 参数个数 | | 37 | 38 | 39 | |
| 样本量 | | 1 840 | | | |

注：所有公共交通指新重轨（new heavy rail）、新轻轨（new light rail）、新公交专用道（new busway）、公共汽车（bus）、火车（train）和公交专用道（busway）；时间以分钟表示，成本以 2003 年澳元表示。列（3）到列（6）括号中的值为 $T$ 值。模型以 500 次霍尔顿抽取进行估计。

**表 15.9　　支付意愿（每人每小时愿意支付的澳元数）**

| 属性 | M1：偏好空间，混合 logit | M2：WTP 空间 | M3：偏好空间，广义混合 logit |
|---|---|---|---|
| 主要方式车载时间 | 8.70 (42.78)<br>[−313.1 to 120.6]{12.24} | 16.35 (8.16)<br>[−7.3 to 31.07]{16.35} | 17.68 (55.25)<br>[−222.9 to 392.6] {12.19} |
| 抵达时间 | 7.32 (89.3)<br>[−475.9 to 393.9]{9.52} | 24.07 (19.51)<br>[−12.96 to 78.94]{13.86} | 23.05 (121.4)<br>[−419.8 to 869.2] {5.96} |
| 疏散交通时间 | 11.25 (78.5)<br>[−331.6 to 474.9]{5.41} | 15.71 (24.72)<br>[−33.17 to 99.63]{6.41} | 18.58 (74.1)<br>[−146.3 to 417.6] {5.34} |

注：( ) =标准差，[ ] =值域，{ } =删除极端值（<−32 和>32）之后的均值，ns=在统计上不显著。

表 15.9 和表 15.10 中关于偏好空间中的证据再次对研究者提出了寻找将异质性控制在“合理”范围内的更好方法的要求。① 由于我们依赖在很多方面都是任意的解析分布［尽管一些分布（例如对数正态分布）有符号限制，但也有长尾］，我们对分布施加约束（例如受约束的三角形分布）以便将异质性控制在均值左右的企图遭到了研究者的批评，因为这种做法无法识别数据质量是否较差。例如，Hensher 和 Greene (2003) 以及其他一些学者提倡使用下列三角形分布，即均值参数被约束为等于它的展布（即 $\beta_{jk}=\beta_k+|\beta_k|T_j$，其中 $T_j$ 是一个值域介于 −1 和 1 之间的三角形分布），而且分布的密度线性地从零增加到均值，然

① 尽管我们使用的是无约束三角形分布，然而在使用一些其他分布（例如正态分布、对数正态分布、瑞利分布和不对称正态分布）时，我们发现了关于长尾和（或）符号发生变化的非常类似的证据。

后在两倍的均值处再次降为零。因此，分布必定介于零和某个估计值（即 $\beta_{jk}$ ）之间。因此，所有特定个体参数估计值被约束为具有相同符号。从实证角度看，分布关于均值对称①，这不仅便于解释，也避免了通常与对数正态分布相伴的长尾问题。

**表 15.10　　底部和上部 WTP 估计值（ML＝模型 1；WTPS＝模型 2，GMX＝模型 3）**

| invtML | invtWTPS | invtGMX | waitML | waitWTPS | waitGMX | accessML | accessWTPS | accessGMX | egressML | egressWTPS | egressGMX |
|---|---|---|---|---|---|---|---|---|---|---|---|
| **-313.09** | -7.30 | **-222.93** | **-428.23** | **-45.84** | **-310.01** | **-475.92** | -12.96 | **-419.77** | **-331.55** | **-33.17** | **-146.29** |
| **-162.36** | -4.93 | **-105.74** | **-328.34** | **-39.20** | **-151.60** | **-406.29** | -11.09 | **-316.98** | **-300.54** | -31.37 | **-141.04** |
| **-149.48** | -2.84 | **-74.72** | **-261.68** | -31.63 | **-102.91** | **-237.82** | -4.60 | **-284.73** | **-230.83** | -28.64 | **-88.48** |
| **-81.69** | -2.54 | **-69.59** | **-177.33** | -21.42 | **-100.32** | **-192.72** | -4.44 | **-207.14** | **-79.20** | -27.77 | **-64.28** |
| **-40.79** | 0.11 | **-50.56** | **-158.86** | -20.82 | **-97.58** | **-177.31** | -3.93 | **-166.94** | **-77.01** | -26.17 | **-43.76** |
| -16.98 | 0.64 | **-36.22** | **-110.22** | -20.40 | **-97.00** | **-129.31** | -2.22 | **-123.99** | **-75.90** | -23.36 | **-39.43** |
| -13.24 | 0.65 | -9.87 | **-81.37** | -19.41 | **-77.11** | **-116.35** | -1.27 | **-115.63** | **-54.61** | -22.19 | **-37.96** |
| -12.49 | 0.67 | -8.37 | **-76.67** | -19.31 | **-52.31** | **-99.36** | -0.64 | **-111.72** | **-44.62** | -21.84 | -32.43 |
| -5.22 | 0.91 | -7.21 | **-67.64** | -19.21 | -30.87 | **-89.62** | 0.48 | -5.38 | **-40.19** | -15.57 | -25.45 |
| -2.94 | 1.38 | -6.79 | **-44.67** | -19.06 | -27.87 | **-69.30** | 2.35 | -4.57 | -31.68 | -15.32 | -25.28 |
| 0.67 | 2.07 | -1.94 | **-38.80** | -18.55 | -27.18 | **-45.36** | 2.36 | -4.13 | -27.36 | -14.55 | -22.59 |
| …… | | | | | | | | | | | |
| 17.35 | 21.63 | 19.95 | 10.07 | 14.53 | 12.31 | 23.52 | **33.66** | **34.56** | 17.89 | 23.75 | 16.34 |
| 17.48 | 21.86 | 20.59 | 10.27 | 15.07 | 13.19 | 24.07 | **34.08** | **34.64** | 18.94 | 25.65 | 16.51 |
| 17.49 | 22.10 | 20.97 | 10.93 | 15.10 | 13.26 | 24.50 | **35.73** | **34.69** | 19.01 | 26.72 | 18.09 |
| 18.14 | 22.15 | 21.39 | 11.77 | 16.77 | 15.83 | 27.26 | **35.74** | **35.03** | 19.03 | 28.52 | 19.07 |
| 18.37 | 22.24 | 22.10 | 12.71 | 18.01 | 16.07 | 27.41 | **36.45** | **35.32** | 19.63 | 29.44 | 19.71 |
| 18.53 | 22.41 | 22.47 | 15.50 | 18.96 | 19.68 | 29.19 | **37.43** | **35.75** | 20.62 | 30.05 | 20.33 |
| 19.42 | 22.52 | 23.42 | 16.20 | 20.05 | 21.56 | 30.73 | **38.06** | **36.18** | 20.86 | 30.63 | 22.44 |
| 19.43 | 23.08 | 23.56 | 16.88 | 20.48 | 22.00 | 32.08 | **39.61** | **37.28** | 21.02 | 32.28 | 22.86 |
| 19.95 | 23.51 | 23.94 | 18.15 | 20.96 | 22.37 | **33.75** | **39.80** | **38.22** | 27.85 | 32.84 | 25.81 |
| 20.84 | 23.63 | 25.33 | 20.64 | 22.46 | 22.64 | **34.21** | **39.98** | **39.72** | 28.82 | **33.35** | 27.92 |
| 21.07 | 23.79 | 27.54 | 20.91 | 22.98 | 27.47 | **34.31** | **40.30** | **40.49** | 29.86 | **33.40** | 29.24 |
| 21.87 | 23.96 | 27.86 | 20.91 | 23.56 | 27.86 | **34.64** | **40.68** | **41.28** | 30.15 | **33.55** | 30.25 |
| 22.20 | 24.04 | 28.42 | 23.22 | 24.46 | 28.65 | **37.97** | **41.81** | **43.43** | 30.47 | **33.59** | 31.45 |
| 22.22 | 24.10 | 29.18 | 27.53 | 27.11 | 29.18 | **38.17** | **42.17** | **43.51** | 32.93 | **35.05** | 31.74 |
| 22.73 | 24.24 | 30.62 | 27.61 | 27.95 | 30.44 | **38.46** | **42.22** | **45.89** | **34.40** | **35.75** | 32.85 |
| 24.96 | 24.25 | 30.63 | 29.87 | 30.39 | **34.40** | **40.18** | **42.69** | **47.13** | **36.05** | **37.87** | **33.94** |
| 25.53 | 24.43 | 30.97 | 31.11 | 31.29 | **37.65** | **41.13** | **43.32** | **50.02** | **37.12** | **37.96** | **33.96** |
| 25.92 | 24.50 | 31.07 | 32.25 | 31.58 | **38.56** | **44.29** | **44.45** | **53.03** | **37.27** | **38.18** | **34.88** |
| 26.21 | 24.51 | 31.25 | **34.27** | 31.75 | **41.31** | **46.29** | **45.37** | **53.80** | **37.40** | **39.27** | **36.10** |
| 27.63 | 24.66 | 32.53 | **34.59** | 32.23 | 45.15 | 46.54 | 47.85 | 58.93 | 53.30 | 44.71 | 36.98 |
| 27.75 | 25.09 | **35.25** | **35.85** | **34.87** | **47.82** | **52.39** | **48.23** | **61.81** | **57.93** | **45.67** | **41.84** |
| 29.22 | 25.22 | **39.91** | **36.68** | **36.42** | **48.87** | **56.12** | **48.41** | **63.91** | **60.82** | **46.27** | **42.82** |
| 29.48 | 25.46 | **42.68** | **38.44** | **37.01** | **49.48** | **56.44** | **51.46** | **78.78** | **63.84** | **47.49** | **44.81** |
| 30.36 | 26.10 | **43.42** | **39.42** | **39.17** | **61.99** | **58.21** | **51.73** | **84.01** | **64.95** | **49.10** | **48.00** |
| 31.04 | 26.30 | **50.65** | **51.81** | **44.74** | **68.52** | **69.14** | **52.14** | **86.22** | **65.21** | **50.01** | **56.48** |
| 34.73 | 26.33 | **58.06** | **52.70** | **46.91** | **80.23** | **73.21** | **54.27** | **95.08** | **71.11** | **50.35** | **59.56** |
| **35.23** | 26.40 | **59.44** | **53.33** | **47.16** | **83.70** | **78.17** | **54.50** | **101.80** | **75.33** | **54.96** | **59.94** |
| **37.96** | 26.48 | **61.50** | **54.01** | **50.13** | **103.79** | **90.56** | **56.65** | **162.19** | **78.94** | **55.52** | **66.96** |
| **38.97** | 26.55 | **64.33** | **140.38** | **59.39** | **137.37** | **111.07** | **61.53** | **177.26** | **97.21** | **63.42** | **78.93** |
| **42.08** | 27.39 | **93.52** | **157.04** | **59.52** | **176.00** | **116.23** | **66.08** | **192.59** | **130.60** | **64.13** | **103.18** |
| **56.05** | 28.38 | **101.26** | **157.46** | **63.18** | **244.44** | **136.66** | **69.05** | **211.45** | **148.38** | **77.43** | **233.66** |
| **61.21** | 29.57 | **116.45** | **160.58** | **64.05** | **374.80** | **151.11** | **75.21** | **298.92** | **162.58** | **79.45** | **381.36** |
| **107.47** | 30.72 | **276.16** | **184.47** | **68.57** | **406.47** | **224.87** | **75.72** | **437.25** | **275.43** | **83.91** | **411.82** |
| **120.62** | 31.07 | **392.64** | **394.87** | **77.17** | **460.66** | **393.93** | **78.94** | **869.15** | **474.97** | **99.63** | **417.57** |

为了能够将上面的 WTP 估计值与所有随机参数都服从受约束三角形分布的 ML 模型（这种模型更流行）进行比较，我们也估计了每个随机参数都服从受约束三角形分布的模型 1（表 15.8，最后一列：M4），并且将均值 WTP 与模型 1 到模型 3 进行比较（见表 15.8）。由于关注均值，我们可以运算 Scarpa 和 Rose (2008) 中的式 (21)，这里将其复制如下：

① 关于受约束三角形分布的合理性问题，说来话长。为了正确使用这种分布，一些文献指出，在某些可接受的假设前提下，分布的符号必须讲得通；这些文献提供了支持证据。这是至关重要的一点（不管对特定分布施加的具体约束是什么），因此，经济学文献才长期使用对数正态分布。这是关于风险的文献广泛持有的观点。文献支持受约束分布的意义，其中约束与整个分布上的系数的合适符号有关。对数正态就是这样的例子，这种分布通过函数形式保证了符号总是相同；然而，这以右侧长尾为代价。一些学者考察了三角形分布尤其是受约束分布（他们将其称为“加宽”三角形分布）作为对称分布和非对称分布的情形。

$$均值 WTP 的方差 = \beta^{-2}\left[\mathrm{Var}(\alpha) - 2\alpha\beta^{-1}\mathrm{Cov}(\alpha,\beta) + \left(\frac{\alpha}{\beta}\right)^2 \mathrm{Var}(\beta)\right] \tag{15.41}$$

为了得到围绕均值的标准误（参见表 15.11），给定分子（$\alpha$）和分母（$\beta$）的方差和协方差，我们取式（15.41）的平方根。在 WTP 空间中，我们仅有关于（$\alpha/\beta$）的方差项。在按 95%的置信区间计算时，模型两两之间不存在交叉，这表明分布的均值在统计上显著不同。

在关于节省的车载时间的均值 WTP 估计上，我们发现下列两种处理方法是等价的：一是在偏好空间中施加受约束分布（例如受约束三角形分布），这是模型 4；二是在 WTP 空间中使用伴随受约束分布的 GMX 模型（模型 2）。而且，这两种方法也基本与 GMX 模型（模型 3）等价。当伴随受约束分布的模型 1 不允许尺度异质性时，我们发现了显著差异的证据（均值 WTP 小了大约 50%）。对于节省的到达时间属性的 WTP 来说，尽管模型 4 与模型 2（和模型 3）的差异稍微大了一些，但情形基本类似。然而，对于节省的疏散时间的 WTP，证据不明朗；尽管 WTP 和偏好空间中的 GMX 模型有更大的估计值（分别为 15.71 澳元和 18.58 澳元），然而 WTP 空间估计大约位于效用空间中的无约束 GMX 模型和受约束 ML 模型估计的中点上。

一些研究者认为 WTP 空间估计也许在将来能替代当前更流行的受约束的 ML 模型，而且研究者对这个问题的兴趣日益增长，事实上，有证据表明，对于前面所述的三个属性中的两个，若对偏好空间中的分布施加适当约束，那么它们可以作为 WTP 空间结果的实证近似。尽管当 WTP 空间中的 WTP 是基准参考依据时，我们还不能宣称已找到了偏好空间中受约束分布的合理性，然而我们也许能够描述一些可能的证据，但这些证据还需要其他数据集和其他解析分布的进一步确认。



## 15.11 效用空间中的 SMNL 模型和 GMX 模型

在本节，我们介绍 SMNL 模型和 GMX 模型，并将它们与标准 MNL 模型和 ML 模型进行比较。表 15.12 总结了这四个模型。模型 1（M1）是标准 MNL 模型，模型 2（M2）是效用空间中的基础随机参数（或混合 logit）模型（MXL），模型 3（M3）是考虑了品味和尺度异质性的广义随机参数或混合 logit 模型（GMXL），模型 4 为不含品味异质性的尺度异质性模型（SMNL）。

所有随机参数都按下列方式设定：一是服从无约束三角形分布，二是随机参数组相关。相关性是通过无约束的下三角矩阵 $\Gamma$ 体现的。所有随机参数都是用面板设定估计的。我们运行了一系列模型（MXL、GMXL、SMNL），使用了一系列智能抽取数（50～1 000）。结果在抽取数为 500 时稳定。[①] 与出行耗时属性和成本属性相伴的固定和随机参数估计值的符号符合预期，在统计上显著。[②] 个体收入（仅在 GMXL 中显著）出现在公共交通方式的效用函数中，这表明高收入者选择公共交通方式（与小轿车相比）的可能性较低。

整体拟合度（伪 $R^2$）从 GMXL（模型 3）的 0.410 变为 MNL 模型的 0.295。MXL 和允许品味异质性的 GMXL 模型比 MNL 模型明显好，其收敛时的 LL 为−2 522.49。与此对照，尺度 MNL（即 SMNL）模型比 MNL 模型稍好。赤池信息准则（Akaike Information Criterion，AIC）[③] 明确表明我们应该选择 GMXL 模型，而不是其他模型。

乔利斯基矩阵的元素（表 15.12 中对角线及其下方元素）给出了相关属性的强证据，这使得不相关设定不合适。需要特别注意的是，尺度（或 $\tau$）的统计显著方差在 GMXL 模型中等于 0.410 9，在 SMNL 模型中等于 1.418。这表明即使考虑了相关随机参数，尺度异质性仍存在。GMXL 模型中 $\gamma$ 的估计值（衡量剩余品味异质性如何随尺度变化而变化）为 0.000 28，但在统计上与零没有显著差别。

① 我们发现对于 GMXL，使用来自 ML 的起始值比使用 MNL 起始值更好。

② 我们没有发现任何符合式（15.17）的统计显著的“h”效应。

③ AIC$=2k-2\mathrm{Ln}(L)$，其中 $k$ 为模型中的参数个数，$L$ 为被估模型的似然函数的最大值。

**表 15.12** 各个模型的结果：总结

| 属性 | 选项 | M1:多项 logit (MNL) | M2:混合 logit (MXL) | M3:广义混合 logit (GMXL) | M4:尺度 MNL (SMNL) |
|---|---|---|---|---|---|
| 随机参数:均值 | | 所有非随机参数 | | | |
| 主要方式车载时间 | 所有公共方式 | −0.048 1 (23.67)* | −0.053 7 (12.6) | −0.073 5 (9.95) | −0.057 6 (22.10)* |
| 等待时间 | 所有公共方式 | −0.027 0 (2.11)* | −0.074 7 (3.17) | −0.066 0 (2.36) | −0.030 6 (3.39)* |
| 抵达时间 | 所有公共方式 | −0.059 2 (12.6)* | −0.106 4 (8.25) | −0.108 7 (7.97) | −0.066 6 (14.53)* |
| 疏散交通时间 | 所有公共交通 | −0.015 0 (3.1)* | −0.112 7 (6.45) | −0.098 5 (4.11) | −0.019 6 (6.17)* |
| 主要方式车载成本 | 所有公共方式 | −0.184 5 (13.5)* | −0.294 7 (7.70) | −0.316 4 (8.48) | −0.235 8 (18.66)* |
| | | 非随机参数 | | | |
| 新轻轨常数 | 新轻轨 | 2.409 8 (6.44) | 1.945 0 (4.38) | 3.373 3 (6.84) | 2.402 6 (13.70) |
| 新重轨常数 | 新公交专用道 | 1.249 (3.56) | 1.628 (4.37) | 2.867 2 (6.08) | 1.249 3 (6.92.) |
| 当前公共汽车常数 | 公共汽车 | 1.814 2 (5.87) | 1.845 8 (5.31) | 3.104 2 (7.33) | 1.814 0 (11.61) |
| 火车常数 | 当前和新火车 | 2.103 9 (6.63) | 2.215 (5.89) | 3.493 7 (7.87) | 2.113 2 (13.85) |
| 当前公交专用道常数 | 公交专用道 | 1.605 8 (5.07) | 1.823 5 (4.99) | 3.024 0 (6.82) | 1.608 8 (10.7) |
| 抵达公共汽车站方式的费用 | 公共汽车是抵达方式之地 | −0.076 73 (2.41) | −0.054 7 (1.50) | −0.032 1 (1.02) | −0.073 5 (3.14) |
| 小轿车成本 | 小轿车 | −0.112 8 (4.05) | −0.204 4 (4.53) | −0.163 4 (3.09) | −0.136 7 (5.51) |
| 小轿车车载时间 | 小轿车 | −0.034 0 (8.80) | −0.048 0 (8.16) | −0.048 2 (7.62) | −0.030 7 (10.21) |
| 小轿车停车费 | 小轿车 | −0.013 9 (1.97) | −0.042 9 (3.25) | −0.062 78 (4.27) | −0.067 5 (7.07) |
| 疏散交通时间 | 小轿车 | −0.056 1 (4.07) | −0.095 7 (5.96) | −0.120 6 (5.13) | −0.090 2 (6.65) |
| 个体收入(千澳元) | 公共交通方式 | −0.002 6 (1.4) | −0.001 6 (1.56) | −0.009 9 (2.72) | −0.000 3 (1.71) |
| | | 随机参数：标准差 | | | |
| 主要方式车载时间 | 所有公共方式 | — | 0.075 3 (8.35) | 0.103 0 (7.68) | — |
| 等待时间 | 所有公共方式 | — | 0.279 5(7.07) | 0.431 8 (8.52) | — |
| 抵达时间 | 所有公共方式 | — | 0.193 7 (5.97) | 0.223 0 (6.07) | — |
| 疏散交通时间 | 所有公共交通 | — | 0.301 2 (8.55) | 0.397 4 (9,87) | — |
| 主要方式车载成本 | 所有公共方式 | — | 0.650 2 (6.45) | 0.696 1 (7.08) | — |
| | | 乔利斯基矩阵：对角线元素 | | | |
| 主要方式车载时间 | 所有公共方式 | — | 0.075 3 (8.35) | 0.103 0 (7.68) | — |
| 等待时间 | 所有公共方式 | — | 0.224 3(7.65) | 0.327 4 (7.31) | — |
| 抵达时间 | 所有公共方式 | — | 0.099 5 (2.98) | 0.191 9 (5.28) | — |
| 疏散交通时间 | 所有公共交通 | — | 0.244 7 (7.58) | 0.274 1 (6.63) | — |
| 主要方式车载成本 | 所有公共方式 | — | 0.532 5 (6.91) | 0.414 6 (3.38) | — |
| | | 乔利斯基矩阵：对角线下方元素 | | | |
| 等待时间:车载时间 | 所有公共方式 | — | 0.166 7 (4.16) | −0.281 4 (4.93) | — |

续前表

| 属性 | 选项 | M1:多项 logit (MNL) | M2:混合 logit (MXL) | M3:广义混合 logit (GMXL) | M4:尺度 MNL (SMNL) |
|---|---|---|---|---|---|
| 抵达时间:车载时间 | 所有公共方式 | — | 0.010 4 (0.36) | −0.089 3 (2.08) | — |
| 抵达时间:等待时间 | 所有公共方式 | — | −0.165 8 (5.44) | 0.070 3 (2.27) | — |
| 疏散时间:车载时间 | 所有公共交通 | — | 0.138 1 (3.41) | −0.250 5 (4.66) | — |
| 疏散时间:等待时间 | 所有公共方式 | — | −0.107 7 (2.67) | 0.124 0 (2.33) | — |
| 疏散时间:抵达时间 | 所有公共方式 | — | −0.012 9 (0.30) | 0.068 4 (1.09) | — |
| 车载成本:车载时间 | 所有公共方式 | — | −0.086 5 (0.75) | 0.061 3 (0.47) | — |
| 车载成本:等待时间 | 所有公共方式 | — | 0.249 0 (2.32) | −0.450 9 (3.79) | — |
| 车载成本:抵达时间 | 所有公共交通 | — | 0.119 2 (1.22) | 0.300 6 (2.88) | — |
| 车载成本:疏散时间 | 所有公共方式 | — | 0.235 8 (2.48) | −0.123 8 (1.02) | — |
| 尺度方差参数(τ): | | — | 0.410 9 (7.39) | 1.141 8 (12.11) | |
| 权重参数(γ): | | — | — | 0.000 28 (0.007) | — |
| Sigma: | | | — | | |
| 样本均值 | | — | — | 0.975 8 | 0.818 5 |
| 样本标准差 | | — | — | 0.350 4 | 0.834 7 |
| | | 模型拟合: | | | |
| LL 在 0 点处的值 | | −3 580.48 | | | |
| LL 的收敛值 | | −2 522.49 | −2 156.88 | −2 111.62 | −2 415.54 |
| McFadden 伪 $R^2$ | | 0.295 | 0.398 | 0.410 | 0.325 |
| 信息准则:AIC | | 5 076.97 | 4 375.75 | 4 289.25 | 4 865.07 |
| 样本量 | | 1 840 | | | |
| | | *VTTS* (澳元/人·小时) | | | |
| 主要方式车载时间 | 所有公共方式 | 15.64 | 10.92 (16.92) | 12.60 (6.58) | 14.66 |
| 等待时间 | 所有公共方式 | 8.78 | 17.09 (33.84) | 13.01 (48.9) | 7.79 |
| 抵达时间 | 所有公共方式 | 19.25 | 18.94 (19.94) | 20.94 (4.60) | 16.95 |
| 疏散交通时间 | 所有公共交通 | 4.88 | 18.80 (30.79) | 15.55 (30.25) | 4.99 |
| 车载时间 | 小汽车 | 18.08 | 14.09 | 17.60 | 13.48 |

注①：所有公共交通方式为新重轨、轻轨、公交专用道以及已有的重轨、轻轨和公交专用道；时间以分钟计，成本以 2003 年澳元计。括号内的数字为 $T$ 值。

②：*表示固定参数；#表示 VTTS 的标准差（括号内的数字）。

在比较各个模型时，一个有用的行为信息是直接弹性的均值估计值（见表 15.13），因为它们说明了随着特定出行属性水平的变化，每个模型中出行方式份额的相对敏感性。MXL 模型和 GMXL 模型中平均弹性的计算公式为

$$Est.\,Avg.\,\frac{\partial \log P_j}{\partial \log x_{k,l}} = \frac{1}{N}\sum_{i=1}^{N}\int_{\beta_i}[\delta_{j,l} - P_l(\beta_i, X_i)]\beta_k x_{k,l,i} d\beta_i \tag{15.42}$$

其中，$j$ 和 $l$ 表示选项，$x$ 表示属性，$i$ 表示个体。由于积分不能直接计算，因此它们与 LL 函数一起按相同的方式同时模拟。从 $\beta_i$ 的分布中使用 $R$ 次模拟抽取，我们得到了弹性均值（式（15.43））的模拟值：

$$Est.Avg.\frac{\partial \log P_j}{\partial \log x_{k,l}}=\frac{1}{N}\sum_{i=1}^{N}\frac{1}{R}\sum_{r=1}^{R}[\delta_{j,l}-P_l(\beta_{i,r},X_i)]\beta_{k,i,r}x_{k,l,i} \tag{15.43}$$

尽管一些模型能够产生弹性分布，然而尺度异质性模型 SMNL 属于 MNL 形式，因此有意义的仅是每个个体的均值估计值。比较四个模型的最好方法是取每个模型相对于 ML 模型的均值估计值之差（ML 模型是一个"基准"，因为我们希望把 GMXL 模型、SMNL 模型与 MXL 模型进行比较）。

**表 15.13　　直接时间和成本弹性**

| 属性 | 选项 | M1：多项 logit* | M2：混合 logit | M3：广义混合 logit | M4：尺度 MNL* |
|---|---|---|---|---|---|
| 车载时间 | 新轻轨(invt-NLR) | −1.674 (1.021) | −1.421 (0.758) | −1.481 (0.796) | −1.106 (0.462) |
| | 新重轨(invt-NHR) | −1.595 (0.945) | −1.399 (0.684) | −1.533 (0.752) | −1.172 (0.530) |
| | 新公交专用道(invt-NBWY) | −2.133 (0.976) | −1.744 (0.652) | −1.936 (0.747) | −1.415 (0.465) |
| | 公共汽车(invt-Bus) | −1.773 (0.995) | −1.356 (0.581) | −1.475 (0.650) | −1.260 (0.456) |
| | 公交专用道(invt-Bway) | −1.540 (0.880) | −1.317 (0.703) | −1.465 (0.809) | −1.188 (0.530) |
| | 火车(invt-Train) | −1.344 (0.752) | −1.227 (0.609) | −1.340 (0.731) | −1.035 (0.469) |
| | 小轿车(invt-Car) | −1.215 (0.709) | −0.894 (0.648) | −0.763 (0.441) | −0.847 (0.853) |
| 成本 | 新轻轨(cost-NLR) | −0.699 (0.446) | −0.883 (0.512) | −0.775 (0.475) | −0.493 (0.236) |
| | 新重轨(cost-NHR) | −0.704 (0.452) | −0.756 (0.391) | −0.733 (0.389) | −0.547 (0.272) |
| | 新公交专用道(cost-NBWY) | −1.143 (0.496) | −0.917 (0.507) | −0.943 (0.468) | −0.806 (0.319) |
| | 公共汽车(cost-Bus) | −0.942 (0.486) | −0.826 (0.384) | −0.815 (0.389) | −0.770 (0.326) |
| | 公交专用道(cost-Bway) | −0.646 (0.414) | −0.758 (0.396) | −0.739 (0.427) | −0.522 (0.264) |
| | 火车(cost-Train) | −0.832 (0.483) | −0.713 (0.368) | −0.686 (0.351) | −0.626 (0.281) |
| | 小轿车(cost-Car) | −0.580 (0.339) | −0.537 (0.387) | −0.363 (0.209) | −0.528 (0.530) |

注①：未校正模型；括号内的数字为标准差。
②：标准差来自不同选择概率而不是偏好异质性。

我们首先考察车载时间均值弹性①，SMNL 模型（M4）相对于 MXL 模型（M2）有一致且最大的负的差②，而且对所有交通选项保持负号，这表明与尺度 MNL 模型相比，ML 模型的均值弹性更大。与此对照，ML 模型的均值弹性估计值比 MNL 模型（M1）和 GMXL 模型（M3）的大，但 GMXL 模型的小轿车的车载时间例外。

尽管这仅是来自一个而不是多个研究的证据，但它表明，由于没有考虑偏好异质性，SMNL 模型中车载时间的弹性均值估计值明显较小。对于成本属性，这个发现也适用于 ML 模型（与 SMNL 模型相比）；然而，在比较 MXL、MNL 和 GMXL 模型时，符号意义不明朗。

在实施各个模型对之间的差异检验（使用均值和标准差）时，参见表 15.14，我们发现在差异检验的 $t$ 值上，均值估计值之间统计上不存在显著差异，这没有例外。③ 因此，从 MNL 模型扩展到 ML 模型再扩展

① 弹性基于未校正的模型，因此数值大小仅在模型之间相互比较时才有意义。在未使用已有交通方式的显示性偏好份额进行校正之前，这些模型不能用于预测消费者的选择。

② 由于所有弹性为负，较小的值是指绝对值较小（例如，−0.435 小于−0.650）。

③ 为了保证 $t$ 值检验是一个有用的近似，我们还对其中两个变量进行了 bootstrap 计算（参见 7.3.3 节）。由此得到的标准误证实了 $t$ 值是一个很好的近似。

到广义混合 logit 模型，着重点在尺度异质性上，尽管实际应用中的均值弹性的绝对值不同，但这种扩展对直接弹性没有实质影响。

**表 15.14　　弹性估计值的统计显著性检验**

| 属性 | 选项 | MXL v. s. MNL | MXL v. s. GMXL | MXL v. s. SMNL | GMXL v. s. SMNL |
|---|---|---|---|---|---|
| 车载时间 | 新轻轨(invt-NLR) | 0.199 | −0.055 | 0.355 | 0.407 |
| | 新重轨(invt-NHR) | 0.168 | −0.131 | 0.193 | 0.393 |
| | 新公交专用道(invt-NBWY) | 0.331 | −0.194 | 0.411 | 0.592 |
| | 公共汽车(invt-Bus) | 0.362 | −0.137 | 0.130 | 0.271 |
| | 公交专用道(invt-Bway) | 0.198 | −0.138 | 0.147 | 0.286 |
| | 火车(invt-Train) | 0.121 | −0.119 | 0.250 | 0.351 |
| | 小轿车(invt-Car) | 0.334 | 0.167 | 0.044 | 0.087 |
| 成本 | 新轻轨(cost-NLR) | −0.197 | 0.155 | 0.692 | 0.532 |
| | 新重轨(cost-NHR) | 0.087 | 0.042 | 0.439 | 0.392 |
| | 新公交专用道(cost-NBWY) | 0.319 | −0.038 | 0.185 | 0.242 |
| | 公共汽车(cost-Bus) | 0.187 | 0.020 | 0.111 | 0.089 |
| | 公交专用道(cost-Bway) | −0.196 | 0.033 | 0.496 | 0.432 |
| | 火车(cost-Train) | 0.196 | 0.053 | 0.188 | 0.133 |
| | 小轿车(cost-Car) | 0.084 | 0.396 | 0.014 | −0.290 |

这个实证证据意味着尽管通过观察到的属性来识别偏好和尺度异质性能够改进模型的拟合度，并且将均值弹性估计值调整得“更接近于”流行的 ML 模型（它假设尺度同质）的估计值，然而差异在统计上不显著。尽管如此，研究者在现实中还是倾向于强调使用均值估计值，因此仅当纳入尺度异质性时，均值弹性估计值才显著比 ML 模型和广义混合 logit 模型的小（也有少数例外情形）。

尽管这个证据仅来自一个而不是多个研究，但对在缺少偏好异质性影响的情形下纳入尺度异质性的好处提出了质疑，因为模型 3 是受偏好的模型。当纳入这两种异质性时，GMXL 模型的统计拟合度更好（相差 2 个自由度），这意味着纳入偏好和尺度异质性可以显著改进标准 ML 模型的表现。然而，在与平均直接弹性相伴的行为意义上，这倾向于导致较低的出行耗时估计值和较高的出行成本估计值；然而，给定标准差，这个差异在统计上并不显著。

最后，我们报告 VTTS 的均值估计值（见表 15.9）。我们使用无条件估计来计算平均 WTP（和标准差），而且我们使用未加标签的车载成本随机参数来得到 VTTS。所有时间属性的均值估计值都有差异；然而，给定标准差，ML 模型和 GMXL 模型的差异在差异检验上并不显著。似乎比较明显的是，SMNL 模型的均值估计值与 MNL 模型的相比较低（这意味着疏散时间的值非常相似）。行为意义还谈不上明朗，但 ML 模型和混合 logit 模型产生的均值估计值似乎比伴随偏好同质性假设的模型的大。其他研究也发现了这一点［参见 Hensher (2010)］。

在 WTP 问题上，Daly et al. (2012) 对在偏好空间中估计模型的成本系数时研究者普遍选择的分布的性质表示了担忧。特别地，他们在数学上证明了，当成本系数分布域包含零时，WTP 分布的任何矩都不存在。如果分布趋近于零，但不包含零，那么矩的存在取决于当它接近于零时分布的具体形状。对于以零为界的三角形分布，逆的均值存在，而方差不存在。① 在使用有限次抽取的模拟实验中，这个问题被掩盖了；事实

① 与以零一致为界相比，趋于无穷时的问题没有那么严重，因此有限次模拟也许能够产生比较合理的结果。

上，Daly et al.（2012）使用 $10^7$ 次抽取确认了他们的理论结果。

应该指出，Daly et al.（2012）的证明仅限于不相关系数的情形（或仅限于相关正态系数的情形），而当前的应用允许时间和成本系数相关，这在引入尺度异质性时非常重要，因为它引入了相关性［参见 Train 和 Weeks（2005)］。然而，Daly et al.（2012）认为相同的推理也应该适用于相关系数的情形，因此，对 WTP 指标报告的方差应该谨慎处理。在多年使用多种分布的经验基础上，我们指出很多分布是有争议的，尤其当使用参数比来得到 WTP 的值时，而且在 WTP 空间（而不是偏好空间）中估计模型的文献越来越多，这也应该引起重视。

## 15.12 混合数据集中尺度异质性的识别

这里的兴趣在于将 $\tau$ 扩展为一系列虚拟变量的函数，该函数识别不同数据集（例如显示性偏好（RP）和陈述性偏好（SP）数据集）之间尺度异质性的存在性。

这是一个简单但重要的扩展，方法如下：$\tau=\tau+\eta d_s$，其中 $\eta$ 是一个特定数据集尺度参数，对于数据源 $s$，$d_s=1$，否则为零；$s=1$，2，…，$S-1$。因此，我们通过纳入与 $\sigma_{irs}$ 相伴的虚拟变量 $d_s$（其中 $s=SP=1$，$s=RP=0$）来允许 GMXL 尺度因子在 RP 和 SP 数据集上的差异，即 $\sigma_{irs}=\exp(-\tau(\tau+\eta d_s)^2/2+(\tau+\eta d_s)w_{ir})$。我们将在第 19 章讨论 RP－SP 数据的联合估计；然而，第 19 章在介绍模型的估计和解释时，说明了 SMNL 或 GMX 模型允许新变量的情形。

# 16 潜类别模型

## 16.1 引言

尽管多项 logit 模型（MNL）为离散选择建模分析提供了基础，然而它的基本限制尤其是它的关于不相关选项独立性（IIA）的假设促使研究者考虑其他设定。混合 logit 模型（ML 模型，参见第 15 章）也许是其中最著名的创新，因为它可以容纳更多行为并且在整体上更灵活。本章介绍的潜类别模型（latent class model，LCM）在某种程度上是一个半参数 MNL 模型，它类似于 ML 模型。与 ML 模型相比，潜类别模型的灵活性稍差，因为它用离散分布近似可能的连续分布；然而，它不要求分析者对参数在个体上的分布做出特定假设。因此，每种模型有自己的缺点，也有优点。然而，正如我们即将说明的，高级版本的潜类别模型（LCM）允许针对特定类别参数的每个离散类别服从连续分布。

与 MNL 和 ML 模型类似，潜类别模型也能纳入异质性［参见 Everitt（1988），Uebersax（1999）］。自然方法假设参数向量 $\beta_i$ 是一个关于个体的离散分布，而不是 ML 模型中的连续分布。也就是说，它假设总体由有限个个体组 $Q$ 组成。组与组之间是异质性的，同组中的个体有相同的参数 $\beta_q$，但组与组不同。我们假设类别用不同参数向量区分，尽管基础数据产生过程和模型变量的概率密度相同。

研究者从数据上无法知道哪个观察属于哪个类别，这正是潜类别名字的由来。模型假设个体在总体中服从不同的离散分布。本章首先介绍标准的潜类别模型，其中固定参数通常无约束，因此它们随着类别不同而不同，但若有必要，可以对类别之间的关系施加限制。然后，本章介绍更高级的潜类别模型，其中随机参数施加在每个类别上。我们将介绍潜类别模型的标准解释，还将通过对某个类别中的特定参数施加限制来考察属性处理规则（参见第 21 章）。当对固定和（或）随机参数进行这种操作时，我们定义每个类别有特定行为意义，因此，我们将每个类别称为一个概率决策规则。本章使用的例子包括标准潜类别和伴随随机参数以及属性加工处理的潜类别。

## 16.2 标准潜类别模型

用于个体异质性分析的潜类别模型（LCM）是由若干篇文献发展出的。参见 Heckman 和 Singer

(1984a，1984b) 的理论讨论。然而，通过文献综述可知，LCM 的应用主要集中在使用泊松或负二项模型的计数模型。Greene (2001) 提供了早期的文献综述。Swait (1994) 和 Bhat (1997) 最早使用 LCM 分析多个选项情形下的离散选择。

LCM 背后的理论认为，个体行为既取决于可观测的属性，也取决于随着分析者未观测到的因素变化而变化的潜在异质性。我们可以使用离散参数变化模型分析这种异质性。因此，LCM 假设个体被分为 $Q$ 个类别，但任一特定个体属于哪个类别（不管该个体是否知道），这不为分析者所知。最重要的行为模型是一个 logit 模型，这个模型是关于个体 $i$ 在 $T_i$ 个选择情形下在 $J_i$ 个选项下的离散选择：

$$\text{Prob}[\text{个体 } i \text{ 在选择情景 } t \text{ 中的选择 } j \mid \text{类别 } q] = \frac{\exp(x'_{it,j}\beta_q)}{\sum_{j=1}^{J_i}\exp(x'_{it,j}\beta_q)} = F(i,t,j \mid q) \tag{16.1}$$

观察数和选择集的大小可随个体数量的变化而变化。在理论上，选择集随着选择情景的变化而变化。个体做出特定选择的概率可用若干种方法表达；为方便起见，我们用 $y_{it}$ 表示个体做出的特定选择，因此：

$$P_{it\mid q}(j) = \text{Prob}(y_{it} = j \mid \text{类别} = q) \tag{16.2}$$

为方便起见，我们将它进一步简化为 $P_{it\mid q}$。尽管这里仅考察离散选择模型，但我们对随机变量的密度使用了未加标签的符号，以暗示这个表达式可以将 LCM 的含义推广到其他架构。注意，这是"面板数据"形式的应用，也就是说，我们假设相同个体在若干选择情景中被观测到。

我们假设，给定指定的类别，$T_i$ 个事件彼此独立。这可能是一个比较强的假设。考虑到大多数选择分析用到的抽样设计的本质，例如在陈述性选择（SC）实验中，个体需要回答一系列调查问题，这个假设的确比较严格。事实上，随机效用的未被观测部分可能彼此相关。潜类别不能容易地扩展到自相关。因此，对于给定的指定类别，个体 $i$ 对可能性的贡献将是序列 $y_i = [y_{i1}, y_{i2}, \cdots, y_{iT}]$ 的联合分布：

$$P_{i\mid q} = \prod_{t=1}^{T_i} P_{it\mid q} \tag{16.3}$$

然而，研究者并不知道个体属于哪个类别。令 $H_{iq}$ 表示个体 $i$ 属于类别 $q$ 的先验概率（稍后考察后验概率）。先验概率有各种表达式［参见 Greene (2001)］。特别方便的形式是 MNL 模型：

$$H_{iq} = \frac{\exp(z'_i\theta_q)}{\sum_{q=1}^{Q}\exp(z'_i\theta_q)},\ q = 1, \cdots, Q,\ \theta_Q = 0 \tag{16.4}$$

其中，$z_i$ 是一组可观测的特征（或协变量），表示类别成员。Roeder et al. (1999) 也使用了这个表达式，但他们将 $z_i$ 称为"风险因素"。为了保证模型识别，第 $Q$ 个参数向量被标准化为零。在一些模型设定下，可能不存在协变量，在这种情形下，$z_i$ 的唯一元素为常数 1，潜类别概率将为常数，按照这种构造，概率之和等于 1。个体 $i$ 的可能性是特定类别贡献（在各个类别上）的期望：

$$P_i = \sum_{q=1}^{Q} H_{iq} P_{i\mid q} \tag{16.5}$$

样本的对数似然（LL）为

$$\ln L = \sum_{i=1}^{N} \ln P_i = \sum_{i=1}^{N} \ln\Big[\sum_{q=1}^{Q} H_{iq}\Big(\prod_{t=1}^{T_i} P_{it\mid q}\Big)\Big] \tag{16.6}$$

LL 函数关于 $Q$ 个结构参数向量 $\beta_q$ 和 $Q-1$ 个潜类别参数向量 $\theta_q$ 的最大值是最大似然估计中的一个平常问题（参见第 5 章）。[①] 与更常见的最大似然问题相比，这是一个比较困难的最优化问题，尽管不是特别难。对于给定的 $Q$ 的选择，好的起始值的选择似乎非常重要。整个组的参数估计量的渐近协方差矩阵是通过对 LL 函数的解析二阶导数矩阵求逆得到的。

---

① LCM 估计中常用期望最大化（expectation maximization，EM）算法。EM 算法的实施过程为：计算后验概率，然后使用概率权重重新估计每个类别中的模型参数，再计算后验概率，这样反复进行下去。多年来，这个算法一直被各种 LC 模型所使用，不局限于多项选择模型。这是个通用算法，尽管它在数学上比较雅致，但我们不推荐使用。这种算法比较慢而且要求分析者计算估计量的渐近协方差矩阵。一些软件（例如 Latent Gold）使用这种算法。部分研究者认为这种方法比较新，或者认为它的估计量与 MLE 的不同，这些都是误解。参见 http://en.wikipedia.org/wiki/Expectations%E2%80%93maximization_algorithm。

分析者需要面对的一个问题是类别数 $Q$ 的选择。这不是凸参数空间内部的参数，因此，我们无法直接检验关于 $Q$ 的假设。如果已知的 $Q^*$ 大于"真实的"$Q$，那么一些检验方法（例如似然比检验（LRT））可能"向下"检验到 $Q$。对于伴随 $Q+1$ 个类别的模型，如果其中任何两个类别的参数被强制相等，那么这个模型就包含伴随 $Q$ 个类别的模型。这的确使问题上升了一个水平，这是因为现在 $Q^*$ 应该假设已知，然而从特定的 $Q^*$ 向下检验比较直接。与此对照，从较小的 $Q(1)$"向上检验"不可行，这是因为从任何太小的模型得到的估计值不一致。Roeder et al.（1999）建议使用式（16.7）中的贝叶斯信息准则（Bayesian Information Criterion，BIC）：

$$\text{BIC}(\text{模型}) = \ln L + \frac{(\text{模型规模})\ln N}{N} \tag{16.7}$$

在得到 $\theta_q$ 的参数估计值之后，类别概率的先验估计值为 $\hat{H}_{iq}$。利用贝叶斯定理，我们可使用式（16.8）得到潜类别概率的后验估计值：

$$\hat{H}_{q|i} = \frac{\hat{P}_{i|q}\hat{H}_{iq}}{\sum_{q=1}^{Q}\hat{P}_{i|q}\hat{H}_{iq}} \tag{16.8}$$

符号 $\hat{H}_{q|i}$ 用来表示类别概率的特定个体估计值，这是一个条件估计值，以个体估计选择概率为条件；注意它与进入 LL 函数的无条件类别概率不同。个体所在的潜类别的严格实证估计量是与 $\hat{H}_{q|i}$ 的最大值相伴的估计量。我们也可以使用这些结果来得到个体的特定参数向量的后验估计值，如式（16.9）所示：

$$\beta_i = \sum_{q=1}^{Q}\hat{H}_{q|i}\hat{\beta}_q \tag{16.9}$$

这个结果也可用于估计 logit 模型中的边际效用，即对个体 $i$ 在属性 $m$ 中选择概率 $k$ 的变化对他在选择情景 $t$ 的选择概率 $j$ 的影响，参见式（16.10）：

$$\sigma_{km,itj|q} = \frac{\partial \ln F(i,t,j|q)}{\partial x_{it,km}} = x_{it,km}[1(j=k) - F(i,t,k|q)]\beta_{m|q} \tag{16.10}$$

这个弹性的后验估计值为

$$\hat{\sigma}_{km,tj|i} = \sum_{q=1}^{Q}\hat{H}_{q|i}\hat{\sigma}_{km,ji|q} \tag{16.11}$$

这个量在数据配置和个体上的平均值的估计量为

$$\hat{\bar{\sigma}}_{km,j} = \frac{1}{N}\sum_{i=1}^{N}\frac{1}{T_i}\sum_{t=1}^{T_i}\hat{\sigma}_{km,tj|i} \tag{16.12}$$

## 16.3 随机参数潜类别模型

在本节，我们扩展 LCM 使得它既允许组内的异质性，也允许组间的异质性。也就是说，我们允许类别内和类别之间参数向量的变化。扩展模型是 ML 和潜类别模型的直接合并。为了纳入这两层异质性，我们允许类别内参数的连续变化。模型的潜类别层面由式（16.13）和式（16.14）给出：

$$f(y_i|x_i,\text{类别}=q) = g(y_i|x_i,\beta_{i|q}) \tag{16.13}$$

$$\text{Prob}(\text{类别}=q) = \pi_q(\theta), q=1,\cdots,Q \tag{16.14}$$

类别内的异质性（类似于混合 logit 模型，即 ML）的构建参见式（16.15）和式（16.16）：

$$\beta_{i|q} = \beta_q + w_{i|q} \tag{16.15}$$

$$w_{i|q} \sim E[w_{i|q}|X] = 0, \text{Var}[w_{i|q}|X] = \sum q \tag{16.16}$$

其中，$X$ 表示 $w_{i|q}$ 与样本中所有外生数据不相关。下面我们将假设类别内的异质性服从正态分布，均值为 0，协方差矩阵为 $\Sigma$。在具体应用中，还可以进一步假设 $\Sigma_q$ 的某些行以及相应的列等于零，以表示相应参数的变

化是完全跨越各个类别的。

个体 $i$ 对模型 LL 的贡献通过对类别内的异质性积分，然后对类别之间的异质性积分而得到。我们允许面板数据（陈述性选择情形下常见）或最优—最差数据。观测到的结果向量以 $y_i$ 表示，外生变量的观察数据以 $X_i=[X_{i1},\cdots,X_{iT_i}]$ 表示。我们假设个体涉及 $T_i$ 个选择情景，其中 $T_i \geqslant 1$。通用模型参见式（16.17）：

$$f(y_i \mid X_i,\beta_1,\cdots,\beta_Q,\theta,\Sigma_1,\cdots,\Sigma_Q) = \sum_{q=1}^{Q}\pi_q(\theta)\int_{w_i}\prod_{t=1}^{T_i} f[y_{it} \mid (\beta_q+w_i),X_{it}]h(w_i \mid \Sigma_q)d w_i \tag{16.17}$$

现在，我们使用 MNL 表达式将类别概率参数化，以便对 $\pi_q(\theta)$ 施加加总和正号限制，如式（16.18）所示：

$$\pi_q(\theta)=\frac{\exp(\theta_q)}{\sum_{q=1}^{Q}\exp(\theta_q)},\ q=1,\cdots,Q;\ \theta_Q=0 \tag{16.18}$$

类别概率模型的一个有用改进是允许概率取决于个体数据，例如社会统计学因素（包括年龄和收入）。在这种情形下，类别概率模型变为式（16.19）：

$$\pi_{iq}(z_i,\theta)=\frac{\exp(\theta_q' z_i)}{\sum_{q=1}^{Q}\exp(\theta_q' z_i)},\ q=1,\cdots,Q;\ \theta_Q=0 \tag{16.19}$$

这个模型是一个“潜类别—混合多项式”模型（LC－MMNL）。个体 $i$ 在 $J$ 个选项中选择，其条件概率如式（16.20）所示：

$$f[y_{it} \mid (\beta_q+w_i),X_{it}]=\frac{\exp\left[\sum_{j=1}^{J}y_{it,j}\ (\beta_q+w_i)' x_{it,j}\right]}{\sum_{j=1}^{J}\exp\left[\sum_{j=1}^{J}y_{it,j}\ (\beta_q+w_i)' x_{it,j}\right]},\ j=1,\cdots,J \tag{16.20}$$

其中，当选项 $j$ 被选中时，$y_{it,j}=1$，否则为零；$x_{it,j}$ 是个体 $i$ 在选择情景 $t$ 中的选项 $j$ 的属性向量。

与混合 logit 模型类似，积分无法直接计算。我们使用最大模拟似然法（与混合 logit 模型下完全相同）来估计 LL 表达式中的项。个体 $i$ 对模拟 LL 的贡献是式（16.21）的对数：

$$f^S(y_i \mid X_i,\beta_1,\cdots,\beta_Q,\theta,\Sigma_1,\cdots,\Sigma_Q) = \sum_{q=1}^{Q}\pi_q(\theta)\frac{1}{R}\sum_{r=1}^{R}\prod_{t=1}^{T_i}f[y_{it} \mid (\beta_q+w_{i,r}),X_{it}] \tag{16.21}$$

其中，$w_{i,r}$ 是我们对随机向量 $w_i$ 的 $R$ 次随机抽取中的第 $r$ 次抽取（我们使用霍尔顿抽取法）。合并所有项，模拟 LL 由式（16.22）给出：

$$\log L^S=\sum_{i=1}^{N}\log\left[\sum_{q=1}^{Q}\pi_q(\theta)\frac{1}{R}\sum_{r=1}^{R}\prod_{t=1}^{T_i}f[y_{it} \mid (\beta_q+w_{i,r}),X_{it}]\right] \tag{16.22}$$

$\pi_q(\theta)$ 和 $f[y_{it} \mid (\beta_q+w_{i,r}),X_{it}]$ 的函数形式分别参见式（16.18）（或式（16.19））和式（16.20）。

支付意愿（WTP）的估计值使用我们已熟悉的结果计算：$WTP=-\beta_x/\beta_{cost}$。由于类别内和类别之间都有参数的异质性，因此 WTP 结果必须平均化，从而得到整体估计值。随机参数的平均化先在每个类别内部进行，然后使用后验概率作为权重对各个类别平均。式（16.23）给出了计算方法：

$$\begin{aligned} W\hat{T}P &= \frac{1}{N}\sum_{i=1}^{N}\sum_{qAPR=1}^{QAPR}\{\pi_{aAPR}(\hat{\theta}) \mid i\}\left[\frac{\frac{1}{R}\sum_{r=1}^{R}L_{ir \mid qAPR}\frac{-\hat{\beta}_{time,ir \mid qAPR}}{\hat{\beta}_{cost,ir \mid qAPR}}}{\frac{1}{R}\sum_{r=1}^{R}L_{ir \mid q}}\right] \\ &= \frac{1}{N}\sum_{i=1}^{N}\sum_{qAPR=1}^{QAPR}\{\pi_{aAPR}(\hat{\theta}) \mid i\}\frac{1}{R}\sum_{r=1}^{R}w_{ir \mid qAPR}\,W\hat{T}P_{time,ir \mid qAPR} \end{aligned} \tag{16.23}$$

其中，$R$ 为模拟的抽取次数，$r$ 表示第几次抽取；$\hat{\beta}_{time,ir \mid qAPR}=\hat{\beta}_{time \mid qAPR}+\hat{\sigma}_{time \mid qAPR}w_{time,ir \mid qARP}$；$\hat{\beta}_{cost,ir \mid qAPR}$ 的意思类似处理；$L_{ir \mid qAPR}$ 为个体 $i$ 对特定类别可能性的贡献，它是式（16.21）和式（16.22）中的乘积项；$\pi_{qAPR}(\hat{\theta}) \mid i$ 是个体 $i$ 的后验类别概率估计值（参见式（16.24））；APR 指属性处理方法，它既可用于也可不用于特定属性：

16 潜类别模型

$$\pi_{qAPR}(\hat{\theta})|i=\frac{\pi_{qAPR}(\hat{\theta})\frac{1}{R}\sum_{r=1}^{R}\prod_{t=1}^{T_i}f[y_{it}|(\beta_{qAPR}+w_{i,r}),x_{it}]}{\sum_{qAPR=1}^{QAPR}\pi_{qAPR}(\hat{\theta})\frac{1}{R}\sum_{r=1}^{R}\prod_{t=1}^{T_i}f[y_{it}|(\beta_{qAPR}+w_{i,r}),x_{it}]} \tag{16.24}$$

## 16.4 案例研究

我们将说明如何使用 Nlogit 软件运行标准 LCM 和 LC-MMNL 模型，这里使用的数据来自收费道路和免费道路的研究，该研究是一个涉及两个 SC 选项（即路线 A 和路线 B）的 SC 实验，实验中的选项基于出行者的出行经验（即当前出行）而设计。每个路线的属性参见表 16.1。

**表 16.1　陈述性选择设计中的出行属性**

| 路线 A 和路线 B |
|---|
| Free-flow travel time（道路通畅情形下的交通耗时） |
| Slowed-down travel time（车速缓慢情形下的交通耗时） |
| Stop/start/crawling travel time（停车/启动/极其缓慢情形下的交通耗时） |
| Minutes arriving earlier than expected（比预期早到了多少分钟） |
| Minutes arriving later than expected（比预期晚到了多少分钟） |
| Probability of arriving earlier than expected（比预期早到的概率） |
| Probability of arriving at the time expected（准时到达的概率） |
| Probability of arriving later than expected（比预期晚到的概率） |
| Running cost（运行成本） |
| Toll cost（过路费） |

每个选项有三个水平情形：比预期早到了 $x$ 分钟、比预期晚到了 $y$ 分钟、准时到达。每个水平都伴随着相应的发生概率①，用来表明出现耗时不是固定的而是变化的。对于除了过路费、比预期早到或晚到多少分钟、准时或者早到或迟到的概率之外的所有其他属性，SC 选项的值围绕当前出行的值而变化。由于研究中的下游区域的很多出行者缺乏成本暴露资料，成本水平固定在一个范围内：从零到 4.20 澳元，其中上限根据抽样出行的耗时确定。

在这个选择实验中，第一个选项是通过与近期出行相伴的属性水平描述的，路线 A 和路线 B 的每个属性的水平围绕着实际出行选项的早到、准时和迟到概率的相应水平而变化。我们抽取了澳大利亚一个城区的出行者和非出行者。我们用电话与参与者联系，并确定面对面的计算机辅助个人访谈（CAPI）。这个研究一共抽取了 588 个出行者和非出行者（后者出行耗时小于 120 分钟），每个人回答 16 个选择集，从而产生了 9 408 个用于模型估计的观察值。这里用到的 D 效率实验设计法是特别构建的，以增加伴随较小样本模型的统计表现，这里的较小指小于其他较低效率设计（例如正交设计）要求的样本量［参见 Rose et al.（2008）］。图 16.1 给出了一个说明性的选择情景。

### □ 16.4.1 结果

表 16.2 提供了四个模型的结果。Nlogit 的语法参见 16.5.2 节。尽管我们尚未介绍属性处理（参见第 21 章），然而 LCM 在选择模型的估计中变得越来越流行，此时分析者希望考察各种有关属性处理的启发性的东西，例如部分属性忽略（attribute non-attendance，ANA）或属性度量单位相同情形下的属性加总（attribute aggregation，ACMA）。尽管本章的学习还不需要阅读第 21 章，但稍微浏览一下还是有好处的，因为这样可以更熟悉 LCM 的估计。

① 概率事先设计好，这可能诱导响应者，类似于其他出行耗时变化研究。

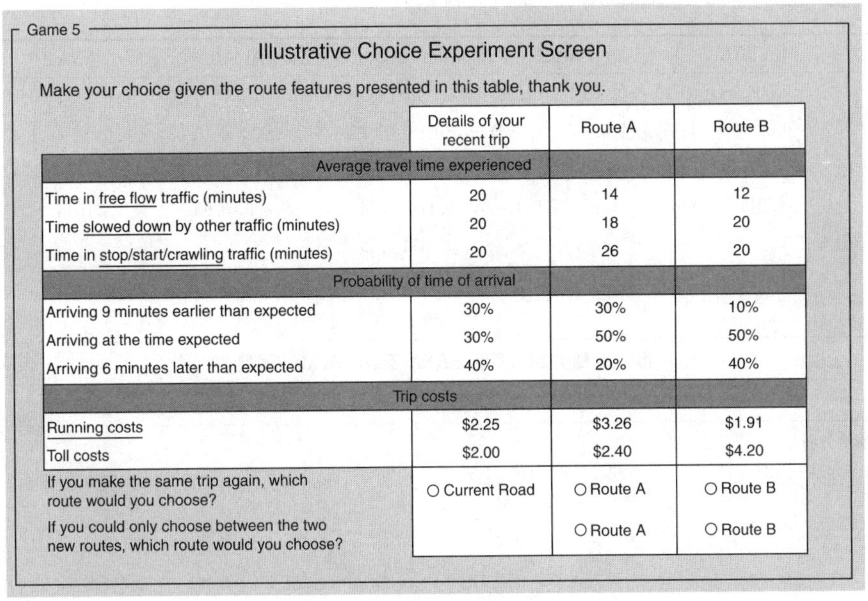

Game 5

**Illustrative Choice Experiment Screen**

Make your choice given the route features presented in this table, thank you.

| | Details of your recent trip | Route A | Route B |
|---|---|---|---|
| **Average travel time experienced** | | | |
| Time in free flow traffic (minutes) | 20 | 14 | 12 |
| Time slowed down by other traffic (minutes) | 20 | 18 | 20 |
| Time in stop/start/crawling traffic (minutes) | 20 | 26 | 20 |
| **Probability of time of arrival** | | | |
| Arriving 9 minutes earlier than expected | 30% | 30% | 10% |
| Arriving at the time expected | 30% | 50% | 50% |
| Arriving 6 minutes later than expected | 40% | 20% | 40% |
| **Trip costs** | | | |
| Running costs | \$2.25 | \$3.26 | \$1.91 |
| Toll costs | \$2.00 | \$2.40 | \$4.20 |
| If you make the same trip again, which route would you choose? | ○ Current Road | ○ Route A | ○ Route B |
| If you could only choose between the two new routes, which route would you choose? | | ○ Route A | ○ Route B |

**图 16.1 选择情景：示例**

**表 16.2** **模型总结**

| 潜类别，固定参数，不纳入 ANA，不纳入 ACMA（模型 1） | | | | | |
|---|---|---|---|---|---|
| 属性 | 类别 1 | 类别 2 | 类别 3 | 类别 4 | 类别 5 |
| 道路通畅情形下的交通耗时 | −0.194 5 (−7.81) | −0.074 3 (−3.58) | −0.039 8 (−4.41) | −0.031 2 (−1.45) | −0.003 3 (−0.26) |
| 车速缓慢情形下的交通耗时和停车/启动耗时 | −0.236 0 (−10.5) | −0.172 8 (−7.53) | −0.078 2 (−6.46) | −0.152 1 (−6.81) | −0.055 9 (−4.96) |
| 运行成本 | −0.272 3 (−3.89) | −2.254 4 (−7.89) | −0.415 5 (−8.86) | −1.557 7 (−7.66) | −0.385 4 (−5.53) |
| 过路费 | −0.283 6 (−4.81) | −2.670 9 (−8.11) | −0.330 9 (−8.61) | −1.235 3 (−8.33) | −0.111 2 (−2.49) |
| 基准选项(1,0) | −0.172 7 (−0.76) | −0.082 3 (−0.38) | 0.421 1 (2.75) | 3.957 0 (9.26) | −2.169 6 (−6.92) |
| 出行目的(1,0) | 0.236 8 (0.89) | 3.213 4 (8.72) | −2.817 0 (−12.8) | −3.995 0 (−7.92) | 3.570 5 (9.52) |
| 提前到达的概率 | −0.008 8 (−1.24) | −0.030 3 (−2.88) | −0.010 5 (−2.40) | −0.001 1 (−0.13) | −0.019 0 (−3.17) |
| 延迟到达的概率 | −0.022 2 (−2.98) | −0.039 8 (−3.43) | −0.019 8 (−4.17) | −0.034 9 (−4.22) | −0.025 0 (−3.78) |
| 陈述性选择选项(1,0) | −0.102 2 (−0.77) | 0.267 3 (1.34) | −0.056 8 (−0.74) | −0.204 1 (−1.11) | 0.020 5 (0.20) |
| 类别身份概率 | 0.124 (6.39) | 0.309 (12.7) | 0.184 (9.27) | 0.277 (11.3) | 0.107 (6.41) |
| LL | | | −4 817.72 | | |
| AIC/N | | | 1.035 | | |
| McFadden 伪 $R^2$ | | | 0.533 9 | | |
| 潜类别，固定参数，FAA，ANA，ACMA（模型 2） | | | | | | |
| 属性 | FAA 1 | FAA 2 | FAA 3 | ANA 1 | ANA 2 | ACMA |
| 道路通畅情形下的交通耗时 | −0.067 1 (−3.19) | −0.174 9 (−6.92) | −0.037 8 (−3.25) | fixed | −0.057 2 (−3.67) | −0.041 9 (−2.22) |
| 车速缓慢情形下的交通耗时和停车/启动耗时 | −0.165 7 (−8.46) | −0.217 5 (−13.5) | −0.041 7 (−3.69) | −0.159 0 (−5.10) | fixed | −0.041 9 (−2.22) |
| 运行成本 | −2.730 8 (−10.3) | −0.239 6 (−3.61) | −0.745 6 (−10.7) | −0.162 8 (−2.20) | −0.396 5 (−4.39) | −0.360 3 (−4.14) |
| 过路费 | −2.650 9 (−11.2) | −0.283 1 (−5.75) | −0.521 8 (−11.4) | 0.048 3 (−0.62) | −0.291 2 (−4.07) | −0.360 3 (−4.14) |
| 基准选项(1,0) | −0.230 6 (−1.35) | −0.002 5 (−0.01) | −0.028 0 (−0.22) | −1.452 9 (−3.50) | −4.189 4 (−6.82) | 3.881 2 (12.0) |
| 出行目的(1,0) | 0.319 3 (1.45) | 0.636 6 (2.84) | −0.171 2 (−0.86) | −0.102 3 (−0.19) | 0.452 2 (0.44) | 0.677 2 (1.78) |

续前表

| 属性 | FAA 1 | FAA 2 | FAA 3 | ANA 1 | ANA 2 | ACMA |
|---|---|---|---|---|---|---|
| 提前到达的概率 | −0.006 3 (−0.71) | −0.009 3 (−1.62) | −0.024 6 (−5.16) | −0.007 3 (−0.90) | −0.002 4 (−0.35) | 0.005 4 (0.37) |
| 延迟到达的概率 | −0.039 6 (−4.66) | −0.020 5 (−2.99) | −0.039 0 (−7.23) | −0.000 8 (−0.08) | −0.010 9 (−1.42) | 0.000 9 (0.06) |
| 陈述性选择选项(1,0) | −0.252 3 (−2.75) | 0.022 0 (−0.18) | −0.252 3 (−2.75) | −0.174 3 (−1.38) | 0.316 9 (2.55) | 0.282 4 (0.86) |
| 类别身份概率 | 0.243 (10.8) | 0.154 (7.08) | 0.174 (7.66) | 0.056 (3.95) | 0.051 (4.95) | 0.322 (14.3) |
| LL | | | −471 1.59 | | | |
| AIC/N | | | 1.013 | | | |
| McFadden 伪 $R^2$ | | | 0.544 1 | | | |

潜类别，随机参数，不纳入 ANA，不纳入 ACMA (模型 3)

| 属性 | 类别 1 | 类别 2 | 类别 3 | 类别 4 |
|---|---|---|---|---|
| 随机参数(受约束三角形分布) | | | | |
| 道路通畅情形下的交通耗时 | −0.021 6 (−0.89) | −0.023 7 (−1.59) | −0.077 9 (−8.64) | −0.036 6 (−6.03) |
| 车速缓慢情形下的交通耗时和停车/启动耗时 | 0.000 55 (0.03) | −0.051 4 (−4.80) | −0.111 6 (−17.9) | −0.064 1 (−10.9) |
| 运行成本 | −0.772 9 (−5.22) | −0.595 7 (−7.99) | −0.506 5 (−10.4) | −0.222 9 (−6.24) |
| 过路费 | −1.331 4 (−12.2) | −0.431 6 (−5.52) | −0.206 0 (−4.57) | −0.087 9 (−2.61) |
| 固定参数 | | | | |
| 基准选项(1,0) | 1.255 2 (5.95) | 0.304 4 (1.61) | 0.243 9 (1.52) | −0.462 6 (−3.37) |
| 出行目的(1,0) | −0.266 5 (−0.77) | −0.502 6 (−2.67) | −0.499 2 (−3.90) | −0.534 4 (−4.15) |
| 提前到达的概率 | −0.022 8 (−1.55) | −0.003 8 (−0.62) | −0.026 1 (−6.04) | −0.009 6 (−2.51) |
| 延迟到达的概率 | 0.004 2 (0.24) | −0.022 7 (−3.59) | −0.026 9 (−5.54) | −0.005 2 (−1.24) |
| 陈述性选择选项 (1,0) | −0.228 3 (0.69) | −0.023 1 (−0.18) | −0.030 1 (−0.35) | 0.071 0 (1.16) |
| 类别身份概率 | 0.367 (14.57) | 0.202 (7.38) | 0.211 (8.11) | 0.221 (8.19) |
| LL | | | −4 803.2 | |
| AIC/N | | | 1.033 | |
| McFadden 伪 $R^2$ | | | 0.535 2 | |

潜类别，随机参数，FAA，ANA，ACMA (模型 4)

| 属性 | FAA 1 | ANA 1 | ANA 2 | ACMA |
|---|---|---|---|---|
| 随机参数(受约束三角形分布) | | | | |
| 道路通畅情形下的交通耗时 | −0.049 5 (−5.39) | 固定 | −0.084 5 (−8.58) | −0.356 1 (−36.8) |
| 车速缓慢情形下的交通耗时和停车/启动耗时 | −0.060 8 (−8.82) | −0.083 9 (−14.6) | 固定 | −0.356 1 (−36.8) |
| 运行成本 | −0.660 3 (−12.9) | −0.311 4 (−6.25) | −0.079 9 (−1.74) | −0.466 2 (−12.9) |
| 过路费 | −0.585 8 (−29.7) | −0.335 2 (−10.1) | −0.246 2 (−8.15) | −0.466 2 (−12.9) |
| 固定参数 | | | | |
| 基准选项(1,0) | 1.852 4 (22.6) | 0.105 1 (0.84) | −1.122 8 (−8.76) | 0.167 8 (1.21) |
| 出行目的(1,0) | 0.194 5 (2.49) | 0.253 3 (2.45) | −0.746 2 (−4.17) | 0.063 5 (0.56) |
| 提前到达的概率 | −0.001 9 (−0.41) | −0.032 7 (−6.91) | −0.005 3 (−1.11) | −0.013 5 (−1.59) |
| 延迟到达的概率 | −0.023 1 (−4.23) | −0.045 1 (−9.33) | −0.011 8 (−2.29) | −0.010 3 (−1.33) |
| 陈述性选择选项(1,0) | −0.095 2 (−0.82) | −0.144 2 (−1.32) | 0.370 8 (5.79) | 0.792 4 (5.98) |
| 类别身份概率 | 0.656 (22.5) | 0.167 (7.48) | 0.061 1 (4.41) | 0.116 (5.39) |
| LL | | | −4 705.2 | |
| AIC/N | | | 1.010 | |
| McFadden 伪 $R^2$ | | | 0.544 7 | |

注：样本规模 $N=588$ 个观察。对于随机参数模型，我们使用受约束的 $t$ 分布和 500 次霍尔顿抽取。括号内的数字为 $t$ 值。时间以分钟计量，成本以 2008 年澳元计量。MNL 模型的 $LL=-6\ 729.90$。

表 16.2 中的模型 1 和模型 3 假设全属性参与（full attribute attendance，FAA），这是大多数选择模型的标准充分补偿假设；模型 2 和模型 4 允许 FAA、ANA 和 ACMA 的混合。前两个模型对所有属性都假设固定参数，后两个模型对交通耗时和成本属性使用了随机参数。随机参数用受约束的三角形分布（参见第 15 章）定义，其中尺度参数等于均值估计值。①

模型的构建（从模型 1 到模型 4）遵循行为范式的自然序列（或称“复杂性”）。在 FAA 假设下，类别数量的选择的解释如下；除此之外，我们还提供了相关文献说明。我们对模型 1 的估计使用了可变的类别数（2～7 个类别），其中五个类别有最好的整体拟合度（包括 AIC）。模型 2 使用固定参数，但引入了 ANA 和 ACMA，因此我们必须定义 ANA 和 ACMA 类别，并且考察保留多少个类别作为 FAA。在一些研究［例如 Scarpa et al.（2009）；Campbell et al.（2011）；NcNair et al.（2012）］中，LCM 的使用者［包括 Hensher 和 Greene（2010）］在考察属性处理规则时，仅使用一个 FAA 类别。然而，由于在属性处理过程中品味异质性仍将在 FAA 类别之间持续存在，我们有必要考虑多个类别。纳入多个 FAA 类别在一定程度上也能减少属性处理类别最终描述品味异质性和属性处理的可能性，这是品味系数在各个类别之间不受约束时存在的风险。

模型 2 也是固定参数模型，但 FAA 类别数以及特定 ANA 和 ACMA 类别数是变化的。模型 3 和模型 1 类似，但四个时间和成本属性使用随机参数；对于模型 3，只有四个类别的整体拟合度最好。这个模型的估计用了好几个小时。最后，我们介绍模型 4，该模型建立在模型 1 到模型 3 的基础之上，而且 FAA 类别、ANA 和 ACMA 类别数是自由定义的；分布假设施加在每个随机参数上。② 模型 4 的估计也用了好几个小时，其中很多模型无法收敛。随机参数情形下，FAA 类别数减少为 1，而固定参数（模型 2）情形下，这一数字为 3，这可能意味着模型 2 的固定参数情形下的三个类别纳入的偏好异质性有一部分被模型 4 的单个类别通过类别内的偏好异质性来描述。下面报告的四个模型是这个过程的结果。

一个问题自然产生了：分析者如何确定类别数 $Q$? 由于 $Q$ 不是一个自由参数，LRT 不合适，实际上，当 $Q$ 增大时 $\log L$ 将增大。研究者通常使用信息准则（例如 AIC）来指引合适值。对于模型 1，类别数为 5 时 AIC 最小，为 1.035（LL 为－4 817.72）；对于伴随随机参数的模型 3，我们发现类别数为 4 时 AIC 最小（1.033，LL 为－4 803.2；稍微比模型 1 好一些）。Heckman 和 Singer（1984a）也提供了类别选择数指南：如果模型用过多的类别来拟合，估计将变得不准确，甚至变化很大。模型过度拟合的显著特征包括非常小的类别概率估计值、结构参数的极端值以及很大的估计标准误。对于纳入 ANA 和 ACMA 的模型（模型 2 和模型 4），类别数是由为了区分类别处理策略而对参数施加的限制数而事先定义的；然而，伴随全属性参与的类别数是自由的，其确定方式类似模型 1 和模型 3。

至于应该对 ANA 和 ACMA 施加什么条件问题，一些研究者认为，个体对关于他是否宣称他忽略了特定属性和（或）将属性加总等这类补充问题的回答也许能帮助分析者获得特定属性处理策略。对于由 588 个观察组成的样本，我们获得了下列 ANA 发生率：道路通畅情形下的耗时（28%），车速缓慢以及停车/启动情形下的耗时（27%），运行成本（17%）以及过路费（11%）。ACMA 的发生率为：总耗时（60.5%），总成本（80%）。这类数据的可靠性曾引起了一些文献的质疑［例如 Hess 和 Hensher（2010）］；然而，尽管如此，也有文献支持属性处理中存在的异质性。上面报告的 ANA 发生率促使我们考虑对纳入 ANA 和 ACMA 的模型选择施加什么限制，尽管最终类别是根据广泛考察各类限制而制定的，而且我们发现它们与补充问题回答的联系比较弱（这与多数文献报告一致）。模型 2 和模型 4 中类别数的确定依据有多个方面：属性处理规则数；使用 AIC 作为统计指引，对 FAA 类别数的评估；以及 Heckman 和 Singer 的建议。

纳入 ANA 和 ACMA 属性处理规则的模型（模型 2 和模型 4）与不纳入的模型相比，整体拟合度提高

① 我们考察了无约束分布（包括对数正态分布），但模型要么不能收敛，要么产生不准确的参数数据，尤其体现在随机参数标准差的估计上。这与 Collins et al.（2013）的发现一致，他们发现，在使用潜类型模型的 ANA 情形时，需要约束随机参数分布的符号。在估计随机参数版本的模型时，模型估计用了 100 多小时。

② 我们考察了无约束分布情形下随机参数的相关性；然而，这类模型统计拟合度不如表 16.2 中的模型 4。

了。在固定参数情形下，整体 LL 从−4 817.72（模型 1）提高到−4 711.59（模型 2）；在随机参数情形下，LL 从−4 803.2（模型 3）① 提高到−4 705.2（模型 4）。在 AIC 检验方面，在通过样本规模调整之后，AIC/N 从模型 1 的 1.035 提高到模型 2 的 1.013，从模型 3 的 1.033 提高到模型 4 的 1.010。模型 4 在整体拟合度上比模型 2 稍微好一些；在充分考察了各种可能原因（包括将霍尔顿抽取次数从 250 开始，以 250 增量递增，一直增加到 1 500）之后，我们没有发现模型 4 比模型 2 显著好的证据。这意味着一旦考虑了属性处理，那么增加行为上的复杂性来允许品味异质性的做法似乎增益很少。这个发现的更强证据还有：从模型拟合度上看，与固定参数下伴随属性处理的模型 2（−4 711.59）相比，随机参数下没有属性处理的模型 3（−4 803.2）最差。尤其需要指出的是，在模型 2 中纳入三个 FAA 类别也能描述概率决策处理模型中的（离散）随机偏好异质性，它提供的信息有助于我们比较两个相互竞争的随机偏好异质性的设定。这意味着模型 2 也许能描述模型 4 希望显示但未能显示的一些随机偏好异质性。

当我们考虑类别配置时，一些有趣的发现也许会出现。所有模型的类别成员概率在统计上都显著，而且成员的展布较好。模型 2 和模型 4 的比较尤其有趣，因为它们在共同的属性处理规则下，在（固定或随机）参数的处理上存在差别。在类别概率决策规则下纳入考虑品味异质性的随机参数，将 ACMA 类别的成员概率从 0.322 降低到 0.116。稍微考察一下代表 ANA 的类别可知，在随机参数设定下，随着我们逐渐靠近全属性参与情形，这一数字从 0.571（三个 FAA 类别之和）上升到 0.656，而且 ANA 类别的成员概率也上升了。这可能意味着潜入 FAA 的随机参数能纳入一定量的属性处理（包括 ANA 和 ACMA 情形）。特别地，这意味着与属性相伴的较小的边际负效用——在 ANA 情形下指定为零值——被赋予了更低的边际负效用并且出现在 FAA 中；在 ACMA 下，边际负效用出现了较小的差异而不是无差异。然而，仍存在着一定（但更小的）ANA 和 ACMA 发生率。

所有四个模型根据式（16.23）计算的节省的总出行时间的价值（VTTS）（澳元/小时）的 WTP 估计值列在表 16.3 和图 16.2 中。根据式（16.23），我们对随机参数取平均值。我们发现，当纳入属性处理时，均值估计值增加。在 VTTS 估计值的统计差异检验上，$z$ 值大于 1.96（模型 1 与模型 2 比较时的 $z$ 值为 13.72，模型 3 与模型 4 比较时的 $z$ 值为 31.7）。因此，我们可以断言，对模型增加一层随机参数以考虑 FAA、ANA 和 ACMA 的做法并未对 VTTS 的均值估计值造成统计显著影响（模型 2 与模型 4 的比较）；然而，这个结论不适用于固定参数模型（模型 1 和模型 2）的比较，也不适用于随机参数模型（模型 3 和模型 4）的比较，因为在这些情形下，属性处理显然能提高 VTTS。

**表 16.3　VTTS 的 WTP 的加权平均估计值（2008 年澳元/人·小时），对时间成分和成本成分使用权重（括号内的数字为标准差）**

| | 模型 1 | 模型 2 | 模型 3 | 模型 4 |
|---|---|---|---|---|
| 道路通畅情形下的耗时 | 6.86 (2.25) | 8.91 (2.01) | 5.90 (3.17) | 12.78 (0.79) |
| 车速缓慢以及停止/启动情形下的耗时 | 12.38 (3.12) | 14.78 (1.38) | 8.72 (3.91) | 12.30 (1.14) |
| 总耗时 | 10.17 (2.77) | 12.42 (1.63) | 7.59 (3.61) | 12.49 (1.00) |

我们还注意到，属性处理的纳入显著降低了固定和随机参数模型的 VTTS 的标准差，但增加了 VTTS 的均值估计值。这意味着对 VTTS 的较高的均值估计值和较低的标准差造成重要影响的是属性处理的纳入，而不是通过随机参数纳入的类别内的偏好异质性。模型 3 特别有趣，因为它表明，在不纳入 FAA、ANA 和 ACMA 但通过随机参数纳入偏好异质性时，VTTS 的均值估计值显著降低，但标准差增加。

① 我们也将模型 3 作为标准 ML 模型运行。我们估计了三个模型：含相关随机参数的无约束三角形分布、不含相关随机参数的无约束三角形分布、不允许相关参数的受约束三角形分布。收敛时的 LL（和 AIC）分别为−5 512.22（1.176），−5 568.57（1.187）和−6 158.89（1.311）。在所有情形下，尽管 MNL 有预期的提高（−6 729.90，1.433），但这些模型在统计上都比表 16.2 中的模型 1 到模型 4 差。由于模型 4 的表现比标准 ML 模型好，因此模型 4 比纳入连续随机品味异质性的模型好（与伴随离散偏好异质性的模型 1 相比）。

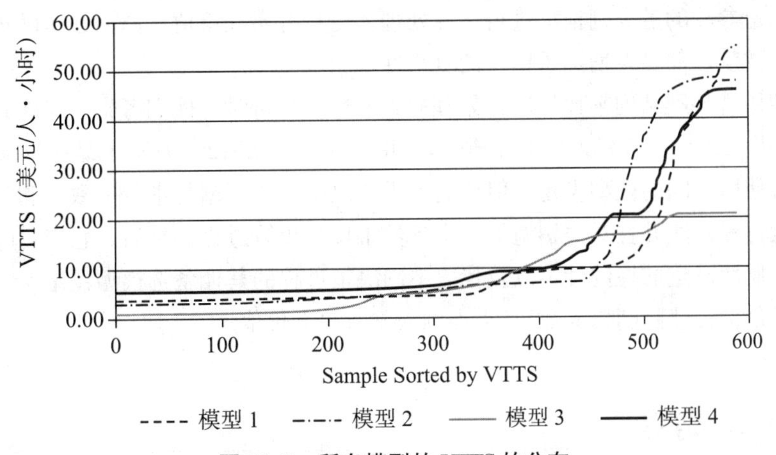


**图 16.2 所有模型的 VTTS 的分布**

## □ 16.4.2 结论

本节介绍了通过对每个类别纳入随机参数而将固定参数的潜类别模型（LCM）一般化的做法，以及将类别重新定义为伴随两个特定属性处理规则的概率决策规则。我们在收费道路与免费道路比较的选择环境中实施这个扩展模型架构，并且估计了四个模型，以便理解属性处理在每个概率决策规则类别内伴随固定或随机参数情形下的作用。

通过对数据集的分析，我们发现，如果属性处理是以充分灵活定义的离散分布实施的，那么通过潜类别中的随机参数纳入额外一层品味异质性对模型的统计和行为上的贡献非常小。灵活性是通过对不要求各个类别的系数相等，更重要的是允许多个 FAA 类别设定而实现的。与随机参数方法比较，这个模型简单，估计速度很快，而且从这里提供的实证结果看，与包含连续随机参数模型的拟合非常近似。

这意味着，在这种情形下随机参数的处理可能与属性处理混杂在一起；在不存在连续分布随机参数的情形下纳入属性处理比连续分布情形下不纳入属性处理更好。这个重要发现可能表明，属性处理规则的作用与属性异质性相容，而且类别内的随机参数在本质上是潜在的混杂效应。尽管我们的发现仅依赖一个数据集，但它指出了如何识别属性处理和类别内的随机参数同时存在的问题。

尽管品味异质性在模型整体拟合度上仅有很小的影响①，但我们发现的重要行为证据可能意味着纳入随机参数也许是容纳较小边际负效用的一种方法（与 ANA 将边际负效用设为零相比），以及容纳边际负效用较小差别的一种方法（与 ACMA 将边际负效用设为相等相比），后者可在属性处理情形下当固定参数变为随机参数时通过“返回”FAA 而观察到。如果这个论断有价值，那么我们可能找到了一种识别很多文献［例如 Hess et al.（2011）；Campbell et al.（2011）］称为低敏感度（与零敏感度相比）的方法。

这个发现来自我们分析的特定数据集②；然而，正如任何经验研究一样，这个发现需要其他数据集的验证。我们希望研究者能做这方面的工作，不仅评估我们使用的属性处理策略，也应该考察如何进行属性评估才更好（参见第 21 章）。我们的发现也许得不到其他数据集的验证；然而，这不代表我们担心我们的证据，而是提醒研究者行为过程通常取决于具体环境。如果我们的发现得到了广泛的证据支持，那么下一步的任务

① 注意，在所有估计模型中，我们都纳入了某种偏好异质性，不管是离散的还是连续的。

② 我们仅搜索到两篇纳入 ANA 的随机参数潜类别模型估计文献（Hess et al.，2012；Collins et al.，2013）。然而，它们与本章的这个证据无法直接进行比较，因为它们未纳入 ACMA 和多个 FAA 类别，而是仅使用了一个类别。尽管如此，它们发现，纳入随机参数和 ANA 并未提高模型的拟合度。因此，尽管假设不同，但随机参数的作用似乎有限。将随机参数纳入 LCM 但不进行属性处理的文献有 Greene 和 Hensher（2012）等，它们发现将随机参数纳入 LCM 能提高模型拟合度；Bujosi et al.（2010）也发现了类似证据，尽管随机参数的纳入的贡献很小（与 RPL 模型相比 MNL 模型的微小改进类似），Vij et al.（2012）未报告不纳入随机参数的 LCM，因此无法进行比较。

是考察如何对伴随固定参数的潜类别模型进行属性处理才更具有实践价值，原因在于随机变量的纳入对模型的预测能力仅有微小贡献，却显著增加了估计的复杂性。

其他一些学者使用潜类别结构来比较属性处理的异质性，分析时，他们考察了伴随其他异质性类型的情形，例如 Thiene et al.（2012）考察了尺度异质性，Hess et al.（2012）考察了品味异质性。尽管他们考察不同的决策过程并且使用不同的模型设定，但他们提供的混杂问题证据与本章一致。和我们一样，他们使用潜类别（或概率决策过程）法并且对类别施加一定条件来反映决策过程。然后，它们对随机偏好或尺度增加额外异质性来构建异质性设定的稳健性，以及代表不同决策过程的其他备选模型设定。它们认为，在表达多个决策过程方面（无论是否伴随随机参数），潜类别法都有很大价值。

## 16.5 Nlogit 命令

### 16.5.1 标准命令结构

命令语法为：

```
LCRPLogit
; Choices = ...
; Model: or ; Rhs/Rh2 = ... as usual
; RPL
; FCN = specification of the RP part,as usual
but only allows normal,constant,triangular,uniform or (0) which is (t,1)
; Halton,etc.
; Draws = number of draws
; PTS = number of classes
; LCM = variables in class probabilities (optional)
$
```

### 16.5.2 表 16.2 中模型的命令结构

```
load;file = C:\projects - active\Northlink\Modeling\Brisb08_30Oct. sav $
create
;time = ff + sdt + sst
;cost = rc + tc
;if(tc # 0)tollasc = 1
;sdst = sdt + sst
;ttime = ff + sdst
;tcost = rc + tc $
```

**模型 1：潜类别，固定参数，不纳入 ANA 和 ACMA**

注：这个模型对参数估计不施加限制。

```
Timer $
LCLogit
    ;lhs = choice1,cset3,Alt3
    ;choices = Curr,AltA,AltB
    ;pds = 16 ? stated choice data with 16 choice scenarios
    ;pts = 5 ? number of classes - program allows up to 30 classes as of 22 July 2008
```

```
    ;maxit = 140 ; tlg = .0001
    ;par
    ;wtp = ff/rc,ff/tc,sdst/rc,sdst/tc
    ;lcm ?  = <list variables,separated by a comma>
    ;model:
U(Curr) = FF * FF + SDST * SDT + sdst * sst + RC * rc  + TC * Tc  + ref
          + commref * commute + prea * prea + prla * prla/
U(AltA) = FF * FF + SDST * SDT + sdst * sst + RC * rc  + TC * Tc + sc1
          + prea * prea + prla * prla/
U(AltB) = FF * FF + SDST * SDT + sdst * sst + RC * rc  + TC * Tc
          + prea * prea + prla * prla $
```

**模型 2：潜类别，固定参数，FAA，ANA，ACMA**

注：这个模型施加限制以定义每个类别的概率决策规则。

```
Timer $
LCLogit
    ;lhs = choice1,cset3,Alt3
    ;choices = Curr,AltA,AltB
    ;pds = 16
    ;pts = 6 ;maxit = 140 ; tlg = .0001
    ;par
    ;wtp = ff/rc,ff/tc,sdst/rc,sdst/tc
    ;lcm
    ;model:
U(Curr) = FF * FF + SDST * SDT + sdst * sst + RC * rc  + TC * Tc  + ref
          + commref * commute  + prea * prea + prla * prla/
U(AltA) = FF * FF + SDST * SDT + sdst * sst + RC * rc  + TC * Tc + sc1
          + prea * prea + prla * prla/
U(AltB) = FF * FF + SDST * SDT + sdst * sst + RC * rc  + TC * Tc
          + prea * prea + prla * prla
;rst =
? FAA1:
b1ff,b2sdt,b3rc,b4tc,bref,bcomr,bpea,bpla,bsc1,                    ? class 1
? FAA 2:
bx1aff,bx2sdt,bx3rc,bx4tc,bxref,bxcomr,bxpea,bxpla,bxsc1,          ? class 2
? FAA 3:
by1ff,by2sdt,by3rc,by4tc,byref,bycomr,bypea,bypla,bsc1,            ? class 3
? ANA 1:
0,b2asdt,b3arc,b4atc,bref2,bcomr2,bpea2,bpla2,bsc2,                ? class 4
? ANA 2:
b1bff,0,b3brc,b4btc,bref3,bcomr3,bpea3,bpla3,bsc3,                 ? class 5
? ACMA:
bffsdt,bffsdt,brctc,brctc,bref4,bcomr4,bpea4,bpla4,bsc4 $          ? class 6
```

```
Normal exit:   5 iterations. Status=0, F=    6729.896
-----------------------------------------------------------------------------------------
Discrete choice (multinomial logit) model
Dependent variable                 Choice
Log likelihood function      -6729.89591
Estimation based on N =    9408, K =    9
Inf.Cr.AIC  =   13477.8 AIC/N =     1.433
Model estimated: Aug 15, 2012, 11:39:56
R2=1-LogL/LogL* Log-L fncn R-sqrd R2Adj
Constants only must be computed directly
              Use NLOGIT ;...;RHS=ONE$
Chi-squared[ 7]             =   1346.80425
Prob [ chi squared > value ] =     .00000
Response data are given as ind. choices
Number of obs.=  9408, skipped    0 obs
-----------+-----------------------------------------------------------------------------
           |               Standard            Prob.       95% Confidence
   CHOICE1|  Coefficient     Error       z    |z|>Z*          Interval
-----------+-----------------------------------------------------------------------------
     FF|1|  -.04582***     .00444   -10.33  .0000     -.05452   -.03713
   SDST|1|  -.07619***     .00349   -21.83  .0000     -.08303   -.06935
     RC|1|  -.42178***     .02512   -16.79  .0000     -.47101   -.37256
     TC|1|  -.35400***     .01609   -22.00  .0000     -.38553   -.32247
    REF|1|   .92294***     .04728    19.52  .0000      .83027   1.01561
 COMMRE|1|  -.14690***     .04786    -3.07  .0021     -.24069   -.05310
   PREA|1|  -.00973***     .00190    -5.13  .0000     -.01344   -.00601
   PRLA|1|  -.01483***     .00212    -7.00  .0000     -.01897   -.01068
    SC1|1|  -.00575        .04111     -.14  .8888     -.08631    .07482
-----------+-----------------------------------------------------------------------------
Note: ***, **, * ==>  Significance at 1%, 5%, 10% level.
-----------------------------------------------------------------------------------------
Normal exit:  99 iterations. Status=0, F=    4711.589
-----------------------------------------------------------------------------------------
Latent Class Logit Model
Dependent variable               CHOICE1
Log likelihood function      -4711.58936
Restricted log likelihood  -10335.74441
Chi squared [  54 d.f.]      11248.31011
Significance level                .00000
McFadden Pseudo R-squared       .5441461
Estimation based on N =    9408, K =   54
Inf.Cr.AIC  =    9531.2 AIC/N =     1.013
Model estimated: Aug 15, 2012, 11:41:35
Constants only must be computed directly
              Use NLOGIT ;...;RHS=ONE$
At start values -6610.3727  .2872******
Response data are given as ind. choices
Number of latent classes =             6
Average Class Probabilities
     .243  .154  .174  .056  .051  .322
LCM model with panel has     588 groups
Fixed number of obsrvs./group=        16
Number of obs.=  9408, skipped    0 obs
-----------+-----------------------------------------------------------------------------
           |               Standard             Prob.       95% Confidence
   CHOICE1|  Coefficient     Error       z    |z|>Z*          Interval
-----------+-----------------------------------------------------------------------------
           |Utility parameters in latent class -->> 1
     FF|1|     -.06709***     .02103    -3.19  .0014    -.10831    -.02586
```

```
   SDST|1|    -.16573***       .01960     -8.46  .0000      -.20414   -.12733
     RC|1|   -2.73083***       .26533    -10.29  .0000     -3.25085  -2.21080
     TC|1|   -2.65091***       .23603    -11.23  .0000     -3.11352  -2.18829
    REF|1|    -.23063          .17085     -1.35  .1771      -.56550    .10424
 COMMRE|1|     .31932          .21971      1.45  .1461      -.11132    .74995
   PREA|1|    -.00633          .00888      -.71  .4754      -.02373    .01106
   PRLA|1|    -.03959***       .00849     -4.66  .0000      -.05624   -.02294
    SC1|1|    -.25230***       .09170     -2.75  .0059      -.43202   -.07258
       |Utility parameters in latent class -->> 2
     FF|2|    -.17490***       .02527     -6.92  .0000      -.22444   -.12537
   SDST|2|    -.21745***       .01608    -13.52  .0000      -.24898   -.18593
     RC|2|    -.23961***       .06638     -3.61  .0003      -.36971   -.10951
     TC|2|    -.28308***       .04927     -5.75  .0000      -.37964   -.18651
    REF|2|    -.00246          .22280      -.01  .9912      -.43915    .43423
 COMMRE|2|     .63655***       .22396      2.84  .0045       .19759   1.07550
   PREA|2|    -.00933          .00577     -1.62  .1059      -.02063    .00198
   PRLA|2|    -.02048***       .00686     -2.99  .0028      -.03392   -.00704
    SC1|2|    -.02195          .12462      -.18  .8602      -.26620    .22231
       |Utility parameters in latent class -->> 3
     FF|3|    -.03775***       .01162     -3.25  .0012      -.06052   -.01499

   SDST|3|    -.04167***       .01129     -3.69  .0002      -.06380   -.01953
     RC|3|    -.74556***       .06940    -10.74  .0000      -.88159   -.60954
     TC|3|    -.52183***       .04589    -11.37  .0000      -.61178   -.43188
    REF|3|    -.02800          .12786      -.22  .8267      -.27860    .22261
 COMMRE|3|    -.17115          .19993      -.86  .3920      -.56300    .22069
   PREA|3|    -.02458***       .00477     -5.16  .0000      -.03392   -.01524
   PRLA|3|    -.03904***       .00540     -7.23  .0000      -.04962   -.02846
    SC1|3|    -.25230***       .09170     -2.75  .0059      -.43202   -.07258
       |Utility parameters in latent class -->> 4
     FF|4|      0.0       .....(Fixed Parameter).....
   SDST|4|    -.15900***       .03116     -5.10  .0000      -.22008   -.09792
     RC|4|    -.16277**        .07392     -2.20  .0277      -.30765   -.01788
     TC|4|    -.04834          .07820      -.62  .5365      -.20161    .10494
    REF|4|   -1.45290***       .41557     -3.50  .0005     -2.26740   -.63841
 COMMRE|4|    -.10226          .55082      -.19  .8527     -1.18184    .97733
   PREA|4|    -.00731          .00817      -.90  .3707      -.02332    .00870
   PRLA|4|    -.00080          .01059      -.08  .9401      -.02156    .01997
    SC1|4|    -.17428          .12632     -1.38  .1677      -.42186    .07330
       |Utility parameters in latent class -->> 5
     FF|5|    -.05722***       .01558     -3.67  .0002      -.08775   -.02670
   SDST|5|      0.0       .....(Fixed Parameter).....
     RC|5|    -.39648***       .09028     -4.39  .0000      -.57343   -.21953
     TC|5|    -.29121***       .07148     -4.07  .0000      -.43131   -.15110
    REF|5|   -4.18940***       .61385     -6.82  .0000     -5.39252  -2.98628
 COMMRE|5|     .45216         1.03277       .44  .6615     -1.57203   2.47636
   PREA|5|    -.00244          .00706      -.35  .7294      -.01628    .01140
   PRLA|5|    -.01090          .00766     -1.42  .1546      -.02592    .00411
    SC1|5|     .31690**        .12431      2.55  .0108       .07325    .56054
       |Utility parameters in latent class -->> 6
     FF|6|    -.04186**        .01888     -2.22  .0266      -.07886   -.00485
   SDST|6|    -.04186**        .01888     -2.22  .0266      -.07886   -.00485
     RC|6|    -.36033***       .08714     -4.14  .0000      -.53112   -.18954
     TC|6|    -.36033***       .08714     -4.14  .0000      -.53112   -.18954
    REF|6|    3.88123***       .32235     12.04  .0000      3.24942   4.51303
 COMMRE|6|     .67715*         .37999      1.78  .0747      -.06761   1.42191
   PREA|6|     .00536          .01458       .37  .7134      -.02323    .03394
   PRLA|6|     .00097          .01758       .06  .9561      -.03349    .03542
    SC1|6|     .28243          .32994       .86  .3920      -.36424    .92909
```

```
          |Estimated latent class probabilities
  PrbCls1|    .24302***      .02258      10.76  .0000      .19876      .28727
  PrbCls2|    .15408***      .02175       7.08  .0000      .11145      .19672
  PrbCls3|    .17353***      .02265       7.66  .0000      .12914      .21792
  PrbCls4|    .05631***      .01424       3.95  .0001      .02840      .08422
  PrbCls5|    .05076***      .01025       4.95  .0000      .03067      .07084
  PrbCls6|    .32231***      .02259      14.27  .0000      .27803      .36658
--------+--------------------------------------------------------------------
Note: ***, **, * ==>  Significance at 1%, 5%, 10% level.
Fixed parameter ... is constrained to equal the value or
had a nonpositive st.error because of an earlier problem.
-----------------------------------------------------------------------------
Elapsed time:     0 hours,  1 minutes, 43.43 seconds.
```

**模型 3：潜类别，随机参数，不纳入 ANA 和 ACMA**

```
Timer $ LCRPLogit ? Command for the random parameter version of LCM
            ;lhs = choice1,cset3,Alt3
            ;choices = Curr,AltA,AltB
            ;pds = 16
            ;rpl;halton
            ;draws = 500
            ;fcn = ff(t,1),sdst(t,1),rc(t,1),tc(t,1) ? constrained triangular distribution
            ;wtp = ff/rc,ff/tc,sdst/rc,sdst/tc
            ;pts = 4
            ;maxit = 100 ; tlg = .0001
            ;par
            ;lcm
            ;model:
U(Curr) = FF * FF + SDST * SDsT  + RC * rc  + TC * Tc  + ref + commref * commute
          + prea * prea + prla * prla/
U(AltA) = FF * FF + SDST * SDsT + RC * rc  + TC * Tc  + sc1  + prea * prea + prla * prla/
U(AltB)   = FF * FF + SDST * SDsT + RC * rc  + TC * Tc + prea * prea + prla * prla $
```

**模型 4：潜类别，随机参数，FAA，ANA，ACMA**

```
Model 4: latent class,random parameters,FAA,ANA,ACMA
Timer $
LCRPLogit
    ;lhs = choice1,cset3,Alt3
    ;choices = Curr,AltA,AltB
    ;pds = 16
    ;rpl;halton
    ;draws = 500
    ;fcn = ff(t,1),sdst(t,1),rc(t,1),tc(t,1) ? constrained triangular distribution
    ;pts = 4
    ;maxit = 100 ; tlg = .0001
    ;par
    ;wtp = ff/rc,ff/tc,sdst/rc,sdst/tc
    ;lcm
    ;model:
U(Curr) = FF * FF + SDST * SDsT  + RC * rc  + TC * Tc  + ref  + commref * commute
          + prea * prea + prla * prla/
```

```
U(AltA) = FF * FF + SDST * SDsT + RC * rc  + TC * Tc  + sc1  + prea * prea + prla * prla/
U(AltB) = FF * FF + SDST * SDsT + RC * rc  + TC * Tc + prea * prea + prla * prla $
;rst =
? Both the mean and standard deviation parameters must be set to zero if an attribute
? is not attended to.
? FAA1: full attribute attendance,Last 4 (bolded) restrictions are the random
? parameter standard deviation parameters:
b1ff,b2sdt,b3rc,b4tc,bref,bcomr,bpea,bpla,bsc1,b1ff,b2sdt,b3rc,b4tc,
? ANA1: Attribute non attendance for free flow time,Last 4 (bolded) restrictions are ? the random
parameter standard deviation parameters:
0,b2asdt,b3arc,b4atc,bref2,bcomr2,bpea2,bpla2,bsc2,0,b2asdt,b3arc, b4atc,
? ANA2: Attribute non attendance for free flow time,Last 4 (bolded) restrictions are
? the random parameter standard deviation parameters:
b1bff,0,b3brc,b4btc,bref3,bcomr3,bpea3,bpla3,bsc3,b1bff,0,b3brc, b4btc,
? ACMA: Attribute non attendance for slowed down and stop/start time, Last 4 (bolded)
? restrictions are the random parameter standard deviation parameters:
bffsdt,bffsdt,brctc,brctc,bref4 bcomr4,bpea4,bpla4,bsc4,bffsdt, bffsdt,brctc,brctc $
```

```
Normal exit:   5 iterations. Status=0, F=    6729.896
-----------------------------------------------------------------------------
Start values obtained using MNL model
Dependent variable                Choice
Log likelihood function      -6729.89591
Estimation based on N =    9408, K =    9
Inf.Cr.AIC  =  13477.8 AIC/N =    1.433
Model estimated: Aug 14, 2012, 18:40:28
R2=1-LogL/LogL* Log-L fncn R-sqrd R2Adj
Constants only must be computed directly
               Use NLOGIT ;...;RHS=ONE$
Chi-squared[ 7]             =   1346.80425
Prob [ chi squared > value ] =    .00000
Response data are given as ind. choices
Number of obs.=  9408, skipped    0 obs
-----------+-----------------------------------------------------------------
           |              Standard            Prob.       95% Confidence
  CHOICE1| Coefficient      Error        z    |z|>Z*         Interval
-----------+-----------------------------------------------------------------
       FF|    -.04582***     .00444   -10.33  .0000     -.05452    -.03713
     SDST|    -.07619***     .00349   -21.83  .0000     -.08303    -.06935
       RC|    -.42178***     .02512   -16.79  .0000     -.47101    -.37256
       TC|    -.35400***     .01609   -22.00  .0000     -.38553    -.32247
      REF|     .92294***     .04728    19.52  .0000      .83027    1.01561
  COMMREF|    -.14690***     .04786    -3.07  .0021     -.24069    -.05310
     PREA|    -.00973***     .00190    -5.13  .0000     -.01344    -.00601
     PRLA|    -.01483***     .00212    -7.00  .0000     -.01897    -.01068
      SC1|    -.00575        .04111     -.14  .8888     -.08631     .07482
-----------+-----------------------------------------------------------------
Note: ***, **, * ==>  Significance at 1%, 5%, 10% level.
-----------------------------------------------------------------------------
Line search at iteration   30 does not improve fn. Exiting optimization.
-----------------------------------------------------------------------------
Latent Class Mixed (RP) Logit Model
Dependent variable               CHOICE1
Log likelihood function      -5079.15871
Restricted log likelihood   -10335.74441
```

```
Chi squared [ 35 d.f.]      10513.17141
Significance level               .00000
McFadden Pseudo R-squared      .5085832
Estimation based on N =   9408, K = 35
Inf.Cr.AIC  =  10228.3 AIC/N =    1.087
Model estimated: Aug 14, 2012, 20:31:49
Constants only must be computed directly
               Use NLOGIT ;...;RHS=ONE$
At start values -6683.7324  .2401******
Response data are given as ind. choices
Replications for simulated probs. = 250
Halton sequences used for simulations
Number of latent classes =            4
Average Class Probabilities
    .656  .167  .061  .116
LCM model with panel has     588 groups
Fixed number of obsrvs./group=       16
BHHH estimator used for asymp. variance
Number of obs.=  9408, skipped    0 obs
```

| CHOICE1 | Coefficient | Standard Error | z | Prob. \|z\|>Z* | 95% Confidence Interval | |
|---|---|---|---|---|---|---|
| | Estimated latent class probabilities | | | | | |
| PrbCls1 | .65579*** | .02911 | 22.53 | .0000 | .59874 | .71284 |
| PrbCls2 | .16687*** | .02230 | 7.48 | .0000 | .12316 | .21057 |
| PrbCls3 | .06110*** | .01385 | 4.41 | .0000 | .03395 | .08824 |
| PrbCls4 | .11625*** | .02158 | 5.39 | .0000 | .07394 | .15856 |

Note: ***, **, * ==>  Significance at 1%, 5%, 10% level.

Random Parameters Logit Model for Class  1

| CHOICE1 | Coefficient | Standard Error | z | Prob. \|z\|>Z* | 95% Confidence Interval | |
|---|---|---|---|---|---|---|
| | Random parameters in utility functions | | | | | |
| FF | -.04946*** | .00917 | -5.39 | .0000 | -.06743 | -.03148 |
| SDST | -.06084*** | .00690 | -8.82 | .0000 | -.07436 | -.04731 |
| RC | -.66031*** | .05104 | -12.94 | .0000 | -.76035 | -.56027 |
| TC | -.58579*** | .01975 | -29.66 | .0000 | -.62450 | -.54708 |
| | Nonrandom parameters in utility functions | | | | | |
| REF | 1.85240*** | .08213 | 22.55 | .0000 | 1.69143 | 2.01337 |
| COMMREF | .19452** | .07803 | 2.49 | .0127 | .04158 | .34746 |
| PREA | -.00190 | .00466 | -.41 | .6839 | -.01104 | .00724 |
| PRLA | -.02309*** | .00545 | -4.23 | .0000 | -.03377 | -.01240 |
| SC1 | -.09518 | .11576 | -.82 | .4109 | -.32206 | .13170 |
| | Distns. of RPs. Std.Devs or limits of triangular | | | | | |
| TsFF | .04946*** | .00917 | 5.39 | .0000 | .03148 | .06743 |
| TsSDST | .06084*** | .00690 | 8.82 | .0000 | .04731 | .07436 |
| TsRC | .66031*** | .05104 | 12.94 | .0000 | .56027 | .76035 |
| TsTC | .58579*** | .01975 | 29.66 | .0000 | .54708 | .62450 |

Note: ***, **, * ==>  Significance at 1%, 5%, 10% level.

```
--------------------------------------------------------------------------------------
Random Parameters Logit Model for Class  2
-----------+--------------------------------------------------------------------------
           |                 Standard             Prob.        95% Confidence
    CHOICE1|  Coefficient      Error        z    |z|>Z*           Interval
-----------+--------------------------------------------------------------------------
           |Random parameters in utility functions
         FF|       0.0     .....(Fixed Parameter).....
       SDST|    -.08394***     .00575    -14.59  .0000     -.09522    -.07267
         RC|    -.31141***     .04981     -6.25  .0000     -.40904    -.21378
         TC|    -.33516***     .03321    -10.09  .0000     -.40024    -.27008
           |Nonrandom parameters in utility functions
        REF|     .10510        .12448       .84  .3985     -.13888     .34909
    COMMREF|     .25332**      .10329      2.45  .0142      .05087     .45577
       PREA|    -.03274***     .00474     -6.91  .0000     -.04203    -.02345
       PRLA|    -.04505***     .00483     -9.33  .0000     -.05452    -.03558
        SC1|    -.14416        .10940     -1.32  .1876     -.35858     .07027
           |Distns. of RPs. Std.Devs or limits of triangular
       TsFF|       0.0     .....(Fixed Parameter).....
     TsSDST|     .08394***     .00575     14.59  .0000      .07267     .09522
       TsRC|     .31141***     .04981      6.25  .0000      .21378     .40904
       TsTC|     .33516***     .03321     10.09  .0000      .27008     .40024
-----------+--------------------------------------------------------------------------
Note: ***, **, * ==>  Significance at 1%, 5%, 10% level.
Fixed parameter ... is constrained to equal the value or
had a nonpositive st.error because of an earlier problem.
--------------------------------------------------------------------------------------
```

```
--------------------------------------------------------------------------------------
Random Parameters Logit Model for Class  3
-----------+--------------------------------------------------------------------------
           |                 Standard             Prob.        95% Confidence
    CHOICE1|  Coefficient      Error        z    |z|>Z*           Interval
-----------+--------------------------------------------------------------------------
           |Random parameters in utility functions
         FF|    -.08447***     .00984     -8.58  .0000     -.10376    -.06517
       SDST|       0.0     .....(Fixed Parameter).....
         RC|    -.07992*       .04593     -1.74  .0818     -.16993     .01009
         TC|    -.24623***     .03022     -8.15  .0000     -.30546    -.18701
           |Nonrandom parameters in utility functions
        REF|   -1.12277***     .12822     -8.76  .0000    -1.37407    -.87147
    COMMREF|    -.74618***     .17901     -4.17  .0000    -1.09703    -.39533
       PREA|    -.00531        .00479     -1.11  .2670     -.01470     .00407
       PRLA|    -.01181**      .00515     -2.29  .0217     -.02190    -.00172
        SC1|     .37083***     .06399      5.79  .0000      .24541     .49626
           |Distns. of RPs. Std.Devs or limits of triangular
       TsFF|     .08447***     .00984      8.58  .0000      .06517     .10376
     TsSDST|       0.0     .....(Fixed Parameter).....
       TsRC|     .07992*       .04593      1.74  .0818     -.01009     .16993
       TsTC|     .24623***     .03022      8.15  .0000      .18701     .30546
-----------+--------------------------------------------------------------------------
Note: ***, **, * ==>  Significance at 1%, 5%, 10% level.
Fixed parameter ... is constrained to equal the value or
had a nonpositive st.error because of an earlier problem.
--------------------------------------------------------------------------------------
```

```
--------------------------------------------------------------------------------------
Random Parameters Logit Model for Class  4
-----------+--------------------------------------------------------------------------
           |                 Standard             Prob.        95% Confidence
    CHOICE1|  Coefficient      Error        z    |z|>Z*           Interval
-----------+--------------------------------------------------------------------------
           |Random parameters in utility functions
         FF|    -.35611***     .00968    -36.80  .0000     -.37508    -.33714
```

```
       SDST|    -.35611***       .00968   -36.80  .0000      -.37508    -.33714
         RC|    -.46622***       .03600   -12.95  .0000      -.53677    -.39567
         TC|    -.46622***       .03600   -12.95  .0000      -.53677    -.39567
           |Nonrandom parameters in utility functions
        REF|     .16776          .13888     1.21  .2271      -.10444     .43996
    COMMREF|     .06350          .11302      .56  .5743      -.15803     .28502
       PREA|   -.01353           .00850    -1.59  .1114      -.03020     .00313
       PRLA|   -.01026           .00770    -1.33  .1827      -.02536     .00483
        SC1|     .79241***       .13254     5.98  .0000       .53263    1.05218
           |Distns. of RPs. Std.Devs or limits of triangular
       TsFF|     .35611***       .00968    36.80  .0000       .33714     .37508
     TsSDST|     .35611***       .00968    36.80  .0000       .33714     .37508
       TsRC|     .46622***       .03600    12.95  .0000       .39567     .53677
       TsTC|     .46622***       .03600    12.95  .0000       .39567     .53677
-----------+----------------------------------------------------------------------
Note: ***, **, * ==>  Significance at 1%, 5%, 10% level.
----------------------------------------------------------------------------------
Elapsed time:      1 hours, 51 minutes, 24.38 seconds.
```

## □ 16.5.3 其他有用的潜类别模型

### 16.5.3.1 伴随尺度的 LCM

与 ML 模型中的尺度类似，研究者可能也对 LCM 中的尺度感兴趣。我们可以扩展标准 LCM 使得它容纳下列事实：潜类别可包含响应者的若干子集，不同子集中的响应者有相同的偏好边际效用，但不确定性水平不同，从而方差不同。我们的扩展方法是使用调整尺度的 LCM。假设每个潜类别伴随特定类别尺度参数 $\lambda_q$ 和相应的尺度成员概率 $\pi_q$，其中 $0 \leqslant \pi_q \leqslant 1$，$\sum_{q=1}^{Q} \pi_q = 1$，而且为了识别，我们将 $\lambda_1$ 标准化为 1。于是，以品味类别 $q$ 为条件的选择概率见式 (16.25)：

$$\Pr(j \mid q) = \frac{\exp(\lambda_q x'_{it,j}\beta)}{\sum_{j=1}^{J_i} \exp(\lambda_q x'_{it,j}\beta)} \tag{16.25}$$

$t$ 选择序列的整体概率为

$$\Pr(j_1, \cdots, j_{T_i}) = \sum_{q=1}^{Q} \pi_q \left[ \prod_{t=1}^{T_i} \left( \frac{\exp(\lambda_q x'_{it,j}\beta)}{\sum_{j=1}^{J_i} \exp(\lambda_q x'_{it,j}\beta)} \right) \right] \tag{16.26}$$

这个潜类别估计量是任何使用“;SLCL”的 LCM 设定。下面提供了一个例子。需要注意，MNL 和 LCM 的参数估计量无法比较，因为每个模型伴随不同的参数估计量尺度，它们与未观测的 Gumbel 误差成分的尺度因素有关。对于每个模型，这些尺度参数在估计中都被标准化（通常标准化为 1.0），因此两个模型之间的参数估计值的比较没有意义。然而，同一模型不同属性之间的边际替代率（即 WTP）能够进行比较，因为尺度效应是中性的。

**【题外话】**

尺度 LC 模型不是基于模拟的估计量。尺度因子是固定参数，而不是随机参数。

```
Lclogit  ? or Slclogit and you must remove ;slscl syntax
    ;lhs=mode
    ;rhs=one,gc,ttme
    ;choices=air,train,bus,car
    ;pts=2;pds=7
    ;rst=bg,bt,aa,at,ab,
         bg,bt,aa,at,ab
    ;maxit=100
    ;slcl$

Normal exit:   6 iterations. Status=0, F=    199.9766
```

```
-----------------------------------------------------------------------------
Discrete choice (multinomial logit) model
Dependent variable                Choice
Log likelihood function       -199.97662
Estimation based on N =    210, K =   5
Inf.Cr.AIC  =     410.0 AIC/N =    1.952
R2=1-LogL/LogL* Log-L fncn R-sqrd R2Adj
Constants only   -283.7588  .2953 .2873
Chi-squared[ 2]            =   167.56429
Prob [ chi squared > value ] =   .00000
Response data are given as ind. choices
Number of obs.=   210, skipped    0 obs
-----------+-----------------------------------------------------------------
           |              Standard            Prob.       95% Confidence
       MODE| Coefficient    Error      z     |z|>Z*          Interval
-----------+-----------------------------------------------------------------
      GC|1|  -.01578***   .00438   -3.60   .0003      -.02437    -.00719
    TTME|1|  -.09709***   .01044   -9.30   .0000      -.11754    -.07664
   A_AIR|1|  5.77636***   .65592    8.81   .0000      4.49078    7.06194
  A_TRAI|1|  3.92300***   .44199    8.88   .0000      3.05671    4.78929
   A_BUS|1|  3.21073***   .44965    7.14   .0000      2.32943    4.09204
-----------+-----------------------------------------------------------------
***, **, * ==>  Significance at 1%, 5%, 10% level.
Model was estimated on Aug 06, 2013 at 02:03:42 PM
-----------------------------------------------------------------------------

Maximum of   200 iterations. Exit iterations with status=1.

-----------------------------------------------------------------------------
Scaled Latent Class MNL Model
Dependent variable                  MODE
Log likelihood function       -195.43089
Restricted log likelihood     -291.12182
Chi squared [   7](P= .000)    191.38186
Significance level                .00000
McFadden Pseudo R-squared       .3286972
Estimation based on N =    210, K =    7
Inf.Cr.AIC  =     404.9 AIC/N =    1.928
R2=1-LogL/LogL* Log-L fncn R-sqrd R2Adj
No coefficients  -291.1218  .3287 .3212
Constants only   -283.7588  .3113 .3035
At start values  -199.9788  .0227 .0118
Response data are given as ind. choices
Number of latent classes =             2
Average Class Probabilities
     .462  .538
LCM model with panel has       30 groups
Fixed number of obsrvs./group=         7
BHHH estimator used for asymp. variance
Number of obs.=   210, skipped    0 obs
-----------+-----------------------------------------------------------------
           |              Standard            Prob.       95% Confidence
       MODE| Coefficient    Error      z     |z|>Z*          Interval
-----------+-----------------------------------------------------------------
           |Random LCM     parameters in latent class -->> 1
      GC|1|  -.00943**    .00382    -2.47   .0136      -.01692    -.00194
    TTME|1|  -.05564***   .01988    -2.80   .0051      -.09461    -.01668
```

16 潜类别模型

```
  A_AIR|1|   3.17876***    1.15653   2.75  .0060   .91200  5.44553
 A_TRAI|1|   2.09976***     .75408   2.78  .0054   .62179  3.57773
  A_BUS|1|   1.53427***     .59347   2.59  .0097   .37108  2.69745
       |Random LCM        parameters in latent class -->>  2
     GC|2|   -.00943**      .00382  -2.47  .0136  -.01692  -.00194
   TTME|2|  -.05564***     .01988  -2.80  .0051  -.09461   -.01668
  A_AIR|2|   3.17876***    1.15653   2.75  .0060   .91200  5.44553
 A_TRAI|2|   2.09976***    .75408    2.78  .0054   .62179  3.57773
  A_BUS|2|   1.53427***    .59347    2.59  .0097   .37108  2.69745
       |Estimated latent class probabilities
 PrbCls1|     .46193**     .21651    2.13  .0329   .03758   .88628
 PrbCls2|     .53807**    .21551     2.50  .0125   .11569   .96045
        |Scale Factors for Class Taste Parameters
Cls1_Scl|   3.18345***     .16857   18.88  .0000  2.85306  3.51385
Cls2_Scl|         1.0     .....(Fixed Parameter).....
-----------+------------------------------------------------------------------
***, **, * ==>  Significance at 1%, 5%, 10% level.
Fixed parameter ... is constrained to equal the value or
had a nonpositive st.error because of an earlier problem.
------------------------------------------------------------------------------
```

#### 16.5.3.2 纳入 ANA 的“$2^K$”模型

Hess 和 Rose（2007）、Hensher 和 Greene（2010）以及 Campbell et al.（2010）将潜类别架构作为一种描述概率决策过程的方法，他们对每个类别的效用表达式施加了特定限制，以此代表预定义的属性处理策略假设。然而，尽管一些类别存在属性不参与（ANA）情形，但这些文献排除了合并多个 ANA 规则的可能性。考察所有组合，尽管在理论上受欢迎，但随着属性数量（$K$）增加，考察过程变得越来越复杂乃至不可行，因为属性参与和不参与的组合一共有 $2^K$ 个［参见 Hole（2011）］。例如，在属性个数为 4 的情形下，我们有 16 个可能的组合；若属性个数为 8，我们有 256 个组合。

属性不参与的纳入是通过下列方式完成的：假设个体将自己列入 $2^K$（或 $q=1, \cdots, Q$）个类别中的一个，列入依据在于他做出选择时考虑的是哪个属性。如果个体选择构造不可被直接观测到（例如，在补充问题中），那么模型中的这个分类只能通过概率进行。在 LC 模型情形下，我们可以通过式（16.27）进行模拟：

$$\text{Prob}(i,j\mid q)=\frac{\exp(\beta_q' x_{i,j})}{\sum_{j=1}^{J}\exp(\beta_q' x_{i,j})} \tag{16.27}$$

$\beta_q$ 是 $2^K$ 个可能的向量 $\beta$ 中的一个；每个向量有 $m$ 个元素为零，$K-m$ 个元素不为零。特别地，$q$ 可被视为一个形如（$\delta_1$，$\delta_2$，$\delta_3$，$\delta_4$，…）的屏蔽向量（masking vector），其中每个 $\delta$ 取可能值 0，1。于是，$\beta_q$ 是伴随标准系数向量 $\beta$ 这个屏蔽向量的“元素积的元素”，表示该屏蔽向量与系数向量相互作用。例如，对于两个属性（类别），参数向量将为 $\beta_1=$（0，0），$\beta_2=$（$\beta_A$，0），$\beta_3=$（0，$\beta_B$），$\beta_4=$（$\beta_A$，$\beta_B$）。[①] 然而，需要注意，下列事实是潜在理论的重要组成部分：类别 $q$ 不是由类别内的属性取值零而定义的，而是由相应的系数取值零而定义的。因此，模型的“随机参数”层面是一个关于个体之间的偏好结构的离散分布，这些个体以是否关注特定属性而加以区分。

由于在我们的例子中，分类不能被观测到，因此我们不能直接构建用于参数估计的似然函数。为了与潜类别法一致，我们需要估计表示每个个体 $i$ 属于类别 $q$ 的概率集（$\pi_q$）。尽管这个概率以个体特质为条件，然而在当前例子中，我们假设这个概率集同等地适用于所有响应者，因此概率反映了类别比例。

因此，个体 $i$ 选择选项 $j$ 的边缘概率可通过对各个类别平均化而得到，如式（16.28）所示：

① 在这个例子中，模型有一个无约束的参数向量，即 $\beta_4=(\beta_A，\beta_B)$。其他参数向量也用这两个参数构造，或者令其中一个或两个元素为零，或者令元素等于 $\beta_4$ 中的元素。因此，$\beta_3=(0，\beta_B)$ 是通过对 $\beta_4$ 施加线性约束而得到的，即令第一个元素等于零，令第二个元素等于 $\beta_4$ 的第二个元素。

$$\text{Prob}(i,j) = \sum_{q=1}^{2^K} \pi_q \frac{\exp(\beta_q' x_{i,j})}{\sum_{j=1}^{J} \exp(\beta_q' x_{i,j})},\text{其中} \sum_{q=1}^{2^K} \pi_q = 1 \tag{16.28}$$

正如该公式表明的，这是一个有限混合模型或 LCM。它与我们更熟悉的表达式的区别在于，$\beta_q$ 的非零元素对于各个类别是相同的，而且各个类别有特定的行为意义，这与严格的潜类别表达式中根据响应者进行分组不同，因此，它们被称为概率决策过程模型。正如上面指出的，概率决策过程模型的估计与伴随对系数施加线性约束的潜类别 MNL 模型的估计一样直接。

需要指出，尽管 $2^K$ 个组合提供了非常多的属性不参与（ANA）组合，然而，我们认为最好通过限制性的命令施加行为合理的条件。$2^K$ 个组合可以作为一种有用的筛选机制，以此作为对伴随对每个类别施加概率决策规则限制的 LCM 的最终行为设定的补充。

命令语法为：

```
LCLOGIT ; Lhs = choice,etc.
        ; Choices = list of names
        ; LCM = list of variables in class probabilities
(optional)
        ; RHS = list of endogenous attributes
        ; RH2 = anything interacted with ASCs,such as ASCs.
(optional)
        ; Pts = 102 or 103 or 104
        ...any other options,such as ;PDS. $
```

在上述命令语法中，102、103 和 104 表示在 RHS 中前 2、3 或 4 个属性是内生的，类别数将为 $2^2$、$2^3$ 或 $2^4$ 个。Nlogit 允许至多 4 个内生属性，这产生了 16 个类别；尽管它允许至多 300 个参数。参数“繁殖”速度非常快。如果你有 pts=104 和 3 个其他属性，你将有 16×(3+4+1)=128 个参数。尽管参数在模型表达式中重复出现，但这是一个硬约束。下面的模型输出信息是用“;pts=103”估计的，它有 $2^3$（即 8）个类别，其中每个参数设定为零：

```
LClogit
    ;lhs=choice1,cset3,Alt3
    ;choices=Curr,AltA,AltB
    ;rhs=congt,rc,tc
    ;rh2=one
    ;lcm
    ;pts=103
    ;pds=16$
Normal exit:   5 iterations. Status=0. F=    3461.130
-----------------------------------------------------------------------------
Discrete choice (multinomial logit) model
Dependent variable                    Choice
Log likelihood function          -3461.12961
Estimation based on N =    4480, K =    5
Information Criteria: Normalization=1/N
              Normalized    Unnormalized
AIC              1.54738      6932.25923
Fin.Smpl.AIC     1.54738      6932.27264
Bayes IC         1.55453      6964.29612
Hannan Quinn     1.54990      6943.55032
Model estimated: Sep 16, 2010, 14:03:16
R2=1-LogL/LogL* Log-L fncn R-sqrd R2Adj
Constants only must be computed directly
              Use NLOGIT ;...; RHS=ONE$
```

```
Chi-squared[ 3]                =     467.23551
Prob [ chi squared > value ] =      .00000
Response data are given as ind. choices
Number of obs.=  4480, skipped    0 obs
-----------+----------------------------------------------------------------
           |                  Standard            Prob.
  CHOICE1| Coefficient          Error        z    z>|Z|
-----------+----------------------------------------------------------------
  CONGT|1|     -.07263***        .00464   -15.65  .0000
     RC|1|     -.33507***        .03749    -8.94  .0000
     TC|1|     -.27047***        .02198   -12.31  .0000
 A_CURR|1|      .89824***        .05751    15.62  .0000
 A_ALTA|1|     -.05025           .05603     -.90  .3698
-----------+----------------------------------------------------------------
Note: ***, **, * ==>  Significance at 1%, 5%, 10% level.
----------------------------------------------------------------------------

Normal exit:  45 iterations. Status=0. F=     2752.517
----------------------------------------------------------------------------
Endog. Attrib. Choice LC Model
Dependent variable                 CHOICE1
Log likelihood function        -2752.51660
Restricted log likelihood      -4921.78305
Chi squared [  12 d.f.]         4338.53291
Significance level                  .00000
McFadden Pseudo R-squared         .4407481
Estimation based on N =    4480, K =  12
Information Criteria: Normalization=1/N
              Normalized    Unnormalized
AIC              1.23416      5529.03319
Fin.Smpl.AIC     1.23417      5529.10304
Bayes IC         1.25132      5605.92173
Hannan Quinn     1.24021      5556.13183
Model estimated: Sep 16, 2010, 14:03:30
Constants only must be computed directly
               Use NLOGIT ;...;RHS=ONE$
At start values -3330.8229  .1736******
Response data are given as ind. choices
Number of latent classes =               8
LCM model with panel has        280 groups
Fixed number of obsrvs./group=          16
Hessian is not PD. Using BHHH estimator
Number of obs.=  4480, skipped    0 obs
-----------+----------------------------------------------------------------
           |                  Standard            Prob.
  CHOICE1| Coefficient          Error        z    z>|Z|
-----------+----------------------------------------------------------------
           |Utility parameters in latent class -->> 1
  CONGT|1|     -.30457***        .01395   -21.84  .0000
     RC|1|    -1.17009***        .11770    -9.94  .0000
     TC|1|    -1.74733***        .06142   -28.45  .0000
 A_CURR|1|      .49643***        .03933    12.62  .0000
 A_ALTA|1|     -.09441*          .05202    -1.81  .0695
           |Utility parameters in latent class -->> 2
  CONGT|2|     -.30457***        .01395   -21.84  .0000
     RC|2|    -1.17009***        .11770    -9.94  .0000
     TC|2|        .000      .....(Fixed Parameter).....
 A_CURR|2|      .49643***        .03933    12.62  .0000
 A_ALTA|2|     -.09441*          .05202    -1.81  .0695
```

```
        |Utility parameters in latent class -->> 3
 CONGT|3|    -.30457***      .01395   -21.84  .0000
    RC|3|       .000    .....(Fixed Parameter).....
    TC|3|   -1.74733***      .06142   -28.45  .0000
A_CURR|3|     .49643***      .03933    12.62  .0000
A_ALTA|3|    -.09441*        .05202    -1.81  .0695
        |Utility parameters in latent class -->> 4
 CONGT|4|       .000    .....(Fixed Parameter).....
    RC|4|   -1.17009***      .11770    -9.94  .0000
    TC|4|   -1.74733***      .06142   -28.45  .0000
A_CURR|4|     .49643***      .03933    12.62  .0000
A_ALTA|4|    -.09441*        .05202    -1.81  .0695
        |Utility parameters in latent class -->> 5
 CONGT|5|    -.30457***      .01395   -21.84  .0000
    RC|5|       .000    .....(Fixed Parameter).....
    TC|5|       .000    .....(Fixed Parameter).....
A_CURR|5|     .49643***      .03933    12.62  .0000
A_ALTA|5|    -.09441*        .05202    -1.81  .0695
        |Utility parameters in latent class -->> 6
 CONGT|6|       .000    .....(Fixed Parameter).....
    RC|6|   -1.17009***      .11770    -9.94  .0000
    TC|6|       .000    .....(Fixed Parameter).....
A_CURR|6|     .49643***      .03933    12.62  .0000
A_ALTA|6|    -.09441*        .05202    -1.81  .0695
        |Utility parameters in latent class -->> 7
 CONGT|7|       .000    .....(Fixed Parameter).....
    RC|7|       .000    .....(Fixed Parameter).....
    TC|7|   -1.74733***      .06142   -28.45  .0000
A_CURR|7|     .49643***      .03933    12.62  .0000
A_ALTA|7|    -.09441*        .05202    -1.81  .0695
        |Utility parameters in latent class -->> 8
 CONGT|8|       .000    .....(Fixed Parameter).....
    RC|8|       .000    .....(Fixed Parameter).....
    TC|8|       .000    .....(Fixed Parameter).....
A_CURR|8|     .49643***      .03933    12.62  .0000
A_ALTA|8|    -.09441*        .05202    -1.81  .0695
        |Estimated latent class probabilities
 PrbCls1|     .19647***      .03139     6.26  .0000
 PrbCls2|     .04384         .04113     1.07  .2865
 PrbCls3|     .02196         .08561      .26  .7975
 PrbCls4|     .36672***      .06064     6.05  .0000
 PrbCls5|     .12073***      .03316     3.64  .0003
 PrbCls6|     .08326**       .03644     2.28  .0223
 PrbCls7| .24037D-13        2.31182      .00 1.0000
 PrbCls8|     .16702***      .03154     5.30  .0000
--------+----------------------------------------------------------------
Note: nnnnn.D-xx or D+xx => multiply by 10 to -xx or +xx.
Note: ***, **, * ==>  Significance at 1%, 5%, 10% level.
Fixed parameter ... is constrained to equal the value or
had a nonpositive st.error because of an earlier problem.
-------------------------------------------------------------------------
```

# 17 二项选择模型

## 17.1 引言

本章介绍选择模型的一个基本支柱，它是在两个选项之间进行选择的标准模型。在最基本的层面上，这种模型描述做某事或不做某事，例如，上班时是否使用公共交通方式，是否买车，是否接受公用事业（比如电力）公司提供的某种方案等。这种模型的直接扩展为本书其他章节介绍的用来描述两个特定选项之间的选择的绝大多数模型提供了桥梁。两个特定选项之间的选择可以举例如下：上班时是使用公共交通方式还是开车；是选择新技术（例如电力）车辆还是传统动力车辆；是选择包含费率随时间变化而变化的公用事业提供方案，还是选择不包含费率随时间变化而变化（但包含其他合意特征）的方案。

我们首先介绍最基本的二项选择：某个结果出现或不出现。与此同时，我们详细介绍了模型设定、估计和推断问题。然后，将模型在几个方向上扩展，包括含有多个等式的情形和面板数据分析。另外，我们还提供了一些计量经济学知识，它们是对先前章节材料的解释；然而，我们认为这里有必要纳入这些材料，因为它们可以作为一种将基本元素和常用的二项选择模型结合起来的方式。

## 17.2 基本二项选择

我们首先介绍选择建模策略背后的两个基本假设，本书始终使用这些假设。

假设 1：消费者的偏好能用随机效用描述。

消费者从某个选择得到的效用可用一个关于选择者的可观测的特征、选择的属性以及选择过程的未被观测到或不可观测的因素的函数进行描述。我们可以更进一步假设模型为：

$$U_{ij} = \beta_j' x_{ij} + \varepsilon_{ij} \tag{17.1}$$

向量 $x_{ij}$ 包含选择者的特征，例如年龄、性别、收入等，以及选择的属性，例如价格或其他性质。注意，个体特征因个体不同而不同，但不会因选项不同而不同；选择属性因选择不同而不同，随个体不同而不同（因为不同个体可能面对不同选择）。系数或称边际效用 $\beta_j$ 是我们希望能从观测数量了解的参数。最后，随机项 $\varepsilon_{ij}$ 表示驱使个体选择过程的潜在、随机（即未观测的）因素。一个重要假设是 $\varepsilon_{ij}$ 与 $x_{ij}$ 不相关，即在随机效用函数中，$x_{ij}$ 是外生的。(举个反例，即 $\varepsilon_{ij}$ 与 $x_{ij}$ 相关。考虑 Berry，Levinsohn 和 Pakes（1995）介绍的汽车品牌选择模型。在这个例子中，不在模型中的汽车属性与在模型中的汽车价格相关。由于汽车属性影响效用，因此影响价格，但未被衡量，因此放在随机项中。由于价格（$x_{ij}$ 的元素之一）对这些性质有反应，因此，在他们的模型中，价格是内生的。）最后，我们指出，假设效用函数为线性的是出于方便，但这是一个限制性较强的假设。在本书其他地方，我们将考虑非线性效用函数（参见第 20 章）。非线性将显著增加复杂性，目前没有必要假设非线性。当前，使用线性效用函数就能得到我们需要的一切。

假设 2：消费者做出选择以使得自己的效用最大化。

这个假设并非没有争议，但问题不大。在本书其他地方，我们也考虑消费者使其随机后悔最小化的可能性（参见第 8 章）。以前面提到过的情形为例。在选择做某事或不做某事时，我们假设消费者的选择（不妨称为行动 1）产生的效用大于“其他”选项产生的效用：

$$U_{i1}=\beta_1' x_{i1}+\varepsilon_{i1}>U_{i0}=? \tag{17.2}$$

由于我们没有设定“其他”选项，因此无法设定效用函数。由于缺少更好的设定，因此我们假设其他选项的效用为零：

$$U_{i0}=0 \tag{17.3}$$

因此，如果：

$$U_{i1}=\beta_1' x_{i1}+\varepsilon_{i1}>0 \text{ ①} \tag{17.4}$$

追求效用最大化的消费者将选择行动 1。如果 $U_{i1}$ 不为正，那么消费者将选择行动 0。再次注意到，使用零作为临界值是一种标准化。因此，二项选择是正定的。如果随机变量 $U_{i1}$ 为正，那么个体将选择选项 1。注意，这个结果的解释是双向的。如果个体选择选项 1，这意味着选项 1 产生的随机效用是正的。

现在假设两个选项都有明确定义，每个选项都有自己的效用。在这种情形下，追求效用最大化的消费者将比较这两个选项提供的效用：

$$\begin{aligned} U_{i1}&=\beta_1' x_{i1}+\varepsilon_{i1} \\ U_{i0}&=\beta_0' x_{i0}+\varepsilon_{i0} \end{aligned} \tag{17.5}$$

根据我们的描述，如果：

$$U_{i1}>U_{i0} \text{ 或 } U_{i1}-U_{i0}>0$$

消费者将选择选项 1。由此可知，如果：

$$\begin{aligned} U_{i1}-U_{i0}&=(\beta_1' x_{i1}+\varepsilon_{i1})-(\beta_0' x_{i0}+\varepsilon_{i0}) \\ &=\beta_1' x_{i1}-\beta_0' x_{i0}+\varepsilon_{i1}-\varepsilon_{i0} \\ &=\beta_1' x_{i1}-\beta_0' x_{i0}+\varepsilon_i \\ &=\beta' x_i+\varepsilon_i \\ &>0 \end{aligned} \tag{17.6}$$

消费者将选择选项 1。如果 $\beta' x_i+\varepsilon_i\leqslant 0$，消费者将选择选项 0。因此，上述两种情形的微妙区别在于我们如何表达效用函数的确定性部分。稍后我们将回到这个问题。

### □ 17.2.1 二项选择的随机效用的随机设定

模型设定过程的下一步是设定随机效用函数的随机项。现代文献提供了两个方向：半参数（semi-parametric）和全参数（fully parametric）。② 半参数方法，例如 Klein 和 Spady（1993），放弃了特定分布随机效

---

① 技术上的说明：为了让这个表达式完全一致，我们最终将要求 $\beta_1$ 包含常数项。在这种情形下，如果不令 $U_{i0}$ 为零，我们必须为它选择某个任意常数，这个常数最终就是 $\beta_1$ 中的常数项。

② 我们最终对模型的丰富设定感兴趣，丰富设定涉及非常复杂的选择过程，这样的设定基于非常多的属性并且充分利用了个体异质性的可观测数据（例如收入、年龄、性别和住处等）。尽管模型构建的第三条路径（即非参数分析）具有充分的一般性，然而它很难被扩展到这些多层环境。本书不考察非参数分析。对非参数分析感兴趣的读者可参考 Henderson 和 Parmeter（2014）或 Li 和 Racine（2010）。

用模型假设。绝大多数文献在模型设定上更进一步，即明确特定分布是什么样的。大多数文献使用下列两种模型：一是基于正态分布的 probit 模型，二是偏离类型Ⅰ极端值分布（或 logistic 分布）的 logit 模型。① 假设 $\varepsilon_{i1}$ 和 $\varepsilon_{i0}$ 服从正态分布，那么个体选择选项 1 的概率为

$$\begin{aligned}\mathrm{Prob}(U_{i1}>0)&=\mathrm{Prob}(\beta_1'x_{i1}+\varepsilon_{i1}>0)\\&=\mathrm{Prob}(\varepsilon_{i1}>-\beta_1'x_{i1})\\&=\mathrm{Prob}(\varepsilon_{i1}\leqslant\beta_1'x_{i1})\\&=\mathrm{Prob}(\varepsilon_{i1}-\mu_1\leqslant\beta_1'x_{i1}-\mu_1)\\&=\Phi\left(\frac{\beta_1'x_{i1}-\mu_1}{\sigma_1}\right)\end{aligned}\tag{17.7}$$

其中，$\mu_1$ 和 $\sigma_1$ 分别为 $\varepsilon_{i1}$ 的均值和标准差，$\Phi(\cdot)$ 为标准正态累积分布函数（CDF）。

我们回到对模型中常数项作用的讨论。如果 $\beta_1$ 包含常数项（比如 $\alpha$），于是 $\beta_1'x_{i1}-\mu_1=(\alpha-\mu_1)-\gamma_1'x_{i1}^*$，其中 $\gamma_1$ 是 $\beta_1$ 的剩余部分，$x_{i1}^*$ 是 $x_{i1}$ 的剩余部分（即不含常数项的那部分）。因此，如果一个模型的常数项等于 $\alpha$，$\varepsilon_{i1}$ 的均值等于 $\mu$，另外一个模型的常数项等于 $(\alpha-\mu_1)=\alpha^*$，$\varepsilon_{i1}$ 的均值等于零，那么这两个模型正好相同。这意味着我们的模型或者必须去掉 $\alpha$，或者必须去掉 $\mu_1$。于是，更方便的做法是将 $\mu_1$ 标准化为零，并且令效用函数中的常数项为 $\alpha$ 或 $\gamma_0$ 等。

现在考虑方差。当前，我们的模型为

$$\mathrm{Prob}(U_{i1}>0)=\mathrm{Prob}(\beta_1'x_{i1}+\varepsilon_{i1}>0)=\Phi\left(\frac{\beta_1'x_{i1}}{\sigma_1}\right)\tag{17.8}$$

记住，由于我们观测不到效用，只能观测到效用是否为正（即只能观测到个体是否选择选项 1），思考一下，如果我们将整个模型用一个正的常数（比如 $C$）调整，将会出现什么结果。于是：

$$\begin{aligned}&\mathrm{Prob}(\text{选项 1 被选中})\\&\quad=\mathrm{Prob}(CU_{i1}>C\times 0)\\&\quad=\mathrm{Prob}[C(\beta_1x_{i1}+\varepsilon_{i1})>C\times 0]\\&\quad=\mathrm{Prob}(C\varepsilon_{i1}<C\beta_1x_{i1})\\&\quad=\Phi\left(\frac{C\beta_1'x_{i1}}{C\sigma_1}\right)=\Phi\left(\frac{\delta_1'x_{i1}}{\theta_1}\right)=\Phi\left(\frac{\beta_1'x_{i1}}{\sigma_1}\right)\end{aligned}\tag{17.9}$$

这意味着不管 $\sigma_1$ 为多少，我们的模型都是相同的。为了明确起见，我们令 $\sigma_1$ 为 1。这行得通。注意，这不是一个“假设”(至少不是一个有任何内容或寓意的假设)。这是基于我们的模型能包含观察数据中的多少信息而做出的一种标准化。在直觉上，观察数据不含有任何关于效用函数调整尺度的信息，我们能看到的仅是消费者是否选择了选项 1，从而符号是否为正。这个符号不会随着 $\sigma$ 的变化而变化。(事实上，当我们的模型基于 logistic 分布时，标准差为 $\pi/\sqrt{6}$，而不是 1。最重要的事实在于它是一个固定不变的已知值，而不是一个待估参数。)

为了完成这部分设定，我们回到两个特定选项之间的选择问题：如果：

$$\begin{aligned}U_{i1}-U_{i0}&=(\beta_1'x_{i1}+\varepsilon_{i1})-(\beta_0'x_{i0}+\varepsilon_{i0})\\&=\beta_1'x_{i1}-\beta_0'x_{i0}+\varepsilon_{i1}-\varepsilon_{i0}\\&=\beta'x_i+\varepsilon_i>0\end{aligned}\tag{17.10}$$

消费者将选择选项 1。到目前为止，还有一个问题未被考虑到：$\varepsilon_{i1}$ 和 $\varepsilon_{i0}$ 可能相关。将这个相关系数记为 $\rho_{10}$。再次注意，信息包含在样本中。我们只能观察到消费者做出的选择是选择选项 1 还是选择选项 0。消费者的选择决策取决于两个效用函数之差。$\varepsilon_{i1}$ 和 $\varepsilon_{i0}$ 的相关系数是否为零对观察结果没有影响。当我们模拟消费者在

① 现代软件（例如 NLOGIT 和 Stata）提供了二项选择模型的分布菜单，这个菜单有七种甚至更多种分布。probit 和 logit 之外的模型不难编程，但在方法论上没有特别的说服力。其他模型（例如 ArcTangent）的存在不能成为我们使用它们的理由。不论如何，probit 和 logit 模型仍然是最主流的选择。稍后我们将考虑这两种模型之间的选择。

两个选项之间做出选择以使自己的效用最大化时，我们无法得到这两个效用函数之间的相关性信息，因为我们只能观察到二者之差的符号。因此，我们将相关系数标准化为零。（再次注意，这不是一个假设。它只是一种标准化，因为我们只能观察到效用函数之差的符号。①）

### □ 17.2.2 二项选择的函数形式

效用函数可确定的那部分是线性函数，这个假设的限制性没有看起来那么大。函数被假设为关于参数是线性的，但可以使用 $x_{it}$ 的元素的任何变换，例如取对数、平方、乘积、取幂等。这样，在假设“线性”效用函数的同时，我们可以纳入很大的灵活性。

我们曾经建议研究者对随机效用函数的随机部分使用正态分布或 logistic 分布。我们先前曾经介绍过正态分布假设的含义。从是否选择选项 1 开始，并且令 $Y_{i1}$ 表示最终结果变量，我们有：

$$\begin{aligned} U_{i1} &= \beta_1' x_{i1} + \varepsilon_{i1} \\ Y_{i1} &= 1[U_{i1} > 0] \end{aligned} \tag{17.11}$$

其中，如果条件为真，指示函数［条件］等于 1；如果条件不为真，指示函数［条件］等于 0。在有了这些标准化之后，以观察数据表示的模型为

$$\begin{aligned} \text{Prob}(Y_{i1} = 1 \mid x_{i1}) &= \text{Prob}(U_{i1} > 0) \\ &= \text{Prob}(\beta_1' x_{i1} + \varepsilon_{i1} > 0) \\ &= \Phi(\beta_{1,P}' x_{i1}) \end{aligned} \tag{17.12}$$

其中 $\Phi(\cdot)$ 表示标准正态累积分布函数（CDF）。在上面的陈述中，我们假设 $\varepsilon$ 的均值和方差分别为 0 和 1。现在假设我们的模型建立在 logistic 分布上，那么 $\text{Prob}(Y_{i1} = 1 \mid x_{i1}) = \Lambda(\beta_{1,L}' x_{i1})$，其中 $\Lambda(\cdot)$ 表示标准 logistic 分布：

$$\Lambda(\beta' x_i) = \frac{\exp(\beta' x_i)}{1 + \exp(\beta' x_i)} \tag{17.13}$$

这里需要考虑的一个问题是，两个系数向量是否相同。从实证角度看，答案为它们肯定不相同。基于广泛的实证证据，在合理的近似上，我们发现 logit 系数 $\beta_{1,L}$ 大约是 $\beta_{1,P}$ 的 1.6 倍。这实际上是合理的。我们稍后再讨论这个问题，但现在稍微考察一下也有好处。概率为非线性函数。因此，它们的导数（即 $x$ 对概率的偏效应）不是线性效用函数中的系数，而是调整后的系数。特别地，对于这两个模型，对于特定变量 $x_{i1,k}$：

$$\partial \text{Prob}(Y_{i1} = 1 \mid x_{i1}) / \partial x_{i1,k} = f(\cdot)\, \beta_{1,k} \tag{17.14}$$

其中，$f(\cdot)$ 是各自的密度（正态分布或 logisitic 分布），$\beta_{1,k}$ 为相应的系数。这两个模型有不同的系数，然而，与此同时，斜率（即偏效应）基本相同（我们希望如此）。如果事实如此，那么，对于特定变量 $x_k$，偏效应

$$\varphi(\cdots)\, \beta_{1,k}(\text{Probit}) = \lambda(\cdots)\, \beta_{1,k}(\text{Logit}) \tag{17.15}$$

应该近似相等。如果二者相同，那么：

$$\beta_{1,k}(\text{Logit}) / \beta_{1,k}(\text{Probit}) \approx \varphi(\cdots) / \lambda(\cdots) \tag{17.16}$$

在我们现实中遇到的大部分概率范围，比如 0.4～0.6，这个比值接近 1.6（或稍微小些）。这解释了经验规律性。在调整系数之后，估计量大致相同。

最后，考虑第二种选择情形。如果：

$$\begin{aligned} U_{i1} - U_{i0} &= (\beta_1' x_{i1} + \varepsilon_{i1}) - (\beta_0' x_{i0} + \varepsilon_{i0}) \\ &= \beta_1' x_{i1} - \beta_0' x_{i0} + \varepsilon_{i1} - \varepsilon_{i0} \\ &= \beta' x_i + \varepsilon_i > 0 \end{aligned} \tag{17.17}$$

---

① 在这个推理过程中，我们留下了最后一个问题。在两个特定选项的情形下，我们有两个随机项。它们有不同的方差 $\sigma_1^2$ 和 $\sigma_0^2$ 吗？在一些额外假设下，答案是肯定的。例如，当 $\rho=0$ 时，我们现在要求 $\sigma_1^2+\sigma_0^2=1$。显然，我们无法估计二者或者将 $\sigma_1$ 和 $\sigma_0$ 区分开。然而，我们可以认为，如果 $\sigma_1$ 固定为某个值，那么我们可以估计 $\sigma_0$。在一些情形下，我们的确可以估计二者之比（即 $\sigma_1/\sigma_0$）。这是模型的一种复杂性、一种异方差性，我们在后面讨论。目前，给定我们到目前为止做出的简单假设，数据也无法提供关于这类异方差性的信息。

消费者选择选项 1。如果两个随机成分服从类型Ⅰ极端值分布，且累计分布函数（参见第 4 章）为

$$F(\varepsilon_{ij}) = \exp(-\exp(-\varepsilon_{ij})) \tag{17.18}$$

那么个体选择选项 1 的概率为

$$\text{Prob}(U_{i1} - U_{i0} > 0 \mid x_{i1}, x_{i0}) = \frac{\exp(\beta_1' x_{i1})}{\exp(\beta_1' x_{i1}) + \exp(\beta_0' x_{i0})} \tag{17.19}$$

我们应该注意一些特殊情形。首先，考虑变量 $z_i$（例如年龄或收入），并且令 $z_i$ 的系数为 $\gamma_1$ 和 $\gamma_0$。选择概率为

$$\text{Prob}(U_{i1} - U_{i0} > 0 \mid x_{i1}, x_{i0}) = \frac{\exp(\beta_1' x_{i1} + \gamma_1 z_i)}{\exp(\beta_1' x_{i1} + \gamma_1 z_i) + \exp(\beta_0' x_{i0} + \gamma_0 z_i)} \tag{17.20}$$

假设收入的两个系数相等，于是选择概率为

$$\begin{aligned}
&\text{Prob}\,(U_{i1} - U_{i0} > 0 \mid x_{i1}, x_{i0}, z_i) \\
&\quad = \frac{\exp(\beta_1' x_{i1} + \gamma z_i)}{\exp(\beta_1' x_{i1} + \gamma z_i) + \exp(\beta_0' x_{i0} + \gamma z_i)} \\
&\quad = \frac{\exp(\gamma z_i)\exp(\beta_1' x_{i1})}{\exp(\gamma z_i)\exp(\beta_1' x_{i1}) + \exp(\gamma z_i)\exp(\beta_0' x_{i0})} \\
&\quad = \frac{\exp(\beta_1' x_{i1})}{\exp(\beta_1' x_{i1}) + \exp(\beta_0' x_{i0})}
\end{aligned} \tag{17.21}$$

收入从概率中消失。这蕴含着一个一般结果。当比较不同选项的效用函数时，如果变量不随选项的变化而变化，那么它必定有不同的系数（参见第 3 章）。

第二种情形是考察选项的哪些属性系数相同。当系数被解释为不随选项变化而变化的边际效用时，通常会出现这种情况。选择概率为

$$\begin{aligned}
&\text{Prob}\,(U_{i1} - U_{i0} > 0 \mid x_{i1}, x_{i0}) \\
&\quad = \frac{\exp(\beta' x_{i1})}{\exp(\beta' x_{i1}) + \exp(\beta' x_{i0})} \\
&\quad = \frac{\exp(\beta' x_{i1})/\exp(\beta' x_{i0})}{\exp(\beta' x_{i1})/\exp(\beta' x_{i0}) + \exp(\beta' x_{i0})/\exp(\beta' x_{i0})} \\
&\quad = \frac{\exp[\beta'(x_{i1} - x_{i0})]}{\exp[\beta'(x_{i1} - x_{i0})] + 1}
\end{aligned} \tag{17.22}$$

这意味着当我们比较选项的效用时，如果边际效用相同，那么根据属性之差进行比较。

上面我们介绍了二项选择模型的不同函数形式。我们将使用一般形式的函数，如式（17.23）所示，但要注意在实践中遇到的特殊情形。

$$\text{Prob}(Y_i = 1 \mid x_i) = F(\beta' x_i)\text{；}\text{Prob}(Y_i = 0 \mid x_i) = 1 - F(\beta' x_i) \tag{17.23}$$

### □ 17.2.3 二项选择模型的估计

二项选择模型的对数似然（LL）函数为

$$\log L = \sum\nolimits_{y_i=0} \log[\text{Prob}(Y_i = 0 \mid x_i)] + \sum\nolimits_{y_i=1} \log[\text{Prob}(Y_i = 1 \mid x_i)] \tag{17.24}$$

我们感兴趣的两个分布都是对称的。对于 probit 和 logit 模型，都有：

$$1 - F(\beta' x) = F(-\beta' x) \tag{17.25}$$

因此，$\text{Prob}(Y_i = 0 \mid x_i) = F(-\beta' x_i)$。我们可以将这些结果合并为一个方便的形式：

$$q_i = 2y_i - 1 \tag{17.26}$$

因此，若 $y_i=1$，则 $q_i=1$；若 $y_i=0$，则 $q_i=-1$。有了这个结果之后，我们有：

$$\log L = \sum\nolimits_{i=1}^{n} \log[F(q_i \beta' x_i)] \tag{17.27}$$

参数的估计值是通过求这个函数关于向量 $\beta$ 的最大值而得到的。这是一个常见的最优化问题。（例如，参见

Greene（2012）和第 5 章。）最大似然估计（MLE）的标准误的估计值可用第 5 章介绍的方法得到。

令 $F_i$ 表示给定 $x_i$ 时 $Y_i$ 等于 1 的概率，即 $F(\beta' x_i)$；令 $f_i$ 表示 $F_i$ 的导数，即概率密度函数（PDF）；令 $f_i'$ 表示 $F_i$ 的二阶导数。对于 logit 模型，这些函数分别为 $\Lambda_i$，$\Lambda_i(1-\Lambda_i)$，$\Lambda_i(1-\Lambda_i)(1-2\Lambda_i)$；对于 probit 模型，这些函数分别为 $\Phi_i$，$\varphi_i$ 和 $(-\beta' x_i)\varphi_i$。回到式（17.28）中的 LL 函数：

$$\log L = \sum_{i=1}^{n}(1-y_i)\log(1-F_i)+y_i\log F_i \tag{17.28}$$

由此（在稍微简化之后）可得：

$$\frac{\partial \log L}{\partial \beta} = \sum_{i=1}^{n}\left[\left(\frac{y_i-F_i}{F_i(1-F_i)}\right)f_i\right]x_i = \sum_{i=1}^{n} g_i x_i \tag{17.29}$$

为了得到 $\beta$ 的 MLE，我们令上式为零。为了得到 MLE 的渐近协方差矩阵的估计量表达式，我们将式（17.29）对 $\beta'$ 求导：

$$\begin{aligned}\frac{\partial \log L}{\partial \beta \partial \beta'} &= \sum_{i=1}^{n}\left[\left(\frac{y_i-F_i}{F_i(1-F_i)}\right)f_i' + \left(\frac{F_i(1-F_i)(-f_i)-(y_i-F_i)(f_i-2F_if_i)}{[F_i(1-F_i)]^2}\right)f_i\right]x_i x_i' \\ &= \sum_{i=1}^{n} H_i x_i x_i'\end{aligned} \tag{17.30}$$

对于我们考察的两个模型，上面这个复杂的表达式变得简单了。使用先前的导数结果，对于 probit 模型，它可以化简为

$$H_i = -q_i(\beta' x_i)\varphi_i/\Phi_i - [q_i\varphi_i/\Phi_i]^2 \tag{17.31}$$

其中，$\varphi_i(\cdot)$ 和 $\Phi_i(\cdot)$ 在 $q_i\beta' x_i$ 处估计。对于 logit 模型，结果更简单：

$$H_i = -\Lambda_i(1-\Lambda_i) \tag{17.32}$$

其中，$\Lambda_i$ 在 $\beta' x_i$ 处估计。MLE 的渐近协方差矩阵的实证估计量为

$$V = Est.Asy.\mathrm{Var}[\hat{\beta}_{\mathrm{MLE}}] = \left[-\sum_{i=1}^{n} H(\hat{\beta}'_{\mathrm{MLE}}x_i)x_i x_i'\right]^{-1} \tag{17.33}$$

理论估计量建立在 $E[H_i]$ 基础上。这个表达式也适用于 logit 模型：$E[H_i]=H_i$。（注意：对于 logit 模型，$H_i$ 不涉及 $y_i$。）对于 probit 模型：

$$E[H_i] = \frac{-[\phi(\hat{\beta}'_{\mathrm{MLE}}x_i)]^2}{\Phi(\hat{\beta}'_{\mathrm{MLE}}x_i)}\Phi(-\hat{\beta}'_{\mathrm{MLE}}x_i) \tag{17.34}$$

于是估计量为

$$V_E = \left[-\sum_{i=1}^{n} E[H(\hat{\beta}'_{\mathrm{MLE}}x_i)]x_i x_i'\right]^{-1} \tag{17.35}$$

第三个估计量建立在信息等式 $E[g_i]=0$ 和 $E[-H_i]=E[g_i^2]$ 基础上。因此，所谓的 BHHH（Berndt，Hall，Hall 和 Hausman）估计量为

$$V_{\mathrm{BHHH}} = \left[\sum_{i=1}^{n} g_i^2 x_i x_i'\right]^{-1} \tag{17.36}$$

当前文献中建议使用的“稳健”估计量为

$$V_{\mathrm{ROBUST}} = V_E\left[\sum_{i=1}^{n} g_i^2 x_i x_i'\right]^{-1} \tag{17.37}$$

为了使这个估计量对模型假设失败是稳健的，$\beta$ 的估计量有必要是向量 $\beta$ 的一致估计量。模型假设不失败能够保留这个性质。另外，在模型假设不失败的情形下，$V_{\mathrm{ROBUST}}$ 估计的矩阵与其他三个备选估计量相同，因此它仅是多余的计算。

### □ 17.2.4 推断假设检验

到目前为止，尽管非线性模型是用最大似然法估计的，但我们设定的二项选择模型都是常见的。假设检验（hypothesis testing）和推断（参见第 7 章）的标准菜单工具（例如置信区间）是可得的。作为一个“常规”估计量，MLE 与协方差矩阵的估计量一致，而且服从渐近正态分布，参见 17.2.4 节。因此，系数的置信区间是使用常见的临界值（95%的置信水平下为 1.96；99%的置信水平下为 2.58）构建的，估计标准误

等于估计的渐近协方差矩阵对角线元素的平方根。对于假设检验，Wald（$t$）统计量和似然比统计量是常见的选择。假设检验的细节内容请参见第 7 章。

### □ 17.2.5 拟合度衡量

研究者通常希望评估二项选择模型对数据的拟合度。我们不能简单地类比线性回归情形下的 $R^2$，原因主要是模型为非线性的，然而也正因为此，在二项选择情形下，也不存在类似线性回归情形下的平方差之和或固定“变异”。文献通常建议使用的衡量指标是建立在 LL 函数上的伪 $R^2$，伪 $R^2$ 的定义为

$$伪\ R^2 = 1 - \frac{\log L(模型)}{\log L(基础模型)} \tag{17.38}$$

基础模型是仅含有一个常数项的模型。容易证明，对于任何二项选择模型（probit，logit，其他），基础模型将有：

$$\log L_0 = N_1 \log P_0 + N_1 \log P_1 \tag{17.39}$$

其中，$N_j$ 是取值 $j$（其中 $j=0,1$）的观察数，$P_j = N_j/N$ 是样本比例。由于二项选择模型的 LL 必定为负，而且 $\log L_0$ 和 $\log L$ 都为负，但前者绝对值更大，因此伪 $R^2$ 必定介于 0 和 1 之间。在拟合度的衡量上，伪 $R^2$ 是否比 LL 更好，这是一个值得辩论的问题。然而，给定两个模型，如果它们的样本和因变量都相同，那么伪 $R^2$ 在这两个模型的比较方面还是有用的。二项选择模型的拟合度的其他衡量指标有时建立在结果变量的预测规则成功的基础上，例如：

$$\hat{y}_i = 1[F(\hat{\beta}'x_i) > 0.5] \tag{17.40}$$

这里的逻辑在于，如果模型预测 $y$ 更有可能等于 1 而不是等于 0，那么 $y=1$；反之则反是。于是，预测规则成功和失败的不同计数，例如 Cramer 衡量指标，为

$$\begin{aligned}\hat{\lambda} &= \frac{\sum_{i=1}^{N} y_i \hat{F}}{N_1} - \frac{\sum_{i=1}^{N}(1-y_i)\hat{F}}{N_0} \\ &= (\hat{F}\ 的均值\mid 当\ y=1 时) - (\hat{F}\ 的均值\mid 当\ y=0 时)\end{aligned} \tag{17.41}$$

### □ 17.2.6 解释：偏效应与模拟

与任何非线性模型中的情形一样，系数 $\beta$ 不是偏效应（或称边际效应）。对于出现在随机效用函数中的任何变量：

$$\frac{\partial \mathrm{Prob}(Y_i = 1 \mid x_i)}{\partial x_{ik}} = \frac{dF(\beta' x_i)}{d(\beta' x_i)}\beta_k = \delta_{ik}(\beta, x_i) \tag{17.41}$$

导数项是与概率模型对应的密度，即 pobit 模型的正态密度 $\varphi_i$ 和 logit 模型的 $\Lambda_i(1-\Lambda_i)$。在所有情形下，偏效应都是调整后的系数。偏效应的计算涉及两个问题：

（1）偏效应的计算需要使用数据，那么应该使用 $x_i$ 的哪些值来计算 $\delta_{ik}$？在计算“均值处的偏效应”时，我们经常用数据的样本均值来代替 $x_i$。近期文献更常见的做法是计算平均偏效应。这种方法首先计算数据集中每个样本点的 $\delta_{ik}$，然后求这些 $\delta_{ik}$ 的平均值。

（2）偏效应是参数估计值（和数据）的非线性函数，因此我们需要一些用来计算 $\delta_{ik}(\beta, x_i)$ 的估计值的标准误的方法。第 7 章介绍的 delta 法和 Krinsky-Robb 法可用于这个目的。

在很多情形下，外生变量 $x_i$ 包括性别、婚姻状况、年龄分类等人口统计因素，这些因素通常编码为二值变量。上面的导数表达式不适用于二值变量情形。更常见的方法是计算一阶差分：

$$\begin{aligned}\Delta\mathrm{Prob}(Y_i \mid x, z) &= \mathrm{Prob}(Y_i = 1 \mid x_i, z_i = 1) - \mathrm{Prob}(Y_i = 1 \mid x_i, z_i = 0) \\ &= F(\beta' x_i + \gamma) - F(\beta' x_i)\end{aligned} \tag{17.43}$$

其中，$z_i$ 是虚拟变量，$\gamma$ 是模型中 $z_i$ 的系数。

我们再次提醒读者注意下列问题。在一些情形下，分析者希望调整估计出的偏效应。假设偏效应为

0.2，当基础结果的概率为 0.3 时，偏效应代表概率变化了 67%，而当基础结果的概率为 0.8 时，偏效应代表概率变化了 25%。为了解决这种不明确性，研究者通常使用半弹性或全弹性。在上面的例子中，我们使用半弹性 $(\partial P/\partial x)/P=\partial \log P/\partial x$ 来解决尺度不一致问题。在另外一些情形下，使用全弹性 $\varepsilon=\partial \log p/\partial \log x$ 更好。在下面的应用中，变量 $x$ 表示收入。偏效应如果用比例（百分数）变化而不是绝对数（澳元或欧元）变化表示，更能提供有用信息。然而，我们指出，当我们考察的是虚拟变量的变化时，半弹性是唯一合理的衡量方法。

在使用 logit 模型时，分析者有时考察"机会比"（odds ratios，也称比值比，OR 值等）而不是变化率。概率的机会比为 $\mathrm{Prob}(Y_i=1|x_i)/\mathrm{Prob}(Y_i=0|x_i)$。对于二项 logit 模型：

$$\text{机会比}=\frac{\exp(\beta' x)/[1+\exp(\beta' x)]}{1/[1+\exp(\beta' x)]}=\exp(\beta' x) \tag{17.44}$$

现在考虑虚拟变量 $z$ 的变化引起的机会变化：

$$(\text{机会比}|z=1)-(\text{机会比}|z=0)=\exp(\beta' x+\gamma)-\exp(\beta' x)=\exp(\beta' x)[\exp(\gamma)-1] \tag{17.45}$$

因此，机会比（或"机会"）当 $\gamma>0$ 时增加，当 $\gamma=0$ 时不变，当 $\gamma<0$ 时降低。研究者在报告结果时通常给出机会比而不是系数。对于机会比的计算，有几点需要注意。第一，"机会比" $\exp(\gamma)$ 实际上是 1 加上机会比的变化，而不是机会比本身。[①] 第二，变化背后的思想实验是与系数相伴的变量变化一单位。因此，对于收入、(药物) 剂量等连续变量，这种计算没有多大用处，尽管它可能对于时间（例如年龄和出行耗时）的衡量有用。第三，使用 delta 法，研究者对估计机会比 $c$ 的标准误的计算为 $\exp(c)\times$标准误$(c)$。然而，我们不能使用标准误来检验机会比是否为零这个假设，因为机会比 $\exp(\gamma)$ 不可能为零。合适的假设是它等于 1。类似地，置信区间至少在理论上应该以 1 而不是 0 为中心。对于二项 logit 模型，报告"机会比"与报告系数相比没有明显优势。但是，当系数不与虚拟系数相伴时，则有明显劣势。然而，这在文献中比较常见，出于完整性考虑，我们在这里指出这一点。

### □ 17.2.7 二项选择模型的应用

Riphahn，Wambach 和 Million（2003）考察了医疗保险与医疗服务使用增加之间的关联性。他们分析了从德国社会经济面板数据（GSOEP）中抽取的一个面板数据集。他们感兴趣的是家庭户主在调查年份前一年最后一个季度看医生的次数。在德国医疗服务系统中，有两类医疗保险：一类是"公共"（public）保险，它保障基本医疗服务；另一类是"附加"（add on）保险，它增加了公共保险保障的项目并且保障一些额外的服务，例如眼镜和额外的住院费用（只有参加了公共保险的人才能买附加保险）。我们将使用这些数据来说明二项选择模型。[②] 样本是一个由 27 326 人年（person years）组成的非平衡面板，如表 17.1 所示。

**表 17.1** 面板数据样本规模

| 全样本 | | 面板组规模 | |
|---|---|---|---|
| 年份 | 观察数 | $T_i$ | 观察数 |
| 1984 | 3 874 | 1 | 1 525 |
| 1985 | 3 794 | 2 | 1 079 |
| 1986 | 3 792 | 3 | 825 |
| 1987 | 3 666 | 4 | 926 |
| 1988 | 4 483 | 5 | 1 051 |
| 1991 | 4 340 | 6 | 1 000 |
| 1994 | 3 377 | 7 | 887 |

① 对于任何变量比如 $z$，当 $z$ 变化 1 单位时，机会比的比值为 $\mathrm{OR}(x, z+1)/\mathrm{OR}(x, z)=\exp(\beta_z)$。

② 数据可从 *Journal of Applied Econometrics* 下载。

面板含有 7 293 个组。我们暂时忽略数据集的面板数据性质，而将它视为一个横断面数据集，也就是说，暂时假设观察之间不存在潜相关。稍后我们就会知道，事实并非如此。我们这么做是出于简化目的。表 17.2 给出了保险持有状况变量的观察数。表 17.3 给出了我们将考察的变量。

**表 17.2　　GSOEP 样本中的保险持有状况**

```
CROSSTAB ; Lhs = public ; Rhs = addon $
Cross Tabulation --------------------+
|          |       ADDON             |
+----------+-----------------+-------+
|  PUBLIC|      0           1| Total|
+----------+-----------------+-------+
|        0|   3123          0|  3123|
|        1|  23689        514| 24203|
+----------+-----------------+-------+
|    Total|  26812        514| 27326|
+----------+-----------------+-------+
```

**表 17.3　　二项选择分析的描述性统计**

```
DSTAT ; Rhs = public,addon,age,educ,female,married,hhkids,
income,healthy $
--------+------------------------------------------------------------------
Variable|        Mean        Std.Dev.      Minimum       Maximum
--------+------------------------------------------------------------------
PUBLIC|       .885713       .318165        0.0          1.0  •
ADDON|        .018810       .135856        0.0          1.0  •
AGE|        43.52569      11.33025        25.0         64.0
EDUC|       11.32063      2.324885         7.0         18.0
FEMALE|       .478775       .499558        0.0          1.0  •
MARRIED|      .758618       .427929        0.0          1.0  •
HHKIDS|       .402730       .490456        0.0          1.0  •
        |(Presence of children under 16 in the household)
INCOME|       .352135       .176857       .001500     3.067100
              |(Monthly household net income/1000)
HEALTHY|      .609529       .487865        0.0          1.0  •
      |(Health satisfaction coded 0-10 is greater than 6)
+--------------------------------------------------------------------------
```

注：• 表示一个二值变量。

表 17.4 和表 17.5 给出了附加保险持有状况变量的 probit 估计模型和 logit 估计模型。正如我们预期的，这两个模型基本没有区别。LL 和其他诊断统计量都相同。根据 $\chi^2$ 值，模型整体在统计上显著。这两个模型的符号模式和系数显著性也都相同。尽管 logit 和 probit 系数之差大于我们熟悉的 1.6，但二者之间的尺度效应在结果中也是显然的，尽管二者应该能预期到。回忆一下，尺度调整的作用在某种程度上是使得两个模型在数据中点计算的偏效应相等。在附加保险模型中，平均结果仅为 0.018 8，它与 0.5 差距很大（此时结果 1.6 最明显）。然而，这里的比值为

$$\text{比值}=\frac{\varphi(\Phi^{-1}(0.0188))}{\Lambda(\Lambda^{-1}(0.0188)[1-\Lambda(\Lambda^{-1}(0.0188)]}=\frac{0.04593}{0.0188\times(1-0.0188)}\approx 2.5 \tag{17.46}$$

给定这个结果，我们应该预期表 17.5 中的 logit 系数大约为表 17.4 中 probit 系数的 2.5 倍，结果的确如此。例如，表 17.5 中 AGE 的系数为 0.017 76，大约是表 17.4 中 AGE 的系数（0.006 78）的 2.6 倍。结果表明，年龄越大、受教育水平越高、女性和收入越高的个体更有可能持有附加保险。婚姻状况和家庭中有小孩等变量的重要程度不如其他变量。正如我们预期的，那些认为自己更健康的人持有附加保险的可能性较低。（附加保险提高了住院费用的补偿水平。）表 17.5 也给出了估计 logit 模型的"机会比"。这些结果中哪些信息更

有用取决于分析者。我们发现系数和相应的偏效应一般能提供更多信息。

**表 17.4　　估计附加保险持有状况的 probit 模型**

```
NAMELIST ; X=one,age,educ,female,married,hhkids,income,healthy $
PROBIT ; Lhs = addon ; Rhs = x $
Binomial Probit Model
Dependent variable                  ADDON
Log likelihood function       -2434.77285
Restricted log likelihood     -2551.44776
Chi squared [  7](P= .000)      233.34982
Significance level                 .00000
McFadden Pseudo R-squared        .0457289
Estimation based on N =   27326, K =    8
Inf.Cr.AIC  =    4885.5 AIC/N =      .179
```

| ADDON | Coefficient | Standard Error | z | Prob. \|z\|>Z* | 95% Confidence Interval | |
|---|---|---|---|---|---|---|
| | Index function for probability | | | | | |
| Constant | -3.57370*** | .13618 | -26.24 | .0000 | -3.84061 | -3.30678 |
| AGE | .00678*** | .00195 | 3.48 | .0005 | .00297 | .01060 |
| EDUC | .06906*** | .00702 | 9.84 | .0000 | .05531 | .08281 |
| FEMALE | .13083*** | .03774 | 3.47 | .0005 | .05685 | .20480 |
| MARRIED | .01863 | .04978 | .37 | .7083 | -.07895 | .11620 |
| HHKIDS | .04660 | .04342 | 1.07 | .2832 | -.03851 | .13171 |
| INCOME | .74817*** | .08360 | 8.95 | .0000 | .58432 | .91203 |
| HEALTHY | -.01372 | .03918 | -.35 | .7261 | -.09052 | .06307 |

**表 17.5　　估计保险持有状况的 logit 模型**

```
NAMELIST ; X=one,age,educ,female,married,hhkids,income,healthy $
LOGIT ; Lhs = addon ; Rhs = x $
LOGIT ; Lhs = addon ; Rhs = x ; Odds $
Binary Logit Model for Binary Choice
Log likelihood function       -2440.84843
Restricted log likelihood     -2551.44776
Chi squared [  7](P= .000)      221.19866
Significance level                 .00000
McFadden Pseudo R-squared        .0433477
Estimation based on N =   27326, K =    8
Inf.Cr.AIC  =    4897.7 AIC/N =      .179
```

| ADDON | Coefficient | Standard Error | z | Prob. \|z\|>Z* | 95% Confidence Interval | |
|---|---|---|---|---|---|---|
| Constant | -7.52008*** | .32912 | -22.85 | .0000 | -8.16513 | -6.87502 |
| AGE | .01776*** | .00479 | 3.71 | .0002 | .00837 | .02715 |
| EDUC | .16248*** | .01571 | 10.34 | .0000 | .13169 | .19327 |
| FEMALE | .32623*** | .09219 | 3.54 | .0004 | .14555 | .50691 |
| MARRIED | .08638 | .12260 | .70 | .4810 | -.15390 | .32667 |
| HHKIDS | .10535 | .10537 | 1.00 | .3174 | -.10118 | .31187 |
| INCOME | 1.50172*** | .17015 | 8.83 | .0000 | 1.16823 | 1.83521 |
| HEALTHY | -.01242 | .09585 | -.13 | .8969 | -.20027 | .17544 |

**表 17.5（续）**

| ADDON | Odds Ratio | Standard Error | z | Prob. \|z\|>Z* | 95% Confidence Interval | |
|---|---|---|---|---|---|---|
| AGE | 1.01792*** | .00488 | 3.71 | .0002 | 1.00836 | 1.02748 |
| EDUC | 1.17643*** | .01848 | 10.34 | .0000 | 1.14020 | 1.21265 |
| FEMALE | 1.38573*** | .12774 | 3.54 | .0004 | 1.13535 | 1.63610 |
| MARRIED | 1.09023 | .13366 | .70 | .4810 | .82826 | 1.35219 |
| HHKIDS | 1.11109 | .11708 | 1.00 | .3174 | .88162 | 1.34056 |
| INCOME | 4.48940*** | .76387 | 8.83 | .0000 | 2.99225 | 5.98656 |
| HEALTHY | .98766 | .09466 | -.13 | .8969 | .80212 | 1.17320 |

***, **, * ==> Significance at 1%, 5%, 10% level.
Odds ratio = exp(beta); z is computed for the original beta

表 17.6 给出了 probit 模型的一些拟合指标（这些结果与 logit 模型的相应结果基本相同），并且说明了很难构造与线性回归情形下的 $R^2$ 相似的指标。对于二项选择模型，有两类指标。一类指标基于 LL 并且修改了 McFadden 原来的建议：

$$伪\ R^2 = 1 - \text{Log}L/\text{Log}L_0 \tag{17.47}$$

其中，Log$L$ 是估计模型的 LL，Log$L_0$ 是这个模型仅包含常数项时的 LL。我们很难解释特定模型的伪 $R^2$。它显然不是能被解释的变异的衡量指标。尽管它的取值几乎很难接近于 1，但它的取值的确介于 0 和 1 之间，而且它的确随着模型变量数的增加而增加。考察表 17.4 中非常显著的结果，0.045 73 这个非常小的值令人惊讶。在比较基于相同因变量和相同样本的模型时，这可能有用。注意，伪 $R^2$ 从模型 A 到模型 B 的变化为

$$\Delta\ 伪\ R^2 = (\text{Log}L_A - \text{Log}L_B)/\text{Log}L_0 \tag{17.48}$$

它是似然比统计量乘以 0.5/Log$L_0$。另一类指标基于 Log$L$，例如表 17.4 给出的指标（当然，还有其他一些衡量指标①），包括：

$$R^2_{ML} = 1 - \exp(\chi^2/n) \tag{17.49}$$

其中，$\chi^2$ 为 2(Log$L$ − Log$L_0$)，它类似于回归模型中用来检验除常数项之外所有其他系数都为零的联合假设的总体 $F$ 统计量。变异度的衡量指标以及信息准则

$$AIC = (-2\text{Log}L + 2K)/n \tag{17.50a}$$

$$BIC = (-2\text{Log}L + \text{Log}n\text{Log}K)/n \tag{17.50b}$$

说明了我们很难构造“拟合度”的一致衡量指标。类似问题出现在基于模型预测的拟合方面。常见的拟合衡量指标建立在预测规则 $\hat{y}_i = 1[\hat{P}_i > 0.5]$ 上。

我们的模型的值域变化基于

$$\text{Efron} = 1 - \frac{\sum_i (y_i - \hat{P}_i)^2}{\sum_i \left(y_i - \frac{n_1}{n}\right)^2} \tag{17.51}$$

$$\text{Ben-Akiva 和 Lerman} = \frac{\sum_i y_i\hat{P}_i + (1-y_i)(1-\hat{P}_i)}{n} \tag{17.52}$$

导致这个计算基本不能提供什么信息。在某种程度上，列联表（参见表 17.6 下方）可能有用。这样的表也有助于说明选择模型拟合度衡量中的另一个难题。根据第一个列联表，我们发现模型对数据的“拟合”非常好。常见的预测规则表明，预测正确度为 98.1%（=26 812/27 326）。这是因为模型（几乎）不会预测 $y_i$ =

① Stata 软件中的 FitStat 能为二项选项模型提供将近 20 个不同的“拟合度”指标。

1，因此，它能正确预测几乎所有的 0 值观察，但不能正确预测任何一个 1 值观察。当数据为非平衡数据（这里就是这样的）时，这种现象总会发生。这不是模型的缺陷，而是试图构造类似于回归方程 $R^2$ 这一拟合指标的缺陷。

**表 17.6　　　　probit 模型的拟合度**

```
PROBIT ; Lhs = addon ; Rhs = x ; Summary $
+-----------------------------------------------+
| Fit Measures for Binomial Choice Model       |
| Probit   model for variable ADDON            |
+-----------------------------------------------+
|                  Y=0        Y=1      Total|
| Proportions   .98119     .01881    1.00000|
| Sample Size    26812        514      27326|
+-----------------------------------------------+
| Log Likelihood Functions for BC Model      |
|               P=0.50     P=N1/N    P=Model|
| LogL =      -18940.94  -2551.45   -2434.77|
+-----------------------------------------------+
| Fit Measures based on Log Likelihood       |
| McFadden = 1-(L/L0)               =   .04573|
| Estrella = 1-(L/L0)^(-2L0/n)  =   .00870|
| R-squared (ML)                    =   .00850|
| Akaike Information Crit.          =   .17879|
| Schwartz Information Crit.        =   .18119|
| Veall and Zimmerman               =   .05381|
+-----------------------------------------------+
| Fit Measures Based on Model Predictions|
| Efron                             =   .00676|
| Ben Akiva and Lerman              =   .96347|
| Cramer                            =   .01066|
+-----------------------------------------------+
+-------------------------------------------------------------+
|Predictions for Binary Choice Model.  Predicted value is |
|1 when probability is greater than  .500000, 0 otherwise.|
|Note, column or row total percentages may not sum to     |
|100% because of rounding. Percentages are of full sample.|
+--------+-----------------+-----------------+-----------------------------+
|Actual|         Predicted Value          |                    |
|Value |       0                    1       |  Total Actual      |
+--------+-----------------+-----------------+-----------------------------+
|  0     |   26811 ( 98.1%)|       1 (   .0%)|   26812 ( 98.1%)|
|  1     |     514 (  1.9%)|       0 (   .0%)|     514 (  1.9%)|
+--------+-----------------+-----------------+-----------------------------+
|Total |   27325 (100.0%)|       1 (   .0%)|   27326 (100.0%)|
+--------+-----------------+-----------------+-----------------------------+
+-------------------------------------------------------------+
|Crosstab for Binary Choice Model.  Predicted probability |
|vs. actual outcome. Entry = Sum[Y(i,j)*Prob(i,m)] 0,1.    |
|Note, column or row total percentages may not sum to     |
|100% because of rounding. Percentages are of full sample.|
+--------+-----------------+-----------------+-----------------------------+
|Actual|    Predicted Probability          |                    |
|Value |    Prob(y=0)          Prob(y=1)    |  Total Actual      |
+--------+-----------------+-----------------+-----------------------------+
| y=0    |   26312 ( 96.3%)|     499 (  1.8%)|   26812 ( 98.1%)|
| y=1    |     498 (  1.8%)|      15 (   .1%)|     514 (  1.9%)|
+--------+-----------------+-----------------+-----------------------------+
|Total |   26811 ( 98.1%)|     514 (  1.9%)|   27326 (100.0%)|
+--------+-----------------+-----------------+-----------------------------+
```

表 17.6（续）

```
LOGIT ; Lhs = addon ; Rhs = x ; Marginal Effects $
PROBIT ; Lhs = addon ; Rhs = x ; Marginal Effects $
-----------------------------------------------------------------------------
Partial derivatives of E[y] = F[*] with
respect to the vector of characteristics
Average partial effects for sample obs.
+----------------------------------------------------------------------------
    Logit|     Partial      Standard            Prob.      95% Confidence
    ADDON|      Effect        Error        z    |z|>Z*         Interval
---------+------------------------------------------------------------------
      AGE|    .00032***   .8707D-04      3.71  .0002    .00015    .00049
     EDUC|    .00296***      .00028     10.45  .0000    .00240    .00351
   FEMALE|    .00600***      .00172      3.49  .0005    .00263    .00937   #
  MARRIED|    .00154         .00213       .72  .4709   -.00264    .00571   #
   HHKIDS|    .00194         .00196       .99  .3228   -.00190    .00578   #
   INCOME|    .02733***      .00309      8.86  .0000    .02128    .03338
  HEALTHY|   -.00023         .00175      -.13  .8971   -.00366    .00320   #
---------+------------------------------------------------------------------
   Probit|     Partial      Standard            Prob.      95% Confidence
    ADDON|      Effect        Error        z    |z|>Z*         Interval
---------+------------------------------------------------------------------
      AGE|    .00030***   .8640D-04      3.46  .0005    .00013    .00047
     EDUC|    .00304***      .00033      9.36  .0000    .00241    .00368
   FEMALE|    .00581***      .00169      3.43  .0006    .00249    .00913   #
  MARRIED|    .00081         .00215       .38  .7054   -.00340    .00503   #
   HHKIDS|    .00207         .00195      1.06  .2882   -.00175    .00590   #
   INCOME|    .03299***      .00382      8.63  .0000    .02550    .04048
  HEALTHY|   -.00061         .00174      -.35  .7270   -.00402    .00280   #
+----------------------------------------------------------------------------
nnnnn.D-xx or D+xx => multiply by 10 to -xx or +xx.
***, **, * ==>  Significance at 1%, 5%, 10% level.
#  Partial effect for dummy variable is E[y|x,d=1] - E[y|x,d=0].
Standard errors computed using the delta method.
-----------------------------------------------------------------------------
```

表 17.7 给出了 probit 模型和 logit 模型的估计偏效应。一些解释变量是二值变量。这个表说明这些效应是用偏微分计算的，而不是用调整后的系数计算的。表 17.6 中的效应大小说明了我们以前曾经指出的事实。考虑女性的偏效应，它的值大约为 0.006。这似乎是微小的概率变化，然而考虑到样本中持有保险状况的平均概率仅为 0.018 8，这个变化并不小。说得更准确些，在其他条件相同的情形下，女性和男性的差异大约为 0.006/0.018 8，即大约 1/3。显然，这是一个非常大（并且在统计上显著）的效应。在表 17.8 中，我们报告了 logit 模型的这些效应，此时我们用半弹性代替了简单导数。解释变量的变化对概率的影响在这个表中更清楚。

表 17.8 说明了计算偏效应时的另一个问题。在表 17.7 中，效应的计算步骤为：首先计算模型中变量的样本均值，然后计算均值处的效应。在表 17.7 的下部，偏效应用样本中的每个观察计算，然后求平均值。这通常导致结果几乎没有什么差异，尽管事实并非总是这样——如果样本量相对很小，这个差异就比较大。作为一个一般规则，只要有可能，研究者通常喜欢使用后面一种方法，即计算平均偏效应。表 17.8 说明了另外一个问题。数据的样本均值不能说明哪个变量是虚拟变量，哪个变量不是虚拟变量。在计算平均偏效应时，这个问题更明显。一些分析者综合使用这两种计算偏效应的方法。在表 17.9 中，我们计算了拥有平均收入和 16 年教育的 40 岁个体的平均偏效应。

**表 17.7　logit 和 probit 模型中偏效应的估计**

```
PARTIALS ; Effects : <x> ; Summary $
Semielasticities
-----------------------------------------------------------------------------------------
Partial Effects for Logit:Probability(ADDON=1)
Partial Effects Computed at data Means.  Log derivatives
*==> Partial Effect for a Binary Variable
-----------------------------------------------------------------------------------------
                     Partial    Standard
(Delta method)       Effect      Error       |t|   95% Confidence Interval
-----------------------------------------------------------------------------------------
      AGE             .01748      .00472     3.71      .00824       .02672
      EDUC            .15989      .01550    10.31      .12950       .19027
      FEMALE          .32102      .09075     3.54      .14315       .49889
      MARRIED         .08501      .12064      .70     -.15145       .32146
      HHKIDS          .10366      .10369     1.00     -.09957       .30690
      INCOME         1.47777      .16767     8.81     1.14915      1.80639
      HEALTHY        -.01222      .09432      .13     -.19708       .17264
-----------------------------------------------------------------------------------------
```

**表 17.8　半弹性的估计**

```
PARTIALS ; Effects : <x> ; Summary ; Means$
Partial Effects for Logit:Probability(ADDON=1)
Partial Effects Averaged Over Observations
*==> Partial Effect for a Binary Variable
-----------------------------------------------------------------------------------------
                     Partial    Standard
(Delta method)       Effect      Error       |t|   95% Confidence Interval
-----------------------------------------------------------------------------------------
      AGE             .01743      .00470     3.71      .00822       .02664
      EDUC            .15942      .01542    10.34      .12921       .18964
    * FEMALE          .31731      .08814     3.60      .14455       .49007
    * MARRIED         .08475      .12018      .71     -.15080       .32030
    * HHKIDS          .10325      .10307     1.00     -.09877       .30527
      INCOME         1.47347      .16695     8.83     1.14625      1.80069
    * HEALTHY        -.01218      .09403      .13     -.19649       .17212
-----------------------------------------------------------------------------------------
```

**表 17.9　婚姻状况对保险持有状况的偏效应**

```
PARTIALS ; effects: married ; set: income = mean, age = 40, educ = 16 $
-----------------------------------------------------------------------------------------
Simulation and partial effects are computed with fixed settings
INCOME    = sample mean     =        .3521
AGE       =                        40.0000
EDUC      =                        16.0000
-----------------------------------------------------------------------------------------
Partial Effects  Analysis for Probit:Probability(ADDON=1)
-----------------------------------------------------------------------------------------
Effects on function with respect to MARRIED
Results are computed by average over sample observations
Partial effects for binary var MARRIED  computed by first difference
-----------------------------------------------------------------------------------------
df/dMARRIED          Partial    Standard
(Delta method)       Effect      Error       |t|   95% Confidence Interval
-----------------------------------------------------------------------------------------
APE. Function         .00135      .00358      .38     -.00567       .00836
-----------------------------------------------------------------------------------------
```

我们可以再次看出，在表 17.9 中，对于年龄（AGE）的偏效应，使用导数作为变量对结果的影响含义不清。估计的效应为 0.000 3，这似乎非常小。然而，由于持有保险的概率围绕着 0.018 8 变化，而且在数据集中，AGE 的取值范围为 25～65，因此，年龄变化 10 岁，对概率的影响为 0.003，这大约为 0.018 8 的 1/6。图 17.1 和表 17.10 给出了样本数据中个体持有保险的估计概率。我们发现，均值出现在 40 岁左右，这可从表 17.3 中看出。然而，对于数据的取值范围（25～64），保险持有概率的变化范围为 0.014～0.026，即它几乎翻了一倍。这个效应很大。

**表 17.10　　年龄变化对保险持有概率的影响**

```
SIMULATE ; Scenario: & Age = 25(3)64 ; Plot $
```

Model Simulation Analysis for Probit:Probability(ADDON=1)

Simulations are computed by average over sample observations

| User Function (Delta method) | Function Value | Standard Error | \|t\| | 95% Confidence Interval | |
|---|---|---|---|---|---|
| Avrg. Function | .01882 | .00082 | 23.08 | .01722 | .02042 |
| AGE = 25.00 | .01388 | .00140 | 9.91 | .01114 | .01663 |
| AGE = 28.00 | .01459 | .00128 | 11.38 | .01208 | .01710 |
| AGE = 31.00 | .01533 | .00116 | 13.24 | .01306 | .01759 |
| AGE = 34.00 | .01609 | .00104 | 15.55 | .01406 | .01812 |
| AGE = 37.00 | .01689 | .00092 | 18.28 | .01508 | .01871 |
| AGE = 40.00 | .01773 | .00084 | 21.04 | .01608 | .01938 |
| AGE = 43.00 | .01860 | .00081 | 22.83 | .01700 | .02020 |
| AGE = 46.00 | .01951 | .00086 | 22.61 | .01782 | .02120 |
| AGE = 49.00 | .02045 | .00099 | 20.60 | .01851 | .02240 |
| AGE = 52.00 | .02144 | .00119 | 17.95 | .01910 | .02378 |
| AGE = 55.00 | .02246 | .00145 | 15.46 | .01961 | .02531 |
| AGE = 58.00 | .02352 | .00176 | 13.38 | .02008 | .02697 |
| AGE = 61.00 | .02463 | .00210 | 11.72 | .02051 | .02875 |
| AGE = 64.00 | .02578 | .00248 | 10.38 | .02091 | .03065 |

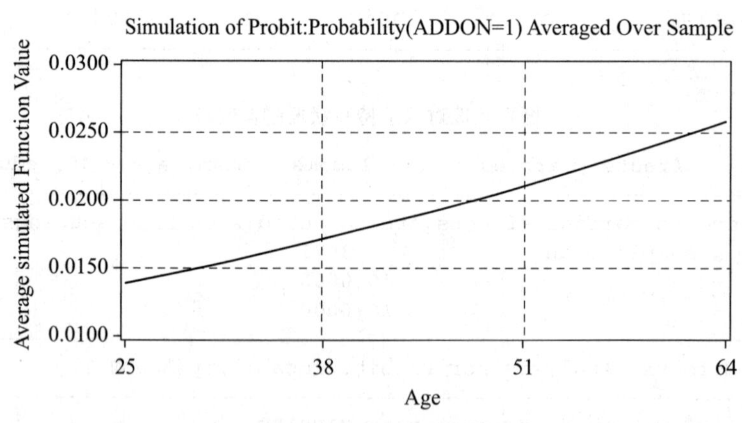


**图 17.1　模型模拟**

二项选择模型有很多变种，参见 Greene（2012）以及 Cameron 和 Trivedi（2005）。在下面两节，我们将介绍文献中经常出现的两类变种：一是面板数据模型，二是三个二元 probit 模型。

## 17.3 使用面板数据模拟二项选择

正如 17.2.8 节介绍的，我们使用的德国社会经济面板数据（GSOEP）是一个非平衡面板。在分析过程中，分析者自然要充分利用面板数据的性质。一开始，面板数据可能成为一些困惑的来源。“面板数据”处理与 17.2 节的处理有什么不同？下面我们将构建一个面板分析架构，用来介绍一些处理和设定，它们能清楚地识别同组内不同观察之间的不可观测或未观测异质性的相关性。考虑式（17.53）给出的随机效用模型的基准情形：

$$\begin{aligned} U_{it} &= \beta x'_{it} + \varepsilon_{it} \\ Y_{it} &= 1[U_{it} > 0] \end{aligned} \tag{17.53}$$

下标“$it$”表示个体 $i$ 在时期 $t$ 的观察值。特别地，对于前文引入的个体持有附加保险的例子，我们有若干年（最多为 7 年）的个体观察数据。然而，这个思想未必能应用于这样的时间序列观察。在很多 SC 实验（本书其他章节也介绍了一些）中，抽样个体面对一系列选择情景，例如，不同的交通方式、道路状况或效用合同。这些 SC 实验在逻辑上与面板数据情形相同。

到目前为止，我们还未对“面板数据”方法与我们先前的做法加以区分。上面的模型正好是我们对前文例子使用的模型。然而，可以注意到，我们可以在随机效用表达式中增加一个元素，用来刻画个体偏好的内在的、不变的特征。为此，我们将随机效用模型（RUM）修改如下：

$$\begin{aligned} U_{it} &= \beta x'_{it} + \alpha_i + \varepsilon_{it} \\ Y_{it} &= 1[U_{it} > 0] \end{aligned} \tag{17.54}$$

其中，$\alpha_i$ 包含分析者未衡量和未观测的个体 $i$ 的内在特征。[能够观测到的异质性（例如性别）不会构成新的问题，因为它们包含在 $x_{it}$ 中。]

与线性回归情形类似，为了对这个纳入新变量的模型进行分析，我们需要做出一些假设。从回归模型借鉴的二项选择模型的两个标准假设为

- 固定效应：$E[\alpha_i | x_{i1}, x_{i2}, \cdots, x_{iT}] = g(X_i)$。异质性与 $X_i$ 相关。
- 随机效应：$E[\alpha_i | x_{i1}, x_{i2}, \cdots, x_{iT}] = 0$。异质性与 $X_i$ 不相关。

对于每个假设，我们考虑常规 MLE 的条件意义，然后考察模型的应用。

### □ 17.3.1 异质性与常规估计：聚类校正

我们首先考虑对于先前的 MLE，“效应”模型意味着什么。也就是说，如果分析者在估计时忽略了 $\alpha_i$ 的存在，预期结果将是怎样的？一些文献，例如 Wooldridge（2010）和 Greene（2012），详细讨论了这个问题。我们这里仅给出基本结果。

固定效应是典型的删失变量问题。它对常规 MLE 的影响不可预测，影响可能极大。为了说明，我们使用常规 MLE 和固定效应估计量重新估计了个体持有附加保险的例子。结果完全不同。例如，注意收入的系数，尽管和以前一样大且显著，但其符号改变了（参见表 17.11）。

作为一个一般结果，在存在随机效应的情形下，“混合”MLE 也有可能不一致，但不一致的方式比较温和。通过直接扩展，我们可从 RUM 看到：

$$\text{Prob}(Y_{it} = 1 | x_{it}) = F[\beta' x_{it} / (1+\sigma_\alpha^2)^{1/2}] = F(\delta' x_{it}) \tag{17.55}$$

也就是说，随机效应的影响在于将 $\beta$ 估计量调整为接近于零。如果分析者的目标是估计 $\beta$，这种影响的意义就清楚了。事实上，$\delta$ 是一个有趣的结果。存在随机效应情形下的偏效应的计算结果如下：

$$E_\alpha[\partial \text{Prob}(Y_{it} = 1 | x_{it}, \alpha_i) / \partial x_{it}] = \delta f(\delta' x_{it}) \tag{17.56}$$

这意味着常规 MLE 的确能估计出一些有趣的东西。（这称为“总体平均模型”。）

17 二项选择模型

**表 17.11** 固定效应和常规估计量

| | | | | | | |
|---|---|---|---|---|---|---|
| Conventional MLE | | | | | | |
| AGE | .15123*** | .01687 | 8.97 | .0000 | .11818 | .18429 |
| MARRIED | .26558 | .25255 | 1.05 | .2930 | -.22941 | .76057 |
| HHKIDS | -.25233 | .16020 | -1.58 | .1152 | -.56631 | .06166 |
| INCOME | -.92199*** | .35569 | -2.59 | .0095 | -1.61913 | -.22485 |
| HEALTHY | .01249 | .11790 | .11 | .9156 | -.21858 | .24357 |
| Fixed Effects estimator | | | | | | |
| AGE | .00538*** | .00191 | 2.81 | .0049 | .00163 | .00913 |
| MARRIED | -.02123 | .04877 | -.44 | .6634 | -.11681 | .07436 |
| HHKIDS | .05539 | .04279 | 1.29 | .1955 | -.02847 | .13926 |
| INCOME | .93684*** | .07768 | 12.06 | .0000 | .78459 | 1.08909 |
| HEALTHY | .01817 | .03842 | .47 | .6362 | -.05713 | .09347 |

正如我们预期的，由于组内不同观察值（通过共同的 $\alpha_i$ ）相关，因此，尽管 MLE 是参数的一致估计量，但常规标准误不合适。$\delta$ 的渐近协方差矩阵的一种“稳健”估计量（也就是所谓的“聚类”估计量）的计算公式如下：

$$V_{CLUSTER} = H^{-1}\left[\frac{N}{N-1}\sum_{i=1}^{N}\left(\sum_{t=1}^{T_i} g_{it}\, x_{it}\right)\left(\sum_{t=1}^{T_i} g_{it}\, x'_{it}\right)\right]H^{-1} \tag{17.57}$$

其中，$H$ 是期望的二阶导数矩阵的估计量，内和涉及组 $i$ 内的 $T_i$ 个观察值的遍加。当组内不同个体相关时，表 17.12 中的标准误将增加。

**表 17.12** 标准误的聚类校正

```
Binomial Probit Model
Dependent variable                    ADDON
Log likelihood function         -2434.77285
Restricted log likelihood       -2551.44776
Chi squared [   7](P= .000)     233.34982
Significance level                   .00000
McFadden Pseudo R-squared          .0457289
Estimation based on N =    27326, K =     8
Inf.Cr.AIC   =    4885.5 AIC/N =       .179
```

| ADDON | Coefficient | Standard Error | z | Prob. \|z\|>Z* | 95% Confidence Interval | |
|---|---|---|---|---|---|---|
| | Index function for probability | | | | | |
| Constant | -3.57370*** | .13618 | -26.24 | .0000 | -3.84061 | -3.30678 |
| AGE | .00678*** | .00195 | 3.48 | .0005 | .00297 | .01060 |
| EDUC | .06906*** | .00702 | 9.84 | .0000 | .05531 | .08281 |
| FEMALE | .13083*** | .03774 | 3.47 | .0005 | .05685 | .20480 |
| MARRIED | .01863 | .04978 | .37 | .7083 | -.07895 | .11620 |
| HHKIDS | .04660 | .04342 | 1.07 | .2832 | -.03851 | .13171 |
| INCOME | .74817*** | .08360 | 8.95 | .0000 | .58432 | .91203 |
| HEALTHY | -.01372 | .03918 | -.35 | .7261 | -.09052 | .06307 |
| | Corrected | | | | | |
| | Index function for probability | | | | | |
| Constant | -3.57370*** | .18152 | -19.69 | .0000 | -3.92947 | -3.21792 |
| AGE | .00678*** | .00262 | 2.59 | .0096 | .00165 | .01192 |
| EDUC | .06906*** | .00854 | 8.09 | .0000 | .05232 | .08579 |
| FEMALE | .13083** | .05359 | 2.44 | .0146 | .02579 | .23587 |
| MARRIED | .01863 | .06800 | .27 | .7841 | -.11466 | .15192 |
| HHKIDS | .04660 | .05644 | .83 | .4090 | -.06403 | .15723 |
| INCOME | .74817*** | .07961 | 9.40 | .0000 | .59214 | .90421 |
| HEALTHY | -.01372 | .04845 | -.28 | .7770 | -.10868 | .08123 |

***, **, * ==> Significance at 1%, 5%, 10% level.

### □ 17.3.2 固定效应

固定效应模型的拟合可通过在 probit 或 logit 模型中增添个体虚拟变量来完成。这产生了两个问题。首先，与线性回归一样，这种方法不允许时间（或选择）不变的变量，例如我们模型中的 FEMALE 变量［参见 Green (2012)］。其次，即使固定效应模型是用来拟合的正确模型，伴随 $N$ 个虚拟变量的 MLE 也不是一致的。它会因为所谓的冗余参数问题［incidental parameters problem，参见 Greene (2004a)］而偏离零。

另外一种方法建立在以 $\alpha_i$ 的充分统计量为条件的基础上，也就是 $\sum_t Y_{it}$。这是“Chamberlain 估计量”(Chamberlain，1980；Rasch，1960)。这个估计量的缺点在于，由于效应（常数项）取决于模型以外的因素并且未被估计，因此我们不可能计算概率或偏效应。固定效应方法作用有限，只在非常少见的情形下使用。

### □ 17.3.3 随机效应和相关随机效应

随机效应模型可用若干种方法估计。观察数据的 LL 函数可通过对函数中未观测的异质性进行积分而得到：

$$\log L = \sum_{i=1}^{n} \log \int_{\alpha_i} \prod_{t=1}^{T_i} \Phi[q_{it}(\beta' x_{it} + \sigma_\alpha v_i)]\varphi(v_i) \tag{17.58}$$

现代软件使用两种方法进行积分：一是埃尔米特积分法，二是蒙特卡罗模拟法。这两种方法都能得到 ($\beta$，$\sigma_\alpha$) 的一致估计量。(注意，我们用化简方法将 $\alpha_i$ 写为 $\sigma_\alpha v_i$，其中 $v_i \sim N[0, 1]$。)①

随机效应模型的优点在于，在正确的假设条件下，它能够产生可行的、一致的最大似然估计量。它也不要求变量组具有时变性——FEMALE 虚拟变量不需要从随机效应模型中删除。然而，假设效应与模型中其他变量不相关的做法非常严格，有时缺乏说服力。近期文献使用了一种折中的方法，称为“相关随机效应模型”，使用了 Mundlak (1978) 的校正方法。该模型可以视为一种二水平设定，参见式 (17.59)：

$$\begin{aligned} U_{it} &= \beta' x_{it} + \alpha_i + \varepsilon_{it} \\ \alpha_i &= \tau' \bar{x}_i + u_i \\ Y_{it} &= 1[U_{it} > 0] \end{aligned} \tag{17.59}$$

将第二个式子代入第一个式子，然后像以前那样操作，我们就得到了一个随机效应模型，在这个模型中，增添了（时变变量）组的均值向量，用来控制效应和其他变量之间的相关性（见表 17.13 和表 17.14）。

Mundlak 方法（即向模型中添加组均值）是一种将固定效应和随机效应区分开的方法。在式 (17.59) 中如果组均值的系数都为零，那么这等价于随机效应模型。模型中之所以出现组均值，正是因为存在固定效应。因此，联合检验均值系数都为零（即零假设检验），事实上是随机效应模型的零假设和更广泛的备择假设之间的检验。我们可以使用似然比（LRT）检验。随机效应模型的 LL 为−2 074.52。含有均值的模型的 LL 为−2 028.73。二者之差的 2 倍为 91.58。$\chi^2$ 分布在自由度为 6 时的临界值为 12.59。因此，我们拒绝随机效应模型，接受固定效应模型。

### □ 17.3.4 参数异质性

ML（随机参数）和潜类别 logit 模型也可以扩展到二项选择模型（以及很多其他模型）。

下面的结果说明了如何将这类异质性纳入二项选择模型。(现在我们使用公共保险持有状况的数据。) 表 17.15 给出了随机参数模型的结果。括号内的数字为固定参数系数。随机效应方法意味着统计结果显著异于零。FEMALE 的固定参数系数为 0.112，这意味着总体标准差为零。随机效应模型表明第 $i$ 组的 FEMALE 系数为 0.486 25+0.299 18 $v_i$，即均值为 0.486 和标准差为 0.299 的正态分布。固定参数估计值与均值估计值相差 1.25 倍标准差。零与均值估计值之差超过了两倍标准差，这意味着 FEMALE 的几乎所有随机参数分布都在零的上方。通过使用 LRT，我们可以检验固定非随机参数模型（即零假设）和备择的随机参数模型

① Greene (2012) 详细讨论了这两种方法的估计结果，也可参见本书第 5 章。

假设。表 17.15 给出了这个模型的必要值。$\chi^2$ 值（6 789.29）远远大于自由度为 8 时的临界值，因此我们拒绝固定参数模型。

表 17.13　估计的随机效应 probit 模型

```
Random Effects Binary Probit Model
Dependent variable                  ADDON
Log likelihood function       -2074.52056
Restricted log likelihood     -2434.77285
Chi squared [   1](P= .000)     720.50459
Significance level                 .00000
(Cannot compute pseudo R2.  Use RHS=one
to obtain the required restricted logL)
Estimation based on N =   27326, K =    9
Inf.Cr.AIC   =     4167.0 AIC/N =    .152
Unbalanced panel has   7293 individuals
- ChiSqd[1] tests for random effects  -
LM    ChiSqd  119.010    P value    .00000
LR    ChiSqd  720.505    P value    .00000
Wald ChiSqd   719.973    P value    .00000
```

| ADDON | Coefficient | Standard Error | z | Prob. \|z\|>Z* | 95% Confidence Interval | |
|---|---|---|---|---|---|---|
| Constant | -6.36645*** | .38660 | -16.47 | .0000 | -7.12418 | -5.60873 |
| AGE | .01270*** | .00410 | 3.10 | .0020 | .00466 | .02073 |
| EDUC | .13825*** | .01883 | 7.34 | .0000 | .10134 | .17516 |
| FEMALE | .20629** | .08670 | 2.38 | .0173 | .03636 | .37622 |
| MARRIED | .07684 | .09917 | .77 | .4384 | -.11753 | .27120 |
| HHKIDS | -.00050 | .07958 | -.01 | .9950 | -.15647 | .15547 |
| INCOME | .91548*** | .16357 | 5.60 | .0000 | .59490 | 1.23607 |
| HEALTHY | -.01976 | .06949 | -.28 | .7762 | -.15596 | .11645 |
| Rho | .67934*** | .02532 | 26.83 | .0000 | .62971 | .72896 |

***, **, * ==>  Significance at 1%, 5%, 10% level.

表 17.14　使用 Mundlak 校正的随机效应 probit 模型

```
Random Effects Binary Probit Model
Dependent variable                  ADDON
Log likelihood function       -2028.73447
Restricted log likelihood     -2399.32048
Chi squared [   1](P= .000)     741.17202
Significance level                 .00000
(Cannot compute pseudo R2.  Use RHS=one
to obtain the required restricted logL)
Estimation based on N =   27326, K =   14
Inf.Cr.AIC   =     4085.5 AIC/N =    .150
Unbalanced panel has   7293 individuals
- ChiSqd[1] tests for random effects  -
LM    ChiSqd  124.805    P value    .00000
LR    ChiSqd  741.172    P value    .00000
Wald ChiSqd   768.117    P value    .00000
```

| ADDON | Coefficient | Standard Error | z | Prob. \|z\|>Z* | 95% Confidence Interval | |
|---|---|---|---|---|---|---|
| Constant | -6.43558*** | .42036 | -15.31 | .0000 | -7.25947 | -5.61170 |
| AGE | .09354*** | .01365 | 6.85 | .0000 | .06679 | .12030 |

表 17.14（续）

| | | | | | | |
|---|---|---|---|---|---|---|
| EDUC | .31768*** | .11955 | 2.66 | .0079 | .08336 | .55199 |
| FEMALE | .19886** | .09113 | 2.18 | .0291 | .02025 | .37747 |
| MARRIED | .10220 | .18454 | .55 | .5797 | -.25950 | .46390 |
| HHKIDS | -.22203** | .10976 | -2.02 | .0431 | -.43714 | -.00691 |
| INCOME | -.51888* | .29725 | -1.75 | .0809 | -1.10149 | .06372 |
| gmnAGE | -.08598*** | .01524 | -5.64 | .0000 | -.11585 | -.05611 |
| gmnEDUC | -.20215* | .12262 | -1.65 | .0992 | -.44248 | .03818 |
| gmnMARRI | -.08657 | .23608 | -.37 | .7138 | -.54928 | .37614 |
| gmnHHKID | .42567** | .16948 | 2.51 | .0120 | .09348 | .75785 |
| gmnINCOM | 2.48938*** | .43306 | 5.75 | .0000 | 1.64061 | 3.33816 |
| gmnHEALT | -.06500 | .12769 | -.51 | .6107 | -.31526 | .18527 |
| Rho | .69858*** | .02521 | 27.71 | .0000 | .64917 | .74798 |

***, **, * ==> Significance at 1%, 5%, 10% level.

表 17.15　估计的随机参数 probit 模型

```
|-> probit ;lhs=public;rhs=x ;rpm
   ;fcn=one(n),age(n),educ(n),female(n),married(n),
   hhkids(n),income(n),healthy(n);draws=50 ; halton ; panel $
```

```
Random Coefficients  Probit  Model
Dependent variable              PUBLIC
Log likelihood function     -4891.63913
Restricted log likelihood   -8286.28230
Chi squared [  8](P= .000)   6789.28633
Significance level               .00000
McFadden Pseudo R-squared      .4096702
Estimation based on N =  27326, K =  16
Inf.Cr.AIC  =   9815.3 AIC/N =      .359
Unbalanced panel has   7293 individuals
Simulation  based on    50 Halton draws
PROBIT (normal)  probability model
```

| PUBLIC | Coefficient | Standard Error | z | Prob. \|z\|>Z* | 95% Confidence Interval | | |
|---|---|---|---|---|---|---|---|
| | Means for random parameters | | | | | | |
| Constant | 7.83885*** | .18319 | 42.79 | .0000 | 7.47982 | 8.19789 | (3.66772) |
| AGE | .07695*** | .00277 | 27.78 | .0000 | .07152 | .08238 | (-.00032) |
| EDUC | -.49791*** | .01142 | -43.62 | .0000 | -.52028 | -.47553 | (-.16650) |
| FEMALE | .48625*** | .04488 | 10.83 | .0000 | .39829 | .57421 | (0.11244) |
| MARRIED | -.04305 | .05388 | -.80 | .4243 | -.14865 | .06256 | (-.02192) |
| HHKIDS | -.14061*** | .04905 | -2.87 | .0041 | -.23675 | -.04447 | (-.06797) |
| INCOME | -1.48888*** | .10494 | -14.19 | .0000 | -1.69456 | -1.28320 | (-.98684) |
| HEALTHY | -.19400*** | .04808 | -4.03 | .0001 | -.28824 | -.09975 | (-.14718) |
| | Scale parameters for dists. of random parameters | | | | | | |
| Constant | .14833*** | .02184 | 6.79 | .0000 | .10552 | .19115 | |
| AGE | .08601*** | .00171 | 50.27 | .0000 | .08265 | .08936 | |
| EDUC | .07635*** | .00222 | 34.43 | .0000 | .07200 | .08069 | |
| FEMALE | .29918*** | .03350 | 8.93 | .0000 | .23353 | .36484 | |
| MARRIED | .37962*** | .02566 | 14.79 | .0000 | .32932 | .42992 | |
| HHKIDS | .39077*** | .03360 | 11.63 | .0000 | .32491 | .45662 | |
| INCOME | .15412*** | .04781 | 3.22 | .0013 | .06041 | .24784 | |
| HEALTHY | .07441*** | .02514 | 2.96 | .0031 | .02514 | .12369 | |

***, **, * ==> Significance at 1%, 5%, 10% level.

## 17.4 二元 probit 模型

二项选择模型有很多扩展形式，例如异质性、不同泛函形式、非参数和半参数方法、贝叶斯估计量、多个等式方法、多项和有序结果模型等，这个主题甚至可以单独写一本书。① 我们在这里仅考虑一种扩展，即二元 probit 模型，它为一些应用提供了平台。

二元 probit 模型的基本形式是对选择模型表达式增加了一个方程②：

$$\begin{aligned} y_{i1}^* &= \beta_1' x_{i1} + \varepsilon_{i1}, \ y_{i1} = 1[y_{i1}^* > 0] \\ y_{i2}^* &= \beta_2' x_{i2} + \varepsilon_{i2}, \ y_{i2} = 1[y_{i2}^* > 0] \\ (\varepsilon_{i1}, \varepsilon_{i2}) &\sim BVN[(0, 0), (1, 1, \rho)] \end{aligned} \tag{17.60}$$ ③

这个模型的复杂性比基本设定有所增加。然而，在继续介绍之前，我们指出，在这个含有两个方程的模型中，我们可以忽略二元层面，从而可以分别考察这两个方程。两个方程采取这种设定方式的目的是容纳和分析方程之间的相关性。④ 例如，我们的医疗服务数据包括医疗服务系统使用的两种衡量指标：看医生次数和住院次数。我们将它们编码为 DOCTOR=1（DocVisits >0）和 HOSPITAL=1（HospVisits>0）。我们可以预期它们相关，但不是完全相关。表 17.16 是这两个变量的列联表。

**表 17.16　　看医生次数和住院次数的列联分析**

Cross Tabulation

| DOCTOR | HOSPITAL 0 | HOSPITAL 1 | Total |
|---|---|---|---|
| 0 | 9715 | 420 | 10135 |
| 1 | 15216 | 1975 | 17191 |
| Total | 24931 | 2395 | 27326 |

由于这种两选择响应是二值的，即使考虑了外生变量，$\rho$ 也不能定义为我们熟悉的连续变量情形下的皮尔逊积矩相关系数；两个二值变量之间的相关用所谓的“四分相关”⑤ 衡量。考察表 17.17，我们无法预期 $\rho$ 值是多少。由于存在很大的非对角线元素，有些研究者可能认为 $\rho$ 值为负而且绝对值很大。我们把两个二值变量的简单、非条件的四分相关作为仅含有常数项且不含任何回归因子的二元 probit 模型中的相关系数进行衡量。对于这些数据，这个值大约为+0.31。由于外生变量被纳入模型，因此相关系数接近于零。对于考虑了删失变量的各个方程，在纳入新变量之后，这些方程之间的相关性消失了。

二元 probit 模型参数的 LL 为

$$\log L = \sum\nolimits_{i=1}^{n} \log \Phi_2[(q_{i1}\beta_1' x_{i1}), (q_{i2}\beta_2' x_{i2}), (q_{i1} q_{i2} \rho)] \tag{17.61}$$

二元正态概率的计算比较复杂，但在总体上与一元 probit 模型类似，这个模型比较常见。有很多实证文献使用了这种模型。为了得到 MLE 的渐近协方差矩阵和计算偏效应，研究者需要进行各种导数计算和其他计算，过程比较复杂，读者可参见 Greene（2012）的第 17 章。

---

① 例如，Greene 和 Hensher（2010）对二项选择模型的介绍用了近 100 页。

② 这个模型可以用类似方式扩展到两个以上的等式。然而，当等式数超过两个时，概率的计算变得非常困难。参见 4.3 节的讨论。

③ 二元 logit 模型没有常规形式，因此我们主要考察 probit 模型。

④ 联合拟合两个方程的技术层面的原因在于，与分别估计两个 LIML 估计量相比，联合估计可能提高 FIML 估计量的效率（标准误减小）。然而，正如我们的例子说明的，这种影响可能很小。

⑤ 当我们假设二值变量的背后存在正态分布潜在连续变量时，可以使用四分相关。四分相关估计潜在连续变量之间的相关性。两个二值变量之间的四分相关的正式定义与我们对二元 probit 模型中两个随机项的相关性的定义是一致的。

由于这种模型有两个方程，我们不清楚哪些偏效应有用。这取决于具体环境。备选方案有：

（1）联合概率 $(Y_1=j_1,\ Y_2=j_2)=F[q_1(\beta_1'x_1),\ q_2(\beta_2'x_2),\ (q_1q_2\rho)]$

$$j_m=0,\ 1;\ q_m=2j_m-1。$$

（2）条件概率 $(Y_A=j_A \mid Y_B=j_B)=F[q_A(\beta_A'x_A),\ q_B(\beta_B'x_B),\ (q_Aq_B\rho)]/\Phi[q_B(\beta_B'x_B)]$。

（$Y_1$ 和 $Y_2$ 都可以是条件变量，要么为 $Y_A$，要么为 $Y_B$。）

（3）边缘概率 $\Phi[q_B(\beta_B'x_B)]$。

例如，表 17.18（基于表 17.17）说明了回归因子对个体至少住一次医院的条件概率（这里的条件是至少看一次医生）的偏效应。

文献中有很多二元（和多元）probit 模型的变种。我们考虑其中最常见的两种。

**表 17.17　　估计的二元 probit 模型**

FIML Estimates of Bivariate Probit Model
Dependent variable　DOCTOR/HOSPITAL　DOCTOR　HOSPITAL
Log likelihood function　-24482.14617　(-16743.56041)　(-7879.87240)
Estimation based on N = 27326, K = 20
Inf.Cr.AIC = 49004.3 AIC/N = 1.793

| DOCTOR HOSPITAL | Coefficient | Standard Error | z | Prob. \|z\|>Z* | 95% Confidence Interval | | |
|---|---|---|---|---|---|---|---|
| | Index equation for DOCTOR | | | | | | |
| Constant | .17158** | .07242 | 2.37 | .0178 | .02963 | .31352 | ( .17055) |
| AGE | .00715*** | .00083 | 8.64 | .0000 | .00553 | .00878 | ( .00717) |
| EDUC | .00101 | .00383 | .26 | .7928 | -.00650 | .00851 | ( .00087) |
| FEMALE | .34371*** | .01631 | 21.08 | .0000 | .31175 | .37568 | ( .34460) |
| MARRIED | .07889*** | .02096 | 3.76 | .0002 | .03781 | .11996 | ( .07918) |
| HHKIDS | -.14079*** | .01850 | -7.61 | .0000 | -.17706 | -.10452 | (-.14005) |
| INCOME | -.03993 | .04656 | -.86 | .3911 | -.13119 | .05132 | (-.03940) |
| HEALTHY | -.62363*** | .01725 | -36.16 | .0000 | -.65743 | -.58983 | (-.62273) |
| PUBLIC | .10403*** | .02653 | 3.92 | .0001 | .05202 | .15603 | ( .10426) |
| | Index equation for HOSPITAL | | | | | | |
| Constant | -1.06885*** | .10255 | -10.42 | .0000 | -1.26984 | -.86786 | (-1.05991) |
| AGE | .00073 | .00110 | .67 | .5060 | -.00142 | .00288 | ( .00071) |
| EDUC | -.01399** | .00555 | -2.52 | .0116 | -.02486 | -.00312 | (-.01392) |
| FEMALE | .09115*** | .02208 | 4.13 | .0000 | .04788 | .13443 | ( .08876) |
| MARRIED | -.04748* | .02814 | -1.69 | .0916 | -.10264 | .00769 | (-.04750) |
| HHKIDS | -.00067 | .02612 | -.03 | .9796 | -.05187 | .05053 | (-.00218) |
| INCOME | .09906 | .06143 | 1.61 | .1069 | -.02135 | .21947 | ( .08852) |
| HEALTHY | -.43431*** | .02278 | -19.07 | .0000 | -.47896 | -.38967 | (-.43646) |
| PUBLIC | .02439 | .03941 | .62 | .5360 | -.05286 | .10164 | ( .02092) |
| ADDON | .21403*** | .07227 | 2.96 | .0031 | .07237 | .35568 | ( .24306) |
| | Disturbance correlation | | | | | | |
| RHO(1,2) | .25357*** | .01474 | 17.21 | .0000 | .22469 | .28246 | (0.00000) |

表 17.18　　二元 probit 模型的偏效应

```
partials;effects: x ; Summary ; Means
; Set:public=1,addon=1 ; Prob(hospital=1|doctor=1) $
--------------------------------------------------------------------------------
Simulation and partial effects are computed with fixed settings
PUBLIC    =                    1.0000
ADDON     =                    1.0000
--------------------------------------------------------------------------------
--------------------------------------------------------------------------------
Partial Effects for Biv.Probit,Prob(HOSPITAL=1|DOCTOR=1)
Partial Effects Computed at data Means
==> Partial Effect for a Binary Variable
--------------------------------------------------------------------------------
                  Partial     Standard
(Delta method)    Effect      Error       |t|   95% Confidence Interval
--------------------------------------------------------------------------------
      AGE        -.00005     .00025       .18    -.00055        .00045
      EDUC       -.00329     .00133      2.48    -.00590       -.00069
      FEMALE      .01084     .00517      2.10     .00071        .02097
      MARRIED    -.01346     .00662      2.03    -.02645       -.00048
      HHKIDS      .00411     .00609       .67    -.00783        .01605
      INCOME      .02431     .01423      1.71    -.00358        .05220
      HEALTHY    -.08240     .00800     10.29    -.09808       -.06671
--------------------------------------------------------------------------------
```

### □ 17.4.1　联立方程

在一些情形下，联立方程形式的模型可能显得更自然，例如式（17.62）中的方程：

$$\begin{aligned} &y_{i1}^{*}=\beta_1' x_{i1}+\gamma_1 y_{i2}+\varepsilon_{i1}, \ y_{i1}=1[y_{i1}^{*}>0] \\ &y_{i2}^{*}=\beta_2' x_{i2}+\gamma_2 y_{i1}+\varepsilon_{i2}, \ y_{i2}=1[y_{i2}^{*}>0] \\ &(\varepsilon_{i1}, \varepsilon_{i2}) \sim BVN[(0,0),(1,1,\rho)] \end{aligned} \tag{17.62}$$ ①

我们的看医生/住院案例似乎适合这种情形。遗憾的是，这个模型不可估。（这种情形通常称为“不一致”，但这个术语很容易引起误解。）这个模型的一致性问题在于它没有“简化形式”。每个变量的确定都需要知道另外一个变量的信息。在这个模型中，我们无法以外生信息形式确定这两个变量。② 这个模型的折中形式更容易处理。这就是式（17.63）给出的所谓“递归二元 probit 模型”。参见 Burnett（1997）和 Greene（1998）：

$$\begin{aligned} &y_{i1}^{*}=\beta_1' x_{i1}+\varepsilon_{i1}, \ y_{i1}=1[y_{i1}^{*}>0] \\ &y_{i2}^{*}=\beta_2' x_{i2}+\gamma_2 y_{i1}+\varepsilon_{i2}, \ y_{i2}=1[y_{i2}^{*}>0] \\ &(\varepsilon_{i1}, \varepsilon_{i2}) \sim BVN[(0,0),(1,1,\rho)] \end{aligned} \tag{17.63}$$ ③

递归系统（recursive system）在性质上与更简单的二元 probit 模型的不同之处在于，它考虑了下列情形：第一个方程的二值响应出现在第二个方程的右侧，然而由于观测和未观测的自变量的影响，变量之间可能虚假相关［参见 Arendt 和 Holm（2007）］。这个额外的维度是我们能观察到二值变量 $y_1$ 和 $y_2$ 相关的三个原因之一：(1) 由 $y_1$ 通过参数 $\gamma$ 对 $y_2$ 产生影响而形成的因果关系；(2) $y_1$ 和 $y_2$ 可能取决于相关的观测变量（$x$）；(3) $y_1$ 和 $y_2$ 可能取决于相关的未观测变量（$\varepsilon$）。

第一个方程是简化形式的方程。通过在第二个方程中使用第一个方程，我们能够以结果概率定义整个模

① 二元 logit 模型没有常规形式，因此我们主要考察 probit 模型。

② 这个模型的早期处理方式，例如 Maddala（1983），将潜在指示变量而不是观测结果作为被解释变量。这的确能解决一致性问题，但它不是模型在行为上的自然设定方式。

③ 二元 logit 模型没有常规形式，因此我们主要考察 probit 模型。

型的简化形式。在估计这个模型时，可以把它视为常规的二元 probit 模型。适合联立方程模型的 LL 函数的表达式为

$$\log L = \sum_{i=1}^{N} \log \Phi_2 [q_{i1}(\beta_1' x_{i1}), q_{i2}(\beta_2' x_{i2} + \gamma_2 y_{i1}), (q_{i1} q_{i2} \rho)] \tag{17.64}$$

例如，这里没有线性联立方程情形中的雅克比项。参见 Maddala（1983，p. 124）和 Greene（2012）。构成似然的项为

$$\begin{aligned} &\text{Prob}[y_1 = 1, y_2 = 1 | x_1, x_2] = \Phi_2(\beta_1' x_1, \beta_2' x_2 + \gamma, \rho) \\ &\text{Prob}[y_1 = 1, y_2 = 0 | x_1, x_2] = \Phi_2(\beta_1' x_1, -\beta_2' x_2 - \gamma, -\rho) \\ &\text{Prob}[y_1 = 0, y_2 = 1 | x_1, x_2] = \Phi_2(-\beta_1' x_1, \beta_2' x_2, -\rho) \\ &\text{Prob}[y_1 = 0, y_2 = 0 | x_1, x_2] = \Phi_2(-\beta_1' x_1, -\beta_2' x_2, \rho) \end{aligned} \tag{17.65a}$$

递归模型的表达式产生了关于偏效应的一种有用的复合结构。考虑模型中的第二个变量。正如我们曾经指出的，关于偏效应的备选函数形式有多种。对于任何一种函数，递归模型将涉及式（17.65）中的联合概率形式：

$$F(y_1, y_2) = F(y_2 | y_1) \text{Prob}(y_1) \tag{17.65b}$$

现在考虑同时出现在两个方程中的外生变量，比如看医生和住院例子中的向量 $x$。这个 $x$ 的偏效应等于下列两部分之和：一是“直接”效应，这由它出现在 $x_2$ 中的效应衡量；二是“间接”效应，这是指通过影响 $y_1$ 从而影响 $y_2$。例如，给定 $y_1$ 时，$y_2$ 的条件均值为

$$E[y_2 | y_1 = 1, x_1, x_2] = \Phi_2(\beta_1' x_1, \beta_2' x_2 + \gamma y_1 \rho) / \Phi(\beta_1' x_1) \tag{17.66}$$

对于表 17.19 估计的医疗服务模型，上述分解可参见表 17.20。另外，非条件均值函数参见式（17.67）：

$$\begin{aligned} E[y_2 | x_1, x_2] &= \Phi(\beta_1' x_1) E[y_2 | y_1 = 1, x_1, x_2] + (1 - \Phi(\beta_1' x_1)) E[y_2 | y_1 = 0, x_1, x_2] \\ &= \Phi_2(\beta_1' x_1, \beta_2' x_2 + \gamma, \rho) + \Phi_2(-\beta_1' x_1, \beta_2' x_2, -\rho) \end{aligned} \tag{17.67}$$

（这个解释在数学上的分解是由 Greene（2012）提出的。）

**表 17.19　估计的递归二元 probit 模型**

```
-----------------------------------------------------------------------------
FIML - Recursive Bivariate Probit Model
Log likelihood function     -24482.00697
Estimation based on N =   27326, K =  21
Inf.Cr.AIC  =   49006.0 AIC/N =     1.793
-----------+-----------------------------------------------------------------
   DOCTOR|                Standard              Prob.       95% Confidence
 HOSPITAL|  Coefficient     Error         z    |z|>Z*          Interval
-----------+-----------------------------------------------------------------
         |Index    equation for DOCTOR
 Constant|    .17243**      .07240      2.38   .0172      .03052     .31434
      AGE|    .00714***     .00083      8.63   .0000      .00552     .00876
     EDUC|    .00105        .00383       .28   .7831    -.00645      .00855
   FEMALE|    .34310***     .01630     21.05   .0000     .31115      .37504
  MARRIED|    .07873***     .02095      3.76   .0002     .03767      .11980
   HHKIDS|   -.14104***     .01850     -7.62   .0000    -.17730     -.10477
   INCOME|   -.04037        .04649      -.87   .3851    -.13149      .05074
  HEALTHY|   -.62386***     .01724    -36.18   .0000    -.65765     -.59006
   PUBLIC|    .10386***     .02653      3.91   .0001     .05185      .15586
         |Index    equation for HOSPITAL
 Constant|   -.95119***     .24768     -3.84   .0001   -1.43664     -.46574
      AGE|    .00105        .00123       .86   .3906    -.00135      .00345
     EDUC|   -.01381**      .00550     -2.51   .0121    -.02459     -.00302
   FEMALE|    .10684***     .03454      3.09   .0020     .03915      .17453
  MARRIED|   -.04281        .02916     -1.47   .1421    -.09996      .01434
   HHKIDS|   -.00702        .02824      -.25   .8037    -.06237      .04833
```

表 17.19（续）

```
    INCOME|     .09680          .06115     1.58  .1134     -.02306    .21665
   HEALTHY|   -.45827***        .04724    -9.70  .0000     -.55086   -.36569
    PUBLIC|     .02973          .04021      .74  .4597     -.04908    .10853
     ADDON|     .21151***       .07133     2.97  .0030      .07170    .35132
----------+---------------------------------------------------------------------
    DOCTOR|    -.16944          .31561     -.54  .5914     -.78803    .44915
----------+---------------------------------------------------------------------
          |Disturbance correlation
  RHO(1,2)|     .34630**        .17038     2.03  .0421      .01237    .68023
----------+---------------------------------------------------------------------
***, **, * ==>  Significance at 1%, 5%, 10% level.
--------------------------------------------------------------------------------
```

表 17.20　　递归模型中偏效应的分解

```
----------------------------------------------------------
Decomposition of Partial Effects for Recursive Bivariate Probit
Model is   DOCTOR = F(x1b1), HOSPITAL = F(x2b2+c*DOCTOR  )
Conditional mean function is E[HOSPITAL|x1,x2] =
Phi2(x1b1,x2b2+gamma,rho) + Phi2(-x1b1,x2b2,-rho)
Partial effects for continuous variables are derivatives.
Partial effects for dummy variables (*) are first differences.
Direct effect is wrt x2, indirect is wrt x1, total is the sum.
There is no distinction between direct and indirect for dummy
variables.  Each of the two effects shown is the total effect.
---------------------------------------------------------------------------
Variable    Direct Effect    Indirect Effect    Total Effect
---------+--------------+---------------+----------------------------------
AGE  |        .0001652        -.0000521           .0001130
EDUC  |      -.0021676        -.0000077          -.0021753
FEMALE*|      .0142578         .0142578           .0142578
MARRIED*|    -.0074301        -.0074301          -.0074301
HHKIDS*|     -.0000573        -.0000573          -.0000573
INCOME  |     .0151988         .0002947           .0154935
HEALTHY*|    -.0707113        -.0707113          -.0707113
PUBLIC*|      .0038366         .0038366           .0038366
ADDON*|       .0379158         .0000000           .0379158
---------+-----------------------------------------------------------------
```

## □ 17.4.2　样本选择

二元 probit 模型的第二个变种是一种样本选择模型，它源于 Heckman（1979）。仍以我们前面介绍的持有附加保险的案例为例。注意，这个例子有一个观察标准：只有购买公共保险的人才有资格购买附加保险。因此，我们对附加保险的分析，可以选择那些有资格购买的人进行考察。[①] 模型表达式参见式（17.68）：

$$y_{i1}^* = \beta_1' x_{i1} + \varepsilon_{i1},\ y_{i1} = 1[y_{i1}^* > 0]$$

$$y_{i2}^* = \beta_2' x_{i2} + \varepsilon_{i2},\ y_{i2} = 1[y_{i2}^* > 0,\ y_{i1} = 1]，当\ y_{i1} = 0\ 时不可观测 \qquad (17.68)^{②}$$

$$(\varepsilon_{i1},\ \varepsilon_{i2}) \sim BVN[(0,\ 0),\ (1,\ 1,\ \rho)]$$

样本含有三类观察。“非选择的”观察是指满足 $y_{i1} = 0$ 的观察。这类观察对样本可能性的贡献仅为 $\text{Prob}(y_{i1} = 0)$——其他数据都观察不到。对于“选择的”观察，它们对联合概率的贡献如同我们前面考察的二元模型的情形一样。合并同类项，我们有：

① 文献中常见的是贷款违约（二值结果变量）问题研究，研究者选择的研究对象是那些贷款申请被接受的人。

② 二元 logit 模型没有常规形式，因此我们主要考察 probit 模型。

$$\log L=\sum\nolimits_{y_{i1}=0}\log\Phi(-\beta_1'x_{i1})+\sum\nolimits_{y_{i1}=1}\log\Phi_2(\beta_1'x_{i1},\ q_{i2}(\beta_2'x_{i2}),\ q_{i2}\rho) \tag{17.69}$$

表 17.21 给出了模型估计结果。在设定模型时，我们对公共保险方程的定义是基于人口学变量。附加保险与雇主提供的医疗保险有关，因此我们的附加保险方差含有几个与此相关的变量，例如个体是自我雇佣的还是公共雇员（BEAMT）以及他们的工作是“蓝领”还是“白领”等。模型含有“选择效应”的直接检验。在这个模型中，如果 $\rho$ 等于零，那么对数似然变为

$$\begin{aligned}\log L&=\sum\nolimits_{y_{i1}=0}\log\Phi(-\beta_1'x_{i1})+\sum\nolimits_{y_{i1}=1}\log\{\Phi(\beta_1'x_{i1})\Phi(q_{i2}(\beta_2'x_{i2}))\}\\&=\sum\nolimits_{i=1}^{N}\log\Phi(q_{i1}\beta_1'x_{i1})+\sum\nolimits_{y_{i1}=1}\log\Phi(q_{i2}(\beta_2'x_{i2}))\end{aligned} \tag{17.70}$$

这个 LL 的最大化过程是使用 $y_{i2}$ 的观察数据，分别拟合 $y_{i1}$ 和 $y_{i2}$ 的 probit 模型。这不需要考虑任何“选择”机制。在表 17.21 的结果中，我们发现估计出的相关系数显著异于零，这的确意味着数据存在选择效应。

**表 17.21　　样本选择**

```
|-> bivar;lhs=addon,public; rh1=x
; rh2=one,income,bluec,whitec,self,beamt,working,handdum
; selection$
-----------------------------------------------------------------------------
FIML Estimates of Bivariate Probit Model
Log likelihood function      -8444.03135
Estimation based on N =  27326, K =  17
Inf.Cr.AIC  =  16922.1 AIC/N =      .619
Selection model based on PUBLIC
Selected obs. 24203, Nonselected:  3123
--------+--------------------------------------------------------------------
   ADDON|              Standard             Prob.      95% Confidence
  PUBLIC|  Coefficient   Error       z     |z|>Z*         Interval
--------+--------------------------------------------------------------------
        |Index    equation for ADDON
Constant|  -4.01976***   .14230   -28.25  .0000   -4.29866  -3.74086
     AGE|    .00815***   .00205     3.97  .0001     .00413    .01217
    EDUC|    .10382***   .00827    12.55  .0000     .08760    .12003
  FEMALE|    .14023***   .03910     3.59  .0003     .06360    .21686
 MARRIED|    .00773      .05268      .15  .8834    -.09553    .11099
  HHKIDS|    .07127      .04647     1.53  .1251    -.01981    .16235
  INCOME|    .73490***   .10751     6.84  .0000     .52419    .94561
 HEALTHY|    .00504      .03983      .13  .8993    -.07302    .08310
        |Index    equation for PUBLIC
Constant|   1.78225***   .03012    59.16  .0000    1.72321   1.84129
  INCOME|  -1.23390***   .05474   -22.54  .0000   -1.34120  -1.12661
   BLUEC|   1.09021***   .07627    14.29  .0000     .94071   1.23970
  WHITEC|    .33480***   .05926     5.65  .0000     .21864    .45095
    SELF|   -.70417***   .06332   -11.12  .0000    -.82827   -.58007
   BEAMT|  -2.04608***   .06408   -31.93  .0000   -2.17167  -1.92049
 WORKING|    .05679      .05733      .99  .3219    -.05558    .16916
 HANDDUM|    .12921***   .03241     3.99  .0001     .06569    .19273
        |Disturbance correlation
RHO(1,2)|    .36012***   .08599     4.19  .0000     .19158    .52866
--------+--------------------------------------------------------------------
***, **, * ==>  Significance at 1%, 5%, 10% level.
```

## □ 17.4.3　应用一：道路定价方案中的可接受性与投票意向之间的事前联系

这个应用考察的模型是 17.4.1 节中的递归二元 probit 模型。我们使用的例子是道路定价方案。回答者说明他们是接受（$y_1=1$）还是拒绝（$y_1=0$）该方案，以及他们的投票意向：赞同（$y_2=1|y_1$）还是不

赞同（$y_2=0|y_1$）。模型参见式（17.71）：

$$\begin{aligned} &y_{i1}^{*}=\beta_1'x_{i1}+\varepsilon_{i1},\ y_{i1}=1[y_{i1}^{*}>0](Voting) \\ &y_{i2}^{*}=\beta_2'x_{i2}+\gamma y_{i1}+\varepsilon_{i2},\ y_{i2}=1[y_{i2}^{*}>0](Acceptance) \\ &(\varepsilon_{i1},\varepsilon_{i2})\sim N_2[(0,0),(1,1),\rho],-1<\rho<1 \end{aligned} \tag{17.71}$$

所有个体的 $y_1$ 和 $y_2$ 上的观察都可得；$y_{ij}$（$j=1$，2）是未观测变量，代表对特定 RP 方案选择“Accept”或“Vote”的潜效用或倾向。

“Accept”的内生本质已体现在 LL 的表达式中。LL 以

$$\text{Prob}(Vote=1, Accept=1)=\text{Prob}(Vote=1|Accept=1)\times\text{Prob}(Accept=1)$$

形式表达。$Accept=1$ 的边缘概率为 $\Phi(\beta_1'x_1)$，$(Vote=1|Accept=1)$ 的条件概率为

$$\Phi_2(\beta_1'x_1, \beta_2'x_2+\gamma_1 Accept\ \rho)/\Phi(\beta_1'x_1)$$

整理可得：

$$\text{Prob}(Vote=1, Accept=1|x_1, x_2)=\Phi_2(\beta_1'x_1, \beta_2'x_2+\gamma(Accept=1)) \tag{17.72}$$

它们对其他三种可能结果的可能性的贡献分别为

$$\begin{aligned} &\text{Prob}(Vote=1, Accept=0|x_1, x_2)=\Phi_2(\beta_1'x_1, -(\beta_2'x_2+\gamma(Accept=0)), -\rho) \\ &\text{Prob}(Vote=0, Accept=1|x_1, x_2)=\Phi_2(-\beta_1'x_1, \beta_2'x_2+\gamma(Accept=1), -\rho) \\ &\text{Prob}(Vote=0, Accept=0|x_1, x_2)=\Phi_2(-\beta_1'x_1, -(\beta_2'x_2+\gamma(Accept=0)), \rho) \end{aligned} \tag{17.73}$$

[在模型中，我们纳入了 $\gamma(Accept=0)$ 项。当然，如果 $Accept=0$，那么整个项都为零。]

#### 17.4.3.1 道路定价数据收集方法

调查工具为计算机辅助个人访谈（CAPI）：采访者与受访者约定地点并会面，登录服务器，受访者填写问卷，若有疑问，可以咨询采访者，但采访者不能回答问卷中的任何问题。

模型使用的数据来自一个包含三个选项的陈述性选择实验。在这三个选项中，有两个为加标签的选项，分别代表基于警戒的收费方案和基于路程的收费方案，然后将这两个方案随机命名为方案 1 和方案 2。第三个方案为维持现状。每个选项都由分别代表每周平均过路费和燃油费、每年车辆注册费，以及筹集到的收入在改善公共交通设施、改善和扩大现有道路网、降低收入税、对政府收入的贡献、对收费公路公司的补偿上的配置的属性描述。基于警戒的方案和基于路程的方案也分别再细分为交通高峰时期的收费和非高峰时期的收费。这两个非维持现状选项也通过方案提出的实施年份描述。

这个研究使用了贝叶斯 $D$ 效率设计［参见 Rose et al.（2008）］。设计产生方法如下：与成本相关的属性水平现况从受访者对调查中的基本问题的回答中获得；基于警戒方案和基于路程方案中的相应属性则以成本现况为基准，然后减去一定百分数，表示这些方案中成本降低。调整属性包括平均燃油费和年注册费。燃油费的减少百分比为 0 到 50%之间的任何一个数字，其中 0 表示燃油费没有降低，100%表示燃油费降低了 100%。年注册费也按这种方法调整［参见 Rose et al.（2008）和第 6 章］。过路费仅包含在维持现状选项中，在非维持现状选项中，它被设定为零，这是因为它被道路定价方案所取代。①

所筹集收入的分配对于维持现状选择是固定不变的，但在基于警戒和基于路程的收费方案中，它们随选择任务的不同而不同。对于每个给定的收入流类别，分配金额百分数的变化范围都是从 0 到 100%。在收费方案中，收入分配要能保证所有可能的分配百分比之和等于 100%。

基于警戒的收费方案用高峰时期和非高峰时期收费描述。高峰时期收费的变化范围为 2.00 澳元到 20.00 澳元，而非高峰时期收费的变化范围为 0.00 澳元到 15.00 澳元。类似地，基于路程的收费方案用两个基于路程的收费属性描述：一个是高峰时期的收费，另外一个是非高峰时期的收费。高峰时期的收费变化范围为每公里 0.04 澳元到 0.50 澳元，而非高峰时期的收费变化范围为每公里 0.00 澳元到 0.30 澳元。

① 这里的背景为过路费已经存在，但它可以被（更灵活的）道路定价方案所取代。这个背景因国家不同而存在很大差异，例如一些欧洲国家不存在大规模的过路费问题，在这种情形下，使用某种道路定价方案来替代过路费的做法要想获得支持可能很困难。

这些变化范围的选取基于我们的估计，我们认为它们能包含绝大部分收费水平。另外，高峰时期的收费总是等于或大于相应的非高峰时期的收费。最后，基于警戒和基于路程的收费方案用方案实施年份描述，本案例中为 2013 年（表示调查后的第一年）到 2016 年（表示调查后的第四年）。图 17.2 给出了选择情景截图。

| Characteristics | Status Quo | RPScheme 1 | RPScheme 2 |
|---|---|---|---|
| *Implementation of the scheme* | | | |
| Year scheme will be introduced | --- | 2015 | 2016 |
| Description of the scheme | Current Experience | Cordon Based ($/day) | Distance Based ($/km) |
| *Predicted impact on you personally* | | | |
| Weekly toll charges | $ 2.40 | $ 0.00 | $ 0.00 |
| Weekly fuel outlay | $ 40.00 | $ 28.00 | $ 24.00 |
| Annual vehicle registration fee (per annum) | $ 320.00 | $ 320.00 | $ 240.00 |
| Peak period (7–9am, 4–6pm) congestion charge (total based on travel by car last week) | --- | $ 11.00 | $ 0.12 / km ($ 14.40 for 120 kms) |
| Off-peak period congestion charge (total based on travel by car last week) | --- | $ 3.00 | $ 0.12 / km ($ 3.60 for 30 kms) |
| *Revenue Raised will be allocated as:* | | | |
| improving public transport | --- | 80 % | 0 % |
| improving existing and construct new roads | 30 % | 0 % | 0 % |
| reducing personal income tax | --- | 0 % | 80 % |
| general government revenue | 65 % | 20 % | 0 % |
| private toll road companies (to compensate for removal of tolls) | 5 % | 0 % | 20 % |

**Proposed Cordon Charge Area In Sydney CBD**

Taxis, and residents living inside the cordon zone would be exempt from the cordon charge.

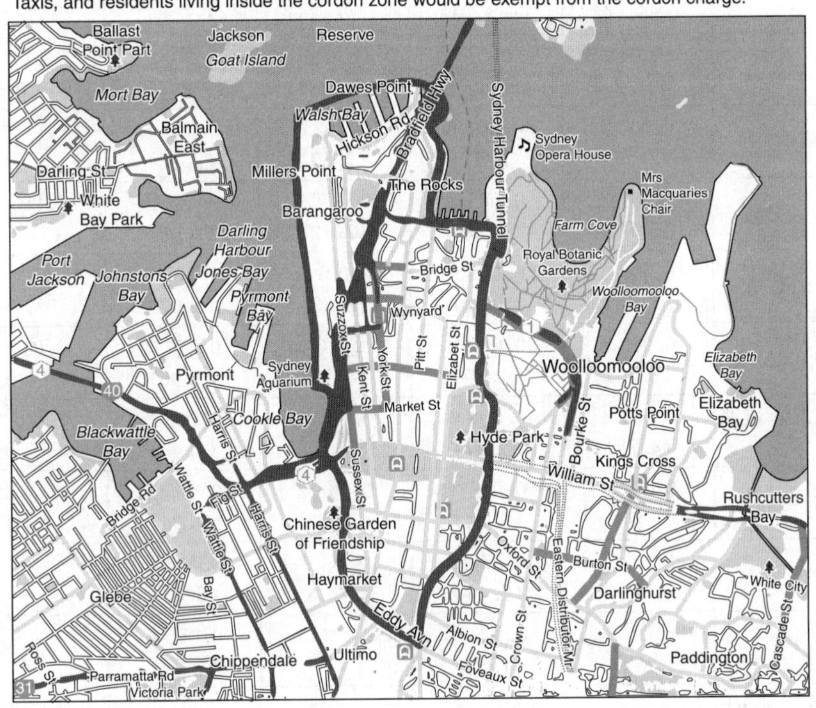


图 17.2　voting（反对）和 acceptance（接受）选择：截图

### 17.4.3.2　二元 probit 模型

为了建立全民公投中的某个 RP 方案获得投票的概率和该 RP 方案被接受概率之间的关系，我们估计了一系列 probit 模型。初始假设为全民公投中某个 RP 方案获得的支持，主要取决于自利个体对该方案［由收费方式（基于警戒或基于路程）、实际收费水平和收入分配计划描述］的接受程度［参见 Hensher et al. (2012)］。如果没有事前的公众认可，那么在全民公投中，方案很可能无人支持。①

① 公众认可程度可事前通过预调查（比如 Stockholm 预调查）进行，它说明了 RP 改革的优点［参见 Eliasson et al. (2009)］。或者，我们必须事前衡量特定 RP 方案的公众认可度，并且保证它在全民公投中能获得较好的结果。

我们首先用一系列模型分别估计投票响应和认可响应，然后使用具有非随机参数的递归二元模型进行估计。最后两个模型（模型 3 和模型 4）是用来估计 RP 方案成本的具有随机参数的递归二元 probit 模型，成本分为当前成本项（即注册费和燃油费，它们都是非 RP 成本）以及与基于警戒和基于路程的收费方案相关的新成本（RP 成本）。模型 3 和模型 4 的区别在于，模型 4 纳入了 *Vote* 模型右侧变量（即解释变量）中的 *Accept* 变量。所有模型的结果参见表 17.22 和表 17.23。① 在设定解释变量集时，我们参考了 Hensher et al.（2012）并且充分考虑了数据性质。可以看到，社会经济特征变量中只有个体收入有重要影响，它与每周往返中心商业区（CBD）的次数以及使用的收费方案是基于警戒还是基于路程相互作用。

**表 17.22　　全民公投和道路收费方案的认可模型：1**

| 选择响应： | 独立 probit 模型 | | 二元 probit（递归联立）模型 | | | |
|---|---|---|---|---|---|---|
| | M1 | | M2：非随机参数 | | M3：随机参数 | |
| | Voting | Acceptance | Voting | Acceptance | Voting | Acceptance |
| 常数 | −0.885 3<br>(−11.6) | −0.323 1<br>(−2.02) | −0.898 8<br>(−12.3) | −0.387 5<br>(−2.63) | −0.864 7<br>(−8.75) | −0.455 6<br>(−4.36) |
| 基于警戒的方案（1，0） | 0.380 7<br>(4.02) | 0.308 1<br>(3.49) | 0.385 7<br>(4.17) | 0.337 5<br>(3.82) | 0.374 7<br>(8.07) | 0.228 5<br>(4.31) |
| 非 RP 成本（每周） | −0.006 9<br>(−5.44) | −0.008 0<br>(−4.94) | −0.007 2<br>(−6.66) | −0.008 0<br>(−5.07) | −0.008 7<br>(−7.22) | −0.010 5<br>(−8.88) |
| RP 成本（每周） | −0.012 2<br>(−7.25) | −0.011 3<br>(−5.62) | −0.011 6<br>(−7.88) | −0.011 1<br>(−8.71) | −0.020 0<br>(−10.7) | −0.022 7<br>(−14.6) |
| 高峰时期公里数（每周） | 0.001 9<br>(7.56) | 0.001 6<br>(2.47) | 0.002 0<br>(7.59) | 0.001 6<br>(2.83) | 0.002 2<br>(3.52) | 0.003 1<br>(7.00) |
| 非高峰时期公里数（每周） | 0.001 2<br>(5.78) | 0.001 1<br>(2.88) | 0.001 3<br>(7.12) | 0.001 1<br>(3.06) | 0.001 4<br>(3.78) | 0.001 4<br>(4.67) |
| CBD 每周出行次数 * 收入 | 0.002 5<br>(3.43) | 0.005 1<br>(3.01) | 0.001 9<br>(2.33) | 0.005 3<br>(3.07) | 0.003 1<br>(91.70) | 0.007 5<br>(5.42) |
| 改善公共交通（0～100） | 0.010 8<br>(8.00) | 0.007 2<br>(4.99) | 0.010 8<br>(8.19) | 0.007 3<br>(5.06) | 0.011 9<br>(11.0) | 0.008 8<br>(7.41) |
| 改善现有道路和建设新道路（0～100） | 0.007 4<br>(4.78) | 0.008 0<br>(4.87) | 0.007 6<br>(5.07) | 0.008 0<br>(5.40) | 0.007 6<br>(6.03) | 0.008 2<br>(5.94) |
| 减少个人所得税（0～100） | 0.008 4<br>(5.95) | 0.005 1<br>(3.64) | 0.008 2<br>(5.83) | 0.005 4<br>(3.94) | 0.008 9<br>(7.78) | 0.006 7<br>(5.72) |
| RP 方案支持实验（1，0） | | 0.350 5<br>(2.14) | | 0.434 1<br>(3.31) | | 0.470 4<br>(6.71) |
| 私家车数量 | | 0.073 1<br>(1.99) | | 0.055 8<br>(1.67) | | 0.116 5<br>(4.54) |
| 随机参数对角线元素：非 RP 成本（澳元/周） | | | | | 0.001 0<br>(1.68) | 0.005 3<br>(11.6) |
| RP 成本（澳元/周） | | | | | 0.022 7<br>(11.1) | 0.013 1<br>(10.3) |
| 随机参数非对角线元素：RP 成本（V），RP 成本（A） | | | | | −0.025 6<br>(−13.9) | |
| NRP 成本（V），RP 成本（A） | | | | | −0.004 4<br>(−5.42) | |

① 用来定义每个二值响应的选项来自四个选择情景。为了考虑有特定选项的响应可能取决于我们提供的三个选项集，我们纳入三个虚拟变量来代表四个选择情景。这些变量在统计上不显著，因此最终模型没有使用它们，这也让我们对所用的方法感到自信。

续前表

| 选择响应： | 独立 probit 模型 | | 二元 probit（递归联立）模型 | | | |
|---|---|---|---|---|---|---|
| | M1 | | M2：非随机参数 | | M3：随机参数 | |
| | Voting | Acceptance | Voting | Acceptance | Voting | Acceptance |
| NRP 成本（V），RP 成本（V） | | | | | −0.000 5<br>(−0.76) | |
| NRP 成本（V），RP 成本（A） | | | | | 0.002 7<br>(4.30) | |
| NRP 成本（V），RP 成本（V） | | | | | −0.002 1<br>(−4.17) | |
| NRP 成本（V），NRP 成本（A） | | | | | −0.005 8<br>(−10.9) | |
| 非条件交叉方程相关系数（rho） | | | 0.880 5<br>(37.9) | | 0.919<br>(62.8) | |
| 模型拟合：LL（0） | −1 527.63 | −1 576.63 | −3 104.26 | | | |
| LL 的收敛值 | −1 361.63 | −1 440.37 | −2 467.99 | | −2 407.062 | |
| AIC（经样本调整） | 1.143 | 1.210 | 2.076 | | 2.033 | |

样本＝来自 200 个受访者的 2 400 个观察值，考虑到了数据的面板性质（即每个个体 12 个观察值）。协方差矩阵已根据模型 1 和模型 2 中的数据聚类进行了调整；括号内的数字为 $t$ 值。

**表 17.23　　全民公投和道路收费方案的认可模型：2**

| 选择响应： | 二元 probit 模型（递归联立且有内生性） | |
|---|---|---|
| | M4： | |
| | Voting | Acceptance |
| 常数 | −1.811 (−5.89) | −0.544 5 (−4.40) |
| 接受（1，0） | 1.023 | 8 (3.22) |
| 基于警戒的方案（1，0） | 0.387 7 (7.49) | 0.208 6 (3.85) |
| 非 RP 成本（每周） | −0.007 9 (−5.48) | −0.010 4 (−8.49) |
| RP 成本（每周） | −0.017 7 (−7.89) | −0.022 7 (−13.9) |
| 高峰时期公里数（每周） | 0.002 0 (2.98) | 0.003 4 (7.05) |
| 非高峰时期公里数（每周） | 0.001 3 (3.25) | 0.001 3 (4.18) |
| CBD 每周出行次数 * 收入 | 0.002 2 (1.00) | 0.008 4 (5.81) |
| 改善公共交通（0～100） | 0.012 1 (10.0) | 0.008 9 (7.27) |
| 改善现有道路和建设新道路（0～100） | 0.007 1 (5.06) | 0.008 2 (5.94) |
| 减少个人所得税（0～100） | 0.009 0 (6.97) | 0.006 5 (5.52) |
| RP 方案支持实验（1，0） | 0.518 3 (5.68) | |
| 私家车数量 | 0.146 7 (5.07) | |
| 随机参数对角线元素：非 RP 成本（澳元/周） | 0.000 8 (0.88) | −0.007 9 (−5.48) |
| RP 成本（澳元/周） | 0.023 7 (9.93) | −0.022 7 (−13.9) |

续前表

| 选择响应： | 二元 probit 模型（递归联立且有内生性） | |
|---|---|---|
| | M4： | |
| | Voting | Acceptance |
| 随机参数非对角线元素：RP 成本（V），RP 成本（A） | −0.027 0（−13.4） | |
| NRP 成本（V），RP 成本（A） | −0.005 5（−6.07） | |
| NRP 成本（V），RP 成本（V） | −0.000 4（−0.53） | |
| NRP 成本（V），RP 成本（A） | 0.002 8（4.47） | |
| NRP 成本（V），RP 成本（V） | −0.003 1（−5.45） | |
| NRP 成本（V），RP 成本（A） | 0.008 4（13.5） | |
| 非条件交叉方程相关系数（rho） | | 0.668 4（6.67） |
| 模型拟合：LL（0） | | −3 104.26 |
| LL 的收敛值 | | −2 402.12 |
| AIC（经样本调整） | | 2.030 |

对于这里使用的四个选择集和每个个体面对三个选项的陈述性选择“面板”数据，所有二元 probit 模型的标准差都根据样本中的数据聚类进行校正。令 $V$ 表示未考虑聚类时的渐近协方差矩阵。令 $g_{ij}$ 表示 LL 关于观察（个体）$i$ 在聚类 $j$ 中的所有模型参数的一阶导数，令 $G$ 表示聚类数。于是，校正后的渐近协方差矩阵如式（17.74）所示，它是式（17.57）的一个变种：

$$\text{Est. Asy. Var}[\hat{\beta}] = V\left(\frac{G}{G-1}\right)\left[\sum_{i=1}^{G}\left(\sum_{j=1}^{n_i} g_{ij}\right)\left(\sum_{j=1}^{n_i} g_{ij}\right)'\right]V \tag{17.74}$$

其中，$V = H-1OPGH-1$，$H$ 是二阶导数的相反数，$OPG$ 是 LL 函数中各项梯度的外积之和。

收敛时的 LL 值从独立 probit 模型 1 的 −2 802.0 增加到具有非随机参数的二元 probit 模型的 −2 477.99，这意味着整体拟合度显著改进。当我们对两个成本变量添加随机参数时，模型 3 的 LL 值进一步增加为−2 407.062；当我们在 *vote* 模型中引入 *Accept* 并且作为 RHS 内生变量时，模型 4 的 LL 值也进一步增加，增加为−2 402.12。*Accept* 的内生性在统计上是显著的，这意味着在控制了一系列外生影响之后，采用 RP 方案对全民公投中方案的投票概率有正且重要的影响。后文讨论的均值弹性估计再次证实了这种影响。

在模型 3 中，相关扰动（rho）的估计值为 0.919，标准误为 0.014 65，$t$ 值很大。对于 rho 等于 0 这个假设的检验，Wald 统计量为 $(0.919/0.014\,65)^2 = 3\,943.84$。对于单一限制，$\chi^2$ 表的临界值为 3.84，因此假设被拒绝。模型 3 没有纳入 Acceptance 对全民投票的内生影响。当我们纳入 Acceptance 的内生性时（模型 4），正如我们预期的，rho 值降低了，降低为 0.668 4，$t$ 值为 6.67，因此我们能在 Wald 检验中拒绝零假设。在非随机参数二元 probit 模型 2 中，相关扰动为 0.880 5，在统计上显著，但比有两个随机参数的模型 3 稍微差些。这意味着偏好异质性的纳入似乎导致了未观测变量之间的相关性增加。我们不清楚其原因。

模型 3 和模型 4 中的随机参数服从无界正态分布，而且我们已经假设随机参数（通过乔利斯基分解）的相关性已反映在分布的标准差中。图 17.3 和图 17.4 说明了在 95％的概率区间上，两个价格属性的条件均值的分布位于负域的程度。由图可知，每个样本的绝大部分条件均值都小于零，但也有一些大于零。由于我们假设分布是无界的，一定程度的符号变化是可以预期的。①

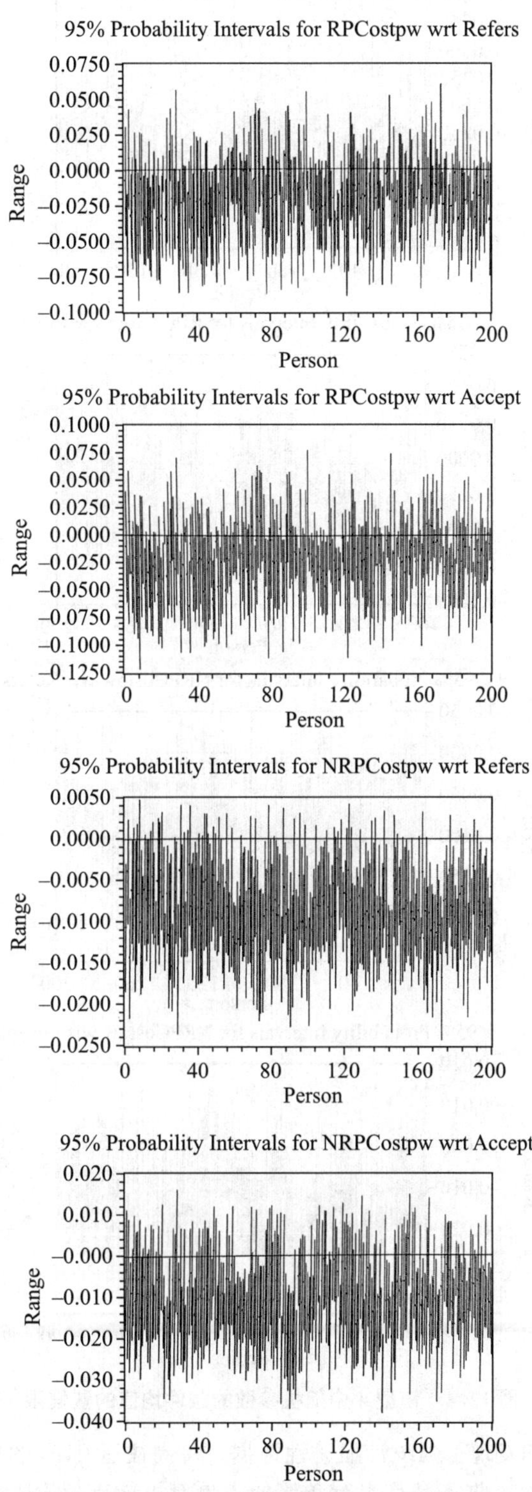


**图 17.3　模型 3 中随机参数的条件均值的置信限**

① 我们的确使用了对数正态分布、受约束的三角形分布和受约束的正态分布，但不受约束的正态分布给出了最好的拟合度（收敛得很好），并且发现分布中存在少数非负值，这与图 17.3 和图 17.4 一致。

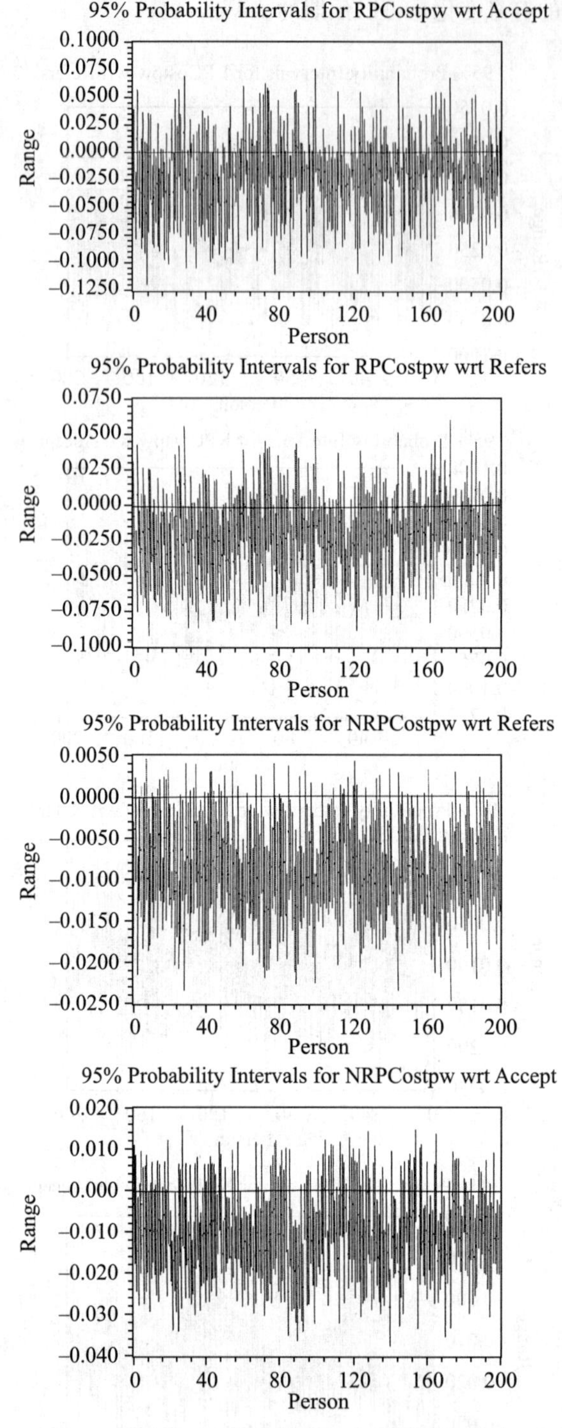


**图 17.4　模型 4 中随机参数的条件均值的置信限**

考察非随机参数变量，我们发现了强统计显著性证据。每周往返 CBD 的次数和个体收入正相关，这意味着在所有其他影响因素不变时，收入高且出行频繁的人更有可能支持 RP 改革，因而更有可能对它们投票，原因可能在于他们能支付得起，能看到因减少交通拥挤而节省的耗时的价值。① 个体拥有的私家车数量

① 时间价值不是直接显示的。然而，有一些暗含的证据表明，人们对时间价值（尤其是潜在的交通时间价值）的评价不限于节省货币成本意义。因此，人们对项目在降低拥挤上的反应必然和改善交通时间的观点有关。前文已提到，这些道路收费改革的目的在于减少交通拥挤。

对接受方案的概率有正的且统计显著的影响，然而，当我们将家庭可用的所有车辆（包括家庭商用车辆和雇主提供的车辆）纳入模型时，车辆数不显著。可能的原因在于非私家车能够享受税收优惠，从而抵消了出行成本。

强证据表明支持试点的个体（占样本的91.8%）更有可能接受改革方案，也就是说，在公投时会对方案投票。最后，基于警戒的方案的虚拟变量表明，与基于距离的收费方案相比，基于CBD的警戒收费方案更有可能被接受。这并不令人惊讶，它与Hensher et al.（2013）的发现一致，因为它不影响CBD以外的里程数，这占了每天出行里程数的大部分。

无论每个改革方案对交通拥挤水平降低的影响如何，都有很强的证据反对那些在垂直公平性上歧视个体的方案，垂直公平性指对不同收入人群的影响不同。大量文献考察了这个问题［例如Ison（1998）；King et al.（2007）；Levinson（2010）；Peters和Kramer（2012）］。尽管三个资金来源（公共交通、道路和个人所得税降低）参数的显著性说明收入分配①有助于获得公众对道路收费改革方案的支持，但证据表明，收入分配不能解决所有公平性问题。初始交通模式也很重要（Eliasson and Mattsson，2006），因为出行最频繁的人群正好是受改革影响最大的人群，即使这个影响是正向的（即有很高的时间价值）。通过使用周高峰和非高峰公里数来定义出行暴露，我们发现*Accept*模型和*Vote*模型的参数估计值都显著。这个发现意味着道路网络暴露水平越高（即公里数越大）的小汽车司机，越有可能接受RP改革和对改革方案投票。这驳斥了收费对出行暴露水平高的人不公平的常见言论。暴露水平由弹性估计给出。

重要的弹性结果参见表17.24，这些弹性描述了RP方案被接受和在公投中投票赞成的概率（即$E[y_1 \mid y_2]=1$）的百分比变化与相关变量百分比变化之间的关系。② 通过比较以独立的probit模型分别估计的*Vote*和*Accept*模型中的弹性与二元probit模型中的弹性可以获得更多信息。一般来说，与模型1相比，联合估计*Vote*和*Accept*的模型（模型2和模型3）中的直接价格弹性更低（更缺乏弹性），其中联合性用不含RHS内生性的相关扰动描述。当*Accept*被视为*Vote*的内生影响因素而纳入模型4时，直接弹性估计值似乎更接近于模型1（独立probit模型）的平均估计值，小于*Vote*的平均估计值，但大于*Accept*的平均估计值。

**表17.24　　直接弹性（括号内为$t$值）**

| | 独立probit模型 | | | 二元probit模型 | |
|---|---|---|---|---|---|
| | M1： | | M2：非随机参数模型 | M3：随机参数模型 | M4：有内生性的随机参数模型 |
| | Voting | Acceptance | Voting（=1） | Acceptance（=1） | （与V1A0，V0A1，V0A0相比） |
| 非RP成本（每周） | −0.432（4.95） | −0.267（4.54） | −0.182（2.75） | −0.226（2.82） | −0.327（3.48） |
| RP成本（每周） | −0.234（5.38） | −0.126（4.00） | −0.097（3.00） | −0.130 1（2.10） | −0.190（2.77） |
| 高峰时期公里数（每周） | 0.155（7.46） | 0.070（2.74） | 0.090（4.23） | 0.058（1.26） | 0.089（1.45） |
| 非高峰时期公里数（每周） | 0.199（5.75） | 0.096（3.07） | 0.121（3.80） | 0.121（2.22） | 0.180（2.36） |
| 改善公共交通（0～100） | 0.131（10.7） | 0.048（6.46） | 0.082（8.98） | 0.092（8.39） | 0.123（5.97） |
| 改善现有道路和建设新道路（0～100） | 0.190（5.11） | 0.098（5.46） | 0.095（3.12） | 0.101（3.300） | 0.136（3.17） |
| 减少个人所得税（0～100） | 0.116（7.42） | 0.038（4.32） | 0.072（5.91） | 0.079（5.92） | 0.107（5.07） |

一个特别重要的发现是，对于每周道路费用（RPCost），模型3中的弹性为−0.130，模型4中的弹性为

① Manville和King（2013）也对政府对收入分配的承诺表达了担心，因为它会影响公众支持。Hensher et al.（2013）发现，样本中仅有22%的人对政府的承诺有信心。

② 当改革方案在现实市场中不存在时，我们没有校准偏差。另外，由于只有一个观测市场，因此不存在显示性偏好模型。Li和Hensher（2011）给出的证据（其中包括对显示性偏好证据的回顾）侧重强调出行方式的变化。我们无法比较我们的发现和其他研究的发现，因为我们侧重投票和接受弹性，据我们所知，还没有类似的其他研究。

−0.190；与此对照，在模型1中，与*Vote*和*Accept*相伴的弹性分别为−0.234和−0.126。这意味着在仅强调接受性的模型1中，我们得到的平均直接弹性比仅强调公投的弹性小。这意味着给定方案成本和其他环境影响因素，为了让改革方案在公投中获得较高的投票支持率，该方案必须得到大众的认可。这再次说明，大众的认可对于方案在公投中获得较高的支持概率至关重要（Goodwin，1989；Hensher et al.，2013；Schade et al.，2007；Ubbels and Verhoef，2006）。

所有直接弹性的平均估计值都缺乏弹性，并且绝对值小于0.5。RP成本的直接弹性比非RP成本的小，反映了每种资金来源的相对成本。这说明如果现有成本仍在，那么任何额外成本都远小于每个改革方案总成本的50%。当前出行暴露水平（以高峰和非高峰时期的公里数衡量）的弹性表明，对于模型4（这也是我们偏爱的模型），如果每周高峰时期和非高峰时期的公里数增加25%（这个变化幅度比较合理，因为每周高峰和非高峰时期的平均公里数分别为70.68和145.9），那么RP方案的接受和投票支持的联合概率分别增加了2.25%和4.5%。收入分配偏好也富含信息；在所有其他影响因素不变的条件下，如果所有RP方案筹集到的资金都投入公共交通（与一点不投入相比），那么特定RP方案的接受和投票支持的概率将增加12.3%；类似地，如果这笔资金投入现有和新道路的改善，那么相应概率将增加13.6%；如果这笔资金用来减少个人所得税，那么相应概率将增加10.7%。由于这些百分比变化的"封闭性"，如果将这笔资金同时用于上述三种用途（但数额有多有少），那么特定RP方案的接受和投票支持的概率将增加11%左右。

尽管上面的证据是从RP方案的定价、出行活动和收入分配的可能影响角度说明的，然而如果我们能够考察特定方案在公众投票中的受欢迎程度，那么我们能提供更多信息。我们评估了每周出行费用从1澳元按1澳元的增量增加，一直增加到40澳元的效应，它等价于基于CBD警戒的每日入境费从0.2澳元增加到8澳元，也等价于基于距离的收费方案每公里收费从0.5美分增加到20美分（该方案的每周平均公里数为200）。

我们建立的模型能够比较基于CBD警戒的收费方案和含有表示警戒作用的虚拟变量的基于距离的收费方案。我们发现，如果对于每个工作日的上午7点到下午6点的任何时刻，每天入境费的上限能控制在5澳元，或者基于距离的收费方案的收费上限为10美分/公里，那么方案在公投中很可能获得50%以上的投票支持（参见图17.5（a）和图17.5（b））。这个结果说明，若所有收入被投入公共交通，那么改革方案很可能在投票中胜出；该发现与Hensher et al.（2013）相符。

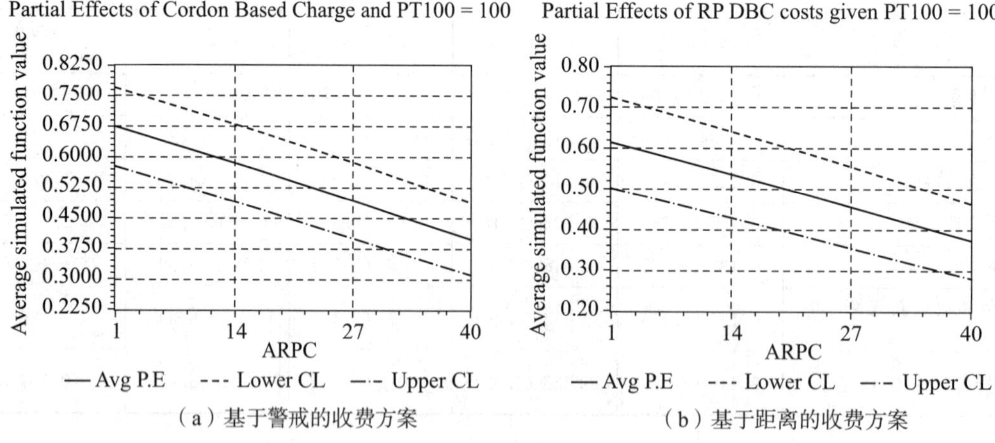


（a）基于警戒的收费方案　　（b）基于距离的收费方案

**图17.5　在所有收入都投入公共交通的条件下，不同收费方案每周收费的影响**

注：ARPC＝道路每周收费，Avg. P. E＝平均偏效应，PT100＝所有收入都被投入公共交通领域

如果我们忽略收入分配，那么基于CBD警戒的收费方案或基于距离的收费方案在投票中很难获得超过50%的选票；基于警戒的收费方案（收费上限为5澳元）获得的支持率仅为34%，而基于距离的收费方案（收费上限为10美分/公里）仅获得了32%的支持率。

### □ 17.4.4 应用二：偏效应和二元 probit 的情景分析

在本节，我们使用另外一个数据集来说明二元 probit 模型。数据是 2013 年从澳大利亚的 6 个城市（悉尼、墨尔本、堪培拉、阿德莱德、布里斯班和珀斯）收集的。我们对这些城市的居民的偏好差异感兴趣，因为我们想知道居民对投票规则和用于交通投资的新增税收的赞成或反对行为是否存在环境偏差（包括特定交通投资的使用）。

二元 probit 模型的估计结果参见表 17.25。我们考察了每个可得的社会经济特征变量和一个特定城市虚拟变量以及一个与交通相关的变量（即近期是否使用过公共交通）的作用。

Nlogit 语法如下：

```
Bivariate Probit
    ;lhs = votegood,votetp
    ;rh1 = one,age,ftime,can
    ;rh2 = one,usept,male,pinc,ptime,retired,brs
    ;hf2 = commute
    ;partial effects $
```

考察 Vote 模型（模型 1），我们发现年龄（age）、全职工作（full time employed）和居住在堪培拉（Canberra）都有负且显著的影响。负号表明，在所有其他因素不变的条件下，随着个体年龄增加以及如果有全职工作[与非全职（包括未就业）相比]，那么他们投票支持的可能性就会降低。由于在澳大利亚的历史投票纪录上，年龄大的人通常拒绝投票支持，因此他们对改革方案更不抱希望吗？这是个值得思考的问题。有意思的是，与其他五个城市的居民相比，居住在堪培拉（澳大利亚首都）的居民更不愿意投票支持由政府决定的项目。这个发现也得到了下列证据的支持：在以百分比衡量的支持率方面，他们比其他五个城市的居民低得多（此处未给出百分比结果）。

**表 17.25　　二元 probit 模型结果**

| 模型 1：支持投票规则 | | 模型 2：支持用于交通投资的新增税收 | |
|---|---|---|---|
| 变量 | 参数估计<br>（$t$ 值） | 变量 | 参数估计<br>（$t$ 值） |
| 常数 | 1.060 3 (8.84) | 常数 | −1.084 6 (−13.4) |
| 年龄（岁） | −0.005 1 (−2.12) | 是否使用公共交通（1，0） | 0.370 1 (5.71) |
| 是否全职（1，0） | −0.148 2 (−2.36) | 是否男性（1，0） | 0.247 0 (3.72) |
| 是否在堪培拉市（1，0） | −0.549 0 (−4.20) | 个人收入（千澳元） | 0.002 7 (3.38) |
| | | 是否兼职（1，0） | 0.236 3 (2.86) |
| | | 是否退休（1，0） | 0.233 9 (2.48) |
| | | 是否在布里斯班市（1，0） | −0.199 9 (−2.28) |
| 差异效应：是否通勤（1，0） | 0.510 1 (1.81) | | |
| 扰动相关 | 0.136 | | |
| LL | −2 295.13 | | |

在通过增税为交通投资筹集资金（模型 2）的结果中，有 6 个显著影响因素，其中 5 个符号为正，1 个符号为负。该发现说明男性（male）、非全职（part time employed）、退休者（retired）和个人收入（personal income）较高者更有可能投票支持增税方案。而且，公共交通的使用者比非使用者更有可能支持增税方案，这可能说明在澳大利亚的城市中，与道路投资相比，公共交通筹资方案不受欢迎。

在城市虚拟变量上，唯一显著的是布里斯班（Brisbane）。负号表明与其他五个城市的居民相比，布里斯班的居民更不可能支持通过增税为公共交通筹资的方案。原因不太清楚，尽管有人指出原因在于该调查是在自由党在昆士兰执政一年后实施的，但目前执政党为工党，他们削减了自由党的投资预算。然而，这种解释有个问题，因为增税方案可能是由联邦政府实施的，如果事实如此，那么解释起来就比较麻烦。这包括对联邦工党的不信任，因为他们没有承诺对布里斯班交通系统进行大量投资；然而，到今天为止，他们也没对珀斯之外的其他城市交通系统大量投资。

最后，这两个方程相关，误差扰动的相关系数为 0.136。尽管参数估计平均值富含信息，然而，更重要的是与每个解释变量的弹性，因为它们说明了外生变量的水平变化对方案投票支持可能性的影响程度。估计结果参见表 17.26，包括 $t$ 值和 95%的置信区间。

**表 17.26　　弹性**

| 模型 1：支持投票规则 | | 模型 2：支持用于交通投资的新增税收 | |
|---|---|---|---|
| 变量 | 弹性（$t$ 值） | 变量 | 弹性（$t$ 值） |
| 年龄（岁） | −0.071 6 (2.01)<br>(−0.141，−0.002) | 是否作用公共交通（1，0） | −0.011 4 (3.22)<br>(−0.018，−0.004) |
| 是否全职（1，0） | −0.048 5 (2.30)<br>(−0.089，−0.007) | 是否男性（1，0） | −0.007 6 (2.70)<br>(0.031 8，−0.002 1) |
| 是否在堪培拉市（1，0） | −0.239 8 (3.27)<br>(−0.383 6，−0.096 1) | 个人收入（千澳元） | −0.004 8 (2.51)<br>(−0.008 5，−0.001 0) |
| | | 是否兼职（1，0） | −0.007 2 (2.29)<br>(−0.013 3，−0.001 0) |
| | | 是否退休（1，0） | −0.007 1 (2.16)<br>(−0.013 6，−0.000 7) |
| | | 是否在布里斯班市（1，0） | −0.006 2 (1.97)<br>(0.000 04，−0.012 4) |

注：第二个括号内的数字为 95%的置信区间。

所有的平均弹性估计值在统计上都是显著的，并且都相对缺乏弹性。所有虚拟变量［年龄（age）和个人收入（personal income）除外］的弧弹性都是基于解释变量的变化水平和偏好概率变化水平估计的。最显著的效应是堪培拉（Canberra）虚拟变量，这意味着，在其他因素不变时，与其他五个城市的居民相比，堪培拉居民不投票支持改革方案的概率降低了 23.98%。另外一个相对比较大的效应是响应者的年龄，如果我们以 1%的变化作为基准，那么这个效应其实比较小，弹性值仅为−0.071 6。给定平均年龄 43 岁，如果年龄增加 10%（变为 47.3 岁），那么投票支持改革方案的概率降低了 7.16%。我们对这两个变量进行了情景分析，由此预测了给定增税方案时投票支持的联合概率。结果参见表 17.27，这些结果说明了弹性是怎样的。特别地，对于每个年龄水平，堪培拉和其他城市的概率差异范围为 0.17～0.19。

模型 2 中的弹性相对比较小，所有虚拟变量变化导致的对增税方案的偏好变化都小于 1%。以收入为例，这意味着收入大幅增加（比如上升 20%）才会对方案的偏好产生比较明显的影响。

弹性证据表明，在投票机制影响因素方面，我们识别出了重要影响因素，这些因素要比以统计显著性进行判断更稳健。

表 17.27　　虚拟变量堪培拉（Canberra）和年龄（age）对偏好概率影响的模拟情景分析

```
Model Simulation Analysis for Bivariate Probit E[y1|y2=1] function
--------------------------------------------------------------------------------------
Simulations are computed by average over sample observations
--------------------------------------------------------------------------------------
User Function  Function  Standard
(Delta method)  Value     Error      |t|  95%  Confidence Interval
--------------------------------------------------------------------------------------
Avrg. Function  .81575    .01599    51.00      .78440     .84710
--------------------------------------------------------------------------------------
CAN     =   .00  ---------------------------------------------------------------------
AGE     = 22.00  .85132    .01874    45.43      .81459     .88805
AGE     = 32.00  .83909    .01654    50.73      .80667     .87151
AGE     = 42.00  .82622    .01585    52.14      .79516     .85728
AGE     = 52.00  .81271    .01747    46.53      .77847     .84694
AGE     = 62.00  .79857    .02141    37.30      .75660     .84053
AGE     = 72.00  .78381    .02712    28.90      .73066     .83696
--------------------------------------------------------------------------------------
CAN     =  1.00  ---------------------------------------------------------------------
AGE     = 22.00  .68838    .05158    13.35      .58730     .78947
AGE     = 32.00  .66999    .05018    13.35      .57163     .76834
AGE     = 42.00  .65117    .05005    13.01      .55307     .74926
AGE     = 52.00  .63197    .05138    12.30      .53127     .73267
AGE     = 62.00  .61244    .05422    11.30      .50617     .71870
AGE     = 72.00  .59261    .05845    10.14      .47806     .70717
```

# 18 有序选择

## 18.1 引言



越来越多的实证研究涉及有序离散选项选择的影响因素评估。比较常见的模型为有序 logit 模型和有序 probit 模型，包括相应的扩展，比如纳入随机参数（RP）和未观测的异方差性［参见例如 Bhat 和 Pulugurtha（1998）；Greene（2007）］。有序选择模型允许任一变量对概率的影响为非线性的［参见例如 Eluru et al.（2008）］。然而，传统有序选择模型有缺陷，因为它维持门限固定不变。这导致了变量效应的不一致（即不正确）估计。将有序选择随机参数模型扩展到允许门限随机异质性，以及扩展到允许未观测的异质性的系统解释，是一种逻辑上的自然扩展，这也反映了研究者一直在探索如何更好地解释选择分析中的观测和未观测的偏好异质性。①

本章主要说明将有序选择模型扩展到允许 RP 中的随机门限在行为解释上有什么好处。重点在于考察这种做法对特定属性处理策略（保留每个属性或忽略某个属性）作用的影响，实验背景为关于交通出行的陈述性选择实验，被调查者需要在收费和不收费路线的一系列未加标签的属性中做出选择［参见 Hensher（2001a，2004，2008）］。有序代表来自全集的属性数。尽管对这些问题的研究日益增加［参见例如 Cantillo et al.（2006）；Hensher（2006）；Swait（2001）；Campbell et al.（2008）］，然而每个属性的整个域被视为在一定程度上相关，并且纳入每个个体的效用函数。很多研究在属性设定上为非线性的，这允许边际效用在属性取值范围内变化，包括纳入收入和损失条件下的非对称偏好［参见 Hess et al.（2008）］。然而，这与下列做法并不是一回事，即事前确定能在多大程度上将某个特定属性完全排除在外，包括不用考虑陈述性选择数据情形下选择实验设计的影响。

## 18.2 传统有序选择模型

有序选择模型由 Zavoina 和 McElvey（1975）提出，用于分析分类或非数据选择、结果和响应。当前常见的应用包括债券评级、离散意见调查［例如政治问题和肥胖衡量问题等的意见调查（Greene et al.，

① 一些作者在他们的模型中纳入了随机门限［例如 Cameron 和 Heckman（1998）；Cunha et al.（2007）；Eluru et al.（2008）］，但他们未能发展出含有 RP 和（或）在系统变量上分解随机门限的广义模型。

2008)]、消费者的偏好和满意度，以及健康状况调查（Boes and Winkelmann，2004，2007）。模型基础是潜在随机效用或潜回归模型：

$$y_i^* = \beta' x_i + \varepsilon_i \tag{18.1}$$

其中连续潜效用 $y_i^*$ 是通过删失机制观测的离散形式：

$$y_i = \begin{cases} 0，若\ \mu_{-1} < y_i^* < \mu_0 \\ 1，若\ \mu_0 < y_i^* < \mu_1 \\ 2，若\ \mu_1 < y_i^* < \mu_2 \\ \cdots \\ J，若\ \mu_{J-1} < y_i^* < \mu_J \end{cases} \tag{18.2}$$

模型含有未知边际效用 $\beta$ 以及 $J+2$ 个未知门限参数 $\mu_j$，它们都使用由 $n$ 个观察组成的样本估计，其中观察的标签为 $i=1$，…，$n$。数据含有协变量 $x_i$ 和观测的离散结果 $y_i=0$，1，…，$J$。为了完成模型的设定，还要对“扰动” $\varepsilon_i$ 的性质作出假设。常见的假设为 $\varepsilon_i$ 是一个连续扰动，它的 CDF 为 $F(\varepsilon_i \mid x_i) = F(\varepsilon_i)$，支撑集等于实线，密度为 $f(\varepsilon_i) = F'(\varepsilon_i)$。注意，这些假设含有 $\varepsilon_i$ 的分布与 $x_i$ 无关的假设。观测结果的概率为

$$\text{Prob}[y_i = j \mid x_i] = \text{Prob}[\varepsilon_i < \mu_j - \beta' x_i] - \text{Prob}[\mu_{j-1} - \beta' x_i],\ j = 0,1,\cdots,J \tag{18.3}$$

为了估计模型参数，需要做一些标准化。首先，给定连续性假设，为了保留概率的正号，我们要求 $\mu_j > \mu_{j-1}$。其次，如果支撑集为整个实线，那么 $\mu_{-1} = -\infty$，$\mu_1 = +\infty$。最后，如果假设 $x_i$ 含有常数项（我们的确这么假设），则要求 $\mu_0 = 0$。在含有常数项时，如果不实施标准化，那么将任何非零常数加到 $\mu_0$ 上，并且也将这个常数加到 $\beta$ 中的截距项，概率不会发生变化。给定常数项假设，$J-1$ 个门限参数将实线划分为 $J+1$ 个不同区间。

由于用来定义观测的有序选择的数据不含有潜在未观测变量的任何非条件信息，因此如果 $y_i^*$ 用任何正值调整，那么用这个值调整未知的 $\mu_j$ 和 $\beta$ 的做法将保留观测结果；因此，如果不进一步施加限制，自由的非条件方差参数 $\text{Var}[\varepsilon_i] = \sigma_\varepsilon^2$ 不相同。因此，我们必须施加限制：$\sigma_\varepsilon =$ 某个已知常数 $\bar{\sigma}$。常见的标准化方法是在 probit 模型中假设 $\text{Var}[\varepsilon_i \mid x_i] = 1$，在 logit 模型中假设 $\text{Var}[\varepsilon_i \mid x_i] = \pi^2/3$，这些做法能消除自由结构尺度参数。文献对有序选择模型的残差 $\varepsilon_i$ 的标准处理为：要么假设它服从标准正态分布，这产生了有序 probit 模型；要么假设它服从标准 logistic 分布（均值为零，方差为 $\pi^2/3$），这产生了有序 logit 模型。在应用中，二者的流行程度差不多，平分秋色。更具说服力的分布仍有待探索。

在做完了所有标准化工作之后，模型参数估计的似然函数蕴含在下列概率中：

$$\text{Prob}[y_i = j \mid x_i] = F[\mu_j - \beta' x_i] - F[\mu_{j-1} - \beta' x_i] > 0,\ j = 0,1,\cdots,J \tag{18.4}$$

在最大似然估计中，参数的估计很直接［参见例如 Greene（2008）；Pratt（1981）］。然而，模型参数的解释就没那么简单了［参见例如 Daykin 和 Moffitt（2002）］。由于不存在自然而然的条件均值函数，因此为了对参数赋予行为意义，我们通常使用概率本身。式（18.5）给出了有序选择模型中的偏效应：

$$\frac{\partial \text{Prob}[y_i = j \mid x_i]}{\partial x_i} = [f(\mu_{j-1} - \beta' x_i) - f(\mu_j - \beta' x_i)]\beta \tag{18.5}$$

结果表明系数的符号和大小不能提供关于模型行为特征的有用信息，因此系数（或它们的“显著性”）的直接解释模棱两可。模型中虚拟变量的相应结果可通过求概率之差而不是用求导方法获得（Boes and Winkelmann，2007；Greene，2008，Chapter E22）。研究者可能还关注偏效应的累加值，如式（18.6）所示［参见例如 Brewer et al.（2006）］。根据构造，这些被加项中最后一项为零：

$$\frac{\partial \text{Prob}[y_i \leqslant j \mid x_i]}{\partial x_i} = \left(\sum\nolimits_{m=0}^{j} [f(\mu_{m-1} - \beta' x_i) - f(\mu_m - \beta' x_i)]\right)\beta \tag{18.6}$$

## 18.3 广义有序选择模型

一些研究，最早见于 Terza（1985），对有序选择模型设定的灵活性提出了质疑。上文给出的偏效应随着

数据和参数的变化而变化。可以证明，对于 probit 模型和 logit 模型，这组偏效应在从 0 到 $J$ 的序列中正好改变符号一次，Boes 和 Winkelmann（2007）将其称为“一次相交”性质。Boes 和 Winkelmann（2007）还指出，对于任意两个连续协变量 $x_{ik}$ 和 $x_{il}$：

$$\frac{\partial \text{Prob}[y_i = j \mid x_i]/\partial x_{i,k}}{\partial \text{Prob}[y_i = j \mid x_i]/\partial x_{i,l}} = \frac{\beta_k}{\beta_l} \tag{18.7}$$

式（18.7）中的结果与事件结果独立。上面的有序选择模型有式（18.8）中的性质：偏效应是同一个 $\beta$ 和 $K_j$ 的乘积：

$$\partial \text{Prob}[y_i \geqslant j \mid x_i]/\partial x_i = K_j\beta \tag{18.8}$$

其中，$K_j$ 取决于 $X_j$。模型的这个性质称为“平行回归”假设。看清这个性质的另外一种方法是借助式（18.8）循环的 $J$ 个二值选择。令 $z_{ij}$ 表示如下二值变量：

$$z_{ij} = 1，若\ y > j，其中\ j = 0, 1, \cdots, J-1$$

选择模型意味着：

$$\text{Prob}[z_{ij} = 1 \mid x_i] = F(\beta' x_i - \mu_j)$$

门限参数可以吸收到常数项中。在理论上，我们可以分别拟合 $J-1$ 个二值选择模型。相同的 $\beta$ 出现在所有模型中，这是有序选择模型所蕴含的。然而，我们需要施加这个限制；二值选择模型不能分别独立拟合。因此，有序选择模型的原假设为：每个二值选择表达式中的 $\beta$ 都相同（常数项除外）。这个原假设的标准检验由 Brant（1990）提出，为检验 $\beta_j$ 向量是不同的。Brant 检验频繁拒绝原假设：有序选择模型有相同的斜率向量。在这种情形下，我们不清楚备择假设是什么。广义有序选择模型似乎是个自然而然的选择，然而，事实上它内在不一致——它不要求概率结果为正。Brant 建议似乎是一个关于函数形式或者模型设定误差的检验。参见 Greene 和 Hensher（2010，Chapter 6）。

近期研究［例如 Long（1997）、Long 和 Frees（2006）以及 Williams（2006）］提出了“广义有序选择模型”。有一种扩展形式的模型吸引了该领域大部分学者的注意，这就是所谓的“广义有序 logit（或 probit）模型”［参见例如 Williams（2006）］。该模型定义如下：

$$\text{Prob}[y_i = j \mid x_i] = \text{Prob}[\varepsilon_i \leqslant \mu_j - \beta_j' x_i] - \text{Prob}[\mu_{j-1} - \beta_{j-1}' x_i],\ j = 0, 1, \cdots, J \tag{18.9}$$

其中，$\beta_{-1} = 0$［参见例如 Williams（2006）；Long（1997）；Long 和 Frees（2006）］。这种扩展形式为每个结果提供了一个边际效用向量。Bhat 和 Zhao（2002）在空间有序响应背景下，按照广义有序 logit 的形式，引入了观察单元之间的异方差性。

上面的广义模型能够解决一次相交和平行回归问题，但它产生了新问题。参数向量的异质性是因变量编码带来的人为问题，而不是由行为差异引起的因变量的异质性的反应。我们不清楚如何解释以这种方式构造的边际效用参数。例如，考虑不存在能以这种方式模拟数据的机制。这意味着，若 $y_i = j$，$y_i^* = \beta_j' x_i + \varepsilon_i$。也就是说，模型结构是内生的——如果事先不知道待模拟的值，我们就不能通过数据产生机制来模拟 $y_i$。不存在简化形式。这种广义模型的更大问题在于模型中的概率未必为正，而且不存在能解决这个问题的参数限制（我们一开始使用的限制模型形式除外）。概率模型内在不一致。限制必须为数据的函数。这个问题由 Williams（2006）指出，但当时没引起足够注意。Boes 和 Winkelmann（2007）认为该问题可通过非线性设定来解决。在本质上，尽管结果为单个选择，但该广义选择模型不将结果作为单个选择进行处理。

从实证角度看，我们可以将其解释为使用半参数法来模拟潜在的异质性。然而，我们不清楚为何这个异质性需要通过结果之间的参数变化来反映，而不是通过样本中个体之间的变化来反映。一些研究者认为，Brant 检验失败（原假设为模型参数相同），在一定程度上说明了模型的失败。上面列举的函数形式存在的缺点（与内在一致模型相比）可能是原因所在。我们认为它也吸收了个体之间的未观测的异质性。我们在这里发展的模型能以若干种形式允许个体异质性。

### □ 18.3.1 模拟观测和未观测的异质性

自 Terza（1985）以来，绝大多数“广义化”都针对有序选择模型的函数形式（即一次相交和平行回归）

展开［参见例如 Greene（2008）］，也有例外，比如 Pudney 和 Shields（2000）。我们在本章的兴趣在于允许个体之间观测和未观测的异质性。我们认为，基本模型结构在完全设定之后能够充分描述选择行为的非线性信息。这里关注的广义化是模型本身纳入观测和未观测的异质性。

基本模型假设门限 $\mu_j$ 对于样本中的每个个体都相同。Terza（1985）、Pudney 和 Shields（2000）、Boes 和 Winkelmann（2007）、Bhat 和 Pulugurta（1998）以及 Greene et al.（2008）都指出，门限集中个体的变化是一种可能存在于数据中但未被纳入模型中的异质性。Pudney 和 Shields（2000）以工作晋升为例，说明了护士晋升阶梯在某种程度上因个体不同而不同。

Greene（2002，2008）认为有序选择模型以及很多微观计量经济模型的固定参数形式都没有充分考虑可能存在于数据中的未观测的异质性。Greene（2008）提供的关于有序选择模型的进一步的扩展形式包括潜类别或有限混合模型情形下的完整 RP 处理和离散近似。这两种扩展形式也可以参见 Boes 和 Winkelmann（2004，2007），他们也描述了面板数据的共同效应模型。Bhat 和 Pulugurta（1998）提供了其他形式的扩展。

假设偏好参数 $\beta$ 在个体之间相同的模型也假设随机残差项 $\varepsilon_i$ 的尺度相同。也就是说，同方差性假设 $\text{Var}[\varepsilon_i | x_i]=1$ 的限制方式与同质性假设相同。有序选择模型中观察项的异方差性最初由 Greene（1997）提出，这个主题后来再次出现在 Williams（2006）中。

这里提出的模型在纳入异质性方向上将有序选择模型广义化，而不是在函数形式上纳入非线性。有序选择模型的早期扩展集中在门限参数上。Terza（1985）建议的扩展为：

$$\mu_{ij}=\mu_j+\delta' z_i \tag{18.10}$$

其中，$z_i$ 表示特定个体的外生变量，代表围绕门限参数平均估计值的系统性变化。Pudney 和 Shield（2000）提出的“广义有序 probit 模型”沿用了这个思路，它的思想在于将门限参数和回归均值中可观测的个体异质性纳入模型。与 Pudney 和 Shields（2000）类似，我们也注意到了模型设定中的这个明显问题。考虑下列概率扩展形式：

$$\text{Prob}[y_i\leqslant j | x_i, z_i]=F[\mu_j+\delta' z_i-\beta' x_i]=F[\mu_j-(\delta^{*\prime} z_i+(-\beta' x_i))], \delta^*=-\delta \tag{18.11}$$

我们不清楚变量 $z_i$ 存在于门限中还是存在于回归均值中，因为任何一种解释都和模型一致。Pudney 和 Shield（2000）认为没有必要区分，因为这对他们的分析影响不大。

数据中存在的参数异质性的模型模拟也可参见 Greene（2002）以及 Boes 和 Winkelmann（2004），二者都建议使用 RP 方法。Boes 和 Winkelmann（2004）指出 RP 设定将诱导异方差性，可以以下列方式模拟：

$$\beta_i=\beta+u_i \tag{18.12}$$

其中，$u_i\sim N[0,\Omega]$。将其代入基础情形模型，化简后可得：

$$\text{Prob}[y_i\leqslant j | x_i]=\text{Prob}[\varepsilon_i+u_i' x_i\leqslant \mu_j-\beta' x_i]=F\left(\frac{\mu_j-\beta' x_i}{\sqrt{1+x_i'\Omega x_i}}\right) \tag{18.13}$$

式（18.13）可用普通均值估计，尽管这引入了新的非线性——元素 $\Omega$ 现在也必须估计。[①]

Boes 和 Winkelmann（2004，2007）没有使用这种方法。Greene（2002）分析了几乎相同的模型，但提出要用最大模拟似然估计法。

然而，令人奇怪的是，上面列举的研究都没有侧重考察尺度问题，尽管 Williams（2006）和 Allison（1999）注意到了这个问题。Greene（1997）详细介绍了异方差有序 probit 模型，其函数形式参见式（18.14），Williams（2006）详细讨论了这个问题。

$$\text{Var}[\varepsilon_i | h_i]=\exp(\gamma' h_i)^2 \tag{18.14}$$

在微观计量经济数据中，潜在偏好的尺度和均值位移一样，都是异质性的重要来源，甚至前者可能更重要。然而，它得到的关注要少得多。

下面，我们将提出一个能以统一且内在一致的方式处理异质性的有序选择模型。在模型中，个体异质性可

① 作者们认为这可用半参数法处理，而且不用设定 $u_i$ 的分布；这种观点不正确，因为上面给出的异方差概率仅在 $u_i$ 和 $\varepsilon_i$ 都服从标准正态分布的情形下才能被保留。

能出现在三个地方：随机效用模型（边际效用），门限参数以及随机项的尺度（方差）。正如前文指出的，这种处理方法比“广义有序 logit 模型”更有可能描述数据产生机制的重要性质，因为后者主要侧重函数形式。

### □ 18.3.2 有序选择模型中的随机门限和异质性

我们从有序选择模型的常见基础形式开始：

$$\text{Prob}[y_i = j \mid x_i] = F[\mu_j - \beta' x_i] - F[\mu_{j-1} - \beta' x_i] > 0, \; j = 0, 1, \cdots, J \tag{18.15}$$

为了模拟效用函数在个体间的异质性，我们构建了一个分层模型，其中系数随观察变量 $z_i$（通常为年龄、性别这样的人口统计变量）的变化而变化，而且因特定个体未知变量 $v_i$ 而具有随机性。系数的形式为

$$\beta_i = \beta + \Delta z_i + \Gamma v_i \tag{18.16}$$

其中，$\Gamma$ 是一个下三角矩阵，$v_i \sim N[0, I]$。效用函数中的系数向量 $\beta_i$ 服从个体间的正态分布，其条件均值为

$$E[\beta_i \mid x_i, z_i] = \beta + \Delta z_i \tag{18.17}$$

条件方差为

$$\text{Var}[\beta_i \mid x_i, z_i] = \Gamma I \Gamma' = \Omega \tag{18.18}$$

这个模型以 $\Gamma v_i$ 表示，而不用（比如）$v_i$ 和协方差矩阵 $\Omega$ 表达，这主要是为了方便建立估计模型。这是一个随机参数模型，它也出现在其他文献中，例如 Greene（2002，2005）。随机效应模型只是一种特殊情形：仅常数项是随机的。这个模型也纳入了 Mundlak（1978）和 Chamberlain（1980）处理固定效应的方法：对常数项，令 $z_i = \bar{x}_i$。

我们也希望门限可以随个体变化而变化。King et al.（2004）详细说明了这种推广的好处。门限被视为随机的和非线性的：

$$\mu_{ij} = \mu_{i,j-1} + \exp(\alpha_j + \delta' r_i + \sigma_j w_{ij}), \; w_{ij} \sim N[0, 1] \tag{18.19}$$

并且伴随下列标准化和限制：$\mu_{-1} = -\infty$，$\mu_0 = 0$ 和 $\mu_J = +\infty$。对于其余门限，我们有：

$$\begin{aligned} \mu_1 &= \exp(\alpha_1 + \delta' r_i + \sigma_1 w_{j1}) \\ &= \exp(\delta' r_i)\exp(\alpha_1 + \sigma_1 w_{j1}) \end{aligned} \tag{18.20}$$

$$\mu_2 = \exp(\delta' r_i)[\exp(\alpha_1 + \sigma_1 w_{j1}) + \exp(\alpha_2 + \sigma_2 w_{j2})]$$

$$\mu_j = \exp(\delta' r_i)\left[\sum_{m=1}^{j} \exp(\alpha_m + \sigma_m w_{im})\right], \; j = 1, \cdots, J-1$$

$$\mu_J = +\infty$$

尽管这个表达式比较复杂，但它是必要的，原因如下：(1) 它保证了所有门限都为正；(2) 它保留了门限的顺序；(3) 它纳入了必要的标准化。最重要的是，它允许观测变量和未观测的异质性在效用函数和门限中都起作用。门限，与回归本身一样，都被观测的异质性（$r_i$）和未观测的异质性（$w_{ij}$）所移动。模型是完全一致的，因为按照构造，概率都为正而且和为 1。如果 $\delta = 0$ 而且 $\sigma_j = 0$，我们就回到最初的模型，其中 $\mu_1 = \exp(\alpha_1)$，$\mu_2 = \exp(\alpha_2)$，其余变量类推。注意，如果门限参数被设定为线性函数，而不是像式（18.19）所示的那样，那么我们不可能识别回归函数和门限函数中的参数。

最后，我们允许效用函数的方差和均值存在个体异质性。这是个体行为数据的一个重要特征。扰动方差可以是异方差的，现在它们被设定为随机的和确定性的。因此：

$$\text{Var}[\varepsilon_i \mid h_i, e_i] = \sigma_i^2 = \exp(\gamma' h_i + \tau e_i)^2 \tag{18.21}$$

其中，$e_i \sim N[0, 1]$。令 $v_i = (v_{i1}, \cdots, v_{iK})'$，$w_i = (w_{i1}, \cdots, w_{i,J-1})'$。

整理可得结果 $j$ 的条件概率：

$$\text{Prob}[y_i = j \mid x_i, z_i, h_i, r_i, v_i, w_i, e_i] = F\left[\frac{\mu_{ij} - \beta_i' x_i}{\exp(\gamma' h_i + \tau e_i)}\right] - F\left[\frac{\mu_{i,j-1} - \beta_i' x_i}{\exp(\gamma' h_i + \tau e_i)}\right] \tag{18.22}$$

这里再次指出，$\mu_{ij}$ 和 $\beta_i$ 都随观测变量和未观测随机项的变化而变化。对数似然（LL）根据式（18.22）中的项构造。然而，式（18.22）中的概率包含未观测随机项 $v_i$，$w_i$ 和 $e_i$。为估计目的而进入 LL 函数的项必须不

取决于未观测项。因此，通过积分得到非条件概率：

$$\begin{aligned}&\text{Prob}[y_i = j \mid x_i, z_i, h_i, r_i]\\&= \int_{v_i, w_i, e_i} \left( F\left[\frac{\mu_{ij} - \beta_i' x_i}{\exp(\gamma' h_i + \tau e_i)}\right] - \left[\frac{\mu_{i,j-1} - \beta_i' x_i}{\exp(\gamma' h_i + \tau e_i)}\right]\right) f(v_i, w_i, e_i) dv_i dw_i de_i\end{aligned} \tag{18.23}$$

模型使用最大模拟似然估计。模拟 LL 函数为

$$\log L_S(\beta, \Delta, \alpha, \delta, \gamma, \Gamma, \sigma, \tau) = \sum_{i=1}^{n} \log \frac{1}{M} \sum_{m=1}^{M} \left( F\left[\frac{\mu_{ij,m} - \beta_{i,m}' x_i}{\exp(\gamma' h_i + \tau e_{i,m})}\right] - F\left[\frac{\mu_{i,j-1,m} - \beta_{i,m}' x_i}{\exp(\gamma' h_i + \tau e_{i,m})}\right]\right) \tag{18.24}$$

$v_{i,m}$，$w_{i,m}$ 和 $e_{i,m}$ 是一组用于模拟的 $M$ 个多元随机抽样。① 这是一个完全一般化形式的模型。特定数据集是否足以支撑那么多参数化，尤其是 $\Gamma$ 中未观测变量的协方差，是一个取决于具体应用的实证问题。

我们对式（18.24）中的参数（例如 $\beta$）特别感兴趣，因为它们能反映观测自变量对相应结果的影响。在这个广义有序选择模型中，观测变量的变化通过四种途径影响结果概率的变化：影响门限 $\mu_{ij}$，影响边际效用 $\beta_i$，影响效用函数 $x_i$ 以及影响方差 $\sigma_i^2$。它们可能涉及不同变量，也可能有相同变量。再一次地，人口统计变量（例如年龄、性别和收入）可能出现在模型中的任何地方。于是，在理论上，如果我们对所有这一切都感兴趣，就应该计算所有偏效应：

$$\frac{\partial \text{Prob}(y_i = j \mid x_i, z_i, r_i, h_i)}{\partial x_i} = \text{效用函数中变量的直接影响}$$

$$\frac{\partial \text{Prob}(y_i = j \mid x_i, z_i, r_i, h_i)}{\partial z_i} = \text{影响参数 } \beta \text{ 的变量的间接影响}$$

$$\frac{\partial \text{Prob}(y_i = j \mid x_i, z_i, r_i, h_i)}{\partial h_i} = \text{影响 } \varepsilon_i \text{ 的方差的变量的间接影响}$$

$$\frac{\partial \text{Prob}(y_i = j \mid x_i, z_i, r_i, h_i)}{\partial r_i} = \text{影响门限参数的变量的间接影响}$$

以上分别为（a）$x_i$ 的变化直接引起的偏效应，（b）影响 $\beta_i$ 的 $z_i$ 的变化间接引起的偏效应，（c）方差中变量 $h_i$ 的变化引起的偏效应，（d）门限参数中的变量 $r_i$ 的变化引起的偏效应。相应的概率为

$$\begin{aligned}&\text{Prob}[y_i = j \mid x_i, z_i, h_i, r_i]\\&= \int_{v_i, w_i, e_i} \left( F\left[\frac{\mu_{ij} - (\beta + \Delta z_i + LD v_i)' x_i}{\exp(\gamma' h_i + \tau e_i)}\right] - F\left[\frac{\mu_{i,j-1} - (\beta + \Delta z_i + LD v_i)' x_i}{\exp(\gamma' h_i + \tau e_i)}\right]\right) f(v_i, w_i, e_i) dv_i dw_i de_i,\\&\mu_{ij} = \exp(\delta' r_i)\left(\sum_{m=1}^{j} \exp(\alpha_m + \sigma_m w_{im})\right), \ j = 1, \cdots, J-1\end{aligned} \tag{18.25}$$

$(LD) * (LD)' = GAMMA$。$L$ 是一个下三角形矩阵，对角线元素都为 1。$D$ 是一个对角矩阵。$D^2$ 是 $GAMMA$ 的乔利斯基值的对角矩阵。如果我们令 $Q = D^2$，那么 $GAMMA = L * Q * L'$。这是 $GAMMA$ 的乔利斯基分解。偏效应如下：

$$\begin{aligned}&\frac{\partial \text{Prob}(y_i = j \mid x_i, z_i, h_i, r_i)}{\partial x_i}\\&= \int_{v_i, w_i, e_i} \left( \frac{1}{\exp(\gamma' h_i + \tau e_i)} \left\{ \begin{array}{l} f\left[\dfrac{\mu_{ij} - \beta_i' x_i}{\exp(\gamma' h_i + \tau e_i)}\right] \\ \quad - f\left[\dfrac{\mu_{i,j-1} - \beta_i' x_i}{\exp(\gamma' h_i + \tau e_i)}\right] \end{array} \right\} (-\beta_i) \right) f(v_i, w_i, e_i) dv_i dw_i de_i\end{aligned} \tag{18.26a}$$

$$\begin{aligned}&\frac{\partial \text{Prob}(y_i = j \mid x_i, z_i, h_i, r_i)}{\partial z_i}\\&= \int_{v_i, w_i, e_i} \left( \frac{1}{\exp(\gamma' h_i + \tau e_i)} \left\{ \begin{array}{l} f\left[\dfrac{\mu_{ij} - \beta_i' x_i}{\exp(\gamma' h_i + \tau e_i)}\right] \\ \quad - f\left[\dfrac{\mu_{i,j-1} - \beta_i' x_i}{\exp(\gamma' h_i + \tau e_i)}\right] \end{array} \right\} (-\Delta' x_i) \right) f(v_i, w_i, e_i) dv_i dw_i de_i\end{aligned} \tag{18.26b}$$

① 我们使用霍尔顿序列而不是伪随机数。有关讨论参见 Train（2003，2009）。

$$\frac{\partial \text{Prob}(y_i = j \mid x_i, z_i, h_i, r_i)}{\partial h_i}$$

$$= \int_{v_i, w_i, e_i} \left[ \left\{ \begin{array}{l} f\left[\frac{\mu_{ij} - \beta_i' x_i}{\exp(\gamma' h_i + \tau e_i)}\right]\left(\frac{\mu_{ij} - \beta_i' x_i}{\exp(\gamma' h_i + \tau e_i)}\right) \\ \quad - f\left[\frac{\mu_{i,j-1} - \beta_i' x_i}{\exp(\gamma' h_i + \tau e_i)}\right]\left(\frac{\mu_{i,j-1} - \beta_i' x_i}{\exp(\gamma' h_i + \tau e_i)}\right) \end{array} \right\} (-\gamma) \right] f(v_i, w_i, e_i) dv_i dw_i de_i \tag{18.26c}$$

$$\frac{\partial \text{Prob}(y_i = j \mid x_i, z_i, h_i, r_i)}{\partial r_i}$$

$$= \int_{v_i, w_i, e_i} \left[ \left\{ \begin{array}{l} f\left[\frac{\mu_{ij} - \beta_i' x_i}{\exp(\gamma' h_i + \tau e_i)}\right]\left(\frac{\mu_{ij} - \beta_i' x_i}{\exp(\gamma' h_i + \tau e_i)}\right) \\ \quad - f\left[\frac{\mu_{i,j-1} - \beta_i' x_i}{\exp(\gamma' h_i + \tau e_i)}\right]\left(\frac{\mu_{i,j-1} - \beta_i' x_i}{\exp(\gamma' h_i + \tau e_i)}\right) \end{array} \right\} (\delta) \right] f(v_i, w_i, e_i) dv_i dw_i de_i \tag{18.26d}$$

对于出现在模型多个地方的变量，它的效应可以把相应效应加起来而得到。与 LL 函数类似，偏效应必须使用模拟进行计算。如果某个变量仅出现在 $x_i$ 中，那么这个表达式保留了原模型的“平行回归”和“一次相交”性质，尽管效应都为高度非线性的。然而，如果变量出现在其他地方，那么这两个性质未必被保留。

## 18.4 案例研究

这个案例的背景是 Hensher（2004，2006）报告的一项大型研究中的陈述性选择数据。研究于 2002 年在澳大利亚悉尼实施，开车出行的个体需要在收费和不收费路线中进行选择；这些选项对属性都未加标签。本章我们关注个体如何处理属性信息，具体地说，在每个选项包含最多五个属性的情形下，个体纳入哪些属性和去掉哪些属性。有序选择模型中的因变量为被忽略的属性数或被关注的属性数。效用函数定义在每个个体处理的属性信息上；另外，效用函数包含一些探索影响个个体决策的因素，包括选择实验的维度（例如选项数，属性的取值范围）；属性水平是如何设计的（以基准选项作为参照，参见下面的介绍）；个体的社会经济特征（SEC）；当属性单位相同时，属性的累加［也可参见 Hensher（2006）］。

属性纳入和不纳入也称为属性保留和不保留。① 在陈述性选择情景的决策中，属性纳入与否通常与设计的维度和实验的复杂性相关（Hensher，2006）。评估单元数越多的设计越复杂② ［参见例如 Arentze et al.（2003）；Swait 和 Adamowicz（2001a，2001b）］，这带来了识别上的麻烦，从而导致行为意义上更不可靠的结果，不能很好地显示偏好信息。这有误导性，因为它意味着复杂性是人为制造的信息量，而不是信息的相关性（即重要性）（Hensher，2006）。在任何需要个体做出选择的情景中，心理学家已经做了大量研究，考察了个体使用哪些直觉来简化决策任务（Gilovich et al.，2002）。生活经验的积累也能让个体在心目中建立基准点，从而帮助他评估相关信息。这些个体认知特征在决策论的大量文献中已很常见。它们通常认为直觉是各种分析工具的复合体，目的在于简化选择。大量信息的存在，无论它们要求个体主动搜索和考虑还是只需要简单评价（后者就是选择实验情形），都有认知负担的因素，从而导致个体需要使用一些规则来简化处理过程（这意味着从成本和收益权衡角度，简化信息是值得的）。我们很难区分简化过程，原因在于我们对此不感兴趣或者不值得这么做，我们真正感兴趣的是选择任务以及能够描述个体处理特定信息的直觉。当然，我们也能看到，研究者日益了解个体如何进行属性处理以及能够区分真正的行为处理和为了方便做出的处理（后者缺乏行为效度）。重要的是，我们认为待处理的信息量没有信息的相关性重要。然而，信息量过少也不行，这会导致处理过程“复杂”，因为个体需要更多细节来定义选择的相

① 本章重点讨论属性保留和不保留；然而，需要记住：“减少”属性个数的一种方法是将单位相同的属性相加。因此，我们也考虑这一点，并且控制一些属性未被删除而是被累加的概率。

② 复杂性也包括相关性低的属性，因为在相关性高的属性中，一个属性可以代表其他属性，从而容易评估。

关性（重要性）。

研究者提供给个体的选项属性包是根据抽样个体的驾车出行经验制定的。将个体的经验包含在基准选项中并用来得到实验的属性水平，这种做法背后有行为和认知心理及经济学的若干理论支持，比如前景理论、基于情景的决策理论、最小后悔理论［参见 Starmer（2000）；Hensher（2006）］。陈述性选择实验中的基准选项①用来让个体在脑海中回顾以前的经验，让他知道他面对的选择任务的决策情景；这样，在个体层面上，信息显示将更有意义。

四个陈述性选择设计镶嵌在一个大设计中（参见表 18.1）。每个个体随机进入四个设计中的一个；然而，从整个实验角度看，不同设计的区别在于属性的取值范围和水平、选项个数和选择集个数。这些维度的组合决定了每个实验的设计“复杂性”。我们正是在这样的背景下，通过改变个体面对的陈述性选择实验的维度并辅以补充问题来考察个体在评估和选择选项时“忽略”了哪些属性。

**表 18.1　　实验设计的属性组合**

| (单位=%) | 基础属性范围 | | | 宽属性范围 | | | 窄属性范围 | | |
|---|---|---|---|---|---|---|---|---|---|
| 水平： | 2 | 3 | 4 | 2 | 3 | 4 | 2 | 3 | 4 |
| 道路通畅情形下的耗时 | ± 20 | −20，0，+20 | −20，−10，+10，+20 | −20，+40 | −20，+10，+40 | −20，0，+20，+40 | ±5 | −5，0，+5 | −5，−2.5，+2.5，+5 |
| 车速缓慢情形下的耗时 | ± 40 | −40，0，+40 | −40，−20，+20，+40 | −30，+60 | −30，+15，+60 | −30，0，+30，+60 | ±20 | −20，0，+20 | −20，−2.5，+2.5，20 |
| 停车/启动耗时 | ± 40 | −40，0，+40 | −40，−20，+20，+40 | −30，+60 | −30，+15，+60 | −30，0，+30，+60 | ±20 | −20，0，+20 | −20，−2.5，+2.5，+20 |
| 交通耗时的不确定性 | ± 40 | −40，0，+40 | −40，−20，+20，+40 | −30，+60 | −30，+15，+60 | −30，0，+30，+60 | ±20 | −20，0，+20 | −20，−2.5，+2.5，+20 |
| 总成本 | ± 20 | −20，0，+20 | −20，−10，+10，+20 | −20，+40 | −20，+10，+40 | −20，0，+20，+40 | ±5 | −5，0，+5 | −5，−2.5，+2.5，+5 |

我们使用以前的研究来构建可能的设计维度。表 18.2 列出了五个设计维度。根据以前的经验［参见 Hensher（2001）］，我们为每个选项选择五个属性：道路通畅情形下的耗时（free-flow time），车速缓慢情形下的耗时（slowed-down time），停车/启动耗时（stop/start time），出行耗时的可变性（variability of trip time）和总成本（total cost）。Hensher（2006）考察了属性数变化对信息处理和属性累加的影响，需要指出，属性累加是现有属性的组合。② 我们选择了通用设计（即选项都未加标签），以避免属性数和标签（例如小轿车、火车）混杂在一起。表 18.1 列出了属性的取值范围，表 18.2 列出了实验设计的维度。

**表 18.2　　含有五个属性的实验设计的不同子设计**

| 选择集个数 | 选项数 | 属性数 | 属性的水平数 | 属性水平的取值范围 |
|---|---|---|---|---|
| 15 | 2 | 5 | 2 | 宽属性范围 |
| 9 | 2 | 5 | 4 | 基础属性范围 |
| 6 | 3 | 5 | 4 | 窄属性范围 |
| 12 | 4 | 5 | 3 | 窄属性范围 |

注：后 4 行代表设计集。选项数不包括基准选项。

我们将选择集中的选项从两个增加到三个，然后增加到四个，但相应选项完全相同。也就是说，对于既定设计中的任何两个选项，我们都不应该期望发现一个属性（例如“道路通畅情形下的耗时”）与非基准选项集不同。因此，我们不需要“选项 1 的道路通畅情形下的耗时”属性与“选项 2 的道路通畅情形下的耗时”正交，这一直适用于直到“第 $J-1$ 个选项的道路通畅情形下的耗时”。设计由计算机生成。好的设计能使协方差矩阵的行列式最大，其中协方差矩阵是待估参数的函数。根据过去的研究，了解参数信息或者至少了解每个属性的一些先验信息（例如符号）比较有用。这么做可以去掉优势选项。我们使用的方法能够快速

① Hensher（2004），Train 和 Wilson（2008）以及 Rose et al.（2008）详细描述了基于经验基准（pivot-based）的实验的设计。

② 这一点很重要，因为我们不希望额外的属性维度妨碍我们的分析。

找到 $D$ 最优方案［参见 Rose 和 Bliemer（2008）；Choice Metrics（2012）］。

个体面对的实际属性水平是根据经验基准选项的属性水平计算出来的。不同选择任务的水平取决于属性水平的取值范围和每个属性的水平数。设计维度被转换成陈述性选择界面，如图 18.1 所示。属性水平的取值范围随设计不同而不同。每个抽样个体面对一系列选择集（或情景），不同个体面对的选择集个数不同，但选项数固定不变。与属性纳入和不纳入相关的启发性问题参见图 18.2。

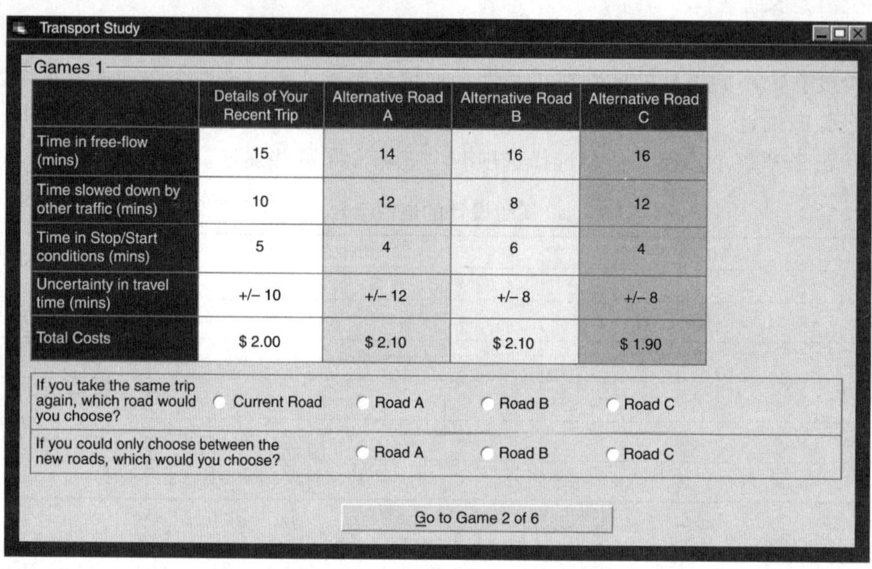


**图 18.1　陈述性选择例子的截屏**

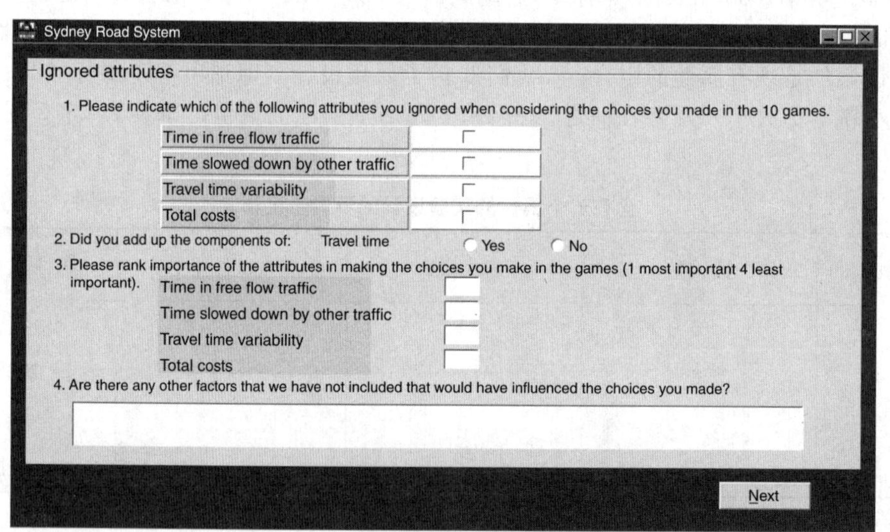


**图 18.2　关于属性相关性的 CAPI 问题**

## □ 18.4.1　实证分析

2002 年，我们在悉尼都市区开展了计算机辅助个人访谈（CAPI）。① 根据居民家庭住址，我们使用了分层随机抽样。关于驾车通勤者的屏显问题的构建是合理的。更多细节请参见 Hensher（2006）。最终模型参见表 18.3，其中观察数为 2 562。

① 访谈持续 20～35 分钟，采访员当场将受访者的回答直接录入笔记本电脑的 CAPI 中。

**表 18.3　　有序 logit 模型（观察数为 2 562）**

| 属性 | 单位 | 有序 logit | 广义有序 logit |
| --- | --- | --- | --- |
| 常数 | | 2.968 2 (4.17) | 2.950 4 (2.79) |
| 设计维度： | | | |
| 窄属性范围 | 1，0 | 1.373 8 (3.59) | 1.427 5 (2.35) |
| 选项数 | 个 | −0.920 4 (−4.1) | −1.020 5 (−2.87) |
| 围绕基准选项的问题： | | | |
| 基准选项道路通畅情形下的耗时减 SC 选项水平 | 分钟 | 0.032 9 (4.02) | 0.059 9 (3.44) |
| 基准选项道路拥挤情形下的耗时减 SC 选项水平 | 分钟 | −0.008 3 (−1.80) | 0.076 1 (2.20) |
| 属性集（或分组）： | | | |
| 加上交通耗时因子 | 1，0 | −0.740 7 (−4.25) | −0.870 0 (−3.33) |
| 方差分解：水平数 | 个 | 0.104 3 (2.35) | 0.335 7 (4.48) |
| 基准选项道路通畅情形下的耗时减 SC 选项水平 | 分钟 | −0.016 4 (−2.75) | −0.033 2 (−4.04) |
| 谁支付交通费用（1=通勤者个人） | 1，0 | −0.307 0 (5.74) | −0.372 1 (−3.89) |
| 门限参数： | | | |
| $\mu_1$ | | 0 | 0 |
| $\mu_2$ 的均值 | | 3.097 3 (5.74) | 0.875 3 (3.71) |
| $\mu_2$ 的标准差 | | | 0.076 7 (0.018) |
| 门限参数分解： | | | |
| 加上交通耗时因子 | 1，0 | | 1.744 7 (10.83) |
| 性别（男性=1） | 1，0 | | 0.336 6 (2.80) |
| 随机回归参数的标准差： | | | |
| 基准选项道路拥挤情形下的耗时减 SC 选项水平 | 1，0 | | 0.265 2 (2.48) |
| 选项响应计数： | | | |
| 最大属性数减忽略的属性数 | | | obs |
| 0 | 5 - 0 | | 1 415 |
| 1 | 5 - 1 | | 1 080 |
| 2 | 5 - 2 | | 66 |
| LL | | −1 871.80 | −1 780.85 |

注：SC=Stated choice（陈述性选择）。

模型中解释变量的选择基于下列两个途径：一是广泛参考当前关于个体选择和判断中的直觉和偏见主题的文献［参见 Gilovich et al.（2002）］；二是 Hensher（2006）关于属性处理的实证经验。影响属性数的因素有三类：（1）选择实验的设计维度；（2）围绕基准选项的问题的提出（这与行为经济学前景理论中基准点的理论论证一致）；（3）属性压缩或属性累加①［前景理论指出，属性压缩或属性累加在阶段 1（即编辑阶段）是必需的］，参见 Gilovich et al.（2002）。

广义有序 logit 模型比传统有序 logit 模型有更好的拟合度。在相差四个自由度的情形下，似然比（181.92）在任何可接受的 $\chi^2$ 检验水平上都是显著的。广义模型纳入了针对拥挤路况下交通耗时的随机参数，并且考虑了影响随机门限参数均值的两个系统性因素（即交通耗时的累加和性别）。

给定最大属性数，我们找到了一些影响参与属性数的显著因素。属性取值范围、选择集中的选项数②和属性水平个数对未观测部分（误差项）的方差有系统性影响。每个属性的水平按照下列方法构造：（1）基准选项道路通畅情形下的交通耗时减去陈述性选择设计中选项的水平；（2）基准选项拥挤路况下的交通耗时减去每个陈述性选择选项的属性水平。参数估计值显著而且为负，这表明陈述性选择属性水平（道路通畅情形下的交通耗时和拥挤路况下的交通耗时（＝车速缓慢情况下的交通耗时加上停车/启动的交通耗时））偏离基准选项水平越多，个体越有可能处理更多的属性数。交通耗时的属性累加效应为负，这意味着将交通耗时组成部分相加的个体倾向于保留更多属性；的确，属性累加是一个简化选择任务而又不忽略属性的做法。在样本中，82％的观察伴随着一定程度的属性累加。

这里的证据不能说明减少属性的策略与行为重要性还是与为了减少认知负担而实施的处理策略严格相关，二者都能说得通。然而，这里的证据的确能够说明什么样的陈述性选择实验对属性个数有影响。这样的证据很有可能取决于具体环境，但它有助于研究者比较不同研究并且对特定属性的作用进行推断。

门限参数的均值在统计上显著，而且样本中门限参数估计值之差有两个系统性的影响因素。样本有三个有序选择观测水平：水平 0 表示所有属性都被保留；水平 1 表示 5 个属性中有 4 个被保留；水平 3 表示 5 个属性中有 3 个被保留。没有哪个个体仅保留 1 个或 2 个属性。因此，给定三个选择变量的水平，我们有两个门限参数，一个介于水平 0 和 1 之间，另一个介于水平 1 和 2 之间（参见式（18.3）后面的解释）。正如 2.1 节指出的，常数识别需要我们进行标准化。我们将介于水平 0 和 1 之间的参数设定为 0（$\mu_1$）；估计介于水平 1 和 2 之间的参数（$\mu_2$）。③

我们考察了无约束的随机参数正态分布；但是，标准差参数估计值与 0 的差异不显著。然而，这说明了纳入非固定门限参数是合理的，当个体加总交通耗时而且当他们为男性时，样本均值估计值较高。这是一个重要发现，因为它说明为了让有序选择模型有行为意义，我们需要门限参数的新的表达式。

参数估计值的直接解释没有多少意义，因为因变量已进行了 logit 变换（参见式（18.5）和式（18.26））。因此，我们在表 18.4 中提供了边际效应（偏效应），它们有明显的行为意义，因为它们是选择概率的导数（式（18.25））。边际效应是在其他条件不变的情形下，解释变量的一单位变化对特定结果被选中的概率的影响。④ 边际效应的符号未必与模型参数的符号相同。因此，估计参数的显著性并不意味着边际效应也显著。

我们详细考察每个模型，讨论设计维度、围绕基准选项的问题的提出、属性累加、方差分解以及其他效应。边际效应的大小和方向参见表 18.4。

① 累加（accumulation）、合并（grouping）和求和（aggregation）的方法基本相同；即当两个或多个属性的度量单位相同时，它们被视为一个合并属性。

② 选项数的差异（选项数为 2～4，不包括基准选项）代表 SC 研究中通常发现的范围。由于包含基准选项，实际屏幕有 3～5 个选项。每个个体面对的选项数是既定的，但选项数随抽样不同而不同。

③ 门限参数估计本身不是我们拟合有序选择模型的主要目标。门限参数的灵活性的目的在于包容个体将潜在连续偏好转变为离散结果的各种方式。估计的主要目的在于预测和分析概率，例如偏效应。门限参数本身的估计值没有多少实际含义。

④ 这个定义仅适用于连续变量。对于虚拟（1，0）变量，边际效应是虚拟变量的水平变化带来的概率变化。

表 18.4　　　　有序 logit 模型的三个选择水平的边际效应

| 属性 | 有序 logit | 广义有序 logit |
|---|---|---|
| | 忽略属性的平均个数 | 忽略属性的平均个数 |
| 设计维度 | | |
| 窄属性范围 | −0.414 8，0.389 3，0.025 5 | −0.250 2，0.224 2，0.025 9 |
| 选项数 | 0.277 9，−0.260 8，−0.017 1 | 0.178 9，−0.160 3，−0.025 6 |
| 围绕基准选项的问题：基础选项道路通畅情形下的耗时减 SC 选项水平 | −0.009 9，0.009 3，0.000 6 | −0.101 7，0.009 4，0.001 1 |
| 基准选项道路拥挤情形下的耗时减 SC 选项水平 | 0.002 5，−0.002 4，−0.000 2 | −0.013 4，0.011 9，0.001 4 |
| 属性分组： | | |
| 加上交通耗时因子 | 0.223 7，−0.209 9，−0.013 7 | 0.152 5，−0.136 7，−0.015 8 |
| 门限变量 | — | 0.000 0，0.065 10，−0.065 10 |
| 性别（男性＝1） | — | 0.000 0，0.017 85，−0.017 85 |
| 分差分解： | | |
| 水平数 | −0.110 4，0.024 9，0.085 6 | −0.017 40，0.010 3，0.007 1 |
| 基准选项道路通畅情形下的耗时减 SC 选项水平 | −0.238 6，0.053 7，0.184 9 | 0.002 6，−0.001 5，−0.001 0 |
| 谁支付交通费用（1＝个体，0＝企业） | 0.074 0，−0.016 7，−0.057 3 | 0.050 2，−0.029 7，−0.007 1 |

注：每个属性的三个边际效应指因变量的水平。SC＝陈述性选择。

在评价边际效应时，我们需要指出，对于广义有序 logit 模型，有些属性的作用不止一个；例如，道路通畅情形下的交通耗时既是一个主效应，也是未观测方差的方差分解的来源（异质性的系统性影响因素）；交通耗时的属性累加既是一个主效应，又是随机门限参数分布的系统性影响因素。广义有序选择模型（GOCM）在分析选择变量的每个水平的边际效应时考虑所有这些因素。与此相对照，如果传统有序选择模型（TOCM）中的某个属性有多个作用，那么边际效应只能分开估计。GOCM 中方差分解的边际效应有两个影响因素（即属性的水平数和“谁支付交通费用”以及道路通畅情形下的交通耗时①）。

“窄属性范围”（narrow attribute range）虚拟变量有最大的边际效应；尽管与 TOCM 情形相比，GOCM 中的这个效应较小。随着属性范围变窄，个体考虑更多（与更少相比）属性的可能性减少。也就是说，当属性水平差异较小时，个体倾向于忽略更多属性。原因可能在于与较大的差别相比，小差别更难评估或者重要性更小。由此得到的一个重要启示是，在模型估计时，如果研究者仍然在整个样本中纳入被个体忽略的属性，那么当属性范围较窄时，更有可能出现参数的错误设定。

当一个（即 5—1）或两个属性（即 5—2）被忽略时，窄属性范围的边际效应为正。更重要的是，与 2 个属性被忽略相比，一个属性被忽略情形的效应更大。这意味着当属性范围从窄变为不窄时，个体考虑 4 个或 3 个属性的可能性增加，而且更有可能考虑 4 个属性。在因变量的所有 3 个水平上，响应曲线为 U 形（或倒 U 形），这似乎适用于 GOCM 的所有属性。由于保留所有属性的概率是降低的，因此对于窄属性范围，保

① 对于“Free-flow time for base minus SC alternative level（基准选项道路通畅情形下的交通耗时减 SC 选项水平）”，我们在方差分解中看到，与这个变量的总效应（出现在另外一行）相比，这个效应相对较小。

留 4 个属性而不是 3 个属性的概率最高。给定抽样个体保留的属性数（见表 18.2），可以看到，只有 66 个人保留了 3 个属性，而保留 5 个属性和 4 个属性的人数分别为 1 415 和 1 080；因此，我们对保留所有 5 个属性和 4 个属性的相对边际效应更有信心。

在其他条件不变的情形下，当我们增加用来评估的“选项数”（从 2 增加到 4，基准选项除外）时，考虑所有属性的重要性增加，这使得选项之间的比较变得容易。这个发现可能与一些观点相悖——例如，当选项数增加时，个体倾向于忽略增加的属性信息量。然而，我们的发现意味着处理策略取决于属性信息的性质，而不是严格取决于信息量。忽略 1 个和 2 个属性（即保留 4 个和 3 个属性）表明，这些规则不太适用于选项数增加的情形。

我们的证据支持前景理论提出的基准点假说。我们将每个属性水平按如下方式构造：(1) 基准选项道路通畅情形下的交通耗时减去陈述性选择设计中选项的水平；(2) 基准选项拥挤路况下的交通耗时减去每个陈述性选择选项的属性水平。陈述性选择属性水平偏离基准选项水平越多，个体越有可能处理更多属性。这个证据在“道路通畅情形下的交通耗时”和“拥挤路况下的交通耗时”情形中都存在。与此对照，当陈述性选择设计属性水平更接近于基准选项水平时，个体倾向于使用一些近似规则，原因也许在于相近意味着相似，因此个体更容易删除特定属性，因为它们的作用有限。

基准依赖性不仅对被忽略的属性数有直接（平均）影响，而且能够解释未观测效应的方差的一部分异方差性。在 GOCM 中，道路通畅情形下的交通耗时的边际效应已经考虑了这一点。然而，在 TOCM 中，它被分别估计。随着基准选项和陈述性选择“道路通畅情形下的交通耗时”的差距增大，个体之间未观测效应的异方差性减小，这使得当我们使用简单模型时，不变方差条件的可行性增加。

在 GOCM 中，拥挤路况下的交通耗时的效应用样本分布代表。随机参数有显著标准差参数估计，从而产生如图 18.3 所示的分布。取值范围为−0.857～1.257；因此，在均值 0.708 33 附近发生了一次符号变化，标准差为 0.265 7。这导致 GOCM 中的平均边际效应符号与道路通畅情形下的交通耗时相同；然而，当我们令拥挤路况下的交通耗时有固定参数时（在 TOCM 中，当标准差参数不显著时），选择变量的所有水平的符号都发生了变化。从 GOCM 得到的证据更符合直觉。

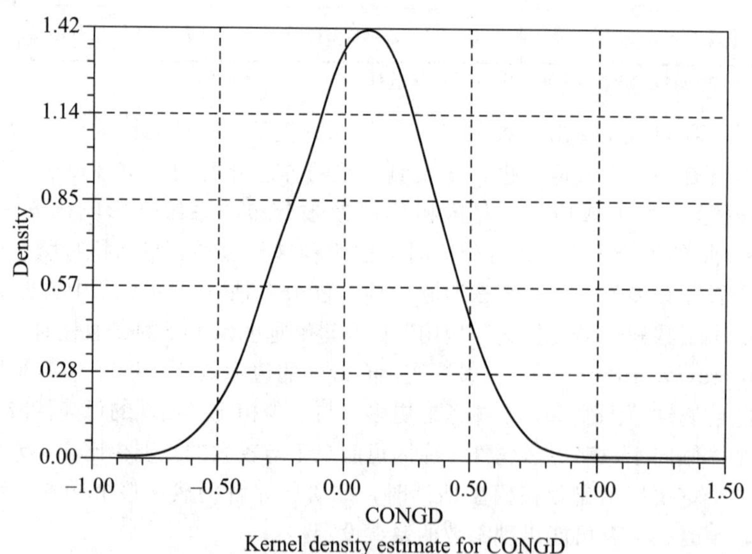


**图 18.3　拥挤路况下的交通耗时偏好异质性的分布**

将交通耗时组成部分进行累加，非常符合前景理论中阶段 1 的编辑功能所示。“将三个交通耗时组成部分相加”这个虚拟变量的边际效应为正，这意味着平均来说，将交通耗时相加的个体更倾向于忽略更多属性。这个证据明确说明简化规则是通过加法实施的。这不是一种删除策略，而是一种合理的处理信息的方法。

应答者的 SEC 代理变量排除了情景影响。支付过路费对未观测效应的方差分解有显著影响。我们对这个影响的符号没有先验信息。“谁支付交通费用”的边际效应为正，意味着个体支付费用（而不是企业支付）的个体倾向于保留更多属性，尽管这个效应在 GOCM 中相对较小（与 TOCM 情形相比）。这可能意味着男性更在意时间和成本之间的权衡。对于门限参数来说，性别是一个系统性影响因素，它增加了男性的平均估计值。

## 18.5 Nlogit 命令

广义有序选择模型：

$y^* = \beta(i)'x(i) + \varepsilon_i$

$\beta(i) = \beta + \Gamma w(i)$，$w(i) \sim N[0,I]$，$\Gamma$ = 标准差的对角矩阵

$\varepsilon(i) \sim N[0,\sigma(i)^2]$，$\sigma(i) = \exp[\gamma' z(i) + \tau v(i)]$，$v(i) \sim N[0,1]$

有序选择的门限：

$\mu(j) = \mu(j-1) + \exp[\alpha(j) + \delta' w(i) + \theta(j) u(i,j)]$，$u(i,j) \sim N[0,1]$

$\mu(0) = 0$，模型包含常数

允许面板数据。随机抽样在各期固定。注意，模型中的随机参数为 $\beta$。方差项 $\sigma(i)$ 是随机的，因为 $\tau v(i)$ 是随机的。

```
ORDE; Lhs = . . .
;Rhs = One,. . . (β)
            ;RTM(α, θ)
            ; RPM to request random betas (Γ)
            ; RVM to request random element inσ(i) (τ)
            ; LIMITS = list of variables for thresholds (δ)
            ;HET ; Hfn = list of variables (γ)
```

允许“;RST”，因此可对一些参数施加限制。允许“;PDS=definition”或“;PANEL”处理面板数据。使用模拟时，可使用“;HALTON; PTS”：

```
Load;file = c:\papers\wps2005\ARC_VTTS_0103\FullDataDec02\dodMay03_05.sav $
sample;all $
reject;altz<5 $ To reject base alt
reject;naig = 0 $
reject;naig<6 $
reject;naig>8 $
Ordered;lhs = naign5
    ;rhs = one,? nlvls,
    ntb,nalts1,fftd,congt1d,addtim
    ;het;hfn = fftd,nlvls,whopay ?,coycar,pinc
    ;RST = b1,b2,b3,b4,b5,b6,b7,0,b9,b10,0,0,0,0,b15,0,b17,b18,b19
    ;RTM
    ;RPM
    ;LIMITS = addtim,gender
    ;halton;pts = 20
```

```
;maxit = 31
;alg = bfgs ? bhhh
;tlg = 0.001,tlb = 0.001
;logit ;marginal effects $
```

```
Normal exit from iterations. Exit status=0.
+----------------------------------------------------------+
| Ordered Probability Model                                |
| Maximum Likelihood Estimates                             |
| Dependent variable                     NAIGN5            |
| Weighting variable                       None            |
| Number of observations                   2562            |
| Iterations completed                       19            |
| Log likelihood function             -1871.798            |
| Number of parameters                       10            |
| Info. Criterion: AIC =                1.46901            |
|   Finite Sample: AIC =                1.46904            |
| Info. Criterion: BIC =                1.49184            |
| Info. Criterion:HQIC =                1.47728            |
| Restricted log likelihood           -2014.040            |
| McFadden Pseudo R-squared            .0706254            |
| Chi squared                          284.4847            |
| Degrees of freedom                          8            |
| Prob[ChiSqd > value] =               .0000000            |
| Model estimated: Jan 03, 2009, 10:06:39AM                |
| Underlying probabilities based on Logistic               |
+----------------------------------------------------------+
+-------------------------------------------------------------------------------+
|       TABLE OF CELL FREQUENCIES FOR ORDERED PROBABILITY MODEL                 |
+-------------------------------------------------------------------------------+
|                Frequency          Cumulative  < =        Cumulative  > =      |
|Outcome      Count    Percent     Count     Percent      Count      Percent    |
|----------- -------- ----------  -------- ----------   --------   ---------    |
|NAIGN5=00     1415    55.2693      1415    55.2693       2562    100.0000      |
|NAIGN5=01     1080    42.1546      2495    97.4239       1147     44.7307      |
|NAIGN5=02       66     2.5761      2561   100.0000         67      2.5761      |
+-------------------------------------------------------------------------------+

+----------+-----------------+-------------------+-----------+----------+--------------+
|Variable| Coefficient     | Standard Error |b/St.Er.|P[|Z|>z]| Mean of X|
+----------+-----------------+-------------------+-----------+----------+--------------+
+----------+Index function for probability                                           |
|Constant|    2.96818***       .71141277        4.172      .0000                     |
|NTB     |    1.37380***       .38246834        3.592      .0003         .4098361|
|NALTS1  |    -.92037***       .22538433       -4.084      .0000        3.7283372|
|FFTD    |     .03290***       .00819172        4.017      .0001        5.4910226|
|CONGT1D |    -.00829*         .00472072       -1.757      .0789       -7.7076503|
|ADDTIM  |    -.74074***       .17412229       -4.254      .0000         .8243560|
+----------+Variance function                                                        |
|FFTD    |    -.01642***       .00597604       -2.748      .0060        5.4910226|
|NLVLS   |     .10434**        .04445941        2.347      .0189        2.9086651|
|WHOPAY  |    -.30698***       .09874916       -3.109      .0019        1.3981265|
+----------+Threshold parameters for index                                          |
|Mu(1)   |    3.09732***       .53996121        5.736      .0000                     |
+----------+-----------------------------------------------------------------------------+
| Note: ***, **, * = Significance at 1%, 5%, 10% level.                                |
+----------------------------------------------------------------------------------------+
```

| Marginal Effects for OrdLogit | | | |
|---|---|---|---|
| Variable | NAIGN5=0 | NAIGN5=1 | NAIGN5=2 |
| ONE | -.89617 | .84119 | .05498 |
| NTB | -.41479 | .38934 | .02545 |
| NALTS1 | .27788 | -.26084 | -.01705 |
| FFTD | -.00993 | .00933 | .00061 |
| CONGT1D | .00250 | -.00235 | -.00015 |
| ADDTIM | .22365 | -.20993 | -.01372 |
| FFTD | -.23861 | .05368 | .18493 |
| NLVLS | -.11044 | .02485 | .08559 |
| WHOPAY | .07399 | -.01665 | -.05734 |

Cross tabulation of predictions. Row is actual, column is predicted.
Model = Logistic . Prediction is number of the most probable cell.

| Actual | Row Sum | 0 | 1 | 2 | 3 | 4 | 5 | 6 | 7 | 8 | 9 |
|---|---|---|---|---|---|---|---|---|---|---|---|
| 0 | 1416 | 1157 | 0 | 259 | | | | | | | |
| 1 | 1080 | 707 | 0 | 373 | | | | | | | |
| 2 | 66 | 0 | 0 | 66 | | | | | | | |
| Col Sum | 2562 | 1864 | 0 | 698 | 0 | 0 | 0 | 0 | 0 | 0 | 0 |

Maximum iterations reached. Exit iterations with status=1.

| Random Thresholds Ordered Choice Model | |
|---|---|
| Maximum Likelihood Estimates | |
| Dependent variable | NAIGN5 |
| Weighting variable | None |
| Number of observations | 2562 |
| Iterations completed | 31 |
| Log likelihood function | -1786.163 |
| Number of parameters | 13 |
| Info. Criterion: AIC = | 1.40450 |
| Finite Sample: AIC = | 1.40455 |
| Info. Criterion: BIC = | 1.43418 |
| Info. Criterion:HQIC = | 1.41526 |
| Restricted log likelihood | -1871.798 |
| McFadden Pseudo R-squared | .0457499 |
| Chi squared | 171.2693 |
| Degrees of freedom | 9 |
| Prob[ChiSqd > value] = | .0000000 |
| Model estimated: Jan 03, 2009, 10:15:43AM | |
| Underlying probabilities based on Logistic | |

| Variable | Coefficient | Standard Error | b/St.Er. | P[\|Z\|>z] | Mean of X |
|---|---|---|---|---|---|
| | Latent Regression Equation | | | | |
| Constant | 3.74598*** | 1.22345010 | 3.062 | .0022 | |
| NTB | 2.08729*** | .70866123 | 2.945 | .0032 | .4098361 |
| NALTS1 | 1.48161*** | .45390074 | -3.264 | .0011 | 3.7283372 |

```
|FFTD      |   .07748***      .02409329     3.216   .0013     5.4910226|
|CONGT1D   |  -.15712***      .05886616    -2.669   .0076    -7.7076503|
|ADDTIM    |  -.51850**       .24831851    -2.088   .0368      .8243560|
+----------+Intercept Terms in Random Thresholds                        |
|Alpha-01| 1.03162***       .25056918     4.117   .0000               |
+----------+Standard Deviations of Random Thresholds                    |
|Alpha-01|      .000***     ......(Fixed Parameter).......              |
+----------+Variables in Random Thresholds                              |
|ADDTIM    | 2.24714***       .14484003    15.515   .0000               |
|GENDER    |   .61618***      .08785327     7.014   .0000               |
+----------+Standard Deviations of Random Regression Parameters         |
|Constant|      .000***     ......(Fixed Parameter).......              |
|NTB       |      .000***     ......(Fixed Parameter).......            |
|NALTS1    |      .000***     ......(Fixed Parameter).......            |
|FFTD      |      .000***     ......(Fixed Parameter).......            |
|CONGT1D   |   .36898***      .14216626     2.595   .0094               |
|ADDTIM    |      .000***     ......(Fixed Parameter).......            |
+----------+Heteroscedasticity in Latent Regression Equation            |
|FFTD      |  -.03170***      .00904323    -3.505   .0005               |
|NLVLS     |   .21577***      .07512713     2.872   .0041               |
|WHOPAY    |  -.62202***      .09368992    -6.639   .0000               |
+----------+------------------------------------------------------------+
| Note: ***, **, * = Significance at 1%, 5%, 10% level.                 |
+-----------------------------------------------------------------------+
+-----------------------------------------------------------------------+
|Fixed Parameter... indicates a parameter that is constrained to equal  |
|a fixed value (e.g., 0) or a serious estimation problem. If you did    |
|not impose a restriction on the parameter, check for previous errors.  |
+-----------------------------------------------------------------------+
=========================================================================
||Summary of Marginal Effects for Ordered Probability Model (probit)   ||
||Effects are computed by averaging  over observs. during simulations. ||
=========================================================================
||         Regression Variable ONE          Regression Variable NTB
||      ===============================  ===============================
Outcome   Effect   dPy<=nn/dX dPy>=nn/dX   Effect   dPy<=nn/dX dPy>=nn/dX
=======  ===============================  ===============================
Y = 00   -.49177    -.49177     .00000    -.27402    -.27402     .00000
Y = 01    .45903    -.03274     .49177     .25577    -.01824     .27402
Y = 02    .03274     .00000     .03274     .01824     .00000     .01824
=========================================================================
||         Regression Variable NALTS1       Regression Variable FFTD
||      ===============================  ===============================
Outcome   Effect   dPy<=nn/dX dPy>=nn/dX   Effect   dPy<=nn/dX dPy>=nn/dX
=======  ===============================  ===============================
Y = 00    .19450     .19450     .00000    -.01017    -.01017     .00000
Y = 01   -.18155     .01295    -.19450     .00949    -.00068     .01017
Y = 02   -.01295     .00000    -.01295     .00068     .00000     .00068
=========================================================================
||         Regression Variable CONGT1D      Regression Variable ADDTIM
||      ===============================  ===============================
Outcome   Effect   dPy<=nn/dX dPy>=nn/dX   Effect   dPy<=nn/dX dPy>=nn/dX
=======  ===============================  ===============================
Y = 00    .02063     .02063     .00000     .06807     .06807     .00000
Y = 01   -.01925     .00137    -.02063    -.06354     .00453    -.06807
Y = 02   -.00137     .00000    -.00137    -.00453     .00000    -.00453
=========================================================================
```

```
Indirect Partial Effects for Ordered Choice Model
Variables in thresholds
Outcome  ADDTIM     GENDER
Y = 00    .000000    .000000
Y = 01    .065100    .017851
Y = 02   -.065100   -.017851
Variables in disturbance variance
Outcome  FFTD       NLVLS      WHOPAY
Y = 00    .002556   -.017397    .050153
Y = 01   -.001512    .010293   -.029673
Y = 02   -.001044    .007104   -.020479
```

# 19 合并数据源

## 19.1 引言



本章将回顾选择模型评估实践中用到的方法，以及合并显示性偏好（RP）和陈述性偏好（SP）数据的研究进展。我们不仅重点考察合并数据源背后的理论，还详细介绍如何构建和估计模型。我们使用交通方式的例子进行说明，该例包含现有交通方式和新交通方式。

选择模型的设定、估计和应用有很长的历史，但主要使用 RP 数据。通过搜集 RP 数据来考察实际市场的行为包含当前市场均衡过程信息。图 19.1（a）画出了一个简单交通市场的情形，它有五种交通方式（步行、自行车、公共汽车、火车和小轿车），并且包含一定的成本和速度特征。

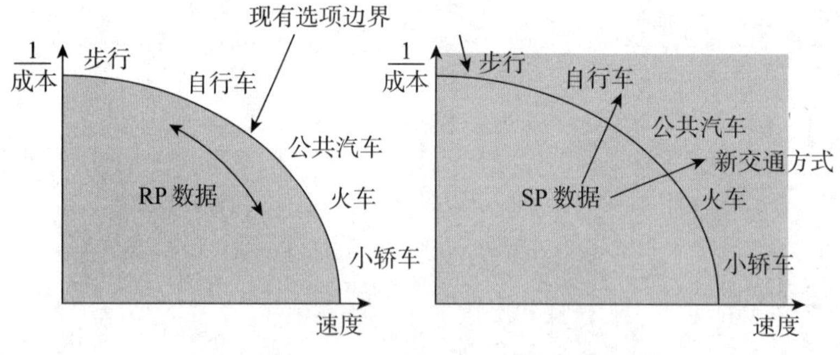


**图 19.1 SP 和 RP 数据产生过程**

技术边界反映了从现有市场搜集的选择数据，它有下列特征（Louviere et al.，2000）：

（1）技术关系：根据定义，RP 数据描述的仅是现有选项，这意味着任何使用这种数据进行估计的模型都含有现有属性水平以及属性之间的关联性。

（2）产品集：产品可以存在也可以不存在于特定市场上，因此我们很难区分产品相关效应和属性的影响。例如，对于产品“火车”，它的一系列形象和关联很难与其他一些交通方式截然分开，也很难与服务、费用和交通耗时水平分开。

（3）市场和个人约束：市场和个人约束反映在这种数据中。一般来说，体现真实市场数据中的约束是件好事；然而，一些活动可能针对这些约束，但 RP 数据不足以提供充分的灵活性以允许我们发现这类效应。

RP 数据有较高的信度和表面效度，因为它报告的是实际选择（毕竟，它们是由个体在资源约束下做出的实际选择）。然而，未被选中选项的属性数据的信度仍值得关注。RP 数据特别适合于短期小波动的预测，这强调了基于 RP 的模型能够提供的功能。另外，这些性质也使得 RP 数据不怎么灵活，而且通常不适用于预测与历史市场不同的市场。技术边界的移动（而不是沿着技术边界移动）要求另外一种数据类型。图 19.1（b）说明了 SP 数据是如何产生的。SP 选择数据可用来模拟现有市场（包括实际市场不存在的现有选项属性水平的扩展），然而如果我们希望考察与当前市场存在显著差别的其他市场，那么 SP 数据的作用将变得更明显。SP 数据具有下列特征：

（1）技术关系：在某种程度上，SP 数据涵盖的属性范围比 RP 数据更宽。技术关系可以是实验设计者希望的任何关系（尽管属性关联性通常存在于 SP 实验中），因此 SP 模型通常比 RP 模型更稳健。

（2）产品集：与技术一样，SP 数据设计可以包含也可以不包含一些产品。它甚至可以考察类似行业和品牌扩展问题（例如，汉莎航空公司的假期产品包）、联合品牌（例如，澳洲航空公司和英国航空公司），而不需要花费重金进行市场预调查。

（3）市场和个人约束：使用 SP 数据，不论数据是否含有属性水平或存在/缺失操作，都可以模拟和观察市场约束。事实上，即使信息可得性问题（例如，真实市场广告和（或）口碑）也可以通过 SP 方法研究，尽管与真实市场相比，它们通常受到一定限制。SP 方法通常难以模拟个体约束的变化，难以得到有意义的结果。

因此，与 RP 数据相比，SP 数据能描述范围更广泛的偏好驱动型行为。SP 数据富含属性权衡信息，这是因为 SP 实验可以纳入更宽的属性范围，从而导致 SP 数据估计结果比 RP 数据结果更稳健［参见 Louviere et al.（2000）；Rose 和 Bliemer（2008）］。另外，SP 数据是虚拟的而不是现实的，而且在考虑某些真实市场约束时会遇到困难；因此，对于 SP 模型，如果不校正特定选项常数（ASC，参见第 6 章和第 10 章的讨论），那么预测结果会不好。因此，SP 模型适合预测长期结构变化，尽管经验表明，如果校正到初始条件，它们也适合短期预测。

由于 RP 数据和 SP 数据各有优缺点，增强优点和弱化缺点的做法无疑会吸引人。数据扩充就可以实现这一点。所谓**数据扩充**（data enrichment）是指混合 RP 数据和 SP 数据并用来估计模型的过程。这个过程最初由 Morikawa（1989）提出，它使用 SP 数据找到 RP 数据不能找到的参数，从而提高模型参数的效度（即获得更准确和更稳健的估计）。这方面的早期贡献者有 Ben-Akiva 和 Morikawa（1991）；Ben-Akiva，Morikawa 和 Shiroishi（1991）；Bradley 和 Daly（1994）；Henshrer 和 Bradley（1993）；Hensher（1998）。这一范式的共同主题是，RP 数据用作比较标准，而 SP 数据用来减少 RP 数据的某些不合意性质。

“数据扩充范式”图参见图 19.2［取自 Louviere，Hensher 和 Swait（2000）］，它表明研究者的目的在于构造能预测真实市场远景的模型。收集的 RP 数据含有特定当前市场的均衡和属性权衡信息。RP 信息（尤其是属性权衡信息）可能缺失（即难以识别或识别效率低），因此研究者也搜集 SP 数据，尽管 RP 数据和 SP 数据可能来自相同或不同个体。需要指出，研究者使用的 SP 信息仅为属性权衡信息，这些信息与 RP 数据混合，最终得到选择模型。

两个数据源的选择集不需要相同（即选项、属性和（或）属性水平可以不同）。合并两个数据源的好处在于，如果不合并（也就是说如果只有一个数据源），那么属性或属性水平数据的缺失会导致研究者无法估计。合适的做法是通过 SP 选择实验纳入不存在的选项并处理当前未体验的属性和属性水平。如果某个选项包含在 RP 数据集中但不包含在 SP 数据集中，那么研究者别无选择，只能使用 RP 数据（无论是否病态）来估计该选项的偏好函数。类似地，如果某个选项包含在 SP 数据集中但不包含在 RP 数据集中，那么研究者只能使用 SP 数据来获得该选项的偏好函数，包括 SP 特定选项常数（ASC）。事实上，仅在 RP 相应选项不存在的情形下，SP 特定选项常数才重要。

Swait，Louviere 和 Williams（1994）提供了另外一种范式，参见图 19.3。这个范式认为，研究者应该尽可能使用两种数据源各自的优点。例如，RP 数据用来获得当前市场均衡，但 RP 数据中的权衡信息被忽略，

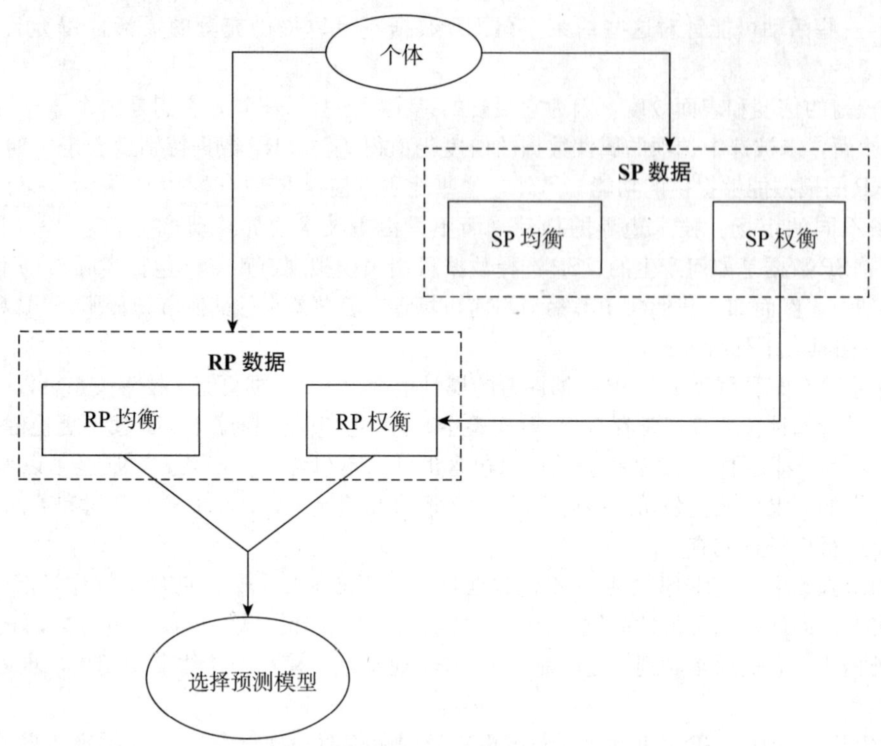


图 19.2　数据扩充：范式 1

因为它有缺点。SP 数据通常覆盖多个“市场”，或至少比单个 RP 市场覆盖的宽，因此 SP 数据中的权衡信息被使用，但均衡信息被忽略。关于后面这一点，由于 SP 数据提供的均衡信息在更大范围情形上，因此未必与最终目标（即实际 RP 市场预测）直接相关。

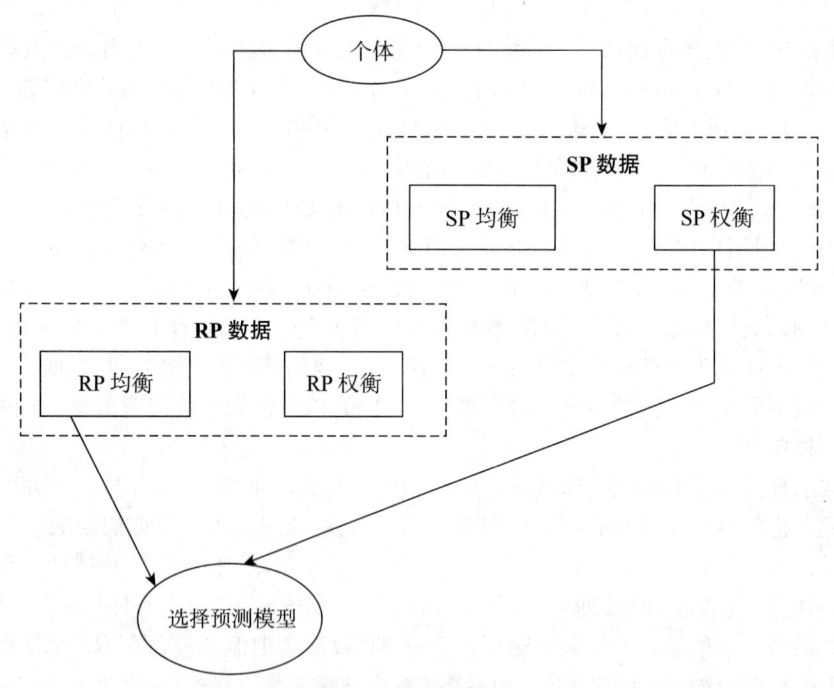


图 19.3　数据扩充：范式 2

假设研究者有两个关于偏好的数据源，一是 RP，另一个为 SP，它们描述的都是相同的行为（比如，交通方式的选择）。每个数据集都有自己的属性向量，而且至少部分元素相同。为了方便说明，令 RP 和 SP 数据集中相同的属性为 $X^{RP}$ 和 $X^{SP}$，令 SP 和 RP 不相同的属性分别为 $Z$ 和 $W$。使用我们已熟悉的随机效用架构（参见第 3 章），假设选择过程背后的潜在效用函数为

$$U_i^{RP} = \alpha_i^{RP} + \beta^{RP} X_i^{RP} + \omega Z_i + \varepsilon_i^{RP}, \forall i \in C^{RP} \tag{19.1}$$

$$U_i^{SP} = \alpha_i^{SP} + \beta^{SP} X_i^{SP} + \delta W_i + \varepsilon_i^{SP}, \forall i \in C^{SP} \tag{19.2}$$

其中，$i$ 是选择集 $C^{RP}$ 或 $C^{SP}$ 中的选项，$\alpha$ 为特定数据源的特定选项常数（ASC），$\beta^{RP}$ 和 $\beta^{SP}$ 是共同属性的效用参数，$\omega$ 和 $\delta$ 分别为 RP 数据集和 SP 数据集特有的属性。两个数据源的选择集不需要相同，事实上选项不需要相同。SP 数据的一个优点在于它能够处理和观察引入新选项和（或）去掉已有选项的影响。

如果我们假设式（19.1）和式（19.2）的误差项在两个数据源中服从独立同分布（IID）的类型 Ⅰ 极端值（EV1）分布，并且伴随尺度因子 $\lambda^{RP}$ 和 $\lambda^{SP}$［参见第 3 章以及 Ben Akiva 和 Lerman (1985)］，那么相应的多项 logit（MNL）选择模型可以表达如下：

$$P_i^{RP} = \frac{\exp[\lambda^{RP}(\alpha_i^{RP} + \beta_i^{RP} X_i^{RP} + \omega Z_i)]}{\sum_{j \in C^{RP}} \exp[\lambda^{RP}(\alpha_j^{RP} + \beta_j^{RP} X_j^{RP} + \omega Z_j)]}, \forall i \in C^{RP} \tag{19.3}$$

$$P_i^{SP} = \frac{\exp[\lambda^{SP}(\alpha_i^{SP} + \beta_i^{SP} X_i^{SP} + \delta W_i)]}{\sum_{j \in C^{RP}} \exp[\lambda^{SP}(\alpha_j^{SP} + \beta_j^{SP} X_j^{SP} + \delta W_j)]}, \forall i \in C^{SP} \tag{19.4}$$

尺度因子在数据扩充过程中起着重要作用。从式（19.3）和式（19.4）可以明显看出，任何特定尺度因子和选择模型参数不可分且可乘（$\lambda \cdot k$），其中 $k$ 是某个参数向量。因此，在 MNL 情形下，不能识别特定数据源中的尺度因子。然而，与任何数据源相伴的尺度因子显著影响待估参数的值：尺度越大（越小），参数越大（越小）。

识别是个问题，因为在任何一个数据源中，尺度（$\lambda$）和效用（$\beta$）都混在一起不可分，这又意味着我们不能直接比较不同选择模型的参数。例如，我们不能比较两个数据源的交通耗时系数，不能直接说哪个大哪个小。特别地，我们无法确定我们看到的差异来自尺度、参数还是二者都有。即使两个数据源都由相同的效用函数（即相同的 $\beta$ 参数）产生，但如果有不同的尺度因子 $\lambda_1$ 和 $\lambda_2$，那么被估参数也将不同（一个为 $\lambda_1\beta$，另一个为 $\lambda_2\beta$）。

我们回到下列问题：比较两个能反映相同效用的数据源，但尺度（可能）不同。例如，在合并 RP 数据和 SP 数据时，关键问题为 $\lambda_1\beta_1 = \lambda_2\beta_2$ 是否成立，即 $\beta_1 = (\lambda_2/\lambda_1)\beta_2$ 是否成立。MNL 模型中的尺度因子与所有选项和个体的误差项逆相关（参见第 3 章）：

$$\sigma^2 = \pi^2/6\lambda^2 \tag{19.5}$$

因此，尺度越大，方差越小，这又意味着拟合度高的模型有较大尺度。对尺度参数行为的这些观察表明，它在选择模型和更常见的统计模型（例如普通最小二乘（OLS）回归）中的作用不同。也就是说，在选择模型中，模型参数和误差项的特征紧密相关（甚至密不可分）。因此，在这种情形下，我们有必要将方差（等价地，将尺度）视为模型设定中必不可少的部分，而不是视作无足轻重的参数。MNL 模型体现的均值和方差之间的关系也为很多其他选择模型［例如嵌套 logit（NL）和混合 logit（ML）］所有。

我们的兴趣主要在于检验 SP 数据和 RP 数据的参数向量是否相等。合并两个数据源的过程涉及施加下列约束：它们共有的属性有相同的参数，即 $\beta^{RP} = \beta^{SP} = \beta$。然而，由于存在尺度因子，事情没那么简单。由于在每个数据集中，待估模型参数和尺度因子混杂在一起（参见式（19.3）和式（19.4）），因此即使我们要求它们共有的属性有相同的参数，我们也必须考虑尺度因子，如式（19.6）和式（19.7）所示（注意：它们与式（19.4）和式（19.5）的区别在于，这里 $\beta$ 没有上标）：

$$P_i^{RP} = \frac{\exp[\lambda^{RP}(\alpha_i^{RP} + \beta X_i^{RP} + \omega Z_i)]}{\sum_{j \in C^{RP}} \exp[\lambda^{RP}(\alpha_j^{RP} + \beta X_j^{RP} + \omega Z_j)]}, \forall i \in C^{RP} \tag{19.6}$$

$$P_i^{SP} = \frac{\exp[\lambda^{SP}(\alpha_i^{SP} + \beta X_i^{SP} + \delta W_i)]}{\sum_{j \in C^{SP}} \exp[\lambda^{SP}(\alpha_j^{SP} + \beta X_j^{SP} + \delta W_j)]}, \forall i \in C^{SP} \tag{19.7}$$

从式（19.6）和式（19.7）可以看出，如果我们希望混合这两种数据源来得到 $\beta$ 的更好估计，那么我们不能

不控制尺度因子。数据扩充是在共同参数相等的假设下合并两种数据源，并且需要控制尺度因子。因此，混合数据应该能让我们估计 $\alpha^{RP}$，$\beta$，$\omega$，$\lambda^{RP}$，$\alpha^{SP}$，$\delta$ 和 $\lambda^{SP}$。然而，我们不能同时识别两个尺度因子，因此必须标准化。通常做法是将 RP 数据的尺度标准化为 1，$\lambda^{RP}\equiv 1$；因此，$\lambda^{SP}$ 的估计代表 RP 数据的相对尺度。等价地，我们可以将这个问题视为以 RP 方差为基准的 SP 方差的估计（其中 $\sigma_{RP}^2=\pi^2/6$）。

联合估计的最后一个参数向量为 $\psi=(\alpha^{RP},\beta,\omega,\alpha^{SP},\delta,\lambda^{SP})$。假设两个数据源来自独立样本，那么混合数据的 LL 就是 RP 数据和 SP 数据的多项式对数似然之和：

$$L(\psi)=\sum_{n\in RP}\sum_{i\in C_n^{SP}}y_{in}\ln P_{in}^{RP}(X_{in}^{RP},Z_{in}\mid\alpha^{RP},\beta,\omega)+\sum_{n\in SP}\sum_{i\in C_n^{RP}}y_{in}\ln P_{in}^{SP}(X_{in}^{SP},W_{in}\mid\alpha^{SP},\beta,\delta,\lambda^{SP}) \tag{19.8}$$

如果个体 $n$ 选择选项 $i$，则 $y_{in}=1$，否则等于 0。为了确定 ML 参数估计值，我们必须求这个关于 $\psi$ 的函数的最大值。求最大值的方法有多种，我们这里先介绍最简单的一种（称为 NL“技巧”），然后介绍使用 ML 和误差成分的更复杂的方法。

## 19.2 嵌套 logit“技巧”

用来同时估计模型参数和相对尺度因子的全信息最大似然（full information maximum likelihood）法，能使得式（19.8）关于所有参数最大化。为了混合 RP 数据和 SP 数据，我们必须假设两个数据源的数据产生过程服从 IID EV1 分布但伴随不同尺度因子，而且位置（或均值）参数既有相同成分也有不同成分。因此，MNL 选择模型必须强调每个数据源中的选择，如式（19.6）和式（19.7）所示。

现在考虑图 19.4，它描述了一个嵌套 logit（NL）模型，该模型有两个水平和两个选项集群（或“树枝”）。集群 1 包含集合 $C_1$ 中的选项，集群 2 包含集合 $C_2$ 中的选项。NL 模型是 MNL 模型的层级形式，不同层级通过树结构联系在一起。MNL 模型强调每个集群中的数据，因此，固定方差（即尺度）假设必须在集群中成立。然而，在不同集群中，尺度因子可以不同。通过允许不同集群有不同方差，NL 能够估计 RP 数据和 SP 数据合并后的数据。

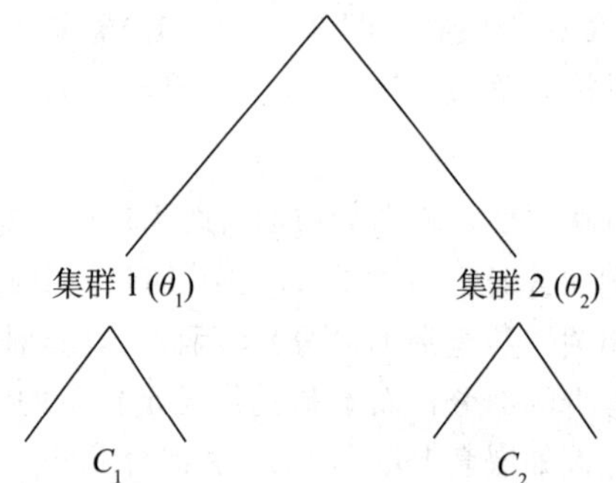


**图 19.4　含有两个水平和两个嵌套的 NMNL 模型**

每个树枝（集群）的标准 MNL 模型参见式（19.9）和式（19.10）：

$$P(i\mid C_i)=\frac{\exp[V_i/\theta_1]}{\sum_{j\in C_1}\exp[V_j/\theta_1]} \tag{19.9}$$

$$P(k\mid C_2)=\frac{\exp[V_k/\theta_2]}{\sum_{j\in C_2}\exp[V_j/\theta_2]} \tag{19.10}$$

$V_i$ 是选项 $i$ 的效用的系统性部分。内含值参数 $\theta_1$ 和 $\theta_2$ 在式（19.9）和式（19.10）中起着有趣的作用：树的有代表性的子嵌套中的所有选项的系统性效用和内含值的倒数相乘。每个子嵌套中的选择模型是 MNL，这意味着子嵌套的效用的尺度等于该树枝上内含值的倒数。两个集群（树枝）的方差之比为

$$\frac{\sigma_1^2}{\sigma_2^2} = \frac{\pi^2/6\lambda_1^2}{\pi^2/6\lambda_2^2} = \frac{1/\lambda_1^2}{1/\lambda_2^2} = \left(\frac{\theta_1}{\theta_2}\right)^2 \tag{19.11}$$

设想图 19.4 中的集群 1 重命名为"RP"，集群 2 重命名为"SP"，如图 19.5 所示。因此，如果我们估计使用两个数据源的 NL 模型，那么得到的尺度因子估计值是一个数据集相对于另一个数据集的估计值，我们的估计目标就实现了。这种方法由 Bradley 和 Daly (1993) 以及 Hensher 和 Bradley (1993) 提出，他们将图 19.5 中的层级结构称为人工树结构 (artificial tree structure)。也就是说，这种树没有明显的行为意义，它只是一种建模方法。作为一种 NL 模型，Nlogit (参见第 14 章) 可以用来得到相对尺度因子倒数的 FIML 估计。我们只能识别其中一个相对尺度因子，因此图 19.5 将 RP 数据的内含值标准化为 1。

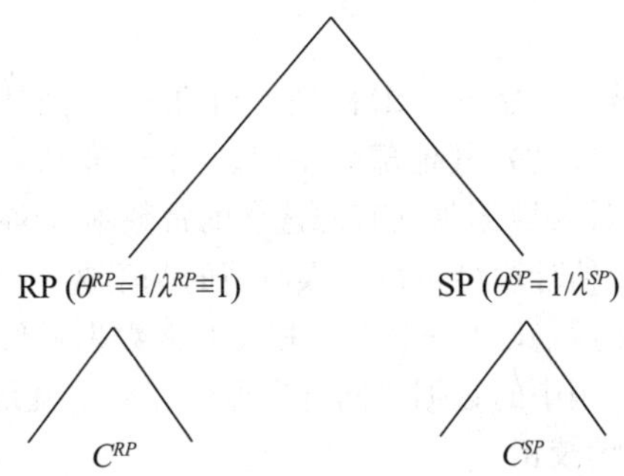


**图 19.5 利用 NMNL 模型合并 SP 数据和 RP 数据**

图 19.5 中的嵌套结构假设与所有 SP 选项相关的内含值参数都相等，并且将 RP 内含值参数固定为 1。这个假设能让我们估计 SP 数据集的方差，从而估计尺度参数，但它迫使每个数据集是同方差的。更为重要的是，NL 估计方法可以很容易地推广。例如，我们可以提出另一种树结构，使得每个 SP 选项的尺度参数相对于所有 RP 选项的尺度参数而估计 [参见 Hensher (1998)]。如果我们将整个人工树视为退化选项集 (即每个集群仅含有一个选项)，从而导致每个选项有唯一的尺度参数，我们也可以进一步推广。这在本质上就是异方差极端值 (HEV) 模型，该模型由 Bhat (1995) 提出。然而，在估计之前，研究者需要仔细考虑识别条件。



经验表明，这种方法既适用于一种数据源数据 (即 SP 数据或 RP 数据)，也适用于多种数据源数据 (例如 SP 数据和 RP 数据的合并)。在 RP-SP 背景下，Hensher 和 Bradley 将它称为一种"技巧"，因为研究者唯一需要考虑的是效用最大化的可能条件，例如嵌套结构中连接两个水平的内含值变量的 0—1 界限 (McFadden，1981)；尽管它可以用于 SP 和 RP 中的选项，但两个数据集之间不相关，研究者只需要关注数据集之间的尺度差异即可 (通常将其中一个数据集的尺度标准化为 1)。

在大多数 NL 应用中，NL 预测的驱动力量为 SP-RP 尺度参数的差异显示和 (或) 既定数据集中选项的划分，其中选项的划分使用"常识"或直觉。例如，小轿车和公共交通方式之间的边际选择，然后公共汽车和火车之间的选择 (如果个体已选择了公共交通方式)。Hensher (1999) 推广了尺度参数的作用——他使用异方差 HEV 搜索引擎来允许尺度差异；尺度差异既可以存在于数据集之间，也可以存在于相同数据集和不同数据集的选项之间。Hensher 的目的在于提供一种如何选择"更好的" NL 结构的指南。①

对 SP-RP 混合数据源的常见处理是忽略 RP 参数估计和 SP 常数项，使用剩下的参数来构造交通需求预测模型的复合效用函数。如果 SP 选项没有相应的 RP 选项，那么我们别无选择，只能使用 SP 常数项。在忽略 RP 数据集的参数估计并且保留常数项时，必须构建复合效用函数来重新校正 RP 常数项。为了说明原因，考虑式 (19.12)，它是用来计算离散选择模型常数项的表达式：

$$\beta_{0i}^{RP} = \bar{V}_i^{RP} - \sum_{k=1}^{k} \beta_i^{RP} \bar{x}_k^{RP} \tag{19.12}$$

---

① NL 结构是一种计量经济模型，它能够考察未观测效应的方差的差异或尺度差异。尽管研究者使用行为直觉来划分嵌套结构，但这不是嵌套结构的基础。因此，混合 SP 和 RP 选项并将它们置于同一树枝上的做法是可行的。

式（19.12）后面的部分考虑到了下列事实：在构建复合效用函数时忽略了RP参数估计，但又未纳入函数使用的SP参数估计。既然如此，为何一开始时使用RP属性？在估计初始SP-RP NL模型时，任何一个数据集纳入或不纳入某个属性都将影响模型中的所有其他参数。因此，不在NL模型的RP成分中纳入RP属性的做法（即仅估计RP模型和常数项）将影响模型中SP参数估计。因此，尽管RP参数估计可能存在一些问题，但我们还是应该尽量在模型中纳入RP属性，否则这些成分的所有信息只能反映在RP效用函数的未观测效用上，它通过$\bar{V}_i^{RP}$进入效用函数（然而，与此同时，常数项将保留选择份额信息）。

RP常数项的校正公式为

$$\beta_{0i}^{RP} = \bar{V}_i^{RP} - \sum_{k=1}^{k} \lambda^{SP} \beta_i^{SP} \bar{x}_k^{RP} \tag{19.13}$$

在式（19.13）中，RP参数估计值被从初始SP-RP模型得到的SP参数估计值所替代（这考虑了两个数据集可能存在的尺度差异），而维持式（19.12）其他部分不变。式（19.13）的运行要求研究者将RP参数估计值固定在SP参数的值，并且重新估计各数据集共有的选项的常数项。RP数据集特有的参数应该被允许自由估计。如果总体市场份额已知，那么估计模型可以引入所谓的基于选择的权重（参见后面章节）来反映样本份额和已知总体份额之间的关系。然后，以与RP选项相关的常数来近似有关常数而不需要事后校正。需要注意：如果模型估计使用的数据与应用中的数据不同（交通研究通常就是这样，网络数据用于应用，个体水平数据用于估计），那么我们需要继续校正。

## 19.3 超越嵌套logit“技巧”



NL模型是GEV模型族（McFadden，1981）中的一类，对于相同个体重复观察数据，它很难纳入对数据的设定要求。这发生在SP选择集中，由于重复观察，它可能出现相关性。除了可能的观察相关性之外，联合SP-RP估计可能产生“状态依赖”效应，即实际的（显示性）选择对个体陈述性选择（SC）的影响。状态依赖可能表现为某个选项的选择对和该选项相伴的效用的或正或负的影响（Bhat and Castelar，2002）。它反映了累积经验和偏好依赖在选择决策中的作用（Hensher，2006）。

状态（基准）依赖效应对于一些个体可能为正，对另外一些个体可能为负［参见Ailawadi et al.（1999）］；这表明，对于状态依赖随机参数施加无约束的解析分布是合适的。正效应可能源于习惯惯性、不愿意考察其他选项或厌恶风险。负效应可能源于个体追求的多样性或在当前使用的选项上受过挫折（Bhat and Castelar，2002）。

大多数SP-RP研究抛弃了状态依赖性而使用固定参数（即属性偏好的同质性）。Bhat和Castelar（2002）在RP选择对SP选择的状态依赖影响上纳入了未观测的异质性。另外，Brownstone和Train（1999）通过使RP选择虚拟变量和个体的社会经济特征与SP选择属性相互作用，在状态依赖效应中纳入了观测的异质性。

本节介绍的ML模型（参见第15章）能够考虑选项之间的误差结构，包括相关选择集、SP-RP尺度差异、未观测的偏好异质性和状态或基准依赖性。这个贡献归于Bhat和Castelar（2002）。我们用实证例子说明传统NL“技巧”模型和更灵活的ML模型之间的直接弹性差异。

我们首先介绍基本形式的MNL模型，它含有个体$i=1,\cdots,N$在选择情景$t$中的特定选项常数$\alpha_{ji}$和属性$x_{ji}$，以及含有由若干选项（包括第$q$项和第$j$项）组成的选择集：

$$\text{Prob}(y_{it}=j_t) = \frac{\exp(\alpha_{ji} + \beta_i' x_{jit})}{\sum_{q=1}^{J_i} \exp(\alpha_{qi} + \beta_i' x_{qit})} \tag{19.14}$$

随机参数模型以特定个体参数向量$\beta_i$的形式呈现。最熟悉和简单的模型形式（参见第14章）为

$$\begin{aligned} \beta_{ki} &= \beta_k + \sigma_k v_{ik}, \\ \alpha_{ji} &= \alpha_j + \sigma_j v_{ji} \end{aligned} \tag{19.15}$$

其中，$\beta_k$为总体均值；$v_{ik}$为特定个体异质性，均值为0，标准差为1；$\sigma_k$为$\beta_{ik}$围绕$\beta_k$的标准差。特定选择常数

$\alpha_{ji}$ 和 $\beta_i$ 的元素在个体间随机分布并且有固定均值。$v_{jki}$ 是个体和特定选择的未观测的随机扰动——异质性的来源。对于模型中的 $K$ 个随机系数组成的全向量，我们可以将随机参数全集写为

$$\rho_i = \rho + \Gamma v_i \tag{19.16}$$

其中，$\Gamma$ 是一个对角矩阵，$\sigma_k$ 在对角线上。为简单起见，我们将参数（无论是否为特定选择参数）统一用下标"$k$"标示。我们可以允许随机参数相关，只要我们允许 $\Gamma$ 是一个三角矩阵，其中非零元素位于主对角线下方，从而产生随机系数的全协方差矩阵，即 $\Sigma = \Gamma\Gamma'$。不相关系数的标准情形为 $\Gamma = \mathrm{diag}(\sigma_1, \sigma_2, \cdots, \sigma_k)$。如果系数自由相关，那么 $\Gamma$ 是一个全且无约束的下三角形矩阵，而且 $\Gamma$ 有非零非对角线元素。

我们也可以向模型中加入额外一层异质性，这可以通过误差成分形式加入，它们描述与属性相关的影响因素而不是属性本身（也可参见第 15 章）。我们做此事的方法是构造一组独立个体项 $E_{im}$，其中 $m = 1, \cdots, M \sim N[0, 1]$，然后加入效用函数。这种做法可以让我们构建等同于随机效应模型的构造，而且它是非常一般的选项嵌套类型。令 $\theta_m$ 为与这些效应相关的尺度参数（标准差）。于是，每个效用函数可以构造为

$$U_{ijt} = \alpha_{ji} + \beta_j' x_{jit} + (\theta_1 E_{i1}, \theta_2 E_{i2}, \cdots, \theta_M E_{iM} \text{ 中的任何一个(些)})$$

例如，考虑含有四个结果的结构：

$$U_{i1t} = V_{i1t} + \theta_1 E_{i1} + \theta_2 E_{i2}$$
$$U_{i2t} = V_{i2t} + \theta_2 E_{i2}$$
$$U_{i3t} = V_{i3t} + \theta_1 E_{i1} + \theta_3 E_{i3}$$
$$U_{i4t} = V_{i4t} + \theta_4 E_{i4}$$

因此，$U_{i4t}$ 有自己的不相关效应，但 $U_{i1t}$ 和 $U_{i2t}$ 相关，$U_{i1t}$ 和 $U_{i3t}$ 相关。这个例子是完全填充的，因此协方差矩阵是分块对角矩阵，其中前三块自由相关。这个模型在特定情形下可能有用。纳入不同结构的一种简单方法是引入二值变量 $d_{jm}$：若随机项 $E_m$ 出现在效用函数 $j$ 中，则 $d_{jm} = 1$，否则等于 0。模型参见式（19.18），也可参见 Greene 和 Hensher（2007）：

$$\mathrm{Prob}(y_{it} = j) = \frac{\exp\left[\alpha_{ji} + \beta_i' x_{jit} + \sum_{m=1}^{M} d_{jm}\theta_m E_m\right]}{\sum_{q=1}^{J_i} \exp\left[\alpha_{qi} + \beta_i' x_{qit} + \sum_{m=1}^{M} d_{qm}\theta_m E_m\right]} \tag{19.18}$$

$(\alpha_{ji}, \beta_i) = (\alpha_j, \beta) + \Gamma\Omega_i v_i$ 为随机特定选项常数（ASC）和偏好参数；$\Omega_i = \mathrm{diag}(\omega_{i1}, \omega_{i2}, \cdots)$；$\beta$ 和 $\alpha_{ji}$ 是随机偏好参数分布中的常数项。方差—协方差矩阵的元素 $\omega$ 代表全广义矩阵。当 $\Gamma = I$，$\Omega_i = \mathrm{diag}(\sigma_1, \cdots, \sigma_k)$ 时，有相同均值和方差的不相关参数的定义为 $\beta_{ik} = \beta_k + \sigma_k v_{ik}$；$x_{jit}$ 是观测的选择属性和个体特征；$v_i$ 是随机误差项，其均值为 0，协方差矩阵为 $I$。特定个体随机误差成分通过 $E_{im}$ 引入，其中 $m = 1, \cdots, M$，$E_{im} \sim N[0, 1]$。如果 $E_{im}$ 出现在选项 $j$ 的效用函数中，则 $d_{jm} = 1$，否则等于 0；$\theta_m$ 是误差成分 $m$ 的散布系数。

上面定义的概率以随机项 $v_i$ 和误差成分 $E_i$ 为条件。非条件概率是通过将 $v_{ik}$ 和 $E_{im}$ 从条件概率积分出而得到的：$P_j = E_{v,E}[P(j \mid v_i, E_i)]$。这个多元积分不存在闭式解，我们通过从假设总体中抽样 $nrep$ 次然后求平均进行近似。相关讨论可参见例如 Bhat（2003）；Revelt 和 Train（1998）；Train（2003）；Brownstone et al.（2000）。参数估计可以通过求式（19.19）中模拟对数似然关于 $(\beta, \Gamma, \Omega, \theta)$ 的最大值而得到：

$$\log L_s = \sum_{i=1}^{N} \log \frac{1}{R} \sum_{r=1}^{R} \prod_{t=1}^{T_i} \frac{\exp\left[\alpha_{ji} + \beta_{ir}' x_{jit} + \sum_{m=1}^{M} d_{jm}\theta_m E_{im,r}\right]}{\sum_{q=1}^{J_i} \exp\left[\alpha_{qi} + \beta_{ir}' x_{qit} + \sum_{m=1}^{M} d_{qm}\theta_m E_{im,r}\right]} \tag{19.19}$$

其中，$R =$ 重复抽取次数；$\beta_{ir} = \beta + \Gamma\Omega_i v_{ir}$ 是关于 $\beta_i$ 的第 $r$ 次抽取；$v_{ir}$ 是关于个体 $i$ 的第 $r$ 次多变量抽取；$E_{im,r}$ 是个体 $i$ 潜在效应的第 $r$ 次单变量正态抽样。多变量抽样 $v_{ir}$ 实际上是 $K$ 次独立抽样。异方差性由乘以 $\Omega_i$ 而引致，相关性由 $\Omega_i v_{ir}$ 乘以 $\Gamma$ 而引致。

在考虑了由施加在观测属性分布限制而引致的未观测异质性，以及特定选项的未观测异质性（可被误差成分解释）之后，式（19.19）中的特定选项常数（ASC）与随机项的类型 1 极端值（EV1）分布联系在一起。误差成分解释了指定给个体 $i$ 的选择集之间的相关观察，以及（研究者）无法观测的个体对选项内在偏好的差异（或偏好异质性）。与每个误差成分相伴的参数为 $\delta\sigma$，二者在模型其他地方未出现。在探索它们的

意义时，我们将 $\delta_0$ 视为参数 $\theta$，它识别了特定选项异质性的方差。我们衡量的是围绕均值的变化，因此称之为散布参数。

在模型与多个数据集的联合估计问题上，我们还关注 SP 数据中的“状态（基准）依赖性”是否来自 RP 市场，以及 SP 数据和 RP 数据的尺度参数的差异。更正式地，状态依赖的定义（Bhat and Castelar，2002）为

$$\varphi_q(1-\delta_{qt,RP}) \tag{19.20}$$

其中，若是一个 RP 观察，则 $\delta_{qt,RP}=1$，否则等于 0；$\varphi_q$ 是状态依赖参数估计值，它可以固定也可以随机。这个变量进入每个 SP 选项的效用函数，并且研究者可以选用通用（即未加标签的）设定。

一个数据集（或选项集）的相对尺度参数（另一个数据集的尺度参数已标准化为 1）可以通过在 SP 数据集[①]中纳入特定选项常数（ASC）集来获得，其中 ASC 集的均值为零，方差自由（Brownstone et al.，2000）。尺度参数的计算公式为式（19.21）：

$$\lambda_{qt}=[(1-\delta_{qt,RP})\lambda]+\delta_{qt,RP} \tag{19.21}$$

其中，$\delta_{qt,RP}$ 的定义如上；$\lambda$ 与选项的 ASC 的估计标准差成反比（根据 EV1 分布），其中 $\lambda=\pi/\sqrt{6}\text{StdDev}=1.282\ 55/\text{StdDev}$，StdDev 指 ASC 的标准差。

这个每个选项有误差成分的模型可识别。与其他使用结果来识别效用函数的边际分布扰动的尺度因子的设定不同［例如，Ben-Akiva et al.（2002）］，这个逻辑不适用于识别属性参数；而且在这里考察的条件分布中，误差成分的行为类似属性，而不是扰动。我们估计参数 $\theta$ 时，将它们视为属性的权重，而不是扰动尺度，因此条件分布才有用。参数的识别方式与属性的 $\beta$ 参数相同。由于误差成分未观测，因此它们的尺度也不可识别。因此，误差成分的参数为 $\delta_m\sigma_m$，其中 $\sigma_m$ 为标准差。由于尺度不能识别，出于估计目的，我们可以将其标准化为 1，此时成分的权重的符号和大小由 $\theta$ 体现。$\delta_m$ 的符号无法识别，这是因为如果成分的每次抽取的符号被反转——$\delta$ 的估计量也将改变符号，那么相同的模型结果将出现，因此，我们将符号标准化为正，并且估计 $|\delta_m|$，其中 $\sigma_m$ 的符号和大小被标准化（出于识别目的）。

## 19.4 案例研究

数据来自 20 世纪 90 年代中期在澳大利亚六大城市开展的一项 SC 实验，这些城市有悉尼、墨尔本、布里斯班、阿德莱德、珀斯和堪培拉（Hensher et al.，2005）。全选择集的元素为当前交通方式加上两个“新”方式，即轻轨和公交专用道。个体使用属性和水平评估他们从当前居住地到工作地点的通勤方式。

每个选择情景有四个选项：(a) 独自驾车，(b) 合伙搭车，(c) 公共汽车或公交专用道，(d) 火车或轻轨。交通距离有三种；公共交通方式组合有四种，即公共汽车对轻轨，公共汽车对火车（重轨），公交专用道对轻轨，公交专用道对火车。这样，我们一共有 12 种组合。在每个选择集中，展示给应答者的公共交通方式组合是基于实验设计的。

公共交通方式有五个属性（每个属性有三个水平）：(a) 总车载时间，(b) 发车频率，(c) 离家最近的车站，(d) 离目的地最近的车站，(b) 费用。小轿车选项的属性为 (a) 交通耗时，(b) 燃油费，(c) 停车费，(d) 交通耗时的变化，(e) 出发时间，(f) 过路费；其中属性 (e) 和 (f) 针对收费道路。[②] 设计允许每种交通方式选择的特定选项主效应模型的正交估计。

除了 SC 数据外，每个应答者还详细描述他选中的当前交通方式和另一种交通方式。这可以让我们联合估计 SP 和 RP 模型。数据以及抽样过程和数据面的详细描述参见本书第一版（Hensher et al.，2005）。

我们使用 NL“技巧”模型和 ML 模型进行估计，前者考虑了 RP 选项样本份额和总体份额的差异，后

① 在实证应用中，我们选择了 SP 数据集，但也可以选择 RP 数据集。

② 在实证研究中，我们发现燃油费和过路费拟合得最好。基于这个数据的出发时间选择模型，可参见 Louviere et al.（1999）。

者未考虑。表 19.1 给出了每个城市区域的总体份额，这些份额被用作模型中混合城市数据的基于选择的权重，以便调整参数尤其是 RP 效用函数的特定选项常数（ASC）。这对弹性估计是必需的，原因在于表达式包含特定选项的选择概率。弹性对基于选择的权重是否敏感是一个实证问题，下文将讨论。

**表 19.1　　交通方式的总体份额权重**

| | 堪培拉 | 悉尼 | 墨尔本 | 布里斯班 | 阿德莱德 | 珀斯 |
|---|---|---|---|---|---|---|
| 独自驾车 | 57.58 | 48.99 | 60.12 | 56.25 | 60.67 | 65.02 |
| 合伙搭车 | 24.18 | 18.12 | 17.8 | 21.0 | 20.06 | 18.62 |
| 公共汽车 | 9.82 | 9.55 | 3.29 | 6.21 | 8.51 | 7.61 |
| 火车/有轨电车 | 0.0 | 14.74 | 12.12 | 7.78 | 2.53 | 1.89 |
| 步行 | 4.14 | 4.78 | 3.57 | 3.63 | 3.31 | 2.53 |
| 其他 | 4.28 | 3.82 | 3.10 | 5.13 | 4.93 | 4.33 |
| 总数 | 131 955 | 1 557 288 | 1 348 859 | 553 697 | 418 507 | 455 024 |

资料来源：CDAT91 Census Table：Journey to Work.

交通方式样本份额类似于总体份额。在估计时，我们仅使用前四个选项的总体份额。这四个选项在六大城市的所有交通方式中所占的份额分别为 91.58%、91.4%、93.33%、91.28%、91.7%和 93.14%。

基于选择的加权在 NL 模型中比较直观［作为一种加权最大似然估计（weighted estimation maximum likelihood，WESML）法］，此时估计量是确切的，不需要使用模拟；尽管如此，我们不能保证它能够匹配基于模拟的估计量，因为它不计算二阶导数矩阵，这里涉及的方法使用了 BHHH 估计量。我们的软件试图计算 WESML 估计量；然而，有时它近似的海塞矩阵不是正定的，而且它回到均值的调整，但不涉及标准误的校正。另一种方法是外生加权；然而，这种方法也忽略了协方差矩阵，因此渐近标准误（从而 $t$ 值）未必有效。WESML 估计法对我们的数据似乎可行，交通方式样本份额与总体份额非常类似，即 RP 选项中的独自驾车、合伙搭车、公共汽车和火车的样本份额（总体份额）分别为 0.61（0.63）、0.17（0.22）、0.13（0.08）和 0.09（0.07）。然而，我们提醒研究者不要想当然地认为基于选择的权重一定适用于 ML 模型。

最终模型参见表 19.2。在控制了不同参数个数之后，ML 模型在整体拟合度上有显著改进。小轿车和公共交通方式的变量水平是未加标签的，所有交通方式的交通成本都是未加标签的。每个属性的偏好异质性体现在随机参数上。我们考察了大量解析分析，包括正态分布、对数正态分布、三角形分布等，发现受约束的三角形分布拟合得最好而且满足每个参数估计值的负号条件。[①] 含有和不含有基于选择的权重的 NL 模型和 ML 模型的差异较小，只有合伙搭车常数的差异较大，但在使用基于选择的加权模型后，这个差异减小；因此我们的重点放在基于选择的加权模型的解释上。

状态（或基准）依赖效应被视为一个随机参数，对该参数，我们用受约束的和无约束的正态分布和三角形分布进行评估。对于这个数据集，我们未能发现实际（显示）选择对个体 SC 的任何显著影响；受约束的三角形结果参见表 19.2。

公共汽车和公交专用道以及火车和轻轨这两组的尺度参数显著，并且都大于 1，前者为 1.079，后者为 1.20；尽管它们与 1.0（RP 数据的标准化值）的差别不显著。小轿车的尺度参数为 2.367，表明 EV1 随机成分的未观测效应的方差小得多；然而它的 $t$ 值为 1.16，这表明 SP 数据和 RP 数据的尺度差异不明显。部

---

① 三角形分布最初用于随机系数，例如 Train 和 Revelt（2000）、Train（2001）和 Train（2003）。Hensher 和 Greene（2003）也使用了这种分布，然后，它在实证研究中的应用逐渐多了起来。令 $c$ 为中心，$s$ 为展布。密度起始于 $c-s$，逐渐线性增加到 $c$，然后逐渐线性降低到 $c+s$。它在 $c-s$ 下方和 $c+s$ 上方为零。均值和模为 $c$。标准差为展布除以$\sqrt{6}$；因此，展布等于标准差乘以$\sqrt{6}$。曲线在 $c$ 点的高为 $1/s$（从而每一侧的面积为 $s\times(1/s)\times(1/2)=1/2$，两侧的面积之和为 $1/2+1/2=1$）。斜率为 $1/s^2$。加权平均弹性的均值在统计上也等价。

分原因可能在于模型通过属性（即随机参数）和选项（即误差成分）描述了有关未观测的异质性。

我们发现误差成分中的其他选项组在与独自驾车选项结合之后，RP 和 SP 数据集的系数在统计上显著，它们分别为 2.758 和 1.992；而（SP 和 RP 数据集中）公共交通方式组的系数固定为 1.0。这表明小轿车选项尤其是独自驾车选项的未观测的异质性较大，比公共交通选项的异质性大。这个发现符合直觉，因为大量文献表明，影响小轿车的属性通常比影响公共交通方式的属性更广泛（尤其纳入社会经济条件之后）。由于在很多城市中，小轿车的地位是压倒性的（在澳大利亚城市的所有交通方式中，小轿车占比 70%～85%），有些人可能预期小轿车的偏好异质性较大，从而未观测的异质性较大。然而，我们发现在 NL 模型中，公共交通方式的尺度参数为 0.721 8，这意味着它们的未观测的异质性比小轿车的大；然而，尽管这个发现对于我们的模型可能合适，但由于未考虑相关选择集，属性和选项中的随机偏好异质性不可比较。

**表 19.2　　对于 SP 和 RP 选择数据，嵌套 logit“技巧”模型和面板混合 logit 模型结果的比较**

| 属性 | 选项 | NL | 具有基于选择的权重的 NL | ML（RP-EC 面板） | 具有基于选择的权重的 ML |
|---|---|---|---|---|---|
| 车载成本 | 全部 | −0.580 2<br>(−14.7) | −0.588 0<br>(−12.7) | R：−0.853 4<br>(−14.17)* | R：−0.855 1<br>(−14.46)* |
| 主要交通方式耗时 | SP 和 RP-DA，RS | −0.036 8<br>(−6.4) | −0.036 5<br>(−3.8) | R：−0.111 9<br>(−13.7)* | R：−0.112 3<br>(−13.4)* |
| 主要交通方式耗时 | SP 和 RP-BS，TN，LR，BWY | −0.056 6<br>(−8.2) | −0.059 8<br>(−8.2) | R：−0.067 9<br>(−8.42)* | R：−0.068 0<br>(−8.39)* |
| 抵达 & 疏散方式耗时 | SP 和 RP-BS，TN，LR，BWY | −0.037 4<br>(−8.5) | −0.037 0<br>(−7.3) | R：−0.052 4<br>(−9.72)* | R：−0.051 8<br>(−9.84)* |
| 个体收入 | SP 和 RP-DA | 0.006 8<br>(2.30) | 0.007 4<br>(2.4) | 0.016 38<br>(3.46) | 0.016 84<br>(3.72) |
| 独自驾车常数 | DA-RP | 0.742 9<br>(2.48) | 1.138 1<br>(3.1) | 2.344 5<br>(7.26) | 2.322 1<br>(7.31) |
| 合伙搭车常数 | RS-RP | −0.844 4<br>(−3.1) | −0.280 2<br>(0.86) | −0.922 7<br>(−2.91) | −0.830 1<br>(−2.65) |
| 独自驾车常数 | DA-SP | 0.059 8<br>(0.36) | 0.032 4<br>(0.18) | | |
| 合伙搭车常数 | RS-SP | −0.250 7<br>(−1.8) | −0.259 8<br>(−1.7) | | |
| 特定火车常数 | TN -SP | 0.158 5<br>(1.4) | 0.165 5<br>(1.4) | | |
| 特定轻轨常数 | LR-SP | 0.305 5<br>(2.81) | 0.311 9<br>(2.8) | | |
| 特定公交专用道常数 | BWY-SP | −0.016<br>(−0.14) | −0.017 1<br>(−0.14) | | |
| 特定公共汽车常数 | BS-RP | 0.021 4<br>(0.81) | −0.071 6<br>(−0.22) | 0.138 3<br>(0.51) | 0.070 9<br>(0.26) |
| 随机参数标准差 | | | | | |
| 车载成本 | 全部 | | | 0.853 4<br>(−14.17)* | 0.855 1<br>(−14.46)* |

续前表

| 属性 | 选项 | NL | 具有基于选择的权重的 NL | ML（RP-EC 面板） | 具有基于选择的权重的 ML |
|---|---|---|---|---|---|
| 主要交通方式耗时 | SP 和 RP-DA，RS | | | 0.111 9<br>(−13.7)* | 0.112 3<br>(−13.4)* |
| 主要交通方式耗时 | SP 和 RP-BS，TN，LR，BWY | | | 0.067 9<br>(−8.42)* | 0.068 0<br>(−8.39)* |
| 抵达 & 疏散方式耗时 | SP 和 RP-BS，TN，LR，BWY | | | 0.052 4<br>(−9.72)* | 0.051 8<br>(−9.84)* |
| 状态依赖 | DA，RS，BS，TN | | | 0.091 7<br>(−0.81)* | 0.083 4<br>(−0.75)* |
| SP to RP 尺度参数 | DA，RS | | | 2.963<br>(0.89) | 2.367<br>(1.16) |
| | BS，BWY | | | 1.077<br>(6.48) | 1.079<br>(6.64) |
| | TN，LR | | | 1.058<br>(6.31) | 1.200<br>(5.34) |
| | SP 和 RP-DA | | | 2.877<br>(13.2) | 2.758<br>(13.7) |
| 误差成分(特定选项异质性) | | | | | |
| | SP 和 RP-RS | | | 1.845(8.5) | 1.992(9.1) |
| 尺度参数 | SP 和 RP-DA，RS | 1.00(固定) | 1.00(固定) | | |
| | SP 和 RP-BS，TN，LR，BWY | 0.732 1(8.85) | 0.721 8(6.57) | | |
| 样本量 | | 2 688 | 2 688 | 2 688 | 2 688 |
| LL 的收敛值 | | −2 668.1 | −2 637.8 | −2 324.7 | −2 327.86 |

注：*＝受约束的三角形随机参数，R＝随机参数均值估计，DA：独自驾车，RS：合伙搭车，BS：公共汽车，TN：火车，LR：轻轨，BWY：公交专用道。我们使用 500 次霍尔顿抽样，因此不存在模拟方差。EC＝误差成分。

### □ 19.4.1 表 19.2 中模型的 Nlogit 命令语法

**嵌套 logit(不含基于选择的权重)**

```
Timer
NLOGIT
    ;lhs = chosen,cset,altij
    ;choices = RDA,RRS,RBS,RTN,SDA,SRS,SBS,STN,SLR,SBW
    ;effects:fc(rda,rrs)/at(rda,rrs)/
    pf(rbs,rtn)/mt(rbs,rtn)/ae(rbs,rtn)
    ;pwt
    ;tree =  car(RDA,RRS,SDA,SRS),PT(RBS,RTN,SBS,STN,SLR,SBW)
    ;ivset: (car) = [1.0]
    ;rul
    ;model:
    U(RDA)  = rdasc + flptc * fc + tm * at  + pinc * pincome/
    U(RRS) = rrsasc + flptc * fc + tm * at/
    U(RBS) = rbsasc + flptc * pf + mt * mt + acegt * ae/
```

19 合并数据源

```
U(RTN) = flptc * pf + mt * mt + acegt * ae/
U(SDA) = sdasc + flptc * fueld + tm * time + pinc * pincome/
U(SRS) = srsasc + flptc * fueld + tm * time /
U(SBS) = flptc * fared + mt * time + acegt * spacegtm/
U(STN) = stnasc + flptc * fared + mt * time + acegt * spacegtm/
U(SLR) = slrasc + flptc * fared + mt * time + acegt * spacegtm/
U(SBW) = sbwasc + flptc * fared + mt * time + acegt * spacegtm $
```

**嵌套 logit（含有基于选择的权重）**

```
Timer
NLOGIT
    ;lhs = chosen,cset,altij
    ;choices = RDA,RRS,RBS,RTN,SDA,SRS,SBS,STN,SLR,SBW
    /0.63,0.22,0.08,0.07,1.0,1.0,1.0,1.0,1.0,1.0
    ;effects:fc(rda,rrs)/at(rda,rrs)/
    pf(rbs,rtn)/mt(rbs,rtn)/ae(rbs,rtn)
    ;pwt
    ;tree= car(RDA,RRS,SDA,SRS),PT(RBS,RTN,SBS,STN,SLR,SBW)
    ;ivset: (car) = [1.0]
    ;rul
    ;model:
    U(RDA)  = rdasc + flptc * fc + tm * at  + pinc * pincome/
    U(RRS) = rrsasc + flptc * fc + tm * at/
    U(RBS) = rbsasc + flptc * pf + mt * mt + acegt * ae/
    U(RTN) = flptc * pf + mt * mt + acegt * ae/
    U(SDA) = sdasc + flptc * fueld + tm * time + pinc * pincome/
    U(SRS) = srsasc + flptc * fueld + tm * time /
    U(SBS) = flptc * fared + mt * time + acegt * spacegtm/
    U(STN) = stnasc + flptc * fared + mt * time + acegt * spacegtm/
    U(SLR) = slrasc + flptc * fared + mt * time + acegt * spacegtm/
    U(SBW) = sbwasc + flptc * fared + mt * time + acegt * spacegtm $
```

**混合 logit（不含基于选择的权重）**

```
Timer
RPLOGIT
    ;lhs = chosen,cset,altij
    ;choices = RDA,RRS,RBS,RTN,SDA,SRS,SBS,STN,SLR,SBW
    ;descriptives;crosstab
    ;effects:fc(rda,rrs)/at(rda,rrs)/pf(rbs,rtn)/mt(rbs,rtn)/ae(rbs,rtn)
    ;pwt
    ;tlf = .001;tlb = .001;tlg = .001
    ;rpl
    ;fcn= spascc(n, * ,0),spascb(n, * ,0),spasct(n, * ,0),
    tm(t,1),mt(t,1),acegt(t,1), rpnsd(t,1),flptc(t,1)
    ;par
    ;halton;pts= 150
    ;pds = 4
    ;ecm= (RDA,SDA), (RRS,SRS)
    ;model:
    U(RDA) = rdasc + flptc * fc + tm * at + pinc * pincome/
```

```
U(RRS) = rrsasc + flptc * fc + tm * at/
U(RBS) = rbsasc + flptc * pf + mt * mt + acegt * ae/
U(RTN) = flptc * pf + mt * mt + acegt * ae/
U(SDA) = spascc  + flptc * fueld + tm * time + pinc * pincome + rpnSD * rpn/
U(SRS) = spascc + flptc * fueld + tm * time  + rpnSD * rpn/
U(SBS) = spascb + flptc * fared + mt * time + acegt * spacegtm + rpnSD * rpn/
U(STN) = spasct  + flptc * fared + mt * time + acegt * spacegtm + rpnSD * rpn/
U(SLR) = spasct  + flptc * fared + mt * time + acegt * spacegtm/?  + rpnSD * rpn/
U(SBW) = spascb  + flptc * fared + mt * time + acegt * spacegtm $   + rpnSD * rpn $
```

**混合 logit（含有基于选择的权重）**

```
-> Timer
-> RPLOGIT
  ;lhs = chosen,cset,altij
  ;choices = RDA,RRS,RBS,RTN,SDA,SRS,SBS,STN,SLR,SBW
  /0.63,0.22,0.08,0.07,1.0,1.0,1.0,1.0,1.0,1.0
  ;descriptives;crosstab
  ;effects:fc(rda,rrs)/at(rda,rrs)/pf(rbs,rtn)/mt(rbs,rtn)/ae(rbs,rtn)
  ;pwt
  ;tlf = .001;tlb = .001;tlg = .001
  ;rpl
  ;fcn =  spascc(n, * ,0),spascb(n, * ,0),spasct(n, * ,0),
  tm(t,1),mt(t,1),acegt(t,1), rpnsd(t,1),flptc(t,1)
  ;par
  ;halton;pts =  150
  ;pds = 4
  ;ecm =  (RDA,SDA), (RRS,SRS)
  ;model:
  U(RDA) = rdasc + flptc * fc + tm * at + pinc * pincome/
  U(RRS) = rrsasc + flptc * fc + tm * at/
  U(RBS) = rbsasc + flptc * pf + mt * mt + acegt * ae/
  U(RTN) = flptc * pf + mt * mt + acegt * ae/
  U(SDA) = spascc  + flptc * fueld + tm * time + pinc * pincome + rpnSD * rpn/
  U(SRS) = spascc + flptc * fueld + tm * time  + rpnSD * rpn/
  U(SBS) = spascb + flptc * fared + mt * time + acegt * spacegtm + rpnSD * rpn/
  U(STN) = spasct  + flptc * fared + mt * time + acegt * spacegtm + rpnSD * rpn/
  U(SLR) = spasct  + flptc * fared + mt * time + acegt * spacegtm/?  + rpnSD * rpn/
  U(SBW) = spascb  + flptc * fared + mt * time + acegt * spacegtm $   + rpnSD * rpn $
```

## 19.5 更高级的 SP-RP 模型

由于研究者对将偏好异质性和尺度异质性纳入选择模型（参见第 4 章和第 15 章）感兴趣，因此他们发展出了很多新的模型形式，其中一种模型比较突出，它能够描述一组选项的效用来源，包括通过对每个个体重复观察引致的相关性。这就是广义混合 logit（generalized mixed logit，GMXL）模型，参见第 15 章。GMXL 模型是 ML 模型的一种扩展，它纳入了尺度异质性。一部分研究者在使用 GMXL 估计模型时，将尺度异质性参数作为单独的估计。然而，研究者使用的数据源可能不止一种，例如本章讨论的 SP 和 RP 数据源，或多个 SP 数据源，而且不同数据源的尺度因子可能存在差异。能够描述混合数据集的尺度异质性和特定数据的尺度异质性效应的文献尚不多见。尽管这个扩展不那么显眼，但它很重要，因为使用多个数据源来估计 GMXL 的应用日益增多。①

我们现在考察能够合并多个数据集，并且将尺度异质性分解以识别特定数据的尺度效应的更一般的选择模型形式，而不再限于 19.4 节考察的 NL“技巧”及其扩展。

这里的扩展是允许 $\tau$（参见第 15 章）作为一系列虚拟变量的函数，这些虚拟变量能够识别不同数据集，例如 SP 和 RP 数据集的尺度异质性。SMNL 或 GMX 模型是 SP-RP 模型的一个新的变种。这是一个简单但重要的扩展：$\tau=\tau+\eta d_s$，其中 $\eta$ 是一个特定数据集尺度参数，对于数据源 $s$，$d_s=1$，对于其他数据源，$d_s=0$，其中 $s=1, 2, \cdots, S-1$。这样，我们通过纳入和 $\sigma_{irs}$ 相伴的虚拟变量 $d_s$（其中 $s=\text{SP}=1$，$s=\text{RP}=0$），允许 GMXL 尺度在 SP 和 RP 数据集之间不同，$\sigma_{irs}=\exp(-\tau(\tau+\eta d_s)^2/2+(\tau+\eta d_s)w_{ir})$。

我们使用的数据集与 19.4 节相同。GMX 的 Nlogit 命令语法参见本节末尾。

表 19.3 列出了 GMXL 模型的估计结果。我们估计了三个模型：第一个是基准 ML 模型（M1），第二个是纳入尺度异质性但不区分数据集的模型（M2），最后一个模型（即 M3）是在 M2 的基础上，纳入不同数据集的尺度异质性（使用命令“;hft=spdum”）。

在比较模型的整体拟合度时，我们使用贝叶斯信息标准（BIC）。在使用最大似然估计法估计模型时，增加参数可能导致似然增加，从而导致过度拟合。BIC 解决了这个问题，因为它引入了针对模型参数个数的惩罚项。BIC 是未观测效应的递增函数，是待估自由参数个数的增函数。因此，较低的 BIC 意味着较少的解释变量、更好的拟合度或二者都有。BIC 的值越低的模型越好。

**表 19.3　　模型结果总结**

| 属性和特定交通方式常数 | 选项 | ML | 具有混合 RP 和 SP 数据内的尺度异质性的 GMX | 具有混合 RP 和 SP 数据内和之间的尺度异质性的 GMX | 属性均值和标准差 注：斜体是关于小轿车的信息 |
|---|---|---|---|---|---|
| | | 模型 1（M1） | 模型 2（M2） | 模型 3（M3） | |
| 车载成本（澳元） | 全部 | −0.622 3（−13.8） | −0.724 3（−12.8） | −0.128 4（−4.57） | *2.36（1.92）*，1.46（1.07） |
| 主要交通方式耗时（分钟） | SP 和 RP-DA，RS | −0.119 8（−12.5） | −0.144 7（−12.7） | −0.044 9（−5.04） | *23.31（17.55）* |
| 主要交通方式耗时（分钟） | SP 和 RP-BS，TN，LR，BWY | −0.083 8（−10.5） | −0.096 6（−9.1） | −0.012 7（−4.09） | 15.96（10.83） |
| 抵达 & 疏散方式耗时（分钟） | SP 和 RP-BS，TN，LR，BWY | −0.045 9（−9.26） | −0.052 3（−7.9） | −0.006 0（−4.20） | 18.86（13.52） |
| 个体收入（千澳元） | SP 和 RP-DA | 0.008 0（2.25） | 0.008 1（2.26） | 0.006 5（2.61） | 34，600（16，480） |
| 独自驾车常数 | DA-RP | 1.243 8（3.29） | 1.434 5（3.53） | 2.540 9（11.2） | |
| 合伙搭车常数 | RS-RP | −0.564 1（−1.61） | −0.377 6（−1.01） | 0.909 6（4.64） | |
| 独自驾车常数 | DA-SP | 0.262 5（2.59） | 0.810 9（2.74） | 2.780 5（11.18） | |
| 合伙搭车常数 | RS-SP | 0.407 0（1.71） | 0.543 1（2.00） | 2.459 8（10.34） | |
| 特定火车常数 | TN-SP | 0.227 1（2.01） | 0.238 2（2.04） | 0.164 8（1.53） | |
| 特定轻轨常数 | LR-SP | 0.399 5（3.99） | 0.414 7（4.00） | 0.361 8（3.67） | |
| 特定公共汽车常数 | BS-SP | 0.012 5（0.10） | 0.012 7（0.10） | 0.048 6（0.34） | |
| 特定公共汽车常数 | BS-RP | −0.136 3（−0.50） | −0.148 4（−0.53） | 0.334 7（1.61） | |
| 随机参数标准差： | | | | | |
| 车载成本 | 全部 | −0.622 3（−13.8） | −0.724 3（−12.8） | −0.128 4（−4.57） | |
| 主要交通方式耗时 | SP 和 RP-DA，RS | −0.119 8（−12.5） | −0.144 7（−12.7） | −0.044 9（−5.04） | |

① 很多研究者向我们咨询对于不同数据集，在存在尺度异质性的情形下，如何纳入尺度差异。

续前表

| 属性和特定交通方式常数 | 选项 | ML | 具有混合 RP 和 SP 数据内的尺度异质性的 GMX | 具有混合 RP 和 SP 数据内和之间的尺度异质性的 GMX | 属性均值和标准差注：斜体是关于小轿车的信息 |
|---|---|---|---|---|---|
| | | 模型 1 (M1) | 模型 2 (M2) | 模型 3 (M3) | |
| 主要交通方式耗时 | SP 和 RP-BS，TN，LR，BWY | −0.083 8 (−10.5) | −0.096 6 (−9.1) | −0.012 7 (−4.09) | |
| 抵达 & 疏散方式耗时 | SP 和 RP-BS，TN，LR，BWY | −0.045 9 (−9.26) | −0.052 3 (−7.9) | −0.006 0 (−4.20) | |
| *尺度方差参数* ($\tau$) | | — | 0.526 0 (11.67) | 0.864 9 (14.95) | |
| *GMXL尺度参数的异质性* (*SP*) | | — | — | 1.620 9 (7.90) | |
| 样本量 | | | 2 688 | | |
| LL 在 0 点处的值 | | | −6 189.45 | | |
| LL 的收敛值 | | −2 549.24 | −2 544.68 | −2 518.67 | |
| 伪 $R^2$ | | 0.588 1 | 0.588 9 | 0.593 1 | |
| 贝叶斯信息准则 (BIC) | | 1.934 9 | 1.934 5 | 1.924 1 | |
| 节省的交通耗时的价值：1995 年澳元/人・小时 | | | | | |
| 主要交通方式耗时 | SP 和 RP-DA，RS | 11.55 (0.98) | 12.21 (1.32) | 20.99 (2.12) | |
| 主要交通方式耗时 | SP 和 RP-BS，TN，LR，BWY | 8.08 (0.54) | 7.69 (0.78) | 5.92 (0.45) | |
| 抵达 & 疏散方式耗时 | SP 和 RP-BS，TN，LR，BWY | 4.42 (0.13) | 4.32 (0.62) | 2.82 (0.72) | |

注：括号内的数字为 $t$ 值。500 次霍尔顿抽取，模型纳入了面板结构，所有随机参数都服从受约束的 $t$ 分布。①

根据表 19.3 中的证据，我们可以断言模型 3 是最好的，但模型 1 和模型 2 的总体拟合度很难区分。② 后面这个证据表明，在 GMXL 模型中纳入尺度异质性但不纳入不同数据源的尺度差异不能改进 ML 模型的解释能力。这个结论被下列事实强化：在模型 1 和模型 2 中，节省的交通耗时的价值的均值差不多。

然而，尽管如此，在模型 2 中，整体未观测的尺度异质性 $\tau$ 的系数估计值在统计上显著（$t$ 值为 11.67）。这表明，尽管我们识别出了未观测的尺度异质性的存在，然而，当将它代入标准差 $\sigma_{ir}$ 或非系统性误差项的特定个体标准差 $\exp(-\tau^2/2+\tau w_{ir})$（假设 $w_{ir}$ 的估计值已知）的计算过程时，未观测的异质性服从标准正态分布；"标准差的均值"和"标准差的标准差"表明整体影响与 1 的差别不显著。

当我们在模型 3 中通过纳入和 $\sigma_{irs}$ 相伴的虚拟变量 $d_s$（其中 $s=\text{SP}=1$，$s=\text{RP}=0$）［即 $\sigma_{irs}=\exp(-\tau(\tau+\eta d_s)^2/2+(\tau+\eta d_s)w_{ir})$］从而纳入 SP 和 RP 数据集的 GMXL 尺度因子的差异时，我们发现整体拟合度和节省的交通耗时的价值（VTTS）③ 都存在显著差异。SP 数据的 $\sigma$ 均值为 0.810（标准差为 1.058）；RP 数据的 $\sigma$ 均值为 0.965 42（标准差为 1.058）。这些分布参见图 19.6。我们可以看到，与 RP 数据相比，SP 数据的未观测的异质性的方差较大（即尺度较小）；注意，横轴上的尺度数值不同。这似乎合理，因为 SP 数据在观测的属性水平上引致了更大变异，并且在选择上与二值 RP 情形相比（此时经验至少已经阐明了被选中的选项的属性水平）有更大的不确定性。

尽管这个证据仅来自一个数据集，但它表明特定数据集尺度差异在解释不同混合数据集的尺度差异时非常重要。这个证据的另外一种解释是尽管尺度异质性的作用可能有内在价值，但仍有必要纳入特定数据源尺度，这说明我们在以前的研究和 19.4 节中使用封闭形式的模型（有固定参数），例如使用 NL"技巧"合并数据集以反映尺度差异，是合理的。允许两个或多个数据集尺度异质性本身似乎不足以应付这个实证应用。

① 参见 533 页脚注。

② 模型 1 和模型 2 的拟合度相似，说明了 ML 模型的灵活性；在存在系统性尺度异质性时，即使不怎么灵活的模型也表现得很好。

③ 对于 VTTS 的标准误，根据 VTTS 的估计值的均值，模型 1 和模型 2 没有显著差异，模型 2 和模型 3 有显著差异。

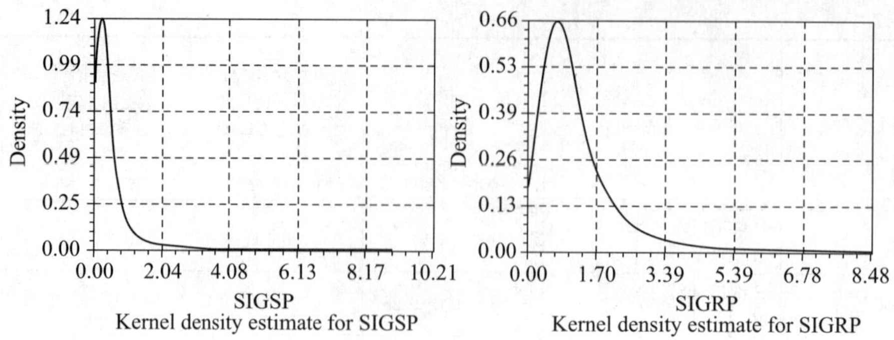


**图 19.6　SP 和 RP 选择中的尺度标准差分布**

Nlogit 语法如下，GMX 模型结果一并列出：

```
RESET
load;file = c:\spmaterial\sprpdemo\sprp. sav $
Project file contained 9408 observations.
sample;all $
reject;altij = 1 $
reject;altij = 5 $
reject;altij = 6 $
sample;all $
create;if(sprp = 2)spdum = 1 $
gmxlogit;userp ? userp is a command to obtain mixed logit parameter
estimates as
                ? starting values instead of MNL estimates
    ;lhs = chosen,cset,altij
    ;choices = RPDA,RPRS,RPBS,RPTN,SPDA,SPRS,SPBS,SPTN,SPLR,SPBW
    ;pwt
    ;tlf = . 001;tlb = . 001;tlg = . 001
    ;gmx
    ;tau = 0. 5
    ;gamma = [0]
    ;hft = spdum
    ;maxit = 50
    ;fcn = tm(t,1),mt(t,1),acegt(t,1),flptc(t,1)
    ;par
    ;halton;pts =  500;pds = 4
    ;model:
    U(RPDA) = rdasc + flptc * fcost + tm * autotime + pinc * pincome/
    U(RPRS) = rrsasc + flptc * fcost + tm * autotime/
    U(RPBS) = rbsasc + flptc * mptrfare + mt * mptrtime + acegt * rpacegtm/
    U(RPTN) = flptc * mptrfare + mt * mptrtime + acegt * rpacegtm/
    U(SPDA) = sdasc + flptc * fueld + tm * time + pinc * pincome/
    U(SPRS) = srsasc + flptc * fueld + tm * time/
    U(SPBS) = spascb + flptc * fared + mt * time + acegt * spacegtm/
    U(SPTN) = stnasc + flptc * fared + mt * time + acegt * spacegtm/
    U(SPLR) = slrasc + flptc * fared + mt * time + acegt * spacegtm/
    U(SPBW) = flptc * fared + mt * time + acegt * spacegtm $  /
Normal exit: 32 iterations. Status = 0. F =  2 552. 033
```

```
--------------------------------------------------------------------------------
Generalized Mixed (RP) Logit Model
Dependent variable                  CHOSEN
Log likelihood function     -2552.03320
Restricted log likelihood   -6189.34873
Chi squared [  15 d.f.]      7274.63106
Significance level               .00000
McFadden Pseudo R-squared      .5876734
Estimation based on N =    2688, K =  15
Information Criteria: Normalization=1/N
              Normalized   Unnormalized
AIC              1.90999     5134.06640
Fin.Smpl.AIC     1.91006     5134.24604
Bayes IC         1.94290     5222.51469
Hannan Quinn     1.92190     5166.05919
Model estimated: Nov 10, 2010, 11:22:59
Constants only must be computed directly
               Use NLOGIT ;...;RHS=ONE$
At start values -2639.1224   .0330******
Response data are given as ind. choices
Replications for simulated probs. = 150
Halton sequences used for simulations
RPL model with panel has      672 groups
Fixed number of obsrvs./group=         4
Heteroscedastic scale factor in GMX
Hessian is not PD. Using BHHH estimator
Number of obs.=  2688, skipped    0 obs
-----------+--------------------------------------------------------------------
           |                  Standard            Prob.
  CHOSEN| Coefficient         Error        z     z>|Z|
-----------+--------------------------------------------------------------------
         |Random parameters in utility functions
      TM|     -.04494***       .00891    -5.04  .0000
      MT|     -.01267***       .00310    -4.09  .0000
   ACEGT|     -.00603***       .00143    -4.20  .0000
   FLPTC|     -.12843***       .02809    -4.57  .0000
         |Nonrandom parameters in utility functions
   RDASC|     2.54095***       .22659    11.21  .0000
    PINC|      .00653***       .00250     2.61  .0090
  RRSASC|      .90963***       .19592     4.64  .0000
      RBSASC|       .33469            .20850      1.61  .1084
       SDASC|     2.78047***          .24859     11.18  .0000
      SRSASC|     2.45986***          .23793     10.34  .0000
      SPASCB|       .04858            .14129       .34  .7310
      STNASC|       .16475            .10802      1.53  .1272
      SLRASC|       .36175***         .09868      3.67  .0002
             |Distns. of RPs. Std.Devs or limits of triangular
        TsTM|       .04494***         .00891      5.04  .0000
        TsMT|       .01267***         .00310      4.09  .0000
     TsACEGT|       .00603***         .00143      4.20  .0000
     TsFLPTC|       .12843***         .02809      4.57  .0000
             |Heteroscedasticity in GMX scale factor
     sdSPDUM|     1.62087***          .20507      7.90  .0000
             |Variance parameter tau in GMX scale parameter
    TauScale|       .86493***         .05786     14.95  .0000
             |Weighting parameter gamma in GMX model
    GammaMXL|         .000        .....(Fixed Parameter).....
             |  Sample Mean      Sample Std.Dev.
    Sigma(i)|     3.63344            3.42762      1.06  .2891
-----------+--------------------------------------------------------------------
```

```
Note: ***, **, * ==>  Significance at 1%, 5%, 10% level.
Fixed parameter ... is constrained to equal the value or
had a nonpositive st.error because of an earlier problem.
--> create
    ;if(sprp=2)spdum=1$
--> create
    ;V=rnu(0,1)     ? uniform
    ;if(v<=0.5)T=sqr(2*V)-1;(ELSE) T=1-sqr(2*(1-V))
    ;tmb=-.04494+.04494*t
    ;mtb=-.01267+.012678*t
    ;acegtb=-.00603+.00603*t
    ;costb=-.12843+.12843*t
    ;vtm=60*tmb/costb
    ;vmt=60*mtb/costb
    ;vacegt=60*acegtb/costb
    ;z=rnn(0,1)
    ;sigsp=exp((-(0.86493+1.62087)^2)/2+(0.86493+1.62087)*z)
    ;sigrp=exp((-(0.86493)^2)/2+(0.86493)*z)$

--> dstats;rhs=vtm,vmt,vacegt,sigrp,sigsp$
Descriptive Statistics
Variable|    Mean        Std.Dev.     Minimum        Maximum        Cases Missing
--------+-------------------------------------------------------------------------
     VTM| 20.99509     .139574E-11   20.9951         20.9951         9408       0
     VMT|  5.91781     .00610        5.74363         5.92104        9408       0
  VACEGT|  2.81710     .745729E-13   2.81710         2.81710        9408       0
   SIGRP|  1.01330    1.10680        .216893E-01     32.4036        9408       0
   SIGSP|  1.24960   30.89010        .220529E-05     2927.59        9408       0
```

## 19.6 假设偏差

当人们不必对自己的选择做出事先承诺时，他们的行为可能前后不一致，这种不一致的程度与假设偏差或称虚拟偏差（hypothetical bias）有关。假设偏差已成为选择研究中的一个主要问题，例如当我们通过选择实验（choice experiments，CE）获得人们对特定属性的支付意愿（WTP）的经验证据时，我们不得不考虑这一点。①

在交通行为领域，Brownstone 和 Small（2005）是一篇很有影响力的文献，它表明根据对加利福尼亚州收费道路的调查，当 SC 的边际 WTP 是通过实验获得的时，RP 和 SC 边际 WTP 存在显著差异。RP 研究各种各样，有的基于实际市场证据或显示行为［例如 Brownstone 和 Small（2005）］，有的基于 RP 实验［例如 Isacsson（2007）］，有的是传统离散选择研究（基于一个已知的被选中的选项和一个或多个未被选中的选项）；有的基于物理网络（例如交通研究）中的一些合成规则，有的用未被选中选项的属性水平的平均值（例如，在出行背景下，对于有共同起点和目的地的情形，个体选中了特定选项，其他选项未被选中）。

在选择实验领域，探索假设偏差对边际 WTP（记为 MWTP）② 和总 WTP（记为 TWTP）③ 影响的文献主要集中于（但不限于）农业和资源利用［参见 Alfnes 和 Steine（2005）；Alfnes et al.（2006）；Lusk 和 Schroeder（2004）；Carlsson 和 Martinsson（2001）］。在使用相对 MWTP 作为选择模型的一项效度检验标准问题上，证据是混合的。例如，Carlsson 和 Martinsson（2001）以及 Lusk 和 Schroeder（2004）在比较假设和实际选择实

① 我们使用“选择实验”（CE）这个术语表示交通研究中用来评估属性包的常用方法，其中属性包表示选项，并且表示人们的选择或对选项排序。

② 我们使用“边际支付意愿”（MWTP）这个术语来表示人们对特定属性的评价。

③ 总 WTP（TWTP）这个术语在卫生、环境和资源研究中很常见，它表示零选项和应用情景的总消费者剩余的差异。估计基于基准选项和应用情景（例如无约束的灭鼠和禁止灭鼠）的总效用差异（以澳元表示），其中属性取特定值。

验的偏好时发现，没有证据表明 MWTP 存在差异；相反，Isacsson (2007) 在时间和金钱的权衡问题背景下发现，基于虚拟实验的 MWTP 的均值比实际实验的低了将近 50%，从而支持了 Brownstone 和 Small (2005, p. 279) 在交通背景下的结论：在基于显示性行为（实际实验）的背景下，早晨通勤的节省耗时的价值非常高（介于每小时 20 澳元和 40 澳元之间）；在基于虚拟实验的背景下，这个数字不到前者的一半。

Lusk 和 Schroeder (2004) 以及 Alfnes 和 Steine (2005) 通过比较零选项和应用情景，发现 TWTP 存在显著差异。① Carlsson 和 Martinsson (2001) 没有考察 TWTP，因为他们未纳入“不选”选项［一些研究者认为这是一个有严重缺陷的设计②，参见 Harrison (2006)］，这实际上相当于迫使应答者选择。尽管没有定论，但一些文献“认为”纳入和不纳入“不选”选项对结果有重要影响。例如，Ladenburg et al. (2007) 在文献综述和自己实证调查的基础上断言：

> 纳入“不选”选项使得陈述性偏好更接近于真实偏好；它能够有效地进一步减少假设偏差。

尽管这个断言的后半句值得验证，但很多优秀研究的证据［Murphy et al. (2005), p. 317］表明：

> 也许很多因素都能影响假设偏差，因此任何一种方法都不能神奇地消除这个偏差。

文献综述，包括荟萃分析［例如 List 和 Gallet (2001)；Murphy et al. (2004)］，指出了 MWTP 和 TWTP 的一些可能的影响因素。它们包括被研究物品的性质（私人或公共）；对环境的评价（比如感觉好或一般）；是否存在“不选”选项；校正实际市场所有或一组选项的 ASC 的机会；补充数据对选择结果（无论虚拟还是真实结果）的影响，这一点可以纳入信息加工概念［即识别一些启发性直觉，例如研究者在加工属性时施加门限，或者忽略可能影响选择的、对个体或实验环境未加标签的属性，包括以已知经验③为基准④——参见 Hensher (2006, 2008)；Rose et al. (2008)］，或者纳入能够识别“预期人们将按照陈述性选项或属性购买商品”的条件 (Harrison, 2007)。

本节主要考察交通领域选择实验（CE）中的 MWTP 证据，以及从更广泛的领域寻找假设偏差的证据，考察它们在多大程度上能够指引我们减少实际市场 WTP 和虚拟选择实验 WTP 的差异。

在 19.6.1 节，我们将介绍一些重要问题，旨在说明估计 MWTP 的方法（这是本节的主题）；以及识别文献中假设偏差的可能来源。接着介绍一些实证评估，这些评估使用传统 RP 和 CE 数据集（原因在于缺少自然环境中的非试验真实选择⑤），用来考察特定 CE 元素对 RP 和 CE 的 MWTP 差异的直接影响。然后，我们考察 MWTP 实证估计中分子和分母的作用，它表明仔细考察 CE 中的基准以及在模型估计中如何处理基准对实验设计非常重要［尤其是交通活动可用习惯行为（例如通勤）描述的情形］，对减少 MWTP 和现实市场选择差异（即显示性行为）也非常重要。本节最后一个主题是，未来应做出哪些实证探索来使得 CE 研究的证据和我们“远距离”观察真实行为市场得到的证据差不多？通过与传统 RP 模型的结论进行比较，我们可以预测 SC 的 WTP 的特定处理在多大程度上能减少假设偏差。⑥

### □ 19.6.1 重要议题

本节将 MWTP 实证识别中使用的重要假设和方法列在一起。为了方便说明，我们先对数据按性质进行

---

① 农业、资源和环境评估文献未校正特定选项常数（ASC），即使应用背景为实际市场选项，而且有已知市场份额［例如 Lusk 和 Schroeder (2004)］。这能部分解释总 WTP 的显著差异和 MWTP 的不显著差异。

② Glenn Harrison 指出，“不选”选项非常重要，因为它能让研究者洞察为什么联合选择实验能够允许他们对虚拟偏差进行校正（本书作者与 Glenn Harrison 在 2008 年 2 月 9 日的私人通信）。

③ 在 CE 设计（例如收费道路研究）中使用的基准在交通领域之外不常见。Glenn Harrison 认为基准对偏差的影响既可能正向也可能反向。构建偏差存在性的一种方法是将基准纳入设计，在这种处理方法中，有的个人（受试者）使用基准，有的不使用。这也是一个评估内生性的方法［参见 Train 和 Wilson (2008)］。

④ 基准是一项应用在多大程度上有可识别的实际观察到的参照（例如，使用现有收费道路和免费道路的选择，用于构建市场份额和节省实际的 MWTP）；与此相反，评估特定属性（例如噪音和安全性）时，MWTP 的实际观察通常不可得或者很难有明确评估结论。

⑤ 个体不知道他们处于实验环境中［参见 Harrison 和 List (2004)］，我们将其称为“远距离”（观察）。

⑥ 有的文献指出，传统 RP 选择模型可以作为真实市场 WTP 的证据。这有争议；然而，由于 RP 模型使用广泛，因此我们在本节纳入了这个基准。

分类（真实数据和实验数据），然后讨论重要行为范式（CV 和 CE）、与不确定性相关的性质［例如不选（opt-out）、空谈（cheap-talk）和基准］的作用、为引入校正和偏差函数来减少假设偏差所作的努力。

#### 19.6.1.1 数据类型

在文献中，显示价值、真实价值和实际价值通常混用，用来指代个体做出的重要经济承诺。在实验研究中，这通常涉及参与者对商品或服务付费。大多数假设偏差研究假设这些基于现金的估计是无偏的。另外，陈述值或假设值指缺少任何重要经济承诺的调查响应，而且通常为假设情景。① 文献综述表明，MWTP 方面的证据可以分为三大类。这个分类表明术语“显示性偏好”（RP）的意思在很多文献中相同，但它并非严格等价于“真实市场数据”。RP 研究中的选择响应可以为真实市场响应，但在个体未选中选项的数据上有争议（它们通常缺少方差和衡量误差）②，这也是 SC 方法在 MWTP 识别中遍地开花的原因之一。

真实市场是我们能观察到实际行为的地方；因此，它能够识别每个可得选项提供的属性水平，决策者也能感觉到这一点。这一大类又可按照是否进行实验处理继续细分。非试验焦点（non-experimental focus）是对个体的非人工或匿名的“远距离”观察（即不需要问任何问题；在某种意义上，个体不知道他们正在被研究），并且记录他们的选择和相关选项的属性水平。③ 尽管这避免了任何实验偏差，但它通常伴随着衡量误差，特别是与未被选中选项相伴的误差（例如，收费和免费道路之间的选择，不同交通方式之间的选择），尽管其他领域中的例子，例如超市中的上等牛肉的选择［参见 Lusk 和 Schroeder（2004）］，可以通过对每个选项的属性明确加标签的方式来避免衡量误差。然而，这个焦点提供的信息不足以观察个体处理属性和选项的策略，而这的确影响 MWTP（参见第 21 章），包括相关选择集的识别（最后观察结果就从这个集合产生）。然而，正如近期文献［例如 Hensher 和 Greene（2008）；Hensher 和 Layton（2008）］所示，研究者不需要通过向每个个体提问的方式来推断处理规则的概率。④

实验焦点（experimental focus）是个体在实施真实选择和行动时可以获得一些金钱。这通常涉及基线参与费，以及根据被选中选项变化的“奖金”和其他属性［例如 Isacsson（2007）；Lusk 和 Schroeder（2004）］。这里的问题在于基线参与费可能导致结果与下列环境中显示的真实行为不同：个体获得的金钱是真实交易的机会成本。Carlsson 和 Martinson（2001）认为：

> 我们对效度的检验可能不是对真实显示的检验，而是对虚拟实验和实际实验之间效度的检验。

很多研究使用的 RP 数据是基于被调查者对近期或当期实际选项和一个或多个未被选中（可能未体验过）选项的描述，这些描述可以含有也可以不含有用来描述属性处理策略的信息。一旦实际选择结果可知，属性水平要么由个体报告，要么来自合成源，例如交通研究中的交通网络（Daly 和 Qrtúzar（1990）指出，使用交通网络数据而不是个体报告数据估计的模型甚至不支持受偏好模型结构）。属性水平的这两种来源可能导致属性水平偏离个体在真实市场体验的水平。⑤

SC 数据可以分为两大类：或有价值（contigent valuation，CV）⑥ 和选择实验（CE）。这两种方法都用于

---

① 区分重要和非重要经济承诺的一种方法为，重要经济承诺指“我偏好 X 胜于 Y，而且我实际选择 X”，非重要经济承诺指“我偏好 X 胜于 Y，但我不敢保证一定选择 X”。

② 正如 Ben-Akiva et al.（1994）指出的，“引致真实 WTP 的可能性不大，因为它们只能在很小的尺度上变化”。

③ 例如，在加利福尼亚州大容量收费车道（high occupancy toll lane，HOT）背景下，研究者能够使用第三方方法（例如跟车）衡量交通耗时，并且将过路费作为价格，正如 Brownstone 和 Small（2005）报道的那样。

④ 使用解析方法来识别各种处理规则的概率是否比向个体询问他们如何处理 CE 中的属性数据更好？这个问题尚缺乏明确答案。也可参见第 21 章。

⑤ 为了考察个体对交通耗时的系统性误判的可能性，Ghosh（2001）使用个体感知的节省的交通耗时来帮助解释收费和免费选择环境中道路和交通方式的选择。认知误差（定义为认知减去实际节省的时间）作为一个新的解释变量被加入。他发现个体正向认知误差越大，越有可能使用收费道路；然而，在纳入这个新的变量之后，节省的交通耗时的 RP 价值未发生变化，这意味着 RP 结果可能不受认知问题影响。Ghosh 未能识别 SP 结果是否受到影响［也可参见 Brownstone 和 Small（2005）］。

⑥ 或有价值概念由 S. V. Ciriacy 在 1947 年首次提出，他认为在访谈中，应该问个体的问题是“对于额外一单位超市场（extra-market）商品，你愿意付多少钱”。这个定义隐含的假设是或有价值不针对普通商品。对于未在市场上买卖的商品，研究者使用一些工具来代替价格。对此，研究者准备了一系列问题来诱导出个体对公共物品的支付意愿（WTP）。这种方法对于公共物品价值的确定是否合适？答案并不明朗。

评估非市场属性的价值，例如濒临灭绝物种、旅游资源、空气污染和节省的交通耗时的价值等。这些价值通常基于人们改进属性水平的支付意愿。在CV背景下，研究者在对照实验和实践中使用了一些问题技巧，例如二分类、开放式、支付卡和竞价博弈。二分类选择（dichotomous choice）是向个体报价，个体可以接受或拒绝，而开放式问题是让个体报告他的支付意愿。支付卡是将报价印在卡片上，展示给个体。研究者问询个体，哪张卡片上的价格更接近他的支付意愿。竞价博弈是指向个体提供一系列报价，从而诱导出他的支付意愿（Frykblom，1997）。

选择实验方法［参见Rose和Bliemer（2007）的综述］是使用各种工具（例如纸笔，CAPI，基于互联网的调查等）对个体进行调查，要求他们评估一组选项，并且表达他们的偏好，这些偏好既可以是第一偏好排序（即选中一个），也可以是全部或部分排序，或者对所有选项打分；但研究者知道也可能不知道个体的属性处理策略（attribute processing strategy，APS）。选择实验有很多种，包括加标签或未加标签的选择集（属性和选项）——在实验经济学中，这有时被称为多个价格表，当推广到很多属性情形时，称为多个属性表［等价于多个价格表，参见Harrison（2007）］。它们又有很多变种，例如基于真实行动的基准选项［在交通研究中日益常见，参见Rose et al.（2008）］，外在或内在地考虑属性处理［参见Tversky和Kahneman（1981）；Hensher（2008）；Swait（2001）］，各种用来定义属性边界的启发性直觉［Hensher和Layton（2008）和第21章］。

### □ 19.6.2 使用或有价值指导选择实验的相关证据

这里的主题是MWTP和选择实验，在这个领域，有关假设偏差的实证证据相对有限；然而，我们可以考察CV研究，并用它指引CE的设计和应用以及任何设定背景和影响选择反应的补充数据。与或有价值有关的假设偏差文献有很多［例如Portney（1994）；Hanemann（1994）；Diamond和Hausman（1994）］；Harrison（2006，2007）和Carson et al.（1996）进行了文献综述，重点考察了如何使CE激励相容的问题。① CV研究中的很多焦点在于评估TWTP中的假设偏差；然而，我们可以找到一些有用的信号，它们能够说明在估计CE中的MWTP时，应该考虑哪些影响假设偏差的因素。

**19.6.2.1 CV证据**

CV的方法一直遭受批评，很多争议集中在结果的效度上，特别是实验的假设性质［参见Carson et al.（1996）］。越来越多的证据表明，虚拟CV研究中的个体通常夸大了他们对私人和公共物品的TWTP和MWTP，部分原因在于CV仅强调其中一个属性，这导致其他属性的描述不足。研究者使用了各种方法来减少假设偏差的影响。空谈博弈（cheap talk）脚本似乎是其中最成功的方法，这种方法最初由Cummings et al.（1995，1995a）提出，对在既定价格水平上的特定商品，它试图通过描述和讨论个体夸大WTP的倾向来降低假设偏差。通过使用私人商品、课堂实验或严格对照现场实验，空谈博弈策略被证明非常成功［参见Cummings和Taylor（1999）］。尽管不使用空谈博弈策略情形下的虚拟TWTP均值显著高于实际经济承诺情形下的TWTP，但二者在统计上没有显著差异。因此，在这个问题上，证据是混合的，争议仍将进行下去。

List和Gallet（2001）② 使用荟萃分析考察了各种方法论差异和假设偏差之间是否存在任何系统性关系。他们的结果表明，在下列每组中，前者的假设偏差显著较小：（a）WTP与接受意愿（willingness to accept，WTA）相比；（b）私人商品与公共物品相比；（c）第一价格密封拍卖与维克瑞（Vickrey）第二价格拍卖相比。

Murphy et al.（2004）也报告了荟萃分析的结果，他考察了28篇CV研究中关于假设偏差的结果，这些文献报告了WTP并且使用了相同的诱导机制和实际值。28篇文献一共产生了83个观察值，假设值和实际

① 如果所有参与者只有如实显示机制要求他们显示的任何私人信息时，他们的境况才能达到最好，那么一个过程是激励相容的。例如，在选举过程中，如果人们不诚实投票，那么这不是激励相容的。在缺少虚拟报价者时，第二价格拍卖是激励相容的。激励相容可分为若干等级：在一些博弈中，如实报告是优势策略。比较弱的概念为如实报告是贝叶斯-纳什均衡：每个参与者的最优策略是如实报告，前提是其他人也如实报告。参见Harrison（2007）。

② 这是Foster et al.（1997）的升级版。

值之比的中位数为 1.35，分布明显为正偏。他们发现基于选择的诱导机制（例如两个和多个选择、全民投票、支付卡和联合）对于减少假设偏差比较重要。一些弱证据表明，当对公共物品估值时，假设偏差会增加［这支持 List 和 Gallet（2001）的发现］，一些校正方法（下文介绍）能够减少偏差。然而，结果对模型设定非常敏感，这说明问题仍没有真正解决，有待更完整的理论出现。

一些 CV 研究使用校正工具来控制假设偏差。其中一些研究使用事前（或称工具校正）技巧，例如预算提醒或空谈脚本（Cummings and Taylor，1999；List，2001），试图获得个体的无偏响应。另外一些研究使用事后（或称统计校正）技巧，它们承认响应有偏，因此希望使用实验室实验来校正现场数据（Fox et al.，1998）或进行不确定性调整（Poe et al.，2005），从而控制偏差。

Blackburn et al.（1994）定义了一个“已知偏差函数”，它是样本 SEC 的事后系统性的统计函数。如果这个偏差不仅仅是噪声，则说它对决策者是“可知的”。然后，他们验证这个偏差函数是否可转移到其他商品的样本评价，结论是肯定的。换句话说，我们可以使用从一种情形下估计的偏差函数来校正另一种情形下的虚拟反应，而且校正假设反应在统计上与实际诱导程序的结果匹配。Johannesson et al.（1999）使用这个分析法考察下列反应：个体报告自己将按已知价格虚拟购买商品的可信性有多高，他们发现这个可信性可以预测假设偏差。

工具校正思想［Harrison（2006）首先使用］在虚拟问题提出方式上产生了两种重要创新：一是重新认识个体对“虚拟肯定”理解中的不确定性（Blumenschein et al.，1998，2001），二是使用空谈博弈脚本直接鼓励个体避免假设偏差（Cummings and Taylor，1998；List，2001；Aadland and Caplan，2003；Brown et al.，2003）。这些创新方法的证据是混合的。允许一些不确定性能够允许我们将虚拟反应调整得更符合真实反应。尽管这是可估计的，然而它通常假设研究者事前知道什么样的不确定性的门限才是合适的［参见 Swait（2001）］。然而，仅仅证明存在着能使虚拟反应和真实反应匹配的门限不足以说明它很有用，除非门限能提供特定样本之外的预测能力。类似地，空谈博弈脚本法的效果似乎也取决于特定环境，这意味着在每个环境下我们都必须验证它的效果，而不能想当然地认为它适用所有环境。[1] 有证据表明，我们有必要在实验设计中事前纳入不确定性，因为结果总会因为这样或那样的原因而不确定［参见 Harrison（2006a）］。这表明方案和实际实施不是一回事。例如，在考察目前不存在的各种拥挤收费方案的作用时，纳入方案真正实施的概率属性有助于控制隐藏在方案实施信念背后的主观评估。大的不确定性（或结果的较小不确定性）影响偏好。

#### 19.6.2.2 CE 证据

CE 的构建方式通常能够增加现实性，因为它们非常类似于个体真实购买或使用决策。然而，关于 CE 假设偏差的研究非常少［仅见于下列文献：Alfnes 和 Steine（2005）；Lusk（2003）；Lusk 和 Schroeder（2004）；Cameron et al.（2002）；Carlsson 和 Martinsson（2001）；List et al.（2001）；Johansson-Stenman 和 Svedsäter（2003）；Brownstone 和 Small（2005）；Isaccon（2007）］。Carlsson 和 Martinsson（2001）以及 Cameron et al.（2002）不能拒绝真实环境和虚拟环境中 MWTP 相等的假设，而 Johansson-Stenman 和 Svedsäter（2003）拒绝了这个假设，Lusk 和 Schroeder（2004）发现商品的虚拟 TWTP 超过了真实 TWTP，但未能拒绝 MWTP 的相等性假设。Carlsson et al.（2005）也认为他们不能拒绝选择实验中存在假设偏差的假设。

List et al.（2006）考察了能够方便地提供购买决策和属性值向量信息的 CE。他们的实证工作集中于两个非常不同的领域。在第一个领域，他们考察了购买决策中的假设偏差，这个购买决策以人们对门限公共物品的贡献为例。为了更深入地分析，他们在第二个领域通过考察实际市场中的消费决策，考察购买决策和边际价值向量。两个领域的研究发现，虚拟选择实验和空谈博弈脚本法结合能够提高购买决策估计值的可信性。而且，他们在估计 MWTP 时没有发现假设偏差的证据。然而，他们的确发现空谈博弈脚本法能够引致个体偏好的内在不一致性。

Lusk（2003）使用大批量邮件调查（$n=4\ 900$）考察了人们对一种新商品（即黄金大米）的支付意愿，

---

[1] 我们发现深度访谈和焦点小组法能增加实验的可信性。近期关于体育课以及夜场音乐的 MWTP 的研究结果被澳大利亚联邦法案引用，这证实了这一点。

目的在于考察空谈博弈脚本对 WTP 的影响。他使用了双限二分类选择问题（接受或拒绝），研究发现，在 WTP 的估计上，从使用空谈博弈脚本的虚拟反应计算出的数值显著小于不使用空谈博弈脚本的情形。然而，与 List（2001）的结果一致，他发现空谈博弈脚本没有减少有经验或称有知识的消费者的 WTP。对于所有消费者，黄金大米的平均 WTP 超过了传统白米的价格。List（2001）和 Lusk（2003）的证据表明只有对于不熟悉的商品，空谈博弈脚本法才能降低假设偏差，这强化了基准（或称参照）的重要性，它是研究者当前讨论的一个重要主题。

另外，“现实主义”（Cummings and Taylor，1998）或“结果主义”（Landry and List，2007）的潜在效应或者“界限卡”（Backhaus et al.，2005）的作用进一步支持以体验过的商品或选项为参照的做法。“界限卡”要求个体在恰好足以诱使他做出选择的激励背后放上一张想象的“界限卡”。这样，界限卡将 CE 研究者的第一偏好反应和排位结合在一起，它将可接受的激励与不能导致选择的激励分开。支持界限卡的理论认为，个体在主观水平（称为比较水平）上评估“决策”选项，这与基准选项的概念不相似。在某种意义上，这个文献与信息加工有关，研究者现在已认识到信息加工有助于减少假设偏差（参见第 21 章）。Backhaus et al.（2005）调查了人们对周末去三个大城市（巴黎、罗马和维也纳）度假的支付意愿，在有限联合分析的基础上，发现 WTP 的均值非常接近实际 WTP；相反，CV 平均估计值显著不同。

选择分析最有影响的条件是重要性，它要求报酬直接与个体决策相关。向个体支付固定钱数不是重要的，因为个体的表现（行动）和他得到的报酬没有关系。我们没有理由认为研究者中的个体行为和现实经济世界中的相应行为一致。Ding et al.（2007）认为传统市场营销研究通常依赖的联合分析不理想，因为在这些研究中，个体在回答虚拟购买决策问题时得不到报酬或者得到非重要报酬。这类研究很难发现真正的消费者偏好，因为个体在回答问题时没有利益相关性。Ding et al.（2007）提供了一种让个体的激励与实际行为挂钩的方法。他们在中餐馆实施了现场实验，检验他们提出的激励校准法。个体报告他们对菜品的偏好，并且最终要付钱吃掉这些菜。他们发现，使用传统虚拟联合法，他们对消费者的最好选择的预测成功率仅为 26%，但使用激励校准法，这个数字提高到了 48%。

两篇创新性的城市交通研究使用 CE 考察了假设偏差。Isacsson（2007）使用含有两个属性的二分类选择实验，发现公共交通方式节省的交通耗时的价值的估计值存在假设偏差。真实值比虚拟选择情形下的值高。这重现了 Brownstone 和 Small（2005）的发现。Isacsson（2007）假设节省的交通耗时的价值服从指数分布，他发现交通耗时的价值的估计值是相应虚拟值的两倍。这个 CE 证据与大多数 CV 研究证据相反，后者认为陈述性偏好调查通常高估了 WTP［例如，参见 Harrison 和 Rutstrom（2008）；List 和 Gallet（2001）；Murphy et al.（2005）］。

**19.6.2.3　小结**

本节识别出了一些可能影响假设偏差大小的因素。最重要的影响因素有：使用空谈博弈法降低假设偏差，尤其是缺少经验的情形；个体可以不选而不是被迫选择，可以不选表示个体愿意维持现状；使用“界限卡”或问题等加工策略，构建严肃决策选项的临界值。

为了让 CE 更明确，值得探讨的问题有：（1）真实市场选项如何描述，（2）如何将经验嵌入 CE（特别地，如何通过基于有消费经验的商品进行调整），（3）如何描述个体在评估属性和选项过程中使用的启发性直觉。

在下面几节，我们重点考察参照在减少假设偏差过程中的作用，Brownstone 和 Small（2005）是交通行为研究中的一篇非常重要的文献，我们把他们从现实行为决策得到的 MWTP 作为当前基准。另外，很多研究者将从传统 RP 研究得到的 MWTP 作为另外一个“感兴趣的基准”，这类研究的估计值通常比 CE 研究情形的高。处理启发性直觉的考察也可参见 Hensher 和 Greene（2008）。

### □ 19.6.3　交通研究中的一些背景证据

由于缺少交通领域中“远距离”观察真实市场的证据，我们很难进行一系列实证范式比较，包括与传统 RP 选择数据以及各种 CE 设定的比较。根据 20 多年的研究经验，我们可以分别运行传统 RP 模型和传统（即非参照）CE 模型（参见表 19.4）。我们计算了每个 RP 和 CE 选择集的 VTTS 并进行了比较。这些未经过调整（用纸和笔记录的面对面调查）的 CE 设计含有由特定交通距离决定的属性水平，这些水平的设计未参照个体当前或近期出行经验。①

表 19.4　　澳大利亚的 VTTS 实证证据：传统 CE 和 RP

| 研究主题 | 背景 | VTTS 均值（澳元/人·小时） | RP/CE 比值（利用对称分布的 95%的置信限） |
|---|---|---|---|
| 1987 年悉尼—墨尔本 RP v.s. CE | 长距离非通勤；加标签的交通方式选择 | 误差成分：<br>RP：9.74±6.23<br>CE：5.81±3.01 | 1.67±2.1 |
| 1994 年澳大利亚六大城市 | 城市通勤；加标签的交通方式选择 | 误差成分：<br>RP：3.51±1.47<br>CE：4.20±2.13 | 0.838±0.7 |
| 1995 年悉尼定价法庭 | 城市通勤；加标签的交通方式和票种选择 | MNL<br>RP：6.73±3.94<br>CE：6.11± 3.22 | 1.10±1.2 |
| | | 误差成分：<br>RP：6.87±4.58<br>CE：6.26±2.95 | 1.09±1.56 |

注：所有研究都是用纸和笔记录的面对面调查。

证据表明，这三个研究的 RP/CE 值和 1.0 不存在显著差异②，因此我们不能拒绝原假设：不存在假设偏差。如果“真相”隐藏在 RP 模型之中，那么我们的确可以断言假设偏差不是问题，因为这三个研究都考察了未被选中选项（包括衡量误差）的识别问题。受 Brownstone 和 Small（2005）的影响，很多研究者尤其是美国研究者相信，与显示性行为研究相比，从 CE 研究得到的 MWTP 被显著低估；因此，我们需要找到可能的解释。Brownstone 和 Small（2005）认为，传统 RP 不是一个与真实市场观察相比的基准。③ 更重要的是，他们的模型看起来和平常的 RP 模型一样，然而数据来自个体在可变收费道路和免费道路之间的实际选择。属性是由外在程序衡量的，因此个体在选择集中两个选项上的时间和成本水平不存在常见方式（即向个体询问而得到数据）存在的问题。

由于个体特定出行目的的大部分交通方式和路线具有习惯性（而不是追求多样性），因此我们重点考察的选择情形应该是，在决策空间不含“强制性的”未被选中选项的情形下，偏好推断（从而 MWTP）是否能够被更好地识别，除非研究者能获得像 Brownstone 和 Small（2005）那样的数据。我们的偏好显示范式促进了 CE 设计中使用参照（或维持现状），在实际经验条件下，这也是“不选”选项。这样，我们很可能得到与每个个体的真实市场活动紧密联系的 MWTP 估计值。

基准选项对于 CE 选择情景中提供给个体的属性水平意义的构建非常重要。使用 CAPI 和基于互联网的调查，我们可以自动将 CE 中的属性水平相对于基准经验（即近期出行活动）个体化。也就是说，尽管设计水平（围绕基准点变化的百分数）相同，但每个个体看到的水平将因基准选项的水平不同而不同。目前还不清楚的问题是，是否将基准选项纳入用于模型估计的选择集。在表 19.5 中，我们使用 2004 年悉尼收费道路研究考察了这个议题。个体需要：(1) 在基准选项和两个 CE 选项之间做出选择，(2) 在两个 CE 选项之间做出选择。我们发现，二者的 VTTS 均值有差异，但差异较小，在使用误差成分设定时，这个差异更小（与简单 MNL 形式相比）。上述值的置信区间④使用 Armstrong et al.（2001）提供的 $t$ 值估计方法：

$$V_{S,I}=\left(\frac{\theta_t\cdot t_c}{\theta_c\cdot t_t}\right)\frac{t_t t_c-\rho t^2}{t_c^2-t^2}\pm\left(\frac{\theta_t\cdot t_c}{\theta_c\cdot t_t}\right)\cdot\frac{\sqrt{(\rho t^2-t_t t_c)^2-(t_c^2-t^2)(t_c^2-t^2)}}{t_c^2-t^2}\tag{19.22}$$

① 这两个特征可能都是假设偏差的重要影响因素。

② 有人认为该证据是个“好结果”。

③ 我们通过与 Ken Small 和 David Brownstone 在 2008 年初的私人通信知道了这一点。

④ 置信区间很重要，因为 VTTS 是两个随机变量的比值，因此它们也是随机的。

其中，$t_t$ 和 $t_c$ 分别为交通时间参数 $\theta_t$ 和成本参数 $\theta_c$ 估计值的 $t$ 值；$t$ 是给定自由度时的统计临界值；$\rho$ 为两个参数估计值的相关系数。如果有关参数显著不为 0，那么这个式子能保证 VTTS 的上界和下界都为正。

**表 19.5　基于 CE 的 VTTS 的经验证据（澳元/人·小时）：将所有时间和成本参数视为未加标签的**

| 研究主题 | 背景 | 模型（包括基准选项） | 模型（不包括基准选项），不选的一种形式 |
|---|---|---|---|
| 2004 年悉尼过路费研究 | 城市通勤，未加标签的选择 | MNL：<br>18.6±6.3<br>误差成分<br>18.1±7.4 | MNL：<br>17.85±7.7<br>误差成分<br>17.83±8.1 |

在检验差异时，误差成分模型的结果在 95%的置信水平上不显著。然而，这个检验丝毫不涉及对下列问题的定性：在实际市场环境中，当个体在所有现实世界约束条件下做出选择时，使用基准选项作为一种识别时间和成本边际效用的方法是否有用。

大多数 CE 研究中都有基准选项和 CE 设计选项的受约束参数，这些参数可能让我们看不清楚真实选项和虚拟选项的时间和成本的边际效用的差异，而这可能是 VTTS 差异的影响因素。

表 19.4 和表 19.5 报告的从 CE 研究得到的 WTP 是参数估计值的比值；它们通常对分子和（或）分母估计值的微小变动非常敏感，这对每个选项的影响可能有差异（尽管当基准选项和 CE 选项的参数是未加标签的时，这个差异较小）。换句话说，由假设偏差导致的 RP 和 CE 的 WTP 估计值差异可能与一些简单操作（例如将一个或多个选项的属性相加）引起的偏差混合在一起。① 在下面几节，我们需要仔细考察计算 WTP 时分子和分母包含的信息以及基于参照的 CE 提供的额外信息，使用的方法是将基准（即当前市场决策结果）和 CE 选项的效用表达式分开。

**19.6.3.1　边际 WTP：分子和分母效应**

为什么 CE 和 RP 的 MWTP 可能存在差异？Wardman（2001）以及 Brownstone 和 Small（2005）提供了若干解释（他们没有考察 TWTP②）。Wardman（2001，p.120）认为 CE 的 MWTP 较低，（部分）原因可能在于：（1）策略性的响应偏差，尤其是成本参数偏差（在计算 WTP 时，成本出现在分母上），而且在选择实验中，个体对成本变化比较敏感；（2）CE 能在多大程度上“纳入简化决策规则（例如忽略不重要的属性或变化较小的属性）”；（3）忽略不符合实际的属性变化，从而减少平均参数估计。顺便指出，（3）是（2）的一个变种。他认为这更有可能是参数估计（例如交通耗时）问题，在计算 WTP 时，交通耗时在分子上。

Brownstone 和 Small（2005）对这些差异也提供了可能的解释③，这些解释被 Isacsson（2007）引用。最重要的一个原因是个体在实际行为中表现出（时间）不一致性，或更一般地，实际行动受到很多约束，但 CE 研究未考虑这些。他们认为与虚拟调查相比，实际生活中更容易出现较高成本选择。④ 他们还考虑了个体对交通耗时的错误感知。这些作者要求个体报告他们认为使用高速道路时能节省多少时间。⑤ 这个信念的

① Steimetz 和 Brownstone（2005）自举了 WTP 分布，并且将这个分布的均值作为估计点，从而试图容纳分子和分母的敏感性[Brownstone 和 Small（2005）引用了这篇文献]。我们感谢评阅者指出了这一点。

② 环境、卫生、市场营销和农业文献经常关注 TWTP。

③ Browstone 和 Small（2005）认为收费的大容量（HOT）道路和免费道路的平均 VTTS 差异介于 20～40 澳元/人·小时，这比 SP 研究高了大约 50%（即在 SP 研究中，这个差异为 13～16 澳元）。上限 40 澳元是一个自我选择的小组报告的，他们已经获得了 HOT 道路的上路资格。

④ 维持衡量单位固定，较高的属性水平通常导致较低的参数估计值，而且由于成本参数在分母上，我们得到的 RP 的 MWTP 比 SP 情形的高。

⑤ David Brownstone（2008 年 2 月 28 日的私人通信）指出，CE 和 RP 比较研究中的很多人实际上定期（至少每周一次）在收费道路和不收费道路之间转换。他认为对这部分人进行估计也比较有价值，因为他们对这两种道路都非常熟悉。

诱导不是激励性的。个体报告的估计值均值一般为实际节省时间的两倍。Brownstone 和 Small（2005，p. 288）提供了两种可能解释：（1）个体关注的仅是部分路段而不是整个路程（从起点到目的地）耽搁的时间；（2）对交通拥挤缺乏耐心，从而夸大了耽搁的时间。如果这样，那么这意味着 CE 中相同属性水平将导致相同反应，从而降低了时间参数的估计值。

Hensher（2006，2008）以及 Hensher 和 Greene（2008）促使研究者认为，属性加工是一种具有行为意义的方法，因为它保证了个体使用的直觉推理与他们在真实市场中使用的一样（尽管受加工信息量影响，可能存在额外的特定 CE 效应，但它不会改变个体的直觉集，只是激发了特定加工规则）。我们不理解 Wardman 的观点（2）：这是个特定 CE 问题；因为它也发生在 RP 环境。研究者应该向个体问询一些额外问题来揭示 CE 和 RP 数据的处理规则，或用来检验和描述特定处理直觉的模型设定［参见 Hensher 和 Greene（2008）；Hensher 和 Layton（2008）］。而且，Wardman 的观点（3）与枢轴设计紧密相连［参见 Rose et al.（2008）］，如果仔细设计，能够减少这类问题出现的可能性（参见下文）。

Brownstone 和 Small（2005，p. 88）关于使用高速道路节省时间的发现有争议，该发现是“如果人们耽误了 10 分钟但记成了 20 分钟，那么他们对涉及耽误 20 分钟的虚拟问题的反应和他们对真实情景中耽误 10 分钟的反应是一样的；这将导致虚构情景下节省时间的值是真实情景的一半”。原因在于 RP 和 CE 的下列差异。在 RP 情形下，研究者需要描述水平（在某些情形下描述差异），或像 Brownstone 和 Small（2005）那样使用与特定个体实际出行无关（例如悬浮汽车和回路探测器）的衡量方法。与此不同，在 CE 情形下，水平直接指定给每个抽样个体。因此，个体加工属性的水平既定，然后这些信息被用于模型估计，这与下列做法不同：向个体问询或从第三方得到关于未被选中选项的属性水平（或差异），然后构建未被选中选项的属性水平。这实际上去掉了 RP 研究中未被选中选项的属性水平构建过程中的不确定性。

MWTP（例如 VTTS）是两个不同量的比值，其中一个为属性（例如交通耗时）的边际效用，另外一个是金钱的边际效用（Hensher and Goodwin，2004）。这两个量都与偏好、休闲活动、教育和个体面对的机会或选择集混杂在一起（Hensher，2006；Harrison，2006，2007）。给定 CE 和 PR 的不同之处，我们需要认识到，CE 研究是 RP 研究的有效补充：在缺少 RP 数据时，我们可以使用 CE。枢轴设计（参见下文）可以用于这个目的。

### □ 19.6.4 枢轴设计：RP 和 CE 的元素

一般认为，RP 数据富含被选中选项的信息，但它提供的未被选中选项的信息有不少问题。原因在很大程度上在于，人们未使用过未被选中的选项，这在交通领域比较常见。人们的行为表现出了很强的惯性，基本不会认真思考其他选项。追求选择的多样性在城市交通选择中并不多见。认知偏差总会存在；有些人可能认为这不是偏差，而是暴露因素和个体对这些选项的经验积累的综合结果。大量文献表明，人们对选中的选项有近乎固化的偏好［例如 Tversky 和 Kahneman（1981）；Gilboa 和 Schmeidler（2001）］。基准设计或枢轴设计就是针对这种情形①的一种应对方法（Rose et al.，2008；Hess et al.，2008）。我们把这个情形说得详细一点：个体行为尤其中短期交通方式选择行为（例如日常通勤）具有惯性而不是多样性；个体只有在感知选项的属性水平明显发生变化（通常以行为门限定义）时，才会考虑是否转换到其他交通方式。由于截面数据（这是 MWTP 的典型数据源）通常被视为代表长期行为，因此我们必须综合考虑惯性行为和追求多样化行为的反应，尽管基于基准选项的偏差比较大。② 这与 CE 研究中的下列做法一致：除了未加标签的选项（这里涉及改变基准选项的属性水平）之外，还含有加标签的选项（例如公共交通和小轿车）。个体考虑改变交通方式是一个重要的门限问题。

由于未被选中选项的属性水平的识别（事后识别）问题重重，而且 Brownstone 和 Small（2005，p. 288）认为个体对交通耗时的系统性误判是造成 RP 和 CE 的 MWTP 差异的重要原因，因此枢轴选择实验比传统 RP 好，因为 RP 的选项通常是人为构建的而且强迫个体选择；简单地说，枢轴选择实验更符合现实。CE 枢

① 大多数关于交通方式或路线的选择都存在这个问题。

② 我们与 Ken Small 讨论了这个问题，感谢他的启发。

轴实验（简记为 CE _ PV）认识到，个体在真实市场中的选项通常被认为使他的效用最大化（给定他对实际市场的所有认知信息）。① 在个体评估设计良好的加标签或未加标签的 CE _ PV 时，他处于相对熟悉的领域；相反，在 RP 情形下，未被选中选项的属性水平通常是未知的，所以个体会“乱猜”。具体地说，在 CE _ PV 实验中，属性水平围绕着个体使用过的选项（即基准选项）而变化，研究者选取的基准选项要能保证属性和属性组合完全（即没有遗漏）而且容易理解（Hensher，2006）。枢轴设计是一种提高属性水平重要性的方法，这与前景理论相符（Tversky and Kahneman，1981）；而且，在这种设计中，不需要纳入“不选”选项。

Hensher（2001）证明了基于 CE 的 WTP 估计值主要取决于选项是如何提供给个体的，例如“启动/停车”路况和“道路通畅”路况［Wardman（2001）也证明了这一点］。这说明了根据现实世界经验设计 CE 选项的重要性——个体对这些虚拟选项有一定认知。另外，Hensher（2006a）关于 RP 的发现表明，VTTS 估计值能反映额外的拥挤成本［Steimetz（2008）证实了这一点］。因此，RP 和 CE 估计值差异的一个可能解释在于，CE 中的个体不能认知虚拟交通耗时的所有交通成本。然而，基于现实世界选项的设计能够帮助他们意识到这些成本，从而可能减少 RP 和 CE 结果的差异。

为了考察基于个体使用过的选项（现实市场中的 RP 观察）的作用，我们重新估计了以前的模型，这些模型主要用于估计澳大利亚和新西兰交通方式（收费和不收费道路）的支付意愿。我们分别于 2004 年和 2007 年考察了悉尼和新西兰的交通选择。CE 屏幕（取自 CAPI）如图 19.7 所示，它来自我们对悉尼交通的研究。

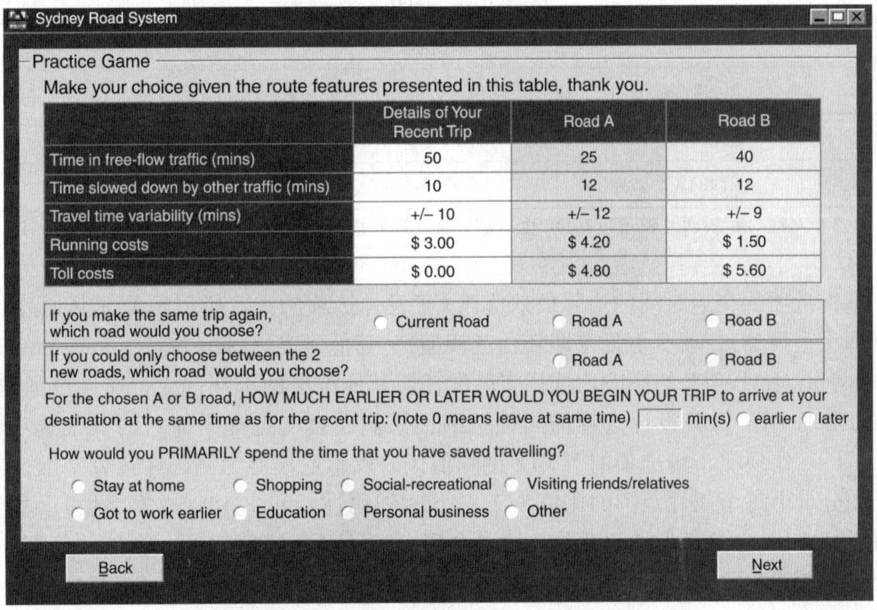

Sydney Road System

Practice Game

Make your choice given the route features presented in this table, thank you.

| | Details of Your Recent Trip | Road A | Road B |
|---|---|---|---|
| Time in free-flow traffic (mins) | 50 | 25 | 40 |
| Time slowed down by other traffic (mins) | 10 | 12 | 12 |
| Travel time variability (mins) | +/– 10 | +/– 12 | +/– 9 |
| Running costs | $ 3.00 | $ 4.20 | $ 1.50 |
| Toll costs | $ 0.00 | $ 4.80 | $ 5.60 |

If you make the same trip again, which road would you choose? ○ Current Road ○ Road A ○ Road B

If you could only choose between the 2 new roads, which road would you choose? ○ Road A ○ Road B

For the chosen A or B road, HOW MUCH EARLIER OR LATER WOULD YOU BEGIN YOUR TRIP to arrive at your destination at the same time as for the recent trip: (note 0 means leave at same time) ____ min(s) ○ earlier ○ later

How would you PRIMARILY spend the time that you have saved travelling?

○ Stay at home ○ Shopping ○ Social-recreational ○ Visiting friends/relatives
○ Got to work earlier ○ Education ○ Personal business ○ Other

Back Next

**图 19.7 陈述性选择屏幕（取自 CAPI）**

最初的悉尼模型估计涉及基准选项（用近期或当前通勤定义）和两个 CE 选项，后者是一个 D 效率设计［参见 Rose et al.（2008）和第 7 章］，其中实际属性水平围绕基准选项水平变化。其后的悉尼模型主要考察两个 CE 选项之间的选择（基本是一个强迫性的选择）②。新西兰研究的模型设定与悉尼模型相同。我们估计了含有误差成分（用来纳入尺度）的 ML 模型，假设每个基准选项和两个 CE 选项的交通耗时参数（设定为

① Hensher et al.（2005）认为，研究者也可以仅估计 CE 模型来得到每个属性的稳健估计值，然后通过校正常数来得到现实市场观察到的基础市场份额。这也意味着我们不需要估计 RP 模型。然而，这种方法的前提条件是，从 RP 选项得到的参数估计值（无论是从 RP 模型得到的，还是从 RP - CE 联合模型得到的）在统计和行为上都不怎么可靠（与从 CE 选项尤其是基准选项得到的参数估计值相比较）。

② 部分原因在于考虑到了陈述性设计选项相对于每个个体的基准选项的不确定性。

随机参数）服从三角形分布。① 我们估计了关于成本的固定参数（运行成本和总成本）②。我们还纳入了两个常数，用来反映个体偏好基准选项和第一顺位 CE 选项的任何偏差。

主要结果参见表 19.6。③ 表 19.6 中的模型有最好的整体拟合度（以似然比 LRT 衡量）。VTTS 估计值是基于整个分布的条件估计值，不是平均值。对于悉尼研究，基准选项的 VTTS 分布的均值为 26.99 澳元/人·小时（标准差为 7.94 澳元）；从含有基准选项的模型得到的 CE 选项的均值为 17.92 澳元（标准差为 7.82 澳元）。从强迫选择模型得到的 VTTS 的均值为 23.24 澳元/人·小时（标准差为 7.52 澳元）。基准选项和 CE 选项的 VTTS 的比值为 1.51。对于新西兰研究，基准选项的 VTTS 的均值为 27.34 澳元/人·小时（标准差为 7.46 澳元）；从含有基准选项的模型得到的 CE 选项的均值为 13.65 澳元（标准差为 4.31 澳元）。强迫选择模型的 VTTS 的均值为 11.28 澳元/人·小时（标准差为 5.35 澳元）。基准选项和 CE 选项的 VTTS 的比值为 2.00。差异的 $t$ 值检验表明，在 95%的置信水平上，基准选项的 WTP 和 CE 选项的 WTP 的差异显著。

**表 19.6　　基于枢轴设计的模型的平均参数（时间和成本参数）估计值④**

| 研究 | 基准选项 | | CE 选项 | |
|---|---|---|---|---|
| | 时间 | 成本 | 时间 | 成本 |
| 悉尼 | −0.100 8 (−7.7) | −0.223 9 (−12.049) | −0.066 9 (−16.6) | −0.213 8 (−11.3) |
| 新西兰 | 0.212 8 (−9.25) | −0.477 4 (−2.1) | −0.178 3 (−16.80) | −0.763 4 (−32.9) |
| WTP 估计值 | | | | |
| 研究 | 基准选项 | CE 选项 | 强迫选择（只有 CE） | 比值（以 CE 为基准） |
| 均值（标准差） | | | | |
| 悉尼 | 26.99 (7.94) | 17.92 (7.82) | 23.24 (7.52) | 1.51 |
| 新西兰 | 27.34 (7.46) | 13.65 (4.31) | 11.28 (5.35) | 2.00 |

注：悉尼模型（912 个观察）和新西兰模型（1 840 个观察）的 LL 分别为−662.51 和−1 187.96（MNL LL 分别为−837.8 和−1 630.2）。

我们发现，基准选项的交通时间的边际负效应比 CE 设计选项的大，悉尼模型尤其如此；成本的边际负效用要么类似（即悉尼模型），要么更低（即新西兰模型）。其他研究（Hensher，2006；Louviere and Hensher，2001）的属性范围对 MWTP 的影响比选择实验的任何其他维度的影响都大；属性范围越小，MWTP 越大⑤；这和我们的发现一样。CE 设计选项的属性范围比人们在真实选择中面对的其他选项的属性范围大，从而 CE 选项的 VTTS 比现实市场选项的 VTTS 的均值低。以悉尼模型为例，在计算基准选项和 CE 选项的 VTTS 时，分子和分母中每个属性范围的比值为 1.42（时间属性）和 1.48（成本属性）。基准选项和 CE 选项的 VTTS 之比为 1.51；由此产生的问题是：这是个巧合，还是意味着它是一个能“解释”二者 VTTS 差异的（事后）统计学校正？

我们继续评论属性范围的影响。在 CE 中，属性范围是 WTP 的主要影响因素。市场营销领域的文献［例如 Ohler et al.（2000）］发现异质性随着属性范围和分布的变化而系统性地变化，模型的 ASC（特定选

① 模型使用模拟 MLE，进行了 500 次霍尔顿抽样，每个抽样个体面对 16 个选择情景。

② Sillano 和 Ortuzar（2005）认为：“将偏好系数对总体固定可能导致它的增长小于平均比例（即允许参数变化将会增长更快）”。如果事实如此，那么它既适用于基准选项，也适用于 CE 选项。另外，大多数使用 ML 的实证 RP 研究也施加这个条件。

③ 这包括交通耗时和交通成本随机参数的无约束的三角形分布和正态分布。MNL 模型的整体拟合度较差（参见表 19.3 的注释），悉尼和新西兰的 RP/CE 的 VTTS 的均值分别为 1.46 和 1.05。

④ 我们没有报告选择情景 1 的基准 ASC 和 SC 虚拟变量，这两个量考虑了其他属性和环境的平均影响。

⑤ Hensher 和 Louviere 发现，在很多研究中，MWTP 随着属性范围的降低而增加，反之则反是。在 CE 研究中，待估属性通常有很宽的范围，这基本上是 CE 的使命所在，从而导致了行为上丰富的变化。然而，这也有代价，真实市场上的变化没有那么丰富，因此当我们使用现实市场数据估计时，得到的 MWTP 比 SC 实验的高。这自然产生了一个问题：在计算基准选项和 CE 选项的 MWTP 时，分子和分母中每个属性的范围能够解释二者的 MWTP 均值的差异吗？若是，能全部解释还是部分解释？

项常数）和拟合度［也可参见 McClelland 和 Judd（1993）］也是这样，然而偏好模型参数基本不受影响。因此，我们目前还不清楚实证异质性的来源，因为它们通常取决于具体环境；也就是说，它们通常伴随特定的属性范围和样本，不能轻易推广。研究者已认识到需要考虑个体特征和异质性分布之间的联系［参见 Hensher（2006）］，然而很少有人认识到如果改变属性范围和（或）分布，就会导致异质性推断的显著差异。简单地说，更宽的属性范围比更窄的属性范围对结果的影响更大，从而有更大的 WTP（Louviere and Hensher，2001）。

我们这两个研究得到的关于 VTTS 的实证证据与 Brownstone 和 Small（2005）的发现（SC 和 RP 的 MWTP 的均值的相对大小）一致①，只要我们承认在惯性行为下基准选项含有边际负效用的重要信息。我们的研究与 Brownstone 和 Small（2005）的不同之处在于，我们考察的是已知出行，并且假设大多数通勤者不了解未被选中的选项。后者能够让研究者在 RP 环境中估计选择模型，并且增加了有关属性的变化性。在惯性行为条件下，良好设计的枢轴 CE 能够传递有关市场信息和属性的变化性，并且能避免未被选中选项的有关信息识别问题，尤其是个体行为有很强惯性的情形。我们的发现支持 Brownstone 和 Small（2005）以及 Isacsson（2007）关于 MWTP 相对大小的报告。交通领域之外的文献表明，CE 的 MWTP 比传统 RP 的小。因此，如果研究者希望使用传统 RP 的 MWTP 作为基准，那么我们这里的发现支持假设偏差的减少。如果交通领域中的 RP 和 CE 研究无法提供任何关于假设偏差的证据，那么我们会质疑使用 CE 的必要性。②

枢轴设计的好处不仅仅在于将所有选项的时间和成本参数设为未加标签的，更在于识别 CE 数据在产生关于真实市场经验的可变性方面的作用，以便估计参数。原因在于，与下列环境相比，即与（1）RP（这种情形下，未被选中选项的识别问题重重）或（2）将 CE 选项视为与真实市场中的基准选项有“相同”地位相比，枢轴设计有更丰富的属性偏好显示环境。然而，更重要的是，我们需要 CE 选项（不含衡量误差，但受个体认知影响）来提供显示性偏好的属性数据的可变性。这种方法得到了 Brownstone 和 Small（2005）以及 Isacsson（2007）的支持。

这里的实证证据表明，研究者多年以来在 CE 上的探索以及对传统 RP 和 CE 数据作用的争论反而可能掩盖了重要信息，即基于真实市场活动的 CE（尤其是多次重复情形）能够提供合适的设定；然而，文献基本回避了这一点。③ 如果我们认识到，寻求 RP 模型中至少一个未被选中选项的数据，与构造估计模型必需的方差紧密相连，那么对于惯性行为情形，我们可以使用枢轴 CE 设计。

我们强烈建议研究者在未来的 CE 研究中应该使用真实市场机制选项作为选择情景设计的枢轴。④ 这不仅使得实验基于个体水平，而且能够让我们估计有关属性的特定选项参数，从而让我们得到真实市场选项的 MWTP 估计值和 CE 选项的 MWTP 估计值。基于枢轴设计的 CE 数据不仅能让个体使用记忆中的信息表达偏好，还能让他们用虚拟记忆表达（Henshe，2006）。然而，需要强调，我们这里讨论的关于 RP 和 CE 选项在 WTP 上的大小差异不应该被过度解读，而应该仅视为减小二者差异的努力。这个发现需要自然的现场实验证实。

### □ 19.6.5 结论

在本节，我们讨论了假设偏差；回顾了显示性研究和 SC 研究（CV 和 CE）以识别假设偏差的性质和程度，以及探讨如何设定数据和模型才能减少 CE 的 MWTP 与“远距离”观察实际市场而得到的 MWTP 之间的偏差。

在比较 SC 选项和 RP 选项的 MWTP 时，我们指出前者的 MWTP 较小；我们注意到，这方面的证据较

---

① 2004 年的汇率为 1 澳元＝0.689 澳元，悉尼模型中基准选项的 MWTP 为 39.48 澳元，而在 SC 估计中：（1）对于纳入基准选项的模型，这个数字为 19.93 澳元，（2）在两个 CE 选项的强迫选择模型中，这个数字为 16.08 澳元。

② 下列情形例外：研究者关注的是新的选项，而且原有选项的属性变化可能非常大，大到超过了人们在现实市场中的体验。

③ Brownstone 和 Small（2005）是个例外。

④ 这应该包括（或至少考虑）能够考虑符号依赖偏好和基准点关系的模型［例如 Hess et al.（2008）］，这是累积前景理论（CPT）所暗示的。Seror（2007）认为 CPT 拟合的观察选择比期望效用理论和等级依赖效用理论拟合得更好。这个发现引起了质疑，因为他们认为基准点的选择过于随意。参见 Andersen et al.（2007b）。然而，基准点在交通领域研究中比较有用。

少（但为强证据），仅有 Brownstone 和 Small（2005）① 以及 Isacsson（2007）等文献。在 CE 情景下，如果研究者的兴趣在于估计惯性行为条件下的 MWTP（交通领域通常如此），那么应该识别基准选项中的真实市场信息。我们发现，当用枢轴设计构建 CE，而且基准选项和虚拟选项的时间和成本参数不同时，基准选项的 VTTS 比虚拟选项的高。这种模型设定并不常见。更常见的情形是，基准选项和虚拟选项有相同的参数。在如何减少假设偏差的问题上，我们这里的建议是使用枢轴设计，允许基准选项和虚拟选项有不同参数。

尽管良好的实验设计非常重要，然而近年来研究者过度强调 CE 设计的统计属性有可能得不偿失，因为它们对真实行为对结果的影响关注得太少，这个影响的评估需要认真对待（参见第 7 章），尤其是基于现实参照的评估。

通过梳理文献中的实证证据，辨析理论和行为依据以及可能的解释，我们总结了一些针对未来选择研究的建议：

1. 纳入用来解释选择实验目标的脚本陈述（包括空谈博弈脚本）。

2. 纳入“不选”选项，避免强制选择情形（除非“不选”是不合理的）。

3. 将 CE 属性水平围绕基准选项设计，而且基准选项有唯一参数，以便计算真实市场中被选中选项的 MWTP 的估计值。

4. 在实际市场份额可知时，使用选项的基于选择的权重校正特定选项常数（ASC）。在很多情形下，这种做法不可行。然而，只要有相同选项的实际市场份额信息，我们就应该使用这种方法校正 ASC，否则就无法有效比较 TWTP。②

5. 纳入用来识别个体加工属性策略的补充性问题，以及用来构建“个体信度”的问题，这里的个体信度指个体声称的选择与实际选择在多大程度上相符；后者既可在每个选择情景之后纳入 CE，也可以使用附加反应（对选项打分）形式纳入，比如使用“界限卡”。Fuji 和 Garling（2003）提供了一些关于尺度问题的建议。

6. 识别可能影响实际选择的约束，CE 中可能忽略了这些约束，从而导致失真的个体反应。一旦找到了这样的约束，就应该使用它们修正个体反应。然而这样的约束如何定义？这是一个有待解决的挑战。

我们也希望未来的实证研究能够证实或驳斥 CE 中假设偏差的证据，这样的证据日益增多。以收费道路为例，实证研究可按下列形式实施：

1. 研究背景为现有收费道路和免费道路之间的选择，当然还包括“不选”选项。

2. 属性至少为两个：门对门的交通耗时和成本。后者为收费道路的运行成本和过路费，以及免费道路的运行成本。

3. 抽样个体为目前使用其中一种道路的个人。这定义了基准选项。

4. 个体分为两组：

（1）A 组参与 SC 实验，这一组没有禀赋，没有随机选择的选项；这和 CV 研究的惯例一样。

（2）B 组有禀赋（例如 20 澳元的代金券），代金券可用于任何收费道路，有效期为两个星期。这笔钱不是参与实验的报酬。这是很多 CV 研究的惯例做法，也是环境和农业领域的二分类选择研究的惯例。

这两个组的设计参考了交通领域之外的很多文献。

5. 选择情景如下：（1）基准选项、两个设计选项和一个“不选”选项，（2）基准选项和两个设计选项，（3）两个设计选项和一个“不选”选项，（4）两个设计选项。对于上述每个选择情景，抽样个体都做出相应的选择。

6. 当交通耗时比平时短或长时，我们需要识别个体能够在多大程度上调整他们对开始和（或）结束行程的承诺。这么做的原因在于 Brownstone 和 Small（2005）指出，日程不方便性是 RP 和 CE 的 VTTS 的差异的原因之一。

7. 根据 Johannesson et al.（1999）的建议，在每个选择情景之后纳入补充的确定性尺度问题。尺度从 0（非常不确定）到 10（非常确定），用来表示个体将按指示价格和交通耗时实际选择该道路的可能性。

---

① 道路投资行业主要参考 Brownstone 和 Small（2005）的结论。

② 当数据是加标签的选项（例如特定路线或交通方式）的数据时，混合不同个体的数据（这些个体评估自己选中选项的属性包），能让我们构建类似 RP 模型形式的选择模型。这可以通过基于选择的权重校正。

# 第4部分

# 高级主题

20

# 选择分析前沿



## 20.1 引言

离散选择建模的最令人激动的发展是允许属性参数的非线性估计。例如，有些属性可用个体在给定选择集中的既定效用表达式的重复观察的均值和标准差衡量。这意味着属性变化性可视为异质性的个体样本，其中有些个体厌恶风险，有些个体偏好风险，有些个体风险中性。

为了同时纳入偏好异质性和风险态度［risk attitude，风险态度可能是属性分布的幂函数（power function）］，效用表达式需要能够嵌入非线性。本章的目的正在于考察这个问题，并且使用例子进行说明。这个方法称为非线性随机参数 logit（non-linear random parameter logit，NLRPL）。

## 20.2 含有非线性效用函数的混合多项 logit 模型

与标准线性参数随机效用函数（RUM）不同，在 NLRPL 的一般形式中，效用函数定义在个体 $i$ 在选择情景 $t$ 中的 $J_{it}$ 个选择上：

$$W(i, t, m) = U(i, t, m) + \varepsilon_{itm}, \ m = 1, \cdots, J_{it}; \ t = 1, \cdots, T_i; \ i = 1, \cdots, N \tag{20.1}$$

其中，随机项 $\varepsilon_{itm}$ 服从 IID、类型 I 极端值分布。以 $U(i, t, m)$ 为条件的选择概率有我们熟悉的多项 logit（MNL）形式：

$$\text{Prob}(\text{个体 } i \text{ 在选择情景 } t \text{ 下选择 } j) = P(i, t, j) = \frac{\exp[U(i, t, j)]}{\sum_{m=1}^{J_{it}} \exp[U(i, t, m)]} \tag{20.2}$$

纳入非线性未知随机参数（其中参数为非随机的）的效用函数是在混合多项 logit（MMNL）基础上构建的（参见 Anderson et al. (2012)），构建过程还纳入了尺度异质性：

$$U(i, t, m) = \sigma_i[V_m(x_{itm}, \beta_i, w_i)] \tag{20.3}$$

$$V_m(x_{itm}, \beta_i, w_i) = h_m(x_{itm}, \beta_i) + \sum_{k=1}^{K} d_{km}\theta_k w_{ik} \tag{20.4}$$

$$\beta_i = \beta + \Delta z_i + \Gamma v_i \tag{20.5}$$

$$\sigma_i = \exp[\lambda + \delta' c_i + \varphi u_i] \tag{20.6}$$

各个部分允许不同程度的灵活性。在式（20.4）中，函数 $h_m(\cdot)$ 是一个任意的非线性函数，它定义了各个选项的潜在效用（偏好）和误差成分结构（最后一项）。混合 logit（ML）形式非常一般，以至它能拟合任何选择模型，这是这种方法的优点。模型偏好参数的异质性如式（20.5）所示，其中 $\beta_i$ 围绕着整体常数 $\beta$ 变化，$z_i$ 是观测的异质性，$v_i$ 是未观测的异质性；这两种异质性的变化都会影响 $\beta_i$。$\beta_i$ 分布的参数是整体均值（即 $\beta$）、观测的异质性的结构参数 $\Delta$ 和随机成分的协方差矩阵的乔利斯基平方根（下三角形）$\Gamma$。随机成分被假设为已知，有固定均值（通常为零）和固定的已知方差（通常为 1），而且不相关。在大多数常见应用中，通常假设 $v_i$ 服从多元标准正态分布。于是，$\beta_i$ 的协方差矩阵将为 $\Omega = \Gamma\Gamma'$。通过令 $\Gamma$ 中含有零行（包括对角线元素），非随机参数也包含在模型的一般形式中。非随机参数模型整体有 $\Gamma = 0$。

到目前为止，当 $\theta_k = 0$ 和 $\sigma_i = 1$ 时，模型是 McFadden 和 Train（2000）、Train（2003）以及 Hensher 和 Greene（2003）发展的 MMNL 模型的一个扩展，其中效用函数一般为包含在 $x_{itm}$ 和 $\beta_i$ 中的选择属性和个体特征的非线性函数。

式（20.6）中的尺度项允许个体之间的偏好结构的整体随机调整（这与 SMNL 和 GMX 模型中的情形一样）。与效用函数中的偏好权重类似，尺度参数 $\sigma_i$ 随观测的异质性 $c_i$ 和未观测的异质性 $u_i$ 的变化而变化。在一般情形下，$\sigma_i$ 中的均值参数（即 $\lambda$）不能单独识别，而且需要标准化；零是一个自然而然的选择。然而，通常将尺度参数标准化为 1。暂时假设 $\delta = 0$，如果 $u_i$ 是一个伴随非零 $\kappa$ 的标准正态分布，$u_i$ 的方差参数未被识别，那么 $\sigma_i$ 是对数正态分布，其期望值为 $E[\sigma_i] = \exp\left(\lambda + \frac{\varphi^2}{2}\sigma_u^2\right) = \exp\left(\lambda + \frac{\varphi^2}{2}\right)$。因此，为了将它置于中心 1，我们使用标准化 $\lambda = -\varphi^2/2$。有了这个限制之后，如果 $\delta = 0$ 而且 $u_i$ 服从正态分布，那么 $E[\sigma_i] = 1$，这对个体之间的异方差性是一个有用的标准化。效用函数之间的相关性由观测的属性和特征诱导，也由 $\sigma_i$ 中的 $u_i$ 和 $\beta_i$ 中的 $v_i$ 的共同潜在特征所诱导。

式（20.1）到式（20.6）构成了一个包容性的模型，我们以前讨论的各种模型（MNL、MMNL、误差成分、SMNL 和 GMX）都是它的特殊情形。模型参数由最大模拟似然法估计。基于式（20.1）到式（20.6）的对数似然（LL）函数为

$$\log L(\beta, \Delta, \Gamma, \theta, \delta, \varphi \mid X, y, z, c, w, v, u) = \sum_{i=1}^{N} \log \prod_{t=1}^{T_i} P(i, t, j \mid w_i, v_i, u_i) \tag{20.7}$$

条件部分是未观测的 $w$, $v$, $u$ 和观测的 $X_i$, $y_i$, $z_i$, $c_i$。其中 $(X, z, c)_i$ 是属性和特征 $x_{i,t,m}$ 以及观测的异质性 $z_i$ 和 $c_i$ 组成的集合；$y_i$ 是一个二值指标 $y_{itm}$ 集，在每个选择情形下，如果选项被选中，那么 $y_{itj} = 1$，否则 $y_{itm} = 0$。整体上：

$$P(i, t, j) = \prod_{q=1}^{J_{it}} \left[ \frac{\exp[U(i, t, j)]}{\sum_{m=1}^{J_{it}} \exp[U(i, t, m)]} \right]^{y_{itq}} \tag{20.8}$$

为了估计模型参数，有必要获得不以未观测元素为条件的 LL。这样的 LL 为

$$\log L(\beta, \Delta, \Gamma, \theta, \delta, \varphi \mid X, y, z, c) = \sum_{i=1}^{N} \log \int_{w_i, v_i, u_i} \prod_{t=1}^{T_i} \begin{bmatrix} P(i, t, j \mid w_i, v_i, u_i) \\ \times f(w_i, v_i, u_i) \end{bmatrix} dw_i dv_i du_i \tag{20.9}$$

由于存在 $\Gamma$, $\theta$ 和 $\varphi$，故 $f(w_i, v_i, u_i)$ 中没有引入新的参数。由于积分不存在闭式解，故我们使用模拟法求近似解。模拟 LL 函数为

$$\log L_S(\beta, \Delta, \Gamma, \theta, \delta, \varphi \mid X, y, z, c) = \sum_{i=1}^{N} \log \frac{1}{R} \sum_{r=1}^{R} \prod_{t=1}^{T_i} P[i, t, j \mid w_i(r), v_i(r), u_i(r)] \tag{20.10}$$

其中，$P[i, t, j \mid w_i(r), v_i(r), u_i(r)]$ 根据式（20.2）和式（20.3）到式（20.6）的计算，此时使用 $R$ 次模拟抽取；$w_i(r)$, $v_i(r)$ 和 $u_i(r)$ 根据假设的总体计算。因此：

$$V_m[x_{itm}, \beta_i(r), w_i(r)] = h_m[x_{itm}, \beta_i(r)] + \sum_k d_{km}\theta_k w_{ik}(r) \tag{20.11}$$

$$\beta_i(r) = \beta + \Delta z_i + \Gamma v_i(r) \tag{20.12}$$

$$\sigma_i(r) = \exp[\lambda + \delta' c_i + \varphi u_i(r)] \tag{20.13}$$

为了最优化，模拟 LL 函数的导数也必须进行模拟。为方便起见，令 $T_i$ 个选择的联合条件概率为

$$P_{S,i}(r) = \prod_{t=1}^{T_i} P[i, t, j \mid w_i(r), v_i(r), u_i(r)] \tag{20.14}$$

模拟非条件概率为

$$P_{S,i} = \frac{1}{R}\sum_{r=1}^{R} P_{S,i}(r) = \frac{1}{R}\sum_{r=1}^{R}\prod_{t=1}^{T_i} P[i, t, j \mid w_i(r), v_i(r), u_i(r)] \tag{20.15}$$

因此

$$\log L_S(\beta, \Delta, \Gamma, \theta, \delta, \varphi \mid X, y, z, c) = \sum_{i=1}^{N} \log P_{S,i} \tag{20.16}$$

将由 $\Delta$ 和 $\Gamma$ 的行堆栈形成的行向量分别记为 $vec(\Delta)$ 和 $vec(\Gamma)$。于是：

$$\frac{\partial \log L_S(\beta, \Delta, \Gamma, \theta, \delta, \varphi \mid X, y, z, c)}{\partial \begin{pmatrix} \beta \\ vec(\Delta) \\ vec(\Gamma) \end{pmatrix}} = \sum_{i=1}^{N} \frac{1}{P_{S,i}} \frac{1}{R} \sum_{r=1}^{R} [P_{S,i}(r)] \sum_{t=1}^{T_i} \begin{pmatrix} (g_j[i, t, j, (r)] - \bar{g}[i, t, (r)]) \\ (g_j[i, t, j, (r)] - \bar{g}[i, t, (r)]) \otimes z_i \\ (g_j[i, t, j, (r)] - \bar{g}[i, t, (r)]) \otimes v_i \end{pmatrix} \tag{20.17}$$

其中

$$g_j[i, t, j, (r)] = \frac{\partial h_j[x_{itj}, \beta_i(r)]}{\partial \beta_i(r)} \tag{20.18}$$

$$\bar{g}_j[i, t, (r)] = \sum_{m=1}^{J_{it}} P[i, t, m \mid w_i(r), v_i(r), u_i(r)] g_m[i, t, m, (r)] \tag{20.19}$$

对于随机误差成分：

$$\frac{\partial \log L_S}{\partial \theta_k} = \sum_{i=1}^{N} \frac{1}{P_{S,i}} \frac{1}{R} \sum_{r=1}^{R} P_{S,i}(r) \sum_{t=1}^{T_i} \begin{matrix} [\sigma_i(r) w_{ik}(r)] \\ \times \left[ d_{kj} - \sum_{m=1}^{J_{it}} P[i, t, m \mid w_i(r), v_i(r), u_i(r)] d_{km} \right] \end{matrix} \tag{20.20}$$

最后，

$$\frac{\partial \log L_S}{\partial \begin{pmatrix} \delta \\ \tau \end{pmatrix}} = \sum_{i=1}^{N} \frac{1}{P_{S,i}} \frac{1}{R} \sum_{r=1}^{R} P_{S,i}(r) \frac{\partial \sigma_i(r)}{\partial \begin{pmatrix} \delta \\ \varphi \end{pmatrix}} \sum_{t=1}^{T_i} \begin{bmatrix} V_j[x_{itj}, \beta_i(r), w_i(r)] - \\ \left( \sum_{m=1}^{J_{it}} \begin{matrix} P[i, t, m \mid w_i(r), v_i(r), u_i(r)] \times \\ V_m[x_{itm}, \beta_i(r), w_i(r)] \end{matrix} \right) \end{bmatrix} \tag{20.21}$$

$$\frac{\partial \sigma_i(r)}{\partial \begin{pmatrix} \delta \\ \varphi \end{pmatrix}} = \sigma_i(r) \begin{pmatrix} c_i \\ u_i - \varphi \end{pmatrix} \tag{20.22}$$

偏效应和其他概率导数通常与模型参数的尺度调整形式相伴。在简单 MNL 模型中，选择 $j$ 被选中的概率关于选项 $m$ 的属性 $l$ 的变化的弹性（参见第 10 章）为

$$\frac{\partial \log P(i, t, j)}{\partial \log x_{l,itm}} = [\delta_{jm} - P(i, t, m)] \beta_l x_{l,itm} \tag{20.23}$$

其中，$\delta_{jm} = 1[j = m]$。对于这里的模型，我们需要将 $\beta_l$ 替换为 $\partial h_m(x_{itm}, \beta_i)/\partial x_{l,itm} = D_{l,itm}$。由于不同选项的效用函数可能不同，因此这个导数未必通用。另外，这个导数需要使用模拟法求解，因为我们必须求 $\beta_i$ 的异质性的平均数。估计的平均偏效应（对个体和时期平均）使用下式估计：

$$APE(l|j,m)=\frac{1}{N}\sum_{i=1}^{N}\frac{1}{T_i}\sum_{t=1}^{T_i}\frac{1}{R}\sum_{r=1}^{R}[\delta_{jm}-P[i,t,m|w_i(r),v_i(r),u_i(r)]]\frac{\partial h_m[x_{itm},\beta_i(r)]}{\partial x_{l,itm}}x_{l,itm} \tag{20.24}$$

支付意愿（WTP）的估计要求我们求效用函数关于某些属性的导数。尽管这个估计使用效用函数而不是系数，但对于它的形式我们并不陌生。这两种情形都要使用模拟法求导数。Nlogit 在计算似然函数时一并完成了这个任务。

## 20.3 期望效用理论和前景理论

NLRPL 模型估计的模型适用于期望效用理论（expected utility theory，EUT），也适用于其他非线性行为理论，例如前景理论，包括等级依赖效用理论和累积前景理论。在本节，我们考察这些理论的重要元素。

随机效用最大化（random utility maximization，RUM）理论由 Marschak（1959）针对离散选择提出，McFadden（1974）正式将其作为行为选择模型。RUM 假设代表性的个体追求效用最大化，并因此选择能使他的效用最大化的选项。由于研究者不能观察到所有效用源，效用在模型中通常以概率表示。很多文献考察了其他行为范式，例如 EUT、等级依赖效用理论和前景理论。

EUT 最初由 Bernoulli（1738）提出，它认为个体在不确定性或风险（即结果不确定）情形下决策。它假设个体比较不同选项的期望效用（EU）值。也就是说，个体比较的是“不同结果的效用值使用相应概率作为权重的加权和”（Mongin，1997，p. 342）。Von Neumann 和 Morgenstern（1947）将 EUT 纳入博弈论，用来考察个体在考虑其他人的可能反应情形下如何决策。可以认为，Von Neumann 和 Morgenstern（1947）以及 Savage（1954）分别在风险和不确定性情形下提出了 EUT。EUT 被广泛用于各个领域，例如实验经济学、环境经济学、卫生经济学等。交通领域近期文献使用 EUT 考察了交通耗时衡量问题的可靠性。

比较一下 RUM 模型和 EUT 模型。RUM 模型通常假设代表性消费者的效用函数为线性可加的，即 $U=\sum_k \beta_k x_k$，其中 $\beta_k$ 为估计参数，$x_k$ 为描述个体偏好的属性。与 RUM 不同，EUT 模型规定了非线性函数形式，即 $U=x^r$［参见 Harrison 和 Rutström（2009）］，通常只有一个属性（这与彩票类似）。基本 EUT 模型为

$$E(U)=\sum_m (p_m\cdot x_m^r) \tag{20.25}$$

其中，$E(U)$ 是期望效用；$m(=1,\cdots,M)$ 是一个属性的可能结果，其中 $m\geqslant 2$；$p_m$ 是结果 $m$ 的概率；$x_m$ 是结果 $m$ 的值；$r$ 是待估参数，它描述了个体的风险态度：$r<1$，厌恶风险；$r=1$，风险中性（这意味着函数为线性形式）；$r>1$，偏好风险。

### □ 20.3.1 风险和不确定性

Knight（1921）首先指出了不确定性和风险的区别，它认为经济环境的特征是不可衡量的不确定性而不是可衡量的风险。Mongin（1997）进一步指出，风险可用历史结果或观察完全衡量，而不确定性是随机的，不可衡量。交通耗时的可变性是随机和非系统性的一个典型例子。例如，Noland 和 Polak（2002）认为交通耗时的可变性和拥挤的区别在于，人们很难预测日常交通耗时的可变性（例如，由不可预见的交通事故或服务取消导致的拥挤），然而人们能在一定程度上预测拥挤导致的交通耗时的可变性（例如高峰时期和非高峰时期）。因此，交通耗时的可变性是典型的不确定性，而不是风险。

然而，很多文献未能明确区分不确定性和风险。例如，在交通行为研究中，一些文献使用“风险”描述交通耗时的可变性。Senna（1994）在 EUT 框架下使用风险厌恶、风险中性和风险偏好来描述个体对交通耗时可变性的风险态度。Batley 和 Ibáñez（2009）将交通耗时的可变性视为“时间风险”。交通耗时的可变性是不确定性而不是风险；如果忽略了二者的区别，那么在交通耗时可靠性的理解上就会出现问题。实验经济学家通过使用一个选择任务来估计个体的风险态度（即客观性）并且使用另外一个选择任务来估计其不确定性态度（即主观性）的实证方法，将个体的风险态度和不确定性态度区分开［参见 Anderson et al.（2007b）］。

Knight（1921）使用已知概率和未知概率来区分风险和不确定性，这类似于 Ellsberg（1961）使用模糊概率和不模糊概率来区分它们。在 EUT 的基础上，Savage（1954）构建了主观期望效用理论（subjective expected utility theory，SEUT）来理解不确定性情形下的决策问题，该理论使用主观概率对效用加权。一些作者［例如 Bates et al.（2001）］认为交通耗时的可变性应该用主观概率表示（即个体对交通耗时的不可靠性的主观认知，这个认知可能因人而异）。大多数使用 EUT 的关于交通耗时的可靠性的研究都在陈述性选择（SC）实验中规定了概率。例如，Small et al.（1999）以及 Asensio 和 Matas（2008）向个体提供的不同交通耗时都伴随相应的概率。尽管另外一些作者在调查中没有明确使用概率，但在计算期望值时，他们将不同交通耗时视为具有相同概率。这也是一种外生概率加权［例如 Bates et al.（2001）；Hollander（2006）；Batley 和 Ibáñez（2009）］。

概率内生性问题很可能是未来研究面临的最大挑战。一种应对方法是发展能够估计主观概率的模型。实验经济学已开展了这方面的工作，它们使用结构最大似然法，联合估计个体的态度和主观概率［参见 Anderson et al.（2007b）］。在理论上，我们可以模仿实验经济学。然而，在实验经济学中，选择背景非常简单，即通常为二项选择（仅有两个选项）和一个属性（例如彩票的价格）。因此，在离散选择分析中，估计主观概率是一项艰难的任务，因为我们通常有很多选项和很多属性。除了主观概率的估计之外，Slovic（1987）认为还应该使用"客观"评估，例如使用了解所有可能结果的专家提供的概率或向被调查者问询。然而，这种"客观"策略将改变 SC 实验的设计。例如，研究者不再设计不同属性水平的概率并且在选择实验（CE）中展示概率，而是向个体问询他们对概率分布的主观理解。

然而，个体的决策真的与 EU 方式一样吗？很多实验经济和心理学研究在理论和实证角度都质疑这个假设［Allais（1953）；Luce and Suppes（1965）］。日益受欢迎的另外一种方法是前景理论，它不是一种基于 EU 的理论。

### □ 20.3.2 前景理论

前景理论（prospect theory，PT）由 Kahneman 和 Tversky（1979）提出，这种通常被称为"原 PT"（OPT）的方法在很多方面与 EUT 不同。前景理论有五个典型特征：（1）Kahneman 和 Tversky 认为在选择行为过程中，人们首先提出或编辑前景：根据与基准点的比较，将前景分为收益和损失，然后评估这些编辑后的前景，选择其中具有最高值的前景；（2）基准依赖性：确定与基准点相比较的收益和损失的不同函数值，通常为当前财富状态（Laury and Holt，2000），而不是 EU 模型中定义在最终财富上的效用函数（即 $U=f(x+w)$，其中 $x$ 为彩票提供的报酬，$w$ 为当前财富状态）；（3）敏感度递减：收益和损失的边际价值递减（例如，很多心理学研究发现人们在货币收益上的效用函数为凹的，在货币损失上的函数为凸的）；（4）厌恶损失：人们对一单位损失的评价高于对一单位收益的评价；（5）使用非线性概率加权将原概率转换，用来解释阿莱悖论，该悖论是违背 EU 模型中 EUT（Allais，1953）机制的情形，此时概率被直接用作权重。

作为对 Quiggin（1982）的反应，Tversky 和 Kahneman（1992）扩展了 OPT 形式：转换后的概率受以偏好表示的（属性）结果的排序的影响，这种理论称为累积前景理论（cumulative prospect theory，CPT）。这样，决策权重的函数形式与 Quiggin 的等级依赖效用理论（rank-dependent utility theory，RDUT）一致。通过纳入等级依赖决策权重，CPT 能够揭示个体特征（悲观的或乐观的）（Diecidue and Wakker，2001）。前景理论也纳入了模拟风险态度的架构，这主要通过非线性概率权重实现，在 EU 模型中，这以个体对结果的敏感程度（即效用函数的曲率）描述（Wakker，2008）。Van de Kaa（2008）回顾了前景理论的基本假设，并将它们与效用理论（包括 EUT）的假设进行比较。

Kahneman 和 Tversky（1979）的初始经典贡献在于，将前景理论视为一组通用假设，其中函数用定性性质（例如凸值和凹值函数以及反 S 型的权重概率）刻画，而不是用特定函数形式（例如使用属性水平作为幂的价值函数的近似和概率加权函数）刻画，Tversky 和 Kahneman（1992）使用了后面这些函数。在 Kahneman 和 Tversky（1992）中，他们认为 CPT 不是另外一种理论，而是"新颁布的前景理论"，而且他们使用了更具有限制性的假设，这些假设可用来描述特定环境下的个体行为（例如，幂函数的线性近似）。

Tversky 和 Kahneman（1992）在不变的相对风险厌恶假设下提供了价值函数的参数形式，以及含有一个参数的概率加权函数。在收益定义域 $x \geqslant 0$，价值函数为 $V = x^{\alpha}$，在损失定义域 $x < 0$，价值函数为 $V = -\lambda(-x)^{\beta}$。其中 $\alpha$ 和 $\beta$ 分别为收益函数和损失函数的指数；$\lambda$ 是厌恶损失系数，它假设个体对一单位损失比一单位收益更敏感。① Tversky 和 Kahneman（1992）建议的概率加权函数如式（20.26）所示。还存在其他形式的加权函数，例如 Goldstein 和 Einhorn（1987）提出的两参数加权函数，参见式（20.27）；Prelec（1998）提出的单参数加权函数参见式（20.28）：

$$w(p_m) = \frac{p_m^{\gamma}}{[p_m^{\gamma} + (1-p_m)^{\gamma}]^{\frac{1}{\gamma}}} \tag{20.26}$$

$$w(p_m) = \frac{\tau p_m^{\gamma}}{\tau p_m^{\gamma} + (1-p_m)^{\gamma}} \tag{20.27}$$

$$w(p_m) = \exp(-(-\ln p_m)^{\gamma}) \tag{20.28}$$

$w(p)$ 是概率权重函数；$p_m$ 是选项结果 $m$ 出现的概率；$\gamma$ 是待估概率权重参数，它衡量加权函数的曲率。式（20.27）中的 $\tau$ 衡量概率加权函数 $w(p)$ 的高。

在 OPT 模型中，价值函数直接由概率加权函数加权（即 $OP(V) = \sum_m w(p_m)V(x_m)$），其中转换后的概率和结果无关。然而，在 CPT 模型中，$\pi(p)$ 转换［通常称为决策权重（decision weights）］是在累积概率分布上实施的，此时所有可能结果按照升序（以偏好衡量）排序（从最差到最好，参见式（20.4））。② 因此，累积前景价值的定义为

$$CP(V) = \sum_m \pi(p_m)V(x_m) \tag{20.29}$$
$$\pi(p_m) = w(p_m + p_{m+1} + \cdots + p_n) - w(p_{m+1} + \cdots + p_n),\ m = 1, 2, \cdots, n-1$$
$$\pi(p_n) = w(p_n)$$

Tversky 和 Kahneman（1992）的实证估计给出了收益和损失函数的值，如图 20.1 所示。由图 20.1 可知，货币收益（损失）的增加导致个体更满足（痛苦）；个体在一定收益范围内倾向于风险厌恶，而在一定损失范围内倾向于风险偏好。Tversky 和 Kahneman 还估计了反 S 形的加权函数（见图 20.2）。通过将价值函数的曲率和概率加权函数结合，风险态度③出现了四种情形：小概率收益和大概率损失时，偏好风险；大概率收益和小概率损失时，厌恶风险。这是前景理论的基本发现（Fox and Poldrack，2008）。

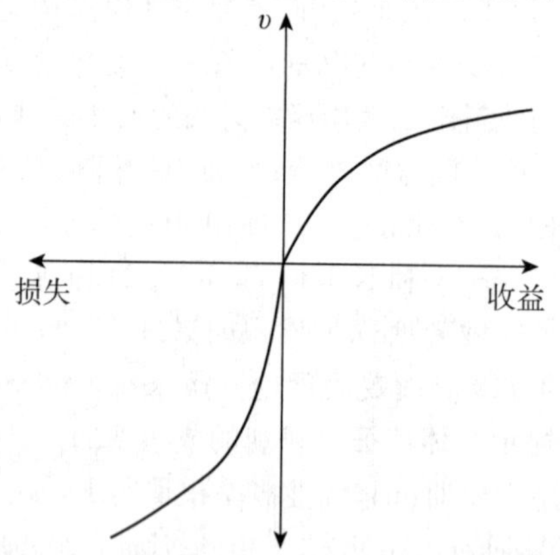


**图 20.1　货币收益和损失的典型 PT 价值函数**

---

① Tversky 和 Kahneman 估计的参数值为：$\alpha$ 为 0.88，$\beta$ 为 0.88，$\lambda$ 为 2.25。Li 和 Hensher（2015）提供了研究风险前景的一般架构，它能让我们识别更好的形式，而不是在事先定义的若干个函数形式中评估。

② 结果也可按照从最优到最差排序［例如参见 Diecidue 和 Wakker（2001）］。

③ 给定两种情形：一种是肯定性的选项（即一个必定发生的结果），另外一种是风险选项（即含有多个可能结果），二者的期望价值相同。如果个体选择前者，那么他是厌恶风险的；如果选择后者，则他是偏好风险的。

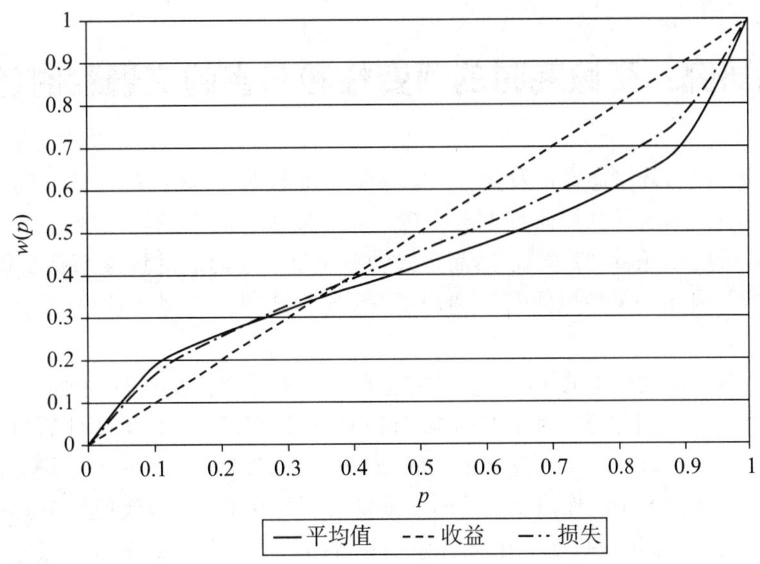


**图 20.2 收益（$W^+$）和损失（$W^-$）的概率加权函数**

资料来源：Tversky and Kahneman（1992）。

完整的PT模型必须以系统性的和参数的方式解决下列问题：(1) 基准依赖（即分别定义收益价值函数和损失价值函数）；(2) 敏感度递减（即价值函数的曲率使得收益和损失的边际价值都递减）；(3) 非线性概率加权。在OPT模型中，概率加权函数与结果无关；而在CPT模型中，决策权重是等级依赖的。除了上述特征之外，OPT还包括编辑过程。CPT也允许收益概率和损失概率的不同概率加权函数。

对于式（20.26）中的单参数概率加权函数，$\gamma^+$ 和 $\gamma^-$ 分别表示收益定义域和损失定义域的概率加权参数。例如，Tversky和Kahneman估计了他们CPT模型中的概率加权参数：$\gamma^+$ 为0.61，$\gamma^-$ 为0.69。然而，一些CPT研究假设收益和损失的加权参数相同，甚至假设相同的风险态度参数［例如Harrison和Rutström（2008）］。尽管这些前景理论研究彼此有所不同，但它们的主题都是从实证角度理解风险态度和概率加权函数的形状。

决策加权价值函数 $W(V)$ 如式（20.30）所示：

$$W(V)=\sum_m[w(p_m)\times V] \tag{20.30}$$

Camerer和Ho（1994）认为应该用决策权重函数而不是EUT线性概率权重，因为前者能够描述个体主观信念，提高模型拟合度。在非线性决策权重问题上，一个常见的发现是，人们倾向于对小概率结果赋予过高的权重，对大概率结果赋予过小的权重［例如Tversky和Kahneman（1992）；Camerer和Ho（1994）；Tversky和Fox（1995）］。这是因为概率是用反S形的概率加权函数加权的（见图20.2，当 $\gamma=0.56$ 时）。Roberts et al.（2006）将决策权重应用于个体对环境质量偏好的研究，发现了相反的结果（即对大概率结果指定的概率过高，对小概率结果指定的概率过低）。

不变的绝对风险厌恶（constant absolute risk aversion，CARA）和不变的相对风险厌恶（constant relative risk aversion，CRRA）是分析风险态度的两个主要方法，其中CARA为指数函数型效用函数，而CRRA为幂函数型效用函数（例如 $U=x^a$）。对于非线性效用函数，我们这里使用CRRA而不是CARA，因为CRRA比CARA能更合理地描述风险态度［参见Blanchard和Fischer（1989）］。然而，Blanchard和Fischer（1989，p.44）也认为，“CARA有时比CRRA更容易解析，因此CARA也属于标准工具之一。”CRRA已被广泛用于行为经济学和心理学的研究［例如Tversky和Kahneman（1992）；Holt和Laury（2002）；Harrison和Rutström（2009）］，而且通常比其他方法能得到更好的拟合（Wakker，2008，p.1329）。我们用一般的幂函数（即 $U=x^{1-\alpha}/(1-\alpha)$）来估计CRRA，它的应用比 $x^a$ 形式更广泛（Andersen et al.，2012；Holt and Laury，2002）。

## 20.4 案例研究：交通耗时的可变性和节省的交通耗时的期望价值

在交通行为研究中，决策环境通常涉及含有风险（和不确定性①）属性的评估；例如，相同重复行程的交通耗时的可变性。尽管近期选择分析研究重点考察广泛启发法和属性的选项处理背景下的属性处理方法［参见 Hensher（2010）的综述和第 21 章］，然而正式考察重复交通活动的属性水平变化（例如日常通勤的交通耗时）的文献较少，因此，属性风险和认知调整②已成为选项的未观测效用的另一个混杂来源［参见 van de Kaa（2008）］。

交通耗时的可变性是交通文献中的一个重要研究主题，特别是个体交通行为研究。在线性效用架构内，调度模型和均值-方差模型（通常在 SC 理论架构中实证构建）是交通耗时的可变性的两个主要衡量方法［例如 Small et al.（1999）；Bates et al.（2001）；Li et al.（2010）的综述］。然而，大多数交通耗时的可变性的研究文献忽略了对交通耗时的可变性作出反应的两个重要风险决策成分：非线性概率加权（或认知调整）和风险态度，尽管一些研究在它们的 SC 实验中以一系列行程时间（例如，5 或 10）表示交通耗时的可变性。交通耗时的可变性的这些传统研究方法是在“线性概率加权”和“风险中性”背景下实施的。

借鉴前景理论，将认知调整（通过决策权重调整）纳入特定属性的 EUT 设定但仍保留在 RUM 架构内的做法是 EU 的新变种，我们将其称为特定属性扩展 EUT（extended EUT，EEUT）。有关文献已发展出了一些参数函数形式（例如决策权重），以及价值函数蕴含风险的其他处理方法。我们这里的案例研究源于 Hensher et al.（2011）的贡献。

这个嵌入 RUM 模型的 EEUT 函数形式允许表达式关于特定属性值设定（即 $\alpha$）为非线性的，$\alpha$ 以概率权重 $w(p)$ 为条件，有关属性进入非线性。属性的设定含有概率元素，表明在 $R$ 个场合（$r=1,\cdots,R$）下每个水平出现的可能性。使用 EEUT 表达的效用函数参见式（20.31）和式（20.32）：

$$EEUT(U)=\beta_x\{[W(P_1)x_1^{1-\alpha}+W(P_2)x_2^{1-\alpha}+\cdots+W(P_R)x_R^{1-\alpha}]/(1-\alpha)\} \quad (20.31)$$

$$U=EEUT(U)+\sum_{z=1}^{Z}\beta_z S_z \quad (20.32)$$

$W(P)$ 是非线性概率加权函数，它转换了属性 $x_1, x_2, \cdots, x_R$ 的原概率，典型 SC 实验就是这样做的（参见下文）；$\alpha$ 为待估参数，$1-\alpha$ 为风险态度。③ 效用函数中还存在其他一些变量 $S$，它们表现为线性形式。式（20.27）和式（20.31）中的 $\alpha$、$\gamma$ 和 $\tau$ 导致每个选项的效用函数嵌入了特定属性处理，它关于一些参数为非线性的。仅当 $1-\alpha=1$，$\gamma=1$ 和 $\tau=1$ 时，式（20.31）才退化为线性效用函数。这个模型的估计需要使用非线性 logit 形式，参见 20.2 节。

### □ 20.4.1 实证应用

这里的实证研究主要考察非线性概率加权交通耗时的可变性的估计，我们使用四个概率加权函数形式进行估计，并得到节省的交通耗时的价值（VTTS），也就是交通耗时的可变性的支付意愿（WTP）。数据来自我们在澳大利亚开展的收费道路和免费道路的研究，该研究使用 SC 实验，有两个 SC 选项（即路线 A 和路线 B），选项以出行者的近期经历为基准进行调整。每个路线的属性参见表 20.1。

---

① 风险指个体准确知道可能结果的概率分布（例如，当研究者指出既定交通时间在重复出行中出现的可能性时）。不确定性指研究者不向个体提供这样的信息，个体需要评估含有一定模糊性的可能结果的概率（例如，当研究者指出行程最多耗时 $x$ 分钟，最少耗时 $y$ 分钟，不提供任何可能性信息时）。

② 阿莱悖论（Allais，1953）认为选择实验中的概率被个体转换为风险选择。为了考虑这种认知转换，一些作者使用非线性概率加权，把研究者提供的概率转换为个体认知。

③ 实验设计和模型架构纳入了风险下的决策，尽管交通耗时的可变性的本质是不确定性而不是风险。研究者也应该在不确定性的情形下（面对交通耗时的可变性）根据实验设计和建模方法作出选择。

表 20.1　　陈述性选择设计的出行属性

Routes A and B (for a given Departure Time)（路线 A 和 B）
Recent trip time components：（近期出行时间成分：）
Free flow travel time（道路通畅情形下的交通耗时）
Slowed down travel time（车速缓慢情形下的交通耗时）
Stop/start/crawling travel time（停车/启动/极其缓慢情形下的交通耗时）
Total trip time associated with other repeated trips：（其他重复行程的总耗时：）
Time associated with a quicker trip（更快行程的耗时）
Time associated with a slower trip（更慢行程的耗时）
Occurrence probabilities for each trip time：（每次行程耗时的发生概率：）
Probability of trip being quicker（更快行程的概率）
Probability of trip being slower（更慢行程的概率）
Probability of recent trip time（近期行程耗时的概率）
Trip cost attributes：（出行成本属性：）
Running cost（运行成本）
Toll Cost（过路费）

每个选项有三个交通情景：比近期行程耗时更短（从而更快），比近期行程耗时更长（从而更慢），与近期行程耗时相同。① 个体被告知出发时间维持不变。每个水平都伴随相应的发生概率②，用来说明交通耗时不是固定的而是可变的。对于过路费之外的所有其他属性，即更快和更慢行程耗时、三种行程耗时的概率、SC 选项的值，都围绕着近期行程值变化。由于很多人没有使用过收费道路，收费水平在既定区域固定，变化范围为 0～4.20 澳元，上限是根据抽样行程的耗时确定的。每个属性的变化情况参见表 20.2，这些水平是根据我们多年的研究经验制定的［参见 Li et al.（2010）］，它们不仅对响应者有意义，还能提供充分的可变性来识别属性偏好。

表 20.2　　陈述性选择实验中的属性范围

| 属性 | 水平 1 | 水平 2 | 水平 3 | 水平 4 | 水平 5 | 水平 6 | 水平 7 | 水平 8 |
|---|---|---|---|---|---|---|---|---|
| 道路通畅情形下的交通耗时 | −40% | −30% | −20% | −10% | 0% | 10% | 20% | 30% |
| 车速缓慢情形下的交通耗时 | −40% | −30% | −20% | −10% | 0% | 10% | 20% | 30% |
| 停车/启动耗时 | −40% | −30% | −20% | −10% | 0% | 10% | 20% | 30% |
| 更快行程耗时 | −5% | −10% | −15% | −20% | — | — | — | — |
| 更慢行程耗时 | 10% | 20% | 30% | 40% | — | — | — | — |
| 更快行程的概率 | 10% | 20% | 30% | 40% | — | — | — | — |
| 大多数近期行程耗时的概率 | 20% | 30% | 40% | 50% | 60% | 70% | 80% | — |
| 更慢行程的概率 | 10% | 20% | 30% | 40% | — | — | — | — |
| 运行成本 | −25% | −15% | −5% | 5% | 15% | 25% | 35% | 45% |
| 过路费 | 0.00 | 0.60 | 1.20 | 1.80 | 2.40 | 3.00 | 3.60 | 4.20 |

① 我们所用的数据不是用来专门研究交通耗时的可变性的，因此它们只有三个交通耗时水平；专门研究交通耗时的可变性的文献通常使用更大水平，例如 Small et al.（1999）使用了 5 个，而 Bates et al.（2001）使用了 10 个。

② 概率是指定的，因此对于个体来说是外生的，这和其他交通耗时的可变性的研究文献类似。

实验设计有三个版本，根据行程耗时划分（10～30 分钟，31～45 分钟，45～120 分钟），每个版本有 32 个选择情景，然后分成两个子组，每个子组有 16 个选择情景。选择情景的例子如图 20.3 所示。第一个选项用近期行程的属性水平描述，路线 A 和路线 B 的每个属性的水平围绕实际行程选项水平变化。

该研究的样本含有 280 个个体。这里使用的 D 效率实验设计法是专门构造的，用来增加小样本情形下的统计表现；其他设计方法（例如正交设计）要求的样本较多［参见 Rose 和 Bliemer（2008）和第 7 章］。

数据的社会经济特征参见表 20.3，选择实验属性的描述参见表 20.4。

时间和概率变量的描述性统计参见表 20.5。

对于每个选择情景，我们假设更短或更长行程具有固定水平。然而，在不同选择情景之间，我们改变更短、更长和近期行程耗时的概率，从而识别了交通耗时分布的随机性质（参见表 20.2，例如，在 CE 中，交通耗时的概率的变化范围为 10%～40%）。

Game 5

Illustrative Choice Experiment Screen

Make your choice given the route features presented in this table, thank you.

| | Details of your recent trip | Route A | Route B |
|---|---|---|---|
| **Average travel time experienced** | | | |
| Time in free flow traffic (minutes) | 25 | 14 | 12 |
| Time slowed down by other traffic (minutes) | 20 | 18 | 20 |
| Time in stop/start/crawling traffic (minutes) | 35 | 26 | 20 |
| **Probability of travel time** | | | |
| 9 minutes quicker | 30% | 30% | 10% |
| As above | 30% | 50% | 50% |
| 6 minutes slower | 40% | 20% | 40% |
| **Trip costs** | | | |
| Running costs | $2.25 | $3.26 | $1.91 |
| Toll costs | $2.00 | $2.40 | $4.20 |
| If you make the same trip again, which route would you choose? | ○ Current Road | ○ Route A | ○ Route B |
| If you could only choose between the two new routes, which route would you choose? | | ○ Route A | ○ Route B |

**图 20.3　选择实验截屏**

**表 20.3　社会经济特征的描述性统计**

| 目标群体 | 统计量 | 性别（1=女） | 收入（澳元） | 年龄（岁） |
|---|---|---|---|---|
| 通勤者 | 均值 | 0.575 | 67 145 | 42.52 |
| | 标准差 | 0.495 | 36 493 | 14.25 |

**表 20.4　成本和时间的描述性统计**

| | 全天 | | 高峰时期 | | 非高峰时期 | |
|---|---|---|---|---|---|---|
| | 均值 | 标准差 | 均值 | 标准差 | 均值 | 标准差 |
| 运行成本（澳元） | 3.15 | 2.56 | 3.58 | 3.01 | 2.92 | 2.26 |
| 过路费（澳元） | 1.41 | 1.50 | 1.40 | 1.50 | 1.41 | 1.51 |
| 总耗时 | 39.29 | 16.58 | 36.93 | 16.25 | 40.54 | 16.61 |

表 20.5　交通耗时和概率（13 440 例）

| 变量 | 均值 | 标准差 | 最小值 | 最大值 |
| --- | --- | --- | --- | --- |
| $P_S$ | 0.25 | 0.11 | 0.1 | 0.4 |
| $P_L$ | 0.25 | 0.11 | 0.1 | 0.4 |
| $P_{MR}$ | 0.50 | 0.15 | 0.2 | 0.8 |
| $X$（更快） | 4.80 | 3.14 | 0 | 18 |
| $Y$（更慢） | 9.60 | 6.28 | 1 | 36 |
| $MR_T$ | 39.29 | 16.58 | 10 | 119 |
| $S_T$ | 34.48 | 14.98 | 7 | 115 |
| $L_T$ | 48.89 | 21.09 | 11 | 150 |
| $PT_S$ | 8.61 | 5.61 | 0.8 | 40.8 |
| $PT_L$ | 12.12 | 7.68 | 1.1 | 56.4 |
| $PT_{MR}$ | 19.69 | 10.57 | 2 | 95.2 |

注：$P_S$，$P_L$ 和 $P_{MR}$ 分别为更短、更长和近期行程耗时的概率，$MR_T$ 是最近期的行程耗时（等于道路通畅情形下的交通耗时、车速缓慢情形下的交通耗时和停车/启动情形下的交通耗时之和），$X$（更快）和 $Y$（更慢）分别为更快行程耗时和更慢行程耗时相对于近期行程耗时的量；它们被事先设计好并在实验中提供。$S_T$ 为实际更快（更短）交通耗时，$S_T=MR_T-X$(更快)；$L_T$ 为实际更慢（更长）交通耗时，$L_T=MR_T+X$(更慢)；$PTE=(P_S\times E_T)$，$PT_L=(P_L\times L_T)$ 和 $PT_{MR}=(P_{MR}\times MR_T)$ 分别为更短交通耗时、更长交通耗时和近期交通耗时的概率权重。

### □ 20.4.2　实证分析：伴随非线性效用函数的混合多项 logit 模型

我们重点考察 MMNL 模型。MNL 估计可以参见 Hensher et al.(2011)。对于随机参数，无约束的正态分布被应用于期望时间参数和成本参数。由于 $\alpha$ 和 $\gamma$ 的分布很可能不对称，我们对这两个参数使用偏正态分布。偏正态分布为 $\beta_{k,i}=\beta_k+\sigma_k V_{k,i}+\theta_k|W_{k,i}|$，其中 $V_{k,i}$ 和 $W_{k,i}$ 服从正态分布。这个形式与式（20.5）一致，只不过我们未纳入协变量 $\Delta z_i$（通过 $z_i$ 的观测的异质性）[①] 而是纳入了允许偏态或不对称性的项。第二项为绝对值。$\theta_k$ 为正或负，因此偏态可为正偏态或负偏态。这个参数在两个方向上都是无限的，但由于分布是偏态的，因此不对称。

我们可以得到式（20.33）中期望的节省的交通耗时的价值（VETTS）。四个模型的唯一区别在于概率加权函数的形式不同[②]：

$$VETTS_{Mi}=\frac{\beta_{ti}[W(P_1)t_1^{-\alpha i}+W(P_2)t_2^{-\alpha i}+W(P_3)t_3^{-\alpha i}]}{\beta_{Costi}},\ i=1,\cdots,4 \tag{20.33}$$

以式（20.26）作为受偏好函数形式的决策权重，我们估计了 EEUT MMNL 模型，结果如表 20.6 所示。在 95%的置信水平上，几乎所有参数估计值都显著，唯一例外的是 $\gamma$ 的偏正态参数 $\theta$ 不显著。

表 20.6　EEUT 架构下的混合多项 logit（MMNL）

| 变量 | 系数 | $t$ 值 |
| --- | --- | --- |
| 非随机参数： | | |
| 基准常数 | 0.512 9 | 2.69 |
| 过路费 | −0.676 6 | −4.32 |

① 在混合 logit 模型中，我们的确考察了社会经济特征对随机参数系统性异质性的影响，然而我们未能发现任何统计显著结果。

② 在实验设计中，每个选择集中的每个选项（路线）有三个可能的交通耗时。

续前表

| 变量 | 系数 | $t$ 值 |
|---|---|---|
| 年龄（岁） | 0.030 5 | 7.26 |
| 随机参数的均值： | | |
| Alpha（$\alpha$） | 0.472 7 | 14.56 |
| Gamma（$\gamma$） | 0.735 5 | 2.33 |
| 期望耗时（分钟） | −0.370 8 | −4.69 |
| 成本（澳元） | −0.855 4 | −9.88 |
| 随机参数的标准差： | | |
| Alpha（$\alpha$） | 1.589 6 | 18.21 |
| Gamma（$\gamma$） | 1.327 6 | 3.12 |
| 期望耗时（分钟） | 0.691 1 | 4.82 |
| 成本（澳元） | 1.172 0 | 9.53 |
| Alpha 相对于正态的偏度 | −1.867 3 | −20.01 |
| Gamma 相对于正态的偏度 | 0.346 9 | 0.57 |
| 观察点个数 | 4 480 | |
| 信息准则：AIC | 5 444.59 | |
| LL | −2 709.29 | |
| VETTS | 7.73（0.53） | |

注：模拟基于 250 次霍尔顿抽样。①

与 MNL 模型相比，MMNL 模型的拟合度明显更好（AIC：5 444.59 v. s. 6 850.86；LL：−2 709.29 v. s. −3 418.43）。

$\alpha$ 的平均估计值为 0.472 7，因此 $1-\alpha$ 小于 1，这意味着在平均意义上，风险态度为风险偏好。我们也对个体的风险态度感兴趣；在 280 个个体（样本总量）中，65.7%的个体的 $\alpha$ 为正，34.3%的个体的 $\alpha$ 为负，这表明大部分个体偏好风险（$1-\alpha>1$），另外一些个体厌恶风险（$1-\alpha<1$）。这个发现（即大部分个体偏好风险）也解释了以前 MNL 模型中的风险偏好态度（例如，MNL 模型 2：$1-\alpha=0.616\ 6<1$）。Senna（1994）认为，他调查的通勤者在时间相关风险决策下的风险态度为风险厌恶，其中风险态度参数为 1.4（>1），而具有固定到达时间的通勤者是风险偏好的，其中参数为 0.5（<1）。这种风险态度的差异在于一部分通勤者面对固定到达时间，而另外一部分面对可变到达时间，这和我们的研究类似。

个体水平上的概率权重 $\gamma$ 的估计值为 0.926 1～4.173 4，平均值为 1.741 9，标准差为 0.588 4。我们使用 Excel 画出了概率加权函数图，参见图 20.4，其中虚线表示那些有最低 $\gamma$ 值（0.926 1）的个体的概率加权函数，它几乎是一条直线；点划线表示那些有最高 $\gamma$ 值（4.173 4）的个体的概率加权函数，它表明原概率被

① 我们用 100 次、250 次、500 次抽样运行模型。250 次抽样得到的模型比其他两个模型的拟合度更好（对数似然：100 次抽样时为−2 731.55；250 次抽样时为−2 709.29；500 次抽样时为−2 745.48）。模型估计和收敛时间为 10～25 小时。霍尔顿抽样的更多细节可参见 Bhat（2001）和 Halton（1970）。

显著低估，即转换概率低于原概率。在平均意义上（$\gamma=1.7419$），抽样个体倾向于低估实验所示的概率，在实验中，耗时更短行程和耗时更长行程的设计概率为 0.1～0.4，而近期行程的设计概率为 0.2～0.8。①

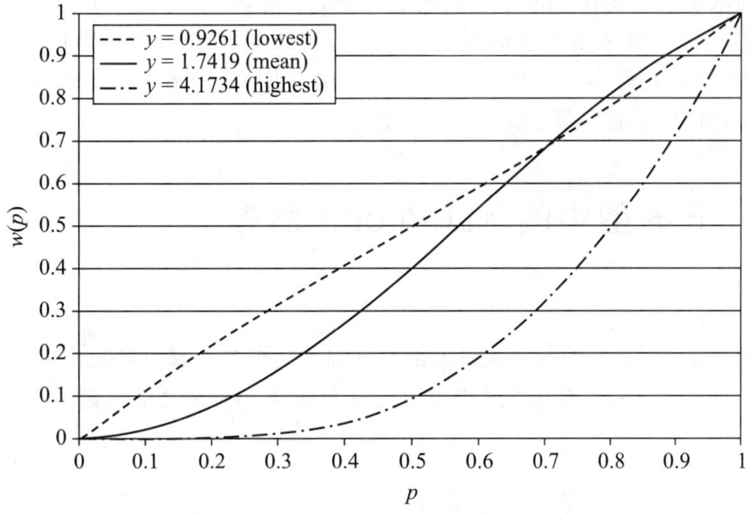


**图 20.4　个体概率加权函数曲线（MMNL）**

在 MMNL 模型的情形下，VETTS 值的变化范围为 6.30～9.56 澳元/人・小时。VETTS 的均值为 7.73 澳元/人・小时，标准差为 0.53 澳元/人・小时。这些值令人振奋，因为我们的模型含有四个随机参数（两个服从偏态分布，两个服从正态分布）而且时间和成本都以随机参数为条件，但它的表现良好，因为它的估计范围有意义，参见图 20.5。这表明 MMNL 模型比简单 MNL 模型更符合行为现实。在很多使用无约束分布的文献中，在 WTP 的分布中通常可以观察到极端值和符号改变［参见 Hensher（2006）］。对数正态能够避免符号改变，但会导致长尾。受约束的分布假设不存在符号改变，在行为上合理；但缺陷在于施加的约束比较随意，而且很多分布被视为对称的。在这个研究中，我们成功地纳入了无约束的分布和非对称性，从而得到行为上合理的分布。②

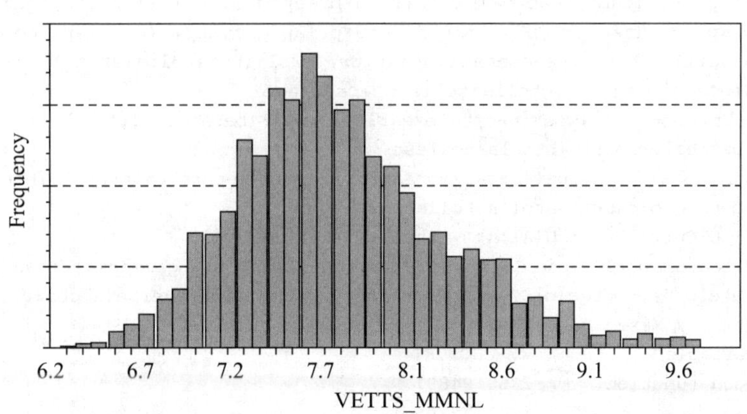


**图 20.5　MMNL 模型中 VETTS 的分布（单位：澳元/人・小时）**

尽管更复杂的模型（例如 MMNL）在行为上有优势，然而使用这些模型的挑战在于如何选择合适的 WTP 估计值以应用于现实［参见 Hensher 和 Goodwin（2004）］；我们通常使用 WTP 的一个平均估计值，有时也使用若干平均估计值分别代表分布的每个部分（例如三个部分）。几乎所有使用线性效用模型（不含风险态度和概率加权）的文献都面临这个挑战。然而，在我们这里的研究中，偏好、风险态度和概率加权都纳

---

① 在 $\gamma=1.7419$ 的概率加权函数情形下，给定我们设计的概率范围，仅当原概率为 0.8 时，转换概率才稍高（即 0.807）。

② 一些文献在使用无约束的分布时通常去掉极端尾部。

入同一个模型；与 MNL 模型相比，MMNL 模型的 WTP 估计值的标准差更小（MMNL：0.53 澳元/人·小时；MNL：3.21 澳元/人·小时）。[①] 在风险中性和线性概率加权背景下的传统线性 MMNL 模型中，随机参数估计值的取值范围通常更宽，或者标准差通常更大。然而，尽管这里的非线性模型纳入了风险态度、概率加权和未观测的异质性，但结果未出现极端值和（或）符号改变，这表现为 WTP 的取值范围（VETTS：6.30～9.65 澳元/人·小时）在行为上“更合理”。因此，这个 EEUT MMNL 模型不仅提供了更好的拟合度和更好的行为解释，而且提供了能应用于现实的实证结果。[②]

## 20.5 表 20.6 模型中的 NLRPLogit 命令

**【题外话】**

作为一种非线性效用函数，NLRPlogit 不能事先知道哪里缺失了数据。因此，不管在具体效用函数中是否纳入变量，如果它的编码为－999 而且伴随模型中的任何选项，那么它都将提供出错信息（error number 509），此时模型无法估计。

```
Timer$
? Generic for E, L, On and random parameters for risk attitude, time, cost
and Gammap
NLRPLogit
    ; Lhs = Choice1,cset3,alt3
    ; Choices = Curr,AltA,AltB
    ; checkdata
    ; maxit=10
    ; Labels = bref,betac, gammap,btolla,bage ,alphar, betatelo, ttau
    ; Start = 0.48, -0.33,0.21,-0.3,0.03 ,0.05,-0.34, 1.9
    ; Fn1 = earltr=(earlta^(1-alphar))/(1-alphar) ?equation 20.26
    ; Fn2 = latetr=(lateta^(1-alphar))/(1-alphar)
    ; Fn3 = ontr=(time^(1-alphar))/(1-alphar)
    ; Fn4 = wpo = (Ttau*pronp^gammap)/(Ttau*pronp^gammap + (1-pronp)^gammap)
    ; Fn5 = wpe = (Ttau*preap^gammap)/(Ttau*preap^gammap + (1-preap)^gammap)
    ; Fn6 = wpl = (Ttau*prlap^gammap)/(Ttau*prlap^gammap + (1-prlap)^gammap)
    ; Fn7 = Util1 = bref+wpe*(betatelo*earltr) +wpl*(betatelo*latetr) +betac*cost +
      wpo*(betatelo*ontr) +btolla*tollasc +bage*age1
    ; Fn8 = Util2 =     +wpe*(betatelo*earltr) +wpl*(betatelo*latetr) +betac*cost +
      wpo*(betatelo*ontr) +btolla*tollasc
   ; Fn9 = Util3 =      +wpe*(betatelo*earltr) +wpl*(betatelo*latetr) +betac*cost +
      wpo*(betatelo*ontr) +btolla*tollasc
    ; Model: U(Curr)=Util1/U(AltA) = util2/U(AltB) = util3
    ;RPL;halton;draws=250;pds=16;parameters;fcn=alphar(s), gammap(s),ttau (s),
        betatelo(n), betac(n)$? unconstrainted, some risk averse(alpha<0), some = 1
Nonlinear Utility Mixed Logit Model
Dependent variable              CHOICE1
Log likelihood function     -2755.94897
Restricted log likelihood   -4921.78305
Chi squared [  16 d.f.]      4331.66816
Significance level               .00000
McFadden Pseudo R-squared      .4400507
Estimation based on N =    4480, K =  16
Information Criteria: Normalization=1/N
              Normalized   Unnormalized
```

① MNL 模型中的标准差源于概率和时间的不同水平［参见式（20.31）］。

② 这个评论不意味着存在其他影响因素；然而，将这里的发现归因于偏好、概率加权和风险态度并没有排除其他因素的作用。尽管如此，这个发现还是令人振奋，而且它表明考虑这些额外行为维度的做法是值得的。

```
AIC               1.23748      5543.89794
Fin.Smpl.AIC      1.23750      5544.01983
Bayes IC          1.26036      5646.41600
Hannan Quinn      1.24554      5580.02945
Model estimated: Dec 10, 2010, 02:07:17
Constants only must be computed directly
               Use NLOGIT ;...;RHS=ONE$
At start values -4770.8696  .4223******
Response data are given as ind. choices
Replications for simulated probs. = 250
Halton sequences used for simulations
NLM model with panel has      280 groups
Fixed number of obsrvs./group=        16
Hessian is not PD. Using BHHH estimator
Number of obs.=  4480, skipped    0 obs
-----------+--------------------------------------------------------------------
           |                  Standard            Prob.
  CHOICE1| Coefficient          Error         z     z>|Z|
-----------+--------------------------------------------------------------------
           |Random parameters in utility functions
    ALPHAR|      .12802          .13272       .96  .3348
    GAMMAP|      .54470**        .26367      2.07  .0388
      TTAU|    1.75367          1.94962       .90  .3684
  BETATELO|    -.36685**         .15753     -2.33  .0199
     BETAC|    -.52151***        .09049     -5.76  .0000
           |Nonrandom parameters in utility functions
      BREF|      .44095***       .17019      2.59  .0096
    BTOLLA|    -.55830***        .17080     -3.27  .0011
      BAGE|      .01959***       .00353      5.55  .0000
           |Distns. of RPs. Std.Devs or limits of triangular
  SsALPHAR|      .26627***       .05738      4.64  .0000
  SsGAMMAP|      .18904          .28876       .65  .5127
    SsTTAU|      .05726          .78852       .07  .9421
  NsBETATE|      .48363**        .20742      2.33  .0197
   NsBETAC|      .13883          .16863       .82  .4103
  Theta_01|    -.59014**         .23723     -2.49  .0129
  Theta_02|    -.10310           .57432      -.18  .8575
  Theta_03|    -.10181          2.82528      -.04  .9713
-----------+--------------------------------------------------------------------
Note: ***, **, * ==>  Significance at 1%, 5%, 10% level.
--------------------------------------------------------------------------------

Elapsed time:    11 hours, 31 minutes, 51.64 seconds.

***************************EEUT**************************************************
? earlta, lateta, and time are three possible travel times per trip when arriving
early, late and on time; and preap, prlap, and pronp are associated probabilities of
occurrence correspondingly.
Nonlinear Utility Mixed Logit Model
Dependent variable                   CHOICE1
Log likelihood function         -2709.29810
Restricted log likelihood       -4921.78305
Chi squared [  13 d.f.]          4424.96991
Significance level                   .00000
McFadden Pseudo R-squared          .4495292
Estimation based on N =    4480, K =   13
Information Criteria: Normalization=1/N
```

```
                    Normalized   Unnormalized
AIC                    1.21531      5444.59620
Fin.Smpl.AIC           1.21533      5444.67771
Bayes IC               1.23390      5527.89212
Hannan Quinn           1.22186      5473.95305
Model estimated: Dec 04, 2010, 06:55:30
Constants only must be computed directly
               Use NLOGIT ;...;RHS=ONE$
At start values -3956.6542  .3153******
Response data are given as ind. choices
Replications for simulated probs. = 250
Halton sequences used for simulations
NLM model with panel has      280 groups
Fixed number of obsrvs./group=        16
Hessian is not PD. Using BHHH estimator
Number of obs.=  4480, skipped    0 obs
-----------+-----------------------------------------------------------------
           |                     Standard            Prob.
  CHOICE1| Coefficient            Error        z    z>|Z|
-----------+-----------------------------------------------------------------
           |Random parameters in utility functions
   ALPHAR|      .47266***        .03246     14.56  .0000
   GAMMAP|      .73554**         .31511      2.33  .0196
BETATELO|     -.37076***        .07905     -4.69  .0000
    BETAC|     -.85541***        .08658     -9.88  .0000
           |Nonrandom parameters in utility functions
     BREF|      .51293***        .19047      2.69  .0071
   BTOLLA|     -.67658***        .15648     -4.32  .0000
     BAGE|      .03046***        .00420      7.26  .0000
           |Distns. of RPs. Std.Devs or limits of triangular
 SsALPHAR|     1.58959***        .08727     18.21  .0000
 SsGAMMAP|     1.32758***        .42526      3.12  .0018
 NsBETATE|      .69113***        .14333      4.82  .0000
  NsBETAC|     1.17198***        .12297      9.53  .0000
 Theta_01|    -1.86732***        .09333    -20.01  .0000
 Theta_02|      .34691           .60859       .57  .5687
-----------+-----------------------------------------------------------------
Note: ***, **, * ==>  Significance at 1%, 5%, 10% level.
-----------+-----------------------------------------------------------------
 Elapsed time:     15 hours, 32 minutes, 29.18 seconds.
*****************************************RDUT*****************************************
Ranking order in terms of preference under RDUT: Late arrival<Early arrival<On-time
arrival
NLRPLogit
    ; Lhs = Choice1,cset3,alt3
    ; Choices = Curr,AltA,AltB
    ; checkdata
    ; maxit=10
    ; Labels = bref,betac, gammap,btolla,bage ,alphar, betatleo
    ; Start =  0.9, -0.6,      1.5,  -0.6, 0.01    ,0.7,-1.2
    ; Fn1 = earltr=(earlta^(1-alphar))/(1-alphar)
    ; Fn2 = latetr=(lateta^(1-alphar))/(1-alphar)
    ; Fn3 = ontr=(time^(1-alphar))/(1-alphar)
    ; Fn4 = wpo = (pronp^gammap)/((pronp^gammap + (1-pronp)^gammap)^(1/gammap))
    ; Fn5 = wpe = (pr23^gammap)/((pr23^gammap + (1-pr23)^gammap)^(1/gammap))-
(pronp^gammap)/((pronp^gammap + (1-pronp)^gammap)^(1/gammap))
    ; Fn6 = wpl = 1-(pr23^gammap)/((pr23^gammap + (1-pr23)^gammap)^(1/gammap))
     ; Fn7 = Util1 = bref+wpe*(betatleo*earltr*D) +wpl*(betatleo*latetr*D) +betac
*cost + wpo*(betatleo*ontr*D) +btolla*tollasc +bage*age1
     ; Fn8 = Util2 = +wpe*(betatleo*earltr*D) +wpl*(betatleo*latetr*D) +betac
```

```
*cost + wpo*(betatleo*ontr*D) +btolla*tollasc
    ; Fn9 = Util3 = +wpe*(betatleo*earltr*D) +wpl*(betatleo*latetr*D) +betac
*cost + wpo*(betatleo*ontr*D) +btolla*tollasc
    ; Model: U(Curr)=Util1/U(AltA) = util2/U(AltB) = util3
    ;RPL;halton;draws=250;pds=16;parameters;fcn=alphar(n), gammap(n), betatleo(o)$
-----------------------------------------------------------------
Nonlinear Utility Mixed Logit Model
Dependent variable               CHOICE1
Log likelihood function      -2850.11800
Restricted log likelihood    -4921.78305
Chi squared [    9 d.f.]      4143.33010
Significance level                .00000
McFadden Pseudo R-squared       .4209176
Estimation based on N =    4480, K =   9
Information Criteria: Normalization=1/N
              Normalized   Unnormalized
AIC              1.27639     5718.23601
Fin.Smpl.AIC     1.27640     5718.27627
Bayes IC         1.28926     5775.90241
Hannan Quinn     1.28093     5738.55998
Model estimated: Jan 07, 2011, 00:53:05
Constants only must be computed directly
               Use NLOGIT ;...;RHS=ONE$
At start values -4440.5198  .3582******
Response data are given as ind. choices
Replications for simulated probs. = 250
Halton sequences used for simulations
NLM model with panel has     280 groups
Fixed number of obsrvs./group=        16
Hessian is not PD. Using BHHH estimator
Number of obs.=  4480, skipped    0 obs
-----------+------------------------------------------------------------------
           |                 Standard            Prob.
  CHOICE1  | Coefficient       Error         z    z>|Z|
-----------+------------------------------------------------------------------
           |Random parameters in utility functions
   ALPHAR  |      .78670***       .01365     57.62  .0000
   GAMMAP  |     2.85297***      1.07067      2.66  .0077
 BETATLEO  |    -1.41922***       .05006    -28.35  .0000
           |Nonrandom parameters in utility functions
     BREF  |     1.24792***       .16207      7.70  .0000
    BETAC  |     -.35066***       .05036     -6.96  .0000
   BTOLLA  |     -.76509***       .17930     -4.27  .0000
     BAGE  |      .00326          .00325      1.00  .3169
           |Distns. of RPs. Std.Devs or limits of triangular
 NsALPHAR  |      .18777***       .02013      9.33  .0000
 NsGAMMAP  |     2.60405***       .68164      3.82  .0001
 TsBETATL  |     1.41922***       .05006     28.35  .0000
-----------+------------------------------------------------------------------
Note: ***, **, * ==>  Significance at 1%, 5%, 10% level.
------------------------------------------------------------------------------
Elapsed time:    17 hours, 48 minutes, 51.57 seconds.
```

## 20.6 混合选择模型

### □ 20.6.1 混合选择模型综述

近年来，研究者对能纳入态度和意见这类“软”变量的内生性的模型日益感兴趣。尽管有关文献可以追溯到至少1997年（Ben Akiva et al.，1997，1999；Swait，1994），然而直到2007年，我们才看到这个主题上的文献数量激增，这类模型通常为混合选择模型（hybrid choice models，HCM）。

Daly et al.（2012）详细说明了一个变量在什么情形下是软变量，在什么情形下仅是解释变量。在本节，我们使用他们的建议。识别的关键点在于“决策者存在差异，不同个体（从而选择）的敏感度差异的处理是选择建模中的一个重要问题。虽然这些差异通常与年龄和收入等社会经济特征直接相关，然而重复出现的态度和认知个例也可以作为这些差异的重要标志，尽管这些态度和认知可能再一次被社会经济特征解释”（Daly et al.，2013，p. 37）。

尽管社会经济特征能够直接衡量，但潜在的认知和态度不能直接衡量，它们和特定个体敏感度一样，都是未观测的。这些因素通常称为潜变量（latent variables），不能被直接观测到，但有可能能用称为指示器（indicators）的其他变量进行推断（Golob，2001）。态度和观点通常用心理量表（例如流行的 Likert 量表）衡量；作为对关于态度、认知或决策规则的调查问题的反应，它们被用作潜在态度的代理变量。

态度既反映了对应于决策者特征的潜变量，也反映了个体的需要、评价、偏好和能力。态度在过去一段时间形成，而且受经验和外部因素（包括社会经济特征（SEC））的影响（Walker and Ben Akiva，2002）。认知衡量个体理解和评估不同选项属性水平的能力。认知很重要，因为选择过程取决于个体对属性水平的理解（Bolduc and Daziano，2010）。认清了这一点（在一定程度上归功于 Joreskog 和他的软件 LISREL），研究者开始联合估计态度和选择模型，重点考察潜变量的作用。

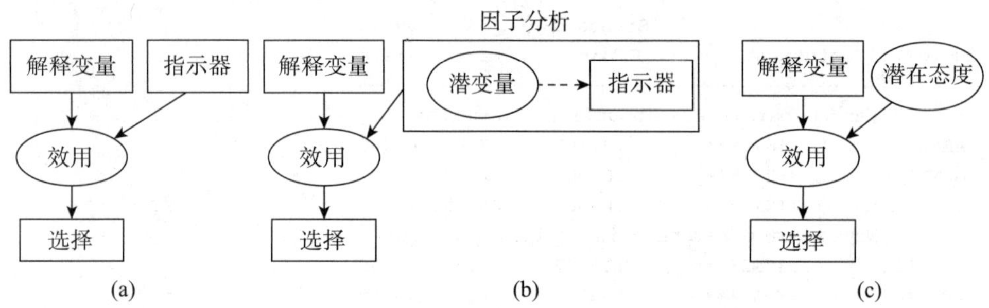


**图 20.6 在离散选择模型中纳入潜变量的若干方法**

根据专题总结报告（Ben Akiva et al.，1997，1999）和选择主题年会系列报告，我们得到了一个一般架构，它定义在下列变量上：观测变量（$x$），潜变量（$x^*$），观测的指示器（$I$），效用（$U$），选择（$Y$）和未观测的误差项（$\gamma$，$\varepsilon$，$\omega$）。图形表示可参见图 20.6。函数设定为

$$x^* = x^*(x, \gamma) \tag{20.33a}$$

$$U = U(x, x^*, \varepsilon) \tag{20.33b}$$

$$Y = Y(U)\text{（可用 MNL、嵌套 logit、MNP 等任何形式估计）} \tag{20.33c}$$

$$I = I(x, x^*, w)\text{（二值、有序或连续）} \tag{20.33d}$$

简化形式为

$$I = I(x, x^*, Y, w) \tag{20.34}$$

使用最大似然估计法（MLE），这个模型容易估计。只要 $U$ 不涉及 $I$，而且 $I$ 不涉及 $Y$，那么似然部分容易估计。Ben Akiva et al.（2002）继续发展了这个一般模型，建议使用基于模拟的估计量，包括贝叶斯估计。他

们还提出了关于模型识别的重要问题。

在离散选择模型中使用态度的想法算不上新颖，过去的工作使用了一些不同的方法。最直接的方法是使用含有指示器的选择模型。在这种情形下，潜变量的指示器被视为选择的无误差的解释性预测（见图 20.6 (a)）。换句话说，我们不是将指示器作为潜在态度的函数，而是将它们直接作为态度的衡量指标。这种方法的最大缺点是强烈同意某个态度陈述，未必能转换成选择上的因果关系。另外，指示器非常依赖调查中的措辞，而且不能用来预测。将潜变量的指示器作为解释变量纳入模型的做法也忽略了潜变量包含衡量误差从而导致不一致估计的事实（Ashok et al.，2002）。

最后，指示器可能和模型的误差项相关，也就是说，存在既影响个体选择又影响他对指示器问题反应的未观测效应。这容易导致内生偏差。另外一种方法是使用序贯估计法：对模型中的潜变量使用因子分析或结构方程模型（structural equation modeling，SEM），对模型中的选择使用离散选择模型。因子分析可以为验证性的因子分析（confirmatory factor analysis，CFA）或伴随协变量的验证性因子分析，后者是一个多指示器多因（multiple indicator multiple cause，MIMIC）模型。因子分析法分析态度指示器之间的相互作用关系，并且将相关指示器转换为一组不相关的（潜）变量，这些潜变量称为主成分或主因。转换方法涉及一个衡量方程。结构方程模型（SEM）则含有两个部分：衡量模型和结构模型。SEM 描述三种关系：因子（潜变量）之间的关系；观测变量之间的关系；因子和非因子指示器的观测变量之间的关系。

接下来的一步是潜变量进入选择模型中的效用表达式（见图 20.6 (b)）。潜变量含有衡量误差，因此为了获得一致估计，我们必须将选择概率在潜变量的分布上积分，其中因子（潜变量）的分布来自因子分析模型。这种方法认识到选择和对指示器问题的反应都由相同潜变量驱动。这种方法的最大缺点在于潜估计缺乏效率，即它们源自态度信息，没有考虑个体做出的实际选择（例如参见 Morikawa et al. (2002)）。有些文献使用了内部市场分析法，此时，选项的潜属性和消费者偏好都根据偏好或选择数据进行推断而得到。在这种限制性方法下（见图 20.6 (c)），观测选择是唯一的指示器，因此潜属性针对特定选项，不随个体变化而变化［参见 Elrod (1988)，Elrod 和 Keane (1995)］。

为了改进上面的方法，近期文献使用混合模型结构，提供将潜变量纳入离散选择模型的一般处理方法。特别地，这个模型架构包含两个部分：离散选择模型和潜变量模型（见图 20.7）。

近期设定和估计混合选择模型的文献有 Daly et al. (2012)、Bolduc 和 Daziano (2012) 以及 Prato et al. (2012) 等。我们不打算总结每种模型形式，而是希望借鉴这些文献，构建一个一般性的模型系统（将在 Nlogit 6 中提供）。下面我们正式介绍混合选择模型。

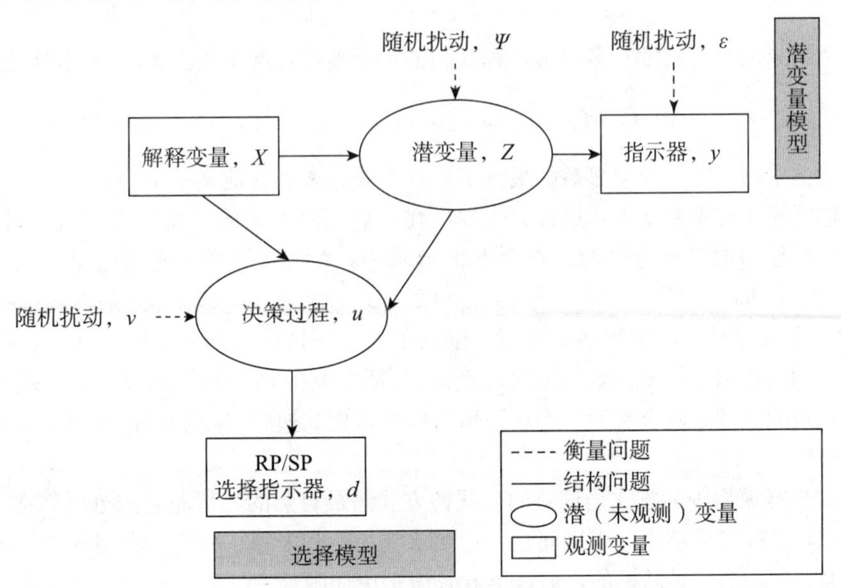


**图 20.7　将潜变量和离散选择模型整合到一个架构内**

资料来源：Walker and Ben-Akiva (2002)，Bolduc et al. (2005)。

### □ 20.6.2 混合选择模型的主要元素

**潜态度变量（$z^*$）**

由于个体的潜在意见和态度 $z^*$ 未观测，因此，除了连续性和正态分布之外，任何其他假设都不合理。我们从式（20.35）开始：

$$z^* = \Gamma w + \eta \tag{20.35}$$

模型中这样的“潜”变量有 $L$ 个，它们取决于 $M$ 个观测变量 $w$。$\eta$ 服从正态分布，均值为 0，协方差矩阵为 $\Sigma_\eta$。在理论上，$\Sigma_\eta$ 可为任何正定矩阵。我们认为只有对角矩阵可被识别（尽管对角线元素也不能识别），因此我们可以将 $\Sigma_\eta$ 定义为 $I_L$。

**观测的指示器（$\boldsymbol{I}$）**

模型中有 $Q$ 个观测的关于态度或意见的指示器（“软”变量），写为式（20.36）：

$$I = I(z^*, z, u) \tag{20.36}$$

$I$ 是一个观测机制；$z$ 是一组观察，它们可与选项、SEC 和选择情景（即调查方法）相关；$u$ 为随机扰动。这在很多方面有别于 HCM，尽管它最接近于 Daly et al.（2012），因为 $I$ 在未观测的 $u$ 中不可加。为了取最简单的形式，假设指示器是一个由 probit 观察机制决定的二值变量。于是：

$$I = 1[\gamma' z + \tau z^* + \mu > 0] \tag{20.37}$$

其中，$\gamma$ 和 $\tau$ 为待估参数。我们可以规定 $\mu$ 服从均值为 0、协方差为 $\Sigma_\mu$ 的正态分布。$\Sigma_\mu$ 能否和单位矩阵区别开取决于观测机制的性质。如果 $I$ 是二值的，那么对角线元素必定为 1。非对角线元素可以不为零，例如，在二项或多项 probit 的情形中就是如此。指示器可以是连续的、二值的、有序的或甚至“删失”的。

**多项选择效用函数**

选择集有 $J$ 个选项。效用函数定义为一个多项 logit 形式：

$$U^* = U^*(x, z^*, I) + \varepsilon \tag{20.38}$$

其中，$\varepsilon$ 有常见的独立同分布（IID）的极端值分布，这产生了条件 MNL 模型。更高级的模型（例如 ML）也可行。

像往常一样，我们现在可以把 $y$ 定义为最大随机效用情形下的选择指示器。在这个阶段，在选择模型中，$z^*$ 有非常一般的形式和作用。

**似然函数**

最后，将观测结果的联合密度、多项选择和观测的指示器结合起来构造 LL。联合密度的形式为

$$P(y, I|w, z, x) = \int_{z^*} P_{\text{选择}}(y|z^*, w, x, z, I) P_{\text{指示器}}(I|z^*, w, x, z) f(z^*|w) dz^* \tag{20.39}$$

利用最大模拟似然法求此式关于模型参数的最大值。这个表达式和其他文献中的式子有重要区别。在其他文献中，系统中的选择模型有重要缺失，这种缺失发生在他们把潜变量的“衡量方程”，也就是观测的指示器的方程，看作与选择模型的方程分开时。在上面的形式中，$I$ 作为条件出现在选择模型中。在 Daly et al.（2012）、Daziano 和 Bolduc（2012）以及 Prato et al.（2012）等文献中，以 $z^*$ 为条件的选择和衡量方程是独立的；$I$ 不出现在选择模型中。这似乎多余，而且限制了模型。这关系到一个重要问题：出现在选择模型中的是潜变量还是观测的指示器（或二者都出现）？$I$ 和 $z^*$ 都出现在 $P_{\text{选择}}$ 中，这没什么问题。上式所示的两个密度的乘积仍然是观测变量的联合密度。构建逻辑与模型［例如递归二元 probit 模型（参见第 17 章）］强调的逻辑相同。

$z^*$ 和 $I$ 出现在选择模型中的方式是任意的。线性方式是最自然的，然而它们也可以在（方差的）尺度中起作用。一般来说，总存在模型中的识别问题，这要求施加一些限制。另外，模型的自然扩展是允许效用函数中的 $\beta$ 像 ML 模型中的一样是随机的，但这也导致识别更加困难。

在这里，有必要详细说明符号的意思，以及结构方程模型系统中各个部分的联系，这基本上就是 HCM 的本质。我们的任务是把选择反应、个体水平指示器、选择任务水平指示器、选项水平指示器和潜在态度指

示器结合在一起。

符号：定义 $i$ =个体，其中 $i=1$，…，$N$；$t$ = 选择情景，其中 $t=1$，…，$T$；$j$ = 选项，其中 $j=1$，…，$J$（$J$ 可以因人而异，但如果这样，它可能不好处理）；$z^*$ = 潜在态度。

由于 $z^*$ 未观测，它必须在个体水平上存在，因此，$z_i$ 可被观测变量 $h_i$ 和未观测变量 $u_i$ 驱动。如果 $z_i$ 不是观测变量驱动的，那么，仅当它出现在指示器或选择方程中时，它可被识别。否则，将存在结构"因果"方程 $z_i^* = \Gamma m_i + u_i$。(思考"多个因"和"多个指示器"。）正如上面讨论的，识别问题比较麻烦。$m_i$ 是一组个体和（或）特定情境外生变量。下面给出每个元素的数据例子。

$I_i$ = 个体水平上的观测指示器：例如，个体水平上的指示器是个体对 Likert 量表问题"减少出行中的温室气体排放对你多重要"的回答（1 到 5）。于是，式（20.36）可能为 $I_i = I_i(z_i^*, w_i, v_i)$，其中 $w$ = 观测数据，$v$ = 随机扰动。另外，我们也对选择任务水平上的信息感兴趣。例如"你有兴趣回答对收费道路的感受的调查问题吗?"我们把选择任务水平上的指示器 $A_{it}$ 定义为 $A_{it} = A_{it}(z_i^*, w_i, w_{it}, v_{it})$（尽管可能不存在单独的 $w_{it}$）。我们也可能对选项水平上的指示器（$Q_{ij}$）感兴趣。例如"你能接受这个选项吗?"这在选择任务水平上不变化。对选项的感受不应该在任务水平上变化，除非研究者试图改变任务从而分别建模。在 SC 实验中，更常见的做法是在任务集水平上改变选项，原因在于属性水平。我们这里评估的是对属性包水平的认知。在一些文献中，研究者在选择集水平上问这个问题。$z_i^*$ 和（或）$v_{ij}$ 出现在 $Q_{ij}$ 中，使得选择集内生：

$$Q_{ij} = Q_{ij}(z_i^*, w_i, v_{ij}) \tag{20.40}$$

各个部分对 LL 的贡献如下。以 $z_i^*$ 为条件：

$$\begin{aligned}P(i|z_i^*, \cdots) = &\{I_i(z_i^*, w_i, v_{it})\} \times \left\{\prod_{j=1}^{J} Q_{ij}(z_i^*, w_i, v_{ij})\right\} \\ &\times \left\{\prod_{t=1}^{T} \text{选择}_{itj}(z_i^*, x_{it1}, \cdots, x_{itJ}, w_i) \times A_{it}(z_i^*, w_i, v_{it})\right\}\end{aligned} \tag{20.41}$$

为了得到对 LL 的贡献，我们从 $P(i|z_i^*, \cdots)$ 求出 $z_i^*$，然后取对数。

数据安排如下，用来帮助理解数据要求。选择数和选择任务数都可变，但为了说明，我们假设它们固定不变。假设选择集中有三个选项，而且这是一个含有两个选择任务的 SC 实验。表 20.7 中的方案说明，选择模型中的一个属性最多有三个 $Q_j$ 指示器，其中任务水平上的指示器 $A_{it}$ 为一个或两个，个体水平上的指示器 $I_i$ 为一个。在每种情形下都有多个模型，尽管含有多个 $Q_j$ 选项的方程比较复杂。

**表 20.7　　混合选择模型的数据安排的例子**

| 行 | 选择任务 | 选择变量 | 属性变量 | $Q_j$ 指示器（参见注 1） | | $A_{it}$ 指示器（参见注 2） | | $I_i$ 指示器（参见注 3） | | $M_i$ 原因（参见注 4）变量 |
|---|---|---|---|---|---|---|---|---|---|---|
| | | | | 指示器 | 变量 | 指示器 | 变量 | 指示器 | 变量 | |
| 1～3 行： | | | | | | | | | | |
| 1 | 1 | $Y_{1,1}$ | $X_{1,1}$ | $Q_1$ | $h_1$ | $A_1$ | $f_1$ | I | g | m |
| 2 | 1 | $Y_{2,1}$ | $X_{2,1}$ | $Q_2$ | $h_2$ | $A_1$ | $f_1$ | I | g | m |
| 3 | 1 | $Y_{3,1}$ | $X_{3,1}$ | $Q_3$ | $h_3$ | $A_1$ | $f_1$ | I | g | m |
| 4～6 行： | | | | | | | | | | |
| 4 | 2 | $Y_{1,2}$ | $X_{1,2}$ | $Q_1$ | $h_1$ | $A_2$ | $f_2$ | I | g | m |
| 5 | 2 | $Y_{2,2}$ | $X_{2,2}$ | $Q_2$ | $h_2$ | $A_2$ | $f_2$ | I | g | m |
| 6 | 2 | $Y_{3,2}$ | $X_{3,2}$ | $Q_3$ | $h_3$ | $A_2$ | $f_2$ | I | g | m |

注 1：由 3 行组成的分区在每个选择任务中重复。仅有第一个选择任务的数据被实际使用，这是因为这些指示器模型使用 $N$ 个观察来拟合 $J$ 个模型中的每一个。

注 2：每一行都在选择任务中重复。仅有每个选择任务分区中的第 1 行被实际使用。$T$ 个选择任务指示器模型中的每一个都用 $N$ 个观察拟合。

注 3：每一行对个体数据集重复。仅有第 1 行被实际使用。个体模型使用 $N$ 个观察拟合。

注 4：$I_i$ 指示器有相同的构造。$z^*$ 方程在个体水平拟合。

即使对于任何一个应用，表 20.7 中含有冗余数据，正如表下面的注释所示，但表 20.7 也解决了研究者可能希望在 Nlogit 中规定的所有数据和同步问题。下面举例说明一个常见数据集的应用，注意这个个体的整个数据集为第 1～6 行。

1. 为了拟合个体水平 $I_i$ 模型，$I$ 仅使用第 1 行，忽略第 2～6 行。

2. 为了拟合选择任务 1 的选择任务水平模型，$I$ 使用第 1 行。如果还存在关于选择任务 2 的问题，$I$ 使用第 4 行。忽略第 2～3 行和第 5～6 行。

3. 为了拟合选项 1 的模型，$I$ 使用第 1 行。为了拟合选项 2 的方程，$I$ 使用第 2 行。为了拟合选项 3 的方程，$I$ 使用第 3 行。忽略第 4～6 行。

未被使用的行也应该填上相应的数据，这种做法的目的在于“迫使”研究者在有关行填上正确的数据。另外一个好处在于，用来求态度变量的随机部分的模拟将和随机参数同步实施。

有关语法（Nlogit6）为

```
HybridLogit
; Lhs = choice variable
; Choices = list of choices
[; specification of utility functions using the standard arrangements]
[;RPL ; Fcn = the usual specification] allow some random parameter specification
;Attitudes :name (choices in which it appears) [ = list of variables ] /
            name (choices in which it appears) [ = list of variables] ...
;Indicators:name (level, type) = list / level is Individual, Choice, Task
            name (level, type) = list . . . $ type is Continuous,Binary,Scale
```

# 21

# 属性处理、启发性直觉和偏好构建

## 21.1 引言①



任何经济决策或判断都有推动它前行的潜在心理过程，这导致“新古典学派试图避免使用（它）的野心……成为妄想”（Simon，1978，p. 507）。这个论断与启发性直觉的识别有关：决策者使用直觉来简化偏好构建，从而做出选择或判断什么才是重要的，不管决策者和（或）研究者认为决策有多复杂。尽管行为学家早在 20 世纪 50 年代就认识到认知过程在偏好显示中起着重要作用［参见 Svenson（1998）］，而且很多文献［参见 McFadden（2001b）；Yoon 和 Simonson（2008）］频繁提醒学者注意规则驱动型行为，然而将决策过程纳入离散选择模型的文献仍不多见，但这已日益成为偏好和支付意愿（WTP）衡量的主流做法。

这类主题上的文献可以大致描述为启发性直觉和偏差，它们被叫作过程而不是结果。然而，选择既含有过程元素，又含有结果元素，二者结合代表了选择的内生性。未能识别过程以及使用线性可加效用表达式意味着面对选择任务的个体认为所有属性（和选项）都重要，而且所有个体都使用补偿性决策规则（compensatory decision rule）进行选择。近年来，一些文献使用其他策略处理属性、选项和选择集，并用实证证据表明纳入决策过程对于 WTP、弹性和选择结果的确定比较重要。本章重点考察启发性直觉在选择实验（CE）信息处理过程中的作用，因为它对 CE 贡献较大；当然，我们提醒读者，启发性直觉也适用于显示性偏好（RP）数据。

尽管没有证据表明完全补偿性选择规则总无效（事实上，在一些环境下它们是合理的），然而很多研究者认为过程异质性总存在，它是认知过程策略（用来简化真实市场中的决策）和 CE 设计中引入的新状态的混合作用产生的结果。处理规则既可以是对真实选择很自然的规则，也可以是设计实验时的人为规则，甚至可以是一些调查工具（包括 RP 调查）；事实上，处理规则是什么样的在一定程度上并不重要。真正重要的是，如何评估每个设计属性在结果中的作用，以及属性和选项的联合作用。Yoon 和 Simonson（2008）以及 Park et al.（2008）② 提供了市场营销领域中关于偏好显示的一些发现。

大量心理学文献考察了决策任务中处理信息量的各种影响因素。证据表明，时间压力［例如 Diederich

① 该章还有另外两位作者，Waiyan Leong 和 Andrew Collins。

② Park et al.（2008）认为应该从基本产品属性组开始，然后一次升级一个属性，从而识别既定预算约束下的额外属性的 WTP。

(2003)]、认知负担 [例如 Drolet 和 Luce (2004)] 和任务复杂性 (Swait and Adamowicz, 2001a) 对复杂决策任务使用的决策策略有重要影响。不同情景使用的决策策略也存在很大差异，这增加了我们理解行为机制的复杂性。那么，什么构成了决策者认为的（而不是研究者假设的）"复杂性"？答案存在争议。一些学者 [例如 Hensher (2006)] 认为，真正重要的是相关性，而复杂性因人而异。下面我们详细讨论这个问题。

Payne et al. (1992) 构建的决策策略分类法为我们理解决策策略提供了非常有用的架构。他们沿着三个维度描述决策策略：处理的基础、处理的信息量、处理的一致性。按照处理基础分类，决策策略可以分为基于选项的处理 (alternative-based processing) 和基于属性的处理 (attribute-based processing)，前者指先考虑一个选项的很多属性再考虑另外一个选项，后者指先处理各个选项的同一个属性再处理另外一个属性。决策策略也按照处理信息量分类，例如在做出决策之前，是忽略或不处理一些信息，还是把它们加起来。最后，按照处理一致性分类，决策策略可以分为一致性处理 (consistent processing) 和选择性处理 (selective processing)。前者指每个选项被考察的信息量相同，后者指处理的信息量因选项而异。

根据上述分类，Payne et al. (1993) 识别出了六种具体决策策略，其中三种基于属性，另外三种基于选项。基于属性的方法包括根据层面删除 (elimination-by-aspects, EBA)、字典序选择 (lexicographic choice, LEX) 和确认维度的优势 (majority of confirming dimensions, MCD) 策略。基于选项的方法包括加权可加 (weighted additive, WADD)、满意度 (satisficing, SAT) 和等权重 (equal-weight, EQW) 策略。这些策略的进一步描述参见表 21.1 (详细描述可参见 Payne et al. (1993))。Payne et al. (1993) 的主要观点是个体根据任务需求和他们面对的信息构建策略。

**表 21.1** 决策策略分类

| 策略 | 基于属性还是基于选项 | 信息量 | 一致性 |
|---|---|---|---|
| EBA | 基于属性 | 取决于选项值和临界值 | 选择性 |
| LEX | 基于属性 | 取决于选项值和临界值 | 选择性 |
| MCD | 基于属性 | 忽略概率或权重信息 | 一致性 |
| WADD | 基于选项 | 所有信息都被处理 | 一致性 |
| SAT | 基于选项 | 取决于选项值和临界值 | 选择性 |
| EQW | 基于选项 | 忽略概率或权重信息 | 一致性 |

资料来源：Payne et al. (1993)。

在随机效用架构中，WADD 效用假设是这些模型的主要函数形式，它允许选项 $j$（含有 $k$ 个属性）带给个体 $q$ 的效用可以写为 $U_{jq}=\sum_{k=1}^{K}\beta_{jkq}X_{jk}+\varepsilon_{jq}$。在这个式子中，$X_{jk}$ 是选项 $j$ 的属性 $k$ 的值；$\beta_{jkq}$ 表示个体 $q$ 对 $X_{jk}$ 指定的权重；$\varepsilon_{jq}$ 是影响效用的未观测随机项。通过将效用函数写成这种形式，我们假设个体系统处理所有选项，以上式描述的方式评估每个选项，直至选择值最大的选项。

由于理性适应行为模型最有可能对选择行为做出有效描述，有人可能不那么重视 WADD 策略，因为它假设所有信息都被处理 [然而，这仍然是一个可检验假设 (testable assumption)]。严格地说，WADD 不是启发性的直觉，根据定义，启发性的直觉是一种经验规则、一种简化策略；而 WADD 似乎是规范性的规则。而且，当基于属性的过程被随机化从而可能导致不同决策任务不一致时，有两种有用的策略能帮助我们解释选择行为。表 21.1 表明，能够解释不一致性且可变的决策策略的方法只有 EBA 和 LEX，它们能满足属性处理 (attribute processing, AP) 策略的随机设定。

EBA [参见 Starmer (2000)] 涉及确定最重要的属性（通常指伴随最大权重/概率的属性）和这个属性的临界值。如果一个选项最重要的属性的值低于这个临界值，那么删除这个选项。然后对第二重要的属性重复这个过程，删除一直持续下去，直至剩下最后一个选项。因此，EBA 策略实际上是一种"临界"属性处理 (AP) 策略，尽管我们注意到，属性临界处理未必局限于 EBA 的评估 [参见 Swait (2001); Hensher 和 Rose (2009)]。

在最严格的意义上，LEX 策略涉及选项之间最重要的属性的比较。如果出现了平局，继续使用第二重要属性进行比较，直至一个选项胜出。因此，LEX 策略是一种“相对比较”策略。所以，我们可以明确区分临界和相对比较这两种 AP 策略。

这些策略的主要缺点在于，在不同决策任务情景下，它们假设 AP 是选择性的，而在相同决策情景下，它们假设属性策略是一致的。换句话说，一旦我们对既定任务选择了策略，它在任务内部就不会发生变化。

这个问题被一个有影响的心理学理论进一步复杂化，该理论认为决策过程分为两个阶段。这就是 Svenson 和 Malmsten（1996）提出的区分和固化理论。它认为决策过程是一个目标导向的任务，这一任务包含两个阶段：一是区分（differentiation），这是决策前的处理过程；二是固化（consolidation），这是决策后的处理过程。这个理论激发研究者将这个决策过程分段。

上面讨论的两个问题［也就是策略的适应性（adaptive）性质和决策过程的分段（disaggregation）问题］只能在放松最理性和规范的决策制定模型的确定性假设下进行实际评估。换句话说，AP 的随机设定形式能够容纳决策制定文献广泛认可的事实，即决策是一个活跃过程，不同情景和决策过程的不同阶段可能要求使用不同策略［例如 Stewart et al.（2003）］。由于决策任务中属性的重要性会变化，因此我们用来模拟这些策略的方法也必须相应地发生变化。

大量心理学文献说明决策和选择过程中存在行为可变性、不可预测性和不一致性［例如 Gonzáles-Vallejo（2002）；Slovic（1995）］，这样的事实可以至少追溯到 Thurstone 的比较判断规则（1927）。使用决策策略的随机表示最重要的好处在于，它能够使我们对决策策略变化的分析更符合行为现实。

近期文献［例如 Hensher（2006，2008）、Greene 和 Hensher（2008）、Layton 和 Hensher（2010）、Hensher 和 Rose（2009）、Hensher 和 Layton（2010）、Hess 和 Hensher（2010）、Puckett 和 Hensher（2008）、Swait（2001）、Cantillo et al.（2006）、Cameron（2008）、Scarpa et al.（2008）、Beharry 和 Scarpa（2008）、Cantillo 和 Ortúzar（2005）以及 Hensher et al.（2009）等］都关注个体如何评估真实或虚拟市场中有序或无序互斥选项的属性的评估和做出选择。[①] 越来越多的证据表明，个体使用从启发性直觉得到的一系列策略来表示他们如何使用选项的属性信息进行决策。这包括删除或忽略属性、对属性包中特定属性的关注程度、使用近期经历作为基准选项、使用属性临界水平表示可接受水平［例如 Swait（2001）；Hensher 和 Rose（2009）］，以及当属性衡量单位相同时，将属性相加［参见 Gilovich et al.（2002）］。重要的是，启发性直觉可能因情景不同而异，这和 SC 实验中的信息性质类似，例如使用的选择规则要求的条件。

Hensher（2006b，2008）认为，个体在虚拟选择环境下使用的一系列“处理”或编辑策略似乎与他们在真实市场正常处理信息的方式一致。选择实验的待处理信息量可变，然而将“选择复杂性”与待处理信息量匹配的做法可能是错误的。相关性才是真正重要的（Hensher，2006b），个体用来评估环境而使用的启发性直觉才是真正需要使用架构描述的，这些架构可以通过实证方法识别个体使用的规则。

待处理信息的识别方法至少有两种。一是直接向每个选择情景中的个体提问［我们将其称为自我陈述意向（self-stated intentions）］；二是通过设定每个选项的效用表达式对模型形式施加概率条件，这使得我们能够推断特定属性的处理方式。二者可能互补。

本章的目的是回顾文献中的一些重要发现和理论模型，它们也许能被用来改进选择模拟过程，并且说明如何将这些思想纳入选择模型的估计。本章的重点在于使用直接提问和函数形式来考察各种处理规则的作用，从而构建选择结果、边际支付意愿（MWTP）和选择弹性的行为意义。这里提供的函数形式以及个体对自我陈述意向问题的回答能够让研究者推断具体 AP 策略出现的概率，这些策略包括相同单位属性相加、相同单位参数转换、属性不参与、属性参与时的门限和基准。

## 21.2 常见决策过程回顾

很多心理学文献指出人们使用快速心算规则（例如启发性直觉）处理日常生活中的海量决策。Payne et

① 本章不考察 CE 的其他处理层面，例如个体反应中的不确定性。参见 Lundhede et al.（2009）。

al.（1993）认为，WADD规则要求很强的心算能力并且很耗时。而且，稳定的、清楚表达的偏好假设似乎仅在个体熟悉选择任务或者经历过各种选项的条件下才成立。当这些条件未被满足时，偏好并非在选择情景之前确定，而是对选择任务特征的反应。正如Payne et al.（1999，p. 245）指出的，偏好构建过程涉及“人类信息处理系统和选择任务属性”的相互作用。

个体决策并不是重复应用于不同选择情景的静态决策过程，行为决策文献告诉我们，“人们有解决决策问题的全套决策策略”（Bettman et al.，1998，p. 194）。表21.2（基于表21.1）描述了文献列举的一些决策策略（Payne et al.，1993）。

**表21.2　决策策略类型**

| 决策规则 | 描　述 |
|---|---|
| 加权可加规则（WADD） | 对每个选项，将它的各个属性值乘以相应的重要性权重，然后相加。选择值最高的选项。 |
| 等权重直觉（EQW） | 类似于WADD，考虑所有选项和所有属性，但每个属性的权重相等。选择值最高的选项。 |
| 满意度直觉（SAT） | 每次考虑一个选项，将它的每个属性与事先设定的临界值进行比较，如果任一属性未达到临界值，拒绝该选项。然后考虑另一个选项，重复上述过程，直至出现所有属性水平都达到临界值的选项，选择该选项。 |
| 字典序（LEX） | 确定最重要的属性，比较各个选项的该属性的值，选择值最大的选项。如果出现平局，考虑第二重要属性，重复上述过程，直至出现胜出的选项。 |
| 按层面消除（EBA） | 确定最重要的属性及其临界值。比较各选项的该属性的值。删除属性水平未达到临界值的选项。考虑第二重要的选项，重复上述过程，直至剩下最后一个选项。 |
| 确定维度的优势（MCD） | 两两比较选项。比较每个属性的值，保留胜出的选项。将该选项与下一个选项进行比较。直至比较完所有选项。 |

Bettman et al.（1998）提出了一个用于理解个体如何使用特定决策策略的选择目标架构。他们认为，个体试图权衡两个冲突的目标：一是决策准确性的最大化，二是实现这个决策的认知努力的最小化。这个权衡体现在绝大多数决策情形，尽管个体也可能追求其他目标（例如将负面情绪最小化和将达成决策的容易性最大化）。Bettman et al.（1998）的架构回应了Jones（1999）的观点：人们是“主观理性的”，但人类认知和情感结构施加的限制约束了决策行为。

为了评估认知努力，决策策略可以分解为基本信息处理（elementary information processes，EIP）流程，例如阅读、比较、相加、相乘和删除等。EBA策略可以视为（1）阅读每个属性的权重；（2）比较权重，直至找到最重要的属性；（3）阅读这个属性的临界值；（4）阅读每个选项的该属性的值；（5）将每个值与临界值进行比较；（6）删除属性值未达到临界值的选项。然后，把决策策略的认知努力表示为一个关于总EIP数和EIP类型的函数。允许认知努力随EIP类型变化的原因在于，EIP的实证估计对认知努力的要求不同，例如“相乘”耗时2秒，而“比较”耗时不到半秒。

为了定义决策策略的准确性，Payne et al.（1993）建议比较选择的WADD值和规范WADD值。这种相对衡量方法参见式（21.1）：

$$\text{相对准确性}=\frac{WADD_{\text{选择}}-WADD_{\text{最差}}}{WADD_{\text{最优}}-WADD_{\text{最差}}} \tag{21.1}$$

对于上面描述的常见的启发性直觉，Payne et al.（1993）认为当选项数增加时，相对准确性不会急剧降低，然而以EIP负担衡量的认知努力在WADD策略情形下比在启发性直觉情形下增加得快。因此，随着选择任务中选项数的增加，启发性直觉似乎比努力—准确性权衡法更有效率。这意味着当个体面对（比如）六个或八个选项时，努力—准确性架构预测个体将从补偿型策略转向非补偿型策略。这种转移的确能在实证环境中通过过程追踪法观察到（参见 21.5.3 节）。个体使用基于属性的策略（例如 EBA）来减少选项数，然后使用基于选项的策略（例如可加效用法）来实现最终结果，这样的做法称为阶段决策策略（phased decision strategy）。

更一般地，在相对不那么复杂的选择任务下（Payne et al.（1993）认为，任务复杂性指任务特征，例如选项数、属性数和时间压力①），努力—准确性权衡法预测补偿型决策（例如 WADD 模型）更常使用。这里的复杂性和 Hensher（2006d）的相关性概念不同，后者指在选择任务中提供更完全的属性描述，允许个体形成自己的关于重要性的处理规则。因此，选择任务分解和细化（比如将时间属性分解为道路通畅情形下的交通耗时、车速缓慢情形下的交通耗时和停车/启动情形下的交通耗时）比将这些时间成分加总为一个整体“时间”属性更具相关性。

给定更多的待处理属性，使用完全补偿型策略的个体需要更多的认知努力。当属性较多时，很多证据一致表明个体在信息搜寻上更挑剔，他们会减少信息搜寻的比例（Sundstrom，1987；Olshavsky，1979；Payne，1976），然而这是否意味着决策策略发生了重大变化（Sundstrom，1987）或这是否意味着权重发生了变化（Olshavsky，1979），答案并不明朗。在这种情形下，启发性直觉比 WADD 规则更有效率，原因在哪里？我们也不清楚。与选项数增加导致的结果不同，Payne et al.（1993）指出，诸如 LEX 和 SAT 的启发性直觉的相对准确性随着选项数的增加而降低，但 EBA 是个例外。② 它们也存在过多的属性导致个体认知负担增加，从而降低选择质量的问题。一些学者例如 Malhotra（1982）赞同这一点，然而 Bettman et al.（1998）认为，个体面对的信息量增加本身没有坏处，只要他们选择反映自己价值的信息，而不是根据选择任务的表面特征（例如突出性和形式）进行决策。

到目前为止，我们对 Payne et al.（1993）的努力—准确性架构的讨论采用的是自上而下的视角：个体权衡使用每种决策策略的成本和收益，然后选择最满足成本—准确性权衡的策略。另外一种考察偏好构建的方法是“自下而上”或称为“数据驱动”（Payne et al.，1993，p. 171）：个体使用以前遇到的问题结构来形成或改变决策策略。接下来，个体将决策问题重构为一个中间步骤，使得它们更易于使用启发性直觉分析。选择任务中的信息可以通过四舍五入或标准值进行转换。信息可以通过忽略一些属性进行重新整理或进一步简化。重构的作用在于降低选择任务的复杂性（Payne and Bettman，1992；Jones，1999）。

## 21.3 将决策过程嵌入选择任务

### 21.3.1 两阶段模型

前面已经说过，不少文献报道个体使用分阶段的决策策略；受此启发，一些学者试图模拟两阶段决策过程：从选项全集中选取一个子集，最终选择来自这个子集（缩减集）。第一阶段通常使用筛查规则（screening rules）。这些规则可以基于以前的选择经验或者基于当前选择情景中选项的属性水平。Manski（1977）给出了两阶段模型的一般形式：

$$P_{jq} = \sum_{C \in G} P_q(j \mid C) P_q(C) \tag{21.2}$$

其中，$P_{jq}$ 是个体 $q$ 选择选项 $j$ 的概率；$P_q(j \mid C)$ 是在给定缩减集 $C$ 的条件下，个体 $q$ 选择选项 $j$ 的概率；$P_q(C)$ 是在全集 $M$ 的所有非空子集中，个体 $q$ 的缩减集为 $C$ 的概率。

作为 Manski（1977）模型的扩展，Cantillo 和 Ortúzar（2005）认为个体在第一阶段使用基于特定个体属性水平门限的拒绝机制来删减选项。对于这些经历第一阶段仍然“存活”的选项，使用随机效用架构下的常

---

① 尽管在大多数选择实验中，时间压力不是实验调整的。

② 随着选项数的增加，EBA 要求被选择的选项的更多属性超过相应的临界值。

见补偿方式评估。

Cantillo 和 Ortúzar（2005，p. 644）认为，“门限可以是选项中属性的最受偏好的值，也可以是被选中选项的属性的值，甚至可以为任何参照值”。因此，如何对特定个体门限建模有很大的灵活性。个体 $q$ 的门限向量 $T_q$ 可以设定为一个 $m\times 1$ 向量，其中 $m$ 是受门限约束的属性个数，$0\leqslant m\leqslant K$。这些学者假设 $T_q$ 是一个随机向量，它的联合密度函数为 $\Omega(\delta)$，均值为 $E[T_q]=\bar{T}_q$，方差—协方差矩阵为 $\mathrm{Var}[T_q]=\Sigma_q$。由于他们考虑的是交通环境，其中选项是用时间、成本和事故率描述的，门限用可接受的属性水平的上限表示。因此，仅当对于所有受门限约束的属性 $X_{jkq}\leqslant T_{kq}$ 时，选项 $j$ 进入第二阶段。$T_q$ 也可以作为社会经济特征变量的函数。

### □ 21.3.2 含有“模糊”约束条件的模型

大多数二阶段模型都假设，只要某个选项的属性未能满足其中至少一个约束，那么个体将拒绝该选项。Swait（2001）和 Hensher et al.（2013）保留了上限或下限是每个属性的自我设定的约束假设，但他们放松了“硬”（即严格的）临界值约束，而是假设临界值可以被违反，但这以牺牲一部分效用为代价。如果特定选项的属性违反了它们各自的约束，那么只要其他属性能提供充分补偿，该选项就仍可以被选中。

选项 $j$ 的效用函数为

$$U_j=\sum_k \beta_{jk}X_{jk}+\sum_k(\omega_k\lambda_{jk}+\upsilon_k\kappa_{jk})+\varepsilon_j \tag{21.3}$$

$\lambda_{jk}$ 和 $\kappa_{jk}$ 分别为违反上限和下限约束的惩罚。令属性 $k$ 的上限临界值和下限临界值分别为 $c_k$ 和 $d_k$，其中 $c_k$ 和 $d_k$ 允许因人而异。$\lambda_{jk}$ 和 $\kappa_{jk}$ 可以利用 $c_k$ 和 $d_k$ 定义如下：

$$\lambda_{jk}=\begin{cases}0,\text{若 } c_k \text{ 不存在}\\ \max(0,\ c_k-X_{jk})\end{cases},\ \kappa_{jk}=\begin{cases}0,\text{若 } d_k \text{ 不存在}\\ \max(0,\ X_{jk}-d_k)\end{cases} \tag{21.4}$$

$\omega_k$ 和 $\upsilon_k$ 是违反属性 $k$ 的上限临界值和下限临界值而遭受的边际效用损失。

为了估计这个模型，Swait（2001）得到了个体自我报告的临界信息。然而，这样的信息未必可得，例如在大多数 CE 数据中，属性水平门限通常不外在地体现在模型中；即使如此，我们仍有必要将基准选项的属性水平视为 $c_k$ 和 $d_k$ 的“伪临界”值。这样的做法符合很多行为研究构建的基准依赖性和厌恶损失概念。基准选项既可以为维持现状，也可以为基准点修改（reference point revision），后者指个体在以前的选择任务中选中的选项。另外一个观察是，由于 $c_k$ 和 $d_k$ 在本质上是门限，因此 21.3.1 节介绍的门限信息随机模型也与我们这里的讨论相关，也是可能的扩展模型。

Hensher et al.（2013）构建了一个纳入属性上限门限和下限门限的选择模型，而且这个模型也考虑了选项的相关性。纳入门限的效用模型参见式（21.5），这个模型可用第 20 章的 NLRPLOGIT 命令估计①：

$$\begin{aligned}U_{jq}=1+\delta_j\sum\nolimits_{h=1}^{H}(A_{jq}+\gamma R_{hq})\Big[\alpha_j+\sum\nolimits_{k=1}^{K}\beta_{kj}X_{kjq}+\sum\nolimits_{l=K+1}^{L}\beta_l\{0:\max(0,\ X_{ljq}-X_{lq}\min)\}\\+\sum\nolimits_{m=L+1}^{M}\beta_m\{0:\max(0,\ X_{mq}\max-X_{mjq})\}\Big]+\varepsilon_j\end{aligned} \tag{21.5}$$

$A_{ji}$ 是一个虚拟变量，表示个体 $q$ 是否接受选项 $j$，若接受，则取值 1，否则取值 0；$R_{hq}$ 也是一个虚拟变量，表示第 $h$ 个属性水平是否位于属性门限拒绝区域，若是，则取值 1，否则取值 0；$\gamma$ 和 $\delta_j$ 为估计参数；$\alpha_j$ 为特定选项常数（ASC）；$\beta_{kj}$ 是第 $j$ 个选项的第 $k$ 个属性（$X$）的偏好参数。纳入 $R_{hq}$ 的原因在于我们认识到属性对于选项是否可被接受至关重要。临界惩罚是被违反约束量的线性函数，它被定义为 $\{0:\max(0,\ X_{ljq}-X_{l\min})\}$ 和 $\{0:\max(0,\ X_{\min}-X_{mjq})\}$。$\{0:\max(0,\ X_{ljq}-X_{l\min})\}$ 的意思为下限临界效应和临界值存在时属性水平偏离最小临界属性门限的距离（若临界值不存在，取值零）；$\{0:\max(0,\ X_{\min}-X_{mjq})\}$ 表示上限临界效应和临界值存在时属性水平偏离最大临界属性门限的距离（若临界值不存在，取值零）。$X_{kjq}$ 是个体 $q$ 的第 $j$ 个选项的第 $k$ 个属

① 选项接受条件的另外一种形式是指数形式：$\exp\left(\delta_j\sum\nolimits_{h=1}^{H}(A_{jq}+\gamma R_{hq})\right)$。在实证上，从预测能力和弹性结果角度看，这两种形式的差异可以忽略不计。

性；另外，这里涉及 $l=K+1, \cdots, L$ 个属性下限临界值；$m=L+1, \cdots, M$ 个属性上限临界值；$q=1, \cdots, Q$ 个个体；$\beta_l$ 和 $\beta_m$ 为估计惩罚参数。

这说明决策过程异质性可能是选择实验固有的成分；假设所有人使用同一个决策规则的常见做法可能太简单了，不符合现实。Swait（2009）将决策过程异质性形式化的方法是，考虑混合 PDF 随机效用模型，在这个模型中，任一选项都可用几个离散状态中的一个评估，从而对应不同决策规则或认知过程。其中一个状态对应常见的伴随充分补偿条件的效用最大化，而其他状态表示具有或不具有吸引力的极端形式，这么做的目的在于描述使用非补偿策略、情景依赖和（或）属性依赖的可能性。式（21.6）是 Swait（2009）的模型的简化版本，它仅含有两个条件情景。在这个模型中，个体要么将选项 $j$ 指定给代表常见情景中的权衡条件的第一个事件，要么指定给代表拒绝条件的事件，对于后者的情形，选项 $j$ 的效用不定义在属性值上：

$$U_{jq}=\begin{cases}V_{jq}+\varepsilon_j\text{，概率为 } q_{jq} \\ -\infty\text{，概率为 } p_{jq}\end{cases} \tag{21.6}$$

Swait（2009）的模型可以纳入 EBA 启发性直觉作为选择集形式的一部分。EBA 启发性直觉表明，如果某选项的属性未达到临界值，那么该选项被删除。这使得我们可以把 $p_j$（选项 $j$ 被拒绝的概率）写为分离性的筛查规则的函数：它仅取一个未满足临界值的属性，然后删除这个属性隶属的选项。相反，$q_j$（选项 $j$ 位于常见随机效用最大化的完全补偿型权衡条件中的概率）写为下列分离形式：只有选项 $j$ 的所有属性必须满足临界值，它才能进入下一个阶段。

利用与 Cantillo 和 Ortúzar（2005）类似的思想，Swait（2009）假设，对于每个属性，特定个体门限都是随机分布的。具体地说，$\tau$ 服从正态分布，均值为 $\bar{\tau}_k$，方差为 $\sigma_k^2$。在未加标签的实验中，$\tau$ 可被假设为对各个选项都通用。如果 EBA 启发性直觉仅运用于一个层面（比如成本），那么我们可以得到式（21.7）：

$$\begin{aligned} p_{jq} &= \Pr(\tau_{qk}<X_{jk})=\Pr\left(Z<\frac{X_{jqk}-\bar{\tau}_k}{\sigma_k}\right)=\Phi\left(\frac{X_{jqk}-\bar{\tau}_k}{\sigma_k}\right) \\ q_{jq} &= 1-p_{jq}=1-\Phi\left(\frac{X_{jqk}-\bar{\tau}_k}{\sigma_k}\right) \end{aligned} \tag{21.7}$$

上式可以扩展为根据 $m$ 个层面进行删除，$1\leqslant m\leqslant K$；在这种情形下，需要设定门限向量 $\tau_q=(\tau_1, \cdots, \tau_m)'$ 的联合密度函数。

与 Cantillo 和 Ortúzar（2005）类似，Swait（2009）的模型是一种将 Payne et al.（1993）阶段决策假设形式化的方法，因为它使用了非补偿性规则作为“拒绝”选项的依据。利用 Payne et al.（1993）的说法，这类似于降低选择任务的复杂性。剩下的选项以通常的补偿型方式评估。然而，二者的差异在于，Payne et al.（1993）将选项的删除视为一种确定性的过程，而 Swait（2009）允许在一定概率意义上拒绝选项，从而在选择集形式中引入了一些“模糊性”。

尽管在形式上有些类似于二阶段模型，然而 Swait（2009）模型有独特之处，即每个选项被拒绝的概率都非零，在这种情形下，个体仅根据随机选择进行选择。在典型的二阶段模型中，第二阶段的所有可能子集都不含空集，从而排除了所有选项都被“拒绝”的可能性。因此，Swait（2009）的假设在含有维持现状选项的 CE 中未必可行，因为所有选项（包括维持现状）不可能都处于拒绝条件中。如果所有实验设计（虚拟）选项都在拒绝条件中，那么我们自然可以假设维持现状选项将被选中。

通过设定 $q_j$ 合适的函数形式，Swait（2009）的模型可以纳入各种决策规则。为了模拟 EBA 启发性直觉，$q_j$ 可用选项 $j$ 的一个或多个属性满足既定门限标准的概率表达。$q_j$ 也可以不使用联合规则，而是表示为选项 $j$ 中“最优”属性数的递增函数，这样，我们可以把它解释为作为筛查规则的 MCD 启发性直觉。最“好”的情形是，$X_{jk}$ 是所有选项中效用最大的（如果属性产生正效用）或所有选项中效用最小的（如果属性产生负效用，例如成本和时间属性）。这种方法的一个变种是模仿 Hensher 和 Collins（2011）的做法，是将 MCD 启发性直觉（以每个选项的“最好”属性数作为代理变量）嵌入权衡条件。Swait 认为也可将依赖于选项、个体和（或）情景特征的更复杂的混合规则嵌入权衡条件。

下面的讨论描述了如何使用 Swait 的二混合模型检验字典序规则。这里的两个评估条件不是使用“删除”和“权衡”，而是视为“优势”和“权衡”，其中“优势”选项的效用赋值$+\infty$。如果仅有一个选项处于“优势”条件，就选取这个选项；如果两个或多个选项处于“优势”条件，那么使用随机选择规则。

选项$j$位于“优势”条件的概率$p_{jq}$可以视为含有指示器函数$1\ (X_{jk} \succ X_{ik}, \forall j \neq i)$。符号“$\succ$”表示左边的变量比右边的变量更受个体偏好。如果第$j$个选项的第$k$个属性的水平在所有选项中“最好”，那么这个指示器函数等于1。这里的“最好”可以包括平局，即无差异。

指示器函数需要使用个体认知的属性重要性加权。原因在于尽管某个选项在某个属性上得分最高，但如果个体认为这个属性相对不重要，那么按照字典序规则，这个选项被选中的概率仍然较小。为了加权属性，我们可以使用部分效用的平方进行标准化，即$\frac{(\beta_{jk}X_{jk})^2}{\sum_k (\beta_{jk}X_{jk})^2}$，使用平方的原因在于保证所有部分效用都非负；我们也可以使用对数函数进行标准化$\frac{\exp(\beta_{jk}X_{jk})}{\sum_k \exp(\beta_{jk}X_{jk})}$。为了简化模型，我们必须使用$\beta_{jk}$的先验值或其他衡量重要性权重的方法。

字典序规则有时含有恰好可识别的差异规则或称为字典半序，参见 Payne et al.（1993）。这个规则是说，两个选项的同一个属性的值的差只有大于一定的量比如$\tau_k$时，才表明前者比后者好，否则二者无差异。指示器函数可以相应修改为：$1(|X_{jk}-X_{ik}|)>\tau_k$。由于$\tau_k$通常不可观测，也不能直接使用具体的值，因此我们需要假设$\tau_k$服从某种分布，这和 EBA 情形一样。如果任一选项都和其他选项没有恰好可识别的差异，那么我们可以对所有选项使用完全补偿型权衡条件。

### □ 21.3.3 其他方法

另外一种方法是通过将一些启发性直觉直接嵌入效用的系统性成分，例如通过潜类别模型（LCM），从而根据观测的选择结果来推断决策过程（Hensher and Collins，2011；Hensher and Greene，2010；NcNair et al.，2010，2011；Scarpa et al.，2009；Swait and Adamowicz，2001a；Hole，2011）。在交通应用领域，在收费道路和免费道路选择的背景下，LCM（参见第16章）被用来检验属性加总、属性不参与等启发性直觉和 MCD 等决策规则对个体选择的解释作用（Hensher，2010；Hensher and Collins，2011）。这些文献发现，纳入（决策）过程的异质性（即允许启发性直觉随着不同个体子集变化）能够改进模型的拟合度（与标准多项 logit（MNL）模型相比）。在补充问题作为调查工具有机组成部分的情形下，纳入个体对诸如是否将属性相加或者是否忽略一些属性等问题的回答能够提高模型的解释能力。

**【题外话】**

简单潜类别方法可以用来模拟字典序规则。[①] 作为非补偿规则，字典序可以用比较大的$\beta$值描述重要属性，其他属性用较小的$\beta$值或0表示。这可能意味着潜类别结构可以对完全补偿型模型指定概率0，或者对其中一个类别指定非零的概率，对所有其他类别指定零概率。这种方法将字典序解释为属性不参与的一种极端形式。然而，这种设定既没有模拟第二阶段，也没有模拟出现平局的情形。

当决策顺序、约束和门限为潜在的时，分层贝叶斯模型也有用。Gilbride 和 Allenby（2004）通过假设筛查规则能迫使选择集变为更小的子集，模拟了 Payne et al.（1993）的二阶段决策策略。他们使用的筛查规则有：（1）补偿型筛查规则，此时在传统补偿意义上，效用的确定性部分必须大于门限；（2）联合筛查规则，此时所有属性值都必须是可接受的；（3）分离性规则，此时至少一个属性值可接受。这些门限是内生决定的，而且可以因人而异，这与 Swait（2009）以及 Cantillo 和 Ortúzar（2005）的方法不同。总之，Gilbride 和 Allenby（2004）发现，联合筛查规则对数据的解释最好。这个工作的进一步扩展包括模拟 EBA 处理规则和使用更经济的筛查规则，在这类筛查规则下，如果期望效用的损失（因删除选项而引起）小于一定门限，则删除相应选项；这可以视为降低认知努力程度而得到的好处（Gilbride and Allenby，2006）。

---

① 一些解释性分析对于检验个体是否一致性地选择选项（按照给定的属性，该选项是最优的）有帮助。可以画这些选择的频率直方图。

如何将 Payne et al.（1993）定义的复杂性纳入选择模型，这个问题值得强调。Swait 和 Adamowicz（2001b）认为，复杂性导致了偏好的更大变化，因此尺度因子可以解释为复杂性的函数。他们使用熵作为复杂性的代理变量，熵的定义如下：

$$H_{qt} = -\sum_{j \in S} \pi_{jqt} \log(\pi_{jqt}) \tag{21.8}$$

其中，$\pi_{jqt}$ 是个体 $q$ 在选择情景 $t$ 下选中选项 $j$ 的概率，这个概率的表达式为

$$\pi_{jqt} = \frac{\exp(\beta X_{jqt})}{\sum_{j \in S} \exp(\beta X_{jqt})} \tag{21.9}$$

熵允许偏好相似（做出权衡的困难性）的程度影响复杂性，当 $J$ 个选项彼此不可区分从而有相同的被选中概率时，熵达到最大值。个体 $q$ 面对的选择任务 $t$ 的尺度为

$$\mu_{qt} = \exp(\theta_1 H_{qt} + \theta_2 H_{qt}^2) \tag{21.10}$$

平方形式的使用考虑了复杂性对决策过程的非线性影响。具体地说，复杂性水平较低时，个体容易决策，要求的认知努力程度自然较小，这导致了更好的偏好一致性（尺度较高）；当复杂性水平较高时，由于个体需要使用启发性直觉简化决策过程，偏好一致性较低（尺度较低）。在非常高的复杂性水平上，不同选项的效用几乎相同，导致误差方差降低。将尺度因子写成上面的形式导致了个体间的异质性的特定形式。Swait 和 Adamowicz（2001a）也使用熵模拟复杂性；然而，他们把熵视为解释变量。

## 21.4 关系直觉



### □ 21.4.1 选择集内的启发性直觉

研究者发现个体也使用关系直觉。“关系”的意思是说，这些启发性直觉强调选项值之间的比较，并且允许选项值随着选择情景的变化而变化。实证文献发现了个体厌恶极端原则，也就是所谓的折中效应（compromise effect），它的意思是说如果选择集中存在极端选项而且这些极端选项彼此没有优劣之分，那么个体倾向于选择中间选项；受这类发现的启发，Kivetz et al.（2004）提出了相应的模型。这些模型包括情景模型（例如规避损失模型），还包括情景凹性模型。这两类模型都使用了基准点，都考虑了当前选择集情景下的规避损失或收益的凹性。这些模型使用的不是基准选项而是基准属性水平。在规避损失模型中，基准点一般选用局部选择集中选项属性水平的中点，未必使用“维持现状”选项。价值函数为

$$\begin{aligned} V_j = & \sum_k [v_{jk}(X_{jk}) - v_{rk}(X_{rk})] \times 1(v_{jk}(X_{jk}) \geqslant v_{rk}(X_{rk})) \\ & + \sum_k \lambda_k [v_{jk}(X_{jk}) - v_{rk}(X_{rk})] \times 1(v_{jk}(X_{jk}) < v_{rk}(X_{rk})) \end{aligned} \tag{21.11}$$

$V_j$ 是（选择集 $S$ 中的）选项 $i$ 的值，$v_{jk}(X_{jk})$ 是选项 $j$ 的属性 $k$ 的效用，$\lambda_k$ 是属性 $k$ 的规避损失参数，$X_{rk}$ 是（选择集 $S$ 中的）基准点上的属性 $k$ 的值。

情景凹性模型以伴随最低部分效用值的属性值作为基准点，将其他属性值的效用作为与基准点相比较的收益。模型设定如下：

$$V_j = \sum_k (v_{jk}(X_{jk}) - v_{rk}(X_{rk}))^{c_k} \tag{21.12}$$

由于收益相对于基准来说是凹的，因此引入 $c_k$ 作为属性 $k$ 的凹性参数。这种情形下的 $X_{rk}$ 是所有选项的属性 $k$ 的效用最低者的属性值。使用一些假设的部分效用值，表 21.3 说明了情景凹性模型如何导致个体逐渐偏向中间选项（选项 2）。更一般地，凹性参数意味着个体对收益的边际敏感度递减，因此与极端选项相比，个体倾向于选择中间选项。

**表 21.3　　　　举例说明情景凹性模型**

| | 选项 1 | 选项 2 | 选项 3 |
|---|---|---|---|
| 属性 1： | | | |
| 假设 $v_{j1}(X_{j1})$ 的取值为 | 5.4 | 10.2 | 20.3 |
| $v_{j1}(X_{j1})-v_{r1}(X_{r1})$ | 0 | 4.8 | 14.9 |
| $(v_{j1}(X_{j1})-v_{r1}(X_{r1}))^{0.5}$，假设 $c_1=0.5$ | 0 | 2.2 | 3.9 |
| 属性 2： | | | |
| 假设 $v_{j2}(X_{j2})$ 的取值为 | 30.3 | 23.7 | 15.2 |
| $v_{j2}(X_{j2})-v_{r2}(X_{r2})$ | 15.1 | 8.5 | 0 |
| $(v_{j2}(X_{j2})-v_{r2}(X_{r2}))^{0.3}$，假设 $c_2=0.3$ | 2.3 | 1.9 | 0 |
| $V_j=(v_{j1}(X_{j1})-v_{r1}(X_{r1}))^{0.5}+(v_{j2}(X_{j2})-v_{r2}(X_{r2}))^{0.3}$ | 2.3 | **4.1** | 3.9 |

Tversky 和 Simonson（1993）也提出了成分情景模型，这个模型被 Kivetz et al.（2004）称为相对优势模型（relative advantage model，RAM）。模型表达式参见式（21.13）。RAM 模型的 Nlogit 命令参见附录 21A（使用 21.7 节的数据）。

$$V_j=\sum_k v_k(X_{jk})+\theta\sum_{j\in S}R(j,i) \tag{21.13}$$

$R(j,i)$ 表示选项 $j$ 对选项 $i$ 的相对优势，$\theta$ 为指定给模型成分的相对优势权重。参数 $\theta$ 可以视为一个说明选择情景决定偏好程度的指标。使用 Tversky 和 Simonson（1993）的符号，$R(j,i)$ 可以定义如下：首先，对于一对选项 $(j,i)$，考虑在属性 $k$ 的角度，选项 $j$ 对选项 $i$ 的优势：

$$A_k(j,i)=\begin{cases}v_k(X_{jk})-v_k(X_{ik}),\ 若\ v_k(X_{jk})\geqslant v_k(X_{ik})\\0,\ 其他\end{cases} \tag{21.14}$$

将选项 $j$ 对选项 $i$ 在属性 $k$ 上的劣势定义为一个关于相应优势函数 $A_k(j,i)$ 的递增凸函数 $\delta_k(\cdot)$（其中 $\delta_k(t)\geqslant t$），即 $D_k(j,i)=\delta_k(A_k(j,i))$。凸函数 $\delta_k(\cdot)$ 考虑了规避损失原理。于是，选项 $j$ 对选项 $i$ 的相对优势可以定义为

$$R(j,i)=\frac{\sum_k A_k(j,i)}{\sum_k A_k(j,i)+\sum_k D_k(j,i)}=\frac{A(j,i)}{A(j,i)+D(j,i)} \tag{21.15}$$

如果 $S$ 含有两个或更少元素，则 $R(j,i)=0$。$R(j,i)$ 项描述了厌恶极端，因为极端选项尽管在一些属性上有很大优势，但至少在一个属性上有很大劣势。源于前景理论（参见第 20 章）的厌恶风险原理说明在个体看来，这些选项不如中间选项，这些中间选项的优势和劣势都不大。然而，需要注意，与厌恶风险和情景凹性模型中的情景依赖效应不同，Tversky 和 Simonson（1993）模型假设每个选项都与选择集中所有其他选项进行比较。

Kivetz et al.（2004）假设劣势函数形式为

$$D_k(j,i)=A_k(j,i)+L_kA_k(j,i)^{\psi_k} \tag{21.16}$$

$L_k$ 是厌恶风险参数（大于 0 的先验值），$\psi_k$ 是幂参数（大于 1 的先验值）。Kivetz et al.（2004）认为这些模型不是潜在行为过程的实际描述，而只是"好像"提高了预测效度。他们的评估结果表明，将关系直觉尤其将规避损失和情景凹性嵌入选择集似乎能够提高模型的预测能力。

Kivetz et al.（2004）认为他们发现的个体厌恶极端的倾向"稳健"且"重要"，但很多研究者忽略了这一点。然而，Gourville 和 Soman（2007）认为当选择集为非对齐的时，个体追求极端而不是厌恶极端。在非对齐的选择集中，选项"沿着离散的、非补偿型的属性变化，使得一个选项有一组合意性质而另外一个选项

有另外一组不同的合意性质”（Gourville and Soman，2007，p. 10）。例如，在小轿车选择集中，如果一个选项有高质量的车载音响设备但没有天窗，而另外一个选项有天窗但没有车载音响，那么这个选择集就为非对齐的。因此，属性之间的权衡是离散的，因为一旦你选择了一个选项，就必须完全放弃另外一个选项的合意性质。在非对齐选择情形下，这些学者发现选择集越大，个体越倾向于选择极端选项（例如选择价格低的标配车或价格高的高配车）。在这种情形下，个体似乎依赖孤注一掷策略。

Gourville 和 Soman（2007）没有完全否认个体厌恶极端的倾向，他们只不过说明了当属性为非对齐的时，即当属性不能按递增方式权衡取舍时，个体反而喜欢极端。例如，含有价格低、运行慢的电脑和价格中等、运行速度中等的电脑的选择集是对齐的选择集；如果引入价格高、运行快的电脑，那么中间选项（即价格中等、速度中等的电脑）的市场份额将上升。Gourville 和 Soman（2007）建议学者继续考察混合对齐和非对齐属性的影响，因为它们能描述现实世界的决策。尽管这是一个有趣的启发，然而很多 CE 设计的情景不适合考察个体喜好极端选项的情形。我们这里的讨论旨在强调，由于在大多数应用中用于确定选择的属性是对齐的，因此厌恶极端选项的结果更常见。

### □ 21.4.2 选择集之间的依赖性

“关系”概念可以扩展到允许以前的选择任务或选择结果影响当前的选择。正如 Simonson 和 Tversky（1992，p. 282）指出的，“在决定是否选择某个特定选项时，人们不仅把它与当前选项比较，还与以前经历过的有关选项比较”。由于大多数 CE 要求个体回答一系列选择问题，因此这些学者认为人们对属性的偏好未必在选择集之间独立。

离散选择文献的大量证据支持 Simonson 和 Tversky（1992）的观点：过去的经历很重要。有证据表明，在回答一系列选择任务时，个体使用基准点进行修改（DeShazo，2002）。Hensher 和 Collins（2011）发现，如果个体在以前的选择集中选择了非基准选项（即非维持现状选项），那么当前选择集中的基准被修改，它的效用增加。这意味着价值函数围绕新的基准点变化。

“顺序反常”现象也时有发生。这种现象是指个体在以前的选择集中看到的属性顺序可能影响他的选择。例如，给定两个选择集 1 和 2，而且选择集 2 中某选项的价格属性比选择集 1 中的高。如果个体先看到选择集 1，那么他们在选择集 2 中选择该选项的比例就会降低（与未看到选择集 1 的情形比较）。对此的可能解释为“好的交易和坏的交易”直觉（Bateman et al.，2008）或权衡比较（Simonson and Tversky，1992），即当前的偏好根据以前的价格或成本属性调整。这个发现可以视为偏好逆转这种更一般现象的具体例子（Tversky et al.，1990）。

策略性误告即个体故意错误地报告自己的偏好，也是需要将以前的选择作为基准点纳入当前选择集的一个原因。在提供公共物品的情景下，如果以前的选择任务中被选中选项的属性值比当前选择任务中的高，个体为了增加他们最偏好选项被当局实施的可能性会故意隐藏自己在当前偏好任务下的真实偏好。策略性误告假设个体有稳定和良好构建的偏好，但陈述性偏好（SP）和潜在的真实偏好之间存在偏差。策略性误告的弱化版本允许个体考虑如果他们不真实显示自己的偏好，公共物品将不会被提供的可能性，从而仅在一定概率上而不是断然拒绝真实显示偏好（McNair et al.，2010）。

模拟策略性报告的关键在于，假设个体在下列两种情形下都会选择维持现状选项：（1）当维持现状选项比其他选项好时；（2）当以前选中的选项比当前选择任务中的选项好时。当后面这种情形发生时，使用以前选中的那个选项的属性替代维持现状选项的属性。

当前选择集需要考虑以前经历过的选择集的另外一个解释，涉及价值学习（value learning）直觉，它假设个体如实报告自己的偏好，但报告的是初始偏好。因此，偏好可以受起始点和属性价值的影响（McNair et al.，2010），“好的交易还是坏的交易”直觉就是一个明证。部分个体也有可能使用若干直觉，而且没有哪个直觉处于优势。McNair et al.（2010）报告，在提供地下电力系统的情景下，当个体面对一系列二值选择问题时，他们的回答符合弱化版本的策略性误告和“好的交易还是坏的交易”直觉；而在等式约束的 LCM 中，对于不同个体子组，策略性误告和价值学习可用不同直觉进行模拟（McNair et al.，2010）。

价值学习和策略性误告的支撑理论是基准点修改。在考察当个体选择维持现状选项时基准点如何变化的问题上，Hensher 和 Collins（2011）发现，与选择维持现状选项相比，在给定选择集中选择非基准选项（即非维持现状选项）导致后来的选择集中非维持现状选项的效用增加。Briesch et al.（1997）认为，在使用以前经历过的选项或属性作为基准时，个体的判断是基于记忆的，这是因为个体调用记忆中的信息并与当前选择集中的信息进行比较。“当消费者能够而且有动机回忆价格信息时，他们就有可能将这些信息用于当前选择任务”（Briesch et al. 1997，p. 204）。因此，个体在选择集中遇到的大量绝对优势选项为基于记忆的判断的发生创造了条件，而且这样的选项很有可能被作为未来选择集的基准点而被保存在记忆中。Briesch et al.（1997）的发现为这种观点提供了一定的支持。在考察个体日常消费品购买决策的背景下，这些学者评估了有关过去或当前价格偏好的若干计量经济设定，他们发现基于记忆中的价格偏好的设定对模型的拟合最好。在个体面对充分多的选择集的情形下，我们也许能够考察以前经历过的选择任务如何进入效用函数。例如，我们也许能够使用允许越近期的选择历史有越大的权重的衰减函数，考察是否所有中间选择集都重要。另外，数据也可以使用一些有用的临界决策点进行解释。例如，我们可以使用第一个选择集中的临界决策点，原因在于锚定和起始点偏差；我们也可以使用最受偏好选项或最近期选择集中的临界决策点，原因在于高峰时与结束时的感觉（即峰终直觉）。

Swait et al.（2004）使用衰减函数考察了过去经历对当前决策的影响。在时间序列离散选择模型的情形下，由于一组个体在各个时点上的决策都被记录，因此它能够描述状态依赖和惯性行为。状态依赖可以定义为“当前偏好受以前的选择影响”，而惯性指“当前偏好受以前的偏好影响”（Swait et al.，2004，p. 96）。在模型设定中，选项 $j$ 的当前（时期 $t$ 的）效用通过元效用函数（式（21.17））描述：

$$\hat{V}_{jt}=\prod_{s=0}^{t}\alpha_{js}\exp(V_{j,t-s}) \tag{21.27}$$

其中，元效用取决于所有过去（静态）效用 $V_{j,t-s}$，而 $V_{j,t-s}$ 本身仅取决于时期 $t-s$ 中的属性。当前效用和历史观察效用之间的联系是通过路径依赖参数 $\alpha_{js}$（其中 $0\leqslant\alpha_{js}\leqslant 1$，$\alpha_{j0}=1$）实现的；$\alpha_{js}$ 可以视为以前各期的相应权重。取对数，得到线性可加形式，并且将过去和当前误差项相加，得到式（21.18）：

$$\ln(\hat{V}_{jt})=\sum_{s=0}^{t}V_{j,t-s}+\sum_{s=0}^{t}\ln(\alpha_{js})+\sum_{s=0}^{t}\varepsilon_{j,t-s} \tag{21.18}$$

由于式（21.18）右侧第一项含有所有过去的属性水平，这个式子也可以视为“将当前效用与历史观察属性水平以与属性学习或更新相一致的方式联系在一起”（Swait et al.，2004，p. 98）。以前时期的属性水平和当前属性水平以时间平均形式结合在一起。状态依赖可用虚拟变量模拟：如果在选择集 $t-1$ 中选项 $j$ 被选中，选择集 $t$ 中选项 $j$ 的虚拟变量取值 1。扰动项的方差结构可以随时间变化而变化，这提供了时间异方差性形式。最后我们注意到，在重复 CE 情景下，这个模型提供了另外一种考察价值学习直觉的作用的方法。

Cantillo et al.（2006）提出了另外一种设定，他们认为将以前选择集中的属性水平和当前选择集中的属性联系在一起的是恰可识别差异直觉。选择任务 $n-1$ 的属性水平与选择任务 $n$ 的属性水平的差异可识别，仅当 $|\Delta X_{k,n}|=|X_{k,n}-X_{k,n-1}|\geqslant\delta_k$ 时，其中 $\delta_k$ 是属性 $k$ 的非负门限。和前面描述的几种门限表达方式类似，门限可以假定为针对特定个体、在总体上随机分布或者取决于社会经济特征。

Cantillo et al.（2006）认为个体仅能感知到大于门限的属性水平变化，如式（21.19）所示：

$$X_{jkqn}=X_{jkq,n-1}+\operatorname{sgn}(\Delta X_{jkqn})\max(|\Delta X_{jkqn}|-\delta_{kq},0) \tag{21.19}$$

如果在 $K$ 个属性中，$m$ 个属性有相应的可识别的门限，那么效用可以写为式（21.20）：

$$\begin{aligned}U_{jqn}&=V_{jqn}+\varepsilon_{jqn}=\sum_{k=1}^{m}\beta_{jkq}X_{jkqn}+\sum_{k=m+1}^{K}\beta_{jkq}X_{jkqn}+\varepsilon_{jqn}\\&=\sum_{k=1}^{m}\beta_{jkq}\left[X_{jkq,n-1}+\Delta X_{jkqn}\left(1-\frac{\delta_{kq}}{|\Delta X_{jkqn}|}\right)I_{jkq}\right]+\sum_{k=m+1}^{K}\beta_{jkq}X_{jkqn}+\varepsilon_{jqn}\end{aligned} \tag{21.20}$$

其中 $I_{jkq}=\begin{cases}1，若|\Delta X_{jkqn}|\geqslant\delta_{kq}\\0，其他\end{cases}$。

为了完成模型，需要设定 $\delta_k$ 的联合密度函数。Cantillo et al.（2006）假设所有 $\delta_k$ 都独立地服从三角形分布。$m$ 的值外生确定，允许人们认识到每个属性都受门限约束。

Cantillo et al.（2006）提出的恰好可识别差异直觉提供了一种允许个体“改变”特定选择任务中的属性值的方法，因此放松了大多数选择模型的假设：个体将属性水平视为给定的。在可变性比较重要的情形，例如在交通领域当交通耗时和交通耗时可变性都是选择的重要决定因素时［参见 Hensher 和 Li（2012）］，个体可以改变或编辑交通耗时属性，改变量取决于可变性属性和任何有关门限。

选项的提供本身也充满了不确定性。McNair et al.（2011）试图通过对选择集中的每个选项指定概率权重的方式模拟不确定性。这些权重的确定依据在于，人们预期成本较高的选项被提供的可能性也较大。而且，如果个体在以前的选择集中接受高成本选项，那么当前选择集提供高成本选项的可能性也较大。

## 21.5 过程数据

### □ 21.5.1 收集过程数据的动机

由于我们对人类决策过程知之甚少，从过程角度来理解决策过程似乎有好处。过程是指“一系列事件、信息的获得步骤和（或）决策，它们最终产生结果”（Pendyala and Bricka，2006，p. 513）。过程数据的目的为：

> 描述人们做出决策的次序、程序和方法，重点考察人们如何收集、吸收、消化、解释和使用信息进行决策。总之，过程数据的目的在于揭示决策行为背后的认知过程。（Pendyala and Bricka，2006，p. 513）

过程数据的收集可以作为现有估计方法的补充，因为它能提供新的协变量，有助于解释数据的变化（Bradley，2006）。

### □ 21.5.2 跟踪记录人们如何获得信息

过程跟踪法涉及考察个体如何在决策任务中获得信息。常用的方法是向个体提供选择矩阵，矩阵的列是各个选项，而行是若干属性，但属性值被隐藏。然后，个体通过点击有关按钮显示被隐藏的值；个体需要使用尽可能少的属性值来做出选择。这种方法能让研究者知道个体搜索什么信息、按什么顺序搜索、考察了多少信息以及在获得每则信息上花费了多少时间（Payne et al.，1993）。这种方法的早期版本有两种形式：一是个体点击打开的属性值不再隐藏，因此他能看到以前的信息（Payne，1976）；二是个体仅能看到他当前点击打开的属性值，因为他以前打开的再次被隐藏（Olshavsky，1979）。当前的实践似乎偏向后一种形式（Riedl et al.，2008；Payne et al.，1993）。Puckett 和 Hensher（2006，2009）构建的 CE 允许个体把他忽略的每个选项的属性“灰化”（grey out，即这些属性不再参与），个体可以将选项本身或选项的某个属性水平“灰化”。他们还允许个体将度量单位相同的属性（例如运行成本和过路费）相加。

Kaye Blake et al.（2009）使用跟踪记录个体如何获得信息的方法，考察个体对土豆的选择，侧重考察个体处理的信息量。使用含有三个选项和六个属性的选择集，他们发现超过 20％的信息未被使用，近乎 50％的选项至少有一个属性未参与。他们还发现，与假设所有信息都被处理的基础情形相比，允许属性不参与（个体未使用一部分属性证明了这一点）能够更好地拟合模型。这个证据支持过程数据情形。遗憾的是，他们没有报告个体点击按钮显示信息的顺序，因此不能计算过程追踪度量。使用这些度量识别个体决策策略对选择领域的研究有很大贡献。

三十年前，过程跟踪度量就已被应用到跟踪个体如何获得信息的问题；经过多年的发展，这些方法已得到精炼。早期的度量包括搜索信息比例、每个选项搜索信息的变化性以及搜索索引（Payne，1976）。Riedl et al.（2008）提出了更好地识别各种决策策略的其他度量方法。下面介绍其中两种。

**度量 1：选项方面的转移与属性方面和混合转移之比**

选项方面的转移（alternative-wise transition，AltT）指连续被打开的两个盒子显示的是同一个选项的两个不同属性；属性方面的转移（attribute-wise transition，AttrT）指连续被打开的两个盒子显示的是两个不同选项的同一个属性；混合转移（mixed transition，MT）指打开一个选项的某个属性之后，再打开另外一个选项的另外一个属性（即选项和属性都不同）。图 21.1 画出了这些转移类型。

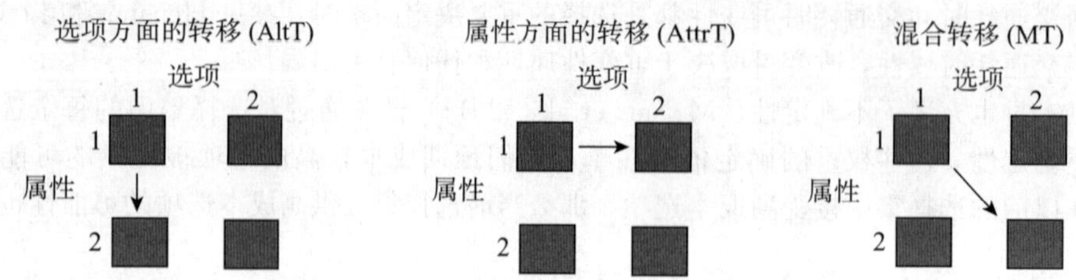


**图 21.1　选择实验中的各种转移的图示**

WADD 效用决策规则意味着个体在考虑了一个选项的所有属性值之后，才会转移到下一个选项。在含有 $j$ 个选项和 $k$ 个属性的矩阵中，WADD 规则和 EQW 规则预测 AltT 的个数为 $(k-1)\times j$，而（AttrT＋MT）的个数为 $j-1$。$\frac{\text{AltT}}{\text{AttrT}+\text{MT}}$越接近于 $\frac{(k-1)j}{j-1}$，个体越有可能使用了 WADD 规则或 EQW 规则。

**度量 2：属性次序（AR）和每个属性打开的盒子数（NBOX）的相关性**

EBA 和 LEX 策略意味着个体在搜寻每个属性时有一定量的精选信息。这些策略也意味着在达到最终选择之前删除一些选项。

在这种度量方法下，盒子的次序指个体打开的第 $n$ 个盒子，因此，第一个盒子的次序为 1，依此类推。属性次序（attribute rank，AR）指该属性的所有盒子次序的平均值。在决策过程中，属性被越早考虑，它的 AR 就越小。NBOX 指每个属性被打开的盒子数（number of boxes）。

典型的 EBA 仿真如图 21.2 所示。这里，"＋"号表示属性值超过了门限，"－"号表示属性值小于门限，从而它隶属的选项被删除，不进入下一步。在这个例子中，（AR，NBOX）数据对构成了下列序列：(3，5)，(7，3) 和 (9.5，2)。

| | Alt1 | Alt2 | Alt3 | Alt4 | Alt5 | AR | NBOX |
|---|---|---|---|---|---|---|---|
| Attr1 | 1+ | 2– | 3+ | 4– | 5+ | 3 | 5 |
| Attr2 | 8+ | | 7– | | 6+ | 7 | 3 |
| Attr3 | 9– | | | | 10+ | 9.5 | 2 |
| Attr4 | | | | | | – | 0 |

**图 21.2　典型的 EBA 仿真**

可以注意到，EBA 和 LEX 策略意味着 AR 和 NBOX 负相关。相反地，补偿型策略，例如 EQW 和 WADD，意味着不相关，原因在于每个选项的信息集的处理是一致的，这导致每个属性的 NBOX 对所有属性不变。

**对 MCD 直觉的另一种度量**

Riedl et al.（2008）提出了一种通过追踪延迟来识别 MCD 直觉的方法。在本质上，当 $j\geqslant 3$ 时，使用 MCD 规则的个体需要对至少一个选项评估多次（假设属性值未保存在短期记忆中），然后比较评估每个选项花费的时间。这种方法不需要使用延迟数据，而是跟踪记录选项被获得的次数。例如，当 $j=3$ 时，一个选项被获得两次；当 $j=4$ 时，一个选项被获得三次，或者两个选项被获得两次。另一种度量使用前文定义的转移概念。由于 MCD 直觉意味着在所有属性上的一致搜索，当选择集中有 $j$ 个选项和 $k$ 个属性时，AttrT 的个数为 $k(j-1)$。

将这些度量纳入 CE 并不难。这类数据可被用来提高混合 PDF 模型［例如 Swait（2009）］或类别指定模型中个体被指定给特定直觉类型的概率估计。然而，即使使用上面提出的度量法，决策策略（更准确地说，应为决策策略类别）也只能在概率意义上识别。

## 21.6 合成：将前面几节内容合在一起

实验设计（CE）和陈述性偏好（SP）方法的目标之一是找到“评估公共政策对个体的非市场影响的稳健和可靠方法”（Sugden，2005）。心理学和其他领域的研究发现了标准经济学假设在很多方面不符合现实。现在研究者普遍认为偏好在很大程度上取决于选择环境和情景。我们最终看到的个体决策很可能已经过个体的筛选，他们使用简化规则或直觉进行筛选。因此，将这些行为因素纳入模型设定也许能够增加选择模型的稳健性和可靠性。

到目前为止，本章已介绍了很多试图将这些人类行为纳入选择模型的文献。尽管未来研究的一个重点在于收集更好的过程数据来更全面地理解决策过程，然而即使没有过程数据，我们也可以使用典型的选择实验搜集的信息，验证本章讨论的大多数启发性直觉。[①] 表 21.4 列出了可能的直觉和相应的检验模型。

**表 21.4　　各种直觉和相应的检验模型**

| 直觉 | 将直觉纳入选择模型的方法（例子） |
|---|---|
| **H.1** | **根据层面删除（EBA）** |
| H.1.1 | 参见 Swait（2009），$k$ 混合离散—连续 PDF 模型允许每个选项以一定概率出现在 $k$ 个条件中的一个。 |
| H.1.2 | 参见 Cantillo 和 Ortúzar（2005），二阶段模型，其中第一阶段涉及根据属性门限删除选项。 |
| H.1.3 | 参见 Swait（2001）以及 Hensher 和 Rose（2012），允许违反属性临界值。 |
| **H.2** | **确认维度的优势（MCD）** |
| | 参见 Hensher 和 Collins（2011），潜类别方法；Swait（2009）的模型可纳入 MCD。 |
| **H.3** | **字典序规则（LEX）** |
| H.3.1 | 使用潜类别法模拟字典序规则。 |
| H.3.2 | 改编自 Swait（2009）的离散—连续 PDF 模型，纳入字典序规则和字典半序规则。 |
| **H.4** | **属性不参与和属性相加** |
| | 参见 Hensher（2010），潜类别模型。也可参见 Scarpa et al.（2008b）以及 Layton 和 Hensher（2010）。 |
| **H.5** | **选择模型中的选择复杂性的效应** |
| | 参见 Swait 和 Adamowicz（2001a）以及 Swait 和 Adamowicz（2001b）。 |
| **H.6** | **厌恶极端直觉** |
| H.6.1 | 参见 Kivetz et al.（2004），情景凹性表达式。 |
| H.6.2 | 参见 Kivetz et al.（2004），厌恶损失模型。 |
| H.6.3 | 参见 Kivetz et al.（2004），RAM。 |
| **H.7** | **策略性误告** |
| | 参见 McNair et al.（2011）。 |
| **H.8** | **价值学习** |
| | 参见 McNair et al.（2011）。 |
| **H.9** | **基准点修改** |
| | 参见 Hensher 和 Collins（2011）。 |
| **H.10** | **时间和状态依赖** |
| | 参见 Swait et al.（2004）。 |
| **H.11** | **恰可识别属性水平差异** |
| | 参见 Cantillo et al.（2006）。 |

① 需要对潜在结构做出一些假设，例如门限和基准点假设。

大量文献报告，在放松标准假设并且使用更合理的假设的条件下，模型结果（例如福利估计值和 WTP）出现了显著变化。这提醒我们，将一些直觉策略纳入我们的选择模型并且利用已有的数据集进行估计也许能发现有意义的结果。

## 21.7 案例研究 1：通过非线性处理纳入属性处理直觉

为了说明一些 AP 策略的含义，我们使用 2004 年在悉尼开展的研究所获得的数据；这项研究考察的是个体驾车决策，他们需要对以时间和成本（包括过路费）定义的服务包做出选择。选择实验（SC）问卷向个体提供了 16 个选择情景，每个选择情景包括个体当前（基准）路线和两个其他路线，也就是每个情景含有 3 个选项。有效调查为 243 个，每个对应 16 个选择情景，这样我们一共有 3 888 个观察用于模型估计。

为了保证我们描述了大量交通环境和可能的 AP 规则，我们抽取的个体都在近期经历过各种各样的出行耗时，而且走过收费道路。① 为了保证出行耗时的可变性，我们根据个体近期的经历将他们分别纳入下列三组中的一组：不超过 30 分钟，31～60 分钟，超过 61 分钟（以 2 小时为上限）。我们用电话确定各个地区的参与家庭，并且约定面对面计算机辅助个人访谈（CAPI）的时间和地点。

受行为和认知心理学与经济学的理论（例如前景理论）的启发，我们使用统计上有效率的设计［参见 Rose 和 Bliemer（2008）；Sándor 和 Wedel（2002）］来构建每个选择情景中的属性包，这种设计中的选项属性以个体近期出行经历为基准进行调整，即所谓的枢轴设计。枢轴设计认识到 RP 选项含有有用信息，这些信息描述了累积暴露。CE 设计的更多细节以及枢轴设计或称基准设计的优点可以参见 Hensher 和 Layton（2010）以及 Hensher（2008）。

两个 SC 选项是未加标签的路线。每条路线（选项）的属性有道路通畅情形下的交通耗时、车速缓慢情形下的交通耗时、交通耗时的可变性、运行成本和过路费。SC 选项的所有属性都基于当前出行值。当前选项的交通耗时的变化以非 SC 问题中的最长和最短交通耗时之差衡量。SC 选项的这个属性值围绕总出行耗时变化。对于所有其他属性，SC 选项的属性值围绕当前出行值变化。表 21.5 给出了每个属性的变化。

**表 21.5　　陈述性选择实验设计中的属性范围**

| | 道路通畅情形下的交通耗时 | 车速缓慢情形下的交通耗时 | 交通耗时的可变性 | 运行成本 | 过路费 |
|---|---|---|---|---|---|
| 水平 1 | －50％ | －50％ | ＋5％ | －50％ | －100％ |
| 水平 2 | －20％ | －20％ | ＋10％ | －20％ | ＋20％ |
| 水平 3 | ＋10％ | ＋10％ | ＋15％ | ＋10％ | ＋40％ |
| 水平 4 | ＋40％ | ＋40％ | ＋20％ | ＋40％ | ＋60％ |

实验设计有 16 个选择集（博弈）。这个设计没有优势选项。② 道路通畅情形下的交通耗时和车速缓慢情形下的交通耗时的设计旨在描述各种路线尤其是收费道路和免费道路的耗时差异；另外，这些耗时和总耗时的影响分开。道路通畅情形下的交通耗时参照凌晨 3 点时的出行，此时交通顺畅。③ SC 截屏如图 21.3 所示。

### □ 21.7.1 相同单位的属性相加

在本节，我们考察有相同属性而且有相同属性衡量单位（例如分钟或澳元）的各个选项之间的关系，目的

① 悉尼有大量收费道路；因此，驾车者很可能使用收费道路。

② 调查设计可向作者索取。

③ 这个区分并不意味着道路通畅情形下的交通耗时本身有具体时间，但它的确告诉了个体交通缓慢可能耽搁一定时间等，因此，它是一个大致情况，也就是说，类似于凌晨 3 点钟的出行。

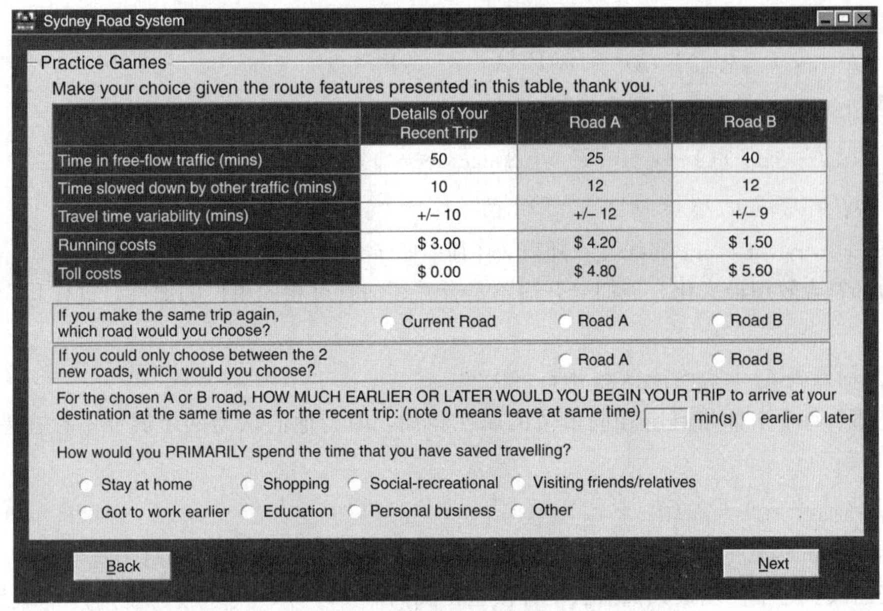
Sydney Road System

Practice Games

Make your choice given the route features presented in this table, thank you.

| | Details of Your Recent Trip | Road A | Road B |
|---|---|---|---|
| Time in free-flow traffic (mins) | 50 | 25 | 40 |
| Time slowed down by other traffic (mins) | 10 | 12 | 12 |
| Travel time variability (mins) | +/− 10 | +/− 12 | +/− 9 |
| Running costs | \$ 3.00 | \$ 4.20 | \$ 1.50 |
| Toll costs | \$ 0.00 | \$ 4.80 | \$ 5.60 |

If you make the same trip again, which road would you choose? ○ Current Road ○ Road A ○ Road B

If you could only choose between the 2 new roads, which would you choose? ○ Road A ○ Road B

For the chosen A or B road, HOW MUCH EARLIER OR LATER WOULD YOU BEGIN YOUR TRIP to arrive at your destination at the same time as for the recent trip: (note 0 means leave at same time) ____ min(s) ○ earlier ○ later

How would you PRIMARILY spend the time that you have saved travelling?

○ Stay at home ○ Shopping ○ Social-recreational ○ Visiting friends/relatives

○ Got to work earlier ○ Education ○ Personal business ○ Other

Back　　Next

**图 21.3　陈述性选择截屏的例子**

在于探索个体如何在偏好显示中处理这些属性。我们推测当度量单位相同时，属性对的处理服从潜在的连续概率分布。这种方法的好处在于，与考察其他行为处理规则例如补偿性（即所有属性视为同一水平）v. s. EBA 的研究不同，我们允许各个样本有不同方案。与此对照，大多数研究对整个估计样本施加相同规则，而且将两个方案视为两个分离的模型。也就是说，他们假设在相同的决策情景下相同的属性策略适用于整个样本。

考虑选项 $i$ 的效用函数，这个函数定义在该选项的四个属性上，前两个属性为 $x_1$ 和 $x_2$（例如道路通畅情形下的交通耗时和拥挤耗时，二者单位相同），其余两个属性为 $x_3$ 和 $x_4$（例如运行成本和过路费）：

$$U_i = f(x_{i1}, x_{i2}, x_{i3}, x_{i4}) + \varepsilon_i \tag{21.21}$$

其中

$$f(x_{i1}, x_{i2}, x_{i3}, x_{i4}) = \begin{cases} \beta_1 x_{i1} + \beta_2 x_{i2} + \beta_3 x_{i3} + \beta_4 x_{i4}, \text{若} (x_{i1} - x_{i2})^2 > \alpha \\ \beta_{12}(x_{i1} + x_{i2}) + \beta_{i3} x_{i3} + \beta_{i4} x_{i4}, \text{若} (x_{i1} - x_{i2})^2 < \alpha \end{cases} \tag{21.22}$$

$\beta_1$，$\beta_2$，$\beta_3$，$\beta_4$，$\beta_{12}$ 为参数，$\alpha$ 为未知门限。$(x_{i1} - x_{i2})^2$ 为 $x_{i1}$ 与 $x_{i2}$ 之差的平方。平方的目的在于高效计算，也可以用其他形式。在直觉上，如果具有相同衡量单位的属性 $x_{i1}$ 和 $x_{i2}$ 的差足够大，那么个体将分别而不是合并估计它们，在标准随机效用模型（RUM）中，它们的参数分别为 $\beta_1$ 和 $\beta_2$。另外，如果二者之差较小，那么个体将这两个属性相加，即将 $x_{i1}$ 和 $x_{i2}$ 视为一个属性，它的参数为 $\beta_{12}$。

为了增加模型的灵活性，我们允许个体 $n$ 的 $\alpha_n$ 随机分布（其中 $\alpha_n > 0$）。一个可能的分布是，$\alpha_n$ 服从指数分布，均值为 $1/\lambda$，密度为 $g(\alpha) = \lambda e^{-\lambda\alpha}$。这个密度允许一部分个体在非常具体的选项上的行为类似于标准效用最大化行为（对于重复观察，我们要求个体使用直觉的独立性）。另外一些个体的行为，当属性不相似时，类似于标准效用最大化行为；当属性相似时，则将属性相加。更重要的是，这个密度允许一部分个体更频繁地把两个属性相加。概率条件参见式（21.23）。在这个模型中，我们假设门限参数服从指数分布，而且对于选项和个体独立同分布（IID），它说明了个体如何看待属性成分。① 这个非线性的效用函数允许每个属性概率保留或相加：

$$P_i((x_{i1} - x_{i2})^2 > \alpha) = 1 - e^{-\lambda(x_{i1} - x_{i2})^2} \tag{21.23}$$

在 $\alpha_n$ 上积分，可将 $U_i$ 写为条件形式：

① 研究者可以允许 $\alpha_n$ 对既定个体的各个属性固定不变。我们稍后讨论这种表达并报告结果。在这里，我们发现，使用不相关的 $\alpha_n$ 可使模型最清楚。

$$U_i = f(x_{i1}, x_{i2} \mid (x_{i1}-x_{i2})^2 > \alpha) P_i((x_{i1}-x_{i2})^2 > \alpha) + f(x_{i1}, x_{i2} \mid (x_{i1}-x_{i2})^2 < \alpha) P_i((x_{i1}-x_{i2})^2 < \alpha) + \varepsilon \tag{21.24}$$

式（21.24）以及 $x_{i3}$ 和 $x_{i4}$ 的等价处理意味着：

$$U_i = (\beta_1 x_{i1} + \beta_2 x_{i2})(1 - e^{-\lambda_1(x_{i1}-x_{i2})^2}) + \beta_{12}(x_{i1} + x_{i2})(e^{-\lambda_1(x_{i1}-x_{i2})^2}) + (\beta_3 x_{i3} + \beta_4 x_{i4})(1 - e^{-\lambda_2(x_{i3}-x_{i4})^2}) + \beta_{34}(x_{i3} + x_{i4})(e^{-\lambda_2(x_{i3}-x_{i4})^2}) + \varepsilon_i \tag{21.25}$$

式（21.25）关于 $x_{i1}$，$x_{i2}$，$x_{i3}$，$x_{i4}$ 非线性。随着 $\lambda_q$（其中 $q=1, 2$）趋于∞，分布退化为 0。在这种情形下，所有个体的行为都符合效用最大化，他们分开而不是合并评估具有相同单位的属性，这样我们就得到了线性可加形式：

$$U_i = \beta_1 x_{i1} + \beta_2 x_{i2} + \beta_3 x_{i3} + \beta_4 x_{i4} + \varepsilon_i \tag{21.26}$$

如果 $\lambda_q$ 趋于 0，那么每个个体将具有相同单位的属性相加，因为他们认为两个属性不存在差异①（参见式（21.27））：

$$U_i = \beta_{12}(x_{i1} + x_{i2}) + \beta_{34}(x_{i3} + x_{i4}) + \varepsilon_i \tag{21.27}$$

在 $\alpha_{in}$ 对选项 $i$ 和个体 $n$ 独立的假设条件下，对于陈述性或显示性选择模型中的每个选项，式（21.25）都是可估计的效用表达式。为了使用最大似然法估计模型，我们需要计算 $U_{in} \geq U_{jn}$（$\forall i \neq j$）的概率，其中 $U_{in}$ 和 $U_{jn}$ 的定义参见式（21.25）。我们也可以扩展这个模型，使得参数 $\alpha_n$ 对于每个个体固定不变，从而在估计给定个体的所有选项时，我们可用相同的门限参数（但该参数因人而异）。我们还可以进一步扩展这个模型，使得它适用于面板数据，即适用于重复观察。面板模型的简要描述如下所示。定义一组 $T$ 个选择场合，$t=1, \cdots, T$。然后，类似于式（21.22），将 $f(x_{it1}, x_{it2}, x_{it3}, x_{it4} \mid \alpha_n)$ 定义为个体 $n$ 在场合 $t$ 下的选项 $i$ 的效用函数的确定性部分（给定选项属性的门限参数和具有相同单位属性的评估）。于是，含有 $T$ 个选择的模型可以写为

$$\int [P(f(x_{it1}, x_{it2}, x_{it3}, x_{it4} \mid \alpha_n) + \varepsilon_{it} \geq f(x_{jt1}, x_{jt2}, x_{jt3}, x_{jt4} \mid \alpha_n) + \varepsilon_{jt})] g(\alpha_n) d\alpha_n \tag{21.28}$$

$$\forall t = 1, \cdots, T;\ it \neq jt$$

为了计算式（21.28），我们必须使用选择次序并且将面板选择概率在门限参数 $\alpha_n$ 的密度上积分。

我们可以计算道路通畅情形下节省的交通耗时和车速缓慢情形下节省的交通耗时的 WTP 以及加权平均总耗时，并且将它们与传统线性模型进行比较。现在，WTP 函数高度非线性。效用函数关于道路通畅情形下的交通耗时（定义为 $x_1$）和车速缓慢情形下的交通耗时（定义为 $x_2$）的导数分别参见式（21.29）和式（21.30），这里我们省略了选项的下标。差异在于特定参数和数字“2”前面的符号改变。这些式子也分别适用于运行成本和过路费。至于 WTP 的计算，以道路通畅情形下的交通耗时为例，以运行成本定义的道路通畅情形下的交通耗时的 WTP 为 $(\partial U/\partial x_1)/(\partial U/\partial x_3)$。

$$\partial U/\partial x_1 = \beta_1(1 - e^{-\lambda(x_1-x_2)^2}) + 2(\beta_1 x_1 + \beta_2 x_2)\lambda(x_1 - x_2)e^{-\lambda(x_1-x_2)^2} + \beta_{12}e^{-\lambda(x_1-x_2)^2} - 2\beta_{12}(x_1 + x_2)\lambda(x_1 - x_2)e^{-\lambda(x_1-x_2)^2} \tag{21.29}$$

$$\partial U/\partial x_2 = \beta_2(1 - e^{-\lambda(x_1-x_2)^2}) + 2(\beta_1 x_1 + \beta_2 x_2)\lambda(x_1 - x_2)e^{-\lambda(x_1-x_2)^2} + \beta_{12}e^{-\lambda(x_1-x_2)^2} - 2\beta_{12}(x_1 + x_2)\lambda(x_1 - x_2)e^{-\lambda(x_1-x_2)^2} \tag{21.30}$$

使用 Nlogit 估计这个模型的命令和结果如下：

---

① 例如，设想在某个实验设计中，$x_1$ 和 $x_2$ 为虚拟变量，研究者唯一关注的组合为（1，0）和（0，1）。对于这两个组合，我们都有 $(x_1-x_2)^2=1$。因此，我们有下列条件：

$$U = (\beta_1 x_1 + \beta_2 x_2)(1 - e^{-\lambda}) + \beta_{12}(x_1 + x_2)(1 - e^{-\lambda}) + \varepsilon$$

如果 $x_1=1$，$x_2=0$，则我们有条件（a）：$U = \beta_1 x_1(1 - e^{-\lambda}) + \beta_{12} x_1(1 - e^{-\lambda}) + \varepsilon$，这等价于（b）：$U = \beta_1 x_1 + (\beta_{12} - \beta_1) x_1 e^{-\lambda} + \varepsilon = [\beta_1 + (\beta_{12} - \beta_1) e^{-\lambda}] x_1 + \varepsilon$。这个表达式也适用于 $x_2$。在这两种情形下，参数混杂在一起。如果我们纳入组合（1，1）和（0，0），那么我们有方程（c）：$U = \beta_{12}(x_1 + x_2) + \varepsilon$。

```
load;file=C:\Projects-Active\M4East_F3_2004plus\M4Data04\m4noncom.sav$
This was not a panel data set
.LPJ save file contained   10704 observations.
This .LPJ file did not make full use of the data area.
Data set is being rearranged to increase the number of variables that you
can create.  This may take a minute
or two.  Please wait.
Sample ; All $
create
    ;if(toll>0)tollasc=1
    ;totc=cost+toll
    ;tt=ff+sdt
    ;zz=sdt/(ff+sdt)$
reject;cset3=-999$
?To begin, perfectly replicate the basic MNL.
? Putting data on one line J=1
create ; dcu=choice1 ; ds1=choice1[+1] ; ds2=choice1[+2]$   choice
create ; ffcu=ff ; ffs1=ff[+1] ; ffs2 = ff[+2]  $  free-flow time
create ; sdcu=sdt ; sds1=sdt[+1] ; sds2 = sdt[+2]  $  slowed down time
create ; rccu=cost ; rcs1=cost[+1] ; rcs2 = cost[+2]  $ running cost
create ; tccu=toll ; tcs1=toll[+1] ; tcs2 = toll[+2]  $ toll cost
create ; varcu=var ; vcs1=var[+1] ; vcs2 = var[+2]  $ reliability
Create ; J = Trn(-3,0) $
Reject ; J > 1 $
Maximise
    ; Labels = bff,bsdt,brc,btoll,bvar,nonsqasc
    ; Start  = -.068,-.083,-.306,.403,-.013,0.319
    ; Fcn    = uc = bff*ffcu + bsdt*sdcu + brc*rccu + btoll*tccu
    + bvar*varcu|
              vc = exp(uc) |

      us1 =    nonsqasc +  bff*ffs1 + bsdt*sds1 + brc*rcs1 + btoll*tcs1
      + bvar*vcs1|
      vs1 = exp(us1) |
      us2 =     nonsqasc + bff*ffs2 + bsdt*sds2 + brc*rcs2 + btoll*tcs2
      + bvar*vcs2|
                vs2 = exp(us2) |
      IV = vc+vs1+vs2|
      P  = (dcu*vc + ds1*vs1 + ds2*vs2)/IV |
      log(P) $
  Normal exit from iterations. Exit status=0.
  +-----------------------------------------------------------+
  | User Defined Optimization                                 |
  | Maximum Likelihood Estimates                              |
  | Dependent variable                  Function              |
  | Weighting variable                      None              |
  | Number of observations                  3568              |
  | Iterations completed                      12              |
  | Log likelihood function             2734.620              |
  | Number of parameters                       0              |
  | Info. Criterion: AIC =              -1.53286              |
  |   Finite Sample: AIC =              -1.53286              |
  | Info. Criterion: BIC =              -1.53286              |
  | Info. Criterion:HQIC =              -1.53286              |
  | Restricted log likelihood           .0000000              |
  | Chi squared                         5469.240              |
  | Degrees of freedom                         6              |
  | Prob[ChiSqd > value] =              .0000000              |
  | Model estimated: May 12, 2008, 09:35:23AM                 |
  +-----------------------------------------------------------+
```

```
+----------+-----------------+------------------+----------+----------+
|Variable| Coefficient    | Standard Error |b/St.Er.|P[|Z|>z] |
+----------+-----------------+------------------+----------+----------+
|BFF      |   -.06832***      .00328040    -20.827   .0000  |
|BSDT     |   -.08434***      .00372181    -22.660   .0000  |
|BRC      |   -.31202***      .02005974    -15.554   .0000  |
|BTOLL    |   -.41086***      .01251124    -32.839   .0000  |
|BVAR     |     .00875***      .00241100      3.630    .0003|
|NONSQASC|   -.15699**       .06419372     -2.445    .0145  |
+----------+------------------------------------------------------+
| Note: ***, **, * = Significance at 1%, 5%, 10% level.           |
+-----------------------------------------------------------------+
```

**?Then fit the nonlinear model.**

```
Create;dffsdtc=0.01*(ffcu-sdcu)^2; drctcc=0.01*(rccu-tccu)^2;sumttc=ffcu
+sdcu;sumtcc=rccu+tccu$
Create;dffsdts1=0.01*(ffs1-sds1)^2;drctcs1=0.01*(rcs1-tcs1)^2;
sumtts1=ffs1+sds1;sumtcs1=rcs1+tcs1$
Create;dffsdts2=0.01*(ffs2-sds2)^2;drctcs2=0.01*(rcs2-tcs2)^2;
sumtts2=ffs2+sds2;sumtcs2=rcs2+tcs2$
dstats;rhs=ffcu,sdcu,ffs1,sds1,ffs2,sds2,rccu,tccu,rcs1,tcs1,rcs2,tcs2,
dffsdtc,dffsdts1,dffsdts2,drctcc,drctcs1,drctcs2$
Maximise
    ; Labels = bff,bsdt,brc,btoll,bvar,nonsqasc,?btollasc,
    betacc,betatt,acc1,att1
    ; Start = -.068,-.083,-.306,-.403,-.009,-.156,0,0,0,0
    ; maxit = 20
    ; Fcn    = uc =
    (brc*rccu + btoll*tccu)*(1-exp(-acc1*drctcc))
    + betacc*sumtcc*exp(-acc1*drctcc)
    + (bff*ffcu + bsdt*sdcu)*(1-exp(-att1*dffsdtc))
    +betatt*sumttc*exp(-att1*dffsdtc) + bvar*varcu|
               vc = exp(uc) |
    us1 =     nonsqasc +
    (brc*rcs1 + btoll*tcs1)*(1-exp(-acc1*drctcs1))
    +betacc*sumtcs1*exp(-acc1*drctcs1)
    (bff*ffs1 + bsdt*sds1)*(1-exp(-att1*dffsdts1))
    +betatt*sumtts1*exp(-att1*dffsdts1)
    + bvar*varcu|
              vs1 = exp(us1) |
    us2 =   nonsqasc +     (brc*rcs2 + btoll*tcs2)*(1-exp(-acc1*drctcs2))
    +betacc*sumtcs2*exp(-acc1*drctcs2)
    (bff*ffs2 + bsdt*sds2)*(1-exp(-att1*dffsdts2))
    +betatt*sumtts2*exp(-att1*dffsdts2)
    + bvar*varcu|
               vs2 = exp(us2) |
    IV = vc+vs1+vs2|
    P  = (dcu*vc + ds1*vs1 + ds2*vs2)/IV |
    log(P) $
Maximum iterations reached. Exit iterations with status=1.
+-----------------------------------------------------------+
| User Defined Optimization                                  |
| Maximum Likelihood Estimates                               |
| Dependent variable                   Function              |
| Weighting variable                       None              |
| Number of observations                   3568              |
| Iterations completed                       21              |
| Log likelihood function              2969.138              |
| Number of parameters                        0              |
| Info. Criterion: AIC =              -1.66431              |
```

```
|   Finite Sample: AIC =         -1.66431      |
| Info. Criterion: BIC =         -1.66431      |
| Info. Criterion:HQIC =         -1.66431      |
| Restricted log likelihood       .0000000     |
| Chi squared                    5938.276      |
| Degrees of freedom                   10      |
| Prob[ChiSqd > value] =          .0000000     |
| Model estimated: May 12, 2008, 09:38:46AM    |
+----------------------------------------------+
```

| Variable | Coefficient | Standard Error | b/St.Er. | P[\|Z\|>z] |
|---|---|---|---|---|
| BFF | .29530 | .93089447 | .317 | .7511 |
| BSDT | .27320 | .83889932 | .326 | .7447 |
| BRC | -.02064 | .01463281 | -1.411 | .1583 |
| BTOLL | -.36827*** | .01514496 | -24.317 | .0000 |
| BVAR | -.00900 | .122518D+09 | .000 | 1.0000 |
| NONSQASC | -.61223*** | .06787733 | -9.020 | .0000 |
| BETACC | -.21771*** | .02015601 | -10.801 | .0000 |
| BETATT | -.06792*** | .00292412 | -23.227 | .0000 |
| ACC1 | 20.8150*** | 3.27880870 | 6.348 | .0000 |
| ATT1 | .00021 | .00067015 | .317 | .7510 |

### □ 21.7.2 潜类别设定：选择分析中的属性不参与和有相同单位的属性的双重处理



直觉处理可在 LCM 架构内评估（参见第 16 章）。LCM 背后的理论认为个体行为取决于观察属性和潜在异质性，后者随研究者未观测的因素变化而变化。通常假设个体被隐含地分为 $Q$ 个处理类别，但哪个个体进入哪个类别（无论该个体知道与否）不为研究者所知。对于个体 $i$ 在 $T_i$ 个选择情形下在 $J_i$ 个选项中选择的问题，我们可用 logit 模型描述：

$$\text{Prob}[\text{个体 } i \text{ 在选择情景 } t \text{ 下选择 } j \mid \text{类别 } q] = \frac{\exp(x'_{it,j}\beta_q)}{\sum_{j=1}^{J_i}\exp(x'_{it,j}\beta_q)} \tag{21.31}$$

类别指定未知。令 $H_{iq}$ 表示个体 $i$ 进入类别 $q$ 的先验概率。比较简单的形式是 MNL（见式（21.32））：

$$H_{iq} = \frac{\exp(z'_i\theta_q)}{\sum_{q=1}^{Q}\exp(z'_i\theta_q)},\ q=1,\cdots,Q;\ \theta_Q=0 \tag{21.32}$$

其中，$z_i$ 表示进入类别 $q$ 模型的一组观测特征。为了纳入可能的直觉（例如属性不参与、属性相加、具有相同度量单位的属性的转移），我们对每个类别的参数施加限制条件，每个类别代表特定的处理直觉。例如，为了施加特定属性不参与条件，我们令参数等于零；为了施加属性相加条件，我们令两个参数相等；为了纳入属性转移，我们在特定属性参数基础上定义一个参数。

属性不参与和属性转移的命令如下：

```
Nlogit
    ;lhs=choice1,cset3,Alt3
    ;choices=Curr,AltA,AltB
    ;pds=16
    ;pts= 9 ? program allows up to 30 classes as of 22 July 2008
    ;maxit=200
    ;lcm ?=igcosts ?,igff?,igsd,igtoll
    ;model:
```

```
    U(Curr) = FF*FF + SDT*SDT + RC*Cost +TC*Toll
    +FFt*FF + fft*SDT + RCt*Cost +rCt*Toll+sdtt*FF + sdtt*SDT + tCt*Cost +TCt...
    U(AltA) = ?nonSQ +
    FF*FF + SDT*SDT + RC*Cost +TC*Toll+FFt*FF + SDTt*SDT + RCt*Cost +TCt*Toll
    +FFt*FF + fft*SDT + RCt*Cost +rCt*Toll+sdtt*FF + sdtt*SDT + tCt*Cost +TCt...
    U(AltB) = ?nonSQ +
    FF*FF + SDT*SDT + RC*Cost +TC*Toll+FFt*FF + SDTt*SDT + RCt*Cost +TCt*Toll
    +FFt*FF + fft*SDT + RCt*Cost +rCt*Toll+sdtt*FF + sdtt*SDT + tCt*Cost +TCt...
    ;rst=
    b1,b2,b3,b4,0,0,0,0,          ? full attendance
    b1a,b2a,0,b4a,0,0,0,0,        ? ignore running cost
    0,b2b,b3b,b4b,0,0,0,0,        ? ignore free-flow time
    b1c,b2c,b3c,0,0,0,0,0,        ? ignore toll cost
    b1d,0,b3d,b4d,0,0,0,0,        ? ignore slowed down time
    0,0,b3e,b4e,0,0,0,0,          ? ignore free flow and slowed down time
    b1f,b2f,0,0,0,0,0,0,          ? ignore running and toll costs
    0,b2g,0,b4g,0,0,0,0,          ? ignore free-flow time and running cost
    0,b2h,0,0,0,0,0,0$,           ? ignore free-flow time, running and toll cost
Nlogit
    ;lhs=choice1,cset3,Alt3
    ;choices=Curr,AltA,AltB
    ;pds=16
    ;pts= 6 ? program allows up to 30 classes as of 22 July 2008
    ;maxit=200
    ;lcm ?=igcosts ?,igff?,igsd,igtoll
    ;model:
  U(Curr) = FF*FF + SDT*SDT + RC*Cost +TC*Toll
  +FFt*FF + fft*SDT + RCt*Cost +rCt*Toll+sdtt*FF + sdtt*SDT + tCt*Cost +TCt...
  U(AltA) = ?nonSQ +
  FF*FF + SDT*SDT + RC*Cost +TC*Toll+FFt*FF + SDTt*SDT + RCt*Cost +TCt*Toll
  +FFt*FF + fft*SDT + RCt*Cost +rCt*Toll+sdtt*FF + sdtt*SDT + tCt*Cost +TCt...
  U(AltB) = ?nonSQ +
  FF*FF + SDT*SDT + RC*Cost +TC*Toll+FFt*FF + SDTt*SDT + RCt*Cost +TCt*Toll
  +FFt*FF + fft*SDT + RCt*Cost +rCt*Toll+sdtt*FF + sdtt*SDT + tCt*Cost +TCt...
  ;rst=
  b1,b2,b3,b4,0,0,0,0,0,0,0,0,      ?full attendance
  0,0,b3,b4,b5,b6,0,0,0,0,0,0,      ?transfer beta sdt to ff
  b1,b2,0,0,b7,b8,0,0,0,0,0,0,0,    ?transfer beta toll to rc
  0,0,b3,b4,0,0,0,0,b9,b10,0,0,     ?transfer beta ff to sdt
  0,0,0,0,0,0,0,0,b9,b10,b11,b12,   ?transfer beta ff to sdt and beta rc to tc
  b1,b2,0,0,0,0,0,0,0,0,b11,b12$    ?transfer beta rc to tc
```

### □ 21.7.3 支付意愿证据：节省的交通耗时的价值

在本节，我们介绍当选择模型纳入一个或多个处理策略时 VTTS 的证据。这里没有提供估计模型，因为这些模型可以参见 Layton 和 Hensher（2010）、Hensher 和 Layton（2010）、Hensher 和 Rose（2009）以及 Hensher 和 Greene（2010）。在所有情形下，我们都考虑了数据的面板性质。我们的兴趣在于考察，与纳入完全显示和补偿性规则时相比，VTTS 被低估或高估的程度。

为了得到道路通畅情形下的交通耗时和车速缓慢情形下的交通耗时各自的 VTTS 分布，我们必须模拟它们在属性值上的分布，或者将公式应用于观察样本。我们使用后者，用我们以前用过的数据估计模型。由于 WTP 表达式中的分母是运行成本作用和过路费作用的加权平均值（其中权重反映了运行成本和过路费发生的可能性），分子为具有相同单位的两个属性，因此具体出行耗时成分（即道路通畅情形下的交通耗时或车速缓慢情形下的交通耗时）取决于所有四个属性水平。

我们将证据列于表 21.6，包括参考文献。主要的发现在于与假设所有属性和参数保留的传统 MNL 相比，当纳入一个或多个处理规则时，VTTS 的估计值较高。如果使用其他数据集加强，这里就出现了一个明显的趋势，即当不考虑处理直觉时，我们就有可能低估 VTTS。低估程度似乎比较大；对于整体加权平均交通耗时，低估程度可高达 34.7%（对于 LCM 中的整套处理规则），较低也为 7.3%（对于属性相加，包括时间相加和成本相加）。①

**表 21.6　　WTP 估计值（2004 年澳元/人·小时）②**

| 处理规则 | VTTS：道路通畅情形下的交通耗时 | VTTS：车速缓慢情形下的交通耗时 | VTTS：加权平均耗时 | 参考文献 |
|---|---|---|---|---|
| 所有属性和参数保留 | 11.76 | 15.72 | 14.07 | Hensher and Greene (2010) |
| 处理Ⅰ：属性相加 | 12.87 | 16.78 | 15.10 | Layton and Hensher (2010)① |
| 处理Ⅱ：参数转移 | 13.37 | 19.44 | 16.91 | Hensher and Layton (2010) |
| 处理Ⅲ：属性不参与 | 15.28 (1.91) | 22.05 (2.74) | 19.23 | Hensher and Rose (2009) |
| 处理Ⅳ：所有规则的潜类别混合 | — | — | 19.62 | Hensher and Greene (2010) |

我们仔细考察来自 LCM 研究的发现，有关证据列于表 21.7。各个潜类别的 VTTS 估计值存在较大差异。在将每个时间成分的边际负效用除以加权平均成本参数（权重为运行成本和过路费的水平）之后，VTTS 估计值的变化范围为 1.35～42.19 澳元。为了得到整体样本平均值，我们需要使用每个类别的概率作为权重进行加权。

**表 21.7　　节省的交通耗时的价值（2004 年澳元/人·小时）**

| NAT=not attended to（不参与）<br>ParT=parameter transfer（属性转移） | 类别身份概率 | 道路通畅情形下的交通耗时 | 车速缓慢情形下的交通耗时 | 总耗时 |
|---|---|---|---|---|
| 传统 MNL | | 11.76 | 15.72 | **14.07** |
| *LCM*： | | | | |
| 所有属性全参与 | 0.281 7 | 5.87 | 9.89 | 8.22 |
| 道路通畅情形下的交通耗时 NAT | 0.111 9 | | 23.02 | 23.02 |
| 过路费 NAT | 0.035 9 | 3.95 | 8.93 | 6.85 |
| 车速缓慢情形下的交通耗时 NAT | 0.064 3 | 1.35 | | 1.35 |
| 运行成本和车速缓慢情形下的交通耗时 NAT | 0.049 7 | 42.19 | | 42.19 |
| 道路通畅情形下的交通耗时与车速缓慢情形下的交通耗时之和 | 0.297 8 | | 37.57 | 37.57 |
| 道路通畅情形下的交通耗时到车速缓慢情形下的交通耗时以及反之 ParT | 0.075 8 | | 4.57 | 4.57 |

① 需要指出，属性相加模型（处理Ⅰ）允许时间成分相加和成本成分相加。与此对照，LCM（处理 IV）仅发现时间相加在统计上显著，但它的确发现将过路费参数转移到运行成本属性的直觉效应显著。后面这个证据表明，个体倾向于不将成本成分相加，而是对参数转移规则的影响赋予新的权重。

② 为了将模型作为面板模型估计，Layton 和 Hensher（2010）合并了很多初始值和模拟退火（代码由 E. G. Tsionas 于 1995 年 4 月 9 日编写，可从如下网址获取：www. american. edu/academic. depts/cas/econ/gaussres/GAUSSIDX. HTM）。使用模拟退火法得到的最大值，我们用 500 次重复计算了一个 Newton-Raphson 迭代，并且计算了有关协方差。

续前表

| NAT=not attended to（不参与）<br>ParT=parameter transfer（属性转移） | 类别身份概率 | 道路通畅情形下的交通耗时 | 车速缓慢情形下的交通耗时 | 总耗时 |
|---|---|---|---|---|
| 道路通畅情形下的交通耗时到车速缓慢情形下的交通耗时 ParT 以及运行成本到过路费和反之 ParT | 0.082 9 | | 9.26 | 9.26 |
| 类别成员加权 VTTS | | | | **19.62** |

资料来源：Hensher and Greene（2010）。

总耗时的整体样本加权平均值为 19.62 澳元，而在传统 MNL 设定中，这个数字为 14.07 澳元（Hensher and Greene，2011，Table 3）。在考虑了三类直觉的过程异质性后，VTTS 的平均估计值上升了 39.4%。仔细考察每个直觉的贡献可知，在控制了类别身份因素之后，两个时间成分（属性）相加对 VTTS 的平均估计值的贡献最大。次之是忽略道路通畅情形下的交通耗时的贡献；再次之是所有属性全参与的贡献。忽略运行成本和车速缓慢情形下的交通耗时贡献最小（参见表 21.7）。

### □ 21.7.4 个体对属性相加的自我陈述反应的证据

在前面几节，我们重点探索一种允许异质性的方法，即个人在面对有相同度单位的属性时，为了做出选择，他们仅需要使用一些潜在的直觉，而不需要回答我们设计的补充性的诱导问题。然而，除了 SC 实验，在调查中，我们的确使用了补充性的引导问题，参见图 21.4。[①] 在本节，我们使用个体对补偿性问题（例如某个属性是否参与）的回答，考察应该使用什么函数形式来得到 WTP 估计值。在补充性问题中［参见 Hensher（2008）］，大部分人报告说他们将属性相加：将时间属性相加的占 88.06%，将成本属性相加的占 76.5%。

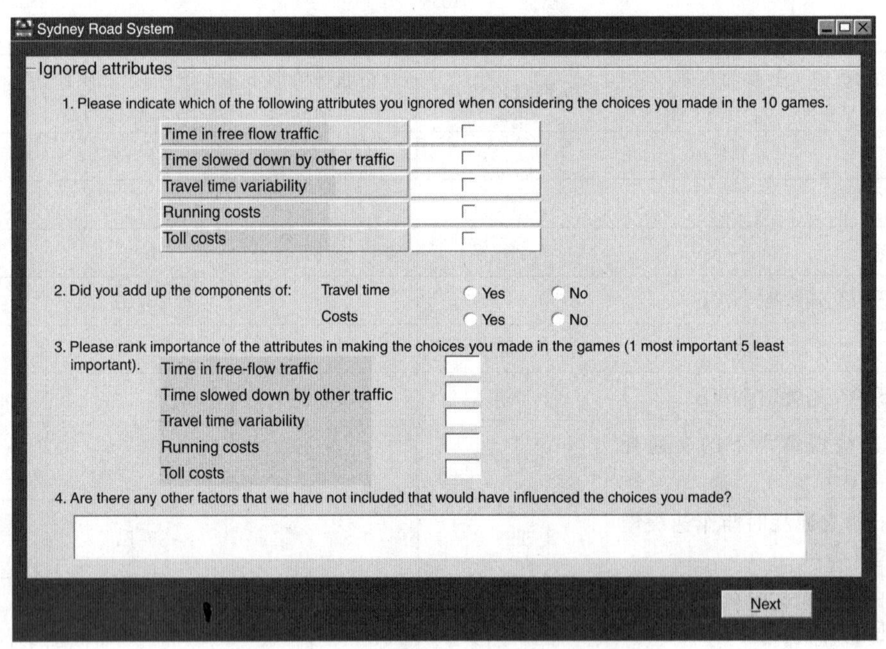


**图 21.4 关于属性重要性的四个 CAPI 问题**

① 在个体完成了所有 16 个选择任务之后，我们才让他们回答这些补充性问题。另外一种方法是，在他们完成每个选择任务之后就回答这类问题，例如 Puckett 和 Hensher（2009）以及 Scarpa et al.（2010）就是这么做的。我们侧重于特定选择任务自我陈述的过程问题，尤其是属性水平比较重要时；然而，我们这种做法可能使得个体认知负担增加，而且有可能必须减少选择任务数。我们也认识到了这类问题的局限性，以及有必要考察问题结构和证据的可信性和合理性。

我们估计了五个面板模型，其中两个为混合 logit（ML）模型，一个有误差项，另一个没有；另外三个为 LCM。其中一个 ML 模型忽略 AP 规则，其他模型考虑了这个规则，方法为设定单独的参数来描述下列条件：（1）将时间相加，但不将成本相加；（2）将成本相加，但不将时间相加；（3）将时间和成本分别相加；（4）所有四个属性视作分离的成分（即都不相加）。一个 LCM 根据上述（1）到（4）定义四个类别身份，并且不使用附加问题信息；另一个 LCM 以上述（1）到（4）为条件。基础 LCM 假设所有属性都是分离的，但三个类别有显著的潜类别概率。相关结果列于表 21.8。ML 模型和 LCM 模型可以参见有关文献。

**表 21.8　　自我陈述的 APS 对 VTTS 的影响**

（1）ML 模型（面板设定）

| 属性 | ML 模型（随机参数服从受约束的三角形分布），VTTS 括号内的数字为标准差，其余为 $t$ 值 | |
|---|---|---|
| | 未纳入自我陈述的 APS | 纳入自我陈述的 APS |
| 随机参数： | | |
| 道路通畅情形下的交通耗时（FF） | −0.100 23（−17.33） | −0.049 7（−3.64） |
| 车速缓慢情形下的交通耗时（SDT） | −0.114 7（−21.94） | −0.687（−5.98） |
| 加总 FF 和 SDT | — | −0.123 6（−22.5） |
| 运行成本（RC） | −0.416 7（−14.58） | −0.194 5（−4.11） |
| 过路费（TC） | −0.188（−22.99） | −0.290 5（−9.70） |
| 加总 RC 和 TC | — | −0.610 3（−21.62） |
| 固定参数： | | |
| 非基准选项虚拟变量 | −0.134 4（−2.88） | −0.166 9（−3.61） |
| LL 的收敛值 | −2 762.80 | −2 711.88 |
| LL 在 0 点处的值 | 4 271.41 | |
| 加权平均 VTTS（2004 年澳元/人·小时） | 15.87 澳元（10.14 澳元） | 20.12 澳元（16.01 澳元） |

（2）ML 模型（面板设定），有误差项

| 属性 | ML 模型（随机参数服从受约束的三角形分布），VTTS 括号内的数字为标准差，其余为 $t$ 值 | |
|---|---|---|
| | 未纳入自我陈述的 APS | 纳入自我陈述的 APS |
| 随机参数： | | |
| 道路通畅情形下的交通耗时（FF） | −0.111 90（−31.45） | −0.081 13（−5.50） |
| 车速缓慢情形下的交通耗时（SDT） | −0.127 46（−34.25） | −0.075 14（−7.06） |
| 加总 FF 和 SDT | — | −0.130 76（−19.37） |
| 运行成本（RC） | −0.497 40（−19.74） | −0.235 83（−3.96） |
| 过路费（TC） | −0.551 93（−32.95） | −0.262 34（−7.489） |
| 加总 RC 和 TC | — | −0.658 14（−17.19） |
| 固定参数： | | |
| 非基准选项虚拟变量 | 0.181 95（1.95） | −0.272 33（−2.13） |
| 潜随机效应的标准差 | 2.434 23（24.5） | 2.335 7（28.21） |
| LL 的收敛值 | −2 485.03 | −2 447.43 |

续前表

| 属性 | ML 模型（随机参数服从受约束的三角形分布），VTTS 括号内的数字为标准差，其余为 $t$ 值 | |
|---|---|---|
| | 未纳入自我陈述的 APS | 纳入自我陈述的 APS |
| LL 在 0 点处的值 | 4 271.41 | |
| 加权平均 VTTS（2004 年澳元/人・小时） | 16.11（10.87） | 22.63（23.26） |

（3）LCM（面板设定）

基础模型

| | 类别 1 | 类别 2 | 类别 3 |
|---|---|---|---|
| 道路通畅情形下的交通耗时 | −0.040 06（−4.7） | −0.202 2（−28.9） | −0.033 8（−7.5） |
| 车速缓慢情形下的交通耗时 | −0.060 3（−9.6） | −0.200 9（−31.6） | −0.074 9（−22.0） |
| 运行成本 | −0.332 3（−8.9） | −0.339 9（−10.7） | −0.473 9（−15.3） |
| 过路费 | −0.288 3（−10.7） | −0.341 7（−24.2） | −0.611 5（−33.6） |
| 非基准选项 | 2.504 3（12.3） | 0.394 7（−7.2） | −1.028 1（−23.3） |
| 类别身份概率 | 0.263（6.92） | 0.361（10.45） | 0.376（11.14） |
| LL 的收敛值 | | −2 542.74 | |
| LL 在 0 点处的值 | | −4 271.41 | |
| 加权平均 VTTS（2004 年澳元/人・小时） | | 17.89 | |

纳入 AP 的模型

| 潜类别属性： | 未纳入自我陈述的 APS | | 纳入自我陈述的 APS | |
|---|---|---|---|---|
| | 类别身份概率 | FF，SDT，RC，TC，NONSQ 的参数估计（括号内为 $t$ 值） | 类别身份概率 | FF，SDT，RC，TC，NONSQ 的参数估计（括号内为 $t$ 值） |
| 所有属性分别处理 | 0.379 | −0.049，−0.090，−0.638，−0.743，−0.622（−5.5，−13.0，−11.3，−19.1，−6.9） | 0.381 | −0.055，−0.092，−0.648，−0.748，−0.637（−5.0，−12.1，−10.1，−16.3，−6.7） |
| 时间成分加总 | 0.050 | −0.057，−0.057，−0.29，−0.38，−3.9（−3.3，−3.3，−1.9，−9.2，−11.1） | 0.052 | −0.054，−0.054，−0.332，−0.370，−3.82（−3.2，−3.2，−2.0，−8.4，−10.4） |
| 成本成分加总 | 0.318 | −0.217，−0.212，−0.319，−0.319，−0.428（−26.9，−29.2，−19.1，−19.1，−6.8） | 0.310 | −0.221，−0.215，−0.317，−0.317，−0.410（−25.1，−27.8，−17.5，−17.5，−6.3） |
| 时间和成本成分加总 | 0.253 | −0.052，−0.052，−0.282，−0.282，2.58（−17.4，−17.4，−25.4，−25.4，22.2） | 0.257 | −0.050，−0.050，−0.277，−0.277，2.49（−16.1，−16.1，−23.2，−23.2，21.9） |

| 类别概率中的 $\theta$ | |
|---|---|
| | 常数项，FF，SDT，FFSDT，RC，TC，RCTC<br>注：除常数项外，所有协变量的单位都是分钟或澳元。<br>* 表示统计显著：* = 5%，* * = 10% |
| 所有属性分别处理 | 1.35 * *，−0.006，0.003，−0.005，−0.33，−0.079，−0.093<br>（2.4，−0.17，0.14，−0.61，−1.1，−0.45，−1.4） |

| 时间成分加总 | −1.59，0.18*，−0.45，0.009，0.52，−0.61，−0.13<br>(−1.2，1.9，−1.4，0.44，1.6，−1.1，−0.7) | |
|---|---|---|
| 成本成分加总 | 1.16*，−0.02，−0.03，−0.009，0.35*，−0.15，−0.13*<br>(1.9，−0.7，−1.1，−0.9，1.7，−0.9，−1.7) | |
| LL 的收敛值 | −2 427.57 | −2 399.64 |
| LL 在 0 点处的值 | −4 271.41 | |
| 加权平均 VTTS（2004 年澳元/人・小时） | 18.02（15.02） | 18.05（15.28） |

对于 ML，我们选用拟约束三角形分布，其中展布①估计值被指定为等于随机参数的平均估计值。如果尺度等于 1.0，那么取值范围为 0～$2\beta_1$（参见第 15 章）。这是一个描述随机偏好参数的好方法，因为它避免了搜寻无约束分布极端值处的异质性。使用三角形分布的较早文献有 Train 和 Revelt（2003）、Train（2003，2009）等，它在实证研究中的应用日益增多。

与未纳入自我陈述的属性处理策略（attribute processing strategy，APS）的模型相比，纳入 APS 的模型在拟合度上显著更好。两个 ML 模型的差异在于将时间和成本属性纳入效用函数的方式，然而在这两个模型中，所有参数都有预期的负号，而且在 1%的水平上显著。给定道路通畅情形下的交通耗时和车速缓慢情形下的交通耗时的不同处理方式，VTTS 最合理的表达是加权平均估计，其中权重指成本和时间的三种设定中每一种的贡献。表 21.7 中的 VTTS 基于条件分布（即以被选中的选项为条件）。与未纳入自我陈述的 APS 相比，纳入 APS 的 ML 模型有显著更高的 VTTS，即前者为 15.87 澳元/人・小时（含误差项时为 16.11 澳元/人・小时），后者为 20.12 澳元/人・小时（含误差项时为 22.63 澳元/人・小时）。

LCM 基于四个属性相加规则（1）到（4）；当类别身份以自我陈述的 APS 为条件时，所有时间和成本参数都在 1%的水平上显著，而且它们都有预期的符号。然而，当不纳入自我陈述的 APS 时，几乎所有参数都在 1%的水平上显著，唯一的例外是第二个潜类别中的运行成本参数，它在 10%的水平上显著。与 ML 模型相比，两个 LCM 模型在收敛时的整体对数似然（LL）有很大改进，这意味着用潜类别描述的异质性的离散性质比 ML 模型用连续形式描述的异质性的要好。VTTS 加权平均值的计算分两步：第一步，根据每个个体进入每个类别的概率的条件分布，计算每个属性在各个类别上的值；第二步，使用反映时间和成本成分大小的权重进行加权。

对于纳入 AP 的两个 LCM，加权平均 VTTS 基本相同。这意味着，一旦我们通过潜类别的定义来描述选项处理规则，纳入自我陈述的 APS 规则（作为类别身份的条件）在统计上没有多少贡献。大多数自我陈述的 APS 变量都不显著（仅有三个参数在 10%的水平上显著（常数项除外））也说明了这一点。在 1%或 5%的水平上，没有哪个参数显著。然而，当我们将这个证据与不纳入 AP 的基础 LCM 相比较时，平均 VTTS 仅稍微小了一些（即前者为 17.89 澳元/人・小时，后者为 18.02 澳元/人・小时；MNL 模型为 14.07 澳元/人・小时）。这可能意味着潜类别模型在模拟个体如何处理属性方面的表现很好。

这些证据支持下列假说：在模型中纳入 AP 规则，在平均意义上似乎有更高的节省的交通耗时的 WTP 估计值。这与 Rose et al.（2005）以及 Hensher 和 Layton（2010）的发现一致。

## 21.8 案例研究 2：选择反应的确定性、选项可接受性和属性门限的影响

选择行为研究可用三个关键要素刻画：属性、选项和选择反应。在过去的四十多年，研究者考察了这些要素之间的关系，构建了一系列模型来理解随机效用理论架构下观测变量和未观测变量对选择结果的影响；在这个架构下，由于研究者不能完全了解个体决策信息，因此总存在着不确定性。近年来，越来越多的学者怀疑下列假设（尽管大多数文献使用这个假设）：所有属性都按完全补偿性方式交易，因此所有属性都重要，

① 展布为标准差乘以$\sqrt{6}$。

而且每个个体将每个属性及其交易视为完全确定的［参见例如 Hensher 和 Collins（2011）］。研究者普遍认为，有三个问题可能能够反映个体如何在调查环境中做出决策：一是属性水平的重要性，尤其是个体用来确定属性是否进入考虑范围的认知门限；二是选项的可接受性（选项通常用一组属性水平描述）；三是个体将在多大程度上实际选择他声称如果真实市场有某选项他就会选的那个选项。

假设偏差方面的文献尤其关注上面列举的最后一点，也就是所谓的选择反应的确定性。Johannesson et al.（1999）以及 Fuji 和 Gärling（2003）提供了一些关于确定性尺度的思想。在补充性问题中添加"个体虚拟购买或使用他在实验设计中实际选择的商品（或选项）的信度"。这个问题纳入每个选择情景之后的 CE 中；在一些研究中，在个体对选项打分之后再问这样的问题，也许和"界限卡"的思想差不多（参见第 19.6.2.2 节）。Johannesson et al.（1999）在每个选择情景之后提出了补充性的确定性尺度（certainty scale）问题，他们用尺度 0（非常不确定）到尺度 10（非常确定）来表示给定属性水平，个体将在多大程度上实际选择相应的选项。这个度量可被用作样本的外生权重，实际被选中的信度越高，权重越大。①

与此同时，一部分文献开始考察属性门限（attribute thresholds），有的研究对临界值施加解析分布［包括恰可察觉的差异，例如 Cantillo et al.（2006）］，有的在 SC 问题之前问询补充性问题，从而试图建立可接受的属性水平的上限和下限。20 世纪 70 年代的交通文献［例如 Hensher（1975）］说明了存在非对称的门限，但未将它们纳入选择模型。

尽管一些文献考察了选择反应确定性和属性门限在决策中的作用，然而几乎没有文献研究选项的可接受性，我们稍后将说明它在属性和选择的联系中起着重要作用。令人惊讶的是，这方面的研究没有引起足够重视；然而，一些学者认为这没什么大不了的，因为这个问题和考虑集有同样的思想，尽管考虑集（选择集）侧重于选项的混合。

由于个体评估每个选项的属性包，因此承认选项的可接受性对选择的影响有好处。观测属性和选项相关，因此在评估属性和选项的影响时，必须考虑这两个性质之间的相互作用。属性处理方式有很多［参见 Hensher（2010）以及 Leong 和 Hensher（2012）的文献综述］；比较令人感兴趣的是属性门限（或上临界值和下临界值）的作用，因为个体使用它们调整选项的可接受性。

本节使用我们在悉尼开展的一项研究，考察选项的可接受性、属性门限和选择反应确定性对个体购买汽车的偏好的影响；具体地说，个体面对车辆价格、燃油价格、固定年注册费、年排放附加费、公里排放附加费等条件，在汽油车、柴油车和混合动力车之间做出选择。

### □ 21.8.1 纳入反应确定性、选项的可接受性和属性门限

从含有 $j=1,\cdots,J$ 个选项的任务集中的选项 $j$ 的标准效用函数入手，我们假设指标 $A_{jq}$ 表示个体 $q$ 的选项 $j$ 的可接受性，而且用该指标调整效用函数。因此，函数形式为 $U_{jq}^{*}=A_{jq}U_{jq}=A_{jq}(V_{jq}+\varepsilon_j)$，其中 $U_{jq}^{*}$ 是以选项的可接受性为条件的标准效用表达式。这个条件是一种异方差性。$A_{jq}$ 表示特定个体的认知（以选项和选项的属性重要性衡量）影响选择集中选项 $j$ 的每个属性（包括观测的和未观测的属性）的边际（负）效用。在当前背景下，我们将 $U_{jq}^{*}$ 的定义修改为 $A_{jq}V_{jq}+\varepsilon_j$，即令随机项不受 $A_j$ 直接影响。这样，我们可以使用 logit 形式的随机效用最大化法。异方差影响的一个例子（参见 21.8.3 节）为 $A_{jq}=1+\delta_j(AC_{jq}+\sum_{h=1}^{H}\gamma_h R_{hq})$，其中 $AC_{jq}$ 是一个表示个体 $q$ 认为选项 $j$ 是否可接受的变量；$R_{hq}$ 是一个虚拟变量，表示个体 $q$ 认为属性水平 $h$ 是否位于拒绝区域；$\delta_j$ 和 $\gamma_h$ 为估计参数。② $R_{hq}$ 的纳入强调了属性对于个体关于选项可接受性的认知至关重要。

我们假设个体使用属性门限的方式和他们处理选项的属性水平一样，而且这些门限独立于选项，但不独立于选项的可接受性。属性门限有上限和下限，而且可能受衡量误差的影响；属性门限也可以取决于其他选项

① 在模型中纳入反应确定性的一种有趣方法是，构建一种围绕基准选项的相对衡量指标。基准选项从真实市场选取，因此在 1～10 的尺度上，它的确定性的值为 10。与 10 这个值相比，偏离 10 的值富含更多信息。

② 这不是严格的尺度异质性（参见下文的分析），尽管它形式上很像确定性尺度，因为它是以协变量作为唯一变量的函数。相反，SMNL 中的尺度异质性是一个随机处理，它可以通过协变量的确定性相加进行部分分解。

的水平。也就是说，个体报告的门限水平是一个“软”约束［参见 Swait（2001）］。为了描述门限概念，我们定义一个下临界值和一个上临界值。纳入属性门限等价于纳入下列函数：在属性取值范围上，函数值随着属性水平的增加而线性增加，而且仅在使用临界值时函数才起作用。这些临界惩罚是违反约束量的线性函数，它们的定义为 $\{0:\max(0, X_{ljq}-X_{l\min})\}$ 和 $\{0:\max(0, X_{\min}-X_{mjq})\}$。$\{0:\max(0, X_{ljq}-X_{l\min})\}$ 的意思为下限临界效应和临界值存在时属性水平偏离最小临界属性门限的距离（若临界值不存在，取值零）；$\{0:\max(0, X_{\min}-X_{mjq})\}$ 表示上限临界效应和临界值存在时属性水平偏离最大临界属性门限的距离（若临界值不存在，取值零）。定义 $X_{kjq}$ 是个体 $q$ 的第 $j$ 个选项的第 $k$ 个属性；$l=K+1, \cdots, L$ 个属性下限临界值；$m=L+1, \cdots, M$ 个属性上限临界值；$q=1, \cdots, Q$ 个个体；$\beta_l$ 和 $\beta_m$ 为估计惩罚参数；我们可以将门限惩罚表达式写为

$$\sum_{l=K+1}^{L}\beta_l\{0:\max(0, X_{ljq}-X_{lq}\min)\}+\sum_{m=L+1}^{M}\beta_m\{0:\max(0, X_{mq}\max-X_{mjq})\} \tag{21.33}$$

在当前的应用中，上限和下限都有行为意义。例如，一些人可能仅对 6 缸汽车感兴趣，不会考虑 4 缸和 8 缸汽车。类似地，低价格和非常高的价格也可能被拒绝；给定个体偏好，他们只会考虑一定价格范围内的汽车。

我们还用 $Cert_{cs}$ 表示确定性水平。为了考虑反应确定性对选择的影响（这因选择集而异），我们假设每个选项的效用函数必须用确定性指标加权，这个指标定义在 1～10 尺度上，其中 1 是最低的确定性水平。

纳入上述因素的效用函数如下所示[①]：

$$\begin{aligned}U_{jq}=&(1+\delta_j(AC_{jq}+\sum_{h=1}^{H}\gamma_H R_{hq}))\Big[\alpha_j+\sum_{k=1}^{K}\beta_{kj}X_{kjq}+\sum_{l=K+1}^{L}\beta_l\{0:\max(0, X_{ljq}-X_{lq}\min)\}\\&+\sum_{l=K+1}^{L}\beta_l\{0:\max(0, X_{mq}\max-X_{mjq})\}\Big]+\varepsilon_j\end{aligned} \tag{21.34}$$

其中，$\alpha_j$ 为特定选项常数（ASC）；其他所有项在前文已定义。

式（21.34）是一个非线性效用函数，它与个体 $q$ 在选择情景 $t$ 下的标准 RUM 效用函数不同：

$$U_{jqt}=V_{jqt}+\varepsilon_{jqt}, j=1, \cdots, J_{qt}; t=1, \cdots, T_q; q=1, \cdots, Q \tag{21.35}$$

其中，随机项 $\varepsilon_{jqt}$ 服从 IID 的类型Ⅰ极端值（EV）分布。

以 $V_{jqt}$ 为条件的选择概率取我们熟悉的 MNL 形式：

$$\text{Prob}_{jqt}=\frac{\exp V_{jqt}}{\sum_{j=1}^{J_{qt}}\exp V_{jqt}} \tag{21.36}$$

当我们纳入异方差性时（参见本节结尾处的模型 5），式（21.36）变为：

$$\text{Prob}_{jqt}=\frac{\exp[(1+\delta_j(AC_{jq}+\sum_{h=1}^{H}\gamma_h R_{hq}))V_{jqt}]}{\sum_{j=1}^{J_{qt}}\exp[(1+\delta_j(AC_{jq}+\sum_{h=1}^{H}\gamma_h R_{hq}))V_{jqt}]} \tag{21.37}$$

在未知参数（即使参数为非随机的）中纳入非线性的效用函数可以从 ML 结构基础上构建，这可参见 Anderson et al.（2012）的构建思想，但还要进一步纳入尺度异质性（$\sigma_q$）［参见 Fiebig et al.（2010），Greene 和 Hensher（2010）以及第 20 章］。例如，我们可以使用下列方程组构建：

$$V_{jqt}=\sigma_q[V_j(x_{jqt}, \beta_{jq})] \tag{21.38}$$

$$V_j(x_{jqt}, \beta_{jq})=h_j(x_{jqt}, \beta_{jq}) \tag{21.39}$$

$$\beta_{jq}=\beta_j+\Delta z_q+\Gamma v_{jq} \tag{21.40}$$

$$\sigma_q=\exp(\lambda+\delta' c_q+\tau u_q) \tag{21.41}$$

在式（21.39）中，函数 $h_j(\cdot)$ 是一个任意非线性函数，它定义了个体在各个选项上的潜在偏好。效用函数形式本身可以因选择而异，并且可以纳入式（21.37）中的异方差性。模型偏好参数的异质性如式（21.40）所示（ML 形式），其中 $\beta_{jq}$ 因受观测异质性 $z_q$ 和未观测异质性 $v_q$ 的影响而围绕 $\beta_j$ 变化。$\beta_q$ 分布的参数为整体均值（即 $\beta_j$）、观测异质性的结构参数 $\Delta$ 以及随机项的协方差矩阵的乔利斯基平方根（下三角形）$\Gamma$。随机项

① 选项的可接受性条件的另外一种形式是指数形式：$\exp(\delta_j(AC_{jq}+\sum_{h=1}^{H}\gamma R_{hq}))$。在实证上，从预测能力和弹性结果角度看，这两种形式的差异可以忽略不计。

被假设有已知固定不变的均值（通常为零）、已知固定不变的方差（通常为1），而且不相关。在最常见的应用中，通常假设 $v_q$ 服从多元标准正态分布。$\beta_q$ 的协方差矩阵为 $\Omega=\Gamma\Gamma'$。通过令 $\Gamma$ 中有零行包括对角线元素，非随机参数（例如MNL和含有异方差条件的模型HMNL）可以纳入一般模型形式。对非参数模型，有 $\Gamma=0$。

当 $\sigma_q$（特定个体标准差）等于1时，模型是McFadden和Train（2000）、Train（2003）以及Hensher和Greene（2003）构建的ML模型的一种扩展，此时效用函数可为关于 $X_{jqt}$ 包含的属性和个人特征以及参数 $\beta_{jq}$ 的一般非线性函数形式。使用式（21.41）中的尺度项，可以纳入各个体的偏好结构的整体随机尺度。与效用函数中的偏好权重类似，尺度参数 $\sigma_q$ 随观测异质性 $c_q$ 和未观测异质性 $u_q$ 的变化而变化。在一般情形下，$\sigma_q$ 中的参数 $\lambda$ 不能单独被识别，需要标准化；一个自然的选择是标准化为0。然而，将尺度参数围绕1进行标准化比较有用。暂时假设 $\delta=0$，如果 $u_q$ 服从标准正态分布而且未观测的尺度异质性的系数 $\tau$ 非零，$u_q$ 的方差参数不能被单独识别，那么 $\sigma_q$ 服从对数正态分布，且期望值为 $E[\sigma_q]=\exp(\lambda+\tau^2/2\sigma_u^2)=\exp(\lambda+\tau^2/2)$。为了把中心置于1，我们使用标准化 $\lambda=-\tau^2/2$。有了这个限制之后，如果 $\delta=0$ 而且 $u_q$ 服从标准分布，那么 $E[\sigma_q]=1$；这是一个个体之间异方差性的有用的标准化。这个模型是我们估计的最一般的形式，称为异方差Gumbel尺度MNL（heteroskedastic Gumbel scale MNL，HG-SMNL）。这个模型的所有参数都用最大模拟似然法估计。这个最一般的模型的表达式为

$$\text{Prob}_{jqt}=\frac{\exp\left[\sigma_q\left(1+\delta_j\left(AC_{jq}+\sum_{h=1}^{H}\gamma_h R_{hq}\right)\right)V_{jqt}\right]}{\sum_{j=1}^{J_{qt}}\exp\left[\sigma_q\left(1+\delta_j\left(AC_{jq}+\sum_{h=1}^{H}\left(AC_{jq}+\gamma_h R_{hq}\right)\right)\right)V_{jqt}\right]} \tag{21.42}$$

在讨论了CE之后，我们将提供六个模型的证据。纳入所有三个性质的效用函数是非线性的，这种形式称为异方差MNL模型（模型5）或纳入尺度异质性（模型6）。为了构建这些特征的贡献，我们从标准MNL（模型1）和ML模型（模型3）入手，然后考察选择确定性加权MNL（模型2）和ML（模型4），接下来考察异方差MNL（HMNL，即模型5），最后，扩展到异方差Gumbel尺度MNL（HG-SMNL，即模型6）。

### □ 21.8.2 选择实验和调查过程

我们使用一项旨在探索如何降低车主排放量的选择实验（CE），这个实验调查的个体是在2007年、2008年或2009年购买新车的人，用这些车表示他们的当前车辆或参照车辆。在SC实验之前，我们使用了关于属性门限的补充性问题，以及诸如选项的可接受性和个体将实际选中某选项的确定性问题。

加标签的CE定义在三种燃料类型选项上，即汽油、柴油和混合动力。在每种燃料类别上，每个选项继续细分为车辆类型：小型、奢侈小型、中型、奢侈中型、大型和奢侈大型，目的在于保证实验有充分的属性变化性以及每个选项有有意义的属性水平，尤其是关于价格属性的水平；与此同时，还能保证实验的选项数可控。根据文献回顾和预调查（Beck et al.，2012，2013）以及二手数据集的预分析，我们在CE中纳入了9个属性。属性和相应水平参见表21.9。

**表21.9　　选择实验（CE）的属性水平**

| | 水平 | 1 | 2 | 3 | 4 | 5 |
|---|---|---|---|---|---|---|
| Purchase price（购买价格，单位：澳元） | *Small*（小型） | 15 000 | 18 750 | 22 500 | 26 250 | 30 000 |
| | *Small luxury*（奢侈小型） | 30 000 | 33 750 | 37 500 | 41 250 | 45 000 |
| | *Medium*（中型） | 30 000 | 35 000 | 40 000 | 45 000 | 50 000 |
| | *Medium luxury*（奢侈中型） | 70 000 | 77 500 | 85 000 | 92 500 | 100 000 |
| | *Large*（大型） | 40 000 | 47 500 | 55 000 | 62 500 | 70 000 |
| | *Large luxury*（奢侈大型） | 90 000 | 100 000 | 110 000 | 120 000 | 130 000 |
| Fuel price（燃料价格） | *Pivot off daily price*（根据每日价格调整） | −25% | −10% | 0% | 10% | 25% |

续前表

| | 水平 | 1 | 2 | 3 | 4 | 5 |
|---|---|---|---|---|---|---|
| Registration（注册费） | *Pivot off actual purchase*（根据实际购买价调整） | −25% | −10% | 0% | 10% | 25% |
| Annual emissions surcharge（年排放附加费） | *Pivot off fuel efficiency*（根据燃油效率调整） | 随机分配五个水平之一 | | | | |
| Variable emissions surcharge（可变排放附加费） | *Pivot off fuel efficiency*（根据燃油效率调整） | 随机分配五个水平之一 | | | | |
| Fuel efficiency (L/100km)（燃油效率，单位：升/100 千米） | *Small*（小型） | 6 | 7 | 8 | 9 | 10 |
| | *Medium*（中型） | 7 | 9 | 11 | 13 | 15 |
| | *Large*（大型） | 7 | 9 | 11 | 13 | 15 |
| Engine capacity (cylinders)（发动机性能（汽缸数）） | *Small*（小型） | 4 | 6 | | | |
| | *Medium*（中型） | 4 | 6 | | | |
| | *Large*（大型） | 6 | 8 | | | |
| Seating capacity（座位性能） | *Small*（小型） | 2 | 4 | | | |
| | *Medium*（中型） | 4 | 5 | | | |
| | *Large*（大型） | 5 | 6 | | | |

两种附加费由车辆使用的燃油类型和车辆的燃料效率确定。给定车辆类型，汽油的附加费比柴油的高，而柴油的附加费又比混合动力的高。按照燃料类型和效率分类，附加费有五种水平。

我们的 CE 是个 D 效率设计；给定先验属性参数，该实验的重点是考察估计标准误的渐近性质。先验参数估计值来自大量预调查，我们使用它们将渐近方差—协方差矩阵最小化，从而对于给定的样本规模，我们可以得到更小的标准误和更可靠的参数估计（参见 Rose 和 Bliemer（2008）以及第 6 章）。我们的方法不仅关注设计属性，还关注社会经济特征变量和其他情景变量；设计属性因为重复处理（即多个选择集）而增加，但社会经济特征变量不会因此增加，其他情景变量视为常数。在模型中纳入这些变量对有效率的样本规模影响很大。

为了让个体更好地理解属性水平的相对重要性，我们在 CE 设计中纳入了基准选项［参见 Rose et al.（2008）］。在设计 CE 的过程中，需要考虑影响属性和选项相互作用的一些条件（Beck et al.，2012）：

1. 每个选项的年附加费和可变附加费取决于车辆使用的燃料类型和燃油效率。

2. 如果基准选项是汽油（柴油），那么柴油（汽油）燃料选项的燃料价格必须与基准选项相同。

3. 当备选车辆的燃油效率等于或高于混合动力车辆时，混合动力车辆的年附加费和可变附加费应该高于其他备选车辆。

4. 为了保证个体面对符合现实的选择集，给定基准选项中的车辆型号（小型、中型或大型），在其他选项中有一个选项要与基准选项有相同的车辆型号，另外一个选项可以改变一个型号（例如小型变中型），第三个选项的型号自由可变。这些条件随机指定给选项。

由于实验设计包含的基准选项发挥着比较基础的作用和作为实验设计枢轴的作用，唯一显示的属性是选项的那些已知属性。对于汽油、柴油和混合动力选项，所有属性可变，而且属性水平组合通过设计过程而优化。尽管每个选择集有相同的四个燃料类型选项（即基准、汽油、柴油和混合动力），但每个选项的车辆型号可以随机变化，而且外生于实验设计。每个选项中的年附加费和可变附加费取决于车辆使用的燃料类型和燃油效率。燃料价格和车辆注册费［包括第三方强制责任险（CTP）］根据实际经验进行调整：

1. 燃料价格围绕着访问员输入的当天燃料价格而变化。燃料价格有五个水平（－25%，－10%，不变化，＋10%，＋25%）。

2. 注册费（包括第三方强制责任险）围绕个人提供的实际费用而变化。它也有五个水平（－25%，－10%，不变化，＋10%，＋25%）。

3. 年排放附加费取决于车辆使用的燃料类型和燃油效率。对于每个燃料类型和燃油效率组合，附加费有五个水平（参见表 21.9）。

4. 可变排放附加费取决于车辆使用的燃料类型和燃油效率。对于每个燃料类型和燃油效率组合，可变附加费有五个水平（参见表 21.9）。

我们使用基于互联网的调查，并派访问员面对面地帮助个体回答问题。合格的个体必须在 2007 年、2008 年或 2009 年购买过新车。回答率和不合格的原因可参见 Beck et al.（2012）。调查在网上完成。个体详细描述家庭已有的车辆和近期购买（或可能购买）的车辆。我们提供八个选择集（示例见图 21.5）；个体需要审视所有选项，决定哪些属性重要①，然后指出他们偏好的结果，并且指出哪些选项可接受，说明如果选择在真实市场上出售，他们实际选择的可能性有多大。关于属性上门限和下门限信息的获得可参见图 21.6。

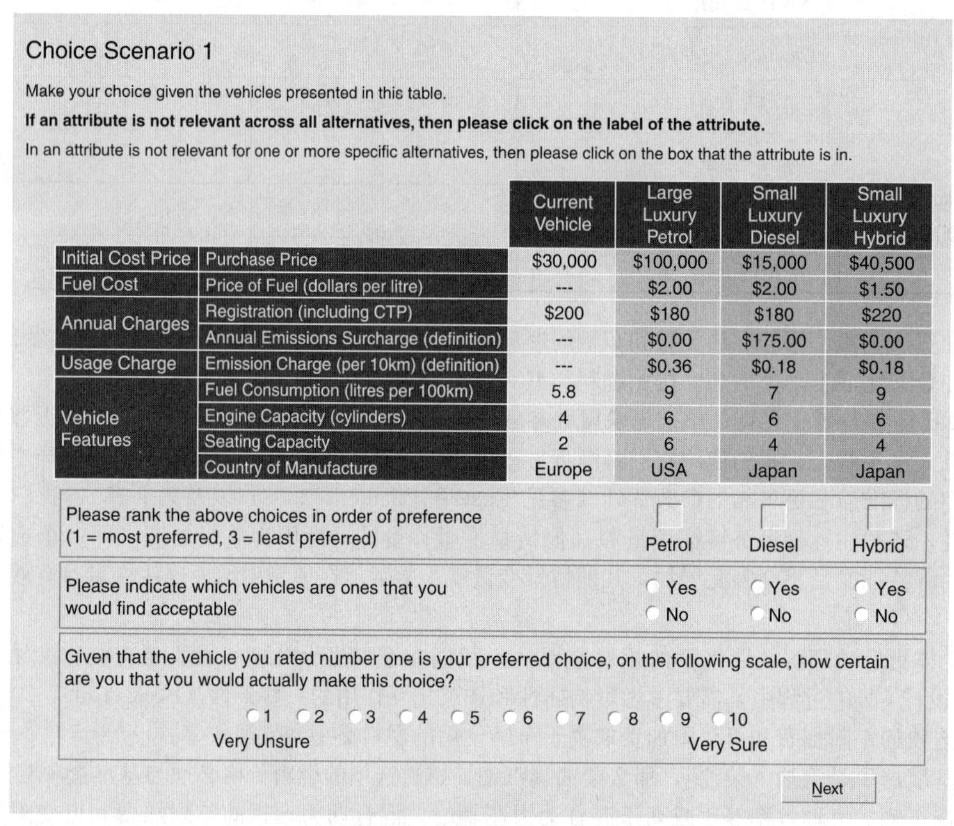

Choice Scenario 1

Make your choice given the vehicles presented in this table.

**If an attribute is not relevant across all alternatives, then please click on the label of the attribute.**

In an attribute is not relevant for one or more specific alternatives, then please click on the box that the attribute is in.

| | | Current Vehicle | Large Luxury Petrol | Small Luxury Diesel | Small Luxury Hybrid |
|---|---|---|---|---|---|
| Initial Cost Price | Purchase Price | $30,000 | $100,000 | $15,000 | $40,500 |
| Fuel Cost | Price of Fuel (dollars per litre) | --- | $2.00 | $2.00 | $1.50 |
| Annual Charges | Registration (including CTP) | $200 | $180 | $180 | $220 |
| | Annual Emissions Surcharge (definition) | --- | $0.00 | $175.00 | $0.00 |
| Usage Charge | Emission Charge (per 10km) (definition) | --- | $0.36 | $0.18 | $0.18 |
| Vehicle Features | Fuel Consumption (litres per 100km) | 5.8 | 9 | 7 | 9 |
| | Engine Capacity (cylinders) | 4 | 6 | 6 | 6 |
| | Seating Capacity | 2 | 6 | 4 | 4 |
| | Country of Manufacture | Europe | USA | Japan | Japan |

Please rank the above choices in order of preference (1 = most preferred, 3 = least preferred) — Petrol / Diesel / Hybrid

Please indicate which vehicles are ones that you would find acceptable — Yes / No; Yes / No; Yes / No

Given that the vehicle you rated number one is your preferred choice, on the following scale, how certain are you that you would actually make this choice?

1 2 3 4 5 6 7 8 9 10

Very Unsure … Very Sure

Next

图 21.5　陈述性选择截屏的例子

## □ 21.8.3　实证结果

数据于 2009 年收集完，历时四个月。用于模型估计的最终样本含有 196 个家庭的 1 568 个选择集；它是完整数据集的一部分。由于本章的重点在于考察属性门限、选项的可接受性和选择反应确定性的作用，因此

① 调查问卷是互动式的。如果个体认为属性、选项或水平可以忽略或不重要，那么他们可以点击选择情景中相应的行、列和单元格。这些信息被储存起来，因此当每个个体完成了所有任务集时，我们可以使用有关数据分析在个体决策中，哪些信息重要，哪些信息不重要。

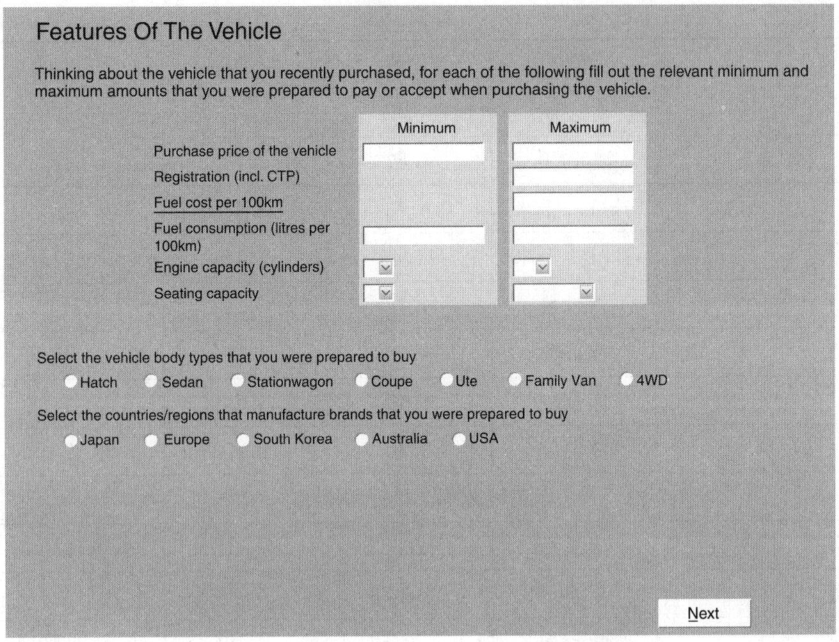

Features Of The Vehicle

Thinking about the vehicle that you recently purchased, for each of the following fill out the relevant minimum and maximum amounts that you were prepared to pay or accept when purchasing the vehicle.

| | Minimum | Maximum |
|---|---|---|
| Purchase price of the vehicle | | |
| Registration (incl. CTP) | | |
| Fuel cost per 100km | | |
| Fuel consumption (litres per 100km) | | |
| Engine capacity (cylinders) | | |
| Seating capacity | | |

Select the vehicle body types that you were prepared to buy

Hatch  Sedan  Stationwagon  Coupe  Ute  Family Van  4WD

Select the countries/regions that manufacture brands that you were prepared to buy

Japan  Europe  South Korea  Australia  USA

Next

**图 21.6　属性门限问题（在选择集屏幕之前）**

对于下文提供的数据信息，如果读者想进一步了解更多数据细节，可参考 Hensher et al.（2011）和 Beck et al.（2012）。表 21.10 列出了数据的描述性统计特征，我们的六个模型都使用这个数据集。

**表 21.10　　数据的描述性统计特征**

| 属性 | 单位 | 均值 | 标准差 | 最小值 | 最大值 |
|---|---|---|---|---|---|
| 确定性尺度 | 1～10 | 7.14 | 2.11 | 1（不确定） | 10（确定） |
| 属性的可接受性（AC） | 1，0 | 0.65 | — | 0（不可接受） | 1（可接受） |
| 属性： | | | | | |
| 价格 | 千澳元 | 51.82 | 28.45 | 15 | 133 |
| 燃料 | 澳元/升 | 1.22 | 0.22 | 0.75 | 1.66 |
| 注册费 | 澳元/年 | 872 | 501 | 225 | 4 125 |
| 年排放附加费 | 澳元/年 | 224 | 210 | 0 | 900 |
| 可变排放附加费 | 澳元/千米 | 0.16 | 0.14 | 0 | 0.6 |
| 燃油效率 | 升/100 千米 | 10.07 | 2.89 | 6 | 15 |
| 发动机性能 | 汽缸数 | 5.47 | 1.36 | 4 | 8 |
| 座位性能 | 座位数 | 4.18 | 1.34 | 2 | 6 |
| 门限： | | | | | |
| 价格最小值 | 千澳元 | 25.30 | 13.37 | 1 | 95 |
| 价格最大值 | 千澳元 | 35.03 | 16.08 | 14 | 120 |

续前表

| 属性 | 单位 | 均值 | 标准差 | 最小值 | 最大值 |
|---|---|---|---|---|---|
| 注册费最大值 | 澳元/元 | 18.67 | 27.67 | 1 | 260 |
| 燃料价格最大值 | 澳元/升 | 1.87 | 2.77 | 1 | 26 |
| 燃油效率最小值 | 升/100 千米 | 6.75 | 2.45 | 1 | 12 |
| 燃油效率最大值 | 升/100 千米 | 11.45 | 6.18 | 5 | 60 |
| 发动机性能最小值 | 汽缸数 | 4.42 | 0.86 | 4 | 8 |
| 发动机性能最大值 | 汽缸数 | 5.23 | 1.26 | 4 | 8 |
| 座位性能最小值 | 座位数 | 4.49 | 1.24 | 2 | 7 |
| 座位性能最大值 | 座位数 | 5.30 | 0.95 | 2 | 7 |
| 全属性范围，接受和拒绝： | | | | | |
| 价格最小值一价格 | 千澳元 | −26.52 | 28.21 | −130 | 80 |
| 价格一价格最大值 | 千澳元 | 16.78 | 27.89 | −90 | 114 |
| 燃料一燃料最大值 | 澳元/升 | 0.52 | 2.58 | −19.1 | 1.49 |
| 燃油效率（FE）最小值−FE | 升/100 千米 | −3.32 | 3.41 | −14 | 5 |
| 燃油效率（FE）最小值−FE 最大值 | 升/100 千米 | −1.38 | 6.69 | −54 | 10 |
| 注册费一注册费最大值 | 澳元/年 | −147 | 789 | −4 177 | 2 950 |
| 发动机性能最小值（EC）−EC | 汽缸数 | −1.04 | 1.45 | −4 | 4 |
| 发动机性能（EC）−最大值 EC | 汽缸数 | 0.24 | 1.61 | −4 | 4 |
| 发动机性能最小值（SC）−SC | 座位数 | 0.31 | 1.77 | −4 | 5 |
| 座位性能 SC 最大值 | 座位数 | −1.11 | 1.49 | −5 | 4 |
| 属性门限之外： | | | | | |
| 价格最小值一价格 | 千澳元 | 1.104 | 4.75 | 0 | 80 |
| 价格一价格最大值 | 千澳元 | 19.80 | 24.3 | 0 | 114 |
| 燃油一燃料最大值 | 澳元/升 | 0.207 | 0.30 | 0 | 1.49 |
| 燃油效率（FE）最小值−FE | 升/100 千米 | 0.203 | 0.62 | 0 | 5 |
| 燃油效率（FE）最小值−FE 最大值 | 升/100 千米 | 1.15 | 1.91 | 0 | 10 |
| 注册费一注册费最大值 | 澳元/年 | 109 | 284 | 0 | 2 950 |
| 发动机性能最小值（EC）−EC | 汽缸数 | 0.11 | 0.47 | 0 | 4 |
| 发动机性能（EC）−最大值 EC | 汽缸数 | 0.69 | 1.07 | 0 | 4 |
| 发动机性能最小值（SC）−SC | 座位数 | 0.84 | 1.11 | 0 | 5 |
| 座位性能−SC 最大值 | 座位数 | 0.17 | 0.52 | 0 | 4 |
| 属性拒绝域虚拟变量： | | | | | |
| 价格最小值 | 1，0 | 0.118 | — | 0 | 1 |
| 价格最大值 | 1，0 | 0.714 | — | 0 | 1 |
| 注册费最大值 | 1，0 | 0.452 | — | 0 | 1 |

续前表

| 属性 | 单位 | 均值 | 标准差 | 最小值 | 最大值 |
|---|---|---|---|---|---|
| 燃料价格最大值 | 1，0 | 0.525 | — | 0 | 1 |
| 燃油效率最小值 | 1，0 | 0.128 | — | 0 | 1 |
| 燃油效率最大值 | 1，0 | 0.362 | — | 0 | 1 |
| 发动机性能最小值 | 1，0 | 0.050 | — | 0 | 1 |
| 发动机性能最大值 | 1，0 | 0.321 | — | 0 | 1 |
| 座位性能最小值 | 1，0 | 0.455 | — | 0 | 1 |
| 座位性能最大值 | 1，0 | 0.124 | — | 0 | 1 |
| 属性拒绝虚拟变量的最小值和最大值： | | | | | |
| 价格 | 1，0 | 0.832 | — | 0 | 1 |
| 燃料 | 1，0 | 0.525 | — | 0 | 1 |
| 注册费 | 1，0 | 0.452 | — | 0 | 1 |
| 燃油效率 | 1，0 | 0.490 | — | 0 | 1 |
| 发动机性能 | 1，0 | 0.375 | — | 0 | 1 |
| 座位性能 | 1，0 | 0.579 | — | 0 | 1 |

可以注意到，65%的选项被认为可接受，这意味着给定属性水平，相当大的一部分选项不可接受。确定性尺度的平均值为7.14（尺度为1～10），这意味着尽管很多人不完全肯定，但确定性大于5。

属性门限反应非常具有启发性。从属性拒绝证据（联合使用最小和最大临界值）看，车辆价格的CE水平的83.2%在价格属性的上下限之外，从而意味着他们不会购买或接受。与此对照，其他属性的相应百分数为：汽油价格，52.5%；年注册费，45.2%；燃油效率（升/100千米），49%；发动机性能，37.5%；座位性能，57.9%。这些都是很大的百分数，它们对门限是否被忽略这类问题提供了实证证据。

将下临界门限和上临界门限（以属性拒绝域虚拟变量表示）分开考察，可以看到，超过上（即最大）临界值者所占的百分数比低于下（即最小）临界值者所占的百分数大。拒绝百分数的变化范围从最高车辆价格的71.4%到最低发动机性能的5%。最小（最大）门限水平和CE显示的水平之间的实际差异参见表21.10。例如，CE中的平均车辆价格与上门限之差为16 780澳元；燃油效率与上门限之差平均为1.38L/100km。

这个关于属性门限的描述性证据提出了一个有趣的问题，即未来的SC研究在设计属性水平范围时是否应该考虑这类信息？下列模型证据明确说明了属性门限和每个选项可接受性（二者相关）对预测成功和平均直接弹性估计值的影响。

六个选择模型的结果列于表21.11。模型1和模型2为基本MNL模型，二者的区别在于确定性尺度的外生权重；模型3和模型4为等价的ML模型，它们都纳入了所有八个设计属性的随机参数以反映偏好异质性，而且假设所有属性参数都服从无约束的正态分布。模型5和模型6是MNL的扩展，它们都纳入了每个选择集水平上的每个选项的可接受性和属性门限。模型6和模型5的区别在于，前者纳入了尺度异质性参数。从模型拟合度看，模型1到模型6的拟合度逐渐增加；然而，模型1和模型2与模型3和模型4的比较表明，确定性尺度的外生权重对整体模型的拟合度有非常小（尽管不可忽略）的影响。模型5和模型6是显著更好的拟合模型（纳入外生权重），与ML模型相比，它们的拟合度提高了近乎一倍。纳入尺度异质性显著提高了模型的拟合度（因为模型5和模型6的自由度之差为1）。

当我们纳入每个选项的可接受性和属性门限时，样本内的预测成功性显著增加。在表21.11中，我们报告了模型5和模型6与模型4比较，预测成功提高的百分数。这些百分数都比较大，变化范围从28.3%到91.6%。在个体选择柴油选项的预测上，这个效果尤其惊人。

仔细考察模型5和模型6中的特定参数估计，在以属性拒绝域虚拟变量为条件的子函数（即1−0.715 7×选项可接受性）中，负的参数−0.568 4（模型5）和−0.715 7（模型6）表明，选项$j$的相对负效用降低①（当这个选项可接受（取值1）而不是不可接受（取值0）时）；当价格属性位于拒绝域时（模型5的参数为−0.233 2，模型6的参数为−0.184 8），这个负效应更加温和并且增加。下临界惩罚和上临界惩罚表明，位于下偏好门限和上偏好门限之外的价格水平将增加负效用，导致整体相对负效用增加。这个表达式还说明了识别和调整特定选择集中选项属性的边际负效用的方法。为了进行调整，个体$q$的选择集的效用表达式需要使用该选项被实际选中的确定性进行加权。

在所有模型中，除了发动机性能和座位性能属性之外的所有其他属性的参数都为负，这是可以预期的，因为它们是财务或燃料消耗属性。个体偏好的汽缸数量随样本不同而不同；在有的样本中，汽缸越多越好；有的则相反。座位性能情形类似。正或负的参数都能解释得通。模型1和模型4的参数符号相同，但模型5和模型6发生了变化；然而，除非我们合并所有其他属性的影响，否则我们不能说明前四个模型和最后两个模型的符号是否一致。

模型6的Nlogit命令如下所示（关于非线性模型的更多细节可以参见第20章）：

```
Timer$
NLRPlogit
;lhs=choice,cset,alt
;choices=Pet,Die,Hyb
;maxit=50
;pars
;rpl =prrejz,flrejz,rgrejz,ferejz,ecrejz,screjz
;fcn=altac(c)
;halton;draws=50
;pds=panel
;smnl;tau=0.1
;wts=cert,noscale
;output=3;crosstab;printvc
;start = -.647,-.0993,-1.8085,-.00451,-0.00245,-.6388,-.15051,.06247,-.0709,
        .18976,-.45376,-0.0893,0.02961,-1.13807,-.04491,0.12248,-0.00057,
         -0.13019,.41258,-.69951,-.02448
;labels =altac,pric,fue,reg,ae,ve,fel,ecl,scl,petasc,dasc
        ,prcld,prchd,fuehd,feld,fehd,rghd,ecld,echd,scld,schd
;prob=probvwl;utility=utilvwl
;fn1= ealtacc=(1+altac*altaccz)    ? linear
;fn2= Vaa=pric*price + fue*fuel+reg*rego +AE*AES+VE*VES +FEl*FE+ECl*EC+
SCl*SC
;fn3= vab= prcld*prcldf+prchd*prchdf+fuehd*fuelhdf+feld*feldf+fehd*fehdf
          +rghd*rghdf+ecld*ecldf+echd*echdf+scld*scldf+schd*schdf
;fn4 = Util1 = ealtacc*(Petasc + Vaa+Vab)?+Vac)
;fn5 = Util2 = ealtacc*(Dasc + Vaa+Vab)   ?+Vac)
;fn6 = Util3 = ealtacc*(Vaa+Vab)          ?+Vac)?
;?ecm=(pet),(hybrid)
;model:
U(pet)   = Util1 /U(die)   = Util2 /U(hyb)   = Util3 $
```

**表21.11　　　　模型结果（括号内为$t$值）**

| | 选项 | M1：MNL | M2：MNL | M3：混合Logit | M4：混合Logit | M5：H-MNL | M6：H-SMNL |
|---|---|---|---|---|---|---|---|
| 反应选择确定性的外生加权 | — | 否 | 是 | 否 | 是 | 是 | 是 |
| $A_{jq}$：以门限范围外的每个选项和属性的可接受性为条件 | — | 否 | 否 | 否 | 否 | 是 | 是 |
| 允许属性门限 | — | 否 | 否 | 否 | 否 | 是 | 是 |

① 需要注意，整体效用表达式为负，因此正如我们所预期的，当选项可接受时，异方差效应减少了负效应（与选项不可接受的情形相比较）。

续前表

| | 选项 | M1：MNL | M2：MNL | M3：混合 Logit | M4：混合 Logit | M5：H-MNL | M6：H-SMNL |
|---|---|---|---|---|---|---|---|
| 属性： | | | | | | | |
| 选项的可接受性（1，0） | — | — | — | — | — | −0.568 4<br>(−11.1) | −0.715 7<br>(−16.2) z |
| 车辆价格（澳元） | 所有 | −0.026 4<br>(−15.8) | −0.026 2<br>(−41.3) | −0.052 2<br>(−11.4) | −0.053 2<br>(−31.4) | −0.052 5<br>(−8.7) | −0.076 5<br>(−4.9) |
| 燃料价格（澳元/升） | 所有 | −0.478 5<br>(−3.1) | −0.528 3<br>(−8.9) | −0.779 0<br>(−3.5) | −0.909 9<br>(−10.7) | −1.804 9<br>(−10.9) | −1.801 7<br>(−4.6) |
| 年排放附加费（澳元） | 所有 | −0.000 8<br>(−3.9) | −0.000 8<br>(−11.2) | −0.001 6<br>(−4.9) | −0.001 8<br>(−13.9) | −0.001 1<br>(−8.5) | −0.003 4<br>(−6.6) |
| 可变排放附加费（澳元/千米） | 所有 | −0.650 9<br>(−2.4) | −0.734 2<br>(−7.2) | −1.185 2<br>(−2.8) | −1.236 1<br>(−7.6) | −0.635 8<br>(−3.2) | −0.644 5<br>(−1.2) |
| 注册费（澳元/年） | 所有 | −0.000 6<br>(−3.2) | −0.000 6<br>(−7.8) | −0.000 9<br>(−2.8) | −0.001 0<br>(−8.2) | −0.001 4<br>(−8.4) | −0.005 0<br>(−7.2) |
| 燃油效率（升/100 千米） | 所有 | −0.053 6<br>(−3.7) | −0.062 4<br>(−11.4) | −0.087 0<br>(−4.0) | −0.089 9<br>(−11.1) | −0.092 9<br>(−5.5) | −0.209 1<br>(−4.1) |
| 发动机性能（汽缸数） | 所有 | −0.036 7<br>(−1.3) | −0.040 9<br>(−3.8) | −0.066 1<br>(−1.6) | −0.076 0<br>(−4.9) | 0.161 7<br>(4.5) | 0.063 2<br>(0.6) |
| 座位性能 | 所有 | 0.274 9<br>(8.0) | 0.264 5<br>(20.8) | 0.485 2<br>(7.4) | 0.494 8<br>(19.3) | −0.171 5<br>(−3.8) | −0.063 4<br>(−0.6) |
| 特定汽油常数 | 汽油 | 0.076 0<br>(0.96) | 0.137 5<br>(4.6) | 0.081 2<br>(0.8) | 0.133 2<br>(3.5) | 0.175 9<br>(3.7) | 0.196 7<br>(1.5) |
| 特定柴油常数 | 柴油 | −0.345 6<br>(−4.5) | −0.330 1<br>(−11.2) | −0.523 2<br>(−5.1) | −0.516 7<br>(−13.3) | −0.311 1<br>(−6.5) | −0.533 0<br>(−4.0) |
| 随机参数：标准差 | | | | | | | |
| 车辆价格（澳元） | 所有 | — | — | 0.043 0<br>(9.2) | 0.046 4<br>(20.9) | — | — |
| 燃料价格（澳元/升） | 所有 | — | — | 0.885 4<br>(1.8) | 0.988 2<br>(5.5) | — | — |
| 年排放附加费（澳元） | 所有 | — | — | 0.002 4<br>(5.7) | 0.002 5<br>(16.0) | — | — |
| 可变排放附加费（澳元/千米） | 所有 | — | — | 2.628 8<br>(4.4) | 2.597 0<br>(12.0) | — | — |
| 注册费（澳元/年） | 所有 | — | — | 0.001 8<br>(4.0) | 0.001 9<br>(11.9) | — | — |
| 燃油效率（升/100 千米） | 所有 | — | — | 0.098 7<br>(3.8) | 0.099 6<br>(9.8) | — | — |
| 发动机性能（汽缸数） | 所有 | — | — | 0.242 2<br>(4.0) | 0.239 1<br>(10.5) | — | — |
| 座位性能 | 所有 | — | — | 0.637 5<br>(8.4) | 0.691 9<br>(22.8) | — | — |
| 属性门限临界效应： | | | | | | | |
| Max（0，AttPriceLower-Price） | 所有 | — | — | — | — | −0.062 5<br>(−6.5) | −0.022 4<br>(−1.0) |
| Max（0，Price-AttPriceUpper） | | | | | | 0.029 6<br>(4.8) | −0.059 6<br>(−2.8) |
| Max（0，Fuel-AttFuelUpper） | 所有 | — | — | — | — | 1.177 2<br>(4.8) | −1.112 6<br>(−2.0) |
| Max（0，AttPriceLower-FuelEff） | 所有 | — | — | — | — | 0.033 5<br>(0.6) | 0.019 2<br>(0.1) |
| Max（0，Price-AttFuelEffUpper） | 所有 | — | — | — | — | −0.065 1<br>(−2.6) | −0.134 3<br>(−1.9) |

续前表

| | 选项 | M1：MNL | M2：MNL | M3：混合 Logit | M4：混合 Logit | M5：H-MNL | M6：H-SMNL |
|---|---|---|---|---|---|---|---|
| Max（0，Regn-AttRegnUpper） | 所有 | — | — | — | — | −0.000 1<br>（−0.3） | −0.000 8<br>（−0.5） |
| Max（0，AttECLower-EngCap） | 所有 | — | — | — | — | −0.109 3<br>（−1.7） | −0.136 6<br>（−0.6） |
| Max（0，EngCap-AttECUpper） | 所有 | — | — | — | — | −0.307 9<br>（−6.9） | −0.447 0<br>（−3.4） |
| Max（0，AttSCLower-StCap） | 所有 | — | — | — | — | −0.527 1<br>（−10.7） | −0.738 7<br>（−5.5） |
| Max（0，StCap-AttSCUpper） | 所有 | — | — | — | — | −0.008 0<br>（−0.1） | −0.036 4<br>（−0.2） |
| 以属性门限为条件的选项的可接受性： | | | | | | | |
| 价格在门限外（1，0） | 所有 | — | — | — | — | −0.233 2<br>（−4.9） | −0.184 8<br>（−4.4） |
| 燃料价格在门限外（1，0） | 所有 | — | — | — | — | −0.123 6<br>（−6.6） | −0.085 0<br>（−3.3） |
| 注册费在门限外（1，0） | 所有 | — | — | — | — | −0.023 8<br>（−1.5） | −0.027 5<br>（−1.0） |
| 燃油效率在门限外（1，0） | 所有 | — | — | — | — | −0.053 9<br>（−3.1） | −0.103 1<br>（−3.6） |
| 发动机性能在门限外（1，0） | 所有 | — | — | — | — | −0.005 3<br>（−0.3） | −0.010 4<br>（−0.4） |
| 座位性能在门限外（1，0） | 所有 | — | — | — | — | −0.027 6<br>（−1.5） | −0.080 6<br>（−2.6） |
| 尺度方差参数（$\tau$）： | | | | | | | |
| $\sigma$： | — | — | — | — | — | — | 0.114 4<br>（23.6） |
| 样本均值 | — | — | — | — | — | — | 0.960 9 |
| 样本标准差 | — | — | — | — | — | — | 0.889 6 |
| 模型拟合： | | | | | | | |
| LL 在 0 点处的值 | — | −1 722.62 | −12 294.57 | −1 722.62 | −12 294.57 | −12 294.57 | −12 294.57 |
| LL 的收敛值 | — | −1 532.42 | −10 868.78 | −1 392.55 | −9 986.23 | −7 706.5 | −7 509.94 |
| McFadden 伪 $R^2$ | — | 0.110 | 0.116 | 0.192 | 0.188 | 0.373 | 0.390 |
| 信息准则：AIC | — | 1.967 4 | 13.876 0 | 1.799 2 | 12.760 5 | 9.864 2 | 9.614 7 |
| 样本量 | — | 1 568 | | | | | |
| 样本内预测成功：加总样本的选择概率 | | | | | | | |
| 汽油（608） | — | 272 | 278 | 274 | 276 | 367<br>（32.9%） | 402<br>（45.7%） |
| 柴油（416） | — | 140 | 138 | 143 | 142 | 232<br>（63.4%） | 272<br>（91.6%） |
| 混合动力（544） | — | 232 | 230 | 242 | 241 | 309<br>（28.3%） | 327<br>（35.7%） |

注：500 次霍尔顿抽取；模型 3 到模型 6 纳入了面板结构。随机参数服从标准正态分布。

在模型 6 中，特别值得关注的是参数 $\tau$ 在统计上显著，该参数表示尺度异质性是否存在，以及若存在，它有多大。证据表明，偏好异质性中存在着尺度异质性，而且偏好异质性不是通过随机参数显示的，而是通过选项的可接受性和属性门限的作用显示的。

从行为意义角度看，比较模型的更好方法是计算 CE 中每个属性的直接弹性。弹性表达式为

$$\text{Elas}_{kjq} = (1 - \text{Prob}_{jq}) \times X_{kjq} \times \frac{\partial V_{jq}}{\partial X_{kjq}} \tag{21.43a}$$

其中，$\partial V_{jq} / \partial X_{kjq}$ 为模型 1 到模型 6 中个体 $q$ 的选项 $j$ 的属性 $k$ 的参数估计值（或边际负效用）。在模型 5 和模型 6 中，$\partial V_{jq} / \partial X_{kjq}$ 的表达式为式（21.43b）。式（21.43b）中的一般表达式来自式（21.34）。

$$\begin{aligned}\frac{\partial V_{jq}}{\partial X_{kjq}} = {} & \beta_k(1 + 2\gamma_h X_{hjq} - \delta_j AC_{jq}) + \beta_l(1 + \delta_j AC_{jq} - \gamma_h X_{hl}\min + 2\gamma_h X_{hjq}) \\ & + \beta_m(-1 - \delta_j AC_{jq} + \gamma_h X_{hm}\max - 2\gamma_h X_{hjq})\end{aligned} \tag{21.43b}$$

在式（21.43b）中，当下（上）临界值得以满足时（即当个体 $q$ 的选项 $j$ 的属性 $h$ 或属性 $k$ 的水平位于属性门限可接受水平之外时），第二项（第三项）消失。在模型 6 中，价格的边际负效用表达式（参见式（21.44），它解释了式（21.43））解释了平均非惩罚边际负效用、位于最小和最大门限水平之外的价格水平（否则为零）情形时的惩罚下限和上限临界值以及当价格位于属性拒绝域时价格对选项可解释性的影响：

$$\begin{aligned}MU_{price} = {} & (-0.7157 + 0.1848 \times price) \times [-0.0765 \times price \\ & - 0.0224 \times lower\_cutoff\_penalty - 0.0596 \times upper\_cutoff\_penalty]\end{aligned} \tag{21.44}$$

对于惩罚函数，我们预期参数估计值为负。为了解释 $\sum_{l=K+1}^{L} \beta_l \{0:\max(0, X_{ljq} - X_{lq}\min)\} + \sum_{m=L+1}^{M} \beta_m \{0:\max(0, X_{mq}\max - X_{mjq})\}$ 的估计值，我们注意到当门限得以满足时（即 CE 中的属性水平大于下临界值和（或）小于上临界值时），变量被设定为零；然而，如果属性水平小于下临界值或大于上临界值，那么惩罚变量开始发挥作用。负的参数估计值表示，如果（比如）价格小于下临界值越多，价格的负效用就会增加。类似地，如果价格大于上临界值越多，那么边际负效用也增加。模型 5 和模型 6 中的证据支持这个解释（只不过估计值不显著）。

对于模型 5（和模型 6），各个属性的边际负效用的平均参数估计值为：车辆价格，−1.282 3（−0.866）；燃料价格，−2.121（−1.872）；年排放附加费，−0.001 5（−0.004 7）；可变排放附加费，−0.835（−0.899）；年注册费，−0.019（−0.006 9）；燃油效率，−0.196（−0.189）；发动机性能，0.277（0.191）；座位性能，−0.242（0.725）。可以看到，在模型 5 中，发动机性能和座位性能的符号不变，但在模型 6 中，在考虑了所有属性的影响因素后，座位性能的符号发生了变化。

平均直接弹性估计值列在表 21.12 中。比较模型 5 和模型 6 以及模型 1 到模型 4，可知在模型 5 和模型 6 中，尽管属性门限也有贡献，但对直接弹性影响最大的是每个选项的可接受性。我们比较了含有和不含有确定性尺度施加的外生权重的模型（即 MNL 模型 1 v.s. 模型 3，ML 模型 2 v.s. 模型 4），令我们惊讶的是，这个外生权重对平均弹性没有明显影响。这是一个有趣的发现，因为其他一些考察确定性尺度的研究［例如 Johannesson et al.（1999）］提供了相反的证据。

**表 21.12　平均直接弹性结果**

| 属性 | M1：MNL | M2：MNL | M3：ML | M4：ML | M5：H-MNL | M6：H-SMNL |
|---|---|---|---|---|---|---|
| 车辆价格（澳元） | −0.844<br>−0.991<br>−1.09 | −0.830<br>−0.991<br>−1.09 | −0.751<br>−0.937<br>−0.805 | −0.734<br>−0.923<br>−0.786 | −1.59<br>−1.28<br>−2.09 | −1.908<br>−1.59<br>−1.968 |
| 燃料价格（澳元/升） | −0.357<br>−0.429<br>−0.382 | −0.389<br>−0.477<br>−0.425 | −0.359<br>−0.434<br>−0.362 | −0.404<br>−0.494<br>−0.411 | −0.425<br>−0.333<br>−0.409 | −0.291<br>−0.227<br>−0.286 |
| 年排放附加费（澳元） | −0.140<br>−0.152<br>−0.063 | −0.149<br>−0.165<br>−0.069 | −0.144<br>−0.133<br>−0.066 | −0.150<br>−0.140<br>−0.070 | −0.072<br>−0.047<br>−0.025 | −0.155<br>−0.098<br>−0.052 |

续前表

| 属性 | M1：MNL | M2：MNL | M3：ML | M4：ML | M5：H-MNL | M6：H-SMNL |
|---|---|---|---|---|---|---|
| 可变排放附加费（澳元/千米） | −0.082<br>−0.084<br>−0.042 | −0.092<br>−0.095<br>−0.048 | −0.072<br>−0.071<br>−0.037 | −0.074<br>−0.073<br>−0.038 | −0.027<br>−0.018<br>−0.011 | −0.020<br>−0.013<br>−0.009 |
| 注册费（澳元/年） | −0.327<br>−0.394<br>−0.353 | −0.301<br>−0.369<br>−0.330 | −0.268<br>−0.332<br>−0.270 | −0.303<br>−0.380<br>−0.308 | −0.260<br>−0.208<br>−0.258 | −0.651<br>−0.536<br>−0.664 |
| 燃油效率（升/100 千米） | −0.338<br>−0.406<br>−0.356 | −0.390<br>−0.477<br>−0.419 | −0.315<br>−0.383<br>−0.314 | −0.315<br>−0.386<br>−0.317 | −0.038<br>−0.032<br>−0.043 | −0.202<br>−0.128<br>−0.148 |
| 发动机性能(汽缸数) | −0.121<br>−0.148<br>−0.134 | −0.134<br>−0.167<br>−0.151 | −0.129<br>−0.154<br>−0.129 | −0.143<br>−0.174<br>−0.146 | 0.229<br>0.193<br>0.246 | 0.088<br>0.079<br>0.109 |
| 座位性能 | 0.717<br>0.840<br>0.751 | 0.682<br>0.814<br>0.728 | 0.777<br>1.01<br>0.766 | 0.767<br>1.02<br>−0.763 | −0.146<br>−0.120<br>−0.142 | 0.341<br>0.261<br>0.271 |

注：①分别估计汽油、柴油和混合动力；所有弹性都经过概率加权。
②标准差信息可以向作者索取。

在模型 5 和模型 6 中（这是我们最感兴趣的两个模型），我们还计算了车辆价格和每个其他属性的边际替代率，结果列于表 21.13。最令人感兴趣的证据是燃料价格和可变排放附加费与车辆价格的关系。可变排放附加费（澳元/千米）和燃料价格（澳元/升）的变化对车辆价格都有不小的影响。其他替代率都相对很小，但发动机性能可能除外。

**表 21.13　　边际替代率**

| 车辆价格（澳元）与下列因素的边际替代率 | M5：H-MNL | M6：H-SMNL |
|---|---|---|
| 燃料价格（澳元/升） | 1.632 (1.14) | 2.447 (1.476) |
| 年排放附加费（澳元） | 0.001 1 (0.000 8) | 0.006 2 (0.002 6) |
| 可变排放附加费（澳元/千米） | 0.649 (0.467) | 1.179 (0.596) |
| 注册费（澳元/年） | 0.001 5 (0.001) | 0.009 1 (0.003 8) |
| 燃油效率（升/100 千米） | 0.021 9 (0.041) | −0.235 (0.271) |
| 发动机性能（汽缸数） | −0.210 (0.159) | −0.262 (0.280) |
| 座位性能 | 0.163 (0.197) | −0.974 (1.301) |

注：车辆价格边际负效用位于分母上。研究者也可以构建其他比率：取两个边际替代率（MRS），用一个除以另一个。例如，在模型 5 中，燃料价格和年排放附加费的 MRS 之比为 0.001 1/0.649=0.001 69。括号内为标准差。

### □ 21.8.4　结论

本节提供了一个架构，在这个架构内，我们可以将个体层面和选择集层面上的影响选择决策的过程因素纳入 RUM。现有文献表明，属性门限和反应确定性对选择概率有重要影响，因此我们扩展了处理集，以考察选项可接受性的作用。纳入这三个影响因素的模型，称为异方差 MNL 模型；当继续纳入尺度异质性时，称为异方差尺度 MNL 模型。

模型之间的比较表明，与简单 MNL 和 ML 相比，HMNL 模型和 HG-SMNL 模型在预测能力和平均直接弹性的差异上有显著改进，部分原因在于它们使用纳入选项的可接受性和属性门限以及尺度异质性的函数衡量标准效用函数的“尺度”。证据也表明，在选择模型的预测能力上，选项的可接受性的影响比反应确定性更重要。

文献中的方法和证据表明，我们既不能忽视个体如何处理选项和属性的补充性信息，也不能忽视个体实际做出选择的确定性程度。事实上，模型的预测能力和直接弹性方面的证据足以表明补充性数据所起的重要作用。

未来的研究挑战在于，我们如何才能更好地理解和设计补充性问题，从而帮助我们更好地了解在 SC 实验中个体如何处理信息？我们不应该再假设所有信息都重要，从而不能将所有属性和选项置于相同的交易范畴内。

## 21.9 案例研究 3：考察个体对陈述性选择实验的回答——他们的回答有意义吗

SC 实验被广泛用于产生能够模拟选择的数据，以便获得描述事前定义的选择环境中选项的特定属性的参数估计值（Louviere et al.，2000）。这类 CE 的流行，部分原因在于缺少能够描述在真实市场看到的选择行为的 RP 数据，部分原因在于它能够在统一的理论架构下考察当前不存在的选项的选择，这里的“当前不存在”指属性水平和属性水平组合以及（或）唯一性超出了当前属性范围。

研究者通常收集个体面板数据，然后估计离散选择模型，这类模型通常纳入观测和未观测的偏好异质性，近年来又纳入了尺度异质性［参见例如 Fiebig et al.（2010），Greene 和 Hensher（2010）］。考察特定 AP 直觉对选项属性影响的文献也逐渐增多，这些文献通常使用各种补充性问题考察个体如何处理属性和（或）构建能够描述特定直觉的模型［参见 Hensher（2010）的文献综述，Hess 和 Hensher（2010）；Cameron 和 DeShazo（2010）］。另外一个值得注意的研究领域是，一些文献尤其是非市场估值文献使用参数检验（Bateman et al.，2008；Day et al.，2009；McNair et al.，2010a）和非参数估计（Day and Prades，2010）以及等式约束 LCM（McNair et al.，2012）考察偏好在一系列选择任务上的变化。

我们认为没有引起学者足够重视的问题在于，我们能在多大程度上从个体在选择集水平上的回答获得信息，并且构建能够反映个体如何处理选择集的规则或直觉（通常称为“经验规则”），以便显示他们的选择答案。特别地，这个领域的学者考察符合个体在 SC 实验中用来做出选择的直觉。这很重要，因为证据表明选项 AP 策略（APS）的确影响行为结果，例如 WTP 的估计值和模型预测能力（参见 Hensher（2010）的参考文献）。尽管我们不能肯定个体使用了什么具体规则，但我们试图找到一种有关证据，因为一些学者认为个体做决策时不是“理性的”。

为了说明本章的重点，我们在表 21.14 中复制了很多 CE 研究都使用过的个体数据。① 该个体需要在三条出行路线中做出选择，第一条路线为基准选项或维持现状（status quo，SQ）选项，它基于近期出行经历。设计属性为道路通畅清形下的交通耗时（free-flow time，FF）、车速缓慢情形下的交通耗时（slowed-down time，SDT）、运行成本（running cost，Cost）、过路费（Toll）、整体出行耗时可变性（Var），其中时间用分钟衡量，成本用澳元衡量，耗时的可变性用加或减一定时间来衡量。我们从最常用的规范处理规则假设入手，它假设（在缺少任何已知的 AP 直觉的情形下）所有属性（和水平）都重要，而且将完全补偿性处理策略应用于选择集水平。对于这五个属性，我们用阴影表示最受欢迎的属性水平（例如，最低的 FF），它因属性不同而不同；我们提出假说：如果某个选项在一个或多个属性上有最受欢迎的水平，而且这个选项被选中，那么我们可以认为个体的选择是“合理的”，因为这意味着个体用来处理选择集的直觉保留了（即没有忽略）具有“最受欢迎的水平”的属性。对每个个体做出的所有 16 个选择使用上面的逻辑，我们发现在 300 个个体中，有 51 个个体选中了有相同最优属性的选项；这个实验设计不允许他们选择两个或多个属性同时最优的选项。

① 我们对很多数据集和很多个体重复了这个过程，得到的信息相同或者非常近似。

表 21.14　　个人评估的 16 个选择情景:例子

| 选择情景 | 选项 | TotTime | TotCost | Var | FF | SDT | Cost | Toll | 选择 | Plausible=Y |
|---|---|---|---|---|---|---|---|---|---|---|
| 1 | 1(SQ) | 40 | 5.4 | 25 | 12 | 28 | 3.2 | 2.2 | 0 | Y |
| 1 | 2 | 48 | 5.7 | 8 | 14 | 34 | 2.6 | 3.1 | 1 | Y |
| 1 | 3 | 36 | 8 | 6 | 14 | 22 | 4.5 | 3.5 | 0 | Y |
| 2 | 1(SQ) | 40 | 5.4 | 25 | 12 | 28 | 3.2 | 2.2 | **1** | Y |
| 2 | 2 | 40 | 7.1 | 8 | 6 | 34 | 4.5 | 2.6 | 0 | Y |
| 2 | 3 | 44 | 4.7 | 6 | 10 | 34 | 1.6 | 3.1 | 0 | Y |
| 3 | 1(SQ) | 40 | 5.4 | 25 | 12 | 28 | 3.2 | 2.2 | 0 | Y |
| 3 | 2 | 28 | 7 | 8 | 14 | 14 | 3.5 | 3.5 | 1 | Y |
| 3 | 3 | 40 | 2.6 | 6 | 6 | 34 | 2.6 | 0 | 0 | Y |
| 4 | 1(SQ) | 40 | 5.4 | 25 | 12 | 28 | 3.2 | 2.2 | 0 | Y |
| 4 | 2 | 28 | 4.5 | 2 | 14 | 14 | 4.5 | 0 | 1 | Y |
| 4 | 3 | 48 | 4.2 | 8 | 14 | 34 | 1.6 | 2.6 | 0 | Y |
| 5 | 1(SQ) | 40 | 5.4 | 25 | 12 | 28 | 3.2 | 2.2 | 0 | Y |
| 5 | 2 | 44 | 8 | 4 | 10 | 34 | 4.5 | 3.5 | 0 | Y |
| 5 | 3 | 36 | 1.6 | 2 | 14 | 22 | 1.6 | 0 | 1 | Y |
| 6 | 1(SQ) | 40 | 5.4 | 25 | 12 | 28 | 3.2 | 2.2 | **1** | Y |
| 6 | 2 | 48 | 5.1 | 6 | 14 | 34 | 1.6 | 3.5 | 0 | Y |
| 6 | 3 | 48 | 3.5 | 4 | 14 | 34 | 3.5 | 0 | 0 | Y |
| 7 | 1(SQ) | 40 | 5.4 | 25 | 12 | 28 | 3.2 | 2.2 | **1** | Y |
| 7 | 2 | 44 | 6.6 | 2 | 10 | 34 | 3.5 | 3.1 | 0 | Y |
| 7 | 3 | 48 | 6.1 | 8 | 14 | 34 | 2.6 | 3.5 | 0 | Y |
| 8 | 1(SQ) | 40 | 5.4 | 25 | 12 | 28 | 3.2 | 2.2 | 0 | Y |
| 8 | 2 | 36 | 7.6 | 6 | 14 | 22 | 4.5 | 3.1 | 0 | Y |
| 8 | 3 | 20 | 5.1 | 4 | 6 | 14 | 1.6 | 3.5 | 1 | Y |
| 9 | 1(SQ) | 40 | 5.4 | 25 | 12 | 28 | 3.2 | 2.2 | 1 | Y |
| 9 | 2 | 48 | 4.2 | 2 | 14 | 34 | 1.6 | 2.6 | 0 | Y |
| 9 | 3 | 28 | 6.6 | 8 | 6 | 22 | 3.5 | 3.1 | 0 | Y |
| 10 | 1(SQ) | 40 | 5.4 | 25 | 12 | 28 | 3.2 | 2.2 | 0 | Y |
| 10 | 2 | 20 | 4.7 | 4 | 6 | 14 | 1.6 | 3.1 | 1 | Y |
| 10 | 3 | 44 | 7 | 2 | 10 | 34 | 3.5 | 3.5 | 0 | Y |
| 11 | 1(SQ) | 40 | 5.4 | 25 | 12 | 28 | 3.2 | 2.2 | 0 | Y |
| 11 | 2 | 32 | 1.6 | 8 | 10 | 22 | 1.6 | 0 | 1 | Y |
| 11 | 3 | 28 | 6.1 | 6 | 14 | 14 | 3.5 | 2.6 | 0 | Y |
| 12 | 1(SQ) | 40 | 5.4 | 25 | 12 | 28 | 3.2 | 2.2 | **1** | Y |

续前表

| 选择情景 | 选项 | TotTime | TotCost | Var | FF | SDT | Cost | Toll | 选择 | Plausible=Y |
|---|---|---|---|---|---|---|---|---|---|---|
| 12 | 2 | 48 | 2.6 | 4 | 14 | 34 | 2.6 | 0 | 0 | Y |
| 12 | 3 | 40 | 7.1 | 2 | 6 | 34 | 4.5 | 2.6 | 0 | Y |
| 13 | 1(SQ) | 40 | 5.4 | 25 | 12 | 28 | 3.2 | 2.2 | 0 | Y |
| 13 | 2 | 24 | 5.2 | 6 | 10 | 14 | 2.6 | 2.6 | 1 | Y |
| 13 | 3 | 48 | 7.6 | 4 | 14 | 34 | 4.5 | 3.1 | 0 | Y |
| 14 | 1(SQ) | 40 | 5.4 | 25 | 12 | 28 | 3.2 | 2.2 | 0 | Y |
| 14 | 2 | 40 | 3.5 | 6 | 6 | 34 | 3.5 | 0 | 1 | Y |
| 14 | 3 | 32 | 5.2 | 4 | 10 | 22 | 2.6 | 2.6 | 0 | Y |
| 15 | 1(SQ) | 40 | 5.4 | 25 | 12 | 28 | 3.2 | 2.2 | 0 | Y |
| 15 | 2 | 36 | 6.1 | 4 | 14 | 22 | 3.5 | 2.6 | 0 | Y |
| 15 | 3 | 28 | 5.7 | 2 | 14 | 14 | 2.6 | 3.1 | 1 | Y |
| 16 | 1(SQ) | 40 | 5.4 | 25 | 12 | 28 | 3.2 | 2.2 | 0 | Y |
| 16 | 2 | 28 | 6.1 | 2 | 6 | 22 | 2.6 | 3.5 | 1 | Y |
| 16 | 3 | 24 | 4.5 | 8 | 10 | 14 | 4.5 | 0 | 0 | Y |

个体选中某个选项也许有其他原因，这些原因与属性水平及其相对表现无关；这些原因可以为（比如）维持现状，或者使用最小后悔法而不是最大效用法［参见 Chorus（2010），Hensher et al.（2013）］。事实上，如果个体仅关注一个属性，那么我们应该能观察到 EBA 直觉。然而，在观察属性证据层面上，16 个选择情景满足 16 个情形下的“合理选择”。其中五个选择情景表明维持现状为最受偏好的选项（在表 21.14 中的“选择”栏，最受偏好的选项以粗体表示）。也有可能该个体使用了一个或多个 AP 规则来评估选择情景，这可能是任何一个选择集的选择基础，不管它们是否通过上述“合理性”检验。在下面几节，我们将考察一些这样的 AP 规则。

而且，为了增加对个体选择行为的理解，我们可以使用补充性数据，它们表明个体是忽略特定属性还是将它们相加。从个体对补充性问题的回答来看，他没有忽略任何属性。个体是否将 FF 和 SDT 以及（或）Cost 和 Toll 相加？尽管属性相加有助于个体决策，但我们在“合理选择”检验中找不到个体未使用属性相加（TotTime，TotCost）的证据。

在下面几节，我们使用 2007 年在新西兰收集的数据，深入考察选项“合理选择”检验以及非补偿性直觉的作用，以加深我们对个体如何处理选择集并最终做出选择的理解。我们简要描述数据，使用它们寻找可能的规则（或直觉）来解释特定假设下的特定选择反应。我们考察的规则和检验的重点在于选择顺序对选择反应的影响、配对选项合理性检验、优势选项的存在、非交易的影响、层面和整体 AP、相对属性水平的影响、基准选项的修改等。然后，我们讨论证据，并且断言在选择模型中纳入两个新的解释变量来描述选项的属性数的作用和价值学习一样，都是“最好的”。最后，我们指出研究者应该在多大程度上相信 SC 实验产生数据所具有的行为意义。

### □ 21.9.1 数据设置

作为新西兰新收费道路方案的成本和收益评估研究的一部分，我们在 2007 年下半年开展了现场调查，考察新西兰北岛陶朗加下游地区居民的交通偏好，样本含有 136 个通勤者、116 个非通勤者和 125 个搭乘雇主提供车辆的个体。我们使用了 SC 实验以及关于个体近期出行的问题。我们使用从这些问题中获得的信息来构建基准选项（即维持现状选项）和其他两个选项，这两个选项的水平围绕着基准选项变化。一共有 16

个选择情景，在每个选择情景中，个体比较当前（近期）出行和其他两个选项的时间和成本水平。个体必须在这三个选项中选择一个。属性范围参见表21.15，SC情景截屏参见图21.7。实验设计由两个板块组成，每个板块都含有16个选择情景，有关细节可参见附录21B。个体被随机指定给两个板块中的一个，个体面对的16个选择情景的顺序也是随机的。设计的水平按照效率设计理论优化，我们使用$d$误差衡量［参见Rose和Bliemer（2008）以及第6章］。

我们还对设计施加了一些其他规则：

（1）如果个体对当前出行输入了零值，那么非基准选项中的道路通畅情形下的交通耗时和车速缓慢情形下的交通耗时调整为5分钟。①

（2）为了得到以分钟衡量的出行耗时变化水平，我们让个体回答为了保证按计划时间到达目的地，他们应该何时出发。这样，就得到了一系列出发时间，我们用它们识别实际出行耗时变化的百分数。当个体报告的出发时间和近期出行（基准选项）相同时，我们按照（1）中的规则进行调整。

（3）由于收费道路在研究实施时并不存在，因此收费道路被指定为一系列值。收费道路建设计划于2010年批准，收费标准固定，且在我们的估计范围之内。

另外，在个体完成了所有16个选择任务之后，还要回答补充性问题：他们忽略了哪些属性？调查使用计算机辅助个人访谈（CAPI），其中属性水平围绕每个个体近期的出行经历进行调整。调查员在现场指导个体如何操作。所有数据都自动保存在数据库中。软件自动检查数据的合理性（例如交通耗时、既定距离、平均速度）。这里不提供其他细节，因为它们不是本章的重点。

**表21.15　　选择实验中的属性范围**

| 属性 | 水平 |
|---|---|
| 道路通畅情形下的交通耗时（围绕基准水平变化） | −30%，−15%，0，15%，30% |
| 车速缓慢情形下的交通耗时（围绕基准水平变化） | −30%，−15%，0，15%，30% |
| 出行耗时的可变性 | ±0%，±5%，±10%，±15% |
| 运行成本（围绕基准水平变化） | −40%，−10%，0，20%，40% |
| 过路费 | 0，0.5，1，1.5，2，2.5，3，3.5，4 |

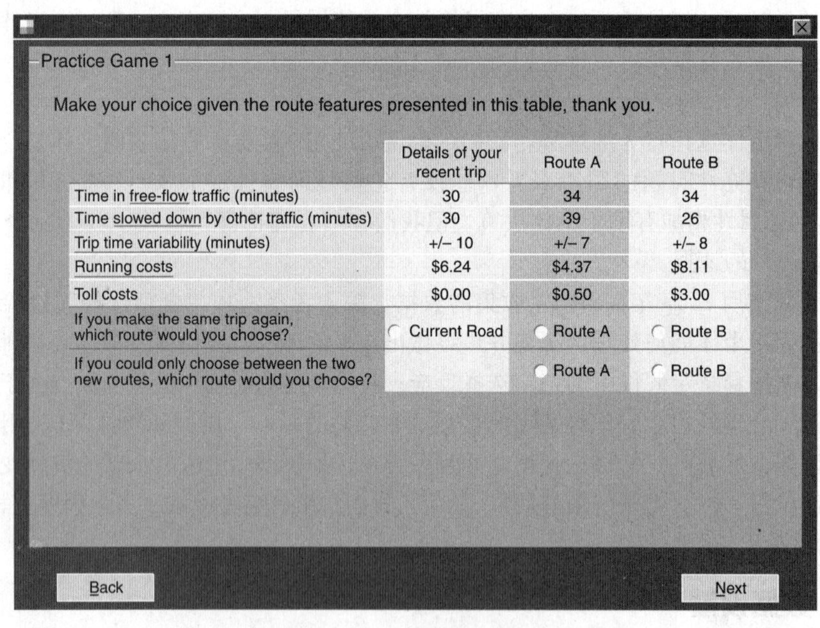


**图21.7　陈述性选择截屏的例子**

① 道路通畅情形下的交通耗时和车速缓慢情形下的交通耗时的区分目的仅在于促进各条路线尤其是收费道路和免费道路的交通时间分化，而且与总耗时的影响分开。

### □ 21.9.2 考察备选证据规则

作为考察一系列备选直觉（或证据规则）的序曲，我们继续讨论所有属性都重要的情形和个体忽略一些属性情形下的“合理选择”。下面的分析在两个层面上实施：选择集层面和反应层面，其中我们使用“观察”表示选择集评估，“个体”指所有 16 个选择集的评估；后者提供的证据表明，那些未通过各种检验的个体在整体上（而不仅仅在实验设计的特定性质上）显示出不同的行为倾向。我们评估 WTP 估计的证据的意义，然后考察五个推理性直觉，它们分别与下列情形相伴：(1) 配对选项合理性和优势选项的出现；(2) 非交易的影响；(3) 层面和整体 AP 的作用；(4) 相对属性水平的影响；(5) 基准选项的修改，这是各个选择集上价值学习的结果。

上面提供的关于个体的“合理选择”检验可以应用于新西兰数据中的 6 048 个观察。附录 21C 给出了未通过检验的所有 54 个选择集（或选择情景）。如果某个选项在 291 个选择情景中被选中，则该选项未通过检验，未通过率为 18.6%。注意，一些选项（即免费路线）不收费意味着基准选项总是含有至少一个最优属性，因此如果它被选中，“合理选择”检验不会失败。表 21.16 按照选择任务顺序号列出了合理选择集所占的百分数（和个数）。在假设所有属性都重要时，我们发现在所有 16 个选择集上，99.12%的观察通过了被选中选项的一个或多个属性为最优的“合理选择”检验（在 16 个选择集上，百分数的变化范围为 98.4%～100%）。当我们删去个体忽略的属性时，95.78%的观察通过了检验（在 16 个选择集上，百分数的变化范围为 94.44%～98.41%），这意味着不管个体是否忽略了一些属性，合理选择都有很高的重复率。这个证据也表明个体在 16 个选择集上的合理选择反应没有明显退化。在个体层面，我们发现未通过“合理选择”检验的观察（54 个观察）分布在 49 个个体身上。

**表 21.16　　选择顺序对选择反应的影响**

| 选择集顺序 | 假设所有属性都重要 | | 考虑被忽略的属性 | |
|---|---|---|---|---|
| | 合理观察的比例 | 不合理观察的个数 | 合理观察的比例 | 不合理观察的个数 |
| 1 | 0.989 4 | 4 | 0.947 1 | 20 |
| 2 | 1.000 0 | 0 | 0.949 7 | 19 |
| 3 | 0.989 4 | 4 | 0.939 2 | 23 |
| 4 | 0.989 4 | 4 | 0.960 3 | 15 |
| 5 | 0.997 4 | 1 | 0.952 4 | 18 |
| 6 | 0.984 1 | 6 | 0.960 3 | 15 |
| 7 | 0.992 1 | 3 | 0.984 1 | 6 |
| 8 | 0.994 7 | 2 | 0.955 0 | 17 |
| 9 | 0.984 1 | 6 | 0.944 4 | 21 |
| 10 | 0.989 4 | 4 | 0.965 6 | 13 |
| 11 | 0.989 4 | 4 | 0.960 3 | 15 |
| 12 | 0.992 1 | 3 | 0.955 0 | 17 |
| 13 | 0.989 4 | 4 | 0.955 0 | 17 |
| 14 | 0.989 4 | 4 | 0.952 4 | 18 |
| 15 | 0.989 4 | 4 | 0.970 9 | 11 |
| 16 | 1.000 0 | 0 | 0.973 5 | 10 |

设计的结构对未通过“合理选择”检验的观察的发生率有较大影响。如果我们假设所有属性都重要，那么若实验设计中的每个选项至少有一个最优属性，则检验不可能失败。在这个实证研究中，仅有一个选项没有最优水平（参见附录21B中的选择情景31），它可能对较低的发生率（54/291）有一定影响。其他选择情景也允许检验失败，这是当近期出行值小于5分钟时（参见前面的规则（1）），车速缓慢情形下的交通耗时和道路通畅情形下的交通耗时的可变性导致的结果。一旦我们允许个体忽略属性，就无法从实验设计推断未通过检验的选择情景数。尽管个体忽略或保留的属性组合有很多，然而研究者事前并不知道。考察整个数据集可以看出，当我们允许个体忽略一些属性时，在1 699个选择情景中有255个观察不合理，这些不合理的观察分布在99个个体身上。

我们也使用了两个简单logit模型（未在此处提供），考察个体的年龄、收入和性别对选择反应的影响：在“合理选择”检验中，若这些因素对选择集的影响是合理的，则取值1，否则取值0。其中一个模型假设所有属性都重要，另外一个模型考虑了个体忽略（或不保留①）的属性。在考察忽略属性与否的影响时，我们注意到收入和性别没有影响，但年龄有显著影响：满足“合理选择”检验的概率随年龄增加而增大。

Haaijer et al.（2000）以及Rose和Black（2006）使用选择任务反应潜在因素来提高最终模型的拟合度。我们使用另外一种方法，即（在所有属性都重要的情形下和允许个体忽略一些属性的情形下）考察“合理选择”检验和完成16个选择情景中的每个情景所需时间之间的关系。结果表明，在所有属性都重要的情形下和允许个体忽略一些属性的情形下，二者的关系都显著。表21.17（i）报告了选择集层面的结果，表21.17（ii）报告了个体层面的结果。我们发现，在选择集层面满足“合理选择”检验的个体完成一个选择集的平均时间为27.47秒，标准差为26.03秒；然而，当考虑观察层面上不合理的选择集反应时，我们发现平均时间在所有属性都重要的情形下减少了5.21秒，在允许个体忽略属性的情形下减少了5.58秒。当在个体层面上进行这样的比较时，我们发现与通过检验的个体相比，至少有一个选择集未通过检验的个体的平均时间在所有属性都重要的情形下减少了4.84秒，在允许个体忽略属性的情形下减少了3.66秒。对这种完成任务时间差异的一个可能解释是，那些通过了“合理选择”检验的个体投入了更多精力来完成选择任务。或者，那些未通过检验的个体可能使用了一些其他直觉，从而能快速完成选择任务。显然，我们不知道确切原因是哪个，尽管我们可以推测说后面这样的个体对待选择任务草草了事。

**表21.17　　对选择情景完成时间的影响**

**（i）选择集层面（简单OLS回归）**

| | 所有属性都重要的情形 | 允许属性被忽略的情形 |
|---|---|---|
| 常数 | 22.296 3 (17.1) | 22.116 3 (30.8) |
| 所有属性都重要情形下的合理选择检验（1，0） | 5.215 9 (3.96) | |
| 属性不保留情形下的合理选择检验（1，0） | — | 5.585 6 (7.5) |
| 调整的 $R^2$ | 0.000 35 | 0.001 9 |
| 样本量 | | 6 048 |

**（ii）个体层面**

| | 所有属性都重要的情形 | 允许属性被忽略的情形 |
|---|---|---|
| 常数 | 23.265 9 (53.9) | 24.728 7 (73.63) |
| 所有属性都重要情形下的合理选择检验（1，0） | 4.847 4 (10.1) | |
| 属性不保留情形下的合理选择检验（1，0） | — | 3.669 1 (9.01) |
| 调整的 $R^2$ | 0.000 40 | 0.003 7 |
| 样本量 | | 6 048 |

① 我们注意到，文献对个体忽略属性有不同的称呼方法。在环境文献中，最常用的说法为“属性不保留”或“属性不参与”。

表 21.17 的命令如下所示（适用于后续表格的命令也一起给出）：

```
read;file = C:\papers\WPs2016\choicesequence\data\NZdata_rat.xls $
reject;respid = 16110048 $
create
    ;ratd = rat = ratig
    ;rat1d = rat1-ratig1
    ;rat2d = rat2-ratig2
    ;rat3d = rat3-ratig3
    ;if(alt3 = 1)refalt = 1
    ;if(alt3 = 2)scalt2 = 1
    ;if(alt3 = 3)scalt3 = 1
    ;time = FF + Sdt $
create
    ;if(shownum = 1)cseq1 = 1
    ;if(shownum = 2)cseq2 = 1
    ;if(shownum = 3)cseq3 = 1
    ;if(shownum = 4)cseq4 = 1
    ;if(shownum = 5)cseq5 = 1
    ;if(shownum = 6)cseq6 = 1
    ;if(shownum = 7)cseq7 = 1
    ;if(shownum = 8)cseq8 = 1
    ;if(shownum = 9)cseq9 = 1
    ;if(shownum = 10)cseq10 = 1
    ;if(shownum = 11)cseq11 = 1
    ;if(shownum = 12)cseq12 = 1
    ;if(shownum = 13)cseq13 = 1
    ;if(shownum = 14)cseq14 = 1
    ;if(shownum = 15)cseq15 = 1
    ;if(shownum = 16)cseq16 = 1 $
create
    ;alt2a = alt3 - 1
    ;if(refff<0)refffb = refff ? ref alt ff better (b) than sc
    ;if(refff = 0)refffe = refff ? ref alt ff equal (e) to sc
    ;if(refff>0)refffw = refff $ ? ref alt ff worse (w) than sc
create
    ;if(refsdt<0)refsdtb = refsdt ? ref alt sdt better (b) than sc
    ;if(refsdt = 0)refsdte = refsdt ? ref alt sdt equal (e) to sc
    ;if(refsdt>0)refsdtw = refsdt ? ref alt sdt worse (w) than sc
    ;if(refvar<0)refvarb = refvar ? ref alt var better (b) than sc
    ;if(refvar = 0)refvare = refvar ? ref alt var equal (e) to sc
    ;if(refvar>0)refvarw = refvar $ ? ref alt var worse (w) than sc
create
    ;if(refrc<0)refrcb = refrc ? ref alt rc better (b) than sc
    ;if(refrc = 0)refrce = refrc ? ref alt rc equal (e) to sc
    ;if(refrc>0)refrcw = refrc ? ref alt rc worse (w) than sc
    ;if(reftc<0)reftcb = reftc ? ref alt tc better (b) than sc
    ;if(reftc = 0)reftce = reftc ? ref alt tc equal (e) to sc
    ;if(reftc>0)reftcw = reftc $ ? ref alt tc worse (w) than sc
create
    ;if(alt3 = 1&choice1 = 1)ref = 1
    ;if(alt3 = 2&choice1 = 1)sc2 = 1
    ;if(alt3 = 2&choice1 = 1)sc3 = 1
```

```
    ;if(rat = 1&choice1 = 1)ratref = 1 $
create
    ;bestt = bestff + bestsdt + bestvar + bestrc + besttc
    ;bet = beff + besdt + bevar + berc + betc
    ;if(bestffi = - 888)bestffic = 0;(else)bestffic = bestffi
    ;if(bestsdti = - 888)bestsdic = 0;(else)bestsdic = bestsdti
    ;if(bestvari = - 888)bestvarc = 0;(else)bestvarc = bestvari
    ;if(bestrci = - 888)bestrcic = 0;(else)bestrcic = bestrci
    ;if(besttci = - 888)besttcic = 0;(else)besttcic = besttci
    ;besttc = bestffic + bestsdic + bestvarc + bestrcic + besttcic
    ;if(beffi = - 888)beffic = 0;(else)beffic = beffi
    ;if(besdti = - 888)besdic = 0;(else)besdic = besdti
    ;if(bevari = - 888)bevarc = 0;(else)bevarc = bevari
    ;if(berci = - 888)bercic = 0;(else)bercic = berci
    ;if(betci = - 888)betcic = 0;(else)betcic = betci
    ;betc = beffic + besdic + bevarc + bercic + betcic $
create
    ;if(chSQ = 16)allSQ = 1;(else)allSQ = 0
    ;if(chSQ = 0)allHyp = 1;(else)allHyp = 0
    ;rpVar = WstLngth - BstLngth
    ;rpVarPct = rpVar/WstLngth
    ;rpCongPc = Slowed/TrpLngth $
Create
    ;if(income<0)income = - 888;if(QuotaVeh = 2)business = 1;(else)business = 0
    ;numIg = IgFFTime + IgSlowTm + IgTrpVar + IgRnCost + IgTlCost $
sample;all $
reject;respid = 16110048 $              ?   570   freeflow
reject;respid = 2110012 $               ?   270   freeflow
reject;respid = 16110070 $              ?   270   freeflow
reject;respid = 2611008 $               ?   240   freeflow
create
    ;if(alt3 = 1&choice1 = 1)ref = 1
    ;if(alt3 = 2&choice1 = 1)sc2 = 1
    ;if(alt3 = 2&choice1 = 1)sc3 = 1
    ;ref1 = ref[ - 3]
    ;sc11 = sc2[ - 3]
    ;sc21 = sc3[ - 3] $
create
    ;if(ref1 = 1)newref = 1
    ;if(sc11 = 1)newrefa = 1
    ;if(sc21 = 1)newrefa = 1 $
create
    ;if(shownum = 1)newrefa = 0
    ;if(shownum = 1)refcs1 = 1
    ;if(shownum = 1)newrefa = 0 $
sample;all $
reject;choice1 = - 999 $
create
    ;if(alt3 = 1&choice1 = 1)ref = 1
    ;if(alt3 = 2&choice1 = 1)sc2 = 1
    ;if(alt3 = 2&choice1 = 1)sc3 = 1
    ;if(rat = 1&choice1 = 1)ratref = 1 $
crmodel;lhs = chtime;rhs = one,ratig;het $
```

```
--------------------------------------------------------------
Ordinary      least squares regression ...............
LHS=CHTIME    Mean                     =        27.46613
              Standard deviation       =        26.03400
              Number of observs.       =           18336
Model size    Parameters               =               2
              Degrees of freedom       =           18334
Residuals     Sum of squares           = 12403768.05060
              Standard error of e      =        26.01047
Fit           R-squared                =          .00186
              Adjusted R-squared       =          .00181
Model test    F[  1, 18334] (prob) =    34.2(.0000)
White heteroskedasticity robust covariance matrix.
Br./Pagan LM Chi-sq [  1]  (prob) =  67.92 (.0000)
Model was estimated on Apr 29, 2010 at 09:37:58 AM
-----------+--------------------------------------------------------------------
           |                 Standard               Prob.          Mean
  CHTIME| Coefficient          Error        z      z>|Z|          of X
-----------+--------------------------------------------------------------------
Constant|     22.1163***       .71810     30.80   .0000
   RATIG|     5.58563***       .74490      7.50   .0000          .95779
-----------+--------------------------------------------------------------------
Note: ***, **, * ==>  Significance at 1%, 5%, 10% level.
--------------------------------------------------------------
--> crmodel;lhs=chtime;rhs=one,ratigre;het$
--------------------------------------------------------------
Ordinary      least squares regression ...............
LHS=CHTIME    Mean                     =        27.46613
              Standard deviation       =        26.03400
              Number of observs.       =           18336
Model size    Parameters               =               2
              Degrees of freedom       =           18334
Residuals     Sum of squares           = 12380133.52919
              Standard error of e      =        25.98568
Fit           R-squared                =          .00376
              Adjusted R-squared       =          .00371
Model test    F[  1, 18334] (prob) =    69.3(.0000)
White heteroskedasticity robust covariance matrix.
Br./Pagan LM Chi-sq [  1]  (prob) = 154.03 (.0000)
Model was estimated on Oct 05, 2010 at 02:12:30 PM
-----------+--------------------------------------------------------------------
           |                 Standard               Prob.          Mean
  CHTIME| Coefficient          Error        z      z>|Z|          of X
-----------+--------------------------------------------------------------------
Constant|     24.7287***       .33585     73.63   .0000
 RATIGRE|     3.66907***       .40729      9.01   .0000          .74607
-----------+--------------------------------------------------------------------
Note: ***, **, * ==>  Significance at 1%, 5%, 10% level.
--------------------------------------------------------------------------------
--> crmodel;lhs=chtime;rhs=one,rat;het$
--------------------------------------------------------------------------------
Ordinary      least squares regression ...............
LHS=CHTIME    Mean                     =        27.46613
              Standard deviation       =        26.03400
              Number of observs.       =           18336
Model size    Parameters               =               2
              Degrees of freedom       =           18334
```

```
Residuals     Sum of squares          = 12422528.56599
              Standard error of e  =       26.03013
Fit           R-squared               =         .00035
              Adjusted R-squared      =         .00030
Model test    F[  1, 18334] (prob) =     6.4(.0111)
White heteroskedasticity robust covariance matrix.
Br./Pagan LM Chi-sq [  1]  (prob) =  28.83 (.0000)
Model was estimated on Oct 05, 2010 at 02:12:50 PM
-----------+-----------------------------------------------------------------
           |                 Standard               Prob.          Mean
   CHTIME| Coefficient        Error          z      z>|Z|          of X
-----------+-----------------------------------------------------------------
Constant|    22.2963***      1.30304     17.11   .0000
     RAT|    5.21592***      1.31734      3.96   .0001          .99116
-----------+-----------------------------------------------------------------
Note: ***, **, * ==>  Significance at 1%, 5%, 10% level.
-----------------------------------------------------------------------------
--> crmodel;lhs=chtime;rhs=one,ratre;het$
--------------------------------------------------------------
Ordinary      least squares regression ...........
LHS=CHTIME    Mean                    =       27.46613
              Standard deviation      =       26.03400
              Number of observs.      =          18336
Model size    Parameters              =              2
              Degrees of freedom      =          18334
Residuals     Sum of squares          = 12377055.95118
              Standard error of e  =       25.98245
Fit           R-squared               =         .00401
              Adjusted R-squared      =         .00396
Model test    F[  1, 18334] (prob) =    73.8(.0000)
White heteroskedasticity robust covariance matrix.
Br./Pagan LM Chi-sq [  1]  (prob) = 150.31 (.0000)
Model was estimated on Oct 05, 2010 at 02:13:06 PM
-----------+-----------------------------------------------------------------
           |                 Standard               Prob.          Mean
   CHTIME| Coefficient        Error          z      z>|Z|          of X
-----------+-----------------------------------------------------------------
Constant|    23.2659***       .43104     53.98   .0000
   RATRE|    4.84736***       .48001     10.10   .0000          .86649
-----------+-----------------------------------------------------------------
Note: ***, **, * ==>  Significance at 1%, 5%, 10% level.
-----------------------------------------------------------------------------
```

### □ 21.9.3 获得支付意愿

下一个任务是估计下列情形下的选择集层面和个体层面的模型：（1）整个样本（6 048 个观察或 378 个个体），假设所有属性都重要（Full）；（2）删除未通过“合理选择”检验的选择情景之后的样本（5 994 个观察，329 个个体）（Plausible）；（3）整个样本，将属性忽略视为一个 APS（6 048 个观察，378 个个体）（Full APS）；（4）整个 APS 样本，删除未通过“合理选择”检验的选择情景（5 793 个观察，279 个个体）（Plausible APS）。有关 VTTS 的结果列于表 21.18。[1] 我们还把平均 VTTS 估计值的百分数变化作为一种识别未通过“合理选择”检验的行为意义的方法，这个检验的定义为被选中的选项至少有一个最优属性，不管该选项是否为基准选项。

① 在所有四个模型中，所有参数在统计上都显著。

表 21.18　　平均 VTTS 的“合理选择”检验的意义

（i）选择集层面

| | 运行成本 | | | | | |
|---|---|---|---|---|---|---|
| | 所有属性都重要 | | | 允许属性被忽略 | | |
| 澳元/人·小时（VTTS）： | Full | Plausible | 差值占比 | Full APS | Plausible APS | 差值占比 |
| 道路通畅情形下的交通耗时 | 13.01（澳元） | 12.53（澳元） | 3.81% | 12.02（澳元） | 11.62（澳元） | 3.44% |
| 车速缓慢情形下的交通耗时 | 13.93（澳元） | 13.85（澳元） | 0.58% | 14.52（澳元） | 14.53（澳元） | −0.07% |
| 出行耗时的可变性 | 2.57（澳元） | 2.53（澳元） | 1.58% | 2.33（澳元） | 2.95（澳元） | −21.02% |
| | 过路费 | | | | | |
| | 所有属性都重要 | | | 应用 AP 策略 | | |
| 澳元/人·小时（VTTS）： | Full | Plausible | 差值占比 | Full APS | Plausible APS | 差值占比 |
| 道路通畅情形下的交通耗时 | 10.16（澳元） | 10.51（澳元） | −3.33% | 9.08（澳元） | 9.73（澳元） | −6.68% |
| 车速缓慢情形下的交通耗时 | 10.88（澳元） | 11.61（澳元） | −6.29% | 10.96（澳元） | 12.17（澳元） | −9.94% |
| 出行耗时的可变性 | 2.00（澳元） | 2.12（澳元） | −5.66% | 1.76（澳元） | 2.47（澳元） | −28.75% |
| 加权平均 VTTS | 12.49 | 12.29 | 1.63% | 11.84 | 11.83 | 0.09% |

（ii）个体层面

| | 运行成本 | | | | | |
|---|---|---|---|---|---|---|
| | 所有属性都重要 | | | 允许属性被忽略 | | |
| 澳元/人·小时（VTTS）： | Full | Plausible | 差值占比 | Full APS | Plausible APS | 差值占比 |
| 道路通畅情形下的交通耗时 | 13.01（澳元） | 13.08（澳元） | −0.54% | 12.02（澳元） | 13.37（澳元） | −10.10% |
| 车速缓慢情形下的交通耗时 | 13.93（澳元） | 15.06（澳元） | −7.50% | 14.52（澳元） | 16.89（澳元） | −14.03% |
| 出行耗时的可变性 | 2.57（澳元） | 3.47（澳元） | −25.94% | 2.33（澳元） | 3.01（澳元） | −22.59% |
| | 过路费 | | | | | |
| | 所有属性都重要 | | | 应用 APS | | |
| 澳元/人·小时（VTTS）： | Full | Plausible | 差值占比 | Full APS | Plausible APS | 差值占比 |
| 道路通畅情形下的交通耗时 | 10.16（澳元） | 11.57（澳元） | −12.19% | 9.08（澳元） | 10.73（澳元） | −15.38% |
| 车速缓慢情形下的交通耗时 | 10.88（澳元） | 13.33（澳元） | −18.38% | 10.96（澳元） | 13.56（澳元） | −19.17% |
| 出行耗时的可变性 | 2.00（澳元） | 3.07（澳元） | −34.85% | 1.76（澳元） | 2.42（澳元） | −27.27% |
| 加权平均 VTTS | 10.34 | 12.01 | −13.91% | 9.55 | 11.44 | −16.52% |

在选择集层面（表 21.18（i)），尽管一些情形的差异较大，但平均 VTTS 上的差异都不显著，尤其是加权平均 VTTS（权重为道路通畅情形下的交通耗时、车速缓慢情形下的交通耗时、运行成本和过路费的属性水平）；标准误的获得使用了 delta 检验。在将可能的不合理选择（约占样本的 4%）删除之后，结果仍是这样。这个发现表明，我们的模型是稳健的，能够处理不合理决策的较小的百分数变化。然而，当我们比较个体层面的平均 VTTS（表 21.18（ii)）时，我们发现了显著差异，其中标准误的计算使用了 delta 法和 1 000 次随机抽取。这是一个重要发现，它表明当我们关注选择集层面时，以 VTTS 表示的行为意义并不重要，然而当我们删除那些至少一个选择集未通过合理选择检验的个体时，差异显著。个体层面的证据支持 Scarpa et al.（2007）的发现：当删除“不理性”个体时，WTP 估计值较大；这比当前研究大了不少。

### □ 21.9.4　配对选项“合理选择”检验和优劣势

到目前为止，我们还未讨论优劣势的可能性和它在设计的嵌套性质中可能起什么作用，以及反应议题。我们需要引入一些与优势相关的定义，以便说明我们考察的 CE 的性质。优势有两种可能的解释。第一种解释（也是更常见的解释）和设计议题（design issues）有关；这里有两种情形：(1) 在选择集层面，其中一个选项在所有属性上都和另外一个选项一样好或更好；(2) 在个体面对的所有选择集层面，此时某个选项在所有属性上总是更好（注意，在我们的 CE 设计中，这种情形从未发生过）。第二种解释和反应议题（response issues）有关；这也分为两种情形：(1) 在选择集层面，个体选择所有属性都最优的那个选项；(2) 在个体面对的所有选择集层面，某个选项总被寻找，不管它在每个选择集中是否总为最优。我们主要使用第二种解释，但我们也会报告（作为设计议题的）优势程度。然而，需要指出，设计议题和反应议题不是独立的。特别地，设计优势的存在允许个体在某个选择情景下选择的选项在所有属性上都和另外一个选项一样好或更差。可能的原因在于个体喜欢或不喜欢某个选项，在这种情形下，它可能导致个体对该选项或该类选项做出所有选择反应（例如，维持现状（SQ）或不维持现状）。如果我们将维持现状作为选项的一个属性，那么喜欢或不喜欢维持现状可能违背优势条件。然而，我们事前无法知道任何个体喜欢还是不喜欢维持现状。

配对选项的合理检验的更弱形式是，如果个体选择至少含有一个更好的属性（与在配对比较下被拒绝的选项相比），则允许它符合一些合理直觉（例如 EBA），即使它不含有任何最优属性。如果配对选项含有基准选项，那么比较结果可能在更多场合下通过配对“合理选择”检验。

在样本的所有 6 048 个选择集中，有 54 个选择集未通过“合理选择”检验；在这 54 个选择集中，仅有一个未通过配对“合理选择”检验：在被选择的选项中，20 个选项在所有五个属性上都有更好的水平，17 个选项在四个属性上有更好的水平，14 个选项在三个属性上有更好的水平，2 个选项在两个属性上有更好的水平。这意味着如果三向和（或）两向选项评估是可能的处理策略，那么仅有一个个体的一个选择集未通过“合理选择”检验。

正如一些学者认为的，会不会存在下列情形：个体偏向基准选项，但环境变化后，这种偏向会反转?[①] 在建模时，合适的做法是删除基准选项，将个体的处理策略视为 EBA，允许基准选项被设定为“不存在”。这等价于忽略某个选项而不是属性。在这个数据集中，23 个个体在所有 16 个选择任务中都选择了基准选项，另外 17 个个体在 15 个选择任务中选择了基准选项。然而，由于 70 个个体从未选择基准选项，因此人们似乎更频繁地规避基准选项而不是两个虚拟选项。

在选择集层面上，如果某个被选中的选项通过了配对比较检验，也就是说，它在至少一个属性上比与它比较的选项好，那么我们可以说它不是劣势选项。换句话说，如果选项 A 的每个属性都和选项 B 一样好或者不如选项 B，那么选项 A 与选项 B 相比是劣势的。尽管在对未通过三向“合理选择”检验的选项施加配对“合理选择”检验时，我们发现在选择集层面上仅有一例为劣势；然而，在考察每个个体的所有选择集之后，我们发现在 6 048 个观察中有 46 个选项是劣势选项。在所有 6 048 个选择情景中，667 个情景含有劣势选项[②]，这意味着 6.9%的含有劣势选项的选择任务导致个体选择劣势选项。表 21.19 列出了劣势选项被选中的 46 个情形（这里的重点在于反应和设计优劣势）。前两列说明哪个选项比被选中的选项好，即哪个选项在所有属性上与被选中的选项一样好或更好，但仍未被选择（例如在 10 个选择观察中，基准选项的所有属性都最优，但未被选择；在 28 个选择观察中，SC 选项 3 最优，但未被选择）。值得注意的是，选项 3 未被选中的频率如此高，这个选项源自实验设计中的选择情景 20（参见附录 21B），此时基准选项在属性上比选项 3 差。一个可能的解释是，个体未充分关注选项 3，从而错过了一个更好的选项。这个解释得到了基础 MNL

① 在环境经济学文献中，学者们的确经常批评通过陈述性偏好（SP）引出偏好的方法（即人们在虚拟环境下的行动是策略性的，他们更有可能选择非基准选项，即使他们在现实市场中不会这么做）。与策略性决策相关的议题是肯定回答（yeah-saying），这在环境经济学文献中很常见。在交通领域，这类问题并不重要；然而，我们仍有必要认识到这类问题。

② 这 667 个选择情景主要来自实验设计中含有劣势选项的三个情景（参见附录 21C 中的选择情景 15、20 和 25）。然而，为了保证虚拟选项属性水平可变，我们施加的各种规则可能导致含有劣势选项的选择情景未出现在实验设计中。

模型（参见表 21.22）结果的支持，其中选项 2 的 ASC 为正且显著。特别地，选项 3 可能被错过，原因在于两个虚拟选项的大部分属性都有收费标签，而基准选项没有。① 那些不喜欢收费的个体可能避开虚拟选项，或者将它们都视为收费道路选项。如果事实如此，那么当不存在劣势选项时，这种现象也可能发生在其他选择情景中，这对数据集的质量有害。研究者应该尽量避免让这种情形发生，方法为对个体做出明确指示以及对访问员进行合适的培训。

**表 21.19　　整个样本中的反应劣势**

| 每个选项都比被选中的选项有优势的观察个数 | | 处于劣势的选择观察的所有 16 个任务的选择行为 | |
|---|---|---|---|
| 基准选项 | 10 | 经常选择基准选项 | 9 |
| SC 选项 2 | 7 | 从不选择基准选项 | 10 |
| SC 选项 3 | 28 | 基准选项和其他选项混合 | 27 |
| 基准选项和 SC 选项 2 | 1 | — | — |
| 总计 | 46 | 总计 | 46 |

为了真正有效率，劣势检查要求未加标签的实验，使得选项之间的唯一比较点为属性。在这个实验中，尽管两个虚拟路线为未加标签的，但基准选项代表个体当前路线，因此其他因素可能影响他们选择基准选项还是两个虚拟选项。对于 9 个劣势观察（参见表 21.19 最后一列），个体在 16 个选择集上总是选择基准选项。这表明他们没有权衡属性，使得含有更好属性的新选项未被选中。相反，对于 10 个劣势观察，个体从不选择基准选项，而只是在两个虚拟选项中权衡。其中的原因可能在于个体根据自己的实际经历拒绝了基准选项，或者，个体做出了不合理选择（Lancsar and Louviere，2006）。余下的观察来自那些至少选择基准选项和虚拟选项各一次的个体。我们无法确切解释他们为何选择劣势选项。个体对基准选项的喜欢与否可能仍然在起作用，只不过他们会在这些选项中做出一定权衡，或者，原因可能在于他们没有充分关注优劣势。

上面对劣势的考察建立在属性都未被忽略的假设基础上。正如个体的特定 APS 会影响选择集中未通过“合理选择”检验的选项数一样，选择任务中劣势的存在也有这样的影响。如果某个选项比另外一个选项差，那么在比较选项时，忽略属性的做法可能保留劣势或者出现选项平局的结果。然而，在所有属性都参与的情形下，当每个选项既有更好的属性又有更差的属性时，一对选项之间的权衡可以退化成一个选项比另外一个选项好的情形。在这种情形下，劣势选项被选中，这能说明一些问题。在选择时或在显示哪些属性被忽略时，个体犯了错误。或者，AP 规则因选择任务不同而不同，尽管在这个研究中，我们在个体完成选择任务之后才收集 AP 规则信息［参见 Puckett et al.（2007）］。这个条件的一个后果是，即使在所有属性都参与的假设下，当设计不含有劣势选项时，若个人使用特定 APS，那么他们认为选择情景可能包含劣势选项；这对设计的效果和（或）效率有影响。未来一个重要的研究领域就是如何设计 SC 实验才能使得它对 APS 的混合很稳健。

### □ 21.9.5　非交易的影响

由于在选择集上个体总是选择相同的选项尤其是基准选项，因此很多学者认为他们不是交易者。学者们提出了一些原因，例如个体对 CE 不感兴趣、避免后悔和惯性等。在表 21.20 的模型 1 中，作为可能的影响因素，我们考察个体层面上的属性水平和特定个体特征，对于在 16 个选择集上总是选择基准选项的 23 个个体，二值因变量取值 1，对于剩下的 355 个个体，二值因变量取值 0。随着出行距离增加，个体总是选择基准选项的概率降低；商务出行目的的结果也是如此（与通勤和非通勤相比较）。我们预期显著的两个属性并不显著，这两个属性为总耗时的可变性（以基准选项最差时间的百分数衡量）和车速缓慢情形下总出行时间

① 实验设计没有包含选项 2 比基准选项好的情景。然而，正如前面注释指出的，各种规则的应用导致了它出现在一些选择情景中。

的占比。

然后，我们使用二项 logit 模型（模型 2），在选择集层面上考察基准选项选择的系统性影响因素。结果表明，收入增加时个体追求行为多样性（即不再总是选择基准选项）、出行距离增加、商务出行、收费道路经验增加和 AP 的使用都会导致个体忽略的属性数增加（这方面的信息通过补充性问题获得）。后面这个证据的原因可能在于个体花费很大精力评估新选项。另外，随着基准选项交通耗时的可变性增加，个体选择基准选项的可能性降低，这和我们预期的一样。然而，车速缓慢情形下的时间占比的符号为正，这与总耗时的可变性的效应的符号相反。仔细考察数据集可知，短途出行相对更拥挤，这增加了个体选择基准选项的概率。

**表 21.20　　个体和设计对基准选项选择的影响**

| | 所有属性都重要 | | | 允许个体忽略属性 |
|---|---|---|---|---|
| | 模型 1 | 模型 2 | 模型 3 | 模型 4 |
| | 被所有任务选中的基准选项 | 被单个任务选中的基准选项 | 有额外影响的基础模型 2 | 有额外影响的基础模型 2 |
| 常数 | −1.488 1 (−1.59) | 1.168 3 (9.34) | — | — |
| 完成一个选择集的时间（秒） | — | 0.009 5 (7.95) | — | — |
| 出行距离（千米） | −0.029 3 (−2.34) | −0.018 5 (−15.9) | −0.010 7 (−8.70) | −0.011 1 (−8.94) |
| 个体收入（千澳元） | 0.010 2 (1.24) | −0.003 4 (−3.21) | −0.004 4 (−4.01) | −0.004 2 (−3.72) |
| 商务出行（与通勤和非通勤相比较） | −1.670 (−2.22) | −0.404 8 (−6.78) | −0.399 9 (−6.47) | −0.399 5 (−6.34) |
| 基准选项耗时可变性占基准选项最差耗时的比例 | −1.601 2 (−1.02) | −0.946 9 (−4.86) | −1.142 2 (−5.58) | −1.001 3 (−4.84) |
| 在车速缓慢情形下总出行耗时的占比 | 0.506 0 (0.46) | 0.358 8 (2.46) | 0.683 5 (4.31) | 0.452 1 (2.92) |
| 对收费道路的近期经验量（0～6） | −0.014 7 (−0.11) | −0.034 2 (−2.03) | −0.046 5 (−2.65) | −0.041 6 (−2.33) |
| 被忽略的属性数 | 0.186 2 (0.94) | −0.074 7 (−2.79) | — | — |
| 基准常数（1，0） | — | — | 1.182 8 (9.61) | 1.129 9 (9.11) |
| SC1 常数（1，0） | — | — | 0.073 0 (1.83) | 0.067 7 (1.69) |
| 道路通畅情形下的交通耗时（分钟） | — | — | −0.085 0 (−26.6) | −0.090 4 (−26.65) |
| 车速缓慢情形下的交通耗时（分钟） | — | — | −0.095 3 (−15.3) | −0.108 1 (−15.6) |
| 出行耗时的可变性（+/−分钟） | — | — | −0.006 7 (−1.14) | −0.010 2 (−1.48) |
| 运行成本（澳元） | — | — | −0.390 6 (−20.7) | −0.448 1 (−20.9) |
| 过路费（澳元） | — | — | −0.544 8 (−27.4) | −0.630 3 (−30.7) |
| BIC | 0.535 7 | 1.302 7 | 1.781 7 | 1.729 6 |
| LL 的收敛值 | −77.50 | −3 930.20 | −5 331.12 | −5 173.80 |
| 样本量 | 378 | 6 048 | 6 048 | 6 048 |

在选择集层面上找到了基准选项被选或不被选的显著影响因素之后，我们扩展二项选择基础模型（模型2），使其纳入所有属性都重要的假设条件下的所有三个选项（模型3）和允许属性不保留的情形（模型4）。额外的特定基准选项特征高度显著，基准常数变得边际显著并且为正，这表明我们考虑了个体不选择基准选项的更多原因。贝叶斯信息准则（BIC）考虑了估计参数的个数，这个准则能判断模型的拟合值和真实值的差距有多小，这个距离以期望值表示（Akaike，1974）。根据模型的BIC值，可以将各个竞争模型排序，并且判断出哪个模型更好；当参数数量变化时，最好使用LL准则（避免过度拟合）。与模型3相比，模型4的BIC值更低，这表明模型4比模型3好。

表21.10的Nlogit命令如下所示。首先，我们估计二项logit模型，其中因变量为在选择任务上，基准选项是否总被选中。每个个体只有一个观察，因此一共只有378个观察。模型1不太显著。变量如下：

RPVARPCT：RP可变性占RP最差出行耗时的比例［（最差观测出行耗时－最好观测出行耗时）/最差观测出行耗时］；RPCONGPC：在车速缓慢情形下总出行耗时的占比；CHTIME：选择任务耗时；BUSINESS：若为商务出行，则取值1；TOLLREXP：对收费道路的近期经验量，0＝无，6＝很多；NUMIG：被忽略的属性数。

```
sample;all$
reject;choice1=-999$
reject;shownum#1$
reject;alt3#1$
logit;lhs=allSQ
;rhs=one,rpVarPct,rpCongPc,TrpLngth,income,business,TollRExp,numIg$
Normal exit:   6 iterations. Status=0. F=     77.50044
-----------------------------------------------------------------------------------------
Binary Logit Model for Binary Choice
Dependent variable                  ALLSQ
Log likelihood function         -77.50044
Restricted log likelihood       -86.67182
Chi squared [    7 d.f.]         18.34277
Significance level                .01052
McFadden Pseudo R-squared        .1058174
Estimation based on N =     378, K =   8
Information Criteria: Normalization=1/N

              Normalized   Unnormalized
AIC              .45238      171.00088
Fin.Smpl.AIC     .45342      171.39112
Bayes IC         .53566      202.48003
Hannan Quinn     .48544      183.49447
Model estimated: Apr 20, 2010, 11:37:55
Hosmer-Lemeshow chi-squared =    5.50370
P-value=   .70263 with deg.fr. =      8
----------+-----------------------------------------------------------------------------
Variable| Coefficient    Standard Error  b/St.Er. P[|Z|>z]   Mean of X
----------+-----------------------------------------------------------------------------
        |Characteristics in numerator of Prob[Y = 1]
Constant|   -1.48841          .93467       -1.592   .1113
RPVARPCT|   -1.60119         1.56593       -1.023   .3065        .35627
RPCONGPC|     .50599         1.10958         .456   .6484        .24711
TRPLNGTH|    -.02932**        .01255       -2.337   .0194      47.2328
  INCOME|     .01021          .00827        1.235   .2168      48.7725
BUSINESS|   -1.69986**        .76525       -2.221   .0263       .33333
TOLLREXP|    -.01474          .13872        -.106   .9154      3.23810
   NUMIG|     .18624          .19859         .938   .3483      1.06878
```

接下来我们估计二项logit模型（模型2），其中因变量为基准选项是否在选择集水平上被选中。实际水平和两个其他选项未进入设定。这规避了非交易者情形。这样，在模型2中，每个选择任务有一个观察：

```
sample;all$
reject;choice1=-999$
reject;alt3#1$
create;if(income<0)income=-888$
create;if(QuotaVeh=2)business=1;(else)business=0$
create;numIg=IgFFTime+IgSlowTm+IgTrpVar+IgRnCost+IgTlCost$
logit;lhs=choice1
      ;rhs=one,rpVarPct,rpCongPc,TrpLngth,income,chTime,business,
TollRExp,numIg$
Normal exit:   5 iterations. Status=0. F=    3930.201
------------------------------------------------------------------------
Binary Logit Model for Binary Choice
Dependent variable               CHOICE1
Log likelihood function      -3930.20098
Restricted log likelihood    -4173.24521
Chi squared [   8 d.f.]        486.08846
Significance level                .00000
McFadden Pseudo R-squared       .0582387
Estimation based on N =   6048, K =    9
Information Criteria: Normalization=1/N
             Normalized   Unnormalized
AIC             1.30265     7878.40197
Fin.Smpl.AIC    1.30265     7878.43178
Bayes IC        1.31263     7938.76931
Hannan Quinn    1.30611     7899.35726
Model estimated: Apr 20, 2010, 11:45:19
Hosmer-Lemeshow chi-squared =  13.49219
P-value=  .09600 with deg.fr. =       8
-----------+--------------------------------------------------------------
Variable| Coefficient    Standard Error  b/St.Er. P[|Z|>z]    Mean of X
-----------+--------------------------------------------------------------
         |Characteristics in numerator of Prob[Y = 1]
Constant|    1.16828***       .12511         9.338   .0000
RPVARPCT|    -.94686***       .19474        -4.862   .0000        .35627
RPCONGPC|     .35880**        .14562         2.464   .0137        .24711
TRPLNGTH|    -.01854***       .00117       -15.899   .0000       47.2328
  INCOME|    -.00338***       .00105        -3.206   .0013       48.7725
  CHTIME|     .00952***       .00120         7.954   .0000       27.5595
BUSINESS|    -.40478***       .05967        -6.783   .0000        .33333
TOLLREXP|    -.03420**        .01682        -2.033   .0420       3.23810
   NUMIG|    -.07470***       .02674        -2.794   .0052       1.06878
```

然后，我们在基础模型中新增变量，这就是模型 3。LL 从－5 428 增加到－5 331。额外维持现状（SQ）属性高度显著，SQ ASC 变得边际显著并且为正，这表明我们考虑了个体不喜欢 SQ 的更多原因。类似的改进也发生在属性不参与的情形，有关报告如下（LL 从－5 265 增加到－5 173）。

```
sample;all$
reject;choice1=-999$
nlogit;lhs=choice1,cset3,Alt3
;choices=Cur1,AltA1,AltB1
;checkdata
;model:
U(Cur1)  = Rp1 + ff*ff +sdt*sdt+ VR*var + RC*RC +TC*TC + rpVarPct*rpVarPct +
           rpCongPc*rpCongPc + TrpLngth*TrpLngth + income*income
           + business*business + TollRExp*TollRExp /
U(AltA1) = SP1 + ff*ff +sdt*sdt+ VR*var + RC*RC +TC*TC/
U(AltB1) =       ff*ff +sdt*sdt+ VR*var + RC*RC +TC*TC$
No bad observations were found in the sample
Normal exit:   6 iterations. Status=0. F=    5331.118
-----------------------------------------------------
```

```
Discrete choice (multinomial logit) model
Dependent variable                 Choice
Log likelihood function      -5331.11780
Estimation based on N =    6048, K =  13
Information Criteria: Normalization=1/N
              Normalized   Unnormalized
AIC              1.76723    10688.23560
Fin.Smpl.AIC     1.76724    10688.29592
Bayes IC         1.78165    10775.43287
Hannan Quinn     1.77224    10718.50435
Model estimated: Apr 20, 2010, 11:54:50
R2=1-LogL/LogL* Log-L fncn R-sqrd R2Adj
Constants only must be computed directly
               Use NLOGIT ;...; RHS=ONE$
Chi-squared[11]           =   2188.40655
Prob [ chi squared > value ] =    .00000
Response data are given as ind. choices
Number of obs.=  6048, skipped    0 obs
-----------+--------------------------------------------------------------
Variable| Coefficient     Standard Error  b/St.Er. P[|Z|>z]
-----------+--------------------------------------------------------------
     RP1|    1.18281***       .12313          9.606   .0000
      FF|    -.08501***       .00320        -26.585   .0000
     SDT|    -.09529***       .00623        -15.297   .0000
      VR|    -.00665          .00582         -1.142   .2536
      RC|    -.39061***       .01891        -20.661   .0000
      TC|    -.53475***       .01951        -27.406   .0000
RPVARPCT|   -1.14221***       .20469         -5.580   .0000
RPCONGPC|     .68348***       .15862          4.309   .0000
TRPLNGTH|    -.01073***       .00123         -8.704   .0000
  INCOME|    -.00443***       .00111         -4.005   .0001
BUSINESS|    -.39997***       .06181         -6.471   .0000
TOLLREXP|    -.04646***       .01750         -2.654   .0079
     SP1|     .07302*         .03992          1.829   .0674
     SP1|     .07302*         .03992          1.829   .0674
```

在最后一个模型（模型 4）中，我们允许个体忽略属性（例如，对于有忽略属性的情形，编码为－888）。

```
nlogit;lhs=choice1,cset3,Alt3
;choices=Cur1,AltA1,AltB1
;checkdata
;model:
U(Cur1)  = Rp1 + ffi*ffi +sdti*sdti+ VRi*vari + RCi*RCi +TCi*TCi
    + rpVarPct*rpVarPct + rpCongPc*rpCongPc + TrpLngth*TrpLngth + inco-
me*income
    + business*business + TollRExp*TollRExp /
U(AltA1) = SP1 + ffi*ffi +sdti*sdti+ VRi*vari + RCi*RCi +TCi*TCi/
U(AltB1) =       ffi*ffi +sdti*sdti+ VRi*vari + RCi*RCi +TCi*TCi$
No bad observations were found in the sample
+-------------------------------------------------------------+
| Data Contain Values -888 indicating attributes that         |
| were ignored by some individuals in making choices          |
| Coefficients listed multiply these attributes:              |
| Coefficient label.  Number of individuals found             |
|     FFI                      944                            |
|     SDTI                    1504                            |
|     VRI                     2240                            |
```

```
|    RCI                              1120                      |
|    TCI                               656                      |
+---------------------------------------------------------------+
Normal exit:   6 iterations. Status=0. F=     5173.796
-----------------------------------------------------
Discrete choice (multinomial logit) model
Dependent variable                  Choice
Log likelihood function        -5173.79563
Estimation based on N =    6048, K =  13
Information Criteria: Normalization=1/N
              Normalized   Unnormalized
AIC              1.71521    10373.59125
Fin.Smpl.AIC     1.71522    10373.65158
Bayes IC         1.72963    10460.78853
Hannan Quinn     1.72021    10403.86000
Model estimated: Apr 20, 2010, 11:58:13
R2=1-LogL/LogL* Log-L fncn R-sqrd R2Adj
Constants only must be computed directly
               Use NLOGIT ;...; RHS=ONE$
Chi-squared[11]            =   2503.05090
Prob [ chi squared > value ] =     .00000
Response data are given as ind. choices
Number of obs.=  6048, skipped    0 obs
----------+-----------------------------------------------------------
Variable| Coefficient    Standard Error  b/St.Er. P[|Z|>z]
----------+-----------------------------------------------------------
     RP1|    1.12992***        .12399        9.113   .0000
     FFI|    -.09039***        .00339      -26.645   .0000
    SDTI|    -.10809***        .00692      -15.623   .0000
     VRI|    -.01017           .00686       -1.481   .1387
     RCI|    -.44807***        .02141      -20.930   .0000
     TCI|    -.63032***        .02054      -30.689   .0000
RPVARPCT|   -1.00122***        .20707       -4.835   .0000
RPCONGPC|     .46208***        .15852        2.915   .0036
TRPLNGTH|    -.01111***        .00124       -8.940   .0000
  INCOME|    -.00419***        .00113       -3.717   .0002
BUSINESS|    -.39950***        .06305       -6.336   .0000
TOLLREXP|    -.04157**         .01788       -2.325   .0201
     SP1|     .06773*          .04018        1.686   .0918
```

### □ 21.9.6 维度处理策略和全面处理策略

另外一种配对检验可以基于 MCD 规则（Russo and Dosher，1983），它和每个选项的优势属性的个数有关。在这种检验下，属性两两比较，此时有更多更好的属性水平的选项胜出。配对检验一直持续下去，直至得到最后胜出者。对于我们的例子（一个基准选项和两个虚拟选项），基准选项有可能首先被淘汰，从而导致唯一的配对检验。

为了检验这个数据集中的 MCD 直觉，我们需要数每个选项的最优属性个数，然后将其纳入所有三个选项的效用函数。一个选项的某个最优属性是指该属性必须比选择集中所有其他选项的该属性严格好。也就是说，不允许出现平局。[①] 表 21.21 列出了最优属性个数分布，我们考虑了所有属性都重要的情形和允许忽略属性的情形，而且每种情形都报告了所有选项和被选中的选项。在这两种情形下，被选中选项的分布都偏向更多的最优属性数，而且伴随更高的均值，这是合理的。然而，这个事实本身不能说明个体使用了 MCD 规则，因为可以预期，伴随更多最优属性数的选项通常也有更高的相对效用。

① 即使允许平局，结果也基本不变。

仔细考察可知，允许个体忽略属性情形下含有0个最优属性的选项的占比比所有属性都重要情形下的高得多。这意味着当至少一个属性更差时个体更有可能忽略某个属性。如果这个证据在其他数据集中也成立，也就是说，如果它不是孤证，那么它有重要的行为意义，因为研究者在估计模型时可能希望删除那些含有0个最优属性的选项。

**表 21.21　　每个选项的最优属性数**

| 最优属性数 | 所有属性都重要 | | | | 允许个体忽略属性 | | | |
|---|---|---|---|---|---|---|---|---|
| | 所有选项 | | 被选中的选项 | | 所有选项 | | 被选中的选项 | |
| | 计数 | 百分数 | 计数 | 百分数 | 计数 | 百分数 | 计数 | 百分数 |
| 0 | 2 758 | 15.20 | 467 | 7.72 | 4 703 | 25.92 | 871 | 14.40 |
| 1 | 8 245 | 45.44 | 2 563 | 42.38 | 8 697 | 47.93 | 2 950 | 48.78 |
| 2 | 5 482 | 30.21 | 2 118 | 35.02 | 3 862 | 21.29 | 1 707 | 28.22 |
| 3 | 1 382 | 7.62 | 709 | 11.72 | 777 | 4.28 | 439 | 7.26 |
| 4 | 277 | 1.53 | 191 | 3.16 | 105 | 0.58 | 81 | 1.34 |
| 5 | 0 | 0.00 | 0 | 0.00 | 0 | 0.00 | 0 | 0.00 |
| 总计 | 18 144 | 100 | 6 048 | 100 | 18 144 | 100 | 6 048 | 100 |
| 均值 | 1.35 | | 1.60 | | 1.06 | | 1.32 | |

模型结果列于表21.22，其中模型1代表基础模型，假设所有属性都重要。模型2扩展了这个基础模型，使得属性水平和最优属性数都影响代表性效用。后者高度显著，符号为正，因此一个选项的最优属性数越多，该选项越有可能被选中，这和我们的预期一样。另外，我们可以看到BIC改进了，这意味着模型拟合度改进了。

模型3仅纳入了最优属性数和ASC，没有纳入属性水平。尽管最优属性数高度显著，但模型拟合得很差，这意味着最优属性数本身不能替代属性水平。

表21.22的Nlogit命令如下：

**表 21.22　　确认维度优势（MCD）的影响**

| | 所有属性都重要 | | | 允许个体忽略属性 | | |
|---|---|---|---|---|---|---|
| | 模型1 | 模型2 | 模型3 | 模型4 | 模型5 | 模型6 |
| | 基础模型 | 基础模型+最优属性数 | 最优属性数 | 基础模型 | 基础模型+最优属性数 | 最优属性数 |
| 基准选项常数（1，0） | 0.006 5<br>(0.13) | −0.041 8<br>(−0.84) | 0.522 8<br>(15.96) | −0.041 7<br>(−0.89) | −0.079 7<br>(−1.67) | 0.514 9<br>(15.6) |
| SC1常数（1，0） | 0.074<br>(1.88) | 0.086 2<br>(2.16) | 0.133 9<br>(3.75) | 0.066 9<br>(1.67) | 0.082 1<br>(2.04) | 0.142 2<br>(3.95) |
| 道路通畅情形下的交通耗时（分钟） | −0.089 9<br>(−28.3) | −0.085 3<br>(−26.0) | | −0.094 9<br>(−28.0) | −0.088 4<br>(−24.9) | — |
| 车速缓慢情形下的交通耗时（分钟） | −0.096 3<br>(−16.1) | −0.082 6<br>(−12.7) | — | −0.114 6<br>(−16.9) | −0.098 3<br>(−13.4) | — |

续前表

| | 所有属性都重要 | | | 允许个体忽略属性 | | |
|---|---|---|---|---|---|---|
| | 模型 1 | 模型 2 | 模型 3 | 模型 4 | 模型 5 | 模型 6 |
| | 基础模型 | 基础模型+最优属性数 | 最优属性数 | 基础模型 | 基础模型+最优属性数 | 最优属性数 |
| 出行耗时的可变性（+/− 分钟） | −0.017 7 (−3.07) | −0.005 3 (−0.85) | — | −0.018 4 (−2.68) | −0.004 1 (−0.56) | — |
| 运行成本（澳元） | −0.414 7 (−22.2) | −0.387 1 (−20.1) | — | −0.473 5 (−22.4) | −0.435 4 (−19.7) | — |
| 过路费（澳元） | −0.531 2 (−27.5) | −0.527 4 (−27.4) | — | −0.627 1 (−31.0) | −0.612 3 (−30.2) | — |
| 选项的最优属性数 | — | 0.104 1 (4.95) | 0.313 6 (19.79) | — | 0.126 9 (5.24) | 0.437 0 (23.9) |
| VTTS（澳元/人·小时）： | | | | | | |
| 道路通畅情形下的交通耗时（基于运行成本参数估计值） | 13.01 | 13.22 | | 12.03 | 12.18 | |
| 道路通畅情形下的交通耗时（基于过路费参数估计值） | 10.15 | 9.70 | | 9.08 | 8.66 | |
| 车速缓慢情形下的交通耗时（基于运行成本参数估计值） | 13.93 | 12.80 | | 14.52 | 13.55 | |
| 车速缓慢情形下的交通耗时（基于过路费参数估计值） | 10.88 | 9.40 | | 10.96 | 9.63 | |
| 加权平均 VTTS： | 12.48 | 12.20 | | 11.85 | 11.58 | |
| 属性被忽略的观察数： | | | | | | |
| 道路通畅情形下的交通耗时 | — | | 944 | | | |
| 车速缓慢情形下的交通耗时 | — | | 1 504 | | | |
| 出行耗时的可变性 | — | | 2 240 | | | |
| 运行成本 | — | | 1 120 | | | |
| 过路费 | — | | 656 | | | |
| 模型拟合： | | | | | | |
| LL 的收敛值 | −5 428.17 | −5 417.55 | −6 224.89 | −5 265.81 | −5 252.05 | −6 123.98 |
| BIC | 1.805 1 | 1.803 1 | 2.062 8 | 1.751 4 | 1.748 3 | 2.029 5 |
| 样本量 | | | 6 048 | | | |

```
sample;all$
reject;choice1=-999$
nlogit  ? Model 1
    ;lhs=choice1,cset3,Alt3
    ;choices=Cur1,AltA1,AltB1
    ;checkdata
    ;model:
    U(Cur1) =  Rp1 + ff*ff +sdt*sdt+ VR*var + RC*RC +TC*TC /
    U(AltA1) = SP1 + ff*ff +sdt*sdt+ VR*var + RC*RC +TC*TC /
    U(AltB1) =       ff*ff +sdt*sdt+ VR*var + RC*RC +TC*TC $
Normal exit:   7 iterations. Status=0. F=    5428.170
Information Criteria: Normalization=1/N
             Normalized  Unnormalized
AIC             1.79734    10870.34036
Fin.Smpl.AIC    1.79735    10870.35890
```

```
Bayes IC          1.80511     10917.29274
Hannan Quinn      1.80004     10886.63892
Model estimated: Oct 05, 2010, 14:45:23
R2=1-LogL/LogL* Log-L fncn R-sqrd R2Adj
Constants only must be computed directly
               Use NLOGIT ;...; RHS=ONE$
Chi-squared[ 5]            =    1994.30179
Prob [ chi squared > value ] =     .00000
Response data are given as ind. choices
Number of obs.=  6048, skipped    0 obs
----------+---------------------------------------------------------
          |                 Standard            Prob.
 CHOICE1| Coefficient         Error        z     z>|Z|
----------+---------------------------------------------------------
     RP1|      .00646          .04836       .13   .8937
      FF|    -.08992***        .00317    -28.34   .0000
     SDT|    -.09629***        .00598    -16.11   .0000
      VR|    -.01774***        .00577     -3.07   .0021
      RC|    -.41466***        .01864    -22.25   .0000
      TC|    -.53116***        .01928    -27.54   .0000
     SP1|      .07491*         .03979      1.88   .0597
----------+---------------------------------------------------------
Note: ***, **, * ==>  Significance at 1%, 5%, 10% level.
--------------------------------------------------------------------
```

**nlogit ? Model 2**

```
    ;lhs=choice1,cset3,Alt3
    ;choices=Cur1,AltA1,AltB1
    ;checkdata
    ;model:
    U(Cur1)  = Rp1 + ff*ff +sdt*sdt+ VR*var + RC*RC +TC*TC +bet*bet/
    U(AltA1) = SP1 + ff*ff +sdt*sdt+ VR*var + RC*RC +TC*TC +bet*bet/
    U(AltB1) =       ff*ff +sdt*sdt+ VR*var + RC*RC +TC*TC +bet*bet$
Normal exit:   6 iterations. Status=0, F=     5417.552
-----------------------------------------------------------------
Discrete choice (multinomial logit) model
Dependent variable                Choice
Log likelihood function      -5417.55217
Estimation based on N =    6048, K =    8
Inf.Cr.AIC  =  10851.1 AIC/N =     1.794
R2=1-LogL/LogL* Log-L fncn R-sqrd R2Adj
Constants only must be computed directly
               Use NLOGIT ;...;RHS=ONE$
Chi-squared[ 6]            =    2015.53780
Prob [ chi squared > value ] =     .00000
Response data are given as ind. choices
Number of obs.=  6048, skipped    0 obs
----------+----------------------------------------------------------------------------
          |                 Standard            Prob.        95% Confidence
 CHOICE1|  Coefficient        Error        z    |z|>Z*          Interval
----------+----------------------------------------------------------------------------
     RP1|    -.04176          .04957      -.84   .3995      -.13891     .05539
      FF|    -.08531***       .00328    -25.99   .0000      -.09174    -.07888
     SDT|    -.08263***       .00649    -12.72   .0000      -.09536    -.06990
      VR|    -.00533          .00627      -.85   .3956      -.01761     .00696
      RC|    -.38709***       .01930    -20.06   .0000      -.42492    -.34927
      TC|    -.52735***       .01922    -27.43   .0000      -.56503    -.48968
     BET|     .10405***       .02103      4.95   .0000       .06284     .14526
     SP1|     .08621**        .03988      2.16   .0306       .00805     .16438
----------+----------------------------------------------------------------------------
```

```
***, **, * ==>  Significance at 1%, 5%, 10% level.
Model was estimated on Jul 18, 2013 at 04:24:12 PM
nlogit  ? Model 3
    ;lhs=choice1,cset3,Alt3
    ;choices=Cur1,AltA1,AltB1
    ;checkdata
    ;model:
    U(Cur1)  = Rp1 + bet*bet/
    U(AltA1) = SP1 + bet*bet/
    U(AltB1) =       bet*bet$
Normal exit:   4 iterations. Status=0, F=    6224.889
-----------------------------------------------------------------------
Discrete choice (multinomial logit) model
Dependent variable                 Choice
Log likelihood function     -6224.88913
Estimation based on N =    6048, K =   3
Inf.Cr.AIC  =  12455.8 AIC/N =    2.059
R2=1-LogL/LogL* Log-L fncn R-sqrd R2Adj
Constants only must be computed directly
               Use NLOGIT ;...;RHS=ONE$
Chi-squared[ 1]            =    400.86389
Prob [ chi squared > value ] =    .00000
Response data are given as ind. choices
Number of obs.=  6048, skipped    0 obs
-----------+------------------------------------------------------------------
           |            Standard            Prob.        95% Confidence
  CHOICE1|  Coefficient       Error       z    |z|>Z*         Interval
-----------+------------------------------------------------------------------
     RP1|     .52280***       .03276    15.96  .0000      .45859    .58702
     BET|     .31355***       .01585    19.79  .0000      .28249    .34461
     SP1|     .13390***       .03567     3.75  .0002      .06399    .20380
-----------+------------------------------------------------------------------
***, **, * ==>  Significance at 1%, 5%, 10% level.
Model was estimated on Jul 18, 2013 at 04:27:17 PM
------------------------------------------------------------------------------
nlogit ? Model 4
    ;lhs=choice1,cset3,Alt3
    ;choices=Cur1,AltA1,AltB1
    ;model:
    U(Cur1) =  Rp1 + ff*ffi +sdt*sdti+ VR*vari + RC*RCi +TC*TCi /
    U(AltA1) = SP1 + ff*ffi +sdt*sdti+ VR*vari + RC*RCi +TC*TCi /
    U(AltB1) =       ff*ffi +sdt*sdti+ VR*vari + RC*RCi +TC*TCi $
+------------------------------------------------------------+
| Data Contain Values -888 indicating attributes that        |
| were ignored by some individuals in making choices         |
| Coefficients listed multiply these attributes:             |
| Coefficient label.  Number of individuals found            |
|     FF                       944                           |
|     SDT                     1504                           |
|     VR                      2240                           |
|     RC                      1120                           |
|     TC                       656                           |
+------------------------------------------------------------+
Normal exit:   6 iterations. Status=0. F=    5265.808
-----------------------------------------------------------
Discrete choice (multinomial logit) model
Dependent variable                 Choice
Log likelihood function     -5265.80769
```

```
Estimation based on N =    6048, K =    7
Information Criteria: Normalization=1/N
              Normalized   Unnormalized
AIC              1.74365    10545.61539
Fin.Smpl.AIC     1.74366    10545.63393
Bayes IC         1.75142    10592.56777
Hannan Quinn     1.74635    10561.91395
Model estimated: Oct 05, 2010, 14:57:53
R2=1-LogL/LogL* Log-L fncn R-sqrd R2Adj
Constants only must be computed directly
               Use NLOGIT ;...; RHS=ONE$
Chi-squared[ 5]          =    2319.02676
Prob [ chi squared > value ] =    .00000
Response data are given as ind. choices
Number of obs.=  6048, skipped    0 obs
-----------+--------------------------------------------------------
           |                Standard             Prob.
 CHOICE1| Coefficient         Error        z    z>|Z|
-----------+--------------------------------------------------------
      RP1|     -.04170         .04674      -.89   .3723
       FF|     -.09488***      .00338    -28.05   .0000
      SDT|     -.11458***      .00680    -16.85   .0000
       VR|     -.01841***      .00687     -2.68   .0074
       RC|     -.47348***      .02112    -22.42   .0000
       TC|     -.62708***      .02023    -30.99   .0000
      SP1|      .06694*        .04008      1.67   .0949
-----------+--------------------------------------------------------
Note: ***, **, * ==>  Significance at 1%, 5%, 10% level.
--------------------------------------------------------------------
```

**Nlogit ? Model 5**

```
    ;lhs=choice1,cset3,Alt3
    ;choices=Cur1,AltA1,AltB1
    ;checkdata
    ;model:
    U(Cur1)  = Rp1 + ffi*ffi +sdti*sdti+ VRi*vari + RCi*RCi +TCi*TCi
+betc*betc/
    U(AltA1) = SP1 + ffi*ffi +sdti*sdti+ VRi*vari + RCi*RCi +TCi*TCi
+betc*betc/
    U(AltB1) =       ffi*ffi +sdti*sdti+ VRi*vari + RCi*RCi +TCi*TCi
+betc*betc$
| Data Contain Values -888 indicating attributes that   |
| were ignored by some individuals in making choices    |
| Coefficients listed multiply these attributes:        |
| Coefficient label.  Number of individuals found        |
|     FFI                      944                      |
|     SDTI                    1504                      |
|     VRI                     2240                      |
|     RCI                     1120                      |
|     TCI                      656                      |
+-------------------------------------------------------+
Normal exit:   6 iterations. Status=0, F=     5252.050
--------------------------------------------------------------------
Discrete choice (multinomial logit) model
Dependent variable                Choice
Log likelihood function     -5252.04953
```

```
Estimation based on N =    6048, K =   8
Inf.Cr.AIC  =  10520.1 AIC/N =    1.739
R2=1-LogL/LogL* Log-L fncn R-sqrd R2Adj
Constants only must be computed directly
               Use NLOGIT ;...;RHS=ONE$
Chi-squared[ 6]              =   2346.54309
Prob [ chi squared > value ] =     .00000
Response data are given as ind. choices
Number of obs.=  6048, skipped    0 obs
-----------+------------------------------------------------------------------------
           |                  Standard            Prob.       95% Confidence
   CHOICE1|  Coefficient        Error        z    |z|>Z*          Interval
-----------+------------------------------------------------------------------------
       RP1|    -.07965*         .04765     -1.67  .0946     -.17305     .01375
       FFI|    -.08840***       .00356    -24.87  .0000     -.09536    -.08143
      SDTI|    -.09825***       .00735    -13.37  .0000     -.11266    -.08384
       VRI|    -.00411          .00734      -.56  .5753     -.01850     .01028
       RCI|    -.43540***       .02205    -19.75  .0000     -.47862    -.39219
       TCI|    -.61227***       .02029    -30.18  .0000     -.65203    -.57251
      BETC|     .12694***       .02421      5.24  .0000      .07949     .17440
       SP1|     .08213**        .04020      2.04  .0410      .00334     .16092
-----------+------------------------------------------------------------------------
***, **, * ==>  Significance at 1%, 5%, 10% level.
Model was estimated on Jul 18, 2013 at 04:33:26 PM
------------------------------------------------------------------------------------
```

**Nlogit ? Model 6**

```
    ;lhs=choice1,cset3,Alt3
    ;choices=Cur1,AltA1,AltB1
    ;checkdata
    ;model:
    U(Cur1)  = Rp1 + betc*betc/
    U(AltA1) = SP1 + betc*betc/
    U(AltB1) =       betc*betc$
Normal exit:   4 iterations. Status=0, F=    6123.984
-----------------------------------------------------------------------
Discrete choice (multinomial logit) model
Dependent variable               Choice
Log likelihood function     -6123.98369
Estimation based on N =    6048, K =   3
Inf.Cr.AIC  =  12254.0 AIC/N =    2.026
R2=1-LogL/LogL* Log-L fncn R-sqrd R2Adj
Constants only must be computed directly
               Use NLOGIT ;...;RHS=ONE$
Chi-squared[ 1]              =    602.67477
Prob [ chi squared > value ] =     .00000
Response data are given as ind. choices
Number of obs.=  6048, skipped    0 obs
-----------+------------------------------------------------------------------------
           |                  Standard            Prob.       95% Confidence
   CHOICE1|  Coefficient        Error        z    |z|>Z*          Interval
-----------+------------------------------------------------------------------------
       RP1|     .51486***       .03298     15.61  .0000      .45021     .57950
      BETC|     .43697***       .01827     23.91  .0000      .40116     .47279
       SP1|     .14215***       .03598      3.95  .0001      .07162     .21268
-----------+------------------------------------------------------------------------
***, **, * ==>  Significance at 1%, 5%, 10% level.
Model was estimated on Jul 18, 2013 at 04:44:33 PM
------------------------------------------------------------------------------------
```

模型4到模型6允许个体忽略属性，对这些模型我们施加了前述检验。任何被忽略的属性都不计入最优属性数中。表21.22中的模型4作为允许个体忽略属性的基础模型，它的拟合度比假设所有属性都重要的模型的拟合度好。模型5纳入了两个直觉，模型6纳入了最优属性数，但不明确考虑每个属性。与模型4相比，模型5的BIC改进了（模型4的BIC为1.751 4，模型5的为1.748 3），最优属性数参数在统计上显著，且具有我们预期的符号。

我们在表21.22中报告了加权平均VTTS（其中权重为每个属性的水平，这里有4个属性，即道路通畅情形下的交通耗时、车速缓慢情形下的交通耗时、运行成本和过路费）。加权平均总耗时的估计值在所有属性都重要的情形和允许个体忽略属性的情形之间差异很大，但在纳入最优属性数的模型之间差异不大。我们使用bootstrapping方法，从有关参数的正态分布中随机抽取1 000次，产生置信区间，其中矩设定在系数点估计和标准误处（Krinsky and Robb，1986和第8章）；正如我们预期的，我们发现，模型1和模型2不存在显著差异（模型4和模型5也不存在显著差异）；然而，在95%的置信水平上，所有属性都重要的情形和允许个体忽略属性的情形的差异显著。

**表21.23　识别MCD的作用：潜类别模型**

| | 所有属性都重要 | 允许个体忽略属性 |
|---|---|---|
| 类别1 | | |
| 基准选项常数（1，0） | −0.420 7（−0.67） | −0.067 6（−1.06） |
| SC1常数（1，0） | 0.067 4（1.27） | 0.085 2（1.51） |
| 道路通畅情形下的交通耗时（分钟） | −0.123 4（−16.52） | −0.144 8（−16.6） |
| 车速缓慢情形下的交通耗时（分钟） | −0.119 2（−11.37） | −0.167 6（−12.1） |
| 出行耗时的可变性（+/− 分钟） | −0.014 5（−1.83） | −0.011 6（−1.18） |
| 运行成本（澳元） | −0.546 7（−15.04） | −0.698 0（−14.9） |
| 过路费（澳元） | −0.715 9（−12.92） | −0.903 8（−18.0） |
| 类别2 | | |
| 选项的最优属性数 | 0.285 6（2.76） | 0.266 5（3.06） |
| 类别身份概率： | | |
| 类别1 | 0.846 5（6.25） | 0.820 6（9.58） |
| 类别2 | 0.153 5（6.35） | 0.179 4（8.17） |
| VTTS（澳元/人·小时）： | | |
| 道路通畅情形下的交道耗时（基于运行成本参数估计值） | 13.54 | 12.45 |
| 道路通畅情形下的交道耗时（基于过路费参数估计值） | 10.34 | 9.61 |
| 车速缓慢情形下的交通耗时（基于运行成本参数估计值） | 13.08 | 14.41 |
| 车速缓慢情形下的交通耗时（基于过路费参数估计值） | 9.99 | 11.13 |
| 加权平均VTTS： | 12.60 | 12.17 |
| 属性被忽略的观察数： | | |
| 道路通畅情形下的交通耗时（分钟） | — | 944 |
| 车速缓慢情形下的交通耗时（分钟） | — | 1 504 |
| 出行耗时的可变性（+/− 分钟） | — | 2 240 |
| 运行成本（澳元） | — | 1 120 |

续前表

| | 所有属性都重要 | 允许个体忽略属性 |
|---|---|---|
| 过路费（澳元） | — | 656 |
| | 模型拟合度： | |
| BIC | 1.779 5 | 1.728 7 |
| LL 的收敛值 | −5 402.47 | −5 218.52 |
| 样本量 | 6 048 | |

在 BIC 上，模型 2 相比于模型 1（模型 5 相比于模型 4）有改进，但改进的程度不大；尽管如此，它的潜在形式说明，所有个体同时考虑和权衡典型补偿方式中的两个属性水平（在所有属性都重要的情形和允许个体忽略一些属性的情形下都如此）和每个属性的最优属性数。更可能的是，个体要么仅使用 MCD 直觉，要么完全不使用。那么，事实到底是不是这样？我们使用两个 LCM 进行估计（见表 21.23）。① 我们定义了两个类别，每个类别的效用函数分别代表两个直觉中的一个。② 第一类含有属性水平和 ASC，它可以作为基础模型；第二类仅含有最优属性数。模型拟合度持续改进：在所有属性都重要的情形下，基础模型的 BIC 为 1.805 1，含有属性水平和最优属性数的单类别模型的 BIC 为 1.803 1，LCM 的 BIC 为 1.779 5；在允许个体忽略一些属性的情形下，基础模型的 BIC 为 1.751 4，含有属性水平和最优属性数的单类别模型的 BIC 为 1.748 3，LCM 的 BIC 为 1.728 7。再一次地，最优属性数参数显著，而且具有预期的符号。

表 21.23 的命令如下：

```
nlogit  ?Full Relevance
    ;lhs=choice1,cset3,Alt3
    ;choices=Cur1,AltA1,AltB1
    ;checkdata
    ;lcm
    ;pts=2
    ;model:
    U(Cur1)  = Rp1 + ff*ff +sdt*sdt+ VR*var + RC*RC +TC*TC +bestt*bestt/
    U(AltA1) = SP1 + ff*ff +sdt*sdt+ VR*var + RC*RC +TC*TC +bestt*bestt/
    U(AltB1) =       ff*ff +sdt*sdt+ VR*var + RC*RC +TC*TC +bestt*bestt
    ;rst=
    b1,b2,b3,b4,b5,b6,0,sp1,           ? best #
    0,0,0,0,0,0,b7,0$                  ? all attributes
Normal exit:   6 iterations. Status=0, F=     5429.803
------------------------------------------------------------------------
Discrete choice (multinomial logit) model
Dependent variable                Choice
Log likelihood function     -5429.80334
Estimation based on N =   6048, K =   7
Inf.Cr.AIC  =  10873.6 AIC/N =    1.798
R2=1-LogL/LogL* Log-L fncn R-sqrd R2Adj
Constants only must be computed directly
               Use NLOGIT ;...;RHS=ONE$
Chi-squared[ 6]            =  1991.03546
Prob [ chi squared > value ] =    .00000
Response data are given as ind. choices
Number of obs.=  6048, skipped    0 obs
```

① 使用 LCM 识别个体使用 AP 直觉的其他例子可以参见 Hensher 和 Greene（2010）。

② 我们还考察了一个三类别模型，在这个模型中，第三个类别用所有属性加最优属性数定义。模型的整体拟合度没有改进，而且很多属性不显著。我们也估计了另外一个三类别模型，在这个模型中，我们估计了出现在多个类别中的属性的参数，但很多参数不显著。然后，我们使用含有随机参数的模型，但它与表 21.23 中的两类别模型相比没有改进。

```
-----------+----------------------------------------------------------------------------
           |                  Standard            Prob.       95% Confidence
   CHOICE1|  Coefficient        Error       z    |z|>Z*          Interval
-----------+----------------------------------------------------------------------------
    RP1|1|      .00638         .04836       .13  .8950     -.08840    .10117
     FF|1|    -.08988***       .00318    -28.30  .0000     -.09610   -.08365
    SDT|1|    -.09630***       .00598    -16.11  .0000     -.10802   -.08459
     VR|1|    -.01772***       .00578     -3.07  .0022     -.02904   -.00640
     RC|1|    -.41449***       .01865    -22.22  .0000     -.45105   -.37793
     TC|1|    -.53108***       .01929    -27.54  .0000     -.56888   -.49328
  BESTT|1|       0.0      .....(Fixed Parameter).....
    SP1|1|     .07487*         .03979      1.88  .0598     -.00310    .15285
-----------+----------------------------------------------------------------------------
***, **, * ==>  Significance at 1%, 5%, 10% level.
Fixed parameter ... is constrained to equal the value or
had a nonpositive st.error because of an earlier problem.
Model was estimated on Jul 18, 2013 at 04:29:07 PM
----------------------------------------------------------------------------------------
Line search at iteration   21 does not improve fn. Exiting optimization.
----------------------------------------------------------------------------------------
Latent Class Logit Model
Dependent variable               CHOICE1
Log likelihood function      -5402.47428
Restricted log likelihood    -6644.40712
Chi squared [   9](P= .000)   2483.86568
Significance level                .00000
McFadden Pseudo R-squared       .1869140
Estimation based on N =    6048, K =   9
Inf.Cr.AIC  =  10822.9 AIC/N =     1.790
Constants only must be computed directly
               Use NLOGIT ;...;RHS=ONE$
At start values -5771.1842  .0639******
Response data are given as ind. choices
Number of latent classes =             2
Average Class Probabilities
     .847  .153
Number of obs.=  6048, skipped    0 obs
-----------+----------------------------------------------------------------------------
           |                  Standard            Prob.       95% Confidence
   CHOICE1|  Coefficient        Error       z    |z|>Z*          Interval
-----------+----------------------------------------------------------------------------
           |Random B_BESTT parameters in latent class -->>  1
    RP1|1|    -.04207          .06273      -.67  .5024     -.16503    .08088
     FF|1|    -.12341***       .00747    -16.52  .0000     -.13805   -.10877
    SDT|1|    -.11920***       .01048    -11.37  .0000     -.13974   -.09866
     VR|1|    -.01447*         .00789     -1.83  .0666     -.02993    .00099
     RC|1|    -.54671***       .03635    -15.04  .0000     -.61796   -.47546
     TC|1|    -.71594***       .04232    -16.92  .0000     -.79890   -.63299
  BESTT|1|       0.0      .....(Fixed Parameter).....
    SP1|1|     .06742          .05296      1.27  .2030     -.03639    .17123
           |Random B_BESTT parameters in latent class -->>  2
    RP1|2|       0.0      .....(Fixed Parameter).....
     FF|2|       0.0      .....(Fixed Parameter).....
    SDT|2|       0.0      .....(Fixed Parameter).....
     VR|2|       0.0      .....(Fixed Parameter).....
     RC|2|       0.0      .....(Fixed Parameter).....
     TC|2|       0.0      .....(Fixed Parameter).....
  BESTT|2|     .28569***       .10366      2.76  .0058      .08253    .48885
```

```
   SP1|2|       0.0    .....(Fixed Parameter).....
          |Estimated latent class probabilities
 PrbCls1|     .84650***      .02416    35.03  .0000       .79914    .89386
 PrbCls2|     .15350***      .02416     6.35  .0000       .10614    .20086
-----------+------------------------------------------------------------------
***, **, * ==>  Significance at 1%, 5%, 10% level.
Fixed parameter ... is constrained to equal the value or
had a nonpositive st.error because of an earlier problem.
Model was estimated on Jul 18, 2013 at 04:29:23 PM
```

**Nlogit ? Allowing for Attributes Being Ignored**

```
    ;lhs=choice1,cset3,Alt3
    ;choices=Cur1,AltA1,AltB1
    ;checkdata
    ;lcm
    ;pts=2
    ;model:
    U(Cur1)  = Rp1 + ffi*ffi +sdti*sdti+ VRi*vari + RCi*RCi +TCi*TCi
+besttc*besttc/
    U(AltA1) = SP1 + ffi*ffi +sdti*sdti+ VRi*vari + RCi*RCi +TCi*TCi
+besttc*besttc/
    U(AltB1) =       ffi*ffi +sdti*sdti+ VRi*vari + RCi*RCi +TCi*TCi
+besttc*besttc
    ;rst=
    b1,b2,b3,b4,b5,b6,0,sp1,          ? best #
    0,0,0,0,0,0,b7,0$                 ? all attributes
+-------------------------------------------------------------+
| Data Contain Values -888 indicating attributes that          |
| were ignored by some individuals in making choices          |
| Coefficients listed multiply these attributes:              |
| Coefficient label.  Number of individuals found             |
|     FFI    |1                  944                          |
|     SDTI   |1                 1504                          |
|     VRI    |1                 2240                          |
|     RCI    |1                 1120                          |
|     TCI    |1                  656                          |
+-------------------------------------------------------------+
Normal exit:   6 iterations. Status=0, F=    5265.808
------------------------------------------------------------------
Discrete choice (multinomial logit) model
Dependent variable               Choice
Log likelihood function     -5265.80769
Estimation based on N =   6048, K =   7
Inf.Cr.AIC  =  10545.6 AIC/N =    1.744
R2=1-LogL/LogL* Log-L fncn R-sqrd R2Adj
Constants only must be computed directly
              Use NLOGIT ;...;RHS=ONE$
Chi-squared[ 6]            =   2319.02676
Prob [ chi squared > value ] =    .00000
Response data are given as ind. choices
Number of obs.=  6048, skipped    0 obs
-----------+------------------------------------------------------------------
           |                  Standard            Prob.      95% Confidence
  CHOICE1|   Coefficient       Error        z    |z|>Z*         Interval
-----------+------------------------------------------------------------------
    RP1|1|    -.04170         .04674      -.89  .3723     -.13331    .04990
    FFI|1|    -.09488***      .00338    -28.05  .0000     -.10151   -.08825
   SDTI|1|    -.11458***      .00680    -16.85  .0000     -.12791   -.10126
    VRI|1|    -.01841***      .00687     -2.68  .0074     -.03188   -.00494
```

```
    RCI|1|    -.47348***      .02112   -22.42  .0000     -.51488   -.43208
    TCI|1|    -.62708***      .02023   -30.99  .0000     -.66674   -.58742
 BESTTC|1|        0.0     .....(Fixed Parameter).....
    SP1|1|     .06694*        .04008     1.67  .0949     -.01161    .14549
----------+--------------------------------------------------------------------
***, **, * ==>  Significance at 1%, 5%, 10% level.
Fixed parameter ... is constrained to equal the value or
had a nonpositive st.error because of an earlier problem.
Model was estimated on Jul 18, 2013 at 04:35:50 PM
-------------------------------------------------------------------------------
Line search at iteration   20 does not improve fn. Exiting optimization.
-------------------------------------------------------------------------------
Latent Class Logit Model
Dependent variable               CHOICE1
Log likelihood function      -5218.51914
Restricted log likelihood    -6644.40712
Chi squared [  9](P= .000)    2851.77597
Significance level                .00000
McFadden Pseudo R-squared       .2145997
Estimation based on N =   6048, K =    9
Inf.Cr.AIC  =  10455.0 AIC/N =    1.729
Constants only must be computed directly
               Use NLOGIT ;...;RHS=ONE$
At start values -5652.9201  .0768******
Response data are given as ind. choices
Number of latent classes =             2
Average Class Probabilities
      .821  .179
Number of obs.=  6048, skipped    0 obs
----------+--------------------------------------------------------------------
          |                  Standard            Prob.      95% Confidence
   CHOICE1|  Coefficient       Error       z    |z|>Z*         Interval
----------+--------------------------------------------------------------------
          |Random B_BESTT parameters in latent class -->>  1
    RP1|1|    -.06761         .06370    -1.06  .2885     -.19245    .05724
    FFI|1|    -.14483***      .00873   -16.59  .0000     -.16194   -.12773
   SDTI|1|    -.16764***      .01387   -12.09  .0000     -.19483   -.14046
    VRI|1|    -.01157         .00979    -1.18  .2370     -.03076    .00761
    RCI|1|    -.69801***      .04691   -14.88  .0000     -.78995   -.60607
    TCI|1|    -.90377***      .05018   -18.01  .0000    -1.00212   -.80541
 BESTTC|1|        0.0     .....(Fixed Parameter).....
    SP1|1|     .08521         .05658     1.51  .1321     -.02569    .19612
          |Random B_BESTT parameters in latent class -->>  2
    RP1|2|        0.0     .....(Fixed Parameter).....
    FFI|2|        0.0     .....(Fixed Parameter).....
   SDTI|2|        0.0     .....(Fixed Parameter).....
    VRI|2|        0.0     .....(Fixed Parameter).....
    RCI|2|        0.0     .....(Fixed Parameter).....
    TCI|2|        0.0     .....(Fixed Parameter).....
 BESTTC|2|     .26653***      .08700     3.06  .0022      .09602    .43704
    SP1|2|        0.0     .....(Fixed Parameter).....
          |Estimated latent class probabilities
  PrbCls1|     .82061***      .02197    37.36  .0000      .77755    .86366
  PrbCls2|     .17939***      .02197     8.17  .0000      .13634    .22245
----------+--------------------------------------------------------------------
***, **, * ==>  Significance at 1%, 5%, 10% level.
Fixed parameter ... is constrained to equal the value or
had a nonpositive st.error because of an earlier problem.
Model was estimated on Jul 18, 2013 at 04:36:06 PM
```

这些结果表明一些个体使用了 MCD 直觉。在这个直觉下，权衡（交易）未发生在绝对属性水平。在确定最优选项时，真正重要的是哪个选项在每个属性上有最优水平，而最优属性数仅起补充作用。从整体上看，在这两个模型中，每个类别的类别身份平均概率为：对于连续属性的处理超过了 80%；对于有确定影响的属性数介于 15%～18%。

这些结果的含义在于，模型的应用必须能够在 85%的概率上识别属性之间的交易（对于允许个体忽略属性的情形，这个概率为 82%），在 15%（或 18%）的概率上识别最优属性数的影响。这个重要的发现指出，在考虑选项的受偏好的属性数情形下，每个属性的边际负效用贡献较小。当我们把表 21.22 中的模型 2（模型 5）和表 21.23 中的 LCM 进行比较时，可以发现 VTTS 的平均估计值为：12.20 对于所有属性都重要的情形为 12.20 澳元，对于允许个体忽略一些属性的情形为 12.60 澳元。当我们不考虑最优属性数时，潜类别模型平均估计值更接近于表 21.22 中的平均估计值，即模型 1 的 12.48 澳元和模型 4 的 11.85 澳元。如果与表 21.22 中的基础模型比较，我们发现是否考虑 MCD 规则对 VTTS 估计值没有显著影响；然而，在允许个体忽略一些属性时，差异显著。这个发现支持 Hensher（2010）发现的证据：允许个体忽略一定属性对 VTTS 的平均估计值有显著影响。

### □ 21.9.7 相对属性水平的影响

另外一个检验考察基准选项的属性水平和其他选项的每个属性水平之间的关系，简记为 Ref-SC1，Ref-SC2。与其他选项相比，基准选项的属性水平可能更好、相同或更差，这用一系列特定属性虚拟变量定义，例如若基准 FFT 与 SC1 FFT 之差为负，基准选项的道路通畅情形下的交通耗时（FFT）更好（赋值 1）；否则，赋值 0。选择反应变量指被选中的选项。我们设定了一个简单的 logit 模型，在这个模型中我们纳入了所有五个设计属性的更好和更差属性形式（这里没有纳入“更差”的过路费，原因在于缺少观察）。模型结果列于表 21.24。参数估计值的解释比较棘手。当属性指基准选项的更好水平（基准选项的这个属性的水平与其他选项的该属性水平之差为负）时，正的参数估计值表明，当差异向零收敛时，基准选项的吸引力下降，个体选择非基准选项（SC1 或 SC2）的概率增加。参数估计值为正的情形“更好”，但出行耗时的可变性除外，这个变量的行为反应和其他变量相反，这似乎违背直觉（尽管在边际上显著）。相反的行为反应出现在基准选项更差时；所有参数估计值都为正，表明当基准选项变得缺少吸引力时，个体选择 SC1 或 SC2 的概率增加。

**表 21.24　　基准对选择反应的影响**

| 以基准选项与 SC1 或 SC2 之差定义的选项 | 数据占比 | 参数估计值 |
|---|---|---|
| 道路通畅情形下的交通耗时更好 | 37.7 | 0.091 5（12.1） |
| 道路通畅情形下的交通耗时更差 | 62.3 | 0.064 7（7.45） |
| 车速缓慢情形下的交通耗时更好 | 47.8 | 0.086 0（5.25） |
| 车速缓慢情形下的交通耗时更差 | 52.2 | 0.077 0（10.9） |
| 耗时的可变性更好 | 40.5 | −0.034 7（−1.89） |
| 耗时的可变性更差 | 59.5 | 0.021 5（1.84） |
| 运行成本更好 | 38.8 | 0.309 0（4.72） |
| 运行成本更差 | 61.2 | 0.499 6（9.69） |
| 过路费更好 | 100 | 0.633 6（30.4） |
| 过路费更差 | 0 | — |
| SC 选项 2 虚拟变量（1，2） | — | 0.118 6（2.96） |
| LL 的收敛值 | | −3 118.56 |

表 21.24 的命令如下：

```
sample;all$
reject;choice2=-999$
reject;alt3=1$
nlogit
    ;lhs=choice2,cset2,Alt2a
    ;choices=AltA1,AltB1
    ;checkdata
    ;model:
    U(AltA1) = SP2 + brefffb*refffb+brefsdtb*refsdtb+
    brefvarb*refvarb+brefrcb*refrcb +breftcb*reftcb
    + brefffw*refffw+brefsdtw*refsdtw+
    brefvarw*refvarw+brefrcw*refrcw/?+breftcw*reftcw/
    U(AltB1) =       brefffb*refffb+brefsdtw*refsdtb+
    brefvarb*refvarb+brefrcb*refrcb +breftcb*reftcb
    +brefffw*refffw+brefsdtw*refsdtw+
    brefvarw*refvarw+brefrcw*refrcw$+breftcw*reftcw$
```

### □ 21.9.8 对作为价值学习的基准选项的修改

DeShazo（2002）提出了基准点修改（reference point revision）思想：个体的偏好可能是良好构建的，但当他们选择非维持现状选项时，他们的价值函数移动了［也可参见 McNair et al.（2010）］。移动的原因在，选择非维持现状选项被视为概率意义上的交易，这导致了基准点修改；在前景理论中，非对称价值函数的中心在基准点上（Kahneman and Tversky，1979）。基准点修改和价值学习存在重要区别，价值学习的含义包括潜在偏好的改变，而基准点修改则指偏好稳定，但通过一系列学习将最受偏好选项被选中的可能性最大化。基准点修改是价值学习的特殊情形。我们重点考察价值学习。

在估计的模型中，对于从前面的选择集找到被选中的选项，我们创造一个虚拟变量，无论它是初始基准选项还是非维持现状选项（即选项 2 或选项 3），只要它在前面的选择集中被选择，就赋值 1。然后，我们将修改后的基准虚拟变量纳入效用函数，作为一种考察价值学习的方式。我们发现（参见表 21.25），这个变量的平均估计值为 0.935 8（$t$ 值为 15.73），这表明当基准选项被修改后，在第二个选择情景中它增加了新“基准”选项的效用。这个重要的发现支持 DeShazo（2002）的假说，而且它认识到了相邻选择情景的相互依赖性，这一点应该被明确考虑而不能仅通过相关误差方差描述，因为后者描述了选项层面上的很多未观测效应。

**表 21.25　识别价值学习的作用**

| | 所有属性都重要 |
|---|---|
| 基准点修改（1，0）（可以是三个选项中的任一个） | 0.935 8（15.73） |
| 道路通畅情形下的交通耗时（分钟） | −0.010 33（−52.3） |
| 车速缓慢情形下的交通耗时（分钟） | −0.097 2（−17.4） |
| 出行耗时的可变性（+/−分钟） | 0.017 8（−2.96） |
| 运行成本（澳元） | −0.481 0（−43.2） |
| 过路费（澳元） | −0.616 3（−43.2） |
| BIC | 1.763 7 |
| LL 的收敛值 | −5 027.00 |
| 样本量 | 5 730 |

注：选择集 1 被移除。

表 21.25 的命令如下：

```
sample;all$
reject;choice1=-999$
reject;shownum=1$
nlogit
    ;lhs=choice1,cset3,Alt3
    ;choices=Cur1,AltA1,AltB1
    ;checkdata
    ;model:
    U(Cur1)  =  ff*ff +sdt*sdt+ VR*var + RC*RC +TC*TC/
U(AltA1) =   newref*newrefa + ff*ff +sdt*sdt+ VR*var + RC*RC +TC*TC/
U(AltB1) =   newref*newrefa+   ff*ff +sdt*sdt+ VR*var + RC*RC +TC*TC$
```

### □ 21.9.9 未来陈述性选择模型估计的修正版模型

为了和表 21.22 中的基础模型（模型 2 和模型 5）进行比较，我们在下面提供了一个模型，该模型纳入了价值学习、MCD 和属性不参与。这个模型说明了本章的一个主要贡献。通过基准修改纳入价值学习，导致了第一个选择集和后续选择集的处理不同。为了允许这一点，我们仅对第一个选择集中的初始基准选项设定了虚拟变量。我们还纳入了设计和情景变量，它们在一定程度上与非交易的存在有关，其中非交易的存在以在所有 16 个选择集上总是选择现有基准选项（即非修改的基准选项）或在特定选择集上选择现有基准选项表示，参见表 21.26。

表 21.26　　未来应用的修改版模型

| | 忽略属性 |
|---|---|
| 出行距离（千米） | −0.009 8 (−7.54) |
| 个体收入（千澳元） | −0.007 7 (−7.46) |
| 商务出行（与通勤和非通勤相比较） | −0.349 0 (−5.27) |
| 已有基准选项耗时可变性占最差耗时的比例 | −0.854 8 (−3.91) |
| 车速缓慢情形下的总出行耗时占比 | 0.570 3 (3.40) |
| 对收费道路的近期经验量（0～6） | −0.030 4 (−1.61) |
| 道路通畅情形下的交通耗时（分钟） | −0.090 9 (−23.6) |
| 车速缓慢情形下的交通耗时（分钟） | −0.093 8 (−12.04) |
| 出行耗时的可变性（+/− 分钟） | 0.010 3 (1.34) |
| 运行成本（澳元） | −0.453 9 (−19.0) |
| 过路费（澳元） | −0.641 4 (−29.4) |
| 选项的最优属性数 | 0.264 6 (10.0) |
| 价值学习基准修改（1，0），可能是原基准选项 | 0.884 3 (13.8) |
| 选择集 1 的初始选择集基准虚拟变量（1，0） | 1.144 2 (8.99) |
| BIC | 1.609 2 |
| LL 的收敛值 | −4 600.45 |
| 样本量 | 5 793 |
| 平均 *VTTS*（澳元/人·小时）： | |
| 道路通畅情形下的交通耗时（基于运行成本参数估计值） | 12.02 |
| 道路通畅情形下的交通耗时（基于过路费参数估计值） | 8.50 |
| 车速缓慢情形下的交通耗时（基于运行成本参数估计值） | 12.40 |
| 车速缓慢情形下的交通耗时（基于过路费参数估计值） | 8.77 |
| 加权平均 VTTS： | 11.19 |

在表 21.26 中，节省的交通耗时的价值的平均估计值为 11.19 澳元/人·小时。这个值可以和表 21.22 中的基础模型比较，基础模型仅纳入了设计属性和现有基准选项常数（没有价值学习）；在这个模型中，在所有属性都重要的情形下，节省的交通耗时的价值的平均估计值为 12.48 澳元/人·小时；在允许个体忽略属性的情形下，这个数字为 11.85 澳元/人·小时。在 95%的置信水平下，VTTS 的加权平均估计值显著不同且更低。表 21.26 的 Nlogit 命令为：

```
dstata;rhs=newref,newrefa,refl,sc1l,sc2l$
Descriptive Statistics
All results based on nonmissing observations.
==============================================================================
Variable      Mean        Std.Dev.    Minimum     Maximum     Cases Missing
==============================================================================
All observations in current sample
--------+---------------------------------------------------------------------
 NEWREF|  .152686       .359695     .000000     1.00000     18240         0
NEWREFA|  .963268E-01   .295047     .000000     1.00000     18240         0
   REFL|  .152712       .359719     .000000     1.00000     18237         3
   SC1L|  .963426E-01   .295069     .000000     1.00000     18237         3
   SC2L|  .963426E-01   .295069     .000000     1.00000     18237         3
reject;choice1=-999$
reject;ratig=0$
nlogit
    ;lhs=choice1,cset3,Alt3
    ;choices=Cur1,AltA1,AltB1
    ;checkdata
    ;model:
    U(Cur1)   = refcs1+
    ffi*ffi +sdti*sdti+ VRi*vari + RCi*RCi +TCi*TCi
   + rpVarPct*rpVarPct + rpCongPc*rpCongPc + TrpLngth*TrpLngth + income*income
    + business*business + TollRExp*TollRExp +betc*betc/?+numig*numig/
    U(AltA1) = newref*newrefa   + ffi*ffi +sdti*sdti+ VRi*vari + RCi*RCi
    +TCi*TCi+betc*betc/
    U(AltB1) =  newref*newrefa    +    ffi*ffi +sdti*sdti+ VRi*vari + RCi*RCi
    +TCi*TCi+betc*betc$
+---------------------------------------------------------------+
| Inspecting the data set before estimation.                    |
| These errors mark observations which will be skipped.         |
| Row Individual = 1st row then group number of data block      |
+---------------------------------------------------------------+
No bad observations were found in the sample
+-------------------------------------------------------+
| Data Contain Values -888 indicating attributes that   |
| were ignored by some individuals in making choices    |
| Coefficients listed multiply these attributes:        |
| Coefficient label.  Number of individuals found       |
|      FFI                   837                        |
|      SDTI                 1370                        |
|      VRI                  2113                        |
|      RCI                   986                        |
|      TCI                   546                        |
|      INCOME                648                        |
+-------------------------------------------------------+
Normal exit:    6 iterations. Status=0. F=     4600.456
-------------------------------------------------------------
Discrete choice (multinomial logit) model
Dependent variable                  Choice
Log likelihood function         -4600.45626
Estimation based on N =     5793, K =   14
Information Criteria: Normalization=1/N
```

```
                 Normalized   Unnormalized
AIC                 1.59311    9228.91253
Fin.Smpl.AIC        1.59313    9228.98522
Bayes IC            1.60922    9322.21420
Hannan Quinn        1.59872    9261.37078
Model estimated: Apr 26, 2010, 07:13:05
R2=1-LogL/LogL* Log-L fncn R-sqrd R2Adj
Constants only must be computed directly
             Use NLOGIT ;...; RHS=ONE$
Response data are given as ind. choices
Number of obs.=  5793, skipped    0 obs
----------+------------------------------------------------------
          |                  Standard              Prob.
  CHOICE1| Coefficient          Error        z    z>|Z|
----------+------------------------------------------------------
  REFCS1|     1.14424***        .12734     8.99  .0000
     FFI|    -.09097***        .00385   -23.64  .0000
    SDTI|    -.09383***        .00779   -12.04  .0000
     VRI|     .01030           .00770     1.34  .1810
     RCI|    -.45386***        .02385   -19.03  .0000
     TCI|    -.64138***        .02183   -29.38  .0000
RPVARPCT|    -.85483***        .21857    -3.91  .0001
RPCONGPC|     .57034***        .16753     3.40  .0007
TRPLNGTH|    -.00982***        .00130    -7.54  .0000
  INCOME|    -.00772***        .00104    -7.46  .0000
BUSINESS|    -.34901***        .06629    -5.27  .0000
TOLLREXP|    -.03038           .01887    -1.61  .1074
    BETC|     .26464***        .02635    10.04  .0000
  NEWREF|     .88427***        .06403    13.81  .0000
----------+------------------------------------------------------
Note: ***, **, * ==>  Significance at 1%, 5%, 10% level.
-----------------------------------------------------------------
```

### □ 21.9.10 结论

这个证据对未来CE数据的使用意味着什么？我们已经发现了选择过程的一些特征，它们与CE的设计、个体的特征有关，而且会影响SC结果。一些非常具体的直觉似乎对选择有一定的系统性影响，尤其是选项的最优属性数和对作为价值学习的基准选项的修改，后者反映在选择集序列的前一个选择中。将这两个特征纳入估计模型似乎有助于识别过程规则的异质性。我们还认为，这里提出的"合理选择"检验（针对整个选择集或配对选项，在观察层面或个体层面）在有必要时可用于删除绝对劣势选项（该选项的每个属性都更差）。

另外一种解释表面上不合理选择行为的方法是，当决策者使用决策或处理规则时，它可能变为合理的。在分析中，我们考察了若干决策规则，包括个体忽略一些属性、MCD直觉、对作为价值学习的基准选项的修改。然而，行为不符合效用最大化的个体也可能使用了其他处理规则。例如，Gilbride和Allenby（2004）估计的模型考察了联合和分离筛查规则，其中选择被视为对剩余选项的补偿性处理。在这里，在经过筛查阶段删除一些选项后，不合理的选择任务可能能够通过合理选择检验。Swait（2009）允许选择选项的未观测效用采取若干离散状态中的一种。其中一种状态允许传统效用最大化，而其他状态导致了"选项拒绝"和"选项劣势"。再一次地，如果个体使用了处理规则，不合理的选择可能变得合理；在这里，处理规则为选项拒绝和选项劣势。对于这些结论和其他新模型形式的评估，我们提出的方法是，它们能在多大程度上解释这些不合理的决策（即不符合传统效用最大化的决策）？

学者们感兴趣的可能是如何才能尽可能减少SC环境下的不合理行为。在我们的数据中，任务排序和不合理行为率似乎没有联系，这意味着在一定范围内，选择任务数可能没有影响。在我们的分析中，选择任务的复杂性（以诸如选项个数、属性个数和属性水平等维度衡量）没有发生变化；然而，任务复杂性对不合理选择行为的影响值得研究。另外一个值得关注的议题是市场条件下的选择合理性，它可能受习惯、心情、时间压力和信息的复杂性的影响。我们预期这些影响可能导致合理选择率降低，原因在于它们要么增加了选择误差，要么迫使个体使用决策规则和直觉。如果 SC 任务的目的是预测市场选择，那么鼓励 SC 环境下的合理选择可能并非最好的方法。调查可能更为重要。

我们希望本节能够激发学者进一步考察潜在的过程异质性的影响因素，这些异质性应该明确纳入代表每个个体对每个选项的偏好的效用函数。纳入额外属性和 AP 解释变量似乎能够为效用最大化行为提供合理解释。在其他数据集中检验这些思想能够验证这些证据的稳健性。

## 21.10 多个直觉在属性处理（作为调整模型选择的一种方法）中的作用

到目前为止，我们已介绍了很多可以嵌入选择模型的直觉。例如 MCD 直觉，在局部选择模型中它可用“最优”属性数模拟；再例如与基准点修改相联系的直觉，它发生在当个体在前一个选择集选择非维持现状选项时。

更有可能的情形是，个体在一个或多个属性上使用了多个直觉。也就是说，识别和加权效用函数中多个直觉的另外一种方法是，对直觉的权重使用 logit 类型的设定；这种方法也比较受欢迎。我们现在介绍一个混合直觉模型，并且在交通方式选择研究中说明它的优点。

如果研究者认为决策过程有异质性，即不同个体使用不同的直觉（甚至同一个个体在选项和选择集之内或之间的不同属性使用不同直觉），那么一种流行的方法是使用概率决策过程模型（它们在本质上就是 21.9.6 节讨论的潜类别结构），其中直觉的函数形式用每个类别的效用函数表示（Hensher and Collins，2011；McNair et al.，2011，2012；Hess et al.，2012）。通常的做法是每个类别表示一个直觉，这意味着每个个体仅依赖一个直觉。然而，每个个体使用的是什么直觉（即类别身份）仅在概率意义上可知。

LCM 方法之外的另外一种方法是，在效用函数中直接对每个直觉加权。在效用函数中，这种方法将每个直觉的比例贡献指定给总效用，这个份额结果可能与个体特征和其他可能的环境影响有关。在含有 $H$ 个直觉的模型中，每个直觉的权重（记为 $W_h$，$h=1, 2, \cdots, H$）可用式（21.45）中的 logistic 函数指定：

$$W_h = \frac{\exp\left(\sum_l \gamma_{lh} Z_l\right)}{\sum_{h=1}^{H} \exp\left(\sum_l \gamma_{lh} Z_l\right)} \tag{21.45}$$

其中，$Z_l$ 表示变量 $l$ 的值，它通常为社会经济特征或情景变量；$\gamma_{lh}$ 是一个参数权重，它可以因 $l$ 个变量和 $m$ 个直觉的不同而不同。为了能够识别模型，我们需要对 $\gamma_{lh}$ 进行标准化，以使得每个变量 $l$ 仅有一个 $\gamma_{lh}$。

作为这种方法的说明，我们考察“混合”线性参数和线性属性（将这个混合简记为 LPLA）标准完全补偿决策规则和非线性最差水平基准（non-linear worst level referencing，NLWLR）① 直觉。这个例子在思想上类似 Tversky 和 Simonson（1993）的成分情景模型，其中效用包含情景独立效应（LPLA 情形）和情景依赖效应（NLWLR 情形）。对于这个模型，我们将 LPLA 和 NLWLR 设定分别定义为 $H_1$ 和 $H_2$，如式（21.46）所示。为了方便说明这个多元直觉方法，每个选项的效用函数仅用两个属性定义，其中一个为出行成本（cost），指公共交通选项的费用或小轿车选项的运行成本、过路费和停车费之和；另外一个属性为出行耗时（travel time，TT）：

$$\begin{aligned} H_1 &= -\beta_1 cost_j - \beta_2 TT_j \\ H_2 &= (\beta_1 cost_{\max} - \beta_1 cost_j)^{\varphi_1} + (\beta_2 TT_{\max} - \beta_2 TT_j)^{\varphi_2} \end{aligned} \tag{21.46}$$

① 由 Kivetz et al.（2004）提出的这个模型最初是一种情景凹性模型，它描述了厌恶极端现象。这些学者使用了下列先验假设：相对于最差表现属性来说，效用关于收益是凹的。这个假设可检验，并且我们发现它并非总是成立［参见 Leong 和 Hensher（2012）］。因此，将这种模型称为“非线性最差水平基准”（NLWLR）更合适。

在 NLWLR 模型中，我们假设个体以每个选择集中的最差属性水平为基准。这种基准可以定义为选择集中 *cost* 属性的最大值和 *TT* 属性的最大值，因为 *cost* 的水平越高，效用越小，*TT* 属性也是这样。而且，由于 $cost_{\max}$ 和 $TT_{\max}$ 位于减号之前，因此，可以预期 $\hat{\beta}_k$ 为正。如果 NLWLR 模型能够更好地代表选择行为，那么幂参数 $\varphi_k$ 将满足不等式 $0<\varphi_k<1$。这源于前景理论的预期，它表明效用的收益（相对于重要性）可用凹函数最好地刻画。

对于这个问题，我们使用整个数据集。一个选择集至多包含五个选项。这些选项的效用函数可以写为式（21.47）：

$$\begin{aligned}U_{bus}&=\beta_{0,bus}+H_2+\varepsilon_0\\U_{train}&=\beta_{0,train}+W_1H_1+W_2H_2+\varepsilon_1\\U_{metro}&=\beta_{0,metro}+W_1H_1+W_2H_2+\varepsilon_2\\U_{other}&=H_2+\varepsilon_3\\U_{taxi}&=\beta_{0,taxi}+H_2+\varepsilon_4\end{aligned}\tag{21.47}$$

在加标签的实验中，可以允许不同选项的处理规则不同。因此，在式（21.47）中，我们允许火车（train）和地铁（metro）的表达式含有 LPLA 和 NLWLR 规则。这种做法是合理的，因为我们注意到火车和地铁具有相似特征，因此这两个选项可能适用于类似的决策规则。与此同时，这些决策规则可能和其他交通方式的决策规则不同——也许，我们应该更彻底地评估地铁选项，这是因为在介绍性的屏幕中，地铁吸引了更多关注［参见 Hensher，Rose 和 Collins（2011）］。

直觉权重 $W_1$ 和 $W_2$ 取决于两个变量：个体的年龄（age）和个体的收入（income）。在两直觉模型中，$W_1$ 和 $W_2$ 由式（21.48）给出：

$$\begin{aligned}W_1&=\frac{\exp(\gamma_0^{H_1}+\gamma_{age}^{H_1}\times age+\gamma_{inc}^{H_1}\times income)}{\exp(\gamma_0^{H_1}+\gamma_{age}^{H_1}\times age+\gamma_{inc}^{H_1}\times income)+\exp(\gamma_0^{H_2}+\gamma_{age}^{H_2}\times age+\gamma_{inc}^{H_2}\times income)}\\W_2&=\frac{\exp(\gamma_0^{H_2}+\gamma_{age}^{H_2}\times age+\gamma_{inc}^{H_2}\times income)}{\exp(\gamma_0^{H_1}+\gamma_{age}^{H_1}\times age+\gamma_{inc}^{H_1}\times income)+\exp(\gamma_0^{H_2}+\gamma_{age}^{H_2}\times age+\gamma_{inc}^{H_2}\times income)}\end{aligned}\tag{21.48}$$

为了识别，施加下列限制：$\gamma_0^{H_2}=-\gamma_0^{H_1}$，$\gamma_{age}^{H_2}=-\gamma_{age}^{H_1}$ 和 $\gamma_{inc}^{H_2}=-\gamma_{inc}^{H_1}$。

在模型中，即使我们假设 $\gamma_{age}^{H_i}$ 和 $\gamma_{inc}^{H_i}$ 相同，直觉权重 $W_1$ 和 $W_2$ 也可能因为人们的社会经济特征不同而不同。表 21.27 报告了固定参数模型的估计结果。这个模型含有 LPLA 和 NLWLR 规则，估计三个额外参数（$\varphi_1$，$\varphi_2$ 和 $\gamma_0^{H_1}$）。与典型 MNL（其中社会经济特征以传统方式进入模型）相比，该模型在拟合度上明显更好。*TT* 和 *cost* 属性的参数在 1%的水平上显著，而且具有正确的符号。

**表 21.27　　效用中的加权 LPLA 和 NLWLR 决策规则的估计**

| | $\hat{\beta}$（*z* 值） | $\hat{\varphi}$（*z* 值） | $\hat{\gamma}$（*z* 值） |
|---|---|---|---|
| 出行耗时（TT）（分钟） | 0.021 7（9.40） | 0.424（6.21） | |
| Cost（澳元） | 0.041 8（3.56） | 0.695（8.10） | |
| ASC | −0.644（−9.73） | | |
| — bus | −0.447（−9.89） | | |
| — train | −1.405（−8.85） | | |
| — taxi | | | |
| 直觉常数 | | | −0.871（−4.28） |
| Age（岁） | | | 0.016 8（4.67） |
| Income（千澳元） | | | −0.005 67（−3.51） |
| 观察数 | 6 138 | | |
| LL | −5 120.95 | | |
| LL（0） | −9 878.73 | | |
| LL（MNL） | −5 163.46 | | |

现在我们考察直觉权重，$W_m$ 关于变量 $l$ 的偏导数和 $\gamma_{bm}$ 有相同的符号。因此，估计结果表明，在其他条件相同的情形下，LPLA 直觉的权重 $W_1$ 小于 NLWLR 直觉的权重 $W_2$。$W_1$ 关于 *age* 递增，关于 *income* 递减；$W_2$ 正好相反。这些发现比较有趣，因为它们说明了直觉的使用和个体经济特征之间的关系。这里的多直觉模型可能反映了社会经济特征对决策的影响。

## 附录 21A　NLWLR 和 RAM 直觉的 Nlogit 命令

21.7 节的命令语法如下：

**非线性最差水平基准（non-linear worst level referencing，NLWLR）**

对于 NLWLR 直觉，第一步是识别局部选择集中属性的最大值或最小值。下列命令识别了最大值或最小值；对每个选项，重复这个命令。

```
? Creating max variables within each choice set
create; if(alt=3) |maxct = congtime!congtime[-1]!congtime[-2]
                    ; maxff = ff!ff[-1]!ff[-2]; maxrc = rc!rc[-1]!rc[-2]
                    ; maxtc=tc!tc[-1]!tc[-2]$
create ; if(alt=2) |maxct=maxct[1];maxff=maxff[1];
                    maxrc=maxrc[1];maxtc=maxtc[1]$
create; if(alt=1) |maxct=maxct[2];maxff=maxff[2];
                    maxrc=maxrc[2];maxtc=maxtc[2]$
? Creating min variables within each choice set
create; if(alt=3) |minff = ff~ff[-1]~ff[-2]; minct = congtime~congtime[-
1]~congtime[-2]; minrc = rc~rc[-1]~rc[-2]
                    ; mintc=tc~tc[-1]~tc[-2]$
create; if(alt=2) |minff=minff[1]; minct=minct[1];
                    minrc=minrc[1];mintc=mintc[1]$

create; if(alt=1) |minff=minff[2]; minct=minct[2];
                    minrc=minrc[2];mintc=mintc[2]$

? Differences can then be created, as follows.

create
; ffd = ff - maxff
; ctd = congtime-maxct
; rcd = rc-maxrc
; tcd = tc - maxtc$
? We can then implement the NLWLR heuristic using the NLRPlogit command.
The choice of starting values are crucial in this.

? NLWLR

NLRPlogit
;lhs=choice1,noalts,alt
;choices=Curr, AltA, AltB
;start= 0,0, -0.04, -0.06, -0.2, -0.2, 1.0, 1.0, 1.0, 1.0
;labels = ref, ASCA, ffh1, cth1, rch1, tch1, concff, concct, concrc,
conctc
;fn1 = NLWLR = (ffh1*ffd)^concff + (cth1*ctd)^concct +
              (rch1*rcd)^concrc + (tch1*tcd)^conctc
;fn2 = Util1 = ref + NLWLR
;fn3 = Util2 = ASCA + NLWLR
;model:
U(curr) = Util1/
U(altA)= Util2/
U(altB) = NLWLR$
```

**相对优势模型（relative advantage model，RAM）**

对于RAM模型，我们需要构建所有选项对的每个属性的差值。这些差值进入效用函数的RAM成分。

```
******************** Create variables for RAM
model************************
First step is to create the pairwise attribute level differences between
the alternatives
Naming convention is d_attribute name_altj_altj', so dffsqa is the dif-
ference in ff attribute between SQ alternative and A alternative
create
; if(alt=1)|drcsqa = rc - rc[+1]; drcsqb = rc-rc[+2]; dtcsqa = tc - tc[+1]
; dtcsqb = tc-tc[+2];dffsqa = ff - ff[+1]; dffsqb = ff-ff[+2]
; dctsqa = congtime - congtime[+1]; dctsqb = congtime-congtime[+2]
? For all alt != sq, set d_attributename_altj_altj' = 0 for the moment:
; (else)| drcsqa = 0; drcsqb = 0; dtcsqa = 0; dtcsqb = 0
; dffsqa = 0; dffsqb = 0; dctsqa = 0; dctsqb = 0$
create
; if(alt=2)|drcasq = rc - rc[-1]; drcab =rc - rc[+1]; dtcasq = tc - tc[-1]
; dtcab =tc - tc[+1]; dffasq = ff - ff[-1]; dffab =ff - ff[+1]
; dctasq = congtime - congtime[-1]; dctab =congtime - congtime[+1]
? For all alt != A, set d_attributename_altj_altj' = 0 for the moment:
; (else)|drcasq = 0; drcab = 0; dtcasq = 0; dtcab = 0
; dffasq = 0; dffab = 0; dctasq = 0; dctab = 0$
create
; if(alt=3)|drcbsq = rc - rc[-2]; drcba =rc - rc[-1]; dtcbsq = tc - tc[-2]
; dtcba =tc - tc[-1]; dffbsq = ff - ff[-2]; dffba =ff - ff[-1]
; dctbsq = congtime - congtime[-2]; dctba =congtime - congtime[-1]
? For all alt != B, set d_attributename_altj_altj' = 0 for the moment:
; (else)| dtbsq = 0; dtba = 0; dcbsq = 0; dcba = 0; drcbsq = 0; drcba = 0;
dtcbsq = 0
; dtcba = 0; dffbsq = 0; dffba = 0; dctbsq = 0; dctba = 0$

? This is to replicate the same value of pairwise differences across all
alternatives

create
;if(alt=1)|dffasq = dffasq[+1]; dffbsq = dffbsq[+2]; dffab = dffab[+1];
dffba=dffba[+2]
          ;dctasq = dctasq[+1]; dctbsq = dctbsq[+2]; dctab = dctab[+1];
dctba=dctba[+2]
          ;drcasq = drcasq[+1]; drcbsq = drcbsq[+2]; drcab = drcab[+1];
drcba=drcba[+2]
          ;dtcasq = dtcasq[+1]; dtcbsq = dtcbsq[+2]; dtcab = dtcab[+1];
dtcba=dtcba[+2]$
create
;if(alt=2)|dffsqa = dffsqa[-1]; dffba = dffba[+1];dffsqb = dffsqb[-1];
dffbsq = dffbsq[+1]
          ;dctsqa = dctsqa[-1]; dctba = dctba[+1];dctsqb = dctsqb[-1];
dctbsq = dctbsq[+1]
          ;drcsqa = drcsqa[-1]; drcba = drcba[+1];drcsqb= drcsqb[-1];
drcbsq = drcbsq[+1]
          ;dtcsqa = dtcsqa[-1]; dtcba = dtcba[+1];dtcsqb= dtcsqb[-1];
dtcbsq = dtcbsq[+1]$
create
;if(alt=3)|dffsqb = dffsqb[-2]; dffab = dffab[-1];dffsqa = dffsqa[-2];
```

```
dffasq= dffasq[-1]
          ;dctsqb = dctsqb[-2]; dctab = dctab[-1];dctsqa = dctsqa[-2];
dctasq= dctasq[-1]
          ;drcsqb = drcsqb[-2]; drcab = drcab[-1];drcsqa = drcsqa[-2];
drcasq= drcasq[-1]
          ;dtcsqb = dtcsqb[-2]; dtcab = dtcab[-1];dtcsqa = dtcsqa[-2];
dtcasq= dtcasq[-1]$
? The following estimates the regret-RAM model
? adv_altj_altj' denotes the advantage of altj over altj'
? dadv_altj_altj' denotes the disadvantage of altj over altj'
? radv_altj_altj' denotes the relative advantage of altj over altj'
NLRPlogit  ?See Chapter 20 for Details of the NLRPLOGIT Command
;lhs=choice1,noalts,alt
;choices=Curr, AltA, AltB
;start = -0.05,-0.07, -0.25,-0.29,.08969
;labels = betaff, betact, betarc, betatc, ref
;fn1 = advsqa = log(1+exp(betaff*dffsqa)) + log(1+exp(betact*dctsqa)) +
log(1+exp(betarc*drcsqa)) + log(1+exp(betatc*dtcsqa))
;fn2 = dadvsqa = log(1+exp(-betaff*dffsqa)) + log(1+exp(-betact*dctsqa))
+ log(1+exp(-betarc*drcsqa)) + log(1+exp(-betatc*dtcsqa))
;fn3 = radvsqa = advsqa/(advsqa + dadvsqa)
;fn4 = advsqb = log(1+exp(betaff*dffsqb)) + log(1+exp(betact*dctsqb)) +
log(1+exp(betarc*drcsqb)) + log(1+exp(betatc*dtcsqb))
;fn5 = dadvsqb = log(1+exp(-betaff*dffsqb)) + log(1+exp(-betact*dctsqb))
+ log(1+exp(-betarc*drcsqb)) + log(1+exp(-betatc*dtcsqb))
;fn6 = radvsqb = advsqb/(advsqb + dadvsqb)
;fn7 = advasq = log(1+exp(betaff*dffasq)) + log(1+exp(betact*dctasq)) +
log(1+exp(betarc*drcasq)) + log(1+exp(betatc*dtcasq))
;fn8 = dadvasq = log(1+exp(-betaff*dffasq)) + log(1+exp(-betact*dctasq))
+ log(1+exp(-betarc*drcasq)) + log(1+exp(-betatc*dtcasq))
;fn9 = radvasq = advasq/(advasq + dadvasq)
;fn10 = advab = log(1+exp(betaff*dffab)) + log(1+exp(betact*dctab)) + log
(1+exp(betarc*drcab)) + log(1+exp(betatc*dtcab))
;fn11 = dadvab = log(1+exp(-betaff*dffab)) + log(1+exp(-betact*dctab)) +
log(1+exp(-betarc*drcab)) + log(1+exp(-betatc*dtcab))
;fn12 = radvab = advab/(advab + dadvab)
;fn13 = advbsq = log(1+exp(betaff*dffbsq)) + log(1+exp(betact*dctbsq)) +
log(1+exp(betarc*drcbsq)) + log(1+exp(betatc*dtcbsq))
;fn14 = dadvbsq = log(1+exp(-betaff*dffbsq)) + log(1+exp(-betact*dctbsq))
+ log(1+exp(-betarc*drcbsq)) + log(1+exp(-betatc*dtcbsq))
;fn15 = radvbsq = advbsq/(advbsq + dadvbsq)
;fn16 = advba = log(1+exp(betaff*dffba)) + log(1+exp(betact*dctba)) + log
(1+exp(betarc*drcba)) + log(1+exp(betatc*dtcba))
;fn17 = dadvba = log(1+exp(-betaff*dffba)) + log(1+exp(-betact*dctba)) +
log(1+exp(-betarc*drcba)) + log(1+exp(-betatc*dtcba))
;fn18 = radvba = advba/(advba + dadvba)
;fn19 = util1 = ref + betaff*ff + betact*congtime + betarc*rc + betatc*tc
+ (radvsqa + radvsqb)
;fn20 = util2 = betaff*ff + betact*congtime + betarc*rc + betatc*tc +
(radvasq + radvab)
;fn21 = util3 = betaff*ff + betact*congtime + betarc*rc + betatc*tc +
(radvbsq + radvba)
;model:
U(curr) = util1/
U(altA) = util2/
U(altB) = util3$
```

## 附录 21B　表 21.15 中的实验设计

列包括：选项编号（Alt.），其中选项 1 为基准选项；唯一的选择情景识别器（Cset）；道路通畅情况下的交通耗时（FF）；车速缓慢情形下的交通耗时（SDT）；出行耗时的可变性（Var）；运行成本（Cost）和过路费（Toll）。FF、SDT、Var 和 Cost 都以近期出行值的一定比例表示，这个比例加在近期出行值上。过路费以澳元表示。灰色表示选择情景中的最优属性水平。以粗体标记的选项表示在所有属性都重要情形下的劣势选项。

## 附录 21C　与表 21.15 有关的数据

| Alt. | Block 1 | | | | | | Block 2 | | | | | |
|---|---|---|---|---|---|---|---|---|---|---|---|---|
| | Cset | FF | SDT | Var | Cost | Toll | Cset | FF | SDT | Var | Cost | Toll |
| 1 | 1 | 0 | 0 | 0 | 0 | 0 | 17 | 0 | 0 | 0 | 0 | 0 |
| 2 | | −0.15 | 0.3 | −0.3 | 0.3 | 3.5 | | 0.15 | 0.3 | −0.3 | −0.3 | 0.5 |
| 3 | | 0.15 | −0.3 | −0.3 | −0.3 | 0 | | 0.15 | −0.15 | −0.15 | 0.3 | 3 |
| 1 | 2 | 0 | 0 | 0 | 0 | 0 | 18 | 0 | 0 | 0 | 0 | 0 |
| 2 | | −0.15 | −0.3 | 0.3 | −0.15 | 4 | | 0.15 | −0.15 | −0.15 | −0.15 | 2.5 |
| 3 | | 0.3 | −0.15 | −0.3 | 0.15 | 1 | | 0.15 | −0.15 | 0.15 | −0.3 | 1.5 |
| 1 | 3 | 0 | 0 | 0 | 0 | 0 | 19 | 0 | 0 | 0 | 0 | 0 |
| 2 | | 0.3 | −0.15 | −0.15 | −0.15 | 0 | | −0.3 | 0.15 | 0.15 | 0.3 | 0 |
| 3 | | −0.15 | −0.3 | −0.3 | −0.3 | 0.5 | | 0.3 | −0.15 | −0.3 | 0.3 | 0.5 |
| 1 | 4 | 0 | 0 | 0 | 0 | 0 | 20 | **0** | **0** | **0** | **0** | **0** |
| 2 | | −0.3 | −0.15 | 0.3 | −0.3 | 3.5 | | 0.3 | 0.3 | −0.3 | −0.15 | 0.5 |
| 3 | | 0.3 | −0.3 | 0.3 | −0.3 | 2.5 | | **−0.15** | **−0.3** | **−0.15** | **−0.15** | **0** |
| 1 | 5 | 0 | 0 | 0 | 0 | 0 | 21 | 0 | 0 | 0 | 0 | 0 |
| 2 | | −0.15 | −0.15 | −0.3 | −0.3 | 2.5 | | −0.15 | 0.15 | 0.3 | −0.3 | 3 |
| 3 | | −0.3 | −0.15 | −0.3 | −0.15 | 3 | | 0.3 | 0.15 | 0.3 | −0.3 | 2.5 |
| 1 | 6 | 0 | 0 | 0 | 0 | 0 | 22 | 0 | 0 | 0 | 0 | 0 |
| 2 | | 0.3 | 0.15 | −0.3 | −0.3 | 3.5 | | −0.15 | 0.3 | −0.3 | 0.3 | 1.5 |
| 3 | | −0.15 | −0.3 | −0.15 | 0.15 | 3.5 | | −0.15 | −0.3 | −0.15 | −0.15 | 2 |
| 1 | 7 | 0 | 0 | 0 | 0 | 0 | 23 | 0 | 0 | 0 | 0 | 0 |
| 2 | | −0.3 | 0.15 | 0.15 | −0.15 | 1.5 | | 0.3 | 0.15 | −0.15 | −0.3 | 0 |
| 3 | | −0.3 | 0.3 | −0.15 | 0.15 | 3 | | −0.3 | 0.3 | 0.3 | −0.15 | 4 |
| 1 | 8 | 0 | 0 | 0 | 0 | 0 | 24 | 0 | 0 | 0 | 0 | 0 |
| 2 | | −0.15 | −0.3 | −0.3 | −0.15 | 2.5 | | 0.3 | −0.3 | 0.3 | 0.15 | 0.5 |
| 3 | | −0.3 | −0.15 | 0.3 | 0.15 | 2 | | 0.15 | 0.3 | 0.15 | −0.15 | 2.5 |
| 1 | 9 | 0 | 0 | 0 | 0 | 0 | 25 | 0 | 0 | 0 | 0 | 0 |
| 2 | | −0.3 | −0.3 | −0.15 | 0.15 | 2 | | **−0.3** | **−0.3** | **−0.3** | **0.3** | **0** |

续前表

| Alt. | Block 1 | | | | | | Block 2 | | | | | |
|---|---|---|---|---|---|---|---|---|---|---|---|---|
| | Cset | FF | SDT | Var | Cost | Toll | Cset | FF | SDT | Var | Cost | Toll |
| 3 | | 0.15 | −0.15 | −0.3 | −0.3 | 4 | | **−0.3** | **−0.15** | **0.3** | **0.3** | **4** |
| 1 | 10 | 0 | 0 | 0 | 0 | 0 | 26 | 0 | 0 | 0 | 0 | 0 |
| 2 | | −0.15 | 0.3 | −0.15 | 0.15 | 4 | | −0.3 | −0.15 | 0.15 | 0.3 | 1 |
| 3 | | 0.3 | −0.15 | 0.15 | −0.3 | 1 | | −0.3 | 0.15 | 0.3 | −0.3 | 1.5 |
| 1 | 11 | 0 | 0 | 0 | 0 | 0 | 27 | 0 | 0 | 0 | 0 | 0 |
| 2 | | 0.15 | −0.3 | 0.15 | −0.3 | 4 | | 0.15 | −0.15 | −0.15 | −0.15 | 3 |
| 3 | | −0.15 | 0.3 | −0.3 | 0.15 | 2 | | −0.15 | 0.15 | −0.15 | −0.15 | 3.5 |
| 1 | 12 | 0 | 0 | 0 | 0 | 0 | 28 | 0 | 0 | 0 | 0 | 0 |
| 2 | | −0.15 | 0.15 | 0.3 | −0.3 | 2 | | −0.3 | −0.3 | −0.15 | 0.15 | 4 |
| 3 | | −0.3 | −0.3 | 0.15 | −0.3 | 3.5 | | −0.15 | 0.15 | 0.15 | −0.15 | 1.5 |
| 1 | 13 | 0 | 0 | 0 | 0 | 0 | 29 | 0 | 0 | 0 | 0 | 0 |
| 2 | | −0.15 | −0.15 | 0.3 | −0.15 | 1.5 | | 0.15 | −0.15 | −0.15 | 0.15 | 0 |
| 3 | | −0.3 | −0.15 | −0.3 | −0.15 | 4 | | −0.15 | 0.15 | −0.3 | 0.3 | 0.5 |
| 1 | 14 | 0 | 0 | 0 | 0 | 0 | 30 | 0 | 0 | 0 | 0 | 0 |
| 2 | | 0.15 | −0.3 | −0.15 | −0.15 | 1 | | 0.3 | −0.15 | −0.15 | 0.15 | 1 |
| 3 | | 0.3 | 0.15 | −0.15 | −0.3 | 1 | | −0.3 | −0.3 | −0.15 | 0.3 | 3.5 |
| 1 | 15 | 0 | 0 | 0 | 0 | 0 | 31 | 0 | 0 | 0 | 0 | 0 |
| 2 | | **−0.15** | **−0.3** | **0.15** | **−0.15** | **0.5** | | −0.3 | 0.3 | −0.3 | 0.3 | 3 |
| 3 | | **0.15** | **−0.3** | **0.15** | **0.15** | **3** | | −0.15 | 0.3 | −0.15 | 0.3 | 0.5 |
| 1 | 16 | 0 | 0 | 0 | 0 | 0 | 32 | 0 | 0 | 0 | 0 | 0 |
| 2 | | −0.3 | −0.3 | −0.3 | −0.3 | 2 | | −0.3 | −0.15 | 0.15 | −0.3 | 3 |
| 3 | | −0.15 | 0.3 | −0.15 | −0.15 | 0 | | −0.3 | −0.3 | −0.3 | −0.15 | 3.5 |

| Alt. | FF | SDT | Var | Cost | Toll | TotT | TotC | Choice |
|---|---|---|---|---|---|---|---|---|
| 1 | 20 | 0 | 0 | 2.6 | 0 | 20 | 2.6 | 0 |
| 2 | 17 | 2 | 6 | 2.21 | 4 | 19 | 6.21 | 0 |
| 3 | 26 | 3 | 4 | 2.99 | 1 | 29 | 3.99 | 1 |
| 1 | 8 | 2 | 2 | 1.2 | 0 | 10 | 1.2 | 0 |
| 2 | 7 | 1 | 6 | 1.02 | 4 | 8 | 5.02 | 0 |
| 3 | 10 | 2 | 4 | 1.38 | 1 | 12 | 2.38 | 1 |
| 1 | 60 | 0 | 30 | 7.8 | 0 | 60 | 7.8 | 0 |
| 2 | 51 | 2 | 34 | 6.63 | 0.5 | 53 | 7.13 | 0 |
| 3 | 69 | 2 | 34 | 8.97 | 3 | 71 | 11.97 | 1 |
| 1 | 25 | 0 | 18 | 3.25 | 0 | 25 | 3.25 | 0 |
| 2 | 29 | 4 | 12 | 2.28 | 0.5 | 33 | 2.78 | 0 |
| 3 | 29 | 3 | 15 | 4.23 | 3 | 32 | 7.23 | 1 |

续前表

| Alt. | FF | SDT | Var | Cost | Toll | TotT | TotC | Choice |
|---|---|---|---|---|---|---|---|---|
| 1 | 30 | 0 | 5 | 3.9 | 0 | 30 | 3.9 | 0 |
| 2 | 39 | 2 | 6 | 4.49 | 0.5 | 41 | 4.99 | 1 |
| 3 | 34 | 4 | 6 | 3.32 | 2.5 | 38 | 5.82 | 0 |
| 1 | 22 | 0 | 2 | 2.86 | 0 | 22 | 2.86 | 0 |
| 2 | 29 | 2 | 6 | 3.29 | 0.5 | 31 | 3.79 | 1 |
| 3 | 25 | 4 | 6 | 2.43 | 2.5 | 29 | 4.93 | 0 |
| 1 | 16 | 0 | 5 | 2.08 | 0 | 16 | 2.08 | 0 |
| 2 | 21 | 2 | 6 | 2.39 | 0.5 | 23 | 2.89 | 1 |
| 3 | 18 | 4 | 6 | 1.77 | 2.5 | 22 | 4.27 | 0 |
| 1 | 20 | 0 | 5 | 2.6 | 0 | 20 | 2.6 | 0 |
| 2 | 26 | 2 | 6 | 2.99 | 0.5 | 28 | 3.49 | 1 |
| 3 | 23 | 4 | 6 | 2.21 | 2.5 | 27 | 4.71 | 0 |
| 1 | 22 | 0 | 2 | 2.86 | 0 | 22 | 2.86 | 0 |
| 2 | 29 | 3 | 4 | 3.29 | 1 | 32 | 4.29 | 1 |
| 3 | 15 | 2 | 4 | 3.72 | 3.5 | 17 | 7.22 | 0 |
| 1 | 35 | 10 | 2 | 5.33 | 0 | 45 | 5.33 | 0 |
| 2 | 46 | 8 | 4 | 6.13 | 1 | 54 | 7.13 | 1 |
| 3 | 24 | 7 | 4 | 6.93 | 3.5 | 31 | 10.43 | 0 |
| 1 | 8 | 2 | 2 | 1.2 | 0 | 10 | 1.2 | 0 |
| 2 | 10 | 2 | 4 | 1.38 | 1 | 12 | 2.38 | 1 |
| 3 | 6 | 1 | 4 | 1.55 | 3.5 | 7 | 5.05 | 0 |
| 1 | 40 | 5 | 8 | 5.59 | 0 | 45 | 5.59 | 0 |
| 2 | 28 | 6 | 5 | 7.27 | 3 | 34 | 10.27 | 0 |
| 3 | 34 | 6 | 6 | 7.27 | 0.5 | 40 | 7.77 | 1 |
| 1 | 50 | 10 | 10 | 7.28 | 0 | 60 | 7.28 | 0 |
| 2 | 35 | 13 | 7 | 9.46 | 3 | 48 | 12.46 | 0 |
| 3 | 42 | 13 | 8 | 9.46 | 0.5 | 55 | 9.96 | 1 |
| 1 | 25 | 5 | 8 | 3.64 | 0 | 30 | 3.64 | 0 |
| 2 | 18 | 6 | 5 | 4.73 | 3 | 24 | 7.73 | 0 |
| 3 | 21 | 6 | 6 | 4.73 | 0.5 | 27 | 5.23 | 1 |
| 1 | 45 | 45 | 22 | 9.36 | 0 | 90 | 9.36 | 0 |
| 2 | 32 | 58 | 16 | 12.17 | 3 | 90 | 15.17 | 0 |
| 3 | 38 | 58 | 19 | 12.17 | 0.5 | 96 | 12.67 | 1 |
| 1 | 40 | 40 | 35 | 8.32 | 0 | 80 | 8.32 | 0 |

续前表

| Alt. | FF | SDT | Var | Cost | Toll | TotT | TotC | Choice |
|---|---|---|---|---|---|---|---|---|
| 2 | 28 | 52 | 24 | 10.82 | 3 | 80 | 13.82 | 0 |
| 3 | 34 | 52 | 30 | 10.82 | 0.5 | 86 | 11.32 | 1 |
| 1 | 15 | 0 | 2 | 1.95 | 0 | 15 | 1.95 | 0 |
| 2 | 10 | 4 | 4 | 2.54 | 3 | 14 | 5.54 | 0 |
| 3 | 13 | 4 | 4 | 2.54 | 0.5 | 17 | 3.04 | 1 |
| 1 | 35 | 40 | 12 | 7.67 | 0 | 75 | 7.67 | 0 |
| 2 | 24 | 52 | 9 | 9.97 | 3 | 76 | 12.97 | 0 |
| 3 | 30 | 52 | 11 | 9.97 | 0.5 | 82 | 10.47 | 1 |
| 1 | 10 | 25 | 12 | 3.25 | 0 | 35 | 3.25 | 0 |
| 2 | 7 | 32 | 9 | 4.23 | 3 | 39 | 7.23 | 0 |
| 3 | 8 | 32 | 11 | 4.23 | 0.5 | 40 | 4.73 | 1 |
| 1 | 22 | 0 | 2 | 2.86 | 0 | 22 | 2.86 | 0 |
| 2 | 15 | 4 | 4 | 3.72 | 3 | 19 | 6.72 | 0 |
| 3 | 19 | 4 | 4 | 3.72 | 0.5 | 23 | 4.22 | 1 |
| 1 | 30 | 7 | 6 | 4.45 | 0 | 37 | 4.45 | 0 |
| 2 | 21 | 9 | 5 | 5.78 | 3 | 30 | 8.78 | 0 |
| 3 | 26 | 9 | 6 | 5.78 | 0.5 | 35 | 6.28 | 1 |
| 1 | 90 | 0 | 45 | 11.7 | 0 | 90 | 11.7 | 0 |
| 2 | 63 | 4 | 32 | 15.21 | 3 | 67 | 18.21 | 0 |
| 3 | 76 | 4 | 38 | 15.21 | 0.5 | 80 | 15.71 | 1 |
| 1 | 65 | 25 | 15 | 10.4 | 0 | 90 | 10.4 | 0 |
| 2 | 46 | 32 | 10 | 13.52 | 3 | 78 | 16.52 | 0 |
| 3 | 55 | 32 | 13 | 13.52 | 0.5 | 87 | 14.02 | 1 |
| 1 | 55 | 5 | 12 | 7.54 | 0 | 60 | 7.54 | 0 |
| 2 | 38 | 6 | 9 | 9.8 | 3 | 44 | 12.8 | 0 |
| 3 | 47 | 6 | 11 | 9.8 | 0.5 | 53 | 10.3 | 1 |
| 1 | 20 | 20 | 10 | 4.16 | 0 | 40 | 4.16 | 0 |
| 2 | 14 | 26 | 7 | 5.41 | 3 | 40 | 8.41 | 0 |
| 3 | 17 | 26 | 8 | 5.41 | 0.5 | 43 | 5.91 | 1 |
| 1 | 80 | 10 | 15 | 11.18 | 0 | 90 | 11.18 | 0 |
| 2 | 56 | 13 | 10 | 14.53 | 3 | 69 | 17.53 | 0 |
| 3 | 68 | 13 | 13 | 14.53 | 0.5 | 81 | 15.03 | 1 |
| 1 | 60 | 10 | 12 | 8.58 | 0 | 70 | 8.58 | 0 |
| 2 | 42 | 13 | 9 | 11.15 | 3 | 55 | 14.15 | 0 |

续前表

| Alt. | FF | SDT | Var | Cost | Toll | TotT | TotC | Choice |
|---|---|---|---|---|---|---|---|---|
| 3 | 51 | 13 | 11 | 11.15 | 0.5 | 64 | 11.65 | 1 |
| 1 | 25 | 0 | 18 | 3.25 | 0 | 25 | 3.25 | 0 |
| 2 | 18 | 4 | 12 | 4.23 | 3 | 22 | 7.23 | 0 |
| 3 | 21 | 4 | 15 | 4.23 | 0.5 | 25 | 4.73 | 1 |
| 1 | 55 | 10 | 15 | 7.93 | 0 | 65 | 7.93 | 0 |
| 2 | 38 | 13 | 10 | 10.31 | 3 | 51 | 13.31 | 0 |
| 3 | 47 | 13 | 13 | 10.31 | 0.5 | 60 | 10.81 | 1 |
| 1 | 240 | 30 | 30 | 33.54 | 0 | 270 | 33.54 | 0 |
| 2 | 168 | 39 | 21 | 43.6 | 3 | 207 | 46.6 | 0 |
| 3 | 204 | 39 | 26 | 43.6 | 0.5 | 243 | 44.1 | 1 |
| 1 | 30 | 15 | 8 | 5.07 | 0 | 45 | 5.07 | 0 |
| 2 | 21 | 20 | 5 | 6.59 | 3 | 41 | 9.59 | 0 |
| 3 | 26 | 20 | 6 | 6.59 | 0.5 | 46 | 7.09 | 1 |
| 1 | 30 | 15 | 40 | 5.07 | 0 | 45 | 5.07 | 0 |
| 2 | 21 | 20 | 28 | 6.59 | 3 | 41 | 9.59 | 0 |
| 3 | 26 | 20 | 34 | 6.59 | 0.5 | 46 | 7.09 | 1 |
| 1 | 35 | 10 | 2 | 5.33 | 0 | 45 | 5.33 | 0 |
| 2 | 24 | 13 | 4 | 6.93 | 3 | 37 | 9.93 | 0 |
| 3 | 30 | 13 | 4 | 6.93 | 0.5 | 43 | 7.43 | 1 |
| 1 | 15 | 5 | 6 | 2.34 | 0 | 20 | 2.34 | 0 |
| 2 | 10 | 6 | 5 | 3.04 | 3 | 16 | 6.04 | 0 |
| 3 | 13 | 6 | 6 | 3.04 | 0.5 | 19 | 3.54 | 1 |
| 1 | 15 | 5 | 2 | 2.34 | 0 | 20 | 2.34 | 0 |
| 2 | 10 | 6 | 4 | 3.04 | 3 | 16 | 6.04 | 0 |
| 3 | 13 | 6 | 4 | 3.04 | 0.5 | 19 | 3.54 | 1 |
| 1 | 25 | 5 | 18 | 3.64 | 0 | 30 | 3.64 | 0 |
| 2 | 18 | 6 | 12 | 4.73 | 3 | 24 | 7.73 | 0 |
| 3 | 21 | 6 | 15 | 4.73 | 0.5 | 27 | 5.23 | 1 |
| 1 | 40 | 5 | 8 | 5.59 | 0 | 45 | 5.59 | 0 |
| 2 | 28 | 6 | 5 | 7.27 | 3 | 34 | 10.27 | 0 |
| 3 | 34 | 6 | 6 | 7.27 | 0.5 | 40 | 7.77 | 1 |
| 1 | 20 | 10 | 8 | 3.38 | 0 | 30 | 3.38 | 0 |
| 2 | 14 | 13 | 5 | 4.39 | 3 | 27 | 7.39 | 0 |
| 3 | 17 | 13 | 6 | 4.39 | 0.5 | 30 | 4.89 | 1 |

续前表

| Alt. | FF | SDT | Var | Cost | Toll | TotT | TotC | Choice |
|---|---|---|---|---|---|---|---|---|
| 1 | 25 | 10 | 10 | 4.03 | 0 | 35 | 4.03 | 0 |
| 2 | 18 | 13 | 7 | 5.24 | 3 | 31 | 8.24 | 0 |
| 3 | 21 | 13 | 8 | 5.24 | 0.5 | 34 | 5.74 | 1 |
| 1 | 25 | 5 | 8 | 3.64 | 0 | 30 | 3.64 | 0 |
| 2 | 18 | 6 | 5 | 4.73 | 3 | 24 | 7.73 | 0 |
| 3 | 21 | 6 | 6 | 4.73 | 0.5 | 27 | 5.23 | 1 |
| 1 | 17 | 3 | 4 | 2.44 | 0 | 20 | 2.44 | 0 |
| 2 | 12 | 4 | 2 | 3.18 | 3 | 16 | 6.18 | 0 |
| 3 | 14 | 4 | 3 | 3.18 | 0.5 | 18 | 3.68 | 1 |
| 1 | 45 | 15 | 15 | 7.02 | 0 | 60 | 7.02 | 0 |
| 2 | 32 | 20 | 10 | 9.13 | 3 | 52 | 12.13 | 0 |
| 3 | 38 | 20 | 13 | 9.13 | 0.5 | 58 | 9.63 | 1 |
| 1 | 30 | 10 | 10 | 4.68 | 0 | 40 | 4.68 | 0 |
| 2 | 21 | 13 | 7 | 6.08 | 3 | 34 | 9.08 | 0 |
| 3 | 26 | 13 | 8 | 6.08 | 0.5 | 39 | 6.58 | 1 |
| 1 | 35 | 10 | 8 | 5.33 | 0 | 45 | 5.33 | 0 |
| 2 | 24 | 13 | 5 | 6.93 | 3 | 37 | 9.93 | 0 |
| 3 | 30 | 13 | 6 | 6.93 | 0.5 | 43 | 7.43 | 1 |
| 1 | 8 | 2 | 2 | 1.2 | 0 | 10 | 1.2 | 0 |
| 2 | 6 | 3 | 4 | 1.55 | 3 | 9 | 4.55 | 0 |
| 3 | 7 | 3 | 4 | 1.55 | 0.5 | 10 | 2.05 | 1 |
| 1 | 17 | 3 | 8 | 2.44 | 0 | 20 | 2.44 | 0 |
| 2 | 12 | 4 | 5 | 3.18 | 3 | 16 | 6.18 | 0 |
| 3 | 14 | 4 | 6 | 3.18 | 0.5 | 18 | 3.68 | 1 |
| 1 | 20 | 5 | 12 | 2.99 | 0 | 25 | 2.99 | 0 |
| 2 | 14 | 6 | 9 | 3.89 | 3 | 20 | 6.89 | 0 |
| 3 | 17 | 6 | 11 | 3.89 | 0.5 | 23 | 4.39 | 1 |
| 1 | 50 | 40 | 15 | 9.62 | 0 | 90 | 9.62 | 0 |
| 2 | 35 | 52 | 10 | 12.51 | 3 | 87 | 15.51 | 0 |
| 3 | 42 | 52 | 13 | 12.51 | 0.5 | 94 | 13.01 | 1 |
| 1 | 22 | 3 | 4 | 3.09 | 0 | 25 | 3.09 | 0 |
| 2 | 15 | 4 | 2 | 4.02 | 3 | 19 | 7.02 | 0 |
| 3 | 19 | 4 | 3 | 4.02 | 0.5 | 23 | 4.52 | 1 |
| 1 | 20 | 10 | 15 | 3.38 | 0 | 30 | 3.38 | 0 |

续前表

| Alt. | FF | SDT | Var | Cost | Toll | TotT | TotC | Choice |
|---|---|---|---|---|---|---|---|---|
| 2 | 14 | 13 | 10 | 4.39 | 3 | 27 | 7.39 | 0 |
| 3 | 17 | 13 | 13 | 4.39 | 0.5 | 30 | 4.89 | 1 |
| 1 | 90 | 0 | 15 | 11.7 | 0 | 90 | 11.7 | 0 |
| 2 | 63 | 4 | 10 | 15.21 | 3 | 67 | 18.21 | 0 |
| 3 | 76 | 4 | 13 | 15.21 | 0.5 | 80 | 15.71 | 1 |
| 1 | 50 | 10 | 15 | 7.28 | 0 | 60 | 7.28 | 0 |
| 2 | 35 | 13 | 10 | 9.46 | 3 | 48 | 12.46 | 0 |
| 3 | 42 | 13 | 13 | 9.46 | 0.5 | 55 | 9.96 | 1 |
| 1 | 30 | 10 | 12 | 4.68 | 0 | 40 | 4.68 | 0 |
| 2 | 21 | 13 | 9 | 6.08 | 3 | 34 | 9.08 | 0 |
| 3 | 26 | 13 | 11 | 6.08 | 0.5 | 39 | 6.58 | 1 |
| 1 | 40 | 15 | 12 | 6.37 | 0 | 55 | 6.37 | 0 |
| 2 | 28 | 20 | 9 | 8.28 | 3 | 48 | 11.28 | 0 |
| 3 | 34 | 20 | 11 | 8.28 | 0.5 | 54 | 8.78 | 1 |

注：灰色表示一个选择情景中的最优属性水平。

22

# 团体决策

## 22.1 引言



家庭经济学文献在团体决策方面已取得了重要进展，早期理论贡献文献有 Becker（1993）、Browning 和 Chiappori（1998）、Lampietti（1999）、Chiuri（2000）以及 Vermeulen（2002）等，这些理论被应用到各种领域的实证研究，例如市场营销（Arora and Allenby，1999；Adamowicz et al.，2005）、交通（Brewer and Hensher，2000；Hensher et al.，2007）和环境经济学（Quiggin，1998；Smith and Houtven，1998；Bateman and Munroe，2005；Dosman and Adamowicz，2006）。近期的研究发现，家庭成员之间的偏好强度存在很大差异，并且试图使用联合选择来调和它们（Dosman and Adamowicz，2006；Beharry et al.，2009）。证据表明，对于一些类型的决策，与联合偏好估计相比，使用家庭中一个成员的偏好来代表家庭偏好的传统做法可能是有偏的。

尽管团体决策领域有很多文献［参见 Dellaert et al.（1988）和 Vermuelen（2002）］，然而仅有少数文献考察了含有多个智能体的离散选择模型。这些文献可以分为两类：(1) 关注智能体们在序贯选择过程中的博弈，这个博弈涉及初始偏好以及反馈、检查、修改或维持初始偏好的过程。这种方法将最终团体决策中其他智能体的偏好内生化。我们将其称为相互作用的智能体选择实验（interactive agency choice experiments，IACE），参见 Brewer 和 Hensher（2000）以及 Rose 和 Hensher（2004）；(2) 考察每个智能体在联合选择结果中的影响和势力，这些文献可能使用也可能不使用 IACE 架构。Puckett 和 Hensher（2006）对市场营销和家庭经济学的文献进行了综述，Hensher et al.（2008）考察了货运配送链，Hensher 和 Knowles（2007）研究了公共汽车运营者和监管者的合作关系，Hensher et al.（2011）和 Beck et al.（2012）考察了家庭购买其他燃料车辆的决策等。

IACE 结构涉及两个或多个智能体的序贯行动，在这个过程中，这些个体通过协商或相互让步在各自偏好上达成一致，最终产生一致同意的或非一致同意的联合选择结果。给定偏好，每个智能体的作用以他们各自的势力或影响的影子价值表示［参见 Arora 和 Allenby（1999）；Aribarg et al.（2002）；Corfman（1991）；Corfman 和 Lehmann（1987）；Dosman 和 Adamowicz（2006）；Hensher et al.（2008）］。我们现在详细讨论 IACE 方法，并且说明如何在 Nlogit 中使用这种方法。

## 22.2 相互作用的智能体选择实验

我们通过考察雇主和雇员之间的电话方式选择（Brewer and Hensher，2000）、货物运输选择（Hensher et al.，2007）和汽车选择（Hensher et al.，2008）等，构建了 IACE 方法；这种方法能够追踪智能体之间的持续合作，具体地说，我们从单个智能体的偏好入手，考察他们的协商和修改，最终达成团体选择决策。IACE 的迭代性质能够让我们考察偏好结构如何从初始偏好开始修正，直至达成最终团体协议或陷入僵局。这个过程要求智能体独立做出初始选择，然后如果他们的选择不一致，那么我们将有关信息反馈给他们，他们可以修改也可以保留他们的选择。这样的反馈和修改过程可以一直持续到研究者叫停时为止。

考虑下列情景：两个智能体独立评估一个选择任务，该选择任务由相同的选项集构成，选项集由相同的属性集和属性水平描述。这个相互作用的过程如表 22.1 所示：一开始，两个智能体独立报告他们的选择，然后构建模型。在模拟过程中，研究者设定的效用函数构成了团体决策分析的起点：

$$V_{ai}=\alpha_{ai}+\sum_{k=1}^{K}\beta_{ak}x_{ik} \tag{22.1}$$

$$V_{bi}=\alpha_{bi}+\sum_{k=1}^{K}\beta_{bk}x_{ik} \tag{22.2}$$

其中，$V_{ai}$ 表示智能体 $a$ 在选项 $i$ 上得到的效用，$\alpha_{ai}$ 为选项 $i$ 特有的常数（这个值也可以对各个选项通用），$x_{ik}$ 为选项 $i$ 的 $k$ 个设计属性组成的向量，$\beta_{ak}$ 表示相应的边际效用参数向量。注意，总效用为这个观测效用加上描述未观测效用的误差项。在随机效用最大化（RUM）架构下，智能体 $a$ 选择总效用最大的选项。

在智能体相互作用的过程中，我们比较他们的初始选择。如果两个智能体选择了相同的选项，那么该选项就是团体将选择的选项。当双方达成协议时，相应的选择称为均衡。在每一关，如果选择任务未出现均衡决策，那么我们将这样的选择任务返还给每个智能体，让他们重新评估，其中一个个体或多个个体可能修改他们的选择。这个过程一直持续到均衡选择出现，或者研究者终止这个过程。

对于均衡选择，团体的每个成员选择了相同的选项（即忽略未达成协议的情形）。因此，团体 $g$ 的效用可以定义为

$$V_{gi}=\alpha_{gi}+\sum_{k=1}^{K}\beta_{gk}x_{ik} \tag{22.3}$$

然而，如果假设团体效用是每个智能体的加权的个体偏好的函数（其中权重为各智能体的影响水平；在合作家庭情形下，权重为智能体对决策的责任水平或者相对重要程度），那么可以将团体 $g$ 的效用定义为

$$V_{gi}=\alpha_{gi}+\lambda_a V_{ai}+(1-\lambda_a)V_{bi} \tag{22.4}$$

这可以重新表达为

$$V_{gi}=\alpha_{gi}+\lambda_a\sum_{k=1}^{K}\beta_{aik}x_{ik}+(1-\lambda_a)\sum_{k=1}^{K}\beta_{bik}x_{ik} \tag{22.5}$$

其中，$\lambda_a$ 是智能体 $a$ 相对于智能体 $b$ 的影响力。在这个设定中，以 $\lambda_a$ 衡量的影响力以及研究者使用的任何特定选项常数（ASC）是模型中能够自由变化的唯一参数。换句话说，反映团体成员对不同属性偏好的参数取自式（22.1）和式（22.2）中的单个水平模型。$\lambda_a$ 的取值范围为 0～1，其中 0 表示只有智能体 $b$ 有影响力，而 1 表示智能体 $a$ 能够代表整个团体。中点 0.5 表示两个智能体对团体效用的贡献相同。为了保证 $\lambda_a$ 有界，这个参数可以定义为

$$\lambda_a=\frac{e^{\theta}}{1+e^{\theta}} \tag{22.6}$$

这个模型结构适用于混合 logit（ML）模型。

**表 22.1　　IASP 评估示意图**

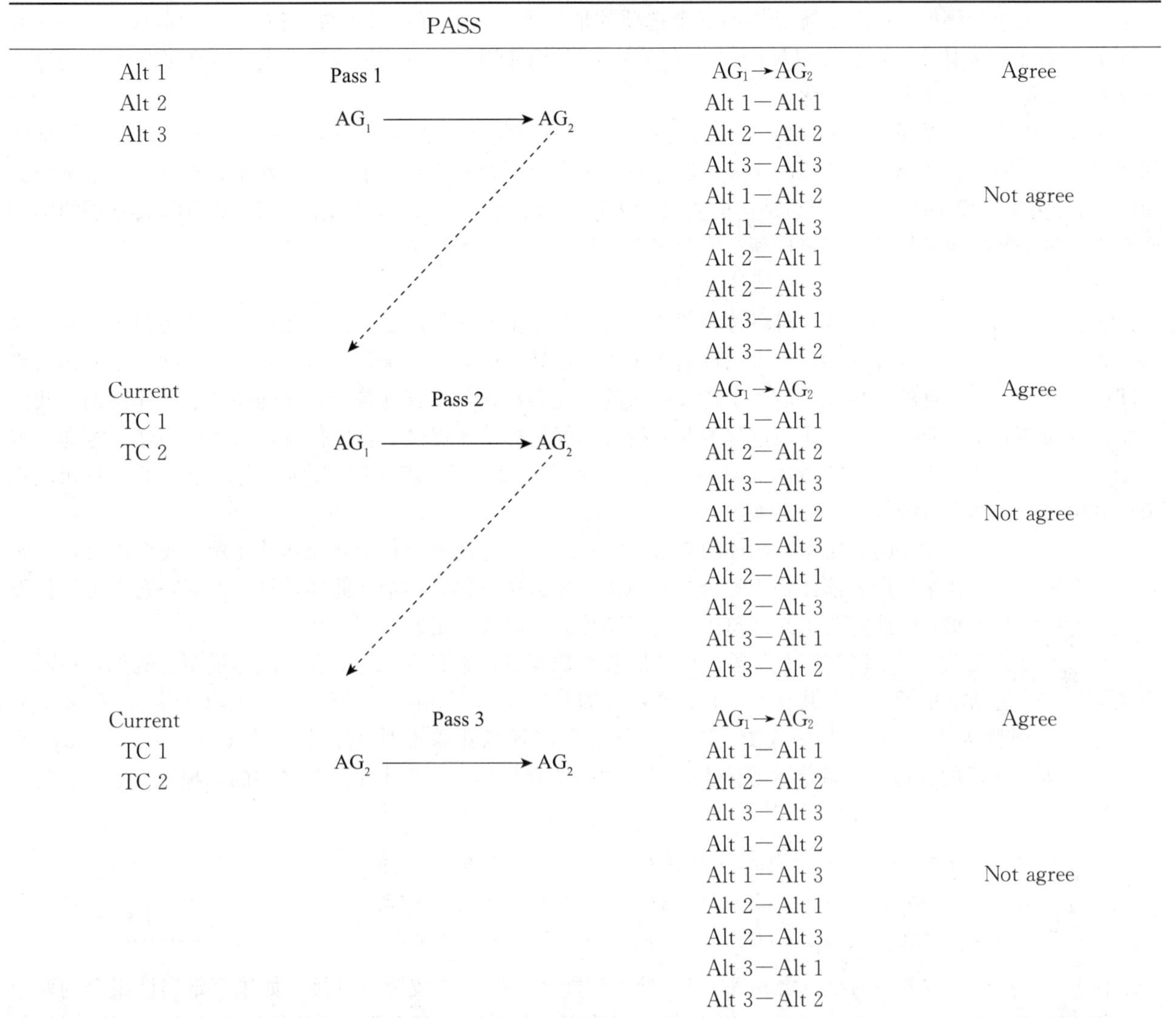

| PASS | | | |
|---|---|---|---|
| Alt 1 | Pass 1 | $AG_1 \rightarrow AG_2$ | Agree |
| Alt 2 | $AG_1 \longrightarrow AG_2$ | Alt 1—Alt 1 | |
| Alt 3 | | Alt 2—Alt 2 | |
| | | Alt 3—Alt 3 | |
| | | Alt 1—Alt 2 | Not agree |
| | | Alt 1—Alt 3 | |
| | | Alt 2—Alt 1 | |
| | | Alt 2—Alt 3 | |
| | | Alt 3—Alt 1 | |
| | | Alt 3—Alt 2 | |
| Current | Pass 2 | $AG_1 \rightarrow AG_2$ | Agree |
| TC 1 | | Alt 1—Alt 1 | |
| TC 2 | $AG_1 \longrightarrow AG_2$ | Alt 2—Alt 2 | |
| | | Alt 3—Alt 3 | |
| | | Alt 1—Alt 2 | Not agree |
| | | Alt 1—Alt 3 | |
| | | Alt 2—Alt 1 | |
| | | Alt 2—Alt 3 | |
| | | Alt 3—Alt 1 | |
| | | Alt 3—Alt 2 | |
| Current | Pass 3 | $AG_1 \rightarrow AG_2$ | Agree |
| TC 1 | $AG_2 \longrightarrow AG_2$ | Alt 1—Alt 1 | |
| TC 2 | | Alt 2—Alt 2 | |
| | | Alt 3—Alt 3 | |
| | | Alt 1—Alt 2 | |
| | | Alt 1—Alt 3 | Not agree |
| | | Alt 2—Alt 1 | |
| | | Alt 2—Alt 3 | |
| | | Alt 3—Alt 1 | |
| | | Alt 3—Alt 2 | |

为了方便追踪 IACE 架构下的行为结果，我们将下列每个阶段称为一轮（round）：一个智能体审查选项集，并指出其偏好的选项。当两个智能体依次完成一轮时，我们称为完成一关（pass）。在本章的例子中，我们设计的 IACE 使得每个智能体能够实施三轮，然后我们施加停止规则，因此一共有三关。如果特定智能体选择了相同的选项，他们可能在第一轮（也就是第一关）就会停止，未达成协议的智能体将进入第二关（也就是智能体 1 和智能体 2 的第三轮和第四轮）。在第二关，我们开始下列过程：反馈、检查、修改或维持第一关的偏好。在第二关，两个智能体将知晓对方的偏好；相反，在第一关，仅在研究者将这个信息提供给后续智能体时，他才知道对方的偏好。

如果一些智能体在第二关达成协议，那么剩下的智能体将进入第三关（第五轮和第六轮）。文献表明，大多数智能体在第六轮结束时达成协议（合作或不合作）。我们的一个假设是，特定属性及其水平成为智能体在前期各关不能达成协议的主要原因；随着协商的进行，智能体之间还有一定程度的相互妥协，以便达成协议，从而使得“均衡”联合选择能够出现在市场上。我们在这里特别感兴趣的是，找到在每一关结束时哪些因素影响智能体能否达成协议，以及如何使用这个信息找到智能体在团体决策中的相对影响力。辅以额外情景数据，IACE 架构能够让研究者考察哪些因素影响了协议，从而推断每个智能体的势力（参见表 22.1）。

我们使用下列模型组构建 IACE 架构下每个智能体的偏好及其在团体偏好函数中的作用。

第 1 阶段：每个智能体参与有相同选择集的陈述性选择实验（CE）。行为过程假设每个智能体追求效用最大化。特定智能体的效用函数定义如下：$U$（选项 $i$，智能体 $q$），$i=1$，…，$J$；$q=1$，…，$Q$，其中选项定义了属性水平包。例如，在两个智能体和三个选项的情形下，我们有：对于智能体 1，$U(a_1q_1)$，$U(a_2q_1)$ 和 $U(a_3q_1)$；对于智能体 2，$U(a_1q_2)$，$U(a_2q_2)$ 和 $U(a_3q_2)$。我们使用未加标签的陈述性选择（SC）实验来将这个独立的效用最大化选择模型参数化。

第 1 阶段涉及一系列轮和关（参见上面的讨论），所有智能体都参与第一关，然而向下一关前进的智能体逐渐减少，原因在于部分智能体已达成协议。每一关为每个智能体定义了一个选择集，它可以联合模拟为 ML。估计关水平模型的一个副产品是达成协议和未达成协议的二项 logit 模型。在 22.5 节购买车辆的案例研究中，每个智能体评估四个固定选项，因此每个智能体对有八个选项。

第 2 阶段：这涉及找到智能体达成协议的最后一关以及单个模型的估计，其中每个智能体的效用来自他们达成协议的那一关。我们将这个时段称为团体均衡偏好。重要的是，这些偏好能从以前各关得到好处，从而用来显示偏好的每个属性的参数化也从以前各关得到好处，因此，用来显示每个智能体在联合智能体决策空间中偏好的每个属性的参数化，被为了达成协议的协商丰富化，不管这是合作性的还是非合作性的。我们支持下列命题：第 1 阶段的相互作用过程为双方搜索偏好选择结果提供了重要信息，因为他们必须考虑对方的偏好。在下列应用中，每个智能体面对四个选项，团体均衡模型将有四个选项，它们定义了四对相同选项。其中一对是两个智能体选择的选项。

另外，团体均衡偏好的确定受智能体的势力影响；为了更好地理解每个智能体的作用，我们需要在一定程度上识别它们。如果一个智能体处于完全主导地位，那么这退化成单个智能体模型。然而，它有可能仅发生在智能体配对子集，因此，为了允许总体上的不同势力，需要一定的分割。

第 3 阶段：把在第 1 阶段和第 2 阶段估计的所有参数固定，并且导入[①]联合智能体模型。例如，在两个智能体和三个选项的情形下，一共有九个联合选项，即 $U(a_1a_1)$，$U(a_1a_2)$，$U(a_1a_3)$，…，$U(a_3a_1)$，$U(a_3a_2)$，$U(a_3a_3)$，分别称为主张 $p=1$，…，$P$。其中三个联合主张意味着非协商协议，即 $U(a_1a_1)$、$U(a_2a_2)$ 和 $U(a_3a_3)$。第 3 阶段的选择是在特定智能体主张组合中的选择，其中一个主张是被选中的选项对。于是，对于两个智能体（$q$ 和 $-q$），模型设定如下［参见 Puckett 和 Hensher（2006）］：

$$
\begin{aligned}
U(a_1a_1) &= ASC_{a_1a_1} + \lambda_{qp} \times (\beta_{1q}x_{1q} + \beta_2 x_{2q} + \cdots) + (1-\lambda_{qp}) \times (\beta_{1q}x_{1q} + \beta_{2q}x_{2q} + \cdots)\cdots \\
U(a_1a_3) &= ASC_{a_1a_3} + \lambda_{qp} \times (\beta_1 x_{1q} + \beta_{2q}x_{2q} + \cdots) + (1-\lambda_{qp}) \times (\beta_{1q}x_{1q} + \beta_{2q}x_{2q} + \cdots)\cdots \\
U(a_3a_3) &= ASC_{a_3a_3} + \lambda_{qp} \times (\beta_{1q}x_{1q} + \beta_2 x_{2q} + \cdots) + (1-\lambda_{qp}) \times (\beta_{1-q}x_{1-q} + \beta_{2-q}x_{2-q} + \cdots)\cdots
\end{aligned}
\quad (22.7)
$$

智能体 $q$ 和智能体 $-q$ 的势力权重之和等于 1，使得智能体类型的比较简单直接。如果既定属性组合的两个势力权重相等，即 $\lambda_{qp}=1-\lambda_{qp}=0.5$，那么团体选择均衡，不受对应于主张 $p$ 的优势智能体主导。换句话说，不管其他属性上的势力结构如何，智能体 $q$ 和智能体 $-q$ 倾向于达成公平的折中。如果各个智能体类型的势力权重显著不同（例如对于两个智能体，$\lambda_{qp}>1-\lambda_{qp}$），那么 $\lambda_{qp}$ 直接衡量了一个智能体类型对其他智能体类型的优势；随着 $\lambda_{qp}$ 增加，智能体 $q$ 对智能体 $-q$ 的相对势力也增加。

维持所有 $\beta$ 固定，以及每个 $\lambda_{qp}$ 和 ASC 作为自由参数，这个模型很容易估计。作为势力指示器的 $\lambda_{qp}$ 可以为自由参数，可以为其他标准（尤其是情景属性）的函数，可以主张特定，也可以由研究者施加合适的约束。

## 22.3 购买汽车的案例研究

用于实施 IACE 架构的数据来自市场营销专业的大学一年级和二年级的学生。

研究的重点在于，假设你今天去买汽车，你将买什么类型的车（不管你的家庭当前有多少辆车）。调查的主要部分是一个未加标签的 SC 实验，参与实验的是来自相同家庭的学生，他们要完成一系列互动 CE，并最终做出选择。

① 特定选项常数（ASC）可以不导入。研究者也可以联合估计属性参数和势力权重。参见 22.5.14 节。

在开始SC实验之前，学生回答他们当前拥有车辆的一系列问题。这些信息被用于设计智能体组和车辆类型［小型（Small）、中型（Medium）、大型（Large）、四轮驱动（4WD）或奢侈车辆（Luxury）］，以便提供实验情景。SC实验的属性和属性水平参见表22.2。表中的信息并非面面俱到，因为我们的主要兴趣在于考察使用互联网实施IACE任务的可行性。让来自同一个家庭的智能体同时参与实验比让单个个体参与实验要困难得多，这要求我们做好前期准备。

**表22.2　　陈述性选择设计属性**

| 属性 | 属性水平 |
|---|---|
| • Engine size<br>（发动机大小） | • *Small*（1.2，1.3，1.4，1.5）<br>• *Medium*（1.6，1.8，2.0，2.2）<br>• *Large*（2.3，2.9，3.4，4.0）<br>• *4WD*（3.2，4.0，4.9，5.7）<br>• *Luxury*（3.0，4.0，5.0，5.7） |
| • Price<br>（价格，单位：澳元） | • *Small*（12 000，13 500，15 000，16 500）<br>• *Medium*（19 990，21 990，23 990，25 990）<br>• *Large*（28 000，30 000，32 000，34 000）<br>• *4WD*（52 990，56 640，60 300，36 950）<br>• *Luxury*（54 950，71 100，87 300，103 500） |
| • Air conditioning（空调） | • Yes（是），No（否） |
| • Transmission type（变换器类型） | • Manual（手动），Automatic（自动） |
| • Fuel consumption（litres/100km）<br>（燃油效率，单位：升/100千米） | • *Small*（6.2，6.7，7.4，7.7）<br>• *Medium*（7.6，8.1，8.5，9.0）<br>• *Large*（8.8，9.8，10.7，11.7）<br>• *4WD*（11.1，13.1，15.2，17.2）<br>• *Luxury*（10.9，13，16，18.2） |
| • ABS brakes（ABS制动） | Yes（是），No（否） |

209对智能体参与了实验，每一对来自同一个家庭；31对智能体指定给小型车辆，66对指定给中型车辆，35对指定给大型车辆，31对指定给四轮驱动车辆，剩下的46对指定给奢侈车辆。我们选择的智能体对的子样本含有一个男性和一个女性。

实验的组织过程如下：智能体先后通过互联网评估一系列SC屏幕显示的选项。每一次，每对智能体中一人暂时离开一会儿。在第1轮，留下的那个人完成调查然后离开，另外一个人返回，完成相同的调查问卷。这两个人是隔离的，从而无法讨论答案。在第2轮，在返回的那些智能体中，一半的人被告知另外的智能体（即他的家庭成员）的选择，另外一半未被告知。

在完成第1轮后，根据你和你的搭档（家庭成员）的答案，你可能被要求重复这个过程若干次。在评估SC屏幕上的问题之前，每个智能体都会得到指令。指令如下："我们的问题和你的家庭成员购买虚构车辆有关。我们希望你考虑你的家庭可能购买新车的若干虚构情景。在每个虚构情景下，你将面对你可能购买的三种汽车。我们希望你选择你在真实市场最有可能选择的汽车。然后，我们希望你选出你认为你的其他家庭成员最有可能选择的汽车。他选择的汽车可能和你相同，也可能不同。"

表22.3提供了一个选择情景例子。智能体考虑他面对的每种汽车，选择他最喜欢的，然后选择他认为他的其他家庭成员最有可能选择的汽车。这个过程将重复四次，因为选择集有四个。

**表22.3　　陈述性选择截屏的例子**

| | Car A | Car B | Car C | None |
|---|---|---|---|---|
| **Engine size** | 1.4 | 1.5 | 1.4 | |

续前表

| | Car A | Car B | Car C | None |
|---|---|---|---|---|
| **Price** | $13，500 | $12，000 | $16，500 | |
| **Air conditioning** | No | Yes | No | |
| **Transmission type** | Manual | Automatic | Automatic | |
| **Fuel consumption (litres/100km)** | 6.7 | 6.2 | 7.2 | |
| **ABS brakes** | No | Yes | Yes | |
| **I would choose** | ☐ | ☐ | ☐ | ☐ |
| **The other person would most likely choose** | ☐ | ☐ | ☐ | ☐ |

CE 使用能将渐近（协）方差矩阵 Ω 最小化的统计效率设计，目的在于在给定观察数情形下产生更大的参数估计可靠性。为了比较 SC 试验设计的统计效率，文献提出了一些其他方法（参见第 6 章）。最常用的方法为 $D$ 误差（参见第 6 章）：

$$D\text{误差} = (\det\Omega)^{1/k} = -\frac{1}{N}\left(\det\left(\frac{\partial LL(\beta)^2}{\partial\beta\partial\beta'}\right)\right)^{-1/k} \tag{22.8}$$

其中，$k$ 代表设计参数的个数，$LL(\beta)$ 表示离散选择模型的对数似然（LL）函数，$N$ 为样本规模，$\beta$ 为待估参数。由于我们产生设计而不是估计已有设计的参数，所以我们有必要设定参数的先验估计值。由于实际总体参数不确定，因此通常将这些先验值从贝叶斯分布抽取而不是假设固定参数值。

$D_{(b)}$ 误差通过取行列式计算，并根据待估参数的个数进行调整。这涉及对矩阵元素实施一系列乘法和减法［例如，参见 Kanninen (2002)］。因此，行列式（从而 $D_{(b)}$ 误差）将矩阵的所有元素整合为一个“整体”值。因此，在试图使得 $D$ 误差最小化时，尽管在平均意义上矩阵的所有元素都最小化，然而一些元素（方差和（或）协方差）事实上可能变大。尽管如此，$D_{(b)}$ 误差已成为文献最常用的统计效率衡量指标。



## 22.4 案例研究结果

分析顺序按照 22.2 节的 IACE 阶段进行。我们从每一关（pass）的实证证据（见表 22.4）入手，然后考察协议和非协议的影响因素（见表 22.5）。表 22.6 描述了智能体在每一关中的势力；表 22.7 说明了在每对智能体的协议关上估计的偏好模型，这称为团体均衡模型。表 22.7 描述了团体均衡模型中协议和非协议的影响因素；表 22.8 比较了序贯关模型和混合均衡关模型的概率。

**表 22.4　　关模型结果**

| 属性 | 选项 | 第1关 | | 第2关 | | 第3关 | |
|---|---|---|---|---|---|---|---|
| | | 智能体1 | 智能体2 | 智能体1 | 智能体2 | 智能体1 | 智能体2 |
| 随机参数： | | | | | | | |
| 车辆价格(千澳元)智能体1 | A~C | −0.084 2 (−3.1) | | | | | |
| 燃油效率(升/100 千米) | A~C, E~G | −0.153 3 (−2.5) | | | | | |
| 固定参数： | | | | | | | |
| ASC | A~C | 3.496 (3.3) | | | | −0.889 (−2.3) | |
| ASC | E~G | | 1.127 (1.7) | | | | |
| 车辆价格(千澳元)智能体2 | E~G | | −0.033 (−1.5) | | | | |
| 小型车辆(1,0) | A~C | −1.461 (−2.3) | | | | | |

续前表

| 属性 | 选项 | 第1关 | | 第2关 | | 第3关 | |
|---|---|---|---|---|---|---|---|
| | | 智能体1 | 智能体2 | 智能体1 | 智能体2 | 智能体1 | 智能体2 |
| 小型车辆(1,0) | E~G | | | | 1.518 (1.4) | | |
| 空调(1,0) | A~C | 1.130 (7.5) | | 0.490(2.6) | | 0.558 (2.1) | |
| 空调(1,0) | E~G | | 1.149 (8.0) | | 0.88 (4.4) | | 0.948 (3.6) |
| 手动变换器(1,0) | A~C | 1.321 (8.4) | | 0.648 (3.4) | | 0.419 (1.6) | |
| 手动变换器(1,0) | E~G | | 0.726 (5.1) | | −0.753 (3.7) | | |
| ABS制动(1,0) | A~C | 0.561 5 (3.8) | | 0.681 (3.5) | | 0.615 (2.2) | |
| ABS制动(1,0) | E~G | | 0.510 9 (3.6) | | | | |
| 可手动驾驶(1,0) | | | | −1.403 (−2.9) | | | |
| 已婚智能体(1,0) | D,H | | | | | −1.719 (−1.8) | |
| 智能体1年龄(岁) | D | 0.216 3 (3.2) | | | | | |
| 智能体2年龄(岁) | H | | −0.948 (−3.0) | | | | |
| 智能体1认为智能体2会选择相同选项(1,0) | D | | | 0.739 (2.2) | | | |
| 随机参数标准差: | | | | | | | |
| 车辆价格(千澳元)智能体1 | A~C | 0.084 2 (3.1) | | | | | |
| 燃油效率(升/100千米) | A~C, E~G | 0.153 3 (2.5) | | | | | |
| 误差成分(特定选项异质性) | D | | | 0.006 7 (1.2) | | | |
| | H | | | | 0.092 5 (16.7) | | |
| 样本量<br>LL在0点处的值<br>LL的收敛值 | | 808<br>−1 680.19<br>−949.07 | | 328<br>−679.98<br>−408.21 | | 182<br>−386.75<br>−237.2 | |

在表22.4中，选项A～C为智能体1的三个未加标签的选项，E～G为智能体2的三个未加标签的选项，而D～H为每个智能体的零选项（即表22.3中的“none”）。404对智能体参与了第1关，164对智能体继续参与第2关，91对继续参与第3关。

在第1关的ML模型中，智能体1的车辆价格的边际负效用以及智能体1和智能体2的车辆的燃油效率（升/100千米）是随机参数，服从受约束的三角形分布；而车辆价格对智能体2来说是固定参数。这意味着对智能体1来说，他对两个属性的偏好都有异质性；但对智能体2说，只有燃油效率有异质性。尽管选项未加标签，但每个智能体的三个车辆选择有一个“通用”常数，该常数为正，而且在统计上显著（尽管对智能体2来说，仅在边际上显著）①，这意味着额外的未观测因素对智能体1的选项效用的影响是对智能体2的选项效用的影响的三倍多。这又意味着，平均来说，在控制了观测效应之后，智能体1对车辆选择的影响比智能体2大。

在第1关，智能体1不喜欢小型车辆，智能体1和智能体2都强烈偏好空调、手动驾驶和ABS制动。在零选项，我们发现随着智能体1的年龄增大，他们更有可能什么车辆也不选；智能体2的情形正好相反。由于年龄因素在统计上显著，我们预期它对智能体是在某一关达成协议还是进入下一关有重要影响。

当我们经过的关数越多时，在统计上显著的车辆属性和智能体特征数减少。这意味着特定属性对智能体对中的每个人的偏好有初始影响，其中属性子集对智能体子集达成协议有正的影响。然而，对在第1关未达成协议并且进入第2关和第3关的智能体来说，影响他们偏好的显著因素数在减少，但因素并不相同，这些

① 对智能体1和智能体2，我们分别估计了A、B和C的特定选项常数（ASC），然而我们发现它们几乎相同，这意味着在控制了选项的外在属性之后，不存在次序偏差。于是，我们把A～C的特定选项常数和E～G的特定选项常数视为通用的。

因素主要为车辆的具体属性，例如空调、手动驾驶和 ABS 制动。车辆价格和燃油效率仅在第 1 关显著，这个事实意味着初始样本中的所有智能体可能都认为这些属性重要，然而仍有一些智能体对仍然无法达成协议，除非他们获得有关反馈信息。

在第 2 关，这通过车辆的显著属性数和智能体 2 的零选项的显著误差成分（或散布参数）显示。这意味着零选项的未观测的方差有明显的异质性，这与车辆选项的方差不同，后者被标准化为零。

在第 3 关，我们注意到选项 A～C 的特定属性（generic）常数显著，这意味着仍存在一些影响智能体 1 偏好的未观测因素。与兄弟姊妹组成的智能体对相比，夫妻组成的智能体对更不可能选择零选项。

为了更好地理解在每一关达成或未达成协议的智能体对的状况，我们在表 22.5 中提供了三个二项 logit 模型。第 1 关“同意—不同意”模型表明，随着男性智能体 1 的年龄增大，他们倾向于同意，但随着智能体 2 的年龄增大，同意的概率降低。有更多车辆的家庭在第 1 关达成协议的概率更低，原因可能在于他们对特定车辆更挑剔。与兄弟姊妹组成的智能体对相比，夫妻组成的智能体对更有可能在所有关上达成协议；同居者组成的智能体对（第 1 关和第 2 关）更不可能达成协议；没有关系者组成的智能体对（第 1 关和第 2 关）更有可能达成协议。两个值得注意的变量是智能体 2 是否被告知智能体 1 的选择（适用于第 1 关），以及用来表示“智能体是否认为对方选择相同的选项”的虚拟变量。在第 1 关，这两个变量都为正，表明如果智能体 2 被告知智能体 1 的选择而且每个智能体预期另外一个智能体将选择相同的选项，那么他们达成协议的概率增加。后面这个证据在某种意义上是一个部分逻辑验证。

**表 22.5** **协议源**

(a) 第 1 关（同意=1）

| 属性 | 二项 logit | 变量均值 |
|---|---|---|
| 智能体 1 年龄（岁） | 0.039 9 (1.1) | 36.3 |
| 智能体 1 是男性（1，0） | 0.835 (5.4) | 0.54 |
| 智能体 2 年龄（岁） | −0.362 (−1.0) | 38.6 |
| 智能体 2 是男性（1，0） | 0.890 (5.9) | 0.46 |
| 家庭拥有的汽车数 | −0.097 (−2.5) | 1.8 |
| 智能体 2 被告知其他智能体的选择（1，0） | 0.927 (7.7) | 0.248 |
| 智能体认为其他智能体会选择相同选项（1，0） | 1.619 (13.9) | 0.449 |
| 智能体已婚（1，0） | 0.345 (1.8) | 0.108 |
| 智能体是同居关系（1，0） | −0.586 (−3.0) | 0.069 |
| 智能体没有关系（1，0） | 0.576 (2.4) | 0.059 |
| 样本量 | 3 232 | |
| LL 在 0 点处的值 | −1 502.48 | |
| LL 的收敛值 | −1 367.06 | |

(b) 第 2 关（同意=1）

| 属性 | 二项 logit | 变量均值 |
|---|---|---|
| 智能体 1 年龄（岁） | 0.447 (1.0) | 34.3 |
| 智能体 1 是男性（1，0） | −0.374 (−1.9) | 0.523 |
| 智能体 2 年龄（岁） | −0.148 (−3.3) | 35.5 |
| 智能体 2 是男性（1，0） | −0.120 (−0.63) | 0.477 |
| 智能体 2 被告知其他智能体的选择（1，0） | 0.818 (5.7) | 0.554 |

续前表

| 属性 | 二项 logit | 变量均值 |
|---|---|---|
| 智能体认为其他智能体会选择相同选项（1，0） | 2.181（10.4） | 0.193 |
| 智能体已婚（1，0） | 0.719（3.4） | 0.128 |
| 智能体是同居关系（1，0） | −0.654（−2.6） | 0.089 |
| 智能体没有关系（1，0） | 0.591（2.2） | 0.070 |
| 样本量 | 1 308 | |
| LL 在 0 点处的值 | −895.30 | |
| LL 的收敛值 | −798.12 | |

（c）第 3 关（同意=1）

| 属性 | 二项 logit | 变量均值 |
|---|---|---|
| 智能体 1 是男性（1，0） | −1.518（−6.6） | 0.565 |
| 智能体 2 是男性（1，0） | −1.333（−6.0） | 0.434 |
| 智能体 2 年龄（岁） | −0.141（−3.3） | 36.8 |
| 家庭拥有的汽车数 | 0.226（2.9） | 1.73 |
| 智能体认为其他智能体会选择相同选项（1，0） | 1.137（4.4） | 0.104 |
| 智能体已婚（1，0） | 0.786（2.8） | 0.109 |
| 样本量 | 728 | |
| LL 在 0 点处的值 | −383.39 | |
| LL 的收敛值 | −358.56 | |



上面的发现告诉，我们当智能体逐渐在车辆购买决策上达成一致时，哪些属性和社会经济特征（SEC）影响了选择从而影响了每个智能体的偏好。这种方法的另外一个好处是，我们能够考察每个智能体在每一关的结果中所起的作用。Hensher et al.（2007）以及 Hensher 和 Knowles（2007）分别在货运配送链以及公共汽车运营部门和监管部门的合作背景下详细考察了这个议题。式（22.7）总结了势力参数能够参数化的经济结构。

正如上一节讨论的，联合效用函数中的自由参数是势力权重向量 $\tau_{qk}$ 和边际效用估计，它们来自独立的选择模型，并且在各个选项之间维持不变；与此同时，选择集 $p$ 中每个选项 $j$ 的属性水平相同。$\tau_{qk}$ 中的元素可因选项不同而不同，然而根据定义，对于每个选项，它们的和为 1。作为势力指标的 $\tau_{qk}$ 可以为随机参数，也可以为其他标准（例如 SEC）的函数，可以在选项内和（或）选项之间对每个属性特定，或者施加研究者认为合适的约束。

由于对于每个选项 $k$，智能体 $q$ 的势力权重 $\lambda_{qk}$ 和智能体 $q'$ 的势力权重 $1-\lambda_{qk}$ 的和为 1，因此各个智能体类型的势力比较是非常简单的工作。如果属性 $k$ 的两个势力权重相等，即 $\lambda_{qk}=1-\lambda_{qk}=0.5$，那么团体选择均衡不受属性 $k$ 上的优势智能体主导。换句话说，不管其他属性上的势力结构如何，智能体 $q$ 和智能体 $q'$ 倾向于达成公平的折中。如果各个智能体类型的势力权重显著不同（例如对于两个智能体，$\lambda_{qk}>1-\lambda_{qk}$），那么 $\lambda_{qk}$ 直接衡量了一个智能体类型对其他智能体类型在属性 $k$ 上的优势；随着 $\lambda_{qk}$ 增加，智能体 $q$ 对智能体 $q'$ 的相对势力也增加。

例如，势力权重可能显示一个智能体类型倾向于考虑价格，而另外一个智能体类型倾向于考虑非资金属性。我们也可以进一步在智能体子集内部考察这些关系（方法是将 $\lambda_{qk}$ 的随机参数设定分解），以便显示在样本水平上是否偏离了我们推断的行为。

需要注意，在这个案例研究中，势力权重可能没有界（尽管它可以有界，如式（22.6）所示）。也就是说，势力权重的唯一约束是它们的和等于1。因此，小于0或大于1的权重也是可能出现的。这很简单，因为（0，1）界是对团体决策的过度约束，尤其是对各个固定属性组合上的权衡情形的过度约束。因此，我们也许能够看到某个决策者类型在某个属性上对对方做出了比他预期的更大的让步，导致势力权重估计值位于（0，1）范围之外。实证证据参见表22.6。

**表22.6　　团体均衡模型结果**

| 属性 | 选项 | ML |
| --- | --- | --- |
| 随机参数： | | |
| 车辆价格（千澳元） | A—C | −0.051 48（−2.1） |
| 燃油效率（升/100千米） | A—C | −0.198 89（−2.2） |
| 固定参数： | | |
| 空调（1，0） | A—C | 1.405 3（8.1） |
| 手动变换器（1，0） | A—C | 1.174 3（6.7） |
| ABS制动（1，0） | A—C | 0.639 9（3.8） |
| 智能体1是男性（1，0） | D | 0.636 6（1.8） |
| 家庭拥有的汽车数 | D | 0.351 9（3.2） |
| 零选项常数 | D | −2.471 7（−2.4） |
| 关数 | D | −0.843 4（−2.2） |
| 随机参数标准差 | | |
| 车辆价格（千澳元） | A—C | 0.051 48（2.1） |
| 燃油效率（升/100千米） | A—C | 0.079 56（2.2） |
| 误差成分（特定选项异质性） | D | 0.015 3（4.3） |
| 样本量 | 333 | |
| LL在0点处的值 | −679.97 | |
| LL的收敛值 | −358.0 | |

注：我们仅估计了A到D的模型，这是因为两个智能体已达成协议，而且每个选项的属性水平相同。然而，我们在模型中纳入了每个智能体的社会经济特征（SEC）。

具体模型形式是式（22.2）的变种。我们计算了16对选项的联合概率（A～D对E～H），并且将这些概率转换为logistic回归中的选项对的联合智能体概率的对数优势。第1关到第3关的所有势力参数都在95%的置信水平上显著，这三关的势力参数分别为（0.982，0.017），（0.960，0.040）和（0.143，0.867）。这个结果富含信息。这意味着，平均来说，智能体1在第1关和第2关占主导地位，智能体2在第3关占主导地位。第3关的结果表明，在两关之后，智能体2坚持己见的做法得到了回报：在第3关，智能体2的选择反映了他的真实偏好；如果智能体2不坚持，他很可能被在第1关和第2关占主导地位的智能体压倒。这个重要证据说明，我们需要提取每对智能体在达成协议的关上的偏好数据，并且只使用这个数据估计模型，因为它能更好地代表真实市场的情形。有关结果列于表22.6至表22.8。

表22.6说明了汽车价格和燃油效率的随机参数化的影响；然而，与关序列不同，车辆价格对于两个智能体都是随机参数（尽管是未加标签的参数），这两个智能体现在被定义为一个决策者（注意：A—C=E—G以及D=H）。零选项的误差成分的展布参数在统计上显著，这意味着存在显著影响三个车辆选项和零选

项之间选择的未观测变量。我们纳入了表示经过多少关才达成协议的变量。负号表示，在控制了所有其他观测和未观测因素之后，随着关数增加，他们选择零选项的概率降低。这符合直觉，因为如果每个智能体获得对方更多有关偏好的信息，有更多机会通过反馈和检查过程进行协商，那么他们达成车辆选择一致意见的概率增加。

最后一个模型提供了团体均衡偏好的实证估计。这让我们能够估计每个车辆包和零选项的概率。我们特别感兴趣的是，与从每一关尤其第一关得到的平均概率估计值（它等价于传统仅有一关的 SC 实验）相比，团体均衡模型的应用得到的估计值有多大的差异。比较结果参见表 22.7。

**表 22.7　　概率比较**

| 选项对 | 团体均衡 | 第 1 关 | | 第 2 关 | | 第 3 关 | |
|---|---|---|---|---|---|---|---|
| | | 智能体 1 | 智能体 2 | 智能体 1 | 智能体 2 | 智能体 1 | 智能体 2 |
| AE（1，5） | 0.258 | 0.267 | 0.275 | 0.280 | 0.304 | 0.266 | 0.296 |
| BF（2，6） | 0.266 | 0.271 | 0.276 | 0.283 | 0.280 | 0.245 | 0.273 |
| CG（3，7） | 0.274 | 0.274 | 0.280 | 0.278 | 0.287 | 0.265 | 0.275 |
| DH（4，8） | 0.199 | 0.187 | 0.168 | 0.157 | 0.127 | 0.223 | 0.157 |
| 总样本量 | | 404 | | 171 | | 35 | |
| 同意 | 333（组成为） | 233 | | 68 | | 32 | |

如果我们使用第 1 关作为正确偏好显示情形（这等价于我们评估一个智能体的独立 CE，不涉及反馈和修改过程），那么与团体选择均衡相比，选项 AE（1，5）和 BF（2，6）将高估智能体 1 和智能体 2 的平均选择概率；选项 CG（3，7）的平均估计值与智能体 1 的相同，但高估了第 1 关智能体 2 的值。零选项 DH（4，8）的差异最大，在第 1 关有显著的低估。第 2 关和第 3 关没有多少有用的信息，因为它们代表在第 1 关未达成协议的智能体，而且通常不能被传统非反馈修改 CE 情形所描述。

为了更好地理解影响智能体在第 1 关达成协议和在以后各关达成协议的影响，我们使用二项 logit 模型。模型结果列于表 22.8，这些结果与女性相比，男性更有可能在第 1 关达成协议。年龄差越大，协商越有可能进入下一关。与兄弟姊妹组成的智能体对相比，夫妻对、同居关系对和没有关系对更不可能在第 1 关达成协议，从而更有可能进入第 2 关或第 3 关。这强化了同意—不同意模型（见表 22.5）报告的第 1 关到第 3 关的证据。

**表 22.8　　协议源：第 2、3 关 v.s. 第 1 关团体均衡**

| 属性 | 二项 logit | 变量的均值 |
|---|---|---|
| 第 2、3 关常数 | −0.617 1（−6.7） | |
| 智能体 1 是男性（1，0） | −0.279 6（−2.3） | 0.538 |
| 智能体 1 和智能体 2 的年龄差 | 0.403（4.5） | −11.62 |
| 智能体已婚（1，0） | 0.633 1（3.6） | 0.114 |
| 智能体是同居关系（1，0） | 0.270 0（1.2） | 0.060 |
| 智能体无关（1，0） | 1.181 3（4.6） | 0.063 |
| 样本量 | 1 332 | |
| LL 在 0 点处的值 | −861.02 | |
| LL 的收敛值 | −829.07 | |

## 22.5 Nlogit 命令和结果

这里的 Nlogit 命令和 22.4 节相同。我们省略了一些对读者没有多少指导作用的结果。第 1、2 和 3 关的命令相同，只不过使用的数据子集不同（如“reject”命令所示）。

### □ 22.5.1 估计含有势力权重的模型

```
Load;file = C:\Papers\WPs2011\IACECar\IACE_Car_MF.sav $
```

### □ 22.5.2 第 1 关、第 1 轮（智能体 1）和第 2 轮（智能体 2）ML 模型

```
reject;pass#1 $
reject;rnd>2 $
reject;alt>8 $ To eliminate observations that are not applicable
create;pricez = price/1000 $
rplogit
;lhs = choice1,cset,altijz
;choices = altA1,altB1,altC1,altD1,altA2,altB2,altC2,altD2 * 4 alternatives
for agents 1 & 2
;rpl;fcn = price1(t,1),fuelef12(t,1);halton,pts = 500
;par ;utility = util1;prob = pass1p * storing utilities and probabilities
;model:
U(altA1) = ASC1 + price1 * pricez + fuelef12 * fuel + smallv1 * smallv + ac1 * ac + trans1
 * trans + abs1 * abs/
U(altB1) = ASC1 + price1 * pricez + fuelef12 * fuel + smallv1 * smallv + ac1 * ac + trans1
 * trans + abs1 * abs/
U(altC1) = ASC1 + price1 * pricez + fuelef12 * fuel + smallv1 * smallv + ac1 * ac + trans1
 * trans + abs1 * abs/
U(altD1) = age1 * ageA/
U(altA2) = asc2 + price2 * pricez + fuelef12 * fuel + ac2 * ac + trans2 * trans + abs2 * abs/
U(altB2) = asc2 + price2 * pricez + fuelef12 * fuel + ac2 * ac + trans2 * trans + abs2 * abs/
U(altC2) = Asc2 + price2 * pricez + fuelef12 * fuel + ac2 * ac + trans2 * trans + abs2 * abs/
U(altD2) = genderd2 * genderb $
Normal exit from iterations. Exit status = 0.
```

```
+------------------------------------------------------------+
| Random Parameters Logit Model                              |
| Maximum Likelihood Estimates                               |
| Dependent variable                  CHOICE1                |
| Number of observations                  808                |
| Iterations completed                     17                |
| Log likelihood function           -949.0695                |
| Number of parameters                     14                |
| Info. Criterion: AIC =              2.38384                |
| Info. Criterion: BIC =              2.46518                |
| Restricted log likelihood         -1680.189                |
```

```
| McFadden Pseudo R-squared        .4351412         |
| At start values    -950.6900  .00170 *******      |
+---------------------------------------------------+
+---------------------------------------------------+
| Random Parameters Logit Model                     |
| Replications for simulated probs. = 500           |
| Halton sequences used for simulations             |
+---------------------------------------------------+

+--------+--------------+----------------+--------+--------+-------+
|Variable| Coefficient  | Standard Error |b/St.Er.|P[|Z|>z]|
+--------+--------------+----------------+--------+--------+-------+
---------+Random parameters in utility functions
 PRICE1  |   -.08419594      .02759731     -3.051   .0023
 FUELEF12|   -.15328834      .06085694     -2.519   .0118
---------+Nonrandom parameters in utility functions
 ASC1    |   3.49565266     1.06965972      3.268   .0011
 SMALLV1 |  -1.46097818      .62849023     -2.325   .0201
 AC1     |   1.13049774      .14996959      7.538   .0000
 TRANS1  |   1.32105367      .15718658      8.404   .0000
 ABS1    |    .56148756      .14904703      3.767   .0002
 AGE1    |    .21633004      .06836149      3.165   .0016
 ASC2    |   1.12734001      .71247313      1.582   .1136
 PRICE2  |   -.03342266      .02221145     -1.505   .1324
 AC2     |   1.14895147      .14369550      7.996   .0000
 TRANS2  |    .72556207      .14213511      5.105   .0000
 ABS2    |    .51085546      .14038488      3.639   .0003
 GENDERD2|   -.94844004      .31151874     -3.045   .0023
---------+  Derived standard deviations of parameter distributions
 TsPRICE1|    .08419594      .02759731      3.051   .0023
 TsFUELEF|    .15328834      .06085694      2.519   .0118
```

## □ 22.5.3 第1关、第1轮（智能体1）和第2轮（智能体2）达成协议模型

```
create;if(relation=1)marr=1 ;if(relation=2)defacto=1 ;if(relation=3) notrel=1 $
logit
   ;lhs=agree1
   ;rhs=agea,gendera,ageb,genderb,numcars,told,choose,marr,defacto,notrel $
Normal exit from iterations. Exit status=0.
```

```
+---------------------------------------------------+
| Binary Logit Model for Binary Choice              |
| Maximum Likelihood Estimates                      |
| Dependent variable                  AGREE1        |
| Number of observations                3232        |
| Iterations completed                    11        |
| Log likelihood function          -1367.056        |
| Number of parameters                    10        |
| Info. Criterion: AIC =              .85214        |
| Restricted log likelihood        -1502.479        |
| McFadden Pseudo R-squared         .0901328        |
+---------------------------------------------------+
+--------+--------------+----------------+--------+--------+----------+
|Variable| Coefficient  | Standard Error |b/St.Er.|P[|Z|>z]| Mean of X|
+--------+--------------+----------------+--------+--------+----------+
---------+Characteristics in numerator of Prob[Y = 1]
 AGEA    |     .03993165      .03720238     1.073    .2831   3.63366337
 GENDERA |     .83576694      .15363277     5.440    .0000    .54455446
```

```
AGEB     |   -.03620329    .03792487    -.955   .3398   3.86138614
GENDERB  |    .89030702    .15153326    5.875   .0000    .45544554
NUMCARS  |   -.09759253    .03868549   -2.523   .0116  -18.1980198
TOLD     |    .92658029    .12092513    7.662   .0000    .24381188
CHOOSE   |   1.61992446    .11679118   13.870   .0000    .44925743
MARR     |    .34599887    .19231219    1.799   .0720    .10891089
DEFACTO  |   -.58649446    .19870484   -2.952   .0032    .06930693
NOTREL   |    .57650284    .23576884    2.445   .0145    .05940594
```

## □ 22.5.4 将两个智能体的概率整理成一行

```
create
    ;passA1 = pass1p
    ;passB1 = pass1p[+1]
    ;passC1 = pass1p[+2]
    ;passD1 = pass1p[+3]
    ;passA2 = pass1p[+16]
    ;passB2 = pass1p[+17]
    ;passC2 = pass1p[+18]
    ;passD2 = pass1p[+19] $
```

## □ 22.5.5 为智能体对产生合作和非合作概率

```
create
    ;coopA = passA1 * passA2  * alt A agent 1 and alt A agent 2
    ;ncoop12 = passA1 * passB2
    ;ncoop13 = passA1 * passC2
    ;ncoop14 = passA1 * passD2
    ;ncoop21 = passB1 * passA2
    ;coopB = passB1 * passB2
    ;ncoop23 = passB1 * passC2
    ;ncoop24 = passB1 * passD2
    ;ncoop31 = passC1 * passA2
    ;ncoop32 = passC1 * passB2
    ;coopC = passC1 * passC2
    ;ncoop34 = passC1 * passD2
    ;ncoop41 = passD1 * passA2
    ;ncoop42 = passD1 * passB2
    ;ncoop43 = passD1 * passC2
    ;coopD = passC1 * passC2  $
```

## □ 22.5.6 删除智能体对中的每个人的四个选择集的第 1 行之外的其他行（即仅保留第 1 行）

```
create;lined = dmy(32,1) $
reject;lined#1 $ To use only line one of the 32
namelist;cprobs = coopA, ncoop12, ncoop13, ncoop14, ncoop21, coopB, ncoop23, ncoop24, ncoop31, nco-
```

```
            op32,coopC,ncoop34,ncoop41,ncoop42,ncoop43,coopD $
namelist;passpr = passA1,passB1,passC1,passD1,passA2,passB2,passC2,passD2 $
dstats;rhs = cprobs,passpr,rnd,pass,lined $
Descriptive Statistics

All results based on nonmissing observations.
======================================================================
Variable     Mean        Std.Dev.      Minimum       Maximum        Cases
======================================================================
All observations in current sample
---------------------------------------------------------------------
COOPA    | .763862E-01  .726007E-01  .178755E-02  .395191           101
NCOOP12  | .673697E-01  .553543E-01  .631503E-02  .344814           101
NCOOP13  | .716571E-01  .572734E-01  .383806E-02  .284068           101
NCOOP14  | .456793E-01  .452811E-01  .203701E-02  .288444           101
NCOOP21  | .728243E-01  .516858E-01  .160653E-02  .231627           101
COOPB    | .990126E-01  .112036      .155347E-02  .556135           101
NCOOP23  | .765949E-01  .641968E-01  .734792E-03  .295942           101
NCOOP24  | .508328E-01  .479378E-01  .126018E-02  .240950           101
NCOOP31  | .690486E-01  .612892E-01  .410930E-02  .326127           101
NCOOP32  | .688203E-01  .652851E-01  .287789E-02  .333120           101
COOPC    | .871799E-01  .865398E-01  .176146E-02  .411685           101
NCOOP34  | .404765E-01  .325327E-01  .178009E-02  .133559           101
NCOOP41  | .470984E-01  .420942E-01  .224879E-02  .233532           101
NCOOP42  | .440991E-01  .365063E-01  .369707E-02  .202388           101
NCOOP43  | .489374E-01  .456428E-01  .269314E-02  .211110           101
COOPD    | .871799E-01  .865398E-01  .176146E-02  .411685           101
PASSA1   | .261092      .149453      .316582E-01  .698440           101
PASSB1   | .299265      .188840      .300963E-01  .787971           101
PASSC1   | .265525      .169636      .304937E-01  .641838           101
PASSD1   | .174118      .114026      .315459E-01  .508091           101
PASSA2   | .265358      .137121      .316582E-01  .567271           101
PASSB2   | .279302      .170303      .300963E-01  .787971           101
PASSC2   | .284369      .170913      .167566E-01  .793413           101
PASSD2   | .170972      .106892      .204512E-01  .530933           101
RND      | 1.46535      .501285      1.00000      2.00000           101
PASS     | 1.00000      .000000      1.00000      1.00000           101
LINED    | 1.00000      .000000      1.00000      1.00000           101
```

### □ 22.5.7 获得第1行的效用（注意：这个阶段仅考察整体效用）

```
Sample;all $
reject;pass#1 $
reject;rnd>2 $
reject;alt>8 $ To eliminate obs that are not applicable
create
    ;utilA1 = util1
    ;utilB1 = util1[+1]
    ;utilC1 = util1[+2]
    ;utilD1 = util1[+3]
    ;utilA2 = util1[+16]
    ;utilB2 = util1[+17]
    ;utilC2 = util1[+18]
    ;utilD2 = util1[+19] $
```

## □ 22.5.8 写出势力权重应用的新文件

```
write;
    pass,rnd,coopA,utilA1,utilA2,
    pass,rnd,ncoop12,utilA1,utilB2,
    pass,rnd,ncoop13,utilA1,utilC2,
    pass,rnd,ncoop14,utilA1,utilD2,
    pass,rnd,ncoop21,utilB1,utilA2,
    pass,rnd,coopB,utilB1,utilB2,
    pass,rnd,ncoop23,utilB1,utilC2,
    pass,rnd,ncoop24,utilB1,utilD2,
    pass,rnd,ncoop31,utilC1,utilA2,
    pass,rnd,ncoop32,utilC1,utilB2,
    pass,rnd,coopC,utilC1,utilC2,
    pass,rnd,ncoop34,utilC1,utilD2,
    pass,rnd,ncoop41,utilD1,utilA2,
    pass,rnd,ncoop42,utilD1,utilB2,
    pass,rnd,ncoop43,utilD1,utilC2,
    pass,rnd,coopD,utilD1,utilD2
    ;format = (15(5F12.5/)5f12.5)
    ;file = C:\Papers\WPs2011\IACECar\Pass1Power.txt $
```

## □ 22.5.9 读取新数据文件

```
reset
read;file=C:\Papers\WPs2011\IACECar\Pass1Power.txt
    ;names= pass,rnd,prob,util1,util2
    ;format=(5f12.5);nobs= 1616 ;nvar=5$
dstats;rhs=*$
Descriptive Statistics
==============================================================================
Variable      Mean        Std.Dev.       Minimum       Maximum          Cases
==============================================================================
All observations in current sample
------------------------------------------------------------------------------
PASS    | 1.00000       .000000        1.00000       1.00000           1616
RND     | 1.46535       .498952        1.00000       2.00000           1616
PROB    | .658249E-01  .655178E-01  .730000E-03  .556130            1616
UTIL1   | .829769       1.09591       -1.73545      3.49634           1592
UTIL2   | .849197       1.07817       -1.73545      3.49634           1336
```

## □ 22.5.10 估计 OLS 势力权重模型（权重之和等于 1.0）

注意：这里与前面不同，因为这里使用了配对概率作为因变量。

```
create;diffut=util1-util2;lprob=log(prob/(1-prob))$
crmodel
    ;lhs=lprob
    ;rhs=one,util1,util2
    ;cls:b(2)+b(3)=1$
```

```
+----------------------------------------------------------------------+
| Ordinary    least squares regression                                 |
| LHS=LPROB    Mean                    =  -3.124691                    |
|              Standard deviation      =   1.121428                    |
| WTS=none     Number of observs.      =       1616                    |
| Model size   Parameters              =          3                    |
|              Degrees of freedom      =       1613                    |
| Residuals    Sum of squares          =   2023.224                    |
|              Standard error of e     =   1.119966                    |
| Fit          R-squared               =   .3841372E-02                 |
|              Adjusted R-squared      =   .2606210E-02                |
| Model test   F[  2,   1613] (prob)   =   3.11 (.0449)                |
| Diagnostic   Log likelihood          =  -2474.593                    |
|              Restricted(b=0)         =  -2477.703                    |
| Info criter. LogAmemiya Prd. Crt.    =   .2284510                    |
|              Akaike Info. Criter.    =   .2284510                    |
+----------------------------------------------------------------------+
|Variable| Coefficient  | Standard Error |b/St.Er.|P[|Z|>z]| Mean of X|
+--------+--------------+----------------+--------+--------+----------+
 Constant|   -3.09768641       .03061562  -101.180   .0000
 UTIL1   |     .00030301       .00023926     1.266   .2054  -14.0191879
 UTIL2   |     .00013201     .764675D-04     1.726   .0843  -172.392001
```

获得结果权重

```
+----------------------------------------------------------------------+
| Linearly restricted regression                                       |
| Ordinary    least squares regression                                 |
| LHS=LPROB    Mean                    =  -3.124691                    |
|              Standard deviation      =   1.121428                    |
| WTS=none     Number of observs.      =       1616                    |
| Model size   Parameters              =          2                    |
|              Degrees of freedom      =       1614                    |
| Residuals    Sum of squares          =   .2355703E+08                 |
|              Standard error of e     =   120.8116                    |
| Fit          R-squared               =  -11597.59                    |
|              Adjusted R-squared      =  -11604.78                    |
| Diagnostic   Log likelihood          =  -10039.48                    |
|              Restricted(b=0)         =  -2477.703                    |
| Info criter. LogAmemiya Prd. Crt.    =   9.589701                    |
|              Akaike Info. Criter.    =   9.589701                    |
| Restrictns.  F[  1,   1613]  (prob)  =******* (.0000)                |
+----------------------------------------------------------------------+
|Variable| Coefficient  | Standard Error |b/St.Er.|P[|Z|>z]| Mean of X|
+--------+--------------+----------------+--------+--------+----------+
 Constant|    13.6012536     3.27626610     4.151   .0000
 UTIL1   |     .98290896      .00823779   119.317   .0000  -14.0191879
 UTIL2   |     .01709104      .00823779     2.075   .0380  -172.392001
```

### □ 22.5.11 第2关（重复第1关的过程）

```
create
    ;if(pass=1)chp1=choice1
    ;if(pass=2)chp2=choice1$
reject;pass#2$
create;if(rnd=3|rnd=4)rnd34=1$
reject;rnd34#1$
reject;alt>8$  To eliminate obs that are not applicable
nlogit
    ;lhs=choice1,cset,alt
    ;choices=altA1,altB1,altC1,altD1,altA2,altB2,altC2,altD2
```

```
    ;utility=util2;prob=pass2p
    ;ecm= (altD1),(altD2)
    ;model:
    U(altA1)=ac1*ac+trans1*trans+abs1*abs+manualb1*manualb/
    U(altB1)=ac1*ac+trans1*trans+abs1*abs+manualb1*manualb/
    U(altC1)=ac1*ac+trans1*trans+abs1*abs+manualb1*manualb/
    U(altD1)= choose*choose /
    U(altA2)=smallv2*smallv+ac2*ac+trans2*trans /
    U(altB2)=smallv2*smallv
    +ac2*ac+trans2*trans /
    U(altC2)=smallv2*smallv+ac2*ac+trans2*trans /
    U(altD2)=choose*choose

Normal exit from iterations. Exit status=0.
+----------------------------------------------------------+
| Error Components (Random Effects) model                 |
| Maximum Likelihood Estimates                            |
| Dependent variable                    CHOICE1           |
| Number of observations                    327           |
| Iterations completed                       12           |
| Log likelihood function           -408.2055           |
| Number of parameters                       10           |
| Info. Criterion: AIC =              2.55783           |
| Restricted log likelihood         -679.9774           |
| McFadden Pseudo R-squared           .3996779           |
| At start values   -408.2175   .00003 ******* |
| Response data are given as ind. choice.                 |
+----------------------------------------------------------+
+----------------------------------------------------------+
| Error Components (Random Effects) model                 |
| Replications for simulated probs. = 500                 |
| Number of obs.=   327, skipped   0 bad obs.             |
+----------------------------------------------------------+
+--------+--------------+---------------+---------+--------+--------+--------+
|Variable| Coefficient  | Standard Error |b/St.Er.|P[|Z|>z]|
+--------+--------------+---------------+---------+--------+--------+--------+
---------+Nonrandom parameters in utility functions
 AC1     |     .49005645       .18805095       2.606    .0092
 TRANS1  |     .64838425       .18805761       3.448    .0006
 ABS1    |     .68111715       .19230800       3.542    .0004
 MANUALB1|   -1.40274509       .48704108      -2.880    .0040
 CHOOSE  |     .73906653       .33872551       2.182    .0291
 SMALLV2 |    1.51774727      1.09623989       1.385    .1662
 AC2     |     .88020449       .20142269       4.370    .0000
 TRANS2  |     .75316259       .20134452       3.741    .0002
---------+Standard deviations of latent random effects
 SigmaE01|     .00668620       .00541920       1.234    .2173
 SigmaE02|     .09251584       .00552830      16.735    .0000

logit
    ;lhs=agree1
    ;rhs=agea,gendera,ageb,genderb,told,choose,marr,defacto,notrel$
Normal exit from iterations. Exit status=0.

+----------------------------------------------------------+
| Binary Logit Model for Binary Choice                    |
| Maximum Likelihood Estimates                            |
| Dependent variable                    AGREE1            |
```

```
| Number of observations              1308      |
| Iterations completed                   5      |
| Log likelihood function        -798.1246      |
| Number of parameters                   9      |
| Info. Criterion: AIC =           1.23414      |
| Restricted log likelihood      -895.2948      |
| McFadden Pseudo R-squared       .1085343      |
+-----------------------------------------------+
+--------+-------------+---------------+--------+---------+----------+----------+
|Variable| Coefficient  | Standard Error |b/St.Er.|P[|Z|>z]| Mean of X|
+--------+-------------+---------------+--------+---------+----------+----------+
---------+Characteristics in numerator of Prob[Y = 1]
 AGEA    |     .04472296       .04338149     1.031    .3026   3.43425076
 GENDERA |   -.37357912       .19417657    -1.924   .0544     .52293578
 AGEB    |   -.14802374       .04465762    -3.315   .0009   3.55351682
 GENDERB |   -.12024167       .19242782     -.625   .5321     .47706422
 TOLD    |     .81835993       .14352136     5.702   .0000     .55351682
 CHOOSE  |   2.18160246       .20911924    10.432   .0000     .19266055
 MARR    |     .71989585       .21491511     3.350   .0008     .12844037
 DEFACTO |   -.65358419       .24686418    -2.648   .0081     .08868502
 NOTREL  |     .59052518       .26551989     2.224   .0261     .07033639
create
    ;passA1=pass2p
    ;passB1=pass2p[+1]
    ;passC1=pass2p[+2]
    ;passD1=pass2p[+3]
    ;passA2=pass2p[+16]
    ;passB2=pass2p[+17]
    ;passC2=pass2p[+18]
    ;passD2=pass2p[+19]$
create
    ;coopA=passA1*passA2       ;ncoop12=passA1*passB2
    ;ncoop13=passA1*passC2
    ;ncoop14=passA1*passD2
    ;ncoop21=passB1*passA2
    ;coopB=passB1*passB2
    ;ncoop23=passB1*passC2
    ;ncoop24=passB1*passD2
    ;ncoop31=passC1*passA2
    ;ncoop32=passC1*passB2
    ;coopC=passC1*passC2
    ;ncoop34=passC1*passD2
    ;ncoop41=passD1*passA2
    ;ncoop42=passD1*passB2
    ;ncoop43=passD1*passC2
    ;coopD=passC1*passC2 $
create;lined=dmy(32,1)$
reject;lined#1$  To use only line one of the 32 (4 resp A by 4 alt and 4 ...
namelist;cprobs=coopA,ncoop12,ncoop13,ncoop14,ncoop21,coopB,ncoop23,
   ncoop24,
    ncoop31,ncoop32,coopC,ncoop34,ncoop41,ncoop42,ncoop43,coopD$
namelist;passpr=passA1,passB1,passC1,passD1,passA2,passB2,passC2,passD2$
dstats;rhs=cprobs,passpr,rnd,pass,lined$
Descriptive Statistics
=======================================================================
Variable      Mean        Std.Dev.       Minimum       Maximum        Cases
=======================================================================
```

```
-----------------------------------------------------------------------------------------
All observations in current sample
-----------------------------------------------------------------------------------------
COOPA    |  .849429E-01  .533277E-01  .130850E-01  .248684          46
NCOOP12  |  .890744E-01  .537367E-01  .245993E-01  .263873          46
NCOOP13  |  .920542E-01  .567748E-01  .949661E-02  .285906          46
NCOOP14  |  .425945E-01  .367116E-01  .452954E-02  .209464          46
NCOOP21  |  .739161E-01  .455627E-01  .136280E-01  .237295          46
COOPB    |  .813787E-01  .516624E-01  .155708E-01  .263873          46
NCOOP23  |  .837980E-01  .552306E-01  .111258E-01  .277152          46
NCOOP24  |  .371832E-01  .296734E-01  .341251E-02  .132585          46
NCOOP31  |  .717988E-01  .402659E-01  .100617E-01  .198032          46
NCOOP32  |  .792008E-01  .467621E-01  .128627E-01  .187629          46
COOPC    |  .845424E-01  .587186E-01  .100617E-01  .271045          46
NCOOP34  |  .370204E-01  .347176E-01  .387478E-02  .156443          46
NCOOP41  |  .390516E-01  .379878E-01  .351979E-02  .253621          46
NCOOP42  |  .447599E-01  .441971E-01  .165738E-02  .253621          46
NCOOP43  |  .400139E-01  .276343E-01  .848759E-02  .149056          46
COOPD    |  .845424E-01  .587186E-01  .100617E-01  .271045          46
PASSA1   |  .309483      .125592      .116319      .630297          47
PASSB1   |  .273875      .113357      .967490E-01  .575822          47
PASSC1   |  .274148      .121305      .816736E-01  .520661          47
PASSD1   |  .142494      .950604E-01  .171307E-01  .606601          47
PASSA2   |  .269709      .111041      .816900E-01  .498693          46
PASSB2   |  .294414      .124243      .609159E-01  .630508          46
PASSC2   |  .300409      .139099      .816431E-01  .630172          46
PASSD2   |  .135468      .939317E-01  .171307E-01  .518700          46
RND      |  3.36170      .485688      3.00000      4.00000          47
PASS     |  2.00000      .000000      2.00000      2.00000          47
LINED    |  1.00000      .000000      1.00000      1.00000          47
```

```
Sample;all$
reject;pass#2$
create;if(rnd=3|rnd=4)rnd34=1$
reject;rnd34#1$
reject;alt>8$  To eliminate obs that are not applicable

create
    ;utilA1=util1
    ;utilB1=util1[+1]
    ;utilC1=util1[+2]
    ;utilD1=util1[+3]
    ;utilA2=util1[+16]
    ;utilB2=util1[+17]
    ;utilC2=util1[+18]
    ;utilD2=util1[+19]$
create;lined=dmy(32,1)$
reject;lined#1$  To use only line one of the 32
write;
    pass,rnd,coopA,utilA1,utilA2,
    pass,rnd,ncoop12,utilA1,utilB2,
    pass,rnd,ncoop13,utilA1,utilC2,
    pass,rnd,ncoop14,utilA1,utilD2,
    pass,rnd,ncoop21,utilB1,utilA2,
    pass,rnd,coopB,utilB1,utilB2,
    pass,rnd,ncoop23,utilB1,utilC2,
    pass,rnd,ncoop24,utilB1,utilD2,
    pass,rnd,ncoop31,utilC1,utilA2,
    pass,rnd,ncoop32,utilC1,utilB2,
```

```
    pass,rnd,coopC,utilC1,utilC2,
    pass,rnd,ncoop34,utilC1,utilD2,
    pass,rnd,ncoop41,utilD1,utilA2,
    pass,rnd,ncoop42,utilD1,utilB2,
    pass,rnd,ncoop43,utilD1,utilC2,
    pass,rnd,coopD,utilD1,utilD2
    ;format=(15(5F12.5/)5f12.5)
    ;file=C:\Papers\WPs2011\IACECar\Pass2Power.txt$
reset
read;file=C:\Papers\WPs2011\IACECar\Pass2Power.txt
    ;names= pass,rnd,prob,util1,util2
    ;format=(5f12.5);nobs= 1616 ;nvar=5$
Last observation read from data file was      752
dstats;rhs=*$
Descriptive Statistics
=====================================================================
Variable      Mean         Std.Dev.      Minimum       Maximum        Cases
=====================================================================
All observations in current sample
---------------------------------------------------------------------
PASS    |  2.00000      .000000       2.00000       2.00000           752
RND     |  3.36170      .480813       3.00000       4.00000           752
PROB    |  .666169E-01  .509216E-01   .166000E-02   .285910           736
UTIL1   |  1.11452      .717230      -.397410       2.55852           728
UTIL2   |  1.17962      .689951      -.274140       2.55852           472
create
    ;diffut=util1-util2
    ;lprob=log(prob/(1-prob))$
crmodel
    ;lhs=lprob
    ;rhs=one,util1,util2
    ;cls:b(2)+b(3)=1$

+-----------------------------------------------------------------+
| Ordinary    least squares regression                            |
| LHS=LPROB    Mean                  =  -24.12440                 |
|              Standard deviation    =   143.8358                 |
| WTS=none     Number of observs.    =        752                 |
| Model size   Parameters            =          3                 |
|              Degrees of freedom    =        749                 |
| Residuals    Sum of squares        =   9857381.                 |
|              Standard error of e   =   114.7202                 |
| Fit          R-squared             =   .3655639                 |
|              Adjusted R-squared    =   .3638698                 |
| Model test   F[  2,    749] (prob) = 215.79 (.0000)             |
| Diagnostic   Log likelihood        =  -4631.896                 |
|              Restricted(b=0)       =  -4802.983                 |
|              Chi-sq [   2]  (prob) = 342.17 (.0000)             |
| Info criter. LogAmemiya Prd. Crt. =    9.488974                 |
|              Akaike Info. Criter. =    9.488973                 |
+-----------------------------------------------------------------+
+--------+--------------+----------------+--------+--------+----------+
|Variable| Coefficient  | Standard Error |b/St.Er.|P[|Z|>z]| Mean of X|
+--------+--------------+----------------+--------+--------+----------+
 Constant|   -3.46215432      5.27426084     -.656   .5116
 UTIL1   |     .48247198       .02448741    19.703   .0000  -30.8040281
 UTIL2   |     .01562429       .00890306     1.755   .0793  -371.227687
```

```
+--------------------------------------------------------------------+
| Linearly restricted regression                                     |
| Ordinary    least squares regression                               |
| LHS=LPROB    Mean                      =  -24.12440                |
|              Standard deviation        =   143.8358                |
| WTS=none     Number of observs.        =        752                |
| Model size   Parameters                =          2                |
|              Degrees of freedom        =        750                |
| Residuals    Sum of squares            =  .1561210E+08             |
|              Standard error of e       =   144.2780                |
| Fit          R-squared                 = -.4818718E-02             |
|              Adjusted R-squared        = -.6158477E-02             |
| Diagnostic   Log likelihood            = -4804.790                 |
|              Restricted(b=0)           = -4802.983                 |
| Info criter. LogAmemiya Prd. Crt.      =   9.946140                |
|              Akaike Info. Criter.      =   9.946140                |
+--------------------------------------------------------------------+
+--------+-------------+---------------+--------+--------+----------+----------+
|Variable| Coefficient  | Standard Error |b/St.Er.|P[|Z|>z]| Mean of X|
+--------+-------------+---------------+--------+--------+----------+----------+
 Constant|    20.2625944      6.47789105      3.128   .0018
 UTIL1   |     .96009981       .01110134     86.485   .0000  -30.8040281
 UTIL2   |     .03990019       .01110134      3.594   .0003  -371.227687
```

### □ 22.5.12 第 3 关（与第 1 关的过程相同）

```
reset
Load;file =C:\Papers\WPs2011\IACECar\IACE_Car_MF.sav$
reject;pass#3$
create;if(rnd=5|rnd=6)rnd56=1$
reject;rnd56#1$
reject;alt>8$  To eliminate obs that are not applicable
create
    ;pricez=price/1000$
create
    ;if(relation=1)marr=1
    ;if(relation=2)defacto=1
    ;if(relation=3)notrel=1$
nlogit
    ;lhs=choice1,cset,alt
    ;choices=altA1,altB1,altC1,altD1,altA2,altB2,altC2,altD2
    ;utility=util2;prob=pass2p
    ;model:
    U(altA1)=ASC1+ac1*ac+trans1*trans+abs1*abs/
    U(altB1)=ASC1+ac1*ac
    +trans1*trans+abs1*abs/
    U(altC1)=ASC1+ac1*ac+trans1*trans+abs1*abs/
    U(altD1)= marr*marr/
    U(altA2)=ac2*ac /
    U(altB2)=ac2*ac/?+trans2*trans /
    U(altC2)=ac2*ac/?+trans2*trans /
    U(altD2)=marr*marr$
Normal exit from iterations. Exit status=0.
+-----------------------------------------------------------+
| Discrete choice (multinomial logit) model                 |
| Maximum Likelihood Estimates                              |
| Dependent variable                         Choice         |
| Number of observations                        182         |
```

```
| Iterations completed                    6       |
| Log likelihood function         -237.1371       |
| Number of parameters                    6       |
| Info. Criterion: AIC =            2.67184       |
| Info. Criterion: BIC =            2.77746       |
| R2=1-LogL/LogL*  Log-L fncn  R-sqrd  RsqAdj     |
| Number of obs.=    182, skipped   0 bad obs.    |
+--------------------------------------------------+
+--------+-------------+---------------+--------+--------+--------+
|Variable| Coefficient | Standard Error |b/St.Er.|P[|Z|>z]|
+--------+-------------+---------------+--------+--------+--------+
 ASC1    |   -.88925055      .38018939    -2.339   .0193
 AC1     |    .55795018      .26762586     2.085   .0371
 TRANS1  |    .41948069      .26803721     1.565   .1176
 ABS1    |    .61454275      .28223996     2.177   .0295
 MARR    |  -1.71948941     1.05072358    -1.636   .1017
 AC2     |    .94820487      .26548810     3.572   .0004

logit
    ;lhs=agree1
    ;rhs=genderb,gendera,numcars,marr,choose,ageb$
Normal exit from iterations. Exit status=0.
+--------------------------------------------------+
| Binary Logit Model for Binary Choice             |
| Maximum Likelihood Estimates                     |
| Dependent variable                 AGREE1        |
| Number of observations                728        |
| Iterations completed                    5        |
| Log likelihood function         -358.5647        |
| Number of parameters                    6        |
| Info. Criterion: AIC =            1.00155        |
| Restricted log likelihood       -383.3864        |
| McFadden Pseudo R-squared        .0647432        |
+--------------------------------------------------+
+--------+-------------+---------------+--------+--------+----------+---------+
|Variable| Coefficient | Standard Error |b/St.Er.|P[|Z|>z]| Mean of X|
+--------+-------------+---------------+--------+--------+----------+---------+
---------+Characteristics in numerator of Prob[Y = 1]
 GENDERB |  -1.33326571      .22254840    -5.991   .0000     .43406593
 GENDERA |  -1.51788811      .22970120    -6.608   .0000     .56593407
 NUMCARS |    .22571487      .07816808     2.888   .0039    1.73076923
 MARR    |    .78591991      .28140716     2.793   .0052     .10989011
 CHOOSE  |   1.13743684      .26059781     4.365   .0000     .10439560
 AGEB    |   -.14127984      .04296746    -3.288   .0010    3.68681319

create
    ;passA1=pass3p
    ;passB1=pass3p[+1]
    ;passC1=pass3p[+2]
    ;passD1=pass3p[+3]
    ;passA2=pass3p[+16]
    ;passB2=pass3p[+17]
    ;passC2=pass3p[+18]
    ;passD2=pass3p[+19]$
create
    ;coopA=passA1*passA2        ;ncoop12=passA1*passB2
    ;ncoop13=passA1*passC2
    ;ncoop14=passA1*passD2
    ;ncoop21=passB1*passA2
```

```
    ;coopB=passB1*passB2
    ;ncoop23=passB1*passC2
    ;ncoop24=passB1*passD2
    ;ncoop31=passC1*passA2
    ;ncoop32=passC1*passB2
    ;coopC=passC1*passC2
    ;ncoop34=passC1*passD2
    ;ncoop41=passD1*passA2
    ;ncoop42=passD1*passB2
    ;ncoop43=passD1*passC2
    ;coopD=passC1*passC2 $
create;lined=dmy(32,1)$
reject;lined#1$  To use only line one of the 32
namelist;cprobs=coopA,ncoop12,ncoop13,ncoop14,ncoop21,coopB,ncoop23,
ncoop24,
    ncoop31,ncoop32,coopC,ncoop34,ncoop41,ncoop42,ncoop43,coopD$
namelist;passpr=passA1,passB1,passC1,passD1,passA2,passB2,passC2,passD2$
dstats;rhs=cprobs,passpr,rnd,pass,lined$
Descriptive Statistics
```

| Variable | Mean | Std.Dev. | Minimum | Maximum | Cases |
|---|---|---|---|---|---|
| All observations in current sample | | | | | |
| COOPA | .728784E-01 | .352189E-01 | .254591E-01 | .157090 | 17 |
| NCOOP12 | .739366E-01 | .357962E-01 | .221670E-01 | .142914 | 17 |
| NCOOP13 | .976446E-01 | .557435E-01 | .321044E-01 | .227205 | 17 |
| NCOOP14 | .496361E-01 | .304240E-01 | .179073E-01 | .130852 | 17 |
| NCOOP21 | .719108E-01 | .348934E-01 | .166485E-01 | .134326 | 17 |
| COOPB | .701286E-01 | .330785E-01 | .229877E-01 | .134326 | 17 |
| NCOOP23 | .927623E-01 | .488328E-01 | .290864E-01 | .201830 | 17 |
| NCOOP24 | .477815E-01 | .255676E-01 | .109036E-01 | .940584E-01 | 17 |
| NCOOP31 | .638935E-01 | .516668E-01 | .166485E-01 | .250758 | 17 |
| NCOOP32 | .647819E-01 | .483981E-01 | .189139E-01 | .213877 | 17 |
| COOPC | .793098E-01 | .467249E-01 | .254111E-01 | .213877 | 17 |
| NCOOP34 | .439761E-01 | .277870E-01 | .693795E-02 | .971526E-01 | 17 |
| NCOOP41 | .408312E-01 | .240431E-01 | .650025E-02 | .850882E-01 | 17 |
| NCOOP42 | .431087E-01 | .287565E-01 | .498137E-02 | .107663 | 17 |
| NCOOP43 | .542407E-01 | .319923E-01 | .674357E-02 | .112520 | 17 |
| COOPD | .793098E-01 | .467249E-01 | .254111E-01 | .213877 | 17 |
| PASSA1 | .294096 | .106673 | .105533 | .462469 | 17 |
| PASSB1 | .282583 | .113634 | .130491 | .462469 | 17 |
| PASSC1 | .251961 | .133596 | .908731E-01 | .542216 | 17 |
| PASSD1 | .171360 | .932685E-01 | .282525E-01 | .317525 | 17 |
| PASSA2 | .249514 | .812497E-01 | .127583 | .462469 | 17 |
| PASSB2 | .251956 | .844410E-01 | .112318 | .462469 | 17 |
| PASSC2 | .323957 | .109466 | .179177 | .585510 | 17 |
| PASSD2 | .174573 | .745316E-01 | .439956E-01 | .310449 | 17 |
| RND | 5.35294 | .492592 | 5.00000 | 6.00000 | 17 |
| PASS | 3.00000 | .000000 | 3.00000 | 3.00000 | 17 |
| LINED | 1.00000 | .000000 | 1.00000 | 1.00000 | 17 |

```
Sample;all$
reject;pass#3$
create;if(rnd=5|rnd=6)rnd56=1$
reject;rnd56#1$
reject;alt>8$  To eliminate obs that are not applicable
```

```
        create
            ;utilA1=util1
            ;utilB1=util1[+1]
            ;utilC1=util1[+2]
            ;utilD1=util1[+3]
            ;utilA2=util1[+16]
            ;utilB2=util1[+17]
            ;utilC2=util1[+18]
            ;utilD2=util1[+19]$
create;lined=dmy(32,1)$
reject;lined#1$  To use only line one of the 32

write;
    pass,rnd,coopA,utilA1,utilA2,
    pass,rnd,ncoop12,utilA1,utilB2,
    pass,rnd,ncoop13,utilA1,utilC2,
    pass,rnd,ncoop14,utilA1,utilD2,
    pass,rnd,ncoop21,utilB1,utilA2,
    pass,rnd,coopB,utilB1,utilB2,
    pass,rnd,ncoop23,utilB1,utilC2,
    pass,rnd,ncoop24,utilB1,utilD2,
    pass,rnd,ncoop31,utilC1,utilA2,
    pass,rnd,ncoop32,utilC1,utilB2,
    pass,rnd,coopC,utilC1,utilC2,
    pass,rnd,ncoop34,utilC1,utilD2,
    pass,rnd,ncoop41,utilD1,utilA2,
    pass,rnd,ncoop42,utilD1,utilB2,
    pass,rnd,ncoop43,utilD1,utilC2,
    pass,rnd,coopD,utilD1,utilD2
    ;format=(15(5F12.5/)5f12.5)
    ;file=C:\Papers\WPs2011\IACECar\Pass3Power.txt$

reset
read;file=C:\Papers\WPs2011\IACECar\Pass3Power.txt
    ;names= pass,rnd,prob,util1,util2
    ;format=(5f12.5);nobs= 1616 ;nvar=5$
dstats;rhs=*$
Descriptive Statistics
========================================================================
Variable     Mean         Std.Dev.      Minimum       Maximum        Cases
========================================================================
------------------------------------------------------------------------
PASS    | 3.00000       .000000       3.00000       3.00000          272
RND     | 5.35294       .478766       5.00000       6.00000          272
PROB    | .653828E-01  .416536E-01   .498000E-02   .250760          272
UTIL1   | .196654       .475090      -.889250       .948200          248
UTIL2   | .000000       .000000       .000000       .000000            4
create
    ;diffut=util1-util2
    ;lprob=log(prob/(1-prob))$
crmodel
    ;lhs=lprob
    ;rhs=one,util1,util2
    ;cls:b(2)+b(3)=1$
+-------------------------------------------------------+
| Ordinary    least squares regression                  |
| Model was estimated Feb 26, 2007 at 05:13:32PM        |
|              Standard deviation    =    .7395663      |
```

22 团体决策

```
| WTS=none     Number of observs.   =        272   |
| Model size   Parameters           =          3   |
|              Degrees of freedom   =        269   |
| Residuals    Sum of squares       =   146.2974   |
|              Standard error of e  =   .7374663   |
| Fit          R-squared            =   .1300919E-01 |
|              Adjusted R-squared   =   .5670967E-02 |
| Model test   F[  2,   269] (prob) =   1.77 (.1718) |
| Diagnostic   Log likelihood       =  -301.6095   |
|              Restricted(b=0)      =  -303.3903   |
|              Chi-sq [   2]  (prob) =   3.56 (.1685) |
| Info criter. LogAmemiya Prd. Crt. =  -.5981007   |
|              Akaike Info. Criter. =  -.5981016   |
+--------------------------------------------------+
+--------+-------------+--------------+--------+---------+----------+----------+
|Variable| Coefficient  | Standard Error |t-ratio |P[|T|>t]| Mean of X|
+--------+-------------+--------------+--------+---------+----------+----------+
 Constant|   -3.54737221       .36873315     -9.620   .0000
 UTIL1   |   -.526905D-04      .00015789      -.334   .7389  -87.9677565
 UTIL2   |    -.00068437       .00037212     -1.839   .0670  -984.308824
+--------------------------------------------------+
| Linearly restricted regression                   |
| Ordinary    least squares regression             |
| LHS=LPROB    Mean                 =  -2.869103   |
|              Standard deviation   =   .7395663   |
| WTS=none     Number of observs.   =        272   |
| Model size   Parameters           =          2   |
|              Degrees of freedom   =        270   |
| Residuals    Sum of squares       =   3427132.   |
|              Standard error of e  =   112.6636   |
| Fit          R-squared            =  -23120.03   |
|              Adjusted R-squared   =  -23205.67   |
| Diagnostic   Log likelihood       =  -1669.986   |
|              Restricted(b=0)      =  -303.3903   |
| Info criter. LogAmemiya Prd. Crt. =   9.456138   |
|              Akaike Info. Criter. =   9.456138   |
+--------------------------------------------------+
+--------+-------------+--------------+--------+---------+----------+----------+
|Variable| Coefficient  | Standard Error |t-ratio |P[|T|>t]| Mean of X|
+--------+-------------+--------------+--------+---------+----------+----------+
 Constant|    853.392742      21.2920770     40.080   .0000
 UTIL1   |     .14285520       .02249866      6.349   .0000  -87.9677565
 UTIL2   |     .85714480       .02249866     38.098   .0000  -984.308824
```

### □ 22.5.13 团体均衡

```
RESET
Load;file =C:\Papers\WPs2011\IACECar\IACE_Car_MF.sav$
-create
    ;if(agea=0)ageaa=21
    ;if(agea=1)ageaa=27
    ;if(agea=2)ageaa=32
    ;if(agea=3)ageaa=37
    ;if(agea=4)ageaa=43
    ;if(agea=5)ageaa=48
    ;if(agea=6)ageaa=53
    ;if(agea=7)ageaa=58
    ;if(agea=8)ageaa=65
    ;if(agea=9)ageaa=75$
```

```
create
    ;if(ageb=0)agebb=21
    ;if(ageb=1)agebb=27
    ;if(ageb=2)agebb=32
    ;if(ageb=3)agebb=37
    ;if(ageb=4)agebb=43
    ;if(ageb=5)agebb=48
    ;if(ageb=6)agebb=53
    ;if(ageb=7)agebb=58
    ;if(ageb=8)agebb=65
    ;if(ageb=9)agebb=75$
create
    ;if(rnd=2 & rndagree=2)requi=1
    ;if(rnd=3 & rndagree=3)requi=2
    ;if(rnd=4 & rndagree=4)requi=3
    ;if(rnd=5 & rndagree=5)requi=4
    ;if(rnd=6 & rndagree=6)requi=5$
reject;requi=0$
reject;requi>5$
create
    ;if(requi=1)equiR2=1
    ;if(requi=2)equiR3=1
    ;if(requi=3)equiR4=1
    ;if(requi=4)equiR5=1
    ;if(requi=5)equiR6=1
    ;gendB=genderb[-4]
          ?to get gender of second agent  (note one is M and one is F only)
    ;agB=agebb[-4]
          ?to get age of second agent
    ;agediff=ageaa-agebb$
reject;altij>4$
          Done because for equilibrium Agent 1 and 2 have same attributes
Not socios)
create
    ;pricez=price/1000
    ;pass23=pass2+pass3$
rplogit
    ;lhs=choice1,cset,altij
    ;choices=altA,altB,altC,altD
     ;rpl
     ;fcn=price (t,1),fuel(t,0.4)
     ;halton;pts=600 ?0
     ;par
     ;utility=utileq;prob=passeq
     ;ecm=(altd)
     ;model:
    U(altA)=price*pricez+fuel*fuel+ac*ac+trans*trans+abs*abs/
    U(altB)=price*pricez+fuel*fuel
    +ac*ac+trans*trans+abs*abs/
    U(altC)=price*pricez+fuel*fuel+ac*ac+trans*trans+abs*abs/
    U(altD)=ASCD+gendera*gendera +pass23*pass3+pass23*pass2 +ncars
 *numcars$
 Normal exit from iterations. Exit status=0.
 +------------------------------------------------------------ +
 | Random Parms/Error Comps. Logit Model                       |
 | Maximum Likelihood Estimates                                |
 | Dependent variable                     CHOICE1              |
 | Number of observations                     325              |
 | Iterations completed                        12              |
```

```
| Log likelihood function        -358.0119       |
| Number of parameters                  10       |
| Info. Criterion: AIC =           2.26469       |
| Restricted log likelihood      -450.5457       |
| McFadden Pseudo R-squared       .2053816       |
| Degrees of freedom                    10       |
| At start values   -358.3682   .00099 ******* |
+------------------------------------------------+
+------------------------------------------------+
| Random Parms/Error Comps. Logit Model          |
| Replications for simulated probs. = 600        |
| Halton sequences used for simulations          |
| Number of obs.=   333, skipped   8 bad obs.    |
+------------------------------------------------+
+--------+-------------+----------------+--------+--------+
|Variable| Coefficient | Standard Error |b/St.Er.|P[|Z|>z]|
+--------+-------------+----------------+--------+--------+
---------+Random parameters in utility functions
 PRICE   |    -.05148758       .02452672    -2.099   .0358
 FUEL    |    -.19889737       .09055701    -2.196   .0281
---------+Nonrandom parameters in utility functions
 AC      |    1.40531487       .17382527     8.085   .0000
 TRANS   |    1.17429432       .17521797     6.702   .0000
 ABS     |     .63998532       .16686204     3.835   .0001
 ASCD    |   -2.47166656      1.04154490    -2.373   .0176
 GENDERA |     .63657641       .34604309     1.840   .0658
 PASS23  |    -.84341903       .38167430    -2.210   .0271
 NCARS   |     .35196772       .11157544     3.155   .0016
---------+Derived standard deviations of parameter distributions
 TsPRICE |     .05148758       .02452672     2.099   .0358
 TsFUEL  |     .07955895       .03622280     2.196   .0281
---------+Standard deviations of latent random effects
 SigmaE01|     .01530389       .00358228     4.272   .0000

RESET
Load;file =C:\Papers\WPs2011\IACECar\IACE_Car_MFZ.sav$
create
    ;if(relation=1)marr=1
    ;if(relation=2)defacto=1
    ;if(relation=3)notrel=1$
dstats;rhs=*$
Descriptive Statistics
=========================================================================
Variable      Mean        Std.Dev.      Minimum       Maximum       Cases
=========================================================================
All observations in current sample
-------------------------------------------------------------------------
PASS23   |  .348348      .476626      .000000      1.00000        1332
PASSEQ   |  .250000      .188431      .103374E-01  .852799        1300
UTILEQ   | -1.50674     1.04679     -3.98054      1.19307        1300
MARR     |  .114114      .318069      .000000      1.00000        1332
DEFACTO  |  .600601E-01 .237687      .000000      1.00000        1332
NOTREL   |  .630631E-01 .243168      .000000      1.00000        1332

mlogit;lhs=pass23;rhs=one,gendera,agediff,marr,defacto,notrel$
Normal exit from iterations. Exit status=0.
+------------------------------------------------+
| Binary Logit Model for Binary Choice           |
| Maximum Likelihood Estimates                   |
```

```
| Dependent variable                PASS23      |
| Number of observations              1332      |
| Iterations completed                   4      |
| Log likelihood function        -829.0678      |
| Number of parameters                   6      |
| Info. Criterion: AIC =           1.25386      |
| Restricted log likelihood      -861.0290      |
| McFadden Pseudo R-squared       .0371198      |
+-----------------------------------------------+
+--------+-------------+---------------+--------+--------+---------+---------+----------+
|Variable| Coefficient  | Standard Error |b/St.Er.|P[|Z|>z]| Mean of X|
+--------+-------------+---------------+--------+--------+---------+---------+----------+
---------+Characteristics in numerator of Prob[Y = 1]
 Constant|    -.61707294      .09209337    -6.701   .0000
 GENDERA |    -.27962040      .12301604    -2.273   .0230     .53753754
 AGEDIFF |     .04027671      .00888108     4.535   .0000  -1.16216216
 MARR    |     .63308687      .17752829     3.566   .0004     .11411411
 DEFACTO |     .27004987      .24010498     1.125   .2607     .06006006
 NOTREL  |    1.18134367      .25671565     4.602   .0000     .06306306
```

**sample;all$**
**reject;altij#1$**
**dstats;rhs=altij,passeq,utileq,pass,choice1$**

```
Descriptive Statistics
===============================================================================
Variable      Mean        Std.Dev.       Minimum       Maximum          Cases
===============================================================================
All observations in current sample
-------------------------------------------------------------------------------
ALTIJ    |  1.00000       .000000       1.00000       1.00000           1317
PASSEQ   |  .258778       .187604       .186015E-01   .851210            325
UTILEQ   | -1.23537       1.09126      -3.79724       1.35483            325
PASS     |  1.52468       .725380       1.00000       3.00000           1317
CHOICE1  |  .282460       .450367       .000000       1.00000           1317
```

**sample;all$**
**reject;altij#2$**
**dstats;rhs=altij,passeq,utileq,pass,choice1$**

```
Descriptive Statistics
===============================================================================
Variable      Mean        Std.Dev.       Minimum       Maximum          Cases
===============================================================================
All observations in current sample
-----------------------------------------------------------
ALTIJ    |  2.00000       .000000       2.00000       2.00000           1317
PASSEQ   |  .266494       .200153       .192713E-01   .821879            325
UTILEQ   | -1.20870       1.11740      -3.79555       1.35419            325
PASS     |  1.52468       .725380       1.00000       3.00000           1317
CHOICE1  |  .291572       .454659       .000000       1.00000           1317
```

**sample;all$**
**reject;altij#3$**
**dstats;rhs=altij,passeq,utileq,pass,choice1$**

```
Descriptive Statistics
===============================================================================
Variable      Mean        Std.Dev.       Minimum       Maximum          Cases
===============================================================================
All observations in current sample
-------------------------------------------------------------------------------
ALTIJ    |  3.00000       .000000       3.00000       3.00000           1317
PASSEQ   |  .274737       .201526       .171286E-01   .754001            325
UTILEQ   | -1.21273       1.13896      -3.58578       1.35740            325
```

```
PASS     |  1.52468      .725380      1.00000      3.00000       1317
CHOICE1  |  .261200      .439455      .000000      1.00000       1317
sample;all$
reject;altij#4$
dstats;rhs=altij,passeq,utileq,pass,choice1$
Descriptive Statistics
All results based on nonmissing observations.
==============================================================================
Variable      Mean       Std.Dev.      Minimum      Maximum       Cases
==============================================================================
All observations in current sample
------------------------------------------------------------------------------
ALTIJ    |  4.00000      .000000      4.00000      4.00000       1317
PASSEQ   |  .199990      .148926      .102940E-01  .836078        325
UTILEQ   | -1.90069      .687080     -3.36625      .997002        325
PASS     |  1.52468      .725380      1.00000      3.00000       1317
CHOICE1  |  .164768      .371112      .000000      1.00000       1317
```

### □ 22.5.14 势力权重和偏好参数的联合估计

势力权重：w ＊beta1＋(1－w)＊beta2＝w(beta1－beta2)＋beta2

“w”可取任何值，但要满足 w＋(1－w)＝1。

注意：这是另外一个数据集，目的仅用来说明有关命令。

```
load;file=c:\papers\wps2015\waterqualityitaly\water_italyz.sav$
create
    ;altijz=trn(-12,0)
    ;cset=4$  To create a 1,2,...,12 code for the alternatives
NLRPLogit
    ;LHS=choice,cset,altijz
    ;choices=F1,F2,F3,F4,M1,M2,M3,M4,G1,G2,G3,G4
    ;checkdata
    ;maxit=5
    ;tlg=0.001
    ;labels=bcst1,bowk1,bomth1,bonev1,bswk1,bsmth1,bsnev1,bmdtur1,
            bmetur1,bextur1,bstn1,
    ,bsq1,
    bcst2,bowk2,bomth2,bonev2,bswk2,bsmth2,bsnev2,bmdtur2,bmetur2,
            bextur2,bstn2,
    ,bsq2,
    ,bvinz1,bvinz2,bpw
    ;start=-.04,.88,.86,1.6,1.4,1.0,2.3,-1.1,-2.4,-2.1,-1.6,
    ,2.0,
    -.04,.88,.86,1.6,1.4,1.0,2.3,-1.1,-2.4,-2.1,-1.6,
    ,2.0,
    0.3,0.3,-1?, -1
    ;Fn1=VN1= bcst1*Cost+bowk1*O_WEEK+bomth1*O_MONTH+bonev1*O_NEVER
         +bswk1*S_WEEK+bsmth1*S_MONTH+bsnev1*S_NEVER
         +bmdtur1*MILD_TUR+bmetur1*MED_TURB+bextur1*EXTR_TUR
         +bstn1*STAIN
    ;Fn2=VN1null=bvinz1*vicenza +bsq1*sq
    ;Fn3=VN2= bcst2*Cost+bowk2*O_WEEK+bomth2*O_MONTH+bonev2*O_NEVER
         +bswk2*S_WEEK+bsmth2*S_MONTH+bsnev2*S_NEVER
         +bmdtur2*MILD_TUR+bmetur2*MED_TURB+bextur2*EXTR_TUR
         +bstn2*STAIN
    ;Fn4=VN2null=bvinz2*vicenza +bsq2*sq
    ;Fn5=VGP=bpw*(bcst1-bcst2)*cost+bcst2*cost
    +bpw*(bowk1-bowk2)*O_WEEK+bowk2*O_WEEK
```

```
    +bpw*(bomth1-bomth2)*O_MONTH+bomth2*O_MONTH
    +bpw*(bonev1-bonev2)*O_NEVER+bonev2*O_NEVER
    +bpw*(bswk1-bswk2)*S_WEEK+bswk2*S_WEEK
    +bpw*(bsmth1-bsmth2)*S_MONTH+bsmth2*S_MONTH
    +bpw*(bsnev1-bsnev2)*S_NEVER+bsnev2*S_NEVER
    +bpw*(bmdtur1-bmdtur2)*MILD_TUR+bmdtur2*MILD_TUR
    +bpw*(bmetur1-bmetur2)*MED_TURB+bmetur2*MED_TURB
    +bpw*(bextur1-bextur2)*EXTR_TUR+bextur2*EXTR_TUR
    +bpw*(bstn1-bstn2)*STAIN+bstn2*STAIN
    ;Fn6=VGPN=bpw* (bvinz1-bvinz2)*vicenza +bvinz2*vicenza +(bsq1-bsq2)
         *SQ+bsq2*SQ
    ;Model:U(F1,F2,F3)=VN1/U(F4)=VN1null/
    U(M1,M2,M3)=VN2/U(M4)=VN2null/
    U(G1,G2,G3)=VGP/U(G4)=VGPN
    ;RPL;fcn=bpw(n)  bsq1(c) ?bcst1(c) ?,bcst2(t,1)
    ;HALTON;PAR;PDS=8,DRAWS=50
    ;actualy=actual
    ;fittedy=newfit
    ;prob=avgpi2
    ;utility=virt
    ;list$
+-------------------------------------------------------------------------+
| Inspecting the data set before estimation.                              |
| These errors mark observations which will be skipped.                   |
| Row Individual = 1st row then group number of data block                |
+-------------------------------------------------------------------------+
No bad observations were found in the sample
---------------------------------------------------------------------------
Nonlinear Utility Mixed Logit Model
Dependent variable                  CHOICE
Log likelihood function          -1272.258
Restricted log likelihood        -4771.021
Chi squared [  28 d.f.]         6997.52513
Significance level                .0000000
McFadden Pseudo R-squared         .7333363
Estimation based on N =    1920, K =   28
Information Criteria: Normalization=1/N
              Normalized   Unnormalized
AIC              1.35444     2600.51641
Model estimated: Sep 10, 2009, 07:04:27
Constants only must be computed directly
               Use NLOGIT ;...;RHS=ONE$
At start values -1317.8376  .0346-.6020
Replications for simulated probs. = 250
Halton sequences used for simulations
NLM model with panel has     240 groups
Fixed number of obsrvs./group=         8
Hessian is not PD. Using BHHH estimator
Number of obs.=  1920, skipped     0 obs
-----------+---------------------------------------------------------------
Variable| Coefficient    Standard Error  b/St.Er. P[|Z|>z]
-----------+---------------------------------------------------------------
        |Random parameters in utility functions
     BPW|   -1.00883           .93154        -1.083    .2788
        |Nonrandom parameters in utility functions
   BCST1|    -.04092***        .01551        -2.638    .0083
   BOWK1|     .91477**         .43192         2.118    .0342
  BOMTH1|     .98043**         .43155         2.272    .0231
  BONEV1|    1.73792***        .40191         4.324    .0000
```

```
   BSWK1|   1.57580***      .45838         3.438   .0006
  BSMTH1|   1.06018**       .46346         2.288   .0222
  BSNEV1|   2.39058***      .51849         4.611   .0000
 BMDTUR1|   -.93278***      .29028        -3.213   .0013
 BMETUR1|  -2.25166***      .35153        -6.405   .0000
 BEXTUR1|  -2.05929***      .45622        -4.514   .0000
   BSTN1|  -1.51921***      .23457        -6.477   .0000
    BSQ1|   2.21148***      .28336         7.804   .0000
   BCST2|   -.06447***      .01311        -4.916   .0000
   BOWK2|    .75492**       .29610         2.550   .0108
  BOMTH2|    .77723***      .28883         2.691   .0071
  BONEV2|   1.51524***      .27322         5.546   .0000
   BSWK2|   1.12851***      .39052         2.890   .0039
  BSMTH2|   1.06391***      .31058         3.426   .0006
  BSNEV2|   2.20885***      .33656         6.563   .0000
 BMDTUR2|  -1.19401***      .16078        -7.426   .0000
 BMETUR2|  -2.48662***      .15878       -15.661   .0000
 BEXTUR2|  -2.22786***      .31499        -7.073   .0000
   BSTN2|  -1.86532***      .17592       -10.603   .0000
    BSQ2|   1.86152***      .33692         5.525   .0000
  BVINZ1|    .05225         .23155          .226   .8215
  BVINZ2|   -.33471**       .16489        -2.030   .0424
        |Distns. of RPs. Std.Devs or limits of triangular
   NsBPW|    .00015       45.92795          .000  1.0000
--------+-------------------------------------------------------------
Note: ***, **, * = Significance at 1%, 5%, 10% level.
```

# 自选术语

标注 * 号的术语出现在模型结果中，而不是正文中。

*A* 误差（*A*-error）：用来设计选择实验的规则。*A* 误差最小的设计，称为 *A* 最优的（*A*-optimal）。*A* 误差取 AVC 矩阵的迹而不是取行列式。

先验（a priori）：先于事实。

备择假设（alternative hypothesis）：对结果的假设检验，用来发现支持的证据。

选项（alternatives）：含有具体属性水平的备选物。

特定选项常数（alternative-specific constant，ASC）：特定选项的参数，用来表示未观测的效用源的作用。

弧弹性（arc elasticity）：使用参考变量的一系列值计算的弹性。

属性（attribute）：纳入估计模型中的具体变量，作为解释变量（即自变量）。

属性不变性（attribute invariance）：市场中属性水平的有限变化。

属性水平标签（attribute level label）：属性的文字描述。

属性水平（attribute levels）：属性的具体值。实验设计要求每个属性取两个或三个水平，它可以为定量的，也可以为定性的。

属性不参与（attribute non-attendance，ANA）：在选择选项时不使用（或忽略）某个属性，它是个体处理属性的一种规则。

属性处理（attribute processing）：个体用来评估属性和做出选择的一组规则。

属性（attributes）：选项的若干特征。

平衡设计（balanced design）：一种实验设计，此时任何给定属性的水平出现相同的次数。

最优和最差（best-worst）：使用选择数据的方法，此时我们的重点在于找到最优和最差的属性（或选项），并且使用这个信息模拟选择。

偏误（bias）：导致不正确的行为推断的力量。

分块（blocking）：使用新的设计列，将处理组合的子集指定给决策者。

自助法（bootstrapping）：又直译为“解靴带”法。研究者通常不知道应该使用什么公式计算估计量的渐近协方差矩阵。一种可靠和常用的方法是使用参数自助程序。

枝（branch）：嵌套模型中选项的第三层结构。

校正（calibrate）：调整模型中的常数项，以便通过模型估计重复实际市场份额。

校正常数（calibration constant）：用来允许模型对市场做出反应的常数。

基数型（cardinal）：能够直接比较的数值（例如，10 是 5 的 2 倍）。

其他条件不变（ceteris paribus）：拉丁语，指所有其他事情维持不变。

基于选择的抽样（choice-based sampling）：一种抽样方法，此时研究者对一些做出特定选择的团体故意过度抽样或抽样不足。

选择结果（choice outcome）：研究者看到的个体选择行为。

选择集的产生（choice set generation）：找到与特定问题有关的选择的过程。

选择集（choice set）：选项集，个体从中选取某个选项。

选择情景（choice setting）：个体选择行为发生的背景。

选择份额（choice shares）：选择某个特定选项的个体占总体的比例。

乔利斯基矩阵（Cholesky matrix）：用来分解矩阵 $A$ 使得 $A = LL'$ 的矩阵 $L$，其中矩阵 $L$ 是一个下非对角矩阵。

闭式（closed form）：在数学上易进行，仅涉及数学运算。

编码（coding）：利用数字标明属性的特殊状态（例如，0 代表男性，1 代表女性）。

系数（coefficient）：标量。在模型估计过程中，该标量与模型特定元素相乘。

认知负担（cognitive burden）：个体在考虑一组选择菜单时面对的困难水平。

列向量（column vector）：仅含有一列的矩阵。

折中效应（compromise effect）：当选择集中含有互不占优的极端选项时，个体偏好中间选项。

计算机辅助个人访谈（computer assisted personal interview，CAPI）：在面对面访谈时使用计算机收集数据。

条件选择（conditional choice）：取决于先验条件的个体选择（例如，通信方式的选择取决于个体是否工作）。

混杂（confoundment）：多个影响因素混在一起，无法分开。

联合分析（conjoint analysis）：实验分析，其中个体要对每个处理组合排序或打分。

约束（constraints）：阻碍个体选择效用最高的选项的因素（例如，收入、时间、稀缺性、技术）。

列联表（contingency table）：交叉表或实际选择 v. s. 预测选择。

连续变量（continuous variable）：可以取连续值的变量。

相关（correlation）：衡量两个随机变量之间的关系强度的指标。

协方差（covariance）：衡量两个随机变量一起变化的程度的指标。

截面数据（cross-section data）：多个体在同一时间点上的数据。

累积密度函数（cumulative density function，CDF）：函数的值为随机变量取小于或等于某个已知值的概率。

数据清洗（data cleaning）：检查数据的不准确性。

决策策略（decision strategies）：参见处理直觉（process heuristics）。

决策权重（decision weights）：在前景理论模型中用来表示属性作用的数值，此时选择决策涉及多个属性水平。

自由度（degrees of freedom）：样本中的观察数减去模拟过程中施加的独立（线性）约束个数。这些约束为估计参数。

延迟选择选项（delay choice alternative）：用来延迟选项选择的选项。

delta 方法（delta method）：一种通过获得标准误来检验参数统计显著性的方法，通常涉及计算函数的方差，例如 WTP。

设计自由度（design degrees of freedom）：得到必要的自由度所需的处理组合数。

设计效率（design efficiency）：在实验设计中，使用先验信息和渐近方差—协方差矩阵（asymptotic variance-covariance，AVC）来获得 AVC 的行列式（称为 $D$ 误差）；$D$ 误差的值最小的设计为 $D$ 效率设计。

离散选择（discrete choice）：在互不包含的选项中选取一个选项。

离散变量（discrete variable）：取有限个值（通常为自然数）的变量。

分布（distribution）：变量的取值范围，以及每个值的发生频率。

虚拟编码（dummy coding）：特定变量出现时，以 1 表示；不出现时，以 0 表示。

效应（effect）：特定处理对响应变量的影响。

效应编码（effects coding）：参见正交编码（orthogonal coding）。

效率设计（efficient design）：参见设计效率（design efficiency）。

弹性（elasticity）：一个变量的 1%的变化引起的另外一个变量的百分数变化。

基本选项（elemental alternatives）：不构成其他选项成分的选项（例如，选择开车，选择乘火车）。

根据层面删除（elimination-by-aspects，EBA）：一种处理直觉，它表明如果某个选项的属性未达到既定门限，则该选项被删除。

内生（endogenous）：决策者能够控制（例如，选取哪个选项）。

内生加权（endogenous weighting）：根据真实市场份额信息对选择数据进行加权。

误差成分（error components）：每个选项的随机成分，它们可用一个或多个选项的方差定义。

外生（exogenous）：决策者无法控制（例如，性别或年龄）。

外生加权（exogenous weighting）：任何数据（包括选择）的加权。

期望效用理论（expected utility theory，EUT）：一种效用理论，认为个体决策含有不确定性或风险（即结果不确定）。

期望值（expected value）：特定变量的加权平均值。

实验（experiment）：调控某个变量，观察它对第二个变量的影响。

实验设计（experimental design）：设定实验用到的属性和属性水平。

因子水平（factor level）：因子所取的具体值。实验设计要求每个因子取两个或多个值，它可以为定量的，也可以为定性的。

固定参数（fixed parameter）：取固定值的参数。也称非随机参数。

折叠（foldover）：复制某个设计，但因子水平反转（例如，用 0 替换 1，用 1 替换 0）。

全因子设计（full factorial design）：所有可能处理组合都被列举的设计。

广义成本（generalized cost）：一种成本衡量方法，它能允许所有选项直接进行成本比较。这涉及将属性水平转化为相同单位，比如货币价值（例如，将交通耗时转换为金钱价值，VTTS）。

豪斯曼检验（Hausman test）：检验不相关选项的独立性。

异质性（heterogeneity）：行为偏好差异，这些差异可以归因为总体中个体的偏好和决策过程差异。

假设检验（hypothesis testing）：根据一定假设条件由样本推测总体的一种方法。

假设性偏误（hypothetical bias）：当个体不需要按照真实承诺进行选择时，他的行为在多大程度上不一致。

IID 条件（IID condition）：通常简称为“独立同分布”条件。它假设所有选项的效用的未观测成分与所有其他选项的效用的未观测成分无关，而且每个误差项有相同的分布。

重要性权重（importance weight）：属性对效用的相对贡献。

内含值（inclusive value，IV）：用来考察选择之间的依赖性或独立性程度的参数估计值。通常也称为 logsum 和期望最大效用。

收入效应（income effect）：个体收入变化一单位导致需求量的变化数。

不相关选项的独立性（independence of irrelevant alternatives，IIA）：限制性假设，该假设是多项 logit（MNL）模型的组成部分。IIA 性质是说选择概率之比独立于任何其他选项是否出现在选择集中。

无差异曲线（indifference curves）：能够产生相同效用水平的所有的两个属性组合。

间接效用函数（indirect utility function）：用来估计一组特定的观测属性的效用的函数。

不显著（insignificant）：没有任何系统性影响。

智能抽取（intelligent draws）：非随机抽取，它能提高给定样本的估计效率。例如霍尔顿序列、随机和洗牌霍尔顿序列、修正拉丁超立方抽样。

交互效应（interaction effect）：两个或多个属性对响应变量的联合影响，如果分别考察这些属性，可能发现不了这些效应。

属性间的相关（inter-attribute correlation）：两个属性之间的主观相关（例如，较高的价格可能表示较高的质量）。

相互作用的智能体选择实验（IACE）：对一个以上的智能体的选择进行联合建模的方法。

核密度（kernel density）：用来描述样本观察分布的平滑图。

* Krinsky-Robb 法（Krinsky-Robb（KR）method）：使用这种方法能得到非对称的置信区间。

Krinsky-Robb 检验（Krinsky-Robb（KR）test）：用来得到参数估计值的标准误的方法；当我们想得到参数比值的标准误（例如 WTP 估计值的标准误）时，这种检验比较有用。

加标签的实验（labeled experiment）：这种实验含有选项的描述（例如，对特定项目模型命名）。

拉格朗日乘子检验（Lagrange multiplier（LM）test）：检验零假设：参数 $\theta$ 等于特定值 $\theta_0$。

潜类别（latent class）：一种建模方法，它认识到研究者不能从数据得知哪个观察属于哪个类别，这就是潜类别名字的由来。潜类别模型（LCM）可以有固定参数和（或）随机参数以及对每个类别中的参数施加限制。

干（limb）：嵌套模型中选项的第二层结构。

下非对角矩阵（lower off-diagonal matrix）：对角线上方和右方元素都为零的矩阵。

主效应（main effect，ME）：每个因素对响应变量的直接且独立的影响。对于实验设计来说，主效应为属性的每个水平的平均值和整体均值的差异。

确认维度优势（majority of confirming dimensions，MCD）：一种处理选项对的直觉，也就是两两比较选项，哪个选项的优势属性数多就留下哪个。然后将这个选项与另外一个选项比较，直至所有选项都比较完。

边际效应（marginal effects）：属性变化一单位引起的选项被选中概率的变化。

边际替代率（marginal rate of substitution，MRS）：为了让个体放弃一单位某种商品，必须补偿他另外一种商品多少数量，才能使他的效用不变。

边际效用（marginal utility）：属性变化一单位引起的效用变化量。

最大似然估计（maximum likelihood estimation，MLE）：一种找到能最优解释数据的参数估计值的方法。

矩（moment）：分布的一种性质，例如它的均值（分布的一阶总体矩）或方差（分布的二阶总体矩）。

共线性（multicollinearity）：两个变量密切相关，以至它们的效应无法彼此隔离开。

多变量（multivariate）：涉及超过一个变量的情形。

单纯混合（naive pooling）：计算每个决策者的边际效应，但不利用他的选择概率加权。

嵌套（nested）：分层级，或者属于一组结果的互不包含的子集。

“不选择”选项（no choice alternative）：也称维持现状，指不选择选择集中任何选项。

名义定性属性（nominal qualitative attribute）：不存在自然顺序的加标签的属性。

非线性最差水平基准（non-linear worst level referencing，NLWLR）：一种处理直觉，它先验地假设，与表现最差的属性相比，效用关于收益是凹的。

非随机参数（non-random parameter）：仅取一个值的参数。

标准化（normalize）：为了比较，将变量固定到某个特定值。

零假设（null hypothesis）：又译为“原假设”，指进行统计检验时预先建立的假设。当统计量的计算值落入否定域时，应否定原假设。

观察（observation）：个体在选择集中做出的选择。

有序选择（ordered choice）：个体在有序选择集中做出的选择。有序指选项按照一定顺序排列，而且这种顺序有明确含义（例如，0=最优，1=次优，2=最差；0=0 辆车，1=1 辆车，2=2 辆车）。参见有序尺度数据（ordinal scaled data）。

序数型（ordinal）：数值的间接比较（例如，10 比 5 好）。

有序尺度数据（ordinal scaled data）：指定给物体观察水平的值，唯一且有序。

正交的（orthogonal）：独立于所有其他因素。

正交编码（orthogonal coding）：一种编码方法，此时特定属性的所有水平的和等于零。在偶数个水平情形下，每个正编码水平都与相反数匹配。在奇数个水平情形下，中间水平赋值 0。例如，在两水平情形下，水平为−1 和 1；在三水平情形下，水平为−1，0 和 1。

仅含有正交主效应的设计（orthogonal main effects only design）：一种正交设计，它只估计主效应。所有其他相互作用被假设为不显著。

正交性（orthogonality）：在选择实验中，不同对属性之间零相关。

过度识别（overidentified）：有太多变量需要使用既定信息识别。

面板数据（panel data）：抽样个体在多个时点上的数据。

参数（parameter）：用来描述模型特定元素的系统性贡献的唯一权重。

部分价值（part-worth）：可以归因于特定属性的效用比例。

枢轴设计（pivot design）：在枢轴设计中，展示给个体的属性水平根据其基准选项调整。

点弹性（point elasticity）：特定点上的弹性计算。

势力函数（power functions）：在群体选择模型中，对每个个体的影响进行加权的方法，以确定他的偏好对某属性或选项在群体选择时的影响。

偏好异质性（preference heterogeneity）：总体中的个体偏好不同。

偏好（preferences）：导致某个个体选择某个选项而不是其他选项的力量。

概率密度函数（probability density function，PDF）：变量取各个值的概率分布（以 0 和 1 为界，含 0 和 1）。

概率加权样本枚举（probability-weighted sample enumeration）：计算每个决策者的边际效应，以每个决策者相应的选择概率为权重。

probit：一种选择模型，它假设随机误差项服从正态分布（与使用 EV1 分布的 logit 模型相比较）。

处理直觉（process heuristics）：个体用来评估选项和做出选择的规则，例如属性不参与、确定维度优势（MCD）和按层面删除（EBA）。

剖面（profiles）：属性组合，每个组合有唯一一组水平。

前景理论（prospect theory）：(1) 选择行为过程：个体将他面对的前景视为（或编辑为）相对于基准点的收益和损失，并且连续评估这些编辑的前景，然后选择具有最高值的前景；(2) 基准依赖：找到相对于基准点来说的收益和损失的不同价值函数；(3) 敏感度递减：收益和损失的边际价值都递减；(4) 厌恶损失：一单位损失对效用的影响比一单位收益对效用的影响大；(5) 使用非线性概率权重转换初始概率。

* 伪 $R^2$（pseudo R-squared）：衡量离散选择模型的拟合度指标，给出能被模型解释的数据变化比例。

定量（quantitative）：用数字描述。

定性（qualitative）：用文字描述。

随机参数（random parameter）：有平均值和标准差的参数，它产生了估计值的分布。

随机后悔（random regret）：一种行为选择过程，它指出当个体在选项之间进行选择时，他选择使其预期后悔最小化的选项（而不是效用最大化的选项）。

随机效用最大化（random utility maximization，RUM）：一种效用最大化的分析法，它考虑了所有选项效用的未观测来源。

随机化（randomization）：改变元素的顺序。

等级依赖效用理论（rank-dependent utility theory，RDUT）：参见累积前景理论（cumulative prospect theory，CPT）。

比率尺度（ratio scale）：一个选项相对于另一个选项的满足水平或效用。

比率尺度数据（ratio scaled data）：具有下列特征的数据：指定给物体的各个水平的值是唯一的；标明了顺序；尺度点等距；尺度上的零点表示观察的物体不存在（例如 Kelvin 或 Rankin 中测量的支出或温度）。

理性（rationality）：不管个体在决策时面对多少信息量，他都会考虑所有重要信息。

基准点修改（reference point revision）：当偏好为良好构建的且基准改变时发生的情形。

关系直觉（relational heuristics）：个体使用的直觉在本质上关联且感性。“关系”是指这些直觉强调选项之间的评分比较，允许一个选项的价值取决于局部选择情景。例如，厌恶极端原理、“折中效应”。

相对优势模型（relative advantage model，RAM）：成分情景模型，也称为相对优势模型。模型的重点在于一个选项相对于另一个选项的优势，而且对模型的相对优势指定权重。这个权重参数可以视为确定偏好时选择情景的力量大小。

可靠性（reliability）：又译为“信度”，指采用同样的方法对同一对象重复测量时所得结果的一致性程度。

研究问题（research question）：研究希望解决的主要问题。

响应（responses）：又译为“反应”“回答”等。指选择情景中的观察结果。

限制的（restricted）：对参数施加特定值。

显示性偏好（revealed preference，RP）：在市场中观察到的响应。

风险态度（risk attitude）：个体对风险的态度，分为风险偏好、风险厌恶和风险中性。

满意度（satisfaction）：选项带给个体的快乐量或快乐水平。参见效用（utility）。

尺度异质性（scale heterogeneity）：对样本中尺度因素可能变化的认知。

尺度参数（scale parameter）：用来将各个选项的效用标准化的参数，它允许不同选项的效用比较。

尺度多项 logit（scaled multinomial logit）：一种多项 logit（MNL）模型，它考虑了固定属性参数中的尺度异质性。

显著性（significance）：既定参数估计值等于特定值（通常以 0 为基准）的概率。

社会经济特征（socio-economic characteristics，SEC）：能反映个体偏好的信息，包括收入、年龄、性别和职业等。

标准差（standard deviation）：方差的平方根。

陈述性选择数据（stated choice（SC）数据）：在选择实验（CE）中，个体面对一系列选项及其属性，选择他最偏好的选项或对选项排序。与显示性偏好（RP）数据不同，属性水平由设计实验事先确定，响应是陈述性的或虚构的。

陈述性偏好（stated preference，SP）：在选择实验情景下观察到的响应。

陈述性偏好实验（stated preference experiment）：涉及虚构选择情景、特定研究者属性和属性水平的实验。

统计效率（statistical efficiency）：在实验设计中考察可能从实验得到的标准误（或协方差）。称为有效率的设计。

刺激因素凝练（stimulus refinement）：头脑风暴，然后缩小实验考虑的选项范围。

随机（stochastic）：随机（random）。

替代效应（substitution effect）：可以归因于商品相对价格变化引起的需求量变化。

替代模式（substitution patterns）：属性水平变化导致个体从一个选项移到另外一个选项。

品味（tastes）：个体特有的偏好的组成成分，与选择集中的相关属性无关。

检验统计量（test statistic）：将某个样本统计量和相应的总体统计量联系在一起的统计检验结果。

可检验假设（testable assumption）：可以驳斥或确认的假设。

处理（treatment）：特定属性的具体因子水平。

处理组合（treatment combination）：属性的各种组合，每个组合有唯一一组水平。

主干（trunk）：嵌套模型中选项的第一层结构。

*t* 检验（*t*-test）：与正态分布样本标准差有关的检验统计量。

非平衡设计（unbalanced design）：在实验设计中，任何既定属性的水平出现的次数不同。

非条件选择（unconditional choice）：与任何以前选择无关的选择。

未加标签的实验（unlabeled experiment）：不描述选项（例如，仅称“产品 A”）。

单变量（univariate）：也译为“一元”，指一个变量。

效用（utility）：选项带给个体的快乐水平。

效用最大化（utility maximization）：找到效用最大的选项。

效度（validity）：估计结果和现实世界行为的显著关系。

价值学习（value learning）：当个体选择非维持现状选项时，他的价值函数移动。

方差（variance）：分布的二阶总体矩。它描述了观察围绕均值的分散或展布状况。

方差估计（variance estimation）：统计推断，例如假设检验、置信区间和估计，通常取决于方差估计量的计算。

向量（vector）：仅含有一行或一列的矩阵。

Wald 统计量（Wald statistic）：重要性权重和它的标准误的比值。它对计算函数的方差有用。

Wald 检验（Wald test）：检验某个 Wald 统计量是否显著有别于 0。

支付意愿（willingness to pay，WTP）：个体对选项愿意支付的钱数，它通常以属性的参数（或边际效用）和货币变量的边际效用之比表示。

# 译后记

选择（choice），无处不在。最惊人的选择也许是达尔文提出的“自然选择”。作为大自然的一部分，我们每个人、每个企业、每个团体（包括各级政府）也频繁做出选择。选择行为的研究，套用一句陈词滥调，“既有科学意义，也有应用意义”。例如，我们对公共交通方式的选择，在某种程度上为交通部门提供了决策依据，比如决定是否增设新的地铁线路等。

正如本书作者指出的，尽管选择行为迷人且重要，但缺少一本能让初学者系统学习选择分析的教科书。这是本书的初衷所在。本书第二版新增了一些主题并完全改写了一些原有的主题，包括有序选择、广义混合logit模型、潜类别模型、统计检验（包括偏效应和模型结果比较）、团体决策、直觉、属性处理策略、期望效用理论、前景理论的应用以及在模型中纳入非线性参数等。

本书的几个作者都是交通领域中选择行为的研究专家，他们“野心勃勃”，希望打造一本集大成的教科书，帮助初学者进入这个领域，甚至成长为选择分析专家。为了达到这个目的，他们提供了很多案例，包括软件的应用和命令。

作为译者和学习者，为读者提出几点提醒是适当的。第一，从作者使用的语言和软件看，他们属于统计学家而不是数据科学家（尽管二者的界限日益模糊），因为统计学家喜欢使用回归模型。这也导致他们很少涉及所谓“机器学习”或“人工智能”的复杂算法。事实上，数据科学家在选择分析领域的成就并不逊色，甚至超过了传统统计学家。因此，感兴趣的读者也可以学习算法。第二，这些作者应该是应用统计学家，从他们照搬了很多数学公式并且出现了不少符号错误就能看出这一点。这也在事实上增加了译者翻译难度。尽管我（译者）和中国人民大学出版社的王美玲老师做了很大的努力，尽力减少错误，但由于能力和时间有限，错误和不当之处难免，欢迎读者批评指正。

曹　乾

东南大学·江苏南京

This is a Simplified Chinese edition of the following title published by Cambridge University Press:

Applied Choice Analysis, Second Edition, 9781107465923
© David A. Hensher, John M. Rose, William H. Greene 2015
This Simplified Chinese edition for the People's Republic of China (excluding Hong Kong, Macau and Taiwan) is published by arrangement with the Press Syndicate of the University of Cambridge, Cambridge, United Kingdom.

© China Renmin University Press 2020
This Simplified Chinese edition is authorized for sale in the People's Republic of China (excluding Hong Kong, Macau and Taiwan) only. Unauthorized export of this Simplified Chinese edition is a violation of the Copyright Act. No part of this publication may be reproduced or distributed by any means, or stored in a database or retrieval system, without the prior written permission of Cambridge University Press and China Renmin University Press.

Copies of this book sold without a Cambridge University Press sticker on the cover are unauthorized and illegal.

本书封面贴有 Cambridge University Press 防伪标签，无标签者不得销售。

**图书在版编目（CIP）数据**

应用选择分析：第二版/（　）戴维·A. 亨舍（David A. Hensher），（　）约翰·M. 罗斯（John M. Rose），（美）威廉·H. 格林（William H. Greene）著；曹乾译. —北京：中国人民大学出版社，2020.3
（经济科学译丛）
"十三五"国家重点出版物出版规划项目
ISBN 978-7-300-27990-9

Ⅰ.①应… Ⅱ.①戴… ②约… ③威… ④曹… Ⅲ.①数理统计—统计模型 Ⅳ.①O212

中国版本图书馆 CIP 数据核字（2020）第 045957 号

"十三五"国家重点出版物出版规划项目
经济科学译丛
**应用选择分析（第二版）**
戴维·A. 亨舍（David A. Hensher）
约翰·M. 罗斯（John M. Rose）　　著
威廉·H. 格林（William H. Greene）
曹　乾　译
Yingyong Xuanze Fenxi

| | | | |
|---|---|---|---|
| **出版发行** | 中国人民大学出版社 | | |
| **社　　址** | 北京中关村大街 31 号 | **邮政编码** | 100080 |
| **电　　话** | 010－62511242（总编室） | | 010－62511770（质管部） |
| | 010－82501766（邮购部） | | 010－62514148（门市部） |
| | 010－62515195（发行公司） | | 010－62515275（盗版举报） |
| **网　　址** | http://www.crup.com.cn | | |
| **经　　销** | 新华书店 | | |
| **印　　刷** | 三河市恒彩印务有限公司 | | |
| **规　　格** | 215 mm×275 mm　16 开本 | **版　　次** | 2020 年 3 月第 1 版 |
| **印　　张** | 45 插页 2 | **印　　次** | 2020 年 3 月第 1 次印刷 |
| **字　　数** | 1 468 000 | **定　　价** | 99.00 元 |

**版权所有　侵权必究　　印装差错　负责调换**

| 经济科学译丛 | | | | | | |
|---|---|---|---|---|---|---|
| 序号 | 书名 | 作者 | Author | 单价 | 出版年份 | ISBN |
| 1 | 应用选择分析(第二版) | 戴维·A. 亨舍等 | David A. Hensher | 99.00 | 2020 | 978-7-300-27990-9 |
| 2 | 劳动关系(第10版) | 小威廉·H. 霍利等 | William H. Holley, Jr. | 83.00 | 2020 | 978-7-300-25582-8 |
| 3 | 微观经济学(第九版) | 罗伯特·S. 平狄克等 | Robert S. Pindyck | 93.00 | 2020 | 978-7-300-26640-4 |
| 4 | 宏观经济学(第十版) | N. 格里高利·曼昆 | N. Gregory Mankiw | 79.00 | 2020 | 978-7-300-27631-1 |
| 5 | 宏观经济学(第九版) | 安德鲁·B. 亚伯等 | Andrew B. Abel | 95.00 | 2020 | 978-7-300-27382-2 |
| 6 | 商务经济学(第二版) | 克里斯·马尔赫恩等 | Chris Mulhearn | 56.00 | 2019 | 978-7-300-24491-4 |
| 7 | 管理经济学:基于战略的视角(第二版) | 蒂莫西·费希尔等 | Timothy Fisher | 58.00 | 2019 | 978-7-300-23886-9 |
| 8 | 投入产出分析:基础与扩展(第二版) | 罗纳德·E. 米勒等 | Ronald E. Miller | 98.00 | 2019 | 978-7-300-26845-3 |
| 9 | 宏观经济学:政策与实践(第二版) | 弗雷德里克·S. 米什金 | Frederic S. Mishkin | 89.00 | 2019 | 978-7-300-26809-5 |
| 10 | 国际商务:亚洲视角 | 查尔斯·W.L. 希尔等 | Charles W. L. Hill | 108.00 | 2019 | 978-7-300-26791-3 |
| 11 | 统计学:在经济和管理中的应用(第10版) | 杰拉德·凯勒 | Gerald Keller | 158.00 | 2019 | 978-7-300-26771-5 |
| 12 | 经济学精要(第五版) | R. 格伦·哈伯德等 | R. Glenn Hubbard | 99.00 | 2019 | 978-7-300-26561-2 |
| 13 | 环境经济学(第七版) | 埃班·古德斯坦等 | Eban Goodstein | 78.00 | 2019 | 978-7-300-23867-8 |
| 14 | 管理者微观经济学 | 戴维·M. 克雷普斯 | David M. Kreps | 88.00 | 2019 | 978-7-300-22914-0 |
| 15 | 税收与企业经营战略:筹划方法(第五版) | 迈伦·S. 斯科尔斯等 | Myron S. Scholes | 78.00 | 2018 | 978-7-300-25999-4 |
| 16 | 美国经济史(第12版) | 加里·M. 沃尔顿等 | Gary M. Walton | 98.00 | 2018 | 978-7-300-26473-8 |
| 17 | 组织经济学:经济学分析方法在组织管理上的应用(第五版) | 塞特斯·杜玛等 | Sytse Douma | 62.00 | 2018 | 978-7-300-25545-3 |
| 18 | 经济理论的回顾(第五版) | 马克·布劳格 | Mark Blaug | 88.00 | 2018 | 978-7-300-26252-9 |
| 19 | 实地实验:设计、分析与解释 | 艾伦·伯格等 | Alan S. Gerber | 69.80 | 2018 | 978-7-300-26319-9 |
| 20 | 金融学(第二版) | 兹维·博迪等 | Zvi Bodie | 75.00 | 2018 | 978-7-300-26134-8 |
| 21 | 空间数据分析:模型、方法与技术 | 曼弗雷德·M. 费希尔等 | Manfred M. Fischer | 36.00 | 2018 | 978-7-300-25304-6 |
| 22 | 《宏观经济学》(第十二版)学习指导书 | 鲁迪格·多恩布什等 | Rudiger Dornbusch | 38.00 | 2018 | 978-7-300-26063-1 |
| 23 | 宏观经济学(第四版) | 保罗·克鲁格曼等 | Paul Krugman | 68.00 | 2018 | 978-7-300-26068-6 |
| 24 | 计量经济学导论:现代观点(第六版) | 杰弗里·M. 伍德里奇 | Jeffrey M. Wooldridge | 109.00 | 2018 | 978-7-300-25914-7 |
| 25 | 经济思想史:伦敦经济学院讲演录 | 莱昂内尔·罗宾斯 | Lionel Robbins | 59.80 | 2018 | 978-7-300-25258-2 |
| 26 | 空间计量经济学入门——在R中的应用 | 朱塞佩·阿尔比亚 | Giuseppe Arbia | 45.00 | 2018 | 978-7-300-25458-6 |
| 27 | 克鲁格曼经济学原理(第四版) | 保罗·克鲁格曼等 | Paul Krugman | 88.00 | 2018 | 978-7-300-25639-9 |
| 28 | 发展经济学(第七版) | 德怀特·H. 波金斯等 | Dwight H. Perkins | 98.00 | 2018 | 978-7-300-25506-4 |
| 29 | 线性与非线性规划(第四版) | 戴维·G. 卢恩伯格等 | David G. Luenberger | 79.80 | 2018 | 978-7-300-25391-6 |
| 30 | 产业组织理论 | 让·梯若尔 | Jean Tirole | 110.00 | 2018 | 978-7-300-25170-7 |
| 31 | 经济学精要(第六版) | 巴德、帕金 | Bade, Parkin | 89.00 | 2018 | 978-7-300-24749-6 |
| 32 | 空间计量经济学——空间数据的分位数回归 | 丹尼尔·P. 麦克米伦 | Daniel P. McMillen | 30.00 | 2018 | 978-7-300-23949-1 |
| 33 | 高级宏观经济学基础(第二版) | 本·J. 海德拉 | Ben J. Heijdra | 88.00 | 2018 | 978-7-300-25147-9 |
| 34 | 税收经济学(第二版) | 伯纳德·萨拉尼耶 | Bernard Salanié | 42.00 | 2018 | 978-7-300-23866-1 |
| 35 | 国际贸易(第三版) | 罗伯特·C. 芬斯特拉 | Robert C. Feenstra | 73.00 | 2017 | 978-7-300-25327-5 |
| 36 | 国际宏观经济学(第三版) | 罗伯特·C. 芬斯特拉 | Robert C. Feenstra | 79.00 | 2017 | 978-7-300-25326-8 |
| 37 | 公司治理(第五版) | 罗伯特·A.G. 蒙克斯 | Robert A. G. Monks | 69.80 | 2017 | 978-7-300-24972-8 |
| 38 | 国际经济学(第15版) | 罗伯特·J. 凯伯 | Robert J. Carbaugh | 78.00 | 2017 | 978-7-300-24844-8 |
| 39 | 经济理论和方法史(第五版) | 小罗伯特·B. 埃克伦德等 | Robert B. Ekelund, Jr. | 88.00 | 2017 | 978-7-300-22497-8 |
| 40 | 经济地理学 | 威廉·P. 安德森 | William P. Anderson | 59.80 | 2017 | 978-7-300-24544-7 |
| 41 | 博弈与信息:博弈论概论(第四版) | 艾里克·拉斯穆森 | Eric Rasmusen | 79.80 | 2017 | 978-7-300-24546-1 |
| 42 | MBA宏观经济学 | 莫里斯·A. 戴维斯 | Morris A. Davis | 38.00 | 2017 | 978-7-300-24268-2 |
| 43 | 经济学基础(第十六版) | 弗兰克·V. 马斯切纳 | Frank V. Mastrianna | 42.00 | 2017 | 978-7-300-22607-1 |
| 44 | 高级微观经济学:选择与竞争性市场 | 戴维·M. 克雷普斯 | David M. Kreps | 79.80 | 2017 | 978-7-300-23674-2 |
| 45 | 博弈论与机制设计 | Y. 内拉哈里 | Y. Narahari | 69.80 | 2017 | 978-7-300-24209-5 |
| 46 | 宏观经济学精要:理解新闻中的经济学(第三版) | 彼得·肯尼迪 | Peter Kennedy | 45.00 | 2017 | 978-7-300-21617-1 |
| 47 | 宏观经济学(第十二版) | 鲁迪格·多恩布什等 | Rudiger Dornbusch | 69.00 | 2017 | 978-7-300-23772-5 |
| 48 | 国际金融与开放宏观经济学:理论、历史与政策 | 亨德里克·范登伯格 | Hendrik Van den Berg | 68.00 | 2016 | 978-7-300-23380-2 |
| 49 | 经济学(微观部分) | 达龙·阿西莫格鲁等 | Daron Acemoglu | 59.00 | 2016 | 978-7-300-21786-4 |
| 50 | 经济学(宏观部分) | 达龙·阿西莫格鲁等 | Daron Acemoglu | 45.00 | 2016 | 978-7-300-21886-1 |
| 51 | 发展经济学 | 热若尔·罗兰 | Gérard Roland | 79.00 | 2016 | 978-7-300-23379-6 |
| 52 | 中级微观经济学——直觉思维与数理方法(上下册) | 托马斯·J·内契巴 | Thomas J. Nechyba | 128.00 | 2016 | 978-7-300-22363-6 |
| 53 | 环境与自然资源经济学(第十版) | 汤姆·蒂坦伯格等 | Tom Tietenberg | 72.00 | 2016 | 978-7-300-22900-3 |
| 54 | 劳动经济学基础(第二版) | 托马斯·海克拉克等 | Thomas Hyclak | 65.00 | 2016 | 978-7-300-23146-4 |
| 55 | 货币金融学(第十一版) | 弗雷德里克·S·米什金 | Frederic S. Mishkin | 85.00 | 2016 | 978-7-300-23001-6 |
| 56 | 动态优化——经济学和管理学中的变分法和最优控制(第二版) | 莫顿·I·凯曼等 | Morton I. Kamien | 48.00 | 2016 | 978-7-300-23167-9 |

| 经济科学译丛 | | | | | | |
|---|---|---|---|---|---|---|
| 序号 | 书名 | 作者 | Author | 单价 | 出版年份 | ISBN |
| 56 | 用Excel学习中级微观经济学 | 温贝托・巴雷托 | Humberto Barreto | 65.00 | 2016 | 978-7-300-21628-7 |
| 57 | 国际经济学:理论与政策(第十版) | 保罗・R・克鲁格曼等 | Paul R. Krugman | 89.00 | 2016 | 978-7-300-22710-8 |
| 58 | 国际金融(第十版) | 保罗・R・克鲁格曼等 | Paul R. Krugman | 55.00 | 2016 | 978-7-300-22089-5 |
| 59 | 国际贸易(第十版) | 保罗・R・克鲁格曼等 | Paul R. Krugman | 42.00 | 2016 | 978-7-300-22088-8 |
| 60 | 经济学精要(第3版) | 斯坦利・L・布鲁伊等 | Stanley L. Brue | 58.00 | 2016 | 978-7-300-22301-8 |
| 61 | 经济分析史(第七版) | 英格里德・H・里马 | Ingrid H. Rima | 72.00 | 2016 | 978-7-300-22294-3 |
| 62 | 投资学精要(第九版) | 兹维・博迪等 | Zvi Bodie | 108.00 | 2016 | 978-7-300-22236-3 |
| 63 | 环境经济学(第二版) | 查尔斯・D・科尔斯塔德 | Charles D. Kolstad | 68.00 | 2016 | 978-7-300-22255-4 |
| 64 | MWG《微观经济理论》习题解答 | 原千晶等 | Chiaki Hara | 75.00 | 2016 | 978-7-300-22306-3 |
| 65 | 现代战略分析(第七版) | 罗伯特・M・格兰特 | Robert M. Grant | 68.00 | 2016 | 978-7-300-17123-4 |
| 66 | 横截面与面板数据的计量经济分析(第二版) | 杰弗里・M・伍德里奇 | Jeffrey M. Wooldridge | 128.00 | 2016 | 978-7-300-21938-7 |
| 67 | 宏观经济学(第十二版) | 罗伯特・J・戈登 | Robert J. Gordon | 75.00 | 2016 | 978-7-300-21978-3 |
| 68 | 动态最优化基础 | 蒋中一 | Alpha C. Chiang | 42.00 | 2015 | 978-7-300-22068-0 |
| 69 | 城市经济学 | 布伦丹・奥弗莱厄蒂 | Brendan O'Flaherty | 69.80 | 2015 | 978-7-300-22067-3 |
| 70 | 管理经济学:理论、应用与案例(第八版) | 布鲁斯・艾伦等 | Bruce Allen | 79.80 | 2015 | 978-7-300-21991-2 |
| 71 | 经济政策:理论与实践 | 阿格尼丝・贝纳西-奎里等 | Agnès Bénassy-Quéré | 79.80 | 2015 | 978-7-300-21921-9 |
| 72 | 微观经济分析(第三版) | 哈尔・R・范里安 | Hal R. Varian | 68.00 | 2015 | 978-7-300-21536-5 |
| 73 | 财政学(第十版) | 哈维・S・罗森等 | Harvey S. Rosen | 68.00 | 2015 | 978-7-300-21754-3 |
| 74 | 经济数学(第三版) | 迈克尔・霍伊等 | Michael Hoy | 88.00 | 2015 | 978-7-300-21674-4 |
| 75 | 发展经济学(第九版) | A. P. 瑟尔沃 | A. P. Thirlwall | 69.80 | 2015 | 978-7-300-21193-0 |
| 76 | 宏观经济学(第五版) | 斯蒂芬・D・威廉森 | Stephen D. Williamson | 69.00 | 2015 | 978-7-300-21169-5 |
| 77 | 资源经济学(第三版) | 约翰・C・伯格斯特罗姆等 | John C. Bergstrom | 58.00 | 2015 | 978-7-300-20742-1 |
| 78 | 应用中级宏观经济学 | 凯文・D・胡佛 | Kevin D. Hoover | 78.00 | 2015 | 978-7-300-21000-1 |
| 79 | 现代时间序列分析导论(第二版) | 约根・沃特斯 | Jürgen Wolters | 39.80 | 2015 | 978-7-300-20625-7 |
| 80 | 空间计量经济学——从横截面数据到空间面板 | J・保罗・埃尔霍斯特 | J. Paul Elhorst | 32.00 | 2015 | 978-7-300-21024-7 |
| 81 | 国际经济学原理 | 肯尼思・A・赖纳特 | Kenneth A. Reinert | 58.00 | 2015 | 978-7-300-20830-5 |
| 82 | 经济写作(第二版) | 迪尔德丽・N・麦克洛斯基 | Deirdre N. McCloskey | 39.80 | 2015 | 978-7-300-20914-2 |
| 83 | 计量经济学方法与应用(第五版) | 巴蒂・H・巴尔塔基 | Badi H. Baltagi | 58.00 | 2015 | 978-7-300-20584-7 |
| 84 | 战略经济学(第五版) | 戴维・贝赞可等 | David Besanko | 78.00 | 2015 | 978-7-300-20679-0 |
| 85 | 博弈论导论 | 史蒂文・泰迪里斯 | Steven Tadelis | 58.00 | 2015 | 978-7-300-19993-1 |
| 86 | 社会问题经济学(第二十版) | 安塞尔・M・夏普等 | Ansel M. Sharp | 49.00 | 2015 | 978-7-300-20279-2 |
| 87 | 博弈论:矛盾冲突分析 | 罗杰・B・迈尔森 | Roger B. Myerson | 58.00 | 2015 | 978-7-300-20212-9 |
| 88 | 时间序列分析 | 詹姆斯・D・汉密尔顿 | James D. Hamilton | 118.00 | 2015 | 978-7-300-20213-6 |
| 89 | 经济问题与政策(第五版) | 杰奎琳・默里・布鲁克斯 | Jacqueline Murray Brux | 58.00 | 2014 | 978-7-300-17799-1 |
| 90 | 微观经济理论 | 安德鲁・马斯-克莱尔等 | Andreu Mas-Collel | 148.00 | 2014 | 978-7-300-19986-3 |
| 91 | 产业组织:理论与实践(第四版) | 唐・E・瓦尔德曼等 | Don E. Waldman | 75.00 | 2014 | 978-7-300-19722-7 |
| 92 | 公司金融理论 | 让・梯若尔 | Jean Tirole | 128.00 | 2014 | 978-7-300-20178-8 |
| 93 | 公共部门经济学 | 理查德・W・特里西 | Richard W. Tresch | 49.00 | 2014 | 978-7-300-18442-5 |
| 94 | 计量经济学原理(第六版) | 彼得・肯尼迪 | Peter Kennedy | 69.80 | 2014 | 978-7-300-19342-7 |
| 95 | 统计学:在经济中的应用 | 玛格丽特・刘易斯 | Margaret Lewis | 45.00 | 2014 | 978-7-300-19082-2 |
| 96 | 产业组织:现代理论与实践(第四版) | 林恩・佩波尔等 | Lynne Pepall | 88.00 | 2014 | 978-7-300-19166-9 |
| 97 | 计量经济学导论(第三版) | 詹姆斯・H・斯托克等 | James H. Stock | 69.00 | 2014 | 978-7-300-18467-8 |
| 98 | 发展经济学导论(第四版) | 秋山裕 | 秋山裕 | 39.80 | 2014 | 978-7-300-19127-0 |
| 99 | 中级微观经济学(第六版) | 杰弗里・M・佩罗夫 | Jeffrey M. Perloff | 89.00 | 2014 | 978-7-300-18441-8 |
| 100 | 平狄克《微观经济学》(第八版)学习指导 | 乔纳森・汉密尔顿等 | Jonathan Hamilton | 32.00 | 2014 | 978-7-300-18970-3 |
| 101 | 微观银行经济学(第二版) | 哈维尔・弗雷克斯等 | Xavier Freixas | 48.00 | 2014 | 978-7-300-18940-6 |
| 102 | 施米托夫论出口贸易——国际贸易法律与实务(第11版) | 克利夫・M・施米托夫等 | Clive M. Schmitthoff | 168.00 | 2014 | 978-7-300-18425-8 |
| 103 | 微观经济学思维 | 玛莎・L・奥尔尼 | Martha L. Olney | 29.80 | 2013 | 978-7-300-17280-4 |
| 104 | 宏观经济学思维 | 玛莎・L・奥尔尼 | Martha L. Olney | 39.80 | 2013 | 978-7-300-17279-8 |
| 105 | 计量经济学原理与实践 | 达摩达尔・N・古扎拉蒂 | Damodar N. Gujarati | 49.80 | 2013 | 978-7-300-18169-1 |
| 106 | 现代战略分析案例集 | 罗伯特・M・格兰特 | Robert M. Grant | 48.00 | 2013 | 978-7-300-16038-2 |
| 107 | 高级国际贸易:理论与实证 | 罗伯特・C・芬斯特拉 | Robert C. Feenstra | 59.00 | 2013 | 978-7-300-17157-9 |
| 108 | 经济学简史——处理沉闷科学的巧妙方法(第二版) | E・雷・坎特伯里 | E. Ray Canterbery | 58.00 | 2013 | 978-7-300-17571-3 |
| 109 | 微观经济学原理(第五版) | 巴德、帕金 | Bade, Parkin | 65.00 | 2013 | 978-7-300-16930-9 |

| 经济科学译丛 | | | | | | |
|---|---|---|---|---|---|---|
| 序号 | 书名 | 作者 | Author | 单价 | 出版年份 | ISBN |
| 110 | 宏观经济学原理(第五版) | 巴德、帕金 | Bade, Parkin | 63.00 | 2013 | 978-7-300-16929-3 |
| 111 | 环境经济学 | 彼得·伯克等 | Peter Berck | 55.00 | 2013 | 978-7-300-16538-7 |
| 112 | 高级微观经济理论 | 杰弗里·杰里 | Geoffrey A. Jehle | 69.00 | 2012 | 978-7-300-16613-1 |
| 113 | 高级宏观经济学导论:增长与经济周期(第二版) | 彼得·伯奇·索伦森等 | Peter Birch Sørensen | 95.00 | 2012 | 978-7-300-15871-6 |
| 114 | 微观经济学(第二版) | 保罗·克鲁格曼 | Paul Krugman | 69.80 | 2012 | 978-7-300-14835-9 |
| 115 | 克鲁格曼《微观经济学(第二版)》学习手册 | 伊丽莎白·索耶·凯利 | Elizabeth Sawyer Kelly | 58.00 | 2013 | 978-7-300-17002-2 |
| 116 | 克鲁格曼《宏观经济学(第二版)》学习手册 | 伊丽莎白·索耶·凯利 | Elizabeth Sawyer Kelly | 36.00 | 2013 | 978-7-300-17024-4 |
| 117 | 微观经济学(第十一版) | 埃德温·曼斯费尔德 | Edwin Mansfield | 88.00 | 2012 | 978-7-300-15050-5 |
| 118 | 卫生经济学(第六版) | 舍曼·富兰德等 | Sherman Folland | 79.00 | 2011 | 978-7-300-14645-4 |
| 119 | 现代劳动经济学:理论与公共政策(第十版) | 罗纳德·G·伊兰伯格等 | Ronald G. Ehrenberg | 69.00 | 2011 | 978-7-300-14482-5 |
| 120 | 宏观经济学:理论与政策(第九版) | 理查德·T·弗罗恩 | Richard T. Froyen | 55.00 | 2011 | 978-7-300-14108-4 |
| 121 | 经济学原理(第四版) | 威廉·博伊斯等 | William Boyes | 59.00 | 2011 | 978-7-300-13518-2 |
| 122 | 计量经济学基础(第五版)(上下册) | 达摩达尔·N·古扎拉蒂 | Damodar N. Gujarati | 99.00 | 2011 | 978-7-300-13693-6 |
| 123 | 《计量经济学基础》(第五版)学生习题解答手册 | 达摩达尔·N·古扎拉蒂等 | Damodar N. Gujarati | 23.00 | 2012 | 978-7-300-15080-8 |
| 124 | 计量经济分析(第六版)(上下册) | 威廉·H·格林 | William H. Greene | 128.00 | 2011 | 978-7-300-12779-8 |

| 金融学译丛 | | | | | | |
|---|---|---|---|---|---|---|
| 序号 | 书名 | 作者 | Author | 单价 | 出版年份 | ISBN |
| 1 | 金融衍生工具与风险管理(第十版) | 唐·M. 钱斯 | Don M. Chance | 98.00 | 2020 | 978-7-300-27651-9 |
| 2 | 投资学导论(第十二版) | 赫伯特·B. 梅奥 | Herbert B. Mayo | 89.00 | 2020 | 978-7-300-27653-3 |
| 3 | 金融几何学 | 阿尔文·库鲁克 | Alvin Kuruc | 58.00 | 2020 | 978-7-300-14104-6 |
| 4 | 银行风险管理(第四版) | 若埃尔·贝西 | Joël Bessis | 56.00 | 2019 | 978-7-300-26496-7 |
| 5 | 金融学原理(第八版) | 阿瑟·J. 基翁等 | Arthur J. Keown | 79.00 | 2018 | 978-7-300-25638-2 |
| 6 | 财务管理基础(第七版) | 劳伦斯·J. 吉特曼等 | Lawrence J. Gitman | 89.00 | 2018 | 978-7-300-25339-8 |
| 7 | 利率互换及其他衍生品 | 霍华德·科伯 | Howard Corb | 69.00 | 2018 | 978-7-300-25294-0 |
| 8 | 固定收益证券手册(第八版) | 弗兰克·J. 法博齐 | Frank J. Fabozzi | 228.00 | 2017 | 978-7-300-24227-9 |
| 9 | 金融市场与金融机构(第8版) | 弗雷德里克·S. 米什金等 | Frederic S. Mishkin | 86.00 | 2017 | 978-7-300-24731-1 |
| 10 | 兼并、收购和公司重组(第六版) | 帕特里克·A. 高根 | Patrick A. Gaughan | 89.00 | 2017 | 978-7-300-24231-6 |
| 11 | 债券市场:分析与策略(第九版) | 弗兰克·J·法博齐 | Frank J. Fabozzi | 98.00 | 2016 | 978-7-300-23495-3 |
| 12 | 财务报表分析(第四版) | 马丁·弗里德森 | Martin Fridson | 46.00 | 2016 | 978-7-300-23037-5 |
| 13 | 国际金融学 | 约瑟夫·P·丹尼尔斯等 | Joseph P. Daniels | 65.00 | 2016 | 978-7-300-23037-1 |
| 14 | 国际金融 | 阿德里安·巴克利 | Adrian Buckley | 88.00 | 2016 | 978-7-300-22668-2 |
| 15 | 个人理财(第六版) | 阿瑟·J·基翁 | Arthur J. Keown | 85.00 | 2016 | 978-7-300-22711-5 |
| 16 | 投资学基础(第三版) | 戈登·J·亚历山大等 | Gordon J. Alexander | 79.00 | 2015 | 978-7-300-20274-7 |
| 17 | 金融风险管理(第二版) | 彼德·F·克里斯托弗森 | Peter F. Christoffersen | 46.00 | 2015 | 978-7-300-21210-4 |
| 18 | 风险管理与保险管理(第十二版) | 乔治·E·瑞达等 | George E. Rejda | 95.00 | 2015 | 978-7-300-21486-3 |
| 19 | 个人理财(第五版) | 杰夫·马杜拉 | Jeff Madura | 69.00 | 2015 | 978-7-300-20583-0 |
| 20 | 企业价值评估 | 罗伯特·A·G·蒙克斯等 | Robert A. G. Monks | 58.00 | 2015 | 978-7-300-20582-3 |
| 21 | 基于Excel的金融学原理(第二版) | 西蒙·本尼卡 | Simon Benninga | 79.00 | 2014 | 978-7-300-18899-7 |
| 22 | 金融工程学原理(第二版) | 萨利赫·N·内夫特奇 | Salih N. Neftci | 88.00 | 2014 | 978-7-300-19348-9 |
| 23 | 投资学导论(第十版) | 赫伯特·B·梅奥 | Herbert B. Mayo | 69.00 | 2014 | 978-7-300-18971-0 |
| 24 | 国际金融市场导论(第六版) | 斯蒂芬·瓦尔德斯等 | Stephen Valdez | 59.80 | 2014 | 978-7-300-18896-6 |
| 25 | 金融数学:金融工程引论(第二版) | 马雷克·凯宾斯基等 | Marek Capinski | 42.00 | 2014 | 978-7-300-17650-5 |
| 26 | 财务管理(第二版) | 雷蒙德·布鲁克斯 | Raymond Brooks | 69.00 | 2014 | 978-7-300-19085-3 |
| 27 | 期货与期权市场导论(第七版) | 约翰·C·赫尔 | John C. Hull | 69.00 | 2014 | 978-7-300-18994-2 |
| 28 | 国际金融:理论与实务 | 皮特·塞尔居 | Piet Sercu | 88.00 | 2014 | 978-7-300-18413-5 |
| 29 | 货币、银行和金融体系 | R·格伦·哈伯德等 | R. Glenn Hubbard | 75.00 | 2013 | 978-7-300-17856-1 |
| 30 | 并购创造价值(第二版) | 萨德·苏达斯纳 | Sudi Sudarsanam | 89.00 | 2013 | 978-7-300-17473-0 |
| 31 | 个人理财——理财技能培养方法(第三版) | 杰克·R·卡普尔等 | Jack R. Kapoor | 66.00 | 2013 | 978-7-300-16687-2 |
| 32 | 国际财务管理 | 吉尔特·贝克特 | Geert Bekaert | 95.00 | 2012 | 978-7-300-16031-3 |
| 33 | 应用公司财务(第三版) | 阿斯沃思·达摩达兰 | Aswath Damodaran | 88.00 | 2012 | 978-7-300-16034-4 |
| 34 | 资本市场:机构与工具(第四版) | 弗兰克·J·法博齐 | Frank J. Fabozzi | 85.00 | 2011 | 978-7-300-13828-2 |
| 35 | 衍生品市场(第二版) | 罗伯特·L·麦克唐纳 | Robert L. McDonald | 98.00 | 2011 | 978-7-300-13130-6 |